Excel Home◎编著

Excel
应用大全

for Excel 365 & Excel 2021

北京大学出版社
PEKING UNIVERSITY PRESS

内 容 提 要

　　本书全面系统地介绍了 Excel 365 & Excel 2021 的技术特点和应用方法，深入揭示其背后的原理概念，并配合大量典型实用的应用案例，帮助读者全面掌握 Excel 应用技术。全书分为 6 篇 51 章，内容包括 Excel 基本功能、使用公式与函数、数据可视化常用功能、使用 Excel 进行数据分析、Power BI in Excel、协同与其他特色功能、宏与 VBA。附录中还提供了 Excel 规范与限制，Excel 常用快捷键以及 Excel 术语简繁英文词汇对照表等内容，方便读者查阅。

　　本书适合各层次的 Excel 用户，既可作为初学者的入门指南，又可作为中、高级用户的参考手册。书中大量的实例还适合读者直接在工作中借鉴。

图书在版编目(CIP)数据

Excel 应用大全：for Excel 365 & Excel 2021 / Excel Home 编著. — 北京：北京大学出版社，2023.3

ISBN 978-7-301-33749-3

Ⅰ. ①E… Ⅱ. ①E… Ⅲ. ①表处理软件 Ⅳ. ①TP391.13

中国国家版本馆CIP数据核字（2023）第025126号

书　　　名	Excel 应用大全 for Excel 365 & Excel 2021
	Excel YINGYONG DAQUAN FOR Excel 365 & Excel 2021
著作责任者	Excel Home　编著
责 任 编 辑	王继伟　吴秀川
标 准 书 号	ISBN 978-7-301-33749-3
出 版 发 行	北京大学出版社
地　　　址	北京市海淀区成府路205号　100871
网　　　址	http://www.pup.cn　　新浪微博：@北京大学出版社
电 子 邮 箱	编辑部 pup7@pup.cn　总编室 zpup@pup.cn
电　　　话	邮购部 010-62752015　发行部 010-62750672　编辑部 010-62570390
印 刷 者	三河市博文印刷有限公司
经 销 者	新华书店
	787毫米×1092毫米　16开本　52印张　1460千字
	2023年3月第1版　2024年2月第2次印刷
印　　　数	5001—8000册
定　　　价	139.00 元

前　言

非常感谢您选择《Excel 应用大全 for Excel 365 & Excel 2021 》。

本书是由 Excel Home 技术专家团队精心编写的一部大规模和高水准的 Excel 技术教程，全书分为 6 篇，完整详尽地介绍了 Excel 主要核心功能的技术特点和应用方法。本书从 Excel 的技术背景与表格基本应用开始，逐步展开到函数与公式、可视化图表、数据分析工具（含 Power BI）的使用、各种特色功能、协同办公以及 VBA 办公自动化，形成一套结构清晰、内容丰富的 Excel 知识体系。

Office 365 是微软公司新定义的一个产品套装（2017 年更名为 Microsoft 365），它是包含了最新版本的 Office 桌面版本、在线或移动版的 Office 和多个用于协作办公的本地应用程序或云应用的超级结合体。该套装的产品内容经历了多次迭代和更新，如果用户从 2011 年开始一直订阅 Office 365，那么可以享受从 Office 2010 到 Office 2021 甚至更新版的自动升级。

单机版的 Office 2021 与包含在 Office 365 中的 Office 2021 的最大区别在于，前者可能需要很长时间才会得到微软公司发布的更新服务，而后者几乎可以每个月都得到微软公司发布的更新，永远使用最新的功能。

从产品角度看，Excel 2021 相当于 Excel 365 在 2021 年秋季的一个镜像版本。

本书秉承上一版本的路线和风格，充分吸取上一版本的经验，改进不足，增加更多实用知识点。每篇都采用循序渐进的方式，由易到难地介绍各个知识点。除了原理和基础性的讲解，本书还配以大量的典型示例帮助读者加深理解，读者甚至可以在自己的实际工作中直接借鉴。

秉持"授人以渔"的传授风格，本书尽可能让技术应用走上第一线，实现知识内容自我的"言传身教"。此外，本书的操作步骤示意图多采用动画式的图解，有效减轻了读者的阅读压力，让学习过程更为轻松愉快。

读者对象

本书面向的读者群是所有需要使用 Excel 的用户。无论是初学者，中、高级用户还是 IT 人员，都将从本书找到值得学习的内容。当然，希望读者在阅读本书以前至少对 Windows 操作系统有一定的了解，并且知道如何使用键盘与鼠标。

本书约定

在正式开始阅读本书之前，建议读者花上几分钟时间来了解一下本书在编写和组织上使用的一些惯例，这会对您的阅读有很大的帮助。

软件版本

本书的写作基础是安装于 Windows 10 专业版操作系统上的中文版 Excel 2021。本书中的许多内容也适用于 Excel 的其他版本，如 Excel 2007、Excel 2010、Excel 2013、Excel 2016、Excel 2019、Excel 365，或者其他语言版本的 Excel，如英文版、繁体中文版。

菜单命令

我们会这样来描述在 Excel 或 Windows 及其他 Windows 程序中的操作，比如在讲到对某张 Excel 工作表进行隐藏时，通常会写成：在 Excel 功能区中单击【开始】选项卡中的【格式】下拉按钮，在其扩展菜单中依次选择【隐藏和取消隐藏】→【隐藏工作表】。

鼠标指令

本书中表示鼠标操作的时候都使用标准方法："指向""单击""右击""拖动""双击""选中"等，您可以很清楚地知道它们表示的意思。

键盘指令

当读者见到类似 <Ctrl+F3> 这样的键盘指令时，表示同时按下 <Ctrl> 键和 <F3> 键。

Win 表示 Windows 键，就是键盘上画着窗口图标的键。本书还会出现一些特殊的键盘指令，表示方法相同，但操作方法可能会稍许不一样，有关内容会在相应的章节中详细说明。

Excel 函数与单元格地址

本书中涉及的 Excel 函数与单元格地址将全部使用大写，如 SUM()、A1:B5。但在讲到函数的参数时，为了和 Excel 中显示一致，函数参数全部使用小写，如 SUM(number1,number2, ...)。

图标

注意 ■■□■→	表示此部分内容非常重要或者需要引起重视
提示 ■□■■→	表示此部分内容属于经验之谈，或者是某方面的技巧
参考 ■□■→	表示此部分内容在本书其他章节也有相关介绍
深入了解 ■□■→	为需要深入掌握某项技术细节的用户所准备的内容

本书结构

⊃ 第一篇　Excel 基本功能

　　主要介绍 Excel 的发展历史、技术背景及大多数基本功能的使用方法，本篇并非只为初学者准备，中、高级用户也能从中找到许多实用的技术细节。

⊃ 第二篇　使用公式和函数

　　主要介绍如何创建简单和复杂的公式，如何使用名称及如何在公式中运用各种函数。本篇不但介绍了常用函数的多个经典用法，还对其他图书少有涉及的数组公式和多维引用计算进行了全面的讲解。

⊃ 第三篇　数据可视化常用功能

　　主要介绍如何借助条件格式、图表与图形来构造数据表格可视化效果，表达数字所不能直接传递的信息。

⊃ 第四篇　使用 Excel 进行数据分析

　　主要介绍 Excel 提供的各项数据分析工具的使用方法，除常用的排序、筛选、外部数据查询以外，还浓墨重彩地介绍了数据透视表及 Power BI 的使用技巧。另外，对于模拟运算表、单变量求解、规划求解以及分析工具库等专业分析工具的使用也进行了翔实的介绍。

⊃ 第五篇　协作、共享与其他特色功能

　　主要介绍 Excel 在开展协同办公中的各项应用方法，包括充分利用 Internet 与 Intranet 进行协同应用、Excel 与其他应用程序之间的协同等，此外还介绍了语音、翻译、墨迹公式与墨迹注释、安装与使用第三方插件等特色功能。

⊃ 第六篇　Excel 自动化

　　主要介绍利用宏与 VBA 来进行 Excel 自动化方面的内容。

⊃ 附录

　　主要包括 Excel 的规范与限制、Excel 的快捷键、Excel 术语简繁英文对照表和免费插件 Excel 易用宝简介。

阅读技巧

不同水平的读者可以使用不同的方式来阅读本书，以求花费最少时间和精力获得最大的回报。

Excel 初级用户或者任何一位希望全面熟悉 Excel 各项功能的读者，可以从头开始阅读，因为本书是按照各项功能的使用频度以及难易程度来组织章节顺序的。

Excel 中、高级用户可以挑选自己感兴趣的主题来有侧重地学习，虽然各知识点之间有千丝万缕的联系，但通过我们在本书中提供的交叉参考，可以轻松地顺藤摸瓜。

如果遇到困惑的知识点不必烦躁，可以暂时先跳过，保留个印象即可，今后遇到具体问题时再来研究。当然，更好的方式是与其他爱好者进行探讨。如果读者身边没有这样的人选，可以登录 Excel Home 技术论坛（https://club.excelhome.net），这里有数百万 Excel 爱好者正在积极交流。

另外，本书为读者准备了大量的示例，它们都有相当的典型性和实用性，并能解决特定的问题。因此，读者也可以直接从目录中挑选自己需要的示例开始学习，然后快速应用到自己的工作中去，就像查辞典那么简单。

致谢

本书的第 1、34、36~41 章由周庆麟编写，第 6~15、23、33 章由祝洪忠编写，第 5、19~20、24、32 章由张建军编写，第 25~28 章由郑晓芬编写，第 29、31 章由杨彬编写，第 35、42~50 章由郗金甲编写，第 16~18、21~22、30、51 章由郭新建编写，第 2~4 章由游灿编写，最后由祝洪忠和周庆麟完成统稿。

感谢 Excel Home 全体专家作者团队成员对本书的支持和帮助，尤其是本书较早版本的原作者——李幼义、赵丹亚、陈国良、盛杰、朱明、方骥、陈虎、王建发、梁才、翟振福、王鑫、韦法祥等，他们为本系列图书的出版贡献了重要的力量。

Excel Home 论坛管理团队和培训团队长期以来都是 Excel Home 图书的坚实后盾，他们是 Excel Home 中最可爱的人，在此向这些最可爱的人表示由衷的感谢。

衷心感谢 Excel Home 论坛的五百万会员，是他们多年来不断地支持与分享，才营造出热火朝天的学习氛围，并成就了今天的 Excel Home 系列图书。

衷心感谢 Excel Home 微博的所有粉丝、Excel Home 微信公众号的所有关注者，以及抖音、小红书、知乎、B 站、今日头条等平台的 Excel Home 粉丝，你们的"赞"和"转"是我们不断前进的新动力。

后续服务

在本书的编写过程中，尽管我们的每一位团队成员都未敢稍有疏虞，但纰缪和不足之处仍在所难免。

敬请读者能够提出宝贵的意见和建议，您的反馈将是我们继续努力的动力，本书的后继版本也将会更臻完善。

您可以访问 https://club.excelhome.net，我们开设了专门的版块用于本书的讨论与交流。您也可以发送电子邮件到 book@excelhome.net，我们将尽力为您服务。

同时，欢迎您关注我们的官方微博（@Excelhome）和微信公众号（iexcelhome），我们每日更新很多优秀的学习资源和实用的 Office 技巧，并与大家进行交流。

此外，我们还特别准备了技术交流群，读者朋友可以扫描下方二维码添加小助手入群，与作者和其他读者共同交流学习。

最后祝广大读者在阅读本书后能学有所成！

Excel Home

《Excel 应用大全 for Excel 365 & Excel 2021》
配套学习资源获取说明

第一步 ● 微信扫描下面的二维码，关注 Excel Home 官方微信公众号或"博雅读书社"微信公众号。

第二步 ● 进入公众号以后，输入关键词 "880306"，点击"发送"按钮。

第三步 ● 根据公众号返回的提示，即可获得本书配套视频、示例文件以及其他赠送资源。

目　录

第一篇　Excel基本功能

第二篇　使用公式和函数

第三篇　数据可视化常用功能

第四篇 使用Excel进行数据分析

第五篇　协作、共享与其他特色功能

第六篇　Excel 自动化

示例目录

第一篇

Excel基本功能

本篇主要介绍Excel的一些基础信息，使读者能够清晰地认识构成Excel的基本元素，了解和掌握相关的基本功能和常用操作，为进一步深入了解和学习Excel的高级功能及函数、图表、数据透视表、VBA编程等一系列内容奠定坚实的根基。虽然本篇介绍的都是基础性知识，但"基础"并不一定意味着"粗浅"或"低级"，相信大多数Excel用户都可以在本篇中获得不少有用的技巧和知识。

第 1 章　Excel 简介

本章主要对Excel的历史、用途及基本功能进行简单的介绍。初次接触Excel的用户将了解到Excel软件的主要功能与特点。

> **本章学习要点**
>
> （1）Excel的起源与历史。　　　　　　　　　　（2）Excel的主要功能。

1.1　Excel的起源与历史

1.1.1　计算工具发展史

人类文明在漫长的发展过程中，发明创造了无数的工具来帮助自己改造环境和提高生产力，计算工具就是其中重要的一种。

人类在生产和生活中自然而然地需要与数打交道，计算工具就是专门为计数、算数而产生的。在我国古代，人们发明了算筹和算盘，都成为一定时期内广泛应用的计算工具。1642年，法国哲学家和数学家帕斯卡发明了世界上第一台加减法计算机。1671年，德国数学家莱布尼兹制成了第一台能够进行加、减、乘、除四则运算的机械式计算机。19世纪末，出现了能依照一定的"程序"自动控制的电动计算器。

1946年，世界上第一台电子计算机ENIAC在美国宾夕法尼亚大学问世。ENIAC的问世具有划时代的意义，表明电子计算机时代的到来。在以后几十年里，计算机技术以惊人的速度发展，电子计算机从诞生到演变为现在的模样，体积越来越小，运算速度越来越快。图1-1展示了世界上第一台电子计算机的巨大体积，以及今天的个人电子设备的小巧与便捷。

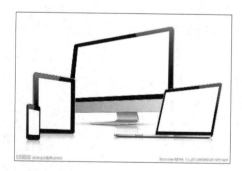

图 1-1　从世界上第一台电子计算机ENIAC到今天的各种个人桌面与手持电子设备

计算工具发展的过程反映了人类对数据计算能力不断提高的需求，以及人类在不同时代的生产生活中对数据的依赖程度。人类与数据的关系越密切，就越需要有更先进的数据计算工具和方法，以及更多能够掌握它们的人。

1.1.2　电子表格软件的产生与演变

1979年，美国人丹·布里克林（D. Bricklin）和鲍伯·弗兰克斯顿（B.Frankston）在苹果II型计算机上开发了一款名为"VisiCalc"（"可视计算"）的商用应用软件，这就是世界上第一款电子表格软件。虽然这款软件功能比较简单，主要用于计算账目和统计表格，但依然受到了广大用户的青睐，不到一年时间就成为个人计算机历史上第一个最畅销的应用软件。当时许多用户购买个人计算机的主要目的就是运行 VisiCalc。图 1-2 展示了运行在苹果机上的 VisiCalc 软件的界面。

　　电子表格软件就这样和个人电脑一起风行起来，商业活动中不断新生的数据处理需求成为它们持续改进的动力源泉。继 VisiCalc 之后的另一个电子表格软件的成功之作是 Lotus 公司[1]的 Lotus 1-2-3，它能运行在 IBM PC[2] 上，而且集表格计算、数据库、商业绘图三大功能于一身。

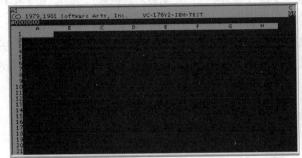

图 1-2 Excel 的祖先——最早的电子表格软件 VisiCalc

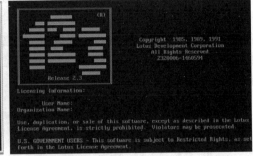

图 1-3 Lotus 1-2-3 for Dos (1983)

　　美国微软公司从 1982 年也开始了电子表格软件的研发工作，经过数年的改进，终于在 1987 年凭借着与 Windows 2.0 捆绑的 Excel 2.0 后来居上。其后经过多个版本的升级，奠定了 Excel 在电子表格软件领域的霸主地位。如今，Excel 已经成为事实上的电子表格行业标准。图 1-4 展示了 Windows 平台下，从 Excel 5.0 开始的几个重要 Excel 版本的启动画面。

图 1-4 Windows 平台下的几个重要的 Excel 版本

　　人类文明程度越高，需要处理的数据就越复杂，而且处理要求越高，速度也必须越快。无论何时，人类总是需要借助合适的计算工具对数据进行处理。

　　生活在"信息时代"中的人比以前任何时候都更频繁地与数据打交道，Excel 就是为现代人处理数据而定制的一个工具。它的操作方法非常易于学习，所以能够被广泛地使用。无论是在科学研究、医疗教育、商业活动还是家庭生活中，Excel 都能满足大多数人的数据处理需求。

---

① 莲花公司，已被 IBM 公司收购。
② 标准完全开放的兼容式个人计算机，也就是现在的个人 PC 机。

1.2 Excel的主要功能

Excel拥有强大的计算、分析、传递和共享功能，可以帮助用户将繁杂的数据转化为信息。

1.2.1 数据记录与浏览

孤立的数据包含的信息量太少，而过多的数据又难以厘清头绪，利用表格的形式将它们记录下来并加以整理是一个不错的方法。Excel支持从多种外部数据源导入数据，也具备丰富的工作表编辑功能，帮助用户将原始数据高效准确地转换为电子表格。比如，“记录单”功能可以用窗体方式协助用户录入字段较多的表格数据，如图 1-5 所示；利用数据验证功能，用户还可以设置允许输入何种数据，如图 1-6 所示。

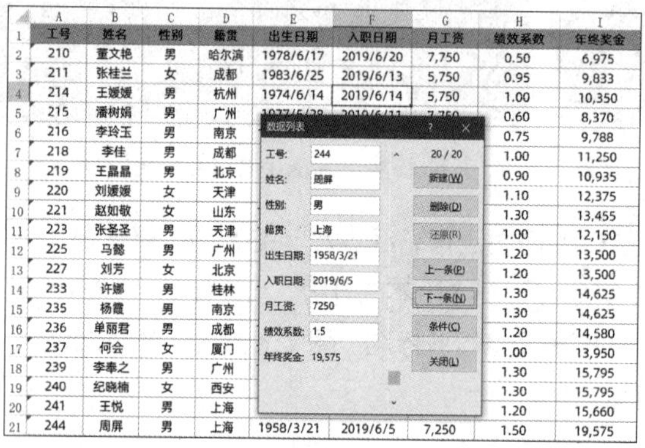

工号	姓名	性别	籍贯	出生日期	入职日期	月工资	绩效系数	年终奖金
210	董文艳	男	哈尔滨	1978/6/17	2019/6/20	7,750	0.50	6,975
211	张桂兰	女	成都	1983/6/25	2019/6/13	5,750	0.95	9,833
214	王媛媛	男	杭州	1974/6/14	2019/6/14	5,750	1.00	10,350
215	潘树娟	男	广州				0.60	8,370
216	李玲玉	男	南京				0.75	9,788
218	李佳	男	成都				1.00	11,250
219	王晶晶	男	北京				0.90	10,935
220	刘媛媛	女	天津				1.10	12,375
221	赵如敬	女	山东				1.30	13,455
223	张圣圣	男	天津				1.00	12,150
225	马懿	男	广州				1.20	13,500
227	刘芳	女	北京				1.20	13,500
233	许娜	男	桂林				1.30	14,625
235	杨霞	男	南京				1.30	14,625
236	单丽君	男	成都				1.20	14,580
237	何会	女	厦门				1.00	13,950
239	李奉之	男	广州				1.30	15,795
240	纪晓楠	女	西安				1.30	15,795
241	王悦	男	上海				1.20	15,660
244	周屏	男	上海	1958/3/21	2019/6/5	7,250	1.50	19,575

图 1-5 Excel经典的“记录单”输入模式

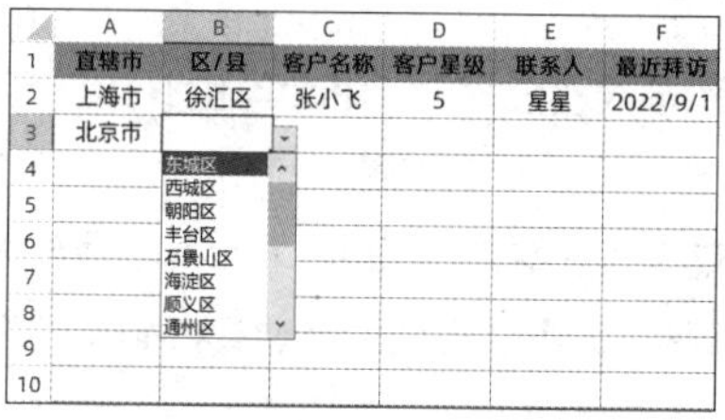

直辖市	区/县	客户名称	客户星级	联系人	最近拜访
上海市	徐汇区	张小飞	5	星星	2022/9/1
北京市					

图 1-6 设置只允许预置的选项输入表格

Excel甚至提供了语音功能，使用该功能可以一边输入数据一边进行语音校对，让数据的录入与复核更加高效。

对于复杂的表格，Excel提供了多种视图模式帮助用户专注到重点的地方，如分级显示功能可以帮助用户随心所欲地调整表格阅读模式，既能一览众山小，又能明察秋毫，如图 1-7 所示。

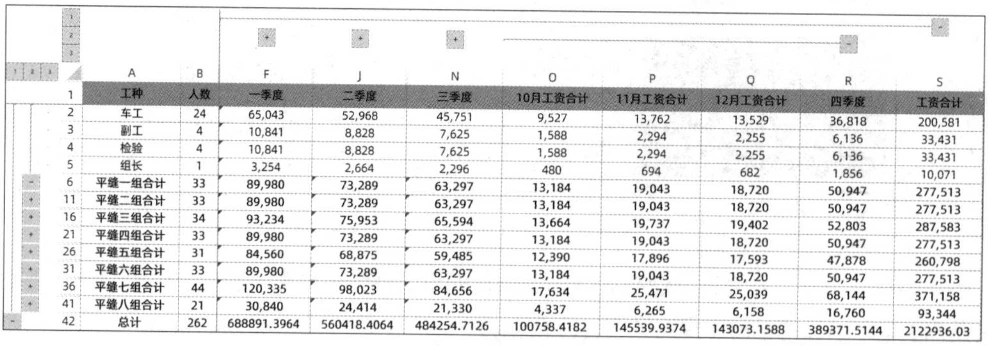

工种	人数	一季度	二季度	三季度	10月工资合计	11月工资合计	12月工资合计	四季度	工资合计
车工	24	65,043	52,968	45,751	9,527	13,762	13,529	36,818	200,581
副工	4	10,841	8,828	7,625	1,588	2,294	2,255	6,136	33,431
检验	4	10,841	8,828	7,625	1,588	2,294	2,255	6,136	33,431
组长	1	3,254	2,664	2,296	480	694	682	1,856	10,071
平缝一组合计	33	89,980	73,289	63,297	13,184	19,043	18,720	50,947	277,513
平缝二组合计	33	89,980	73,289	63,297	13,184	19,043	18,720	50,947	277,513
平缝三组合计	34	93,234	75,953	65,594	13,664	19,737	19,402	52,803	287,583
平缝四组合计	33	89,980	73,289	63,297	13,184	19,043	18,720	50,947	277,513
平缝五组合计	31	84,560	68,875	59,485	12,390	17,896	17,593	47,878	260,798
平缝六组合计	33	89,980	73,289	63,297	13,184	19,043	18,720	50,947	277,513
平缝七组合计	44	120,335	98,023	84,656	17,634	25,471	25,039	68,144	371,158
平缝八组合计	21	30,840	24,414	21,330	4,337	6,265	6,158	16,760	93,344
总计	262	688891.3964	560418.4064	484254.7126	100758.4182	145539.9374	143073.1588	389371.5144	2122936.03

图 1-7 分级显示功能帮助用户全面掌控表格内容

1.2.2 数据整理

如果原始数据存在结构性问题或其他不规范的地方，通常需要先进行数据整理（清洗）后，才能进行统计和分析。Excel提供了查找替换、删除重复项等多种数据整理功能来帮助用户完成工作。

从Excel 2016 开始，Excel将Power Query从加载项改为内置功能，使得数据查询和整理工作变得更加简单高效，在 Excel 2019 和 Excel 2021 中，Power Query 的功能进一步增强。借助 Power Query，用户可以方便地自定义从多种数据源中获取数据的方式，单次查询的数据量远远超过 Excel 工作表的数据容量。图 1-8 展示了 Power Query 通过"逆透视列"功能将表格从二维转为一维的效果。

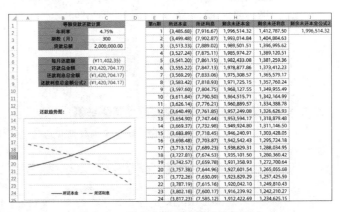

图 1-8　Power Query 通过"逆透视列"功能将表格从二维转为一维

1.2.3　数据计算

在 Excel 中，四则运算、开方乘幂这样的计算只需用简单的公式来完成，而借助内置函数则可以完成非常复杂的运算。

功能实用的内置函数是 Excel 的一大特点，函数其实就是预先定义的，能够按一定规则进行计算的功能模块。在执行复杂计算时，只需要先选择正确的函数，然后为其指定参数，它就能快速返回结果。

Excel 内置了四百多个函数，分为多个类别，如图 1-9 所示。利用不同的函数组合，用户几乎可以完成绝大多数领域的常规计算任务。图 1-10 展示了一份计算等额还款各期利息的试算表格。

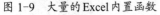

图 1-9　大量的 Excel 内置函数　　　　图 1-10　使用公式计算贷款各期利息

Excel 2021 新增了 XLOOKUP 等多个非常实用的函数，特别是增加了 LAMBDA 和 LET 这两个类似程序语言的超级函数。而且，Excel 2021 支持动态数组，即一个公式可以返回一组结果，这在旧版本中需要多单元格数组公式才能完成。

1.2.4　数据分析

要从大量的数据中获取信息，仅仅依靠计算是不够的，还需要利用某种思路和方法进行科学的分析，数据分析也是 Excel 所擅长的一项功能。

排序、筛选和分类汇总是最简单的数据分析方法，它们能够合理对表格中的数据做进一步的归类与组织。"表格"也是一项非常实用的功能，它允许用户在一张工作表中创建多个独立的数据列表，进行不同的分类和组织，如图 1-11 所示。

	A	B	C	D	E	F	G	H	I	J
1	业务日期	品牌名称	季节名称	性别名称	风格名称	大类名称	中类名称	商品代码	商品年份	数量
33	2019/2/3	鞋	春	其他	其他	配饰	鞋配	124558001	2012	48
47	2019/2/18	鞋	春	其他	其他	配饰	鞋配	124558001	2012	2
66	2019/8/5	鞋	春	其他	其他	配饰	鞋配	124558001	2012	2
82	2019/8/23	鞋	春	其他	其他	配饰	鞋配	124558001	2012	1
95	2019/4/11	鞋	春	其他	其他	配饰	鞋配	124558001	2012	8
110	2019/4/29	鞋	春	其他	其他	配饰	鞋配	124558001	2012	2
126	2019/5/18	鞋	春	其他	其他	配饰	鞋配	124558001	2012	22
130	2019/5/23	鞋	春	其他	其他	配饰	鞋配	124558001	2012	21
166	2019/9/17	鞋	春	其他	其他	配饰	鞋配	124558001	2012	4
189	2019/7/26	鞋	春	其他	其他	配饰	鞋配	124558001	2012	8
201	2019/8/9	鞋	春	其他	其他	配饰	鞋配	124558001	2012	1
226	2019/9/6	鞋	春	其他	其他	配饰	鞋配	124558001	2012	39
247	2019/9/29	鞋	春	其他	其他	配饰	鞋配	124558001	2012	5

图 1-11　借助切片器来进行数据筛选的"表格"

数据透视表是 Excel 最具特色的数据分析功能，只需几步操作，它就能灵活地以多种不同方式展示数据的特征，变换出各种类型的报表，实现对数据背后的信息透视，如图 1-12 和图 1-13 所示。

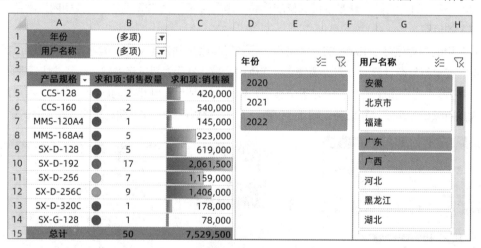

图 1-12　快速挖掘数据背后信息的数据透视表

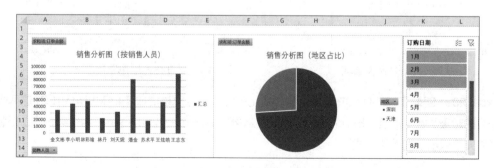

图 1-13　使用切片器控制的数据透视图

借助内置于 Excel 中的 Power Pivot，可以为分散的数据源创建数据模型，定义数据表之间的关系，以及创建度量值或 KPI，最终得到以数据透视表为交互形式的分析结果，如图 1-14 和图 1-15 所示。

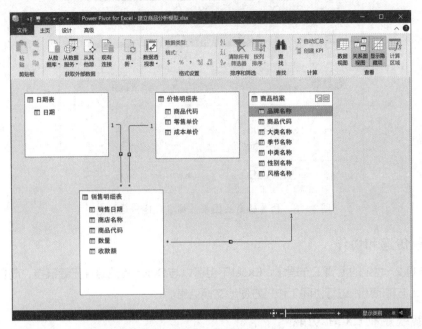

图 1-14　在数据模型中管理数据表之间的关系

	A	B	C	D	E	F
1	部门	预算	实际	业绩完成比%	业绩完成比% 状态	
2	八一店					
3	01月	971,399	423,000	43.55%	✗	
4	02月	266,580	235,000	88.15%	①	
5	03月	177,697	188,000	105.80%	✓	
6	04月	233,834	251,000	107.34%	✓	
7	05月	982,954	408,000	41.51%	✗	
8	06月	274,927	293,000	106.57%	✓	
9	07月	186,441	207,000	111.03%	✓	
10	08月	199,898	222,000	111.06%	✓	
11	09月	266,438	292,000	109.59%	✓	
12	10月	240,083	265,000	110.38%	✓	
13	11月	221,381	245,000	110.67%	✓	
14	12月	273,910	301,000	109.89%	✓	
15	机场店					
16	01月	315,517	346,722	109.89%	✓	
17	02月	456,516	253,514	55.53%	✗	
18	03月	439,744	235,014	53.44%	✗	
19	04月	547,920	286,613	52.31%	✗	
20	05月	754,836	412,337	54.63%	✗	
21	06月	617,468	306,613	49.66%	✗	
22	07月	639,668	343,947	53.77%	✗	
23	08月	715,321	362,892	50.73%	✗	
24	09月	601,818	342,003	56.83%	✗	
25	10月	492,224	264,448	53.73%	✗	
26	11月	459,698	269,448	58.61%	✗	

图 1-15　包含 KPI 的业绩报告

此外，Excel 还可以进行假设分析，以及执行更多的专业统计分析。

1.2.5　数据展现

所谓一图胜千言，一份精美切题的商业图表可以让原本复杂枯燥的数据表格和总结文字立即变得生动起来。Excel 的图表图形功能可以帮助用户迅速创建各种各样的商业图表，直观形象地传达信息，如图 1-16 所示。

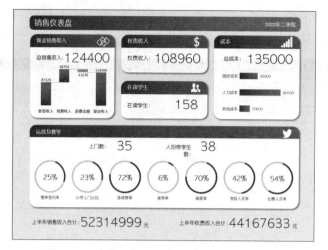

图 1-16　精美的商业图表能够直观地传达信息

1.2.6　信息传递和协作

协同工作是 21 世纪的重要工作理念，Excel 不但可以与 Office 其他组件无缝链接，而且可以帮助用户通过 Intranet 与其他用户进行协同工作，方便地交换信息。

1.2.7　扩展或定制 Excel 功能

尽管 Excel 自身的功能已经能够满足绝大多数用户的需要，但用户对计算和分析的需求是不断提高的。为了应对这样的情况，Excel 内置了 VBA 编程语言，允许用户可以定制 Excel 的功能，开发自己的自动化解决方案。从只有几行代码的小程序，到功能齐备的专业管理系统，以 Excel 作为开发平台所产生的应用案例数不胜数。本书第六篇中介绍了这方面的内容，用户还可以随时到 http://club.excelhome. net 去查找使用 Excel VBA 开发的各种实例。

同时，Excel 也支持直接从 Office 应用商店安装加载项，专业开发者在 Office 应用商店发布了数以千计的加载项供全球用户使用。

Excel 自身没有提供高亮当前行列的"护眼"浏览模式，但借助"Excel 易用宝"这样的第三方插件的"聚光灯"功能，可以轻松获得这种浏览模式，效果如图 1-17 所示。

	A	北京	天津	石家庄	太原	呼和浩特	沈阳	长春	哈尔滨	上海	南京	杭州	合肥	福州	南昌	济南	郑州	武汉	长沙	广州	南宁	海口	重庆	成都	贵阳
2	2010/10/20	47	7	140	20	179	223	49	44	111	73	104	278	232	227	184	28	80	11	277	120	170	120	164	232
3	2010/10/21	20	215	34	186	144	135	209	234	74	274	265	106	44	95	255	126	75	248	239	71	277	43	265	75
4	2010/10/22	91	151	141	183	196	152	207	88	223	156	150	53	66	109	59	98	85	102	129	160	92	69	74	127
5	2010/10/23	35	200	211	163	280	228	124	168	147	142	83	210	105	6	49	145	52	143	243	59	145	237	187	58
6	2010/10/24	190	266	35	73	107	234	152	192	32	228	59	159	256	125	7	146	112	237	190	160	81	144	68	141
7	2010/10/25	186	254	38	29	214	37	43	110	151	203	217	274	149	129	96	253	236	167	69	212	54	194	23	162
8	2010/10/26	225	199	39	192	57	227	35	100	97	159	159	96	63	57	195	66	229	83	24	201	237	278	13	202
9	2010/10/27	172	241	265	127	244	241	235	62	209	9	32	98	256	144	188	47	190	6	108	52	54	190	67	177
10	2010/10/28	53	112	272	108	246	171	85	198	76	187	221	227	194	61	256	143	2	202	176	253	59	21	86	180
11	2010/10/29	63	98	30	96	234	267	201	121	109	208	181	276	224	110	243	157	44	92	232	216	213	243	39	237
12	2010/10/30	250	119	276	194	59	232	109	71	191	266	177	102	48	107	106	158	99	11	17	202	70	53	193	96
13	2010/10/31	31	122	175	4	179	50	200	185	80	142	62	156	78	31	259	127	273	20	37	224	67	239	90	54
14	2010/11/1	266	177	9	254	241	193	280	107	64	191	183	212	11	63	240	120	78	208	180	67	216	50	208	72
15	2010/11/2	75	38	75	169	170	103	199	11	117	118	245	89	37	198	48	6	116	197	2	235	20	39	179	0
16	2010/11/3	55	1	204	5	239	40	91	197	185	44	66	12	137	73	157	14	239	40	208	124	121	113	84	163
17	2010/11/4	119	63	92	204	47	106	78	270	22	166	77	259	81	247	186	82	77	249	147	219	254	149	215	87
18	2010/11/5	9	71	107	121	189	190	270	166	154	187	105	237	158	276	207	65	278	61	48	180	200	276	84	186
19	2010/11/6	208	108	233	271	249	167	269	252	208	20	263	56	131	144	221	173	70	133	47	56	89	277	101	252
20	2010/11/7	140	246	214	214	11	6	217	81	65	4	24	147	27	231	136	10	184	28	80	98	13	133	126	72
21	2010/11/8	91	211	107	212	57	257	22	194	226	242	205	54	242	261	266	254	31	86	32	93	206	12	57	261
22	2010/11/9	164	263	50	158	165	100	45	23	263	221	248	185	153	55	142	198	104	134	118	161	163	269	127	176
23	2010/11/10	45	107	208	268	144	50	181	57	141	136	150	193	234	0	231	243	44	68	258	245	83	154	17	84
24	2010/11/11	191	254	23	187	209	115	229	102	259	214	140	48	28	190	156	143	278	187	43	94	139	43	241	53
25	2010/11/12	43	272	40	272	157	100	55	19	2	77	83	88	249	151	57	13	200	0	166	25	65	155	108	220
26	2010/11/13	52	88	79	32	238	80	35	54	247	60	43	21	260	76	52	59	35	278	15	5	90	170	142	
27	2010/11/14	134	94	226	271	246	35	26	81	3	180	18	157	280	52	137	55	189	156	276	41	236	46	149	233
28	2010/11/15	131	80	273	219	184	24	225	70	71	227	201	47	202	230	125	163	220	46	265	91	29	190	273	
29	2010/11/16	78	202	40	66	155	180	276	251	164	234	257	47	202	198	195	263	86	201	80	38	92	170	21	

图 1-17　第三方插件"Excel 易用宝"的聚光灯效果

1.3　了解 Office 365 与 Microsoft 365

在过去的几十年间，微软对于Excel等Office产品的版本号定义发生过几次变更。

早期的Excel、Word等应用程序，对外销售的版本定义就是应用程序的软件版本号，即数字序号，各产品独立，如Excel 5.0、Word 5.0。通常情况下，会面向Windows和Mac推出不同的版本号。

从Windows 95时代开始，微软将Office多个产品组合销售，并参照Windows的版本号定义方式，以年份数字来代替数字序号，如Office 95、Office 97、Office 2010等。尽管如此，按照软件开发的惯例，仍然会在应用程序中保留数字序号作为版本号。比如，Office 95中的Excel应用程序版本号是7.0。表1-1罗列了最近的各代Office的产品名称和应用程序版本号的对应关系。

表 1-1　各代Office的产品名称和应用程序版本号的对应关系

产品名称	应用程序版本号（主版本）
Office 97	8.0
Office 2000	9.0
Office XP(2002)	10.0
Office 2003	11.0
Office 2007	12.0
Office 2010	14.0
Office 2013	15.0
Office 2016	16.0
Office 2019	16.0
Office 2021	16.0

Office软件面向全球发售，同一版本可能存在多个小分支，而且在发布后都会有多次或小或大的更新，所以在主版本号后，还会有长长的一串数字表示具体的小版本号。图1-18展示了简体中文版Office 2007在安装了Service Pack 3后，Excel的版本号为12.0.6611.1000。

基于产品战略的调整，微软公司2011年6月推出了新的产品组合——Office 365，将Microsoft Office 2010、Office Web Apps、SharePoint Online、Exchange Online和Lync Online结合在一起，充分借助云计算技术特点，从以往的单机授权销售模式改为订阅制。

Office 365是微软公司新定义的一个产品套装，简单来说，它是包含了最新版本的Office桌面版本、在线或移动版的Office和多个用于协作办公的本地应用程序或云应用的超级结合体。最近十年间，Office 365的产品内容经历了多次迭代和更新，而且细分为面向个人和企业的多种组合。假如用户从2011年开始一直订阅Office 365，那么对于Office桌面版，可以自动从Office 2010升级到Office 2021版本。图1-19展示了微软公司2016年对Office 365的定义。

基于Office 365的成功，微软于2017年7月发布了一个更庞大更先进的产品组合——Microsoft 365，集成了Office 365、最新版本的Windows、Enterprise Mobility+Security等多个产品。目前，Microsoft 365已经取代Office 365成为微软公司的办公软件产品的正式名称，如图1-20所示。

图 1-18　Excel 2007 的具体版本号

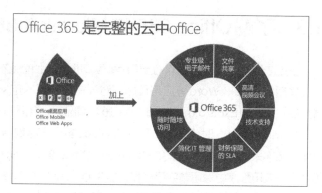

图 1-19　Office 365 包含的产品与服务

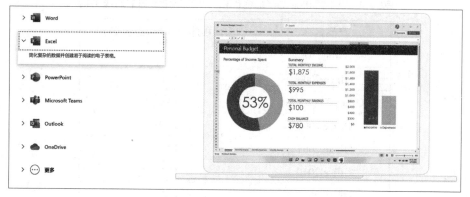

图 1-20　微软网站上关于 Microsoft 365 的产品页面

　　当然，为了满足部分企业和个人的需要，微软公司目前仍然销售单机版的 Office 2021。单机版的 Office 2021 与包含在 Office 365 中的 Office 2021 的最大区别在于：前者可能需要很长时间才会得到微软公司发布的更新服务，而后者几乎可以每个月都得到微软公司发布的更新，便于用户使用最新的功能。

　　无论微软公司如何为 Office 系列产品命名，Excel 桌面版应用程序都会标明软件版本号，方便用户查看。在 Excel 中，单击【文件】→【账户】→【关于】，即可看到版本信息，如图 1-21 所示。

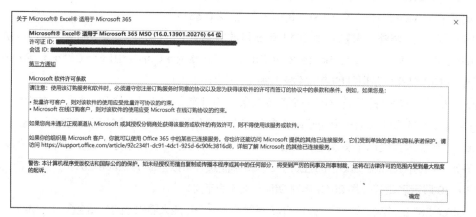

图 1-21　更新到 2021 年 3 月份的 Excel 桌面版应用程序的版本号为 16.0.13901.20276

第 2 章　Excel 工作环境

本章主要介绍 Excel 的工作环境，包括 Excel 的启动方式、Excel 文件的特点及如何使用并定制功能区。这些知识将帮助读者了解 Excel 的基本操作方法，为进一步学习各项功能做好准备。

> **本章学习要点**
>
> （1）启动 Excel 的多种方式。　　　　（3）Excel 的界面与操作方法。
>
> （2）Excel 文件的特点。

2.1　启动 Excel 程序

在操作系统中安装 Microsoft office 2021 后，可以通过以下几种方式启动 Excel 程序。

2.1.1　通过 Windows 开始菜单

在 Windows 操作系统中依次单击【 Windows 】按钮→【 Excel 】图标，即可启动 Microsoft Excel 2021 程序，如图 2-1 所示。

图 2-1　通过 Windows【开始】菜单启动 Excel 2021

2.1.2　通过桌面快捷方式

双击桌面上 Excel 快捷方式即可启动 Excel 程序。

如果在安装时，没有在桌面上生成程序快捷方式，可以手动自行创建。通常有以下两种方法。

方法 1：通过 Excel 2021 程序文件创建桌面快捷方式，操作步骤如下。

步骤① 按 <Win+E> 组合键启动【 Windows 资源管理器 】，在 Windows 资源管理器窗口中定位到 Excel 2021 安装目录，如："C:\Program Files\Microsoft Office\root\Office16"。

步骤② 找到 "EXCEL.EXE" 程序文件，在程序文件上鼠标右击，在弹出的快捷菜单中依次单击【 发送到 】→【 桌面快捷方式 】命令，如图 2-2 所示。

方法 2：通过 Windows 开始菜单创建桌面快捷方式，操作步骤如下。

步骤① 单击【 Windows 】按钮，在 Excel 图标上鼠标右击，在弹出的快捷菜单中依次单击【 更多 】→【 打开文件位置 】选项，进入 Excel 2021 快捷方式所在目录。

步骤③ 在 Excel 图标上鼠标右击，在弹出的快捷菜单中选择【 发送到 】→【 桌面快捷方式 】命令，如图 2-3 所示。

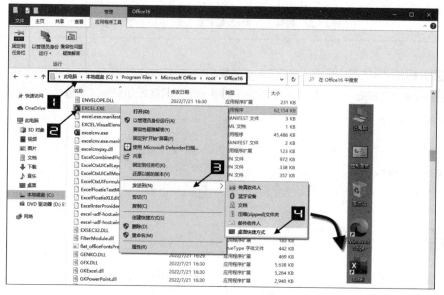

图 2-2　通过 Excel 2021 安装目录创建桌面快捷方式

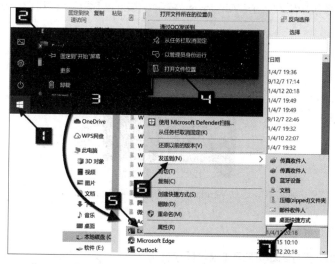

图 2-3　通过 Windows【开始】菜单创建桌面快捷方式

2.1.3　将 Excel 2021 快捷方式固定在任务栏

单击【Windows】按钮，在 Excel 图标上右击鼠标，在弹出的快捷菜单中依次单击【更多】→【固定到任务栏】命令。

2.1.4　通过已存在的 Excel 工作簿

双击已经存在的 Excel 工作簿，如双击文件名为"报表.xlsx"的工作簿，即可启动 Excel 程序并且同时打开该工作簿文件。

2.1.5　其他特殊启动方式

❂ I　以安全模式启动 Excel

如果 Excel 程序由于存在某种问题而无法正常启动，可以尝试通过安全模式启动 Excel。操作方法如下。

方法 1: 修改启动参数

步骤① 鼠标右击 Excel 程序快捷方式，在弹出的快捷菜单中单击【属性】命令，打开【Excel 属性】对话框。切换到【快捷方式】选项卡，在【目标】文本框的原有内容末尾加上参数" /s"（注意：新添加的参数与原内容之间需要有一个半角空格）。

步骤② 单击【确定】按钮，保存设置并关闭对话框，如图 2-4 所示。

双击修改参数以后的 Excel 程序快捷方式，此时 Excel 将以安全模式启动。在安全模式下，Excel 只提供最基本的功能，禁止使用可能产生问题的部分功能，如自定义快速访问工具栏、加载宏及大部分的 Excel 选项。

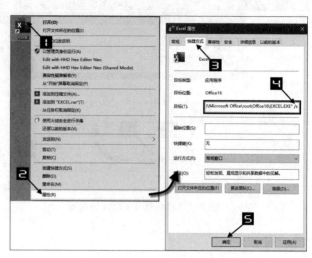

图 2-4　修改快捷方式启动参数

方法 2: 快捷键

按住 <Ctrl> 键，然后启动 Excel 程序，也可进入安全模式。

⊃ II　加快启动速度

（1）取消"启动时显示开始屏幕"选项。

Excel 2021 在启动时，默认显示如图 2-5 所示的开始屏幕，以供用户选择不同的操作。可以取消开始屏幕的显示，以加快 Excel 启动速度。

操作步骤如下。

步骤① 依次单击【文件】→【选项】命令，打开【Excel 选项】对话框。单击【常规】选项卡，在【启动选项】区域取消选中【此应用程序启动时显示开始屏幕】复选框。

步骤② 单击【确定】按钮关闭对话框，如图 2-6 所示。

再次启动 Excel 2021 时，开始屏幕将不再显示，而是直接进入程序界面，并且自动创建一个工作簿。

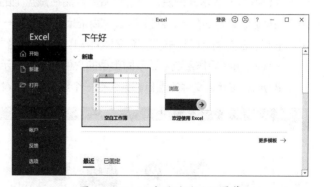

图 2-5　Excel 启动时的开始屏幕

图 2-6　取消"启动时显示开始屏幕"选项

（2）禁用加载项。

启动加载项可以扩展 Excel 的功能，同时也会消耗系统资源。因此禁用暂不需要的加载项可以提升系统效率，加快 Excel 程序启动速度。

COM 加载项是 Excel 默认启动的加载项之一，禁用 COM 加载项的操作步骤如下。

步骤① 依次单击【文件】→【选项】命令，在弹出的【Excel 选项】对话框中切换到【加载项】选项卡。

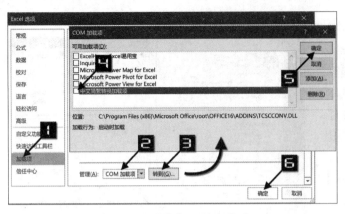

图 2-7　取消选中 COM 加载项

步骤② 在右侧【管理】下拉列表中选择【COM加载项】选项，然后单击右侧的【转到】按钮，打开【COM加载项】对话框。

步骤③ 在【COM加载项】对话框的【可用加载项】列表中，取消选中不需要运行的加载项复选框，依次单击【确定】按钮关闭对话框，如图 2-7 所示。

可以通过类似的步骤禁用【管理】列表中的其他加载项项目。

2.2　理解 Excel 文件的概念

2.2.1　文件的概念

在使用 Excel 之前，有必要了解一下"文件"的概念。

用计算机专业术语来说，"文件"是"存储在磁盘上的信息实体"。在使用计算机的过程中，可以说用户几乎每时每刻都在与文件打交道。如果把计算机比作一个书橱，那么文件就好比是放在书橱里的书本。每本书都会在封面上印有书名，而文件同样也用"文件名"作为它的标识。

在 Windows 操作系统中，不同类型的文件通常会显示不同的图标，以帮助用户直观地进行区分，如图 2-8 所示。Excel 文件的图标都会包括一个绿色的 Excel 程序标志。在图 2-8 所示的文件夹中，排列在第 4 的名为"报表"的文件就是 Excel 文件。

图 2-8　各种不同类型的文件在文件夹中的图标

除了图标外，用于区别文件类型的另一个重要依据是文件的"扩展名"。扩展名也称为后缀名或后缀，事实上是完整文件名的一部分。熟悉早期 DOS 操作系统的用户一定会清楚扩展名这个概念，但是由于它在 Windows 操作系统中并不总是显示出来，所以很容易被用户忽视。

显示并查看文件扩展名的方法如下。

在打开的任意文件夹中单击【查看】选项卡，选中【文件扩展名】复选框，即可将文件扩展名显示出来，如图 2-9 所示。

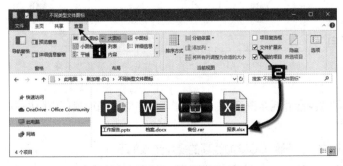

图 2-9　显示文件扩展名

选中【文件扩展名】复选框后，文件夹中的文件都显示出其完整名称，如"报表.xlsx"，其文件名中"."之后的"xlsx"就是该文件的扩展名，标识了这个文件的类型。

不同类型的文件有不同的扩展名。例如，Word文档的文件扩展名默认为".docx"，PowerPoint的演示文稿文件扩展名默认为".pptx"等。

2.2.2　Excel文件

通常情况下，Excel文件是指Excel工作簿文件，即扩展名为".xlsx"（Excel 97-Excel 2003 的默认扩展名为".xls"）的文件，这是Excel最基础的电子表格文件类型。但是与Excel相关的文件类型并非仅此一种，下面对Excel程序创建的其他文件类型进行介绍。

◐Ⅰ　启用宏的工作簿（.xlsm）

启用宏的工作簿是一种特殊的工作簿，是自Excel 2007 及以后的版本所特有的，是Excel 2007 及后续版本中基于XML和启用宏的文件格式，用于存储VBA宏代码或Excel 4.0 宏，启用宏的工作簿扩展名为".xlsm"。自Excel 2007 及以后的版本，基于安全考虑，普通工作簿无法存储宏代码，而保存为启用宏的工作簿则可以保留其中的宏代码。

◐Ⅱ　模板文件（. xltx/.xltm）

模板是用来创建具有相同特色的工作簿或工作表的模型，如果要使自己创建的工作簿或工作表具有自定义的颜色、文字样式、表格样式、显示设置等统一的样式，那么就可以通过使用模板文件来实现。模板文件的扩展名为".xltx"。关于模板的具体使用方法，请参阅第 9 章。如果用户需要将VBA宏代码或Excel 4.0 宏工作表存储在模板中，则需要存储为启用宏的模板文件类型，其文件扩展名为".xltm"。

◐Ⅲ　加载宏文件（.xlam）

加载宏是一些包含了Excel扩展功能的程序，其中包括Excel自带的加载宏程序（如分析工具库、规划求解等），也包括用户自己或第三方软件厂商创建的加载宏程序（如自定义函数、命令等）。加载宏文件".xlam"就是包含了这些程序的文件，通过移植加载宏文件，用户可以在不同的计算机上使用加载宏程序。

◐Ⅳ　网页文件（.mht/.htm）

Excel可以从网页上获取数据，也可以把包含数据的表格保存为网页格式发布，其中还可以设置保存为"交互式"的网页，转化后的网页中保留了使用Excel继续进行编辑和数据处理的功能。Excel保存为网页文件分为单个文件的网页（.mht）和普通的网页（.htm），这些Excel创建的网页与普通的网页不完全相同，其中包含了部分与Excel格式相关的信息。

除了上面介绍的这几种文件类型外，Excel还支持许多其他类型的文件格式，不同的Excel格式具有不同的扩展名、存储机制及限制，见表 2-1。

表 2-1　不同 Excel 文件格式对应的扩展名、存储机制及限制

Excel 文件格式	扩展名	存储机制和限制说明
Excel 工作簿	.xlsx	Excel 2007 及以上版本默认基于XML的文件格式。不能存储VBA宏代码或 Microsoft Office Excel 4.0 宏工作表（.xlm）
Excel 启用宏的工作簿	.xlsm	Excel 2007 及以上版本基于XML和启用宏的文件格式。可存储VBA宏代码和Excel 4.0 宏工作表（.xlm）
Excel 二进制工作簿	.xlsb	Excel 2007 及以上版本的二进制文件格式

Excel 文件格式	扩展名	存储机制和限制说明
Excel 97-2003 工作簿	.xls	Excel 97-2003 的二进制文件格式
XML 数据	.xml	XML 数据格式
单个文件网页	.mht、.mhtm	单个文件网页（MHT 或 MHTML）。此文件格式集成嵌入图形、小程序、链接文档及在文档中引用的其他支持项目
网页	.htm、.html	超文本标记语言（HTML）。如果从其他程序复制文本，Excel 将不考虑文本的固有格式，而以 HTML 格式粘贴文本
模板	.xltx	Excel 2007 及以上版本的 Excel 模板默认文件格式。不能存储 VBA 宏代码或 Excel 4.0 宏工作表（.xlm）
Excel 启用宏的模板	.xltm	Excel 2007 及以上版本的 Excel 模板启用宏的文件格式。可存储 VBA 宏代码和 Excel 4.0 宏工作表（.xlm）
Excel 97-2003 模板	.xlt	Excel 模板的 Excel 97-2003 的二进制文件格式（BIFF8）
文本文件（制表符分隔）	.txt	将工作簿另存为以制表符分隔的文本文件，仅保存活动工作表
Unicode 文本	.txt	将工作簿另存为 Unicode 文本，是一种由 Unicode 协会开发的字符编码标准
XML 电子表格 2003	.xml	XML 电子表格 2003 文件格式
Microsoft Excel 5.0/95 工作簿	.xls	Excel 5.0/95 二进制文件格式
CSV（逗号分隔）	.csv	将工作簿另存为以制表符分隔的文本文件，仅保存活动工作表
带格式文本文件（空格分隔）	.prn	Lotus 以空格分隔的格式。仅保存活动工作表
DIF（数据交换格式）	.dif	数据交换格式，仅保存活动工作表
SYLK（符号链接）	.slk	符号链接格式。仅保存活动工作表
Excel 加载宏	.xlam	Excel 2007-2021 基于 XML 和启用宏的加载项格式。加载项是用于运行其他代码的补充程序。支持使用 VBA 项目和 Excel4.0 宏工作表（.xlm）
Excel 97-2003 加载宏	.xla	Excel 97-2003 加载项。即设计用于运行其他代码的补充程序。支持 VBA 项目的使用
PDF	.pdf	可携带文档格式，无论在哪种打印机上都可保证精确的颜色和准确的打印效果
XPS 文档	.xps	与 PDF 格式类似，联机查看或打印 XPS 文件时，可保留预期的格式，并且他人无法轻易更改文件中的格式
Strict Open XML 电子表格	.xlsx	Excel 工作簿文件格式（.xlsx）的 ISO 严格版本
Open Document 电子表格	.ods	Open Document 电子表格。可以保存 Excel 2021 文件，从而可在使用 Open Document 电子表格格式的电子表格应用程序（如 Google Docs 和 OpenOffice.org Calc）中打开这些文件。也可以使用 Excel 2021 打开 .ods 的电子表格，保存及打开文件时可能会丢失格式设置

识别这些不同类型的文件，除了通过扩展名，有经验的用户还可以从这些文件的图标上发现它们的区别，如图 2-10 所示。

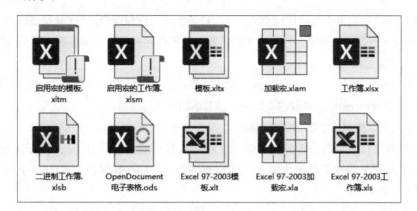

图 2-10　几种与 Excel 相关的文件

2.3　Office Open XML 文件格式

从 Microsoft Office 2007 开始，引入了一种基于 XML 的文件格式，称为 Microsoft Open XML 格式，适用于 Microsoft Office Word、Microsoft Office Excel、Microsoft Office PowerPoint。

在 Microsoft Office 早期版本中，由 Microsoft Office Word、Microsoft Office Excel、Microsoft Office PowerPoint 创建的文件以独立的、单一的文件格式进行保存，它们称为二进制文件。

Microsoft Open XML 格式是基于 XML 和 ZIP 压缩技术创建的。和早期的 Microsoft Office 版本类似，文档保存在一个单一的文件或容器中，所以管理这些文档的过程仍然是简单的。但是与早期文件不同的是，Microsoft Open XML 格式的文件能够被打开并显示其中的组件，用户能够访问该文件的结构。

Microsoft Open XML 格式有许多优点，它不仅适用于开发人员及其构建的解决方案，而且适用于个人及各种规模的组织。

Microsoft Open XML 格式使用 ZIP 压缩技术来存储文档，由于这种格式可以减少存储文件所需的磁盘空间，因而可以节省成本。

引进了受损文件的恢复。文件结构以模块形式进行组织，从而使文件中的不同数据组件彼此分隔。这样，即使文件中的某个组件（如图表或表格）受到损坏，文件本身仍然有可能打开。

易于检测到包含宏的文档。使用默认的 ".x" 结尾的后缀（如 .xlsx）保存的文件不能包含 Visual Basic for Application（VBA）宏或 ActiveX 控件，因此不会引发与相关类型的嵌入代码有关的安全风险。只有特定扩展名的文件（如 ".xlsm"".xlsb"".xlam" 等）才能包含 VBA 宏和 ActiveX 控件，这些宏和控件存储在文件内单独一节中。不同的文件扩展名使包含宏的文件和不包含宏的文件更容易区分，从而更容易识别出包含潜在恶意代码的文件。此外，IT 管理员可阻止包含不需要的宏或控件的文档，这样在打开文档时就会更加安全。

更好的隐私保护和更强有力的个人信息控制。可以采用保密方式共享文档，因为使用文档检查器可以轻松地识别和删除个人身份信息及业务敏感信息，如作者姓名、批注、修订和文件路径等。

2.4 理解工作簿和工作表的概念

扩展名为".xlsx"的文件就是我们通常所称的工作簿文件，它是用户进行 Excel 操作的主要对象和载体。用户使用 Excel 创建数据表格，在表格中进行编辑及操作完成后进行保存等一系列操作过程，大多是在工作簿这个对象上完成的。

如果把工作簿比作书本，那么工作表就类似于书本中的书页。工作簿在英文中称为"Workbook"，而工作表则称为"Worksheet"，大致也就是包含了书本和书页的意思。

书本中的书页可以根据需要增减和改变顺序，工作簿中的工作表也可以根据需要增加、删除和移动。

现实中的书本是有一定页码限制的，太厚了就无法方便地进行阅读，甚至装订都比较困难。而 Excel 工作簿可以包括的最大工作表数量与当前所使用的计算机的内存有关，也就是说在内存充足的前提下，可以是无限多个。

一本书至少应该有一页纸，同样，一个工作簿也至少需要包含一个可视工作表。

2.5 认识 Excel 的工作窗口

Excel 2021 继续沿用了前一版本的功能区界面风格，如图 2-12 所示。

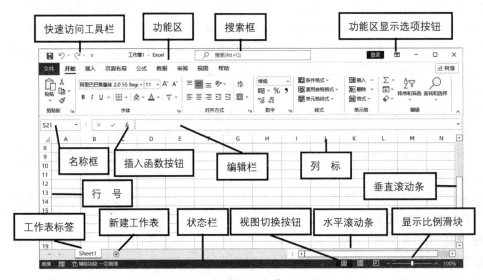

图 2-11　Excel 2021 窗口界面

2.6 认识功能区

在浏览 Excel 工作表中的数据时，往往需要更大的单元格显示区域，Excel 的功能区提供了折叠和隐藏功能。

以折叠功能区为例，通过单击程序窗口上方的【功能区显示选项】按钮，在弹出的快捷菜单中选择【显示选项卡】命令，则可以折叠功能区，只保留显示各选项卡的标签，如图 2-12 所示。再次单击【功能区显示选项】按钮，在弹出的快捷菜单中选择【显示选项卡和命令】命令，可恢复功能区正常显示。

使用 <Ctrl+F1> 组合键或双击任意选项卡名称，也可以在折叠功能区和正常显示功能区之间快速切换。还可以在快速搜索框输入命令关键词，如"功能区"，在快捷菜单中选择【折叠功能区】命令，进行快速切换，如图 2-13 所示。

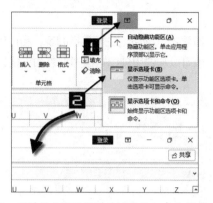

图 2-12　通过【功能区显示选项】按钮命令折叠功能区

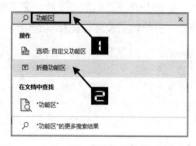

图 2-13　使用快速搜索功能折叠功能区

2.6.1　Excel 功能区选项卡

○ I　【文件】选项卡

【文件】选项卡是一个比较特殊的功能区选项卡，由一组纵向的菜单列表组成，包括【返回】按钮 、【开始】【新建】【打开】【信息】【保存】【另存为】【历史记录】【打印】【共享】【导出】【发布】【关闭】【账户】【反馈】和【选项】等功能，单击左上角的【返回】按钮可返回工作表，如图 2-14 所示。

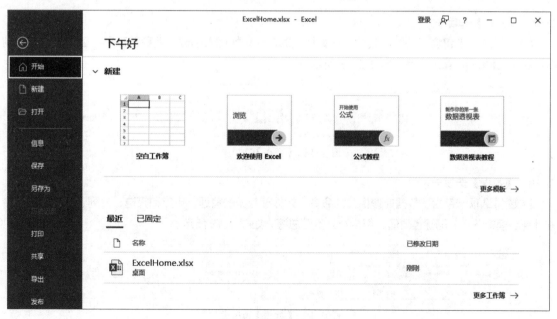

图 2-14　【文件】选项卡

○ II　【开始】选项卡

【开始】选项卡包含一些常用命令。该选项卡包括基本的剪贴板命令，字体格式、单元格对齐方式、单元格格式和样式、条件格式、单元格和行列的插入/删除命令及数据编辑命令等，如图 2-15 所示。

图 2-15 【开始】选项卡

⊃ III 【插入】选项卡

【插入】选项卡几乎包含了所有可以插入工作表的对象，如图 2-16 所示。主要包括图表、图片和形状、联机图片、SmartArt、艺术字、符号、文本框和超链接等，也可以从这里创建数据透视表和表格，此外，还包括地图、三维地图及迷你图和筛选器等。

图 2-16 【插入】选项卡

⊃ IV 【页面布局】选项卡

【页面布局】选项卡包含了设置工作表外观的命令，包括主题设置、图形对象排列位置等，同时也包含了打印所使用的页面设置和缩放比例等，如图 2-17 所示。

图 2-17 【页面布局】选项卡

⊃ V 【公式】选项卡

【公式】选项卡包含了函数、公式、计算相关的命令，如插入函数、名称管理器、公式审核及控制 Excel 执行计算的计算选项等，如图 2-18 所示。

图 2-18 【公式】选项卡

⊃ VI 【数据】选项卡

【数据】选项卡包含了数据处理相关的命令，如外部数据的管理、排序和筛选、分列、数据验证、合并计算、模拟分析、删除重复值、组合及分类汇总等，如图 2-19 所示。

图 2-19 【数据】选项卡

⊃ VII 【审阅】选项卡

【审阅】选项卡包含拼写检查、翻译文字、批注管理及工作簿、工作表的权限管理等，如图 2-20 所示。

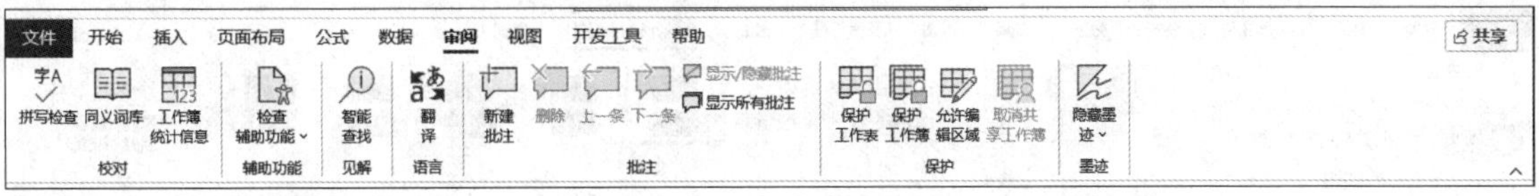

图 2-20 【审阅】选项卡

⊃ Ⅷ 【视图】选项卡

【视图】选项卡主要包括显示视图切换、显示比例缩放和录制宏命令。除此之外，还包括窗口冻结和拆分、网格线、标题等窗口元素的显示与隐藏等，如图 2-21 所示。

图 2-21 【视图】选项卡

⊃ Ⅸ 【开发工具】选项卡

【开发工具】选项卡默认设置下不会显示，它主要包含使用VBA进行程序开发时需要用到的命令，如图 2-22 所示。显示【开发工具】选项卡的方法请参阅 42.5.1 节。

图 2-22 【开发工具】选项卡

⊃ Ⅹ 【帮助】选项卡

【帮助】选项卡包含了帮助、反馈、显示培训内容等功能。

⊃ Ⅺ 【辅助功能】选项卡

【辅助功能】选项卡默认为关闭状态。单击【审阅】选项卡，然后单击【检查辅助功能】按钮，将打开【辅助功能】选项卡。【辅助功能】选项卡将创建可访问内容所需的所有工具放在一个位置，如图 2-23 所示。

图 2-23 【辅助功能】选项卡

2.6.2 附加选项卡

除以上这些常规选项卡外，Excel 2021 还包含了许多附加的选项卡，它们只在进行特定操作时才会显示出来。例如，当选中某些类型的对象时（如SmartArt、图表、数据透视表等），功能区中就会显示处理该对象的专用选项卡。图 2-24 所示为操作SmartArt对象时所出现的【SmartArt设计】和【格式】两个附加选项卡。

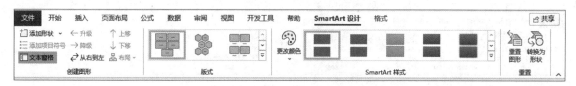

图 2-24 【SmartArt设计】选项卡

除了对SmartArt操作所产生的附加选项卡外，常见的附加选项卡主要包括以下几种。

⮒ Ⅰ 图表设计

在选中图表时显示，其中包括【图表设计】和【格式】两个附加选项卡，如图 2-25 所示。

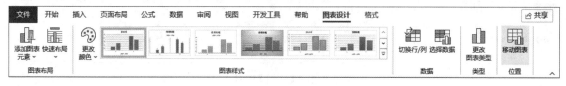

图 2-25 【图表设计】选项卡

⮒ Ⅱ 形状格式

【形状格式】选项卡在插入图形对象时显示，如图 2-26 所示。

图 2-26 【形状格式】选项卡

⮒ Ⅲ 图片格式

【图片格式】选项卡在激活图片或剪贴画时显示，如图 2-27 所示。

图 2-27 【图片格式】选项卡

⮒ Ⅳ 页眉和页脚

【页眉和页脚】选项卡在执行【插入】→【文本】→【页眉和页脚】命令后，并对其操作时显示，如图 2-28 所示。

图 2-28 【页眉和页脚】选项卡

⮒ Ⅴ 公式

【公式】选项卡在执行【插入】→【公式】命令后显示，【形状格式】选项卡会同时显示，如图 2-29 所示。

图 2-29 【公式】选项卡

> **注意** → 　　此处的公式是指在文本框中进行编辑的以数学符号为主的公式表达式，它不同于 Excel 的公式，此处插入的公式没有计算功能。

⊃ VI　数据透视表分析

在激活数据透视表时显示【数据透视表分析】和【设计】两个附加选项卡，如图 2-30 所示。

图 2-30 【数据透视表分析】选项卡

⊃ VII　数据透视图分析

在激活数据透视图对象时显示【数据透视图分析】【设计】【格式】选项卡，如图 2-31 所示。

图 2-31 【数据透视图分析】选项卡

⊃ VIII　表设计

【表设计】选项卡在激活"表格"区域时显示，如图 2-32 所示。

图 2-32 【表设计】选项卡

> **注意** → 　　"表格"是指在【插入】选项卡单击【表格】按钮后创建的一种不同于常规数据区域的表格，在 Excel 早期版本中也称为"列表"。有关表格的应用，请参阅 29.10 节。

除以上介绍的常用附加选项卡外，还有【迷你图】【日程表】【切片器】【3D 模型】等附加选项卡。

2.6.3　选项卡中的命令控件类型

功能区选项卡中包含多个命令组，每个命令组中包含一些功能相近或相互关联的命令，这些命令通过多种不同类型的控件显示在选项卡面板中，认识和了解这些控件的类型和特性有助于正确使用功能区命令。

⊃ I　按钮

单击按钮可执行一项命令或一项操作。如图 2-33 所示，【开始】选项卡中的【剪切】和【格式刷】按钮及【插入】选项卡中的【表格】和【图标】等按钮。

图 2-33 按钮

➲ II 切换按钮

单击切换按钮可在两种状态之间切换。【开始】选项卡中的【自动换行】切换按钮，如图 2-34 所示。

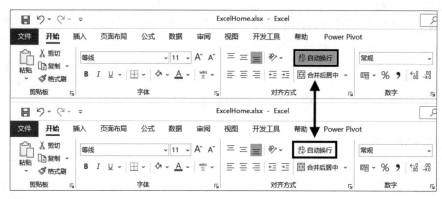

图 2-34 切换按钮

➲ III 下拉按钮

下拉按钮包含一个黑色倒三角标识符号，单击下拉按钮可以显示详细的命令列表或显示多级扩展菜单，如图 2-35 所示为【清除】下拉按钮，图 2-36 所示为【条件格式】下拉按钮。

图 2-35 显示命令列表的下拉按钮

图 2-36 显示多级扩展菜单的下拉按钮

➲ IV 拆分按钮

拆分按钮（或称组合按钮）由按钮和下拉按钮组合而成。单击其中的按钮部分可以执行特定的命令，而单击其下拉按钮部分，则可以在下拉列表中选择其他相近或相关的命令，如图 2-37 所示的【开始】选项卡中的【粘贴】拆分按钮和【插入】拆分按钮。

➲ V　复选框

复选框与切换按钮作用方式相似，通过单击复选框可以在"选中"和"取消选中"两个选项之间切换，用于一些选项设置。图 2-38 所示为【页面布局】选项卡中的【查看】复选框和【打印】复选框。

图 2-37　拆分按钮　　　　　　　　　　　　　图 2-38　复选框

➲ VI　文本框

文本框可以显示文本，并且允许对其进行编辑。图 2-39 所示为【数据透视表分析】选项卡中的【数据透视表名称】文本框和【活动字段】文本框。

图 2-39　文本框

➲ VII　库

库包含了一个图标容器，在其中有一组可供用户选择的命令或方案图标，如图 2-40 所示的【图表设计】选项卡中的样式库。单击右侧的上下三角箭头，可以切换显示不同行中的图标项；单击右侧的下拉扩展按钮，可以打开整个库，显示全部内容，如图 2-41 所示。

图 2-40　库

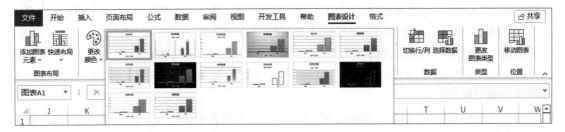

图 2-41　完全展开的【图表样式】库

⊃ VIII　组合框

组合框控件由文本框、下拉按钮控件和列表框组合而成，通常用于多种属性选项的设置。通过单击其中显示黑色倒三角的下拉按钮，可以在下拉列表框中选取列表项，所选中的列表项会同时显示在组合框的文本框中。同时，也可以直接在文本框中输入某个选项名称后，按<Enter>键确认。图 2-42 所示为【开始】选项卡中的【数字格式】组合框。

⊃ IX　微调按钮

微调按钮包含一对方向相反的三角箭头按钮，通过单击这对按钮，可以对文本框中的数值大小进行调节。图 2-43 所示为【图表格式】选项卡中的【高度】微调按钮和【宽度】微调按钮。

⊃ X　对话框启动器

对话框启动器是一种比较特殊的按钮控件，它位于特定命令组的右下角，并与此命令组相关联。对话框启动器按钮显示为斜角箭头图标，单击此按钮可以打开与该命令组相关的对话框。如图 2-44 所示，单击【页面布局】选项卡【页面设置】组的【对话框启动器】按钮，打开【页面设置】对话框。

图 2-42　组合框

图 2-43　微调按钮

图 2-44　通过【对话框启动器】按钮打开【页面设置】对话框

2.6.4　选项卡控件的自适应缩放

功能区的选项卡控件可以随Excel程序窗口宽度的大小自动更改尺寸样式，以适应显示空间的要求。在窗口宽度足够大时尽可能显示更多的控件信息，而在窗口宽度比较小时，则尽可能以小图标代替大图标，甚至改变原有控件的类型，以求在有限的空间中显示更多的控件图标。

在窗口宽度减小时，选项卡控件可能发生的样式改变大致包括以下几种情况。

同时显示文字和图标的按钮转而改变为显示图标，如图 2-45 所示的【开始】选项卡中【编辑】分组相关命令下拉按钮。

横向排列的拆分按钮转而改变为纵向排列的拆分按钮，如图 2-46 所示的【开始】选项卡中【单元格】分组相关命令下拉按钮。

图 2-45　不显示文字仅显示图标

图 2-46　横向转为纵向

库转变为下拉按钮，如图 2-47 所示的【图片格式】附加选项卡中【图片样式】库转变为【快速样式】 **02**章
下拉按钮。

命令组变为下拉按钮，如图 2-48 所示的【开始】选项卡中【单元格】命令组和【编辑】命令组。

图 2-47　库转变为下拉按钮

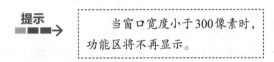
图 2-48　命令组变为下拉按钮

选项卡标签或命令控件区域增加滚动按钮，如图 2-49 所示。

图 2-49　增加滚动按钮

提示➡ 当窗口宽度小于 300 像素时，功能区将不再显示。

2.6.5　其他常用控件

除了以上这些功能区中的常用控件外，在 Excel 的对话框中还包含以下一些其他类型的控件。

➲ | 选项按钮

选项按钮控件通常由两个或两个以上的选项按钮组成，在选中其中一个选项按钮时，同时取消同组中其他选项的选取状态。因此，选项按钮也称为"单选按钮"。图 2-50 所示为【Excel 选项】对话框【高级】选项卡中的【光标移动】选项按钮。

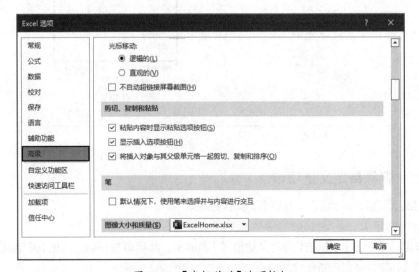
图 2-50　【光标移动】选项按钮

● II 编辑框

编辑框由文本框和右侧的折叠按钮组成，文本框内可以直接输入或编辑文本，单击折叠按钮可以在工作表中拖动鼠标选择目标区域，目标区域的单元格地址会自动填写在文本框中。图 2-51 所示为通过【插入】选项卡中的【表格】命令，打开的【创建表】对话框中的【表数据的来源】编辑框。

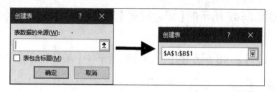

图 2-51 编辑框和折叠按钮

2.7 通过选项设置调整窗口元素

用户可以根据自己的使用习惯和实际需要，对 Excel 窗体元素进行一些调整，这些调整包括显示、隐藏、调整次序等，以下介绍通过选项设置调整窗体元素的方法。

2.7.1 显示和隐藏选项卡

依次单击【文件】→【选项】命令，在弹出的【Excel 选项】对话框中切换到【自定义功能区】选项卡，在【自定义功能区】区域选中或取消选项卡的复选框，来显示或隐藏对应的选项卡，如图 2-52 所示。

图 2-52 显示和隐藏选项卡

2.7.2 添加和删除自定义选项卡

用户可以自行添加或删除自定义选项卡，操作方法如下。

● I 添加自定义选项卡

在【Excel 选项】对话框中单击【自定义功能区】选项卡，然后单击右侧下方的【新建选项卡】按钮，【自定义功能区】列表中会显示新创建的自定义选项卡，如图 2-53 所示。

图 2-53　新建选项卡

可以为新建的选项卡和命令组重新命名，并通过左侧的命令列表向右侧的命令组中添加命令，如图 2-54 所示。

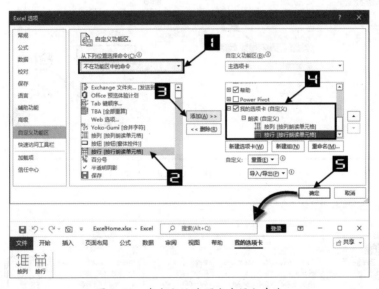

图 2-54　在自定义选项卡中添加命令

⊃ Ⅱ　删除自定义选项卡

如果用户需要删除自定义的选项卡（程序原有内置的选项卡无法删除），可以在选项卡列表中选定指定的自定义选项卡，单击【删除】按钮，或右击选中的自定义选项卡，在弹出的快捷菜单中选择【删除】命令。

2.8　自定义功能区

除了创建新的自定义选项卡添加自定义命令外，也可以在系统原有的内置选项卡中添加自定义命令组，为内置选项卡增加自定义命令。

例如，要在【页面布局】选项卡中新建一个命令组，将【冻结窗格】命令添加到此命令组中，操作步骤如下。

步骤① 鼠标右击【页面布局】选项卡，在弹出的快捷菜单中选择【自定义功能区】选项，打开【Excel 选项】对话框，此时会自动激活【自定义功能区】选项卡。

步骤② 在【自定义功能区】选项卡右侧的主选项卡列表中选中【页面布局】选项卡，然后单击下方的【新建组】按钮，会在此选项卡中新增一个名为【新建组（自定义）】的命令组。

步骤③ 选中新建组，然后在左侧【常用命令】列表中找到【冻结窗格】命令并选中，再单击中间的【添加】按钮，即可将此命令添加到自定义的命令组中。最后单击【确定】按钮完成操作，如图 2-55 所示。

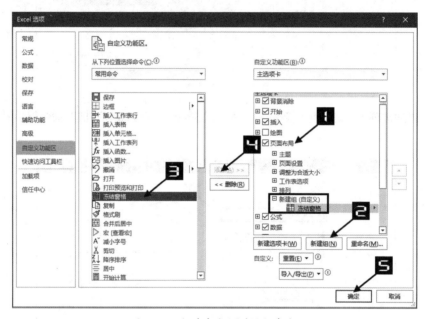

图 2-55 新建命令组并添加命令

新建的自定义命令组如图 2-56 所示。

图 2-56 自定义命令组在选项卡中的显示

2.8.1 重命名选项卡

除了【文件】选项卡和上下文选项卡，可以重命名其他的主选项卡，操作步骤如下。

步骤① 在【Excel 选项】对话框的【自定义功能区】选项卡的【主选项卡】列表中选择需要重命名的选项卡，如【公式】选项卡，单击下方的【重命名】按钮，弹出【重命名】对话框。

步骤② 在【重命名】对话框的【显示名称】文本框中输入新的名称，如"函数公式"，单击【确定】按钮关闭【重命名】对话框。

步骤③ 单击【Excel 选项】对话框的【确定】按钮完成设置，如图 2-57 所示。

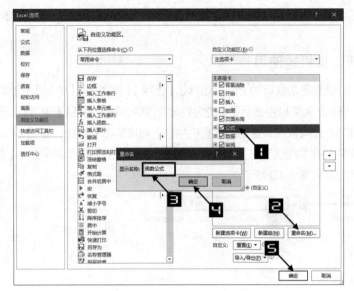

图 2-57　重命名选项卡

2.8.2　调整选项卡显示次序

可以根据需要调整选项卡在功能区中的排放次序，方法如下。

方法 1：打开【Excel 选项】对话框，单击【自定义功能区】选项卡，在【自定义功能区】区域【主选项卡】列表中选择需要调整的选项卡，单击右侧的上移或下移按钮，即可对选择的选项卡进行向上或向下移动。

方法 2：在【主选项卡】列表中选择需要调整的选项卡，按住鼠标左键拖动到目标位置，释放鼠标即可。

2.8.3　导出和导入配置

如果需要保留选项卡的各项设置，并在其他计算机使用或在重新安装 Microsoft office 2021 程序后保持之前的选项卡设置，则可以通过导出和导入选项卡的配置文件实现，操作方法如下。

在【Excel 选项】对话框中单击【自定义功能区】选项卡，然后在右侧下方的【导入/导出】下拉列表中选择【导出所有自定义设置】命令，在弹出的【保存文件】对话框中选择保存路径，并输入保存的文件名称后单击【保存】按钮，完成选项卡配置文件的导出操作。在需要导入配置时，可参考以上操作，定位到配置文件的存放路径后选择文件导入。

2.8.4　恢复默认设置

如果需要恢复 Excel 程序默认的主选项卡或工具选项的初始设置，可以通过以下操作实现。

在【Excel 选项】对话框中单击【自定义功能区】选项卡，在右侧下方的【重置】下拉列表中选择【重置所有自定义项】命令，也可以选择【仅重置所选功能区选项卡】命令，来完成对应的重置操作。

2.9　快速访问工具栏

快速访问工具栏是一个可自定义的工具栏，它包含一组常用的命令快捷按钮，用户可以根据需要快速添加或删除其所包含的命令按钮。使用快速访问工具栏可以减少对功能区菜单的操作频率，提高常用命令的访问速度。

2.9.1 快速访问工具栏的使用

快速访问工具栏默认位于功能区的上方，包含了【保存】【撤消】和【恢复】3 个命令按钮。单击工具栏右侧的下拉按钮，可在扩展菜单中显示更多的内置命令选项，其中包括【新建】【打开】【快速打印】等，如果选中这些命令选项，就可以在快速访问工具栏中显示对应的命令按钮，如图 2-58 所示。

如需快速访问工具栏在功能区下方显示，可在图 2-58 所示的下拉菜单中选中【在功能区下方显示】选项即可，设置后的效果如图 2-59 所示。

图 2-58 快速访问工具栏的使用

图 2-59 快速访问工具栏在功能区下方显示

2.9.2 自定义快速访问工具栏

除了系统内置的几项命令外，用户还可以通过【自定义快速访问工具栏】按钮将其他命令添加到此工具栏上。

以添加【照相机】命令为例，操作步骤如下。

步骤① 单击【快速访问工具栏】右侧的下拉按钮，在弹出的扩展菜单中选择【其他命令】选项，弹出【Excel 选项】对话框，并自动切换到【快速访问工具栏】选项卡。

步骤② 在左侧【从下列位置选择命令】下拉列表中选择【不在功能区中的命令】选项，然后在命令列表中选中【照相机】选项，再单击【添加】按钮，此命令就会出现在右侧的命令列表中，最后单击【确定】按钮完成操作，如图 2-60 所示。

如果用户需要删除【快速访问工具栏】上的命令按钮，可以在【快速访问工具栏】上鼠标右击需要删除的命令按钮，然后在弹出的快捷菜单中执行【从快速访问工具栏删除】命令，如图 2-61 所示。

除了添加和删除命令外，通过图 2-60 所示的选项对话框，还可以使用右侧的调节按钮调整命令的排列顺序。

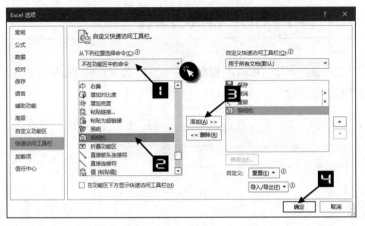

图 2-60　在快速访问工具栏添加命令　　　　图 2-61　从快速访问工具栏删除命令

2.9.3　导出和导入自定义快速访问工具栏配置

对自定义快速访问工具栏的设置，只能在当前计算机所在系统中使用。如果需要保留自定义快速访问工具栏的各项设置，并在其他计算机使用或在重新安装 Microsoft office 2021 程序后保持之前的选项卡设置，则可以通过导出和导入自定义快速访问工具栏的配置文件实现，操作方法和导出导入功能区配置相似，详细步骤请参阅 2.8.3 节。

> 自定义功能区的导出和导入功能，和自定义快速访问工具栏的导入和导出功能是等效的，无论执行哪一个导入和导出，系统会将另一项自定义配置一同执行。

2.10　快捷菜单、浮动工具栏和快捷键

许多常用命令除了可以通过功能区选项卡执行外，还可以在快捷菜单和浮动工具栏中选定执行。在工作表中，鼠标右击可以显示快捷菜单，可以使命令的选择更加快速高效。例如，在选定一个单元格区域后右击，会出现包含单元格格式操作等命令的快捷菜单，如图 2-62 所示。在选定单元格中的内容时，会出现字体设置相关命令的浮动工具栏，如图 2-63 所示。

图 2-62　Excel 右键快捷菜单　　图 2-63　Excel 浮动工具栏

第 3 章　工作簿和工作表操作

本章主要介绍工作簿的创建、保存及工作表的创建、移动、删除等基础操作。掌握这些基础操作方法，能够为后续进一步学习 Excel 的其他操作奠定基础。

本章学习要点

（1）工作簿和工作表的基础操作。　　　　　（2）工作表视图窗口的设置。

3.1　工作簿的基本操作

3.1.1　工作簿类型

Excel 工作簿有多种类型。当保存一个新的工作簿时，可以在【另存为】对话框的【保存类型】下拉列表中选择所需要保存的 Excel 文件格式，如图 3-1 所示。其中"*.xlsx"为默认的 Excel 工作簿；"*.xlsm"为启用宏的工作簿，当工作簿中包含宏代码时，选择该类型。"*.xlsb"为二进制工作簿，"*.xls"为 Excel97-2003 工作簿，无论工作簿中是否包含宏代码，都可以保存为这种文件格式。

图 3-1　Excel【保存类型】下拉列表

默认情况下，Excel 2021 文件保存的类型为"Excel 工作簿（*.xlsx）"。如果需要和早期的 Excel 版本共享电子表格，或者需要经常性地制作包含宏代码的工作簿，可以通过设置"工作簿的默认保存文件格式"来提高保存操作的效率，操作方法如下。

依次单击【文件】→【选项】命令，打开【Excel 选项】对话框，单击【保存】选项卡，然后在右侧【保存工作簿】区域的【将文件保存为此格式】下拉列表中，选择需要默认保存的文件类型，如"Excel 97-2003 工作簿（*.xls）"，最后单击【确定】按钮保存设置并退出【Excel 选项】对话框，如图 3-2 所示。

设置完默认的文件保存类型后，再对新建的工作簿使用【保存】命令或【另存为】命令时，就会被默认保存为之前所选择的文件类型。

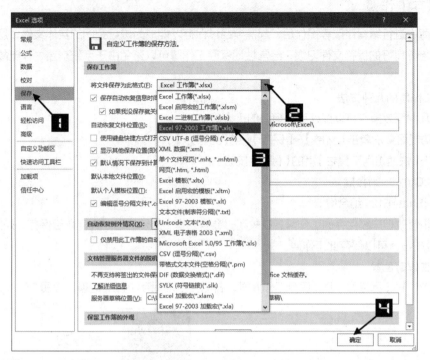

图 3-2　设置默认的文件保存类型

注意→　　如果将默认的文件保存类型设置为"Excel 97-2003 工作簿"，在 Excel 程序中新建工作簿时将以"兼容模式"运行，部分高版本中的功能将不可用。

3.1.2　创建工作簿

可以通过以下几种方法创建新的工作簿。

⊃ Ⅰ　在 Excel 工作窗口中创建

由系统【开始】菜单或桌面快捷方式启动 Excel，启动后的 Excel 工作窗口中自动创建一个名为"工作簿 1"的空白工作簿（如多次重复启动操作，则名称中的编号依次增加），这个工作簿在进行保存操作之前都只存在于内存中，没有实体文件存在。

在现有的 Excel 窗口中，有以下两种等效操作可以创建新的工作簿。

（1）在功能区上依次单击【文件】→【新建】命令，在右侧单击【空白工作簿】按钮。

（2）按 <Ctrl+N> 组合键。

上述方法所创建的工作簿同样只存在于内存中，并会依照创建次序自动命名。

⊃ Ⅱ　在系统中创建工作簿文件

安装了 Office 2021 的 Windows 系统，会在桌面或资源管理器的鼠标右键菜单中自动添加【新建】→【Microsoft Excel 工作表】命令，如图 3-3 所示。执行相应命令后可在当前位置创建一个新的 Excel 工作簿文件。

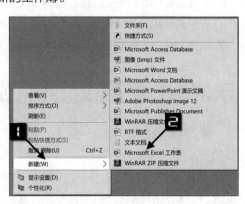

图 3-3　通过鼠标右键菜单创建工作簿

3.1.3　保存工作簿

在工作簿中进行编辑修改等操作后，都需要经过保存才能成为磁盘空间的实体文件，用于以后的读取与编辑。培养良好的保存文件习惯，经常性地保存工作簿可以避免由于系统崩溃、停电故障等原因所造成的损失。

⊃ Ⅰ　保存工作簿的几种方法

有以下几种等效操作可以保存当前窗口的工作簿。

（1）在功能区依次单击【文件】→【保存】（或【另存为】）命令。

（2）单击【快速访问工具栏】上的【保存】按钮。

（3）按 <Ctrl+S> 组合键。

（4）按 <Shift+F12> 组合键。

经过编辑修改但未经保存的工作簿，在关闭时会自动弹出提示信息，询问是否保存，如图 3-4 所示。单击【保存】按钮就可以保存此工作簿。

⊃ Ⅱ　保存工作簿位置

单击【文件】→【另存为】命令保存工作簿时，右侧会出现保存位置的选项，如图 3-5 所示。

图 3-4　关闭工作簿时询问是否保存　　　　图 3-5　【另存为】显示的路径

- ❖ 最近：快速打开最近使用过的本地或 OneDrive 空间文件夹。
- ❖ OneDrive：将工作簿保存到当前已登录账户的个人 OneDrive 空间。
- ❖ 这台电脑：将工作簿保存到最近使用的本地文件夹。
- ❖ 添加位置：添加保存的路径位置，可将 Excel 文件保存到个人 OneDrive 空间或是面向组织内部成员提供的在线云存储服务 OneDrive For Business。
- ❖ 浏览：将工作簿保存到本地，单击【浏览】按钮后，直接进入资源管理器进行文件夹路径的选择。

示例3-1　将工作簿保存到OneDrive上

将工作簿保存到 OneDrive 空间，能够在不同地点或不同终端通过登录账号快速访问该文件。操作步骤如下。

步骤① 依次单击【文件】→【另存为】→【OneDrive】命令。若尚未登录账户，则需要先登录 OneDrive。

步骤② 在打开的【另存为】对话框中，选择一个 OneDrive 上的位置，然后在【文件名】文本框中输入文件名，如"共享报表.xlsx"，单击【保存】按钮完成操作，如图 3-6 所示。

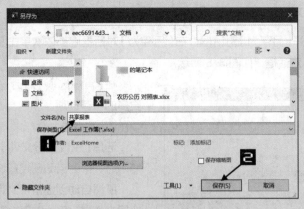

图 3-6 将工作簿保存到 OneDrive 上

● Ⅲ 【另存为】对话框

在对新建工作簿进行第一次保存操作时，会转到【另存为】界面。选择一个最近使用的位置，则会弹出【另存为】对话框，对文件命名后单击【保存】按钮即可，如图 3-7 所示。

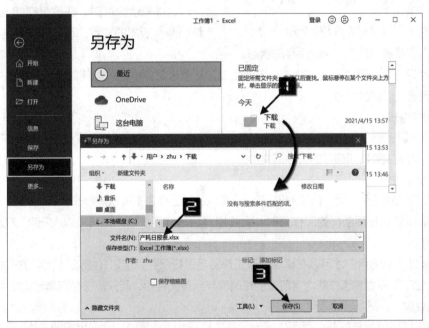

图 3-7 保存工作簿

【保存】和【另存为】的名称和实际作用都非常相似，但是实际上却有一定的区别。

对于新创建的工作簿，在第一次执行保存操作时，【保存】命令和【另存为】命令的功能完全相同，都将打开【另存为】对话框，进行路径定位、文件命名和保存类型的选择等一系列设置。

对于之前已经保存过的现有工作簿，再次执行保存操作时，这两个命令有以下区别。

（1）【保存】命令不会打开【另存为】对话框，而是直接将编辑修改后的内容保存到当前工作簿中。工作簿的文件名、存放路径不会发生任何改变。

（2）【另存为】命令将会打开【另存为】对话框，可以重新设置存放路径和其他保存选项，以得到当前工作簿的副本。

3.1.4 更多保存选项

按 <F12> 功能键打开【另存为】对话框，在【另存为】对话框底部依次单击【工具】→【常规选项】选项，将弹出【常规选项】对话框，如图 3-8 所示。

在【常规选项】对话框中，可以为工作簿设置更多的保存选项。

⊃ Ⅰ 生成备份文件

选择【生成备份文件】复选框，则每次保存工作簿时，都会自动创建备份文件。

所谓自动创建备份文件，其过程是：当保存工作簿文件时，Excel 将磁盘上前一次保存过的同名文件重命名为 "XXX 的备份"，扩展名为 ".xlk"，即前面提到的备份文件格式，同时，将当前工作窗口中的工作簿保存为与原文件同名的工作簿文件。

这样每次保存时，在磁盘空间上始终存在着新旧两个版本的文件，可以在需要时打开备份文件，使表格内容状态恢复到上一次保存的状态。

图 3-8 【常规选项】对话框

备份文件只会在保存时生成，并不会自动生成。从备份文件中也只能获取最近一次保存时的状态，并不能恢复到更久以前的状态。

⊃ Ⅱ 打开权限密码

在【打开权限密码】文本框内输入密码，可以为保存的工作簿设置打开文件的密码保护，没有输入正确的密码，就无法读取所保存的工作簿文件。

⊃ Ⅲ 修改权限密码

与打开权限密码有所不同，【修改权限密码】可以保护工作表不被意外修改。

打开设置过修改权限密码的工作簿时，会弹出对话框，要求输入密码或以 "只读" 方式打开文件，如图 3-9 所示。

只有掌握此密码的用户才可以在编辑修改工作簿后进行保存，否则只能以 "只读" 方式打开工作簿。在 "只读" 方式下，不能将工作簿内容所做的修改保存到原文件中，而只能保存到其他副本中。

⊃ Ⅳ 建议只读

选中【建议只读】复选框并保存工作簿后，再次打开此工作簿时，会弹出如图 3-10 所示的对话框，建议以 "只读" 方式打开工作簿。

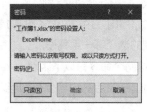

图 3-9 输入密码

图 3-10 建议只读

3.1.5 自动保存功能

由于断电、系统不稳定、误操作等原因，Excel程序可能会在保存文件之前就意外关闭，使用"自动保存"功能可以减少这些意外情况所造成的损失。

I 设置"自动保存"

设置"自动保存"后，当Excel程序因意外崩溃而退出或没有保存文件就关闭工作簿时，可以选择其中的某一个版本进行恢复。操作步骤如下。

步骤① 依次单击【文件】→【选项】命令，打开【Excel选项】对话框，单击【保存】选项卡。

步骤② 选中【保存工作簿】区域中的【保存自动恢复信息时间间隔】复选框（默认为选中状态），即所谓的"自动保存"。在右侧的微调框内设置自动保存的时间间隔，默认为10分钟，用户可以设置为1~120分钟之间的整数。选中【如果我没保存就关闭，请保留上次自动恢复的版本】复选框。在下方【自动恢复文件位置】文本框中输入需要保存的位置，如图 3-11 所示。

步骤③ 单击【确定】按钮保存设置并退出【Excel选项】对话框。

开启了"自动保存"功能之后，在工作簿的编辑修改过程中，Excel会根据保存间隔时间的设定自动生成备份副本。依次单击【文件】→【信息】命令，可以查看到这些通过自动保存生成的副本信息，如图 3-12 所示。

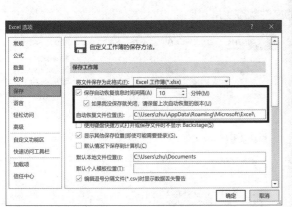

图 3-11　自动保存选项设置

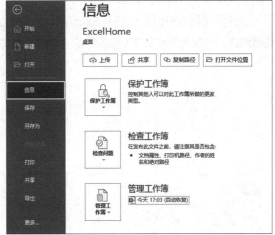

图 3-12　自动生成的备份副本

自动保存的间隔时间在实际使用中遵循以下规则。

只有工作簿发生新的修改时，计时器才开始启动计时，到达指定的间隔时间后发生保存操作。如果在保存后没有新的修改编辑产生，则计时器不会再次激活，也不会有新的备份副本产生。

在一个计时周期过程中，如果进行了手动保存操作，计时器自动清零，直到下一次工作簿发生修改时再次开始激活计时。

II 恢复文档

恢复文档的方式根据Excel程序关闭的情况不同而分为两种，第一种情况是手动关闭Excel程序之前没有保存文档。这种情况通常是由于误操作造成，要恢复之前所编辑的状态，可以重新打开目标工作簿文档后，在功能区上依次单击【文件】→【信息】命令，在右侧的【管理工作簿】中显示此工作簿最近一次自动保存的文档副本，如图 3-13 示。

图 3-13　恢复未保存就关闭的文档

单击此处即可打开副本文档，并在编辑栏上方显示如图 3-14 所示的提示信息，单击【还原】按钮即可将工作簿文档恢复到当前版本。

第二种情况是因为 Excel 程序因发生断电、程序崩溃等情况而意外退出，致使 Excel 工作窗口非正常关闭。这种情况下重新启动 Excel 时，会自动出现如图 3-15 所示的【文档恢复】任务窗格。

在任务窗格中可以选择打开 Excel 自动保存的文件版本（通常是最近一次自动保存时的文件状态），或者选择打开原始文件版本（最后一次手动保存时的文件状态）。

图 3-14　恢复未保存的文档　　　　　　图 3-15　【文档恢复】任务窗格

虽然自动保存功能已经非常完善，但并不能完全代替手动保存操作。在使用 Excel 的过程中，养成良好的保存习惯才是避免数据损失的有效途径。

3.1.6　恢复未保存的工作簿

此项功能与自动保存功能相关，但在对象和方式上与自动保存功能有所区别。

在如图 3-11 所示的自动保存选项设置中，如果选中了【如果我没有保存就关闭，请保留上次自动恢复的版本】的复选框，对尚未保存过的新工作簿进行编辑时，也会定时进行备份保存。在未进行手动保存的情况下关闭此工作簿时，Excel 程序会弹出如图 3-16 所示的对话框，提示保存文档。

图 3-16　未保存而直接关闭提示对话框

如果单击【不保存】而关闭了工作簿，可以使用"恢复未保存的工作簿"功能恢复到之前所编辑的状态，操作步骤如下。

步骤① 依次单击【文件】→【打开】→【最近】→【恢复未保存的工作簿】命令。

步骤② 在弹出的【打开】对话框中选择需要恢复的文件，最后单击【打开】按钮，恢复未保存的工作簿，如图 3-17 所示。

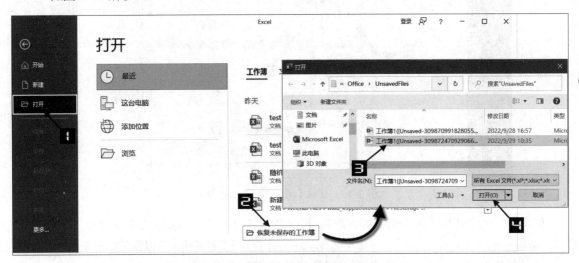

图 3-17 恢复未保存的工作簿

注意 → "恢复未保存的工作簿"功能仅对从未保存过的新建工作簿有效。

3.1.7 打开现有工作簿

经过保存的工作簿在计算机磁盘上形成实体文件，使用标准的计算机文件管理操作方法就可以对工作簿文件进行管理，如复制、剪切、删除和重命名等。无论工作簿文件被保存在何处，或者是复制到不同的计算机上，只要所在的计算机安装有 Excel 程序，工作簿文件就可以被再次打开进行读取和编辑等操作。

打开现有工作簿的方法如下。

⊃ I 直接通过文件打开

如果知道工作簿文件所保存的确切位置，利用 Windows 的资源管理器找到文件所在路径，直接双击文件图标即可打开。

另外，如果创建了启动 Excel 的快捷方式，只要将工作簿文件拖动到此快捷方式上，也可以打开此工作簿。

⊃ II 使用【打开】对话框

如果已经启动了 Excel 程序，那么可以通过执行【打开】命令打开指定的工作簿。用以下几种等效的方式可以显示【打开】对话框。

（1）在功能区中依次单击【文件】→【打开】命令。

（2）按 <Ctrl+O> 组合键。

在【打开】界面中，可以选择打开储存于不同位置的工作簿。以【浏览】选项为例，单击【浏览】按钮弹出【打开】对话框，选择目标文件所在的路径，单击【打开】按钮即可，如图 3-18 所示。

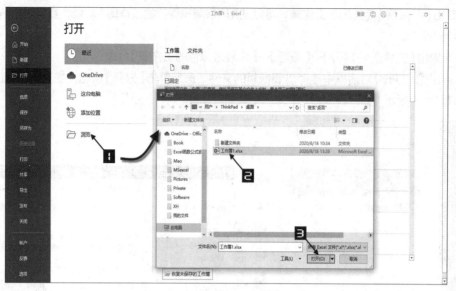

图 3-18   通过【浏览】打开工作簿

如果按住 <Ctrl> 键后用鼠标选中多个文件，再单击【打开】按钮，则可以同时打开多个工作簿。

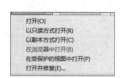

图 3-19   【打开】下拉菜单选项

单击图 3-18 中的【打开】下拉按钮，可以打开如图 3-19 所示的下拉菜单。这些【打开】选项的含义如下。

❖ 打开：正常打开方式。

❖ 以只读方式打开：以"只读"的方式打开目标文件，不能对文件进行覆盖性保存。

❖ 以副本方式打开：选择此方式时，Excel 自动创建一个目标文件的副本文件，命名为类似"副本（1）属于（原文件名）"的形式，同时打开这个文件。这样可以在副本文件上进行编辑修改，而不会对原文件造成任何影响。

❖ 在浏览器中打开：对于 .mht 格式的工作簿，可以选择使用 Web 浏览器打开文件。

❖ 在受保护的视图中打开：主要用于在打开可能包含病毒或其他任何不安全因素的工作簿前的一种保护措施。为了尽可能保护计算机安全，存在安全隐患的工作簿都会在受保护的视图中打开，此时大多数编辑功能都将被禁用，可以检查工作簿中的内容，以便降低可能发生的危险。

❖ 打开并修复：如果工作簿无法正常打开，应用此选项可以对损坏文件进行修复并重新打开。但修复还原后的文件并不一定能够和损坏前的文件状态保持一致。

⊃ III   设置"最近使用的工作簿"数目

近期曾经打开过的工作簿文件，在 Excel 程序中会留有历史记录，【最近使用的工作簿】默认显示 50 条记录，用户可以自行修改显示数目，操作方法如下。

依次执行【文件】→【选项】命令，打开【Excel 选项】对话框，单击【高级】选项卡，在右侧的【显示】区域中，通过【显示此数目的"最近使用的工作簿"】微调按钮，设置需要显示的"最近使用的工作簿"个数，设置范围为 0~50，最后单击【确定】按钮保存设置并关闭【Excel 选项】对话框，如图 3-20 所示。

选中【快速访问此数目的"最近使用的工作簿"】的复选框，同时调节右侧的微调按钮设置显示数量（默认为 4 个），可以在【文件】选项卡的左下角区域显示"快速访问工作簿"列表，如图 3-21 所示。单击列表中的文件名称，即可打开相应的工作簿文件。

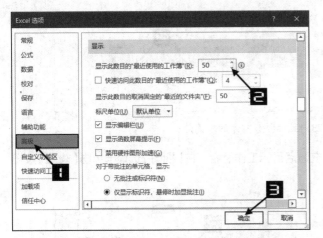

图 3-20　设置【最近使用的工作簿】显示数目　　　图 3-21　快速访问最近使用的工作簿

还可以将【最近】中常用的工作簿始终显示在顶端位置，操作方法如下。

在【最近使用的工作簿】列表中选择需要置顶的项目，单击右侧的【图钉】图标，完成置顶操作，如图 3-22 所示。

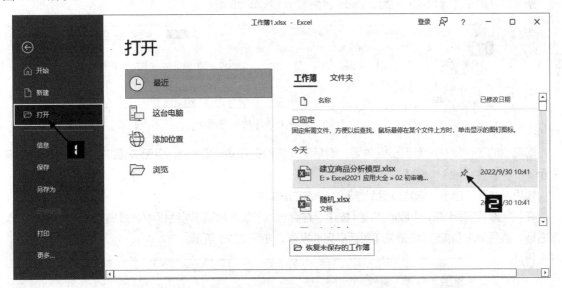

图 3-22　使用【图钉】功能将经常打开的工作簿置顶

如果想取消置顶，可以选择需要取消顶的项目，单击右侧的【图钉】图标即可。

3.1.8　以兼容模式打开早期版本的工作簿

在 Excel 2021 版本中打开由 Excel 2003 版本创建的文档，默认开启"兼容模式"，可确保在处理文档时避免使用 Excel 2021 版本中新增或增强的功能，仅使用与早期版本相兼容的功能进行编辑操作。

3.1.9　显示和隐藏工作簿

如果在 Excel 程序中同时打开多个工作簿，系统的任务栏上会显示所有的工作簿标签。在【视图】选项卡上单击【切换窗口】下拉按钮，能够查看所有工作簿列表，如图 3-23 所示。

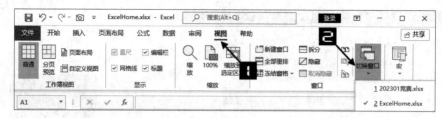

图 3-23 显示所有打开的工作簿

如果需要隐藏其中的某个工作簿，可在激活目标工作簿后，在【视图】选项卡单击【隐藏】按钮，如图 3-24 所示。

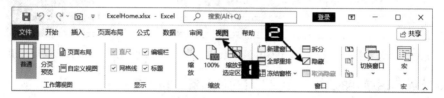

图 3-24 隐藏工作簿

所有打开的工作簿均被隐藏后，Excel 界面显示如图 3-25 所示。

图 3-25 所有工作簿均被隐藏

隐藏后的工作簿并没有退出或关闭，而是继续驻留在 Excel 程序中，但无法通过正常的窗口切换来显示。

如果需要取消隐藏，恢复显示工作簿，操作方法如下。

在【视图】选项卡单击【取消隐藏】按钮，在弹出的【取消隐藏】对话框中选择需要取消隐藏的工作簿名称，最后单击【确定】按钮关闭对话框完成操作，如图 3-26 所示。

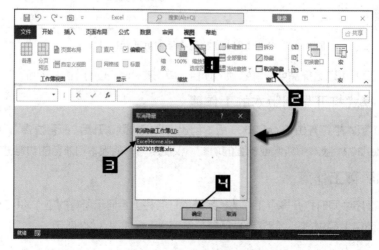

图 3-26 取消隐藏工作簿

每次操作只能取消一个隐藏工作簿。

3.1.10 版本与格式转换

根据实际需要，可以将早期版本的 .xls 格式工作簿转换为 .xlsx 格式，方法有以下两种。

⊃ Ⅰ 直接转换

步骤① 打开待转换的 .xls 格式文件。

步骤② 依次单击【文件】→【信息】→【转换】命令。

步骤③ 在弹出的提示对话框中单击【确定】按钮，即可完成格式转换，再单击【是】按钮，此时 Excel 程序以正常模式重新打开转换格式后的工作簿文件，标题栏中的"兼容模式"字样消失，如图 3-27 所示。

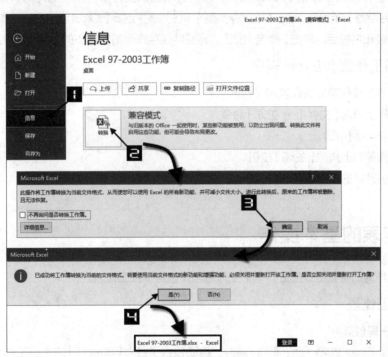

图 3-27　转换 Excel 格式

⊃ Ⅱ 利用"另存为"方法转换

还可以按 <F12> 功能键，使用"另存为"的方法将 .xls 格式的文件保存为 .xlsx 格式。

以上两种方法的区别见表 3-1。

表 3-1　转换 .xls 文件格式的两种方式对比

比较项目	"转换"方式	"另存为"方式
早期版本的工作簿文件	删除 .xls 格式的工作簿文件	不删除 .xls 格式的工作簿文件
工作模式	立即以正常模式工作	保持 .xls 格式的兼容模式，需要关闭文件并打开转换后的文件才可以以正常模式工作
新建工作簿文件格式	Excel 工作簿（.xlsx）	可以选择多种文件格式

如果 .xls 格式的工作簿包含了宏代码或其他启用宏的内容，在另存为高版本文件时，需要保存为"启

用宏的工作簿"。当工作簿中带有宏代码时，如果选择将此工作簿保存为【Excel 工作簿】.xlsx 格式，单击【保存】按钮后，则会弹出提示对话框，如图 3-129 所示。

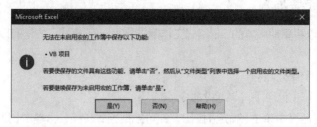

图 3-28　带有宏代码的工作簿保存成常规类型时的提示

如果单击【是】按钮，则保存为 .xlsx 格式，系统自动删除文件中的所有宏代码。如果单击【否】按钮，则会弹出【另存为】对话框，可以在【保存类型】下拉列表中选择【Excel 启用宏的工作簿 .xslm】格式，设置文件存储路径和名称后，单击【确定】按钮，将文件保存成保留宏代码的 Excel 文档。

3.1.11　关闭工作簿和 Excel 程序

有以下几种等效操作可以关闭当前工作簿。

（1）在功能区上单击【文件】→【关闭】命令。

（2）按 <Alt+F4> 组合键。

（3）单击工作簿右上角的【关闭】按钮。

（4）在功能区顶端的空白位置右击，在弹出的快捷菜单中选择【关闭】命令。

3.2　工作表的基本操作

工作表是工作簿的重要组成部分，一个工作簿至少包含一张工作表。

3.2.1　创建工作表

❍ Ⅰ　随工作簿一同创建

默认情况下，Excel 2021 在创建工作簿时，自动包含了名为【Sheet1】的 1 张工作表。可以通过设置来改变新建工作簿时所包含的工作表数目。

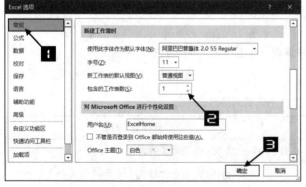

图 3-29　设置新建工作簿时的工作表数目

打开【Excel 选项】对话框，在【常规】选项卡中的【包含的工作表数】微调框内，可以设置新工作簿默认所包含的工作表数目，数值范围为 1~255，单击【确定】按钮保存设置并关闭【Excel 选项】对话框，如图 3-29 所示。

设置完成后，新建工作簿时，自动创建的内置工作表数目会随着设置值而定，并且自动命名为 Shees1~ Sheetn。

❍ Ⅱ　从现在的工作簿中创建

有以下几种等效方式可以在当前工作簿中创建一张新的工作表。

（1）在【开始】选项卡中依次单击【插入】→【插入工作表】命令，如图 3-30 所示，则会在当前工作表左侧插入新工作表。

图 3-30　通过【插入工作表】命令创建新工作表

（2）在当前工作表标签上右击，在弹出的快捷菜单上选择【插入】命令，在弹出的【插入】对话框中选中【工作表】，然后单击【确定】按钮，如图 3-31 所示。

（3）单击工作表标签右侧的【新工作表】按钮，则会在工作表的末尾插入新工作表，如图 3-32 所示。

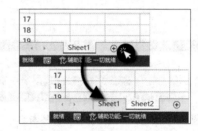

图 3-31　通过右键快捷菜单创建新工作表　　　　图 3-32　使用【新建工作表】按钮创建工作表

（4）按 <Shift+F11> 组合键，则会在当前工作表左侧插入新工作表。

如果需要批量增加多张工作表，可以通过右键快捷菜单插入工作表后，按 <F4> 键重复操作。若通过右侧的【新工作表】按钮创建新工作表，则无法使用 <F4> 键重复创建。也可以在同时选中多张工作表的情况下使用功能按钮或使用工作表标签的右键快捷菜单命令插入工作表，此时会一次性创建与选定的工作表数目相同的新工作表。同时选定多张工作表的方法请参阅 3.2.3 节。

新创建的工作表依次自动编号命名，创建新工作表的操作无法通过【撤消】按钮进行撤消。

3.2.2　激活当前工作表

在 Excel 操作过程中，始终有一个"当前工作表"作为输入和编辑等操作的目标，在工作表标签上，"当前工作表"的标签背景将以反白显示，如图 3-33 所示的 Sheet1。要切换其他工作表为当前工作表，可以直接单击目标工作表标签。

如果工作簿包含的工作表较多，标签栏上无法显示所有工作表标签，可以通过单击标签栏左侧的工作表导航按钮滚动显示工作表标签，如图 3-34 所示。

图 3-33　当前工作表

图 3-34　工作表导航按钮

通过拖动工作表窗口上的水平滚动条边缘，可以改变工作表标签显示区域的宽度，以便显示更多的工作表标签，如图 3-35 所示。

在工作表导航栏上鼠标右击，会显示工作表标签列表，选中其中任何一张工作表名称，单击【确定】按钮可以切换到相应的工作表，直接双击列表中的工作表名称也可以跳转到该工作表，如图 3-36 所示。

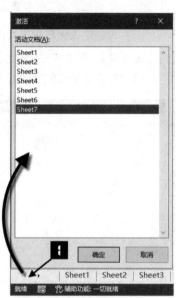

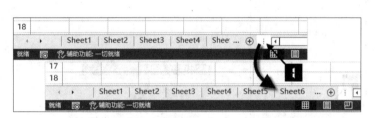

图 3-35　调整工作表标签与水平滚动条的显示宽度

图 3-36　工作表标签列表

另外，使用 <Ctrl+PageUp> 和 < Ctrl+PageDown> 组合键，可以分别切换到上一张工作表和下一张工作表。

3.2.3　同时选定多张工作表

除了选定某张工作表为当前工作表外，还可以同时选中多张工作表形成"组"。在工作组模式下，可以方便地同时对多张工作表进行复制、删除及内容编辑等操作。

有以下几种方式可以同时选定多张工作表以形成工作组。

（1）按住 <Ctrl> 键，同时用鼠标依次单击需要选定的工作表标签，就可以同时选定相应的工作表。

（2）如果需要选定一组连续排列的工作表，可以先单击其中第一张工作表标签，然后按住 <Shift> 键，再单击连续工作表中的最后一张工作表标签。

（3）如果要选定当前工作簿中的所有工作表，可以在任意工作表标签上右击，在弹出的快捷菜单上选择【选定全部工作表】选项。

多张工作表被同时选中后，会在 Excel 窗口标题栏上显示"组"字样。被选定的工作表标签全部反白显示，如图 3-37 所示。

第 3 章 工作簿和工作表操作

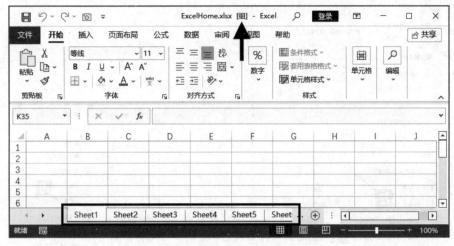

图 3-37 同时选定多张工作表组成工作组

如果需要取消工作组模式，可以单击工作组以外的任意工作表标签。如果所有工作表标签都在工作组内，可以单击任意工作表标签，或者是在工作表标签上右击，在弹出的快捷菜单上选择【取消组合工作表】选项。

3.2.4　工作表的复制、移动、删除与重命名

通过对工作表进行复制、移动、删除，以及对工作表标签进行重命名，可以方便地管理工作表。本节详细内容，请扫描右侧二维码阅读。

3.2.5　工作表标签颜色

为工作表标签设置不同的颜色，能够方便对工作表进行辨识。

在工作表标签上右击，在弹出的快捷菜单中选择【工作表标签颜色】选项，在弹出的【颜色】面板中选择颜色即可，如图 3-38 所示。

3.2.6　显示和隐藏工作表

出于某些特殊需要，或者数据安全方面的原因，可以使用工作表隐藏功能，将指定工作表隐藏。选定需要隐藏的工作表后，有以下两种方式可以隐藏工作表。

（1）在【开始】选项卡依次单击【格式】下拉按钮→【隐藏和取消隐藏】→【隐藏工作表】命令，如图 3-39 所示。

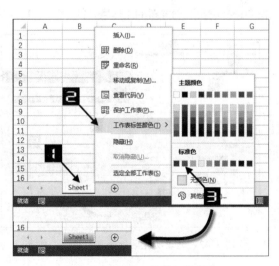

图 3-38　设置工作表标签颜色

（2）在工作表标签上右击，在弹出的快捷菜单中选择【隐藏】命令，如图 3-40 所示。

49

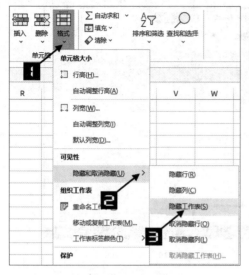

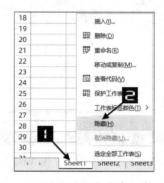

图 3-39　通过功能区命令隐藏工作表　　　　图 3-40　通过右键快捷菜单隐藏工作表

图 3-41　隐藏最后一张可视工作表提示

一个工作簿内至少包含一张可视工作表，当隐藏最后一张可视工作表时，会弹出如图 3-41 所示的提示对话框。

如果要取消工作表的隐藏状态，有以下两种方法。

（1）在【开始】选项卡中依次单击【格式】下拉按钮→【隐藏和取消隐藏】→【取消隐藏工作表】命令，在弹出的【取消隐藏】对话框中选择需要取消隐藏的工作表，如"Sheet1"，最后单击【确定】按钮，如图 3-42 所示。

在工作表标签上右击，在弹出的快捷菜单中选择【取消隐藏】命令，然后在弹出的【取消隐藏】对话框中选择需要取消隐藏的工作表，如"Sheet1"，最后单击【确定】按钮，如图 3-43 所示。

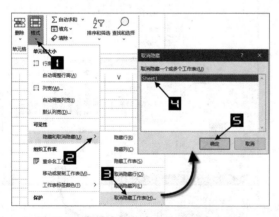

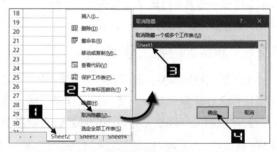

图 3-42　通过功能区命令取消隐藏工作表　　　图 3-43　通过右键快捷菜单取消隐藏工作表

提示

　　　　按住 Ctrl 键单击【取消隐藏】对话框的工作表名称，可选中多张待取消隐藏的工作表，单击【确定】按钮，即可取消所选工作表的隐藏状态。

3.3 工作窗口的视图控制

为了能够在有限的屏幕区域中显示更多的信息，可以通过工作窗口的视图控制改变窗口显示。

3.3.1 工作簿的多窗口显示

在 Excel 工作窗口中同时打开多个工作簿时，每个工作簿有一个独立的工作簿窗口，并处于最大化显示状态。通过【新建窗口】命令可以为同一个工作簿创建多个窗口。

⊃ Ⅰ 创建新窗口

依次单击【视图】→【新建窗口】命令，即可为当前工作簿创建新的窗口。原有的工作簿窗口和新建的工作簿窗口都会相应地更改标题栏上的名称，如原工作簿名称为"工作簿 1"，则在新建窗口后，原工作簿窗口标题变为"工作簿 1:1"，新工作簿窗口标题为"工作簿 1:2"，如图 3-44 所示。

图 3-44 新建窗口

⊃ Ⅱ 窗口切换

在【视图】选项卡中单击【切换窗口】下拉按钮，在其扩展列表中会显示当前所有打开的工作簿窗口名称，单击相应名称即可将其切换为当前工作簿窗口，如图 3-45 所示。

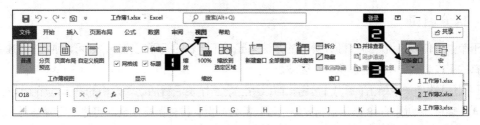

图 3-45 多窗口切换

如果当前打开的工作簿窗口较多，在【切换窗口】下拉列表底部会显示【其他窗口】选项，单击此选项会弹出【激活】对话框，在【激活】列表框中选定工作簿窗口，单击【确定】按钮即可切换至目标工作簿窗口。

除了通过菜单的操作方式外，在 Excel 工作窗口中按 <Ctrl+Tab> 组合键，也可以循环切换工作簿窗口。

⊃ Ⅲ 重排窗口

在 Excel 中打开了多个工作簿窗口时，通过菜单命令或手工操作的方法可以将多个工作簿以不同形式同时显示在 Excel 工作窗口中，方便检索和监控表格内容。

在【视图】选项卡中单击【全部重排】按钮，在弹出的【重排窗口】对话框中选择一种排列方式，如【平铺】，然后单击【确定】按钮，就可以将当前打开的所有工作簿从左到右排列显示在工作窗口中，如图 3-46 所示。

也可以在【重排窗口】对话框中选择其他排列方式，如【水平并排】【垂直并排】或【层叠】，工作簿窗口则会对应有不同的排列显示方式。

如果使用了【新建窗口】命令，在【重排窗口】对话框中选中【当前活动工作簿的窗口】复选框时，工作窗口中会同时显示出当前工作簿的所有窗口。

使用【并排查看】功能，能够在两个同时显示的窗口中并排比较两张工作表，并且两个窗口中的内容能够同步滚动浏览。如果当前打开了两个以上的工作簿，会弹出【并排比较】对话框，用户可以在此对话框中选择要比较的工作簿，如图 3-47 所示。

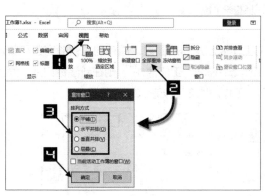

图 3-46　平铺显示窗口

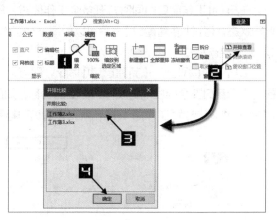

图 3-47　并排查看

使用【并排查看】功能同时显示的两个工作簿窗口，在默认情况下是以水平并排的方式显示的，也可以通过【重排窗口】命令来改变它们的排列方式。要关闭并排比较模式，可以在【视图】选项卡上单击【并排查看】切换按钮。

3.3.2　拆分窗口

对于单张工作表来说，除了新建窗口的方法来显示工作表的不同位置外，还可以通过拆分窗口的方法在现有的工作表窗口中同时显示多个区域。

在【视图】选项卡中单击【拆分】按钮，可以将当前工作表沿着活动单元格的左边框和上边框的方向拆分为 4 个窗格，如图 3-48 所示。将光标定位到拆分条上，按住鼠标左键即可拖动拆分条。

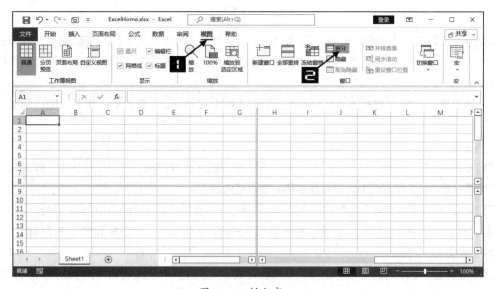

图 3-48　拆分窗口

如需去除某个拆分条，可将此拆分条拖到窗口边缘或是在拆分条上双击。要取消整个窗口的拆分状态，可以在【视图】选项卡上再次单击【拆分】按钮进行状态切换。

3.3.3 冻结窗格

对于数据量比较多的表格，常常需要在滚动浏览表格时固定显示表头标题行（或标题列），使用【冻结窗格】命令可以方便地实现这种效果。

示例3-2 通过冻结窗格实现区域固定显示

在图 3-49 所示的表格中，需要在顶端固定显示第 1 行，在左侧固定显示A、B 两列。

选中要冻结列的右侧和要冻结行下方单元格，本例为 C2 单元格，在【视图】选项卡上单击【冻结窗格】→【冻结窗格】命令，会沿着当前活动单元格的上边框和左边框的方向出现两条黑色冻结线条。

此时，左侧的A、B 两列及第 1 行的标题行都被"冻结"，再沿着水平方向滚动浏览表格内容时，A、B 列冻结区域始终可见。而当沿着垂直方向滚动浏览表格内容时，第 1 行的标题区域始终可见。

此外，可以在【冻结窗格】的下拉列表中选择【冻结首行】或【冻结首列】选项，快速地冻结表格首行或首列，如图 3-50 所示。

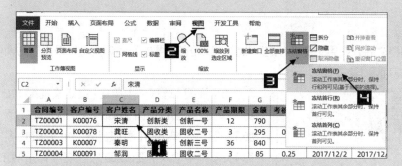

图 3-49 使用【冻结窗格】功能固定标题行列   图 3-50 【冻结窗格】下拉列表

要取消工作表的冻结窗格状态，可以在【视图】选项卡上执行【冻结窗格】→【取消冻结窗格】命令。

3.3.4 窗口缩放

当一些表格中数据信息的文字较小不易分辨，或者是信息量太大，无法在一个窗口中显示全局时，使用放大或缩小功能是一种比较理想的解决方法。

在【视图】选项卡上单击【缩放】按钮，弹出【缩放】对话框，如图 3-51 所示。

默认的缩放比例为100%，可在对话框中选择预先设定的缩放比例，或者单击【自定义】单选按钮，在右侧的文本框中输入所需的缩放比例，数值允许范围为 10~400。如果选中【恰好容纳选定区域】单选按钮，则Excel 会对当前选定的表格区域进行缩放，以使得当前窗口恰好完整显示所选定的区域（前提是不超过 10%~400% 的缩放允许范围）。

通过 Excel 状态栏右侧的【显示比例】调节按钮也能调节缩放比例，如图 3-52 所示。

单击【显示比例】滑动按钮右侧的【缩放级别】按钮（显示当前缩放比例百分比位置），也可以打开【缩放】对话框进行相应设置，如图 3-53 所示。

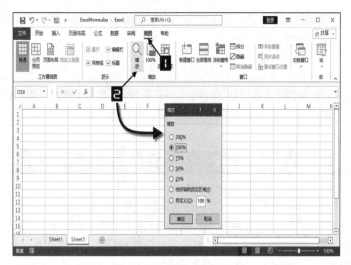

图 3-51　打开【缩放】对话框

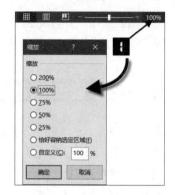

图 3-52　状态栏右侧的缩放比例调节按钮

图 3-53　通过【缩放级别】按钮打开【缩放】对话框

单击【视图】选项卡上的【100%】按钮，能够将缩放比例恢复到 100% 显示状态，窗口缩放比例设置只对当前工作表窗口有效。

3.3.5　自定义视图

对工作表进行视图显示调整之后，如果想要保存这些设置，以便在需要的时候调用这些设置后的视图显示效果，可以通过【视图管理器】来实现。

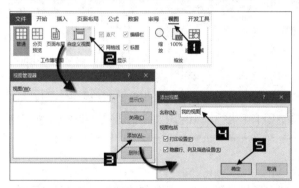

图 3-54　添加自定义视图

在【视图】选项卡上单击【自定义视图】按钮，弹出【视图管理器】对话框。然后单击【添加】按钮，在弹出的【添加视图】对话框的【名称】文本框中输入所要添加的视图名称，如"我的视图"，最后单击【确定】按钮即可完成自定义视图的添加，如图 3-54 所示。在【添加视图】对话框中，可以通过【打印设置】和【隐藏行、列及筛选设置】两个复选框，设置是否将当前视图窗口中的打印设置及行、列隐藏、筛选等设置保留在自定义视图中。

视图管理器所能保存的视图设置包括窗口的大小、位置、拆分窗口、冻结窗格、显示比例、打印设置、创建视图时的选定单元格、行列的隐藏、筛选，以及【Excel 选项】对话框中的部分设置。

需要调用自定义视图显示时，可以再次在【视图】选项卡上单击【自定义视图】按钮，在弹出的【视图管理器】对话框的列表框中选择相应的视图名称，最后单击【显示】按钮。

用户创建的自定义视图方案均保存在当前工作簿中，可以在同一个工作簿中创建多个自定义视图。

要删除已经保存的自定义视图，可以在【视图管理器】对话框的列表框中选择相应的视图名称，单击【删除】按钮。

 提示

> 如果当前工作簿的任何工作表包含在【插入】选项卡下插入的"表格"，则【自定义视图】按钮会变成灰色不可用状态。

第4章　认识行、列及单元格区域

本章主要介绍工作表中的行、列及单元格等操作对象。这些对象是Excel中数据存储的基础单元，无论是数据处理、函数公式、图表、数据透视表等功能，都离不开对行、列及单元格区域的引用或操作。通过本章学习，读者可以理解这些对象的概念及基本操作方法。

> **本章学习要点**
>
> （1）行与列的概念及基础操作。　　　　　（2）单元格和区域的概念及基础操作。

4.1　行与列的概念

4.1.1　认识行与列

"表格"是指由许多条横线和竖线交叉而成的一排排格子。在这些线条围成的格子中填写各种数据，就构成了我们日常所用的表，如课程表、人事履历表、考勤表、销售明细表、资产负债表等。

Excel作为一个电子表格软件，其最基本的操作形态就是标准的表格，即由横线和竖线所构成的格子。在Excel工作表中，由横线所间隔出来的区域称为"行"，而由竖线间隔出来的区域称为"列"。行列互相交叉所形成的一个个格子称为"单元格"。

启动Excel后，在工作簿窗口中，一组垂直的灰色标签中的阿拉伯数字标识了电子表格的行号，而另一组水平的灰色标签中的英文字母，则标识了电子表格的列标。这两组标签分别称为"行标签"和"列标签"，如图4-1所示。

在工作表区域中，用于划分不同行列的横线和竖线称为"网格线"，能够便于用户识别行、列及单元格的位置。在默认情况下，网格线并不会随着表格的内容被实际打印出来。

在【页面布局】选项卡或【视图】选项卡下，通过是否选中【网格线】和【标题】复选框，能够启用或关闭网格线与标题的显示，如图4-2所示。

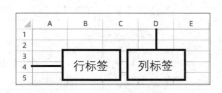

图4-1　行标题和列标题

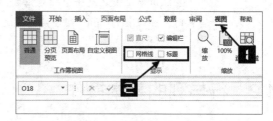

图4-2　显示行和列标题设置

在【Excel选项】对话框的【高级】选项卡下取消选中【显示网格线】的复选框，也可以关闭网格线的显示。若需要修改网格线的颜色，需要在【此工作表的显示选项】下拉菜单中选择需要修改的工作表名称，然后选中【显示网格线】复选框，单击【网格线颜色】下拉按钮，在颜色面板中选择相应颜色，最后单击【确定】按钮完成操作，如图4-3所示。

网格线的选项设置仅对设置的目标工作表有效。

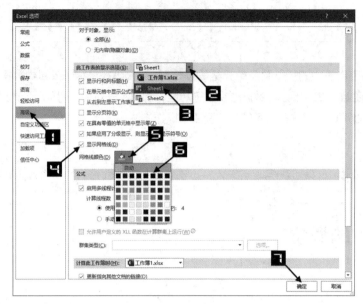

图 4-3　修改网格线颜色

4.1.2　行与列的范围

在 Excel 2021 中，工作表的最大行标题为 1 048 576（1 048 576 行），最大列标为 XFD（A~Z、AA~AZ……XAA~XFD 共 16 384 列）。

选中任意单元格，按 <Ctrl+↓> 组合键，可以快速定位到选定单元格所在列向下连续非空的最后一行，若所选单元格所在列的下方均为空，则定位到当前列的最后一行。

按 <Ctrl+→> 组合键，可以快速定位到选定单元格所在行向右连续非空的最后一列，若选定单元格所在行右侧单元格均为空，则定位到当前行的 XFD 列。

按 <Ctrl+Home> 组合键，可以到达表格定义的左上角单元格；按 <Ctrl+End> 组合键，可以到达表格定义的右下角单元格。

 注意

> 左上角单元格只是一个相对位置，并不一定是 A1 单元格。例如，当工作表设置冻结窗格时，按 <Ctrl+Home> 组合键到达的位置为设置冻结格所在的单元格位置。

4.2　行与列的基本操作

4.2.1　选择行与列

❍ I　选定单行或单列

单击某个行标签或列标签，即可选中相应的整行或整列。当选中某行后，此行的行标签会改变颜色，此行的所有单元格也会高亮显示，以此来表示此行当前处于选中状态。相应地，当列被选中时也会有类似的显示效果。

❍ II　选定相邻连续的多行或多列

单击某个行标签后，按住鼠标左键向上或向下拖动，即可选中与此行相邻的连续多行。选中多列的方法与此相似（单击某列的标签后，按住鼠标左键向左或向右拖动）。拖动鼠标时，行标签或列标签旁会出现一个带数字和字母的提示框，显示当前选中的区域中有多少行或多少列。如图 4-4 所示，第 6 行下方的提示框内显示"4R×16384C"，表示当前选中了 4 行 16 384 列。

选定某行后，按 <Ctrl+Shift+ ↓ >组合键，如果选定行中活动单元格以下的行都是空单元格，则将同时选定该行到工作表中的最后一行。同理，选定某列后按 <Ctrl+Shift+ → >组合键，如果选定列中活动单元格右侧的其他列都是空单元格，则将同时选定到工作表中的最后一列。

单击行列标题左上角的【全选】按钮，可以同时选中工作表中的所有行和所有列，即选中整张工作表区域，如图 4-5 所示。

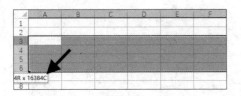

图 4-4 选中相邻连续的多行

图 4-5 全选工作表

⊃ III　选定不相邻的多行或多列

要选定不相邻的多行，可以选中单行后，按住 <Ctrl> 键，继续使用鼠标单击多个行标签，直至选择所有需要选择的行，然后松开 <Ctrl> 键，即可完成不相邻的多行的选择。选择不相邻多列的方法与此相似。

4.2.2　设置行高列宽

⊃ I　精确设置行高和列宽

设置行高前，先选定目标行整行或某个单元格，然后在【开始】选项卡依次单击【格式】→【行高】命令，在弹出的【行高】对话框中输入所需设定行高的具体数值，最后单击【确定】按钮完成操作，如图 4-6 所示。设置列宽的方法与此类似。

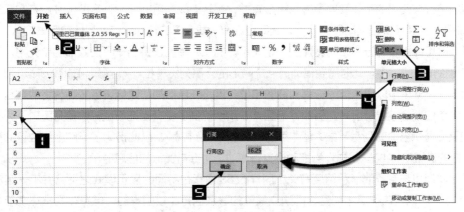

图 4-6 设置行高

另一种方法是在选定行或列后，鼠标右击，在弹出的快捷菜单中选择【行高】（或【列宽】）命令，然后进行相应的操作，如图 4-7 所示。

⊃ II　直接改变行高和列宽

除了使用菜单命令精确设置行高和列宽外，还可以直接在工作表中通过鼠标拖动改变行高和列宽。

以设置列宽为例，在工作表中选中单列或多列，将鼠标指针移动到相邻的列标签之间，鼠标指针会显示为一个黑色双向箭头。按住鼠标左键，向左或向右拖动鼠标，在列标签上方会出现一个提示框，显示当前的列宽，如图 4-8 所示。调整到所需的列宽时，释放鼠标左键即可完成列宽的设置。

图 4-7　通过鼠标右键菜单设置行高

图 4-8　拖动鼠标指针设置列宽

设置行高的方法与此操作类似。

Excel 为行高和列宽分别使用了不同单位。

行高的单位是磅。这里的磅并非英制重量单位的磅，而是一种印刷业描述印刷字体大小的专用尺度，英文 Point 的音译，所以磅数制又称为点制、点数制。1 磅近似等于 1/72 英寸，1 英寸约等于 25.4mm，所以 1 磅近似等于 0.35278mm。行高的最大限制为 409 磅，即 144.286mm。

列宽的单位是字符。列宽的数值是指在默认字体下数字 0~9 的平均值。如果不考虑不同字符之间的宽度差异，列宽的值可以理解为这一列所能容纳的数字字符个数。列宽设置的数字范围为 0~255 之间，当列宽设置为 0 时，即隐藏该列。

列宽的单位与使用的字体及屏幕显示精度有关，要转换成常用的公制长度单位并没有实际意义，毕竟 Excel 不是一个用于高精度制图的软件，因此也没有必要去深究行列宽度的具体实际长度。

但是有时可能需要将行高和列宽建立一定关系。例如，需要设置出一个正方形的单元格。行高和列宽的不可比性形成了障碍，此时需要借助另一个隐形的行高列宽单位——像素（Pixel）来实现。

虽然无法在菜单中以像素作为行高列宽的单位，但是在直接拖动鼠标设置行高列宽的过程中，像素这个隐形的单位就会被显示出来。例如，在图 4-8 所示的例子中，当拖动鼠标设置列宽时，列标签上方的提示框里会显示当前的列宽及像素值"宽度：8.44（83 像素）"，以此指明了当前虚线位置的列宽值为 8.44，对应的像素值为 83。同样，当拖动设置行高时，也会有类似的信息显示。

由于像素值也与系统的显示精度有关，同样的 83 像素在不同的显示模式之下，并不一定都等于列宽 8.44 字符，所以要在行高和列宽之间建立精确的联系也是比较困难的。但是在同一环境下，列宽与行高都能以像素值为度量单位，这就使列宽与行高有了可比性。使用鼠标拖动的办法使行高和列宽都成为相同像素，即可得到一个正方形单元格。

⊃ III　设置适合的行高和列宽

如果在一张表格中设置了多种行高或列宽，或者是表格中的内容长短参差不齐，会使表格看上去比较凌乱，影响表格的美观和可读性。

针对这种情况，使用"自动调整行高"（或列宽）命令可以快速地设置合适的行高和列宽，使设置后的行高和列宽自动适应于表格中的字符长度，操作方法如下。

选中需要调整列宽的多列，在【开始】选项卡依次单击【格式】→【自动调整列宽】命令，就可以将选中列的列宽调整到最合适的宽度，使一列中最多字符的单元格能够恰好完全地显示，如图 4-9 所示。

类似地，使用菜单中的【自动调整行高】命令，可以设置最合适的行高。

除了使用菜单操作外，还有一种更加快捷的方法可以用来调整合适的行高或列宽。如图 4-10 所示，同时选中需要调整列宽的多列，将鼠标指针放置在列标签之间，此时，鼠标指针显示为黑色双向箭头，双击即可完成设置"自动调整列宽"的操作。

图 4-9 设置自动调整列宽

图 4-10 双击黑色双向箭头

"自动调整行高"的方法与此类似。

⊃ IV 标准列宽

【默认列宽】命令位于【开始】选项卡的【格式】下拉菜单中，如图 4-11 所示。使用【默认列宽】命令，可以一次性修改当前工作表中所有列宽，但是该命令对已设置列宽的列无效，也不会影响其他工作表及新建工作表或工作簿。

如需按厘米或毫米设置行高列宽，请参阅 11.5.2

4.2.3 插入行与列

用户有时候需要在现有表格的中间新增一些条目内容，可以使用插入行或插入列的功能。以插入行为例，以下几种方法可以实现。

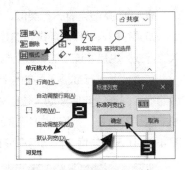

图 4-11 设置默认列宽

（1）在【开始】选项卡依次单击【插入】→【插入工作表行】命令，此时会在当前选区之前插入新行，插入的行数与当前选区的行数相同，如图 4-12 所示，选中第 5~7 行整行，执行上述命令，则在第 5 行之前插入 3 行。

图 4-12 通过功能区命令插入行

（2）在选中整行的情况下，鼠标右击，在弹出的快捷菜单中选择【插入】选项，可以在当前选区之前插入新行，如图 4-13 所示。

如果当前选区不是整行，而是一个单元格，如 B3 单元格，则在右键快捷菜单中选择【插入】选项后，会弹出【插入】对话框。在【插入】对话框中选中【整行】单选按钮，然后单击【确定】按钮，即可完成插入行操作，如图 4-14 所示。

图 4-13　通过右键菜单插入行

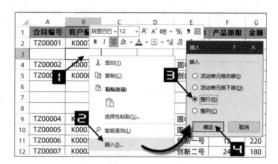

图 4-14　选中单元格区域时插入整行的方法

 提示

此操作插入新行的数量，也和选中的单元格区域有关，当前选中的单元格区域包含多少行，就会插入多少行。

插入列的方法与插入行类似，同样也有通过功能区命令、右键快捷菜单和键盘快捷键等几种操作方法。

如果在插入操作之前选定的是非连续的多行或多列，也可以同时执行插入行、列的操作，并且新插入的行或列也是非连续的，数目与选定的行列数目相同。

在执行插入行或插入列的操作过程中，Excel 本身的行、列数并没有增加，只是将当前选定位置之后的行、列连续向后移动，位于表格最末的空行或空列则被移除。基于上述原因，如果表格的末尾行或末尾列不为空，则不能执行插入新行、列的操作。如果在这种情况下选择"插入"操作，则会弹出如图 4-15 所示警告框，提示用户只有清空或删除末尾的行、列后才能在表格中插入新的行或列。

图 4-15　末尾行、列不为空时插入行列弹出的警告框

4.2.4　删除行与列

对于一些不需要的行列内容，可以将其删除。以删除行为例，操作步骤如下。

选定要删除的目标行，在【开始】选项卡依次单击【删除】→【删除工作表行】命令，或者鼠标右击，在弹出的快捷菜单中选择【删除】命令。如果选定区域不是整行，则会弹出如图 4-16 所示的【删除文档】对话框，在【删除文档】对话框中选中【整行】单选按钮，然后单击【确定】按钮即可完成目标行的删除。删除列的操作与此类似。

图 4-16　【删除】对话框

与插入行、列的情况类似，删除行、列也不会引起 Excel 工作表中行、列总数的变化，删除目标行、列的同时，Excel 会在行、列的末尾位置自动补充新的空白行、列，使行、列总数保持不变。

4.2.5 移动和复制行与列

如需改变行列内容的放置位置或顺序，可以通过"移动"行或列的操作来实现。

❍ I 通过功能区菜单方式移动行或列

步骤① 选定要移动的行，在【开始】选项卡单击【剪切】按钮，此时当前选定的行显示出虚线边框。

步骤② 选定需要移动的目标位置的下一行（选定整行或此行的第一个单元格），在【开始】选项卡依次单击【插入】→【插入剪切的单元格】命令。

❍ II 通过右键菜单方式移动行或列

步骤① 选定要移动的行，鼠标右击，在弹出的快捷菜单上选择【剪切】命令，此时当前选定的行显示出虚线边框。

步骤② 选定需要移动的目标位置的下一行，鼠标右击，在弹出的快捷菜单上选择【插入剪切的单元格】命令。

❍ III 通过鼠标拖动方式移动行或列

相比以上两种方式，直接使用鼠标拖动的方法更加直接而且方便。

选定需要移动的行，将光标移至选定行的外边框上，当鼠标指针显示为黑色十字箭头图标时，按住鼠标左键，按下<Shift>键拖动鼠标，此时会出现一条"工"字型虚线，用于显示移动行目标的插入位置，如图 4-17 左侧所示。拖动鼠标将工字形虚线移动到目标位置后，释放鼠标左键和<Shift>键，即可完成选定行的移动操作，结果如图 4-17 右侧所示。

移动列的方法和移动行类似，也可以通过以上三种方法实现，区别是在选定要移动的目标和放置的目标位置时，将选定行改为选定列即可。

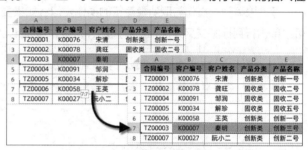

图 4-17 通过拖动鼠标方式移动行

❍ IV 复制行或列的方法

复制行列与移动行列的操作方式相似，如果使用功能区菜单方式或右键菜单方式，只需要将【剪切】命令更改为【复制】命令即可。如果使用鼠标拖动方式，只需将按<Shift>键更改为同时按<Ctrl+Shift>组合键，即可将移动行列更改为复制行列操作。

提示

> 如果在拖动鼠标的同时没有按<Ctrl+Shift>组合键，则在目标位置释放鼠标左键，替换目标行列之前，Excel会弹出对话框询问"是否替换目标单元格内容"，单击【确定】按钮后，会在替换对应目标行列内容的同时，数据原有位置留空显示。

4.2.6 隐藏和显示行与列

为了方便浏览或不希望让其他人看到某些特定内容，可以隐藏工作表中的某些行或列。

❍ I 隐藏指定的行或列

选定目标行（单行或多行）整行或行中的单元格，在【开始】选项卡依次单击【格式】→【隐藏和取消隐藏】→【隐藏行】命令，即可完成目标行的隐藏。隐藏列的操作与此类似，选定目标列后，再依次单击【格式】→【隐藏和取消隐藏】→【隐藏列】命令。

如果选定的对象是整行或整列，也可以通过鼠标右击，在弹出的快捷菜单中选择【隐藏】命令来实现隐藏行列的操作。

将目标行高或列宽设置为 0，也可以实现行或列的隐藏。

➲ II **显示被隐藏的行或列**

图 4-18 包含隐藏行的行标题

在隐藏行列之后，包含隐藏行列处的行标题或列标题标签不再显示连续的序号，如图 4-18 所示。

通过这些特征，用户可以发现表格中隐藏行列的位置。要把被隐藏的行列取消隐藏，重新恢复显示，有以下几种操作方法。

（1）使用【取消隐藏】命令。在工作表中选定包含隐藏行的区域，在【开始】选项卡中依次单击【格式】→【隐藏和取消隐藏】→【取消隐藏】命令，即可恢复显示隐藏的行。如果选定的是包含隐藏行的多个整行范围，还可以鼠标右击，在弹出的快捷菜单中选择【取消隐藏】命令来显示隐藏的行。

（2）设置行高或列宽为大于 0 的值，可以让隐藏的行列变为可见，达到取消隐藏的效果。

（3）用【自动调整行高】（或【自动调整列宽】）命令取消隐藏。选定包含隐藏行（或列）的区域后，在【开始】选项卡依次单击【格式】→【自动调整行高】（或【自动调整列宽】）命令，即可将其中隐藏的行（或列）恢复显示。

取消隐藏列的操作与取消隐藏行的操作类似。如果要将表格中所有被隐藏的行或列都同时显示出来，可以单击行列标签交叉处的【全选】按钮，然后再选择以上方法之一，执行【取消隐藏】命令。

提示 ■■■→
> 通过设置行高或列宽值的方法取消行列隐藏，会改变原有行列的行高或列宽，而通过菜单取消隐藏的方法，则仍然保持原有的行高和列宽。

4.3 单元格和区域

4.3.1 单元格的基本概念

➲ I **认识单元格**

单元格是工作表的基础组成元素。用户可以在单元格内输入和编辑数据，还可以为单元格添加批注及设置格式。

➲ II **单元格的选取与定位**

图 4-19 当前活动单元格

在当前工作表中，都存在一个被选中的活动单元格。如图 4-19 所示，B3 单元格即为当前被选中的活动单元格。活动单元格的边框显示为绿色矩形线框，在 Excel 工作窗口的名称框中会显示此活动单元格的地址，在编辑栏中则会显示此单元格中的内容，活动单元格所在的行列标签会高亮显示。

提示 ■■■→
> 在使用滚动条滚动浏览工作表时，活动单元格可能会在当前工作表窗口的显示范围之外，按<Ctrl+Backspace>组合键，可以快速返回到活动单元格所在位置。

直接单击目标单元格，可将目标单元格切换为当前活动单元格。

4.3.2　区域的基本概念

多个单元格所构成的单元格群组称为"区域"。构成区域的多个单元格之间可以是相互连续的，它们所构成的区域就是连续区域。多个单元格之间也可以是相互独立不连续的，它们所构成的区域称为不连续区域。

对于连续区域，可以使用该区域左上角和右下角的单元格地址进行标识，形式为"左上角单元格地址：右下角单元格地址"。例如，连续单元格地址为"C5:F11"，则表示此区域包含了从 C5 单元格到 F11 单元格的矩形区域，矩形区域宽度为 4 列，高度为 7 行，总共包括 28 个连续单元格。

与此类似，"A5:XFD5"则表示区域为工作表的第 5 行整行，也可以用"5:5"表示。"F1:F1048576"则表示区域为工作表的 F 列整列，也可以用"F:F"表示。

4.3.3　区域的选取

在工作表中选取区域后，可以对区域内所包含的所有单元格同时执行相关的命令操作，如输入数据、复制、粘贴、删除、设置单元格格式等。选取区域后，在其中总是包含一个活动单元格。工作窗口的【名称框】显示的是当前活动单元格的地址，【编辑栏】所显示的也是当前活动单元格中的内容。

活动单元格与区域中其他单元格显示风格不同，区域中所包含的其他单元格会加亮显示，而当前活动单元格还是保持正常显示，以此来标识活动单元格的位置，如图 4-20 所示，B2:D6 单元格区域为选定区域，B2 单元格为活动单元格。

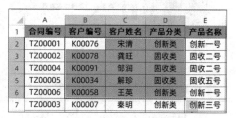

图 4-20　选定区域与活动单元格

⊃ Ⅰ　连续区域的选取

对于连续单元格，有以下几种常用方法可以实现选取操作。

（1）选定一个单元格，按住鼠标左键直接在工作表中拖动选取相邻的连续区域。

（2）选定一个单元格，按住 <Shift> 键不放，然后使用方向键在工作表中选择相邻的连续区域。

（3）选定一个单元格，按 <F8> 键，进入"扩展"模式（在状态栏会显示"扩展式选定"字样），此时，再单击另一个单元格时，则会自动选中这两个单元格之间所构成的连续区域。再按一次 <F8> 键，可取消"扩展"模式。

（4）在名称框中直接输入区域地址，如"B2:D6"，按 <Enter> 键确认后，即可选取并定位到目标区域。此方法也可用于选取隐藏行列中所包含的区域。

⊃ Ⅱ　不连续区域的选取

对于不连续区域的选取，有以下几种方法。

（1）选定一个单元格，按住 <Ctrl> 键，然后单击或拖曳选择多个单元格或连续区域。

（2）按 <Shift+F8> 组合键进入"添加"模式，进入添加模式后，再用鼠标选取的单元格或区域会添加到之前的选取区域中。

（3）在工作窗口的名称框中输入多个单元格地址或区域地址，地址之间用半角状态下的逗号隔开，如"C3,C5:F11,G12"，按 <Enter> 键确认后即可选取并定位到目标区域。

⊃ Ⅲ　多表区域的选取

Excel 允许同时在多张工作表上选取区域。

要选取多表区域，可以在当前工作表中选定某个区域后，再单击其他工作表标签选中多张工作表。

此时，当用户在当前工作表中对此区域进行输入、编辑及设置单元格格式等操作时，会同时反映在其他工作表的相同位置上。

示例4-1　通过多表区域的操作设置单元格格式

如需将当前工作簿的Sheet1、Sheet2、Sheet3 的 "A1:B6" 单元格区域都设置成红色背景色。操作步骤如下。

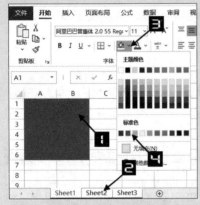

图 4-21　多表区域设置单元格格式

步骤① 在当前工作簿的Sheet1 工作表中选中A1:B6 单元格区域。

步骤② 按住<Shift>键，然后单击Sheet3 工作表标签，释放<Shift>键。此时Sheet1~Sheet3 工作表的A1:B6 区域构成一个多表区域，并且进入多表区域的工作组编辑模式。

步骤③ 单击【开始】选项卡下的【填充颜色】下拉按钮，在弹出的颜色面板中选取 "红色"，如图 4-21 所示。

此时 3 张工作表的A1:B6 区域单元格背景色均被统一填充为红色。

⊃ IV　选取特殊的区域

除了通过以上操作方法选取区域外，还有几种特殊的操作方法可以快速选定一个或多个符合特定条件的单元格区域。

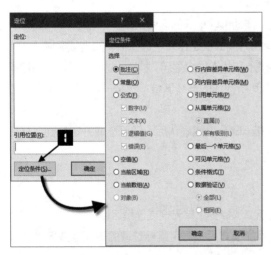

图 4-22　【定位】对话框和【定位条件】对话框

定位条件各选项的含义见表 4-1。

在【开始】选项卡中依次单击【查找和选择】→【定位条件】命令，或者按<F5>功能键及 <Ctrl+G>组合键，在弹出的【定位】对话框中单击【定位条件】按钮，显示【定位条件】对话框，如图 4-22 所示。

在【定位条件】对话框中选择某项条件，然后单击【确定】按钮，就会在当前选定区域中查找符合选定条件的单元格并将其选中。如果当前只选定了一个单元格，则会在整张工作表中进行查找。

例如，在【定位条件】对话框中选中【常量】单选按钮，然后在下方选中【数字】复选框，单击【确定】按钮后，则当前选定区域中所有包含有数字形式常量的单元格均被选中。

表 4-1　定位条件的含义

选项	含义
批注	包含批注的单元格

选项	含义
常量	不包含公式的非空单元格。可在"公式"下方的复选框中进一步选择数据类型，包括数字、文本、逻辑值和错误值
公式	包含公式的单元格。可在"公式"下方的复选框中进一步选择数据类型，包括数字、文本、逻辑值和错误值
空值	所有空单元格
当前区域	与活动单元格相邻的非空单元格区域
当前数组	如果当前单元格中包含多单元格数组公式，将选中包含相同公式的所有单元格
对象	包括图片、图表、自选图形、插入文件等
行内容差异单元格	选定区域中，每一列的数据均以活动单元格作为参照，横向比较数据，选定与参照数据不同的单元格
列内容差异单元格	选定区域中，每一行的数据均以活动单元格作为参照，纵向比较数据，选定与参照数据不同的单元格
引用单元格	当前单元格中公式引用到的所有单元格，可在【从属单元格】下方的复选框中进一步筛选引用的级别，包括【直属】和【所有级别】
从属单元格	与引用单元格相对应，选定在公式中引用了当前单元格的所有单元格。可在【从属单元格】下方的复选框中进一步筛选引用的级别
最后一个单元格	包含数据或格式的区域范围中最右下角的单元格
可见单元格	所有未经隐藏的单元格
条件格式	工作表中所有运用了条件格式的单元格。在【数据验证】单选按钮下方的选项组中可选择定位的范围，包括【相同】和【全部】，其中的【相同】选项表示与当前单元格使用了相同的条件格式规则
数据验证	工作表中所有运用了数据验证的单元格。下方的选项组中可选择定位的范围，包括【相同】和【全部】，其中的【相同】选项表示与当前单元格使用了相同的数据验证规则

提示➔

　　在使用【空值】作为定位条件时，如果当前选定的是一个单元格，Excel仅在包含数据或格式的区域内进行查找。

第 5 章　在电子表格中输入和编辑数据

数据的录入和编辑工作往往是枯燥和烦琐的，只要掌握了科学的方法并能运用一定的技巧，就能更高效地完成工作。本章详细介绍 Excel 中的数据类型，以及如何在电子表格中输入和编辑数据。正确合理地输入和编辑数据，对于后续的数据处理与分析非常重要。

本章学习要点

（1）认识 Excel 中的数据类型。

（2）数据输入和编辑的方法与技巧。

（3）填充与序列。

5.1　数据类型的简单认识

在工作表中输入和编辑数据是 Excel 中的基础操作项目之一。在单元格中可以输入和保存的数据类型主要包括数值、日期和时间、文本、逻辑值和错误值。

5.1.1　数值

数值是指所有代表数量的数字形式，如企业的产值和利润、学生的成绩、个人的身高体重等。数值可以是正数，也可以是负数，并且都可以进行计算。除了普通的数字外，还有一些带有特殊符号的数字也被 Excel 识别为数值，这些特殊符号包括百分号（%）、货币符号（如 ¥）、千位分隔符（,）及科学记数符号（E）。

在现实中，数字的大小可以是无穷无尽的，但是在 Excel 中，由于软件自身的限制，对于数值的使用和存储也存在一些规范和限制。

Excel 可以表示和存储的数字最大精确到 15 位有效数字。对于超过 15 位的整数数字，如 1 234 567 890 123 456 789，Excel 会自动将 15 位以后的数字变为 0 来存储，成为 1 234 567 890 123 450 000。对于大于 15 位有效数字的小数，则会将超出的部分截去。

因此，对于超出 15 位有效数字的数值，Excel 将无法进行精确的计算和处理。例如，无法比较相差无几的 20 位数字的大小、无法用数值形式存储 18 位的身份证号码等。

对于一些很大或很小的数值，Excel 会自动以科学记数法来表示，例如，123 456 789 012 345 会以科学记数法表示为 1.23457E+14，即为 1.23457×10^{14} 之意，其中代表 10 的乘方的大写字母"E"不可以省略。

5.1.2　日期和时间

在 Excel 中，日期和时间是以一种特殊的数值形式存储的，这种数值形式称为"序列值"。序列值的范围为 1~2 958 465。

在 Windows 操作系统上所使用的 Excel 版本中，日期系统默认为"1900 日期系统"，即以 1900 年 1 月 1 日作为序列值的基准日期，这一天的序列值计为 1，这之后的日期均以距基准日期的天数作为其序列值。例如，1900 年 1 月 15 日的序列值为 15，2020 年 9 月 10 日的序列值为 44 084。在 Excel 中可表示的最大日期是 9999 年 12 月 31 日，其序列值为 2 958 465。

提示
■-■-■-■→
> 要查看一个日期的序列值，可以在单元格内输入该日期后，再将单元格数字格式设置为"常规"，此时，就会在单元格内显示该日期的序列值。

由于日期存储为数值的形式，因此它承载着数值的所有运算功能。日期运算的实质是序列值的数值运算。例如，要计算两个日期之间相距的天数，可以直接在单元格中输入两个日期，再用减法运算的公式来求得。

如果用户使用的是 Macintosh 操作系统下的 Excel 版本，默认的日期系统为"1904 日期系统"，即以 1904 年 1 月 1 日作为日期系统的基准日期。Windows 用户如需要使用"1904 日期系统"，可以在【 Excel 选项】对话框中的【高级】选项卡下，选中【使用 1904 日期系统】复选框。

日期系统的序列值是一个整数数值，一天的数值单位是 1，那么 1 小时就可以表示为 1/24 天，1 分钟就可以表示为 1/(24*60) 天等，一天中的每一个时刻都可以由小数形式的序列值来表示。例如，中午 12:00:00 的序列值为 0.5（一天的一半），12:30:00 的序列值近似为 0.520833。

如果输入的时间值超过 24 小时，Excel 会自动以天为整数单位进行处理。如 26:13:12，转换为序列值为 1.0925，即 1+0.0925（1 天+2 小时 13 分 12 秒）。

将小数部分表示的时间和整数部分表示的日期结合起来，就能以序列值表示一个完整的日期时间点。例如，2020 年 9 月 10 日中午 12:00:00 的序列值为 44 084.5，9999 年 12 月 31 日中午 12:30:00 的序列值近似为 2 958 465.520833。

提示
■-■-■-■→
> 对于不包含日期且小于 24 小时的时间值，如"12:30:00"，Excel 会自动以 1900 年 1 月 0 日这样一个实际不存在的日期作为其日期值。在 Excel 的日期系统中，还包含了实际并不存在的 1900 年 2 月 29 日（1900 年并不是闰年），并且有所对应的序列值 60。微软公司在对这个问题的解释中声称，保留这个错误是为了保持与 Lotus 1-2-3 相兼容。

5.1.3　文本

文本通常是指一些非数值性的文字、符号等，如企业名称、学生的考试科目、姓名等。除此以外，许多不代表数量的、不需要进行数值计算的数字也可以保存为文本形式，如电话号码、身份证号码、银行卡号等。所以，文本并没有严格意义上的概念。事实上，Excel 将许多不能理解为数值（包括日期时间）和公式的数据都视为文本。文本不能用于计算，但可以比较大小。

5.1.4　逻辑值

逻辑值是比较特殊的一类参数，它只有 TRUE（真）和 FALSE（假）两种类型。

例如，在公式"=A3>0"中，"A3>0"就是一个可以返回 TRUE（真）或 FALSE（假）两种结果的参数。

逻辑值之间进行四则运算或是逻辑值与数值之间的运算时，TRUE 的作用等同于 1，FALSE 的作用等同于 0。例如：

```
TRUE+TRUE=2
FALSE*FALSE=0
TRUE-1=0
FALSE*5=0
```

但是在逻辑判断中，不能将逻辑值和数值视为相同，如公式"=TRUE<6"，结果是 FALSE，因为在 Excel 中数据比较规则为：数字<文本<逻辑值 FALSE<逻辑值 TRUE，因此 TRUE 大于 6。

5.1.5　错误值

在使用 Excel 的过程中可能会遇到一些错误值信息，如 #N/A、#VALUE!、#DIV/0! 等，出现这些错误的原因为很多种，如果公式不能计算正确结果，Excel 将显示一个错误值，根据产生错误的不同原因，Excel 会返回不同类型的错误值，便于用户进行排查。常见的错误值及其含义见表 5-1。

表 5-1　常见错误值及含义

错误值类型	含义
#####	当列宽不够显示数字，或者使用了负的日期或负的时间时，会出现此错误
#VALUE!	当使用的参数类型错误时，会出现此错误。例如，A1 单元格为文本 "Excel"，使用公式 =A1+1 就会返回错误值 #VALUE!
#DIV/0!	除法运算中，除数为 0 时，会出现此错误
#NAME?	当公式中存在不能识别的字符串时会出现此错误，如定义名称、函数名称拼写出错等
#N/A	通常在查询类函数找不到具体的查询值时，会出现此错误
#REF!	当单元格引用无效时，出现此错误。例如，B2 单元格公式为：=A1+1，如果删除了 A 列，公式就会返回错误值 #REF!
#NUM!	公式或函数中使用无效数字值时，出现此错误。例如，公式：=SMALL(A1:A3,4)，要在 A1:A3 这三个单元格中返回第 4 个最小值，公式就会返回错误值 #NUM!
#NULL!	使用交叉运算符（空格）进行单元格引用，但引用的两个区域并不存在交叉区域，出现此错误。例如，使用公式：=SUM(A:A B:B)，A 列和 B 列不存在交叉，公式就会返回错误值 #NULL!
#SPILL !	动态数组公式的溢出区域不是空白、存在合并单元格或在 "表格" 中使用了动态数组公式
#CALC!	动态数组公式返回了空数组

5.1.6　不同数据类型的大小比较原则

在 Excel 中，除了错误值外，文本、数值与逻辑值比较时按照以下顺序排列。

> …、-2、-1、0、1、2、…、A~Z、FALSE、TRUE

即数值小于文本，文本小于逻辑值 FALSE，逻辑值 TRUE 最大，错误值不参与排序。

5.2　输入和编辑数据

5.2.1　在单元格输入数据

要在单元格内输入数值和文本类型的数据，可以先选中目标单元格，使其成为活动单元格后，直接向单元格内输入数据。数据输入完毕后按 <Enter> 键或单击编辑栏左侧的输入按钮或是单击其他单元格，都可以确认完成输入。要在输入过程中取消输入的内容，可以按 <Esc> 键退出输入状态。

当用户输入数据时，原有编辑栏左边的取消【×】按钮和输入【√】按钮被激活，如图 5-1 所示。单击【√】按钮后，可以对当前输入内容进行确认；如果单击【×】按钮，则表示取消输入。

虽然单击【√】按钮和按 <Enter> 键都可以对输入内容进行确认，但是两者的效果并不完全相同。当按 <Enter> 键确认输入后，Excel 会自动将下一个单元格激活为活动的单元格，而当使用【√】按钮确认输入后，Excel不会改变当前活动单元格。

也可以根据需要对"下一个"激活单元格的方向进行设置。在【Excel选项】对话框的【高级】选项卡下，选中【按Enter键后移动所选内容】复选框，在下方【方向】下拉菜单中可以选择移动方向，默认为【向下】，最后单击【确定】按钮确认操作，如图5-2所示。

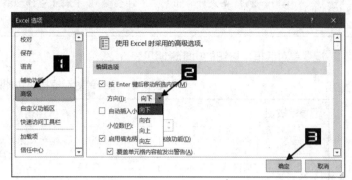

图 5-1 编辑栏左侧图标被激活　　　　图 5-2 设置按<Enter>键后光标移动的方向

如果希望在输入结束后活动单元格仍停留在原位，则可以取消选中【按Enter键后移动所选内容】复选框。

5.2.2 使用"记录单"添加数据

使用Excel记录单功能，能够让输入过程更加方便。

示例5-1 使用记录单高效录入数据

如需使用"记录单"功能添加新的数据，操作步骤如下。

步骤① 单击数据列表区域中任意一个单元格（如A8）。

步骤② 依次按下<Alt>、<D>和<O>键，弹出【数据列表】对话框，对话框的名称取决于当前工作表的名称，单击【新建】按钮进入新数据输入状态，如图5-3所示。

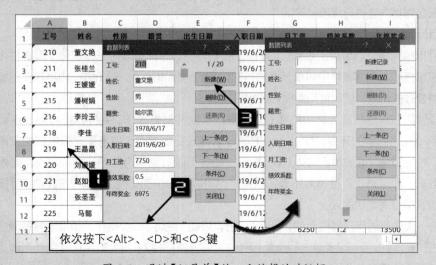

图 5-3 通过【记录单】输入和编辑的对话框

步骤③ 在【数据列表】对话框的各个文本框中输入相关信息，按<Tab>键在文本框之间依次移动，一条数据输入完毕后可以在对话框内单击【新建】或【关闭】按钮，也可以直接按<Enter>键，新增的数据即可保存到数据列表中。

提示 → 利用公式计算出的"年终奖金"，Excel会自动添加到新记录中。

记录单对话框中按钮的功能说明见表5-2。

表 5-2　记录单对话框按钮功能说明

记录单按钮	用途
新建	单击【新建】按钮可以在数据列表中添加新记录
删除	删除当前显示的记录
还原	在没有单击【新建】按钮之前，恢复所编辑的全部信息
上一条	显示数据列表中的前一条记录
下一条	显示数据列表中的下一条记录
条件	用户输入设置搜索记录的条件，单击【上一条】和【下一条】按钮显示符合条件的记录
关闭	关闭记录单对话框

5.2.3　编辑单元格内容

对于已经存在数据的单元格，可以激活目标单元格后，重新输入新的内容来替换原有数据。但是，如果只想对其中的部分内容进行编辑修改，则可以激活单元格进入编辑模式。有以下几种方式可以进入单元格编辑模式。

❖ 双击单元格。在单元格中的原有内容后会出现竖线光标显示，提示当前进入编辑模式，光标所在的位置为数据插入位置，在不同位置单击或使用左右方向键，可以移动光标的位置，用户可以在单元格中直接对其内容进行编辑修改。

❖ 激活目标单元格后按<F2>键，效果与上述方法相同。

❖ 激活目标单元格，然后单击Excel工作窗口的编辑栏，这样可以将光标定位于编辑栏内，激活编辑栏的编辑模式，在编辑栏内对单元格原有的内容进行编辑修改。对于数据内容较多的编辑修改，特别是对公式的修改，建议使用编辑栏的编辑模式。

也可以使用鼠标选取单元格中的部分内容进行复制和粘贴操作。另外，按<Home>键可将光标插入点定位到单元格内容的开头，按<End>键则可以将光标插入点定位到单元格内容的末尾。在编辑修改完成后，按<Enter>键或单击输入【√】按钮，同样可以对编辑内容进行确认输入。如果输入的是一个错误的数据，可以再次直接输入正确的数据，也可以单击快速访问工具栏上的【撤消】按钮，或者按<Ctrl+Z>组合键撤消本次输入。

每单击一次快速访问工具栏上的【撤消】按钮，只能"撤消"一步操作，如果需要撤消多步操作，可以多次单击【撤消】按钮，或者单击【撤消】下拉按钮，在打开的下拉列表中选择需要撤消返回的具体操作步骤，如图5-4所示。

图 5-4　撤消多步操作

> **提示**
>
> 　　可在单元格中直接对内容进行编辑的操作，依赖于"单元格内直接编辑"功能（系统默认开启），此功能的开关位于【Excel选项】对话框【高级】选项卡中的【允许直接在单元格内编辑】复选框。

5.2.4　显示和输入的关系

　　输入数据后，会在单元格中显示输入的内容（或公式的结果），在选中单元格时，编辑栏中将显示输入的内容。但有些时候，在单元格内输入的数值和文本，与单元格中的实际显示并不完全相同。

　　事实上，Excel会对用户输入数据的标识符及结构进行分析，然后以系统所认为最理想的方式显示在单元格中，有时甚至会自动更改数据的格式或数据的内容。对于此类现象及其原因，大致归纳为以下几种情况。

◑ Ｉ　系统规范

　　如果用户在单元格中输入位数较多的小数，如"123.456798012"，而单元格列宽设置为默认值时，单元格内会显示"123.4568"。这是由于Excel系统默认设置了对数值进行四舍五入显示的缘故。

> **提示**
>
> 　　如果用户希望以单元格中实际显示的数值来参与数值计算，可以在选项中进行如下设置：打开【Excel选项】对话框，在【高级】选项卡中选中【将精度设置为所显示的精度】复选框，最后单击【确定】按钮，如图5-5所示。

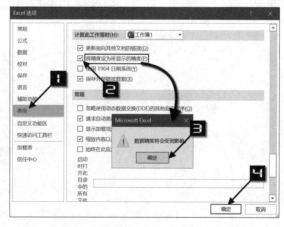

图 5-5　将精度设置为所显示的精度

　　当单元格列宽无法完整显示数据的所有部分时，Excel会自动以四舍五入的方式对数值的小数部分进行截取显示。如果将单元格的列宽调整得更大，显示的位数相应增多。虽然单元格的显示与实际数值不符，但是当用户选中此单元格，在编辑栏中仍可以完整显示数值，并且在数据计算过程中，Excel也是根据完整的数值进行计算。

除此之外，还有一些数值方面的规范，使输入与实际显示不符。

❖ 当用户在单元格中输入非常大或非常小的数值时，系统会在单元格中自动以科学记数法的形式来显示。

❖ 输入大于 15 位有效数字的数值时（如 18 位身份证号码），Excel 会对超过 15 位部分自动转换为 0。

❖ 当输入数值外面包括一对半角小括号时，如"(123456)"，系统会自动以负数形式保存和显示括号内的数值，而括号不再显示（这是会计专业方面的一种数值形式约定）。

❖ 当用户输入末尾为"0"的小数时，系统会自动将非有效位数上的"0"清除，使之符合数值的规范显示。

对于上述 4 种情况，如果用户确实需要以完整的形式输入数据，可以进行以下操作。

对于不需要进行数值计算的数字，如身份证号码、银行卡号、股票代码等，可将数据形式转换成文本形式来保存和显示完整数字内容。以单引号"'"开始输入的数据，系统会以文本形式在单元格中保存和显示，其中的单引号"'"不显示在单元格中，但在编辑栏中会显示。

也可以先选中目标单元格，将目标单元格设置成"文本"格式，然后输入内容，如图 5-6 所示。

有以下几种等效操作方法可以打开【设置单元格格式】对话框。

方法 1：单击【开始】选项卡中【字体】【对齐方式】或【数字】命令组右下角的对话框启动器按钮，如图 5-7 所示。

图 5-6　设置单元格格式为文本

方法 2：选中目标单元格后，鼠标右击，在弹出的快捷菜单中选择【设置单元格格式】命令，如图 5-8 所示。

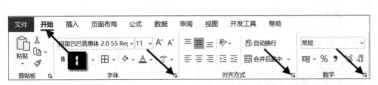

图 5-7　单击【开始】选项卡中对应的对话框启动器按钮

图 5-8　通过右键快捷菜单打开

方法3: 按<Ctrl+1>组合键。

文本和数值（包括日期、时间）在单元格中的显示有明显的不同，用户可以很容易地识别，在没有设置过文本对齐方式的单元格中，数值默认靠右侧对齐，而文本总是靠左侧对齐。

如果用户不希望改变数据类型，在单元格中能完整显示的同时，仍可以保留数值的特性，可以参照如下操作。

以某股票代码"000123"为例，先选中目标单元格，打开【设置单元格格式】对话框，选择【数字】选项卡，在【分类】列表框中选择【自定义】选项，此时右侧会出现新的【类型】列表框。在列表框顶部的【类型】文本框内输入"000000"（与股票代码字符数保持一致），然后单击【确定】按钮，此时再在单元格内输入代码"123"，即可显示为"000123"，并且仍保留数值的格式，如图5-9所示。

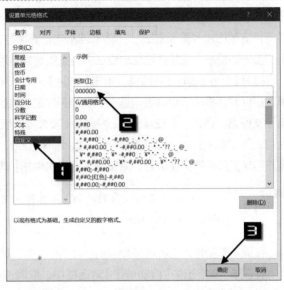

图5-9 设置自定义格式

注意
此种方法特别适用于需要显示前置"0"的数值情况，但是这种方法只限于输入小于等于15位的整数，如果数值大于15位，则单元格中仍然不能真实显示。

对于小数末尾中"0"的保留显示（如某些数字保留位数的需求），与上述例子类似，可以在输入数据的单元格中设置自定义的格式，如"0.0000"（小数点后面"0"的个数表示需要保留显示小数的位数）。除了自定义的格式外，使用系统内置的"数值"格式也可以达到相同的效果。在【设置单元格格式】对话框中选中【数值】分类后，对话框右侧会出现设置【小数位数】的微调框，调整需要显示的小数位数，就可以将用户输入的数据按照用户需要保留的位数来显示。

○ Ⅱ 自动格式

在某些情况下，当输入的数据中带有一些特殊符号时，会被Excel识别为具有特殊含义，从而自动为数据设定特有的数字格式来显示。

❖ 在单元格中输入某些分数时，如"12/29"，单元格会自动识别为日期形式，进而显示为日期"12月29日"，同时此单元格的单元格格式也会被自动更改。如果输入的对应日期不存在，如"11/31"，单元格还会保持原来的输入显示。但实际上此时单元格还是文本格式，并没有被赋予真正的分数数值意义。关于如何在单元格中输入分数的详细介绍，请参阅5.3.3节。

❖ 当在单元格中输入带有货币符号的数值时，如"¥123300"，Excel会自动将单元格格式设置为相应的货币格式，在单元格中也可以以货币的格式显示（自动添加千位分隔符，负数以红色显示或加括号显示）。如果选中单元格，可以看到在编辑栏内显示的是不带货币符号的实际数值。

○ Ⅲ 自动更正

Excel会在用户输入数据的时候进行检查，在发现包含有特定条件的内容时，自动进行更正，如以下几种情况。

❖ 在单元格中依次输入"(R)"时，单元格中会自动更正为"®"。

❖ 在输入英文单词时，如果开头有连续两个大写字母，如"EXcel"，则 Excel 系统会自动将其更正为首字母大写"Excel"。

此类情况的产生，都是基于 Excel 中【自动更正选项】的相关设置。"自动更正"是一项非常实用的功能，它不仅可以帮助用户减少英文拼写错误，纠正一些中文成语错别字和错误用法，还可以为用户提供一种高效的输入替换方法——输入缩写或特殊字符，系统自动替换为全称或用户需要的内容。上面举例的第一种情况，就是通过自动更正中内置的替换选项来实现的，用户也可以根据自己的需要进行设置。

打开【Excel 选项】对话框，单击【校对】选项卡中的【自动更正选项】按钮，弹出【自动更正】对话框，在此对话框中可以通过复选框及列表框中的内容对原有的更正替换项目进行修改设置，也可以进行自定义设置。例如，要在单元格输入"EH"时，自动替换为"ExcelHome"，可以在【替换】文本框中输入"EH"，然后在【为】文本框中输入"ExcelHome"，最后单击【添加】按钮，这样就可以成功添加一条用户自定义的自动更正项目，添加完毕后依次单击【确定】按钮关闭对话框，如图 5-10 所示。

> **提示**
> 自动更正功能通用于 Office 组件，用户在 Excel 中添加的自定义更正项目，也可以在 Word、PowerPoint 中使用。

如果不希望输入的内容被 Excel 自动更改，可以对"自动更正选项"进行如下设置。

在图 5-10 所示的【自动更正】对话框中，取消选中【键入时自动替换】复选框，以使所有的更正项目停止使用。也可以取消某个单独功能的复选框（如【句首字母大写】复选框），或者在下面的列表框中删除某些特定的替换内容，来终止该项自动更正规则。

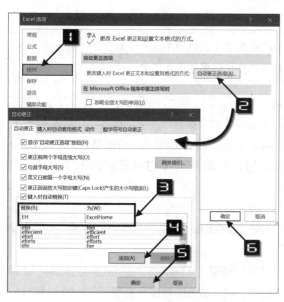

图 5-10　添加自定义【自动更正】内容

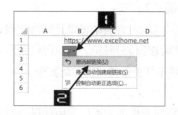

图 5-11　通过【自动更正选项】智能按钮取消超链接

⊃ Ⅳ　自动套用格式

自动套用格式与自动更正类似，当在输入内容中发现包含特殊文本标记时，Excel 会自动对单元格加入超链接。例如，当输入的数据中包含 @、WWW、FTP、FTP://、HTTP:// 等文本内容时，Excel 会自动为此单元格添加超链接，并在输入的数据下方显示下划线。

如果用户不希望输入的文本内容被加入超链接，可以在确认输入后直接按快速访问工具栏上的【撤消】按钮或按 <Ctrl+Z> 组合键，取消超链接的自动加入。也可以通过【自动更正选项】智能按钮来进行操作。例如，在 B1 单元格中输入"www.excelhome.net"，Excel 会自动为此单元格加上超链接，当鼠标指针移至文字上方时，会在文字下方出现【自动更正选项】按钮，单击该下拉按钮，在下拉菜单中单击【撤消超链接】命令，就可以取消在 B1 单元格所创建的超链接，如图 5-11 所示。

关于超链接的更多内容，请参阅 10.2 节。

5.2.5　日期和时间的输入和识别

❍ |　日期的输入和识别

在 Windows 简体中文操作系统的默认日期设置下，可以被 Excel 自动识别为日期数据的输入形式如下。

使用分隔符"-"或"/"的输入，见表 5-3。

表 5-3　日期输入形式 1

单元格输入	Excel 识别	单元格输入	Excel 识别
2020-9-10 或 2020/9/10	2020 年 9 月 10 日	2008-5 或 2008/5	2008 年 5 月 1 日
20-9-10 或 20/9/10	2020 年 9 月 10 日	9-10 或 9/10	当前年份的 9 月 10 日
79-9-10 或 79/9/10	1979 年 9 月 10 日		

使用中文"年月日"分隔的输入，见表 5-4。

表 5-4　日期输入形式 2

单元格输入	Excel 识别	单元格输入	Excel 识别
2020 年 9 月 10 日	2020 年 9 月 10 日	2008 年 5 月	2008 年 5 月 1 日
20 年 9 月 10 日	2020 年 9 月 10 日	9 月 10 日	当前年份的 9 月 10 日
79 年 9 月 10 日	1979 年 9 月 10 日		

使用包括英文月份的输入，见表 5-5。

表 5-5　日期输入形式 3

单元格输入	Excel 识别	单元格输入	Excel 识别
September10	当前年份的 9 月 10 日	10-Sep	当前年份的 9 月 10 日
Sep10	当前年份的 9 月 10 日	Sep/10	当前年份的 9 月 10 日
10 Sep	当前年份的 9 月 10 日	10/Sep	当前年份的 9 月 10 日
Sep-10	当前年份的 9 月 10 日		

输入日期时还需要注意以下几点。

❖ 年份的输入方式包括短日期（如 79 年）和长日期（如 1979 年）两种，当用户以两位数字的短日期方式来输入年份时，系统默认将 0~29 之间的数字识别为 2000—2029 年，而将 30~99 之间的数字识别为 1930—1999 年。为避免系统自动识别造成错误理解，建议用户在输入年份时，使用 4 位完整数字的长日期方式，以确保数据的准确性。

❖ 短横线"-"分隔与斜线"/"分隔可以结合使用。例如，输入"2022-9/10"与输入"2022/9-10"均可以表示 2022 年 9 月 10 日。

❖ 当输入的数据只包含年份和月份时，Excel 会自动以这个月的 1 日作为它的完整日期值，如输入"2008/5"，会被自动识别为"2008 年 5 月 1 日"。

❖ 当输入的数据只包含月份和日期时，Excel 会自动以系统当年年份作为这个日期的年份值。

❖ 包含英文月份的输入方式可以用于只包含月份和日期的数据输入，其中月份的英文单词可以使用完整拼写，也可以使用标准缩写。

注意 　　以上所述部分的输入和识别方式，只适用于简体中文 Windows 操作系统，区域设置为"中国"的操作环境之下。如果用户的区域设置为其他国家和地区，Excel 会根据不同的语言习惯而产生不同的日期识别格式。

部分用户习惯使用"."分隔符来输入日期，如"2022.9.10"。这样输入的数据只会被 Excel 识别为文本格式，而不是日期格式。

⊃ Ⅱ　时间的输入和识别

时间的输入规则比较简单，可分为 12 小时制和 24 小时制两种。采用 12 小时制时，需要在输入时间后加入表示上午或下午的后缀"Am"或"Pm"。例如，输入"10:21:30 Am"会被 Excel 识别为"上午10 点 21 分 30 秒"，而输入"10:21:30 Pm"则会被 Excel 识别为"下午 10 点 21 分 30 秒"。如果输入形式中不包含英文后缀，则 Excel 默认以 24 小时制来识别输入的时间。

在输入时间数据时可以省略"秒"的部分，但不能省略"小时"和"分钟"的部分。例如，输入"10:21"将会被自动识别为"10 点 21 分 0 秒"，要表示"0 点 0 分 35 秒"，需要完整输入"0:0:35"。

提示 　　按 <Ctrl+Shift+;> 组合键可以输入当前系统时间，按 <Ctrl +;> 组合键可以输入当前系统日期。

5.2.6　为单元格添加批注

通过批注，可以对单元格的内容添加一些注释或说明，方便自己或其他用户更好地理解单元格中的内容含义。

有以下几种等效方式可以为单元格添加批注。

方法 1：选定单元格，在【审阅】选项卡上单击【新建批注】按钮。

方法 2：选定单元格，鼠标右击，在弹出的快捷菜单中选择【插入批注】命令。

方法 3：选定单元格，按 <Shift+F2> 组合键。

图 5-12　添加批注

添加批注后，在目标单元格的右上角会出现红色三角符号，此符号为批注标识符，表示当前单元格包含批注。右侧的矩形文本框通过引导箭头与红色标识符相连，此矩形文本框即为批注内容的显示区域，用户可以在此输入批注内容。批注内容会默认以加粗字体的用户名开头，标识了添加批注的作者。此用户名默认为当前Excel 用户名，实际使用时，用户也可以根据需要更改为更方便识别的名称，如图 5-12 所示。

完成批注内容输入之后，单击其他单元格即表示完成了添加批注的操作，此时批注内容呈现隐藏状态，只显示出红色标识符。当光标移到包括标识符的目标单元格上时，批注内容会自动显示出来。也可以在包含批注的单元格上鼠标右击，在弹出的快捷菜单中选择【显示/隐藏批注】命令，使批注内容取消隐藏状态，固定显示在表格上方。或单击【审阅】选项卡上【批注】组中的【显示/隐藏批注】切换按钮，就可以切换批注的"显示"状态和"隐藏"状态。单击【显示所有批注】切换按钮，将切换所有批注的"显示"状态和"隐藏"状态。

要对现有单元格的批注内容进行编辑修改，有以下几种等效操作方式，和添加批注方法类似。

方法 1：选定包含批注的单元格，在【审阅】选项卡上单击【编辑批注】按钮。

方法 2：选定包含批注的单元格，鼠标右击，在弹出的快捷菜单中选择【编辑批注】命令。

方法 3：选定包含批注的单元格，按<Shift+F2>组合键。

当单元格添加批注或批注处于编辑状态时，如果将鼠标指针移至批注矩形框的边框上时，鼠标指针会显示为黑色双向箭头或黑色十字箭头图标，分别用于拖曳改变批注区域大小和移动批注显示位置。

要删除一个现有的批注，可以选中包括批注的目标单元格，然后鼠标右击，在弹出的快捷菜单中选择【删除批注】命令。或选中包括批注的目标单元格后，在【审阅】选项卡的【批注】组单击【删除】按钮。

如果需要一次性删除当前工作表中的所有批注，可以按<Ctrl+A>组合键全选工作表，然后在【审阅】选项卡的【批注】组单击【删除】按钮。

此外，用户还可以根据需要删除某个区域中的所有批注。首先选择需要删除批注的区域，然后在【开始】选项卡中依次单击【清除】→【清除批注】命令即可。

5.2.7　删除单元格内容

如需删除不需要的单元格内容，可以选中目标单元格，然后按<Delete>键。但是这样操作并不会影响单元格原有的格式、批注等元素。要彻底地删除这些内容，可以在选定目标单元格后，在【开始】选项卡上单击【清除】下拉按钮，在下拉菜单中选择【全部清除】命令，如图 5-13 所示。

图 5-13　【清除】下拉菜单

5.3　数据输入实用技巧

学习和掌握一些数据输入方面的常用技巧，可以简化数据输入操作，提高工作效率。

5.3.1　强制换行

在表格内输入大量的文字信息时，如果单元格文本内容过长，使用自动换行功能虽然可将文本显示为多行，但是换行的位置并不受用户控制，而是根据单元格的列宽来决定。

如果希望控制单元格中文本的换行位置，要求整个文本外观能够按照指定位置进行换行，可以使用强制换行功能。当单元格处于编辑状态时，在需要换行的位置按<Alt+Enter>组合键为文本添加强制换行符，图 5-14 所示为一段文字使用强制换行后的编排效果，此时单元格和编辑栏中都会显示强制换行后的段落结构。

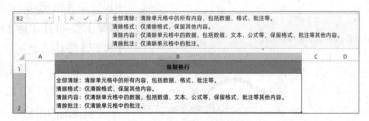

图 5-14　通过【强制换行】功能控制文本格式

注意

使用了强制换行后的单元格，Excel 会自动为其选中【自动换行】复选框，但事实上它和通常情况下使用【自动换行】功能有着明显的区别。如果取消选中【自动换行】复选框，则使用了强制换行的单元格仍然显示为单行文本，而编辑栏中保留着换行后的显示效果。

5.3.2 在多个单元格同时输入数据

需要在多个单元格中同时输入相同的数据，可以选中需要输入相同数据的多个单元格，输入所需要的数据后，按<Ctrl+Enter>组合键确认输入。

5.3.3 输入分数

输入分数的方法如下。

❖ 如果要输入一个假分数，如"二又五分之一"，可以在单元格内输入"2 1/5"（整数部分和分数部分之间使用一个空格间隔），然后按<Enter>键确认。Excel会将输入识别为分数形式的数值类型。在编辑栏中显示此数值为2.2，在单元格显示出分数形式"2 1/5"，如图5-15中的B2单元格所示。

❖ 如果需要输入的分数是真分数（不包含整数部分），用户在输入时必须以"0"作为这个分数的整数部分输入，如需要输入"五分之三"，则输入方式为"0 3/5"。这样Excel才可以识别为分数数值，而不会被识别为日期，如图5-15中的B3单元格所示。

	A	B
1	输入形式	显示形式
2	2 1/5	2 1/5
3	0 3/5	3/5
4	0 13/5	2 3/5
5	0 2/24	1/12

图 5-15 输入分数及显示

❖ 如果输入分数的分子大于分母，如"五分之十三"，Excel会自动进行换算，将分数显示为假分数（整数+真分数）形式，如图5-15中的B4单元格所示。

❖ 如果输入分数的分子和分母可以约分，如"二十四分之二"在确认输入后，Excel会自动对其进行约分处理，如图5-15中的B5单元格所示。

5.3.4 输入指数上标

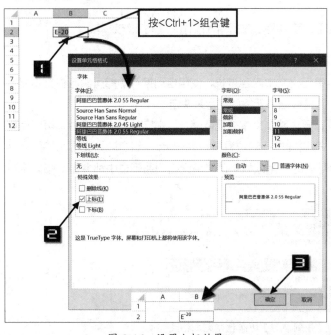

图 5-16 设置上标效果

在工程和数学等方面的应用中，经常需要输入一些带有指数上标的数字或符号单位，如"10^2""M^3"等。通过设置单元格格式的方法，能够改变指数在单元格中的显示。

例如，需要在单元格中输入"E^{-20}"，可先在单元格中输入"E-20"，然后双击单元格进入编辑模式，选中文本中的"-20"部分，按<Ctrl+1>组合键打开【设置单元格格式】对话框，选中【特殊效果】组中的【上标】复选框，最后单击【确定】按钮。此时，在单元格中数据将显示为"E^{-20}"形式（在编辑栏中依旧显示为"E-20"），如图5-16所示。如果要设置的内容全部为数字，如"10^3"，则需要将单元格格式设置为"文本"后，再选中3，然后进行上标设置。

 注意

以上所提到的含有上标的数字，在输入单元格后，实际以文本形式保存，不能参与数值计算。

5.3.5　自动输入小数点

有一些数据处理方面的应用（如财务报表、工程计算等）往往需要大量输入小数数据，如果这些数据需要保留的最大小数位数是相同的，可以通过更改Excel选项免去小数点"."的输入操作。本节详细内容请扫描右侧二维码阅读。

5.3.6　记忆式键入

如果输入的数据包含较多的重复性文字，如建立员工档案信息时，在"学历"字段中总是在"大专学历""大学本科""博士研究生"等几个固定词汇之间来回地重复输入。要简化这样的输入过程，可以借助Excel提供的"记忆式键入"功能。

首先，在【Excel选项】对话框中查看并确认【记忆键入】功能是否已被开启：在【Excel选项】对话框【高级】选项卡的【编辑选项】区域，选中【为单元格值启用记忆式键入】复选框（系统默认为选中状态）如图5-17所示。

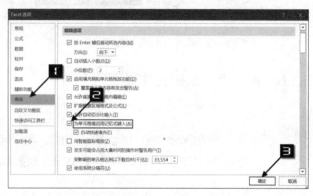

图 5-17　记忆式键入的选项设置

启用此功能后，当用户在同一列输入相同的信息时，就可以利用"记忆式键入"来简化输入。图5-18所示的表格，用户在"学历"字段前3行分别输入信息以后，当在第4条记录中再次输入"中"时（按<Enter>键确认之前），Excel会从上面的已有信息中找到"中"字开头的对应记录"中专学历"，然后自动显示在用户正在输入的单元格，此时只要按<Enter>键，就可以将"中专学历"完整地输入当前的单元格中。

如果输入的第一个文字在已有信息中存在多条对应记录，则必须增加文字信息，一直到能够仅与一条单独信息匹配为止，才可显示记忆式键入信息。

仍以图5-18所示表格为例，当在"学历"字段中输入"大"字时，由于分别与"大学本科"和"大专学历"两条记录匹配，所以Excel的"记忆式键入"功能并不能提供建议输入项。直到用户输入第二个字，如输入"大学"时，Excel才能显示建议输入项"大学本科"，如图5-19所示。

	A	B	C	D	E
1	姓名	性别	出生年月	参加工作时间	学历
2	刘希文	男	1976/7/1	2000/7/1	大学本科
3	叶知秋	男	1984/8/1	2004/3/1	中专学历
4	白如雪	男	1986/5/1	2016/7/1	大专学历
5	沙雨燕	男	1979/3/1	2002/7/1	中专学历
6	夏吾冬	女	1978/2/1	2001/7/1	
7	千艺雪	女	1970/7/1	1992/10/1	

图 5-18　记忆式键入 1

	A	B	C	D	E
1	姓名	性别	出生年月	参加工作时间	学历
2	刘希文	男	1976/7/1	2000/7/1	大学本科
3	叶知秋	男	1984/8/1	2004/3/1	中专学历
4	白如雪	男	1986/5/1	2016/7/1	大专学历
5	沙雨燕	男	1979/3/1	2002/7/1	中专学历
6	夏吾冬	女	1978/2/1	2001/7/1	大学本科
7	千艺雪	女	1970/7/1	1992/10/1	

图 5-19　记忆式键入 2

提示

　　"记忆式键入"功能只对文本型数据适用，对于数值型数据和公式无效。此外，匹配文本的查找和显示仅能在同一列中进行，而不能跨列进行，并且输入内容的单元格与原有数据之间不能存在空行，否则Excel只会在空行以下的范围内查找匹配项。

5.3.7　从下拉列表中选择

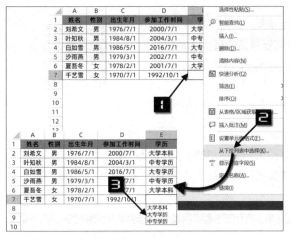

图 5-20　从下拉列表中选择

还有一种简便的重复数据输入功能，叫作"面向鼠标版本的记忆式键入"功能，它在使用范围和使用条件上，与以上所介绍的"记忆式键入"完全相同，所不同的只是在数据输入方法上。

以图 5-20 所示表格为例，当用户需要在"学历"字段的下一行继续输入数据时，可选中目标单元格，然后鼠标右击，在弹出的快捷菜单中选择【从下拉列表中选择】命令，或者选中单元格后按 <Alt+↓> 组合键，就可以在单元格下方显示下拉列表，用户可以从下拉列表中选择输入，如图 5-20 所示。

5.3.8　为汉字添加拼音注释

利用 Excel 中的"拼音指南"功能，用户可以为单元格中的汉字加上拼音注释。本节详细内容请扫描右侧二维码阅读。

5.4　填充与序列

除了通常的数据输入方式外，如果数据本身包括某些顺序上的关联特性，还可以使用 Excel 提供的填充功能进行快速的批量录入数据。

5.4.1　自动填充功能

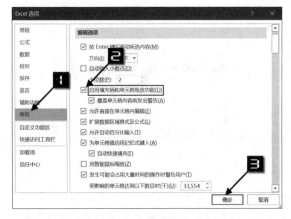

图 5-21　启用单元格拖放功能

当需要在工作表内连续输入某些"顺序"数据时，如"星期一、星期二……""甲、乙、丙……"等，可以利用 Excel 的自动填充功能实现快速输入。

首先，需要确保"单元格拖放"功能被启用（系统默认启用），在【Excel 选项】对话框【高级】选项卡【编辑选项】区域中，选中【启用填充柄和单元格拖放功能】复选框，如图 5-21 所示。

示例5-2　使用自动填充连续输入1~10的数字

以下操作可以在A1:A10 单元格区域内快速连续输入 1~10 之间的数字。

步骤① 在A1 单元格内输入数字"1"，在A2 单元格内输入数字"2"。

步骤② 选中A1:A2 单元格区域，将鼠标指针移至选中区域的右下角（此处称为"填充柄"），当鼠标指针显示为黑色加号时，按住鼠标左键向下拖动到A10 单元格，释放鼠标左键，如图 5-22 所示。

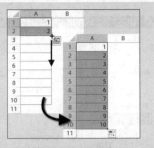

图 5-22　自动填充数字

示例5-3　使用自动填充连续输入"甲、乙、丙……"天干序列

如需在B1:B10 单元格区域中依次输入"甲、乙、丙……癸"天干序列，可以按以下步骤操作。

步骤① 在B1 单元格中输入"甲"。

步骤② 选中B1 单元格，将鼠标指针移至填充柄处，当指针显示为黑色加号时双击。

完成自动填充的效果如图 5-23 所示。

图 5-23　自动填充天干序列

示例 5-2 和示例 5-3 中步骤的区别有以下几点。

首先，除了数值类型数据外，使用其他类型数据（包括文本类型和日期时间类型）进行连续填充时，并不需要提供前两个数据作为填充依据，只需要提供一个数据即可。例如，示例 5-3 步骤 1 中的 B1 单元格数据"甲"。

其次，除了拖动填充柄的方法外，双击填充柄也可以完成自动填充的操作。当数据填充的目标区域相邻单元格存在数据时（中间没有空单元格），双击填充柄的操作可以代替拖动填充的方式。此例中，与 B1:B10 相邻的 A1:A10 中都存在数据，所以可以采用双击填充柄的操作。

> 如果相邻区域中存在空白单元格，双击填充柄时只能将数据填充到空白单元格所在的上一行。自动填充的功能也同样适用于"行"的方向，并且可以选中多行或多列同时填充。

不同类型的数据，在使用拖曳填充柄进行填充操作时会使用不同的默认处理方式。

对于数值型数据，Excel 将这种"填充"操作处理为复制方式；对于内置序列的文本型和日期型数据，Excel 则将这种"填充"操作处理为顺序填充。

如果按住 <Ctrl> 键再拖曳填充柄进行填充操作，则以上默认方式会发生逆转，即原来处理为复制方式的，将变成顺序填充方式，而原来处理为顺序填充方式的，则变成复制方式。

5.4.2　序列

可以实现自动填充的"顺序"数据在 Excel 中被称为序列。在前几个单元格内输入序列中的元素，就可以为 Excel 提供识别序列的内容及顺序信息，在使用自动填充功能时，Excel 自动按照序列中的元素、间隔顺序来依次填充。

用户可以在 Excel 的选项设置中查看可以被自动填充的序列。在【Excel 选项】对话框的【高级】选项卡中，单击【常规】区域的【编辑自定义列表】按钮，打开【自定义序列】对话框，如图 5-24 所示。

【自定义序列】对话框左侧的列表中显示了当前可以被识别的序列。所有的数值型、日期型数据都是可以被自动填充的序列，不再显示于该列表中。也可以在右侧的【输入序列】文本框中手动添加新的数据序列作为自定义序列，或者引用表格中已经存在的数据列表作为自定义序列进行导入。

图 5-24　Excel 内置序列及自定义序列

Excel 中自动填充的使用方式相当灵活，可以开始于序列中的任何一个元素。当填充的数据达到序列尾部时，下一个填充数据会自动取序列开头的元素，循环往复地继续填充。例如，图 5-25 所示的表格中，显示了从"星期二"开始自动填充多个单元格的结果。

填充时序列中的元素的间隔、顺序也没有严格限制。

当在第一个单元格中输入除了数值数据外的序列元素时，自动填充功能默认以连续顺序的方式进行填充。而当在第一个、第二个单元格内输入具有一定间隔的序列元素，并且同时选中两个单元格向下拖动填充时，Excel 会自动按照间隔的规律进行填充。例如，在图 5-26 所示的表格中，显示了从"二月""五月"开始自动填充多个单元格的结果。

如果初始信息不符合序列元素的基本排列顺序，Excel 则不能将其识别为序列，此时使用填充功能并不能使得填充区域出现序列内的其他元素，而只是单纯实现复制功能效果。例如，在图 5-27 所示的表格中，显示了从"甲、丙、乙"3 个元素开始自动填充连续多个单元格的结果。

图 5-25　循环填充序列中的数据

图 5-26　非连续序列元素的自动填充

图 5-27　无规律序列元素的填充

5.4.3　填充选项

自动填充完成后，填充区域的右下角会显示【自动填充选项】按钮，将鼠标指针移动至此按钮上，在其扩展菜单中可显示更多的填充选项，如图5-28所示。

在扩展菜单中可以选择不同的填充方式，如"仅填充格式""不带格式填充"等，或者将填充方式改为复制，使数据不再按照序列顺序递增，而是与最初的单元格保持一致。【自动填充选项】按钮下拉菜单中的选项内容取决于所填充的数据类型。例如，图5-28所示的填充目标数据是日期型数据，则在扩展菜单显示了如"以天数填充""填充工作日"等与日期填充有关的选项。

除了使用【填充选项】按钮选择填充方式外，还可以从右键快捷菜单中选取这些选项，鼠标右击并拖动填充柄，在到达目标单元格时松开右键，此时会弹出一个快捷菜单，快捷菜单中显示了与图5-28类似的填充选项。

图 5-28　【自动填充选项】按钮中的选项菜单

5.4.4　使用菜单命令填充

使用Excel功能区中的填充命令，也可以在连续单元格中进行填充。

在【开始】选项卡中依次单击【填充】→【序列】命令，打开【序列】对话框，如图5-29所示。在此对话框中，用户可以选择序列填充的方向为"行"或"列"，也可以根据需要填充的序列数据类型，选择不同的填充方式，如"等差序列""等比序列"等。

图 5-29　打开【序列】对话框

➲｜　文本型数据序列

对于包含文本型数据的序列，如内置的序列"甲、乙、丙……"，在【序列】对话框中实际可用的填充类型只有"自动填充"，具体操作方法如下。

（步骤①）在目标单元格（如A1）中输入需要填充的序列元素，如"甲"。

（步骤②）选中输入序列元素的单元格及相邻的目标填充区域，如A1:A10单元格区域。

（步骤③）在【开始】选项卡中依次单击【填充】→【序列】命令，打开【序列】对话框，在【类型】区域中选中【自动填充】单选按钮，单击【确定】按钮完成操作，如图5-30所示。

提示

> 　　【序列】对话框中【序列产生在】区域的行列方式，Excel会根据用户选定的区域位置，自动进行判断选取。

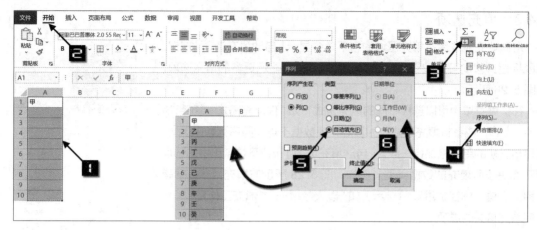

图 5-30　填充文本型数据序列

 II　数值型数据序列

数值型数据可以选择以下两种填充类型。

❖ 等差序列：在【步长值】文本框内输入固定差值，使数值型数据按固定的差值间隔依次填充。

❖ 等比序列：在【步长值】文本框内输入固定比例，使数值型数据按固定的比例间隔依次填充。

提示　→　如果选定多个数值开始填充，Excel 会以等差序列的方式自动测算出"步长值"；如果只选定单个数值型数据开始填充，则"步长值"默认为 1。

对于数值型数据，还可以在【终止值】文本框内输入填充的最终目标数据，以确定填充单元格区域的范围。在输入终止值的情况下，不需要预先选取填充目标区域即可完成填充操作。

除了手动设置数据变化规律外，Excel 还具有自动测算数据变化趋势的能力。当用户提供连续两个以上单元格数据时，选定这些数据单元格和目标填充区域，然后选中【序列】对话框内的【预测趋势】复选框，并且选择数据变化趋势进行填充操作。图 5-31 所示，显示了初始数据为"1、3、9"，选择"等比序列"方式进行预测趋势填充的结果。

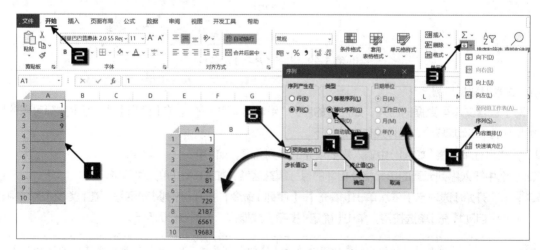

图 5-31　预测趋势的数值填充

 III　日期型数据序列

对于日期型数据，Excel 会自动选中【序列】对话框中的【日期】类型，同时右侧【日期单位】区域中的选项显示为可用状态，用户可对其进行进一步的选择。

❖ 日：填充时以天数作为日期数据递增变化的单位。

❖ 工作日：填充时同样以天数作为日期数据递增变化的单位，但是会跳过周末日期。

❖ 月：填充时以月份作为日期数据递增变化的单位。

❖ 年：填充时以年份作为日期数据递增变化的单位。

选中以上任意选项后，需要在【步长值】文本框中输入日期递增的间隔值。此外，还可以在【终止值】文本框内输入填充的最终目标日期，以确定填充单元格区域的范围。

如图 5-32 所示，显示了以"2020/9/5"为初始日期，选择按"月"递增，"步长值"为 2 的填充效果。

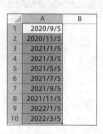

图 5-32　日期型数据按月间隔填充

当填充的日期超出 Excel 可识别的日期范围时，则单元格中的数据无法正常显示，而是显示为一串"#"号。

5.4.5　快速填充

在图 5-28 中，使用【自动填充选项】按钮的扩展菜单中的【快速填充】功能，能让一些规律性较强的字符串处理工作变得更简单。例如，能够实现日期的拆分、字符串的分列和合并等功能。

快速填充必须是在数据区域的相邻列内才能使用，在横向填充时不起作用。启用"快速填充"有以下 3 种等效方法。

❖ 选中填充起始单元格及需要填充的目标区域，然后在【数据】选项卡的【数据工具】组单击【快速填充】命令按钮，如图 5-33 所示。

❖ 选中填充起始单元格，拖曳填充柄至目标区域，在填充区域的右下角单击【自动填充选项】按钮，在扩展菜单中选择【快速填充】选项，如图 5-34 所示。

图 5-33　功能区的【快速填充】按钮

图 5-34　【快速填充】选项

❖ 选中填充起始单元格及需要填充的目标区域，按<Ctrl+E>组合键。

➲┃字段自动匹配

在单元格中输入相邻数据列表中与当前单元格位于同一行的某个单元格内容，在向下"快速填充"时会自动按照这个对应字段的整列顺序来进行匹配式填充。

如图 5-35 所示，在 H1 单元格输入 B1 单元格中的内容，如"店铺名称"，在向下快速填充的过程中，就会自动填充 B2、B3、B4……的相应内容。

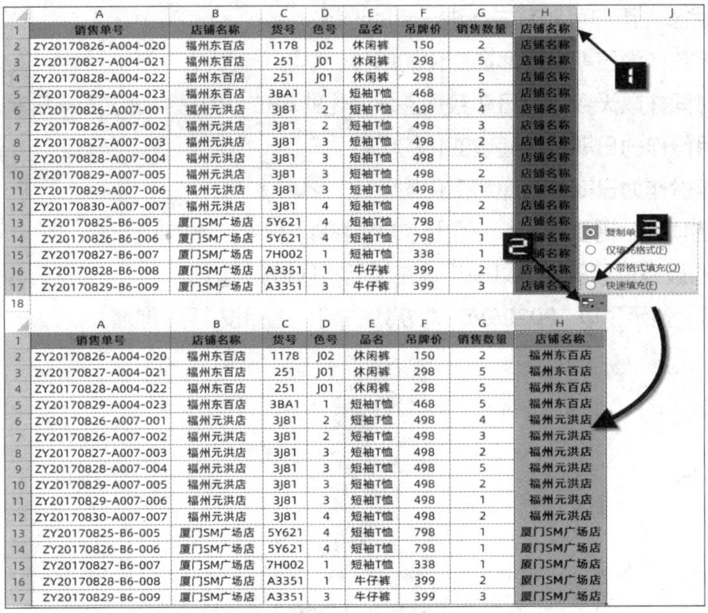

销售单号	店铺名称	货号	色号	品名	吊牌价	销售数量	店铺名称
ZY20170826-A004-020	福州东百店	1178	J02	休闲裤	150	2	店铺名称
ZY20170827-A004-021	福州东百店	251	J01	休闲裤	298	5	店铺名称
ZY20170828-A004-022	福州东百店	251	J01	休闲裤	298	5	店铺名称
ZY20170829-A004-023	福州东百店	3BA1	1	短袖T恤	468	5	店铺名称
ZY20170826-A007-001	福州元洪店	3J81	2	短袖T恤	498	4	店铺名称
ZY20170826-A007-002	福州元洪店	3J81	2	短袖T恤	498	3	店铺名称
ZY20170827-A007-003	福州元洪店	3J81	3	短袖T恤	498	2	店铺名称
ZY20170828-A007-004	福州元洪店	3J81	3	短袖T恤	498	5	店铺名称
ZY20170829-A007-005	福州元洪店	3J81	3	短袖T恤	498	2	店铺名称
ZY20170829-A007-006	福州元洪店	3J81	3	短袖T恤	498	1	店铺名称
ZY20170830-A007-007	福州元洪店	3J81	4	短袖T恤	498	2	店铺名称
ZY20170825-B6-005	厦门SM广场店	5Y621	4	短袖T恤	798	1	店铺名称
ZY20170826-B6-006	厦门SM广场店	5Y621	4	短袖T恤	798	1	店铺名称
ZY20170827-B6-007	厦门SM广场店	7H002	1	短袖T恤	338	1	店铺名称
ZY20170828-B6-008	厦门SM广场店	A3351	1	牛仔裤	399	2	店铺名称
ZY20170829-B6-009	厦门SM广场店	A3351	3	牛仔裤	399	3	店铺名称

销售单号	店铺名称	货号	色号	品名	吊牌价	销售数量	店铺名称
ZY20170826-A004-020	福州东百店	1178	J02	休闲裤	150	2	福州东百店
ZY20170827-A004-021	福州东百店	251	J01	休闲裤	298	5	福州东百店
ZY20170828-A004-022	福州东百店	251	J01	休闲裤	298	5	福州东百店
ZY20170829-A004-023	福州东百店	3BA1	1	短袖T恤	468	5	福州东百店
ZY20170826-A007-001	福州元洪店	3J81	2	短袖T恤	498	4	福州元洪店
ZY20170826-A007-002	福州元洪店	3J81	2	短袖T恤	498	3	福州元洪店
ZY20170827-A007-003	福州元洪店	3J81	3	短袖T恤	498	2	福州元洪店
ZY20170828-A007-004	福州元洪店	3J81	3	短袖T恤	498	5	福州元洪店
ZY20170829-A007-005	福州元洪店	3J81	3	短袖T恤	498	2	福州元洪店
ZY20170829-A007-006	福州元洪店	3J81	3	短袖T恤	498	1	福州元洪店
ZY20170830-A007-007	福州元洪店	3J81	4	短袖T恤	498	2	福州元洪店
ZY20170825-B6-005	厦门SM广场店	5Y621	4	短袖T恤	798	1	厦门SM广场店
ZY20170826-B6-006	厦门SM广场店	5Y621	4	短袖T恤	798	1	厦门SM广场店
ZY20170827-B6-007	厦门SM广场店	7H002	1	短袖T恤	338	1	厦门SM广场店
ZY20170828-B6-008	厦门SM广场店	A3351	1	牛仔裤	399	2	厦门SM广场店
ZY20170829-B6-009	厦门SM广场店	A3351	3	牛仔裤	399	3	厦门SM广场店

图 5-35 字段自动匹配

➲ II 根据字符位置进行拆分

如果在单元格中输入的只是某个单元格中的一部分字符，Excel会依据这部分字符在整个字符串中所处的位置，在向下填充的过程中按照这个位置规律自动拆分其他同列单元格的字符串，生成相应的填充内容。

如图 5-36 所示，在H2 单元格输入“20220826”，即A2 单元格“ZY20220826-A004-020”中的第3~10 个字符，执行快速填充后，Excel会截取所有A列字符串相同位置的字符进行填充。

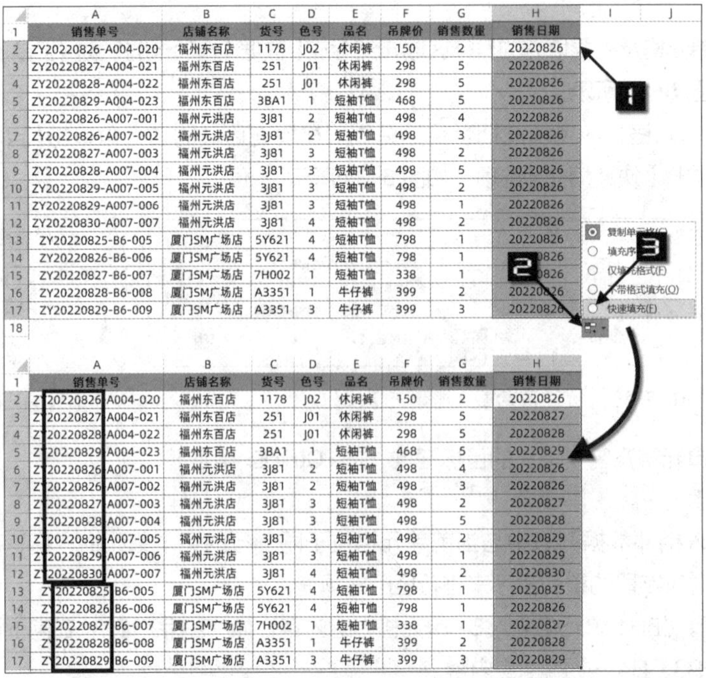

销售单号	店铺名称	货号	色号	品名	吊牌价	销售数量	销售日期
ZY20220826-A004-020	福州东百店	1178	J02	休闲裤	150	2	20220826
ZY20220827-A004-021	福州东百店	251	J01	休闲裤	298	5	20220826
ZY20220828-A004-022	福州东百店	251	J01	休闲裤	298	5	20220826
ZY20220829-A004-023	福州东百店	3BA1	1	短袖T恤	468	5	20220826
ZY20220826-A007-001	福州元洪店	3J81	2	短袖T恤	498	4	20220826
ZY20220826-A007-002	福州元洪店	3J81	2	短袖T恤	498	3	20220826
ZY20220827-A007-003	福州元洪店	3J81	3	短袖T恤	498	2	20220826
ZY20220828-A007-004	福州元洪店	3J81	3	短袖T恤	498	5	20220826
ZY20220829-A007-005	福州元洪店	3J81	3	短袖T恤	498	2	20220826
ZY20220829-A007-006	福州元洪店	3J81	3	短袖T恤	498	1	20220826
ZY20220830-A007-007	福州元洪店	3J81	4	短袖T恤	498	2	20220826
ZY20220825-B6-005	厦门SM广场店	5Y621	4	短袖T恤	798	1	20220826
ZY20220826-B6-006	厦门SM广场店	5Y621	4	短袖T恤	798	1	20220826
ZY20220827-B6-007	厦门SM广场店	7H002	1	短袖T恤	338	1	20220826
ZY20220828-B6-008	厦门SM广场店	A3351	1	牛仔裤	399	2	20220826
ZY20220829-B6-009	厦门SM广场店	A3351	3	牛仔裤	399	3	20220826

销售单号	店铺名称	货号	色号	品名	吊牌价	销售数量	销售日期
ZY20220826-A004-020	福州东百店	1178	J02	休闲裤	150	2	20220826
ZY20220827-A004-021	福州东百店	251	J01	休闲裤	298	5	20220827
ZY20220828-A004-022	福州东百店	251	J01	休闲裤	298	5	20220828
ZY20220829-A004-023	福州东百店	3BA1	1	短袖T恤	468	5	20220829
ZY20220826-A007-001	福州元洪店	3J81	2	短袖T恤	498	4	20220826
ZY20220826-A007-002	福州元洪店	3J81	2	短袖T恤	498	3	20220826
ZY20220827-A007-003	福州元洪店	3J81	3	短袖T恤	498	2	20220827
ZY20220828-A007-004	福州元洪店	3J81	3	短袖T恤	498	5	20220828
ZY20220829-A007-005	福州元洪店	3J81	3	短袖T恤	498	2	20220829
ZY20220829-A007-006	福州元洪店	3J81	3	短袖T恤	498	1	20220829
ZY20220830-A007-007	福州元洪店	3J81	4	短袖T恤	498	2	20220830
ZY20220825-B6-005	厦门SM广场店	5Y621	4	短袖T恤	798	1	20220825
ZY20220826-B6-006	厦门SM广场店	5Y621	4	短袖T恤	798	1	20220826
ZY20220827-B6-007	厦门SM广场店	7H002	1	短袖T恤	338	1	20220827
ZY20220828-B6-008	厦门SM广场店	A3351	1	牛仔裤	399	2	20220828
ZY20220829-B6-009	厦门SM广场店	A3351	3	牛仔裤	399	3	20220829

图 5-36 根据字符位置进行拆分

➲ III 根据分隔符进行拆分

“根据分隔符进行拆分”的效果与【分列】功能类似，若原始数据中包含分隔符号，执行快速填充后，Excel会根据分隔符号的位置，提取其中的相应部分进行拆分。

如图 5-37 所示，在H2 单元格输入“A004”提取店铺编号，也就是A2 单元格“ZY20220826-A004-020”中以“-”分隔符间隔出来的第 2 部分内容，执行快速填充后，其他单元格会根据分隔符位置进行判断。

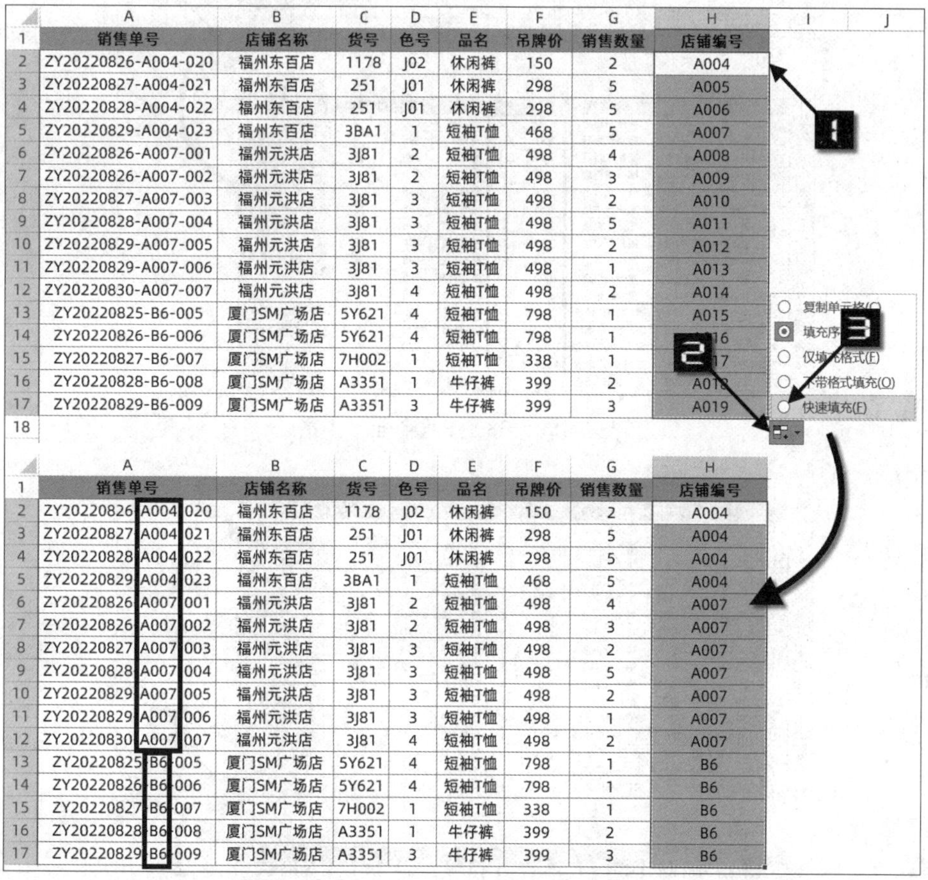

	销售单号	店铺名称	货号	色号	品名	吊牌价	销售数量	店铺编号
2	ZY20220826-A004-020	福州东百店	1178	J02	休闲裤	150	2	A004
3	ZY20220827-A004-021	福州东百店	251	J01	休闲裤	298	5	A005
4	ZY20220828-A004-022	福州东百店	251	J01	休闲裤	298	5	A006
5	ZY20220829-A004-023	福州东百店	3BA1	1	短袖T恤	468	5	A007
6	ZY20220826-A007-001	福州元洪店	3J81	2	短袖T恤	498	4	A008
7	ZY20220826-A007-002	福州元洪店	3J81	2	短袖T恤	498	3	A009
8	ZY20220827-A007-003	福州元洪店	3J81	3	短袖T恤	498	2	A010
9	ZY20220828-A007-004	福州元洪店	3J81	3	短袖T恤	498	5	A011
10	ZY20220829-A007-005	福州元洪店	3J81	3	短袖T恤	498	2	A012
11	ZY20220829-A007-006	福州元洪店	3J81	3	短袖T恤	498	1	A013
12	ZY20220830-A007-007	福州元洪店	3J81	4	短袖T恤	498	2	A014
13	ZY20220825-B6-005	厦门SM广场店	5Y621	4	短袖T恤	798	1	A015
14	ZY20220826-B6-006	厦门SM广场店	5Y621	4	短袖T恤	798	1	A016
15	ZY20220827-B6-007	厦门SM广场店	7H002	1	短袖T恤	338	1	A017
16	ZY20220828-B6-008	厦门SM广场店	A3351	1	牛仔裤	399	2	A018
17	ZY20220829-B6-009	厦门SM广场店	A3351	3	牛仔裤	399	3	A019

	销售单号	店铺名称	货号	色号	品名	吊牌价	销售数量	店铺编号
2	ZY20220826-A004-020	福州东百店	1178	J02	休闲裤	150	2	A004
3	ZY20220827-A004-021	福州东百店	251	J01	休闲裤	298	5	A004
4	ZY20220828-A004-022	福州东百店	251	J01	休闲裤	298	5	A004
5	ZY20220829-A004-023	福州东百店	3BA1	1	短袖T恤	468	5	A004
6	ZY20220826-A007-001	福州元洪店	3J81	2	短袖T恤	498	4	A007
7	ZY20220826-A007-002	福州元洪店	3J81	2	短袖T恤	498	3	A007
8	ZY20220827-A007-003	福州元洪店	3J81	3	短袖T恤	498	2	A007
9	ZY20220828-A007-004	福州元洪店	3J81	3	短袖T恤	498	5	A007
10	ZY20220829-A007-005	福州元洪店	3J81	3	短袖T恤	498	2	A007
11	ZY20220829-A007-006	福州元洪店	3J81	3	短袖T恤	498	1	A007
12	ZY20220830-A007-007	福州元洪店	3J81	4	短袖T恤	498	2	A007
13	ZY20220825-B6-005	厦门SM广场店	5Y621	4	短袖T恤	798	1	B6
14	ZY20220826-B6-006	厦门SM广场店	5Y621	4	短袖T恤	798	1	B6
15	ZY20220827-B6-007	厦门SM广场店	7H002	1	短袖T恤	338	1	B6
16	ZY20220828-B6-008	厦门SM广场店	A3351	1	牛仔裤	399	2	B6
17	ZY20220829-B6-009	厦门SM广场店	A3351	3	牛仔裤	399	3	B6

图 5-37 根据分隔符进行拆分

➲ IV 字段合并

单元格输入的内容如果是相邻数据区域中同一行的多个单元格内容所组成的字符串，执行快速填充后，Excel会依照这个规律，合并其他相应单元格来生成填充内容。

如图 5-38 所示，在H2 单元格输入“1178-J02”，也就是C2 单元格与D2 单元格内容并用短横线“-”分隔。执行向下快速填充后，会自动将C列的内容与D列内容进行合并，并且用短横线“-”分隔生成相应的填充内容。

➲ V 部分内容合并

“部分内容合并”能够将拆分功能和合并功能同时组合在一起，将拆分的部分内容再进行合并。

如图 5-39 所示，在H2 单元格输入的内容是B2 单元格中代表区域的内容加E2 单元格和G2 单元格的内容，执行快速填充后，Excel会依照上面这种组合规律，相应地处理B、E、G列的其他单元格内容，生成填充内容。

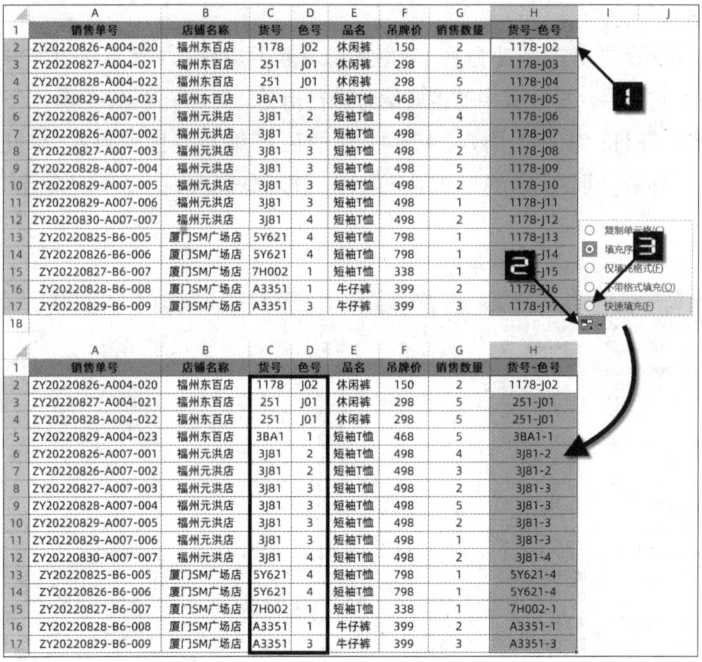

	销售单号	店铺名称	货号	色号	品名	吊牌价	销售数量	货号-色号
2	ZY20220826-A004-020	福州东百店	1178	J02	休闲裤	150	2	1178-J02
3	ZY20220827-A004-021	福州东百店	251	J01	休闲裤	298	5	1178-J03
4	ZY20220828-A004-022	福州东百店	251	J01	休闲裤	298	5	1178-J04
5	ZY20220829-A004-023	福州东百店	3BA1	1	短袖T恤	468	5	1178-J05
6	ZY20220826-A007-001	福州元洪店	3J81	2	短袖T恤	498	4	1178-J06
7	ZY20220826-A007-002	福州元洪店	3J81	2	短袖T恤	498	3	1178-J07
8	ZY20220827-A007-003	福州元洪店	3J81	3	短袖T恤	498	2	1178-J08
9	ZY20220828-A007-004	福州元洪店	3J81	3	短袖T恤	498	5	1178-J09
10	ZY20220829-A007-005	福州元洪店	3J81	3	短袖T恤	498	2	1178-J10
11	ZY20220829-A007-006	福州元洪店	3J81	3	短袖T恤	498	1	1178-J11
12	ZY20220830-A007-007	福州元洪店	3J81	4	短袖T恤	498	2	1178-J12
13	ZY20220825-B6-005	厦门SM广场店	5Y621	4	短袖T恤	798	1	1178-J13
14	ZY20220826-B6-006	厦门SM广场店	5Y621	4	短袖T恤	798	1	1178-J14
15	ZY20220827-B6-007	厦门SM广场店	7H002	1	短袖T恤	338	1	1178-J15
16	ZY20220828-B6-008	厦门SM广场店	A3351	1	牛仔裤	399	2	1178-J16
17	ZY20220829-B6-009	厦门SM广场店	A3351	3	牛仔裤	399	3	1178-J17

	销售单号	店铺名称	货号	色号	品名	吊牌价	销售数量	货号-色号
2	ZY20220826-A004-020	福州东百店	1178	J02	休闲裤	150	2	1178-J02
3	ZY20220827-A004-021	福州东百店	251	J01	休闲裤	298	5	251-J01
4	ZY20220828-A004-022	福州东百店	251	J01	休闲裤	298	5	251-J01
5	ZY20220829-A004-023	福州东百店	3BA1	1	短袖T恤	468	5	3BA1-1
6	ZY20220826-A007-001	福州元洪店	3J81	2	短袖T恤	498	4	3J81-2
7	ZY20220826-A007-002	福州元洪店	3J81	2	短袖T恤	498	3	3J81-2
8	ZY20220827-A007-003	福州元洪店	3J81	3	短袖T恤	498	2	3J81-3
9	ZY20220828-A007-004	福州元洪店	3J81	3	短袖T恤	498	5	3J81-3
10	ZY20220829-A007-005	福州元洪店	3J81	3	短袖T恤	498	2	3J81-3
11	ZY20220829-A007-006	福州元洪店	3J81	3	短袖T恤	498	1	3J81-3
12	ZY20220830-A007-007	福州元洪店	3J81	4	短袖T恤	498	2	3J81-4
13	ZY20220825-B6-005	厦门SM广场店	5Y621	4	短袖T恤	798	1	5Y621-4
14	ZY20220826-B6-006	厦门SM广场店	5Y621	4	短袖T恤	798	1	5Y621-4
15	ZY20220827-B6-007	厦门SM广场店	7H002	1	短袖T恤	338	1	7H002-1
16	ZY20220828-B6-008	厦门SM广场店	A3351	1	牛仔裤	399	2	A3351-1
17	ZY20220829-B6-009	厦门SM广场店	A3351	3	牛仔裤	399	3	A3351-3

图 5-38　字段合并

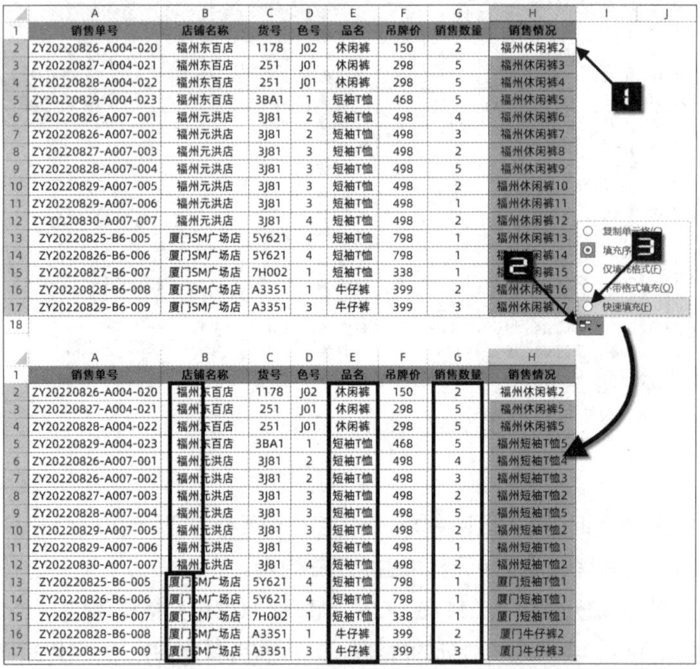

	销售单号	店铺名称	货号	色号	品名	吊牌价	销售数量	销售情况
2	ZY20220826-A004-020	福州东百店	1178	J02	休闲裤	150	2	福州休闲裤2
3	ZY20220827-A004-021	福州东百店	251	J01	休闲裤	298	5	福州休闲裤3
4	ZY20220828-A004-022	福州东百店	251	J01	休闲裤	298	5	福州休闲裤4
5	ZY20220829-A004-023	福州东百店	3BA1	1	短袖T恤	468	5	福州休闲裤5
6	ZY20220826-A007-001	福州元洪店	3J81	2	短袖T恤	498	4	福州休闲裤6
7	ZY20220826-A007-002	福州元洪店	3J81	2	短袖T恤	498	3	福州休闲裤7
8	ZY20220827-A007-003	福州元洪店	3J81	3	短袖T恤	498	2	福州休闲裤8
9	ZY20220828-A007-004	福州元洪店	3J81	3	短袖T恤	498	5	福州休闲裤9
10	ZY20220829-A007-005	福州元洪店	3J81	3	短袖T恤	498	2	福州休闲裤10
11	ZY20220829-A007-006	福州元洪店	3J81	3	短袖T恤	498	1	福州休闲裤11
12	ZY20220830-A007-007	福州元洪店	3J81	4	短袖T恤	498	2	福州休闲裤12
13	ZY20220825-B6-005	厦门SM广场店	5Y621	4	短袖T恤	798	1	福州休闲裤13
14	ZY20220826-B6-006	厦门SM广场店	5Y621	4	短袖T恤	798	1	福州休闲裤14
15	ZY20220827-B6-007	厦门SM广场店	7H002	1	短袖T恤	338	1	福州休闲裤15
16	ZY20220828-B6-008	厦门SM广场店	A3351	1	牛仔裤	399	2	福州休闲裤16
17	ZY20220829-B6-009	厦门SM广场店	A3351	3	牛仔裤	399	3	福州休闲裤17

	销售单号	店铺名称	货号	色号	品名	吊牌价	销售数量	销售情况
2	ZY20220826-A004-020	福州东百店	1178	J02	休闲裤	150	2	福州休闲裤2
3	ZY20220827-A004-021	福州东百店	251	J01	休闲裤	298	5	福州休闲裤5
4	ZY20220828-A004-022	福州东百店	251	J01	休闲裤	298	5	福州休闲裤5
5	ZY20220829-A004-023	福州东百店	3BA1	1	短袖T恤	468	5	福州短袖T恤5
6	ZY20220826-A007-001	福州元洪店	3J81	2	短袖T恤	498	4	福州短袖T恤4
7	ZY20220826-A007-002	福州元洪店	3J81	2	短袖T恤	498	3	福州短袖T恤3
8	ZY20220827-A007-003	福州元洪店	3J81	3	短袖T恤	498	2	福州短袖T恤2
9	ZY20220828-A007-004	福州元洪店	3J81	3	短袖T恤	498	5	福州短袖T恤5
10	ZY20220829-A007-005	福州元洪店	3J81	3	短袖T恤	498	2	福州短袖T恤2
11	ZY20220829-A007-006	福州元洪店	3J81	3	短袖T恤	498	1	福州短袖T恤1
12	ZY20220830-A007-007	福州元洪店	3J81	4	短袖T恤	498	2	福州短袖T恤2
13	ZY20220825-B6-005	厦门SM广场店	5Y621	4	短袖T恤	798	1	厦门短袖T恤1
14	ZY20220826-B6-006	厦门SM广场店	5Y621	4	短袖T恤	798	1	厦门短袖T恤1
15	ZY20220827-B6-007	厦门SM广场店	7H002	1	短袖T恤	338	1	厦门短袖T恤1
16	ZY20220828-B6-008	厦门SM广场店	A3351	1	牛仔裤	399	2	厦门牛仔裤2
17	ZY20220829-B6-009	厦门SM广场店	A3351	3	牛仔裤	399	3	厦门牛仔裤3

图 5-39　部分内容合并

“快速填充”功能可以方便地实现数据的拆分和合并，在一定程度上可以替代【分列】功能和进行这种处理的函数公式。但是在使用“快速填充”功能时，如果原始数据区域中的数据发生变化，填充的结果并不能随之自动更新。同时，使用“快速填充”功能的前提是数据必须有较强的规律性，否则可能无法返回正确的结果，需要用户进行判断确认，在实际使用时有一定的局限性。

第6章 数据验证

使用数据验证，能够根据用户预设的规则对输入的内容进行检查，以验证是否合乎要求。还可以实现在单元格内以下拉菜单的方式快速输入预设内容的效果。本章主要学习数据验证的基础知识和一些有代表性的典型应用。

本章学习要点

（1）认识数据验证。

（2）数据验证的典型应用。

（3）数据验证的个性化设置。

（4）修改和清除数据验证规则。

6.1 认识数据验证

规范的数据和设计合理的表格布局，能够使后续的汇总、统计等工作事半功倍。借助数据验证功能，能够按照预先设置的规则对用户录入的数据进行限制或检测，从而在源头上对数据的规范性进行约束，避免数据录入的随意性。

6.1.1 设置数据验证的方法

设置数据验证的步骤如下。

步骤① 选中目标单元格或单元格区域，如B2:B11单元格区域。

步骤② 依次单击【数据】→【数据验证】命令，打开【数据验证】对话框。

【数据验证】对话框中包含【设置】【输入信息】【出错警告】【输入法模式】四个选项卡，每个选项卡的左下角都有一个【全部清除】按钮，方便用户删除已有的验证规则，如图6-1所示。

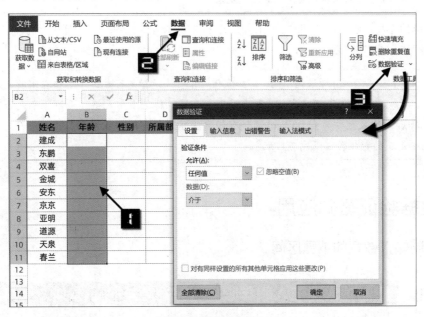

图 6-1　设置数据验证

6.1.2 选择数据验证条件

在【数据验证】对话框的【设置】选项卡下，单击【允许】下拉按钮，可以在下拉列表中选择【任何值】【整数】【小数】【序列】【日期】【时间】【文本长度】和【自定义】等多种验证条件。当选择除【任何值】之外的其他验证条件时，会显示与该规则类型对应的设置选项，如图 6-2 所示。

不同验证条件的说明见表 6-1。

如果用户在【允许】下拉列表中选择类型为"整数""小数""日期""时间"及"文本长度"时，对话框中将出现【数据】下拉按钮及相应的区间设置选项。

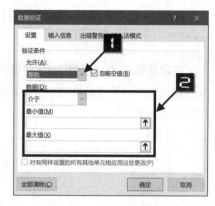

图 6-2　数据验证条件

表 6-1　数据验证条件说明

验证条件	说明
任何值	对输入内容不进行任何限制
整数	限制单元格只能输入指定范围区间的整数
小数	限制单元格只能输入指定范围区间的小数
序列	限制只能输入包含在特定序列中的内容，这些序列可由单元格引用、公式、名称或手工输入的项目构成
日期	限制只能输入某一区间的日期，或者在某一日期区间之外的其他日期
时间	限制只能输入某一时间段的时间，或者是在某一时间段之外的其他时间
文本长度	用于限制输入数据的字符个数
自定义	使用函数和公式来实现自定义的验证规则

单击【数据】下拉按钮，可使用的选项包括"介于""未介于""等于""不等于""大于""小于""大于或等于"及"小于或等于"等。

提示　【数据验证】对话框中的"忽略空值"选项，是指是否允许单元格在编辑之后成为空白单元格。当选中【忽略空值】复选框后，如果编辑某个单元格，无论原来是否有内容，编辑后的结果允许为空，Excel 不会有任何提示。否则将弹出对话框，提示"此值与此单元格定义的数据验证限制不匹配"。

6.2　数据验证基础应用

6.2.1　限制输入数据的范围区间

示例6-1　限制输入员工入职年限

图 6-3 展示了某公司员工信息表的部分内容，需要在 B 列输入员工年龄。

操作步骤如下。

步骤① 选中B2:B11 单元格区域，依次单击【数据】→【数据验证】命令，打开【数据验证】对话框。

步骤② 设置员工年龄区间是 16~60 之间的整数。在【设置】选项卡单击【允许】下拉按钮，在下拉菜单中选择【整数】。然后单击【数据】下拉按钮，在下拉列表中选择【介于】。在【最小值】编辑框内输入 16，在【最大值】编辑框内输入 60，最后单击【确定】按钮，如图 6-4 所示。

	A	B	C	D	E	F
1	姓名	年龄	性别	所属部门	工号	入职日期
2	建成					
3	东鹏					
4	双喜					
5	金城					
6	安东					
7	京京					
8	亚明					
9	道源					
10	天泉					
11	春兰					

图 6-3　员工信息表

也可以单击【最小值】和【最大值】编辑框左侧的折叠按钮，引用单元格中的数据。

设置完成后，在 B2:B11 单元格区域中仅可以输入 16~60 之间的整数，如果输入的内容不符合验证条件，如不在此区间的整数或不是整数，则会弹出如图 6-5 所示的警告对话框。单击【重试】按钮，单元格将重新进入编辑状态，等待用户重新输入。单击【取消】按钮，则会清除单元格中已输入的内容。

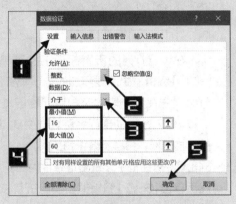

图 6-4　限制输入数据的范围区间

图 6-5　Excel 警告对话框

6.2.2　使用下拉菜单输入数据

使用下拉菜单式的输入方式，能够借助鼠标快速选取预设的选项，而无须使用键盘输入。

示例6-2　用下拉菜单输入员工性别和部门

如图 6-6 所示，需要在员工信息表的 C 列和 D 列，分别制作输入员工性别和所属部门的下拉菜单。操作步骤如下。

步骤① 选中C2:C11 单元格区域，依次单击【数据】→【数据验证】按钮，打开【数据验证】对话框。

步骤② 在【设置】选项卡单击【允许】下拉按钮，在下拉列表中选择"序列"。然后在【来源】编辑框中输入预设的选项"男,女"，注意各个项目之间需要使用半角逗号隔开。最后单击【确定】按钮，如图 6-7 所示。

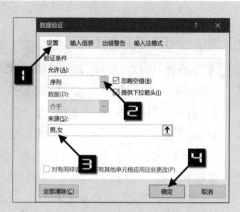

图 6-6　使用下拉菜单输入员工性别　　　　图 6-7　手工输入序列来源

设置完成后，单击设置了数据验证的单元格会在右侧出现下拉箭头。单击下拉箭头，在下拉菜单中单击所需选项即可完成输入。

提示　　在数据验证的来源编辑框中编辑内容时，如果需要按方向键来移动光标的位置，应先按<F2>功能键进入编辑状态。

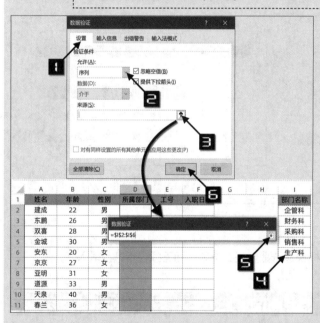

图 6-8　使用单元格区域作为序列来源

在设置D列的所属部门下拉菜单时，【来源】编辑框中需要添加的选项较多，此时可以先在工作表的空白单元格区域（如I2:I6）输入预设的部门名称，选中D2:D11单元格区域，参考步骤①和步骤②，在【数据验证】对话框中设置验证条件为"序列"，然后单击【来源】编辑框右侧的折叠按钮，选择I2:I6单元格区域。再次单击折叠按钮返回【数据验证】对话框，最后单击【确定】按钮即可，如图6-8所示。

提示　　选择单元格区域作为数据验证的序列来源时，仅可以选择单行或是单列的区域。

6.3　借助函数与公式自定义验证规则

借助函数和公式，能够实现更多个性化的数据验证规则。

6.3.1　限制输入重复工号

示例6-3　　限制输入重复工号

在输入具有唯一性要求的内容时，可以设置数据验证规则避免录入重复数据。仍以示例 6-2 中的员工信息表为例，需要在 E 列设置数据验证规则，避免录入重复工号。

操作步骤如下。

步骤① 选中 E2:E11 单元格区域，依次单击【数据】→【数据验证】命令，打开【数据验证】对话框。

步骤② 在【设置】选项卡单击【允许】下拉按钮，在下拉列表中选择"自定义"选项。然后在【公式】编辑框中输入以下公式，最后单击【确定】按钮，如图 6-9 所示。

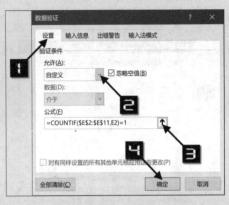

图 6-9　使用自定义验证规则

```
=COUNTIF($E$2:$E$11,E2)=1
```

使用公式作为数据验证规则时，只有当公式计算结果为逻辑值TRUE或不等于 0 的任意数值时，Excel才允许录入，否则将拒绝录入。

本例使用COUNTIF函数统计 E2:E11 单元格区域中有多少个与 E2 相同的单元格，约束条件是统计结果等于 1。也就是 E2 单元格中的内容在 E2:E11 单元格区域中仅出现一次时，Excel允许录入内容。

> **提示**→
> 在设置数据验证公式中的单元格引用方式时，可以看作是在活动单元格中输入公式，然后将公式复制到预先选中的其他单元格区域。

> **注意**→
> 使用数据验证功能只能对用户输入内容进行限制，如果将其他位置的内容复制后粘贴到已设置了数据验证的单元格区域，该单元格区域中的内容和数据验证规则将同时被覆盖清除。

6.3.2　动态扩展的下拉菜单

6.2.2 节中介绍的设置使用下拉菜单输入数据，其下拉选项固定不变。借助OFFSET函数，能够使下拉菜单中的内容随着数据源的增减自动扩展。

示例6-4　　动态扩展的下拉菜单

图 6-10 展示了某公司客户维护表的部分内容，需要在 B 列设置下拉菜单，要求能随着"客户名单"工作表中的客户名单增减，动态调整下拉菜单中的选项。

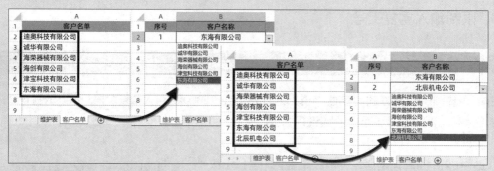

图 6-10　动态扩展的下拉菜单

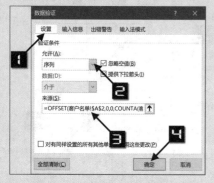

图 6-11　设置动态扩展的下拉菜单

操作步骤如下。

步骤① 选中需要输入客户名称的 B2:B9 单元格区域，依次单击【数据】→【数据验证】命令，打开【数据验证】对话框。

步骤② 在【设置】选项卡单击【允许】下拉按钮，在下拉列表中选择"序列"选项。【来源】编辑框中输入以下公式，单击【确定】按钮，如图 6-11 所示。

=OFFSET (客户名单 !$A$2,0,0,COUNTA (客户名单 !$A:$A)-1)

公式中的"COUNTA(客户名单!$A:$A)-1"部分，使用COUNTA函数统计出"客户名单"工作表A列的非空单元格个数，减去 1 的作用是为了去掉字段标题占用的非空单元格数。计算结果作为OFFSET函数新引用的行数。

OFFSET函数以客户名单!$A$2 为参照点，向下偏移 0 行，向右偏移 0 列，新引用的行数为COUNTA函数的计算结果。

关于OFFSET函数的详细用法，请参阅 17.9 节。

　　使用此方法时，COUNTA 函数的统计区域中不能有空白单元格，否则 OFFSET 函数会无法得到正确的引用范围。

　　【数据验证】对话框的大小不可调整，如果需要在【来源】编辑框中输入的公式字符较多时，可以先在空白单元格中输入公式，然后在编辑栏中选中公式内容后按<Ctrl+C>组合键复制，再单击【来源】编辑框，按<Ctrl+V>组合键粘贴。

6.3.3　二级下拉菜单

　　二级下拉菜单，是指两个下拉列表之间存在关联，二级下拉列表的选项能够根据一级下拉列表输入的内容自动调整。

示例6-5　制作二级下拉菜单

　　如图 6-12 所示，在客户维护表的A列使用下拉菜单选择不同的直辖市名称，B列的下拉菜单中就会出现对应的区县名称。

操作步骤如下。

步骤① 首先在"对照表"工作表中准备一份包含直辖市名称及对应区县名称的对照表，其中E列是直辖市名称的对照表，A列和B列分别是直辖市和对应区县名称的对照表，并且按直辖市名称进行排序处理，如图6-13所示。

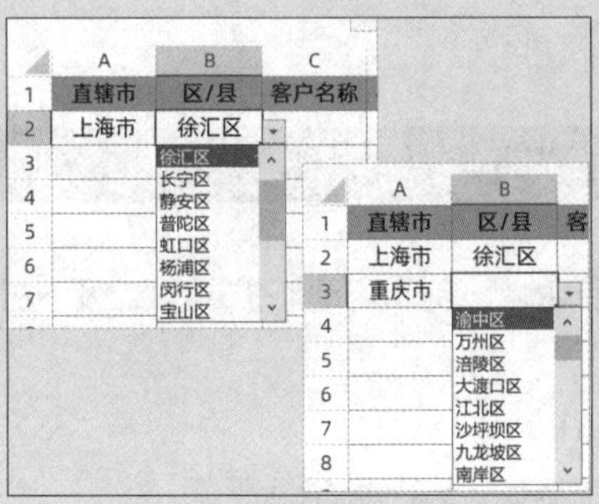

图 6-12　二级下拉菜单

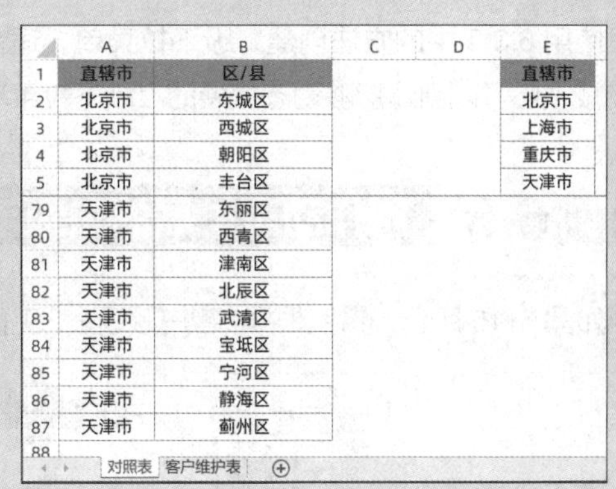

图 6-13　对照表

步骤② 在"客户维护表"工作表中，选中要输入直辖市名称的单元格区域，如A2:A10单元格区域，依次单击【数据】→【数据验证】命令，打开【数据验证】对话框。在【允许】下拉列表中选择"序列"选项，单击【来源】编辑框右侧的折叠按钮，选中"对照表"工作表的E2:E5单元格区域，单击【确定】按钮关闭对话框。

06章

步骤③ 选中要输入区县名称的B2:B10单元格区域，依次单击【数据】→【数据验证】命令，打开【数据验证】对话框。在【允许】下拉列表中选择"序列"，在【来源】的编辑框输入以下公式，单击【确定】按钮。

```
=OFFSET(对照表!$B$1,MATCH(A2,对照表!$A$2:$A$100,0),0,COUNTIF(对照表!$A$2:$A$100,A2))
```

此时会弹出"源当前包含错误，是否继续？"的警告对话框，这是因为A2单元格还没有输入直辖市名称，公式无法返回正确的引用结果，单击【是】按钮即可，如图6-14所示。

公式中的"MATCH(A2,对照表!$A$2:$A$100,0)"部分，以A2单元格中的直辖市名称作为查找值，在"对照表"工作表的A2:A100单元格区域中查找该直辖市首次出现的位置，以此作为OFFSET函数向下偏移的行数。

"COUNTIF(对照表!$A$2:$A$100,A2)"部分，用COUNTIF函数统计出"对照表"工作表A2:A100单元格区域中与A2内容相同的单元格个数，以此作为OFFSET函数的新引用行数。

OFFSET函数以"对照表"工作表的B1单元格为参照点，根据MATCH函数查询到的结果来确定向下偏移的行

图 6-14　创建二级下拉列表

数，也就是偏移到该直辖市首次出现的位置。向右偏移的列数为 0 列。根据 COUNTIF 函数的统计结果来确定新引用的行数，也就是"对照表"工作表的 B 列中有多少个与 A2 相同的直辖市名称，就引用多少行。

6.3.4 动态扩展的二级下拉菜单

使用 6.3.3 中的方法创建二级下拉菜单，适合菜单选项固定不变的场景，如果菜单选项需要经常进行增减，还可以创建能够动态扩展的二级下拉菜单。

示例6-6 制作动态扩展的二级下拉菜单

如图 6-15 所示，希望根据"客户等级表"工作表中的姓名增减，制作可动态扩展的二级下拉菜单。

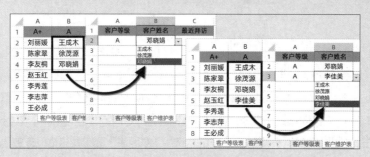

图 6-15 可动态扩展的二级下拉菜单

操作步骤如下。

步骤① 首先在"客户等级"工作表中准备一份对照表，其中首行是等级名称，每一列则是该等级下的所有客户姓名，如图 6-16 所示。

步骤② 在"客户维护表"工作表中，选中要输入等级名称的 A2:A10 单元格区域，依次单击【数据】→【数据验证】命令，打开【数据验证】对话框。在【允许】下拉列表中选择"序列"选项，在【来源】编辑框中输入以下公式，单击【确定】按钮关闭对话框，如图 6-17 所示。

=OFFSET（客户等级表 !$A$1,0,0,1,COUNTA（客户等级表 !$1:$1））

图 6-16 客户等级表

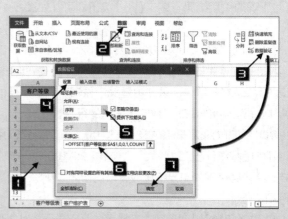

图 6-17 设置动态的一级下拉菜单

公式中的"COUNTA(客户等级表!$1:$1)"部分，用COUNTA函数统计"客户等级表"工作表的第一行中有多少个非空单元格，以此作为OFFSET函数的引用列数。

OFFSET函数以"客户等级表"工作表的A1单元格作为偏移基点，向下偏移0行，向右偏移0列，新引用的行数为1行，新引用的列数根据COUNTA函数的统计结果来确定，也就是在"客户等级表"工作表的第一行中有多少个非空单元格，就引用多少列。

步骤③ 单击A2单元格的下拉箭头，在下拉列表中选择一个等级名称，如"A+"。然后选中要输入客户名称的B2:B14单元格区域，依次单击【数据】→【数据验证】命令，打开【数据验证】对话框。在【允许】下拉列表中选择"序列"选项，在【来源】编辑框中输入以下公式，单击【确定】按钮关闭对话框。

```
=OFFSET(客户等级表!$A$2,0,MATCH(A2,客户等级表!$1:$1,0)-1,
COUNTA(OFFSET(客户等级表!$A$2,0,MATCH(A2,客户等级表!$1:$1,0)-1,100)))
```

公式看起来比较冗长，将其拆解后更容易理解计算过程。

公式分为两个部分，首先来看"COUNTA(OFFSET(客户等级表!$A$2,0,MATCH(A2,客户等级表!$1:$1,0)-1,100))"部分。

用"MATCH(A2,客户等级表!$1:$1,0)"，计算出A2单元格的等级名称"A+"在"客户等级表"工作表第一行中所处的位置，结果是1，即第1列。

OFFSET函数以"客户等级表"工作表的A2单元格为参照点，向下偏移0行，向右偏移1列。此时偏移到B2单元格，比等级名称"A+"实际的位置向右多出了1列。因此列偏移参数需要在MATCH函数的计算基础上再减去1。

新引用的行数为100行，这里的100可以根据实际数据情况写成一个较大的数值，只要能保证大于实际数据的最大行数即可。相当于先以A2单元格中的等级名称为查询值，在"客户等级表"工作表中找到对应的列之后，返回该列100行的引用范围。

用COUNTA函数计算出这个范围内有多少个非空单元格，计算结果作为最外层OFFSET函数的新引用行数。

再来看最外层的OFFSET函数部分，以"客户等级表"工作表A2为参照点，向下偏移0行，向右偏移列数为MATCH函数的结果减1，新引用的行数为COUNTA函数统计出的非空单元格个数。

如果"客户等级表"工作表中的数据增加或减少，COUNTA函数的统计结果也会发生变化，以此作为OFFSET函数的新引用行数，最终得到了动态的引用区域。

提示➡️ 使用此方法时，"客户等级表"工作表中每列的数据区域内不能有空白单元格，否则OFFSET函数会无法返回正确的引用区域。

6.4 数据验证的个性化设置

在【数据验证】对话框的【输入信息】选项卡，可以设置输入提示信息。在【输入法模式】选项卡，还可以设置自动切换中英文输入法。在【出错警告】选项卡，能够设置不同的错误提示方式及自定义提示内容。

6.4.1　选中单元格时显示屏幕提示信息

通过设置输入信息，选定单元格时能够在屏幕上自动显示这些信息，提示用户输入符合要求的数据。

示例6-7　提示输入正确的手机号码

如图 6-18 所示，需要在客户信息表的 C 列设置屏幕提示，提醒用户输入正确的手机号码。

操作步骤如下。

步骤① 选中 C2:C14 单元格区域，依次单击【数据】→【数据验证】命令，打开【数据验证】对话框。

步骤② 切换到【输入信息】选项卡，保留【选定单元格时显示输入信息】复选框的选中状态，在【标题】文本框中输入提示标题，如"注意"。在【输入信息】文本框中输入提示信息，如"请输入 11 位手机号"，最后单击【确定】按钮，如图 6-19 所示。

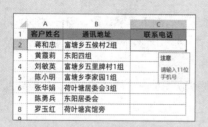

图 6-18　提示输入正确的手机号码

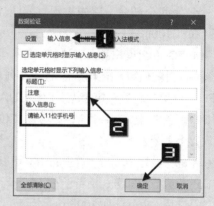

图 6-19　设置输入信息

6.4.2　自动切换中英文输入法

如果操作系统中安装有英文键盘输入法（注意不是切换到中文输入法的英文输入模式），并且在计算机的【设置】→【时间和语言】→【区域和语言】选项中将中文设置为系统默认语言，可以借助数据验证的【输入法模式】功能，实现中英文输入法的自动切换。

示例6-8　自动切换中英文输入法

如图 6-20 所示，需要在备件登记表中分别输入备件名称和规格型号。其中备件名称为中文，规格型号为英文字母和数字的组合。设置输入法模式后，将活动单元格切换到不同列时，系统能够自动切换输入法模式。

操作步骤如下。

步骤① 选中需要输入备件名称的 B2:B10 单元格区域，依次单击【数据】→【数据验证】命令，打开【数据验证】对话框。切换到【输入法模式】选项卡，在【模式】下拉菜单中选择"打开"选项，单击【确定】按钮关闭对话框，如图 6-21 所示。

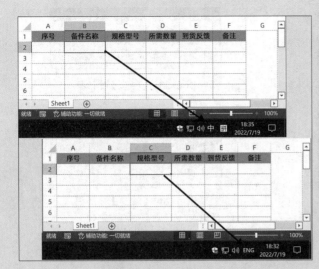

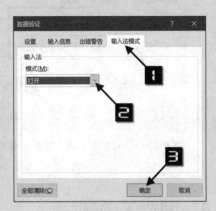

图 6-20　备件登记表　　　　　　　　　　　图 6-21　设置输入法模式

步骤② 选中需要输入规格型号的C2:C10单元格区域，依次单击【数据】→【数据验证】命令，打开【数据验证】对话框。切换到【输入法模式】选项卡，在【模式】下拉菜单中选择"关闭（英文模式）"选项，最后单击【确定】按钮完成设置。

6.4.3　设置出错警告提示信息

当用户在设置了数据验证的单元格中输入不符合验证条件的数据，Excel会默认弹出警告对话框并拒绝录入，用户可以对出错警告的提示方式和提示内容进行个性化设置。

在【数据验证】的【出错警告】选项卡，单击【样式】下拉菜单，可以选择"停止""警告"或"信息"提示样式，不同提示样式的作用说明见表6-2。

表 6-2　出错警告样式

提示样式	说明
停止 ❌	禁止输入不符合验证条件的数据
警告 ⚠	可选择是否输入不符合验证条件的数据
信息 ⓘ	仅对输入不符合验证条件的数据进行提示

如需设置自定义的出错警告提示信息，可以在【出错警告】选项卡单击【样式】下拉按钮，在下拉列表选择"警告"选项，然后在右侧【标题】文本框中输入警告标题，如"注意"，在【错误信息】文本框中输入提示内容，如"输入内容不符合要求，请核对"，最后单击【确定】按钮，如图6-22所示。

完成设置后，如果在单元格中输入不符合验证条件的数据，Excel将弹出用户设置的个性化对话框。单击【是】按钮，则保留当前输入内容。单击【否】按钮，单元格进入编辑状态等待用户继续输入。单击【取消】按钮，则结束当前输入操作，如图6-23所示。

如果在【样式】下拉列表中选择"信息"选项，在单元格中输入不符合验证条件的内容时，弹出的警告对话框如图6-24所示。此时单击【确定】按钮，Excel将允许输入该内容。如果单击【取消】按钮，则结束当前输入操作。

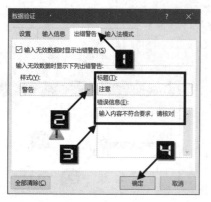

图 6-22　设置自定义的出错警告信息

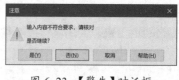

图 6-23　【警告】对话框

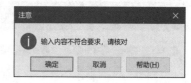

图 6-24　【信息】对话框

6.5　圈释无效数据

使用圈释无效数据功能，能够在已输入的数据中快速查找出不符合要求的数据。

示例6-9　圈释无效数据

在图 6-25 所示的员工信息表中，需要对 D 列中已输入的年龄检查是否符合要求。

操作步骤如下。

步骤① 选中 D2:D10 单元格区域，依次单击【数据】→【数据验证】命令，打开【数据验证】对话框。设置允许条件为“整数”，最小值为 16，最大值为 60，单击【确定】按钮关闭对话框。

步骤② 依次单击【数据】→【数据验证】下拉按钮，在下拉菜单中选择【圈释无效数据】命令，如图 6-26 所示。

	A	B	C	D	E
1	姓名	性别	部门	年龄	职务
2	张仁国	男	信息部	22	网管
3	李春立	女	安监部	18	夜巡
4	王吉昆	男	生产部	61	技术顾问
5	高金玲	女	信息部	22	网管
6	李玉芹	女	企划部	24	部长
7	李文君	女	生产部	26	操作工
8	张林园	女	信息部	24	部长
9	李双兰	女	销售部	30	经理
10	马利平	男	生产部	62	技术总工

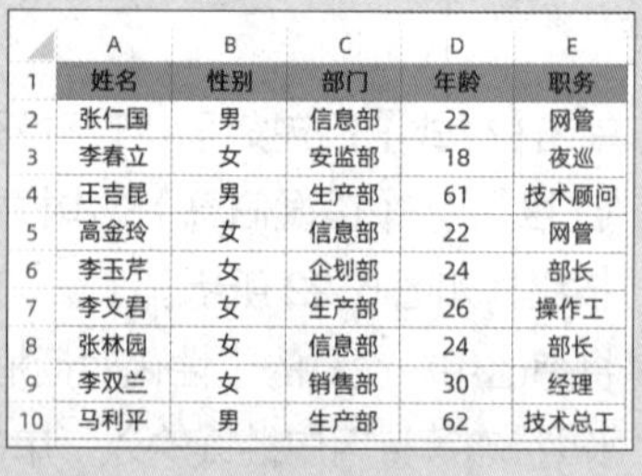

图 6-25　员工信息表

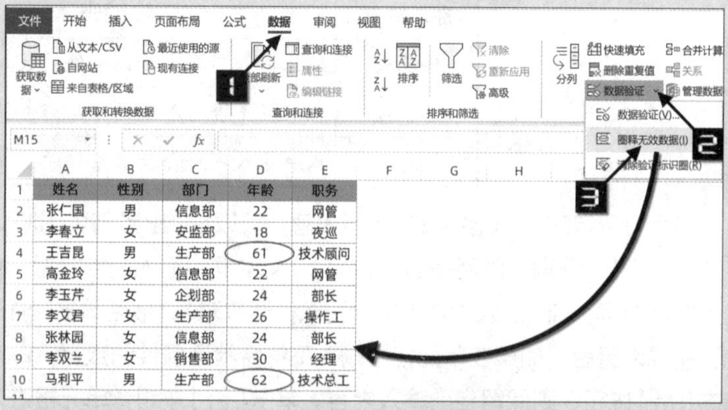

图 6-26　圈释无效数据

设置完成后，不符合规则的单元格会自动添加红色标识圈。将圈释无效数据修改为符合规则的数据后，标识圈自动消失。

在【数据验证】下拉菜单中单击【清除验证标识圈】命令或是按 <Ctrl+S> 组合键，可清除标识圈。

6.6 修改和清除数据验证规则

6.6.1 复制数据验证规则

使用选择性粘贴，能够将单元格中的数据验证规则应用到其他单元格区域。首先选中设置了数据验证的单元格区域，按 <Ctrl+C> 组合键复制，然后鼠标右击目标单元格区域，在快捷菜单中选择【选择性粘贴】命令，打开【选择性粘贴】对话框。选中【验证】单选按钮，单击【确定】按钮关闭对话框，如图 6-27 所示。

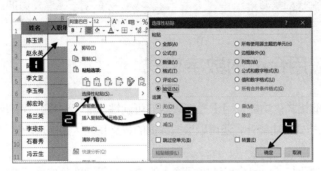

图 6-27 复制数据验证规则

6.6.2 修改已有数据验证规则

如需修改已有数据验证规则，可以选中已设置数据验证规则的任意单元格，打开【数据验证】对话框。修改规则后，选中【对有同样设置的所有其他单元格应用这些更改】复选框，单击【确定】按钮，如图 6-28 所示。

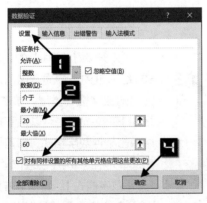

图 6-28 修改已有的数据验证规则

> 提示 ➡️
>
> 依次单击【开始】→【查找和选择】下拉按钮，在下拉菜单中选择【数据验证】选项，能够快速选中当前工作表中所有设置了数据验证的单元格。

6.6.3 清除数据验证规则

如需清除单元格中已有的数据验证规则，可以选中包含数据验证规则的单元格区域，打开【数据验证】对话框。在【数据验证】对话框中单击【全部清除】按钮，最后单击【确定】按钮。

第7章 整理电子表格中的数据

本章主要学习数字格式应用、移动与复制数据、粘贴数据、隐藏和保护数据、查找和替换数据等内容。对工作表中的数据进行必要的整理，可为数据统计和分析等高级功能的使用做好准备。

> **本章学习要点**
>
> （1）应用数字格式。　　　　　　　（3）查找和替换特定内容。
>
> （2）复制、粘贴和移动数据。　　　 （4）数据的隐藏和保护。

7.1 为数据应用合适的数字格式

Excel提供了丰富的格式化功能，用于提高数据的可读性。除了对齐方式、字体与字号、边框和单元格填充颜色等常见的格式化功能外，还可以根据数据的意义和表达需求来设置"数字格式"，从而调整显示效果。

在单元格中输入数据时，Excel会自动根据输入的内容进行判断并应用适合的数字格式。例如，输入"2-15"，会自动保存为日期格式，输入"10:30"会自动保存为时间格式。用户也可以根据需要选择不同的数字格式或设置自定义的数字格式。

Excel内置的数字格式大部分适用于数值型数据，因此称为"数字"格式。除了应用于数值数据外，用户还可以通过创建自定义格式，为文本型数据提供个性化的格式化效果。

使用【开始】选项卡中的【数字】命令组或借助【设置单元格格式】对话框，以及应用包含数字格式设置的样式和组合键等方法，都可以设置数字格式。

7.1.1 使用功能区命令

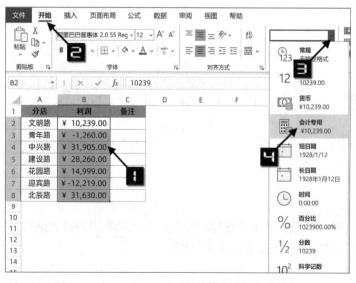

在【开始】选项卡的【数字格式】组合框内，会显示当前活动单元格的数字格式类型。单击【数字格式】下拉按钮，可以从下拉菜单中单击某种数字格式，即可应用到所选单元格区域中，如图7-1所示。

【数字格式】组合框下方预置了【会计数字格式】【百分比样式】【千位分隔样式】【增加小数位数】和【减少小数位数】5种常用的数字格式按钮，如图7-2所示。

图 7-1　在【数字格式】下拉菜单中选择数字格式

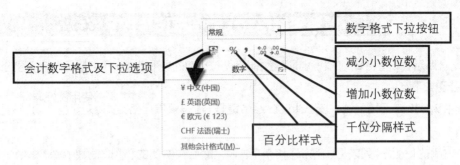

图 7-2　【数字】命令组各按钮功能

提示 ──▶ 　　不同语言的 Windows 系统版本决定了不同类型数字格式的默认样式，本书中如无特殊说明，均指简体中文版 Windows 10 系统默认设置下的数字格式。

选中包含数值的单元格或区域，然后单击以上按钮或选项，即可应用相应的数字格式。

7.1.2　使用组合键应用数字格式

除了使用功能区的命令按钮外，还可以通过组合键对目标单元格和区域设置数字格式，见表 7-1。

表 7-1　设置数字格式的组合键

组合键	作用	组合键	作用
Ctrl+Shift+~	设置为常规格式，即不带格式	Ctrl+Shift+#	设置为短日期
Ctrl+Shift+%	设置为不包含小数的百分比格式	Ctrl+Shift+@	设置为包含小时和分钟的时间格式
Ctrl+Shift+^	设置为科学记数法	Ctrl+Shift+!	设置为不包含小数位的千位分隔样式

7.1.3　使用【设置单元格格式】对话框应用数字格式

通过【设置单元格格式】对话框中的【数字】选项卡，能够选择更多的内置数字格式。

按 <Ctrl+1> 组合键打开【设置单元格格式】对话框，切换到【数字】选项卡，在左侧【分类】列表中包含了多种内置的数字格式。

除了【常规】和【文本】外，其他格式类型还包含了更多的样式或选项。在【分类】列表中选中一种格式类型后，右侧会显示相应的设置选项，并根据用户所做的选择将预览效果显示在【示例】区域中，如图 7-3 所示。

图 7-3　【设置单元格格式】对话框的【数字】选项卡

示例7-1 通过【设置单元格格式】对话框设置数字格式

如图7-4所示，希望将B列的利润额设置为显示两位小数的货币格式，负数显示为带括号的红色字体。操作步骤如下。

步骤① 选中B2:B8单元格区域，按<Ctrl+1>组合键打开【设置单元格格式】对话框，切换到【数字】选项卡。

步骤② 在左侧的【分类】列表框中选择【货币】选项，然后在右侧的【小数位数】微调框中设置数值为"2"，在【货币符号（国家/地区）】下拉菜单中选择【¥】，在【负数】列表框中选择带括号的红色字体样式。最后单击【确定】按钮完成设置，如图7-5所示。

图7-4 设置数字格式前后对比

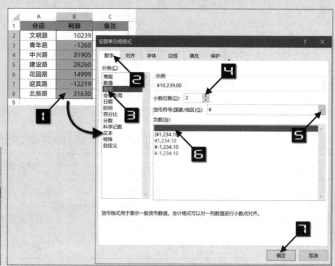

图7-5 设置为"货币"格式

【设置单元格格式】对话框中12种数字格式的详细说明见表7-2。

表7-2 各种数字类型的特点与用途

数字格式类型	特点与用途
常规	数据的默认格式，未进行任何特殊设置
数值	可以设置小数位数、是否添加千位分隔符，负数可设置特殊样式（包括显示负号、显示括号、红色字体等样式）
货币	可以设置小数位数、货币符号，是否添加千位分隔符，负数可以设置特殊样式（包括显示负号、显示括号、红色字体等样式）
会计专用	可以设置小数位数、货币符号，是否添加千位分隔符。在会计专用格式下添加货币符号时，货币符号将在单元格最左侧显示
日期	可以选择多种日期显示模式
时间	可以选择多种时间显示模式
百分比	以百分数形式显示，可设置小数位数
分数	可以设置多种分数显示模式，包括显示1位或是两位数的分母等

续表

数字格式类型	特点与用途
科学记数	以包含指数符号（E）的科学记数形式显示数字，可设置显示的小数位数
文本	输入的数值将作为文本存储。对于已经输入的内容，通过设置数字格式不能实现从数值格式到文本格式的互换
特殊	包括邮政编码、中文小写数字和中文大写数字三种特殊的数字格式
自定义	用户按照一定规则自己定义的格式

7.2 处理文本型数字

文本型数字是一种比较特殊的数据类型，其数据内容是数值，但作为文本类型进行存储。输入文本型数字的方法之一是先将单元格的数字格式设置为"文本"格式后再输入数值。

7.2.1 "文本"数字格式

实际应用中，这一数字格式并不总是如字面含义那样，可以让数据在"文本"和"数值"之间进行转换。

如果先将空白单元格设置为"文本"格式，然后输入数值，Excel 会将其存储为文本型数字，自动左对齐显示，在单元格的左上角显示绿色三角形符号。如果在空白单元格中输入数值后再设置为"文本"格式，数值虽然也会左对齐显示，但 Excel 仍将其视为数值型数据。

对于单元格中的文本型数字，无论修改其数字格式为"文本"之外的哪一种格式，Excel 仍然视其为"文本"类型的数据，直到重新输入数据才会转换为数值型数据。

要辨别单元格中的数据是否为数值类型，除了查看单元格左上角是否出现绿色的"错误检查"标识外，还可以通过检验这些数据是否能参与数值运算来判断。

在工作表中选中两个或多个包含数字的单元格，如果状态栏中能够显示求和结果，且求和结果与当前选中单元格区域的数字之和相等，则说明目标单元格区域中的数据全部为数值类型，否则说明包含了文本型数字，如图 7-6 所示。

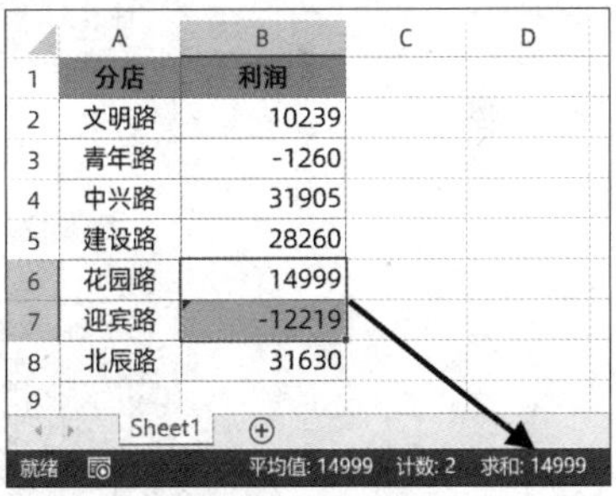

图 7-6 借助状态栏判断数据类型

7.2.2 将文本型数字转换为数值型数据

存储文本型数字的单元格左上角会显示绿色三角形的"错误检查"标识符，它用于标识单元格可能存在某些错误。选中此类单元格，会出现【错误检查选项】按钮 ⚠，单击按钮右侧的下拉按钮还会显示更多的选项，如图 7-7 所示。

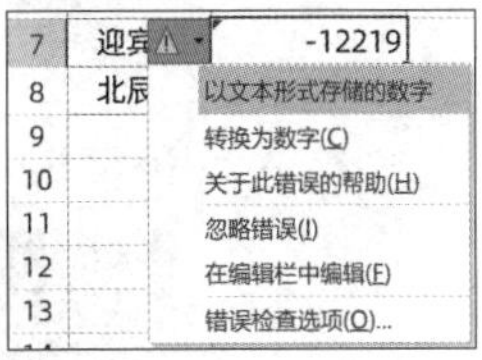

在【错误检查选项】下拉菜单中，【以文本形式存储的数字】显示了当前单元格的数据状态。如果选择【转换为数字】选项，单元格中的数据将会转换为数值型。

图 7-7 错误检查选项

如果用户有意保留这些数据为文本型数字，而又不希望出现绿色三角符号，则可以在选项菜单中单

Excel 应用大全 for Excel 365 & Excel 2021

击【忽略错误】选项，关闭此单元格的"错误检查"功能。

> **提示**
> ■■■■→　选中包含多个文本型数字的单元格区域时，如果该区域的任意一个单元格出现【错误检查选项】按钮，此时使用【转换为数字】功能可将所有选中的文本型数字转换为数值。

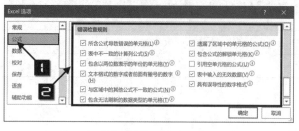

图 7-8　"错误检查"相关的选项设置

如果要将工作簿中的所有类似单元格中的"错误检查"标识符取消显示，需要通过 Excel 选项进行相关设置。依次单击【文件】→【选项】按钮，在弹出的【Excel 选项】对话框中切换到【公式】选项卡，可以详细设置有关"错误检查"的选项，如图 7-8 所示。

7.2.3　将数值转换为文本型数字

如果要将数值转换为文本型数字，可先将单元格设置为"文本"格式，然后双击单元格或按 <F2> 键激活单元格的编辑模式，最后按 <Enter> 键即可。此方法每次只能设置一个单元格，如果要同时将同一列中的多个单元格中的数值转换为文本型数字，操作步骤如下。

步骤① 选中位于同一列的包含数值型数据的单元格或区域，如 F2:F15 单元格区域。

步骤② 单击【数据】选项卡中的【分列】按钮，在弹出的【文本分列向导】对话框中，依次单击【下一步】按钮。

步骤③ 在【文本分列向导 – 第 3 步，共 3 步】对话框的【列数据格式】区域中选中【文本】单选按钮，最后单击【完成】按钮，如图 7-9 所示。

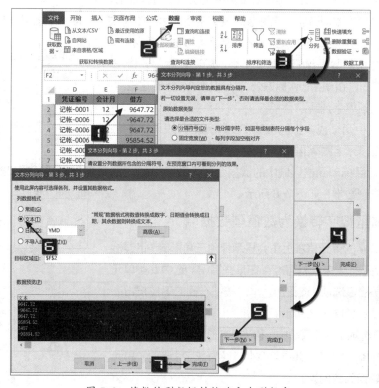

图 7-9　将数值型数据转换为文本型数字

7.3　自定义数字格式

Excel 允许用户在遵循一定规则的前提下创建自定义的数字格式。

7.3.1　内置的数字格式

Excel 中的数字格式都有对应的数字格式代码，如果要查看某种数字格式所对应的格式代码，操作步骤如下。

步骤① 选中一个单元格区域，按 <Ctrl+1> 组合键打开【设置单元格格式】对话框，在【数字】选项卡下设置一种数字格式。

步骤② 在【分类】列表中单击【自定义】选项，即可在右侧的【类型】文本框中查看步骤①所选择格式的对应代码。

通过这样的操作方式，可以了解内置数字格式的代码编写方式，并可据此改编出更符合自己需求的数字格式代码。

7.3.2　格式代码详解

⊃ | 区段组成

完整的数字格式代码分为 4 个区段，以 3 个半角分号";"进行间隔。这四个区段中的代码有以下两种规则。

❖ 数值正负规则：

> 对正数应用的格式；对负数应用的格式；对零值应用的格式；对文本应用的格式

❖ 条件判断规则：

> 大于条件值时应用的格式；小于条件值时应用的格式；等于条件值时应用的格式；文本

可以使用"比较运算符+数值"的方式来表示条件值，在自定义格式代码中可以使用的比较运算符包括大于号（>）、小于号（<）、等于号（=）、大于等于（>=）、小于等于（<=）和不等于（<>）6 种。

格式代码仅支持在前两个区段中使用"比较运算符+数值"的条件形式，第 3 个区段表示"除此之外"的情况，第 4 区段"文本"仍然只对文本型数据起作用。因此，条件判断规则的格式代码也可以这样来表示：

> 条件 1 时的格式；条件 2 时的格式；除此之外时的格式；文本

在实际应用中，不必严格按照 4 个区段的代码结构来编写格式代码，区段数允许少于 4 个。表 7-3、表 7-4 中列出了少于 4 个区段的代码结构含义。

表 7-3　数值正负规则的少于 4 个区段的格式代码结构含义

区段数量	代码结构含义
1 个	格式代码作用于所有类型的数值
2 个	第 1 区段作用于正数和零值，第 2 区段作用于负数
3 个	第 1 区段作用于正数，第 2 区段作用于负数，第 3 区段作用于零值

表 7-4　条件判断规则的少于 4 个区段的格式代码结构含义

区段数量	代码结构含义
2 个	第 1 区段作用于满足条件 1，第 2 区段作用于除此之外的数值
3 个	第 1 区段作用于满足条件 1，第 2 区段作用于满足条件 2，第 3 区段作用于除此之外的数值

⊃ ‖　代码

在正确的区段中使用合适的代码才能实现目标格式效果。表 7-5 列出了用于格式代码符号及其对应的用途。

表 7-5　代码符号及其含义作用

代码符号	符号含义及作用	格式代码	单元格输入	显示为
G/ 通用格式	按原始输入显示，等同于"常规"格式	G/ 通用格式	0.55	0.55
#	数字占位符，只显示有效数字，不显示无意义的零值	0.##	0.5 2.425	0.5 2.43
0	数字占位符，当数字比代码的位数少时，显示无意义的零值	0.00	0.5 2.425	0.50 2.43
?	数字占位符，与"0"作用类似，但以显示空格代替无意义的零值。可用于显示分数	# ?/?	0.5 2.425	1/2 2 3/7
.	小数点			
%	百分数显示	0.00% 设置格式后输入	0.5 2.425	0.50% 2.43%
%	百分数显示	0.00% 输入后设置格式	0.5 2.425	50% 243%
,	千位分隔符	#,##0.00	0.5 1025	0.5 1,025.00
E	科学记数的符号	0.00E+00	0.5 1025	5.00E−01 1.03E+03
"文本"	可显示双引号之间的文本	"奖金"0.00	0.5 1025	奖金 0.50 奖金 1025.00
!	强制显示下一个字符。可用于显示零值、分号（;）、点号（.）、问号（?）等特殊符号或在格式代码中有特殊意义的字符	0!m	0.5 1025	1m 1025m
\	作用与"!"相同，输入后会以符号"!"代替			

续表

代码符号	符号含义及作用	格式代码	单元格输入	显示为
*	重复下一个字符来填充列宽	**	0.5 1025	**************** ****************
_（下划线）	留出与下一个字符宽度相等的空格	0.00_个	0.50 1025	0.50 个 1025.00 个
@	文本占位符	江南公司@部	生产	江南公司生产部
［颜色］	显示相应颜色，［黑色］［白色］［红色］［青色］［蓝色］［黄色］［洋红］［绿色］。英文版的Excel仅支持英文颜色名称			
［颜色n］	显示以数值n表示的兼容Excel 2003 调色板上的颜色。n的范围在 1~56 之间			
［条件］	由 ">" "<" "=" ">=" "<=" "<>" 及数值构成的判断条件			
［DBNum1］	显示中文小写数字	［DBNum1］G/通用格式	125	一百二十五
［DBNum2］	显示中文大写数字	［DBNum2］G/通用格式	125	壹佰贰拾伍
［DBNum3］	显示全角的阿拉伯数字与小写的中文单位	［DBNum3］G/通用格式	125	1百2十5

在编写日期时间相关的自定义数字格式时，还有一些包含特殊意义的代码符号，见表 7-6。

表 7-6　与日期时间格式相关的代码符号

日期时间代码符号	日期时间代码符号含义及作用
aaa	使用中文简称显示星期几（"一"~"日"）
aaaa	使用中文全称显示星期几（"星期一"~"星期日"）
d	使用没有前导零的数字来显示日期（1~31）
dd	使用有前导零的两位数字来显示日期（01~31）
ddd	使用英文缩写显示星期几（Sun~Sat）
dddd	使用英文全拼显示星期几（Sunday~Saturday）
m	使用没有前导零的数字来显示月份或分钟（1~12）或（0~59）
mm	使用有前导零的两位数字来显示月份或分钟（01~12）或（00~59）
mmm	使用英文缩写显示月份（Jan~Dec）
mmmm	使用英文全拼显示月份（January~December）
mmmmm	使用英文首字母显示月份（J~D）

07章

续表

日期时间代码符号	日期时间代码符号含义及作用
y 或 yy	使用两位数字显示公历年份（00~99）
yyyy	使用 4 位数字显示公历年份（1900—9999）
b 或 bb	使用两位数字显示泰历（佛历）年份
bbbb	使用 4 位数字显示泰历（佛历）年份
b2 yyyy	显示回历年份
h	使用没有前导零的数字来显示小时（0~23）
hh	使用有前导零的两位数字来显示小时（00~23）
s	使用没有前导零的数字来显示秒（0~59）
ss	使用有前导零的两位数字来显示秒（00~59）
[h]、[m]、[s]	显示超出进制的小时数、分钟数、秒数
AM/PM 或 A/P	使用 AM 或 PM 显示十二小时制的时间
上午/下午	使用上午或下午显示十二小时制的时间

7.3.3　创建自定义格式

创建自定义数字格式时，可在【设置单元格格式】对话框的格式列表中选中【自定义】选项，然后在右侧的【类型】编辑框中输入数字格式代码。也可选择现有的格式代码，然后在【类型】编辑框中进行编辑修改。输入或编辑完成后，可以从【示例】处观察该格式代码对应的数据显示效果，如果符合预期的结果，单击【确定】按钮进行确认即可。

图 7-10　自定义格式错误

如果用户所编写的格式代码符合 Excel 的规则要求，即可将自定义格式应用于当前所选定的单元格区域中，否则 Excel 会弹出警告窗口提示错误，如图 7-10 所示。

> **提示**　用户创建的自定义格式仅保存在当前工作簿中。

7.3.4　自定义数字格式应用实例

通过编写自定义格式代码，可以创建出丰富多样的数字格式，增强数据的可读性。有些特殊的自定义格式还可以起到简化数据输入、限制部分数据输入或隐藏数据的作用，以下介绍部分常用自定义数字格式案例。

➲ I　设置判断条件的自定义数字格式

示例7-2　设置判断条件的自定义数字格式

如需将成绩表中的分数设置为大于 60 的显示为红色、小于等于 60 的显示为蓝色，自定义格式代码如下。

```
[>60][红色]0;[蓝色]0
```

格式代码分两个区段，分别对应于"大于 60"和除此之外的数值类型。效果如图 7-11 所示。

	A	B	C
1	姓名	部门	考核成绩
2	马丽	销售部	58
3	张英	采购部	60
4	邓宾	安监部	78
5	于海	财务部	80
6	刘君	生产部	85
7	马明	安监部	53
8	张健	财务部	75
9	万成	生产部	79
10	陈香	安监部	86
11	张均	财务部	45

图 7-11　不同大小的数字显示不同颜色

⊃ Ⅱ　添加数字单位

部分国家和地区习惯以"千"和"百万"作为数值单位，千位分隔符就是其中的一种表现形式。而在中文环境中，则常以"万"和"亿"作为数值单位。

示例7-3　以万、十万、百万和亿为单位显示数值

以万为单位的自定义格式代码如下：

`0!.0,`

格式代码中的","代表千位分隔符，即数值缩小为原数的 1/1000。"!."表示在此基础上，在右侧第 1 个数字之前强制显示小数点符号。

效果如图 7-12 所示。

也可以使用以下格式代码，使用"!."在右侧第 4 个数字之前强制显示小数点符号，并增加字符"万"作为后缀。

图 7-12　以万为单位显示数值

`0!.0000"万"`

以十万为单位的自定义格式代码如下：

`0!.00,`

先使用","将数值缩小为原数的 1/1000，再使用"!."从右侧第 2 个字符之前强制显示小数点符号。

以百万为单位的自定义格式代码如下：

`0.00,,`

格式代码中使用了两个千位分隔符",,"，表示将数值缩小为原数的 1/1000*1000。

以亿为单位的自定义格式代码如下：

`0!.00,,亿`

先使用",,"将数值缩小为原数的 1/1000*1000，再从右侧第 2 个字符之前强制显示小数点符号，并添加"万"作为后缀。

示例7-4 以整数和两位小数的万为单位显示数值

以万为单位且保留整数的自定义格式代码如下：

`0,,%`

将光标定位到%之前，按<Ctrl+J>组合键输入换行符。单击【确定】按钮关闭【设置单元格格式】对话框，如图 7-13 所示。

格式代码中使用了两个千位分隔符号将数值缩小为原数的 1/1000*1000，再使用"%"将数值放大 100 倍。

最后单击【开始】选项卡下的【自动换行】按钮，使 % 在单元格内显示到数值的下一行，如图 7-14 所示。

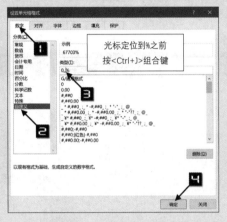

图 7-13 以万为单位保留整数

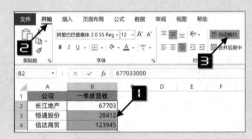

图 7-14 设置自动换行

以两位小数万元为单位和以千万元为单位的自定义格式代码，设置方法和以整数万元为单位的自定义格式代码设置方法类似，自定义格式代码分别为：

`0.00,,%`
`0,,,.00%`

⊃ Ⅲ 多种方式显示分数

使用自定义数字格式能以多种方式来显示分数形式的数值，常用格式代码及说明见表 7-7。

表 7-7 多种方式显示分数

原始数值	显示为	格式代码	说明
7.25	7 1/4	# ?/?	以整数加真分数的形式显示分数值
7.25	7 又 1/4	#" 又 "?/?	以中文字符"又"替代整数与分数之间的连接符
7.25	7+1/4	#"+"?/?	以符号"+"替代整数与分数之间的连接符
7.25	29/4	?/?	以假分数形式显示分数值
7.25	7 5/20	# ?/20	以 20 为分母显示分数部分
7.25	7 13/50	# ?/50	以 50 为分母显示分数部分

⊃ Ⅳ 多种方式显示日期和时间

适合日期数据的常用格式代码见表 7-8。

表 7-8 多种方式显示日期

原始数值	显示为	格式代码	说明
2022/10/1	2022 年 10 月 1 日星期六	yyyy"年 "m" 月 "d" 日 "aaaa	中文的"年月日"及"星期"方式显示日期
2022/10/1	二○二二年十月一日星期六	[DBNum1]yyyy"年 "m" 月 "d" 日 "aaaa	小写中文数字加上中文的"年月日星期"方式显示
2022/10/1	1－Oct－22，Saturday	d-mmm-yy,dddd	英文方式显示日期及星期
2022/10/1	2022.10.1	yyyy.m.d	以"."号分隔符间隔的日期显示
2022/10/1	[2022][10][01]	![yyyy!]![mm!]![dd!]	年月日外显示方括号，双位显示月份和日期
2022/10/1	今天星期六	"今天 "aaaa	仅显示星期几加上文本前缀

适合时间数据显示的常用格式代码见表 7-9。

表 7-9 多种方式显示时间

原始数值	显示为	格式代码	说明
14:45:05	下午 2 点 45 分 05 秒	上午/下午 h"点 "mm" 分 "ss" 秒 "	中文的"点分秒"及"上下午"形式显示时间
14:45:05	下午 二点四十五分○五秒	[DBNum1]上午/下午 h"点 "mm" 分 "ss" 秒 "	小写中文数字加上中文的"点分秒上下午"形式显示
14:45:05	2:45 p.m.	h:mm a/p".m."	英文形式显示 12 小时制时间
14:45:05	14:45 o'clock	h:mm o'clock	英文形式显示 24 小时制时间，加上文本后缀
14:45:05	45'05.00"	mm'ss.00!"	以分秒符号代替分秒名称的显示，秒数显示到百分之一秒
14:45:05	885 分钟 5 秒	[m]"分钟 "s" 秒 "	显示超过进制的分钟数

⊃ Ⅴ 简化输入操作

在某些情况下，使用带有条件判断的自定义格式可以简化输入操作，起到类似"自动更正"功能的效果。

示例7-5 用数字0和1代替"√"和"×"的输入

通过设置包含条件判断的格式代码，可以实现当用户输入"1"时自动显示为"√"，输入"0"时自动显示为"×"，以输入 0 和 1 的简便操作代替了原有特殊符号的输入。如果输入的是 1 或 0 之外的其他数值，则不显示，格式代码如下：

[=1]"√";[=0]"×";;

同理，用户还可以设计一些与此类似的数字格式，在输入数据时以简单的数字输入来替代复杂的文本输入，并且方便数据统计，而在显示效果时以含义丰富的文本来替代信息单一的数字。例如：

" 男 ";;" 女 "

大于零时显示"男"，等于零时显示"女"，小于零时显示空。

	A	B	C	D
1	原数值	显示为	格式代码	说明
2	0	×	[=1]"√";[=0]"×";;	输入0时显示"×"，输入1时显示"√"，其余显示空
3	1	√		
4	8	男	"男";;"女"	大于零时显示"男"，小于零时显示空，等于零时显示"女"
5	0	女		
6	102	记-102	"记"-000	特定前缀的编码，末尾是3位流水号
7	9	记-009		

图 7-15　通过自定义格式简化输入

" 记 "-000

特定的前缀的编码，末尾是 3 位流水号。在需要大量输入有规律的编码时，此类格式可以显著提高效率。

以上自定义格式显示效果如图 7-15 所示。

➲ VI　隐藏某些类型的数据

通过设置数字格式，还可以使单元格中不显示某些特定类型的数据，只有当用户选中单元格时，编辑栏中才会显示其真实内容。

示例7-6　设置数字格式隐藏特定内容

用于隐藏内容的常用自定义格式包括以下几种。

[>1]G/ 通用格式 ;;;

格式代码分为 4 个区段，第 1 区段表示当数值大于 1 时按常规显示，其余区段均不显示。

;;

格式代码为 3 个区段，分别对应数值大于 0、小于 0 及等于 0 的 3 种情况。分号前后没有其他代码，表示均不显示内容。该格式代码的效果为仅显示文本类型的数据。

	A	B	C	D
1	原数值	显示为	格式代码	说明
2	0.232		[>1]G/通用格式;;;	仅大于1的时候才显示数据，不显示文本数据
3	1.234	1.234		
4	1.234		;;	仅显示文本型数据
5	认真	认真		
6	1.234		;;;	所有内容均不显示
7	学习			

图 7-16　设置格式隐藏特定内容

;;;

格式代码为 4 个区段，分号前后均无其他代码，表示均不显示内容，该格式代码的效果为隐藏所有单元格内容。

以上自定义格式显示效果如图 7-16 所示。

➲ VII　文本数据的显示设置

自定义数字格式除了应用于数值型数据的显示需求，还可以应用于文本型数据。

示例7-7　文本类型数据的多种显示

用于文本数据的常用格式代码包括以下几种。

"集团公司"@"部"

格式代码中的"@"表示单元格中原有的文本内容，作用是为文本数据增加部分附加信息。此类格式可用于简化输入操作。

@:*_

此格式在文本内容的右侧填充下划线"_"，形成类似签名栏的效果，可用于一些需要打印后手动填写的文稿类型。

此类自定义格式显示效果如图 7-17 所示。

	A	B	C	D
1	原文本	显示为	格式代码	说明
2	生产	集团公司生产部	"集团公司"@"部"	添加前缀和后缀
3	销售	集团公司销售部		
4	制表	制表:＿＿＿＿	@:*_	在文本内容的右侧填充下划线
5	审核	审核:＿＿＿＿		

图 7-17　文本类型数据的多种显示方式

7.3.5　按单元格显示内容保存数据

Excel 内置的数字格式和用户的自定义格式，仅改变单元格中的显示效果，不会影响到数据本身。

如果希望将设置格式后的单元格显示效果作为真实数据保存下来，操作步骤如下。

步骤① 选中需要保存显示内容的单元格或区域，按 <Ctrl+C> 组合键进行复制。

步骤② 打开 Windows 中的记事本程序，按 <Ctrl+V> 组合键进行粘贴，得到和显示效果完全相同的内容。

步骤③ 从记事本中将这些内容复制并粘贴到 Excel 中，即可完成操作。

7.3.6　删除自定义格式

如果工作表中保存了较多的自定义格式代码，在长期使用过程中，有时会将工作表中的数值自动应用这些自定义格式代码，如自动变成欧元格式或是日期格式等。

遇到此类情况时，可以按 <Ctrl+1> 组合键打开【设置单元格格式】对话框，在【数字】选项卡单击【自定义】选项，将右侧类型列表底部的自定义格式代码依次删除，最后单击【确定】按钮关闭对话框，保存文件即可。

7.4　单元格和区域的复制与粘贴

如需将工作表中的数据从某一处复制或移动到其他位置，具体方法如下。

❖ 复制：选择单元格区域，执行"复制"操作，然后选择目标区域，执行"粘贴"操作。

❖ 移动：选择单元格区域，执行"剪切"操作，然后选择目标区域，执行"粘贴"操作。

复制和移动的主要区别在于，复制是产生数据区域的副本，最终效果不影响原有数据区域; 而移动则是将数据从原有数据区域移走。

7.4.1　单元格和区域的复制和剪切

选中需要复制的单元格区域，有以下几种等效的方法可以执行"复制"操作。

❖ 单击【开始】选项卡上的【复制】按钮 。

❖ 按 <Ctrl+C> 组合键。

❖ 在所选单元格区域上鼠标右击，在弹出的快捷菜单中选择【复制】命令。

选中需要移动的单元格区域，有以下几种等效的方法可以剪切目标内容。

❖ 单击【开始】选项卡上的【剪切】按钮 ✕ 。

❖ 按 <Ctrl+X> 组合键。

❖ 在所选单元格区域上鼠标右击，在弹出的快捷菜单中选择【剪切】命令。

完成以上操作后，即可将目标单元格区域的内容添加到剪贴板上，用于后续的操作处理。这里所指的"内容"不仅包括单元格中的数据和公式，还包括单元格中的格式、条件格式、数据验证设置及单元格的批注等。

在进行粘贴操作之前，被剪切的源单元格区域中的内容并不会被清除，直到用户在新的目标单元格区域中执行粘贴操作。

图 7-18　对多重选择区域进行剪切（左）或复制（右）时的错误提示

所有复制、剪切操作的目标可以是单个单元格，也可以是同行或同列的多个单元格，或者包含多行或多列的连续单元格区域。但是 Excel 不允许对跨行或跨列的非连续区域进行复制和剪切操作，在进行该操作时，将弹出如图 7-18 所示的提示信息。

提示　　用户在进行了复制或剪切操作后，如果按下 <Esc> 键或是 <Ctrl+S> 组合键，则从"剪贴板"清除信息，将无法继续执行粘贴操作。

7.4.2　单元格和区域的普通粘贴

粘贴操作实际上是从剪贴板中取出内容存放到新的目标区域中。Excel 允许粘贴操作的目标区域大于或等于源区域。选中目标单元格区域，以下几种操作方式都可以进行粘贴操作。

❖ 单击【开始】选项卡中的【粘贴】按钮 。

❖ 按 <Ctrl+V> 组合键或按 <Enter> 键。

完成以上操作后，即可将最近一次复制或剪切的内容粘贴到目标区域中。如果之前执行的是剪切操作，则源单元格区域中的内容将被清除。

提示　　按 <Enter> 键粘贴后，"剪贴板"中的信息即被清除，也就是仅粘贴一次，而按 <Ctrl+V> 组合键则可连续执行多次粘贴。

如果复制的对象是同 1 行或同 1 列中的非连续单元格，在粘贴到目标区域时会形成连续的单元格区域，并且不会保留源单元格中所包含的公式。

7.4.3　借助【粘贴选项】按钮选择粘贴方式

图 7-19　粘贴选项按钮的下拉菜单

当用户执行复制后再粘贴时，默认情况下在被粘贴区域的右下角会出现【粘贴选项】按钮（剪切后粘贴不会出现此按钮）。单击此按钮，展开的下拉菜单如图 7-19 所示。

将光标悬停在某个【粘贴选项】按钮上时，工作表中将出现粘贴结果的预览效果。

此外，在执行了复制操作后，如果单击【开始】选项卡中的【粘贴】下拉按钮，也会出现相同的下拉菜单。

在普通的粘贴操作下，默认粘贴到目标区域的内容包括源单元格中的数据、公式、单元格格式、条件格式、数据验证及单元格的批注等全部内容。而通过在【粘贴选项】下拉菜单中进行选择，用户可根据需要来进行粘贴。【粘贴选项】下拉菜单中的大部分选项与【选择性粘贴】对话框中的选项相同，它们的含义与效果请参阅 7.4.4 节。

以粘贴图片为例，可选择的选项包括图片和链接的图片两种。如果以图片格式粘贴被复制的内容，粘贴内容成为静态图片，与被复制的区域不再有关联。如果以动态图片的方式粘贴被复制的内容，如果被复制区域中的内容发生改变，图片也会发生相应的变化。

7.4.4 借助【选择性粘贴】对话框

"选择性粘贴"包含更多详细的粘贴选项设置，便于用户根据实际需求选择不同的复制粘贴方式。在执行复制操作之后，有以下几种操作方法可打开【选择性粘贴】对话框。

❖ 单击【开始】选项卡中的【粘贴】下拉按钮，选择下拉菜单中的最后一项【选择性粘贴】选项。

❖ 在粘贴目标单元格区域上鼠标右击，在弹出的快捷菜单中单击【选择性粘贴】命令。

如果是从当前 Excel 文档复制的内容，【选择性粘贴】对话框如图 7-20 所示。

如果复制的数据来源于其他程序（如记事本、网页），则会打开另一种样式的【选择性粘贴】对话框，如图 7-21 所示。在这种样式的【选择性粘贴】对话框中，根据复制数据的类型不同，会在【方式】列表框中显示不同的粘贴方式。

图 7-20 常见的【选择性粘贴】对话框   图 7-21 从其他程序复制数据时的【选择性粘贴】对话框

➲ | 粘贴选项

在图 7-20 所示的【选择性粘贴】对话框中，各个粘贴选项的具体含义见表 7-10。

表 7-10 【选择性粘贴】对话框中粘贴选项的含义

粘贴选项	含义
全部	粘贴源单元格区域中复制的全部内容，包括数据、公式、格式、条件格式、数据验证及单元格的批注
公式	仅粘贴数据和公式
数值	仅粘贴数值和文本，复制的公式自动粘贴为运算结果
格式	仅粘贴格式和条件格式

续表

粘贴选项	含义
评论	仅粘贴批注
验证	仅粘贴数据验证的设置规则
所有使用源主题的单元	粘贴所有内容，并且使用源区域的主题。在跨工作簿复制数据时，如果两个工作簿使用的主题不同，可选择此项
边框除外	不粘贴边框，其他全部保留
列宽	仅将粘贴目标单元格区域设置为与源单元格相同的列宽
公式和数字格式	去除源单元格中包含的字体、边框、填充色等格式设置
值和数字格式	去除源单元格中包含的字体、边框、填充色等格式设置，复制的公式自动粘贴为运算结果
所有合并条件格式	合并源区域与目标区域中的所有条件格式，如果当前工作表中没有设置条件格式，则该选项呈灰色不可用状态

➲ Ⅱ　跳过空单元

【选择性粘贴】对话框中的【跳过空单元】选项，可以防止用户使用包含空单元格的源数据区域粘贴覆盖目标区域中的单元格内容。例如，用户选定并复制的当前区域第 1 行为空行，使用此粘贴选项，则当粘贴到目标区域时，不会覆盖目标区域第 1 行中已有的数据。

➲ Ⅲ　转置

粘贴时使用【选择性粘贴】对话框中的"转置"功能，可以将源数据区域的行列相对位置互换后粘贴到目标区域，类似于二维坐标系统中 x 坐标与 y 坐标的互换转置。

如图 7-22 所示，数据源区域为 4 行 5 列的单元格区域，在执行行列转置粘贴后，目标区域转变为 5 行 4 列的单元格区域，其对应数据的单元格位置也发生了变化。

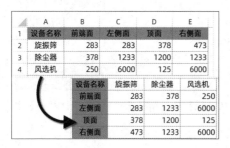

图 7-22　转置粘贴示意

注意 不可以使用转置方式将数据粘贴到源数据区域或与源数据区域有任何重叠的区域。

➲ Ⅳ　粘贴链接

此选项在目标区域生成含引用的公式，链接指向被复制的单元格区域，且保留原有的数字格式。

7.4.5　通过拖放进行复制和移动

除了上述的复制和剪切方法外，Excel 还支持以鼠标拖放的方式直接对单元格和区域进行复制或移动操作。复制的操作方法如下。

步骤① 选中需要复制的目标单元格区域。

步骤② 将光标移至所选区域的边缘，按住 <Ctrl> 键，当光标显示为黑色十字箭头时按住鼠标左键拖动，移至需要粘贴数据的目标位置后，依次释放鼠标左键和<Ctrl>键，即可完成复制操作，如图 7-23 所示。

移动数据的操作与复制类似，只是在操作过程中不需要按住<Ctrl>键。

在使用拖放方法进行移动数据操作时，如果目标区域已经存在数据，则在释放鼠标左键后会出现警告对话框提示用户，询问是否替换单元格内容，如图 7-24 所示。单击【确定】按钮将继续完成移动操作，单击【取消】按钮则取消移动操作。

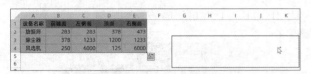

图 7-23　通过鼠标拖放实现复制操作

图 7-24　移动操作时提示替换内容的警告对话框

> 鼠标拖放方式的复制和移动只适用于连续的单元格区域，通过鼠标拖放进行复制、移动操作时也不会把复制内容添加到剪贴板中。

鼠标拖放进行复制和移动的方法同样适用于不同工作表或不同工作簿之间的操作。

要将数据复制到其他的工作表，可在拖动过程中将鼠标指针移至目标工作表的标签上，然后按<Alt>键（此时不要释放鼠标左键），即可切换到目标工作表中，释放<Alt键>和鼠标左键，即可完成跨工作表的移动。

要在不同的工作簿间使用鼠标拖放复制数据，可以先通过【视图】选项卡中的【窗口】命令组的相关命令同时显示多个工作簿窗口，然后就可以在不同的工作簿之间拖放数据进行复制。

在不同工作表及不同工作簿之间的数据移动操作方法与此类似。

7.4.6　使用填充功能将数据复制到相邻单元格

使用填充功能，也能够将数据复制到相邻的单元格。

示例7-8　使用填充功能复制数据

要将 B2 单元格中的数据复制到 B3:B10 单元格区域，操作步骤如下。

步骤① 同时选中需要复制的单元格及目标单元格区域，在本例中选中 B2:B10 单元格区域。

步骤② 依次单击【开始】→【填充】→【向下】命令或按<Ctrl+D>组合键即可完成填充，如图 7-25 所示。

除了【向下】填充外，在【填充】按钮的下拉列表中还包括了【向右】【向上】和【向左】填充三个命令，可针对不同的复制需要分别选择。其中【向右】填充命令也可通过<Ctrl+R>组合键来替代。

如果在填充前，用户所选的区域中包含了不同数据，则以填充方向上的第一行或第一列的内容进行复制填充，如图 7-26 所示。

使用填充功能复制数据会自动替换目标区域中的原有数据，所复制的内容包括原有的所有数据、公式、格式（包括条件格式）和数据验证，但不包括单元格批注。

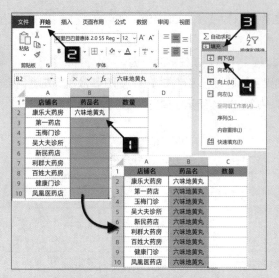

图 7-25　使用向下填充进行复制

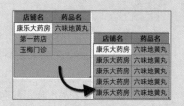

图 7-26　选中多行多列向下填充的效果

> **提示** → 填充操作只适用于连续的单元格区域。

使用填充功能复制数据的操作步骤如下。

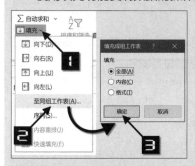

图 7-27　填充"成组工作表"

步骤① 同时选中当前工作表和目标工作表，形成"工作组"。

步骤② 在当前工作表中选中需要复制的单元格区域。

步骤③ 依次单击【开始】→【填充】下拉按钮，在下拉菜单中选择【至同组工作表】选项，弹出【填充成组工作表】对话框，在对话框中可以选择不同的填充方式，最后单击【确定】按钮，如图 7-27 所示。

填充完成后，所复制的数据会出现在目标工作表中的相同单元格区域位置。

【填充成组工作表】对话框中各选项含义如下。

❖ 全部：复制对象单元格所包含的所有数据（包括公式）、格式（包括条件格式）和数据验证，不保留单元格批注。

❖ 内容：只保留复制对象单元格的所有数据（包括公式）。

❖ 格式：只保留复制对象单元格的所有格式（包括条件格式）。

> **提示** → 除了以上使用菜单命令的填充方式外，用户还可以通过拖动填充柄进行自动填充来实现数据在相邻单元格的复制。关于自动填充的使用方法，请参阅 5.4.1 节。

7.5　查找和替换

使用查找功能，能够根据某些内容特征在工作表中快速查找到信息。例如，在客户信息表中查找所有包含"个体"字样的客户名称。使用替换功能，能够对文档中的多处相同内容进行统一修改。例如，在销售明细表中将某个品类批量更名。

7.5.1 常规查找和替换

在使用"查找"和"替换"功能之前，必须先确定查找的目标范围。如果要在某一个区域中进行查找，需要先选取该区域。如果要在整张工作表或工作簿的范围内进行查找，则只需单击工作表中的任意一个单元格。

"查找"和"替换"功能位于同一个对话框的不同选项卡。

依次单击【开始】→【查找和选择】下拉按钮，在下拉菜单中选择【查找】选项或按<Ctrl+F>组合键，可以打开【查找和替换】对话框，并定位到【查找】选项卡。

依次单击【开始】→【查找和选择】下拉按钮，在下拉菜单中选择【替换】选项或按<Ctrl+H>组合键，可以打开【查找和替换】对话框并定位到【替换】选项卡，如图7-28所示。

使用以上任何一种方式打开【查找和替换】对话框后，可在【查找】选项卡和【替换】选项卡之间进行切换。

在此对话框的任意一个选项卡下都能够搜索数据。在【查找内容】文本框中输入要查找的内容，然后单击【查找下一个】按钮，就可以定位到活动单元格之后的首个包含查找内容的单元格。如果单击【查找全部】按钮，对话框底部将显示出全部搜索结果，如图7-29所示。

 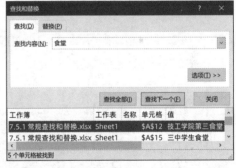

图7-28 打开【查找和替换】对话框　　图7-29 执行【查找全部】命令后的显示结果

单击其中一项即可定位到对应的单元格，如果单击任意一项，再按<Ctrl+A>组合键，则可选中列表中显示的所有单元格。如果查找结果列表中的单元格分布在多张工作表，则只能同时选中当前工作表中的匹配单元格。

如果要进行批量替换操作，可以切换到【替换】选项卡，在【查找内容】文本框中输入需要查找的内容，在【替换为】文本框中输入所要替换的内容，然后单击【全部替换】按钮，即可将目标区域中所有满足【查找内容】条件的数据全部替换为【替换为】中的内容。

如果希望对查找到的数据逐个判断是否需要替换，可单击【查找下一个】按钮，依次对查找结果进行确认，需要替换时可单击【替换】按钮，不需要替换时继续单击【查找下一个】按钮定位到下一个数据。

提示　对于设置了数字格式的数据，查找时以实际值为准。

示例7-9 对指定内容进行批量替换操作

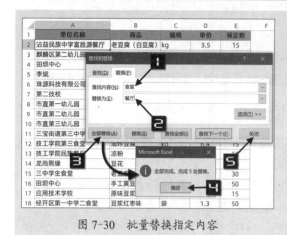

图 7-30 批量替换指定内容

如果需要将工作表中的所有"食堂"替换为"餐厅",操作步骤如下。

步骤① 单击工作表中的任意一个单元格,如A2单元格。按<Ctrl+H>组合键打开【查找和替换】对话框。

步骤② 在【查找内容】文本框中输入"食堂",在【替换为】文本框中输入"餐厅",单击【全部替换】按钮,此时Excel会提示替换次数,单击【确定】按钮关闭提示对话框,再单击【关闭】按钮关闭【查找和替换】对话框,如图7-30所示。

提示 → Excel允许在显示【查找和替换】对话框的同时返回工作表进行其他操作。如果进行了错误的替换操作,可以关闭【查找和替换】对话框后按<Ctrl+Z>组合键来撤消操作。

示例7-10 使用替换功能将单列数据转换为多行多列

如图 7-31 所示,希望将A列的姓名转换为多行多列显示。

操作步骤如下。

步骤① 在C2单元格输入"A2&"""",向右拖动至G2单元格。在C3单元格输入"A7&"""",向右拖动至G3单元格,如图7-32所示。

图 7-31 将单列数据转换为多行多列   图 7-32 输入文本样式的单元格地址

步骤② 同时选中C2:G3单元格区域,向下拖动至C2:G12单元格区域,此时字母后的数字会按顺序递增,填充后的效果如图 7-33 所示。

步骤③ 按<Ctrl+H>组合键打开【查找和替换】对话框,在【查找内容】文本框中输入"A",在【替换为】文本框中输入"=A",单击【全部替换】按钮,在弹出的对话框中单击【确定】返回【查找和替换】对话框,单击【关闭】按钮完成替换,如图7-34所示。

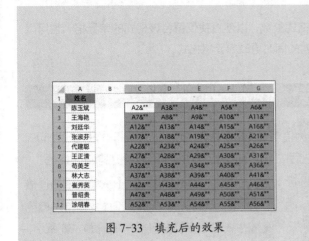

图 7-33　填充后的效果

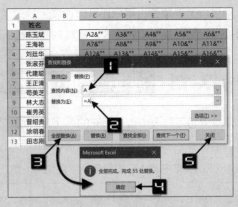

图 7-34　将文本单元格地址替换为公式

7.5.2　高级查找选项

在【查找和替换】对话框中，单击【选项】按钮可以显示更多查找和替换选项，如图 7-35 所示。

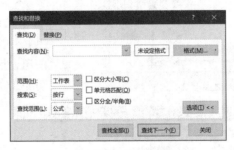

图 7-35　更多查找和替换选项

【查找和替换】对话框中各选项的含义见表 7-11。

表 7-11　查找和替换选项的含义

选项	含义
范围	指定目标范围是当前工作表还是整个工作簿
搜索	指定搜索顺序是"按行"或是"按列"，即逐行搜索或是逐列搜索
查找范围	指定查找对象的类型。 "公式"指查找所有文本、数字等内容及公式中的各项元素。 "值"指的是仅查找所有文本、数字等内容及公式运算结果，而不包含公式中的元素。例如，A1 单元格为数值 2，A2 单元格为公式"=2+2"，在查找 2 时，如果查找范围为"公式"，则 A1 和 A2 都将被查找到。如果查找范围为"值"，则仅有 A1 单元格会被找到。 "批注"指的是仅在批注内容中进行查找。其中在"替换"模式下，只有"公式"一种查找范围
区分大小写	指定是否区分英文字母的大小写。如果选择区分，则查找"Excel"时就不会查找到内容为"excel"的单元格
单元格匹配	指定查找的目标单元格是否与查找内容完全相同。例如，选中【单元格匹配】的情况下，查找"excel"时就会忽略值为"excelhome"的单元格
区分全/半角	指定是否区分全角和半角字符。如果选择区分，则查找"excel"时就不会查找到值为"ｅｘｃｅｌ"的单元格

除了以上选项外，用户还可以设置查找对象的格式参数，以便查找仅符合该格式的单元格，也可以在替换时设置替换对象的格式，使其在替换数据内容的同时更改单元格格式。

示例7-11 通过格式进行查找替换

如果要将工作表中橙色填充的"月结"批量替换为橙色填充且字体为红色的"月结"，操作步骤如下。

步骤① 单击工作表中任意单元格，如A2 单元格，然后按<Ctrl+H>组合键打开【查找和替换】对话框。

步骤② 在【查找内容】文本框输入"月结"，单击【选项】按钮，再依次单击【格式】→【从单元格选择格

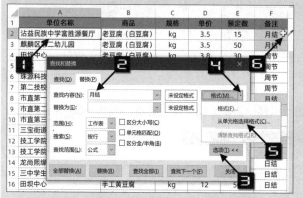

式】选项，此时光标变成吸管样式，单击橙色填充的单元格即可选择格式，如图 7-36 所示。

步骤③ 在【替换为】文本框中输入"月结"，然后单击右侧的【格式】按钮，弹出【替换格式】对话框。切换到【填充】选项卡下，在【背景色】颜色面板中选择"浅绿"，切换到【字体】选项卡下，在【颜色】下拉菜单中选择红色，单击【确定】按钮返回【查找和替换】对话框，如图 7-37 所示。

图 7-36 设置查找内容与格式

图 7-37 根据格式和内容进行替换

步骤④ 单击【全部替换】按钮，在弹出的Excel提示对话框中单击【确定】按钮，最后单击【关闭】按钮

完成替换操作。

如果将【查找内容】文本框和【替换为】文本框留空。仅设置"查找内容"和"替换为"的格式，可以仅替换格式。

在关闭Excel程序之前，【查找和替换】对话框会自动记忆用户最近一次设置。按格式查找替换操作后，如果再次使用查找替换功能，需要在【查找和替换】对话框中依次单击【选项】→【格式】→【清除查找格式】命令，否则会影响查找和替换的准确性。

7.5.3 使用通配符完成个性化的查找替换需求

Excel支持的通配符包括星号（*）和半角问号（?）两种，其中星号（*）可代替任意数量的任意字符，半角问号（?）可代替单个任意字符。使用通配符，能完成个性化的查找需求。

例如，要在表格中查找以"e"开头、"l"结尾的所有文本内容，可在【查找内容】文本框内输入"e*l"，此时表格中包含了"excel""electrical""equal""email"等单词的单元格都会被查找到。而如果用户仅是希望查找以"ex"开头、"l"结尾的五个字母单词，则可以在【查找内容】文本框内输入"ex??l"，以两个"?"代表两个任意字符的位置，此时查找的结果在以上四个单词中就只会包含"excel"。

如果用户需要查找字符"*"或"?"本身，而不是将其作为通配符使用，则需要在字符前加上转义符号（~），如"~*"代表查找星号本身。如果需要查找字符"~"，则需要以"~~"来表示。

7.6 单元格的隐藏和锁定

通过设置Excel单元格格式的"保护"属性，再配合"工作表保护"功能，可以将某些单元格区域的数据隐藏起来，或者将部分单元格或整张工作表锁定，限制编辑或查看数据。

7.6.1 隐藏单元格中的内容

如需隐藏单元格中的内容，操作步骤如下。

步骤① 选中需要隐藏内容的单元格区域，按<Ctrl+1>组合键打开【设置单元格格式】对话框，在【数字】选项卡下单击左侧格式列表中的【自定义】选项，然后在右侧的【格式】文本框中输入3个半角分号";;;"。

步骤② 切换到【保护】选项卡，选中【锁定】和【隐藏】复选框，单击【确定】按钮，如图7-38所示。

步骤③ 单击【审阅】选项卡中的【保护工作表】按钮，在弹出的【保护工作表】对话框中单击【确定】按钮即可完成单元格内容的隐藏，如图7-39所示。

要取消单元格内容的隐藏状态，单击【审阅】选项卡中的【撤消工作表保护】按钮即可，如果之前曾经设定保护密码，此时需要提供正确的密码。

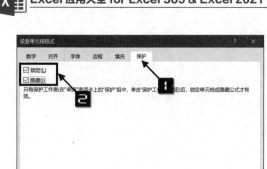
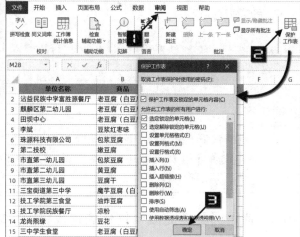

图 7-38　在单元格格式对话框中设置锁定和隐藏 　　图 7-39　执行【保护工作表】命令

7.6.2　单元格区域的锁定

单元格是否允许被编辑，取决于单元格是否被设置为"锁定"状态，以及当前工作表是否执行了【工作表保护】命令。在默认状态下，单元格为"锁定"状态。当执行了【工作表保护】命令后，所有被设置为"锁定"状态的单元格将不允许再被编辑，而未被设置"锁定"状态的单元格则仍然可以被编辑。

根据此原理，用户可以实现在工作表中仅针对一部分单元格区域进行锁定的效果。

示例7-12　禁止编辑部分单元格

如果要将表格中的计算区域和表格框架设置为禁止编辑，其他部分设置为允许编辑，操作步骤如下。

步骤① 单击行号和列标交叉处的【全选】按钮，选中整张工作表，如图 7-40 所示。

步骤② 按 <Ctrl+1> 组合键，弹出【设置单元格格式】对话框。切换到【保护】选项卡下，取消选中【隐藏】复选框和【锁定】复选框，单击【确定】按钮关闭对话框。

步骤③ 选中需要禁止编辑的单元格区域，如 D2:E20 单元格区域。

步骤④ 按 <Ctrl+1> 组合键，弹出【设置单元格格式】对话框。切换到【保护】选项卡，选中【隐藏】复选框和【锁定】复选框，单击【确定】按钮。

步骤⑤ 依次单击【审阅】→【保护工作表】按钮，在弹出的【保护工作表】对话框中单击【确定】按钮。

设置完成后，如果试图编辑 D2:E20 单元格区域中的任何单元格，将会弹出如图 7-41 所示的提示框，而其他单元格仍然允许编辑。

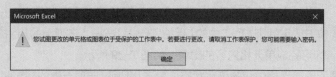

图 7-40　全选整张工作表 　　图 7-41　不允许编辑已经锁定的单元格

有关"保护工作表"功能的更多介绍，请参阅 38.2 节。

第 8 章　格式化工作表

本章主要学习格式化工作表的有关内容。设置字号、更改字体颜色、添加边框、设置对齐方式、设置数字格式等格式化处理，能够使得表格更加美观，也更易于阅读。

> **本章学习要点**
>
> （1）设置单元格格式。　　　　　　（3）应用主题。
> （2）创建和使用单元格样式。　　　　（4）数据表格美化。

8.1　单元格格式

单元格格式主要包括字体、对齐方式和数字格式。通过功能区的命令组、浮动工具栏及【设置单元格格式】对话框等方式，都能够对单元格格式进行设置。

8.1.1　格式工具

在【开始】选项卡下有多个设置单元格格式的命令组，如图 8-1 所示。

图 8-1　用于设置格式的命令组

◐ Ⅰ　功能区中的命令组

在"字体"命令组中，能够设置字体、字号、加粗、倾斜、下划线、单元格边框线、单元格填充颜色及字体颜色等。

在"对齐方式"命令组中，能够设置文字对齐方式及文字方向、调整缩进量、设置自动换行及合并后居中等。

在"数字"命令组中，可以根据需要选择不同的数字格式，以及设置百分比样式、增加或减少小数位、设置千位分隔样式等。

◐ Ⅱ　浮动工具栏

右击单元格，会弹出快捷菜单和浮动工具栏，在【浮动工具栏】中包括了部分常用的单元格格式命令。此外，在 Excel 默认设置下，选中单元格中的部分内容后也可调出简化的【浮动工具栏】，如图 8-2 所示。

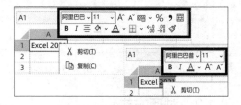

图 8-2　浮动工具栏

◐ Ⅲ　【设置单元格格式】对话框

在【设置单元格格式】对话框中包含更多有关单元格格式的设置选项。打开【设置单元格格式】对话框的方法主要有以下几种。

方法 1：在【开始】选项卡，单击【字体】【对齐方式】或是【数字】命令组右下角的【对话框启动器】按钮，如图 8-3 所示。

方法 2: 按 <Ctrl+1> 组合键。

方法 3: 右击单元格, 在弹出的快捷菜单中选择【设置单元格格式】命令, 如图 8-4 所示。

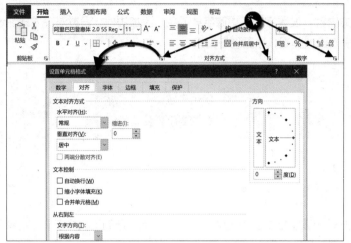

图 8-3　使用【对话框启动器】打开
【设置单元格格式】对话框

图 8-4　使用快捷菜单打开
【设置单元格格式】对话框

方法 4: 单击【开始】选项卡下的【格式】下拉按钮, 在下拉菜单中选择【设置单元格格式】命令。或单击【数字格式】下拉按钮, 在下拉菜单中选择【其他数字格式】命令, 如图 8-5 所示。

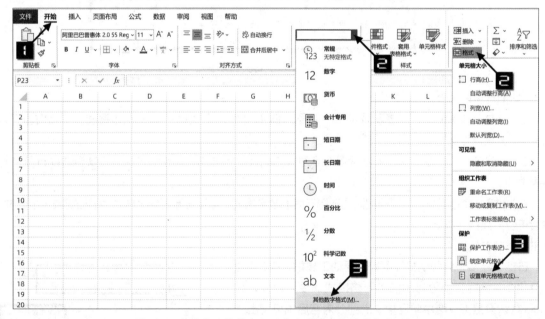

图 8-5　在功能区菜单中打开【设置单元格格式】对话框

8.1.2　对齐方式

除了【开始】选项卡下【对齐方式】命令组中的常用对齐方式命令, 在【设置单元格格式】对话框的【对齐】选项卡中还有更多的对齐方式选项。

❍ I 对齐方向和文字方向

❖ 倾斜角度

在【对齐】选项卡右侧的【方向】设置区域，调整半圆型表盘内的指针，或者调整下方的微调框，能够在−90 度至 +90 度之间设置文本的倾斜角度。

❖ 竖排方向与垂直角度

竖排方向是指将单元格内容由水平排列转为竖直排列，字符方向仍保持水平显示，设置方法如图 8-6 所示。

❖ 文字方向

文字方向是指文字从左至右或从右到左的书写和阅读方向，将文字方向设置为"总是从右到左"，便于从右到左输入阿拉伯语、希伯来语等语言的内容。

❍ II 水平对齐和垂直对齐

【文本对齐方式】包括【水平对齐】和【垂直对齐】两个选项。其中水平对齐包括【常规】【靠左】【居中】【靠右】【填充】【两端对齐】【跨列居中】【分散对齐】等多个子选项。

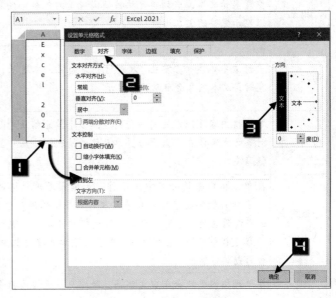

图 8-6 设置竖排文本方向

不同的水平对齐选项说明如表 8-1 所示。

表 8-1 水平对齐方式选项说明

水平对齐选项	说明	效果
常规	Excel 默认的对齐方式，数值型数据靠右对齐，文本型数据靠左对齐，逻辑值和错误值居中	
靠左（缩进）	单元格内容靠左对齐。如果单元格内容长度大于单元格列宽，则内容会从右侧超出单元格边框显示。如果右侧单元格有其他内容，则内容右侧超出部分不被显示。在"缩进"微调框内可以调整距离单元格左侧边框的距离，可选缩进范围为 0~250 字符	
居中	内容水平居中。如果单元格内容长度大于单元格列宽，会从两侧超出单元格边框显示。如果两侧单元格有其他内容，则超出部分不被显示	
靠右（缩进）	单元格内容靠右对齐，与靠左（缩进）对齐方式类似	

水平对齐选项	说明	效果
填充	重复显示文本，直到单元格被填满或是右侧剩余的宽度不足以显示完整的文本为止	
两端对齐	单行文本以类似"靠左"方式对齐，如果文本过长，超过列宽时，文本内容会自动换行显示	
跨列居中	单元格内容在选定的同一行内连续多个单元格居中显示。此对齐方式可以在不需要合并单元格的情况下，居中显示表格标题	
分散对齐（缩进）	在单元格内平均分布中文字符，两端靠近单元格边框。对于连续的数字或字母符号等文本则不产生作用。可以在"缩进"微调框调整距离单元格两侧边框的距离，可选缩进范围为 0~250 个字符。应用此格式时，如果单元格文本内容过长，会自动换行显示	
两端分散对齐	在单元格内平均分布中文字符，两端与单元格边框有一定距离。当文本水平对齐方式选择为"分散对齐(缩进)"，缩进量设置为 0，并且选中"两端分散对齐"复选框时，即可实现水平方向的两端分散对齐	

垂直对齐方式包括"靠上""居中""靠下""两端对齐"和"分散对齐"及"两端分散对齐"6 种，不同的垂直对齐选项说明如表 8-2 所示。

表 8-2　垂直对齐方式说明

垂直对齐选项	说明	效果
靠上	文字沿单元格顶端对齐	
居中	文字垂直居中，是 Excel 默认的垂直方向对齐方式	
靠下	文字靠底端对齐	
两端对齐	文字在垂直方向上平均分布，应用此格式的单元格会随着列宽的变化自动换行显示	

续表

垂直对齐选项	说明	效果
分散对齐	当文本方向设置为垂直角度（±90°）、垂直对齐方式为"分散对齐"时，会在垂直方向上平均分布排满整个单元格高度，并且两端靠近单元格边框。设置此格式的单元格，当文本内容过长时会换行显示	
两端分散对齐	当文本方向为垂直角度（±90°）、垂直对齐方式为"分散对齐"时，如果选中"两端分散对齐"的复选框，文字会在垂直方向上排满整个单元格高度，且两端与单元格边框有一定距离	

⊃ Ⅲ　文本控制

在设置文本对齐方式的同时还可以对文本进行控制，包括"自动换行""缩小字体填充"和"合并单元格"三种方式。不同文本控制方式的说明如表 8-3 所示。

表 8-3　文本控制方式说明

文本控制方式	效果说明
自动换行	如果文本内容长度超出单元格宽度，将自动分为多行显示。如果调整单元格宽度，文本内容的换行位置也随之调整
缩小字体填充	如果文本内容长度超出单元格宽度，在不改变字号的前提下能够使文本内容自动缩小显示，以适应单元格的宽度大小
合并单元格	将多个单元格合并成占有多个单元格空间的更大的单元格。分为合并后居中、跨越合并和合并单元格 3 种

提示　　"自动换行"与"缩小字体填充"不能同时使用。

如需合并单元格，可以选中需要合并的单元格区域，在【开始】选项卡单击【合并后居中】下拉按钮，在下拉菜单中选择适合的单元格合并方式，如图 8-7 所示。

不同的合并单元格方式说明如表 8-4 所示。

图 8-7　合并单元格

不同合并单元格方式的显示效果如图 8-8 所示。

表 8-4　合并单元格方式说明

合并方式	说明
合并后居中	将选取的多个单元格进行合并，并将单元格内容在水平和垂直两个方向居中显示
跨越合并	在选取多行多列的单元格区域后，将所选区域的每行进行合并，形成单列多行的单元格区域
合并单元格	将所选单元格区域进行合并，并沿用该区域活动单元格的对齐方式

合并单元格时，如果选定的单元格区域中包含多个非空单元格，Excel 会弹出警告对话框，提示用户"合并单元格时，仅保留左上角的值，而放弃其他值。"，如图 8-9 所示。

图 8-8　合并单元格显示效果

图 8-9　Excel 警告对话框

提示　　使用合并单元格会影响数据的排序和筛选等操作，而且会使后续的数据分析汇总过程变得更加复杂，除非有特殊需求，否则应减少使用此功能。

8.1.3　字体设置

Excel 2021 简体中文版的默认字体为"正文字体"、字号为 11 号。如果使用默认字体（等线字体），在编辑栏中编辑公式时会无法直观识别出标点符号的全角或半角状态，可以依次单击【文件】→【选项】命令，打开【Excel 选项】对话框，在【常规】选项卡修改默认字体和字号，单击【确定】按钮，在弹出的 Excel 提示对话框中单击【确定】按钮，如图 8-10 所示。除了在【开始】选项卡下的"字体"命令组中设置字体、字号、字体颜色、边框、增大字号、减小字号等格式效果之外，还可以在【设置单元格格式】对话框的【字体】选项卡下进行更加详细的设置，如图 8-11 所示。

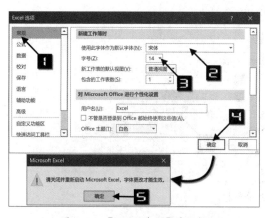

图 8-10　【Excel 选项】对话框

图 8-11　【设置单元格格式】对话框的【字体】选项卡

【字体】选项卡下的各个选项说明如表 8-5 所示。

表8-5　【字体】选项卡下各个选项的功能说明

选项	说明
字体	可选择系统已安装的字体
字形	可选择常规、倾斜、加粗和加粗倾斜四种字形效果
字号	字号表示文字显示的大小，可以从"字号"下拉菜单中选择字号，也可以直接在文本框中输入字号的磅数，范围为 1~409 磅
下划线	可选择不同下划线类型，包括单下划线、双下划线、会计用单下划线和会计用双下划线 4 种
颜色	设置字体颜色
删除线	在单元格内容上显示一条直线，表示内容被删除
上标	将文本内容显示为上标形式，如"m^2"
下标	将文本内容显示为下标形式，如"H_2O"

提示 ━■━■→　　如果选中单元格中的部分文本内容，能够单独设置字号、字体颜色、字体加粗、字体倾斜及下划线等字体格式。

8.2　边框设置

边框用于增加单元格区域的视觉效果。在【开始】选项卡单击【边框】下拉按钮，在下拉菜单中可以选择多种边框类型及绘制边框时的线条颜色和线型等选项，如图 8-12 所示。

在【设置单元格格式】对话框中的【边框】选项卡，能够对单元格边框进行更加详细的设置。比如，要将单元格边框设置为双横线的绿色外边框，可以先选中需要设置边框的单元格区域，按<Ctrl+1>组合键打开【设置单元格格式】对话框，切换到【边框】选项卡，按图 8-13 所示步骤操作即可。

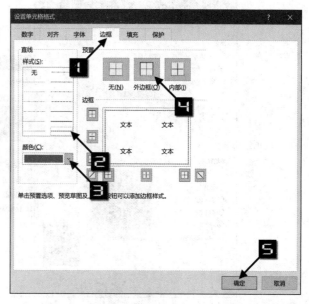

图 8-12　边框选项　　　　　　　图 8-13　在【设置单元格格式】对话框中设置边框效果

8.2.1 填充颜色

选中单元格区域后，在【开始】选项卡单击【填充颜色】下拉按钮，在主题颜色面板中可以选择单元格背景色，如图 8-14 所示。

在【设置单元格格式】对话框的【填充】选项卡，"背景色"区域中可以选择填充颜色，在右侧可以设置填充图案的颜色及图案样式，如图 8-15 所示。

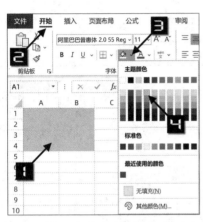

图 8-14　填充颜色

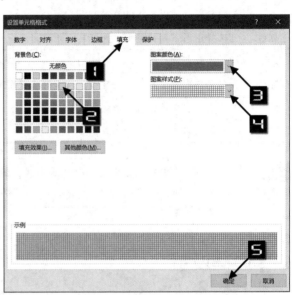

图 8-15　设置背景色和图案效果

如果单击【填充效果】按钮，会弹出【填充效果】对话框。在对话框中能够设置渐变颜色和底纹样式。如果单击【其他颜色】按钮，则打开【颜色】对话框，用户可以在此对话框中设置自定义的颜色效果，如图 8-16 所示。

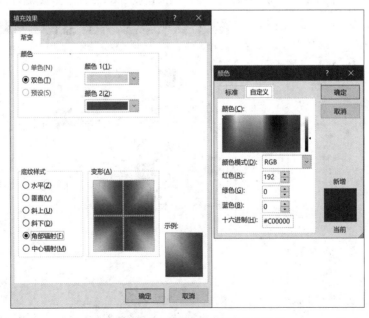

图 8-16　【填充效果】和【颜色】对话框

8.2.2 复制格式

如需将现有的单元格格式复制到其他单元格区域，可以使用以下几种方法。

❖ 方法 1：选中带有格式的单元格或单元格区域，按<Ctrl+C>组合键复制，选中目标单元格区域后，鼠标右击弹出快捷菜单，在【粘贴选项】区域下单击【格式】按钮⤇。

❖ 方法 2：选中需要复制格式的单元格或单元格区域，在【开始】选项卡单击【格式刷】命令，此时光标形状变为⊕⤸，在目标单元格区域的左上角单元格按住鼠标左键拖动，即可将格式复制到目标单元格区域，如图 8-17 所示。

如果目标区域大于复制格式的区域，Excel 会按照复制格式区域的大小在目标区域重复应用格式，如图 8-18 所示。

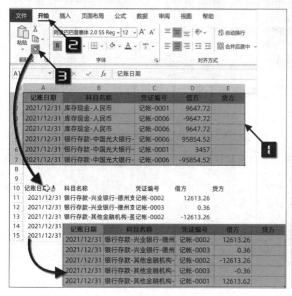

图 8-17 使用【格式刷】复制单元格格式

图 8-18 在目标区域重复应用格式

 提示

双击格式刷，可以在不连续的区域内多次使用格式刷复制格式，操作完毕后再次单击【格式刷】命令或是按<Ctrl+S>组合键退出格式刷状态。

8.2.3 套用表格格式

套用表格格式，能够为数据表应用内置的表格格式。

示例8-1 套用表格格式快速格式化数据表

单击数据区域任意单元格，如 A5 单元格，在【开始】选项卡单击【套用表格格式】下拉按钮。在展开的下拉列表中，单击需要的表格样式图标，如"蓝色，表样式浅色 9"，此时会弹出【创建表】对话框，保留对话框中的默认设置单击【确定】按钮，光标所在的连续数据区域即可转换为"表格"，并应用相应的样式，如图 8-19 所示。

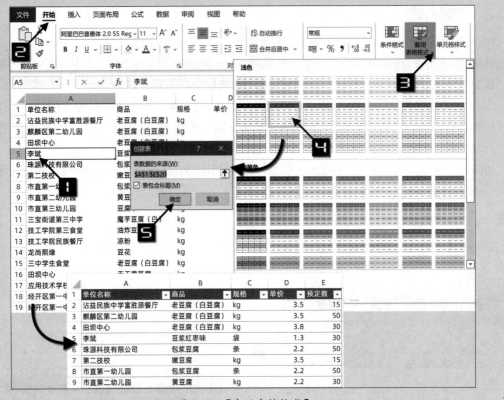

图 8-19 【套用表格格式】

关于"表格"的更多内容，请参阅 29.10 节。

8.3 单元格样式

单元格样式是一组特定单元格格式的组合，可以快速实现格式化设置，使工作表格式规范统一。

8.3.1 应用单元格样式

选中需要应用单元格样式的单元格区域，在【开始】选项卡单击【单元格样式】命令，（根据系统分辨率或 Excel 窗口大小的不同，【单元格样式】命令按钮可能会显示为【样式】命令组，此时可单击该命令组右侧的【其他】按钮），在弹出的下拉列表中会显示多个内置的样式效果。当光标悬停到某个单元格样式时，所选单元格区域会实时显示应用此样式的预览效果，单击鼠标即可将此样式应用到所选单元格区域，如图 8-20 所示。

如果希望更改某个单元格样式的效果，可以在【单元格样式】下拉列表中鼠标右击某个样式图标，然后在弹出的快捷菜单中单击"修改"命令，打开【样式】对话框。在【样式】对话框中单击【格式】按钮打开【设置单元格格式】对话框，在此对话框中根据需要对"数字""对齐""字体"等格式效果进行修改，最后依次单击【确定】按钮关闭对话框，如图 8-21 所示。

如果要取消单元格或区域中已经应用的样式，可以在【单元格样式】下拉列表中选择【常规】选项，或者进行格式清除（请参阅 8.5 节）。

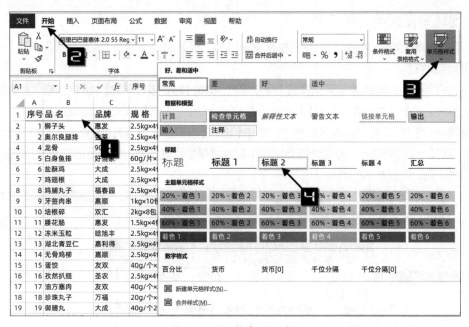

图 8-20　应用单元格样式

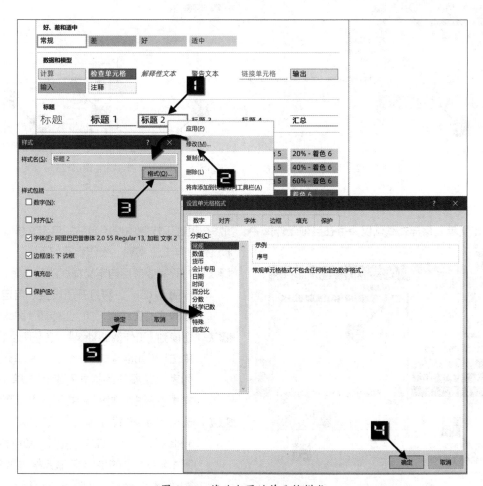

图 8-21　修改内置的单元格样式

8.3.2　创建自定义单元格样式

用户可以根据需要创建自定义的单元格样式。例如，要新建一个名为"现金日报表表头"的单元格样式，操作步骤如下。

步骤① 在【开始】选项卡单击【单元格样式】命令或是【样式】命令组右侧的【其他】按钮，打开单元格样式列表。单击样式列表底部的【新建单元格样式】命令，打开【样式】对话框。

步骤② 在【样式名】编辑框中输入样式名称。单击【格式】按钮，在弹出的【设置单元格格式】对话框中切换到【字体】选项卡，分别对字体、字形和字号等项目进行设置，最后依次单击【确定】按钮关闭对话框，如图 8-22 所示。

新建的自定义单元格样式自动添加到样式列表顶端的【自定义】区域内。如需删除自定义样式，可鼠标右击该样式，在快捷菜单中选择【删除】命令，如图 8-23 所示。

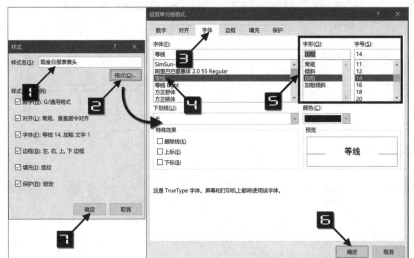

图 8-22　新建单元格样式　　　　　　　　　　　图 8-23　自定义样式

8.3.3　合并单元格样式

自定义单元格样式默认仅保存在当前工作簿中，如需在其他工作簿中使用当前的自定义样式，可以通过合并样式来实现。操作步骤如下。

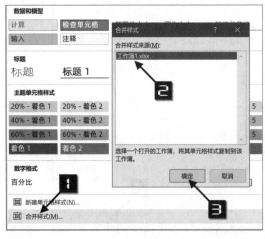

图 8-24　合并样式

步骤① 打开需要应用自定义样式的工作簿，如"工作簿 2.xlsx"，再打开已设置了自定义单元格样式的工作簿，如"工作簿 1.xlsx"。

步骤② 切换到"工作簿 2.xlsx"，在【开始】选项卡单击【单元格样式】命令，打开单元格样式列表，在展开的样式列表底部单击【合并样式】按钮，弹出【合并样式】对话框。

步骤③ 选中合并样式来源工作簿名称"工作簿 1.xlsx"，单击【确定】按钮，即可将"工作簿 1.xlsx"中的自定义单元格样式复制到"工作簿 2.xlsx"，如图 8-24 所示。

8.4 使用主题

主题是一组包含颜色、字体和效果在内的格式选项组合，通过应用主题，可以快速更改文档的显示效果。

8.4.1 主题三要素

在【页面布局】选项卡单击【主题】下拉按钮，在展开的主题样式列表中包含多种内置的主题。也可以单击【颜色】【字体】【效果】下拉按钮，设置不同的主题选项，如图 8-25 所示。

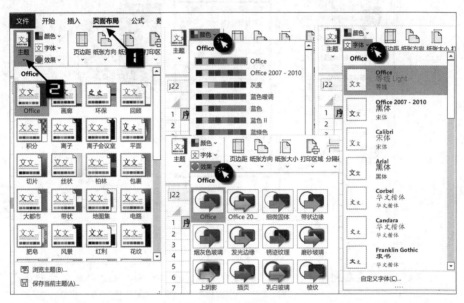

图 8-25 选择主题

设置"主题"，能够对整个数据表的颜色、字体等快速格式化。选定某个主题后，有关颜色的设置，如颜色面板、套用表格格式、单元格样式中的颜色和图表配色均使用这一主题的颜色效果，如图 8-26 所示。

如果在【页面布局】选项卡单击【字体】下拉按钮，在字体下拉列表中选择一种字体作为主题字体，当应用不同主题时，主题字体也会随之更改，如图 8-27 所示。

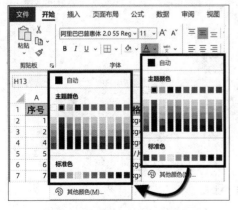

图 8-26 不同主题效果下的主题颜色

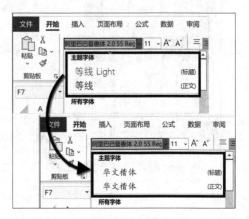

图 8-27 主题字体

8.4.2 自定义主题

将创建的自定义颜色、字体和效果组合保存为自定义主题后，能够在其他文档中继续使用。以创建自定义主题颜色为例，依次单击【页面布局】→【颜色】下拉按钮，在展开的下拉列表中单击【自定义颜色】命令，打开【新建主题颜色】对话框，在对话框中选择适合的主题颜色并进行命名，最后单击【保存】按钮即可，如图 8-28 所示。

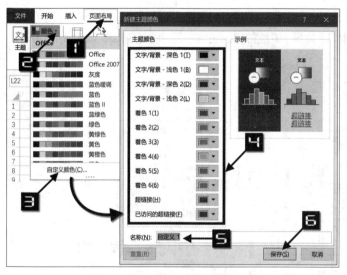

图 8-28　自定义主题颜色

提示 → 更改后的主题颜色仅在当前工作簿中有效，不会影响其他工作簿的主题颜色。

创建自定义主题字体的步骤与之类似，不再赘述。

如需保存当前主题，可以依次单击【页面布局】→【主题】下拉按钮，在展开的下拉列表中单击【保存当前主题】命令，打开【保存当前主题】对话框。保持默认的保存位置不变，对主题文件命名后单击【保存】按钮，如图 8-29 所示。

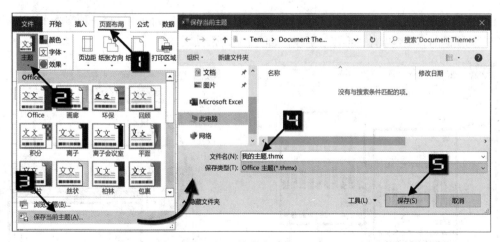

图 8-29　保存当前主题

自定义文档主题保存后，会自动添加到自定义主题列表中。如需删除自定义主题，可鼠标右击该主题，

在快捷菜单中选择【删除】命令，如图 8-30 所示。删除自定义主题后，应用了该主题的单元格数字格式
自动转换为"常规"。

图 8-30　自定义主题

提示　→　在不同主题的工作簿之间复制数据时，填充颜色、字体颜色及图表配色都有可能发生改变。

8.5　清除格式

如需清除单元格或区域中的格式与样式，可以先选中目标区域，然后依次单击【开始】→【清除】下
拉按钮，在下拉菜单中选择【清除格式】选项。清除格式后，单元格格式恢复到 Excel 默认状态，数字格
式恢复为常规，如图 8-31 所示。

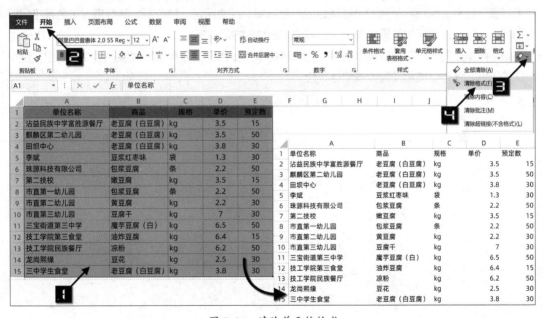

图 8-31　清除单元格格式

8.6　数据表格美化

一些专业的 Excel 表格，通常具有布局合理清晰、颜色和字体设置协调的特点，虽然数据较多但并
不会显得凌乱，如图 8-32 所示。

物品编号	房间/区域	物品/说明	构造/样式	序列号/ID 号	日期 已购买	购买地点	购买 价格	估算 当前价值
1	客厅	物品 1	制造商 1	33XCBH3	2022/4/1	联机	¥2,000.00	¥2,000.00
2	家庭办公室	物品 2	制造商 2	55-678B	2022/5/1	电脑商店	¥1,500.00	¥1,000.00
3	客厅	物品 3	制造商 3	7865SS-J3	2022/5/31	家具商店	¥560.00	¥550.00
4	餐厅	物品 4	制造商 4	768087	2022/6/30	联机	¥240.00	¥200.00
5	家庭活动室	物品 5	制造商 5	80-JBNR	2022/7/30	电脑商店	¥300.00	¥290.00
总计	库存项目: 5						¥4,600.00	¥4,040.00

图 8-32　布局清晰的 Excel 表格

美化设置的要素主要包括以下几个方面。

❖ 清除主要数据区域之外的填充颜色、边框等单元格格式，然后在【视图】选项卡下取消选中【网格线】复选框。

❖ 如果表格中有公式产生的错误值，可以使用 IFERROR 函数进行屏蔽，或是将错误值手工删除。

❖ 将数字格式设置为无货币符号的"会计专用"格式，能够将单元格中的零值显示成短横线。

❖ 在字体的选择上，首先要考虑表格的用途。在取得字体商用授权的前提下，商务类表格推荐使用等线或是 Arial Unicode MS 等字体，同时应考虑不同字段的字号大小是否协调。

❖ 在设置颜色时，同一张表格内应注意尽量不要使用过多或是过于鲜艳的颜色。如果要选用多种颜色，可以在一些专业配色网站搜索选择适合的配色方案。或使用同一种色系，然后搭配该色系不同深浅的颜色，既可实现视觉效果的统一，也可体现出数据的层次感。

❖ 借助不同粗细的单元格边框线条或是不同深浅的填充颜色来区分数据的层级，边框颜色除了使用默认的黑色，还可以使用浅蓝、浅绿等颜色。

第9章 创建和使用模板

模板是预先定义好的工作表或工作簿方案，方案中包含了颜色、字体、效果、计算模型等。如果经常需要创建一些具有特定样式或功能的工作簿，如销售报表、生产计划表等，可以将现有的文件另存为模板，在需要时根据模板创建出新工作簿，从而提高工作效率。本章主要介绍创建和使用模板的方法。

本章学习要点

（1）创建自定义模板。　　　　　　　　（3）模板文件夹。

（2）使用Excel内置和联机模板。　　　　（4）更改默认工作簿及工作表模板。

9.1 创建并使用自定义模板

Excel模板文件的扩展名包括".xltx"和".xltm"两种，前者不包含宏代码，后者可以包含宏代码。本章提到的"模板"，在没有特殊说明的前提下均指的是".xltx"文件。

首先新建一个工作簿，对字体、字号、填充颜色、边框及行高列宽等项目进行个性化设置。完成设置之后按<F12>键，在弹出的【另存为】对话框中单击【保存类型】下拉按钮，在下拉列表中选择"Excel模板（.xltx）"类型，此时Excel会自动选择模板的默认保存位置。编辑文件名为"我的第一个模板"，单击【保存】按钮，如图9-1所示。

如需使用自定义模板创建新工作簿，可以先新建一个Excel工作簿，再依次单击【文件】→【新建】命令，在右侧的【新建】窗口中切换到【个人】选项卡，单击模板的缩略图，即可创建一个基于该模板的新工作簿，如图9-2所示。在此工作簿中进行的操作不会影响已有的模板文件。

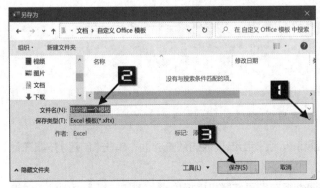

图 9-1　将模板文件保存到默认位置

图 9-2　个人模板

在模板文件夹中允许同时存放多个模板文件，用户可以根据不同的工作需求选用对应的自定义模板。

提示━■■■→ 如果将自定义模板文件保存在 Excel 默认模板文件夹之外的其他位置，个人模板将不会出现在【新建】窗口中，需要在"资源管理器"中双击模板文件，才能够根据该模板文件新建工作簿。

9.2 模板文件夹

如果将模板文件保存到 Excel 的默认模板文件夹，该模板将出现在【新建】窗口的模板列表中，只需在列表中单击，即可根据模板创建新工作簿。

默认的系统模板文件夹路径为：C:\Program Files\Microsoft Office\Root\Templates\。

默认的个人模板保存路径为：当前用户"我的文档"中的"自定义 Office 模板"文件夹。

9.3 使用模板创建工作簿

Excel 为用户提供了大量模板文件，其中一部分随安装程序被保存到模板文件夹中，在 Excel【新建】窗口中还有一些需要联机使用的模板供用户选择，如图 9-3 所示。

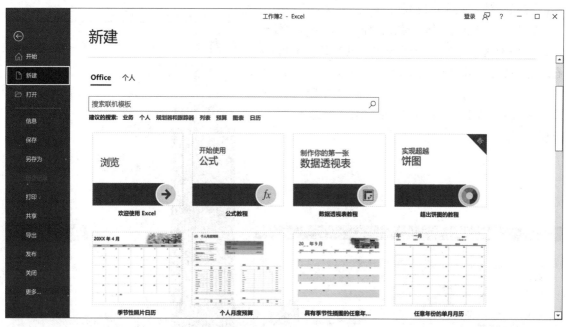

图 9-3 可用模板列表

单击其中一个模板缩略图，如"个人月度预算"，会弹出该模板的预览界面，单击【创建】按钮在计算机正常联网的前提下即可下载并使用该模板，如图 9-4 所示。

除了列表中显示的模板项目，还可以通过搜索框获取更多联机模板内容。例如在搜索框中输入关键字"销售"，然后单击【开始搜索】按钮，Excel 会显示与之有关的更多模板选项，如图 9-5 所示。

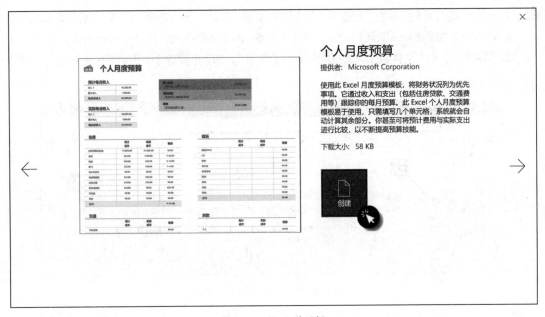

图 9-4　使用联机模板

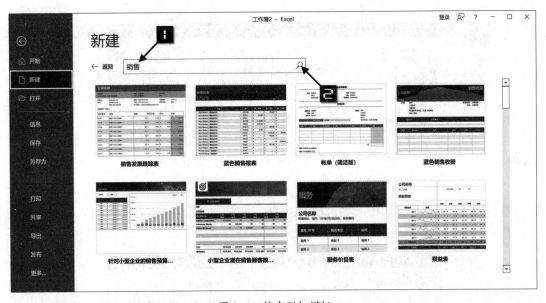

图 9-5　搜索联机模板

9.4　更改默认工作簿模板

　　Excel在新建工作簿时会有一些默认设置，这些默认设置并不存在于实际的模板文件中，如果Excel在启动时没有检测到模板文件"工作簿.xltx"，就会使用这些默认设置。用户只要创建或修改模板文件"工作簿.xltx"，就可以对这些设置进行自定义的修改，操作步骤如下。

步骤① 新建一个空白工作簿，对字体、字号、填充颜色、边框及行高列宽等项目进行个性化设置。

步骤② 按 <F12> 键打开【另存为】对话框，在【保存类型】下拉列表中选择 "Excel模板" 类型，然后将保存位置定位到Excel默认启动文件夹 "C:\Users\用户名\AppData\Roaming\Microsoft\Excel\XLSTART"，在【文件名】编辑框中输入 "工作簿"，单击【保存】按钮完成模板保存，如图 9-6 所示。

图 9-6　保存Excel模板文件

AppData文件夹默认为隐藏状态，在文件资源管理器【查看】选项卡下选中【隐藏的项目】复选框，可显示隐藏的项目，如图 9-7 所示。

图 9-7　文件资源管理器

提示

　　简体中文版Excel默认工作簿模板文件名为 "工作簿.xltx."，英文版Excel默认工作簿模板文件名为 "book.xltx"。

步骤③ 在【Excel选项】对话框中切换到【常规】选项卡，取消选中【此应用程序启动时显示开始屏幕】复选框，单击【确定】按钮，如图 9-8 所示。

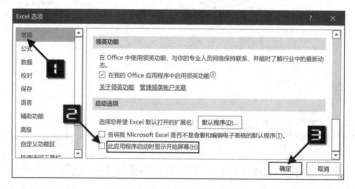

图 9-8　【Excel选项】对话框

　　完成以上设置后，在Excel窗口中按 <Ctrl+N> 组合键，或重新启动Excel程序，即可基于此模板生成新的工作簿。

工作簿模板中可自定义的项目包括工作表数目、工作表名称、标签颜色、排列顺序，自定义数字格式、字体、对齐方式、字号大小、行高和列宽，打印区域、页眉页脚、页边距等打印设置，以及【Excel 选项】对话框中【高级】选项卡下的部分设置，如显示网格线、显示工作表标签、显示行和列标题、显示分页符等。除此之外，还可以在模板中加入数据、公式链接、图形控件等内容。

在 Excel 启动文件夹中删除模板文件，此后新建的工作簿会自动恢复到默认状态。

9.5　更改默认工作表模板

在工作簿中新建工作表时，Excel 会使用默认设置来配置新建工作表的样式。通过创建工作表模板，可以替换原有的默认设置。

设置默认工作表模板的操作步骤与设置工作簿模板的操作步骤基本相同，唯一区别是文件名需要保存为"Sheet.xltx"。

 需要制作为工作表模板的工作簿建议只保留 1 张工作表，以避免在应用此模板创建新工作表时同时生成多张工作表。

对工作表模板进行的自定义设置的项目与工作簿模板中的项目类似，在【Excel 选项】对话框的【高级】选项卡，【此工作表的显示选项】中的各个选项都可以成为工作表模板的设置内容，如图 9-9 所示。

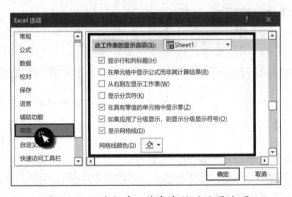

图 9-9　只对当前工作表有效的设置选项

如果在 Excel 启动文件夹中删除"Sheet.xltx"文件，新建工作表会恢复到默认状态。

第 10 章　链接和超链接

链接是指引用其他工作簿中的单元格来获取数据，超链接则是在 Excel 工作簿内的不同位置或是工作簿以外的其他对象之间实现跳转，比如其他文件或某个网页等。本章将介绍链接和超链接的使用方法。

> **本章学习要点**
>
> （1）链接的建立和编辑。　　　　　　　（2）超链接的创建、编辑和删除。

10.1　链接

链接包括在以下位置中使用的外部引用：单元格中的公式、定义的名称、形状对象、图表标题及图表数据系列等。

10.1.1　引用外部数据的公式结构

在公式中允许引用其他工作簿中的单元格内容，但是如果移动了被引用工作簿的存放位置，或者被引用的工作簿重新命名，都会使公式无法正常运算。另外，SUMIF、COUNTIF、INDIRECT、OFFSET 等函数，在引用其他工作簿数据时，如果被引用的源工作簿未处于打开状态，会返回错误值。

当公式引用其他工作簿中的数据时，其标准结构为：

```
=' 文件路径 \ [ 工作簿名 .xlsx] 工作表名 '! 单元格地址
```

工作簿名称的外侧要使用成对的半角中括号 " [ ] "，工作表名后要加半角感叹号 " ! "。

> **提示**
> ■■■■➡
>
> 为了便于数据的维护和管理，应尽量避免在公式中引用其他工作簿的数据，可以将多个工作簿合并成同一个工作簿，以不同工作表的形式进行引用。

⮌ I　被引用工作簿处于关闭状态下的外部引用公式

当公式引用其他未打开的工作簿中的单元格时，要在引用中添加完整的文件路径。例如，以下公式表示对 C 盘根目录下 "示例" 工作簿中 Sheet1 工作表 E7 单元格的引用：

```
='C:\[ 示例 .xlsx]Sheet1''!$E$7
```

⮌ II　被引用工作簿处于打开状态下的外部引用公式

如果引用了其他已打开的工作簿中的单元格，公式会自动省略路径。如果工作簿和工作表名称中不包含空格等特殊字符，还会自动省略外侧的单引号，使公式成为简化结构：

```
=[ 示例 .xlsx]Sheet1!$E$7
```

源工作簿关闭后，外部引用公式自动添加文件路径，变为标准结构。

10.1.2　常用建立链接的方法

⮌ I　鼠标指向引用单元格

如果文件路径较为复杂，手工输入时容易导致错误。可以用鼠标指向被引用文件工作表中单元格的方法来建立外部引用链接。操作步骤如下。

步骤① 打开要从中引用数据的源工作簿。

步骤② 在需要输入公式的单元格中先输入等号"＝"，再使用鼠标选取源工作簿中要引用的单元格或单元格区域，按<Enter>键确认。

采用此方法时，单元格地址默认为绝对引用，可以根据实际需要，按<F4>功能键切换不同的引用方式。

⊃ Ⅱ　粘贴链接

除了使用鼠标选取之外，还可以通过选择性粘贴来创建外部引用链接的公式。采用这种方法，同样要求源工作簿处于打开状态。具体步骤如下。

步骤① 在源工作簿中选中要引用的单元格，按<Ctrl+C>组合键复制。

步骤② 鼠标右击需要存放链接的单元格，在弹出的快捷菜单中单击【粘贴链接】按钮 。

⊃ Ⅲ　生成链接的其他操作

以下操作也会生成对其他工作簿的链接。

（1）在定义名称的公式中引用了其他工作簿的数据。

（2）将当前工作簿中的图表、数据透视表，或者将带有图表、数据透视表的工作表移动到其他工作簿。

10.1.3　编辑链接和断开链接

⊃ Ⅰ　设置工作簿启动提示方式

当首次打开包含外部引用链接的工作簿，而源工作簿并未打开时，Excel会弹出如图10-1所示的安全警告对话框，单击【启用内容】按钮可启用自动更新链接。

之后再次打开包含外部引用链接的工作簿时，将出现如图10-2所示的提示对话框。可以单击【更新】或【不更新】按钮来选择是否更新链接。如果被引用的工作簿不存在或移动了位置，单击【更新】按钮时会出现警告提示对话框。如果单击【继续】按钮，则保持现有链接不变。

图 10-1　Excel安全警告

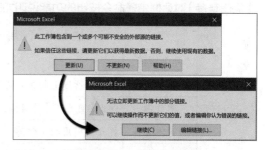

图 10-2　Excel提示对话框

如果单击【编辑链接】按钮，将打开【编辑链接】对话框。在【编辑链接】对话框中可以对现有链接进行编辑，也可以设置打开当前工作簿的【启动提示】方式，如图10-3所示。

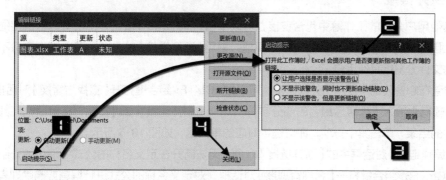

图 10-3　打开【启动提示】对话框

在【启动提示】对话框中，包括【让用户选择是否显示该警告】【不显示该警告，同时也不更新自动链接】【不显示该警告，但是更新链接】三个选项。如果选中【让用户选择是否显示该警告】单选按钮，则在打开含有该链接的工作簿时，弹出警告提示对话框，提示用户进行相应的选择操作。选择其他两项时，再次打开目标工作簿将不会弹出警告提示。

⊃ Ⅱ **编辑链接**

如需编辑链接，可以在【数据】选项卡单击【编辑链接】按钮，打开【编辑链接】对话框，如图 10-4 所示。

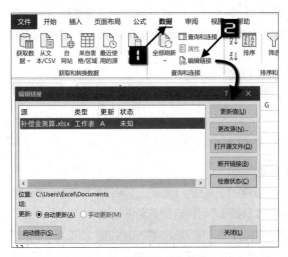

图 10-4　打开【编辑链接】对话框

【编辑链接】对话框中各命令按钮的功能说明如表 10-1 所示。

表 10-1　【编辑链接】对话框命令

命令按钮	功能说明
更新值	按用户所选定的工作簿作为新的数据源
更改源	弹出【更改源】对话框，重新选择其他工作簿作为数据源
打开源文件	打开被引用的工作簿
断开链接	断开与被引用工作簿的链接，并将包含链接的公式转换为值
检查状态	检查所有被引用的工作簿是否可用，以及链接是否已更新

10.1.4　断开链接

如果其他用户分发的工作簿中包含链接，可以单击【断开链接】按钮，将所有包含链接的公式转换为值，防止因源文件不存在造成数据丢失。同理，采用"断开链接"的方式，可以制作一份不包含外部链接的数据文件分发给其他用户。

如需检查在哪些公式中使用了外部链接，可以按<Ctrl+F>组合键打开【查找与替换】对话框，在【查找内容】编辑框中输入工作簿后缀名的部分字符".xl"，单击【查找全部】按钮，在对话框底部将显示全部符合条件的结果，单击其中一项，即可选中对应的单元格，如图 10-5 所示。

使用【编辑链接】对话框中的【断开链接】命令，无法断开在定义名称的公式中使用的外部链接。此时可以按<Ctrl+F3>组合键打开【名称管理器】对话框，对定义名称的公式进行编辑或删除现有名称，如

图 10-6 所示。

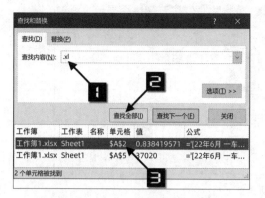

图 10-5　【查找和替换】对话框

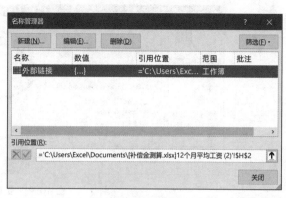

图 10-6　名称管理器

如需检查在哪些形状对象中使用了外部链接，可以单击任意一个对象，然后按 <Tab> 键在各个对象之间移动，同时观察编辑栏中是否有包含引用其他工作簿的公式，如图 10-7 所示。

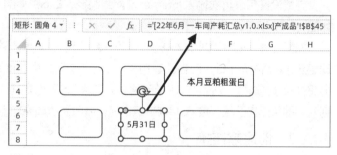

图 10-7　检查形状对象中的外部链接

10.2　超链接

浏览网页时，如果单击某些文字或图片就会跳转到另一个网页，这种跳转方式称为"超链接（Hyperlink）"。在 Excel 中可以利用单元格、图片及图形对象来创建具有跳转功能的超链接。

10.2.1　自动产生的超链接

对于用户输入的 URL（网址）和电子邮件地址，Excel 会自动进行识别并将其替换为超链接文本。例如，在工作表中输入电子邮件地址"123456@163.com"，按 <Enter> 键确认后，Excel 会自动转换为超链接文本，如图 10-8 所示。单击此文本，将会打开当前系统默认的电子邮件程序，并创建一封收件人为该邮箱的新邮件。

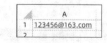

图 10-8　自动产生的超链接

在批量输入此类数据时，为了避免因误操作而触发超链接，可以暂时关闭自动转换功能，操作步骤如下。

步骤① 依次单击【文件】→【选项】，打开【Excel 选项】对话框。

步骤② 切换到【校对】选项卡，单击【自动更正选项】按钮，打开【自动更正】对话框。

步骤③ 在【自动更正】对话框中切换到【键入时自动套用格式】选项卡，取消选中【Internet 及网络路径替换为超链接】复选框，单击【确定】按钮返回【Excel 选项】对话框，再次单击【确定】按钮关闭对话框，如图 10-9 所示。

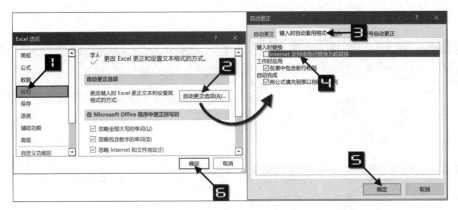

图 10-9　自动更正选项

完成设置后，再次输入 Internet 及网络路径，Excel 则会以常规格式进行存储，如图 10-10 所示。

	A
1	123456@163.com
2	78901@163.com
3	

图 10-10　常规格式的邮件地址

如需批量将邮件地址文本转换为超链接，可以先参考步骤①至步骤③，在【自动更正】对话框的【键入时自动套用格式】选项卡下选中【Internet 及网络路径替换为超链接】复选框。然后在 B1 单元格输入和 A1 单元格相同的邮箱地址，再根据 A 列的数据行数选中 B 列对应的单元格区域，按 <Ctrl+E> 组合键，借助快速填充功能得到带有超链接的内容。

10.2.2　创建超链接

用户可以根据需要在工作表中创建不同跳转目标的超链接。利用 Excel 的超链接功能，不但可以链接到当前工作簿中的任意单元格或区域，也可以链接到其他文件及电子邮件地址或网页等。

⊃ I　创建指向网页的超链接

如果要创建指向网页的超链接，操作步骤如下。

步骤①　选中需要存放超链接的单元格，如 A3 单元格，依次单击【插入】→【链接】按钮，打开【插入超链接】对话框。

步骤②　在左侧链接位置列表中选择【现有文件或网页】选项。在【要显示的文字】编辑框中输入需要在屏幕上显示的文字，如"VBA代码宝"。在【地址】编辑框中输入网址，如 https://vbahelper.excel-home.net/，单击【确定】按钮关闭对话框。如图 10-11 所示。

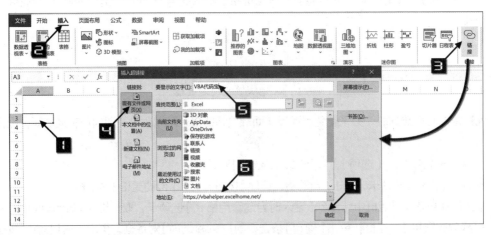

图 10-11　创建指向网页的超链接

设置完成后，将光标移动到超链接处，指针自动变成手形，单击该超链接，Excel 会启动计算机上的默认浏览器打开目标网址，如图 10-12 所示。

图 10-12　使用超链接打开指定网页

⊃ II　创建指向当前文件某个位置的超链接

如果要创建指向现有文件的超链接，可以按以下步骤操作。

步骤① 选中需要存放超链接的单元格，如 A4 单元格，依次单击【插入】→【链接】按钮，或是按 <Ctrl+K> 组合键打开【插入超链接】对话框。

步骤② 在左侧链接位置列表中选择【本文档中的位置】选项。在【要显示的文字】编辑框中输入要显示的文字，如"现金流量表"。

步骤③ 在【请键入单元格引用】编辑框中输入单元格地址，如"C3"，在【或在此文档中选择一个位置】中选择要跳转的工作表，如"现金流量表"。单击【确定】按钮，如图 10-13 所示。

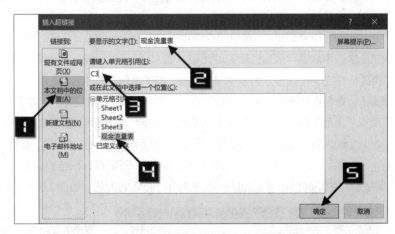

图 10-13　创建指向现有文件的超链接

设置完成后，A4 单元格中显示为"现金流量表"，单击单元格中的超链接，即可跳转到指定位置。

⊃ III　创建指向新文件的超链接

创建超链接时，如果待跳转的文件尚未建立，Excel 允许用户创建指向新文件的超链接，操作步骤如下。

步骤① 选中需要存放超链接的单元格，如 A1 单元格，鼠标右击，在弹出的快捷菜单中单击【链接】命令，打开【插入超链接】对话框。

步骤② 在左侧链接位置列表中选择【新建文档】选项。

步骤③ 在【何时编辑】区域包括【以后再编辑新文档】和【开始编辑新文档】两个单选按钮。如果选中【以后再编辑新文档】单选按钮，创建超链接后将自动在指定位置新建一个指定类型的文档。如果选中【开始编辑新文档】，创建超链接后将自动在指定位置新建一个指定类型的文档，并自动打开等待用户编辑。

本例选中【开始编辑新文档】单选按钮，然后单击右侧的【更改】按钮，弹出【新建文档】对话框，如图 10-14 所示。

步骤④ 在弹出的【新建文档】对话框中先指定存放新建文档的路径，然后在【保存类型】的下拉列表中选择指定的格式类型，如"Office 文件"。在【文件名】编辑框中输入新建文档名称和后缀名，如"工作簿 2.xlsx"，单击【确定】按钮返回【插入超链接】对话框，再次单击【确定】按钮完成操作，如图 10-15 所示。

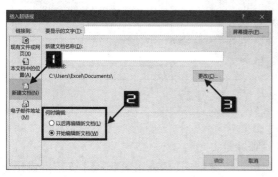

图 10-14　创建指向新建文档的超链接

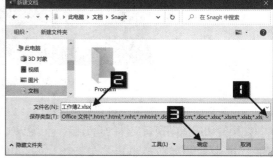

图 10-15　新建文档

操作完成后，在 A1 单元格会插入超链接，并且自动打开"工作簿 2.xlsx"。

⊃ Ⅳ　创建指向电子邮件的超链接

创建指向电子邮件的超链接操作步骤如下。

步骤① 选中需要存放超链接的单元格，如 A2 单元格，按 <Ctrl+K> 组合键打开【插入超链接】对话框。

步骤② 在左侧链接位置列表中单击选择【电子邮件地址】选项。

步骤③ 在【要显示的文字】编辑框中输入文字，如"测试邮件"。在【电子邮件地址】编辑框中输入收件人电子邮件地址，如 123456@163.com，Excel 会自动加上前缀"mailto:"。在【主题】编辑框中输入电子邮件的主题，如"测试"。最后单击【确定】按钮，如图 10-16 所示。

设置完成后，单击 A2 单元格中的超链接，即可打开系统默认的邮件程序，进入邮件编辑状态。如果是初次使用邮件程序，会提示用户先进行必要的设置，如图 10-17 所示。

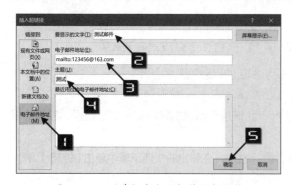

图 10-16　创建指向电子邮件的超链接

图 10-17　打开系统默认的邮件程序

⊃ V 使用 HYPERLINK 函数批量创建超链接

如需在多个单元格中快速创建超链接，可以使用 HYPERLINK 函数完成。函数语法如下：

```
HYPERLINK(link_location,[friendly_name])
```

参数 link_location 是要打开的文档的路径和文件名。可以指向 Excel 工作表中特定的单元格或命名区域，或是指向 Microsoft Word 文档中的书签；也可以是 UNC 路径或是 URL 路径，或者是存储在硬盘驱动器上的文件。支持使用在 Excel 中定义的名称，但相应的名称前必须加上前缀"#"号，如：#DATA、#Name。对于当前工作簿中其他工作表的链接地址，允许使用前缀"#"号来代替工作簿名称。

参数 [friendly_name] 可选，表示单元格中要显示的内容。如果省略该参数，单元格中将显示参数 link_location 的内容。

示例10-1 创建有超链接的工作表目录

如图 10-18 所示，是企业所得税年度纳税申报表的部分表单内容，为了方便查看数据，要求在目录工作表中创建指向各工作表的超链接。

B2 单元格使用以下公式，向下复制到 B5 单元格。

```
=HYPERLINK("#"&A2&"!A1",A2)
```

公式中""#"&A2&"!A1""部分用于指定链接跳转的具体单元格位置，各个字符串连接后，得到待链接的工作表名称和单元格地址""#资产负债表!A1""，公式中用#号代替当前工作簿的名称。参数 [friendly_name] 指定为 A2，表示在 B2 单元格建立超链接后显示为 A2 单元格中的文字。

图 10-18　为工作表名称添加超链接

设置完成后，单击单元格中的超链接，即跳转到相应工作表的 A1 单元格。

10.2.3　编辑和删除超链接

⊃ I 选中带有超链接的单元格

如果需要只选中包含超链接的单元格而不触发跳转，可以单击该单元格的同时按住鼠标左键保持 2 秒，待光标指针变为空心十字型时释放鼠标左键。

⊃ II 编辑超链接

编辑现有超链接的操作步骤如下。

鼠标右击带有超链接的单元格，在弹出的快捷菜单中单击【编辑超链接】命令，也可以选中带有超链接的单元格，依次单击【插入】→【链接】命令，或是按 <Ctrl+K> 组合键，打开【编辑超链接】对话框，在对话框中更改链接位置或是显示的文字内容，设置完成后单击【确定】按钮即可，如图 10-19 所示。

图 10-19　编辑超链接

⊃ III 删除超链接

如果需要删除单元格中的超链接，仅保留显示的文字，可以使用以下几种方法完成。

方法 1：选中包含超链接的单元格区域，鼠标右击，在弹出的快捷菜单中单击【删除超链接】命令。

方法 2：选中包含超链接的单元格区域，按 <Ctrl+K> 组合键打开【编辑超链接】对话框，单击对话框右下方的【删除链接】命令，最后单击【确定】按钮关闭对话框。

方法 3：选中包含超链接的单元格区域，在【开始】选项卡单击【清除】下拉按钮，在下拉菜单中单击【删除超链接】命令，如图 10-20 所示。

在【清除】下拉菜单中还包括【清除超链接(不含格式)】命令，使用该命令功能时，只清除单元格中的超链接而不会清除超链接的格式，同时在屏幕上会出现【清除超链接选项】按钮，方便用户进一步选择，如图 10-21 所示。

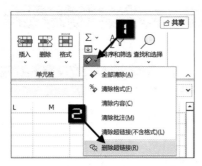

图 10-20　使用功能区命令删除超链接

图 10-21　清除超链接选项

第 11 章　打印文件

本章主要介绍Excel文档的页面设置及打印选项调整等相关内容。通过本章的学习，读者能够掌握打印输出的设置方法，在满足显示要求的前提下，使打印输出的文档版式更加美观。

本章学习要点

（1）设置打印区域。

（2）调整页面设置。

（3）打印预览。

11.1　页面设置

页面设置主要包括纸张大小、纸张方向、页边距和页眉页脚等。Excel默认的纸张大小为"A4"，默认纸张方向为"纵向"，默认页边距为"常规"。通常情况下，如果Excel表格需要打印输出，在录入数据之前需要先对页面进行必要的设置，以免在数据录入后因为调整页面设置而影响表格整体结构。

11.1.1　常用页面设置选项

【页面布局】选项卡，包括【页面设置】【调整为合适大小】及【工作表选项】三组与页面设置有关的命令，如图 11-1 所示。

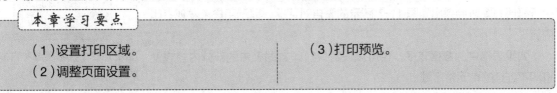

图 11-1　页面布局选项卡

➲ ┃　纸张设置

单击【页面设置】命令组中的【页边距】下拉按钮，下拉菜单中包括内置的常规、宽、窄三种选项，并且会保留用户最近一次的自定义页边距设置。

单击【纸张方向】下拉按钮，在下拉菜单中可以选择纸张的方向。如果数据表的列数较多，可以在此选择纸张方向为纵向。

单击【纸张大小】下拉按钮，在下拉菜单中可以选择不同类型的纸张大小，如图 11-2 所示。

图 11-2　常用页面设置选项

提示 →

　　纸张大小的可选类型由系统安装的打印机驱动决定，如果纸张大小的可选类型较少，可以尝试安装虚拟打印机驱动。

○ II　打印区域

　　用户在 Excel 中执行打印命令时，默认情况下只会打印有文字、边框及填充颜色或是图形对象等可见内容的单元格，如果工作表中不包含可见内容，执行打印命令时会弹出如图 11-7 所示的警告对话框，提示用户未发现打印内容。

图 11-3　找不到打印内容

　　如果表格中的数据较多，也可以设置只打印数据表中的部分内容或是打印不连续的单元格区域。

　　如需将不连续的单元格区域设置为打印区域，可按住 <Ctrl> 键拖动鼠标选取需要打印的单元格区域，在【页面布局】选项卡单击【打印区域】下拉按钮，在下拉菜单中选择【设置打印区域】选项即可，如图 11-4 所示。

提示 →

　　打印时各个单元格区域会分别打印在不同的纸张上。

　　设置完打印区域后，不同区域用浅灰色线条进行区分，用户可以根据需要再次选择其他单元格区域添加到打印区域，如图 11-5 所示。

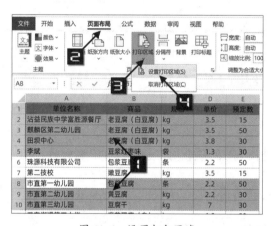

图 11-4　设置打印区域

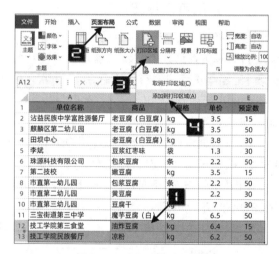

图 11-5　添加到打印区域

○ III　插入分页符

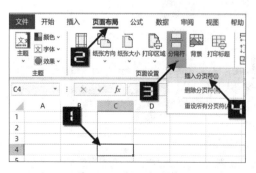

图 11-6　插入分页符

　　分页符是能够将工作表中的内容拆分为单独页面进行打印的分隔符号。Excel 会根据纸张大小、页边距设置、缩放选项来插入自动分页符。如需按所需的页数打印工作表，可以在打印工作表之前手工插入分页符。

　　单击要插入分页符的单元格，如 C4 单元格，在【页面布局】选项卡单击【分隔符】下拉按钮，在下拉列表中选择【插入分页符】选项，即可在活动单元格的上一行和左侧分别插入一个分页符，如图 11-6 所示。

如果单击行号或列标选中一行或一列，再插入分页符时，则仅在行或列方向插入一个分页符。

插入分页符之后，还可以通过【分隔符】下拉菜单中的【删除分页符】和【重设所有分页符】命令删除一个或多个手工插入的分页符。

⊃ IV　调整为合适大小

在【调整为合适大小】命令组中，通过调整【高度】和【宽度】右侧的微调按钮，能够通过设置缩放页数来改变打印比例，在设置缩放页数时只能缩小而不能放大打印比例。

通过调整【缩放比例】右侧的微调按钮或是手工输入缩放比例，能够调整打印的缩放比例，可调整范围为 10%~400%，如图 11-7 所示。

图 11-7　调整为合适大小

⊃ V　背景

单击【页面布局】选项卡下的【背景】命令按钮，可以在当前工作表中插入背景图片。插入的背景图片属于非打印内容，如需打印背景图片，可以通过在页眉中插入图片的方法实现。页眉页脚的有关内容，请参考 11.1.4。

⊃ VI　工作表选项

在【页面布局】选项卡下的【工作表选项】命令组中，包括【网格线】和【标题】两组显示及打印选项。"网格线"是用于间隔单元格的灰色线条，"标题"指的是工作表的行号列标。用户可以通过是否选中复选框，来开启或是关闭两个项目的显示和打印选项，如图 11-8 所示。

图 11-8　工作表选项

11.1.2　【页面设置】对话框

在【页面布局】选项卡，单击【页面设置】【调整为合适大小】和【工作表选项】命令组右下角的对话框启动器按钮，或者单击【打印标题】命令按钮都可以打开【页面设置】对话框，对页面进行更加详细的设置，如图 11-9 所示。

【页面设置】对话框包括【页面】【页边距】【页眉/页脚】和【工作表】四个选项卡。

在【页面】选项卡下，用户可以对纸张方向、缩放比例及纸张大小和打印质量进行自定义设置。如果在【打印质量】下拉菜单中选择较高的打印质量选项，如"360×180 点/英寸"，在支持高分辨率打印的打印机中能够显示更多的细节，但打印时间可能会更长。

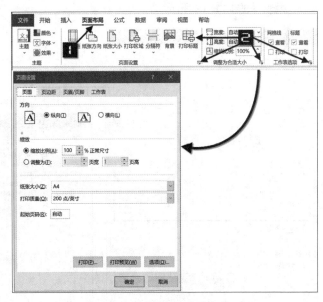

图 11-9　启动【页面设置】对话框

【起始页码】默认为"自动"，在页眉页脚中插入页码时，页码编号从 1 开始。也可以手工输入起始页码的编号。

11.1.3 设置页边距

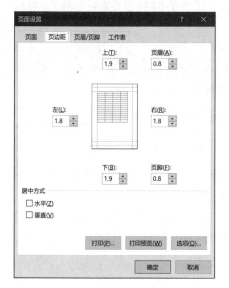

图 11-10　设置页边距

切换到【页面设置】对话框的【页边距】选项卡，能够在上、下、左、右四个方向设置打印区域与纸张边缘的距离，如图 11-10 所示。

在【页眉】文本框或【页脚】文本框中输入数字或是调整其右侧的微调按钮，能够调整标题和页面顶部之间的距离及页脚和页面底部之间的距离。页眉页脚的距离应小于页边距，以避免页眉或页脚与数据重叠。

选中【居中方式】下的【水平】和【垂直】两个复选框，能够使打印内容在纸张上居中显示。设置完成后，在对话框中间的矩形区域内将以灰色虚线的形式显示打印内容在纸张上所处位置和对齐效果。

11.1.4 设置页眉页脚

页眉页脚是指打印在纸张顶部或底部的固定内容的文字或图片，如表格标题、页码、时间及公司 logo 图案等内容。

切换到【页面设置】对话框的【页眉/页脚】选项卡，能够对打印输出时的页眉页脚进行自定义设置，如图 11-11 所示。

【页眉/页脚】选项卡包括以下几个选项。

❖ 页眉、页脚：单击"页眉"或"页脚"下拉按钮，在下拉菜单中能够选择内置的页眉页脚效果。单击【自定义页眉】或【自定义页脚】按钮，在弹出的【页眉】或【页脚】对话框中可以创建自定义的页眉页脚，如图 11-12 所示。

图 11-11　设置页眉 / 页脚

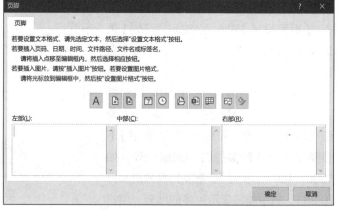

图 11-12　【页眉】和【页脚】对话框

❖ 奇偶页不同：选中【奇偶页不同】复选框，能够指定奇数页与偶数页使用不同的页眉和页脚。

❖ 首页不同：选中【首页不同】复选框，能够为打印首页单独设置页眉和页脚。如果选中此复选框，再单击【自定义页眉】或【自定义页脚】按钮，在弹出的【页眉】或【页脚】对话框中将会出现【首页页眉】或【首页页脚】选项卡，用户可在此添加要显示在首页的页眉或页脚信息。

❖ 随文档自动缩放：此选项为默认选中状态，如果文档打印时调整了缩放比例，则页眉和页脚的字号也相应进行缩放。取消选中此复选框，能够使页眉或页脚的字号及缩放比例独立于工作表的缩放比例。

❖ 与页边距对齐：此复选框默认为选中状态，能够使页眉或页脚的边距与工作表的左右边距对齐。

在【页眉】和【页脚】对话框中单击【左部】【中部】【右部】三个编辑框中的任意一个，然后再单击编辑框上部的命令按钮，即可添加不同的页眉页脚元素。各个命令按钮的作用如表 11-1 所示。

表 11-1　页眉对话框中各按钮作用说明

按钮名称	单击该按钮时
格式文本	打开【字体】对话框，用来设置页眉中插入文字的字体格式
插入页码	插入代码"&[页码]"，打印时显示当前页的页码
插入页数	插入代码"&[总页数]"，打印时显示文档包含的总页数
插入日期	插入代码"&[日期]"，显示打印时的系统日期
插入时间	插入代码"&[时间]"，显示打印时的系统时间
插入文件路径	插入代码"&[路径]&[文件]"，打印时显示当前工作簿的路径及工作簿名称
插入文件名	插入代码"&[文件]"，打印时显示当前工作簿名称
插入数据表名称	插入代码"&[标签名]"，打印时显示当前工作表名称
插入图片	打开【插入图片】对话框，可选择自定义的图片
设置图片格式	在插入图片后，单击此按钮可打开【设置图片格式】对话框，对插入的图片格式进行调整

提示 ▶ 不建议在页眉页脚中使用过多的元素，否则会使打印后的效果较为凌乱。

除了使用以上按钮插入内置的代码，还可以输入自定义的内容与内置代码结合使用，使页眉页脚内容显示能够符合日常习惯。例如，使用"共&[总页数]页 第&[页码]页"的代码组合，可以在打印时显示为类似"共 8 页 第 3 页"的样式。

如需删除已添加的页眉或页脚，可以在图 11-11 所示的对话框中，单击【页眉】或是【页脚】右侧的下拉按钮，在下拉菜单中选择【无】。或在【页眉】和【页脚】对话框中清除代码。

示例11-1　首页不显示页码

在部分多页文档中，第一页往往需要作为封面，实际打印时不需要显示页码。通过设置，能够使页码从第二页开始显示，并且依次显示为"第 1 页""第 2 页"……操作步骤如下。

步骤① 在【页面布局】选项卡，单击【页面设置】命令组右下角的对话框启动器按钮，打开【页面设置】对话框。

步骤② 切换到【页眉/页脚】选项卡，单击【自定义页脚】按钮打开【页脚】对话框。

步骤③ 单击【中部】编辑框，再单击【插入页码】按钮，将 Excel 自动插入的代码"&[页码]"修改为"第

&［页码］-1 页"，单击【确定】按钮返回【页面设置】对话框，如图 11-13 所示。

步骤④ 选中【首页不同】复选框，单击【确定】按钮关闭对话框，如图 11-14 所示。

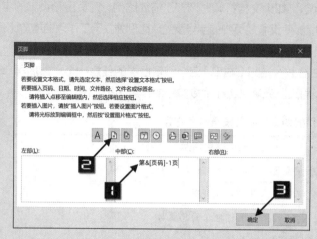

图 11-13　设置自定义页脚

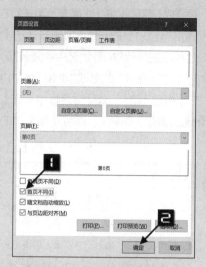

图 11-14　【页面设置】对话框

设置完成后，第一页将不显示页码，从第 2 页开始依次显示为"第 1 页""第 2 页"……

11.1.5　其他打印选项

在【页面设置】对话框的【工作表】选项卡，能够对来自工作表中的部分项目进行设置，如图 11-15 所示。

图 11-15　【工作表】选项卡

【工作表】选项卡各个选项的作用说明如表 11-2 所示。

表 11-2　【工作表】选项卡下各个选项的作用说明

选项	作用说明
打印区域	设置要打印的单元格区域
打印标题	在每一页上设置相同的列或行作为固定标题

续表

选项		作用说明
页面顺序		当打印多页内容时，可设置打印顺序为"先列后行"或"先行后列"
打印	网格线	指定是否将工作表中的默认网格线包括到打印输出中
	单色	选中此复选框，在使用彩色打印机打印时仅使用单色
	草稿品质	使用较低的打印质量进行更快的打印，字体颜色、填充颜色及图表图形对象、批注及网格线等元素在打印时都将被忽略
	行号列标	选中【行号列标】复选框，可在打印输出中包括这些标题
	注释	可选择单元格中的批注在打印输出中的显示位置，包括【工作表末尾】和【如同工作表中的显示】两个选项
	错误单元格打印为	可选择单元格中的错误值在打印输出中的显示方式。包括显示值、<空白>、--及 #N/A

示例11-2 多页文档打印相同字段标题

在打印内容较多的表格时，通过设置可以将标题行和标题列重复打印在每个页面上，使打印出的表格每页都有相同的标题行或是标题列。

图 11-16 所示，是某餐厅原材料采购表的部分内容，需要对其设置顶端标题行。

操作步骤如下。

步骤① 打开【页面设置】对话框，分别设置纸张大小和页边距。

步骤② 切换到【工作表】选项卡，单击【顶端标题行】右侧的折叠按钮，光标移动到第一行的行号位置，单击选中整行，然后单击【页面设置-顶端标题行：】折叠按钮返回【页面设置】对话框，最后单击【确定】按钮完成设置，如图 11-17 所示。

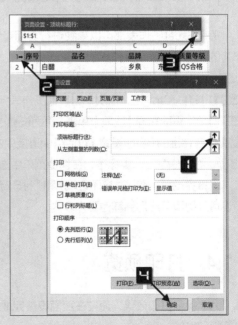

图 11-16　采购表

图 11-17　设置顶端标题行

11.2 工作表对象打印设置

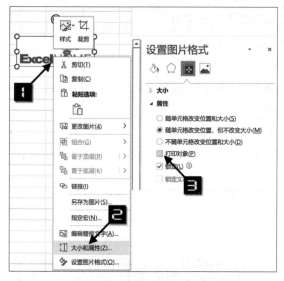

图 11-18 设置图片格式

除了设置工作表中的打印区域之外，也可以对工作表中的图形和控件等对象进行自定义打印输出。如果不希望打印工作表中的某个图片对象，可以通过修改对象属性实现。操作步骤如下。

步骤① 右击待处理的图片，在弹出的快捷菜单中选择【大小和属性】命令，弹出【设置图片格式】窗格，并自动切换到【大小和属性】选项卡。

步骤② 单击【属性】按钮，在展开的命令组中取消选中【打印对象】复选框，如图 11-18 所示。

以上菜单中的快捷菜单命令及窗格名称取决于所选定对象的类型。如果选定的对象是文本框，则右侧窗格会相应地显示为【设置形状格式】，但操作方法基本相同，对于其他对象的设置可参考以上对图片对象的设置方法。

如果要同时更改工作表中所有对象的打印属性，可以单击任意一个对象，再按<Ctrl+A>组合键即可选中工作表中的所有对象，最后对属性进行设置即可。

11.3 在工作表之间复制页面设置

每个 Excel 工作表都可以单独进行页面设置，如果需要将当前工作表的页面设置快速应用到当前工作簿的其他工作表，操作步骤如下。

步骤① 切换到已设置好的工作表。

步骤② 按住<Ctrl>键，依次单击其他工作表标签，选中多张工作表。

步骤③ 在【页面布局】选项卡单击【页面设置】命令组的对话框启动器按钮。

步骤④ 在弹出的【页面设置】对话框中直接单击【确定】按钮，关闭对话框。

步骤⑤ 右击任意工作表标签，在快捷菜单中选择【取消组合工作表】命令。

设置完成后，除了"打印区域"和"打印标题"及页眉页脚中的自定义图片，当前工作表中的其他页面设置规则即可应用到其他工作表内。

11.4 打印预览

为了保证打印效果，通常在页面设置完成后使用打印预览命令对打印效果进行预览，确认无误后再执行打印操作。

11.4.1　在快速访问工具栏中添加打印预览命令

单击【自定义快速访问工具栏】右侧的下拉按钮，在下拉菜单中选择【打印预览和打印】选项，将其添加到【自定义快速访问工具栏】以方便使用，如图 11-19 所示。

图 11-19　自定义快速访问工具栏

11.4.2　打印窗口中的设置选项

单击【自定义快速访问工具栏】中的【打印预览和打印】命令按钮，也可以依次单击【文件】→【打印】选项，或者按 <Ctrl+P> 组合键，打开打印预览窗口，在此窗口中可以对打印效果进行更多的设置，如图 11-20 所示。

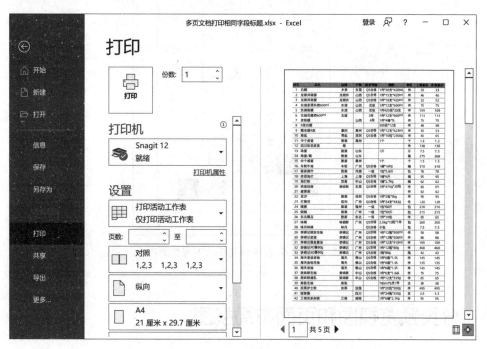

图 11-20　打印预览窗口

在打印预览窗口中，除了能够对纸张方向、纸张大小、页边距及缩放比例进行调整外，还包括以下选项。

❖ 份数：设置要打印的文档数量。

❖ 打印机：选择当前计算机已经安装的打印机。

❖ 打印活动工作表：选择打印工作表、打印整个工作簿或是当前选定区域。

❖ 页数：选择打印的页面范围。

❖ 调整：在打印多份文件时，可以选择打印顺序。默认为 "1,2,3" 类型的逐份打印，即打印一份完整文档后再依次打印下一份。

单击底部的【页面设置】按钮，能够打开【页面设置】对话框。

最后单击【打印】命令按钮，即可按照当前的设置进行打印。

> **提示** → 在打印选项窗口中打开【页面设置】对话框时，【工作表】选项卡下【打印标题】和【打印区域】有关的选项将无法使用。

11.4.3 在打印预览模式下调整页边距

单击打印预览窗口右下角的【显示边距】按钮，预览窗口会显示黑色方块形的调节柄和可调整的灰色线条。光标靠近调节柄或灰色线条，会自动变成双向箭头形状 ↔，按住左键拖动，即可对页边距进行粗略调整，如图 11-21 所示。

图 11-21　在打印预览模式下调整边距

11.5　分页预览视图和页面布局视图

11.5.1 分页预览视图

用户可以手动插入分页符，也可以更改或是删除工作表中已有的分页符位置。在【分页预览】视图下调整分页符，更便于查看所做的其他更改（如调整纸张方向和更改行高列宽等）对自动分页符的影响。

在【视图】选项卡下单击各个视图命令按钮，或者单击工作表右下角的视图切换按钮，都能够在不同视图之间切换，如图 11-22 所示。

图 11-22　切换工作簿视图

在分页预览视图模式下，窗口中会显示浅灰色的页码，这些页码只用于显示，并不会被实际打印输出。

分页符显示为蓝色线条，虚线表示是 Excel 自动添加的分页符，实线表示是页边距及用户手动添加的分页符。

单击鼠标右键，在快捷菜单中能够选择"插入分页符""设置打印区域"等与打印设置有关的命令选项，如图 11-23 所示。

提示 ➡️

如果插入的手动分页符不起作用，则可能是在【页面设置】对话框的【页面】选项卡中选择了【调整为】缩放选项。若要使用手动分页符，需要将缩放选项更改为【缩放比例】。

图 11-23　在分页预览视图模式下进行页面设置

将光标移动到手工插入分页符的上方，光标会变成双向箭头形状，按住鼠标左键进行拖动，可调整分页符的位置，如图 11-24 所示。

⑪章

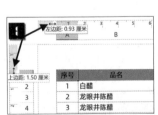

图 11-24　调整分页符位置

如需删除手工分页符，可鼠标右击插入分页符位置下方或右侧的单元格，在快捷菜单中选择【删除分页符】命令。用户只能删除手工插入的分页符，而不能删除自动分页符。

鼠标右击任意单元格，在快捷菜单中选择【重设所有分页符】命令选项，则可将当前工作表中手工插入的分页符全部删除。

11.5.2　页面布局视图

在页面布局视图模式下，可以通过拖动顶端及左侧的标尺快速调整页边距，如图 11-25 所示。

单击工作表顶端的页眉区域，会自动激活【页眉和页脚】选项卡，在此选项卡下能够快速添加或编辑页眉和页脚元素，如图 11-26 所示。

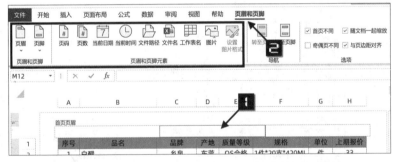

图 11-25　调整页边距　　　　图 11-26　在页面布局视图模式下设置页眉和页脚

设置完成后，依次单击【视图】→【普通】命令或是单击工作表右下角的【普通】视图切换按钮可切换为普通视图。

在页面布局视图模式下设置行高列宽时所显示的标尺单位，与【Excel选项】对话框中的设置有关。设置方法为：依次单击【文件】→【选项】命令打开【Excel选项】对话框，切换到【高级】选项卡，在【显示】区域单击【标尺单位】下拉按钮，在下拉菜单中可选择【默认单位】【英寸】【厘米】或【毫米】。

第二篇

使用公式和函数

本篇将详细介绍 Excel 的公式和常用内置函数，主要包括信息提取、逻辑判断、文本处理、日期与时间计算、数学计算、统计求和、查找引用、工程函数和财务函数等。数组公式和多维引用是 Excel 公式的高级用法，适合有兴趣的用户进阶学习，本篇也对它们进行了充分的讲解。

通过本篇的学习，读者能够深入了解 Excel 公式与函数的应用技术，并将其运用到实际工作和学习中，真正发挥 Excel 在数据计算上的威力。

第 12 章　函数与公式基础

本章对函数与公式的基本概念、单元格引用方式、公式中的运算符及自定义名称等方面的知识点进行讲解，理解并掌握这些知识点，能为深入学习和运用函数与公式解决问题奠定基础。

> **本章学习要点**
>
> （1）函数与公式的基本概念。　　　　（4）公式的输入、编辑和复制。
>
> （2）认识公式中的运算符。　　　　　（5）函数公式的限制。
>
> （3）单元格引用方式。　　　　　　　（6）自定义名称。

12.1　认识公式

Excel 中的公式是指以等号 "=" 开头，按照一定的顺序进行数据运算的算式，可包含函数、单元格引用、运算符和常量。

例如，以下公式：

```
=PI()*A2^2
```

"PI()" 是用于返回 π 值的函数，"A2" 表示引用 A2 单元格中的值。"2" 是直接输入公式中的数字常量。"∧" 和 "*" 都是运算符，前者表示乘幂，后者表示乘号。

在工作表中使用公式，相当于在数据之间搭建了关系模型，当数据源中的数据发生变化时，无须对公式再次编辑，即可实时得到最新的计算结果。同时，也可以将已有的公式快速应用到具有相同结构和相同运算规则的其他数据源中。

12.1.1　公式的输入和编辑

在单元格中输入等号 "=" 后，Excel 将自动进入公式编辑状态。在单元格中输入以加号 "+" 或减号 "−" 开头的算式，Excel 会自动加上等号，并自动计算出算式的结果。

比如，要计算 3+2，输入顺序依次为等号 "=" →数字 3 →加号 "+" →数字 2，最后按 <Enter> 键结束输入。

如果要在 B1 单元格中计算出 A1 和 A2 单元格中的数值之和，输入顺序依次为 "=" → "A1" → "+" → "A2"，最后按 <Enter> 键。也可以先输入等号 "="，然后单击 A1 单元格，再输入加号 "+"，单击 A2 单元格，最后按 <Enter> 键。

如果需要对已有公式进行修改，可以通过以下 3 种方式进入编辑状态。

❖ 选中公式所在单元格，按 <F2> 键。

❖ 双击公式所在单元格。

❖ 选中公式所在单元格，将光标定位到编辑栏中进行修改。

12.1.2　公式的复制与填充

⮞ | **在多个单元格中复制公式**

使用复制粘贴的方法，能够将相同的计算规则复制到其他单元格，而不必逐个单元格编辑公式。如

图 12-1 所示，要在 D 列单元格区域中，分别根据 B 列的配比量和 C 列的单价计算各物料的金额。

在 D2 单元格输入以下公式计算金额：

```
=B2*C2
```

D 列各单元格中的计算规则都是配比量乘以单价。因此只要将 D2 单元格中的公式复制到下方单元格区域，即可快速计算出其他物料的金额。

复制公式有以下两种常用方法。

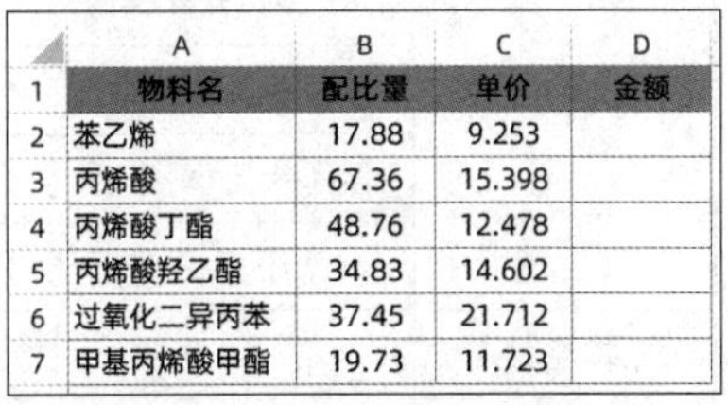

❖ 方法 1：使用鼠标拖曳。单击 D2 单元格，光标指向该单元格右下角，当鼠标指针变为黑色"十"字型填充柄时，按住鼠标左键向下拖曳，到 D7 单元格时释放鼠标。

❖ 方法 2：双击填充柄。单击选中 D2 单元格，双击该单元格右下角的填充柄，公式会快速向下填充。使用此方法时，需要相邻列中有连续的数据。

⊃ Ⅱ　在不同单元格区域或不同工作表中复制公式

如果不同单元格区域或是不同工作表中的计算规则一致，也可以快速复制已有公式。

步骤① 选中已有公式的单元格区域，按 <Ctrl+C> 组合键复制。

步骤② 单击目标单元格区域的首个单元格，按 <Ctrl+V> 组合键或是按 <Enter> 键。

使用此方法，也可以将公式快速复制到其他工作表。

	A	B	C	D
1	物料名	配比量	单价	金额
2	苯乙烯	17.88	9.253	
3	丙烯酸	67.36	15.398	
4	丙烯酸丁酯	48.76	12.478	
5	丙烯酸羟乙酯	34.83	14.602	
6	过氧化二异丙苯	37.45	21.712	
7	甲基丙烯酸甲酯	19.73	11.723	

图 12-1 　用公式计算金额

12.2 　公式中的运算符

12.2.1 　认识运算符

运算符用于指定要对公式中的元素执行何种计算类型，包括以下 4 种类型。

❖ 算术运算符：主要包括加、减、乘、除、百分比及乘幂等各种常规的算术运算。

❖ 比较运算符：用于比较数据的大小，包括对文本或数值的比较。

❖ 文本连接符：主要用于将字符或字符串进行连接与合并。

❖ 引用运算符：主要用于产生单元格引用。

不同运算符的作用说明如表 12-1 所示。

表 12-1 　公式中的运算符

类型	符号	说明	示例
算术运算符	+（加号）	加	=3+5
算术运算符	−（减号）	减法和负号	=5−3 =−2
	*（星号）	乘	=3*3
	/（正斜杠）	除	=4/2
	^（脱字号）	求幂	=3^2

续表

类型	符号	说明	示例
比较运算符	=（等号）	等于	=A1=A2
	>（大于号）	大于	=A1>A2
	<（小于号）	小于	=A1<A2
	>=（大于或等于号）	大于等于	=A1>=A2
	<=（小于或等于号）	小于等于	=A1<=A2
文本连接符	&	连接多个值，得到一个连续的文本	=A1&A2
引用运算符	:（冒号）	区域运算符，得到对两个引用之间所有单元格的引用（包括这两个引用）	=SUM(A1:A5)
	,（逗号）	联合运算符，将多个引用合并为一个引用	=SUM(A1:A5,B5)
	（空格）	交集运算符，得到对两个引用重叠部分的单元格的引用	=SUM(C1:C6 A3:E4)
	#	溢出范围运算符，用于引用动态数组公式的溢出范围	=SUM(A2#)
	@	引用运算符，用于指示公式中的隐式交集	=@B2:B4

12.2.2 运算符的优先顺序

当公式中使用多个运算符时，Excel 将根据各个运算符的优先级顺序进行运算，对于同级运算符则按从左到右的顺序运算，表 12-2 展示了不同运算符的优先级顺序。

表 12-2 不同运算符的优先级

顺序	符号	说明
1	:（空格）,	引用运算符：冒号、单个空格和逗号
2	–	算术运算符：负号（取得与原值正负号相反的值）
3	%	算术运算符：百分比
4	^	算术运算符：乘幂
5	*和/	算术运算符：乘和除（注意区别数学中的 ×、÷）
6	+和–	算术运算符：加和减
7	&	文本运算符：连接文本
8	=,<,>,<=,>=,<>	比较运算符：比较两个数值是否相同或判断大小

12.2.3 嵌套括号

在 Excel 公式中，使用小括号来改变运算的优先级别，括号中的算式优先计算。如果在公式中使用了多组括号，其计算顺序则是由内向外逐级进行计算。

例如，使用以下公式计算梯形面积：

```
=(5+8)*4/2
```

由于括号优先级高于其他运算符，因此先计算 5+8 得到 13，再从左向右计算 13*4 得到 52，最后计算 52/2 得到 26。

在公式中使用的括号必须成对出现。在结束公式编辑时，Excel 能够对括号的完整性做出判断并自动补齐，但并不一定总是用户所期望的更正结果。例如，在单元格中输入以下内容，按 <Enter> 键结束输入，会弹出如图 12-2 所示的对话框。

图 12-2 公式自动更正

```
=(22+5)/(6+24
```

如果所选单元格的公式中有较多的嵌套括号，在编辑栏中单击公式的任意位置，成对的括号会以区别于其他括号的颜色显示，便于用户理解公式的运算过程。

12.3 认识单元格引用

在公式参数中，允许添加单元格地址来引用存储于该单元格中的数据。例如，在 A2 单元格中输入公式"=D2+1"，公式将使用 D2 单元格中的值来进行计算。

如果执行了插入或删除行、列的操作，公式中的引用位置会自动更改。例如，右击 B 列列标，在快捷菜单中选择【插入】命令，A2 单元格中的公式会变成"=E2+1"。

如果删除了被引用的单元格区域，公式会返回错误值 #REF!。

> 在工作表中输入公式后，应避免再执行插入和删除行列的操作，以免由此造成公式中的单元格引用出现错误。

12.3.1 A1 引用样式和 R1C1 引用样式

单元格引用样式分为 A1 引用样式和 R1C1 引用样式两种。

⊃ | A1 引用样式

Excel 默认使用 A1 引用样式。单元格地址由列标字母和行号数字组合而成，列标在前，行号在后。通过单元格所在的列标和行号可以定位该单元格。例如，"B3"即表示该单元格位于 B 列第 3 行，是 B 列和第 3 行交叉处的单元格。

如果要在公式中引用某个单元格区域，可顺序输入该区域左上角单元格的地址、半角冒号（:）和该区域右下角单元格的地址，也可以通过鼠标选取。

不同 A1 引用样式的示例如表 12-3 所示。

表 12-3 A1 引用样式示例

表达式	引用
C5	C 列第 5 行的单元格
D15:E20	D 列第 15 行到 E 列第 20 行的单元格区域
9:9	第 9 行的所有单元格区域
C:C	C 列的所有单元格区域

➲ II　R1C1 引用样式

依次单击【文件】→【选项】，打开【Excel选项】对话框。切换到【公式】选项卡，在【使用公式】区域中选中【R1C1 引用样式】的复选框，可以启用R1C1 引用样式，如图 12-3 所示，

使用R1C1 引用样式时，工作表中的列标和行号都将显示为数字。使用字母"R""C"加行列数字的方式来指示单元格的位置，其中字母"R""C"分别是英文"Row""Column"（行、列）的首字母，其后的数字则表示相应的行号和列号。例如，R2C5 即指该单元格位于工作表中的第 2 行第 5 列交叉位置，如图 12-4 所示。

图 12-3　启用 R1C1 引用样式

图 12-4　R1C1 引用样式

不同 R1C1 引用样式的示例如表 12-4 所示。

表 12-4　R1C1 引用样式示例

表达式	引用
R5C3	第 5 行和第 3 列交叉位置的单元格
R15C4:R20C4	第 15 行第 4 列到第 20 行第 4 列的单元格区域
R9	第 9 行的所有单元格区域
C3	第 3 列的所有单元格区域

12.3.2　相对引用、绝对引用和混合引用

➲ I　相对引用

在公式中引用某个单元格时，默认是相对引用方式，表示该引用相对于单元格的位置而变化。例如，如果在C2 单元格中引用了A2 单元格A2，则实际引用的是与C2 位于同一行、左侧两列的单元格。复制包含相对单元格引用的公式时，该公式中的引用将随着公式所在单元格的位置而同步进行变化，相对位置保持不变。

例如，使用A1 引用样式时，在B2 单元格输入公式"=A1"，将公式向右复制，会依次变为"=B1""=C1""=D1"……当公式向下复制时，将依次变为"=A2""=A3""=A4"……也就是始终保持引用公式所在单元格的左侧 1 列、上方 1 行位置的单元格。

在R1C1 引用样式中，需要在行号或列标的数字外侧添加标识符"[ ]"，标识符中的正数表示公式所在单元格下方或右侧的单元格，负数表示公式所在单元格上方或左侧的单元格，例如公式"=R[-1]C[-1]"，即表示引用公式所在单元格上方一行、左侧一列的单元格。

➲ II　绝对引用

当复制公式到其他单元格时，保持公式所引用的单元格绝对位置不变，称为绝对引用。

在A1 引用样式中，如果希望复制公式时能够始终引用某个单元格地址不变，需要在行号和列标前

添加美元符号“$”，如在B2 单元格输入公式“=$A$1”，将公式向右或向下复制时，会始终保持引用A1单元格不变。

在R1C1 引用样式中的绝对引用方式为“=R1C1”，也就是行号和列号外侧不使用标识符“[ ]”。

➲ III　混合引用

当复制公式到其他单元格时，仅保持所引用单元格的行或列方向之一使用绝对引用方式，而另一个方向使用相对引用方式，这种引用方式称为混合引用。可分为“行绝对引用、列相对引用”及“行相对引用、列绝对引用”两种。

假设公式放在B1 单元格中，不同引用类型的说明如表 12-5 所示。

表 12-5　单元格引用类型的说明

引用类型	A1 样式	R1C1 样式	说明
绝对引用	=$A$1	=R1C1	公式向右、向下复制均不改变引用的单元格地址
行绝对引用、列相对引用	=A$1	=R1C[-1]	锁定行号。公式向下复制时不改变引用的单元格地址，向右复制时列号递增
行相对引用、列绝对引用	=$A1	=RC1	锁定列号。公式向右复制时不改变引用的单元格地址，向下复制时行号递增。在RICI引用样式中，由于引用单元格与从属单元格的行号相同，因此可省略“R”后的行号
相对引用	=A1	=RC[-1]	公式向右、向下复制均会改变引用单元格地址。在RICI引用样式中，由于引用单元格与从属单元格的行相同，因此可省略“R”后的行号

示例12-1　制作乘法口诀表

使用不同的引用方式，能够快速制作出乘法口诀表，如图 12-5 所示。

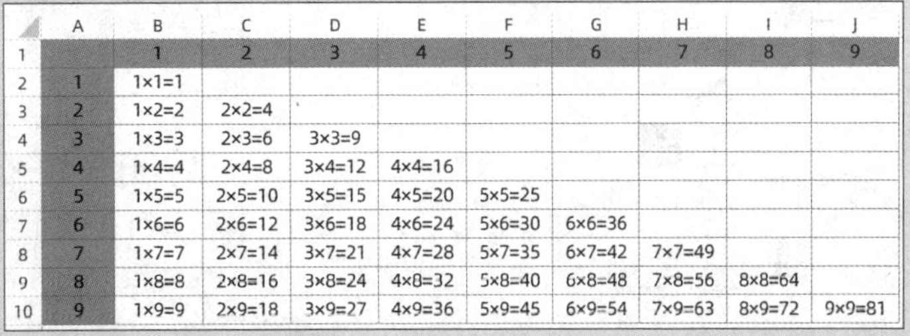

	A	B	C	D	E	F	G	H	I	J
1		1	2	3	4	5	6	7	8	9
2	1	1×1=1								
3	2	1×2=2	2×2=4							
4	3	1×3=3	2×3=6	3×3=9						
5	4	1×4=4	2×4=8	3×4=12	4×4=16					
6	5	1×5=5	2×5=10	3×5=15	4×5=20	5×5=25				
7	6	1×6=6	2×6=12	3×6=18	4×6=24	5×6=30	6×6=36			
8	7	1×7=7	2×7=14	3×7=21	4×7=28	5×7=35	6×7=42	7×7=49		
9	8	1×8=8	2×8=16	3×8=24	4×8=32	5×8=40	6×8=48	7×8=56	8×8=64	
10	9	1×9=9	2×9=18	3×9=27	4×9=36	5×9=45	6×9=54	7×9=63	8×9=72	9×9=81

图 12-5　乘法口诀表

操作步骤如下。

步骤① 在B1:J1 单元格区域内分别输入数字 1~9。

步骤② 在A2:A10 单元格区域内分别输入数字 1~9。

步骤③ 在B2 单元格输入以下公式，将公式复制到B3:J10 单元格区域，如图 12-6 所示。

```
=B$1&"×"&$A2&"="&B$1*$A2
```

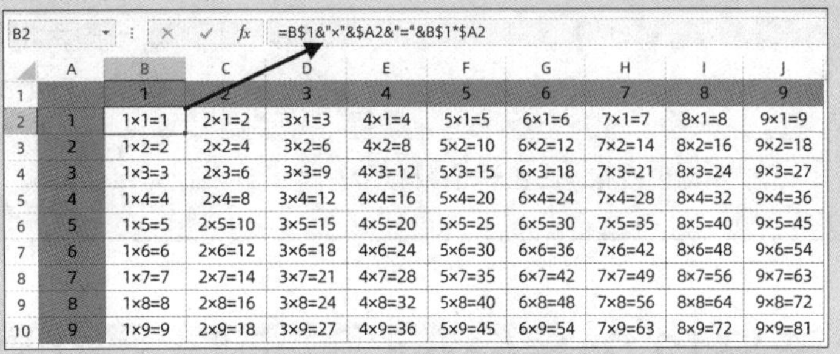

	A	B	C	D	E	F	G	H	I	J
1		1	2	3	4	5	6	7	8	9
2	1	1×1=1	2×1=2	3×1=3	4×1=4	5×1=5	6×1=6	7×1=7	8×1=8	9×1=9
3	2	1×2=2	2×2=4	3×2=6	4×2=8	5×2=10	6×2=12	7×2=14	8×2=16	9×2=18
4	3	1×3=3	2×3=6	3×3=9	4×3=12	5×3=15	6×3=18	7×3=21	8×3=24	9×3=27
5	4	1×4=4	2×4=8	3×4=12	4×4=16	5×4=20	6×4=24	7×4=28	8×4=32	9×4=36
6	5	1×5=5	2×5=10	3×5=15	4×5=20	5×5=25	6×5=30	7×5=35	8×5=40	9×5=45
7	6	1×6=6	2×6=12	3×6=18	4×6=24	5×6=30	6×6=36	7×6=42	8×6=48	9×6=54
8	7	1×7=7	2×7=14	3×7=21	4×7=28	5×7=35	6×7=42	7×7=49	8×7=56	9×7=63
9	8	1×8=8	2×8=16	3×8=24	4×8=32	5×8=40	6×8=48	7×8=56	8×8=64	9×8=72
10	9	1×9=9	2×9=18	3×9=27	4×9=36	5×9=45	6×9=54	7×9=63	8×9=72	9×9=81

图 12-6　制作乘法口诀表

步骤④ 选中B2:J10 单元格区域，在【开始】选项卡单击【条件格式】下拉按钮，在下拉菜单中选择【新建规则】命令选项，打开【新建格式规则】对话框。在【选择规则类型】列表中选择【使用公式确定要设置格式的单元格】选项，在公式编辑框中输入以下公式，单击【格式】按钮，如图 12-7 所示。

=$A2<B$1

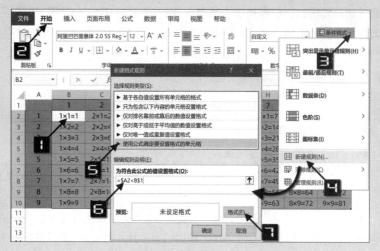

图 12-7　新建格式规则

步骤⑤ 在弹出的【设置单元格格式】对话框中，切换到【数字】选项卡，在左侧的分类列表中选择【自定义】类别，然后在格式代码文本框中输入三个半角分号(;;;)，表示在条件 $A2<B$1 成立时，所选区域内单元格中任意格式的内容都不显示。最后依次单击【确定】按钮关闭对话框，如图 12-8 所示。

图 12-8　设置单元格格式

B2 单元格公式使用连接符"&"将 B$1 单元格中的数字、符号"×"、$A2 单元格中的数字、符号"="和 B$1*$A2 的计算结果连接到一起，得到一个新的字符串。

公式中的"B$1"，表示使用列相对引用、行绝对引用方式。当公式向右复制时，列号依次递增，变成 C$1、D$1、E$1……当公式向下复制时，行号保持固定不变，也就是始终引用公式所在列第一个单元格中的内容。

公式中的"$A2"，表示使用列绝对引用、行相对引用方式。当公式向右复制时，始终引用 A 列不变。当公式向下复制时，行号会依次递增，变成 $A3、$A4、$A5……也就是始终引用公式所在行 A 列单元格中的内容。

示例12-2　混合引用的特殊用法

图 12-9 展示了某公司项目核算表的部分内容，需要在 F 列计算出从 2022 年 1 月开始到当前月的累

计金额。

在 F2 单元格输入以下公式，向下复制到 F13 单元格。

```
=SUM($E$2:E2)
```

公式中的"$E$2"部分使用了绝对引用，"E2"部分则使用了相对引用，在公式向下复制时会依次变成 $E$2:E3、$E$2:E4、$E$2:E5……这样逐步扩大的范围，最后再使用SUM函数对这个动态扩展的区域进行求和。

	A	B	C	D	E	F
1	核算项目	核算月份	状态	币别	单据金额	累计金额
2	睿诚科工仪器有限公司	2022年1月	完全核销	人民币	1,801.25	
3	睿诚科工仪器有限公司	2022年2月	完全核销	人民币	4,100.60	
4	睿诚科工仪器有限公司	2022年3月	完全核销	人民币	2,550.00	
5	睿诚科工仪器有限公司	2022年4月	完全核销	人民币	4,700.50	
6	睿诚科工仪器有限公司	2022年5月	完全核销	人民币	3,240.00	
7	睿诚科工仪器有限公司	2022年6月	完全核销	人民币	9,100.00	
8	睿诚科工仪器有限公司	2022年7月	完全核销	人民币	8,139.20	
9	睿诚科工仪器有限公司	2022年8月	完全核销	人民币	3,100.00	
10	睿诚科工仪器有限公司	2022年9月	完全核销	人民币	2,816.00	
11	睿诚科工仪器有限公司	2022年10月	完全核销	人民币	19,412.84	
12	睿诚科工仪器有限公司	2022年11月	完全核销	人民币	1,640.00	
13	睿诚科工仪器有限公司	2022年12月	部分核销	人民币	600.95	

图 12-9　计算累计销售金额

⊃ IV　切换引用类型

选中公式中的单元格地址，连续按 <F4> 键，能够循环切换引用类型，其顺序如下。

相对引用→绝对引用→对行绝对引用、对列相对引用→对行相对引用、对列绝对引用。

在A1引用样式中，如果输入公式 =B2，依次按 <F4> 键，引用类型切换顺序为：

B2 → $B$2 → B$2 → $B2

在R1C1引用样式中，如果在A1单元格输入公式 =R[1]C[1]，依次按 <F4> 键，引用类型切换顺序为：

R[1]C[1] → R2C2 → R2C[1] → R[1]C2

> **提示** → 在部分笔记本电脑中，需要先按 <Fn> 键切换功能键，然后才能使用 <F4> 功能键。

12.3.3　跨工作表引用和跨工作簿引用

⊃ I　引用其他工作表中的单元格区域

跨工作表引用的表示方式为"工作表名+半角感叹号+引用区域"。例如，以下公式即表示引用 Sheet2 工作表A1单元格中的内容。

```
=Sheet2!A1
```

除了手工输入，也可以在公式编辑状态下，通过鼠标单击相应的工作表标签，然后选取待引用的单元格或单元格区域。

当被引用的工作表名是以数字开头，或者包含了空格及一些特殊字符时，公式中的工作表名称两侧需要分别添加半角单引号(')。

如果更改了被引用的工作表名，公式中的工作表名会自动更改。例如，将上述公式中的Sheet2工作表标签修改为"2月"时，原有公式将自动变为：

```
='2月'!A1
```

⊃ II　引用其他工作簿中的工作表区域

当引用其他工作簿中的单元格时，其表示方式为：

［工作簿名称］工作表名！单元格引用

图 12-10　安全警告

如果关闭了被引用的工作簿，公式中会自动添加被引用工作簿的路径。如果在被引用的工作簿没有打开的前提下，首次打开引用了其他工作簿数据的 Excel 文档，会出现如图 12-10 所示的安全警告。

单击【启用内容】按钮能够更新链接，但是部分函数在没有打开被引用的工作簿时，更新链接将返回错误值。为了便于数据管理，在公式中应尽量减少跨工作簿引用数据。

⊃ III　引用多个连续工作表的相同区域

在使用 SUM（求和）、AVERAGE（计算平均值）函数等进行简单得多工作表计算汇总时，如果需要引用多个相邻工作表的相同单元格区域，无须逐个对工作表的单元格区域进行引用。

	A	B	C	D	E	F	G
1	序号	品 名	规格型号	单位	单价	数量	金额
2	1	皖鱼		斤	10.50	38.00	399.00
3	2	鲈鱼	8两以上	斤	24.00	42.00	1,008.00
4	3	桂花鱼	1斤以上	斤	58.00	31.00	1,798.00
5	4	鱼头	2.5--3斤/个	斤	19.00	34.00	646.00
6	5	冰鲜带鱼	三指宽	斤	24.00	50.00	1,200.00
7	6	冰鲜黄花鱼大		斤	37.00	19.00	703.00
8	7	冰鲜黄花鱼小		斤	29.00	17.00	493.00
9	8	鲫鱼	9两以上	斤	14.50	29.00	420.50

淡水鱼 | 猪肉制品 | 烧腊卤味 | 豆制品 | 汇总

图 12-11　引用多个连续工作表的相同区域

如图 12-11 所示，需要在"汇总"工作表中，计算"淡水鱼""猪肉制品""烧腊卤味""豆制品"4 张工作表中 G 列的总金额。

在"汇总"工作表的 A2 单元格中输入"=SUM("，然后鼠标单击左侧的"淡水鱼"工作表标签，按住 <Shift> 键，单击"豆制品"工作表标签，单击 G 列列标选取 G 列整列作为求和区域，最后输入右括号")"，按 <Enter> 键结束公式编辑，得到以下公式：

=SUM（淡水鱼：豆制品！G:G）

12.3.4　结构化引用

⊃ I　对表格的结构化引用

在公式中用表格和列名称组合的方式，也能够实现对数据的引用。对表格结构化引用的操作步骤如下。

步骤① 单击数据区域任意单元格，在【插入】选项卡单击【表格】按钮，将普通数据区域转换为具有特殊功能的数据列表。

步骤② 打开【Excel 选项】对话框，切换到【公式】选项卡，选中【在公式中使用表名】复选框，单击【确定】按钮关闭对话框，如图 12-12 所示。

步骤③ 在 I2 单元格输入以下公式，如图 12-13 所示。

=SUM（表 1[金额]）

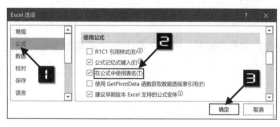

图 12-12　在公式中使用表名

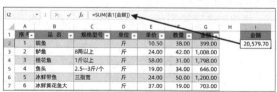

图 12-13　公式中的结构化引用

在输入函数名称及左括号后，如果使用鼠标选取表格中的 G 列数据区域，公式中的单元格地址也会自动转换为表名和列名称。

每当添加或删除表中的数据时，结构化引用中的名称会自动进行调整。例如，将公式中的"金额"修改为"数量"，将得到 F 列的数量总和。

⊃ II　对动态数组公式溢出部分的结构化引用

Excel 2021 中的公式语言有了重大升级，升级后的数组溢出功能为用户带来了更优秀的使用体验。

使用传统的数组公式，即便公式返回的是多个值，在一个单元格中也仅显示公式结果中的一个元素。而在 Excel 2021 中，如果公式返回了多个值，这些值将会按行列顺序"溢出"到相邻单元格。这种能够返回可变大小的数组的公式，称为动态数组公式。

如图 12-14 所示，在 D2 单元格中输入以下公式，公式会计算出每一行的配比量与单价相乘结果，并将这些结果溢出到 D2 单元格下方的其他单元格内。

	A	B	C	D
D2		fx	=B2:B7*C2:C7	
1	物料名	配比量	单价	金额
2	苯乙烯	17.88	9.253	165.44
3	丙烯酸	67.36	15.398	1037.21
4	丙烯酸丁酯	48.76	12.478	608.43
5	丙烯酸羟乙酯	34.83	14.602	508.59
6	过氧化二异丙苯	37.45	21.712	813.11
7	甲基丙烯酸甲酯	19.73	11.723	231.29

图 12-14　动态数组公式

```
=B2:B7*C2:C7
```

动态数组公式仅存在于公式区域的首个单元格内，如果需要在公式中引用另一个动态数组公式的结果，其表示方式为公式区域的首个单元格地址和 # 号。当溢出区域发生变化时，这种表示方式能够自动调整引用范围。例如，要对 D2 单元格的动态数组结果进行求和，可使用以下公式：

```
=SUM(D2#)
```

对动态数组溢出结果的结构化引用目前仅用于公式计算，在图表及数据透视表的数据源中还不能使用这种引用方式。关于动态数组公式，请参阅 21.2.3 节。

12.4　认识 Excel 函数

12.4.1　函数的概念和特点

工作表函数是 Excel 按照特定算法来执行计算的功能模块，能够简化公式、提高编辑效率。

某些简单的计算可以通过用户自行设计的公式完成。例如，要对 A1:A3 单元格求和，可以使用公式"=A1+A2+A3"完成，但如果要对 A1~A100 或更大范围的单元格区域求和，逐个单元格相加的做法就会非常低效。使用 SUM 函数可以简化公式输入过程，使之更易于输入和修改，以下公式可以得到 A1~A100 单元格中所有数值的总和。

```
=SUM(A1:A100)
```

公式中的"SUM"是求和函数，"A1:A100"是需要求和的范围，表示对 A1~A100 这个区域执行求和计算。

函数名称不区分大小写。

12.4.2 函数的结构

Excel函数由函数名称、左括号、函数参数和右括号构成。一个公式中可以同时使用多个函数或计算式。

大部分函数有一个或多个参数，如SUM(A1:A10,C1:C10)就是使用了"A1:A10"和"C1:C10"两个参数。部分函数没有参数，如返回系统日期和时间的NOW函数、生成随机数的RAND函数等，仅由等号、函数名称和一对括号组成。部分函数的参数可以省略，如返回行号的ROW函数、返回列标的COLUMN函数等。

函数的参数可以使用字符、单元格引用或其他函数的结果，当使用一个函数的结果作为另一个函数的参数时，称为函数的嵌套。

12.4.3 可选参数与必需参数

一些函数可以仅使用其部分参数，如SUM函数可支持255个参数，其中第1个参数为必需参数不能省略，第2至第255个参数都可以省略。在函数语法说明中，可选参数用一对方括号"[ ]"包含起来，当函数有多个可选参数时，可从右向左依次省略参数，如图12-15所示。

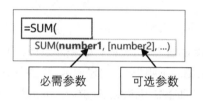

图 12-15　可选参数与必需参数

此外，有些参数可以省略参数值，在前一参数后仅使用一个逗号，用以保留参数的位置，这种方式称为"省略参数的值"或"简写"，常用于代替逻辑值FALSE、数值0或空文本等参数值。

12.4.4 常用函数类型

根据功能的不同，Excel将工作表函数分为以下类别：财务、日期与时间、数学与三角、统计、查找与引用、数据库、文本、逻辑、信息、工程、多维数据集、兼容性和Web。其中，兼容性类别的函数是对早期版本中的函数计算精度进行了改进，或是为了更好地反映其用法而更改了函数的名称。

在实际应用中，函数的功能被不断开发挖掘，不同类型函数能够解决的问题也不仅仅局限于某个类型。Excel 2021中的内置函数有数百个，但是这些函数并不需要全部学习，掌握使用频率较高的几十个函数及这些函数的组合嵌套使用，就可以应对工作中的大部分任务。

12.4.5 函数的易失性

如果工作表中使用了易失性函数，在输入或编辑单元格的内容时，都会使这些函数重新计算。常用的易失性函数有以下几种。

❖ RAND、RANDARRAY和RANDBETWEEN函数，用于生成随机数。

❖ TODAY、NOW函数，用于返回系统当前的日期、时间。

❖ OFFSET、INDIRECT函数，每次编辑都会重新定位实际的引用区域。

❖ CELL函数和INFO函数，用于获取单元格的信息。

另外，当SUMIF函数的求和区域和条件区域大小不同时，也会有易失性的特性。

12.5 输入函数的几种方式

12.5.1 单击【自动求和】按钮插入函数

在【开始】选项卡及【公式】选项卡下都有【自动求和】按钮。默认情况下，单击【自动求和】按钮或按<Alt+=>组合键，将在工作表中插入 SUM 函数用于对数值求和。

单击【自动求和】下拉按钮，在下拉列表中包括求和、平均值、计数、最大值和最小值等选项，如图 12-16 所示。

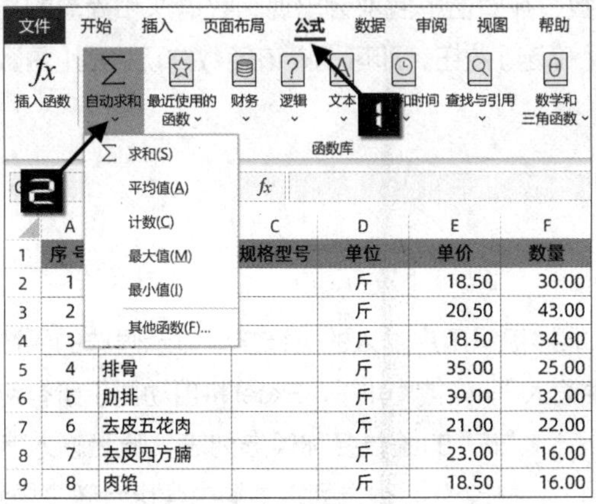

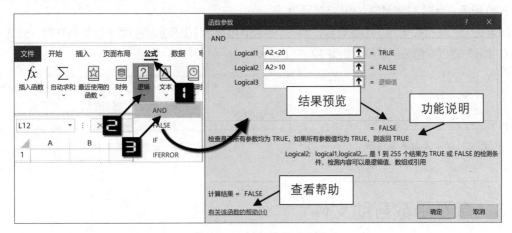

提示 ➡➡➡➡ 当要计算的表格区域处于筛选状态，或是已经转换为"表格"时，单击【自动求和】按钮将应用 SUBTOTAL 函数的相关功能，该函数仅统计可见单元格，详细用法请参阅 18.9.1 节。

图 12-16 自动求和选项

12.5.2 在【公式】选项卡插入函数

在【公式】选项卡有不同分类的函数下拉按钮，在下拉菜单中单击函数名称，会打开【函数参数】对话框。

在【函数参数】对话框中，可以直接输入参数或单击右侧折叠按钮来选取单元格区域，在右侧将实时显示输入参数及计算结果的预览。如果单击左下角的【有关该函数的帮助】链接，将以系统默认浏览器打开 Microsoft 支持页面，如图 12-17 所示。

图 12-17 函数参数对话框

12.5.3 使用"插入函数"对话框搜索函数

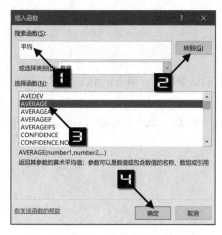

使用以下几种常用方法，能够打开【插入函数】对话框搜索并插入函数。

方法 1：单击【公式】选项卡下的【插入函数】按钮。

方法 2：单击编辑栏左侧的【插入函数】按钮 fx。

方法 3：按 <Shift+F3> 组合键。

如图 12-18 所示，在【搜索函数】编辑框中输入关键字"平均"，单击【转到】按钮，对话框中将显示推荐的函数列表，单击某个函数，在对话框底部会出现函数语法和简单的功能说明。单击【确定】按钮，即可插入该函数并切换到【函数参数】对话框。

图 12-18　搜索函数

12.5.4 手工输入函数

在英文输入状态下输入等号及函数名称时，Excel 能够根据用户输入的关键字，显示候选的函数名称和包含关键字的自定义名称列表。例如，在单元格中输入"=if"或"=IF"，Excel 将自动显示所有包含"IF"的函数名称候选列表，随着输入字符的变化，候选列表中的内容也会随之更新，如图 12-19 所示。

在候选列表中移动上、下方向键选中某个函数按 <Tab> 键，或者双击函数名称，可将此函数添加到当前编辑的位置并自动添加左括号。

图 12-19　公式记忆式键入

12.5.5 活用函数屏幕提示工具

在输入完整函数名称及左括号之后，会自动出现带有函数语法的【函数屏幕提示】工具条。如图 12-20 所示，待输入的参数以加粗字体显示。

如果在公式中已经输入了函数参数，单击【函数屏幕提示】工具条中的某个参数名称时，公式中对应的参数部分将以灰色背景显示，如图 12-21 所示。

图 12-20　函数屏幕提示

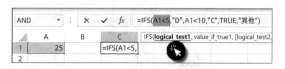

图 12-21　选择函数参数

12.6 查看函数帮助文件

使用函数帮助文件，能够帮助用户快速理解函数的说明和用法。帮助文件中包括函数的说明、语法、参数，以及简单的函数示例等。

在功能区右侧的【Microsoft 搜索】文本框中输入函数名称"MAX"，然后在下拉列表中单击【获取有关"MAX"的帮助】右侧的扩展按钮→【MAX 函数】，将打开【帮助】窗格显示该函数的帮助信息，如图 12-22 所示。

按 F1 键，或单击【函数屏幕提示】工具条上的函数名，也能够打开帮助窗格，如图 12-23 所示。

图 12-22 获取函数帮助信息

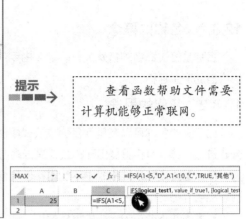

图 12-23 打开帮助窗格

提示 ➜ 查看函数帮助文件需要计算机能够正常联网。

12.7 函数与公式的限制

12.7.1 计算精度限制

Excel 计算精度为 15 位数字（含小数，即从左侧第 1 个不为 0 的数字开始算起），输入长数字时，超过 15 位数字部分将自动变为 0。

在输入身份证号码、银行卡号等超过 15 位的长数字时，需要先设置单元格为文本格式后再输入内容，或者先输入半角单引号"'"，以文本形式存储数字。

12.7.2 公式字符限制

Excel 公式最大长度为 8192 个字符。实际应用中，如果公式长度达到数百个字符就已经相当复杂，对于后期的修改、编辑都会带来影响。可以借助排序、筛选、增加辅助列等方法，降低公式的长度和 Excel 的计算量。

12.7.3 函数参数的限制

Excel 内置函数最多可以包含 255 个参数，当使用单元格引用作为函数参数且超过参数个数限制时，可使用逗号将多个引用区域加上一对括号形成合并区域，作为一个参数使用，从而解决参数个数限制问题。例如，以下两个公式：

```
=SUM(J3:K3,L3:M3,K7:L7,N9)
=SUM((J3:K3,L3:M3,K7:L7,N9))
```

公式 1 中使用了 4 个参数，而公式 2 仅视为使用 1 个参数。

12.7.4 函数嵌套层数的限制

Excel 2021 的函数嵌套层数最大为 64 层。

12.8 认识名称

12.8.1 名称的概念

名称是经过命名的特殊公式。除了由用户自定义，在创建表格、设置打印区域及执行筛选等操作时也会自动产生名称。

12.8.2 名称的用途

已定义的名称可以在其他名称或公式中调用，在一些较为复杂的公式中，如果需要重复使用相同的公式进行计算，可将重复出现的公式进行命名后使用。

在数据验证和条件格式中不能直接使用含有常量数组的公式，将常量数组定义为名称，即可在数据验证和条件格式中进行调用。

宏表函数不能在单元格中直接使用，必须通过定义名称来调用，另外，还可作为动态图表或数据透视表的数据源。

12.8.3 名称的级别

名称的级别分为工作簿级和工作表级，工作表级的名称必须跟随工作表一起被调用，工作簿级的名称可以在整个工作簿中直接调用。

12.8.4 定义名称

定义名称有以下几种方法。

➲ I 使用名称框定义名称

图 12-24 使用名称框定义名称

选中要命名的单元格区域，在名称框中输入名称，如"品名"，按 <Enter> 键确认，即可将该单元格区域定义成名称，如图 12-24 所示。

使用名称框定义名称时有一定的局限性，一是仅适用于当前已经选中的范围，二是不能在名称框中修改已有名称的引用范围。

➲ II 使用【新建名称】命令定义名称

依次单击【公式】→【定义名称】命令，在弹出的【新建名称】对话框中进行如下操作。

（1）在【名称】文本框内输入命名，如"存货名称"。

（2）单击【范围】右侧的下拉按钮，能够将定义名称指定为工作簿范围或是工作表范围，通常情况下此处可保留默认的"工作簿"。

（3）在【批注】文本框中可以根据需要添加注释，便于使用者理解名称的用途。

（4）在【引用位置】编辑框中可以直接输入公式，也可以单击右侧的折叠按钮选择某个单元格区域，最后单击【确定】按钮，如图 12-25 所示。

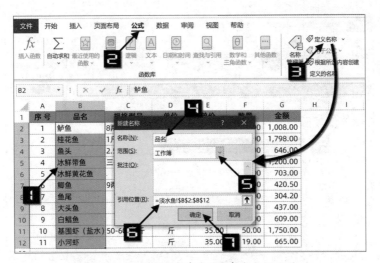

图 12-25　使用【新建名称】命令定义名称

❍ III　根据所选内容批量创建名称

使用【根据所选内容创建】命令，能够按标题行或标题列，对某个单元格区域快速定义多个名称。如图 12-26 所示，选中 C1:G12 单元格区域，依次单击【公式】→【根据所选内容创建】命令，或者按 <Ctrl+Shift+F3> 组合键，在弹出的【根据所选内容创建名称】对话框中选中【首行】复选框，最后单击【确定】按钮，即可分别创建以列标题"规格型号""单位""单价""数量"和"金额"命名的名称。

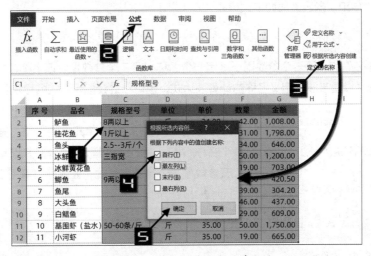

图 12-26　根据所选内容创建名称

如果字段标题中包含有空格，创建的名称会自动将空格替换为短横线 _。如果字段标题中包含有 %、$ 等特殊符号，创建的名称将不包含这些符号。

提示

使用【根据所选内容创建】功能创建名称时，Excel 基于自动分析的结果有时并不完全符合用户的期望，操作时应进行必要的检查。

❍ IV　在名称管理器中新建名称

依次单击【公式】→【名称管理器】，打开【名称管理器】对话框。单击【新建】按钮弹出【新建名称】对话框，在此对话框中也能新建名称，如图 12-27 所示。

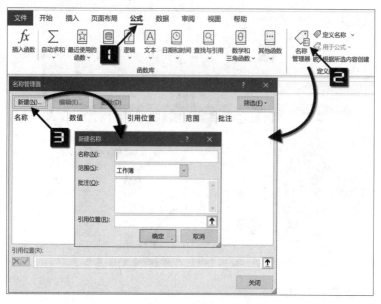

图 12-27　在【名称管理器】中新建名称

12.8.5　用 LET 函数在公式内部创建名称

LET 函数能够在公式内部定义名称，简化公式输入，同时也能提高公式的运算效率。这些名称仅可在 LET 函数范围内使用。函数语法如下：

=LET (名称 1, 名称值 1, 计算或名称 2, [名称值 2], [计算或名称 3]…)

前三个参数是必需的。第一个参数用于指定一个名称，第二个参数是以该名称命名的公式或单元格引用，第三个参数可以是基于已定义名称的计算表达式，也可以继续指定新的名称和名称值。

图 12-28　使用 LET 函数创建名称

例如，在以下公式中，第一参数指定名称为"长"，第二参数指定该名称为 B2 单元格的引用。第三参数指定另一个名称"高"，第四参数指定该名称为 C2 单元格的引用。第五参数是一个计算表达式，公式最终返回三角形的面积，如图 12-28 所示。

=LET (长 ,B2, 高 ,C2, 长 * 高 /2)

12.8.6　名称命名的限制

名称命名的限制主要包括以下几个方面。

（1）必须以字母、汉字、下划线字符（_）或反斜杠（\）开头。

（2）不能使用与单元格地址相同的命名，如"B3""R1C1"等。

（3）不能以纯数字命名，也不能使用单个字符"C""c""R"或"r"命名。

（4）不能包含空格，不区分大小写，不能超过 255 个字符。

在设置了打印区域或是使用高级筛选等操作之后，Excel 会自动创建一些系统内置的名称，如 Print_Area、Criteria 等，创建名称时应避免覆盖 Excel 的内部名称。此外，名称作为公式的一种存在形式，同样受函数与公式关于嵌套层数、参数个数、计算精度等方面的限制。

12.8.7　管理名称

使用【名称管理器】对话框可以管理工作簿中所有定义的名称。例如，查找有错误的名称，确认名称的值和引用，查看或编辑名称的说明文字，或者确定公式的引用范围。还可以对名称列表进行排序和筛选，以及添加、更改或删除名称。

⊃ I　修改已有名称的命名和引用位置

用户可以对已有名称的命名和引用位置进行编辑修改。修改命名后，公式中使用的名称会自动应用新的命名。

依次单击【公式】→【名称管理器】命令，或者按<Ctrl+F3>组合键，打开【名称管理器】对话框。在名称列表中选中需要修改的名称，单击【编辑】按钮打开【编辑名称】对话框，在此对话框中可以重新命名、修改引用的单元格区域和公式，如图 12-29 所示。

如果不需要更改原有的命名，可以在【名称管理器】中选中名称后直接在底部的【引用位置】编辑框中输入新的公式或是选择新的单元格引用区域，单击左侧的输入按钮☑确认即可。

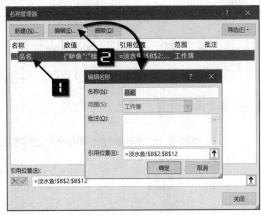

图 12-29　修改已有名称的命名

 提示 ⇨

　　　将光标靠近【名称管理器】对话框或【定义名称】对话框的右下角，变成双向箭头时，按住鼠标拖动可调整对话框大小，编辑公式更加方便。

⊃ II　修改名称级别

已有名称的级别无法修改，可以根据原有名称的公式或引用范围，新建一个同名但是不同级别的名称，再删除原有名称即可。

⊃ III　筛选和删除错误名称

当名称出现错误无法正常使用时，在【名称管理器】对话框中能够进行筛选和删除。单击【筛选】下拉按钮，在下拉菜单中选择【有错误的名称】选项。如果在筛选后的名称管理器中包含多个有错误的名称，可以按住<Shift>键依次单击顶端和底端的名称，最后单击【删除】按钮，将有错误的名称全部删除，如图 12-30 所示。

⊃ IV　在单元格中粘贴名称列表

如果需要查看定义名称的详细信息，可以将定义名称的引用位置或公式全部在单元格中罗列出来。

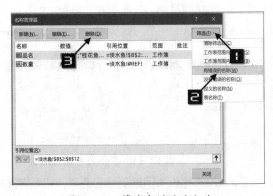

图 12-30　筛选有错误的名称

选中需要粘贴名称的目标单元格，依次单击【公式】→【用于公式】→【粘贴名称】，或者按<F3>键，弹出【粘贴名称】对话框。单击【粘贴列表】按钮，所有已定义的名称将粘贴到工作表中，如图 12-31 所示。

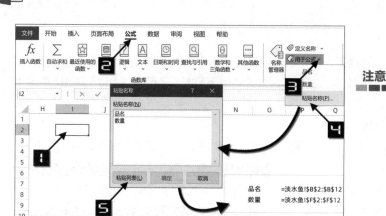

图 12-31 在单元格中粘贴名称列表

注意 ⟶ 粘贴到单元格的名称将按照命名排序后逐行列出，如果名称中使用了相对引用或混合引用，粘贴后的公式文本会根据其相对位置发生改变。

⟲ V 查看命名范围

	A	B	C	D	E	F	G
1	序 号	品名	规格型号	单位	单价	数量	金额
2	1	鲈鱼	8两以上	斤	24.00	42.00	1,008.00
3	2	桂花鱼	1斤以上	斤	58.00	31.00	1,798.00
4	3	鱼头	2.5—3斤/个	斤	19.00	34.00	646.00
5	4	冰鲜带鱼	三指宽	斤	24.00	50.00	1,200.00
6	5	冰鲜带鱼		斤	37.00	19.00	703.00
7	6	鲫鱼	9两以上	斤	14.50	29.00	420.50
8	7	鱼		斤	7.80		304.20
9	8	大头鱼		斤	9.50	46.00	437.00
10	9	白鲳鱼		斤	21.00	29.00	609.00
11	10	基围虾（盐水）	50-60条/斤	斤	35.00	50.00	1,750.00
12	11	小河虾		斤	35.00	19.00	665.00

图 12-32 查看命名范围

将工作表显示比例缩小到 40% 以下时，可以在定义为名称的单元格区域中显示命名范围的边界和名称，如图 12-32 所示。边界和名称有助于观察工作表中的命名范围，打印工作表时，这些内容不会被打印输出。

12.8.8 使用名称

⟲ I 输入公式时使用名称

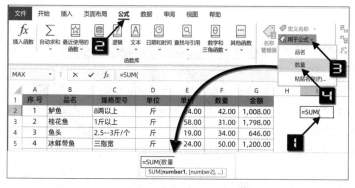

图 12-33 在公式中调用名称

如果需要在公式编辑过程中调用已定义的名称，除了在公式中直接输入已定义的名称，也可以在【公式】选项卡单击【用于公式】下拉按钮，在下拉列表中选择定义的名称，如图 12-33 所示。

如果为某个单元格区域中设置了名称，在输入公式过程中使用鼠标选取该区域时，公式中将显示为该单元格区域定义的名称。

Excel 没有提供关闭该功能的选项，如果需要在公式中使用常规的单元格或区域引用，则需要手工输入单元格区域的地址。

⟲ II 在现有公式中使用名称

如果在工作表内已经输入了公式，再进行定义名称时，Excel 不会自动用新名称替换公式中的单元格引用。如需将名称应用到已有公式中，可依次单击【公式】→【定义名称】→【应用名称】命令，在弹出的【应用名称】对话框的【应用名称】列表中，选择需要应用于公式中的名称，最后单击【确定】按钮，如图 12-34 所示。

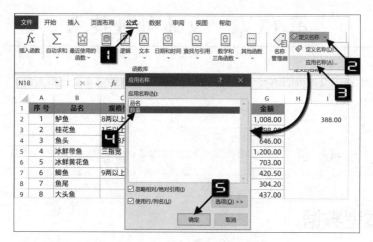

图 12-34　在公式中应用名称

12.8.9　定义名称技巧

⊃ I　名称中的相对引用和混合引用

在定义名称的公式中使用相对引用方式时，是指与活动单元格的相对位置。在定义名称前应先单击要使用名称的首个单元格，然后再以此为参照，来设置定义名称中的公式引用方式。

⊃ II　引用位置始终指向当前工作表内的单元格

如果需要在任意工作表中使用名称时，都能引用当前工作表中的单元格区域，可以在【名称管理器】对话框的【引用位置】编辑框内去掉 "!" 前面的工作表名称，如 "=!A2"。

修改完成后，再次在公式中使用名称时，即可始终引用公式所在工作表的 A2 单元格。

12.8.10　使用名称的注意事项

⊃ I　复制工作表

在不同工作簿中复制工作表时，名称会随着工作表一同被复制。当复制的工作表中包含名称时，应注意可能由此产生的名称混乱。

在不同工作簿建立工作表副本时，源工作表中的所有名称将被原样复制。

在同一个工作簿中建立副本工作表时，原有的工作簿级名称和工作表级名称都将被复制，产生同名的工作表级名称。

⊃ II　删除工作表或单元格区域

当删除某张工作表时，该工作表中的工作表级名称会被全部删除，而引用该工作表内容的工作簿级名称将被保留，但【引用位置】编辑框中的公式会出现错误值 #REF!。

在【名称管理器】中删除名称后，调用该名称的公式将返回错误值 #NAME?。

第 13 章　文本处理技术

使用文本函数能够完成字符的拆分、合并、提取、替换等任务，本章主要介绍利用文本函数处理数据的常用方法与技巧。

13.1　文本型数据

13.1.1　认识文本型数据

文本型数据是指不能参与算术运算的字符，比如汉字、字母、符号及文本型数字等。如果一个单元格中既包括阿拉伯数字，也包括字母或符号，则该单元格的数据类型为文本型数据，如"Excel2021""Windows10"。

在公式参数中直接使用文本时，需要用一对半角双引号包含，如公式：="我"&"爱祖国"，否则将被识别为未定义的名称而返回错误值 #NAME?。

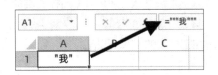

图 13-1　在公式中结果中得到半角双引号

在公式中要表示半角双引号字符本身时，需要使用两个半角双引号。例如，要使用公式得到带半角双引号的字符串""我""，表示方式为：="""我"""，其中最外层的一对双引号表示输入的是文本字符，"我"字前后分别用两个双引号""表示单个的双引号字符本身，如图 13-1 所示。

13.1.2　空单元格与空文本

空单元格是指未输入过内容的单元格或按 <Delete> 键清除过内容的单元格。空文本是指没有任何内容的文本，在公式中以一对半角双引号""表示，其性质是文本，字符长度为 0。空文本通常是由函数公式计算获得，结果在单元格中显示为空白。

在 Excel 不同的功能模块中，对空单元格与空文本的处理方式有所差异。当使用定位功能，将定位条件设置为"空值"时，定位结果不包括"空文本"。而在筛选操作中，将筛选条件设置为"空白"时，结果会同时包括"空单元格"和"空文本"。

13.1.3　比较空单元格与空文本

	A	B	C
1	以下为空单元格	比较结果	B列公式
2		TRUE	=A2=""
3		TRUE	=A3=0
4		FALSE	=""=0

图 13-2　比较空单元格与空文本

如图 13-2 所示，A2~A4 是空单元格，由 B 列公式计算的结果可以发现，空单元格可视为空文本，也可视为数字 0（零）。但是由于空文本和数字 0（零）的数据类型不一致，所以二者并不相等。

示例13-1 屏蔽公式返回的无意义0值

在使用部分查找引用类函数及等式时，如果目标单元格为空单元格，公式将返回无意义的 0。在公式最后连接空文本 ""，可将无意义 0 值显示为空文本。

如图 13-3 所示，C2 单元格使用以下公式返回A2:A4 单元格区域中第二个单元格的内容，但是由于A3 为空单元格，公式最终返回无意义的0。

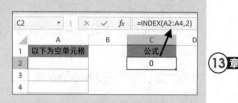

图 13-3 屏蔽公式返回的无意义 0 值

```
=INDEX(A2:A4,2)
```

使用以下公式可以屏蔽无意义的 0 值。

```
=INDEX(A2:A4,2)&""
```

13.1.4 文本型数字与数值的互相转换

大多数文本函数和日期函数的参数既可以使用数值也可以使用文本型数字，如LEFT函数、RIGHT函数、EDATE函数等。还有一部分查找与引用函数的参数则严格区分文本型数字和数值格式，如VLOOKUP函数的第一参数、MATCH函数的第一参数等。

如需使用公式将文本型数字转换为数值，可以使用VALUE函数来处理，也可以使用乘以1、除以1、加0或减0的方法。

另外，在文本型数字前加上两个负号也能使其转换为数值。例如，公式 "=--A2"，第二个负号先将A2 单元格中的文本型数字转换为负数，再使用一个负号将负数转换为正数，即负负得正。

如果要将数值转换为文本型数字，可以在数值后连接上一个空文本，例如，公式 "=25&"""将得到文本型的数字 25，公式 "=A2&"""会将A2 单元格中的数值转换为文本型数字。

在四则运算中，能够直接使用文本型数字和数值进行计算，无需转换格式。

13.2 常用文本函数

文本函数将处理对象都视作文本型数据来处理，得到的结果也是文本型数据。

13.2.1 文本比较

如果需要比较两个字符串是否完全相同，可以使用EXACT函数完成，该函数能够区分大小写字母但是不区分数字格式，如图 13-4 所示。

连接符 "&" 能够将两个字符串（或数字）连接成新的字符串。例如，以下公式的结果为字符串 "本期金额：999 元"。

	A	B	C	D
1	字符1	字符2	是否完全相同	说明
2	Excel	excel	FALSE	区分字母大小写
3	Ｅｘｃｅｌ	Excel	FALSE	区分全角与半角字符
4	2016	2016	TRUE	不区分数值和文本型数字

图 13-4 用 EXACT 函数比较字符

```
=" 本期金额："&999" 元 "
```

根据计算机系统字符集中的次序，文本型数据也能实现类似数值的大小比较，规则如下。

（1）逻辑值>文本>数值，汉字>英文>文本型数字。

（2）全角字符大于对应的半角字符，如公式=" A ">"A"，将返回逻辑值TRUE。

（3）区分文本型数字和数值。文本型数字本质是文本，大于所有的数值。

（4）不区分字母大小写。虽然大写字母和小写字母在字符集中的编码并不相同，但在比较运算中大小写字母是等同的，如公式="a"="A"，将返回逻辑值TRUE。

13.2.2　字符与编码转换

UNICODE函数和UNICHAR函数用于处理字符与计算机字符集编码之间的转换。UNICODE函数返回字符串中的首个字符在计算机字符集中对应的编码，UNICHAR函数则根据计算机字符集编码返回所对应的字符。

示例13-2　生成大小写字母

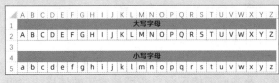

图 13-5　生成字母序列

在简体中文Windows操作系统中，字母A~Z对应的字符集编码为65~90，字母a~z对应的字符集编码为97~122。根据这些编码规律，可以使用CHAR函数生成大写字母或小写字母，如图 13-5 所示。

A2 单元格输入以下公式，将公式向右复制到Z2 单元格。

```
=UNICHAR(COLUMN(A1)+64)
```

先利用COLUMN函数生成 65~90 的自然数序列，再使用UNICHAR函数返回对应编码的大写字母。同理，A5 单元格输入以下公式，将公式向右复制到Z5 单元格，可以生成 26 个小写字母。

```
=UNICHAR(COLUMN(A1)+96)
```

13.2.3　CLEAN 函数和TRIM 函数

对从其他应用程序导入的文本，使用CLEAN 函数能够删除其中包含的当前操作系统无法打印的字符，这些字符经常是不可见的，影响文本的后续处理。

TRIM 函数用于移除文本中除单词之间的单个空格之外的空格，字符串内部的连续多个空格仅保留一个，字符串首尾的空格不再保留。例如，以下公式，返回结果为"Time and tide wait for no man"。

```
=TRIM(" Time  and  tide  wait  for  no  man   ")
```

13.2.4　字符串长度

全角字符是指一个字符占用两个标准字符位置的字符，又称为双字节字符。所有汉字均为双字节字符。半角字符是指一个字符占用一个标准字符位置的字符，又称为单字节字符。

在简体中文版的Windows系统中，字符长度可以使用LEN函数和LENB函数统计。其中LEN函数返回文本字符串中的字符数，LENB函数返回文本字符串中所有字符的字节数。

对于双字节字符（包括汉字及全角字符），LENB函数计数为 2，而LEN函数计数为 1。对于单字节字符（包括英文字母、数字及半角符号），LEN 函数和 LENB 函数都计数为 1。

例如，使用以下公式将返回 6，表示该字符串共有 6 个字符。

```
=LEN("ANSI 编码 ")
```

使用以下公式将返回 8，表示 4 个字母再加上两个汉字所占的 4 个字节长度。

```
=LENB("ANSI 编码 ")
```

13.2.5　提取字符串

常用的字符提取函数主要包括 LEFT 函数、RIGHT 函数及 MID 函数等。

LEFT 函数能够从字符串的首个字符开始，返回指定个数的字符，函数语法如下：

```
LEFT(text,[num_chars])
```

参数 text 是需要从中提取字符的字符串。

参数 [num_chars] 可选，指定要提取的字符个数。如果省略该参数，则默认提取最左侧的 1 个字符。

RIGHT 函数用于从字符串的末尾位置返回指定数字的字符。函数语法与 LEFT 函数类似，如果省略参数 [num_chars]，默认提取最右侧的 1 个字符。

示例13-3　提取混合内容中的识别码

如图 13-6 所示，希望从 A 列的混合内容中，提取出最右侧 5 位数的识别码。

B2 单元格输入以下公式，将公式向下复制即可。

```
=RIGHT(A2,5)
```

	A	B
1	类别-品目-识别码	识别码
2	耕地机械-铧式犁-10101	10101
3	耕地机械-翻转犁-10102	10102
4	耕地机械-圆盘犁-10103	10103
5	耕地机械-栅条犁-10104	10104
6	耕地机械-旋耕机-10105	10105
7	耕地机械-耕整机（水田、旱田）-10106	10106
8	耕地机械-微耕机-10107	10107
9	耕地机械-田园管理机-10108	10108
10	耕地机械-开沟机（器）-10109	10109
11	耕地机械-浅松机-10110	10110

图 13-6　提取混合内容中的识别码

MID 函数用于从字符串的任意位置开始，提取指定长度的字符串，函数语法如下：

```
MID(text,start_num,num_chars)
```

参数 text 是要从中提取字符的字符串。

参数 start_num 用于指定要提取字符的起始位置。

参数 num_chars 用于指定提取字符的长度。如果参数 start_num 加上参数 num_chars，超出了文本长度，则提取到最后一个字符为止。

例如，以下公式表示从字符串"Microsoft Office 2021"的第 11 个字符开始，提取 6 个字符，结果为"Office"。

```
=MID("Microsoft Office 2021",11,6)
```

以下公式表示从字符串"Microsoft Office 2021"的第 11 个字符开始，提取 20 个字符。由于指定位置 11 加上要提取的字符数 20 超出了文本字符数，因此提取到文本的最后，返回结果为"Office 2021"。

```
=MID("Microsoft Office 2021",11,20)
```

对于需要区分处理单字节字符和双字节字符的情况，分别对应 LEFTB 函数、RIGHTB 函数和 MIDB 函数，即在原有函数名称后加上字母 "B"，函数语法与原有函数相似。

LEFTB 函数用于从字符串的起始位置返回指定字节数的字符。

RIGHTB 函数用于从字符串的末尾位置返回指定字节数的字符。

MIDB 函数用于在字符串的任意字节位置开始，返回指定字节数的字符。

图 13-7 提取月份

当 LEFTB 函数和 RIGHTB 函数省略参数 start_num 时，分别提取字符串第一个和最后一个字节的字符。当第一个或最后一个字符是双字节字符（如汉字）时，函数返回半角空格。

如果 MIDB 函数的参数 num_chars 设置为 1，且该位置字符为双字节字符，函数也会返回空格。

如图 13-7 所示，需要提取出 B 列字符中的月份。C2 单元格输入以下公式，再将公式向下复制即可。

```
=TRIM(LEFTB(B2,2))
```

该公式首先使用 LEFTB 函数从 B2 单元格左侧开始提取两个字节长度的字符，得到结果为 "1 "，即数字 1 和一个空格，再使用 TRIM 函数删除多余空格。

提示 ■■■→ 使用文本函数在字符串中提取到的数字仍为文本型数据，如要将其转化为数值，请参阅 7.2.2 节。

示例13-4　提取混合内容中的产品名称和规格

图 13-8 展示了某药材公司采购表的部分内容，B 列是产品名称和规格的混合内容，需要在 E 列和 F 列分别提取出品名和规格。

	A	B	C	D	E	F
1	编号	品名规格	数量	进货价	品名	规格
2	01360000000235	制何首乌10g	30	9.06	制何首乌	10g
3	01360000000224	切制生地黄5g	15	3.24	切制生地黄	5g
4	01360000000258	碎龙骨5g	30	15.30	碎龙骨	5g
5	01360000000311	碎磁石10g	610	36.60	碎磁石	10g
6	01360000000300	醋炙延胡索5g	80	23.20	醋炙延胡索	5g
7	01360000000360	燀苦杏仁10g	1294	207.43	燀苦杏仁	10g
8	01360000000277	净制百合10g	1620	383.94	净制百合	10g
9	01360000000248	炒牛蒡子10g	775	106.95	炒牛蒡子	10g
10	01360000000266	泽兰段10g	2310	230.35	泽兰段	10g

图 13-8 提取混合内容中的品名和规格

首先观察 B 列混合内容的字符分布规律，可以发现半角字符的型号均在右侧，而全角字符的产品名称均在左侧。已知一个全角字符等于两个字节长度，因此在提取品名时，可以先分别计算出 B2 单元格中的字节长度和字符长度，然后使用字节长度减去字符长度，其结果就是全角字符数。最后再使用 RIGHT 函数，从 B2 单元格最右侧根据全角字符个数提取出对应的字符数即可。

E2 单元格输入以下公式，将公式向下复制。

```
=LEFT(B2,LENB(B2)-LEN(B2))
```

要提取 B2 单元格中的规格，首先需要确定该单元格中有多少个半角字符。用字符长度减去全角字符数，剩余部分即为半角字符数。半角字符数的计算公式为：

```
=LEN(B2)-(LENB(B2)-LEN(B2))
```

其中 LEN(B2) 部分为 B2 单元格的字符数，"LENB(B2)-LEN(B2)"部分为 B2 单元格中的全角字符数。再使用 RIGHT 函数，根据以上公式计算出的半角字符数，从 B2 单元格最右侧提取出对应数量的字符数。

F2 单元格输入以下公式，将公式向下复制。

```
=RIGHT(B2,LEN(B2)-(LENB(B2)-LEN(B2)))
```

如果简化公式中的"LEN(B2)-(LENB(B2)-LEN(B2))"部分，可以写成：

```
=RIGHT(B2,LEN(B2)+LEN(B2)-LENB(B2))
```

继续简化还可以写成：

```
=RIGHT(B2,2*LEN(B2)-LENB(B2))
```

> 虽然 Excel 函数可以从部分混合字符串中提取出数字，但并不意味着在工作表中可以随心所欲地录入数据。格式不规范、结构不合理的基础数据，会给后续的汇总、计算、分析等工作带来很多麻烦。

13.2.6 查找字符串

在从字符串中提取部分字符时，提取的位置和字符数量往往是不确定的，需要根据条件进行定位。FIND 函数和 SEARCH 函数，以及用于双字节字符的 FINDB 函数和 SEARCHB 函数可以解决在字符串中的文本查找定位问题。

FIND 函数和 SEARCH 函数都是根据指定的字符串，在另一个字符串中查找该字符串的起始位置。函数语法如下：

```
FIND(find_text,within_text,[start_num])
SEARCH(find_text, within_text, [start_num])
```

参数 find_text 是要查找的文本。

参数 within_text 是需要从中查找的源文本。

参数 [start_num] 可选，指定从源文本的第几个字符位置开始查找，如果省略该参数，默认值为 1。

如果源文本中包含多个要查找的文本，函数将从指定位置开始，返回查找文本首次出现的位置。如果源文本中不包含要查找的文本，则返回错误值 #VALUE!。

例如，以下两个公式都返回"黄鹤"在字符串"昔人已乘黄鹤去，此地空余黄鹤楼"中第一次出现的位置 5。

```
=FIND(" 黄鹤 "," 昔人已乘黄鹤去，此地空余黄鹤楼 ")
=SEARCH(" 黄鹤 "," 昔人已乘黄鹤去，此地空余黄鹤楼 ")
```

此外，还可以使用第三参数指定开始查找的位置。以下公式从字符串"昔人已乘黄鹤去，此地空余黄鹤楼"第 7 个字符开始查找"黄鹤",结果返回 13。

```
=FIND(" 黄鹤 "," 昔人已乘黄鹤去，此地空余黄鹤楼 ",7)
=SEARCH(" 黄鹤 "," 昔人已乘黄鹤去，此地空余黄鹤楼 ",7)
```

FIND 函数区分大小写,而 SEARCH 函数不区分大小写。FIND 函数不支持通配符,SEARCH 函数则支持通配符。

示例13-5　提取混合内容中的图号

A	B
文件/图号	图号
MSS4S模块分段划分图-S8S-002	S8S-002
MSS8S模块分段胎架图-2862-ASS	2862-ASS
MSS8S组立图-2862-BEN	2862-BEN
MSS8S板材曲加工图-2862-LST	2862-LST
MSS8S零件表-2862-NEC	2862-NEC
MSS8S板材套料图-2862-PG	2862-PG
MSS8SPG梁预制方案-2862-SEC	2862-SEC
MSS8S型材套件及子件图-2869-ASS	2869-ASS
MSS8S铺板图-2869-LST	2869-LST

图 13-9　提取指定符号后的字符

图 13-9 所示,是工程公司文件档案表的部分内容,需要从 A 列的文件/图号中提取首个"-"号之后的字符。

B2 单元格输入以下公式,将公式向下复制。

```
=MID(A2,FIND("-",A2)+1,99)
```

本例中,由于间隔符号"-"在各个单元格中出现的位置不固定,因此先使用 FIND 函数来查找"-"的位置,FIND("-",A2) 部分返回结果为 13。

接下来使用 MID 函数,从 FIND 函数获取的间隔符号位置向右一个字符开始,提取右侧剩余部分的字符。在不知道具体的剩余字符数时,指定一个较大的数值 99 作为要提取的字符数,99 加上起始位置 13 大于 A2 单元格的总字符数,MID 函数最终提取到最后一个字符为止。

FINDB 函数和 SEARCHB 函数分别与 FIND 函数和 SEARCH 函数对应,区别仅在于返回的查找字符串在源文本中的位置是以字节为单位计算。利用 SEARCHB 函数支持通配符的特性,可以进行模糊查找。

示例13-6　提取混合内容中的小区名称

A	B
菜鸟驿站地址	小区名称
一中文苑小区15号楼15单元	一中文苑小区
繁华5号楼5单元	繁华里
东城壹号院11号楼7单元	东城壹号院
东城壹号院2号楼8单元	东城壹号院
和园7#13单元	和园
和园26#10单元	和园
七里香都5#8单元	七里香都
清江山水17#19单元	清江山水
清江山水4#3单元	清江山水
地鑫富丽城10#9单元	地鑫富丽城

图 13-10　提取混合内容中的小区名称

图 13-10 所示是某地区菜鸟驿站的部分地址,其中包含小区名称、楼号和单元,需要提取出最左侧的小区名称。

B2 单元格输入以下公式,将公式向下复制。

```
=LEFTB(A2,SEARCHB("?",A2)-1)
```

本例中,最左侧的中文和表示楼号的数字之间没有间隔符号,而且楼号数字的起始位置也不相同,因此无法使用查询固定间隔符号的方法来确定要提取字符数。

公式使用 SEARCHB 函数,以通配符半角问号"?"作为查询内容,在 A2 单元格中返回首个半角字符出现的位置。

SEARCHB 函数得到的字节数减去 1,计算结果就是最左侧的中文字符数。最后使用 LEFTB 函数,从 A2 单元格最左侧开始提取出字节数长度的字符串。

13.2.7　替换字符串

使用替换函数,能够将字符串中的部分或全部内容替换为新的字符串。替换函数包括 SUBSTITUTE 函数、REPLACE 函数及用于区分双字节字符的 REPLACEB 函数。

⊃ I　使用 SUBSTITUTE 函数按内容替换字符

SUBSTITUTE 函数用于将目标字符串中指定的字符串替换为新字符串。函数语法如下:

```
SUBSTITUTE(text,old_text,new_text,[instance_num])
```

参数 text 是目标字符串或目标单元格引用。

参数 old_text 是需要进行替换的旧字符串。

参数 new_text 指定将旧字符串替换成的新字符串。

参数 instance_num 可选,指定替换第几次出现的旧字符串,如果省略该参数,源字符串中的所有与参数 old_text 相同的文本都将被替换。

例如,以下公式返回"之家 Home"。

```
=SUBSTITUTE("Excel 之家 ExcelHome","Excel","")
```

而以下公式返回"Excel 之家 Home"。

```
=SUBSTITUTE("Excel 之家 ExcelHome","Excel","",2)
```

SUBSTITUTE 函数区分字母大小写和全角半角字符。当第三参数为空文本 "" 或简写该参数的值而仅保留参数之前的逗号时,相当于将需要替换的文本删除。例如,以下两个公式都返回字符串"Excel"。

```
=SUBSTITUTE("ExcelHome","Home","")
=SUBSTITUTE("ExcelHome","Home",)
```

示例13-7　提取最后一个斜杠后的内容

如图 13-11 所示,是某公司商品清单的部分内容。需要从 B 列的描述说明中提取出最后一个斜杠之后的内容。

B2 单元格输入以下公式,将公式向下复制。

```
=TRIM(RIGHT(SUBSTITUTE(B2,"/
",REPT(" ",99)),99))
```

	A	B	C
1	编号	描述说明	类型
2	208001	RW/Michele Chiarlo/Barolo迈克基阿罗酒庄巴罗洛/750ml/红葡萄酒	红葡萄酒
3	208002	Champagne/Chandon/Brut香桐气泡葡萄酒/750ml/香槟	香槟
4	209004	Whisky Glenfiddich/格兰菲迪12年/700ml/威士忌	威士忌
5	209005	Whisky Macallan/麦卡伦12年/700ml/威士忌	威士忌
6	210001	Aperitif Martini Bianco/马天尼白威末/1000ml/开胃酒	开胃酒
7	210002	SD Fanta/芬达/355ml/tin/软饮	软饮
8	210003	Cognac Martell XO/马爹利 XO/700ml/干邑	干邑
9	210004	Cognac Remy Martin VSOP/人头马 VSOP/700ml/干邑	干邑
10	212003	Rum Bacardi Light /百家得/750ml/烈酒	烈酒
11	212004	Rum Captain Morgan /摩根船长黑/750ml/烈酒	烈酒

图 13-11　商品清单

REPT 函数的作用是按照给定的次数重复文本。公式中的"REPT(" ",99)"就是将空格重复 99 次,返回由 99 个空格组成的字符串。

SUBSTITUTE 函数将源字符串中的间隔符号"/"替换成 99 个空格(99 可以是大于字符串长度的任意值),目的是拉大各个字段间的距离。

以 B2 单元格公式为例,替换后的内容为:

" RW　　　　Michele Chiarlo　　　　Barolo迈克基阿罗酒庄巴罗洛　　　　750ml　　　红葡萄酒 "

再使用 RIGHT 函数，从替换后的内容最右侧返回 99 个字符，结果为：

"   红葡萄酒 "

最后使用 TRIM 函数清除多余的空格，得到商品类型。

示例13-8　借助SUBSTITUTE函数提取科目名称

	A	B	C	D
1	科目名称	一级科目	二级科目	三级科目
2	其他货币资金	其他货币资金		
3	其他货币资金-外埠存款	其他货币资金	外埠存款	
4	其他货币资金-银行本票存款	其他货币资金	银行本票存款	
5	其他货币资金-银行汇票存款	其他货币资金	银行汇票存款	
6	其他货币资金-信用卡存款	其他货币资金	信用卡存款	
7	其他货币资金-信用保证金存款	其他货币资金	信用保证金存款	
8	其他货币资金-存出投资款	其他货币资金	存出投资款	
9	交易性金融资产	交易性金融资产		
10	交易性金融资产-本金	交易性金融资产	本金	
11	交易性金融资产-本金-股票	交易性金融资产	本金	股票
12	交易性金融资产-本金-债券	交易性金融资产	本金	债券

图 13-12 会计科目表

图 13-12 展示了某公司会计科目表的部分内容。A 列是以符号"-"分隔的多级科目，需要在 B~D 列分别提取出各级科目名称。

B2 单元格输入以下公式，将公式向右、向下复制。

`=TRIM(MID(SUBSTITUTE($A2,"-",REPT(" ",99)),COLUMN(A1)*99-98,99))`

首先使用 REPT 函数返回由 99 个空格组成的字符串。

再使用 SUBSTITUTE 函数将源字符串中的分隔符"-"替换成99个空格用来拉大各个科目之间的距离。以B3 单元格为例，替换后的结果为：

"其他货币资金   外埠存款 "

公式中的"COLUMN(A1)*99-98"部分，用于得到从 1 开始、并且按 99 递增的序号 1、100、199……

MID 函数分别从以上字符串的第 1 个、第 100 个、第 199 个字符位置开始，截取 99 个字符长度的字符串，结果为一个包含科目名称及空格的字符串。

最后使用 TRIM 函数清除字符串首尾多余的空格，得到科目名称。

如果需要计算指定字符（串）在某个字符串中出现的次数，可以使用SUBSTITUTE 函数将其全部删除，然后通过 LEN 函数计算删除前后字符长度的变化来完成。

示例13-9　统计家庭人口数

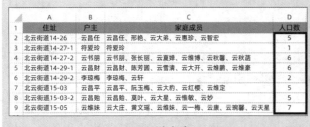

图 13-13 统计家庭人口数

图 13-13 展示了某社区家庭成员登记表的部分内容，C 列的家庭成员姓名由"、"分隔，需要统计每个家庭的人口数。

D2 单元格输入以下公式，将公式向下复制。

```
=LEN(C2)-LEN(SUBSTITUTE(C2,"、",))+1
```

本例中，SUBSTITUTE 函数省略第三参数的参数值，表示从 C2 单元格中删除所有的分隔符号"、"。

先用 LEN 函数计算出 C3 单元格字符个数，再用 LEN 函数计算出替换掉分隔符号"、"后的字符个数，二者相减即为分隔符"、"的个数。由于家庭成员数比分隔符数多 1，因此加 1 即得到人口数。

为了避免在 C 列单元格为空时，公式返回错误结果 1，可在公式原有公式基础上加上 C2 不等于空的判断，当 C2 单元格为空时最终返回 0。

```
=(LEN(C2)-LEN(SUBSTITUTE(C2,"、",))+1)*(C2<>"")
```

⊃ Ⅱ　使用 REPLACE 函数按位置替换字符

REPLACE 函数用于从目标字符串的指定位置开始，将指定长度的部分字符串替换为新字符串。函数语法如下：

```
REPLACE(old_text,start_num,num_chars,new_text)
```

参数 old_text 表示目标字符串。

参数 start_num 指定要替换的起始位置。

参数 num_chars 表示需要替换字符长度，如果该参数为 0（零），可以实现插入字符串的功能。

参数 new_text 表示用来替换的新字符串。

示例13-10　在姓名和电话号码之间加上空格

图 13-14 所示的 A 列，是姓名和电话号码的混合内容，需要在姓名和电话号码之间加上空格进行间隔。

B2 单元格输入以下公式，将公式向下复制到数据区域的最后一行。

```
=REPLACE(A2,LENB(A2)-LEN(A2)+1,0," ")
```

首先使用 LENB(A2)-LEN(A2) 计算出 A2 单元格中的全角字符数，结果加 1 得到首个半角字符出现的位置。

	A	B
1	姓名电话	姓名 电话
2	张霞13900000001	张霞 13900000001
3	孙长辉88423055	孙长辉 88423055
4	齐东强13812345678	齐东强 13812345678
5	宋长虹13701010101	宋长虹 13701010101
6	徐燕13901234567	徐燕 13901234567
7	夏开万13987654321	夏开万 13987654321
8	郑斌90118109	郑斌 90118109
9	周冬梅91006666	周冬梅 91006666
10	李文琼8329806	李文琼 8329806

图 13-14　姓名和电话号码

然后使用 REPLACE 函数，从 A2 单元格中首个半角字符所在的位置开始，用空格替换掉其中的 0 个字符。

REPLACEB 函数的语法与 REPLACE 函数类似，区别在于 REPLACEB 函数是将指定字节长度的字符串替换为新文本。

提示

> SUBSTITUTE 函数是按字符串内容替换，而 REPLACE 函数和 REPLACEB 函数是按位置和字符串长度替换。

13.2.8　使用 TEXT 函数格式化文本

TEXT 函数能够将数值或文本转换为指定数字格式的文本。函数语法如下：

```
TEXT(value,format_text)
```

参数 value 是要处理的字符串。

参数 format_text 是格式代码,与单元格自定义数字格式中的大部分代码基本相同,有少部分用于表示颜色或是对齐方式的格式代码仅适用于自定义格式,不能在 TEXT 函数中使用。

设置单元格的自定义数字格式和 TEXT 函数有以下区别。

(1)前者仅仅改变显示外观,数据本身并未发生变化。

(2)使用 TEXT 函数返回按指定格式转换后的文本,该返回值与原始值并不相同。

示例13-11 合并带数字格式的字符串

	A	B	C	D
1	客户姓名	回款日期	回款金额	合并内容
2	张霞	2021/5/1	132,374.00	2021年5月1日回款132,374.00元
3	孙长辉	2021/5/2	812,703.00	2021年5月2日回款812,703.00元
4	齐东强	2021/5/2	923.00	2021年5月2日回款923.00元
5	宋长虹	2021/5/2	906,473.00	2021年5月2日回款906,473.00元
6	徐燕	2021/5/2	854,941.00	2021年5月2日回款854,941.00元
7	夏开万	2021/5/6	190,493.00	2021年5月6日回款190,493.00元
8	郑斌	2021/5/17	156,381.00	2021年5月17日回款156,381.00元
9	周冬梅	2021/5/17	923,717.00	2021年5月17日回款923,717.00元
10	李文琼	2021/5/17	142,915.00	2021年5月17日回款142,915.00元

图 13-15 合并带数字格式的字符串

图 13-15 所示为某公司客户回款统计表的部分内容,其中 B 列为日期格式,C 列为会计专用格式,需要将日期和回款金额合并在一个单元格内。

对于设置了数字格式的单元格,如果直接使用文本连接符"&"连接,会全部按常规格式进行连接合并。

本例中,如果使用公式"=B2&C2",结果为"44317132374"。其中 44317 是 B2 单元格的日期序列值,132374 则是 C2 单元格中常规格式的数值。

D2 单元格输入以下公式,将公式向下复制。

```
=TEXT(B2,"e 年 m 月 d 日回款 ")&TEXT(C2,"#,##0.00元 ")
```

首先使用 TEXT(B2,"e 年 m 月 d 日回款 "),将 B2 单元格中的日期转换为字符串"2021 年 5 月 1 日回款",再使用 TEXT(C2,"#,##0.00 元 "),将 C2 单元格中的金额转换为字符串"132,374.00 元"。

最后再使用文本连接符"&",将 TEXT 函数得到的字符串进行连接,得到显示数字格式的字符串"2021 年 5 月 1 日回款 132,374.00 元"。

示例13-12 计算课程总时长

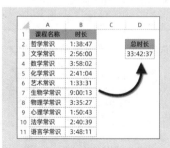

	A	B	C	D
1	课程名称	时长		
2	哲学常识	1:38:47		总时长
3	文学常识	2:56:00		33:42:37
4	数学常识	3:58:02		
5	化学常识	2:41:04		
6	艺术常识	1:33:31		
7	生物学常识	9:00:13		
8	物理学常识	3:35:27		
9	心理学常识	1:50:43		
10	法学常识	2:40:39		
11	语言学常识	3:48:11		

图 13-16 计算课程总时长

图 13-16 展示的是某在线学习班的课程及时长目录,需要计算出课程总时长。

D3 单元格输入以下公式,计算结果为 33:42:37。

```
=TEXT(SUM(B2:B11),"[h]:mm:ss")
```

先使用 SUM 函数计算出 B 列的时长总和,再使用 TEXT 函数将结果转换为超过进制的"时:分:秒"形式。

示例 13-13 转换中文大写金额

如果需要使用Excel制作一些票据和凭证，这些票据和凭证中的金额往往需要转换为中文大写样式。根据有关规定，中文大写金额需要符合以下要求。

（1）中文大写金额数字到"元"为止的，在"元"之后应写"整"（或"正"）字，在"角"之后，可以不写"整"（或"正"）字。大写金额数字有"分"的，"分"后面不写"整"（或"正"）字。

（2）数字金额中有"0"时，中文大写应按照汉语语言规律、金额数字构成和防止涂改的要求进行书写。数字中间有"0"时，中文大写要写"零"字。数字中间连续有几个"0"时，中文大写金额中间可以只写一个"零"字。金额数字万位和元位是"0"，或者数字中间连续有几个"0"，万位、元位也是"0"，但千位、角位不是"0"时，中文大写金额中可以只写一个"零"字，也可以不写"零"字。金额数字角位是"0"，而分位不是"0"时，中文大写金额"元"后面应写"零"字。

如图 13-17 所示，B列是小写的金额数字，需要转换为中文大写金额。

C3 单元格输入以下公式，将公式向下复制。

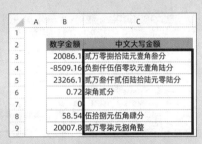

图 13-17 转换中文大写金额

```
=IF(B3,SUBSTITUTE(SUBSTITUTE(SUBSTITUTE(I
F(B3<0,"负",)&TEXT(INT(ABS(B3)),"[dbnum2];;
")&TEXT(MOD(ABS(B3)*100,100),"[>9][dbnum2]元0
角0分;[=0]元整;[dbnum2]元零0分"),"零分","整"),"
元零",)," 元",),"")
```

先使用IF函数进行判断，如果B3 单元格为不等于 0，则执行以下计算规则，否则返回空文本。

"IF(B3<0,"负",)"部分，判断金额是否为负数。如果是负数则返回"负"字，否则返回空文本。

"TEXT(INT(ABS(B3)),"[dbnum2];; ")"部分，使用ABS 函数和INT 函数得到数字金额的整数部分，然后通过TEXT函数将正数转换为中文大写数字，将零转换为一个空格" "。

"TEXT(MOD(ABS(B3)*100,100),"[>9][dbnum2]元 0 角 0 分;[=0]元整;[dbnum2]元零 0 分")"部分，使用 MOD 函数和 ABS 函数提取金额数字小数点后两位数字，然后通过 TEXT 函数自定义条件的三区段格式代码转换为对应的中文大写金额。

最后公式通过由里到外的三层 SUBSTITUTE 函数完成字符串替换得到中文大写金额。第一层 SUBTITUTE函数将"零分"替换为"整"，对应数字金额到"角"为止的情况，在"角"之后写"整"字。

第二层 SUBSTITUTE 函数将" 元零"替换为空文本，对应数字金额只有"分"的情况，删除字符串中多余的字符。

第三层 SUSTITUTE 函数将" 元"替换为空文本，对应数字金额整数部分为"0"的情况，删除字符串中多余的字符。

13.2.9 合并字符串

TEXTJOIN 函数用于合并单元格区域中的内容或是内存数组中的元素，并可指定间隔符号。函数语法如下：

```
TEXTJOIN(delimiter,ignore_empty,text1,…)
```

参数 delimiter 是指定的间隔符号。该参数为空文本或省略参数值时，表示不使用分隔符号。

参数 ignore_empty 指定是否忽略空单元格和空文本，使用 TRUE 或不等于 0 的任意数值及省略此参数值，表示忽略空单元格和空文本。使用 FALSE 或 0，表示不忽略空单元格和空文本。

参数 text1 是需要合并的单元格区域或数组。

如果生成的字符串超出 32767 个字符，则返回错误值 #VALUE!。

示例13-14　合并家庭成员姓名

图 13-18 展示了某小区的部分住户信息，需要将家庭成员的姓名合并到一个单元格。

F2 单元格输入以下公式，将公式向下复制。

图 13-18　住户信息

`=TEXTJOIN("、",TRUE,B2:E2)`

TEXTJOIN 函数使用顿号"、"，在忽略空文本的前提下合并 B2:E2 单元格区域中的姓名。

以下公式也能实现相同效果。

`=TEXTJOIN("、",,B2:E2)`

示例13-15　按指定条件合并人员姓名

图 13-19 展示了某企业新工登记表的部分内容，需要根据 F 列的状态情况合并员工姓名，并用"、"进行分隔。

G2 单元格输入以下公式，将公式向下复制到 G5 单元格。

`=TEXTJOIN("、",,IF(D$2:D$15=F2,A$2:A$15,""))`

图 13-19　新工登记表

先使用 IF 函数将 D2:D15 单元格区域中的状态与 F2 单元格中的内容进行比较，如果相同则返回对应的姓名，不同则返回空文本，得到内存数组结果为：

{"刘昆兰";"";"董祥凯";"";"";"肖文山";"";"";"";"段文华";"贾宝良";"张志娟";"";""}

最后利用 TEXTJOIN 函数，以"、"作为分隔符，忽略空文本合并该内存数组。

CONCAT 函数用于合并单元格区域中的内容或内存数组中的元素，但不提供分隔符。

示例13-16　合并选修科目

图 13-20 是某高校学生选修课程表的部分内容，标记"√"的为该生选修课程，需要在 H 列合并选修科目，并用空格进行分隔。

H2 单元格输入以下公式，将公式向下复制到 H12 单元格。

=TRIM(CONCAT(IF(B2:G2="√",B$1:G$1&" ","")))

公式 中 的"IF(B2:G2="√",B$1:G$1&" ","")"部分，使用 IF 函数对 B2:G2 单元格进行判断，如果等于字符"√"，则返回 B$1:G$1 中的科目名称并连接一个空格" "，否则返回空文本""。得到内存数组结果为：

	A	B	C	D	E	F	G	H
1	姓名	城市生态学	心理学	教育学	金融工程	高等数学	气象学	选修科目
2	刘彩云	√		√		√		城市生态学 教育学 高等数学
3	冯瑞华		√	√				心理学 教育学
4	董话梅	√			√		√	城市生态学 金融工程 气象学
5	葛文虎				√	√		金融工程 高等数学
6	龚春玲	√		√				城市生态学 教育学
7	蔡冬风		√		√	√		心理学 金融工程 高等数学
8	曹玉玲	√	√			√		城市生态学 心理学 高等数学
9	曾俊丽		√		√		√	心理学 金融工程 气象学
10	陈春秀	√		√		√		城市生态学 教育学 高等数学
11	白翠明		√		√		√	心理学 金融工程 气象学
12	张占佳	√	√			√		城市生态学 心理学 高等数学

图 13-20　选修课程表

{" 城市生态学 ",""," 教育学 ",""," 高等数学 ",""}

然后使用 CONCAT 函数连接该内存数组中的各个元素，最后使用 TRIM 函数清除多余的空格。

提示 → 所有文本函数或文本连接运算符"&"得到的结果均为文本型数据。

第 14 章　逻辑判断与信息提取函数

逻辑类函数主要用于对数据进行对比判断或检验，如判断是否符合指定的条件等。信息类函数主要用于获取工作簿名称、单元格格式等信息。

> **本章学习要点**
>
> （1）常用逻辑函数。　　　　　　　（3）常用信息函数。
>
> （2）认识LAMBDA函数。

14.1　逻辑函数

14.1.1　用 AND 函数、OR 函数和 NOT 函数判断真假

AND 函数对应逻辑关系"与"。当所有参数为逻辑值 TRUE 时，结果返回 TRUE，只要有一个参数为逻辑值 FALSE，结果返回 FALSE。

OR 函数对应逻辑关系"或"。只要有一个参数为逻辑值 TRUE 时，结果就返回 TRUE。只有当所有参数均为逻辑值 FALSE 时，才会返回 FALSE。

NOT 函数对应关系"非"。其用于对参数的逻辑值求反，当参数为 TRUE 时返回 FALSE，参数为逻辑值 FALSE 时返回 TRUE。

示例14-1　使用AND函数和OR函数进行多条件判断

	A	B	C	D	E
1	代理商	所在社区	2021年销量	2022年销量	两年度均高于35000
2	盛昆	紫云社区	45000	34000	FALSE
3	贾丽	宝来社区	33000	19000	FALSE
4	赵睿	迎宾街道	45000	42000	TRUE
5	赵莉	安德街道	27000	39000	FALSE
6	岳成恩	北辰社区	18000	15000	FALSE
7	李学勤	菜园社区	26000	17000	FALSE
8	赵宝冬	千阳社区	21000	23000	FALSE
9	朱爱丽	康博大道	41000	39000	TRUE
10	陈燕	前后杨	44000	30000	FALSE

图 14-1　销量汇总表

图 14-1 展示了某公司各代理商 2021 和 2022 年两个年度的销量汇总，使用 AND 函数可以判断两个年度销量是否均高于 35000。

E2 单元格输入以下公式，向下复制到 E10 单元格。

```
=AND(C2>35000,D2>35000)
```

先使用 C2>35000 和 D2>35000 分别对比两个年度的销量是否大于 35000，然后使用 AND 函数对两个条件返回的结果进一步判断。如果两个条件对比后都返回 TRUE，AND 函数才会返回 TRUE，表示两个条件同时符合。只要有一个条件对比后返回 FALSE，AND 函数即返回 FALSE。

如果要判断是否有任意一个年度的销量大于 35000，可以在 F2 单元格输入以下公式，向下复制到 F10 单元格。

```
=OR(C2>35000,D2>35000)
```

先分别对比两个年度的销量是否大于 35000，然后使用 OR 函数对两个条件返回的结果进行判断。如果任意一个条件对比后返回 TRUE，OR 函数即返回 TRUE，表示两个条件符合其一。只有两个条件对

比后都返回 FALSE，OR 函数才会返回逻辑值 FALSE，表示两个条件均不符合。

14.1.2 用乘法、加法替代 AND 函数和 OR 函数

在实际运用中，常用乘法代替 AND 函数，用加法代替 OR 函数。

乘法运算与 AND 函数的逻辑关系相同，只要有一个乘数为 0，结果就等于 0。只有当所有乘数都不等于 0 时，结果才不等于 0。

加法运算与 OR 函数的逻辑关系相同，只要有一个加数不为 0，结果就不等于 0。只有当所有加数都为 0 时，结果才是 0。

仍以示例 14-1 中的数据为例，需要计算代理商的年终返利。如果在两个年度销量均高于 35000 时返回 1000，否则返回 0，使用乘法替代 AND 函数的公式为：

```
=(C2>35000)*(D2>35000)*1000
```

如果在任意一个年度销量高于 35000 时返回 1000，否则返回 0，使用加法替代 OR 函数的公式为：

```
=((C2>35000)+(D2>35000)>0)*1000
```

> **提示**
> ■■■→
> 乘法和加法可以进行数组间的逻辑运算，最终返回内存数组结果，而 AND 函数和 OR 函数只能返回单一的逻辑值。在数组运算中，只能用乘法和加法完成对多个条件的判断。关于数组运算的内容，请参阅 21.1 节。

14.1.3 认识 IF 函数

使用 AND 或 OR 函数虽然能对多个条件进行判断，但是只能返回逻辑值 TRUE 或 FALSE，如果要根据不同的判断结果返回指定的内容或是执行某项计算，可以借助 IF 函数来实现。

◯ Ⅰ 简单的 IF 函数用法

IF 函数的语法为：

```
IF(logical_test,value_if_true,value_if_false)
```

参数 logical_test 是需要判断的条件。

参数 value_if_true 用于指定条件成立时返回的值。

参数 value_if_false 用于指定条件不成立时返回的值。

参数 logical_test 为 TRUE 或非 0 数值时，IF 函数返回参数 value_if_true 的值。参数 logical_test 为 FALSE 或等于 0 时，则返回参数 value_if_false 的值。

仍以示例 14-1 中的数据为例，如果希望在两个年度销量均高于 35000 时返回"优质客户"，否则返回"普通客户"，可以使用以下公式：

```
=IF(AND(C2>35000,D2>35000),"优质客户","普通客户")
```

IF 函数根据 AND 函数的结果分别返回不同的内容，当 AND 函数结果为 TRUE 时，返回参数 value_if_true 指定的内容"优质客户"，当 AND 函数结果为 FALSE 时，返回参数 value_if_false 指定的内容"普通客户"。

◎ II IF 函数的嵌套使用

如果将 IF 函数的参数 value_if_true 或参数 value_if_false 设置成另一个 IF 函数再次计算，就能够实现多条件的判断。

示例14-2　使用IF函数评定考核等级

	A	B	C	D	E	F	G	H
1	部门	整理	整顿	清扫	清洁	素养	综合分	等级
2	财务部	C	A	B	A	B	9.8	
3	销售部	C	B	C	A	B	10.2	
4	采购部	D	A	D	A	C	11.0	
5	市场部	A	A	C	D	C	10.6	
6	仓储部	A	E	E	A	B	8.4	
7	品保部	D	B	D	B	C	11.4	
8	企管部	D	D	A	A	E	10.2	
9	妇联	D	C	B	E	D	10.8	
10	工会	B	B	C	C	D	11.0	

图 14-2　5S考评表

图 14-2 展示了某公司 5S 考评表的部分内容，需要根据各个部门的综合分来评定等级。评定规则是大于 10 为 "A"，大于 9 为 "B"，其他为 "C"。

H2 单元格输入以下公式，将公式向下复制到 H10 单元格。

```
=IF(G2>10,"A",IF(G2>9,"B","C"))
```

公式中的 IF(G2>9,"B","C") 部分，可以看作是首个 IF 函数的 value_if_false 参数。如果 G2 单元格中的分数大于 10，将返回参数 value_if_true 指定的内容 "A"。如果不满足该条件，则执行 IF(G2>9,"B","C")，继续判断 G2 是否大于 9，满足该条件时返回 "B"，否则返回 "C"。

使用 IF 函数按不同数值区间进行嵌套判断时，需要注意区段划分的完整性，各个判断条件之间不能有冲突。可以先判断是否小于条件中的最小标准值，然后逐层判断，最后是判断是否小于条件中的最大标准值。也可以先判断是否大于条件中的最大标准值，然后逐层判断，最后是判断是否大于条件中的最小标准值。

使用以下公式能够完成同样的计算要求。

```
=IF(G2<=9,"C",IF(G2<=10,"B","A"))
```

14.1.4　用 IFS 函数实现多条件判断

使用 IFS 函数可以取代多个嵌套 IF 语句，在进行多个条件判断时更加方便。函数语法为：

```
IFS(logical_test1,value_if_true1,[logical_test2,value_if_
true2],logical_test3,value_if_true3],…)
```

参数 logical_test1 必需，是需要判断的第一个条件。

参数 value_if_true1 必需，是在参数 logical_test1 判断结果为 TRUE 时要返回的结果。

其他参数可选，两两一组，是需要判断的第 2 至第 127 组判断条件和符合判断条件时要返回的结果。将最后一个判断条件的参数设置为 TRUE 或是不等于 0 的数值，在不满足其他所有判断条件时能够返回指定的内容。

IFS 函数的用法可以理解为：

IFS (判断条件 1, 条件 1 成立时返回的值 , 判断条件 2, 条件 2 成立时返回的值…, TRUR, 以上条件都不符合时返回的值)

仍以示例 14-2 中的数据为例，可以使用以下公式完成考核等级的判断。

```
=IFS(G2>10,"A",G2>9,"B",TRUE,"C")
```

IFS函数对多个条件依次进行判断，如果G2>10的条件成立，返回指定内容"A"，如果G2>9的条件成立，返回指定内容"B"，当以上两个条件都不成立时，返回指定内容"C"。

14.1.5 用SWITCH函数进行条件判断

SWITCH函数用于将表达式与参数进行比对，如匹配则返回对应的值，没有参数匹配时返回可选的默认值。函数语法为：

```
=SWITCH(expression,value1,result1,[default_or_value2,result2],...)
```

参数expression是要判断的单元格，之后是成对的value和result参数。最后一个参数作为指定的默认值，在前面的条件都不符合时将返回该结果。

如果参数expression的结果与value1相等，则返回result1；如果与value2相等，则返回result2；……；如果都不匹配，则返回指定的内容。当不指定内容且无参数可以匹配时，将返回错误值。

示例14-3 用SWITCH函数完成简单的条件判断

在图14-3所示的销售汇总表中，需要根据D列的等级返回对应的拟定措施。等级为"A"时，拟定措施为"重点培养"，等级为"B"时，拟定措施为"加强监督"，其他等级的拟定措施为"跟进升级"。

E2单元格输入以下公式，向下复制到E11单元格。

=SWITCH(D2,"A","重点培养","B","加强监督","跟进升级")

	A	B	C	D	E
1	序号	姓名	本月销售	等级	拟定措施
2	1	杨杭州	92622.10	A	
3	2	刘文京	59793.10	A	
4	3	于上海	54860.00	A	
5	4	段金平	35991.54	B	
6	5	刘德友	21482.37	C	
7	6	马家辉	4630.00	C	
8	7	何文化	6918.00	C	
9	8	陈家栋	1023.00	C	
10	9	苏文瑞	13849.00	C	
11	10	杨凤萍	2205.00	C	

图 14-3 用SWITCH函数完成简单的条件判断

SWITCH函数根据D2单元格中的内容进行判断，当等于"A"或"B"时，返回与之对应的"重点培养"或"加强监督"，否则返回"跟进升级"。

14.1.6 用IFERROR函数屏蔽错误值

IFERROR函数常用于处理公式可能返回的错误值。如果公式的计算结果为错误值，IFERROR函数将返回指定的内容，否则返回公式的计算结果。函数语法为：

```
IFERROR(value, value_if_error)
```

参数value是需要检查是否有错误值的公式或单元格引用。

参数value_if_error是公式计算结果为错误值或是单元格为错误值时要返回的内容。返回的内容可以是数字、文本或是其他公式。

图14-4展示了某企业销货统计表的部分内容。在F列使用E列的销售金额除以D列的数量，计算单价。

	A	B	C	D	E	F
1	销售日期	商场	品名	数量	销售金额	单价（元）
2	2022/5/22	美家居商厦	卫衣	87	30711	353
3	2022/5/22	银泰商城	T恤		17935	#DIV/0!
4	2022/5/22	乐福超市	外套		3640	#DIV/0!
5	2022/5/22	邻居超市	衬衣	96	33024	344
6	2022/5/22	家庭号super	牛仔裤	8	3824	478
7	2022/5/22	银座商城	卫衣	24	44064	1836
8	2022/5/22	乐百服饰	卫衣	90	63270	703

图 14-4 计算订单完成进度

由于 D3 和 D4 单元格中缺少数量，F3 和 F4 单元格中的公式返回了错误值。

如需将错误值显示为"销售数量待核"，可以在 F2 单元格输入以下公式，将公式向下复制到 F8 单元格。

```
=IFERROR(E2/D2," 销售数量待核 ")
```

> **提示**
>
> IFNA 函数也用于屏蔽公式返回的错误值，但是能够判断的错误值类型仅包括 #N/A，因此在使用中有一定的局限性。

14.1.7　认识 LAMBDA 函数

LAMBDA 函数能够创建一个可在当前工作簿中调用的自定义函数，并且能够在自定义函数中调用函数自身，实现类似编程语言中的递归运算。函数语法为：

```
=LAMBDA([parameter1, parameter2, …,] calculation)
```

参数 [parameter1, parameter2, …,] 为可选参数，用于指定要传递给自定义函数的值，可以是单元格引用、字符串或数字。指定变量最少为 1 个，最多为 253 个。

参数 calculation 是要对各个变量执行计算的公式。

❍ I　基础用法

示例14-4　LAMBDA函数的简单示例

如图 14-5 所示，如果希望使用 LAMBDA 函数计算 B 列和 C 列的费用之和，可以在 D2 单元格输入以下公式完成。

```
=LAMBDA(x,y,x+y)(B2,C2)
```

首先定义变量 x 和 y，然后指定执行计算的公式为 x+y。函数的最后使用括号分别指定变量 x 和 y 对应的单元格地址。

也可以使用定义名称的方法创建自定义函数。依次单击【公式】→【新建名称】命令，打开【新建名称】对话框，新建名称"MySum"，在【引用位置】编辑框中输入以下公式，单击【确定】按钮关闭对话框，如图 14-6 所示。

```
=LAMBDA(x,y,x+y)
```

在 D2 单元格输入以下公式，使用自定义函数计算出 B2 和 C2 之和，如图 14-7 所示。

```
=MySum(B2,C2)
```

图 14-5　调用单元格中的内容　　　图 14-6　新建名称　　　图 14-7　使用自定义函数完成
　　　　　　　　　　　　　　　　　　　　　　　　　　　　　　　　　　　求和计算

公式中的B2和C2分别对应变量x和变量y。

⊃ II 递归用法

递归就是函数在运算过程中调用函数本身，使用LAMBDA函数实现递归有以下两个基本要求。

（1）自定义函数必须为定义的名称。

（2）必须为自定义函数设置退出条件。本质上递归也是循环，如果不设置退出条件，循环将无法终止。

示例14-5　用LAMBDA函数完成数值累加

本例将创建一个自定义函数，用于计算 1+2+3+……的和。

依次单击【公式】→【新建名称】命令，打开【新建名称】对话框，新建名称"ComSum"，在【引用位置】编辑框中输入以下公式，单击【确定】按钮关闭对话框，如图 14-8 所示，

```
=LAMBDA(n,IF(n=1,1,n+ComSum(n-1)))
```

B2 单元格输入以下公式，即可计算出从 1 到 100 的累加结果，如图 14-9 所示。

```
=ComSum(100)
```

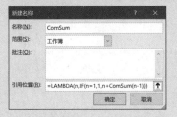

图 14-8　新建名称

图 14-9　用自定义函数计算数值累加

自定义函数 ComSum 不断循环调用自身结果，直到条件 $n=1$ 时停止调用。其计算过程为：

```
=ComSum(100)
=100+ComSum(100-1)
=100+99+ComSum(99-1)
=100+99+98+ComSum(98-1)
……
=100+99+98+……+3+ComSum(3-1)
=100+99+98+……+3+2+ComSum(2-1)
=100+99+98+……+3+2+1
```

SUBSTITUTE函数每次只能将一个旧字符串替换为新字符串。借助LAMBDA函数，能够制作实现多重替换的自定义函数。

示例14-6　用自定义函数实现多重替换

图 14-10 展示了某单位新员工的擅长软件登记表，由于输入不规范，B列中的部分软件名称为小写

或简称，需要根据右侧对照表中的内容，将旧字符依次替换为新字符。

	A	B	C	D	E	F
1	姓名	擅长软件	替换后		对照表	
2	马东敏	Word、PPT、AE			旧字符	替换为
3	陈淑芝	PS、outlook、AU			PPT	PowerPoint
4	刘红梅	BI、excel			excel	Excel
5	杨桂兰	Word、PPT、Excel			PS	Photoshop
6	李秀玲	Word、PPT			BI	Power BI
7	白秀芳	PS、Word、outlook			outlook	Outlook
8	段成美	BI、excel			AE	After Effects
9	满文贵	Word、PPT、Excel			AU	Adobe Audition
10	李海涛	PS、outlook				

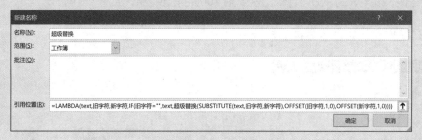

图 14-10 电脑技能登记表

依次单击【公式】→【新建名称】命令，打开【新建名称】对话框，新建名称“超级替换”，在【引用位置】编辑框中输入以下公式，如图 14-11 所示。

```
=LAMBDA(text,旧字符,新字符,IF(旧字符="",text,超级替换(SUBSTITUTE(text,旧字符,新字符),OFFSET(旧字符,1,0),OFFSET(新字符,1,0))))
```

图 14-11 新建名称

在C2 单元格输入以下公式，将公式向下复制，即可将B2 单元格中在E列出现的所有旧字符串全部替换为F列中对应的新字符串，如图 14-12 所示。

```
=超级替换(B2,E$3,F$3)
```

C2 =超级替换(B2,E$3,F$3)

	A	B	C	D	E	F
1	姓名	擅长软件	替换后		对照表	
2	马东敏	Word、PPT、AE	Word、PowerPoint、After Effects		旧字符	替换为
3	陈淑芝	PS、outlook、AU	Photoshop、Outlook、Adobe Audition		PPT	PowerPoint
4	刘红梅	BI、excel	Power BI、Excel		excel	Excel
5	杨桂兰	Word、PPT、Excel	Word、PowerPoint、Excel		PS	Photoshop
6	李秀玲	Word、PPT	Word、PowerPoint		BI	Power BI
7	白秀芳	PS、Word、outlook	Photoshop、Word、Outlook		outlook	Outlook
8	段成美	BI、excel	Power BI、Excel		AE	After Effects
9	满文贵	Word、PPT、Excel	Word、PowerPoint、Excel		AU	Adobe Audition
10	李海涛	PS、outlook	Photoshop、Outlook			

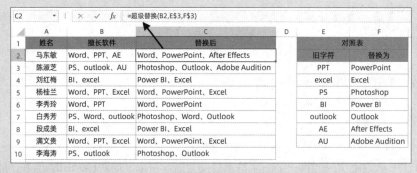

图 14-12 用自定义函数实现多重替换

本例中，为LAMBDA函数指定了三个变量，分别是“text”“旧字符”和“新字符”。其中，“text”是要进行替换的原字符串。

公式先使用SUBSTITUTE函数将“text”中的“旧字符”替换为“新字符”，然后在此基础上调用自身的结果继续执行替换。

OFFSET(旧字符,1,0)部分用于指定继续替换的旧字符，也就是每执行一次替换，替换内容就从上次替换的旧字符位置向下偏移一个单元格。

OFFSET(新字符,1,0)部分用于指定继续替换为的新字符，也就是每执行一次替换，替换内容就从上次替换的新字符位置向下偏移一个单元格。

当旧字符为空文本时，表示全部替换完毕，LAMBDA函数停止递归调用，返回多重替换后的字符。

关于OFFSET函数，请参阅17.9节。

14.2 常用信息函数

14.2.1 借助CELL函数返回单元格信息

CELL函数能够根据第一参数指定的类型返回单元格中的信息。函数语法为：

```
CELL(info_type, [reference])
```

参数info_type为必需参数，用于指定要返回的单元格信息的类型。

参数reference为可选参数，是需要得到其相关信息的单元格或单元格区域。如果省略该参数，则返回最后更改的单元格信息。如果该参数是一个单元格区域，则CELL函数返回该区域左上角单元格的信息。

参数info_type的部分常用取值及对应的结果见表14-1。

表14-1 CELL函数常用参数及返回的结果

参数Info_type取值	函数返回结果
"col"	以数字形式返回单元格的列号
"filename"	返回带有工作簿名称和工作表名称的完整文件路径。如果是未保存的新建文档，则返回空文本("")
"row"	返回单元格的行号
"width"	取整后的单元格列宽，以默认字号的一个字符宽度为单位

　在更改了参数单元格的格式后，需要按<F9>功能键使公式重新计算，才能更新CELL函数的结果。

示例14-7 忽略隐藏列的求和汇总

图14-13展示了某公司服装销售记录表的部分内容，需要在M列计算出C~L列的总和，同时忽略隐藏列的数据。

操作步骤如下。

	A	B	C	F	K	L	M
1	大类	款式	暗红	豆沙	红点	红花	合计
2	单衣	T恤					
3	单衣	半袖衬衫			7		
4	单衣	吊带衫		7			
5	单衣	风衣					
6	单衣	连衣裙				5	
7	单衣	上衣	9		5		
8	单衣	套服				3	
9	单衣	套裙					
10	单衣	长袖衬衫				7	
11	单衣	针织衫	3	2			
12	夹衣	夹克		4			
13	下装	长裤		5			

图 14-13　销售数据表

步骤① 在数据区域底部的空白单元格，如C15 单元格，输入以下公式，向右复制到L15 单元格。

```
=CELL("width",C1)
```

CELL 函数参数 Info_type 使用 "width"，得到 C1 单元格的列宽，这里的 C1 可以是公式所在列的任意单元格。如果隐藏了 C~L 列的任意列，CELL 函数的结果将返回 0。

步骤② M2 单元格输入以下公式，向下复制到 M13 单元格。

```
=SUMIF(C$15:L$15,">0",C2:L2)
```

SUMIF 函数以 C15:L15 单元格区域中 CELL 函数的计算结果作为条件区域，如果 C15:L15 大于 0，则对 C2:L2 单元格对应的数值进行求和。

如果隐藏了 C~L 列的任意列，然后按 <F9> 键使公式重新计算，即可在 M 列得到忽略隐藏列的汇总结果。

14.2.2　其他常用信息函数

常用信息函数的功能见表 14-2。

表 14-2　常用信息函数功能说明

函数名称	参数符合以下条件时，返回TRUE	函数名称	参数符合以下条件时，返回TRUE
ISBLANK	空单元格	ISNA	#N/A 错误值
ISERR	除 #N/A 以外的其他错误值	ISNONTEXT	不是文本类型
ISERROR	任意错误值	ISNUMBER	数值
ISEVEN	偶数	ISODD	奇数
ISFORMULA	单元格中包含公式	ISREF	引用
ISLOGICAL	逻辑值	ISTEXT	文本

ISODD 函数和 ISEVEN 函数能够判断数值的奇偶性，使用这两个函数，能够根据身份证号码信息判断持有人的性别。

示例14-8　根据身份证号码判断性别

我国现行居民身份证由17位数字本体码和1位数字校验码组成，其中第17位数字表示性别，奇数代表男性，偶数代表女性。如图14-14所示，需要根据D列的员工身份证号码判断性别。

	A	B	C	D	E
1	姓名	部门	职务	身份证号码	性别
2	赵宝玉	企划部	职员	150429********1216	
3	刘东辰	销售部	门市经理	210311********0041	
4	李乐乐	行政部	职员	522324********5216	
5	宋林龙	销售部	营业员	211224********5338	
6	苏文超	行政部	部长	522626********1214	
7	孙洛川	销售部	经理助理	210303********1224	
8	孙源龙	销售部	经理助理	210111********3012	
9	张玉琳	销售部	经理助理	152123********0681	
10	杨文茹	销售部	经理助理	211322********2025	
11	杨少平	行政部	职员	522324********5617	
12	张玉华	企划部	经理	120107********0641	
13	张家超	企划部	职员	211322********0317	

图 14-14　根据身份证号码判断性别

在E2单元格输入以下公式，将公式向下复制到E13单元格。

```
=IF(ISODD(MID(D2,17,1)),"男","女")
```

公式首先利用MID函数提取D2单元格中的第17个字符，再使用ISODD函数判断该字符的奇偶性，结果返回逻辑值TRUE或是FALSE。最后使用IF函数根据ISODD函数得到的逻辑值返回相对应的值。

同样的思路，也可以使用以下公式。

```
=IF(ISEVEN(MID(D2,17,1)),"女","男")
```

提示

> ISODD函数或ISEVEN函数支持使用文本型参数，如果参数不是整数，将被截尾取整后再进行判断。

第 15 章　数学计算

使用数学函数，可以快速完成求和、取余、随机和修约等数学计算，本章主要学习常用数学函数的应用。

本章学习要点

（1）取余函数及应用。

（2）数值取舍与四舍五入函数。

（3）随机函数及应用。

15.1　取余函数

余数是被除数与除数进行整除运算后剩余的数值，余数的绝对值必定小于除数的绝对值。例如 20 除以 6，余数为 2。

MOD 函数用来返回两数相除后的余数，其结果的正负号与除数相同，函数语法为：

```
MOD(number,divisor)
```

其中，参数 number 是被除数，参数 divisor 是除数。如果借用 INT 函数来表示，其计算过程为：

```
MOD(n,d)=n-d*INT(n/d)
```

示例15-1　MOD函数计算余数

计算数值 25 除以 4 的余数，可以使用以下公式，结果为 1。

```
=MOD(25,4)
```

如果被除数是除数的整数倍，MOD 函数将返回结果 0。以下公式用于计算数值 3 除以 1 的余数，结果为 0。

```
=MOD(3,1)
```

MOD 函数的被除数和除数允许使用负数，结果的正负号与除数相同。以下公式用于计算数值 22 除以 -6 的余数，结果为 -2。

```
=MOD(22,-6)
```

循环序列是基于自然数序列，按固定的周期重复出现的数字序列，其典型形式是 1,2,3, 4,1,2,3,4,…… 借助 MOD 函数可生成这样的数字序列。

示例15-2　MOD函数生成循环序列

如图 15-1 所示，B 列是用户指定的循环周期，C 列是初始值，利用 MOD 函数结合自然数序列可以生成指定周期和初始值的循环序列。

D4 单元格输入以下公式,将公式复制到 D4:L6 单元格区域,即可生成横向的循环序列。

=MOD(D$2-1,$B4)+$C4

利用自然数序列生成循环序列的通用公式为:

=MOD(自然数序列 –1,周期)+ 初始值

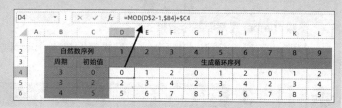

图 15-1 MOD 函数生成循环序列

15.2 数值取舍函数

在对数值的处理中,经常会遇到进位或舍去的情况。例如,去掉小数部分、按 3 位小数四舍五入或保留 4 位有效数字等。

常用取舍函数的功能与示例见表 15-1。

表 15-1 常用取舍函数

函数名称	功能描述	示例
INT	取整函数,将数字向下含入为最接近的整数	=INT(4.2516)=4
TRUNC	将数字按指定的保留位数直接截尾取整	=TRUNC(4.2516,1)=4.2
ROUND	将数字四舍五入到指定位数	=ROUND(4.2516,1)=4.3
MROUND	按指定基数进行四舍五入	=MROUND(12,5)=10
ROUNDUP	将数字朝远离零的方向含入,即向上含入	=ROUNDUP(4.2516,2)=4.26
ROUNDDOWN	将数字朝靠近零的方向含入,即向下含入	=ROUNDDOWN(4.2516,1)=4.2
CEILING 或 CEILING.MATH	将数字沿绝对值增大的方向,向上含入为最接近的指定基数的倍数	=CEILING(4.2516,0.5)=4.5
FLOOR 或 FLOOR.MATH	将数字沿绝对值减小的方向,向下含入为最接近的指定基数的倍数	=FLOOR(4.2516,0.5)=4
EVEN	将数字向上(绝对值增大的方向)含入为最接近的偶数	=EVEN(4.2516)=6
ODD	将数字向上(绝对值增大的方向)含入为最接近的奇数	=ODD(4.2516)=5

15.2.1 INT 和 TRUNC 函数

INT 函数和 TRUNC 函数通常用于舍去数值的小数部分,仅保留整数部分。这两个函数功能相似,但在实际使用上存在一定的区别。

INT 函数用于取得不大于目标数值的最大整数,函数语法为:

```
INT(number)
```

参数 number 是需要取整的实数。

TRUNC 函数是对目标数值进行直接截尾，函数语法为：

```
TRUNC(number,[num_digits])
```

参数 number 是需要截尾取整的实数。

参数 num_digits 可选，用于指定取整精度的数字，该参数的默认值为零。

示例15-3　对数值进行取整计算

对于正数 7.28，INT 函数和 TRUNC 函数的取整结果相同。

```
=INT(7.28)=7
=TRUNC(7.28)=7
```

对于负数 -5.1，两个函数的取整结果不同。公式 =INT(-5.1) 的结果为 -6，即不大于 -5.1 的最大整数。公式 =TRUNC(-5.1) 的结果为 -5，即直接截去数值的小数部分。

15.2.2　ROUNDUP 和 ROUNDDOWN 函数

ROUNDUP 函数和 ROUNDDOWN 函数对数值的取舍方向相反。ROUNDUP 函数向绝对值增大的方向舍入，ROUNDDOWN 函数向绝对值减小的方向舍入。两个函数的语法如下：

```
ROUNDUP(number, num_digits)
ROUNDDOWN(number, num_digits)
```

参数 number 是需要舍入的任意实数，参数 num_digits 是要将数字舍入到的位数。

示例15-4　对数值保留两位小数的计算

如需将数值 15.2758 保留两位小数，使用 ROUNDUP 函数时，将远离零值，向上（绝对值增长的方向）舍入数字。使用 ROUNDDOWN 函数将靠近零值，向下（绝对值减小的方向）舍入数字。

```
=ROUNDUP(15.2758,2)=15.28
=ROUNDDOWN(15.2758,2)=15.27
```

由于 ROUNDDOWN 函数向绝对值减小的方向舍入，其原理与 TRUNC 函数相同，因此可使用 TRUNC 函数代替 ROUNDDOWN 函数：

```
=TRUNC(15.2758,2)=15.27
```

如需将负数 -7.4573 保留两位小数，各个函数的结果如下：

```
=ROUNDUP(-7.4573,2)=-7.46
=ROUNDDOWN(-7.4573,2)=-7.45
=TRUNC(-7.4573,2)=-7.45
```

ROUNDUP 函数结果向绝对值增大的方向舍入，ROUNDDOWN 函数和 TRUNC 函数结果则向绝对值减小的方向舍入。

15.2.3 CEILING 和 FLOOR 函数

CEILING函数和FLOOR函数按指定基数的整数倍对数值进行取舍。CEILING函数是向上舍入，FLOOR函数是向下舍入。

两个函数的语法分别为：

```
CEILING(number,significance)
FLOOR(number,significance)
```

参数number是需要进行舍入计算的值，参数significance是舍入的基数。

示例15-5　将数值按照整数倍进行取舍计算

如图 15-2 所示，A列为需要进行舍入计算的数值，B列为舍入的基数，在C列和D列分别使用CEILING函数和FLOOR函数进行取舍计算。

C2 单元格输入以下公式，将公式向下复制到C5 单元格。

	A	B	C	D
1	number	significance	CEILING	FLOOR
2	4	2.4	4.8	2.4
3	-9.527	-3.1	-12.4	-9.3
4	-7.91	3	-6	-9
5	6.38	-1.9	#NUM!	#NUM!

图 15-2　将数值按整数倍进行取舍

```
=CEILING(A2,B2)
```

D2 单元格输入以下公式，将公式向下复制到D5 单元格。

```
=FLOOR(A2,B2)
```

从计算结果可以看出，CEILING函数向绝对值增大的方向舍入，FLOOR函数向绝对值减小的方向舍入。当舍入数值为正数，基数为负数时，结果返回错误值#NUM!。

CEILING.MATH函数和FLOOR.MATH函数会忽略第二参数中数值符号的影响，避免函数运算结果出现错误值，函数语法为：

```
CEILING.MATH(number,[significance],[mode])
FLOOR.MATH(number,[significance],[mode])
```

参数number是需要进行舍入计算的值。

参数significance是舍入的基数，该参数缺省时，默认值为 1。

参数mode可选，用于控制负数的舍入方向（接近或远离零）。

示例15-6　将负数按指定方向进行取舍计算

如果将负数-7.6424 按 1.3 的整数倍进行取舍，几个函数结果如下：

```
=CEILING.MATH(-7.6424,1.3,0)
```

以上公式等于 -6.5，结果朝接近零的方向舍入。

```
=CEILING.MATH(-7.6424,1.3,1)
```

以上公式等于 -7.8，结果朝远离零的方向舍入。

```
=FLOOR.MATH(-7.6424,1.3,0)
```

以上公式等于 -7.8，结果朝远离零的方向舍入。

```
=FLOOR.MATH(-7.6424,1.3,1)
```

以上公式等于 -6.5，结果朝接近零的方向舍入。

15.3 四舍五入函数

15.3.1 常用的四舍五入

ROUND 函数用于将数字四舍五入到指定的位数。该函数对需要保留位数的右边一位数值进行判断，若小于 5 则舍弃，若大于等于 5 则进位。函数语法为：

```
ROUND(number,num_digits)
```

参数 number 是需要进行舍入计算的值。

参数 num_digits 用于指定小数位数。若为正数，则对小数部分进行四舍五入；若为负数，则对整数部分进行四舍五入。

以下公式将数值 728.492 四舍五入保留两位小数，结果为 728.49。

```
=ROUND(728.492,2)
```

以下公式将数值 -257.1 四舍五入到十位，结果为 -260。

```
=ROUND(-257.1,-1)
```

此外，FIXED 函数也可将数字四舍五入到指定的位数。该函数的舍入规则与 ROUND 函数一致，不同的是 FIXED 函数的返回结果是文本，且能返回带千位分隔符的格式文本。函数语法为：

```
FIXED(number,[decimals],[no_commas])
```

参数 number 是需要进行舍入计算的值。

参数 decimals 可选，用于指定四舍五入的位数。若为正数，则对小数部分进行四舍五入；若为负数，则 number 从小数点往左按相应位数四舍五入。若省略该参数，则按其值为 2 进行四舍五入。

参数 no_commas 是一个逻辑值。若为 TRUE，则返回不包含千位分隔符的结果文本；若为 FALSE 或省略，则返回带千位分隔符的结果文本。

分别使用以下几个公式将数值 28359.476 四舍五入保留两位小数：

```
=ROUND(28359.476,2)
```

该公式结果为数值 28359.48。

```
=FIXED(28359.476)
```

该公式结果为带千位分隔符的文本 28,359.48。

```
=FIXED(28359.476,2,TRUE)
```

该公式结果为不带千位分隔符的文本 28359.48。

分别使用以下几个公式将数值 -5782.3 四舍五入到十位:

```
=ROUND(-5782.3,-1)
```

该公式结果为数值 -5780。

```
=FIXED(-5782.3,-1)
```

该公式结果为带千位分隔符的文本 -5,780。

```
=FIXED(-5782.3,-1,TRUE)
```

该公式结果为不带千位分隔符的文本 -5780。

15.3.2　特定条件下的舍入

MROUND 函数能够返回参数按指定基数四舍五入后的值,函数语法为:

```
MROUND(number,multiple)
```

参数 number 是需要进行舍入计算的值。参数 multiple 是指定的舍入基数。

如果参数 number 除以参数 multiple 的余数大于或等于参数 multiple 的一半,则 MROUND 函数向远离零的方向舍入。

 提示

> 当 MROUND 函数的两个参数符号相反时,返回错误值 #NUM!。

示例15-7　特定条件下的舍入计算

实际工作中,除了按照常规的四舍五入法来进行取舍计算,有时还需要一些特定的舍入方式。

如需按 0.5 单位取舍,可将目标数值乘以 2,按其前一位置数值进行四舍五入后,所得数值再除以 2。

如需按 0.2 单位取舍,可将目标数值乘以 5,按其前一位置数值进行四舍五入后,所得数值再除以 5。

如图 15-3 所示,分别使用不同的公式对数值进行按条件取舍运算。

C4 单元格公式为:

```
=ROUND(B4*5,0)/5
```

D4 单元格公式为:

```
=MROUND(B4,SIGN(B4)*0.2)
```

其中 SIGN 函数取得数值的符号,如果数

数值	按0.2单位取舍		按0.5单位取舍	
	ROUND	MROUND	ROUND	MROUND
-3.6183	-3.6	-3.6	-3.5	-3.5
2.27	2.2	2.2	2.5	2.5
4.9	5	5	5	5
-15.43	-15.4	-15.4	-15.5	-15.5

图 15-3　按指定条件取舍

字为正数，则返回 1；如果数字为 0，则返回 0；如果数字为负数，则返回 -1。目的是确保 MROUND 函数的两个参数符号相同，避免返回错误值。

利用上述原理，使用以下公式能够将数值舍入至 0.5 单位。

E4 单元格公式为：

```
=ROUND(B4*2,0)/2
```

F4 单元格公式为：

```
=MROUND(B4,SIGN(B4)*0.5)
```

15.3.3 四舍六入五成双的修约方式

四舍五入是最常见的数字舍入方式，但是在某些情况下需要采用四舍六入五成双的数字修约方式，这种修约方式的进舍规则如下。

需保留的位数后面一位数字如果小于 5，则舍去。

需保留的位数后面一位数字如果大于 5，则向前进位。

需保留的位数后面一位数字等于 5 时，如果 5 后面有非零数字，则向前进位。如果 5 后面没有非零数字，分两种情况：5 前面的数字为奇数则进位；5 前面的数字为偶数则舍去。

负数修约时，先将它的绝对值按以上规则进行修约，然后在所得值前面加上负号。

四舍六入五成双比"四舍五入"更加精确，在大量运算时，它使舍入后的结果误差的均值趋于零，而不是像四舍五入那样逢五即入，导致结果偏向大数，使得误差产生积累进而产生系统误差。

示例15-8 利用取舍函数解决四舍六入五成双问题

如图 15-4 所示，需要根据 E3 单元格中指定的位数，对 B 列的数值按四舍六入五成双的规则进行修约。

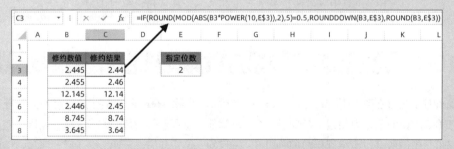

图 15-4 采用四舍六入五成双的方式进行修约

C3 单元格输入以下公式，将公式向下复制到 C8 单元格。

```
=IF(ROUND(MOD(ABS(B3*POWER(10,E$3)),2),5)=0.5,ROUNDDOWN(B3,E$3),ROUND(B3,E$3))
```

四舍六入五成双公式的模式化写法为：

```
=IF(ROUND(MOD(ABS(X*POWER(10,Y)),2),5)=0.5,ROUNDDOWN(X,Y),ROUND(X,Y))
```

公式中的X是待修约的数值，Y是指定的修约位数。Y为1时表示进位到十分位，Y为-1时表示进位到十位，Y为0时表示进位到整数位。

POWER(10,Y)部分，先进行10的Y次方乘幂运算，再使用ABS函数返回乘幂运算结果的绝对值。

接下来用MOD函数返回上述绝对值与2相除的余数，如果余数是0.5，说明被修约数值的尾数等于5，且其前面的数是偶数，则返回ROUNDDOWN(X,Y)的计算结果，也就是将待修约数值X按Y保留位数向下舍入。如果余数不是0.5，则返回ROUND(X,Y)的计算结果，也就是将待修约数值X按Y保留位数进行四舍五入。

由于MOD函数在部分情况下会出现浮点误差，因此需要使用ROUND函数对MOD函数的结果进行修约。

15.4 随机函数

随机数是一个事先不确定的数，在随机抽取试题、随机安排考生座位、随机抽奖等应用中，都需要使用随机数进行处理。RAND函数、RANDBETWEEN函数和RANDARRAY函数都能产生随机数。生成随机数的函数具有易失性，在单元格中执行输入、编辑等操作或按下<F9>键时，函数将返回新的结果。

15.4.1 生成随机数

RAND函数不需要参数，可以随机生成一个大于等于0且小于1的小数，而且产生的随机小数几乎不会重复。

RANDBETWEEN函数用于生成指定范围的随机整数，函数语法为：

```
RANDBETWEEN(bottom,top)
```

参数bottom为起始值，参数top为最大值，最终生成一个大于等于参数bottom且小于等于参数top的整数。例如，使用以下公式，将返回1~10之间的随机整数。

```
=RANDBETWEEN(1,10)
```

15.4.2 生成随机数数组

RANDARRAY函数用于返回一个随机数的数组。可指定要填充的行数、列数、最小值、最大值，并且能够指定返回的随机数为整数或小数。函数语法为：

```
=RANDARRAY([rows],[columns],[min],[max],[whole_number])
```

参数rows和参数columns可选，分别用于指定生成数组的行数和列数。如果不输入行参数或列参数，RANDARRAY函数将返回0到1之间的单个值。

参数min和参数max可选，分别用于指定生成数组的最小值和最大值。如果不输入最小值或最大值参数，将分别默认为0和1。

参数whole_number可选，该参数为逻辑值TRUE或是不为0的任意数值时，生成的随机数为整数。该参数为逻辑值FALSE或是数值0时，生成的随机数会包含小数部分。如果不输入该参数，将默认为FALSE。

例如，以下公式将返回 5 行 3 列、范围在 10~30 之间并且包含小数部分的随机数。公式结果自动溢出到与公式相邻的单元格范围，如图 15-5 所示。

```
=RANDARRAY(3,5,10,30,0)
```

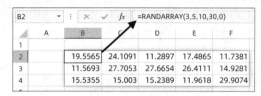

图 15-5　随机数数组

15.5　生成序列

SEQUENCE 函数可以生成一系列的连续数字或多行多列的等差数列，函数语法为：

```
SEQUENCE(行,[列],[开始数],[增量])
```

如果省略参数列、开始数和增量，默认值均为 1。

函数结果如果是多行多列的动态数组，会按照先行后列的顺序将结果溢出到与公式相邻的单元格范围，如图 15-6 所示。

图 15-6　SEQUENCE 函数结果的排列顺序

示例15-9　将一列姓名转换为多列

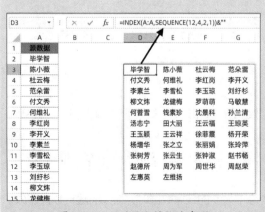

图 15-7　一列姓名转换为多列

如图 15-7 所示，在 D3 单元格输入以下公式，可将 A 列姓名转换为多行 4 列。

```
=INDEX(A:A,SEQUENCE(12,4,2,1))&""
```

首先使用 SEQUENCE 函数生成 12 行 4 列的序列，序列从 2 开始，按 1 递增。这里的行数可以根据实际数据范围设置。

再使用 INDEX 函数，根据 SEQUENCE 函数生成的序列返回 A 列对应位置的姓名。

公式最后连接空文本 ""，是为了屏蔽 INDEX 函数在引用空白单元格时返回的无意义 0 值。

示例15-10　随机安排面试顺序

图 15-8 展示了某公司招聘面试表的部分内容，需要使用随机序列来安排面试人员的出场顺序。

E2 单元格输入以下公式，公式结果将自动溢出到相邻单元格区域。

=SORTBY(SEQUENCE(9),RANDARRAY(9))

公式中的"SEQUENCE(9)"部分，用于生成 1 至 9 的序列值，以此作为 SORTBY 函数的第一参数。

"RANDARRAY(9)"部分，用于生成 9 行 1 列的随机数，以此作为 SORTBY 函数的第二参数。

E2	▾	:	× ✓	*fx*	=SORTBY(SEQUENCE(9),RANDARRAY(9))		
▲	A	B	C	D	E	F	G
1	序号	姓名	性别	学历	面试顺序		
2	1	文英	女	研究生	6		
3	2	王淑霞	女	本科	7		
4	3	刘传义	男	双学位	2		
5	4	孟文超	女	本科	5		
6	5	何文杰	女	本科	1		
7	6	夏明月	男	研究生	8		
8	7	陈天荣	女	本科	4		
9	8	柳逵春	男	双学位	9		
10	9	赵宝华	男	本科	3		

图 15-8　随机安排面试顺序

最后使用 SORTBY 函数对 RANDARRAY 函数得到的随机数进行升序排序，并按该顺序返回 SEQUENCE 函数结果中所对应的序列值。

15章

第 16 章　日期与时间计算

日期与时间是 Excel 中一种特殊类型的数据，有关日期与时间的计算在各个领域中都具有广泛的应用。本章重点讲解日期与时间数据的特点及计算方法，以及日期与时间相关函数的应用。

> **本章学习要点**
>
> （1）认识日期与时间数据。　　　　　（3）工作日与假期计算。
>
> （2）常用的日期与时间函数。

16.1　认识日期及时间

16.1.1　日期及时间数据的本质

在 Excel 中，日期和时间是以一种特殊的数值形式储存的，这种数值形式被称为"序列值"。

在 Windows 操作系统上所使用的 Excel 版本中，日期系统默认为"1900 年日期系统"，即以 1900 年 1 月 1 日作为序列值的基准日，当日的序列值计为 1，这之后的日期均以距基准日的天数作为其序列值，如 1900 年 1 月 15 日的序列值为 15，2016 年 9 月 1 日的序列值为 42 614。在 Excel 中可表示的最大日期是 9999 年 12 月 31 日，它的序列值是 2 958 465。

对于负数和超出范围的数字，设置为日期格式后，Excel 会以"#"填充单元格。

由于日期以数值的形式储存，因此它继承数值的所有运算功能，可以参与加减乘除等数值运算。

日期系统的序列值是整数，一天的数值单位是 1，1 小时就可以表述为 1/24，1 分钟就可以表述为 1/24/60，1 秒钟可以表述为 1/24/60/60。一天中的每一个时刻都可以由小数形式的序列值来表示。例如，正午 12:00:00 的序列值为 0.5（一天的一半），12:01:00 的序列值近似 0.500 694。

16.1.2　标准日期格式

在 Excel 中，日期数据的年月日之间，使用"-"或"/"作为间隔符号，如 2022-10-8 或 2022/10/8，都是标准的日期格式。如果使用"."或其他符号作为日期的间隔符号，如 2022.10.8，则表示一个文本型字符串，而非标准日期。对于文本型字符串，日期函数无法进行正确的计算。

16.1.3　快速生成日期或时间

按 <Ctrl+;> 组合键可以快速生成系统当前日期，按 <Ctrl+Shift+;> 组合键可以快速生成系统当前时间。

16.2　认识日期及时间函数

Excel 中提供了多种专门处理日期与时间的函数，各个函数的功能见表 16-1。

表 16-1　常用日期与时间函数

函数名称	功能说明
TODAY	返回系统当前日期

续表

函数名称	功能说明
DATE	根据指定的年、月、日参数，返回对应日期
YEAR	返回某日期对应的年份
MONTH	返回某日期对应的月份
NOW	返回系统当前的日期和时间
TIME	根据指定的时、分、秒参数，返回对应时间
HOUR	返回时间值的小时数
MINUTE	返回时间值的分钟数
SECOND	返回时间值的秒数

16.2.1　基本日期函数 TODAY、DATE、YEAR、MONTH 和 DAY

TODAY 函数用于返回当前系统的日期。在任意单元格输入以下公式，可以得到当前系统日期。

```
=TODAY()
```

TODAY 函数得到的日期是一个变量，会随着系统日期而变化。使用 <Ctrl+;> 组合键得到的日期是一个常量，输入后不会发生变化。

DATE 函数用于返回指定的日期，函数语法为：

```
=DATE(year,month,day)
```

3 个参数分别指定输入相应的年、月、日。以下公式可以得到指定的日期 2022/8/9。

```
=DATE(2022,8,9)
```

如果参数 month 小于 1，则从指定年份的 1 月开始递减该月份，然后再加上 1 个月，如 DATE(2020,-3,2)，将返回表示 2019 年 9 月 2 日的序列号。

如果参数 day 小于 1，则从指定月份的第一天开始递减该天数，然后再加上 1 天。如 DATE(2020,1,-15)，将返回表示 2019 年 12 月 16 日的序列号。

YEAR 函数、MONTH 函数和 DAY 函数分别返回指定日期的年、月和日。例如，在 B1~B3 单元格中依次输入以下公式，可以分别提取出 A1 单元格日期中的年、月和日。

```
=YEAR(A1)
=MONTH(A1)
=DAY(A1)
```

16.2.2　日期之间的天数

由于日期的本质是数值，因此可以直接使用减法计算两个日期之间相差的天数。例如，使用以下公式可以计算出今天距 2030 年元旦还有多少天。

```
=DATE(2030,1,1)-TODAY()
```

用 DATE 函数生成指定日期 2030/1/1，减去系统当前日期，返回两者之间相差的天数。

16.2.3 返回月末日期

示例16-1 返回月末日期

如图 16-1 所示，在 B2 单元格输入以下公式，然后向下复制到 B13 单元格，可以得到 2022 年每个月的月末日期。

=DATE(2022,A2+1,0)

以 B2 单元格为例，公式中的 A2+1 返回结果为 2，函数等同于 DATE(2022,2,0)。DATE 函数第三参数为 0，所以得到 2022 年 2 月 1 日的前 1 天，即 1 月最后一天的日期。

	A	B
1	月份	月末日期
2	1	2022/1/31
3	2	2022/2/28
4	3	2022/3/31
5	4	2022/4/30
6	5	2022/5/31
7	6	2022/6/30
8	7	2022/7/31
9	8	2022/8/31
10	9	2022/9/30
11	10	2022/10/31
12	11	2022/11/30
13	12	2022/12/31

图 16-1　返回月末日期

16.2.4 判断某个年份是否为闰年

闰年的计算规则是年份能被 4 整除并且不能被 100 整除，或者年份能被 400 整除。也就是世纪年的年数能被 400 整除，非世纪年的年数能被 4 整除。

示例16-2 判断某个年份是否为闰年

Excel 中并没有可以直接判断年份是否为闰年的函数，但可以借助其他方法来判断。假设 A2 单元格为年份数字，需要判断该年份是否为闰年，可以根据是否存在 2 月 29 日这个闰年特有的日期来判断，公式如下：

=IF(DAY(DATE(A2,2,29))=29," 闰年 "," 平年 ")

DATE(A2,2,29) 部分返回一个日期值，如果这一年存在 2 月 29 日这个日期，则日期值为该年的 2 月 29 日，否则自动转换为该年的 3 月 1 日。然后用 DAY 函数判断日期值是否等于 29 日，从而判断该年为闰年还是平年。

上述公式还可以表述为：

=IF(MONTH(DATE(A2,2,29))=2," 闰年 "," 平年 ")

 提示

> 在 1900 年日期系统中，为了兼容 Lotus1-2-3，保留了 1900 年 2 月 29 日这个实际上并不存在的日期，所以使用上述公式时，1900 年会被错误地判断为闰年，实际上该年应为平年。

16.2.5 将英文月份转换为数字月份

在某些情况下，会用英文来表示月份，如 Jan、June、Sep 等，为了便于计算，需要将英文月份转换为数字月份。

示例16-3 将英文月份转换为数字月份

如图 16-2 所示，在 B2 单元格输入以下公式，向下复制到 B5 单元格，可以将相应的英文月份转换为数字。

```
=MONTH(A2&-1)
```

以 B2 单元格为例，用"A2&-1"得到"Jan-1"，构建出 Excel 能识别的日期样式的文本字符串，然后使用 MONTH 函数提取其中的月份，得到数字 1，即 1 月。

	A	B
1	月份	数字
2	Jan	1
3	February	2
4	June	6
5	Sep	9

图 16-2 将英文月份转换为数字

16.2.6 基于时间函数 NOW、TIME、HOUR、MINUTE 和 SECOND

NOW 函数用于返回日期格式的当前日期和时间，以下公式可以得到系统当前的日期及时间。

```
=NOW()
```

TIME 函数用于返回指定时间，函数语法为：

```
=TIME(hour,minute,second)
```

3 个参数分别指定输入相应的时、分和秒。

在单元格中输入以下公式，可以得到指定时间 5:07 PM。

```
=TIME(17,7,28)
```

 提示

> 单元格默认时间显示格式为"时:分 AM/PM"，公式第三参数 28 表示秒，在默认格式下不被显示。

HOUR 函数、MINUTE 函数和 SECOND 函数分别返回指定时间的时、分、秒。在 B1:B3 单元格区域依次输入以下公式，可以分别提取出 A1 单元格中时间的时、分、秒。

```
=HOUR(A1)
=MINUTE(A1)
=SECOND(A1)
```

16.2.7 计算 90 分钟之后的时间

示例16-4 计算90分钟之后的时间

以 A2 单元格中的时间为基准，需要计算 90 分钟之后的时间，有多种方法可以实现。

方法 1：使用 MINUTE 函数，公式为：

```
=TIME(HOUR(A2),MINUTE(A2)+90,SECOND(A2))
```

分别使用 HOUR、MINUTE、SECOND 函数提取当前时间的时、分、秒。其中 MINUTE 函数提取出的分钟加上 90，然后再使用 TIME 函数将三部分组合成一个新的时间值。

MINUTE(A2)+90 的结果大于当前时间进制 60，TIME 函数会将大于 60 的部分自动进位到小时上，确保返回正确的时间。

方法 2：使用当前时间直接加上 90 分钟的方式，以下 3 个公式都可以完成计算：

```
=A2+"00:90"
=A2+TIME(0,90,0)
=A2+90*1/24/60
```

 提示 ——→

> 　　在函数公式中使用日期和时间常量时，需要在外侧加上一对半角双引号，否则 Excel 无法正确识别。

16.2.8　使用鼠标快速填写当前时间

示例16-5 | 使用鼠标快速填写当前时间

使用鼠标快速填写当前时间，可以通过 NOW 函数搭配【数据验证】功能实现，操作步骤如下。

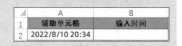

步骤① 如图 16-3 所示，在 A2 单元格输入以下公式：

图 16-3　输入 NOW 函数

```
=NOW()
```

步骤② 选中 B2:B7 单元格区域，单击【数据】选项卡的【数据验证】命令按钮，在弹出的【数据验证】对话框中设置【允许】的条件为"序列"，设置【来源】为"=$A$2"，单击【确定】按钮，如图 16-4 所示。

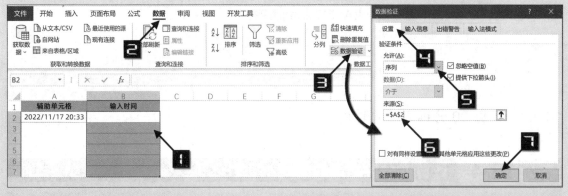

图 16-4　设置数据验证

步骤③ 保持 B2:B7 单元格区域的选中状态不变，按 <Ctrl+1> 组合键打开【设置单元格格式】对话框，在【数字】选项卡的【分类】列表框中选择"日期"选项，在右侧的【类型】列表框中选择完整包含日期及时间的格式，如"2012/3/14 13:30"，单击【确定】按钮关闭对话框完成设置，如图 16-5 所示。

设置完成后，选中 B2:B7 单元格区域的任意单元格，单击单元格右侧的下拉箭头，即可使用鼠标选中后快速录入当前日期和时间，而且已经输入的日期和时间不会再自动更新，如图 16-6 所示。

图 16-5 设置单元格格式

图 16-6 快速填写当前时间

16.3 星期函数

在 Excel 中用于计算星期的常用函数包括 WEEKDAY 函数和 WEEKNUM 函数。

16.3.1 用 WEEKDAY 函数计算某个日期是星期几

WEEKDAY 函数用于返回某个日期是星期几，函数语法为：

```
WEEKDAY(serial_number,[return_type])
```

参数 return_type 为可选参数，可以是 1~3 或 11~17 的数字，省略时默认为 1，其作用见表 16-2。

表 16-2 WEEKDAY 函数参数解释

return_type	作用	return_type	作用
1 或省略	数字 1（星期日）到数字 7（星期六）	13	数字 1（星期三）到数字 7（星期二）
2	数字 1（星期一）到数字 7（星期日）	14	数字 1（星期四）到数字 7（星期三）
3	数字 0（星期一）到数字 6（星期日）	15	数字 1（星期五）到数字 7（星期四）
11	数字 1（星期一）到数字 7（星期日）	16	数字 1（星期六）到数字 7（星期五）
12	数字 1（星期二）到数字 7（星期一）	17	数字 1（星期日）到数字 7（星期六）

日期	星期
2022/9/1	4
2022/9/2	5
2022/9/3	6
2022/9/4	7
2022/9/5	1
2022/9/6	2
2022/9/7	3
2022/9/8	4

在日常工作中，WEEKDAY函数的参数return_type一般使用数字2，即用1表示星期一、2表示星期二……7表示星期日。

如图16-7所示，在B2单元格输入以下公式，向下复制到B9单元格，即可得到A列日期所对应的星期。

```
=WEEKDAY(A2,2)
```

图 16-7　WEEKDAY 函数

16.3.2　用WEEKNUM函数计算指定日期是当年第几周

使用WEEKNUM函数可以计算某日期是当年第几周，函数语法为：

```
WEEKNUM(serial_number,[return_type])
```

参数return_type为可选参数，可以是数字1~2、11~17或21，省略后默认为1。使用不同数字可以确定以星期几作为一周的第1天，见表16-3。

表 16-3　WEEKNUM 函数参数解释

return_type	一周的第一天为	机制	return_type	一周的第一天为	机制
1 或省略	星期日	1	14	星期四	1
2	星期一	1	15	星期五	1
11	星期一	1	16	星期六	1
12	星期二	1	17	星期日	1
13	星期三	1	21	星期一	2

其中的机制1是指包含1月1日的周为该年的第1周，机制2是指包含该年的第一个星期四的周为第1周。

日期	WEEKNUM结果	公式
2017/1/1	1	=WEEKNUM(A2,1)
2017/1/1	1	=WEEKNUM(A3,2)
2017/1/1	52	=WEEKNUM(A4,21)
2017/1/2	1	=WEEKNUM(A5,1)
2017/1/2	2	=WEEKNUM(A6,2)
2017/1/2	1	=WEEKNUM(A7,21)

图 16-8　WEEKNUM 函数参数对比

如图16-8所示，WEEKNUM函数使用不同的第二参数，对同一日期返回不同的结果。

2017/1/1是星期日，参数21表示以星期一到星期日为完整的一周，并且包含第一个星期四的周为该年的第一周。而2017年第一个星期四是2017/1/5，所以2017年第一周为2017/1/2至2017/1/8。2017/1/1则被计算在2016年中，属于2016年的第52周，所以B4单元格返回结果为52。

2017/1/2是星期一，参数2表示以星期一到星期日为完整的一周，而默认1月1日为第一周，所以2017/1/2是第2周，B6单元格公式返回的结果为2。

16.4　用EDATE和EOMONTH函数计算几个月之后的日期

EDATE函数用于计算与指定日期相隔几个月之前/后的日期，函数语法如下：

```
=EDATE(start_date,months)
```

EOMONTH 函数用于计算与指定日期间隔几个月之前/后的月末日期，函数语法如下：

```
=EOMONTH(start_date,months)
```

两个函数的第一参数都是指定的日期，第二参数是相隔的月数，可以是正数、零或负数。负数表示指定日期相隔几个月之前。

EDATE 和 EOMONTH 函数的基础用法如图 16-9 所示。

EDATE 函数能够对月末日期进行自动判断，根据对应月份天数的不同，自动返回相应的结果，如图 16-10 所示。

	A	B	C
7	月底为31日	EDATE	公式
8	2022/1/31	2022/7/31	=EDATE(A8,6)
9		2022/1/31	=EDATE(A8,0)
10		2021/9/30	=EDATE(A8,-4)
11		2022/2/28	=EDATE(A8,1)
12		2021/2/28	=EDATE(A8,-11)
13			
14	月底不为31日	EDATE	公式
15	2022/4/30	2022/10/30	=EDATE(A15,6)
16		2022/4/30	=EDATE(A15,0)
17		2021/12/30	=EDATE(A15,-4)
18		2022/2/28	=EDATE(A15,-2)
19		2021/2/28	=EDATE(A15,-14)

	A	B	C	D	E
1	日期	EDATE	公式	EOMONTH	公式
2	2022/2/8	2022/7/8	=EDATE(A2,5)	2022/7/31	=EOMONTH(A2,5)
3		2022/2/8	=EDATE(A2,0)	2022/2/28	=EOMONTH(A2,0)
4		2021/10/8	=EDATE(A2,-4)	2021/10/31	=EOMONTH(A2,-4)

图 16-9　EDATE 和 EOMONTH 函数基础用法　　　　图 16-10　EDATE 对于月末日期的处理

以 2022/1/31 为例，"=EDATE(A8,-4)"应返回结果为 2019/9/31，但是 9 月只有 30 天，所以返回结果为 2019/9/30。同样，当结果在 2 月时，也会返回 2 月的月末日期。

以 2022/4/30 为例，"=EDATE(A15,6)"返回结果为 2022/10/30，虽然 4 月 30 日是月末日期，它的结果也只对应到 10 月 30 日，而不是 10 月月末的 31 日。

16.4.1　计算正常退休日期

示例16-6 计算正常退休日期

排除工种、行政级别及员工疾病等特殊情况的影响，假定男性为 60 周岁退休，女性为 55 周岁退休。如果出生日期为 1980/9/15，那么男女退休日期各是哪一天？如图 16-11 所示，在 B4 和 B5 单元格分别输入以下公式，可以得到相应的退休日期。

```
=EDATE(B1,60*12)
=EDATE(B1,55*12)
```

	A	B	C
1	生日	1980/9/15	
2			
3	性别	退休日期	公式
4	男	2040/9/15	=EDATE(B1,60*12)
5	女	2035/9/15	=EDATE(B1,55*12)

图 16-11　计算退休日期

EDATE 函数的第二个参数是指定的月份数，用所需年数乘以 12，也就是退休日期。

16.4.2　计算合同到期日

示例16-7　**计算合同到期日**

劳动合同签订时，大部分公司会按照整 3 年的日期与员工签订，还有一部分公司为了减少人事部门的工作量，合同到期日会签订到 3 年后到期月份的月末日期。

某员工在 2022/2/8 与公司签订了一份 3 年期限的劳动合同，需要计算合同到期日是哪一天。

如图 16-12 所示，B1 单元格是劳动合同签订日期。

如果按照整 3 年计算，在 B4 单元格输入以下公式，计算结果为 2025/2/7。

	A	B	C
1	签订日期	2022/2/8	
2			
3	签订方式	合同到期日	公式
4	整3年	2025/2/7	=EDATE(B1,3*12)-1
5	3年后月末日	2025/2/28	=EOMONTH(B1,3*12)

图 16-12　计算合同到期日期

```
=EDATE(B1,3*12)-1
```

公式最后的"-1"，是因为在劳动合同签订上，头尾两天都算合同有效日期。如果不减 1，则合同到期日为 2025/2/8，相当于合同签订了 3 年零 1 天，并不是整 3 年。

如果按照 3 年后的月末计算，可以在 B5 单元格输入以下公式，计算结果为 2025/2/28。

```
=EOMONTH(B1,3*12)
```

16.4.3　计算每月天数

示例16-8　**计算当前年份每月天数**

	A	B
1	月份	天数
2	1月	31
3	2月	28
4	3月	31
5	4月	30
6	5月	31
7	6月	30
8	7月	31
9	8月	31
10	9月	30
11	10月	31
12	11月	30
13	12月	31

图 16-13　计算当前年份每月天数

如图 16-13 所示，在 B2 单元格输入以下公式，向下复制到 B13 单元格，可以计算当前年份每月的天数。

```
=DAY(EOMONTH(A2&"1 日 ",0))
```

公式首先将 A 列的月份连接字符串"1 日"，构建出 Excel 可以识别的中文日期格式字符串："1 月 1 日""2 月 1 日"……"12 月 1 日"。如果输入日期的时候省略年份，则 Excel 默认为系统当前年份。

然后使用 EOMONTH 函数得到该日期所在月的月末日期，最后使用 DAY 函数提取出该日期的天数。

16.5　认识 DATEDIF 函数

DATEDIF 函数是一个隐藏函数，用于计算两个日期之间的间隔年数、月数和天数，函数语法如下：

```
DATEDIF(start_date,end_date,unit)
```

参数 start_date 是开始日期，参数 end_date 是结束日期，结束日期必须大于等于开始日期，否则会返回错误值。参数 unit 有 6 个不同的选项，各选项的作用见表 16-4。

表 16-4　DATEDIF 函数的 unit 参数作用

unit 参数	作用	unit 参数	作用
Y	时间段中的整年数	MD	天数的差。忽略日期中的月和年
M	时间段中的整月数	YM	月数的差。忽略日期中的日和年
D	时间段中的天数	YD	天数的差。忽略日期中的年

提示 → unit 参数不区分字母大小写，如"Y"和"y"作用相同。

16.5.1　DATEDIF 函数的基本用法

如图 16-14 所示，在 D2 单元格输入以下公式，向下复制到 D7 单元格。

```
=DATEDIF(B2,C2,A2)
```

在 D10 单元格输入以下公式，向下复制到 D15 单元格。

```
=DATEDIF(B10,C10,A10)
```

D2 和 D10 单元格公式的第三参数使用"Y"时，计算两个日期相差的整年数。2016/2/8 到 2019/7/28 相差超过 3 年，所以结果返回 3。而 2016/7/28 到 2019/2/8 相差不满 3 年，所以结果返回 2。

D3 和 D11 单元格公式第三参数使用"M"，计算两个日期相差的整月数。2016/2/8 到

	A	B	C	D	E
1	unit	start_date	end_date	DATEDIF	简述
2	Y	2016/2/8	2019/7/28	3	整年数
3	M	2016/2/8	2019/7/28	41	整月数
4	D	2016/2/8	2019/7/28	1266	天数
5	MD	2016/2/8	2019/7/28	20	天数，忽略月和年
6	YM	2016/2/8	2019/7/28	5	整月数，忽略日和年
7	YD	2016/2/8	2019/7/28	171	天数，忽略年
8					
9	unit	start_date	end_date	DATEDIF	简述
10	Y	2016/7/28	2019/2/8	2	整年数
11	M	2016/7/28	2019/2/8	30	整月数
12	D	2016/7/28	2019/2/8	925	天数
13	MD	2016/7/28	2019/2/8	11	天数，忽略月和年
14	YM	2016/7/28	2019/2/8	6	整月数，忽略日和年
15	YD	2016/7/28	2019/2/8	195	天数，忽略年

图 16-14　DATEDIF 函数的基本用法

2019/7/28 相差超过 41 个月，所以结果返回 41。而 2016/7/28 到 2019/2/8 相差不满 31 个月，所以结果返回 30。

D4 和 D12 单元格公式第三参数使用"D"，计算两个日期相差的天数，相当于两个日期相减。

D5 和 D13 单元格公式第三参数使用"MD"，忽略月和年计算天数之差，前者相当于计算 7/8 至 7/28 之间的天数差。后者相当于计算 1/28 至 2/8 之间的天数差。

D6 和 D14 单元格公式第三参数使用"YM"，忽略日和年计算两个日期之间相差的整月数，前者相当于计算 2019/2/8 至 2019/7/28 之间的整月数，后者相当于计算 2018/7/28 至 2019/2/8 之间的整月数。

D7 和 D15 单元格公式第三参数使用"YD"，忽略年计算两个日期之间的天数差，前者相当于计算 2019/2/8 至 2019/7/28 之间的天数差，后者相当于计算 2018/7/28 至 2019/2/8 之间的天数差。

16.5.2　计算年休假天数

根据相关规定，参加工作满 1 年不满 10 年的，年休假为 5 天。参加工作满 10 年不满 20 年的，年休假为 10 天。参加工作满 20 年及以上的，年休假为 15 天。使用 DATEDIF 函数可以快速计算年休假天数。

示例16-9 计算年休假天数

	A	B	C
1	统计截止日期		
2	2022/10/13		
3			
4	参加工作日期	工作年数	年假天数
5	1995/12/6	26	15
6	1996/1/9	26	15
7	2004/8/16	18	10
8	2009/7/27	13	10
9	2012/10/13	10	10
10	2012/10/14	9	5
11	2018/3/4	4	5
12	2022/8/16	0	0

图 16-15　计算年休假天数

如图 16-15 所示，A5:A12 单元格区域是参加工作日期，A2 单元格是统计截止日期。在 B5 单元格输入以下公式，向下复制到 B12 单元格，可以计算工作年数。

```
=DATEDIF(A5,A$2,"Y")
```

在 C5 单元格输入以下公式，向下复制到 C12 单元格，可以计算年休假天数。

```
=LOOKUP(B5,{0,1,10,20},{0,5,10,15})
```

DATEDIF 函数的第三参数使用"Y"，计算参加工作日期和统计截止日期的年数差。A9 和 A10 单元格中的日期只相差 1 天，但是由于 DATEDIF 函数计算的是整年数，因此在 2022/10/13 这一天统计时，两者之间的年数会相差 1 年，年休假天数则相差 5 天。

关于 LOOKUP 函数的用法，请参阅 17.6 节。

16.5.3　计算员工工龄

示例16-10 计算员工工龄

	A	B
1	统计截止日期	
2	2022/10/13	
3		
4	参加工作日期	员工工龄
5	1993/12/6	28年10个月
6	1996/1/9	26年9个月
7	2001/8/16	21年1个月
8	2012/10/12	10年0个月
9	2012/10/13	10年0个月
10	2012/10/14	9年11个月
11	2021/8/5	1年2个月
12	2021/11/16	0年10个月

图 16-16　计算员工工龄

在工作中，员工工龄是福利待遇中一项重要的参考指标。如图 16-16 所示，A5:A12 单元格区域是参加工作日期，A2 单元格是统计截止日期。在 B5 单元格输入以下公式，向下复制到 B12 单元格，可以计算出员工工龄。

```
=DATEDIF(A5,A$2,"Y")&" 年 "&DATEDIF(A5,A$2,"YM")&" 个
月 "
```

公式利用两个 DATEDIF 函数获取所需结果。第一个 DATEDIF 函数使用参数"Y"，计算出参加工作日期距统计截止日期的年数差，第二个 DATEDIF 函数使用参数"YM"忽略年和日，计算参加工作日期距离统计截止日期的月数差。再使用连接符"&"将两者连接后，得到格式为"m年n个月"的结果。

16.5.4　生日到期提醒

示例16-11 生日到期提醒

部分公司在员工生日时，会发放生日礼物。对于记录到 Excel 中的员工生日信息，可以随着日期的变化，显示出距离员工生日还有多少天。

如图 16-17 所示，假定 B2 单元格为统计截止日期，在 C5 单元格输入以下公式，向下复制到 C14

单元格，可以计算出距离员工生日的天数。

```
=EDATE(B5,(DATEDIF(B5,B$2-1,"Y")+1)*12)-B$2
```

计算生日到期日，首先需要得到员工下一个生日的具体日期，然后将此日期与截止日期作减法，其差值便是距离员工生日的天数。

公式"DATEDIF(B5,B$2-1,"Y")+1"返回出生日期到统计截止日期前一天（B$2-1）之间的整年数后再加 1。先把截止日期减 1，得到整年数后再加 1，是为了避免当生日正好在截止日期当天时，返回截止日期下一年的日期值。

以上结果再乘以 12 用于 EDATE 函数的第二参数，得到员工下一次生日的日期。最后减去 B2 单元格的截止日期，返回距离员工生日的天数。

	A	B	C
1		统计截止日期	
2		2022/10/13	
3			
4	姓名	出生日期	距离员工生日天数
5	张飒	1977/7/21	281
6	李云飞	1980/3/20	158
7	王松江	1983/6/12	242
8	马云的	1986/10/13	0
9	周国	1970/8/24	315
10	许度	1980/11/14	32
11	祝洪	1982/10/15	2
12	周庆如	1980/2/28	138
13	马如飞	1981/2/28	138
14	周进	1972/10/2	354

图 16-17　生日到期提醒

16.5.5　DATEDIF 函数计算相隔月数特殊情况处理

在使用 DATEDIF 函数计算两个日期之间相隔月数时，遇到月底日期，往往会出现意想不到的错误结果。如图 16-18 所示，C2 单元格输入以下公式，并复制到 C6 单元格，部分计算结果出现了错误。

```
=DATEDIF(A2,B2,"M")
```

通过图 16-18 可以看出，A4 单元格开始日期为 2019/3/31，B4 单元格结束日期为 2019/4/30，两个日期均为月底，实际间隔为 1 个整月，但 DATEDIF 函数的计算结果为 0。

	A	B	C	D
1	开始日期	结束日期	DATEDIF相隔月数	实际相隔月数
2	2019/2/28	2019/3/31	1	1
3	2019/2/27	2019/3/27	1	1
4	2019/3/31	2019/4/30	0	1
5	2019/2/28	2019/3/28	1	0
6	2019/1/30	2019/2/28	0	1

图 16-18　DATEDIF 函数对月底日期的处理错误

A5 单元格开始日期为 2019/2/28，B5 单元格结束日期为 2019/3/28，前者为月底最后一天，需要到下个月的月底（2019/3/31）才为 1 个整月，但 DATEDIF 函数计算结果为 1。

A6 单元格开始日期为 2019/1/30，B6 单元格结束日期为 2019/2/28，前者还未到月底，后者是月底最后一天，实际间隔已达 1 个整月，但 DATEDIF 函数结算结果为 0。

从以上存在的问题可以看出，DATEDIF 函数在计算两个日期间隔月数时忽略了月末日期的判断。如果规避这个错误，需要判断 DATEDIF 函数计算的两个日期是否为月末，如为月末，可以在原来日期的基础上加 1，变为次月的 1 日，再进行相隔月数计算即可。

判断 A2 单元格是否为月末，如为月末，则在原值基础上加 1，可以使用以下公式：

```
=IF(DAY(A2+1)=1,A2+1,A2)
```

将以上公式代入 DATEDIF 函数，再计算两个日期相隔月份，公式计算结果不再出现错误。

```
=DATEDIF(IF(DAY(A2+1)=1,A2+1,A2),IF(DAY(B2+1)=1,B2+1,B2),"M")
```

> 在某些应用场景下，DATEDIF 函数计算结果可能并不正确。例如，"MD"参数可能导致出现负数、零或不准确的结果。

16.6 日期和时间函数的综合运用

日期和时间的本质是数字，在实际工作中，除了使用日期与时间函数外，也可以使用数学、统计甚至文本等函数完成对日期及时间的计算。

16.6.1 分别提取单元格中的日期和时间

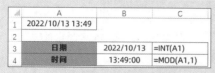
示例16-12 **分别提取单元格中的日期和时间**

	A	B	C
1	2022/10/13 13:49		
2			
3	**日期**	2022/10/13	=INT(A1)
4	**时间**	13:49:00	=MOD(A1,1)

图 16-19 分别提取单元格中的日期和时间

如图 16-19 所示，A1 单元格中包含了日期和时间，在 B3 单元格和 B4 单元格分别输入以下公式可以提取出其中的日期和时间。

```
=INT(A1)
```

```
=MOD(A1,1)
```

由于日期和时间是整数和小数构成的数字，所以使用 INT 函数向下取整，得到该数字的整数部分，即为日期。使用 MOD 函数计算数字除以 1 的余数，得到数字中的小数部分，即为时间。

提示→ 使用此方法提取日期和时间，需要将公式所在单元格设置成对应的日期或时间格式，才能显示正确的日期或时间样式。

16.6.2 计算加班时长

示例16-13 **计算加班时长**

	A	B	C
1	姓名	实际加班时长	加班计算时间
2	李华	0:25:00	0:00:00
3	郭新	0:45:00	0:30:00
4	祝忠	1:01:00	1:00:00
5	周如庆	1:59:00	1:30:00
6	王一如	2:32:00	2:30:00

图 16-20 计算加班时长

图 16-20 所示是某公司的加班时长记录表，B 列是加班时长。该公司内部规定，加班时间每满 30 分钟按照 30 分钟来累加计算，不足 30 分钟的部分则不予计算。

C2 单元格输入以下公式，向下复制到 C6 单元格。

```
=FLOOR(B2,"00:30")
```

FLOOR 函数用于将数字向下舍入到最接近指定基数的倍数。本例中第二参数指定基数为 "00:30"，表示 30 分钟。FLOOR 函数将时间向下舍入到最接近 30 分钟的倍数，即可返回相应的加班时间。

16.6.3 计算跨天的加班时长

示例16-14 **计算跨天的加班时长**

如图 16-21 所示，B1 单元格是某公司规定的下班时间，A4:A8 单元格区域为加班员工的打卡时间，其中 A6:A8 单元格区域的时间小于下班时间，表示员工加班到了次日。

如果需要计算员工实际的加班时长，可以在 B4 单元格输入以下公式，向下复制到 B8 单元格。

```
=IF(A4>B$1,A4-B$1,A4+1-B$1)
```

公式使用 IF 函数判断打卡时间是否大于下班时间。如果条件成立，则两者相减，返回加班时长。如果条件不成立，将打卡时间加 1 天，计算出次日对应的打卡时间，再减去下班时间，即为实际加班时长。

	A	B
1	下班时间	18:00:00
2		
3	打卡时间	实际加班时长
4	18:35:00	0:35:00
5	22:15:00	4:15:00
6	0:25:00	6:25:00
7	0:45:00	6:45:00
8	2:32:00	8:32:00

图 16-21　计算跨天加班时长

16.6.4　计算通话时长

在计算通话时长时，通常按通话分钟数计算，不足 1 分钟按 1 分钟计算。

示例16-15　计算通话时长

如图 16-12 所示，A 列为通话开始时间，B 列为通话结束时间，在 C2 单元格输入以下公式，并向下复制到 C6 单元格，可以计算通话的分钟数。

	A	B	C
1	通话开始时间	通话结束时间	通话时长
2	8:25:15	8:27:18	3
3	11:59:05	12:05:03	6
4	11:59:05	12:05:06	7
5	17:32:48	18:00:00	28
6	21:32:00	21:35:00	3

图 16-22　计算通话时长

```
=TEXT(B2-A2+"0:00:59","[m]")
```

公式利用 TEXT 函数将两个时间相减后的结果换算成分钟，由于结果会忽略不足 1 分钟的部分，所以加上 "0:00:59"，也就是 59 秒。

16.6.5　计算工作时长

示例16-16　计算工作时长

图 16 23 所示，是某公司的上班时刻表，上午上班时间段是 9:00:00~11:30:00，下午上班时间段是 13:30:00~18:00:00，午休时间是 11:30~13:30。

图 16-24 所示，是该公司某日员工打卡时间明细表，其中 B 列是上班打卡时间，C 列是下班打卡时间，需要计算实际上班时长。例如，某员工 10:00:00 上班，19:00:00 下班，扣除午休时间段及加班时长后，实际上班时长为 6 个小时整。

	F	G
1	项目	时间
2	上午上班时间	9:00:00
3	上午下班时间	11:30:00
4	下午上班时间	13:30:00
5	下午下班时间	18:00:00
6	午休时间	11:30~13:30

图 16-23　上班时刻表

	A	B	C	D
1	姓名	上班时间	下班时间	上班时长（小时）
2	郭新	10:00:00	19:00:00	6
3	祝忠	6:00:00	17:30:00	6.5
4	周如庆	9:30:00	13:30:00	2
5	马世东	12:30:00	14:30:00	1
6	孙苗苗	11:00:00	22:00:00	5

图 16-24　计算上班时长

D2 单元格输入以下公式，向下复制到 D6 单元格。

```
=ROUND(SUM(TEXT(B2:C2-G$2:G$5,"[<]!0")*{1;-1;1;-1}*{-1,1}*24),2)
```

"TEXT(B2:C2-G$2:G$5,"[<]!0")*{1;-1;1;-1}*{-1,1}" 部分计算上班时间和下班时间的交集，也就是实际上班时间，乘以 24 后转换为小时，再使用 ROUND 函数四舍五入取 2 位小数。TEXT 函数参数代码使用 "[<]!0"，表示第一参数相减之后如果结果小于 0，将强制返回 0。

如果上下班时间跨天，可以使用以下公式：

```
=SUM(TEXT(MOD(A2:B2,1)-F$2:F$5,"[<]!0")*{1;-1;1;-1}*{-1,1}*24,INT(A2:B2)*{-1,1}*7)
```

"INT(A2:B2)*{-1,1}*7" 部分，按照上班时刻表，每日上班时间合计为 7 小时。因此当上下班时间跨天时，按每日上班时间为 7 小时统计。

16.6.6 将文本时间转换为真正时间

在日常工作中，有时使用的时间数据并非标准时间，而是文本字符串。例如，150 小时 3 分 15 秒，将这类时间转换为标准时间，更有利于数据的统计与分析。

示例16-17 将文本时间转换为真正时间

	A	B
1	时间	上班时间
2	1小时1分25秒	0天 1小时1分25秒
3	5分2秒	0天 0小时5分2秒
4	3小时2分	0天 3小时2分0秒
5	8小时	0天 8小时0分0秒
6	45秒	0天 0小时0分45秒
7	5小时10秒	0天 5小时0分10秒
8	1小时15秒	0天 1小时0分15秒
9	151小时15秒	6天 7小时0分15秒
10	10小时6秒	0天 10小时0分6秒

图 16-25　将文本时间转换为标准时间

如图 16-25 所示，A 列是描述时长的文本字符串，需要将其转换为标准时间后，再显示为 "d 天 h 小时 m 分 s 秒" 的样式。

B2 单元格输入以下公式，向下复制到 B10 单元格。

```
=SUM(--("0 "&TRIM(MID(SUBSTITUTE(
SUBSTITUTE(SUBSTITUTE(A2,"秒","/3600"),
"分","/60"&REPT(" ",99))," 小时 ","/1"&REPT(
" ",99)),{0,1,2}*99+1,99))))/24
```

公式使用 SUBSTITUTE 函数将秒、分、小时，分别替换为 /3600、/60、/1。然后使用 MID 函数将秒、分、小时的数据分段取出，增加前缀 "0 "，形成分数样式的字符串。再使用减负运算，将文本格式的分数转换为实际数值，使用 SUM 函数求和后得到小时总计值，最后除以 24，转换为真正的时间序列值。

将 B 列单元格格式设置为 "d 天 h 小时 m 分 s 秒"，即可获得如图 16-25 所示的结果。

注意 ⟶ 当描述时长的文本字符串超过 32 天后，将单元格格式化设置为 "d 天 h 小时 m 分 s 秒" 并不能显示正确的转换结果，应将单元格格式设置为常规样式。

16.6.7 计算父亲节和母亲节的日期

有些节日不是一年中固定的日期，而是按照一定的规则推算出来。例如，母亲节是每年 5 月的第 2 个星期日，父亲节是每年 6 月的第 3 个星期日。

示例16-18 计算父亲节和母亲节的日期

如图 16-26 所示，需要根据 A2 单元格指定的 4 位年份数字，计算该年的母亲节。B2 单元格输入公式如下：

```
=DATE(A2,5,1)-WEEKDAY(DATE(A2,5,1),2)+7*2
```

	A	B	C
1	年份	母亲节	父亲节
2	2022	2022/5/8	2022/6/19

图 16-26　计算母亲节与父亲节的日期

"DATE(A2,5,1)"部分返回 A2 单元格指定年份的 5 月 1 日的日期。

"WEEKDAY(DATE(A2,5,1),2)"部分计算该年的 5 月 1 日是星期几。

以上两个部分相减，即用该年 5 月 1 日减去星期几的数值，返回该年 5 月 1 日之前最近的星期日。

最后再加上 2 周（7*2），返回 5 月的第 2 个星期日，也就是母亲节所在的日期。

使用同样的思路，计算该年父亲节所在的日期（6 月第 3 个星期日）；C2 单元格公式如下：

```
=DATE(A2,6,1)-WEEKDAY(DATE(A2,6,1),2)+21
```

16.7　计算工作日和假期

在日常工作中，经常会涉及工作日和假期的计算。所谓工作日，一般是指除周末休息日（通常是双休日）以外的其他标准工作日期。但是在法定节假日会增加相应的假期，同时也会将一部分假期调整为工作日。与工作日相关的计算可以使用 WORKDAY 函数、WORKDAY.INTL 函数、NETWORKDAYS 函数和 NETWORKDAYS.INTL 函数来完成。

16.7.1　计算工作日天数

示例16-19　计算工作日天数

需要计算某个时间段之内的工作日天数，可以使用 NETWORKDAYS 函数。该函数语法如下：

```
NETWORKDAYS(start_date, end_date, [holidays])
```

参数 start_date 为开始日期，参数 end_date 为结束日期，参数 holidays 是可选的，可以在指定的休息日外，再排除一些特殊的日期。例如，2020/5/1 为星期五，但当天属于法定休息日，在计算工作日天数时，可以将此日期作为 NETWORKDAYS 的第三参数，排除此类节假日。

如图 16-27 所示，A2 单元格为日期"2020/3/14"，B2 单元格为日期数据"2020/5/21"，需要计算两者之间的工作日天数，公式如下：

	A	B	C	D
1	起始日期	结束日期	工作日天数	排除劳动节的工作日天数
2	2020/3/14	2020/5/21	49	48

图 16-27　计算工作日天数

```
=NETWORKDAYS(A2,B2)
```

公式计算结果为 49。NETWORKDAYS 默认以周六和周日以外的日期为工作日，A2 和 B2 这两个日期之间，除了周六和周日外，共有 49 个工作日。

如果需要在周六和周日外排除一些特殊的日期，如 5 月 1 日劳动节，可以使用以下公式：

```
=NETWORKDAYS(A2,B2,"2020/5/1")
```

把需要排除的特殊日期作为NETWORKDAYS函数的第三参数，即可在计算工作日时排除。如果节假日的日期比较多，可以放置在单元格区域中，再引用相关单元格区域作为NETWORKDAYS函数的第三参数。

16.7.2 错时休假制度下的工作日天数计算

示例16-20 错时休假制度下的工作日天数计算

有些公司采用错时休假制度，与公众的双休日错开，将其他的日期作为休息日。这种情况下的工作日天数计算，可以使用NETWORKDAYS.INTL函数。该函数语法如下：

NETWORKDAYS.INTL(start_date, end_date, [weekend], [holidays])

参数weekend可以指定一周的哪几天作为休息日，它允许使用一个由0和1组成的7位长度的字符串来自定义休息日。该字符串从左到右依次代表星期一到星期日，其中0表示工作日，1表示休息日。

如图16-28所示，A2单元格为开始日期，B2单元格为结束日期。假设以周三和周六为休息日，计算A2和B2两个日期之间工作日天数的公式如下：

=NETWORKDAYS.INTL(A2,B2,"0010010")

NETWORKDAYS.INTL函数的第三参数为"0010010"，表示周三和周六为休息日。

	A	B	C
1	起始日期	结束日期	工作日天数
2	2022/3/14	2022/5/21	49

图 16-28 自定义休息日的计算

NETWORKDAYS.INTL函数的参数weekend还可以使用数字1~7和11~17，不同数字代表的休息日见表16-5。

表 16-5 weekend参数值的含义

weekend参数	休息日	weekend参数	休息日	weekend参数	休息日
1或省略	星期六、星期日	6	星期四、星期五	14	仅星期三
2	星期日、星期一	7	星期五、星期六	15	仅星期四
3	星期一、星期二	11	仅星期日	16	仅星期五
4	星期二、星期三	12	仅星期一	17	仅星期六
5	星期三、星期四	13	仅星期二		

NETWORKDAYS.INTL函数的第四参数可以在指定的休息日外排除一些特殊的节假日等，和NETWORKDAYS函数的第三参数用法相同，此处不再赘述。

16.7.3 有调休的工作日计算

根据我国节假日安排规划，有时会将与节假日相邻的周末与当前假日连续休假。例如，2020年5月1日国际劳动节休假安排是5月1日至5日放假调休，共5天。4月26日（星期日）和5月9日（星期六）调休上班。

这种调休式的节假日安排，为工作日计算带来一定难度。

示例16-21 有调休的工作日天数计算

在计算有调休的工作日天数之前，需要先整理出各个节假日的公休日期和调休日期明细表，如图 16-29 所示。

如图 16-30 所示，在 C2 单元格输入以下公式，向下复制到 C13 单元格，可以计算出有调休的 2022 年各月的实际工作日。

=NETWORKDAYS(A2,B2,F$2:F$31)+COUNTIFS(I$2:I$7,">="&A2,I$2:I$7,"<="&B2)

"NETWORKDAYS(A2,B2,F$2:F$31)"部分，用于计算 A2 和 B2 单元格中两个日期之间的工作日天数，并排除 F2:F31 单元格区域内的公休日期。此时的计算结果并未考虑调休上班日期的工作日天数。

"COUNTIFS(I$2:I$7,">="&A2,I$2:I$7,"<="&B2"部分，统计调休上班日期中，大于等于 A2 单元格开始日期，同时小于等于 B2 单元格结束日期的天数。

把以上两个部分的计算结果相加，即为调休后的工作日天数。

	E	F	G	H	I
1	节日	公休日期		节日	调休上班日期
2	元旦	2020/1/1		春节	2020/1/19
3	春节	2020/1/24		劳动节	2020/4/26
4	春节	2020/1/25		劳动节	2020/5/9
5	春节	2020/1/26		端午节	2020/6/28
6	春节	2020/1/27		中秋节&国庆节	2020/9/27
7	春节	2020/1/28		中秋节&国庆节	2020/10/10
8	春节	2020/1/29			
9	春节	2020/1/30			
10	春节	2020/1/31			
11	春节	2020/2/1			
12	春节	2020/2/2			
13	清明节	2020/4/4			

图 16-29 公休日期与调休日期明细表（局部）

	A	B	C
1	开始日期	结束日期	工作日天数
2	2020/1/1	2020/1/31	17
3	2020/2/1	2020/2/29	20
4	2020/3/1	2020/3/31	22
5	2020/4/1	2020/4/30	22
6	2020/5/1	2020/5/31	19
7	2020/6/1	2020/6/30	21
8	2020/7/1	2020/7/31	23
9	2020/8/1	2020/8/31	21
10	2020/9/1	2020/9/30	23
11	2020/10/1	2020/10/31	17
12	2020/11/1	2020/11/30	21
13	2020/12/1	2020/12/31	23

图 16-30 有调休的工作日计算

16.7.4 计算当月的工作日和双休日天数

示例16-22 计算当月的工作日和双休日天数

如果需要根据某个日期计算其所在月份的工作日天数，可以利用 NETWORKDAYS 函数结合 EOMONTH 函数来实现。

如图 16-31 所示，需要计算 A2 单元格日期所在月的工作日天数，公式如下：

=NETWORKDAYS(EOMONTH(A2,-1)+1,EOMONTH(A2,0))

"EOMONTH(A2,-1)+1"部分，返回 A2 单元格日期的月初日期。

"EOMONTH(A2,0)"部分，返回 A2 单元格日期的月末日期。

最后使用 NETWORKDAYS 函数返回月初和月末之间的工作日天数，结果为 22 天。

如果需要计算当月双休日的天数，可以使用 NETWORKDAYS.INTL 函数，公式如下：

`=NETWORKDAYS.INTL(EOMONTH(A2,-1)+1,EOMONTH(A2,0),"1111100")`

NETWORKDAYS.INTL 函数的第三参数是字符串 "1111100"，表示将周六和周日视为工作日。此时计算工作日的天数，也就是双休日的总天数。

	A	B	C
1	开始日期	工作日天数	双休日天数
2	2022/6/5	22	8

图 16-31　计算当月的工作日和双休日天数

第17章 查找与引用函数

查找与引用函数可以根据一个到多个条件、在指定范围内查询并返回相关数据，是应用频率较高的函数类别之一。本章重点介绍此类函数的基础知识、注意事项及典型应用。

本章学习要点

（1）了解查找与引用函数的应用场景。　　　　　（3）查找与引用函数的实际应用。

（2）理解查找与引用函数的参数要求。

17.1 基础查找与引用函数

基础查找与引用函数一般嵌套在其他函数中使用，用于返回指定对象的信息，主要包括ROW函数和ROWS函数、COLUMN函数和COLUMNS函数、ADDRESS函数等。

17.1.1 ROW函数和ROWS函数

ROW函数用于返回引用的行号，函数语法为：

```
ROW([reference])
```

参数reference是可选的，指定需要计算行号的单元格或连续的单元格区域。如果省略该参数，默认返回公式所在单元格的行号。

ROW函数的返回值示例见表17-1。

表17-1　ROW函数示例

D4单元格公式	返回值	说明
=ROW(A8)	8	返回A8单元格的行号
=ROW()	4	返回公式所在单元格的行号
=ROW(1:3)	{1;2;3}	返回第1~3行的行号数组

ROWS函数用于返回引用或数组的行数，函数语法为：

```
ROWS(array)
```

参数array是必需的，指定需要得到其行数的数组或单元格区域的引用。

ROWS函数的返回值示例见表17-2。

表17-2　ROWS函数示例

公式	返回值	说明
=ROWS(A1:A7)	7	返回A1:A7单元格区域的行数
=ROWS({1;2;3;4;5})	5	返回常量数组的行数
=ROWS(B1:B5<>"")	5	返回内存数组的行数

示例17-1　生成连续序号

	A	B	C	D	E
1	序号	客户	单价	数量	金额
2	1	广州纸制品加工	670	2	1,340.00
3	2	阳光诚信保险	420	2	840.00
4	3	何强家电维修	980	1	980.00
5	4	长江电子厂	680	3	2,040.00
6	5	长江电子厂	510	4	2,040.00
7	6	黄埔建强制衣厂	820	1	820.00
8	7	何强家电维修	490	1	490.00
9	8	信德连锁超市	360	1	360.00
10	9	志辉文具	150	5	750.00

图 17-1　生成连续序号

图 17-1 展示了某产品销售记录表的部分内容，如果手工填充A列的序号，可能会由于表格重新排序或删除行等操作导致序号混乱，使用ROW函数或ROWS函数可以使序号始终保持连续。

A2 单元格输入以下公式，向下复制到A10 单元格。

```
=ROW()-1
```

ROW函数省略参数，默认返回公式所在单元格的行号。公式位于第 2 行，因此需要减去 1 才能返回正确的结果。如果序列起始单元格位于其他行，则需要根据公式所在的位置，减去上一个单元格的行号。

A2 单元格也可以输入以下公式，向下复制到A10 单元格。

```
=ROWS(A$1:A1)
```

在A2 单元格，ROWS(A$1:A1)返回A$1:A1 单元格区域的行数 1。当公式向下复制到A3 单元格时，公式变为ROWS(A$1:A2)，公式返回A$1:A2 单元格区域的行数 2，从而达到生成连续序号的目的。

17.1.2　COLUMN 函数和COLUMNS 函数

COLUMN 函数用于返回引用的列号，函数语法为：

```
COLUMN([reference])
```

参数reference是可选的，指定需要获取列号的单元格或连续的单元格区域。如果省略该参数，COLUMN函数默认返回公式所在单元格的列号。COLUMN函数的返回值示例见表 17-3。

表 17-3　COLUMN 函数示例

D4 单元格公式	返回值	说明
=COLUMN(B6)	2	返回 B6 单元格的列号
=COLUMN()	4	返回公式所在单元格的列号
=COLUMN(A:D)	{1,2,3,4}	返回 A~D 列的列号数组

COLUMNS 函数用于返回引用或数组的列数，函数语法为：

```
COLUMNS(array)
```

参数 array 是必需的，指定获取列数的单元格区域或数组。

COLUMNS 函数的返回值示例见表 17-4。

表 17-4　COLUMNS 函数示例

公式	返回值	说明
=COLUMNS(A1:H7)	8	返回 A1:H7 单元格区域的列数

续表

公式	返回值	说明
=COLUMNS({1,2,3,4,5})	5	返回常量数组的列数
=COLUMNS(B1:C5<>"")	2	返回内存数组的列数

17.1.3　使用ROW函数和COLUMN函数的注意事项

ROW函数和COLUMN函数仅返回引用的行号和列号信息，与单元格区域中实际存储的内容无关。因此在A1单元格中使用以下公式时，不会产生循环引用。

```
=ROW(A1)
=COLUMN(A1)
```

如果参数是多行或多列的单元格区域，ROW函数和COLUMN函数将返回连续的自然数序列，以下公式用于生成垂直序列{1;2;3;4;5;6;7;8;9;10}。

```
=ROW(A1:A10)
```

以下公式用于生成水平序列{1,2,3,4,5,6,7,8,9,10}。

```
=COLUMN(A1:J1)
```

> 　　Microsoft Excel 2021 工作表最大行数为 1 048 576 行，最大列数为 16 384 列，因此，ROW 函数产生的行序号最大值为 1 048 576，COLUMN 函数产生的列序号最大值为 16 384。当 ROW 函数返回的结果为一个数值时，实质上是返回了单一元素的数组，如 ROW(A5) 返回结果为 {5}。如果将它作为 OFFSET 函数的参数，某些情况下可能无法显示正确的结果，需要使用 N 函数或 T 函数进行处理，或使用 ROWS 函数代替 ROW 函数。

17.1.4　ROW函数和COLUMN函数的典型应用

在数组公式中，经常会使用ROW函数生成一组有规律的自然数序列，以下是几种生成常用递增（减）和循环序列的通用公式写法，实际应用中将公式中的n修改为需要的数字即可。

如图 17-2 所示，生成 1、1、2、2、3、3……或 1、1、1、2、2、2……即间隔n个相同数值的递增序列，通用公式为：

```
=INT(ROW 函数生成的递增自然数序列 /n)
```

用ROW函数生成的行号除以循环次数n，其中初始值行号等于循环次数，随着公式向下填充，行号逐渐递增，最后使用INT函数对两者相除的结果取整。

若生成递减序列，可以使用一个固定值减去INT(ROW函数生成的递增自然数序列/n)生成的递增序列。

如图 17-3 所示，生成 1、2、1、2……或 1、2、3、1、2、3……即 1 至n的循环序列，通用公式为：

	A	B
1	=INT(ROW(A2)/2)	=INT(ROW(A3)/3)
2	1	1
3	1	1
4	2	1
5	2	2
6	3	2
7	3	2
8	4	3
9	4	3
10	5	3
11	5	4
12	6	4
13	6	4

图 17-2　生成 1、1、2、2……递增序列

```
=MOD(ROW 函数生成的递增自然数序列 -1,n)+1
```

以 1 作为起始行号，MOD 函数计算行号 -1 与循环序列中的最大值相除的余数，结果为 0、1、0、1……或 0、1、2、0、1、2……的序列。最后对计算结果加 1，使其成为从 1 开始的循环序列。

如图 17-4 所示，生成 2、1、2、1……或 3、2、1、3、2、1……即 n 至 1 的逆序循环序列，通用公式为：

```
=n-MOD(ROW 函数生成的递增自然数序列 -1,n)
```

	A	B
1	=MOD(ROW(A1)-1,2)+1	=MOD(ROW(A1)-1,3)+1
2	1	1
3	2	2
4	1	3
5	2	1
6	1	2
7	2	3
8	1	1
9	2	2
10	1	3
11	2	1
12	1	2
13	2	3

图 17-3 生成循环序列

	A	B
1	=2-MOD(ROW(A1)-1,2)	=3-MOD(ROW(A1)-1,3)
2	2	3
3	1	2
4	2	1
5	1	3
6	2	2
7	1	1
8	2	3
9	1	2
10	2	1
11	1	3
12	2	2
13	1	1

图 17-4 生成逆序循环序列

先计算行号减去 1 的差，再用 MOD 函数计算这个差与循环序列中的最大值相除的余数，得到 0、1、0、1……或 0、1、2、0、1、2……的递增序列，最后用 n 减去该递增序列，使其成为自 n 至 1 的逆序循环序列。

17.1.5 用 ADDRESS 函数获取单元格地址

ADDRESS 函数用于根据指定行号和列号获得工作表中某个单元格的地址，函数语法为：

```
ADDRESS(row_num,column_num,[abs_num],[a1],[sheet_text])
```

第一参数 row_num 是必需参数，指定单元格引用的行号。

第二参数 column_num 是必需参数，指定单元格引用的列号。

第三参数 abs_num 是可选参数，用数值 1~4 来指定要返回的引用类型，参数数值与引用类型的关系见表 17-5。

表 17-5 abs_num 参数数值与引用类型之间的关系

参数数值	返回的引用类型	示例	参数数值	返回的引用类型	示例
1 或省略	绝对引用	$A$1	3	行相对引用，列绝对引用	$A1
2	行绝对引用，列相对引用	A$1	4	相对引用	A1

第四参数 a1 是可选参数，是一个逻辑值，指定为 A1 或 R1C1 引用的样式。如果省略或为 TRUE，则 ADDRESS 函数返回 A1 引用样式；如果为 FALSE，则返回 R1C1 引用样式。

第五参数 sheet_text 是可选参数，指定外部引用的工作表的名称，如果忽略该参数，则返回的结果中不使用任何工作表名称。

ADDRESS 函数使用不同参数返回的示例结果见表 17-6。

表 17-6　ADDRESS 函数返回结果示例

公式	说明	示例结果
=ADDRESS(2,3)	绝对引用	$C$2
=ADDRESS(2,3,2)	行绝对引用，列相对引用	C$2
=ADDRESS(2,3,2,FALSE)	R1C1 引用样式的行绝对引用、列相对引用	R2C[3]
=ADDRESS(2,3,1,FALSE,"Sheet1")	R1C1 引用样式对另一张工作表的绝对引用	Sheet1!R2C3

示例17-2　利用ADDRESS函数生成列标字母

利用ADDRESS 函数，能够生成Excel 工作表的列标字母，如图 17-5 所示，在A2 单元格输入以下公式，向右复制到P2 单元格。

```
=SUBSTITUTE(ADDRESS(1,COLUMN(A2),4),1,"")
```

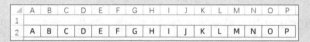

图 17-5　生成列标字母

ADDRESS 函数的参数 row_num 为 1，表示使用 1 作为单元格的行号。参数 column_num 为COLUMN(A2)，作为单元格的列号，当公式向右复制时，COLUMN(A2) 的计算结果依次递增。参数abs_num 使用 4，表示使用行相对引用和列相对引用的引用类型。公式最终得到 A1、B1、C1……AB1等单元格地址字符串。

最后使用SUBSTITUTE 函数将ADDRESS 函数生成的单元格地址中的 1 替换为空，得到列标字母。

17.2　用VLOOKUP 函数查询数据

VLOOKUP 函数是使用频率较高的查询与引用函数之一，函数名称中的"V"表示 vertical，意思是"垂直的"。VLOOKUP 函数可以根据查找值，返回在单元格区域或数组中与之对应的其他字段的数据。例如，在员工信息表中通过员工号查询员工所属部门等。函数语法为：

```
VLOOKUP(lookup_value,table_array,col_index_num,[range_lookup])
```

第一参数 lookup_value 是必需的，指定需要查找的值。如果查询区域中包含多个符合条件的查找值，VLOOKUP 函数只返回第一个查找值对应的结果。如果没有符合条件的查找值，VLOOKUP 函数将返回错误值 #N/A。

第二参数 table_array 是必需的，指定查询的数据源，可以是单元格区域或数组。查找值应位于数据源的首列，否则公式可能返回错误值 #N/A。

第三参数 col_index_num 是必需的，指定返回结果在查询区域中第几列。如果该参数超出查询区域的总列数，公式将返回错误值 #REF!，如果小于 1，则返回错误值 #VALUE!。

第四参数 range_lookup 是可选的，指定函数的查询方式，如果为 0 或 FASLE，表示精确匹配；如果省略或为 TRUE，表示近似匹配方式。当查找不到第一参数时，将返回小于查找值的最大值，同时要求查询区域的首列按升序排序，否则会返回无效值。

17.2.1　VLOOKUP 函数基础应用

G2			✕ ✓ *fx*	=VLOOKUP(F2,A:D,4,0)	

	A	B	C	D	E	F	G
1	员工号	姓名	籍贯	学历		员工号	学历
2	EHS-01	刘一山	山西省	本科		EHS-03	硕士
3	EHS-02	李建国	山东省	专科		EHS-07	硕士
4	EHS-03	吕国庆	上海市	硕士		EHS-09	本科
5	EHS-04	孙玉详	辽宁省	中专			
6	EHS-05	王建	北京市	本科			
7	EHS-06	孙玉详	黑龙江省	专科			
8	EHS-07	刘情	江苏省	硕士			
9	EHS-08	朱萍	浙江省	中专			
10	EHS-09	汤九灿	陕西省	本科			
11	EHS-10	刘烨	四川省	专科			

图 17-6　根据员工号查询学历

如图 17-6 所示，A~D 列为员工信息表，要求根据 F 列的员工编号查询并返回员工的学历。

G2 单元格输入以下公式，向下复制到 G4 单元格：

```
=VLOOKUP(F2,A:D,4,0)
```

VLOOKUP 函数在 A~D 列的首列，也就是 A 列，查询 F2 单元格指定的员工号，并返回 A~D 列中的第 4 列，也就是 D 列对应位置的学历。

17.2.2　VLOOKUP 函数返回多列结果

正确利用相对引用和绝对引用，能够使 VLOOKUP 函数一次性返回多列结果，而不用针对每列分别单独编写公式。

示例17-3　查询并返回多列结果

如图 17-7 所示，A~D 列为员工信息表，要求根据 F 列的员工编号查询并返回员工的姓名、籍贯和学历等信息。

G2			✕ ✓ *fx*	=VLOOKUP($F2,$A:$D,COLUMN(B1),)	

	A	B	C	D	E	F	G	H	I
1	员工号	姓名	籍贯	学历		员工号	姓名	籍贯	学历
2	EHS-01	刘一山	山西省	本科		EHS-03	吕国庆	上海市	硕士
3	EHS-02	李建国	山东省	专科		EHS-07	刘情	江苏省	硕士
4	EHS-03	吕国庆	上海市	硕士		EHS-09	汤九灿	陕西省	本科
5	EHS-04	孙玉详	辽宁省	中专					
6	EHS-05	王建	北京市	本科					
7	EHS-06	孙玉详	黑龙江省	专科					
8	EHS-07	刘情	江苏省	硕士					
9	EHS-08	朱萍	浙江省	中专					
10	EHS-09	汤九灿	陕西省	本科					
11	EHS-10	刘烨	四川省	专科					

图 17-7　查询并返回多列结果

G2 单元格输入以下公式，复制到 G2:I4 单元格区域。

```
=VLOOKUP($F2,$A:
$D,COLUMN(B1),)
```

VLOOKUP 函数的查找值为 $F2，使用列绝对引用行相对引用，当公式向右复制时，保持引用 F 列当前行的员工号不变。用 COLUMN(B1) 指定返回查询区域中第 2 列的"姓名"字段信息，当公式向右复制时，该部分依次变成 COLUMN(C1) 和 COLUMN(D1)，分别返回值 3 和 4，VLOOKUP 函数依次返回第 3 列的"籍贯"和第 4 列的"学历"字段的信息。

注意 →　VLOOKUP 函数第三参数中的列号，不能理解为工作表实际的列号，而是所需结果在查询范围中的第几列。另外，VLOOKUP 函数在精确匹配模式下支持使用通配符查找，但不区分字母大小写。

17.2.3　VLOOKUP函数使用通配符查找

当VLOOKUP函数的查询值是文本内容时，在完全匹配模式下支持使用通配符查找。

示例17-4　通配符查找

如图 17-8 所示，A~B列为图书及对应价格信息，要求查找D列包含通配符的关键字并返回对应图书价格信息。

E2 单元格输入以下公式，向下复制到 E3 单元格。

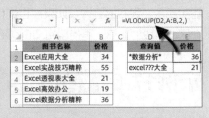

```
=VLOOKUP(D2,A:B,2,)
```

D2 单元格的查询值为"*数据分析*"。其中"*"为通配符，可以代替零到多个任意字符。该查询值表示包含关键字"数据分析"，前后有任意长度字符的字符串。A列符合条件的首个值为"Excel数据分析精粹"，公式返回其对应的价格 36。

图 17-8　通配符查找

D3 单元格公式的查询值为"excel???大全"。其中"?"为通配符，一个"?"代表任意一个字符。该查找值表示以"excel"开头，"大全"结尾，中间有 3 个字符的字符串，A列符合条件的首个值为"Excel透视表大全"，公式返回其对应的价格 21。

提示

> 　　若VLOOKUP函数查找值中包含通配符"*"或"?"，如果不希望执行通配符查询时，需要在"*"或"?"前添加转义符"~"，将这些符号解释为字符本身。

17.2.4　VLOOKUP函数近似查找

VLOOKUP函数第四参数为TRUE或被省略，表示使用近似匹配方式，当查找不到第一参数时，将返回小于查找值的最大值，同时要求查询区域的首列按升序排序，否则会返回无效值。

示例17-5　判断考核等级

如图 17-9 所示，是某公司员工考核成绩表的部分内容，F3:G6 单元格区域是考核等级对照表，首列已升序排序，要求在 D 列查询考核成绩对应的等级。

D2 单元格输入以下公式，向下复制到 D11 单元格。

序号	姓名	考核成绩	等级		等级对照表	
					分数	等级
1	王刚	62	合格		0	不合格
2	李建国	96	优秀		60	合格
3	吕国庆	98	优秀		80	良好
4	王刚	41	不合格		90	优秀
5	王建	76	合格			
6	孙玉详	80	良好			
7	刘情	63	合格			
8	朱萍	95	优秀			
9	汤九灿	59	不合格			
10	刘烨	70	合格			

```
=VLOOKUP(C2,F$3:G$6,2)
```

VLOOKUP函数第四参数被省略，表示匹配模式为近似匹配，如果找不到精确的匹配值，则返回小于查询值的最大值。

图 17-9　判断考核等级

C2 单元格的成绩 62 在对照表中查无匹配值，因此返回小于 62 的最大值 60，再返回该分数对应的等级"合格"。

> **提示** → 使用近似匹配时,查询区域的首列必须按升序排序,否则会无法得到正确的结果。

17.2.5 VLOOKUP 函数逆向查找

由于 VLOOKUP 函数要求查询值必须位于查询区域的首列,因此在默认情况下,VLOOKUP 函数只能实现从左到右的查询。如果被查询值不在查询区域的首列,可以通过手动或数组运算的方式,调换查询区域字段的顺序,再使用 VLOOKUP 函数实现数据查询。

示例 17-6 VLOOKUP 函数逆向查找

图 17-10 逆向查询

如图 17-10 所示,A~D 列为员工信息表,员工号在第二列。要求根据 F 列的员工号,在 G 列返回对应员工的姓名。

G2 单元格输入以下公式,向下复制到 G4 单元格。

`=VLOOKUP(F2,CHOOSE({1,2},B:B,A:A),2,)`

CHOOSE 函数的第一参数为常量数组 {1,2},构造出 B 列员工号在前,A 列姓名在后的两列多行的内存数组:

{"员工号","姓名";"EHS-01","刘一山";"EHS-02","李建国";"EHS-03","吕国庆";"EHS-04","孙玉详";……}

该内存数组符合 VLOOKUP 函数要求查询值必须处于查询区域首列的特性。VLOOKUP 函数以员工号作为查询值,在内存数组中查询并返回员工号对应的姓名信息,从而实现了逆向查询的目的。

> **注意** → 本示例只是演示 VLOOKUP 如何实现逆向查询,由于该方式编写复杂且运算效率较低,在实际工作中并不推荐使用。

17.2.6 VLOOKUP 函数常见问题及注意事项

VLOOKUP 函数返回值不符合预期或返回错误值的常见原因见表 17-7。

表 17-7 VLOOKUP 函数常见异常返回值原因

问题描述	原因分析
返回错误值 #N/A,且第四参数为 TRUE	查找值小于查询区域首列的最小值
返回错误值 #N/A,且第四参数为 FALSE	查找值在查询区域首列中未找到精确匹配项
返回错误值 #REF!	查找值在查询区域首列中有匹配值的情况下,希望返回数据的列数大于查询区域的总列数
返回错误值 #VALUE!	查找值在数据区域首列中有匹配值的情况下,希望返回数据的列数小于 1
返回不符合预期的值	第四参数省略或为 TRUE 时,查询区域首列未按升序排列

示例17-7　VLOOKUP函数返回错误值示例

图 17-11 展示了 VLOOKUP 函数返回错误值的几种常见情况。

查找值在查询区域的首列无精确匹配值时，如果 VLOOKUP 函数各参数使用均正确，可以使用 IFERROR 函数或条件格式屏蔽错误值。

当希望返回数据的列数大于查询区域的总列数或小于 1 时，应根据实际情况修改第三参数。

	A	B	C	D	E	F	G
1	编号	姓名		编号	姓名	公式	原因分析
2	A	刘一山		Z	#N/A	=VLOOKUP(D2,A:B,2,)	编号Z不存在
3	B	李建国		B	#REF!	=VLOOKUP(D3,A:B,3,)	第三参数超过查询区域实际列数
4	C	吕国庆		C	#VALUE!	=VLOOKUP(D4,A:B,0,)	第三参数小于1
5	D	孙玉详		9	#N/A	=VLOOKUP(D5,A:B,2,)	D5为数字A6为文本
6	9	王建		B	#N/A	=VLOOKUP(D6,A:B,2,)	D6为文本A8为数字
7	F	孙玉详		F	#N/A	=VLOOKUP(D7,A:B,2,)	A7单元格有不可见字符
8	8	刘情		A	#N/A	=VLOOKUP(D8,A:B,2,)	D7单元格有不可见字符
9	H	朱萍					
10	I	汤灿					
11	J	刘烨					

图 17-11　VLOOKUP 函数返回错误值示例

当查找值为数值类型，而查询区域首列为文本型数值时，可以将查找值从数值强制转换成文本类型，如 VLOOKUP(D5&"",A:B,2,0)。

当查找值为文本型数值（包括文本型存储的日期），而查询区域的首列为数值类型时，可以通过数学运算将第一参数的文本型数值强制转换成数值类型，如 VLOOKUP(0+D6,A:B,2,)。

当查找值或查找区域的首列包含不可见字符时（通常为系统导出或网页上复制的数据），可以使用 TRIM 函数、CLEAN 函数、分列和查找替换等功能将不可见字符清除。

17.3　用 HLOOKUP 函数查询数据

HLOOKUP 函数名称中的 H 表示 horizontal，意思为"水平的"。该函数与 VLOOKUP 函数的语法相似，用法也基本相同，区别在于 VLOOKUP 函数在纵向区域或数组中查询，而 HLOOKUP 函数则在横向区域或数组中查询。

示例17-8　使用HLOOKUP查询班级人员信息

图 17-12 展示了某年级不同班级的人员信息，要求根据 A8 单元格的班号和 B8 单元格的职务查询对应人员的姓名。

在 C8 单元格输入以下公式：

`=HLOOKUP(A8,1:4,MATCH(B8,A:A),)`

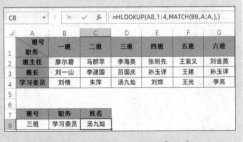

C8		× ✓ fx	=HLOOKUP(A8,1:4,MATCH(B8,A:A),)				
	A	B	C	D	E	F	G
1	班号 职务	一班	二班	三班	四班	五班	六班
2	班主任	廖尔碧	马群苹	李海英	张明先	王裘义	刘金英
3	班长	刘一山	李建国	吕国庆	孙玉详	王建	孙玉详
4	学习委员	刘情	朱萍	汤九灿	刘烨	王光	李亮
5							
6							
7	班号	职务	姓名				
8	三班	学习委员	汤九灿				

MATCH 函数用于返回查找值在单行或单列中的相对位置，"MATCH(B8,A:A,)"返回 B8 单元格"学习委员"

图 17-12　查询班级人员信息

在 A 列中首次出现的位置，结果为 4，说明"学习委员"处于 A 列第 4 行，以此指定 HLOOKUP 函数要返回数据的行数。

HLOOKUP 函数的查询值为 A8，查询范围为 1:4，表示在 1~4 行整行的区域内，采用精确匹配的方式查找"三班"，并返回该班级在查询范围内第 4 行的值，结果为"汤九灿"。

17.4 用MATCH函数返回查询值的相对位置

MATCH 函数用于返回查询值在查询范围中的相对位置，函数语法为：

```
MATCH(lookup_value,lookup_array,[match_type])
```

第一参数 lookup_value 为指定的查找对象。

第二参数 lookup_array 为可能包含查找对象的单元格区域或数组，只能是一行或一列，如果是多行多列，则会返回错误值 #N/A。

第三参数 match_type 为查找的匹配方式。当该参数为 0 时，表示精确匹配，此时对查询区域无排序要求。以下公式返回值为 2，表示字母"A"在数组{"C","A","B","A","D"}中第一次出现的位置为 2。

```
=MATCH("A",{"C","A","B","A","D"},0)
```

如果查询区域中不包含字母"A"，公式将返回错误值 #N/A。

当第三参数省略或为 1 时，表示升序条件下的近似匹配方式，此时要求第二参数按升序排列，函数将返回小于等于查询值的最大值所在位置。

以下公式返回值为 3，因为第二参数中小于或等于 6 的最大值为 5，5 在第二参数数组中序列位置为 3。

```
=MATCH(6,{1,3,5,7},1)
```

当第三参数为 -1 时，表示降序条件下的近似匹配方式，此时要求第二参数按降序排列，函数将返回大于等于第一参数的最小值所在位置。

以下公式返回值为 2，因为在第二参数中大于等于 8 的最小值为 9，9 在第二参数数组中序列位置为 2。

```
=MATCH(8,{11,9,6,5,3,1},-1)
```

17.4.1 MATCH常用查找示例

示例17-9 MATCH函数常用查找示例

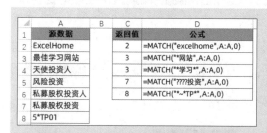

图 17-13 MATCH 函数常用查找示例

如图 17-13 所示，A列数据为文本内容，C列为 MATCH 函数常用的查找示例返回结果。

C2 单元格输入以下公式，返回值为 2，表示 "excelhome"在A列中的位置为 2。MATCH 函数匹配文本值时不区分字母大小写。

```
=MATCH("excelhome",A:A,0)
```

C3 单元格输入以下公式，返回值为 3，表示以"网站"结尾、前面有任意长度字符的文本在A列中出现的位置是 3。MATCH函数匹配文本值时支持使用通配符。

```
=MATCH("* 网站 ",A:A,0)
```

C4 单元格输入以下公式，返回值为 3，表示包含关键字"学习"的文本在A列中出现的位置是 3。

```
=MATCH("* 学习 *",A:A,0)
```

C5 单元格输入以下公式，返回值为 7，表示以"投资"结尾，前面有 4 个字符的文本在 A 列中出现的位置是 7。

=MATCH("????投资",A:A,0)

C6 单元格输入以下公式，返回值为 8，表示包含关键字"*TP"的文本（5*TP01）在 A 列中出现的位置是 8。如果查找区域中包括"*"或"?"，在使用 MATCH 函数查找时需在"*"或"?"前面添加转义符"~"，以强制取消通配符的作用。

=MATCH("*~*TP*",A:A,0)

注意 → 　　如果 MATCH 函数简写第三参数，仅以逗号占位，表示该参数为 0，即匹配方式为精确匹配。例如，MATCH("excelhome",A:A,) 等同于 MATCH("excelhome",A:A,0)。

17.4.2　MATCH 函数统计两列相同数据个数

如果查询区域中包含多个查询值，MATCH 函数只返回查询值首次出现的位置。利用这一特点，可以解决不重复项统计、多组数据交叉统计等问题。

示例17-10　统计两列相同数据个数

如图 17-14 所示，数据 1 和数据 2 各自无重复值，要求统计数据 1 和数据 2 中相同数据的个数。

D2 单元格输入以下公式：

=COUNT(MATCH(A2:A8,B2:B8,))

图 17-14　统计两列相同数据个数

如果 A2:A8 单元格区域中的数据在 B2:B8 单元格区域中存在，MATCH(A2:A8,B2:B8,) 返回首次出现的位置数字；如果不存在，则返回错误值 #N/A。得到一个由数字和错误值构成的内存数组：

{1;3;6;2;#N/A;#N/A;#N/A}

最后使用 COUNT 函数统计数组中数字的个数，即为两列相同数据的个数。

17.4.3　MATCH 函数在带有合并单元格的表格中定位

在包含合并单元格的数据表中查询数据时，难点是统计最后一组合并单元格包含的单元格的个数，利用 MATCH 函数的计算机制可以解决这类问题。

示例17-11　按部门分配奖金

图 17-15 展示了某单位奖金分配表的部分内容。其中 A 列是车间名称，B 列是员工姓名，C 列是每个车间的奖金金额，需要在 D 列计算每个车间内各个员工的人均分配奖金。

D2 单元格输入以下公式，向下复制到 D10 单元格。

	A	B	C	D
1	车间	员工	奖金	分配奖金
2	前清理	刘文静	1200	300
3		何彩萍		300
4		何恩杰		300
5		段启志		300
6	风选车间	窦晓玲	500	500
7	中试车间	刘翠玲	1200	400
8		陈晓丽		400
9		马思佳		400
10	包装间	李家俊	500	500

图 17-15　按部门分配奖金

```
=IF(C2>0,C2/MATCH(FALSE,IF({1},A3:A$11=0),
-1),D1)
```

公式中的"MATCH(FALSE,IF({1},A3:A$11=0),-1)"部分，先使用"A3:A$11=0"来判断 A 列自公式所在行为起点、到数据表最后一行为终点，这个区域内是否等于 0，也就是判断是否为空单元格，得到一组由逻辑值 TRUE 和 FALSE 组成的内存数组。

然后使用 FALSE 作为 MATCH 函数的查询值，在该数组中查询 FALSE 首次出现的位置，如果找不到 FALSE，则与比 FALSE 大的 TRUE 进行匹配。

当公式复制到 D10 单元格，对最后一组非空单元格计算人数时，A11:A$11=0 部分返回的结果为单个逻辑值 TRUE，导致 MATCH 函数返回错误值。IF 函数的第一参数使用常量数组 {1}，目的是结果为单个逻辑值时，将其转换为单个元素的内存数组，使 MATCH 函数能够返回正确的结果。

这部分公式返回的结果即为当前车间的人数。

接下来使用 IF 函数对 C2 单元格的金额进行判断，如果金额大于 0，则使用 C2 除以当前车间的人数，返回人均分配金额，否则返回公式所在单元格的上一个单元格的值。

17.5　认识 INDEX 函数

INDEX 函数可以在引用或数组范围中根据指定的行号或（和）列号来返回引用或值。该函数有引用形式和数组形式两种类型的语法，分别为：

```
引用形式 INDEX(reference,row_num,[column_num],[area_num])
数组形式 INDEX(array,row_num,[column_num])
```

在引用形式中，第一参数 reference 是必需参数，指定一个或多个单元格区域的引用，如果引用是多个不连续的区域，必须将其用小括号括起来。

第二参数 row_num 是必需参数，指定需要返回引用的行号。

第三参数 column_num 是可选参数，指定需要返回引用的列号。

第四参数 area_num 是可选参数，指定返回引用的区域。

以下公式返回 A1:D4 单元格区域第 3 行和第 4 列交叉处的单元格，即 D3 单元格。

```
=INDEX(A1:D4,3,4)
```

以下公式返回 A1:D4 单元格区域中第 3 行单元格，即 A3:D3 单元格区域的和。

```
=SUM(INDEX(A1:D4,3,0))
```

以下公式返回 A1:D4 单元格区域中第 4 列单元格，即 D1:D4 单元格区域的和。

```
=SUM(INDEX(A1:D4,0,4))
```

以下公式返回 (A1:B4,C1:D4) 两个单元格区域中，第二个区域 C1:D4 第 3 行第 1 列的单元格，即 C3 单元格。

```
=INDEX((A1:B4,C1:D4),3,1,2)
```

根据公式的需要，INDEX 函数的返回值可以为引用或值。例如，以下第一个公式等价于第二个公式，CELL 函数将 INDEX 函数的返回值作为 B1 单元格的引用。

```
=CELL("width",INDEX(A1:B2,1,2))
=CELL("width",B1)
```

而在以下公式中，则将 INDEX 函数的返回值解释为 B1 单元格中的值。

```
=2*INDEX(A1:B2,1,2)
```

在数组形式中，参数 array 是必需参数，可以是单元格区域或数组。参数 row_num 和参数 column_num 要求与引用形式中类似，如果数组仅包含一行或一列，则相应的 row_num 或 column_num 参数是可选的。

第二参数和第三参数不得超过第一参数的行数和列数，否则将返回错误值 #REF!。例如，以下公式由于 A1:D10 单元格区域只有 4 列，而公式要求返回该区域第 20 列的单元格，因此返回错误值 #REF。

```
=INDEX(A1:D10,4,20)
```

INDEX 函数和 MATCH 函数结合运用，能够完成类似 VLOOKUP 函数和 HLOOKUP 函数的查找功能，虽然公式看似相对复杂，但在实际应用中更加灵活多变。

示例17-12　根据员工号查询姓名和部门

如图 17-16 所示，A~C 列展示的是某单位员工信息表的部分内容，要求根据 E 列的员工号查询对应的员工姓名。

F2 单元格输入以下公式，向下复制到 F4 单元格。

```
=INDEX(A:A,MATCH(E2,B:B,))
```

MATCH 函数以精确匹配的方式查询 E2 单元格员工号在 B 列中出现的位置，结果为 6。再用 INDEX 函数根据此索引值，返回 A 列中第 6 行对应的姓名。

F2		▼	:	×	✓	fx	=INDEX(A:A,MATCH(E2,B:B,))

▲	A	B	C	D	E	F
1	姓名	员工号	部门		员工号	姓名
2	张丹丹	ZR-001	办公室		ZR-005	刘萌
3	蔡如江	ZR-002	办公室		ZR-002	蔡如江
4	李婉儿	ZR-003	财富中心		ZR-007	顾长宇
5	孙天亮	ZR-004	财富中心			
6	刘萌	ZR-005	后勤部			
7	李珊珊	ZR-006	人力行政部			
8	顾长宇	ZR-007	人力行政部			
9	张丹燕	ZR-008	人力行政部			

图 17-16　根据员工号查询姓名和部门

17.6　认识 LOOKUP 函数

LOOKUP 函数主要用于在查找范围中查询指定值，并在另一个结果范围中返回对应值。该函数支持忽略查询范围中的空值、逻辑值和错误值。

LOOKUP 函数具有向量和数组两种语法形式，其语法分别为：

```
LOOKUP(lookup_value,lookup_vector,[result_vector])
LOOKUP(lookup_value,array)
```

向量语法中，第一参数 lookup_value 为查找值，可以使用单元格引用或数组。第二参数 lookup_

vector 为查找范围。第三参数 result_vector 是可选参数，为结果范围。

向量语法是在由单行或单列构成的查找范围中查找 lookup_value，并返回查找范围中的对应值（如果第三参数省略，则默认以第二参数为结果范围）。

如果需要在查找范围中查找一个明确的值，查找范围必须升序排列，如果 LOOKUP 函数找不到查询值，会与查询区域中小于或等于查询值的最大值进行匹配。如果查询值小于查询区域中的最小值，则 LOOKUP 函数会返回错误值 #N/A。

如果查询区域中有多个符合条件的记录，LOOKUP 函数仅返回最后一个记录。

在数组语法中，LOOKUP 函数在数组的第一行或第一列中查找指定的值，并返回数组最后一行或最后一列中同一位置的值。

当 LOOKUP 函数的查找值大于查找范围内所有同类型的值时，会直接返回查找区域最后一个同类型的值。

17.6.1　LOOKUP 函数常用查找示例

示例17-13　LOOKUP函数常见的模式化用法

例 1：返回 A 列最后一个文本值。

```
=LOOKUP(" 々 ",A:A)
```

"々"通常被看作是一个编码较大的字符，输入方法为按住 <Alt> 键，依次按数字小键盘的 4、1、3、8、5。一般情况下，第一参数写成"座"或是"做"，也可以返回一列或一行中的最后一个文本值。

例 2：返回 A 列最后一个数值。

```
=LOOKUP(9E+307,A:A)
```

9E+307 是 Excel 里的科学记数法，即 $9*10^{307}$，被认为接近 Excel 允许键入的最大数值。用它做查询值，可以返回一列或一行中的最后一个数值。

例 3：返回 A 列最后一个非空单元格内容。

```
=LOOKUP(1,0/(A:A<>""),A:A)
```

公式以 0/(条件)，构建一个由 0 和错误值 #DIV/0! 组成的数组，再用比 0 大的数值 1 作为查找值，即可匹配查询区域中最后一个满足条件的记录，并返回第三参数中对应位置的内容。

LOOKUP 函数的典型用法可以归纳为：

```
=LOOKUP(1,0/（条件），目标区域或数组）
```

17.6.2　LOOKUP 函数基础应用

示例17-14　判断考核等级

图 17-17 展示的是某公司员工考核成绩表的部分内容，F3:G6 单元格区域是考核等级对照表，首列

已按成绩升序排序，要求根据 C 列的考核成绩查询出对应的等级。

D2 单元格输入以下公式，向下复制到 D11 单元格。

```
=LOOKUP(C2,F$3:F$6,G$3:G$6)
```

LOOKUP 函数使用向量语法形式，在 F$3:F$6 单元格区域中查找考核成绩，以该区域中小于或等于考核成绩的最大值进行匹配，并返回与之对应的 G$3:G$6 单元格区域中的等级。

C2 单元格的考核成绩是 62，F$3:F$6 单元格区域中小于或等于 62 的最大值为 60，因此返回 60 对应的等级 "合格"。

如果不使用对照表，也可以使用以下公式实现同样的要求。

```
=LOOKUP(C2,{0,60,80,90},{" 不合格 "," 合格 "," 良好 "," 优秀 "})
```

LOOKUP 函数第二参数使用升序排列的常量数组，这种方法可以取代 IF 函数完成多个区间的判断查询。

也可以使用 LOOKUP 函数数组语法形式完成同样的查询结果。

```
=LOOKUP(C2,F$3:G$6)
```

LOOKUP 函数在 F$3:G$6 区域的第一列中查找 C2 单元格指定的值，匹配小于等于 C2 单元格指定值的最大值，并返回 F$3:G$6 区域最后一列中对应位置的结果。

图 17-17 判断考核等级

序号	姓名	考核成绩	等级		等级对照表	
1	王刚	62	合格		分数	等级
2	李建国	96	优秀		0	不合格
3	吕国庆	98	优秀		60	合格
4	王刚	41	不合格		80	良好
5	王建	76	合格		90	优秀
6	孙玉详	80	良好			
7	刘情	63	合格			
8	朱萍	95	优秀			
9	汤九灿	59	不合格			
10	刘烨	70	合格			

17.6.3 LOOKUP 函数多条件查找

LOOKUP 函数的查询范围可以是多组条件判断相乘组成的内存数组，常用写法为：

```
LOOKUP(1,0/(( 条件 1)*( 条件 2)*……*( 条件 N)), 目标区域或数组 )
```

使用这种方法能够完成多条件的数据查询任务。

示例17-15 LOOKUP函数多条件查询

图 17-18 展示的是某单位员工信息表的部分内容，不同部门有重名的员工，需要根据部门和姓名两个条件，查询员工的职务信息。

G2 单元格输入以下公式：

```
=LOOKUP(1,0/((A2:A11=E2)*(B2:B11=F2)),C2:C11)
```

LOOKUP 函数的第二参数使用两个等式相乘，分别比较 E2 单元格的部门与 A 列中的部门是否相同；F2 单元格的姓名与 B 列中的姓名是否相同。当两个条件同时满足时，两个逻辑值 TRUE 相乘返回数值 1，否则返回 0。

G2		× ✓ fx	=LOOKUP(1,0/((A2:A11=E2)*(B2:B11=F2)),C2:C11)				
	A	B	C	D	E	F	G	H
1	姓名	部门	职务		姓名	部门	职务
2	王刚	财务部	经理		王刚	财务部	经理
3	李建国	销售部	助理				
4	吕国庆	财务部	主管				
5	王刚	后勤部	助理				
6	王建	财务部	助理				
7	孙玉详	后勤部	主管				
8	刘情	销售部	总经理				
9	朱萍	销售部	主管				
10	汤九灿	财务部	经理				
11	刘烨	财务部	经理				

图 17-18 多条件查询

{1;0;0;0;0;0;0;0;0;0}

再用 0 除以该数组，返回由 0 和错误值 #DIV/0! 组成的新数组：

{0;#DIV/0!;#DIV/0!;……;#DIV/0!;#DIV/0!;#DIV/0!;#DIV/0!}

LOOKUP 函数查找值为 1，由于数组中的数字都小于 1，因此以该数组中最后一个 0 进行匹配，并返回第三参数 C2:C11 单元格区域对应位置的值。

17.6.4 LOOKUP 函数模糊查找

LOOKUP 函数不支持使用通配符，如需按指定关键字进行查询，可以借助 FIND 函数、SEARCH 函数和 ISNUMBER 函数等搭配完成。

示例17-16 根据关键字分组

如图 17-19 所示，A 列为某公司明细账摘要，需要在 B 列根据 D2:D5 单元格区域的关键字返回对应的类别。

B2 单元格输入以下公式，向下复制到 B10 单元格。

```
=LOOKUP(1,0/FIND(D$2:D$5,A2),
D$2:D$5)
```

图 17-19 根据关键字分组

FIND 函数返回查找字符串在另一个字符串中的起始位置，如果查无结果，返回错误值 #VALUE!。

"0/FIND(D$2:D$5,A2)" 部分，先用 FIND 函数依次查找 D$2:D$5 单元格区域中关键字在 A2 单元格的起始位置，得到由数值和错误值 #VALUE! 构成的内存数组：

{1;#VALUE!;#VALUE!;#VALUE!}

再用 0 除以该数组，返回由 0 和错误值 #VALUE! 构成的新数组：

{0;#VALUE!;#VALUE!;#VALUE!}

LOOKUP 函数用 1 作为查找值，与数组中最后一个 0 进行匹配，进而返回第三参数 D$2:D$5 单元格区域中对应位置的值。

> SEARCH 函数和 FIND 函数的主要区别之一是：前者不区分字母大小写，后者区分字母大小写。例如，SEARCH("a","ABC") 返回结果为数值 1，FIND("a","ABC") 返回结果为错误值 #VALUE!。

17.6.5 LOOKUP 函数提取字符串开头连续的数字

当 LOOKUP 函数的查找值比查找范围内同类型的值都大时，会返回最后一个同类型的值。借助这个特点，使用 LOOKUP 函数能够提取出单元格中特定位置连续的数值。

示例17-17　提取单元格中的数字

如图 17-20 所示，A列为数量和单位混合的文本内容，数量在前，单位在后，要求提取混合文本中的数量，即开头连续的数值部分。

B2 单元格输入以下公式，向下复制到 B6 单元格。

	A	B
1	数量/单位	数量
2	52.7公斤	52.7
3	3KG	3
4	44KM	44
5	55个	55
6	62.5吨	62.5

`=-LOOKUP(,-LEFT(A2,ROW($1:$15)))`

图 17-20　提取单元格开头连续的数字

LEFT函数从 A2 单元格左起第一个字符开始，依次返回长度为 1 至 15 的字符串。

`{"5";"52";"52.";"52.7";"52.7公";……;"52.7公斤"}`

加上负号后，数值转换为负数，含有文本的字符串则转换为错误值 #VALUE!。

`{-5;-52;-52;-52.7;#VALUE!;……;#VALUE!}`

LOOKUP 函数省略第一参数的值，表示使用 0 作为查找值，在以上内存数组中忽略错误值进行查询。而查找值 0 又大于所有的负数，因此返回最后一个数值。最后再加上负号，将提取出的负数转为正数。

17.7　使用XLOOKUP函数查询数据

XLOOKUP是 Excel 2021 中新增的函数，主要用于在查询范围中根据指定条件返回查询结果。相比于传统的 VLOOKUP、INDEX等函数，该函数具有编写更简洁、形式更灵活、运算更高效等特点。函数语法如下：

```
XLOOKUP(lookup_value,lookup_array,return_array,[if_not_found],match_mode],[search_mode])
```

第一参数 lookup_value 是必需参数，指定需要查询的值。

第二参数 lookup_array 是必需参数，指定查询的单元格区域或数组。

第三参数 return_array 是必需参数，指定返回结果的单元格区域或数组。

第四参数 if_not_found 是可选参数，指定找不到有效的匹配项时，返回的值；如果找不到有效的匹配项，同时该参数缺失，XLOOKUP 函数返回错误值 "#N/A"。

第五参数 match_mode 是可选参数，表示匹配模式，共有四个选项，各选项含义见表 17-8。

表 17-8　不同 match_mode 参数的作用说明

值	含义	值	含义
0	默认值，表示完全匹配	1	当查无完全匹配项时，返回下一个较大项
-1	当查无完全匹配项时，返回下一个较小项	2	表示支持通配符查询（默认不支持）

第六参数 search_mode 是可选参数，表示搜索模式，共有四个选项，各选项含义见表 17-9。

表 17-9　不同 search_mode 参数的作用说明

值	含义
1	默认值，表示从第一项开始向下搜索
-1	表示从最后一项开始向上搜索
2	要求 lookup_array 按升序排序，执行二进制搜索。如果 lookup_array 未排序，将返回无效结果
-2	要求 lookup_array 按降序排序，执行二进制搜索。如果 lookup_array 未排序，将返回无效结果

17.7.1　XLOOKUP 函数单条件查找

示例17-18　XLOOKUP函数执行单条件查询

G2 =XLOOKUP(F2,B:B,A:A,"查无此人")

姓名	员工号	籍贯	学历
刘一山	EHS-01	山西省	本科
李建国	EHS-02	山东省	专科
吕国庆	EHS-03	上海市	硕士
孙玉详	EHS-04	辽宁省	中专
王建	EHS-05	北京市	本科
孙玉详	EHS-06	黑龙江省	专科
刘情	EHS-07	江苏省	硕士
朱萍	EHS-08	浙江省	中专
汤灿	EHS-09	陕西省	本科
刘烨	EHS-10	四川省	专科

员工号	姓名
EHS-03	吕国庆
EHS-07	刘情
EHS-19	查无此人

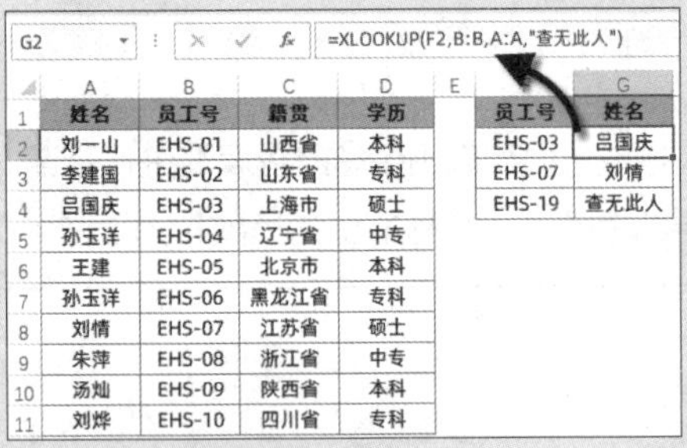

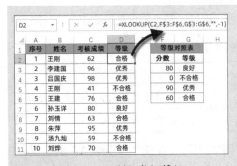

图 17-21　单条件查询

如图 17-21 所示，A~D 列为员工信息表，要求根据 F 列的员工号查询并返回员工的姓名，如果查无匹配结果，则返回字符串“查无此人”。

G2 单元格使用以下公式，向下复制到 G4 单元格。

```
=XLOOKUP(F2,B:B,A:A," 查无此人 ")
```

XLOOKUP 函数的第一参数 F2 表示查询值，第二参数 B:B 表示查询的数据源，第三参数 A:A 表示查询结果范围，第四参数“查无此人”表示当查无匹配结果时的返回值。

XLOOKUP 函数在 B 列中查找 F2 单元格指定的内容，并返回 A 列对应位置的姓名。如果 B 列找不到匹配项，则返回字符串“查无此人”。

17.7.2　XLOOKUP 函数较大或较小式查找

XLOOKUP 第五参数用于指定匹配模式，除了默认的完全匹配外，当没有完全匹配结果时，还支持返回下一个较大或较小项。和 LOOKUP 函数、MATCH 函数所不同的是，在该匹配模式下，XLOOKUP 函数并不要求数据排列有序。

示例17-19　XLOOKUP函数判断考核等级

D2 =XLOOKUP(C2,F$3:F$6,G$3:G$6,"",-1)

序号	姓名	考核成绩	等级
1	王刚	62	合格
2	李建国	96	优秀
3	吕国庆	98	优秀
4	王刚	41	不合格
5	王建	76	合格
6	孙玉详	80	良好
7	刘情	63	合格
8	朱萍	95	优秀
9	汤九灿	59	不合格
10	刘烨	70	合格

等级对照表	
分数	等级
80	良好
0	不合格
90	优秀
60	合格

图 17-22　判断考核等级

图 17-22 展示的是某公司员工考核成绩表的部分内容，F3:G6 单元格区域是考核等级对照表，首列为乱序状态，要求在 D 列根据考核成绩查询出对应的等级。

D2 单元格输入以下公式，向下复制到 D11 单元格。

```
=XLOOKUP(C2,F$3:F$6,G$3:G$6,"",-1)
```

XLOOKUP 函数的第五参数为 -1，表示当没有完全匹配项时，以下一个较小项进行匹配。

XLOOKUP 在 F$3:F$6 区域中查找考核成绩，当查询不到和查找值 C2 单元格的内容完全匹配的结果时，以下一个较小项进行匹配。例如，查找值为 62 时，在 F$3:F$6 区域找不到完全匹配项，则返回下一个较小项 60，然后返回该值在 G$3:G$6 区域对应位置的结果“合格”。

17.7.3 XLOOKUP 函数从后往前查找

XLOOKUP 第六参数为搜索模式，除了默认的从第一项开始向下搜索外，也支持从最后一项开始向上搜索。

示例17-20 XLOOKUP函数查询商品最新销售金额

如图 17-23 所示，A~E 列是某公司商品销售记录，其中日期列已进行升序排序，需要在 H 列查询 G 列商品最新的销售金额。

H2 单元格输入以下公式，向下复制到 H4 单元格。

```
=XLOOKUP(G2,B:B,E:E,"查无此项",0,-1)
```

XLOOKUP 函数第五参数为 0，表示匹配模式为完全匹配。第六参数为 -1，表示从最后一项开始向上搜索。当找到首个完全匹配值时，返回对应结果。由于日期列已按升序进行排序，因此返回的结果即为商品的最新销售金额。

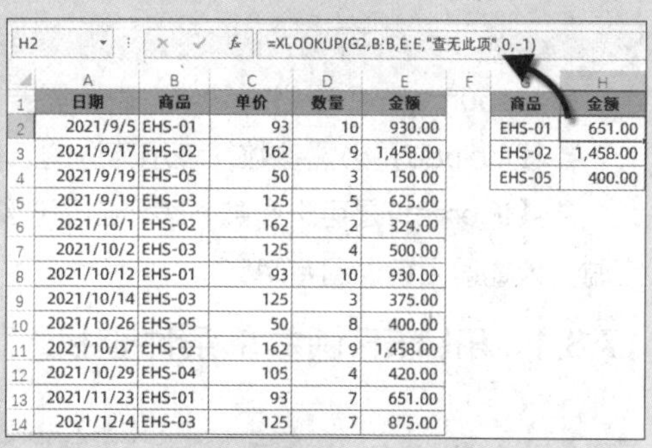

	A	B	C	D	E	F	G	H
1	日期	商品	单价	数量	金额		商品	金额
2	2021/9/5	EHS-01	93	10	930.00		EHS-01	651.00
3	2021/9/17	EHS-02	162	9	1,458.00		EHS-02	1,458.00
4	2021/9/19	EHS-05	50	3	150.00		EHS-05	400.00
5	2021/9/19	EHS-03	125	5	625.00			
6	2021/10/1	EHS-02	162	2	324.00			
7	2021/10/2	EHS-03	125	4	500.00			
8	2021/10/12	EHS-01	93	10	930.00			
9	2021/10/14	EHS-03	125	3	375.00			
10	2021/10/26	EHS-05	50	8	400.00			
11	2021/10/27	EHS-02	162	9	1,458.00			
12	2021/10/29	EHS-04	105	4	420.00			
13	2021/11/23	EHS-01	93	7	651.00			
14	2021/12/4	EHS-03	125	7	875.00			

图 17-23　查询商品最新销售金额

17.7.4 XLOOKUP 函数二分法查找

当数据量较大时，可以将 XLOOKUP 的搜索模式设置为二进制，实现更加高效的数据查询。

示例17-21 XLOOKUP函数实现二分法查询

如图 17-24 所示，A~D 列为员工信息表的部分内容，其中员工号已升序排列，要求根据 F 列的员工号查询并返回员工的姓名，如果找不到匹配结果，则返回字符串“查无此人”。

G2 单元格输入以下公式，向下复制到 G4 单元格。

```
=XLOOKUP(F2,B:B,A:A,"查无此人",0,2)
```

XLOOKUP 函数第五参数为 0，表示匹配模式为完全匹配，第六参数为 2，表示以二分法方式执行二进制搜索。

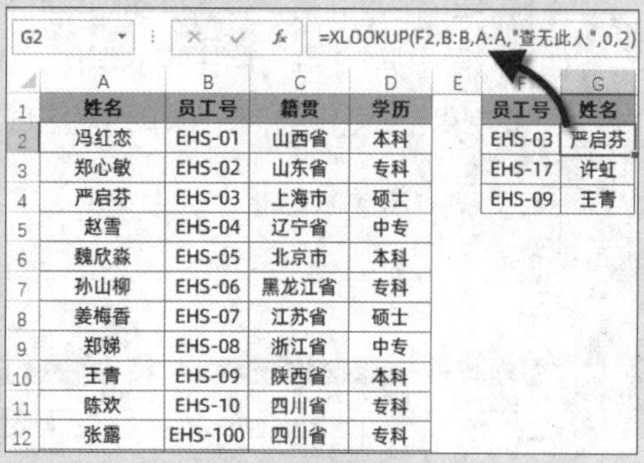

	A	B	C	D	E	F	G
1	姓名	员工号	籍贯	学历		员工号	姓名
2	冯红恋	EHS-01	山西省	本科		EHS-03	严启芬
3	郑心敏	EHS-02	山东省	专科		EHS-17	许虹
4	严启芬	EHS-03	上海市	硕士		EHS-09	王青
5	赵雪	EHS-04	辽宁省	中专			
6	魏欣淼	EHS-05	北京市	本科			
7	孙山柳	EHS-06	黑龙江省	专科			
8	姜梅香	EHS-07	江苏省	硕士			
9	郑娣	EHS-08	浙江省	中专			
10	王青	EHS-09	陕西省	本科			
11	陈欢	EHS-10	四川省	专科			
12	张露	EHS-100	四川省	专科			

图 17-24　二进制查询

二分法是一种经典的数据查询算法，又被称为折半查找。它的基本思想是：假设数据升序排序，对于给定值 x，从序列的中间位置开始比较，如果当前位置值等于 x，则查找成功；若 x 小于当前位置值，则在数据的前半段中查找；若 x 大于当前位置值则在数据的后半段中继续查找，直到找到为止。

> **注意 →** 　当搜索模式为二进制时，XLOOKUP 的第 2 参数必须按要求升序或降序排序，否则会返回错误结果。

17.8　用 FILTER 函数筛选符合条件的数据

FILTER 函数是 Excel 2021 中新增的函数，主要用于解决符合条件的结果有多项时的数据查询问题。函数语法如下：

```
FILTER(sourcearray,include,[if_empty])
```

参数 sourcearray 是必需参数，表示需要筛选的数组或区域。

参数 include 是必需参数，表示筛选的条件。

参数 if_empty 是可选参数，表示当筛选结果为空时返回的指定值，如果该参数缺失，当筛选结果为空时，公式返回错误值 #CALC!。

17.8.1　FILTER 函数单条件查找

示例17-22　FILTER函数返回多个符合条件的记录

如图 17-25 所示，A~D 列为员工信息表，需要根据 F2 单元格指定的学历，在 G 列查询并返回符合该学历的所有员工的姓名。

G2 单元格输入以下公式：

```
=FILTER(C2:C11,B2:B11=F2,"查无此人")
```

FILTER 函数的筛选区域是 C2:C11 单元格区域，筛选条件是 B2:B11=F2，如果筛选结果为空，则返回指定字符串"查无此人"，否则将查询到的多个结果自动溢出到以 G2 单元格为起点的单元格区域。

当 FILTER 函数的第一参数是多列单元格区域或数组时，可以返回多列结果。

如果需要根据 F2 单元格指定的学历，返回 A~D 列多字段的员工信息，可以在 F5 单元格输入以下公式，公式结果自动溢出到相邻的单元格区域，如图 17-26 所示。

```
=FILTER(A2:D11,B2:B11=F2)
```

图 17-25　返回多个符合条件的记录　　　　图 17-26　返回多个符合条件的区域

17.8.2　FILTER 函数多条件查找

将 FILTER 函数的第二参数设置为多组条件判断相乘或相加而成的数组，可以使 FILTER 函数实现多条件查询，其中多组条件相乘表示"与"关系的筛选，多组条件相加表示"或"关系的筛选。

示例 17-23　FILTER 函数实现多条件查询

如图 17-27 所示，A~D 列为员工信息表，需要根据 F2 单元格指定的部门和 G2 单元格指定的职务，返回符合条件的员工信息。

F5 单元格输入以下公式，结果自动溢出到相邻单元格区域。

=FILTER(A2:D11,(C2:C11=F2)*(D2:D11=G2),"查无信息")

图 17-27　多条件查询

FILTER 函数筛选条件使用两个等式相乘，分别比较 F2 单元格的部门与 C2:C11 区域中的部门是否相同；G2 单元格的职务与 D2:D11 区域中的姓名是否相同。当两个条件同时满足时，两个逻辑值 TRUE 相乘返回数值 1，否则返回 0。

{1;0;0;0;0;0;0;0;1;1}

在逻辑判断中，数值 1 被视为 TRUE，数值 0 被视为 FALSE，FILTER 函数据此对 A2:D11 单元格区域进行筛选并返回全部结果。

17.8.3　FILTER 函数模糊查找

FILTER 函数不支持使用通配符，如需按指定关键字进行汇总，可以借助 FIND 函数、SEARCH 函数和 ISNUMBER 函数等搭配完成。

示例 17-24　FILTER 函数实现多条件查询

图 17-28 所示，A 列为某公司明细账摘要，需要在 C 列查询包含关键字"五部"的所有记录。

C2 单元格输入以下公式，结果自动溢出到相邻单元格区域。

=FILTER(A2:A10,ISNUMBER(FIND("五部",A2:A10)))

公式先用 FIND 函数查找 A2:A10 单元格区域中每个内容是否包含关键字"五部"，如果包含，则返回"五部"出现的位置序号，否则返回错误值，得到一个由数字和错误值构成的内存数组。

图 17-28　FILTER 函数模糊查找

然后使用 ISNUMBER 函数将数组中数字和错误值分别转换为逻辑值 TRUE 和 FALSE，作为 FILTER 函数的筛选条件。

17.9 认识OFFSET函数

OFFSET函数可以构建动态的引用区域，用于嵌套函数、制作数据验证中的动态下拉菜单及在图表中构建动态的数据源等。

该函数以指定的引用为参照，通过给定偏移量得到新的引用，返回的引用可以是一个单元格或单元格区域。函数语法如下：

```
OFFSET(reference,rows,cols,[height],[width])
```

第一参数reference是必需参数，作为偏移量参照的起始引用区域。该参数必须是对单元格或相连单元格区域的引用，否则公式会返回错误值 #VALUE! 或无法完成输入。

第二参数rows是必需参数，指定相对于偏移量参照系的左上角单元格，向上或向下偏移的行数。行数为正数时，代表向起始引用的下方偏移。行数为负数时，代表向起始引用的上方偏移。

第三参数cols是必需参数，指定相对于偏移量参照系的左上角单元格，向左或向右偏移的列数。列数为正数时，代表向起始引用的右边偏移。列数为负数时，代表向起始引用的左边偏移。

第四参数height是可选参数，表示需要返回引用区域的行数。

第五参数width是可选参数，表示需要返回引用区域的列数。

如果OFFSET函数行数或列数的偏移量超出工作表边缘，将返回错误值 #REF!。

17.9.1 图解OFFSET函数偏移方式

例1：图 17-29 中，以下公式将返回对D5 单元格的引用。

```
=OFFSET(A1,4,3)
```

A1 单元格为OFFSET 函数的引用基点。

rows 参数为 4，表示以A1 为基点向下偏移 4 行，至A5 单元格。

cols 参数为 3，表示从 A5 单元格向右偏移 3 列，至 D5 单元格。

例2：图 17-30 中，以下公式将返回对D5:G8 单元格区域的引用。

```
=OFFSET(A1,4,3,4,4)
```

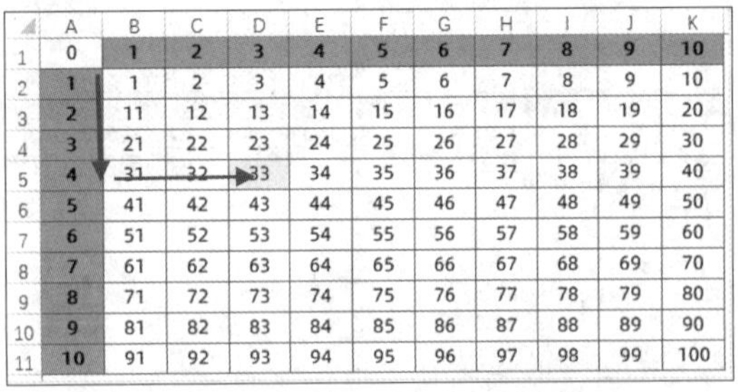

图 17-29　OFFSET 函数偏移示例 1　　　　图 17-30　OFFSET 函数偏移示例 2

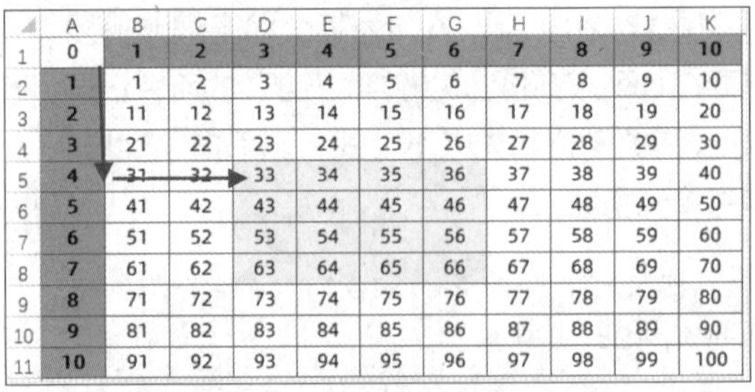

A1 单元格为OFFSET 函数的引用基点。

rows 参数为 4，表示以A1 为基点向下偏移 4 行，至A5 单元格。

cols 参数为 3，表示自A5 单元格向右偏移 3 列，至A5 单元格。

height 参数为 4，width 参数为 4，表示以 D5 单元格为起点向下取 4 行，向右取 4 列，最终返回对 D5:D8 单元格区域的引用。

例 3：图 17-31 中，以下公式将返回对 B2:K3 单元格区域的引用。

```
=OFFSET(B1:K1,1,0,2,)
```

以 B1:K1 单元格区域为引用基点，向下偏移 1 行 0 列至 B2:K2 单元格区域。然后以 B2:K2 单元格区域为起点向下取 2 行。参数 width 用逗号占位简写或省略该参数，表明引用的列数与第一参数引用基点的列数相同。

	A	B	C	D	E	F	G	H	I	J	K
1	0	1	2	3	4	5	6	7	8	9	10
2	1	1	2	3	4	5	6	7	8	9	10
3	2	11	12	13	14	15	16	17	18	19	20
4	3	21	22	23	24	25	26	27	28	29	30
5	4	31	32	33	34	35	36	37	38	39	40
6	5	41	42	43	44	45	46	47	48	49	50
7	6	51	52	53	54	55	56	57	58	59	60
8	7	61	62	63	64	65	66	67	68	69	70
9	8	71	72	73	74	75	76	77	78	79	80
10	9	81	82	83	84	85	86	87	88	89	90
11	10	91	92	93	94	95	96	97	98	99	100

图 17-31　OFFSET 函数偏移示例 3

17.9.2　OFFSET 函数参数规则

在使用 OFFSET 函数时，如果参数 height 或参数 width 省略，则视为其高度或宽度与引用基点的高度或宽度相同。

如果引用基点是一个多行多列的单元格区域，当指定了参数 height 或参数 width，则以引用区域的左上角单元格为基点进行偏移，返回的结果区域的宽度和高度仍以 width 参数和 height 参数的值为准。

如图 17-32 所示，以下公式返回对 C3:D4 单元格区域的引用。

	A	B	C	D	E	F	G
1			姓名	工号			
2			张丹丹	ZR-001		{=OFFSET(A1:C9,2,2,2,2)}	
3			蔡如江	ZR-002		蔡如江	ZR-002
4			李婉儿	ZR-003		李婉儿	ZR-003
5			孙天亮	ZR-004			
6			刘萌	ZR-005		{=OFFSET(E6,-2,-1,-2,-2)}	
7			李珊珊	ZR-006		蔡如江	ZR-002
8			顾长宇	ZR-007		李婉儿	ZR-003
9			张丹燕	ZR-008			
10			王青山	ZR-009			
11			李良玉	ZR-010			
12			单冠中	ZR-011			

图 17-32　OFFSET 函数参数规则

```
=OFFSET(A1:C9,2,2,2,2)
```

以 A1:C9 单元格区域为引用基点，整体向下偏移两行到第 3 行，向右偏移两列到 C 列，新引用的行数为两行，新引用的列数为两列。

OFFSET 函数的 height 参数和 width 参数不仅支持正数，还支持负数，负行数表示向上偏移，负列数表示向左偏移。

如图 17-32 所示，以下公式也会返回 C3:D4 单元格区域的引用。

```
=OFFSET(E6,-2,-1,-2,-2)
```

公式中的 rows 参数、cols 参数、height 参数和 width 参数均为负数，表示以 E6 单元格为引用基点，向上偏移两行到第 4 行，向左偏移 1 列到 D 列，此时偏移后的基点为 D4 单元格。在此基础上向上取两行，向左取两列，返回 C3:D4 的单元格区域的引用。

17.9.3　OFFSET 函数参数自动取整

如果 OFFSET 函数的 rows 参数、cols 参数、height 参数和 width 参数不是整数，OFFSET 函数会自动舍去小数部分，保留整数。

	A	B	C	D	E	F	G
1	工号	姓名	工资	奖金		=OFFSET(A1,3.2,1.8,2.7,2.2)	
2	ZR-001	张丹丹	5500	122		李婉儿	3200
3	ZR-002	蔡如江	4600	934		孙天亮	8200
4	ZR-003	李婉儿	3200	317			
5	ZR-004	孙天亮	8200	148		=OFFSET(A1,3,1,2,2)	
6	ZR-005	刘萌	5100	282		李婉儿	3200
7	ZR-006	李珊珊	2700	709		孙天亮	8200
8	ZR-007	顾长宇	8900	672			
9	ZR-008	张丹燕	5240	971			
10	ZR-009	王青山	3400	287			
11	ZR-010	李良玉	4800	227			
12	ZR-011	单冠中	5800	443			

图 17-33　OFFSET 函数参数自动取整

如图 17-33 所示，以下两个公式的参数分别使用小数和整数，结果都将返回 B4:D5 单元格区域的引用。

```
=OFFSET(A1,3.2,1.8,2.7,2.2)
=OFFSET(A1,3,1,2,2)
```

公式以 A1 单元格为引用基点，向下偏移 3 行，向右偏移 1 列，新引用的区域为两行两列。

17.9.4　使用 OFFSET 函数制作动态下拉菜单

示例17-25　制作动态下拉菜单

如图 17-34 所示，A~B 列为部分市和下辖县的信息，要求根据 D2 单元格"市"的信息，在 E2 单元格生成该市对应下辖县的下拉菜单，方便快捷输入。

选中 E2 单元格，依次单击【数据】→【数据验证】按钮，弹出【数据验证】对话框。切换到【设置】选项卡，单击【验证条件】区域的【允许】下拉按钮，在下拉列表中选择【序列】选项，在【来源】编辑框输入以下公式：

```
=OFFSET(B1,MATCH(D2,A:A,)-1,,COUNTIF(A:A,D2),)
```

依次选中【忽略空值】和【提供下拉箭头】复选框，最后单击【确定】按钮关闭对话框，如图 17-35 所示。

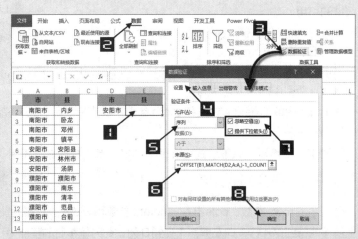

图 17-34　动态下拉菜单

图 17-35　设置数据验证

"MATCH(D2,A:A,)"部分返回 D2 单元格的内容在 A 列第一次出现的位置，结果为 6，然后减去 1 作为 OFFSET 函数向下偏移的行数。"COUNTIF(A:A,D2)"部分返回 D2 单元格内容在 A 列出现的次数 3，即该市对应下辖县的行数，结果作为 OFFSET 函数新引用的行数。

OFFSET 函数以 B1 单元格为引用基准，向下偏移 5 行得到 B6 单元格，再取 3 行 1 列得到 B6:B8 单元格区域的引用。最后利用【数据验证】的相关功能生成了"安阳市"下辖县的下拉菜单。

D2 单元格的内容变化时，E2 单元格的下拉菜单也会随之变化。

　使用此方法时，要求 A 列必须经过排序处理。

17.9.5　OFFSET 函数定位统计区域

示例17-26　统计新入职员工前三个月培训时间

图 17-36 展示的是某单位 1~6 月份新入职员工的培训记录，新员工从入职第一个月开始，每月需进行培训，要求计算每名员工前三个月的培训总时间。

H2 单元格输入以下公式，向下复制到 H8 单元格。

姓名	1月份	2月份	3月份	4月份	5月份	6月份	合计
祝忠					2	4	6
郑小芬		5	2	3	1	9
周如庆						2	2
郭建		1	3	2	3	2	6
马宜金			2	2	3	1	7
蔡大杰		4	1	2	4	3	7
林商杰	1	3	2	3	1	2	6

图 17-36　统计新入职员工前三个月培训时间

H2 单元格公式：`=SUM(OFFSET(A2,,MATCH(,0/B2:G2,),,3) B2:G2)`

```
=SUM(OFFSET(A2,,MATCH(,0/B2:G2,),,3）B2:G2)
```

公式中 MATCH 函数的第一参数和第三参数及 OFFSET 函数的第二参数和第四参数均仅以逗号占位，公式相当于：

```
=SUM(OFFSET(A2,0,MATCH(0,0/B2:G2,0),1,3）B2:G2)
```

"MATCH(,0/B2:G2,)" 部分，用 0 除以 B2:G2 单元格区域中的数值，得到由 0 和错误值 #DIV/0! 组成的内存数组：

```
{#DIV/0!,#DIV/0!,#DIV/0!,#DIV/0!,0,0}
```

MATCH 函数的查找值为 0，返回 0 在数组中首次出现的序列位置，结果为 5。

OFFSET 函数以 A2 单元格为引用基点，第二参数省略，表示向下偏移行数为 0，向右偏移的列数为 MATCH 函数的计算结果 5。第四参数省略，表示新引用区域的行数与引用基点 A2 的行数相同。

再以此为基点向右取 3 列作为新引用区域的列数，最终返回 F2:H2 单元格区域的引用。

由于 B2:G2 单元格区域中的数值不足 3 个，也就是新员工入职时间不足三个月，此时 OFFSET 函数引用的区域已经超出 B2:G2 单元格区域的范围，如果直接使用 SUM 函数求和，会与公式所在的 H2 单元格产生循环引用而无法正常运算。

以 OFFSET 函数返回的引用区域和 B2:G2 单元格区域做交叉引用运算，得到两个区域重叠部分，即 F2:G2 单元格区域，避免了循环引用，最后再使用 SUM 函数统计求和。

17.9.6　OFFSET 函数在多维引用中的应用

OFFSET 函数的参数使用数组时会生成多维引用，配合 SUBTOTAL 函数可以实现对多行或多列求最大值、平均值等统计要求。

⑰章

示例17-27 求总成绩的最大值

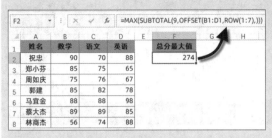

图 17-37 求总成绩的最大值

如图 17-37 所示，A~D列为某班级学生成绩表，要求在F2 单元格返回全部学生数学、语文和英语总成绩的最大值。

F2 单元格输入以下公式：

```
=MAX(SUBTOTAL(9,OFFSET(B1:D1,R
OW(1:7),)))
```

"OFFSET(B1:D1,ROW(1:7),)" 部分以 B1:D1 单元格区域为引用基点，向下分别偏移 1~7 行，生成 B2:D2、B3:D3、B4:D4……B8:D8 等 7 个区域的多维引用。

SUBTOTAL 函数使用 9 作为第一参数，表示使用 SUM 函数的计算规则，分别对 OFFSET 函数生成的 7 个区域求和，得到每个学生三门学科的总成绩之和。

```
{248;225;218;245;274;263;218}
```

最后，使用MAX函数提取出最大值。

17.10 用INDIRECT 函数把字符串变成真正的引用

INDIRECT 函数主要用于创建对静态命名区域的引用、从工作表的行列信息创建引用等，利用文本连接符 "&"，还可以构造 "常量+变量" "静态+动态" 相结合的单元格引用方式。函数语法如下：

```
INDIRECT(ref_text,[a1])
```

第一参数 ref_text 是一个表示单元格地址的文本，可以是 A1 或是 R1C1 引用样式的字符串，也可以是已定义的名称或 "表" 的结构化引用。但如果自定义名称是使用函数公式产生的动态引用，则无法用 "=INDIRECT(名称)" 的方式再次引用。

第二参数是一个逻辑值，用于指定使用 A1 引用样式还是 R1C1 引用样式。如果该参数为 TRUE 或省略，第一参数中的文本被解释为 A1 样式的引用。如果为 FALSE 或 0，则将第一参数中的文本解释为 R1C1 样式的引用。

采用 R1C1 引用样式时，参数中的 "R" 与 "C" 分别表示行（ROW）与列（COLUMN），与各自后面的数值组合起来表示具体的区域。如 R8C1 表示工作表中的第 8 行第 1 列，即 A8 单元格。如果在数值前后加上 "[ ]"，则是表示公式所在单元格相对位置的行列。表示行列时，字母 R 和 C 不区分大小写。

17.10.1 INDIRECT 函数常用基础示例

例 1：在工作表第 1 行任意单元格使用以下公式，将返回 A 列最后一个单元格的引用，即 A1048576 单元格。

```
=INDIRECT("R[-1]C1",)
```

例 2：在 A1 单元格使用以下公式，将返回从 A1 向下两行，向右 3 列，即 D3 单元格的引用。

```
=INDIRECT("R[2]C[3]",)
```

例 3：如图 17-38 所示，A1 单元格为字符串"C1"，C1 单元格中为字符串"测试"。A3 单元格输入以下公式：

```
=INDIRECT(A1)
```

第一参数引用A1 单元格，INDIRECT 函数将A1 单元格中的字符串"C1"变成实际的引用。因此函数返回的是C1 单元格的引用，即返回C1 单元格内的字符串"测试"。

例 4：如图 17-39 所示，A1 单元格为文本"C1"，C1 单元格中为文本"测试"。A3 单元格输入以下公式：

```
=INDIRECT("A1")
```

INDIRECT 函数的参数为文本"A1"，因此函数返回的是对A1 单元格的引用，即返回A1 单元格中的文本"C1"。

图 17-38　INDIRECT 函数间接引用

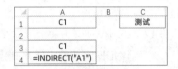

图 17-39　INDIRECT 函数直接引用

例 5：如图 17-40 所示，D4 单元格输入文本"A1:B5"，D2 单元格使用以下公式将计算A1:B5 单元格区域之和。

```
=SUM(INDIRECT(D4))
```

"A1:B5"只是D3 单元格中的文本内容，INDIRECT 函数将表示引用的字符串转换为真正的A1:B5 单元格区域的引用，最后使用SUM 函数计算引用区域的和。

这种求和方式，会固定计算A1:B5 单元格区域之和，不受删除或插入行列的影响。

图 17-40　固定区域求和

例 6：如图 17-41 所示，在C2 单元格输入以下公式，向下复制到C6 单元格。C2:C6 单元格区域将根据A列和B列指定的数值，以R1C1 引用样式返回对应单元格的引用。

```
=INDIRECT("R"&A2&"C"&B2,)
```

公式中的""R"&A2&"C"&B2"部分，将文本 "R" 与 A2 单元格内容、文本 "C" 和 B2 单元格的内容连接成为字符串"R3C5"。INDIRECT 函数第二参数使用 0，表示将第一参数解释为R1C1 引用样式，最终返回工作表第 3 行第 5 列，即E3 单元格的引用。

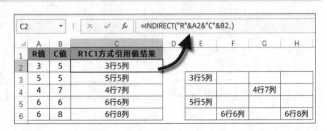

图 17-41　R1C1 样式引用

17.10.2　INDIRECT 函数定位查询区域

示例17-28　带合并单元格的数据查询

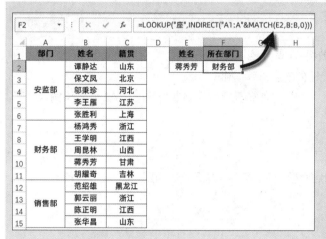

图 17-42 展示的是某公司员工信息表，其中 A 列的部门使用了合并单元格，需要根据 E2 单元格中的姓名查询所在部门。

F2 单元格输入以下公式：

```
=LOOKUP(" 座 ",INDIRECT("A1:
A"&MATCH(E2,B:B,0)))
```

公式中的"MATCH(E2,B:B,0)"部分，用 MATCH 函数计算 E2 单元格中的姓名在 B 列所处的位置，结果为 10。

然后用字符串"A1:A"与 MATCH 函数的结果相连，返回单元格地址字符串"A1:A10"，再使用 INDIRECT 将字符串转换为真正的单元格区域引用。

图 17-42　带合并单元格的数据查询

LOOKUP 函数的查询值为"座"，在 A1:A10 单元格区域中返回最后一个文本值，也就是 E2 单元格内的员工所在的部门信息。

17.10.3　INDIRECT 函数动态工作表查找

当 INDIRECT 函数的参数为其他工作表的地址时，可以实现对指定工作表区域的动态引用。

示例17-29　动态表数据查询

图 17-43 展示的是某公司销售人员 1~3 月份的销售记录，每个月份的销售记录为独立的工作表。需要在查询表中查询 A 列姓名在 B1 单元格指定月份工作表内的销售额。

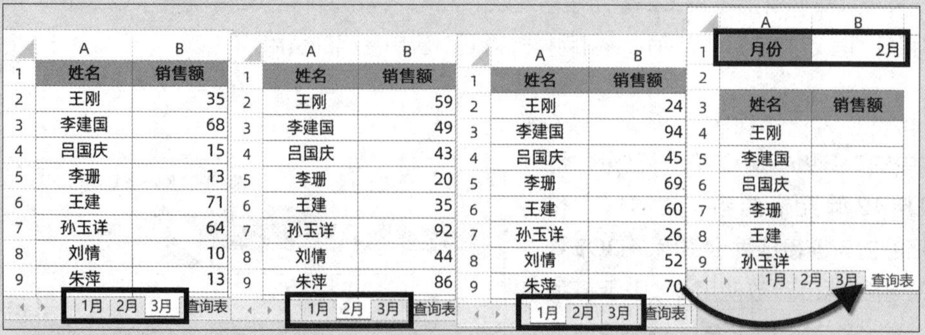

图 17-43　跨工作表引用数据

在"查询表"B4 单元格输入以下公式，向下复制到 B11 单元格。

```
=VLOOKUP(A4,INDIRECT("'"&B$1&"'!A:B"),2,0)
```

公式中的"`"'"&B$1&"'!A:B"`"部分，得到字符串"`'2月'!A:B`"，也就是名为"2月"的工作表的A:B列的引用地址，INDIRECT函数将其转换成真正的引用后，作为VLOOKUP函数的查询范围。

> **注意**
>
> 如果引用工作表标签名中包含有空格等特殊符号或以数字开头时，工作表的标签名前后必须加上一对半角单引号，否则公式会返回错误值#REF!。例如引用工作表名称为"Excel Home"的B2单元格，公式应为=INDIRECT("'Excel Home'!B2")。
>
> 实际应用中可以在空白单元格内先输入等号"="，再用鼠标单击对应的工作表标签，激活该工作表之后，再单击任意单元格，按<Enter>键结束公式输入，观察等式中的半角单引号位置。

17.10.4 INDIRECT 函数多表数据统计汇总

示例17-30 多表数据汇总

图 17-44 展示的是某公司销售人员 1~3 月份的销售记录，要求在"查询表"查询A列人名的销售总额。

	A	B
1	姓名	销售额
2	王刚	35
3	李建国	68
4	吕国庆	15
5	李珊	13
6	王建	71
7	孙玉详	64
8	刘情	10
9	朱萍	13

	A	B
1	姓名	销售额
2	王刚	59
3	李建国	49
4	吕国庆	43
5	李珊	20
6	王建	35
7	孙玉详	92
8	刘情	44
9	朱萍	86

	A	B
1	姓名	销售额
2	王刚	24
3	李建国	94
4	吕国庆	45
5	李珊	69
6	王建	60
7	孙玉详	26
8	刘情	52
9	朱萍	70

图 17-44 各分表数据

在"查询表"B2 单元格输入以下公式，向下复制到 B9 单元格，返回结果如图 17-45 所示。

```
=LET(_shtname,"'"&{"1月","2月","3月"}&"'",
SUM(SUMIF(INDIRECT(_shtname&"!a:a"),A2,
INDIRECT(_shtname&"!b:b"))))
```

"`"'"&{"1月","2月","3月"}&"'"`"部分，创建包含 3 个月份工作表名称的常量数组，并命名为"_shtname"。

"`INDIRECT(_shtname&"!a:a")`"部分，生成对每张工作表A列的引用，作为SUMIF函数的条件区域。

"`INDIRECT(_shtname&"!b:b")`"部分，生成对每张工作表B列的引用，作为SUMIF函数的求和区域。

	A	B	C
1	姓名	销售额汇总	
2	王刚	118	
3	李建国	211	
4	吕国庆	103	
5	李珊	102	
6	王建	166	
7	孙玉详	182	
8	刘情	106	
9	朱萍	169	

图 17-45 A列姓名各分表销售额汇总

SUMIF 函数返回A2 单元格指定姓名在每张工作表的销售额，得到一个内存数组：

```
{24,59,35}
```

最后使用SUM函数汇总求和。

提示 使用INDIRECT函数也可以创建对另一个工作簿的引用，但是被引用工作簿必须打开，否则公式将返回错误值#REF!。

17.11 使用UNIQUE函数去重

UNIQUE函数是Excel 2021中新增的函数，主要用于各种情况下的数据去重查询。函数语法为：

```
UNIQUE(array,[by_col],[exactly_once])
```

参数array是必需的，指定返回唯一值的数据源，可以是数组或单元格引用。

参数by_col是可选的，用一个逻辑值指定唯一值的比较方式。当为TRUE时，将比较各列后返回唯一值。当为FALSE或省略时，将比较各行后返回唯一值。

参数exactly_once是可选的，用逻辑值指定唯一值判断的方式，为TRUE时返回只出现一次的唯一值，为FALSE或省略时返回不重复的列表。

17.11.1 UNIQUE函数基础应用示例

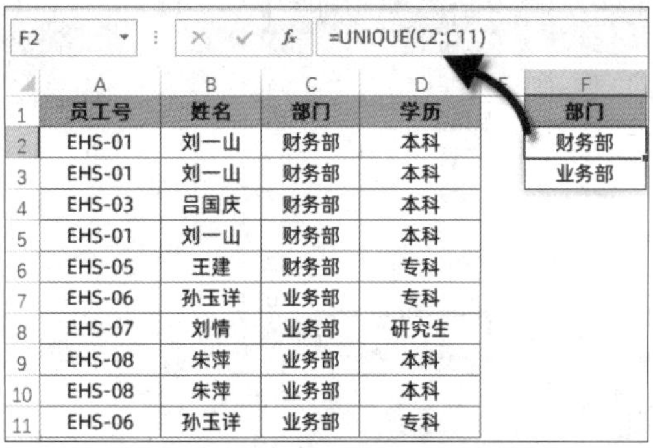

	A	B	C	D	E	F
1	员工号	姓名	部门	学历		部门
2	EHS-01	刘一山	财务部	本科		财务部
3	EHS-01	刘一山	财务部	本科		业务部
4	EHS-03	吕国庆	财务部	本科		
5	EHS-01	刘一山	财务部	本科		
6	EHS-05	王建	财务部	专科		
7	EHS-06	孙玉详	业务部	专科		
8	EHS-07	刘情	业务部	研究生		
9	EHS-08	朱萍	业务部	本科		
10	EHS-08	朱萍	业务部	本科		
11	EHS-06	孙玉详	业务部	专科		

图 17-46 不重复的部门列表

图 17-46 展示了某公司员工信息表的部分内容，存在大量重复的记录，需要在F列查询不重复的部门列表。

F2 单元格输入以下公式，结果自动溢出到相邻单元格区域。

```
=UNIQUE(C2:C11)
```

UNIQUE函数省略了第二参数和第三参数，以按行比较的方式，返回C2:C11单元格区域全部的唯一值，并将计算结果溢出到相邻的单元格区域。

如需查找不重复的人员记录信息，可以在F2单元格输入以下公式：

```
=UNIQUE(A2:D11)
```

UNIQUE函数以按行比较的方式，返回A2:D11单元格区域全部的唯一值，并将计算结果溢出到相邻的单元格区域。结果如图 17-47 所示。

如需查找只出现一次的唯一值记录，可以在F2单元格输入以下公式：

```
=UNIQUE(A2:D11,0,1)
```

UNIQUE函数第二参数为 0，视为逻辑值FALSE，第三参数为 1，视为逻辑值TRUE。公式以按行比较的方式，返回A2:D11单元格区域内只出现一次的记录。结果如图 17-48 所示。

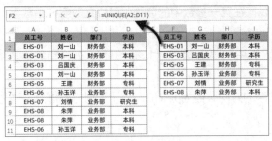

图 17-47 不重复的人员记录信息　　　　　图 17-48 只出现一次的人员记录

17.11.2 UNIQUE 函数按条件统计不重复项个数

搭配其他查询或统计类函数，UNIQUE 函数可以处理与数据去重相关的问题，如统计各个部门不重复的人数等。

示例17-31 统计部门不重复的人数

图 17-49 展示了某公司员工信息表的部分内容，存在大量重复的记录，需要在 G 列查询 F 列指定部门的不重复的人数。

G2 单元格输入以下公式，向下复制到 G4 单元格区域。

```
=LET(_lst,UNIQUE(FILTER(A$2
:A$11,C$2:C$11=F2,"@")),IF(OR(_
lst="@"),0,COUNTA(_lst)))
```

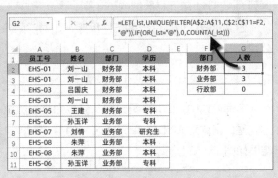

图 17-49 统计部门不重复的人数

公式先使用FILTER函数筛选C列部门符合F2 单元格指定部门的姓名列表，如果筛选结果为空，则返回字符"@"。

UNIQUE 函数对FILTER函数的返回结果执行去重计算，得到姓名唯一值列表后，命名为"_lst"。

最后使用IF函数判断"_lst"中是否存在字符"@"，如果存在，说明员工信息表不存在指定部门，人数返回 0，否则使用COUNTA函数汇总人数。

17.12 使用SORT和SORTBY函数排序

SORT 函数和SORTBY函数是 Excel 2021 中新增的函数，主要用于解决数据排序问题。

17.12.1 SORT 函数

SORT 函数主要用于根据数据列表内原有数据的大小进行排序，函数语法为：

```
SORT(array,[sort_index],[sort_order],[by_col])
```

第一参数array是必需的，指定需要排序的数据列表，可以是数组或单元格引用。

第二参数sort_index是可选的，指定排序依据列或行在第一参数中的序列，可以是数字或由数字构成的数组。如果省略，则默认排序依据为首行或首列。

第三参数sort_order是可选的，指定排序的方式。其中-1表示降序，1表示升序。如果省略，则默认为升序。

第四参数by_col是可选的，用一个逻辑值指定排序的方向。当为TRUE时表示按列方向排序，当为FALSE或省略时，表示按行方向排序。

示例17-32 使用SORT函数进行数据排序

图 17-50 展示了某公司员工考核得分表的部分内容，需要按照D列的考核得分进行降序排序。

F2 单元格输入以下公式，结果自动溢出到相邻单元格区域，如图 17-51 所示。

```
=SORT(A2:D11,4,-1)
```

SORT函数的第一参数指定排序的数据源为A2:D11单元格区域的引用。第二参数为4，表示排序依据列为A2:D11单元格区域的第4列，也就是D列。第三参数为-1，表示排序方式为降序。

如需对数据列表进行多条件排序，如对部门升序排序的同时，对考核得分降序排序，可以使用以下公式：

```
=SORT(A2:D11,{3,4},{1,-1})
```

本例公式中，SORT函数第二参数为常量数组{3,4}，第三参数为常量数组{1,-1}，表示排序依据和方式是，优先对A2:D11单元格区域的第3列，执行升序排序；然后再对第4列，执行降序排序。排序结果如图 17-52 所示。

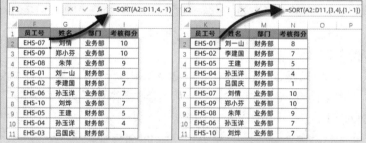

图 17-50　员工考核得分表　　　图 17-51　按考核得分降序排序　　　图 17-52　对部门升序排序并
对得分降序排序

17.12.2　SORTBY 函数

SORTBY函数通过计算表达式的方式对数据范围进行排序。函数语法为：

```
SORTBY(array,by_array1,[sort_order1],[by_array2,sort_order2],…)
```

第一参数array是必需的，指定需要排序的数据列表，可以是数组或单元格引用。

第二参数by_array1是必需的，指定排序依据的区域或数组。该区域或数组的尺寸必须和第一参数区域或数组的行或列的尺寸保持一致。

第三参数 sort_order1 是可选的，指定排序的方式。其中 -1 表示降序，1 表示升序。如果省略，则默认为升序。

其他参数均可选，每两个为一组，表示其他次要的排序依据区域或数组，以及对应的排序方式。

示例17-33　使用SORTBY函数进行自定义规则排序

图 17-53 展示了某公司员工信息表的部分内容，D 列是员工的职务，需要对其按照自定义规则"经理、主管、专员"的先后顺序进行排序。

F2 单元格输入以下公式，结果自动溢出到相邻单元格区域。

=SORTBY(A2:D11,MATCH(D2:D11,{"经理","主管","专员"},0),1)

公式的"MATCH(D2:D11,{"经理","主管","专员"},0)"部分，返回 D2:D11 单元格区域的职务在常量数组{"经理","主管","专员"}中首次出现的位置序号，得到一个内存数组：

{3;3;3;2;1;1;2;3;3;2}

	A	B	C	D
1	员工号	姓名	部门	职务
2	EHS-01	刘一山	财务部	专员
3	EHS-02	李建国	财务部	专员
4	EHS-03	吕国庆	财务部	专员
5	EHS-04	孙玉详	财务部	主管
6	EHS-05	王建	财务部	经理
7	EHS-06	孙玉详	业务部	经理
8	EHS-07	刘情	业务部	主管
9	EHS-08	朱萍	业务部	专员
10	EHS-09	郑小芬	业务部	专员
11	EHS-10	刘烨	业务部	主管

图 17-53　员工信息表

SORTBY 函数以该数组为排序依据，对 A2:D11 单元格区域执行升序排序，返回结果如图 17-54 所示。

如果需要在对职务进行自定义规则排序之前，优先对部门执行升序排序，可以在 K2 单元格输入以下公式：

=SORTBY(A2:D11,C2:C11,1,MATCH(D2:D11,{"经理","主管","专员"},0),1)

本例中 SORTBY 函数有两组排序条件，优先对 C2:C11 单元格区域的部门执行升序排序，然后再对 D2:D11 的职务执行自定义规则排序。返回结果如图 17-55 所示。

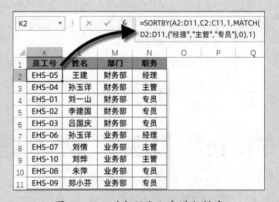

图 17-54　对职务进行自定义规则排序　　　图 17-55　对部门和职务进行排序

第 18 章　统计与求和

在日常工作中，有很多统计类的计算。例如，汇总工资总额、统计业务笔数、计算职员平均年龄、提取学生最高最低分数，以及销售额排名、频数计算等。Excel 对此提供了丰富的函数，本章主要介绍这类函数的用法。

本章学习要点

（1）条件求和与条件计数有关的计算。　　（3）众数、中位数和频数计算。

（2）最大值、最小值及平均值有关的计算。　　（4）筛选状态下的汇总计算。

18.1　求和与条件求和

18.1.1　求和计算

SUM 函数是最常使用的求和函数，函数语法如下：

```
SUM(number1,[number2], ...)
```

参数 number1 是必需的，其余参数均是可选的。

当参数的类型为数组或引用时，SUM 函数只统计其中的数值部分，忽略文本值、逻辑值等。

例如，以下公式返回结果为 1。SUM 函数的参数是一个常量数组，忽略其中的文本值和逻辑值。

```
=SUM({1,TRUE,"2","Excel"})
```

当参数为非数组或引用时，SUM 函数会将非数值的部分转换为数值，当非数值的部分无法转换为数值时，返回错误值 #VALUE!。

例如，以下公式返回结果为 4。逻辑值 TRUE 转换为数字 1，文本数值 2 转换为数字 2。

```
=SUM(1,TRUE,"2")
```

以下公式返回结果为错误值 #VALUE!，这是因为文本值 "Excel" 无法转换为数值。

```
=SUM(1,TRUE,"2","Excel")
```

示例18-1　对文本型数值进行求和

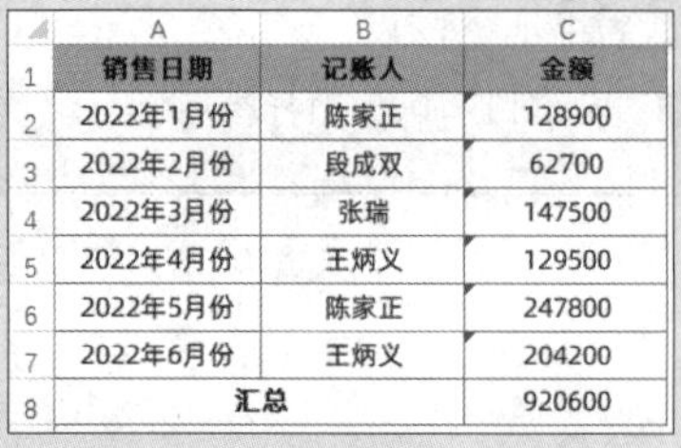

	A	B	C
1	销售日期	记账人	金额
2	2022年1月份	陈家正	128900
3	2022年2月份	段成双	62700
4	2022年3月份	张瑞	147500
5	2022年4月份	王炳义	129500
6	2022年5月份	陈家正	247800
7	2022年6月份	王炳义	204200
8	汇总		920600

图 18-1　对文本型数值进行求和

图 18-1 展示了某公司 1 月至 6 月每个月的销售金额，其数据类型是文本型数值，需要在 C8 单元格汇总求和。

如果直接使用以下公式，结果会返回 0。

```
=SUM(C2:C7)
```

这是由于当参数的类型是数组或引用时，SUM 函数会忽略其中的文本型数值。通过数学运算的方式，可以将文本型数值转换为纯数值。使用以下公式可以返回正确的统计结果。

```
=SUM(C2:C7*1)
```

18.1.2 单条件求和

使用 SUMIF 函数可以按指定条件对单元格区域进行求和，函数语法如下：

```
SUMIF(range,criteria,[sum_range])
```

参数 range 用于指定进行条件判断的单元格区域。

参数 criteria 用于指定求和的条件，可以是常量、单元格引用或公式表达式。

参数 sum_range 是可选参数，用于指定进行求和的单元格区域，如果省略，则默认第一参数指定的单元格区域为求和区域。

SUMIF 函数的用法可以理解为：

```
SUMIF(条件区域,指定条件,[求和区域])
```

示例18-2 计算指定日期之后的总销售额

图 18-2 展示了某公司销售出库单的部分内容，需要根据 K2 单元格指定的日期，统计在该日期之后的总销售额。

	A	B	C	D	E	F	G	H	I	J	K	L
1	出库日期	出库单号	存货名称	规格型号	单位	数量	单价	金额	制单人		该日期之后	金额
2	2022/1/1	787820003596	MSS5100	25kg/件	kg	3220	25.922	83468.84	刘萌萌		2022/1/8	1968656.09
3	2022/1/1	900600036114	MSS5100	25kg/件	kg	200	25.922	5184.4	叶知秋			
4	2022/1/1	900600036114	MSS5100	25kg/件	kg	2300	25.922	59620.6	叶知秋			
5	2022/1/6	101700036141	千叶奶腐	25kg/件	kg	12	5.6722	68.0664	夏艳华			
6	2022/1/6	101700036142	千叶奶腐	26kg/件	kg	12	5.6722	68.0664	夏艳华			
7	2022/1/8	101500036178	MSS5100	25kg/件	kg	0.5	25.922	12.961	夏艳华			
8	2022/1/8	101700036179	千叶奶腐	25kg/件	kg	200	3.0007	600.14	夏艳华			
9	2022/1/8	101700036179	千叶奶腐	25kg/件	kg	1800	3.0007	5401.26	夏艳华			
10	2022/1/8	104300036193	MSS5100	25kg/件	kg	1000	25.922	25922	夏艳华			
11	2022/1/14	101500036213	MSS5100	10kg/件	kg	1000	26.4747	26474.7	夏艳华			
12	2022/1/14	104300036257	MSS5100	25kg/件	kg	2000	25.922	51844	李兰芝			
13	2022/1/14	104300036257	MSS5100	25kg/件	kg	1720	25.922	44585.84	李兰芝			
14	2022/1/14	104300036257	MSS5100	25kg/件	kg	1280	25.922	33180.16	李兰芝			
15	2022/1/20	101500036306	MSS5100	25kg/件	kg	2080	25.922	53917.76	夏艳华			
16	2022/1/20	101500036306	MSS5100	25kg/件	kg	2420	25.922	62731.24	夏艳华			
17	2022/1/20	101500036306	MSS5100	25kg/件	kg	2000	25.922	51844	夏艳华			
18	2022/1/23	101700036309	1kMS甜味	1kg/袋	袋	40	29.6672	1186.688	郭丽芳			

图 18-2　计算指定日期之后的总销售额

L2 单元格输入以下公式：

```
=SUMIF(A2:A45,">"&K2,H2:H45)
```

SUMIF 函数的第一参数是出库日期所在的 A2:A45 单元格区域。第二参数使用文本连接符 "&"，将大于号 ">" 和 K2 单元格的指定日期连接后作为求和条件。第三参数是金额所在的 H2:H45 单元格区域。如果 A2:A45 单元格区域中的出库日期大于 K2 单元格的指定日期，就对 H2:H45 单元格区域对应位置的金额统计求和。

SUMIF 函数的第二参数使用比较运算符时，必须加上一对半角双引号。例如，">8"。当将某个单元格的引用作为条件时，需要将比较运算符加上一对半角双引号后，再和单元格地址进行连接，如本例的 ">"&K2，不能表述为 ">K2"，否则 SUMIF 函数会将半角双引号中的 "K2" 视为普通字符串，而不是单元格引用。

除此之外，SUMIF 函数的第二参数可以自动识别文本型日期。如果将 K2 单元格中的日期作为常量写到公式中，则公式的写法为：

```
=SUMIF(A2:A45,">2022-1-8",H2:H45)
```

Excel 函数中常用的通配符有 "?" 和 "*" 两种。其中半角问号 "?" 匹配任意单个字符，星号 "*" 匹配任意多个字符。通配符仅支持在文本内容中使用，不能在数值中使用。

当 SUMIF 函数第一参数单元格引用中的内容为文本类型时，可以在求和条件中使用通配符，实现按关键字汇总求和。

示例18-3　根据关键字统计求和

图 18-3 展示了某公司上半年的会计科目汇总表的部分数据，A 列的科目名称包含了一级和二级科目，需要根据 J2 单元格指定的一级科目，汇总该科目下的总计金额。

	A	B	C	D	E	F	G	H	I	J	K
1	会计科目	1月	2月	3月	4月	5月	6月	金额		一级科目	总计金额
2	财务费用/利息支出				12,002.17	11,854.59	363,193.06	387,049.82		管理费用	2,057,672.03
3	财务费用/银行手续费	3,135.97	964.37	3,073.65	3,327.35	4,782.63	7,445.78	22,729.75			
4	管理费用/办公费	12,408.60	32,680.00	59,165.85	22,716.90	5,223.00	3,151.50	135,345.85			
5	管理费用/差旅费	1,694.50	5,400.00		686.00			7,780.50			
6	管理费用/车辆费	5,562.00	29,710.00	41,374.80	18,130.00	13,650.00	22,205.00	130,631.80			
7	管理费用/服务费		2,023.68	7,145.12	2,176.80	2,300.40	2,492.10	16,138.10			
8	管理费用/福利费					2,556.00	1,800.00	4,356.00			
9	管理费用/广告费	820.00				585.00		1,405.00			
10	管理费用/会务费		41,760.00		50,000.00			91,760.00			
11	管理费用/检测费		3,150.00	5,291.00	1,632.00			10,073.00			
12	管理费用/交通费	433.00	788.00	767.00	938.00	977.50	941.50	4,845.00			
13	管理费用/劳务费			72,480.78	61,280.79	57,581.05	59,135.92	250,478.54			
14	管理费用/培训费			1,140.00	720.00	3,810.00	450.00	6,120.00			
15	管理费用/其他费用	1,954.00		1,760.00		490.00		4,204.00			

图 18-3　按指定关键字统计求和

K2 单元格输入以下公式：

```
=SUMIF(A:A,J2&"*",H:H)
```

公式中的 "J2&"*"" 部分，用文本连接符 "&" 将 J2 单元格内的一级科目和通配符 "*" 连接成一个字符串，如 "管理费用*"，作为 SUMIF 函数的求和条件。如果 A 列单元格区域中的科目名称以 J2 单元格内指定的一级科目开头，SUMIF 函数对 H 列单元格区域中对应位置的金额进行求和。

如果将求和条件修改为 ""*"&J2&"*""，则表示在条件区域 A 列的会计科目中只要包含 J2 单元格内的关键字，就对 H 列对应位置的金额进行求和。

示例18-4　错列求和

在日常工作中，经常会有一些结构布局不规范的数据表，如图 18-4 展示的学生成绩表，各个学科的学员姓名和成绩就分布在不同列中。

如果需要根据K列的姓名统计对应的总成绩，可以在L2单元格输入以下公式，向下复制到L9单元格。

```
=SUMIF($B$2:$H$18,K2,$C$2:$I$18)
```

本例中，SUMIF函数的条件区域和求和区域均使用了多列的单元格区域。

公式首先在$B$2:$H$18单元格区域中确定K2单元格指定姓名“陈嘉如”所处的位置，分别为该区域的第1列第4行、第4列第15行及第7列第3行，然后对$C$2:$I$18单元格区域内相同行列位置的数值进行求和，如图18-5所示。

	A	B	C	D	E	F	G	H	I	J	K	L
1	考号	姓名	生物	考号	姓名	语文	考号	姓名	数学		姓名	总成绩
2	20527	李树兰	47	20101	钟杰才	79	20750	黎燕玲	84		陈嘉如	202
3	20749	杨碾杏	44	20209	黎容梅	48	20749	杨碾杏	47		黎容梅	172
4	20209	黎容梅	44	20224	叶嘉妮	56	20721	陈嘉如	84		李绘怡	170
5	20721	陈嘉如	44	20242	蒋城	66	20702	李绘怡	61		李树兰	161
6	20702	李绘怡	43	20304	熊秀莲	76	20636	余坤辉	59		李晓敏	173
7	20401	李晓敏	42	20321	蒙培铃	47	20615	姚静	83		许锦波	190
8	20101	钟杰才	40	20401	李晓敏	80	20537	钟剑烽	66		杨碾杏	154
9	20515	许锦波	40	20402	甘宝婷	74	20527	李树兰	59		钟杰才	195
10	20304	熊秀莲	39	20515	许锦波	76	20515	许锦波	74			
11	20636	余坤辉	39	20527	李树兰	55	20402	甘宝婷	67			
12	20224	叶嘉妮	38	20537	钟剑烽	55	20401	李晓敏	51			
13	20242	蒋城	38	20615	姚静	59	20321	蒙培铃	47			
14	20615	姚静	38	20636	余坤辉	75	20304	熊秀莲	59			
15	20321	蒙培铃	38	20702	李绘怡	66	20242	蒋城	80			
16	20750	黎燕玲	38	20721	陈嘉如	74	20224	叶嘉妮	58			
17	20402	甘宝婷	37	20749	杨碾杏	63	20209	黎容梅	80			
18	20537	钟剑烽	37	20750	黎燕玲	73	20101	钟杰才	76			

图18-4　错列求和

	A	B	C	D	E	F	G	H	I
1	考号	姓名	生物	考号	姓名	语文	考号	姓名	数学
2	20527	李树兰	47	20101	钟杰才	79	20750	黎燕玲	84
3	20749	杨碾杏	44	20209	黎容梅	48	20749	杨碾杏	47
4	20209	黎容梅	44	20224	叶嘉妮	56	20721	陈嘉如	84
5	20721	陈嘉如	44	20242	蒋城	66	20702	李绘怡	61
6	20702	李绘怡	43	20304	熊秀莲	76	20636	余坤辉	59
7	20401	李晓敏	42	20321	蒙培铃	47	20615	姚静	83
8	20101	钟杰才	40	20401	李晓敏	80	20537	钟剑烽	66
9	20515	许锦波	40	20402	甘宝婷	74	20527	李树兰	59
10	20304	熊秀莲	39	20515	许锦波	76	20515	许锦波	74
11	20636	余坤辉	39	20527	李树兰	55	20402	甘宝婷	67
12	20224	叶嘉妮	38	20537	钟剑烽	55	20401	李晓敏	51
13	20242	蒋城	38	20615	姚静	59	20321	蒙培铃	47
14	20615	姚静	38	20636	余坤辉	75	20304	熊秀莲	59
15	20321	蒙培铃	38	20702	李绘怡	66	20242	蒋城	80
16	20750	黎燕玲	38	20721	陈嘉如	74	20224	叶嘉妮	58
17	20402	甘宝婷	37	20749	杨碾杏	63	20209	黎容梅	80
18	20537	钟剑烽	37	20750	黎燕玲	73	20101	钟杰才	76

图18-5　根据指定姓名的对应位置进行求和

18.1.3 “与”关系的多条件求和

使用SUMIFS函数能够按照多个条件对数据统计求和。函数语法为：

```
SUMIFS(sum_range,criteria_range1,criteria1,[criteria_
range2,criteria2],...)
```

参数sum_range指定求和区域。第二参数criteria_range1和第三参数criteria1分别用于指定第一组条件区域和判断条件。之后的其他参数均是可选的，每两个参数为一组，分别用于指定其他组的条件区域和判断条件。所有条件之间形成“与”关系，也就是多个条件需要同时符合统计要求。

SUMIFS函数的用法可以理解为：

```
SUMIFS(求和区域,条件区域1,指定条件1,条件区域2,指定条件2,……)
```

该函数的求和区域和条件区域必须是具有相同行列数的单元格区域的引用。

示例18-5　使用SUMIFS函数计算“与”关系的多条件求和

图18-6展示了某公司商品销售表的部分内容，需要根据K2单元格指定的销售类型和L2单元格指定的客户名称，在M2单元格汇总对应的金额。

M2单元格输入以下公式：

```
=SUMIFS(I:I,B:B,K2,C:C,L2)
```

	A	B	C	D	E	F	G	H	I		K	L	M
1	发货日期	销售类型	客户名称	摘要	货号	颜色	数量	单价	金额		销售类型	客户名称	金额
2	2021/1/31	正常销售	莱州卡莱				1	10,000	10,000		正常销售	奥伦	14,000
3	2021/1/31	其它销售	聊城健步				1	5,000	5,000				
4	2021/1/31	正常销售	济南经典保罗				1	3,000	3,000				
5	2021/1/31	正常销售	东辰卡莱威盾				1	100,000	100,000				
6	2022/1/1	其它销售	聊城健步	收货款					-380				
7	2022/1/1	正常销售	莱州卡莱		R906327	白色	40	220	8,800				
8	2022/1/1	其它销售	株洲圣百	收货款					-760				
9	2022/1/1	其它销售	聊城健步	托运费			5	30	150				
10	2022/1/1	正常销售	奥伦		R906	黑色	40	100	4,000				
11	2022/1/2	正常销售	奥伦		R906	黑色	50	200	10,000				
12	2022/1/2	其它销售	奥伦	样品	R906	黑色	1	150	150				
13	2022/1/2	其它销售	奥伦	损益			1	-100	-100				
14	2022/1/2	其它销售	奥伦	退鞋	R906	黑色	-5	130	-650				
15	2022/1/2	其它销售	奥伦	包装			200	5	1,000				

图 18-6 使用 SUMIFS 函数计算"与"关系的多条件求和

SUMIFS 函数的第一参数表示求和区域为 I 列，第一组条件区域/条件是"B:B,K2"，第二组条件区域/条件是"C:C,L2"。当 B 列的销售类型等于 K2 单元格指定的内容，同时 C 列的客户名称等于 L2 单元格指定的客户名称时，SUMIFS 函数对 I 列中对应位置的金额进行求和。

提示 → SUMIFS 函数的求和区域是第一参数，SUMIF 函数的求和区域是第三参数，使用时需要注意两者之间的差异。

18.1.4 "或"关系的多条件求和

在日常工作中，除了"与"关系的多条件求和外，也常见"或"关系的多条件求和问题。

示例 18-6 "或"关系的多条件求和

K2 = =SUM(SUMIF(C:C,{"聊城健步";"奥伦"},I:I))

	A	B	C	D	E	F	G	H	I		K
1	发货日期	销售类型	客户名称	摘要	货号	颜色	数量	单价	金额		汇总金额
2	2021/1/31	正常销售	莱州卡莱				1	10,000	10,000		18,560
3	2021/1/31	其它销售	聊城健步				1	5,000	5,000		
4	2021/1/31	正常销售	济南经典保罗				1	3,000	3,000		
5	2021/1/31	正常销售	东辰卡莱威盾				1	100,000	100,000		
6	2022/1/1	其它销售	聊城健步	收货款					-380		
7	2022/1/1	正常销售	莱州卡莱		R906327	白色	40	220	8,800		
8	2022/1/1	其它销售	株洲圣百	收货款					-760		
9	2022/1/1	其它销售	聊城健步	托运费			5	30	150		
10	2022/1/1	正常销售	奥伦		R906	黑色	40	100	4,000		
11	2022/1/2	正常销售	奥伦		R906	黑色	50	200	10,000		
12	2022/1/2	其它销售	奥伦	样品	R906	黑色	1	150	150		
13	2022/1/2	其它销售	奥伦	损益			1	-100	-100		
14	2022/1/2	其它销售	奥伦	退鞋	R906	黑色	-5	130	-650		
15	2022/1/2	其它销售	奥伦	包装			200	5	1,000		

图 18-7 "或"关系的多条件求和

仍然以图 18-6 所示的某公司商品销售表的数据为例，需要统计 C 列客户名称为"聊城健步"和"奥伦"的销售金额合计值。

在 K2 单元格输入以下公式，结果如图 18-7 所示。

=SUM(SUMIF(C:C,{"聊城健步";"奥伦"},I:I))

SUMIF 函数的第二参数求和条件是常量数组{"聊城健步";"奥伦"}。

对这两个条件分别在 C 列客户名称区域判断是否相等，并对 I 列相应位置的数据进行求和，返回一个内存数组：

{4770;13790}

其中 4 770 是"聊城健步"的销售总额，13 790 是"奥伦"的销售总额，最后使用 SUM 函数汇总。

18.2 计数与条件计数

18.2.1 计数统计

Excel中常用于计数的函数包括COUNT函数、COUNTA函数和COUNTBLANK函数。函数的作用及语法见表 18-1。

表 18-1 用于计数的部分函数作用与说明

函数名称	作用	语法	说明
COUNT	计算参数中数字的个数	COUNT(value1,[value2],…)	参数可以是单元格或单元格区域的引用，也可以是常量、其他函数公式表达式
COUNTA	计算参数中非空值的个数	COUNTA(value1,[value2],…)	错误值和空文本""也在其计算范围内
COUNTBLANK	计算参数中空白单元格的个数	COUNTBLANK(range)	计算对象包含空单元格和内容是空文本""的单元格

示例18-7 统计总人数和到职人数

图 18-8 展示了某人力资源部门新员工登记表的部分内容，需要在L1:L2 单元格区域分别统计总人数和到职人数。

在L1 单元格输入以下公式，计算总人数。

```
=COUNTA(B2:B30)
```

用COUNTA函数统计姓名所在的B2:B30 单元格区域中非空单元格的个数，结果即为总人数。

	A	B	C	D	E	F	G	H	I	J	K	L
1	人员编码	姓名	性别	出生日期	从业状况	人员类别	用工形式	部门全称	到职日期		总人数	29
2	009800	杨兰东	男	1991/4/8	在岗	全职	全日制	经营本部	2015/6/8		到职人数	26
3	009799	杨光辉	男	1990/6/3	在岗	全职	全日制	人力资源部	2015/6/9			
4	009798	张军凤	女	1984/4/10	在岗	全职	全日制	人力资源部	2015/6/9			
5	009797	董成文	男	1984/4/9	在岗	全职	全日制	经营本部	手续未办理			
6	009795	王宏信	男	1987/11/17	在岗	全职	全日制	人力资源部	2015/6/9			
7	009794	王存仙	女	1994/12/11	在岗	全职	全日制	人力资源部	2015/6/9			
8	009793	周青连	男	1985/2/27	在岗	全职	全日制	人力资源部	2015/6/9			
9	009792	代云华	男	1992/10/20	在岗	全职	全日制	人力资源部	手续未办理			
10	009791	陈敏劲	男	1986/7/20	在岗	全职	全日制	研发部	2015/6/9			
11	009790	谢洪成	男	1990/6/1	在岗	全职	全日制	经营本部	2015/6/9			
12	009789	徐贵云	女	1984/10/8	在岗	全职	全日制	经营本部				
13	009788	荀琼娥	女	1987/2/23	在岗	全职	全日制	经营本部	2015/6/9			

图 18-8 基础统计函数应用

在L2 单元格输入以下公式，计算到职人数。

```
=COUNT(I2:I30)
```

用COUNT函数统计到职日期所在的I2:I30 单元格区域内数值的个数，由于日期本质是以特殊形式储存的数值，所以统计日期的个数，即为到职的人数。

18 章

示例18-8 为合并单元格添加序列号

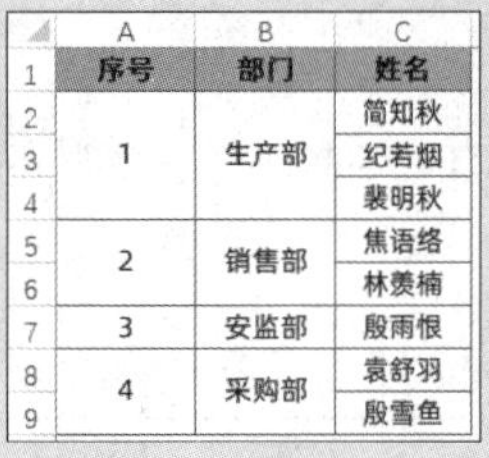

	A	B	C
1	序号	部门	姓名
2	1	生产部	简知秋
3			纪若烟
4			裴明秋
5	2	销售部	焦语络
6			林羡楠
7	3	安监部	殷雨恨
8	4	采购部	袁舒羽
9			殷雪鱼

图 18-9　为合并单元格添加序列号

图 18-9 展示了某单位各部门员工信息表的部分内容，其中B列不同的部门使用了合并单元格，需要在A列大小不一的合并单元格内添加序号。

选中A2:A9单元格区域，在编辑栏输入以下公式，按<Ctrl+Enter>组合键。

```
=COUNTA(B$2:B2)
```

COUNTA函数的参数是B$2:B2，第一个B2使用行绝对引用，第二个B2使用相对引用。按<Ctrl+Enter>组合键在多单元格同时输入公式后，引用区域会自动进行扩展。在A2单元格中的引用范围是B$2:B2单元格区域，在A5单元格中的引用范围扩展为B$2:B5单元格区域，其余单元格以此类推。形成统计区域开始位置是B2单元格，结束位置是B列公式所在行的效果。COUNTA函数统计该区域内不为空的单元格数量，结果即等同于序列号。

18.2.2 条件计数

COUNTIF函数用于统计符合指定条件的单元格的数量，其函数语法如下：

```
COUNTIF(range,criteria)
```

参数range指定需要统计的单元格范围，该参数只支持单元格引用。

参数criteria指定计数的条件，可以是常量、单元格引用或公式表达式。该参数不区分字母大小写和数字格式，在统计文本内容时，支持使用通配符“*”和“?”。

COUNTIF函数用法可以理解为：

```
COUNTIF(数据区域,计数条件)
```

COUNTIF函数第二参数与SUMIF函数第二参数的设置方法类似，在使用比较运算符时，需要注意半角双引号的位置。例如，统计A列小于60的个数，公式应为：

```
=COUNTIF(A:A,"<60")
```

统计A列小于B1单元格值的个数，公式应为：

```
=COUNTIF(A:A,"<"&B1)
```

除此之外，COUNTIF函数第二参数还有一些特殊的用法，其作用说明见表18-2。

表 18-2　COUNTIF 函数第二参数的特殊写法及作用说明

特殊写法	作用说明
=COUNTIF(A:A,"*")	统计A列文本值单元格的个数。如果需要统计星号本身的个数，可以在星号前添加转义符“~”：=COUNTIF(A:A,"~*")
=COUNTIF(A:A,"=")	统计A列真空单元格的个数。如果需要统计等号本身的个数，可以在等号前再加上一个等号：=COUNTIF(A:A,"==")

续表

特殊写法	作用说明
=COUNTIF(A:A,"<>")	统计 A 列包含错误值在内的非空单元格的个数

示例18-9 统计员工打卡次数

图 18-10 展示了某公司员工考勤机打卡记录的部分内容,需要在I列统计H列指定姓名的打卡次数。

	A	B	C	D	E	F	G	H	I
1	姓名	考勤号码	日期时间	机器号	比对方式	卡号		姓名	打卡次数
2	王仙慧	8120001	2022/1/3 08:22:43	1	指纹	2955102919		王仙慧	32
3	王仙慧	8120001	2022/1/3 18:02:45	1	指纹	2955102919		李成敏	36
4	王仙慧	8120001	2022/1/4 08:25:06	1	指纹	2955102919		刘武刚	53
5	王仙慧	8120001	2022/1/4 18:04:20	1	指纹	2955102919			
6	王仙慧	8120001	2022/1/5 08:29:02	1	指纹	2955102919			
7	王仙慧	8120001	2022/1/5 18:00:52	1	指纹	2955102919			
8	王仙慧	8120001	2022/1/6 08:28:18	1	指纹	2955102919			
9	王仙慧	8120001	2022/1/6 18:02:05	1	指纹	2955102919			
10	王仙慧	8120001	2022/1/7 18:01:34	1	指纹	2955102919			
11	王仙慧	8120001	2022/1/8 08:28:50	1	指纹	2955102919			
12	王仙慧	8120001	2022/1/8 12:14:24	1	指纹	2955102919			
13	王仙慧	8120001	2022/1/10 08:20:37	1	指纹	2955102919			
14	王仙慧	8120001	2022/1/10 18:01:10	1	指纹	2955102919			

图 18-10 统计员工打卡次数

I2 单元格输入以下公式,向下复制到I4 单元格。

```
=COUNTIF(A:A,H2)
```

COUNTIF 函数第一参数是A列,第二参数是H2 单元格,表示在A列已有的数据区域中统计等于H2 单元格人名的数量,也就是该员工打卡的次数。

示例18-10 统计银行卡号重复次数

图 18-11 展示了一份模拟的员工银行卡开户信息表,为了避免重复录入,需要在F列统计 D列银行卡号出现的次数。

在F2 单元格输入以下公式,向下复制到F11 单元格。

```
=COUNTIF(D$2:D$11,D2)
```

以上公式在部分单元格内返回了错误的结果。

F2   fx =COUNTIF(D$2:D$11,D2)

	A	B	C	D	E	F
1	序号	姓名	身份证号码	银行卡号	账户余额	银行卡号次数
2	1	王维扬	140928201004236991	6013825000008544553	1.00	4
3	2	于万亭	530926196703162668	6013825000008546012	1.00	4
4	3	木卓伦	421321197205275366	6013825000008558017	1.00	1
5	4	骆冰通	450405201803054757	6013825000008282212	1.00	1
6	5	文泰来	210224198205255339	6013825000008561714	1.00	1
7	6	关明梅	620522198302279869	6013825000008144420	1.00	1
8	7	余鱼同	410711196701094814	6013825000008517534	1.00	1
9	8	吴国栋	140981200110233281	6013825000008544553	1.00	4
10	9	陈家洛	360981198706148433	6013825000008548513	1.00	4
11	10	卫春华	370832201609126172	6013825000008711749	1.00	1

图 18-11 错误的统计结果

误的结果。例如,D3 单元格的银行卡号仅出现了 1 次,但公式返回的计算结果为 4。

出现这种问题的原因是,COUNTIF 函数会默认将第二参数的文本数值转换为纯数值,为了和其匹配,进而将第一参数的文本数值也转换为纯数值。而COUNTIF 函数能够计算的数字最大精度是 15 位,当它将 D列以文本形式储存的 19 位银行卡号按数值进行处理时,超过 15 位的部分会被转换为 0,以至于错误地将 D 列前 15 位与 D3 单元格前 15 位相同的银行卡号识别为相同内容。

	A	B	C	D	E	F
	序号	姓名	身份证号码	银行卡号	账户余额	银行卡号次数
2	1	王维扬	140928201004236991	6013825000008544553	1.00	2
3	2	于万亭	530926196703162668	6013825000008546012	1.00	1
4	3	木卓伦	421321197205275366	6013825000008558017	1.00	1
5	4	骆元通	450405201803054757	6013825000008282212	1.00	1
6	5	文泰来	210224198205255339	6013825000008561714	1.00	1
7	6	关明梅	620522198302279869	6013825000008144420	1.00	1
8	7	余鱼同	410711196701094814	6013825000008517534	1.00	1
9	8	吴国栋	140981200110233281	6013825000008544553	1.00	2
10	9	陈家洛	360981198706148433	6013825000008548513	1.00	1
11	10	卫春华	370832201609126172	6013825000008711749	1.00	1

图 18-12　统计银行卡号重复次数

输入以下公式，可以返回正确的统计结果，如图 18-12 所示。

=COUNTIF(D$2:D$11,D2&"*")

公式在 COUNTIF 函数的第二参数后面连接上通配符"*"，将其强制转换为以 D2 单元格内容开头、通配符星号"*"结束的字符串。表示在 D$2:D$11 区域内，统计符合以 D2 单元格内容开头的文本值单元格的个数。这同时也就避免了 COUNTIF 函数将第一参数的文本数值转换为数值的问题。

18.2.3　统计不重复个数

示例18-11　统计不重复的客户数

图 18-13 展示了某公司销售记录表的部分内容，需要根据 D 列的客户名称明细，在 H2 单元格统计不重复客户数。

	A	B	C	D	E	F	G	H
1	年	月	日	客户名称	发票尾号	含税金额		不重复客户数
2	2021	1	1	上海锦铝金属制品有限公司	176483	1,352,540.00		37
3	2021	1	2	德昌电机（深圳）有限公司	285461	154,640.00		
4	2021	1	4	深圳市科信通信设备有限公司	562583	639,260.00		
5	2021	1	5	德仕科技（深圳）有限公司	797689	315,190.00		
6	2021	1	5	深圳市宝安区公明将石朗广电器厂	140407	552,070.00		
7	2021	1	6	深圳振华亚普精密机械有限公司	528985	1,427,960.00		
8	2021	1	6	深圳振华亚普精密机械有限公司	109618	1,124,680.00		
9	2021	1	12	富士通电梯（深圳）有限公司	234700	1,156,360.00		
10	2021	1	12	大行科技（深圳）有限公司	139641	381,170.00		
11	2021	1	12	深圳市派高模业有限公司	649507	188,340.00		
12	2021	1	12	深圳市派高模业有限公司	867791	432,430.00		
13	2021	1	12	深圳市派高模业有限公司	975421	974,580.00		
14	2021	2	1	深圳市派高模业有限公司	147666	247,330.00		

图 18-13　统计不重复客户数

H2 单元格输入以下公式：

=SUM(1/COUNTIF(D2:D58,D2:D58))

公式中的"COUNTIF(D2:D58,D2:D58)"部分，表示在 D2:D58 单元格区域中依次统计 D2:D58 单元格区域内每个元素重复出现的个数，返回一个内存数组：

{1;1;1;1;1;2;2;1;3;5;5;5;…;3;3}

用 1 除以这个数组后，得到每个元素重复出现个数的倒数。

如果单元格的值在区域中只出现过 1 次，倒数的结果依然是 1。如果重复出现 2 次，倒数的结果是 2 个 1/2。如果重复出现 3 次，倒数的结果就有 3 个 1/3……即每个元素对应的倒数合计起来结果仍是 1。最后用 SUM 函数汇总，即为不重复的客户数。

使用以下公式也可以统计不重复的客户数：

=COUNTA(UNIQUE(D2:D58))

先使用 UNIQUE 函数返回不重复的客户名称清单，再使用 COUNTA 函数统计个数。

18.2.4　"与"关系的多条件计数

使用 COUNTIFS 函数能够按照多个条件对数据计数。函数语法为：

```
COUNTIFS(criteria_range1,criteria1,[criteria_range2,criteria2],…)
```

第一参数 criteria_range1 和第二参数 criteria1 都是必需的，分别指定需要统计的第一组单元格区域和对应的统计条件。之后的其他参数可选，每两个参数为一组，分别用于指定其他组的单元格区域和统计条件。所有条件之间形成"与"关系，也就是多个条件需要同时符合统计要求。

设置多个统计区域时，需要注意每个区域的行数或列数必须一致。条件参数的设置规则与 COUNTIF 函数的条件参数设置规则相同。

COUNTIF 函数的语法可以理解为：

```
COUNTIF(数据区域1,计数条件1,[数据区域2],[计数条件2],…)
```

示例18-12　按城市和类别统计客户数

图 18-14 展示了某公司客户信息表的部分内容，需要根据 F 列的客户等级和 G1:I1 单元格区域的客户名称，在 G2:I5 单元格区域统计相应的客户数。

G2 单元格输入以下公式，将公式复制到 G2:I5 单元格区域。

	A	B	C	D	E	F	G	H	I
1	客户名称	客户地址	客户编码	客户等级		客户等级	武汉	宜昌	黄石
2	大行科技（武汉）有限公司	武汉市江汉区解放大道	3061400140007	主要客户B类		A类	3	0	1
3	南基塑胶模具有限公司	湖北武汉江夏区滨湖街道	301421999421039	VIP客户A类		B类	1	0	0
4	英伦实业有限公司	武汉市武昌区紫阳路	301421999421089	普通客户C类		C类	3	1	1
5	远通五金塑胶制品有限公司	武汉市金银湖路	301421999421079	VIP客户A类		D类	2	2	0
6	新星化工冶金材料有限公司	武汉市洪山区丁字桥	1020320200161	普通客户C类					
7	中本安防电子有限公司	湖北省武汉蔡家田	105420116297	小客户D类					
8	赛科电子有限公司	湖北省武汉黄陂区武湖	1030170001113	VIP客户A类					
9	奇宏电子（湖北）有限公司	湖北省武汉盘龙城经济开发区	1030170001121	普通客户C类					
10	采杰烫印设备有限公司	湖北省武汉江汉二桥	104420864643802	小客户D类					
11	佳士科技股份有限公司	湖北黄石市大冶	3014229994471009	普通客户C类					
12	高捷装卸设备有限公司	湖北黄石市铁山	3014229994422012	VIP客户A类					
13	明杨科技有限公司	湖北省宜昌市夷陵	301425999425010	小客户D类					
14	夏瑞科技有限公司	湖北省宜昌王家河	105422006201	普通客户C类					
15	海纳实业有限公司	湖北省宜昌市伍家岗区白沙路	105422331501	小客户D类					

图 18-14　按城市和类别统计客户数

```
=COUNTIFS($B:$B,"*"&G$1&"*",$D:$D,"*"&$F2&"*")
```

COUNTIFS 函数的第一个统计区域是客户地址所在的 B 列，与之对应的统计条件是 G$1 单元格指定的城市名称。在城市名称前后各加上通配符"*"，表示统计条件为 B 列的客户地址包含 G$1 单元格的城市名称。

第二个统计区域是客户等级所在的 D 列，与之对应的统计条件是 $F2 单元格指定的客户等级，并且在该客户等级前后各加上通配符"*"。

COUNTIFS 函数最终统计出 B 列的客户地址包含 G$1 单元格指定的城市名称，同时，D 列的客户等级包含 $F2 单元格指定的客户等级的记录个数。

18.2.5　"或"关系的多条件计数

在日常工作中，除了"与"关系的多条件计数外，也常见"或"关系的多条件计数问题。

示例18-13　"或"关系的多条件计数

图 18-15 展示了某公司商品销售表的部分内容，需要统计 K2:K3 单元格区域指定的客户名称合计出现的次数。

	A	B	C	D	E	F	G	H	I	J	K	L
1	发货日期	销售类型	客户名称	摘要	货号	颜色	数量	单价	金额		客户名称	合计次数
2	2021/1/31	正常销售	莱州卡莱				1	10,000	10,000		奥伦	10
3	2021/1/31	其它销售	聊城健步				1	5,000	5,000		莱州卡莱	
4	2021/1/31	正常销售	济南经典保罗				1	3,000	3,000			
5	2021/1/31	正常销售	东辰卡莱威盾				1	100,000	100,000			
6	2022/1/1	其它销售	聊城健步	收货款					-380			
7	2022/1/1	正常销售	莱州卡莱		R906327	白色	40	220	8,800			
8	2022/1/1	其它销售	株洲圣百	收货款					-760			
9	2022/1/1	其它销售	聊城健步	托运费			5	30	150			
10	2022/1/1	正常销售	奥伦		R906	黑色	40	100	4,000			
11	2022/1/2	正常销售	奥伦		R906	黑色	50	200	10,000			
12	2022/1/2	其它销售	奥伦	样品	R906	黑色	1	150	150			
13	2022/1/2	其它销售	奥伦	损益			1	-100	-100			
14	2022/1/2	其它销售	奥伦	退鞋	R906	黑色	-5	130	-650			

图 18-15　"或"关系的多条件计数

L2 单元格输入以下公式：

```
=SUM(COUNTIF(C:C,K2:K3))
```

COUNTIF 函数以 K2:K3 单元格区域作为计数条件，在 C 列的统计区域中分别计算其出现的次数，返回一个内存数组：{8;2}。最后再使用 SUM 函数汇总求和。

18.2.6　按条件统计不重复项个数

示例18-14　按条件统计不重复客户数

图 18-16 展示了某公司销售记录表的部分内容，需要根据 H2 单元格指定的月份，统计 D 列中该月份内不重复客户数。

	A	B	C	D	E	F	G	H	I
1	年	月	日	客户名称	发票尾号	含税金额		指定月份	不重复客户数
2	2022	1	1	上海锦铝金属制品有限公司	176483	1,352,540.00		1	9
3	2022	1	2	德昌电机（深圳）有限公司	285461	154,640.00			
4	2022	1	4	深圳市科信通信设备有限公司	562583	639,260.00			
5	2022	1	5	德仕科技（深圳）有限公司	797689	315,190.00			
6	2022	1	5	深圳市宝安区公明将石朗广电器厂	140407	552,070.00			
7	2022	1	6	深圳振华亚普精密机械有限公司	528985	1,427,960.00			
8	2022	1	6	深圳振华亚普精密机械有限公司	109618	1,124,680.00			
9	2022	1	12	富士通电梯（深圳）有限公司	234700	1,156,360.00			
10	2022	1	12	大行科技（深圳）有限公司	139641	381,170.00			
11	2022	1	12	深圳市派高模业有限公司	649507	188,340.00			
12	2022	1	12	深圳市派高模业有限公司	867791	432,430.00			
13	2022	1	12	深圳市派高模业有限公司	975421	974,580.00			
14	2022	2	1	深圳市派高模业有限公司	147666	247,330.00			
15	2022	2	3	深圳市派高模业有限公司	667020	732,560.00			

图 18-16　按条件统计不重复项个数

I2 单元格输入以下公式：

```
=IF(COUNTIF(B:B,H2),COUNTA(UNIQUE(FILTER(D2:D58,B2:B58=H2))),0)
```

公式首先使用 COUNTIF 函数统计 B 列中 H2 单元格指定月份出现的次数。如果次数等于 0，则说明指定月份下不存在客户，公式结果返回 0。如果次数大于 0，则使用 FILTER 函数筛选 D 列的客户名称清单，筛选条件是 B 列的月份等于 H2 单元格指定的月份。再使用 UNIQUE 函数对筛选后的客户名称清单删除重复项，最后使用 COUNTA 函数统计不重复项的个数，即为不重复客户数。

18.3 使用SUMPRODUCT函数完成计数与求和

18.3.1 认识SUMPRODUCT函数

SUMPRODUCT函数用于将各数组间的元素对应相乘，并返回乘积之和。函数语法如下：

```
SUMPRODUCT(array1,[array2],[array3],...)
```

除第一参数为必需参数外，其余参数均为可选参数。各参数必须具有相同的行数或列数，否则公式结果会返回错误值 #VALUE!。如果数组元素中包含文本值、逻辑值，将作为 0 处理。

示例18-15 统计进货商品总金额

图 18-17 展示了某商店进货记录表的部分内容，需要根据B列的数量和C列的单价计算进货商品的总金额。

E2 单元格输入以下公式：

```
=SUMPRODUCT(B2:B10,C2:C10)
```

SUMPRODUCT函数先将B2:B10 与 C2:C10 两个数组内的每个元素一一对应相乘，其中B6 单元格为文本值"缺失"，SUMPRODUCT将其视为 0 处理，最后返回乘积之和，即为商品总金额。

E2 单元格输入以下公式，将返回错误值 #VALUE!。

```
=SUMPRODUCT(B2:B10*C2:C10)
```

	A	B	C	D	E	F
	商品名称	数量	单价		总金额	
2	凤梨酥	75	2		1155	
3	沙琪玛	63	4			
4	蛋黄派	17	5			
5	麻花	22	4			
6	膨化肉松饼	缺失	2			
7	蛋卷	26	4			
8	辣椒酱	37	2			
9	果酱	46	3			
10	鱼籽酱	66	4			

E2 单元格 `=SUMPRODUCT(B2:B10,C2:C10)`

图 18-17 计算进货商品总金额

公式也是先将B2:B10 与 C2:C10 两个单元格区域内的每个元素一一对应相乘，再使用SUMPRODUCT函数返回乘积之和。但是由于B6 单元格为文本值"缺失"，当它和C6 单元格的单价相乘时，返回错误值 #VALUE!，最终导致SUMPRODUCT函数求和结果也返回错误值。

18.3.2 SUMPRODUCT函数应用实例

使用SUMPRODUCT函数可以解决按指定条件求和及按指定条件计数等问题，其模块化写法有两种形式，分别为：

```
SUMPRODUCT ( 条件 1* 条件 2*…* 条件 n, 求和区域 )
SUMPRODUCT ( 条件 1* 条件 2*…* 条件 n* 求和区域 )
```

示例18-16 统计指定月份的销售金额

图 18-18 展示了某公司销售明细表的部分内容，需要根据A列的出库日期，统计 2 月份的销售总额。

	A	B	C	D	E	F	G	H	I	J	K
1	出库日期	出库单号	存货名称	规格型号	单位	数量	单价	金额	制单人		2月份销售金额
2	2022/1/1	787820003596	MSS5100	25kg/件	kg	3220	25.922	83468.84	刘萌萌		1088895.23
3	2022/1/1	900600036114	MSS5100	25kg/件	kg	200	25.922	5184.4	叶知秋		
4	2022/1/1	900600036114	MSS5100	25kg/件	kg	2300	25.922	59620.6	叶知秋		
5	2022/1/23	100800036315	MSS4388P	650kg/件	kg	8450	8.3227	70326.815	赵莉秋		
6	2022/1/30	100800036315	MSS4388P	650kg/件	kg	9100	8.3227	75736.57	赵莉秋		
7	2022/1/30	100800036315	MSS4388P	650kg/件	kg	3250	8.3227	27048.775	赵莉秋		
8	2022/1/30	104300036316	MSS5100	25kg/件	kg	2540	25.922	65841.88	李兰芝		
9	2022/1/30	101700036382	原味冰淇淋粉	1kg/袋	袋	19	29.6674	563.6806	李兰芝		
10	2022/1/30	101700036382	甜味冰淇淋粉	1kg/袋	袋	20	29.6669	593.338	李兰芝		
11	2022/1/30	100800036388	MSS4388P	650kg/件	kg	7800	8.4298	65752.44	赵莉秋		
12	2022/1/30	100800036388	MSS4388P	650kg/件	kg	3250	8.4298	27396.85	赵莉秋		
13	2022/2/10	100800036388	MSS4388P	650kg/件	kg	3250	8.4298	27396.85	赵莉秋		

图 18-18 统计指定月份的销售金额

K2 单元格输入以下公式：

=SUMPRODUCT((MONTH(A2:A28)=2)*1,H2:H28)

"(MONTH(A2:A28)=2"部分，先使用 MONTH 函数计算出 A2:A28 单元格区域中日期所属的月份，然后用等式判断是否等于 2，返回一组由逻辑值 TRUE 和 FALSE 构成的内存数组：

{FALSE;FALSE;FALSE;FALSE;…;TRUE;TRUE;TRUE;FALSE}

由于逻辑值不能直接参与 SUMPRODUCT 函数参数间的数组运算，因此将该内存数组乘以 1，将逻辑值转换为数值。其中 TRUE 转换为 1，FALSE 转换为 0，计算后得到一个由数字 0 和 1 组成的新内存数组：

{0;0;0;0;…;1;1;1;0}

再将这个新数组中的元素和第二参数 H2:H28 中的元素对应相乘，最后汇总乘积之和。

如果去掉本例 SUMPRODUCT 函数的第二参数，也就是去掉求和区域 H2:H28，公式将实现按条件计数功能，返回 2 月份业务笔数：

=SUMPRODUCT((MONTH(A2:A28)=2)*1)

在条件区域和求和区域没有文本内容的前提下，使用以下公式也可以统计 2 月份的销售总额：

=SUMPRODUCT((MONTH(A2:A28)=2)*H2:H28)

公式将 MONTH 函数得到的内存数组与 H2:H28 单元格区域中的元素对应相乘，再汇总乘积之和，相当于为 SUMPRODUCT 函数只设置了一个参数。但如果 H2:H28 单元格区域存在文本内容时，这种写法会返回错误值 #VALUE!。

示例18-17　在二维表中实现多条件统计求和

图 18-19 展示了某财务部门成本报表的部分内容，需要根据 G2 单元格指定的成本项目名称和 H1 单元格指定的数据类型统计费用总和。

H2 单元格输入以下公式：

=SUMPRODUCT((A2:A23=G2)*(B1:E1=H1),B2:E23)

“(A2:A23=G2)”部分，判断A2:A23 区域的项目是否等于G2 单元格指定的内容，返回一个由逻辑值组成的 22 行 1 列的一维纵向内存数组。

“(B1:E1=H1)”部分，判断B1:E1 单元格区域的数据类型是否等于H1 单元格指定的内容，返回一个由逻辑值组成的 1 行 4 列的一维横向内存数组。

按照数组运算规则，这两个不同方向的一维数组作相乘运算，返回一个 22 行 4 列的内存数组，其元素是由逻辑值相乘后返回的 0 或 1。其中 1 表示相关元素的位置符合统计条件。

再将这个内存数组的每个元素与B2:E23 区域内的每个元素作对应相乘，最后汇总求和，即为目标费用总和。

	A	B	C	D	E	F	G	H
1	项目	预算数	本月数	本年累计	上年同期		项目	本年累计
2	一、人工成本	660,000	626,000	1,017,000	906,500		④工伤保险	69,000
3	1、工资	150,000	113,000	177,000	243,000			
4	①在编在岗员工工资	71,000	43,000	68,000	76,000			
5	②不在岗员工工资	23,000	22,000	32,000	61,000			
6	③聘用留用人员劳动报酬	30,000	27,000	44,000	38,000			
7	④劳务派遣人员劳动报酬	26,000	21,000	33,000	68,000			
8	2、社会保险费	326,000	340,000	553,000	414,500			
9	①基本养老保险	40,000	30,000	78,000	25,000			
10	②基本医疗保险	63,000	26,000	81,000	36,000			
11	③失业保险	47,000	55,000	75,000	68,000			
12	④工伤保险	41,000	53,000	69,000	69,500			
13	⑤生育保险	26,000	31,000	41,000	40,000			
14	⑥其他保险	19,000	55,000	60,000	55,000			
15	⑦补充养老保险	43,000	34,000	79,000	62,000			
16	⑧补充医疗保险	21,000	28,000	42,000	33,000			
17	⑨补充其他保险	26,000	28,000	28,000	26,000			
18	3、住房费用	184,000	173,000	287,000	249,000			
19	①住房公积金	56,000	30,000	56,000	69,000			
20	②住房补贴	30,000	27,000	61,000	39,000			
21	③物业管理费	28,000	32,000	58,000	29,000			
22	④供暖费	46,000	51,000	64,000	41,000			
23	⑤房租	24,000	33,000	48,000	71,000			

图 18-19　在二维表中实现多条件统计求和

当需要根据行、列两个方向的标题对数据进行多条件统计时，需要注意数据区域的行数需要和垂直方向的条件区域行数相同，数据区域的列数需要和水平方向的条件区域列数相同，否则数组运算会产生错误值，进而导致公式的计算结果返回错误值。例如，本例中数值区域为B2:E23 单元格区域，其行数是 22 行，与“(A2:A23=G2)”部分的行数相同。列数是 4 列，与“(B1:E1=H1)”部分的列数相同。

SUMPRODUCT函数不支持使用通配符，如需按指定关键字进行汇总，可以借助FIND函数、SEARCH函数和ISNUMBER函数搭配完成。

示例18-18　按关键字统计指定日期的销售额

图 18-20 展示了一份模拟的汽车配件销售记录表的部分数据，需要汇总A列出库日期为 1 月份，并且C列订单内容中包含H列指定配件品牌的销售金额。

I2 单元格输入以下公式，向下复制到I5 单元格。

```
=SUMPRODUCT((MONTH($A$2:$A$18)=1)*ISNUMBER(FIND(H2,$C$2:$C$18)),$E$2:$E$18)
```

	A	B	C	D	E	F	G	H	I
1	出库日期	订单号	订单内容	数量	金额	销售人员		配件品牌	金额
2	2022/1/1	787820003596	欧蓝德精英 R3系统 前后杠	1	750.00	刘萌萌		雪铁龙	3075
3	2022/1/1	900600036114	欧蓝德精英 R3系统 侧踏	1	225.00	叶知秋		风神	800
4	2022/1/1	900600036114	欧蓝德精英 真皮把手	1	355.00	叶知秋		欧蓝德	1330
5	2022/1/23	100800036315	雪铁龙DMS 导航影像	1	975.00	赵莉秋		劲炫	2020
6	2022/1/30	100800036315	雪铁龙DMS 太阳膜	1	680.00	赵莉秋			
7	2022/1/30	100800036315	雪铁龙DMS 脚垫	1	60.00	赵莉秋			
8	2022/1/30	104300036316	雪铁龙DMS 底护板	1	500.00	李兰芝			
9	2022/1/30	101700036382	雪铁龙DMS 行李架	1	860.00	李兰芝			
10	2022/1/30	101700036382	劲炫尊享 R3系统 导航	1	975.00	李兰芝			
11	2022/1/30	100800036388	劲炫尊享 R3系统 前后杠	1	545.00	赵莉秋			
12	2022/1/30	100800036388	劲炫尊享 R3系统 侧踏	1	500.00	赵莉秋			
13	2022/1/30	100800036388	风神DMS 太阳膜	1	800.00	赵莉秋			
14	2022/2/10	100800036388	风神DMS 脚垫	1	175.00	赵莉秋			
15	2022/2/10	100800036388	风神DMS 挡泥板	1	175.00	赵莉秋			
16	2022/2/10	100800036389	风神DMS 行车记录仪	1	975.00	赵莉秋			
17	2022/2/10	401150003642	风神DMS 底护板	1	450.00	杨何华			
18	2022/2/17	401150003643	风神DMS 气垫	1	900.00	杨何华			

图 18-20　按关键字统计指定日期的销售金额

“(MONTH($A$2:$A$18)=1)”部分，用MONTH函数返回$A$2:$A$18 单元格区域中各个日期的月份，然后判断是否等于指定月份“1”。

"FIND(H2,$C$2:$C$18)"部分，使用FIND函数在$C$2:$C$18单元格区域中查找H2单元格指定的关键字，如果包含该关键字，FIND函数返回关键字所在位置的序列值，否则返回错误值。得到一个由数值和错误值构成的内存数组：

```
{#VALUE!;#VALUE!;#VALUE!;1;1;1;1;1;……;#VALUE!}
```

然后使用ISNUMBER函数判断以上内存数组中每个元素是否为数值，如果是数值，返回逻辑值TRUE，说明包含关键字，如果为错误值，返回逻辑值FALSE，说明不包含关键字，得到一个由逻辑值构成的内存数组：

```
{FALSE;FALSE;FALSE;TRUE;TRUE;TRUE;TRUE;TRUE;……;FALSE}
```

以上两个部分，由逻辑值构成的内存数组相乘，返回一个由0和1构成的新内存数组，最后再和$E$2:$E$18单元格区域中的各个数值相乘，返回乘积之和。

本例中，使用SEARCH函数也可以实现统计目的，公式如下：

```
=SUMPRODUCT((MONTH($A$2:$A$18)=1)*ISNUMBER(SEARCH(H2,$C$2:$C$18)),$E$2:
$E$18)
```

18.4 计算平均值

平均值包含算术平均值、几何平均值、平方平均值、调和平均值和加权平均值等，其中以算术平均值最为常见。

18.4.1 用AVERAGE函数计算平均值

AVERAGE函数用于返回参数的算术平均值，函数语法为：

```
AVERAGE(number1,[number2],...)
```

各参数是需要计算平均值的数字、表达式或单元格引用。如果是空单元格，或者单元格引用的内容是文本和逻辑值，将被忽略，但不会忽略零值。

该函数的使用方法和SUM函数类似。假设需要计算A1:A10单元格区域中各个数字的平均值，可以使用以下公式：

```
=AVERAGE(A1:A10)
```

18.4.2 按条件计算平均值

AVERAGEIF函数能够按照指定的条件计算平均值，该函数的语法和用法与SUMIF函数类似。函数语法为：

```
AVERAGEIF(range,criteria,[average_range])
```

第一参数range用于指定进行条件判断的单元格区域。

第二参数criteria用于指定计算平均值的条件，可以是常量、单元格引用或公式表达式。

第三参数 average_range 是可选参数，用于指定计算平均值的单元格区域，如果省略，则默认第一参数指定的单元格区域为计算平均值的区域。

AVERAGEIF 函数的用法可以理解为：

```
AVERAGEIF(条件区域,指定条件,[计算平均值的区域])
```

示例18-19　按条件计算平均值

图 18-21 展示了某公司商品销售表的部分内容，需要根据K2单元格中指定的销售类型计算平均销售额。

L2 单元格输入以下公式：

```
=AVERAGEIF(B:B,K2,
I:I)
```

本例中，AVERAGEIF 函数的条件区域是B列，判断条件是K2

	A	B	C	D	E	F	G	H	I	J	K	L
1	发货日期	销售类型	客户名称	摘要	货号	颜色	数量	单价	金额		销售类型	金额
2	2021/1/31	正常销售	莱州卡莱				1	10,000	10,000		正常销售	20,943
3	2021/1/31	其它销售	聊城健步				1	5,000	5,000			
4	2021/1/31	正常销售	济南经典保罗				1	3,000	3,000			
5	2021/1/31	正常销售	东辰卡莱威盾				1	100,000	100,000			
6	2022/1/1	其它销售	聊城健步	收货款					-380			
7	2022/1/1	正常销售	莱州卡莱		R906327	白色	40	220	8,800			
8	2022/1/1	其它销售	株洲圣百	收货款					-760			
9	2022/1/1	其它销售	聊城健步	托运费			5	30	150			
10	2022/1/1	正常销售	奥伦		R906	黑色	40	100	4,000			
11	2022/1/2	正常销售	奥伦		R906	黑色	50	200	10,000			
12	2022/1/2	其它销售	奥伦	样品	R906	黑色	1	150	150			
13	2022/1/2	其它销售	奥伦	损益			1	-100	-100			
14	2022/1/2	其它销售	奥伦	退鞋	R906	黑色	-5	130	-650			
15	2022/1/2	其它销售	奥伦	包装			200	5	1,000			
16	2022/1/2	其它销售	奥伦	托运费			5	30	150			
17	2022/1/5	其它销售	奥伦	收货款					-760			
18	2022/1/5	正常销售	株洲圣百		R906	黑色	40	270	10,800			

图 18-21　按条件计算平均值

单元格指定的销售类型，计算平均值的区域是I列。如果B列中的销售类型等于K2 单元格指定的内容，则对I列对应位置的金额计算平均值。

18.4.3　多条件计算平均值

使用AVERAGEIFS函数能够按照多个条件计算平均值，其函数语法和用法与SUMIFS函数类似：

```
AVERAGEIFS(average_range,criteria_range1,criteria1,[criteria_
range2,criteria2],...)
```

第一参数指定计算平均值的单元格区域，第二参数和第三参数分别用于指定第一组条件区域和判断条件。之后的其他参数均是可选的，每两个参数为一组，分别用于指定其他组的条件区域和判断条件。所有条件之间形成"与"关系，也就是多个条件需要同时符合统计要求。

AVERAGEIFS函数的用法可以理解为：

```
AVERAGEIFS(计算平均值的区域,条件区域1,指定条件1,条件区域2,指定条件2,…)
```

该函数计算平均值的区域和条件区域必须具有相同的行列数。条件参数支持使用常量、单元格引用和公式表达式，也支持使用通配符。

仍然以 18.4.2 中的数据为例，使用以下公式能够计算出B列销售类型为K2 单元格指定的类型名称，并且C列客户名称等于"奥伦"的平均金额。

```
=AVERAGEIFS(I:I,B:B,K2,C:C,"奥伦")
```

18.4.4　计算修剪平均值

舍弃样本中一定比例的最高和最低数据后计算平均值，能够避免个别数据对整体计算产生的干扰，这样的计算结果被称为修剪平均值或裁剪平均值。许多比赛评分的方法都会使用修剪平均值，一组裁判分别给出分数，然后去掉最高分和最低分后，计算剩余评分的平均值作为实际得分。

TRIMMEAN 函数可以用于计算修剪平均值，其函数语法为：

```
TRIMMEAN(array,percent)
```

第一参数是需要计算修剪平均值的数据。第二参数用于指定需要排除的比例，范围在 0~1 之间。例如，如果有 20 个数据，排除比例为 0.2，则表示从 20 个数据中排除 4（20*0.2）个数据，即裁剪掉所有数据中最高的 2 个值和最低的 2 个值。

如果有 30 个数据，排除比例为 0.1，30*0.1 等于 3。为了对称，TRIMMEAN 函数会将其向下舍入最接近 2 的倍数，即分别裁剪掉数据中最高的 1 个值和最低的 1 个值。

如果数据中包含文本值、逻辑值和空单元格等非数值类型的数据，TRIMMEAN 函数会忽略处理，仅使用数值的个数乘以百分比来计算需要排除数据的个数。

TRIMMEAN 函数的用法可以理解为：

```
TRIMMEAN( 数据 , 需要排除的极值比例 )
```

示例18-20　计算最高客流量的修剪平均值

	A	B	C	D	E	F	G	H	I
1	商超	3月1日	3月7日	3月12日	3月16日	3月15日	3月20日	3月21日	修剪平均值
2	Metro 麦德龙	834	400	272	481	636	497	862	570
3	Walmart 沃尔玛	235	454	534	399	402	276	189	353
4	Carrefour 家乐福	669	616	871	502	619	113	481	577
5	CR Vanguard 华润万家	616	122	532	209	277	330	293	328
6	RT Mart & Auchan 大润发&欧尚	411	844	694	845	173	261	514	545
7	WuMart 物美	310	115	846	108	745	776	578	505
8	Sam's Club 山姆会员店	260	605	102	441	680	217	656	436
9	Zhongbai (Hyper) 中百仓储	848	111	302	158	635	236	179	302
10	JoyMart 合家福	204	663	401	364	284	249	355	331
11	JiaJiaYue 家家悦	511	490	480	578	316	448	460	478
12	Rainbow 天虹	186	819	815	124	397	412	801	522
13	Suguo 苏果	269	567	896	39	834	96	697	493

图 18-22　计算修剪平均值

图 18-22 展示了某调研公司统计的部分商超每日最高客流量的部分信息，需要根据不同日期的最高客流量计算出修剪平均值。

I2 单元格输入以下公式，向下复制到 I13 单元格。

```
=TRIMMEAN(B2:H2,2/7)
```

本例中 TRIMMEAN 函数第二参数指定需要排除的比例为 2/7，即在 7 个调研数据中分别排除 1 个最高值和 1 个最低值之后再计算剩余数据的平均值。

18.5　计算最大值和最小值

用于计算最大值和最小值的函数包括 MAX 函数、MIN 函数、MAXIFS 函数、MINIFS 函数及 LARGE 函数和 SMALL 函数等。

18.5.1　计算最大值和最小值

MAX 函数和 MIN 函数分别用于返回参数中的最大值和最小值，忽略参数中的空单元格、文本值和逻辑值。以下公式分别表示计算 A 列的最大值和最小值。

```
=MAX(A:A)
=MIN(A:A)
```

18.5.2 计算指定条件的最大值和最小值

使用MAXIFS函数和MINIFS函数可以对数据按指定条件计算最大值和最小值。它们的语法和用法与SUMIFS函数类似。

示例18-21 计算最早和最晚打卡时间

图 18-23 展示了某公司员工考勤记录表的部分内容，需要根据I列指定的姓名和J列指定的日期，分别在K列和L列计算最早和最晚的打卡时间。

在K2 单元格输入以下公式计算最早打卡时间，将公式向下复制到K8 单元格。

	A	B	C	D	E	F	G	H	I	J	K	L
1	姓名	考勤号码	日期	时间	机器号	比对方式	卡号		姓名	日期	最早打卡	最晚打卡
2	王仙慧	8120001	2022/1/3	8:22:43	1	指纹	2955102919		王仙慧	2022/1/3	8:22:43	18:02:45
3	王仙慧	8120001	2022/1/3	18:02:45	1	指纹	2955102919		王仙慧	2022/1/4	8:25:06	18:04:20
4	王仙慧	8120001	2022/1/4	8:25:06	1	指纹	2955102919		王仙慧	2022/1/5	8:29:02	18:00:52
5	王仙慧	8120001	2022/1/4	18:04:20	1	指纹	2955102919		王仙慧	2022/1/6	8:28:18	18:02:05
6	王仙慧	8120001	2022/1/5	8:29:02	1	指纹	2955102919		王仙慧	2022/1/7	18:01:34	18:01:34
7	王仙慧	8120001	2022/1/5	18:00:52	1	指纹	2955102919		王仙慧	2022/1/8	8:28:50	12:14:24
8	王仙慧	8120001	2022/1/6	8:28:18	1	指纹	2955102919		王仙慧	2022/1/10	8:20:37	18:01:10
9	王仙慧	8120001	2022/1/6	18:02:05	1	指纹	2955102919					
10	王仙慧	8120001	2022/1/7	18:01:34	1	指纹	2955102919					
11	王仙慧	8120001	2022/1/8	8:28:50	1	指纹	2955102919					
12	王仙慧	8120001	2022/1/8	12:14:24	1	指纹	2955102919					
13	王仙慧	8120001	2022/1/10	8:20:37	1	指纹	2955102919					
14	王仙慧	8120001	2022/1/10	18:01:10	1	指纹	2955102919					
15	王仙慧	8120001	2022/1/11	8:26:08	1	指纹	2955102919					

图 18-23 计算最早和最晚打卡时间

```
=MINIFS(D:D,A:A,I2,C:C,J2)
```

在L2 单元格输入以下公式计算最晚打卡时间，将公式向下复制到L8 单元格。

```
=MAXIFS(D:D,A:A,I2,C:C,J2)
```

本例中，MINIFS函数和MAXIFS函数的第一参数均为D列，依次作为计算最大值和最小值的区域。条件区域 1 是姓名所在的A列，条件 1 是I2 单元格指定的姓名。条件区域 2 是日期所在的C列，条件 2 是J2 单元格指定的日期。

如果A列中的姓名等于I2 单元格指定的姓名，并且C列的日期等于J2 单元格指定的日期，就对D列对应位置的时间计算最大值或最小值。

18.5.3 计算第k个最大值和最小值

LARGE 函数和SMALL 函数分别用于计算一组数据中的第k个最大值和最小值。函数语法分别为：

```
LARGE(array,k)
SMALL(array,k)
```

参数array指定需要计算的数据，参数k指定要返回第几个最大（最小）值。

示例18-22 计算总分前10名的平均分

图 18-24 展示了某高中模拟考试成绩表的部分内容，需要计算总分前 10 名的平均分。

L2 单元格输入以下公式：

```
=AVERAGEIF(J:J,">="&LARGE(J:J,10))
```

	A	B	C	D	E	F	G	H	I	J	K	L
1	序号	姓名	语文	数学	英语	物理	化学	生物	理综	总分		总分前10名平均分
2	1	林重余	108	86	108.5	57	74	91	210	734.5		625.85
3	2	马健壮	97	108	36	56	77	79	208	661		
4	3	覃渝东	100	108	35	59	64	85	172	623		
5	4	梁少华	103	93	38	51	79	80	207	651		
6	5	滚旭雷	103	101	76	33	43	78	146	580		
7	6	李文浩	94	101	51	49	64	73	185	617		
8	7	杨梓健	112	55	77	42	57	84	165	592		
9	8	陈阳昇	99	94	41.5	57	61	71	199	622.5		
10	9	潘何静	110	60	109.5	36	38	65	137	555.5		
11	10	祝宗亮	91	103	39	52	46	84	179	594		
12	11	黄晓东	105	50	64.5	32	77	79	176	583.5		

图 18-24 计算总分前 10 名的平均分

公式中的“LARGE(J:J,10)”部分，返回J列总分的第 10 个最大值，也就是第 10 名的成绩，结果为 580。

本例中，AVERAGEIF 函数省略了第三参数，表示将第一参数作为计算平均值的区域，即在J列统计大于等于 580 的平均分。

如果需要计算总分后 10 名的平均分，可以使用以下公式：

```
=AVERAGEIF(J:J,"<="&SMALL(J:J,10))
```

先使用SMALL函数计算出J列总分第 10 个最小值，再使用AVERAGEIF 函数计算J列小于等于该分数的平均值。

18.6 计算中位数

中位数又被称为中值，是指将一组数据中的数值按照大小顺序排列形成一个数列后，处于中间位置的数值。中位数趋于一组有序数据的中间位置，不受分布数列的极大或极小值影响，从而在一定程度上提高了对分布数列的代表性。

使用MEDIAN函数能够计算一组数值的中位数。如果参数集合中包含奇数个数字，位于大小顺序最中间的数字即是中位数。如果参数集合中包含偶数个数字，MEDIAN 函数将返回位于中间顺序的两个数字的平均值。

如果参数中包含文本值、逻辑值或空白单元格，MEDIAN 函数会将这些值忽略，但储存零值的单元格将被计算。

示例18-23 按部门计算工资的中位数

H2 =MEDIAN(IF(A$2:A$89=G2,E$2:E$89))

	A	B	C	D	E	F	G	H
1	部门	工号	姓名	职务/岗位	实发工资		部门	工资中位数
2	中试车间	01110124	韩忠峰	车间主任	9961.72		中试车间	5000.06
3	中试车间	01120680	焦海旭	值班长	6199.72		一车间	5568.85
4	中试车间	01021126	郝天天	操作工	3922.72		四车间	5122.58
5	中试车间	01120038	叶鑫	操作工	4649.72		二车间	5258.88
6	中试车间	01120181	张现文	操作工	4917.72		八车间	5223.43
7	中试车间	01120644	褚勤萍	操作工	5082.39		仪表电气车间	5143.69
8	一车间	01021126	王金枝	车间主任	9237.57		动力车间	4742.90
9	一车间	01121003	邹永彬	值班长	6568.85			
10	一车间	01021209	姚春林	操作工	4751.21			
11	一车间	01120022	付秀华	操作工	5782.57			
12	一车间	01120018	袁京山	操作工	4854.05			

图 18-25 按部门计算工资的中位数

图 18-25 展示了某公司员工工资收入汇总表的部分内容，需要根据G列指定的部门，计算各个部门工资的中位数。

H2 单元格输入以下公式，向下复制到H8 单元格。

```
=MEDIAN(IF(A$2:A$89=G2,
E$2: E$89))
```

公式中的“IF(A$2:A$89=G2,E$2:

E\$89)"部分，IF 函数省略了第三参数，该参数默认使用逻辑值 FALSE。当 A\$2:A\$89 区域的部门名称等于 G2 单元格指定的部门名称时，返回 E\$2:E\$89 区域对应位置的工资金额，否则返回逻辑值 FALSE。

MEDIAN 函数忽略参数中的逻辑值，计算各个数值元素中的中位数，即为相关部门工资的中位数。

示例18-24　根据考核得分计算员工奖金

图 18-26 展示了某公司员工考核记录表的部分内容，需要根据 E 列的考核得分计算奖金金额。奖金初始值为 2000 元。考核得分低于 60 分，每差 1 分，奖金扣 50 元，扣完为止。考核得分高于 60 分，每高 1 分，奖金加 50 元，最多加 1000 元，也就是奖金上限为 3000 元。

F2 单元格输入以下公式，向下复制到 F21 单元格。

```
=MEDIAN(2000+(E2-60)*50,0,3000)
```

"2000+(E2-60)*50"部分，计算出根据考核得分应发的奖金金额，该金额有可能小于 0，也有可能大于 3000 元。然后使用 MEDIAN 函数在该金额、0 和 3000 之间取中位数，即可避免当金额小于 0 或大于 3000 元时返回错误的结果。

	A	B	C	D	E	F
F2		fx	=MEDIAN(2000+(E2-60)*50,0,3000)			
1	部门	工号	姓名	职务/岗位	考核得分	奖金
2	中试车间	01110124	韩忠峰	车间主任	36	800
3	中试车间	01120680	焦海旭	值班长	12	0
4	中试车间	01021126	郝天天	操作工	46	1300
5	中试车间	01120038	叶鑫	操作工	95	3000
6	中试车间	01120181	张现文	操作工	59	1950
7	中试车间	01120644	褚勤萍	操作工	85	3000
8	一车间	01021126	王金枝	车间主任	79	2950
9	一车间	01121003	邹永彬	值班长	48	1400
10	一车间	01021209	姚春林	操作工	74	2700
11	一车间	01120022	付秀华	操作工	81	3000
12	一车间	01120018	袁京山	操作工	12	0
13	一车间	01030230	张环	操作工	73	2650

图 18-26　根据考核得分计算员工奖金

18.7　计算众数和频数

众数通常是指一组数据中出现次数最多的数字，用来表示数据的一般水平。一组数据中可能有多个众数，也可能没有众数。

频数是指将一组数值按照大小顺序排列，并按照一定的组距进行分组后，各组数据的个数。

18.7.1　众数计算

用于计算众数的函数包括 MODE 函数、MODE.SNGL 函数和 MODE.MULT 函数。如果数据集中不包含众数，MODE.SNGL 函数和 MODE.MULT 函数都会返回错误值 #N/A。如果一组数据中包含多个众数，MODE.MULT 函数能够返回多个结果。

示例18-25　计算废水排放数据pH值的众数

图 18-27 展示了某企业从系统导出的污水排放数据，需要在 K 列计算 PH 浓度数据的众数。
K2 单元格输入以下公式，如果公式有多个结果，会自动溢出到公式相邻的单元格区域：

```
=MODE.MULT(I2:I1072)
```

	企业名称	排口名称	时间	化学需氧量浓度(mg/L)	化学需氧量排放量(kg)	氨氮浓度(mg/L)	氨氮排放量(kg)	小时流量(m³/h)	PH浓度		PH浓度
2	汉为生物科技集团有限公司	总排口	2021-02-01 00	12.3	2.61	0.32	0	212	8.08		8.13
3	汉为生物科技集团有限公司	总排口	2021-02-01 01	12.3	2.66	0.32	0	216	8.08		8.12
4	汉为生物科技集团有限公司	总排口	2021-02-01 02	12.9	2.83	0.32	0	220	8.09		
5	汉为生物科技集团有限公司	总排口	2021-02-01 03	12.9	2.85	0.32	0	222	8.13		
6	汉为生物科技集团有限公司	总排口	2021-02-01 04	12.7	2.87	0.35	0	225	8.13		
7	汉为生物科技集团有限公司	总排口	2021-02-01 05	12.7	2.89	0.35	0	227	8.13		
8	汉为生物科技集团有限公司	总排口	2021-02-01 06	10.3	2.38	0.38	0	230	8.09		
9	汉为生物科技集团有限公司	总排口	2021-02-01 07	10.3	2.39	0.38	0	231	8.09		
10	汉为生物科技集团有限公司	总排口	2021-02-01 08	11.8	2.71	0.35	0	229	8.09		
11	汉为生物科技集团有限公司	总排口	2021-02-01 09	11.8	2.71	0.35	0	227	8.07		
12	汉为生物科技集团有限公司	总排口	2021-02-01 10	14.3	3.26	0.38	0	227	8.05		
13	汉为生物科技集团有限公司	总排口	2021-02-01 11	14.3	3.26	0.38	0	227	8.10		

图 18-27　计算废水排放数据 pH 值的众数

本例中 I2:I1072 单元格区域存在两个众数，MODE.MULT 函数返回一个垂直内存数组 {8.13;8.12}，并显示在 K2:K3 单元格区域。

示例18-26　计算学科评优次数最多的学员名单

	序号	姓名	学科	成绩		学科评优次数最多的学员名单
2	1	林重余	语文	94		黄晓东
3	2	林重余	数学	17		韦香娜
4	3	林重余	英语	78		曾莉君
5	4	林重余	物理	96		莫立帅
6	5	林重余	化学	46		
7	6	林重余	生物	44		
8	8	马健壮	语文	56		
9	9	马健壮	数学	71		
10	10	马健壮	英语	88		
11	11	马健壮	物理	41		
12	12	马健壮	化学	42		
13	13	马健壮	生物	31		
14	15	覃渝东	语文	86		
15	16	覃渝东	数学	38		
16	17	覃渝东	英语	53		

图 18-28　计算学科评优次数最多的学员名单

图 18-28 展示了某学校学生成绩表的部分数据。假设成绩大于 85 分为优秀，需要在 F 列查询学科评优次数最多的学员名单。

F2 单元格输入以下公式，公式结果自动溢出到相邻单元格区域。

```
=INDEX(B:B,MODE.MULT(IF(D2:D271>85,MATCH(B2:B271,B:B,0))))
```

公式首先使用 IF 函数判断 D2:D271 单元格区域的成绩是否大于 85 分，如果条件成立，返回 B2:B271 单元格区域的姓名在 B 列首次出现时的行号，否则返回逻辑值 FALSE，结果得到一个由序列号和逻辑值 FALSE 构成的内存数组：

```
{2;FALSE;FALSE;2;……;266;FALSE;266;FALSE;FALSE}
```

MODE.MULT 函数忽略这个数组中的逻辑值，返回行号中的众数：

```
{68;80;98;134}
```

最后使用 INDEX 函数，根据行号返回 B 列对应的姓名。

18.7.2　频数计算

FREQUENCY 函数计算数值在指定区间内出现的频数，结果返回一个垂直数组，函数语法为：

```
FREQUENCY(data_array,bins_array)
```

第一参数 data_array 是需要计算频数的数组。第二参数 bins_array 是一个区间数组，用于对第一参数中的数值进行分组。

FREQUENCY函数将第一参数中的数值以第二参数指定的间隔值进行分组，计算数值在各个分组中出现的频数，最终返回的数组的元素比第二参数去重后的元素多一个，表示最高区间之上的数值的个数。

该函数的用法可以理解为：

FREQUENCY（一组数值，分组间隔值）

示例18-27 统计不同年龄段人数

图 18-29 展示了某社区居民信息登记表的部分内容，需要根据 D 列的年龄数据，统计不同年龄段的人数。

	A	B	C	D	E	F	G	H	I	J	K
1	姓名	公民身份证号码	性别	年龄	与户主关系	服务处所	门牌号		说明	年龄段	人数
2	马绍建	410205*******0515	男	54	户主	东街社区	9号楼3单元11号		0~6岁	6	25
3	燕为景	410204*******2020	女	60	户主	东街社区	8号楼3单元2号		7~17岁	17	255
4	宋建东	410205*******0537	男	59	户主	东街社区	6号楼3单元3号		18~28岁	28	316
5	张玉东	410203*******2022	女	53	妻	东街社区	6号楼3单元3号		29~40岁	40	474
6	宋子鑫	410205*******3025	女	26	独生女	东街社区	6号楼3单元3号		41~65岁	65	534
7	杨中亮	410727*******5613	男	62	户主	东街社区	7号楼1单元9号		66岁及以上		145
8	杨振宇	410727*******5612	男	34	子	东街社区	7号楼1单元9号				
9	杨笑涵	410205*******051X	男	25	次子	东街社区	7号楼1单元9号				
10	刘子龙	410205*******0510	男	32	户主	东街社区	6号楼2单元2号				
11	成倩	410203*******052X	女	34	妻	东街社区	6号楼1单元2号				
12	郭欣羽	410205*******0021	女	13	女	东街社区	6号楼1单元2号				
13	张金封	410205*******0516	男	67	户主	东街社区	7号楼2单元4号				
14	张逊	410205*******0510	男	34	子	东街社区	7号楼2单元4号				
15	张宇	410204*******6019	男	22	次子	东街社区	7号楼2单元4号				
16	杨杰	410203*******0025	女	43	户主	东街社区	8号楼1单元2号				

图 18-29　统计不同年龄段人数

K2 单元格输入以下公式，公式结果自动溢出到相邻单元格区域。

=FREQUENCY(D2:D1750,J2:J6)

FREQUENCY函数的第一参数是 D2:D1750 单元格区域的年龄数据，第二参数是 J2:J6 单元格区域指定的分段点。该函数会统计年龄数据中小于等于当前分段点，同时大于上一分段点的数量。公式计算结果如下。

（1）小于等于 6 岁（0~6 岁）有 25 人。

（2）大于 6 同时小于等于 17 岁（7~17 岁）有 255 人。

（3）大于 17 同时小于等于 28 岁（18~28 岁）有 316 人。

（4）大于 28 同时小于等于 40 岁（29~40 岁）有 474 人。

（5）大于 40 同时小于等于 65 岁（41~65 岁）有 534 人。

（6）大于 66 岁（66 岁及以上）有 145 人。

示例18-28 判断是否断码

图 18-30 展示了某鞋店存货统计表的部分内容，B2:G2 单元格区域是鞋码规格，A列为款色名称。如果同一款色连续 3 个码数有存货，则该款色为齐码，否则为断码。需要在H列判断各个款色是齐码还是断码。

	A	B	C	D	E	F	G	H
1	款色	码数						齐码断码
2		B70(32)	B75(34)	B80(36)	B85(38)	B90(40)	B95(42)	
3	0012764浅灰		2	4	3			齐码
4	0012764浅肤		1		1			断码
5	0012769大红		4	3	2			齐码
6	0012769蓝色	2	1		2			断码
7	0012769深灰		2					断码
8	0012789大红		2					断码
9	0012789豆绿	2	4	7	1			齐码
10	0012789黑色	3	6	6	2			齐码
11	0012789奶咖	2	6		1			断码
12	0012804黑色	1	3	2	3			齐码
13	0012804浅虾红	3	4	5	2			齐码
14	0112352浅灰		7	9	1	3		齐码
15	0112352浅蓝		9	9	2	3		齐码

图 18-30　判断是否断码

H3 单元格输入以下公式，向下复制到数据表的最后一行。

```
=IF(MAX(FREQUENCY(IF(B3:G3>0,COLUMN(B:G)),IF(B3:G3=0,COLUMN(B:G))))>2,"齐码","断码")
```

“IF(B3:G3>0,COLUMN(B:G))”部分，使用IF函数判断B3:G3 单元格区域中各个码数的存货量是否大于 0，如果大于 0 说明该码数有货，公式返回相应单元格的列号，否则返回逻辑值FALSE。结果返回一个内存数组：

```
{FALSE,3,4,5,FALSE,FALSE}
```

“IF(B3:G3=0,COLUMN(B:G))”部分的计算规则与上一个IF函数相反，在B3:G3 单元格区域中的码数为 0（缺货）时返回对应的列号，否则（有货）返回逻辑值FALSE。结果返回一个内存数组：

```
{2,FALSE,FALSE,FALSE,6,7}
```

借助FREQUENCY函数忽略参数中逻辑值的特点，以缺货对应的列号{2,6,7}为分组间隔值，统计有货对应的列号{3,4,5}在各个分组中的数量，相当于分别统计在两个缺货列号之间有多个有货的列号，结果返回一个垂直内存数组：

```
{0;3;0;0}
```

最后使用MAX函数从中提取出最大值，再使用IF函数判断这个最大值是否大于等于 2，如果条件成立，则返回字符串“齐码”，否则返回字符串“断码”。

18.8　排名计算

常见的排名方式主要有西式排名、中式排名、加权排名和百分比排名等。

18.8.1　西式排名

西式排名是现在使用最频繁的一种排名方式，也是大多数情况下默认的排名方式。它统计大于或小于指定值的个数作为排名依据，可以直观体现出数据在总体中所处的位置和水平。但因为相同值占用多个名次，名次可能并不连续。

例如，有 5 个数字参与降序排名，分别为 9，9，8，8，7，则排名结果为 1，1，3，3，5。

在早期Excel版本中计算西式排名最常用的函数是RANK函数，在后续高版本中新增了RANK.EQ和RANK.AVG函数。其中RANK.EQ函数和RANK函数功能完全相同，RANK.AVG函数在多个值具有相同的排名时，能够返回其平均排名。

RANK.EQ函数的函数语法如下：

```
RANK.EQ(number,ref,[order])
```

第一参数 number 指定需要进行排名的数字。第二参数 ref 是数据列表的单元格区域的引用，其中非数值内容会被忽略。第三参数 order 是可选参数，以数字指定排名的方式。该参数为 0 或省略时，表示降序排名，将数据列表中最大的数值排名为 1。如果该参数不为 0，则表示升序排名，将数据列表中最小的数值排名为 1。

使用 RANK.EQ 函数进行排名时，如果出现相同数据，并列的数据会占用名次。比如对 5、5、4 进行降序排名，结果为 1、1、3。而使用 RANK.AVG 函数对 5、5、4 进行降序排名时，结果则分别为 1.5、1.5 和 3。

示例18-29　计算学生成绩西式排名

图 18-31 展示了某班级学生成绩表的部分内容，需要根据 J 列的总分计算排名。

K2 单元格输入以下公式，向下复制到数据表的最后一行。

`=RANK.EQ(J2,J:J)`

本例中 RANK.EQ 函数省略第三参数，表示执行降序排名，将 J 列中的最大数值排名为 1。

A	B	C	D	E	F	G	H	I	J	K
序号	姓名	语文	数学	英语	物理	化学	生物	理综	总分	排名
1	林重余	108	86	108.5	57	74	91	210	734.5	1
2	马健壮	109	85	109	56.5	80	85	210	734.5	1
3	梁少华	103	93	38	51	79	80	207	651	3
4	覃渝东	100	108	35	59	64	85	172	623	4
5	陈阳昇	99	94	41.5	57	61	71	199	622.5	5
6	李文浩	94	101	51	49	64	73	185	617	6
7	祝宗亮	91	103	39	52	46	84	179	594	7
8	杨梓健	112	55	77	42	57	84	165	592	8
9	黄晓东	105	50	64.5	32	77	79	176	583.5	9
10	滚旭雷	103	101	76	33	43	78	146	580	10
11	潘俊龙	113	70	54.5	41	48	75	164	565.5	11
12	潘何静	110	60	109.5	36	38	65	137	555.5	12

图 18-31　计算学生成绩西式排名

18.8.2　中式排名

西式排名是统计大于指定值的数据个数，中式排名是统计大于指定值且不重复的数据个数。正因如此，当有并列的名次时，中式排名并不占用多个名次，名次本身一直是连续的自然数序列。这种排名方式又被称为密集型排名。例如，有 5 个数字参与降序排名：9、9、8、8、7，中式排名结果为 1、1、2、2、3。

 提示

"中式排名"和"西式排名"只是对名次连续和不连续的两种不同排名方式的习惯性叫法，并不对应哪个国家。

示例18-30　计算学生成绩中式排名

依然以图 18-31 展示的学生成绩表的数据为例，需要根据 J 列的总分计算中式排名。

K2 单元格输入以下公式，向下复制到数据表的最后一行。

`=COUNT(UNIQUE(FILTER(J$2:J$46,J$2:J$46>J2)))+1`

公式首先使用 FILTER 函数筛选出

A	B	C	D	E	F	G	H	I	J	K
序号	姓名	语文	数学	英语	物理	化学	生物	理综	总分	排名
1	林重余	108	86	108.5	57	74	91	210	734.5	1
2	马健壮	109	85	109	56.5	80	85	210	734.5	1
3	梁少华	103	93	38	51	79	80	207	651	2
4	覃渝东	100	108	35	59	64	85	172	623	3
5	陈阳昇	99	94	41.5	57	61	71	199	622.5	4
6	李文浩	94	101	51	49	64	73	185	617	5
7	祝宗亮	91	103	39	52	46	84	179	594	6
8	杨梓健	112	55	77	42	57	84	165	592	7
9	黄晓东	105	50	64.5	32	77	79	176	583.5	8
10	滚旭雷	103	101	76	33	43	78	146	580	9
11	潘俊龙	113	70	54.5	41	48	75	164	565.5	10

图 18-32　计算学生成绩中式排名

J$2:J$46 区域大于当前总分的分数，再使用 UNIQUE 函数删除重复项，然后用 COUNT 函数统计不重复的数值的个数，最后再加上 1。公式返回结果如图 18-32 所示。

18.8.3 计算百分比排名

如果不知道数据总量，仅凭名次往往不能体现数据的真正水平。例如，学生张三的考试成绩名次为第 5 名，如果不知道参加考试的总人数只有 5 人，并不能知道其成绩最差。

百分比排名是对数据所占权重的一种比较方式，常用于业绩、分数等统计排名计算。它将指定数据和其他所有数据进行比较，返回一个百分比数。假如该百分数为 95%。则说明指定数据高于 95% 的其他数据。这种排名方式不需要提前知道数据的总量，就能直观反映出指定数据的实际水平。

PERCENTRANK.INT 函数和 PERCENTRANK.EXC 函数都用于返回某个数值在一个数据集中的百分比排位，区别在于 PERCENTRANK.INT 函数返回的百分比值范围包含 0 和 1，而 PERCENTRANK.EXC 函数返回的百分比值范围不包含 0 和 1。两个函数的语法分别为：

```
PERCENTRANK.INT(array,x,[significance])
PERCENTRANK.EXC(array,x,[significance])
```

第一参数 array 是数据列表，第二参数 x 是需要进行百分比排名的数字。如果第一参数中的任何值都和第二参数不匹配，则以插值计算的形式返回百分比排名。第三参数 significance 是可选参数，用于指定返回百分比值的有效位数，如果省略，则默认为 3 位小数。

PERCENTRANK.INT 函数的计算过程相当于：

= 比指定数据小的数据个数 /（数据总个数 −1）

PERCENTRANK.EXC 函数的计算过程相当于：

=（比指定数据小的数据个数 +1）/（数据总个数 +1）

示例18-31 计算学生等第成绩

	A	B	C	D	E	F	G	H	I
1	学校	姓名	语文	数学	英语	理综	文综	总分	等第成绩
2	方达实验学校	陈子芹	84.50	76.50	75.75	211.50	210.50	658.75	A
3	云山中学	郭丁与	89.00	82.50	88.50	248.50	236.50	745.00	A
4	云山中学	邓程斐	83.00	81.00	88.50	258.00	221.00	731.50	A
5	八团学校	谢巧巧	71.50	72.00	85.25	202.00	174.50	605.25	A
6	八团学校	杨淑莹	67.50	66.00	60.25	209.00	164.00	566.75	B
7	八团学校	周海鹏	66.00	67.00	82.50	208.00	211.00	634.50	A
8	八团学校	彭剑强	64.50	83.00	89.00	254.00	235.00	725.50	A
9	八团学校	谭海钰	63.50	61.00	30.00	179.50	154.50	488.50	B
10	八团学校	周石鹏	62.50	59.50	35.00	210.00	181.50	548.50	B
11	八团学校	谭润富	59.50	71.50	84.25	202.00	191.00	608.25	A
12	八团学校	谭晨希	59.00	43.50	47.00	166.50	149.50	465.50	C
13	八团学校	吴佳欣	59.00	46.00	42.00	138.50	175.50	461.00	C
14	八团学校	刘彩云	58.50	57.00	66.75	181.50	188.50	552.25	B
15	八团学校	刘黎晖	58.50	59.00	30.00	163.50	174.50	485.50	B
16	八团学校	杨雨昕	57.00	38.00	31.00	134.00	155.00	415.00	C

图 18-33 计算学生等第成绩

图 18-33 展示了某地区的中考成绩表的部分内容，需要根据总成绩从高到低按 25%、30%、26%、10%、8%、1% 的比例用 A、B、C、D、E、F 六个等第表示。

I2 单元格输入以下公式，将公式向下复制到数据表的最后一行。

```
=LOOKUP(PERCENTRANK.INC($H$2:$H$4772,H2),{0,0.01,0.09,0.19,0.45,0.75},{
"F","E","D","C","B","A"})
```

本例中，先使用 PERCENTRANK.INC 函数计算出 H2 单元格中的分数在 $H$2:$H$4772 单元格区域中的百分比排名，结果为 0.88。

LOOKUP 函数的第二参数使用升序排列的常量数组 {0,0.01,0.09,0.19,0.45,0.75}。

其中的 0 表示 PERCENTRANK.INC 函数可能返回的最小值。

0.01 表示最低等第的比例 1%。

0.09 表示倒数第二档和最低档等第比例的合计 8%+1%。

0.19 表示倒数第三档、倒数第二档和最低档等第比例的合计值 10%+8%+1%。

0.45 表示从倒数第四档到最低档各个等第比例的合计值。

0.75 表示从倒数第五档到最低档各个等第比例的合计值。

LOOKUP 函数在常量数组中查找当前总分百分比排名，返回小于等于该值的最大值，结果是 0.75，并据此返回第三参数常量数组 {"F","E","D","C","B","A"} 中对应位置的字符"A"。

18.9　筛选和隐藏状态下的数据统计

18.9.1　认识 SUBTOTAL 函数

SUBTOTAL 函数用于返回单元格区域引用或数据库中的合计值，能够使用求和、计数、求平均值、最大值、最小值、标准差和方差等多种统计方式对可见单元格中的内容进行汇总，函数语法如下：

```
SUBTOTAL(function_num,ref1,[ref2],...)
```

第一参数 function_num 使用数字来指定使用哪种函数执行汇总计算，之后的 ref1,ref2,……是需要进行汇总计算的单元格区域。

SUBTOTAL 函数只计算可见单元格。如果第一参数是 1~11 的数字，汇总结果会忽略筛选隐藏行，但不会忽略使用菜单命令隐藏的行。如果第一参数是 101~111 的数字，汇总结果会同时忽略筛选行和使用菜单命令隐藏的行。

SUBTOTAL 函数第一参数的作用及说明见表 18-3。

表 18-3　SUBTOTAL 函数第一参数的说明及作用

数字	应用的函数规则	作用说明	数字	应用的函数规则	作用说明
1 或 101	AVERAGE	计算平均值	7 或 107	STDEV	计算样本标准偏差
2 或 102	COUNT	计算数值个数	8 或 108	STDEVP	计算总体标准偏差
3 或 103	COUNTA	计算非空单元格个数	9 或 109	SUM	求和
4 或 104	MAX	计算最大值	10 或 110	VAR	计算样本的方差
5 或 105	MIN	计算最小值	11 或 111	VARP	计算总体方差
6 或 106	PRODUCT	计算数值的乘积			

如果统计区域中包含嵌套的分类汇总公式，如 SUBTOTAL 函数或 AGGREGATE 函数，SUBTOTAL 函数会自动忽略掉这些分类汇总公式计算的结果，避免重复计算。该函数仅支持对数据列或垂直区域中可见单元格进行统计，不适用于数据行或水平区域，如忽略隐藏列进行统计。

示例18-32　筛选状态下生成连续序号

图18-34展示了某公司财务费用汇总表的部分内容，希望在执行筛选的操作后，A列的序列号依然能保持连续递增状态。

序号	会计科目	1月	2月	3月	4月	5月	6月	总计
1	财务费用/利息支出				12,002.17	11,854.59	363,193.06	387,049.82
2	财务费用/银行手续费	3,135.97	964.37	3,073.65	3,327.35	4,782.63	7,445.78	22,729.75
3	管理费用/办公费	12,408.60	32,680.00	59,165.85	22,716.90	5,223.00	3,151.50	135,345.85
4	管理费用/差旅费	1,694.50	5,400.00		686.00			7,780.50
5	管理费用/车辆费	5,562.00	29,710.00	41,374.80	18,130.00	13,650.00	22,205.00	130,631.80

序号	会计科目	1月	2月	3月	4月	5月	6月	总计
1	财务费用/利息支出				12,002.17	11,854.59	363,193.06	387,049.82
2	管理费用/办公费	12,408.60	32,680.00	59,165.85	22,716.90	5,223.00	3,151.50	135,345.85
3	管理费用/福利费					2,556.00	1,800.00	4,356.00
4	管理费用/业务招待费	52,744.00	31,595.00	44,131.00	59,413.00	19,917.40	23,559.00	231,359.40
5	管理费用/折旧费	110,122.95	110,122.95	110,122.95	109,589.77	110,191.95	110,445.82	660,596.39
6	营业费用/仓储费	12,820.51	16,666.67	84,905.96	43,373.50	54,444.38	53,418.80	265,629.82

图 18-34　筛选状态下生成连续序号

A2单元格输入以下公式，向下复制到数据表最后一行。

```
=SUBTOTAL(3,B$2:B2)*1
```

SUBTOTAL函数第一参数使用数字3，表示使用COUNTA函数的计算规则，统计指定区域内非空单元格的数量。

第二参数B$2:B2，首个B$2绝对引用，第二个B2行相对引用。当公式向下复制时，会依次变成B$2:B3、B$2:B4……这样逐步扩展的区域。

SUBTOTAL函数统计从B$2单元格开始到公式所在行的B列的范围中，可见状态下非空单元格的数量，也就相当于为可见单元格加上了递增序列号。

由于SUBTOTAL函数的作用是计算数据的"分类汇总"，Excel会把数据表最后一行的SUBTOTAL函数作为汇总行，而非数据的一部分，因此在使用SUBTOTAL函数的工作表中执行筛选操作时，默认情况下，SUBTOTAL函数的最后一行不执行筛选，会始终显示，从而影响筛选结果的正确性。在SUBTOTAL函数计算结果的基础上执行一次数学运算，如乘1，能够使Excel不再将最后一行SUBTOTAL函数作为汇总行。

提示

> SUBTOTAL函数支持多维引用计算，结合OFFSET函数可以解决很多较为复杂的问题，关于多维引用的内容，请参阅第22章。

18.9.2　认识AGGREGATE函数

AGGREGATE函数的作用是返回数据列表或数据库中的合计，函数用法与SUBTOTAL函数类似，但该函数除了能够忽略隐藏行外，也能忽略错误值和嵌套的分类汇总函数等。语法分为引用和数组两种。

引用形式：AGGREGATE(function_num,options,ref1,[ref2],...)

数组形式：AGGREGATE(function_num,options,array,[k])

第一参数function_num使用1~19的数字，指定汇总方式。

第二参数options使用0~7的数字，指定需要忽略哪些类型的值。

参数ref1是需要进行汇总的单元格区域的引用。

参数array是需要进行汇总的数组或单元格区域的引用，参数 k 是在第一参数使用部分函数规则时必需的参数。例如，当第一参数使用数字 14，表示汇总方式为 LARGE 函数时，参数 k 是必须的，表示汇总第 k 个最大值。

AGGREGATE 函数的第一参数在选择不同的数字时，所使用的函数规则及作用说明见表 18-4。

表 18-4 AGGREGATE 函数第一参数作用说明

数字	应用的函数规则	作用说明
1	AVERAGE	计算平均值
2	COUNT	计算数值个数
3	COUNTA	计算非空单元格个数
4	MAX	计算最大值
5	MIN	计算最小值
6	PRODUCT	计算数值的乘积
7	STDEV	计算样本标准偏差
8	STDEVP	计算总体标准偏差
9	SUM	求和
10	VAR	计算样本的方差
11	VARP	计算总体方差
12	MEDAIN	返回给定数值的中值
13	MODE.SNGL	返回数据中出现频率最高的数值
14	LARGE	返回数据集中第 K 个最大值
15	SMALL	返回数据集中第 K 个最小值
16	PERCENTRANK.INC	返回数据中数值的第 K 个百分点的值(K介于 0~1，包含 0 和 1)
17	QUARTILE.INT	返回数据集的四分位数（包括 0 和 4）
18	PERCENTRANK.EXC	返回数据中数值的第 K 个百分点的值(K介于 0~1，不包含 0 和 1)
19	QUARTILE.EXC	返回数据集的四分位数（不包括 0 和 4）

18 章

AGGREGATE 函数的第二参数在选择不同数字时，忽略的数据类型见表 18-5。

表 18-5 AGGREGATE 函数的第二参数忽略的数据类型

数字	忽略的数据类型
0 或省略	忽略嵌套的 SUBTOTAL 函数和 AGGREGATE 函数
1	忽略隐藏行、嵌套的 SUBTOTAL 函数和 AGGREGATE 函数
2	忽略错误值、嵌套的 SUBTOTAL 函数和 AGGREGATE 函数
3	忽略隐藏行、错误值、嵌套的 SUBTOTAL 函数和 AGGREGATE 函数
4	忽略空值
5	忽略隐藏行
6	忽略错误值
7	忽略隐藏行和错误值

示例18-33　汇总带有错误值的数据

图 18-35 展示了某公司销售业绩表的部分内容，其中 E 列的完成率包含了部分错误值。需要在对业务区域执行筛选后，能够计算出可见单元格部分的最高完成率。

	A	B	C	D	E
1	最高完成率				
2	128.42%				
3					
4	业务区域	客户代表	完成业绩	业绩目标	完成率
5	河北	范文星	54843	50000	109.69%
6	河北	黄家伟	91937	80000	114.92%
7	河北	卓林林	90088	80000	112.61%
8	河北	林芝林	42674		#DIV/0!
14	江苏	田大伟	27410	30000	91.37%
15	江苏	陈意涵	32104	25000	128.42%
16	江苏	张玮玮	60812	50000	121.62%
17	江苏	姜子林	75322	80000	94.15%
18	江苏	刘子龙	14210		#DIV/0!

图 18-35　忽略错误值求最大值

A2 单元格输入以下公式：

=AGGREGATE(4,7,E5:E18)

AGGREGATE 函数的第二参数和第三参数分别使用数字 4 和 7，表示以 MAX 函数的汇总规则，忽略 E5:E18 单元格区域中的隐藏行和错误值，计算出其中的最大值。

当 AGGREGATE 函数的第一参数为 14~19 的数字，也就是使用 LARGE 函数、SMALL 函数等规则进行汇总时，语法为数组形式，第三参数支持使用数组，并且第四参数不能省略。

示例18-34　按指定条件统计最大值和最小值

	A	B	C	D	E	F	G	H	I
1	销售类型	最高金额	最低金额						
2	正常销售	100,000	3,000						
3									
4	发货日期	销售类型	客户名称	摘要	货号	颜色	数量	单价	金额
5	2019/1/31	正常销售	莱州卡莱				1	10,000	10,000
6	2019/1/31	其它销售	聊城健步				1	5,000	5,000
7	2019/1/31	正常销售	济南经典保罗				1	3,000	3,000
8	2019/1/31	正常销售	东辰卡莱威盾				1	100,000	100,000
9	2020/1/1	其它销售	聊城健步	收货款					-380
10	2020/1/1	正常销售	莱州卡莱		R906327	白色	40	220	8,800
11	2020/1/1	其它销售	株洲圣百	收货款					-760
12	2020/1/1	其它销售	聊城健步	托运费			5	30	150
13	2020/1/1	正常销售	奥伦		R906	黑色	40	100	4,000
14	2020/1/2	正常销售	奥伦		R906	黑色	50	200	10,000
15	2020/1/2	其它销售	奥伦	样品	R906		1	150	150
16	2020/1/2	其它销售	奥伦	损益			1	-100	-100
17	2020/1/2	其它销售	奥伦	退鞋	R906	黑色	-5	130	-650
18	2020/1/2	其它销售	奥伦	包装			200	5	1,000

图 18-36　按条件统计最大值和最小值

图 18-36 展示了某公司销售汇总表的部分内容，需要根据 A2 单元格指定的销售类型，计算最高和最低的金额。

B2 单元格输入以下公式，结果自动溢出到 B2:C2 单元格区域。

=AGGREGATE({14,15},
6,I5:I21/(B5:B21=A2),1)

AGGREGATE 函数的第一参数为常量数组 {14,15}，表示执行的汇总规则分别为 LARGE 函数和 SMALL 函数。

第三参数为"I5:I21/(B5:B21=A2)"，首先判断 B5:B21 区域的销售类型是否等于 A2 单元格指定的内容，返回一个由逻辑值 TRUE 和 FALSE 构成的内存数组。然后用 I5:I21 区域的金额除以该内存数组。当类型相等时，返回金额自身，否则返回错误值 #DIV/0!。

AGGREGATE 函数的第二参数和第四参数分别使用 6 和 1，表示忽略错误值后，返回第三参数的第 1 个最大值和第 1 个最小值。

第 19 章　财务金融函数

随着投资理财理念的日渐普及，除了专业的财务人员，越来越多的人也开始了解和学习财务金融方面的知识。本章主要学习利用 Excel 财务函数处理财务金融计算方面的需求。

本章学习要点

（1）财务相关的基础知识。

（2）投资价值函数。

19.1　财务基础相关知识

19.1.1　货币时间价值

货币时间价值是指货币随着时间的推移而发生的增值。可以简单地认为，随着时间的增长，货币的价值会不断地增加。例如，将 100 元存入银行，会产生利息，将来可以取出的金额超过 100 元。

19.1.2　单利和复利

利息有单利和复利两种计算方式。

单利是指按照固定的本金计算的利息，即本金固定，到期后一次性结算利息，而本金所产生的利息不再计算利息，比如银行的定期存款。

复利是指在每经过一个计息期后，都要将所产生利息加入本金，以计算下期的利息。这样，在每一个计息期，上一个计息期的利息都将成为生息的本金。

示例19-1　单利和复利的对比

图 19-1 所示，分别使用单利和复利两种方式来计算收益，本金为 200 元，利率为 8%。可以明显看出两种计息方式所获得收益的差异，随着期数的增加，两者的差异逐渐增大。

在 B5 单元格输入以下公式，向下复制到 B14 单元格，可计算单利。

`=$B$2*$B$1*$A5`

在 C5 单元格输入以下公式，向下复制到 C14 单元格，可计算复利。

`=$B$2*((1+$B$1)^$A5-1)`

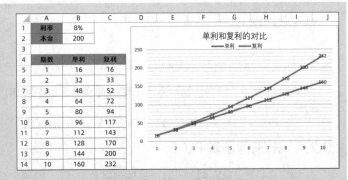

图 19-1　单利和复利的对比

19.1.3　现金的流入与流出

所有的财务公式都基于现金流，即现金流入与现金流出。所有的交易也都伴随着现金流入与现金流出。

例如，买车对于购买者是现金流出，而对于销售者就是现金流入。如果是存款，存款人存款操作是现金流出，取款操作是现金流入，而对于银行则恰恰相反。

所以在构建财务公式的时候，首先要确定决策者是谁，以确定每一个参数应是现金流入还是现金流出。在 Excel 内置的财务函数计算结果和参数中，正数代表现金流入，负数代表现金流出。

19.2　借贷和投资函数

Excel 中有 5 个常用的借贷和投资函数，它们彼此之间是相关的，分别是 FV 函数、PV 函数、RATE 函数、NPER 函数和 PMT 函数。各自的功能见表 19-1。

表 19-1　Excel 中的基本财务函数

函数	功能	语法
FV	Future Value 的缩写。基于固定利率及等额分期付款方式，返回某项投资的未来值	FV(rate,nper,pmt,[pv],[type])
PV	Present Value 的缩写，返回投资的现值。现值为一系列未来付款的当前值的累积和	PV(rate,nper,pmt,[fv],[type])
RATE	返回年金的各期利率	RATE(nper,pmt,pv,[fv],[type],[guess])
NPER	Number of Periods 的缩写。基于固定利率及等额分期的付款方式，返回某项投资的总期数	NPER(rate,pmt,pv,[fv],[type])
PMT	Payment 的缩写。基于固定利率及等额分期付款，返回贷款的每期付款额	PMT(rate,nper,pv,[fv],[type])

这 5 个财务函数之间的关系可以用以下表达式来表示：

$$FV + PV \times (1+RATE)^{NPER} + PMT \times \sum_{i=0}^{NPER-1}(1+RATE)^i = 0$$

进一步简化为：

$$FV + PV \times (1+RATE)^{NPER} + PMT \times \frac{(1+RATE)^{NPER}-1}{RATE} = 0$$

如果 PMT 为 0，即在初始投资后不再追加资金，则公式可以简化为：

$$FV + PV \times (1+RATE)^{NPER} = 0$$

19.2.1　未来值函数 FV

在利率 RATE、总期数 NPER、每期付款额 PMT、现值 PV 和支付时间类型 TYPE 已确定的情况下，可利用 FV 函数求出未来值。

示例 19-2　整存整取

假设以 50 000 元购买一款理财产品，年收益率是 4%，按月计息，要计算 2 年后的本息合计，如图 19-2 所示。

在 C6 单元格输入以下公式，结果为 54 157.15。

```
=FV(C2/12,C3,0,-C4)
```

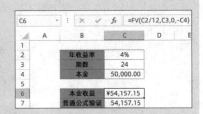

由于是按月计息，使用 4% 的年收益率除以 12 得到每个月的收益率。期数 24 代表 2 年共 24 个月。购买理财产品，属于现金流出，所以公式中使用负值"-C4"。最终的本金收益结果为正值，说明是现金流入。

图 19-2　整存整取

> **提示** → 由财务函数得到的金额，默认会将单元格格式设置为"货币"格式。

参数 TYPE 可选，可选值为 1 或 0，用以指定各期的付款时间是在期初还是期末。1 表示期初，0 表示期末。如果省略此参数，则默认值为 0。

通常情况下第一次付款是在第一期之后进行的，即付款发生在期末。例如，购房贷款是在 2022 年 8 月 24 日，则第一次还款是在 2022 年 9 月 24 日。

考虑 TYPE 参数的情况下，以上 5 个函数之间的表达式则为：

$$FV + PV \times (1 + RATE)^{NPER} + PMT \times \frac{(1+RATE)^{NPER} - 1}{RATE} \times (1 + RATE \times TYPE) = 0$$

C7 单元格中的普通验证公式为：

```
=C4*(1+C2/12)^C3
```

示例19-3　零存整取

如图 19-3 所示，假设以 50 000 元购买一款理财产品，而且每月再固定投资 1 000 元，年收益率是 4%，按月计息，要计算 2 年后的本息合计。

在 C7 单元格输入以下公式，结果为 79 100.04。

```
=FV(C2/12,C3,-C5,-C4)
```

每月投资额属于现金流出，所以使用"-C5"。

C8 单元格中的普通验证公式为：

```
=C4*(1+C2/12)^C3+C5*((1+C2/12)^C3-1)/(C2/12)
```

图 19-3　零存整取

> **注意** → 此公式为复利计算的零存整取，并不适用于银行的零存整取的利息计算，一般情况下，银行的零存整取执行的是单利计算。

示例19-4　对比投资保险收益

有这样一份保险产品：从被保人 8 岁时开始投资，每月固定交给保险公司 200 元，一直到被保人年满 18 岁，共计 10 年。到期归还本金共计 200×12×10=24 000 元，如果被保人考上大学，额外奖励 5 000 元。

图 19-4 对比投资保险收益

另有一份理财产品，每月固定投资 200 元，年收益率为 4%，按月计息。计算以上两种投资哪种收益更高，如图 19-4 所示。

在 C7 单元格输入以下公式，结果为 29 000。

```
=200*12*10+5000
```

在 C8 单元格输入以下公式，结果为 29 449.96。

```
=FV(C2/12,C3,-C5,-C4)
```

如果默认被保人能够考上大学并且在不考虑出险及保险责任的情况下，投资保险产品要比投资理财产品少收益约 450 元。

19.2.2 现值函数 PV

在利率 RATE、总期数 NPER、每期付款额 PMT、未来值 FV 和支付时间类型 TYPE 已确定的情况下，可利用 PV 函数求出现值。

示例19-5 计算存款金额

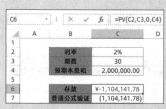

图 19-5 计算存款金额

如图 19-5 所示，假设银行 1 年期定期存款利率为 2%，如果希望在 30 年后个人银行存款可以达到 200 万元，那么现在一次性存入多少钱才可以达到这个目标呢？

在 C6 单元格输入以下公式，结果为 -1 104 141.78。

```
=PV(C2,C3,0,C4)
```

因为存款属于现金流出，所以最终计算结果为负值。

C7 单元格中的普通验证公式为：

```
=-C4/(1+C2)^C3
```

示例19-6 整存零取

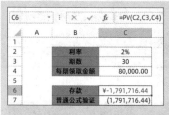

图 19-6 整存零取

如图 19-6 所示，假设现在有一笔钱存入银行，银行 1 年期定期存款利率为 2%，希望在之后的 30 年内每年从银行取出 8 万元，直到将全部存款取完。需计算现在要存入多少钱？

在 C6 单元格输入以下公式，结果为 -1 791 716.44。

```
=PV(C2,C3,C4)
```

由于最终全部取完，即未来值 FV 为 0，所以可以省略第 4 参数。

C7 单元格中的普通验证公式为：

```
=-C4*(1-1/(1+C2)^C3)/C2
```

19.2.3　利率函数 RATE

RATE 函数用于计算未来的现金流的利率或贴现利率。如果期数是按月计息，将结果乘以 12，可得到相应条件下的年利率。

示例19-7　房屋收益率

如图 19-7 所示，假设在 2000 年以 15 万元购买一套房屋，到 2019 年以 200 万元的价格卖出，总计 19 年时间。要计算平均每年的收益率为多少？

在 C6 单元格输入以下公式，结果为 14.61%。

```
=RATE(C2,0,-C3,C4)
```

图 19-7　房屋收益率

其中 C2 单元格为从买房到卖房之间的期数，中间没有额外的投资，所以第 2 参数 pmt 为 0。在 2000 年支出 15 万元，所以使用 -C2 表示现金流出。卖房时间是 2019 年，相对于 2000 年属于未来值，所以最后一个参数 fv 使用 C4。

示例19-8　借款利率

如图 19-8 所示，假设借款 20 万元，约定每季度还款 1.5 万元，共计 5 年还清。那么这笔借款的利率是多少？

在 C6 单元格输入以下公式，结果为 4.22%。

```
=RATE(C2,-C3,C4)
```

由于期数是按照季度来算的，即 5 年共有 20 个季度，所以这里计算得到的利率为季度利率。

在 C7 单元格输入以下公式，结果为 16.87%。

```
=RATE(C2,-C3,C4)*4
```

图 19-8　借款利率

将季度利率乘以 4，得到相应的年利率值。

RATE 函数通过迭代计算得到结果，如同解一元多次方程，可以有零个或多个结果。如果在 20 次迭代之后，RATE 函数的连续结果不能满足输出规则，则 RATE 函数返回错误值 #NUM!。

RATE 函数的语法为：

```
RATE(nper,pmt,pv,[fv],[type],[guess])
```

其中最后一个参数 guess 为预期利率，是可选参数。如果省略 guess，则假定其值为 10%。如果不能满足输出结果，可尝试设置不同的 guess 值。如果 guess 在 0 和 1 之间，RATE 函数通常可以返回正常结果。

19.2.4 期数函数 NPER

NPER 函数用于计算基于固定利率及等额分期付款方式，返回某项投资的总期数。其计算结果可能会包含小数，可根据实际情况将结果进行舍入得到合理的数值。

示例19-9 计算存款期数

图 19-9 计算存款期数

如图 19-9 所示，假设有存款 20 万元，每月工资可以剩余 7 000 元用于购买年利率为 4% 的理财产品，按月计息，需要计算连续多少期购买该理财产品才能使总金额达到 100 万元。

在 C7 单元格输入以下公式，结果为 89.69706028。

```
=NPER(C2/12,-C3,-C4,C5)
```

由于期数必须为整数，所以以最终结果应为 90 个月。

C8 单元格中的普通验证公式为：

```
=LOG(((-C3)-C5*C2/12)/((-C3)+(-C4)*C2/12),1+C2/12)
```

19.2.5 付款额函数 PMT

PMT 函数的计算是把某个现值（PV）增加或降低到某个未来值（FV）所需要的每期金额。

示例19-10 计算每期存款额

图 19-10 每期存款额

如图 19-10 所示，假设银行 1 年期定期存款利率为 2%。现有存款 20 万元，如果希望在 30 年后，个人银行存款可以达到 200 万元，那么在 30 年中，需要每年向银行存款多少钱？

在 C7 单元格输入以下公式，结果为 -40 369.86。

```
=PMT(C2,C3,-C4,C5)
```

相对于个人，存款过程属于现金流出，所以使用"-C4"表示。最终结果为负，表示每月的存款是属于现金流出的过程。

C8 单元格中的普通验证公式为：

```
=(-C5*C2+C4*(1+C2)^C3*C2)/((1+C2)^C3-1)
```

示例19-11　贷款每期还款额计算

如图 19-11 所示，某人从银行贷款 200 万元，年利率为 4.75%，贷款期限为 25 年，采用等额还款方式，需计算每月还款额为多少？

在 C6 单元格输入以下公式，结果为 -11 402.35。

```
=PMT(C2/12,C3,C4)
```

图 19-11　贷款每期还款额计算

银行贷款的利率为年利率，由于是按月计息，所以需要除以 12 得到每月的利率。贷款的期数则用 25 年乘以 12，得到总计为 300 个月。贷款属于现金流入，所以这里的现值使用正数。本例省略了第 4 参数，是因为贷款金额最终全部还清，即未来值为 0。由于每月还款属于现金流出，所以结果为负数。

C7 单元格中的普通验证公式为：

```
=(-C4*(1+C2/12)^C3*C2/12)/((1+C2/12)^C3-1)
```

19.3　计算本金与利息函数

除了计算投资、存款的起始或终止值等函数之外，还有一些函数可以计算在这一过程中某个时间点的本金与利息，或某两个时间段之间的本金与利息的累计值，见表 19-2。

表 19-2　计算本金与利息函数

函数	功能	语法
PPMT	Principal of PMT 的缩写。返回根据定期固定付款和固定利率而定的投资在已知期间内的本金偿付额	PPMT(rate,per,nper,pv,[fv],[type])
IPMT	Interest of PMT 的缩写。基于固定利率及等额分期付款方式，返回给定期数内对投资的利息偿还额	IPMT(rate,per,nper,pv,[fv],[type])
CUMPRINC	Cumulative Principal 的缩写。返回一笔贷款在给定期间内，累计偿还的本金数额	CUMPRINC(rate,nper,pv, start_period,end_period,type)
CUMIPMT	Cumulative IPMT 的缩写。返回一笔贷款在给定期间内，累计偿还的利息数额	CUMIPMT(rate,nper,pv, start_period,end_period,type)

19.3.1　每期还贷本金函数 PPMT 和利息函数 IPMT

PMT 函数通常被用在等额还贷业务中，用来计算每期应偿还的贷款金额。而 PPMT 函数和 IPMT 函数则是分别用来计算该业务中每期还款金额中的本金和利息部分，PPMT 函数和 IPMT 函数的语法如下：

```
=PPMT(rate,per,nper,pv,[fv],[type])
=IPMT(rate,per,nper,pv,[fv],[type])
```

其中的参数 per 是 period 的缩写，用于计算其利息数额的期数，必须在 1 到 nper 之间。

示例19-12　贷款每期还款本金与利息

如图 19-12 所示，某人从银行贷款 200 万元，年利率为 4.75%，贷款期限为 25 年，采用等额还款方式，需要计算第 10 个月还款时的本金和利息各含多少？

在 C7 单元格输入以下公式，结果为：-3 611.84。

```
=PPMT(C2/12,C5,C3,C4)
```

图 19-12　贷款每期还款本金与利息

在 C8 单元格输入以下公式，结果为：-7 790.50。

```
=IPMT(C2/12,C5,C3,C4)
```

在 C9 单元格输入以下公式，计算每月还款额，结果为：-11 402.35。

```
=PMT(C2/12,C3,C4)
```

C7 和 C8 单元格分别计算出该贷款在第 10 个月还款时所还的本金与利息。由于还贷款属于现金流出，所以结果均为负数。

在等额还款方式中，还款初始阶段所还的利息要远远大于本金。但二者金额之和始终等于每期的还款总额，即在相同条件下 PPMT+IPMT=PMT。

19.3.2　累计还贷本金函数 CUMPRINC 和利息函数 CUMIPMT

使用 CUMPRINC 函数和 CUMIPMT 函数可以计算某一个阶段所需要还款的本金和利息的和。CUMPRINC 函数和 CUMIPMT 函数的语法如下：

```
CUMPRINC(rate,nper,pv,start_period,end_period,type)
CUMIPMT(rate,nper,pv,start_period,end_period,type)
```

示例19-13　贷款累计还款本金与利息

如图 19-13 所示，某人从银行贷款 200 万元，年利率为 4.75%，贷款期限为 25 年，采用等额还款方式，需计算第 2 年（第 13 个月到第 24 个月）期间需要还款的累计本金和利息。

在 C8 单元格输入以下公式，结果为：-44 826.39。

```
=CUMPRINC(C2/12,C3,C4,C5,C6,0)
```

在 C9 单元格输入以下公式，结果为：-92 001.78。

```
=CUMIPMT(C2/12,C3,C4,C5,C6,0)
```

图 19-13　贷款累计还款本金与利息

在 C10 单元格输入以下公式，计算第二年的还款总额，结果为 -136 828.17。

```
=PMT(C2/12,C3,C4)*(C6-C5+1)
```

C8 和 C9 单元格分别计算出该贷款在第 2 年时所还的本金和与利息和。由于还贷款属于现金流出，所以结果均为负数。它们和 PMT 的关系为：

CUMPRINC+CUMIPMT=PMT* 求和期数

这两个函数的最后一个参数 TYPE 不可省略，通常情况下，第一次付款是在第一期之后发生的，所以 TYPE 一般使用参数 0。

19.3.3 制作贷款计算器

利用财务函数可以制作贷款计算器，以方便了解还款过程中的每一个细节。

示例19-14 制作贷款计算器

如图 19-14 所示，C2 单元格输入贷款年利率，C3 单元格输入贷款的总月数，即贷款年数乘以 12。C4 单元格输入贷款总额。本例中以年利率为 4.75%，共贷款 25 年，贷款总额 200 万元为参考。

	A	B	C	D	E	F	G	H	I	J
1		等额贷款还款计算			第n期	所还本金	所还利息	剩余未还本金	剩余未还利息	剩余未还本金公式2
2		年利率	4.75%		1	-3,485.68	-7,916.67	1,996,514.32	1,412,787.50	1,996,514.32
3		期数（月）	300		2	-3,499.48	-7,902.87	1,993,014.84	1,404,884.63	
4		贷款总额	2,000,000.00		3	-3,513.33	-7,889.02	1,989,501.51	1,396,995.62	
5					4	-3,527.24	-7,875.11	1,985,974.27	1,389,120.51	
6		每月还款额	¥-11,402.35		5	-3,541.20	-7,861.15	1,982,433.08	1,381,259.36	
7		还款总金额	¥-3,420,704.17		6	-3,555.22	-7,847.13	1,978,877.86	1,373,412.23	
8		还款利息总金额	¥-1,420,704.17		7	-3,569.29	-7,833.06	1,975,308.57	1,365,579.17	
9		还款利息总金额公式2	¥-1,420,704.17		8	-3,583.42	-7,818.93	1,971,725.15	1,357,760.24	
292					291	-10,960.68	-441.67	100,619.21	2,001.91	
293					292	-11,004.06	-398.28	89,615.15	1,603.63	
294					293	-11,047.62	-354.73	78,567.53	1,248.90	
295					294	-11,091.35	-311.00	67,476.18	937.90	
296					295	-11,135.25	-267.09	56,340.93	670.81	
297					296	-11,179.33	-223.02	45,161.59	447.79	
298					297	-11,223.58	-178.76	33,938.01	269.03	
299					298	-11,268.01	-134.34	22,670.00	134.69	
300					299	-11,312.61	-89.74	11,357.39	44.96	
301					300	-11,357.39	-44.96	0.00	0.00	

图 19-14　制作贷款计算器

在 C6 单元格输入以下公式，计算每月还款额。

=PMT(C2/12,C3,C4)

在 C7 单元格输入以下公式，计算还款本息总额。

=C6*C3

在 C8 单元格输入以下公式，计算还款利息总额。

=C7+C4

此处还可以使用 CUMIPMT 函数计算：

=CUMIPMT(C2/12,C3,C4,1,C3,0)

在 E2:E301 单元格区域输入 1~300 的数字序号来表示期数。

在 F2 单元格输入以下公式，向下复制到 F301 单元格，计算每一期还款中所包含的本金。

```
=PPMT($C$2/12,$E2,$C$3,$C$4)
```

在 G2 单元格输入以下公式，向下复制到 G301 单元格，计算每一期还款中所包含的利息。

```
=IPMT($C$2/12,$E2,$C$3,$C$4)
```

在 H2 单元格输入以下公式，向下复制到 H301 单元格，计算剩余未还本金。

```
=$C$4+CUMPRINC($C$2/12,$C$3,$C$4,1,E2,0)
```

剩余未还本金还可以使用 FV 函数计算，此处可理解为期初 200 万元投资，每月取款 11402.35 元，第 n 期后的未来值是多少。公式为：

```
=-FV($C$2/12,E2,$C$6,$C$4)
```

在 I2 单元格输入以下公式，向下复制到 I301 单元格，计算剩余未还利息。

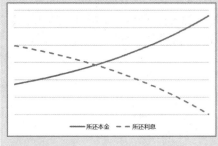

图 19-15　还款趋势

```
=CUMIPMT($C$2/12,$C$3,$C$4,1,E2,0)-$C$8
```

至此贷款计算器制作完成，可以较为直观地看到所需要还款的金额及每期的还款金额。通过每期的还款情况可以看出，初期还款所还利息远远大于本金。随着时间的推移，每月还款的本金越来越多，所还利息越来越少，直到为 0，如图 19-15 所示。

19.4　投资评价函数

Excel 中有 4 个常用的投资评价函数，用以计算净现值和收益率，其功能和语法见表 19-3。

表 19-3　投资评价函数

函数	功能	语法
NPV	使用贴现率和一系列未来支出（负值）与收益（正值）来计算某一项投资的净现值	NPV(rate,value1,[value2],...)
IRR	返回一系列现金流的内部收益率	IRR(values,[guess])
XNPV	返回一组现金流的净现值，这些现金流不一定定期发生	XNPV(rate,values,dates)
XIRR	返回一组不一定定期发生的现金流的内部收益率	XIRR(values,dates,[guess])

19.4.1　净现值函数 NPV

净现值是指一个项目预期实现的现金流入的现值与实施该项目计划的现金支出的差额。净现值为正值的项目可以为股东创造价值，净现值为负值的项目会损害股东价值。

NPV 是 Net Present Value 的缩写，是根据设定的贴现率或基准收益率来计算一系列现金流的合计。用 n 代表现金流的笔数，value 代表各期现金流，则 NPV 的公式如下：

$$NPV = \sum_{i=0}^{n} \frac{value_i}{(1+RATE)^i}$$

NPV 投资开始于 value₁，现金流所在日期的前一期，并以列表中最后一笔现金流为结束。NPV 的计算基于未来的现金流。如果第一笔现金流发生在第一期的期初，则第一笔现金必须添加到 NPV 的结果中，而不应包含在值参数中。

NPV 函数类似于 PV 函数。PV 与 NPV 的主要差别在于：PV 既允许现金流在期末开始，也允许现金流在期初开始，与可变的 NPV 现金流值不同，PV 现金流在整个投资中必须是固定的。

示例19-15　计算投资净现值

已知贴现率为 5%，某工厂投资 80 000 元购买一套设备，之后的 5 年内每年的收益情况如图 19-16 所示，需计算此项投资的净现值。

在 C10 单元格输入以下公式，结果为 -2 853.96。

```
=NPV(C2,C4:C8)+C3
```

其中 C3 为第 1 年年初的现金流量。该公式等价于：

```
=NPV(C2,C3:C8)*(1+C2)
```

图 19-16　计算投资净现值

计算结果为负值。如果此设备的使用年限只有 5 年，那么截至目前来看，购买这个设备并不是一个好的投资。

在 C11 单元格中使用 PV 函数进行验证，公式为：

```
=SUM(-PV(C2,ROW(1:5),0,C4:C8))+C3
```

在 C12 单元格中输入以下公式进行验证。

```
=SUM(C4:C8/(1+C2)^(ROW(1:5)))+C3
```

示例19-16　出租房屋收益

如图 19-17 所示，已知贴现率为 5%，投资者投资 200 万元购买了一套房屋，然后以 48 000 元的价格出租 1 年，以后每年的租金比上一年增加 2 400 元。在第 5 年的年末以 240 万元的价格卖出，计算这个投资的收益情况。

在 C11 单元格输入以下公式，结果为 119 425.45。

```
=NPV(C2,C5:C9)+C3+C4
```

此公式等价于：

```
=NPV(C2,C3+C4,C5:C9)*(1+C2)
```

图 19-17　出租房屋收益

由于第 1 年的租金是在出租房屋之前立即收取，即收益发生在期初，所以第 1 年租金与买房的投资的钱都在期初来做计算。房屋在第 5 年年末以升值后的价格卖出，相当于第 5 期的期末值。最终计算得到净现值 119 425.45 元，为一个正值，说明此项投资获得了较高的回报。

C12 单元格中使用 PV 函数进行验证，公式为：

```
=SUM(-PV(C2,ROW(1:5),0,C5:C9))+C3+C4
```

C13 单元格输入以下公式进行验证。

```
=SUM(C5:C9/(1+C2)^(ROW(1:5)))+C3+C4
```

19.4.2 内部收益率函数 IRR

IRR 是 Internal Rate of Return 的缩写，返回一系列现金流的内部收益率，使得投资的净现值变成零。也可以说，IRR 函数是一种特殊的 NPV 的过程。

$$\sum_{i=0}^{n} \frac{\text{value}_i}{(1+\text{IRR})^i} = 0$$

因为这些现金流可能作为年金，所以不必等同。但是现金流必须定期（如每月或每年）出现。内部收益率是针对包含付款（负值）和收入（正值）的定期投资收到的利率。

示例19-17 计算内部收益率

某工厂投资 80 000 元购买了一套设备，之后的 5 年内每年的收益情况如图 19-18 所示，需要计算内部收益率是多少。

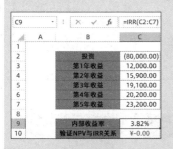

图 19-18 计算内部收益率

在 C9 单元格输入以下公式，结果为 3.82%。

```
=IRR(C2:C7)
```

如果此设备的使用年限只有 5 年，说明如果现在的贴现率低于 3.82%，那么购买此设备得到的收益更高。反之，如果贴现率高于 3.82%，那么这样的投资便是失败的。

在 C10 单元格输入以下公式，其结果为 0，以此来验证 NPV 与 IRR 之间的关系。

```
=NPV(C9,C3:C7)+C2
```

19.4.3 不定期净现值函数 XNPV

XNPV 函数用于返回一组现金流的净现值，这些现金流不一定定期发生。它与 NPV 函数的区别如下。

❖ NPV 函数是基于相同的时间间隔定期发生，而 XNPV 是不定期的。

❖ NPV 的现金流发生是在期末，而 XNPV 是在每个阶段的开头。

P_i 代表第 i 个支付金额，d_i 代表第 i 个支付日期，d_1 代表第 0 个支付日期，则 XNPV 的计算公式如下：

$$XNPV = \sum_{i=1}^{n} \frac{P_i}{(1+RATE)^{\frac{d_i-d_1}{365}}}$$

XNPV 函数是基于一年 365 天来计算，将年利率折算成日利率。

示例19-18　不定期现金流量净现值

已知贴现率为 5%，某工厂在 2018 年 1 月 1 日投资 80 000 元购买了一套设备，不等期的收益金额情况如图 19-19 所示，需要计算此项投资的净现值。

在 C10 单元格输入以下公式，结果为 8 741.51。

`=XNPV(C2,C3:C8,B3:B8)`

此结果为正值，说明此项投资是一个好的投资，有超过预期的收益。

在 C11 单元格输入以下公式进行验证：

`=SUM(C3:C8/(1+C2)^((B3:B8-B3)/365))`

图 19-19　不定期现金流量净现值

19.4.4　不定期内部收益率函数 XIRR

XIRR 函数用于返回一组不一定定期发生的现金流的内部收益率。

P_i 代表第 i 个支付金额，d_i 代表第 i 个支付日期，d_1 代表第 0 个支付日期，则 XIRR 计算的收益率即为函数 XNPV=0 时的利率，其计算公式如下：

$$\sum_{i=1}^{n} \frac{P_i}{(1+XIRR)^{\frac{d_i-d_1}{365}}} = 0$$

示例19-19　不定期现金流量收益率

某工厂在 2018 年 1 月 1 日投资 80 000 元购买了一套设备，不定期的收益金额情况如图 19-20 所示，需要计算此项投资的收益率。

在 C9 单元格输入以下公式，结果为 11.64%。

`=XIRR(C2:C7,B2:B7)`

如果当前的贴现率超过 11.64%，说明此项投资并不是一个好的投资。反之，则说明此项投资可以获得较高的收益。

图 19-20　不定期现金流量收益率

第 20 章　工程函数

工程函数主要用于专业领域的计算分析，也有部分函数超越了其本身定义的功能，在更广泛的领域中得到应用。

> **本章学习要点**
>
> （1）贝赛耳函数。　　　　　　　　（4）误差函数。
> （2）数字进制转换函数。　　　　　（5）处理复数的函数。
> （3）度量衡转换函数。　　　　　　（6）位运算函数。

20.1　贝赛耳（Bessel）函数

贝赛耳函数是数学上的一类特殊函数的总称。一般贝赛耳函数是下列常微分方程（常称为贝赛耳方程）的标准解函数 $y(x)$。

$$x^2\frac{d^2y}{dx^2} + x\frac{dy}{dx} + \left(x^2 - \alpha^2\right)y = 0$$

贝赛耳函数的具体形式随上述方程中的任意实数 α 值变化而变化（相应地 α 被称为其对应贝赛耳函数的阶数）。实际应用中最常见的情形为 α 是整数 n，对应解称为 n 阶贝赛耳函数。

贝赛耳函数在波动问题及各种涉及有势场的问题中占有非常重要的地位，最典型的问题有：在圆柱形波导中的电磁波传播问题、圆柱体中的热传导问题及圆形薄膜的振动模态分析问题等。

Excel 共提供了 4 个贝赛耳函数，贝赛耳函数——J 函数：

$$\text{BESSELJ}(x,n) = J_n(x) = \sum_{k=0}^{\infty}\frac{(-1)^k}{k!\,\Gamma(n+k+1)}\left(\frac{x}{2}\right)^{n+2k}$$

贝赛耳函数——诺依曼函数：

$$\text{BESSELY}(x,n) = Y_n(x) = \lim_{\nu\to n}\frac{J_\nu(x)\cos(\nu\pi) - J_{-\nu}(x)}{\sin(\nu\pi)}$$

贝赛耳函数——汉克尔函数：

$$\text{BESSELK}(x,n) = K_n(x) = \frac{\pi}{2}i^{n+1}\left[J_n(ix) + iY_n(ix)\right]$$

虚宗量的贝赛耳函数：

$$\text{BESSELI}(x,n) = I_n(x) = i^{-n}J_n(ix)$$

 注意

> 当 x 或 n 为非数值型时，贝赛耳函数返回错误值 #VALUE!。如果 n 不是整数，将被截尾取整。当 $n<0$ 时，贝赛耳函数返回错误值 #NUM!。

20.2　数字进制转换函数

工程类函数中提供了二进制、八进制、十进制和十六进制之间的数值转换函数。这类函数名称比较容易记忆，其中二进制为BIN，八进制为OCT，十进制为DEC，十六进制为HEX，数字2相当于英文two、to，表示转换的意思。例如，需要将十进制的数值转换为十六进制，前面为DEC，中间为2，后面为HEX。因此完成此转换的函数名为DEC2HEX。所有进制转换函数见表20-1。

表20-1　不同数字系统间的进制转换函数

转换为数字进制	二进制	八进制	十进制	十六进制
二进制	—	BIN2OCT	BIN2DEC	BIN2HEX
八进制	OCT2BIN	—	OCT2DEC	OCT2HEX
十进制	DEC2BIN	DEC2OCT	—	DEC2HEX
十六进制	HEX2BIN	HEX2OCT	HEX2DEC	—

进制转换函数的语法如下：

```
函数 (number,places)
```

其中，参数number为待转换的数字进制下的非负数，如果number不是整数，将被截尾取整。参数places为转换结果指定保留的字符数，如果省略此参数，函数将使用必要的最少字符数；如果结果的位数少于指定的位数，将在返回值的左侧自动添加0。

 提示

> DEC2BIN、DEC2OCT、DEC2HEX三个函数的number参数支持负数，当number参数为负数时，将忽略places参数，返回由补码记数法表示的10个字符长度的二进制数、八进制数、十六进制数，如DEC2BIN(-2)=1111111110。

除此之外，还有BASE和DECIMAL两个进制转换函数。

BASE函数可以将十进制的数值转换为其他进制，函数语法为：

```
BASE(number, radix, [min_length])
```

其中，参数number为待转换的十进制数字，必须为大于等于0且小于2^{53}的整数。

参数radix是要将数字转换成的基本基数，必须为大于等于2且小于等于36的整数。

[min_length]是可选参数，指定返回字符串的最小长度，必须为大于等于0的整数。

如果number、radix、[min_length]不是整数，将被截尾取整。

DECIMAL函数可以按不同进制将数字的文本表示形式转换成十进制数，函数语法为：

```
DECIMAL(text, radix)
```

其中，参数text是不同进制数字的文本表示形式，字符串长度必须小于等于255，text参数可以是对于基数有效的字母、数字字符的任意组合，并且不区分大小写。参数radix是text参数的基本基数，必须为大于等于2且小于等于36的整数。

20章

示例20-1 不同进制数字的相互转换

将十进制数 2 696 004 307 转换为十六进制数值，可以使用以下两个公式，结果为“A0B1C2D3”。

```
=DEC2HEX(2696004307)
=BASE(2696004307,16)
```

将八进制数 725 转换为二进制数值，可以使用以下两个公式，结果为“111010101”。

```
=OCT2BIN(725)
=BASE(DECIMAL(725,8),2)
```

将十二进制数“1234567890AB”转换为三十六进制数值，可以使用以下公式，结果为“BA7QH83N”。

```
=BASE(DECIMAL("1234567890AB",12),36)
```

20.3 度量衡转换函数

CONVERT函数可以将数字从一种度量系统转换为另一种度量系统，函数语法为：

```
CONVERT(number,from_unit,to_unit)
```

	A	B	C	D	E	F	G	H	I	J	K
1											
2		重量和质量	unit	距离	unit	时间	unit	压强	unit	力	unit
3		克	g	米	m	年	yr	帕斯卡	Pa	牛顿	N
4		斯勒格	sg	英里	mi	日	day	大气压	atm	达因	dyn
5		磅（常衡制）	lbm	海里	Nmi	小时	hr	毫米汞柱	mmHg	磅力	lbf
6		U（原子质量单位）	u	英寸	in	分钟	min	磅平方英寸	psi	朋特	pond
7		盎司	ozm	英尺	ft	秒	s	托	Torr		
8		吨	ton	码	yd						
9				光年	ly						
10											
11		能量	unit	功率	unit	磁	unit	温度	unit	容积	unit
12		焦耳	J	英制马力	HP	特斯拉	T	摄氏度	C	茶匙	tsp
13		尔格	e	公制马力	PS	高斯	ga	华氏度	F	汤匙	tbs
14		热力学卡	c	瓦特	W			开氏温标	K	U.S. 品脱	pt
15		IT卡	cal					兰氏度	Rank	夸脱	qt
16		电子伏	eV					列氏度	Reau	加仑	gal
17		马力-小时	HPh							升	L
18		瓦特-小时	Wh							立方米	m3
19		英尺磅	flb							立方英寸	ly3

图 20-1　CONVERT 函数的单位参数

其中，参数number是以from_unit为单位的需要进行转换的数值，参数from_unit是数值number的单位，参数to_unit是结果的单位。

CONVERT函数中from_unit参数和to_unit参数接受的部分文本值（区分大小写），如图 20-1 所示。from_unit和to_unit必须是同一列中的计量单位，否则函数返回错误值#N/A。

例如，将 1 天转化为秒，可以使用以下公式。

```
=CONVERT(1,"day","s")
```

公式结果为 86400，即 1day=86400s。

20.4 误差函数

误差函数也称为高斯误差函数，在概率论、统计学及偏微分方程中都有广泛的应用。自变量为

x 的误差函数定义为：$\mathrm{erf}(x)=\dfrac{2}{\sqrt{n}}\displaystyle\int_{0}^{x}e^{-\eta^2}d\eta$，且有 $\mathrm{erf}(\infty)=1$ 和 $\mathrm{erf}(-x)=-\mathrm{erf}(x)$。补余误差函数定义

为：$\mathrm{erf}c(x)=1-\mathrm{erf}(x)=\dfrac{2}{\sqrt{n}}\displaystyle\int_{x}^{\infty}e^{-\eta^2}d\eta$。

ERF 函数返回误差函数在上下限之间的积分，函数语法为：

```
ERF(lower_limit,[upper_limit])
```

其中，lower_limit 参数为积分下限，upper_limit 参数为积分上限，如果省略，ERF 函数将在 0 到 lower_limit 之间积分。

ERFC 函数即补余误差函数，函数语法为：

```
ERFC(x)
```

其中，x 为 ERFC 函数的积分下限。

例如，计算误差函数在 0.5 到 2 之间的积分，可以使用以下公式，计算结果为：0.474822387205906。

```
=ERF(0.5,2)
```

20.5　处理复数的函数

Excel 中有多个处理复数运算的函数，包括复数的加减乘除、开方、乘幂、模、共轭复数、辐角、对数等。例如，IMSUM 函数可以返回以 $x+yi$ 文本格式表示的两个或多个复数的和，函数语法为：

```
IMSUM(inumber1, [inumber2], ...)
```

其中，inumber1、inumber2 等为文本格式表示的复数。

示例20-2　复数的简单运算

图 20-2 展示了复数的几种基本运算，包括复数的实部、虚部、共轭复数、模和辐角。

IMREAL 函数可以获取复数实部，C3 单元格公式如下：

```
=IMREAL(B3)
```

IMAGINARY 函数可以获取复数的虚部，D3 单元格公式如下：

图 20-2　复数运算

```
=IMAGINARY(B3)
```

IMCONJUGATE 函数可以获取复数的共轭复数，E3 单元格公式如下：

```
=IMCONJUGATE(B3)
```

IMABS 函数可以获取复数的模，F3 单元格公式如下：

```
=IMABS(B3)
```

IMARGUMENT 函数可以获取复数的辐角，G3 单元格公式如下：

```
=IMARGUMENT(B3)
```

示例20-3　旅行费用统计

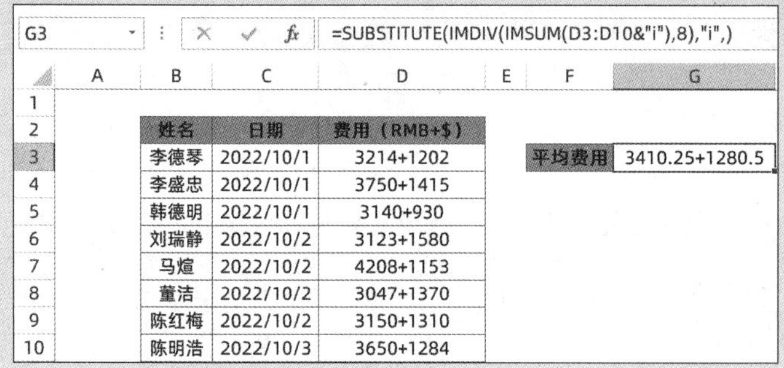

| G3 | : | × ✓ fx | =SUBSTITUTE(IMDIV(IMSUM(D3:D10&"i"),8),"i",) |

▲	A	B	C	D	E	F	G
1							
2		姓名	日期	费用（RMB+$）			
3		李德琴	2022/10/1	3214+1202		平均费用	3410.25+1280.5
4		李盛忠	2022/10/1	3750+1415			
5		韩德明	2022/10/1	3140+930			
6		刘瑞静	2022/10/2	3123+1580			
7		马煊	2022/10/2	4208+1153			
8		董洁	2022/10/2	3047+1370			
9		陈红梅	2022/10/2	3150+1310			
10		陈明浩	2022/10/3	3650+1284			

图 20-3　旅行费用明细

图 20-3 展示了某部门员工前往国外旅行的费用明细，其中包括人民币和美元两部分，需要计算一次国外旅行的平均费用。

G3 单元格输入以下公式：

```
=SUBSTITUTE(IMDIV(IMSUM
(D3:D10&"i"),8),"i",)
```

公式首先将费用与字母"i"连接，将其转换为文本格式表示的复数。

然后利用 IMSUM 函数返回复数的和，再利用 IMDIV 函数返回复数之和与 8 相除的商，得到每个人的平均值。

最后利用 SUBSTITUTE 函数将作为复数标志的字母"i"替换为空，即得平均费用。

20.6　位运算函数

所有数据在计算机内存中都以二进制的形式储存，位运算就是直接对整数在内存中的二进制位进行操作，Excel 中有 5 个位运算函数，见表 20-2。

表 20-2　位运算函数

函数名	功能	语法
BITAND	按位与	BITAND(number1, number2)
BITOR	按位或	BITOR(number1, number2)
BITXOR	按位异或	BITXOR(number1, number2)
BITLSHIFT	按位左移	BITLSHIFT(number, shift_amount)
BITRSHIFT	按位右移	BITRSHIFT(number, shift_amount)

其中，number、number1、number2 均是大于等于 0 且小于 2^{48} 的整数，否则函数返回错误值 #NUM!。SSSS 参数是绝对值小于等于 53 的整数，否则返回错误值 #NUM!。

同时，按位运算结果大于等于 2^{48} 时，位运算函数也返回错误值 #NUM!。

示例20-4　位运算

整数 9 和 5 按位"与"运算结果为 1，公式如下：

=BITAND(9,5)

9 转换为二进制数为 1001，5 转换为二进制数为 101，按位"与"运算是相同位上均为 1 时得 1，否则得 0。

整数 9 和 5 按位"异或"运算结果为 13，公式如下：

=BITXOR(9,5)

按位"异或"运算是相同位上数字不同得 1，9 和 5 按位"异或"运算后二进制结果为 1100，最后转换成十进制数。

整数 9 左移 5 位的结果为 288，可以使用以下两个公式：

=BITLSHIFT(9,5)
=BITRSHIFT(9,-5)

9 左移 5 位的二进制运算结果为 100100000，转换成十进制数即为 288。

第 21 章　数组公式

使用数组公式能够完成一些普通函数无法完成的计算需求。本章重点学习数组、数组运算与数组公式的概念，内存数组的构建及数组公式的一些高级应用。

本章学习要点

（1）理解数组、数组公式与数组运算。　　　　（3）理解并掌握数组公式的一些高级应用。

（2）掌握数组的构建及数组填充。

21.1　理解数组

21.1.1　数组的相关定义

在Excel函数与公式中，数组是指按一行、一列或多行多列排列的数据元素的有序集合。数组元素可以是数值、文本、逻辑值和错误值等。

数组的维度是指数组的行列方向，一行多列的数组被称为一维横向数组，或水平数组。一列多行的数组被称为一维纵向数组，或垂直数组。多行多列的数组同时拥有纵向和横向两个维度，被称为二维数组。

数组的维数是指数组中不同维度的个数。只有一行或一列的数组称为一维数组；多行多列拥有两个维度的数组称为二维数组。

数组的尺寸是以数组各行各列上的元素个数来表示的。一行N列的一维横向数组的尺寸为$1 \times N$；一列N行的一维纵向数组的尺寸为$N \times 1$；M行N列的二维数组的尺寸为$M \times N$。

21.1.2　数组的存在形式

⊃ | 常量数组

常量数组是指直接在公式中写入数组元素，并用大括号"{ }"在首尾进行标识的字符串表达式。常量数组不依赖单元格区域，可直接参与公式的计算。

常量数组的组成元素只能是常量，不允许使用函数公式或单元格引用。数值型常量元素中不可以包含美元符号、逗号（千分位符）、括号和百分号。

一维纵向数组的各元素之间用半角分号"；"间隔，以下公式表示尺寸为6×1的数值型常量数组：

```
={1;2;3;4;5;6}
```

一维横向数组的各元素之间用半角逗号"，"间隔，以下公式表示尺寸为1×4的文本型常量数组：

```
={"二","三","四","五"}
```

每个文本型常量元素必须用一对半角双引号""""将首尾标识出来。

二维数组的每一行上的元素用半角逗号"，"间隔，每一列上的元素用半角分号"；"间隔。以下公式表示尺寸为4×3的二维混合数据类型的数组，包含数值、文本、日期、逻辑值和错误值。

```
={1,2,3;"姓名"," 刘丽 ","2014/10/13";TRUE,FALSE,#N/A;#DIV/0!,#NUM!,#REF!}
```

如果将这个数组填入单元格区域中，排列方式如图 21-1 所示。

	A	B	C
1	1	2	3
2	姓名	刘丽	2014/10/13
3	TRUE	FALSE	#N/A
4	#DIV/0!	#NUM!	#REF!

图 21-1　4 行 3 列的数组

提示 ■■■■→ 　　手工输入常量数组的过程比较烦琐，可以借助单元格引用来简化常量数组的录入。例如，在单元格 A1:A7 中分别输入"A~G"的字母后，在 B1 单元格中输入公式：=A1:A7，然后在编辑栏中选中公式，按下 <F9> 键即可将单元格引用转换为常量数组。

⊃ Ⅱ　区域数组

区域数组是公式中对单元格区域的直接引用，维度和尺寸与常量数组一致。例如，以下公式中的 A1:A9 和 B1:B9 都是区域数组。

```
=SUMPRODUCT(A1:A9*B1:B9)
```

示例21-1　计算商品总销售额

图 21-2 展示的是不同商品销售情况的部分内容，需要根据 B 列的单价和 C 列的数量计算商品的总销售额。

E2 单元格输入以下公式：

```
=SUM(B2:B10*C2:C10)
```

公式中的 B2:B10 和 C2:C10 属于区域数组，两个数组之间执行多项乘积计算，返回 9 行 1 列的内存数组：

```
{15;18.4;50;32;44;30.4;18;25.5;19.2}
```

最后再使用 SUM 函数汇总求和，返回结果 252.5。

公式计算过程如图 21-3 所示。

	A	B	C	D	E
1	商品	单价	数量		总销售额
2	苹果	7.5	2		252.5
3	香蕉	4.6	4		
4	梨	10	5		
5	桂圆	8	4		
6	草莓	22	2		
7	山楂	7.6	4		
8	蜜柚	9	2		
9	香橙	8.5	3		
10	沙糖桔	4.8	4		

图 21-2　计算商品总销售额

7.5	X	2	=	15
4.6	X	4	=	18.4
10	X	5	=	50
8	X	4	=	32
22	X	2	=	44
7.6	X	4	=	30.4
9	X	2	=	18
8.5	X	3	=	25.5
4.8	X	4	=	19.2

图 21-3　多项运算的过程

㉑章

提示 ■■■■→ 　　在 Excel 2021 以下版本中，输入数组公式时，需要按 <Ctrl+Shift+Enter> 组合键完成公式编辑。

⊃ Ⅲ 内存数组

内存数组是指通过公式计算，在内存中临时构成的数组。内存数组不需要存储到单元格区域中，可作为一个整体直接嵌套到其他公式中继续参与计算。例如：

```
=SMALL(A1:A9,{1,2,3})
```

公式中的{1,2,3}是常量数组，而整个公式的计算结果为A1:A9单元格区域中最小的3个数值构成的内存数组。

内存数组与区域数组的主要区别如下。

（1）区域数组通过单元格区域引用获得，内存数组通过公式计算获得。

（2）区域数组依赖于引用的单元格区域，内存数组独立存在于内存中。

示例21-2　计算前三名的销售额占比

	A	B	C	D
1	姓名	销售额		前三名占总额的百分比
2	杨建民	221		46.8%
3	王强	280		
4	田园	97		
5	何婵娟	106		
6	何桂琼	171		
7	浦绍泽	201		
8	樊兴苹	139		
9	李福元	149		
10	王秀珍	136		

图 21-4　前三名的销售额占比

图 21-4 展示的是某单位员工销售业绩表的部分内容，需要计算前三名的销售额在销售总额中所占的百分比。

D2 单元格输入以下公式：

```
=SUM(LARGE(B2:B10,ROW(1:3)))/SUM(B2:B10)
```

公式中，"ROW(1:3)"部分返回1~3的序列值。"LARGE(B2:B10,ROW(1:3))"部分用于计算B2:B10单元格区域中第1~3个最大值，返回1列3行的内存数组，结果为{280;221;201}。

接着使用SUM函数汇总求和，得到前3名的销售总额为：702。

最后再除以SUM(B2:B10)得到的销售总额，返回前三名的销售额在销售总额中的占比，结果为46.8%。

⊃ Ⅳ 命名数组

命名数组是使用命名公式（名称）定义的常量数组、区域数组或内存数组，可在公式中调用。在数据验证和条件格式的自定义公式中，不接受常量数组，但可使用命名数组。

示例21-3　突出显示销量最后三名的数据

图 21-5 展示的是某单位员工销售数据表的部分内容，为了便于查看数据，需要通过设置条件格式的方法，突出显示销量最后三名的数据所在行。

步骤① 定义名称。

单击【公式】选项卡的【定义名称】按钮，弹出【新建名称】对话框。

在【名称】编辑框中输入 Name。在【引用位置】编辑框中输入以下公式：

```
=SMALL($C$2:$C$10,{1,2,3})
```

最后单击【确定】按钮完成设置，如图 21-6 所示。

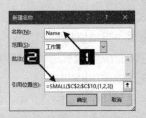

图 21-5 销售数据表		图 21-6 定义名称

步骤② 设置条件格式。

选中A2:C10 单元格区域，在【开始】选项卡依次单击【条件格式】→【新建规则】命令，弹出【新建格式规则】对话框。

在【新建格式规则】对话框的【选中规则类型】列表框中，选择【使用公式确定要设置格式的单元格】选项。在【为符合此公式的值设置格式】的编辑框中输入以下公式：

=OR($C2=Name)

单击【格式】按钮，打开【设置单元格格式】对话框。在【填充】选项卡中，选取合适的颜色，如绿色。

最后依次单击【确定】按钮关闭对话框完成设置，设置后的显示效果如图 21-7 所示。由于C4 单元格和C6 单元格数值相同，并且都在最后三名的范围内，因此条件格式突出显示 4 行内容。

在自定义名称的公式中，SMALL 函数第二参数使用了常量数组 "{1,2,3}"，用于计算 $C$2:$C$10 单元格区域中的第 1~3 个最小值。该公式可以在单元格区域中正常使用，但在数据验证和条件格式的公式中不能使用常量数组，因此需要先将 "SMALL($C$2:$C$10,{1,2,3})" 部分定义为名称，通过迂回的方式进行引用。

在条件格式中，OR 函数用于判断C列单元格的数值是否包含在定义名称的结果中。如果包含，则公式返回逻辑值TRUE，条件格式成立，单元格以绿色填充色突出显示。

如果事先未定义名称，而尝试在设置条件格式时使用以下公式，将弹出如图 21-8 所示的警告对话框，拒绝公式录入。

=OR($C2=SMALL($C$2:$C$10,{1,2,3}))

图 21-7 条件格式显示效果		图 21-8 警告对话框

21.2 数组公式的概念

21.2.1 认识数组公式

⊃ I Excel 2021 以下版本中的数组公式

在 Excel 2021 以下的版本中，数组公式是以按下 <Ctrl+Shift+Enter> 组合键来完成编辑的特殊公式。

作为数组公式的标识，Excel 会自动在数组公式的首尾添加大括号"{ }"。数组公式的实质是单元格公式的一种书写形式，用来显式地通知 Excel 计算引擎对其执行多项计算。

当编辑已有的数组公式时，大括号会自动消失，需要重新按 <Ctrl+Shift+Enter> 组合键完成编辑，否则公式将无法返回正确的结果。

在数据验证和条件格式的公式中，使用数组公式的规则和在单元格中有所不同，仅须输入公式即可，无须按 <Ctrl+Shift+Enter> 组合键完成编辑。

多项计算是对公式中有对应关系的数组元素同时分别执行相关计算的过程。按 <Ctrl+Shift+Enter> 组合键，即表示通知 Excel 执行多项计算。

以下两种情况下，必须使用数组公式才能得到正确结果。

（1）当公式的计算过程中存在多项计算，并且使用的函数不支持非常量数组的多项计算时。

（2）当公式计算结果为数组，需要在多个单元格存放公式计算结果时。

➲ II　Excel 2021 中的数组公式

Excel 2021 中的公式语言有了重大升级，默认直接执行多项运算。数组公式的编辑输入不再需要按 <Ctrl+Shift+Enter> 组合键，公式首尾也不再显示大括号"{ }"。除了多单元格数组公式外，和普通公式的不同之处只是执行了多项运算，在编辑方式和显示格式上不再有明显不同之处。

21.2.2　多单元格数组公式

在多个单元格使用同一公式，按 <Ctrl+Shift+Enter> 组合键完成编辑形成的公式，称为多单元格数组公式或区域数组公式。

在 Excel 2021 以下版本中，在单个单元格中使用数组公式进行多项计算后，有时会返回一组运算结果，但一个单元格中只能显示单个值（通常是结果数组中的首个元素），而无法完整显示整组运算结果。使用多单元格数组公式，可以在选定的范围内完全展现出数组公式运算所产生的数组结果，每个单元格分别显示数组中的一个元素。

使用多单元格数组公式时，所选择的单元格个数必须与公式最终返回的数组元素个数相同。如果输入数组公式时，选择区域大于公式最终返回的数组元素个数，多出部分将显示为错误值 #N/A!。如果所选择的区域小于公式最终返回的数组元素个数，则公式结果显示不完整。

示例21-4　使用多单元格数组公式计算销售额

序号	销售员	饮品	单价	数量	销售额
1	任继先	可乐	2.5	85	212.5
2	陈尚武	雪碧	2.5	35	87.5
3	李光明	冰红茶	2	60	120
4	李厚辉	鲜橙多	3.5	45	157.5
5	毕淑华	美年达	3	40	120
6	赵会芳	农夫山泉	2	80	160
7	赖群毅	营养快线	5	25	125
8	李从林	原味绿茶	3	35	105

编辑栏：{=D2:D9*E2:E9}

图 21-9　多单元格数组公式计算销售额

图 21-9 展示的是某超市销售记录表的部分内容，需要在 F 列计算不同业务员的销售额。

同时选中 F2:F9 单元格区域，在编辑栏输入以下公式（不包括两侧大括号），按 <Ctrl+Shift+Enter> 组合键完成编辑。

```
{=D2:D9*E2:E9}
```

公式将 D2:D9 单元格区域的单价分别乘以 E2:E9 单元格区域内各自的销售数量，获得一个内存数组：

```
{212.5;87.5;120;157.5;120;160;125;105}
```

公式编辑完成后，Excel 会在 F2:F9 单元格区域中将内存数组中的每个元素依次显示出来。

针对多单元格数组公式的编辑有如下限制。

（1）不能单独改变公式区域中某一部分单元格的内容。

（2）不能单独移动或删除公式区域中某一部分单元格。

（3）不能在公式区域插入新的单元格。

当用户进行以上操作时，Excel 会弹出"无法更改部分数组"的提示对话框，如图 21-10 所示。

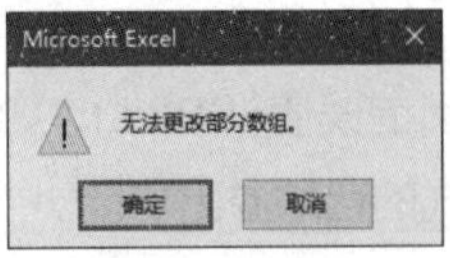

如需修改多单元格数组公式，操作步骤如下。

图 21-10　无法更改部分数组

步骤① 选择公式所在单元格或单元格区域，按<F2>键进入编辑模式。

步骤② 修改公式内容后，按<Ctrl+Shift+Enter>组合键完成编辑。

如需删除多单元格数组公式，操作步骤如下。

步骤① 选择数组公式所在的任意一个单元格，按<F2>进入编辑状态。

步骤② 删除单元格公式内容后，按<Ctrl+Shift+Enter>组合键完成编辑。

另外，也可以先选择数组公式所在的任意一个单元格，按下<Ctrl+/>组合键选择多单元格数组公式区域后，再进行编辑或删除操作。

21.2.3　动态数组公式

❍ Ⅰ　动态数组公式的特点

在 Excel 2021 中引入了全新的动态数组的概念，除了数组公式不再需要按<Ctrl+Shift+Enter>组合键来显式地通知 Excel 计算引擎对数组公式执行多项计算外，当数组公式返回一组计算结果时，会触发"溢出"行为，将多个值按照行列顺序溢出到相邻单元格。这种可以返回可变大小的结果数组的公式被称为动态数组公式。

示例21-5　使用动态数组公式计算销售额

依然以图 21-9 展示的某超市销售记录表为例，需要在 F 列计算不同业务员的销售额。在 F2 单元格输入以下公式，结果自动溢出到相邻单元格区域，如图 21-11 所示。

```
=D2:D9*E2:E9
```

公式将 D2:D9 单元格区域的单价分别乘以 E2:E9 单元格区域内各自的销售数量，获得一个纵向的内存数组：

```
{212.5;87.5;120;157.5;120;160;125;105}
```

Excel 以公式所在单元格 F2 为起点，按照结果数组的维度和尺寸，向下扩展 8 行，将结果数组中的每个元素溢出到 F2:F9 单元格区域。

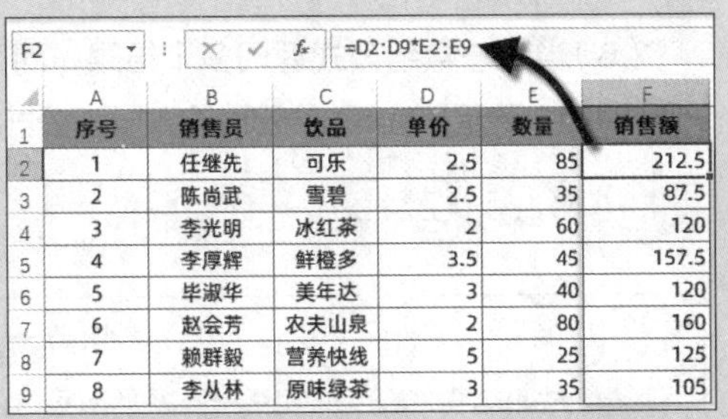

图 21-11　使用动态数组公式计算销售额

动态数组公式具有以下特点。

（1）根据动态数组公式返回结果数组的维度和尺寸，以公式所在单元格为起点，向行列不同方向自动扩展相应的区域，并将数组中的元素依次显示到区域中的每个单元格，这个区域被称为"溢出区域"。

（2）输入动态数组公式后，在溢出区域选择任意单元格时，Excel 将在该区域周围单元格突出显示边框，如图 21-12 所示。当选择溢出区域外的单元格时，突出显示的边框会自动消失。

（3）只有溢出区域左上角的第一个单元格是可编辑的。如果选择溢出区域的其他单元格，如 C4 单元格，编辑栏中的公式会显示为暗灰色，且无法被选中和编辑，如图 21-12 所示。如需修改动态数组公式，应选择溢出区域左上角的第一个单元格进行操作，如 C2 单元格。

（4）当溢出区域内存在任何非空单元格、合并单元格时，会影响动态数组公式的自动溢出，公式将返回错误值 #SPILL!，如图 21-13 所示。清除相关单元格的数据，取消合并单元格，可以恢复动态数组公式的自动溢出功能。

图 21-12　溢出区域周围突出显示边框

图 21-13　溢出区域不是空白区域

> **提示**
> 在【插入】选项卡下插入的"表格"中使用动态数组时，结果将无法溢出。

（5）如果需要在一个公式中引用另一个动态数组公式返回的溢出区域，其表示方式为使用溢出区域的首个单元格地址加上 # 号。当溢出区域发生变化时，这种表示方式可以自动调整引用范围。例如，对图 21-11 所示的 F2 单元格动态数组公式的溢出区域进行求和，可以在 H2 单元格输入以下公式，如图 21-14 所示。

```
=SUM(F2#)
```

> **提示**
> 仅在其他公式中可使用单元格地址加 # 号的方式引用动态数组结果，图表及数据透视表的数据源等应用中暂不支持这种引用方式。

（6）当动态数组公式返回多个结果，而实际只需要首个结果时，可以在等号后面添加运算符"@"。如图 21-15 所示，在 F2 单元格输入以下公式，将只返回"D2:D9*E2:E9"产生的内存数组中的首个元素。

```
=@(D2:D9*E2:E9)
```

	A	B	C	D	E	F	G	H
H2					fx	=SUM(F2#)		
1		序号	销售员	饮品	单价	数量	销售额	销售总额
2		1	任继先	可乐	2.5	85	212.5	1087.5
3		2	陈尚武	雪碧	2.5	35	87.5	
4		3	李光明	冰红茶	2	60	120	
5		4	李厚辉	鲜橙多	3.5	45	157.5	
6		5	毕淑华	美年达	3	40	120	
7		6	赵会芳	农夫山泉	2	80	160	
8		7	赖群毅	营养快线	5	25	125	
9		8	李从林	原味绿茶	3	35	105	

图 21-14　动态引用溢出区域

	A	B	C	D	E	F
F2					fx	=@(D2:D9*E2:E9)
1		序号	销售员	饮品	单价	数量	销售额
2		1	任继先	可乐	2.5	85	212.5
3		2	陈尚武	雪碧	2.5	35	
4		3	李光明	冰红茶	2	60	
5		4	李厚辉	鲜橙多	3.5	45	
6		5	毕淑华	美年达	3	40	
7		6	赵会芳	农夫山泉	2	80	
8		7	赖群毅	营养快线	5	25	
9		8	李从林	原味绿茶	3	35	

图 21-15　返回动态数组的首个元素

（7）如果在Excel 2021版本中创建了动态数组公式，保存后再用早期版本的Excel打开时，动态数组公式会自动加上一对大括号变成传统的数组公式。当这个文件再次用Excel 2021版本打开，这些公式会重新变成动态数组公式。

如果在早期版本的Excel中用<Ctrl+Shift+Enter>组合键输入了数组公式，用Excel 2021版本打开时，仍然是传统的数组公式形式。

⊃ Ⅱ　隐式交集运算符

在早期版本的数组公式中，默认执行隐式交集逻辑，当公式结果中存在多个值时，会减少为单个值。如果公式结果为一个区域，则返回与公式位于同一行或同一列中的单元格的值。如果公式结果为一个数组，则仅显示左上角的值。如果公式结果为单个值，则没有隐式交集。

随着动态数组的出现，公式不再局限于返回单个值，因此不再需要无提示的隐式交集。Excel 2021中引入了隐式交集运算符"@"，用来指示可能发生隐式交集的地方。

当"@"右侧的公式返回单个值时，删除"@"不会更改公式结果。如果返回的是区域或数组，删除"@"时公式结果将会溢出到相邻单元格。

一般而言，公式的计算方式没有变化，现在只是能看到以前不可见的隐式交集。

21.3　数组的直接运算

所谓数组的直接运算，是指不使用函数，直接使用运算符对数组进行运算。由于数组的构成元素包含数值、文本、逻辑值、日期值等，因此数组继承着各类数据的运算特性。数值型和逻辑型数组可以进行加、减、乘、除、乘方、开方等常规的算术运算，文本型数组可以进行连接运算。

21.3.1　数组与单值直接运算

数组与单值（或单个元素的数组）可以直接运算，结果返回一个与原数组尺寸相同的新数组。

例如，公式：

```
=5+{1,2,3,4}
```

返回与{1,2,3,4}相同尺寸的新数组：

```
{6,7,8,9}
```

21.3.2　同方向一维数组之间的直接运算

两个同方向的一维数组直接进行运算，会根据元素的位置进行一一对应运算，生成一个新的数组。

例如，公式：

```
={1;2;3;4}*{2;3;4;5}
```

返回结果为：

```
{2;6;12;20}
```

公式的运算过程如图21-16所示。

参与运算的两个一维数组需要具有相同的尺寸，否则超出较小数组尺寸的运算结果部分会返回错误值#N/A。例如，以下公式：

图21-16　同方向一维数组的运算

```
={1;2;3;4}+{1;2;3}
```

返回结果为:

```
{2;4;6;#N/A}
```

21.3.3 不同方向一维数组之间的直接运算

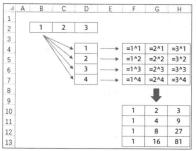

图 21-17 不同方向一维数组的运算过程

$M×1$ 的垂直数组与 $1×N$ 的水平数组直接运算的运算方式是: 数组中每个元素分别与另一数组的每个元素进行运算, 返回 $M×N$ 的二维数组。

例如, 以下公式:

```
={1,2,3}^{1;2;3;4}
```

返回结果为:

```
{1,2,3;1,4,9;1,8,27;1,16,81}
```

公式运算过程如图 21-17 所示。

示例21-6 制作九九乘法表

图 21-18 九九乘法表

如图 21-18 所示, 需要使用公式制作九九乘法表。

在 B2 单元格输入以下公式, 结果将自动溢出到相邻单元格区域:

```
=IF(B1:J1<=A2:A10,B1:J1&"×
"&A2:A10&"="&B1:J1*A2:A10,"")
```

"B1:J1<=A2:A10" 部分, 分别判断 B1:J1 单元格区域内的数值是否小于等于 A2:A10 单元格区域内的数值, 返回由逻辑值 TRUE 和 FALSE 组成的 9 列 9 行的内存数组:

```
{TRUE,FALSE,FALSE,FALSE,FALSE,FALSE,FALSE,FALSE,FALSE;…TRUE,TRUE}
```

"B1:J1&"×"&A2:A10&"="&B1:J1*A2:A10" 部分, 使用连接符 "&" 将单元格内容和运算符及算式进行连接, 同样返回 9 列 9 行的内存数组结果:

```
{"1×1=1","2×1=2","3×1=3","4×1=4","5×1=5","6×1=6",…,"9×9=81"}
```

再使用 IF 函数进行判断, 如果第一个内存数组中为逻辑值 TRUE, 则返回第二个内存数组中对应位置的文本算式, 否则返回空文本。

计算得到的结果数组以 B2 单元格为起点, 溢出到 9 列 9 行的单元格区域内, 每个单元格显示出结果数组中的一个元素。

21.3.4　一维数组与二维数组之间的直接运算

如果一维数组的尺寸与二维数组的同维度上的尺寸一致，可以在这个方向上进行一一对应的运算。即 $M \times N$ 的二维数组可以与 $M \times 1$ 或 $1 \times N$ 的一维数组直接运算，返回一个 $M \times N$ 的二维数组。

例如，以下公式：

```
={1;2;3}*{1,2;3,4;5,6}
```

返回结果为：

```
{1,2;6,8;15,18}
```

公式运算过程如图 21-19 所示。

如果一维数组与二维数组的同维度上的尺寸不一致，则结果将包含错误值 #N/A。

例如，以下公式：

图 21-19　一维数组与二维数组的运算过程

```
={1;2;3}*{1,2;3,4}
```

返回结果为：

```
{1,2;6,8;#N/A,#N/A}
```

21.3.5　二维数组之间的直接运算

两个具有相同尺寸的二维数组可以直接运算，运算过程是将相同位置的元素两两对应进行运算，返回一个与原数组尺寸一致的二维数组。

例如，以下公式：

```
={1,2;2,4;3,6;4,8}+{7,9;5,3;3,1;1,5}
```

返回结果为：

```
{8,11;7,7;6,7;5,13}
```

公式运算过程如图 21-20 所示。

如果参与运算的两个二维数组尺寸不一致，生成的结果以两个数组中的最大行列尺寸为新的数组尺寸，但超出较小尺寸数组的部分会产生错误值 #N/A。

例如，以下公式：

图 21-20　二维数组之间的运算过程

```
={1,2;2,4;3,6;4,8}+{7,9;5,3;3,1}
```

返回结果为：

```
{8,11;7,7;6,7;#N/A,#N/A}
```

21.3.6　数组的矩阵运算

MMULT 函数用于计算两个数组的矩阵乘积，函数语法如下：

```
MMULT(array1,array2)
```

其中，参数 array1、array2 是要进行矩阵乘法运算的两个数组。array1 的列数必须与 array2 的行数相同，而且两个数组都只能包含数值元素。参数可以是单元格区域、数组常量或引用。

示例21-7 了解MMULT函数运算过程

MMULT 函数进行矩阵乘积运算时，将参数 array1 各行中的每一个元素与参数 array2 各列中的每一个元素对应相乘，返回乘积之和。计算结果的行数等于 array1 的行数，列数等于 array2 的列数。

如图 21-21 所示，B6:D6 单元格区域分别输入数字 1、2、3，F2:F4 单元格区域分别输入数字 4、5、6。C3 单元格输入以下公式，得到 B6:D6 与 F2:F4 单元格区域的矩阵乘积，结果为单个元素的数组{32}。

```
=MMULT(B6:D6,F2:F4)
```

其计算过程为：

```
=1*4+2*5+3*6
```

当 array1 的列数与 array2 的行数不相等，或是任意单元格为空或包含文字时，MMULT 函数将返回错误值 #VALUE!。

在图 21-21 中，array1 参数是 B6:D6 单元格区域，其行数为 1；array2 参数是 F2:F4 单元格区域，其列数也为 1。因此 MMULT 函数的计算结果为 1 行 1 列的单值数组。

如图 21-22 所示，B12:B14 单元格区域分别输入数字 4、5、6，C15:E15 单元格区域分别输入数字 1、2、3。在 C12 单元格输入以下动态数组公式：

```
=MMULT(B12:B14,C15:E15)
```

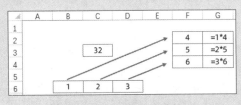

图 21-21　计算矩阵乘积

图 21-22　计算矩阵乘积

MMULT 函数的 array1 参数使用 B12:B14 单元格区域的 3 行 1 列的垂直数组，array2 参数使用 C15:E15 单元格区域的 1 行 3 列的水平数组，其计算结果为 3 行 3 列的内存数组：

```
{4,8,12;5,10,15;6,12,18}
```

计算得到的结果数组溢出存放在 3 行 3 列的单元格区域内，每个单元格显示出结果数组中对应的元素。

在数组运算中，MMULT 函数常用于生成内存数组，其结果用作其他函数的参数。通常情况下 array1 参数使用水平数组，array2 参数使用垂直数组。

示例21-8　计算餐费分摊金额

图 21-23 展示的是某单位餐厅的员工进餐记录，B列是不同日期的餐费金额，C2:G10 单元格区域是员工的进餐情况，1表示当日进餐，空白表示当日没有进餐。需要在C11:G11 单元格区域中，根据每日的进餐人数和餐费，计算每个人应分摊的餐费金额。

	A	B	C	D	E	F	G
1	日期	餐费	周通	黄师	杨铁	郭天	梅小凤
2	5月21日	44	1		1		
3	5月22日	29		1		1	
4	5月23日	32			1	1	
5	5月24日	15	1				1
6	5月25日	89			1		
7	5月26日	16			1		
8	5月27日	22	1		1		1
9	5月28日	18			1	1	
10	5月29日	45	1		1	1	
11	分摊金额		58.33	118.50	50.33	55.50	27.33

图 21-23　计算餐费分摊金额

个人餐费计算方法为当日餐费除以当日进餐人数，如 5 月21 日餐费为 44 元，进餐人数为 2 人，周通和杨铁每人分摊 22元，其他人不分摊。

C11 单元格输入以下公式，向右复制到 G11 单元格。

```
=SUM($B2:$B10/MMULT(--$C2:$G10,ROW(1:5)^0)*C2:C10)
```

C2:G10 单元格区域中存在空白单元格，直接使用 MMULT 函数时将返回错误值。因此先使用减负运算，目的是将区域中的空白单元格转换为 0。

"ROW(1:5)^0"部分，返回 1 列 5 行的内存数组{1;1;1;1;1}，用作 MMULT 函数的 array2 参数。任意非 0 数值的 0 次幂结果均为 1，根据此特点，可以快速生成结果为 1 的水平或垂直内存数组。

"MMULT(--$C2:$G10,ROW(1:5)^0)"部分，计算减负运算后的 C2:G10 与{1;1;1;1;1}的矩阵乘积。以 C2:G2 为例，计算过程为：

```
=1*1+0*1+1*1+0*1+0*1
```

其他行以此类推。

MMULT 函数依次计算每一行的矩阵相乘之和，返回内存数组结果为：

```
{2;2;2;3;1;1;3;2;3}
```

结果相当于 C2:G10 单元格区域中每一行的总和，即每日进餐的人数。

使用 $B2:$B10 单元格区域的每日餐费，除以 MMULT 函数得到的每日进餐人数，结果即为每一天的进餐人员应分摊金额，再乘以 C2:C10 单元格区域的个人进餐记录，得到周通每天的应分摊金额：

```
{22;0;0;5;0;0;7.33333333333333;9;15}
```

最后使用 SUM 函数汇总求和，再将单元格设置保留两位小数，结果为 58.33。

21.4　数组的转换、截取和填充

在数组公式中，经常使用函数来重新构造数组。掌握相关的数组构建方法，对于数组公式的运用有很大的帮助。

21.4.1　生成自然数序列数组

数组公式中经常需要使用"自然数序列"作为函数的参数，如 LARGE 函数的第 2 个参数、OFFSET

函数除第 1 个参数以外的其他参数等。手工输入常量数组比较麻烦，且容易出错，而利用 ROW、COLUMN 函数和 SEQUENCE 函数生成序列数数组则非常方便快捷。

以下公式产生 1~10 的自然数垂直数组。

```
=ROW(1:10)
=SEQUENCE(10)
```

以下公式产生 1~10 的自然数水平数组。

```
=COLUMN(A:J)
=SEQUENCE(1,10)
```

以下公式产生 6 行 5 列，以 1 为起始值，按先行后列的方向，依次递增的自然数二维数组，如图 21-24 所示。

```
=SEQUENCE(6,5)
```

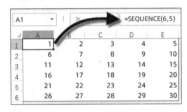

图 21-24　SEQUENCE 函数生成自然数二维数组

21.4.2　一维数组和二维数组互转

将单列或单行数据转换为多行多列结构，或是将多行多列数据转换为单列或单行结构，是日常数据处理过程中常见的问题之一。

⊃ I 一维数组转换为二维数组

示例21-9　随机安排考试座位

图 21-25　随机安排考试座位

如图 21-25 所示，B 列是某班级的学员名单，需要将其随机排列到 D2:F7 单元格区域的考试座位表中。

D2 单元格输入以下公式，结果自动溢出到 D2:F7 单元格区域。

```
=INDEX(SORTBY(B2:B19,RANDARRAY(18)),SEQUEN
CE(6,3))
```

公式中的 "SORTBY(B2:B19,RANDARRAY(18))" 部分，先使用 RANDARRAY 函数生成 18 个元素构成的一维纵向随机值数组，作为 SORTBY 函数的第二参数。SORTBY 函数按随机值数组的大小顺序对 B2:B19 单元格区域的姓名进行排序。这部分的作用是将姓名随机排序。

再使用 "SEQUENCE(6,3)" 函数，生成 6 行 3 列、以 1 为起

始值、先行后列依次递增的自然数二维内存数组：

{1,2,3;4,5,6;7,8,9;10,11,12;13,14,15;16,17,18}

INDEX 函数以该二维数组为第二参数，将随机排序的人名依次取出，形成 6 行 3 列的二维内存数组，并溢出到 D2:F7 单元格区域。

➋ Ⅱ 二维数组转换为一维数组

示例21-10 多行多列数据转换为单列结构

如图 21-26 所示，A2:C7 单元格区域是某班级学生名单，需要将其转换为 E 列所示的单列结构。

E2 单元格输入以下公式，公式结果自动溢出到相邻单元格区域。

=INDEX(A2:C7,ROW(3:20)/3,MOD(ROW(3:20),3)+1)&""

"INT(ROW(3:20)/3)" 部分，返回每三行为一组的递增序列，如 1、1、1、2、2、2……

"MOD(ROW(3:20),3)+1" 部分，返回 0、1、2、0、1、2 的循环序列。

INDEX 函数以 INT 函数返回的结果为行序号，以 MOD 函数返回的结果为列序号，对 A2:C7 区域索引取值，返回一维纵向内存数组，并溢出到 E2:E19 单元格区域。

图 21-26 二维数组转一维数组

21.4.3 提取子数组

在日常应用中，经常需要从一列或多列数据中取出部分数据进行再处理。例如，在员工信息表中提取指定要求的员工明细、在成绩表中提取总成绩大于平均成绩的人员列表等，也就是从一维或二维数组中提取部分数据形成子数组。

➋ Ⅰ 从一维数组中提取子数组

示例21-11 按条件提取人员名单

图 21-27 展示的是某学校语文成绩表的部分内容，在 E2 单元格输入以下动态数组公式，可以提取成绩大于 100 分的人员姓名，并返回一个内存数组结果。

=FILTER(B2:B9,C2:C9>100)

"C2:C9>100" 部分，判断 C2:C9 单元格区域的成绩是否大于 100，返回一个由逻辑值构成的内存数组。

图 21-27 提取成绩大于 100 分的人员名单

FILTER函数以此作为查询条件，提取出B2:B9单元格区域成绩大于100分的人名，返回一个内存数组，并溢出到E2:E6单元格区域。

⊃ Ⅱ　从二维数组中提取子数组

如图 21-28 所示，是某公司员工信息表的部分内容。

使用以下公式可以截取区域中第 2 行的数据，返回一个一维横向的内存数组：

```
=INDEX(A1:D11,2,0)
```

使用以下公式可以截取区域第 3 列的数据，返回一个一维纵向的内存数组：

```
=INDEX(A1:D11,0,3)
```

在F2单元格输入以下公式可以筛选出区域内学历为"本科"的员工数据，返回一个二维内存数组，并溢出到相邻单元格区域，如图 21-29 所示。

```
=FILTER(A1:D11,B1:B11=" 本科 ")
```

图 21-28　员工信息表　　　　图 21-29　按"学历"筛选员工信息明细

示例21-12　提取二维区域中的文本值

图 21-30　提取二维区域内的文本值

如图 21-30 所示，A2:D5 单元格区域包含文本和数值两种类型的数据。

在 F2 单元格输入以下公式，可以提取单元格区域内的文本值，形成一维的纵向内存数组：

```
=FILTERXML("<a><b>"&TEXTJOIN("</b><b>",1,IF
(ISTEXT(A2:D5),A2:D5,""))&"</b></a>","a/b")
```

TEXTJOIN函数以"</b><b>"为分隔符，将A2:D5单元格区域内的文本合并，再从首尾分别连接上字符串"<a><b>"和"</b></a>"，得到一段XML格式的字符串。

最后使用FILTERXML函数获取XML格式数据中"<b>"路径下的内容，返回一个内存数组，并溢出到F2:F8单元格区域。

21.4.4　填充带空值的数组

在合并单元格中，通常只有第一个单元格有值，其余是空单元格。数据后续处理过程中，经常需要为合并单元格中的空单元格填充相应的值以满足计算需要。

示例21-13 填充合并单元格

图 21-31 展示了某单位销售明细表的部分内容，由于数据处理的需要，需将A列的空单元格填充对应的地区名称。

在E2单元格输入以下公式，结果自动溢出到相邻单元格区域。

`=LOOKUP(ROW(A2:A12),ROW(A2:A12)/ (A2:A12<>""),A2:A12)`

公式中"ROW(A2:A12)/(A2:A12<>"")"部分，先判断A2:A12单元格区域的内容是否为空，返回一个由逻辑值TRUE和FALSE构成的内存数组。

然后用A2:A12单元格区域的行号除以该内存数组，将非空单元格赋值行号，空单元格则转换为错误值#DIV/0!，返回一个内存数组：

`{2;#DIV/0!;#DIV/0!;#DIV/0!;6;#DIV/0!;#DIV/0!;9;#DIV/0!;#DIV/0!;#DIV/0!}`

接下来使用LOOKUP函数在内存数组中查询由"ROW(A2:A12)"部分生成的序号，即{2;3;4;5;6;7;8;9;10;11;12}，并以小于等于序号的最大值进行匹配，结果返回A2:A12单元格区域中对应的地区名称。

在该内存数组的基础上，使用以下公式可以返回地区名称为"北京"的客户名称个数，如图 21-32 所示。

`=SUM(1*(" 北京 "=LOOKUP(ROW(A2:A12),ROW(A2:A12)/(A2:A12<>""),A2:A12)))`

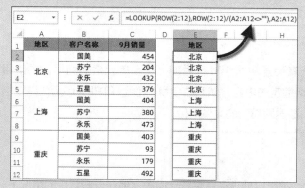

图 21-31 填充空单元格生成数组　　　图 21-32 统计北京地区客户个数

21.5 数组公式在条件查询与统计中的应用

21.5.1 条件查询应用

Excel提供了大量的解决数据查询问题的函数，如VLOOKUP函数、XLOOKUP函数、FILTER函数等。

但在一些复杂的情况下，借助数组运算可以更好地解决数据查询的问题。

示例21-14 查询指定商品销量最大的月份

图 21-33 展示的是某超市 6 个月的饮品销量明细表，每种饮品的最高销量月份各不相同，需要查询 K1 单元格指定商品销量最高的月份，当销量最高的月份有多个时，返回最大的月份。

⊿	A	B	C	D	E	F	G	H	I	J	K
1	产品	五月	六月	七月	八月	九月	十月	汇总		商品名称	蒙牛特仑苏
2	果粒橙	174	135	181	139	193	158	980		销量最高的月份	九月
3	营养快线	169	167	154	198	150	179	1017			
4	美年达	167	192	162	147	180	135	983			
5	伊力牛奶	146	154	162	133	162	150	907			
6	冰红茶	186	159	176	137	154	175	987			
7	可口可乐	142	166	190	150	163	176	987			
8	雪碧	145	194	190	158	170	143	1000			
9	蒙牛特仑苏	142	137	166	200	200	155	1000			
10	芬达	159	170	159	130	137	199	954			
11	统一鲜橙多	161	199	139	167	144	168	978			

图 21-33 查询指定商品销量最大的最近月份

K2 单元格输入以下公式：

```
=LET(_lst,INDEX(B2:G11,MATCH(K1,A2:A11,0),0),XLOOKUP(MAX(_lst),_lst,B1:G1,"",0,-1))
```

"INDEX(B2:G11,MATCH(K1,A2:A11,0),0)" 部分，返回 K1 单元格指定商品的销售记录行，如 B9:G9 区域，使用 LET 函数命名为 "_lst"。

XLOOKUP 函数从销售记录行中查找其中的最大值，采用精确匹配的方式，从后往前查询，返回首次出现的最大销售额在 B1:G1 单元格区域中对应位置的月份。

除此之外，使用以下公式也可以完成所需查询。

```
=INDEX(1:1,RIGHT(MAX((B2:G11/1%+COLUMN(B:G))*(A2:A11=K1)),2))
```

"B2:G11/1%+COLUMN(B:G)" 部分，将所有销量放大 100 倍后加上各自单元格的列号。再使用 "(A2:A11=K1)" 判断商品名称是否等于 K1 单元格指定的内容，然后结合 MAX 函数和 RIGHT 函数得到相应商品最大销量对应的列号，最终利用 INDEX 函数返回查询的具体月份。

21.5.2 条件统计应用

COUNTIFS、SUMIFS 和 AVERAGEIFS 等函数都可以处理多条件统计问题，但在一些复杂的情况下，仍需借助数组运算进行处理。

示例21-15 统计特定身份信息的员工数量

图 21-34 展示的是某企业人员信息表的部分内容，出于人力资源管理的要求，需要统计出生在 20 世纪六七十年代并且目前已有职务的员工数量。

以下公式可以完成统计需求。

```
=SUM((MID(C2:C14,7,3)>"195")*(MID(C2:C14,7,3)<"198")*(E2:E14<>""))
```

公式中的"MID(C2:C14,7,3)"部分，从 C 列身份证号码中截取出生年份。当出生年份的前三位字符串大于"195"同时小于"198"，则说明符合"出生在六七十年代"的统计条件。

然后再判断 E2:E14 单元格区域的职务内容是否不等于空，非空则说明已拥有职务。最后使用 SUM 函数汇总乘积之和。

使用以下公式也可以完成统计需求。

```
=SUM(COUNTIFS(C2:C14,"??????"&{196,
197}&"*",E2:E14,"<>"))
```

	A	B	C	D	E
1	工号	姓名	身份证号	性别	职务
2	D005	常会生	370826197811065178	男	项目总监
3	A001	袁瑞云	370828197602100048	女	
4	A005	王天富	370832198208051945	女	
5	B001	沙宾	370883196201267352	男	项目经理
6	C002	曾蜀明	370881198409044466	女	
7	B002	李姝亚	370830195405085711	男	人力资源经理
8	A002	王薇	370826198110124053	男	产品经理
9	D001	张锡媚	370802197402189528	女	
10	C001	吕琴芬	370811198402040017	男	
11	A003	陈虹希	370881197406154846	女	技术总监
12	D002	杨刚	370826198310016815	男	
13	B003	白娅	370831198006021514	男	
14	A004	钱智跃	37088119840928534x	女	销售经理

图 21-34 统计特定身份的员工数量

公式先将出生在 20 世纪六七十年代的身份证号码用通配符构造出来，然后利用 COUNTIFS 函数进行多条件统计，得出六十年代和七十年代出生并且已有职务的员工数量，结果为内存数组{1,2}。最后使用 SUM 函数汇总求和。

21.5.3 去重查询应用

➲ I 在单列中查询不重复项

示例21-16 从销售业绩表提取唯一销售人员姓名

图 21-35 展示的是某单位的销售业绩表，为了便于发放销售人员的提成工资，需要取得不重复的销售人员姓名列表，并统计各销售人员的销售总金额。

❖ UNIQUE 函数去重法

在 Excel 2021 及以上版本中，使用 UNIQUE 函数执行去重计算是最佳选择。F2 单元格输入以下公式即可获取不重复的销售人员名单。

	A	B	C	D	E	F	G
1	地区	销售人员	产品名称	销售金额		销售人员	销售总金额
2	北京	陈玉萍	冰箱	14,000.00		陈玉萍	22,900.00
3	北京	刘品国	微波炉	8,700.00		刘品国	21,600.00
4	上海	李志国	洗衣机	9,400.00		李志国	22,800.00
5	深圳	肖青松	热水器	10,300.00		肖青松	17,300.00
6	北京	陈玉萍	洗衣机	8,900.00		王运莲	23,800.00
7	深圳	王运莲	冰箱	11,500.00			
8	上海	刘品国	微波炉	12,900.00			
9	上海	李志国	冰箱	13,400.00			
10	上海	肖青松	热水器	7,000.00			
11	深圳	王运莲	洗衣机	12,300.00			
12	合计			108,400.00			

图 21-35 销售业绩表提取唯一销售人员姓名

```
=UNIQUE(B2:B11)
```

G2 单元格输入以下公式，获取各销售人员的销售总金额。

```
=SUMIF(B:B,F2#,D:D)
```

❖ MATCH 函数去重法

根据 MATCH 函数查找数据原理，当查找的位置序号与数据自身的位置序号不一致时，表示该数据重复。

F2 单元格输入以下公式，向下复制至单元格显示为空白为止。

```
=INDEX(B:B,SMALL(IF(MATCH(B$2:B$11,B:B,)=ROW($2:$11),ROW($2:$11),65536),
ROW(A1)))&""
```

公式利用MATCH函数定位销售人员姓名，当MATCH函数的计算结果与数据自身的位置序号相等时，返回当前数据行号，否则返回指定行号65536（这是容错处理，工作表的65536行通常是无数据的空白单元格）。再通过SMALL函数将行号从小到大逐个取出，最终由INDEX函数返回不重复的销售人员姓名列表。

G2单元格使用以下公式统计各个销售人员的销售总金额。

```
=IF(F2="","",SUMIF(B:B,F2,D:D))
```

❖ COUNTIF 函数去重法

F2单元格输入以下公式，向下复制至单元格显示为空白为止。

```
=INDEX(B:B,1+MATCH(,COUNTIF(F$1:F1,B$2:B$11),))&""
```

公式利用COUNTIF函数统计已有结果区域中所有销售人员出现的次数，然后使用MATCH函数查找第一个零的位置，并结合INDEX函数返回销售人员姓名，即已有结果区域中尚未出现的首个销售人员的姓名。随着公式向下复制，即可依次提取不重复的销售人员名单。

⊃ Ⅱ　在二维数据表中查询不重复项

示例21-17　二维单元格区域提取不重复姓名

如图21-36所示，A2:C5单元格区域内包含重复的姓名、空白单元格和数字，需要提取不重复的姓名列表。

❖ FILTERXML 函数

E2单元格输入以下公式，结果自动溢出到相邻单元格区域。

图 21-36　二维单元格区域提取不重复姓名

```
=UNIQUE(FILTERXML("<a><b>"&TEXTJOIN("</b><b>",1,IF(ISTEXT(A2:C5),A2
:C5,""))&"</b></a>","a/b"))
```

首先使用TEXTJOIN函数以"</b><b>"为分隔符，将A2:C5单元格区域内的文本值合并，再从首尾分别连接上字符串"<a><b>"和"</b></a>"，得到一段XML格式的字符串。

再使用FILTERXML函数获取XML格式数据中"<b>"路径下的内容，返回一个内存数组，最后使用UNIQUE函数执行去重计算。

❖ INDEX函数

E2单元格输入以下公式，结果自动溢出到相邻单元格区域。

```
=LET(_lst,INDEX(A2:C5,ROW(3:14)/3,MOD(ROW(3:14),3)+1),UNIQUE(FILTER(_
lst,ISTEXT(_lst))))
```

公式首先使用"INDEX(A2:C5,ROW(3:14)/3,MOD(ROW(3:14),3)+1)"部分，将二维区域转换为一维纵向数组，再使用FILTER函数从中筛选出文本值（也就是姓名）部分，最后使用UNIQUE函数执行去重计算。

❖ INDIRECT 函数

E2 单元格输入以下公式，并将公式向下复制，至单元格显示为空白为止。

```
=INDIRECT(TEXT(MIN((COUNTIF(E$1:E1,$A$2:$C$5)+(A$2:C$5<=""))/1%%+ROW(A$
2:C$5)/1%+COLUMN(A$2:C$5)),"r0c00"),)&""
```

该公式利用"+(A$2:C$5<="")"来判断 A2:C5 单元格区域中的数据是否为非文本值，使空白单元格和数字单元格返回 1，有文本内容的单元格返回 0。再使用 COUNTIF 函数在当前公式所在单元格上方的 E 列单元格区域中统计各姓名出现的次数，使已经提取过的姓名返回 1，尚未提取的姓名返回 0。

"(COUNTIF(E$1:E1,$A$2:$C$5)+(A$2:C$5<=""))/1%%"这部分公式，作用是使已经提取过的姓名或非姓名对应单元格的位置返回大数 10 000，而尚未提取的姓名返回 0，以此达到去重复的目的。

通过数组运算"ROW(A$2:C$5)/1%+COLUMN(A$2:C$5)"构造 A2:C5 单元格区域行号列号位置信息数组。

利用 MIN 函数提取第一个尚未在 E 列中出现的姓名对应的单元格位置信息。

最终利用 INDIRECT 函数结合 TEXT 函数将位置信息转化为该位置的单元格引用。

21.6　数组公式在字符串整理中的应用

示例21-18　从消费明细中提取消费金额

图 21-37 展示了一份生活费消费明细表，由于数据录入不规范，无法直接汇总费用金额。为便于汇总，需将消费金额从消费明细中提取出来单独存放。

观察数据可以发现：每条消费明细记录中只包含一个数字字符串，提取到的数字即为消费金额，没有其他数字字符串的干扰。

D2 单元格输入以下公式，将公式向下复制到 D11 单元格。

⊿	A	B	C	D
1	序号	日期	消费明细	金额
2	1	2022年10月1日	朋友婚礼送礼金800元	800.00
3	2	2022年10月2日	火车票260元去杭州	260.00
4	3	2022年10月3日	西湖一日游300元	300.00
5	4	2022年10月7日	火车票260元回家	260.00
6	5	2022年10月8日	请朋友吃饭340元	340.00
7	6	2022年10月9日	超市买生活用品332.4元	332.40
8	7	2022年10月10日	房租2000元	2,000.00
9	8	2022年10月10日	水费128.6元	128.60
10	9	2022年10月10日	电费98.1元	98.10
11	10	2022年10月14日	买菜34.7元	34.70

图 21-37　消费明细表

```
=-LOOKUP(1,-MID(C2,MIN(FIND(ROW($1:$10)-1,C2&1/17)),ROW($1:$16)))
```

公式利用 FIND 函数在 C2 单元格的内容中查找 0~9 这 10 个数字，返回这 10 个数字在消费明细中最先出现的位置。公式中 1/17 的计算结果为 0.0588235294117647，是一个包含 0~9 的数字字符串，作用是确保 FIND 函数能查找到 0~9 的所有数字，不返回错误值。

使用 MIN 函数返回消费明细中第一个数字的位置，结合 MID 函数依次提取长度为 1~16 的数字字符串，结果如下：

```
{"8";"80";"800";"800 元 ";……;"800 元 "}
```

加上负号将文本型数字转化为负数，同时将文本字符串转化为错误值。

最终利用 LOOKUP 函数忽略错误值返回数组中最后一个数值，得到负的消费金额，再加上负号即得到所需的消费金额。

D2 单元格输入以下公式，也可以返回所需的结果。

```
=MAX(IFERROR(--MID(C2,ROW($1:$99),COLUMN(A:N)),0))
```

公式使用 MID 函数在 C2 单元格内字符串的第 1~99 个位置，分别截取 1~14 个长度的字符，然后执行减负运算，将文本数值返回数值，非数值转换为错误值。最后使用 IFERROR 函数将错误值转换为 0 后，利用 MAX 函数从数值中取最大值。

21.7　数组公式在排名与排序中的应用

在 Excel 2021 中，有专门用于排序的 SORT 函数和 SORTBY 函数。使用这些函数搭配数组运算，可以较为便捷地解决复杂条件下的数据排序与排名问题。

示例21-19　按各奖牌数量降序排列奖牌榜及计算排名

图 21-38 展示的是某届中学生运动会奖牌榜的部分内容，需要依次按金、银、铜牌的数量进行降序排列。

F2 单元格输入以下公式，结果自动溢出到相邻单元格区域。

```
=SORTBY(A2:E10,B2:B10,-1,C2:C10,-1,D2:D10,-1)
```

SORTBY 函数的排序范围是 A2:E10 单元格区域，依次对 B2:B10 区域的金牌数量、C2:C10 区域的银牌数量和 D2:D10 区域的铜牌数量进行降序排序。

如需依次根据金、银、铜牌的数量计算运动会奖牌榜的排名，可以在 F2 单元格输入以下公式，返回结果如图 21-39 所示。

```
=MATCH(A2:A10,SORTBY(A2:A10,B2:B10,-1,C2:C10,-1,D2:D10,-1),0)
```

学校	金牌	银牌	铜牌	总数	排名
金关中学	79	71	84	234	2
高林实验中学	11	10	36	57	8
第一中学	21	18	18	57	5
第三中学	11	11	14	36	7
马上头中学	10	0	4	14	9
云上中学	28	23	33	84	4
谷兰湾中学	151	108	83	342	1
第十六中学	47	76	77	200	3
第四十二中学	12	7	28	47	6

图 21-38　亚运会奖牌榜

图 21-39　根据各奖牌数量降序排列结果

公式首先使用 SORTBY 函数返回按照金、银、铜牌的数量进行降序排列后的学校名称，得到一个内存数组：

{" 谷兰湾中学 ";" 金关中学 ";" 第十六中学 ";……;" 马上头中学 "}

然后使用MATCH函数计算A2:A10 区域的学校名称在该内存数组中首次出现的序列号，即为排名。F2 单元格输入以下公式，向下复制到F10 单元格，也可以完成所需的排名计算。

=SUM((MMULT(B$2:D$10,10^{8;5;2})>SUM(B2:D2*10^{8,5,2}))*1)+1

由于各个奖牌数量都为数值，且都不超过 3 位数，可以通过 "*10^N" 的方式，将金、银、铜牌 3 个排序条件，按优先顺序进行加权后整合在一起。

公式利用MMULT函数将金、银、铜牌数量分别乘以 10^8、10^5、10^2 后求和，把 3 个排序条件整合在一起形成一个新的内存数组：

{7907108400;1101003600;2101801800;……;4707607700;1200702800}

然后计算这个内存数组中大于当前行金、银、铜牌数量分别乘以 10^8、10^5、10^2 求和后的个数，完成降序排名统计。

21.8　数组公式的优化

如果工作簿中使用了较多的数组公式，或是数组公式中的计算范围较大时，会显著降低工作簿重新计算的速度。通过对公式进行适当优化，可在一定程度上提高公式运行效率。

对数组公式的优化主要包括以下几个方面。

◗ I　减小公式引用的区域范围

实际工作中，一张工作表中的记录数量通常是随时增加的。编辑公式时，可事先估算记录的大致数量，公式引用范围略多于实际数据范围即可，避免公式进行过多无意义的计算。

◗ II　谨慎使用易失性函数

如果在工作表中使用了易失性函数，每次对单元格进行编辑操作时，所有包含易失性函数的公式都会全部重算。为了减少自动重算对编辑效率造成的影响，可将工作表先设置为手动重算，待全部编辑完成后，再启用自动重算。

◗ III　适当使用辅助列、定义名称，善于利用排序、筛选等基础操作

使用辅助列或定义名称的办法，将数组公式中的多项计算化解为多个单项计算，在数据量比较大时，可以显著提升运算处理的效率。

同理，在编辑公式之前，先利用排序、筛选、取消合并单元格等基础操作，使数据结构更趋于合理，可以降低公式的编辑难度，减少公式的运算次数。

◗ IV　使用动态数组公式替代单个单元格数组公式

使用单个单元格数组公式时，每个单元格中的公式都要分别计算。而使用动态数组公式时，整个区域中的公式只计算一次，然后把得到的结果数组中的各个元素溢出到其他单元格，会极大提高数组公式的计算效率。

第 22 章　多维引用

在公式计算中，多维引用是一个比较抽象的概念，使用多维引用的方法可以在内存中构造对多个单元格区域的引用，从而解决一些比较特殊的问题。本章将介绍多维引用的基础知识及部分多维引用的计算实例。

本章学习要点

（1）认识多维引用的概念。　　　　　　　　（2）学习多维引用的实例。

22.1　认识多维引用的概念

22.1.1　帮助文件中的"三维引用"

在微软的帮助文件中，关于"三维引用"的定义是对两张或多张工作表上相同单元格或单元格区域的引用。

例如，以下公式是对位置连续的 Sheet1、Sheet2 和 Sheet3 三张工作表的 D2 单元格进行求和。

```
=SUM(Sheet1:Sheet3!D2)
```

在公式输入状态下，单击最左侧的工作表标签"Sheet1"，按住 <Shift> 键，再单击最右侧的工作表标签"Sheet3"，然后选中需要计算的单元格范围"D2"，按 <Enter> 键即可完成以上公式的输入。

以下公式是对 Sheet1、Sheet2 和 Sheet3 三张工作表的 D2:D6 单元格区域进行求和。

```
=SUM(Sheet1:Sheet3!D2:D6)
```

支持这种多表联合性质的三维引用的常用函数包括 SUM、AVERAGE、COUNT、COUNTA、MAX、MIN、RANK、PRODUCT 等。

INDIRECT 函数不支持这类三维引用的形式，所以不能使用以下公式将字符串"Sheet1:Sheet3!D2:D6"转换为真正的引用。

```
=INDIRECT（"Sheet1:Sheet3!D2:D6"）
```

图 22-1　Sheet2 工作表不在 Sheet1 和 Sheet3 之间

使用这种三维引用的形式时，各张工作表的位置必须是连续的。如果移动 Sheet2 工作表的位置，使其不在 Sheet1 和 Sheet3 之间，则"Sheet1:Sheet3!D2"并不会引用 Sheet2 工作表的 D2 单元格，如图 22-1 所示。

使用这种三维引用的形式后，计算结果只能返回单值，不能返回多项结果。除此之外，这种三维引用的形式也不能用于数组公式中。

22.1.2　函数产生的多维引用

在 Excel 中，单行或单列的单元格区域的引用，可以视为一条直线，拥有一个维度，被称为一维引用。

其中，单行区域是一维横向引用，单列区域是一维纵向引用。多行多列连续的单元格区域的引用，可以视为一个平面，拥有行和列两个维度，被称为二维引用。

在引用类函数，如OFFSET函数和INDIRECT函数的部分或全部参数中使用数组时，可以返回多维引用。

例如，以下公式中，OFFSET函数的第二参数使用了常量数组{0;1;2;3}，表示以A2:D3单元格区域为基点，向下分别偏移0行、1行、2行、3行。

```
=OFFSET(A2:D3,{0;1;2;3},0)
```

结果会分别得到以下几个单元格区域的引用：

```
A2:D3、A3:D4、A4:D5、A5:D6
```

如果将A2:D3的单元格区域视为一张纸，即初始的二维引用，然后在这张纸上再叠放另外多张纸A3:D4、A4:D5、A5:D6，这样由多张纸叠加起来，就产生了由二维引用组成的多维引用，如图22-2所示。

图 22-2　函数公式产生的多维引用

22.1.3　对函数产生的多维引用进行计算

带有reference、range或ref参数的部分函数及数据库函数，可以对多维引用进行计算，返回一个一维或二维的数组结果。

常用的处理多维引用的函数有SUBTOTAL、AVERAGEIF、AVERAGEIFS、COUNTBLANK、COUNTIF、COUNTIFS、SUMIF、SUMIFS、RANK等。

以SUBTOTAL函数为例，在E2单元格输入以下公式，将分别对C2:D2、C3:D3、C4:D4、C5:D5、C6:D6这5个单元格区域进行求和，返回一个内存数组{1200;1200;1800;1800;2300}，并自动溢出到E2:E6单元格区域，如图22-3所示。

```
=SUBTOTAL(9,OFFSET(C2:D2,{0;1;2;3;4},0))
```

提示 ━━■━━■━▶

SUM函数仅支持类似"Sheet1:Sheet3!A1"形式的三维引用，不支持由函数产生的多维引用。

图 22-3　使用SUBTOTAL函数对多维引用区域进行汇总

22.1.4　OFFSET函数参数中使用数值与ROW函数的差异

如图22-4所示，如果分别使用以下两个公式计算B5单元格中的单价与D2单元格中的数量相乘的结果，会发现只有第1个公式能够进行正确的运算。

```
=SUMPRODUCT(OFFSET(B1,4,0),D2)
=SUMPRODUCT(OFFSET(B1,ROW(A4),0),D2)
```

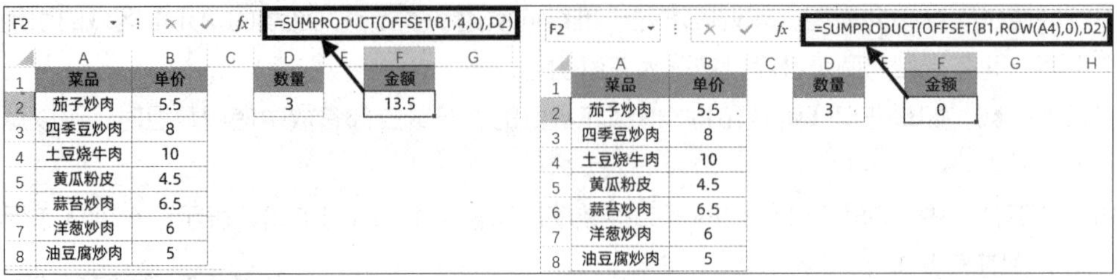

图 22-4　OFFSET 函数参数中使用数值与 ROW 函数的差异

这是由于 ROW(A4) 返回的结果并不是数值 4，而是只有一个元素的数组 {4}，由此 OFFSET 函数产生了多维引用，而 SUMPRODUCT 函数并不能直接对多维引用进行计算，导致第 2 个公式返回错误的结果。

在 ROW 函数外侧加上 MAX 函数、MIN 函数或 SUM 函数、N 函数等，可以使 ROW 函数返回的单值数组转换为普通的数值，使 SUMPRODUCT 函数正常运算。因此第 2 个公式可以修改为：

```
=SUMPRODUCT(OFFSET(B1,SUM(ROW(A4)),0),D2)
```

22.1.5　使用 N 函数或 T 函数 "降维"

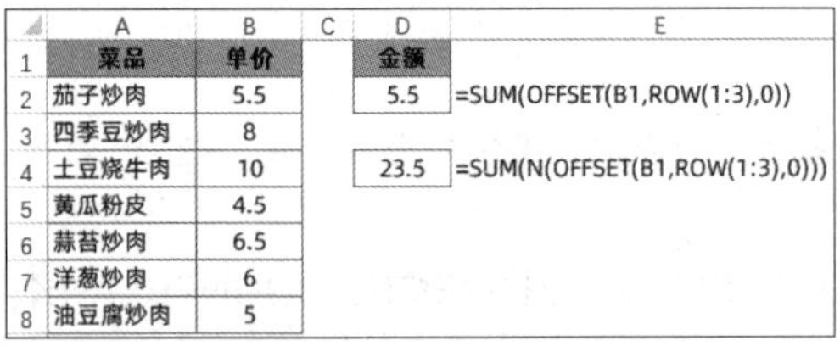

当 N 函数和 T 函数的参数为多维引用时，会返回多维引用各个区域左上角的第 1 个单元格的值。当多维引用的每个区域都是一个单元格时，使用这两个函数可以起到类似 "降维" 的效果。

图 22-5　使用 N 函数降维

如图 22-5 所示，在 2019 及以下的各版本 Excel 中，分别使用以下两个数组公式对 B2:B4 单元格中的数值求和，仅第二个公式可以返回正确的计算结果。

```
=SUM(OFFSET(B1,ROW(1:3),0))
=SUM(N(OFFSET(B1,ROW(1:3),0)))
```

OFFSET 函数以 B1 单元格为基点，以 ROW(1:3) 得到的内存数组 {1;2;3} 作为行偏移量，分别向下偏移 1~3 行，最终返回由 3 个大小为 1 行 1 列的区域组成的多维引用，也就是 B2、B3 和 B4 单元格。

使用 N 函数分别返回多维引用中各个区域的第 1 个单元格的值，再使用 SUM 函数汇总，返回正确的统计结果。

> **提示**
>
> 在 Excel 2021 及 Microsoft 365 版本中，系统增强了对 1 行 1 列区域构成的多维引用的计算功能，即便不使用 N 函数或 T 函数进行 "降维"，SUM 函数等也可以返回正确的计算结果。

22.2　多维引用的实例

22.2.1　多工作表汇总求和

示例22-1　汇总多张工作表中的费用金额

图 22-6 展示了某公司费用表的部分内容，各分公司的费用数据存放在以分公司命名的工作表内。

如果需要在"汇总"工作表中，按照 A 列的费用名称，对各个分公司的费用金额进行汇总，可以在"汇总"工作表的 B2 单元格输入以下公式，向下复制到 B5 单元格。

```
=LET(_lst,{" 黄石 ";" 仙桃 ";" 郴
州 ";" 大冶 ";" 荆门 "},SUM(SUMIF
(INDIRECT(_lst&"!A2:A100"),$A2,
INDIRECT(_lst&"!B2:B100"))))
```

公式首先定义了一个名称" _lst"，内容是由各分公司工作表的名称构成的常量数组：

{" 黄石 ";" 仙桃 ";" 郴州 ";" 大冶 ";" 荆门 "}。

第一个 INDIRECT 函数返回对各个分表 A2:A100 单元格区域的引用。

第二个 INDIRECT 函数返回对各个分表 B2:B100 单元格区域的引用。

然后使用 SUMIF 函数，将两个 INDIRECT 函数返回的多维引用分别作为条件区域和求和区域，以 A2 单元格中的费用名称作为求和条件，返回该费用名称在各个分公司工作表中的金额汇总：

{283900;0;210000;164900;164900}

最后使用 SUM 函数汇总求和。

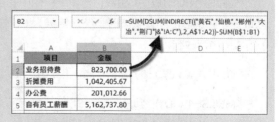

图 22-6　汇总多张工作表中的费用金额

22.2.2　使用 DSUM 函数完成多工作表汇总求和

使用数据库函数也能处理多维引用，但是要求判断条件的字段名称和数据表中的字段名称保持一致。

示例22-2　使用DSUM函数完成多工作表费用金额汇总

仍以 22.2.1 节中的数据为例，首先将"汇总"工作表 A1 单元格的内容修改成和分表相同的字段标题："项目"，然后在 B2 单元格输入以下公式，向下复制到 B5 单元格，如图 22-7 所示。

```
=SUM(DSUM(INDIRECT({" 黄石 ";" 仙桃
";" 郴州 ";" 大冶 ";" 荆门 "}&"!A:C"),2,A$1:
A2))-SUM(B$1:B1)
```

图 22-7　使用 DSUM 函数完成多工作表汇总求和

公式首先使用 INDIRECT 函数返回对各个分表 A:C 区域的多维引用，作为 DSUM 函数的第一参数。

DSUM 函数第二参数为 2，表示对多维引用中各个区域的第 2 列进行汇总。第三参数为" A$1:A2"，

是一组包含给定条件的单元格区域。其中A$1 行绝对引用，是列标志，A2 完全相对引用，作为列标志下方用于设定条件的单元格区域。

当公式向下复制时，"A$1:A2"的范围不断扩展，形成A$1:A2、A$1:A3……A$1:A5的区域递增形式。DSUM 函数在多维引用的各个区域中分别得到，从A2 单元格开始到公式所在行结束，这个范围内的所有项目费用汇总，返回一个内存数组：

{283900,0,210000,164900,164900}

使用SUM 函数对这个内存数组汇总，再减去公式所在行上方已有项目的金额总和，即为公式所在行A列项目的费用总和。

22.2.3　筛选状态下的条件计数

示例22-3　筛选状态下的条件计数

图 22-8 展示了一份某公司员工信息明细表的部分内容。在对A列的部门进行筛选后，需要在D2:G2 单元格区域，分别统计符合D1:G1 单元格区域"学历"条件的人数。

	A	B	C	D	E	F	G
1				高中	大专	本科	研究生
2				3	2	2	0
4	部门	姓名	性别	年龄	学历	籍贯	电话
15	财务部	李英明	男	33	高中	江苏	7353147
19	财务部	保世森	男	35	高中	福建	6751195
22	财务部	刘惠琼	女	44	高中	河北	4928861
25	财务部	郭倩	女	32	大专	福建	6918559
28	财务部	代云峰	男	41	大专	山东	3647214
34	财务部	葛宝云	男	34	本科	福建	8525911
42	财务部	郎俊	男	36	本科	江苏	6831929

图 22-8　筛选状态下的条件计数

D2 单元格输入以下公式，向右复制到G2 单元格。

=SUM((SUBTOTAL(3,OFFSET($A$4,ROW(1:41),0)))*($E5:$E45=D1))

公式首先使用OFFSET函数，以$A$4 单元格为基点，分别向下偏移 1~41 行，向右偏移 0 列，返回由 41 个大小为一行一列的单元格区域组成的多维引用。

然后使用SUBTOTAL函数，对多维引用中的各个区域统计可见状态下不为空的单元格个数。当相关区域处于筛选后的隐藏状态时，统计结果为 0，处于显示状态时，统计结果为 1。结果返回一个由 0 和 1组成的内存数组：

{0;0;0;0;0;0;0;0;0;0;1……;0;1;0;0;0}

"($E5:$E45=D1)"部分，判断 $E5:$E45 单元格区域的学历是否等于D1 单元格指定学历，返回一个由逻辑值TRUE和FALSE组成的内存数组。

最后将两个内存数组相乘，再使用SUM 函数汇总乘积之和。

22.2.4　计算修剪平均分排名

SUBTOTAL函数的第一参数使用常量数组时，可以同时对第二参数执行不同的汇总方式。当与OFFSET函数结合使用时，可以解决一些比较特殊的数据统计问题。

示例22-4　计算修剪平均分

图 22-9 所示，是某城市广场舞比赛得分表，需要用每支队伍扣除一个最高分和一个最低分后的平均分进行名次计算。

I2 单元格输入以下公式，向下复制到I7 单元格。

	A	B	C	D	E	F	G	H	I
1	队伍	得分1	得分2	得分3	得分4	得分5	得分6	得分7	排名
2	星光舞队	1	2	4	9	8	4	10	4
3	跃跃舞队	6	10	8	4	2	3	5	5
4	向日葵舞队	9	6	10	5	9	6	9	1
5	雨点舞队	8	6	9	5	9	9	5	2
6	奇迹舞队	8	10	5	10	4	7	3	3
7	旧时光舞队	10	3	1	6	7	1	7	6

图 22-9　计算修剪平均分排名

```
=SUM(N(TRIMMEAN(B2:H2,2/7)<MMULT(SUBTOTAL({9,4,5},OFFSET(B$1,ROW(
$1:$6),,,7)),{1;-1;-1})/5))+1
```

"OFFSET(B$1,ROW($1:$8),,,7))"部分，以B$1 单元格为基点，向下分别偏移 1~8 行，再向右分别扩展 7 列，返回由 6 个 1 行 7 列单元格区域组成的多维引用。例如，B2:H2、B3:H3、B4:H4……B7:H7。

SUBTOTAL 函数的第一参数是常量数组{9,4,5}，表示对第二参数的多维引用执行求和、最小值、最大值三种汇总方式的运算，返回6 行 3 列的内存数组：

{38,10,1;38,10,2;54,10,5;51,9,5;47,10,3;35,10,1}

再使用 MMULT 函数对以上内存数组逐行执行聚合运算，MMULT 函数的第二参数是常量数组{1,-1,-1}，表示用总和分别减去最小值和最大值。接着除以 5，即可得到每支队伍扣掉一个最大值和一个最小值后的平均分：

{5.4;5.2;7.8;7.4;6.8;4.8}

"TRIMMEAN(B2:H2,2/7)"部分，返回B2:H2 单元格区域内扣除一个最高分和一个最低分后的平均分。

最后使用SUM 函数统计大于当前行平均分的队伍个数。

22.2.5　计算前 n 个非空单元格对应的数值总和

示例22-5　计算造价表中前 n 项的总价合计值

图 22-10 展示了某公司电气工程造价表的部分内容，其中A 列是大项名称，B 列是不同大项下的子项目名称，F 列是各个子项目的合价金额。

现在需要根据L1 单元格中指定的大项个数，对F 列对应的合价金额汇总求和。

	A	B	C	D	E	F	G	H	I
1	大项	子项目名称	单位	工程量	单价	合价	其中		
2							人工合价	材料合价	机械合价
3	配电箱	配电箱	台	2	155.36	310.72	234.08	63.56	13.08
4		集中供电应急照明配电屏	台	2	1491	2982		2982	
5	环控柜	环控柜	台	20	111.07	2221.4	1504.8	716.6	
6	配电箱安装	切换箱	台	20	292	5840		5840	
7		检修箱	台	2	173.57	347.14	181.46	149.58	16.1
8		就地按钮箱	台	21	29.28	614.88		614.88	
9		阀门双电源箱	台	4	4	16		16	
10		阀门手操箱	套	0.948	687.99	652.21	651.87	0.34	
11		电源模块箱	套	100.488	3.75	376.83		376.83	
12		接地端子箱	套	0.806	611.92	493.21	492.92	0.29	
13		冷水机组控制柜	套	85.436	1.68	143.53		143.53	
14		基础槽钢、角钢安装 槽钢	套	27.208	550.89	14988.6	14978.82	9.79	
15		铁构件制作、安装及箱盒制作 一般铁构件 制作及安装	套	2884.05	1.04	2999.41		2999.41	
16	灯具	各类灯	套	26.8	496.11	13295.8	13286.1	9.65	
17		单臂顶套式挑灯架安装	套	2840.8	0.8	2272.64		2272.64	
18		楼梯扶手LED灯带安装	100m	7.246	446.39	3234.54	3231.93	2.61	
19		路灯杆座安装成套型	m	768.076	0.6	460.85		460.85	
20		金属杆组立单杆式杆	100m	0.62	298.35	184.98	143.33	21.37	20.28

	K	L	M
1	前	3	大项
3	合价总计		31985.95

图 22-10　计算前n项的总价合计值

M3 单元格输入以下公式：

```
=LOOKUP(L1,SUBTOTAL({3,9},OFFSET(F3,0,{-5,0},ROW(1:100))))
```

"OFFSET(F3,0,{-5,0},ROW(1:100))"部分，OFFSET 函数以 F3 单元格为基点，向下偏移 0 行，向右分别偏移 0 列（仍然返回 F 列）和 -5 列（向左偏移 5 列返回 A 列），新引用的行数为 1 到 100。最终在 A 列和 F 列各生成一组多维引用，每一列中的多维引用分别由 100 个 1 列n行的区域构成，行数n从 1 到 100 依次递增。

SUBTOTAL 函数的第一参数使用常量数组{3,9}，表示对第二参数两组多维引用分别执行非空单元格计数和求和的汇总方式，也就是对 A 列生成的多维引用执行非空单元格计数，对 F 列生成的多维引用执行汇总求和，最终返回 2 列 100 行尺寸的内存数组：

```
{1,310.72;1,3292.72;2,5514.12;3,11354.12;3,11701.26;……;12,116015.87;12,116015.87}
```

将这部分 SUBTOTAL 函数生成的内存数组映射到单元格区域中，结果如图 22-11 所示。

J3　=SUBTOTAL({3,9},OFFSET(F3,0,{-5,0},ROW(1:100)))

	A	B	F	J	K
1	大项	子项目名称	合价	大项个数	合价累计
2					
3	配电箱	配电箱	310.72	1	310.72
4		集中供电应急照明配电屏	2982	1	3292.72
5	环控柜	环控柜	2221.4	2	5514.12
6	配电箱安装	切换箱	5840	3	11354.1
7		检修箱	347.14	3	11701.3
8		就地按钮箱	614.88	3	12316.1
9		阀门双电源箱	16	3	12332.1
10		阀门手操箱	652.21	3	12984.4
11		电源模块箱	376.83	3	13361.2
12		接地端子箱	493.21	3	13854.4
13		冷水机组控制柜	143.53	3	13997.9
14		基础槽钢、角钢安装 槽钢	14988.6	3	28986.5
15		铁构件制作、安装及箱盒制作 一般铁构件 制作及安装	2999.41	3	31986

图 22-11　SUBTOTAL 函数返回的内存数组

LOOKUP 函数以 L1 单元格中指定的大项数为查找值，在以上内存数组中的首列查找小于等于查找值的最后一个最大值，并返回内存数组中与该记录位置相对应的第二列中的内容。

22.2.6　按指定次数重复显示内容

示例22-6　制作设备责任人标签

如图 22-12 所示，某工厂为了落实 5S 管理，需要制作粘贴到设备上的维护保养责任人标签。其中 A 列是责任人姓名，B 列是需要制作的标签数。

D2 单元格输入以下公式，公式结果自动溢出到相邻单元格区域。

```
=LOOKUP(SEQUENCE(SUM(B2:B7),1,0),SUBTOTAL(9,OFF
SET(B1,,,ROW(1:7))),A2:A7)
```

图 22-12　制作设备责任人标签

先使用 OFFSET 函数以 B1 单元格为基点，向下分别递增扩展 1~7 行，返回一个由 1 列 n 行区域构成的多维引用，行数 n 从 1 到 7 依次递增。例如，B1:B1、B1:B2、B1:B3……B1:B7。

然后使用 SUBTOTAL 函数对多维引用中的每个区域分别汇总求和，返回一个内存数组：

{0;2;5;7;10;11;14}

该内存数组可以视为从 B1 单元格开始依次向下对 B 列的标签数累加求和。

接下来是"SEQUENCE(SUM(B2:B7),1,0)"部分，返回从 0 开始到 13 结束、步长为 1 的递增序列，其中 13 是 B 列标签总数。这部分作为 LOOKUP 函数的查找值，在 SUBTOTAL 函数返回的内存数组中查找小于等于目标值的最大值，并返回第三参数 A2:A7 单元格区域中对应位置的内容。

第 23 章　使用公式审核工具稽核

在输入或编辑公式后，如果公式返回了错误值或是计算结果有误，可以借助公式审核工具查找出现错误的原因。本章主要介绍公式审核工具的使用方法。

23.1　验证公式结果

在使用公式进行平均值、计数、最大值、最小值及求和计算时，选中数据区域，根据状态栏中的显示内容能够对公式结果进行简单的验证，如图 23-1 所示。

鼠标右击状态栏，在弹出的快捷菜单中可以设置要显示的计算选项，如图 23-2 所示。

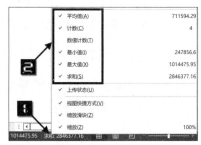

图 23-1　在状态栏中验证公式结果　　　　　　图 23-2　设置状态栏显示的计算选项

23.2　查看公式运算过程

对于较复杂的公式需要手工验证结果，如查看引用的单元格地址是否正确，运算的逻辑是否有误等。

当公式中包含多段计算或是包含嵌套函数时，可以借助 <F9> 键查看其中一部分公式的运算结果，也可以使用【公式求值】命令查看公式的运算过程。

23.2.1　分段查看运算结果

在编辑栏中选中公式中的一部分，按 <F9> 键即可显示该部分公式的运算结果，如图 23-3 所示。

如果所选择的不是完整的运算过程，Excel 会弹出如图 23-4 所示的提示对话框，提示公式有问题或公式不完整。在查看过程中按 <Esc> 键或是单击编辑栏左侧的取消按钮，可使公式恢复原状。

图 23-3　使用 <F9> 键分段查看运算结果

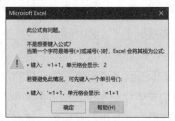
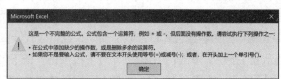

图 23-4　Excel 提示对话框

23.2.2　显示公式运算过程

选中包含公式的单元格，依次单击【公式】→【公式求值】按钮，在弹出的【公式求值】对话框中单击【求值】按钮，可按照公式运算顺序依次查看分步计算结果，如图 23-5 所示。

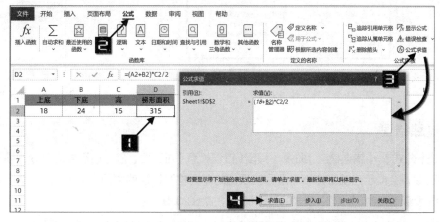

图 23-5　公式求值

如果单击【步入】按钮，将显示下一步要参与计算的内容。单击【步出】按钮可返回求值状态，如图 23-6 所示。

图 23-6　显示自定义名称中的公式运算过程

 提示

使用 <F9> 键或是使用"公式求值"功能时，如果所查看内容为函数产生的多维引用，将无法显示正确的分段计算结果。

23.3　错误检查

23.3.1　错误检查器

Excel 默认开启后台错误检查功能，用户可以根据需要设置错误检查的规则。

依次单击【文件】→【选项】命令，打开【Excel 选项】对话框。切换到【公式】选项卡，保留【错误检查】区域中【允许后台错误检查】的选中状态，然后在【错误检查规则】区域选中各个错误检查规则前的复选框，最后单击【确定】按钮，如图 23-7 所示。

如果单元格中的内容或公式符合以上规则，或者公式计算结果返回了错误值，单元格的左上角将显示【错误提示器】按钮。单击【错误提示器】下拉按钮，在下拉菜单中会包括出现错误的类型及【有关此错误的帮助】【显示计算步骤】等命令按钮，可以单击其中的某项命令，来进行对应的检查或是选择忽略错误，如图 23-8 所示。

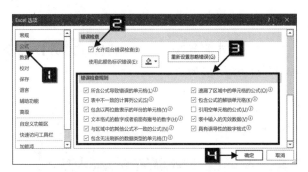

图 23-7　错误检查规则

图 23-8　错误提示器

23.3.2　追踪错误

依次单击【公式】→【错误检查】命令，弹出【错误检查】对话框。该对话框中的命令选项与错误提示器中的选项类似，会显示当前工作表中返回错误值的单元格及错误的原因。单击【上一个】或【下一个】按钮，可以继续查看其他单元格中公式的错误情况，如图 23-9 所示。

图 23-9　错误检查

单击包含错误值的单元格，在【公式】选项卡单击【错误检查】下拉按钮，在下拉菜单中选择【追踪错误】选项，能够在该单元格中出现蓝色的追踪箭头，表示错误可能来源于哪些单元格，如图 23-10 所示。

图 23-10　追踪错误

23.3.3　单元格追踪

引用单元格和从属单元格表示单元格之间的引用关系。

例如，A2 单元格中包含公式"=B2"，则 B2 单元格是 A2 单元格的引用单元格。而 A2 单元格是 B2 单元格的从属单元格。

选中包含公式的单元格，在【公式】选项卡单击【追踪引用单元格】按钮，或选中被公式引用的单元格，单击【追踪从属单元格】按钮，将在引用和从属单元格之间用蓝色箭头连接，方便用户查看公式与各单元格之间的引用关系，如图 23-11 所示。

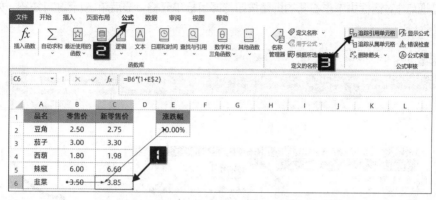

图 23-11　追踪引用单元格

单击【公式】选项卡下的【删除箭头】命令或是按 <Ctrl+S> 组合键，追踪箭头将不再显示。

23.3.4　检查循环引用

当公式计算返回的结果需要依赖公式自身所在的单元格的值时，无论是直接还是间接引用，都称为循环引用。如 A1 单元格输入公式"=A1+1"，或 B1 单元格输入公式"=A1"，而 A1 单元格公式为"=B1"，都会产生循环引用。

如果工作表中存在循环引用，新输入的公式将无法正常运算，在状态栏左侧会提示包含循环引用的单元格地址。

也可以在【公式】选项卡单击【错误检查】下拉按钮，在下拉菜单中单击【循环引用】扩展按钮，可查看包含循环引用的单元格地址。单击该单元格地址，能够跳转到对应单元格。如果有多个包含循环引用的单元格，此处仅显示一个单元格地址，在清除这个单元格中的循环引用后，会继续显示下一个包含循环引用的单元格地址，如图 23-12 所示。

图 23-12　循环引用

23.4 添加监视窗口

使用"监视窗口"功能，能够跟踪单元格的属性变化，包括工作簿名称、工作表名称、定义的名称、单元格地址、值及使用的公式，便于用户在大型工作表中检查、审核或确认公式计算及其结果。【监视窗口】工具栏会始终在最前端显示，并且能够在 Excel 工作区的任意位置移动，当切换工作表或是调整工作表滚动条时，无须反复滚动或转到工作表的不同部分。

依次单击【公式】→【监视窗口】按钮，弹出【监视窗口】对话框。单击【添加监视】按钮，然后在弹出的【添加监视点】对话框中单击右侧的折叠按钮选择目标单元格，最后单击【添加】按钮，如图 23-13 所示。

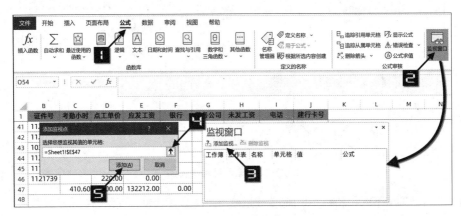

图 23-13 添加监视窗口

在【监视窗口】中可添加多个监视点，选中某个监视点后，单击【删除监视】按钮可将该监视点从窗口中删除。双击【监视窗口】对话框右上角的空白区域，可将该窗口显示到工作区顶端，如图 23-14 所示。

图 23-14 监视窗口

提示　　　每个单元格只能有一个监视点。

23.5 其他常见问题

23.5.1 显示公式本身

如果公式编辑后并未返回计算结果，而是显示公式本身的字符，可以在【公式】选项卡下检查【显示公式】按钮是否为高亮状态，单击该按钮可在普通模式和显示公式模式之间进行切换，如图 23-15 所示。

如果未开启"显示公式"模式，则可能是当前单元格的数字格式设置成了"文本"格式，将数字格式设置为"常规"格式后，再双击公式即可。

23.5.2　公式结果不能自动更新

如果在复制使用了相对引用的公式时，公式在不同单元格中的结果不能自动更新，可依次单击【公式】→【计算选项】下拉按钮，在下拉菜单中检查是否选中了【自动】选项，如图 23-16 所示。

图 23-15　【显示公式】按钮

图 23-16　计算选项

23.5.3　数据精度影响

Excel 在执行计算时，先将数值由十进制转换为二进制后再执行计算，最后将二进制的计算结果转换为十进制的数值。这种运算通常伴随着因为无法精确表示而进行的近似或舍入，在二进制下的微小误差传递到最终计算结果中，可能会得出不准确的结果。

例如，在 A1 单元格输入公式 =4.1-4.2+1，然后不断增加 A1 单元格的小数位数，A1 单元格的计算结果将会显示为 0.899999999999999。

可以使用以下两种方法处理舍入的误差。

一种是使用函数对计算结果进行修约。例如，将公式修改为 =ROUND(4.1-4.2+1,1)，将返回保留一位小数的计算结果 0.9。

另一种是将精度设置为所显示的精度，此选项将工作表中每个数字的值强制为显示值。依次单击【文件】→【选项】，打开【Excel 选项】对话框，切换到【高级】选项卡，在【计算此工作簿时】区域选中【将精度设为所显示的精度】复选框，最后依次单击【确定】按钮关闭对话框，如图 23-17 所示。

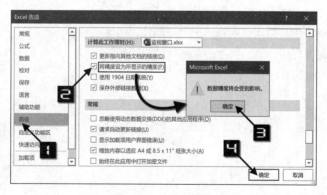

图 23-17　设置精度

如果设置了两位小数的数字格式，然后打开【将精度设为所显示的精度】选项，则在保存工作簿时所有超出两位小数的精度均将会丢失。

注意

> 开启此选项会影响工作簿中的全部工作表，并且无法恢复由此操作所丢失的数据。

第三篇

数据可视化常用功能

　　图表具有直观形象的优点，可以形象地反映数据的差异、构成比例或变化趋势。图形能增强工作表或图表的视觉效果，创建出引人注目的报表或非数据图表。结合Excel的函数公式、定义名称、窗体控件、VBA等功能，还可以创建实时变化的动态图表，将数据表格、图表组合起来，就可以形成仪表盘。

　　Excel提供了丰富的图表、迷你图、图片、形状、图标、3D模型和SmartArt等元素，条件格式中的数据条、色阶和图标也简单实用，初学者很容易上手。此外，自定义图表和绘制自选图形的功能，更为追求特色效果的进阶用户提供了自由发挥的平台。

第24章 条件格式

使用条件格式功能，当单元格中的内容符合指定条件时，会自动应用预先设置的单元格格式或图标集等效果，使数据展示更形象生动。常用的条件格式效果包括突出显示数据、数据条、色阶和图标集等。

本章学习要点

（1）认识条件格式。

（2）条件格式实例。

（3）管理条件格式规则。

24.1 认识条件格式

条件格式能够对单元格的内容进行判断，为符合条件的单元格应用预先设置的格式。例如，在某个数据区域设置了条件格式对重复数据用红色字体进行突出标记，当用户输入或是修改数据时，Excel 会对整个区域的数据进行自动检测，判断其是否重复出现。如果出现了重复内容，则自动将这些单元格的字体显示为红色。

图 24-1 中显示了部分常用的条件格式效果。

在【开始】选项卡单击【条件格式】下拉按钮，下拉菜单中包括【突出显示单元格规则】【最前/最后规则】【数据条】【色阶】【图标集】等选项，单击其中一项时将展开子菜单，供用户继续选择。

在【突出显示单元格规则】和【最前/最后规则】命令的子选项中，包含了多个与数值大小相关的内置规则。能够根据单元格中的数值及所选区域的整体数据进行判断，对符合【发生日期】【重复值】【前10 项】【最后 10 项】等规则的数据进行突出显示，如图 24-2 所示。

图 24-1 常用条件格式效果

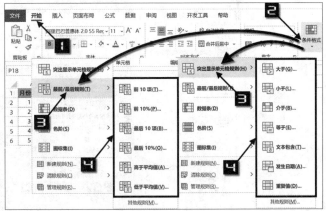

图 24-2 【条件格式】下拉菜单中的部分选项

在【数据条】【色阶】和【图标集】命令的扩展菜单中，分别包含了改变单元格底色和添加图标形状的多种视觉效果规则。数据条表示在单元格中水平显示的颜色条，数据条的长度和数值大小成正比。色阶能够根据所选区域数值的整体分布情况而变化背景色。图标集则是在单元格中显示图标，用以展示数值的上升或下降趋势，如图 24-3 所示。

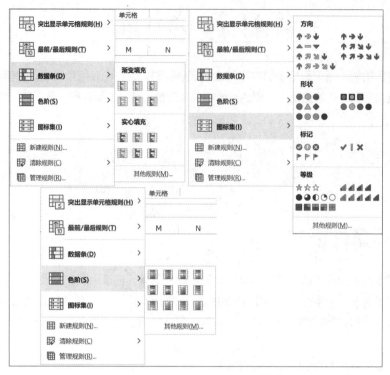

图 24-3 数据条、色阶和图标集样式预览

在【条件格式】下拉菜单中选择【新建规则】命令，将打开【新建格式规则】对话框。在此对话框中可以创建所有内置的条件格式规则，也可以创建基于公式的自定义规则，使用公式条件时，如果公式结果返回 TRUE 或是返回不等于 0 的数值，将应用指定的单元格格式，如图 24-4 所示。

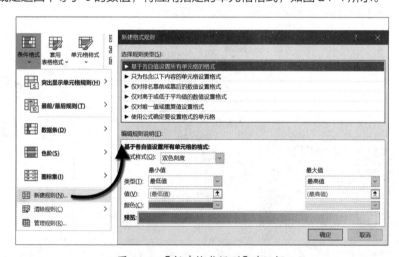

图 24-4 【新建格式规则】对话框

【选择规则类型】列表中包含多个类型选项，不同规则的说明见表 24-1。

表 24-1 条件格式规则类型说明

规则类型	说明
基于各自值设置所有单元格的格式	创建显示数据条、色阶或图标集的规则

续表

规则类型	说明
只为包含以下内容的单元格设置格式	创建基于数值大小比较的规则，如大于、小于、不等于、介于等及"特定文本""发生日期""空值""无空值""错误""无错误"等规则
仅对排名靠前或靠后的数值设置格式	创建可标记最高、最低n项或百分比之n项的规则
仅对高于或低于平均值的数值设置格式	创建可标记特定范围内数值的规则
仅对唯一值或重复值设置格式	创建可标记指定范围内的唯一值或是重复值的规则
使用公式确定要设置格式的单元格	创建基于公式运算结果的规则

（24）章

当选中【基于各自值设置所有单元格的格式】选项时，在底部的【格式样式】下拉列表中可以根据需要选择【双色刻度】【三色刻度】【数据条】和【图标集】四种样式。单击【类型】下拉按钮，还会显示多个类型选项，如图 24-5 所示。

图 24-5 【类型】下拉列表选项

各个类型的计算说明见表 24-2。

表 24-2　最小值、最大值类型

类型	说明
最低值或最高值	数据序列中最小值或最大值
数字	由用户直接录入的值
百分比	与通常意义的百分比不同，其计算规则为：（当前值-区域中的最小值）/（区域中的最大值-区域中的最小值）
公式	直接输入公式，以公式计算结果作为条件规则
百分点值	使用 PERCENTILE 函数规则计算出的第k个百分点的值

当用户在【选择规则类型】列表中选中某项规则时，对话框底部的【编辑规则说明】区域将依据所选规则显示不同的选项，在对话框的右下角也会显示出【格式】按钮。单击【格式】按钮，可以在弹出的【设置单元格格式】对话框中继续设置要应用的格式类型，如图 24-6 所示。

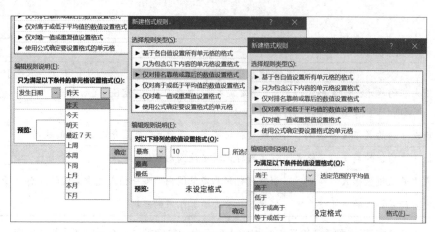

图 24-6 【新建格式规则】对话框中的规则和选项

条件格式中的【设置单元格格式】对话框与常规的【设置单元格格式】对话框类似，但是无法更改字体和字号，也无法设置文字上标或下标，如图 24-7 所示。

图 24-7 用于条件格式的【设置单元格格式】对话框

【条件格式】下拉菜单条件中的【清除规则】和【管理规则】命令，用于对条件格式规则的控制和管理。

24.2 设置条件格式

要为某个单元格区域应用条件格式时，需要先选中单元格区域。例如，要在销售业绩表中突出显示销售额最高的前 3 项，操作步骤如下。

步骤① 选中 C2:C14 单元格区域，依次单击【开始】→【条件格式】→【最前/最后规则】→【前 10 项】命令。

步骤② 在弹出的【前 10 项】对话框中，单击左侧的微调按钮或是手工输入数值 3，单击【设置为】右侧的下拉按钮，在下拉列表中选择【浅红色填充】选项，最后单击【确定】按钮，如图 24-8 所示。

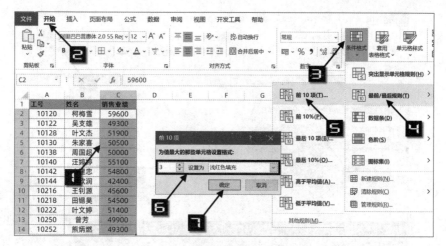

图 24-8　应用内置条件格式规则

24.3　条件格式实例

"数据条""色阶"和"图标集"用颜色或图标来突出显示特定数据。

24.3.1　使用数据条展示数据差异

数据条分为"渐变填充"和"实心填充"两类显示效果。如图 24-9 所示，在营收数据表中使用数据条来展示不同部门的营收占比，使数据更加直观。

操作步骤如下。

步骤① 选中 B2:B8 单元格区域，依次单击【开始】→【条件格式】→【数据条】命令，在样式列表中单击渐变填充区域的绿色数据条样式，如图 24-10 所示。

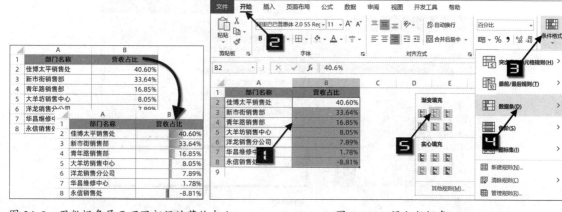

图 24-9　用数据条展示不同部门的营收占比　　　　图 24-10　添加数据条

此时在 B2:B8 单元格区域中的数据条长度默认根据所选区域的最大值和最小值来显示，可以将其最大值调整为 1，即百分之百。

步骤② 依次单击【开始】→【条件格式】→【管理规则】命令，打开【条件格式规则管理器】对话框。在对话框中选中数据条规则，然后单击【编辑规则】命令，如图 24-11 所示。

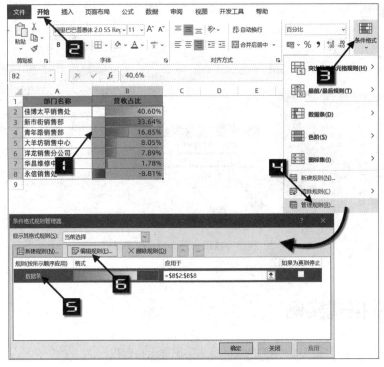

图 24-11　条件格式规则管理器

步骤③ 在弹出的【编辑格式规则】对话框中，单击【类型】下拉按钮，将【最小值】设置为【自动】，最大值设置为【数字】，【值】设置为"1"。单击【负值和坐标轴】按钮，弹出【负值和坐标轴设置】对话框。

步骤④ 在【坐标轴设置】区域，选中【单元格中点值】单选按钮，其他保留默认设置，最后依次单击【确定】按钮关闭各个对话框，如图 24-12 所示。

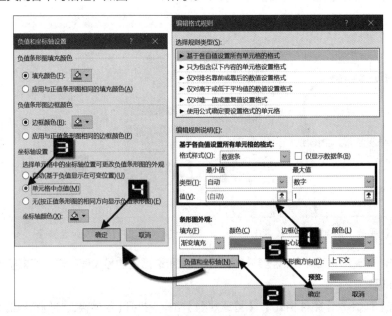

图 24-12　【编辑格式规则】对话框

24.3.2 使用色阶绘制"热图"效果

色阶包括"三色刻度"和"双色刻度"两类显示效果，可以用不同深浅、不同颜色的色块直观地反映数据大小，形成类似"热图"的效果，如图 24-13 所示。

	A	B	C	D	E	F	G	H	I	J	K	L	M
1	城市	1月份	2月份	3月份	4月份	5月份	6月份	7月份	8月份	9月份	10月份	11月份	12月份
2	桂林	63.4	96.7	136.7	247.4	351.7	346.9	231.3	173.3	81.8	65.7	63.6	42.8
3	广州	40.9	69.4	84.7	201.2	283.7	276.2	232.5	227	166.2	87.3	35.4	31.6
4	海口	19.5	35	50.6	100.2	181.4	227	218.1	235.6	244.1	224.4	81.3	34.9
5	南昌												
6	杭州												
7	福州												
8	长沙												
9	武汉												
10	上海												
11	重庆												
12	南京												

	A	B	C	D	E	F	G	H	I	J	K	L	M
1	城市	1月份	2月份	3月份	4月份	5月份	6月份	7月份	8月份	9月份	10月份	11月份	12月份
2	桂林	63.4	96.7	136.7	247.4	351.7	346.9	231.3	173.3	81.8	65.7	63.6	42.8
3	广州	40.9	69.4	84.7	201.2	283.7	276.2	232.5	227	166.2	87.3	35.4	31.6
4	海口	19.5	35	50.6	100.2	181.4	227	218.1	235.6	244.1	224.4	81.3	34.9
5	南昌	74	100.7	175.6	223.8	243.8	306.7	144	128.9	68.7	59.7	56.8	41.5
6	杭州	73.2	84.2	138.2	126.6	146.6	231.1	159.4	155.8	145.2	87	60.1	47.1
7	福州	48	86.6	145.4	166.5	193.7	208.9	98.8	179.7	145	47.6	41.3	32
8	长沙	66.1	95.2	128.5	207.2	178.5	202.4	93	107	56.8	84.2	71.2	41.2
9	武汉	43.4	58.7	95	131.1	164.2	225	190.3	111.7	79.7	92	51.8	26
10	上海	50.6	56.8	98.8	89.3	102.3	169.6	156.3	157.9	137.3	62.5	46.2	37.1
11	重庆	19.5	20.6	36.2	104.6	151.7	171.2	175.4	134.4	127.6	92.4	45.9	24.9
12	南京	37.4	47.1	81.8	73.4	102.1	193.4	185.5	129.2	72.1	65.1	50.8	24.4

图 24-13 使用色阶展示降水量数据

操作步骤如下。

步骤① 单击 B2 单元格，拖动鼠标到 M 列最后一行数据，依次单击【开始】→【条件格式】→【色阶】命令。

步骤② 在展开的样式列表中单击应用【红-黄-绿】样式，被选中的单元格区域会同步显示出相应的效果，如图 24-14 所示。

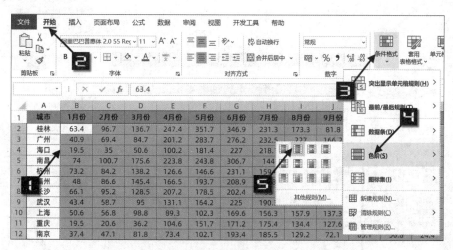

图 24-14 选择色阶样式

24.3.3 使用图标集展示业绩差异

使用图标集功能，能够根据数值大小在单元格中显示特定的图标。在图 24-15 所示营销业绩表中，完成计划率大于 80% 的显示为红色交通灯图标，60%~80% 的显示为黄色交通灯图标，而低于 60% 的则显示为绿色交通灯图标。

操作步骤如下。

步骤① 选中 B2:G13 单元格区域，依次单击【开始】→【条件格式】→【新建规则】命令，打开【新建格式规则】对话框。

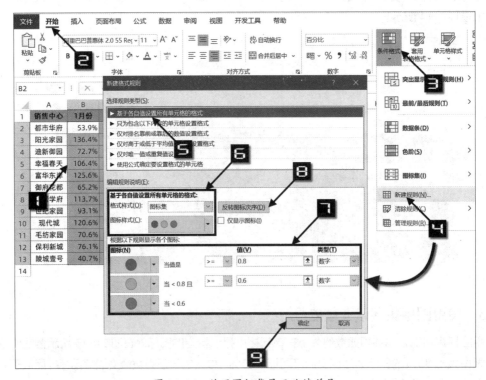

图 24-15　用图标集展示业绩差异

步骤② 在【选择规则类型】列表中选中【基于各自值设置所选单元格的格式】选项，在【编辑规则说明】区域中进行如下设置。

（1）单击【格式样式】下拉按钮，在下拉列表中选择【图标集】。

（2）单击【图标样式】下拉按钮，在下拉列表中选择【三色交通灯(无边框)】样式。

当选择图标集样式时，Excel默认执行"百分比"的比较规则，并且依据所选图标集类型中图标个数的不同，自动进行区间分段。本例需要直接判断单元格中的数值大小，因此需要在【根据以下规则显示各个图标】区域中进行如下设置。

（1）将第一个图标的【类型】设置为【数字】，然后设置【当值是】为【>=】，【值】为"0.8"。

（2）将第二个图标的【类型】设置为【数字】，然后设置【当<0.8且】为【>=】，【值】为"0.6"。

Excel的三色三色交通灯默认的颜色显示顺序为"绿→黄→红"，单击【反转图标次序】按钮，将颜色显示顺序更改为"红→黄→绿"，最后单击【确定】按钮，如图24-16所示。

图 24-16　使用图标集展示业绩差异

提示　　使用图标集时，仅可以选择内置的图标样式。如果单元格中同时显示图标和数字，图标只能靠左显示。

24.3.4　自定义条件格式规则

使用公式设置条件格式规则，能够使条件格式的应用更加多样化。

示例24-1　输入内容自动添加边框

图 24-17 展示了某公司客户信息表的部分内容，只要在 A 列输入内容，Excel 会自动对这一行的 A~E 列区域添加边框。当 A 列数据清除后，边框自动消失。

操作步骤如下。

步骤① 选中需要输入数据的单元格区域，如 A2:E10 单元格区域，依次单击【开始】→【条件格式】→【新建规则】命令，打开【新建格式规则】对话框。

图 24-17　输入内容自动添加边框

步骤② 在【选择规则类型】列表中选中【使用公式确定要设置条件的单元格】选项，然后在【为符合此公式的值设置格式】编辑框中输入以下公式：

=$A2<>""

步骤③ 单击【格式】按钮，在弹出的【设置单元格格式】对话框中切换到【边框】选项卡，选择一种边框颜色，如"蓝色，个性1"，单击【外边框】按钮，最后依次单击【确定】按钮关闭对话框，如图 24-18 所示。

在条件格式中使用函数公式时，如果选中的是一个单元格区域，必须根据活动单元格作为参照来编写公式，设置完

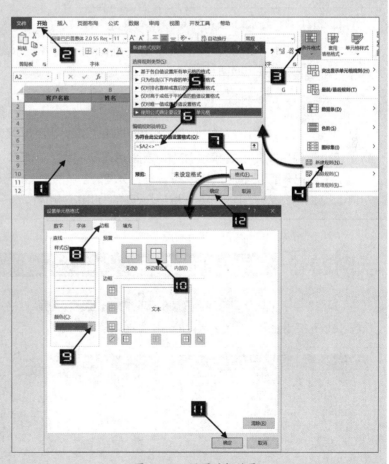

图 24-18　设置边框效果

成后，该规则会应用到所选中范围的全部单元格。如果选中的是多行多列的区域，则需要同时考虑行方向和列方向的引用方式。

本例中，活动单元格为 A2，条件格式的公式为"=$A2<>"""，A2:E10 区域中每一个单元格都根据当前行的 A 列单元格是否为空白来判断是否应用带边框的格式。

如果需要在条件格式的公式中固定引用某一行或某一列时，可以理解为在所选区域的活动单元格中输入公式，然后将公式复制到所选区域。

示例24-2　突出显示销量最高的产品记录

	A	B	C	D	E	F	G	H	I	J	K	L	M
1	大类名称	款式名称	暗红	白色	1号色	豆沙	粉红	粉花	粉色	黑色	红点	红花	合计
2	单衣	T恤		5						13			18
3	单衣	半袖衬衫					16	2	2	7			27
4	单衣	吊带衫			7				12				19
5	单衣	风衣		6		12			12				30
6	单衣	连衣裙	29			15		11			5	60
7	单衣	上衣	9				7			5	21
8	单衣	套服						1		3	4	4
9	单衣	套裙						10			10
10	单衣	长袖衬衫		4		5	15	11		42
11	单衣	针织衫	3		2	8		1		14
12	夹衣	夹克		4			2		6
13	下装	长裤	6	5			17		28

图 24-19　突出显示销量最高的产品记录

图 24-19 展示了某公司近期服装销售汇总的部分内容，使用条件格式能够自动突出显示销量最高的产品记录。

操作步骤如下。

步骤① 选中 A2:M13 单元格区域，依次单击【开始】→【条件格式】→【新建规则】命令，打开【新建格式规则】对话框。

步骤② 在【选择规则类型】列表中选中【使用公式确定要设置格式的单元格】选项，然后在【为符合此公式的值设置格式】编辑框中输入以下公式：

=$M2=MAX($M$2:$M$13)

步骤③ 单击【格式】按钮，在弹出的【设置单元格格式】对话框中切换到【填充】选项卡，选择一种填充颜色，最后依次单击【确定】按钮关闭对话框。

因为每条记录都用当前行的 M 列数据与 M 列固定区域的最大值比较，所以 $M$2:$M$13 使用了绝对引用，而 $M2 则是列方向使用绝对引用，行方向使用相对引用。

示例24-3　劳动合同到期提醒

图 24-20 展示了某公司劳动合同表的部分内容，通过设置条件格式，使距今 30 天内的合同到期日以浅蓝色填充突出显示，距今 7 天内的合同到期以橙色填充突出显示。

	A	B	C	D	J	K	L	M	N	O
1	合同编号	姓名	试用期限(月)	试用到期期	续签次数	签订日期	生效日期	合同期限(月)	到期日期	终止日期
2	GS-HR9162	文仙朵	3	2021/2/28	1	2021/9/30	2021/9/30	12	2022/9/30	
3	GS-HR9740	何伟彬	3	2020/5/21	2	2021/9/20	2021/9/20	12	2022/9/20	
4	GS-HR9148	马向阳	3	2021/2/28	1	2021/11/30	2021/11/30	12	2022/11/30	
5	GS-HR9895	何大茂	3	2021/3/12	1	2021/9/12	2021/9/12	12	2022/9/12	
6	GS-HR9540	袁承志	6	2021/3/1	1	2021/9/30	2021/9/30	12	2022/9/30	
7	GS-HR9591	祁同伟	3	2020/1/5	2	2021/1/5	2021/1/5	12	2022/1/5	
8	GS-HR9605	高育良	1	2020/9/7	2	2021/9/7	2021/9/7	12	2022/9/7	
9	GS-HR9815	李凤菲	1	2020/12/4	2	2021/12/4	2021/12/4	12	2022/12/4	
10	GS-HR9137	刘学静	3	2021/5/21	1	2021/12/21	2021/12/21	12	2022/12/21	
11	GS-HR9541	刘晓辰	3	2021/7/31	1	2022/7/31	2022/7/31	12	2023/7/31	
12	GS-HR9641	纪美华	6	2021/8/17	1	2022/4/17	2022/4/17	12	2023/4/17	

图 24-20　劳动合同到期提醒

操作步骤如下。

步骤① 选中 N2:N12 单元格区域，依次单击【开始】→【条件格式】→【新建规则】命令，打开【新建格式规则】对话框。

步骤② 在【选择规则类型】列表中选中【使用公式确定要设置格式的单元

格】选项，然后在【为符合此公式的值设置格式】编辑框中输入以下公式：

=AND($N2>=TODAY(),$N2-TODAY()<30)

步骤③ 单击【格式】按钮，在【设置单元格格式】对话框的【填充】选项卡下选择【浅蓝色】，最后依次单击【确定】按钮关闭对话框。

步骤④ 重复步骤①、步骤②，在【为符合此公式的值设置格式】编辑框中输入以下公式：

=AND($N2>=TODAY(),$N2-TODAY()<7)

步骤⑤ 重复步骤③，在【填充】选项卡下选择【橙色】。

本例第一个规则的公式中，分别使用两个条件对N列当前行单元格中的日期进行判断。

第一个条件$N2>=TODAY()，用于判断目标单元格中的合同到期日期是否大于等于当前系统日期。

第二个条件$N2-TODAY()<30,用于判断当前系统日期是否比目标单元格中的合同到期日期早30天之内。

公式中用AND函数判断两个条件是否同时成立，也可以将两个条件相乘来表示。

=($N2>=TODAY())*($N2-TODAY()<30)

即条件1乘以条件2，如果两个条件同时符合，则相当于TRUE*TRUE，结果为1，否则结果为0。

第二个条件格式规则的公式原理与之相同，不再赘述。这两个条件格式必须按上述顺序添加，否则无法达到所需效果。

示例24-4 突出显示指定名次的销售业绩

图24-21展示了某营销公司销售汇总表的部分内容，使用条件格式，能够根据指定的名次在符合条件的单元格内添加图标集。

操作步骤如下。

步骤① 选中E2:E14单元格区域，依次单击【开始】→【条件格式】→【新建规则】命令，打开【新建格式规则】对话框。

步骤② 在【选择规则类型】列表中选中【基于各自值设置所有单元格的格式】选项，在【编辑规则说明】区域中单击【格式样式】下拉按钮，在下拉列表中选择【图标集】。

步骤③ 在【根据以下规则显示各个图

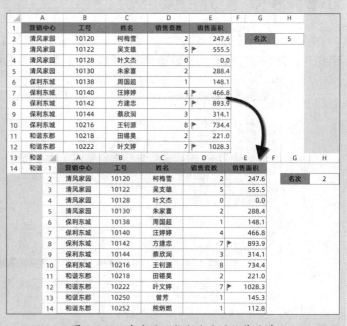

图24-21 突出显示指定名次的销售业绩

标】区域中进行如下设置。

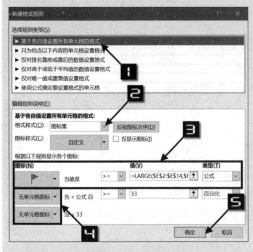

图 24-22　新建格式规则

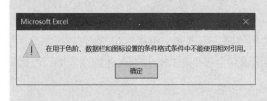

图 24-23　Excel提示对话框

（1）将第一个图标样式设置为“红旗”，【类型】设置为【公式】，设置【当值是】为【>=】，在【值】编辑框中输入以下公式：

```
=LARGE($E$2:$E$14,$H$2)
```

（2）依次单击第二个和第三个图标右侧的下拉按钮，在样式列表中选择【无单元格图标】选项，最后单击【确定】按钮，如图 24-22 所示。

LARGE 函数根据 H2 单元格中的数值，计算出 E2:E14 单元格区域中的第 k 个最大值。然后用所选区域单元格中的数值进行比较，如果大于或等于公式结果，就在单元格中显示出“红旗”图标。调整 H2 单元格中的数值时，公式结果会随之变化，条件格式的效果也会实时更新。

在色阶、数据条和图标集的条件中使用函数公式时，仅支持单元格的绝对引用方式，而不允许使用相对引用。也就是所选区域的每一个单元格只能使用公式返回的同一结果作为判断条件，否则会弹出错误提示，如图 24-23 所示。

示例24-5　使用条件格式标记数据增减

将条件格式与自定义数字格式相结合，能够完成一些更加个性化的显示效果。图 24-24 展示了某公司各下属单位不同月份的销售数据，需要将这些数据与第 13 行中的上年同期平均值进行对比。

	A	B	C	D	E	F	G	H	I	J	K	L	M
1	下属单位	1月	2月	3月	4月	5月	6月	7月	8月	9月	10月	11月	12月
2	扬子店	393.2	390.0	366.7	390.0	400.5	390.3	388.2	380.0	399.2	420.0	468.1	470.0
3	兴裕店			371.7	400.0	404.0	385.7	378.5	380.0	404.4	415.0	459.6	452.8
4	博磊店	381.5	374.0		367.2					354.2	379.7	429.0	422.2
5	鑫祥店					368.0				350.6			418.0
6	新华店	451.0		371.0	345.8	388.0	396.0	392.0	375.0	365.0	376.0	399.0	440.0
7	东大洋												
8	楚盛店												
9	玖诚店												
10	义品店												
11	胜强店												
12	嘉合店												
13	上年同期平												

	A	B	C	D	E	F	G	H	I	J	K	L	M
1	下属单位	1月	2月	3月	4月	5月	6月	7月	8月	9月	10月	11月	12月
2	扬子店	↓ 393.2	↓ 390.0	↓ 366.7	↓ 390.0	↓ 400.5	↓ 390.3	↑ 388.2	380.0	↓ 399.2	420.0	↑ 468.1	↑ 470.0
3	兴裕店			↓ 371.7	400.0	↑ 404.0	↓ 385.7	↓ 378.5	380.0	↑ 404.4	↓ 415.0	↑ 459.6	↓ 452.8
4	博磊店	↓ 381.5	↓ 374.0		↓ 367.2					↓ 354.2	↓ 379.7	↓ 429.0	↓ 422.2
5	鑫祥店					↓ 368.0				↓ 350.6			↓ 418.0
6	新华店	↑ 451.0		↓ 371.0	↓ 345.8	↓ 388.0	↑ 396.0	↑ 392.0	↓ 375.0	↓ 365.0	↓ 376.0	↓ 399.0	↓ 440.0
7	东大洋			↑ 380.0	↑ 410.0	↑ 430.0	↑ 410.0	↑ 407.6	↑ 400.0	↑ 424.2	↑ 450.0	↑ 483.5	
8	楚盛店									↑ 416.3	↑ 430.0	↑ 472.9	↑ 480.0
9	玖诚店			↑ 384.3	↑ 410.0	↑ 419.4	↑ 410.8	↑ 403.6	↑ 390.0	↑ 418.6	↑ 430.0	↑ 472.7	↑ 480.0
10	义品店					↑ 417.3	↑ 410.6	↑ 390.0	↑ 390.0	↑ 412.1	↑ 430.0	↑ 467.7	↑ 470.0
11	胜强店	↓ 400.6	↓ 390.0	↑ 390.0	400.0	↓ 400.0	↓ 377.5	↓ 365.0	↓ 365.0		↓ 402.0	↓ 446.5	↓ 457.7
12	嘉合店	↓ 378.7	↓ 352.5	↓ 328.0	↓ 352.7	↓ 357.5	↓ 347.5	↓ 337.0					
13	上年同期平均	414.3	400.0	374.8	400.0	402.9	391.0	388.0	380.0	403.1	420.0	457.0	460.0

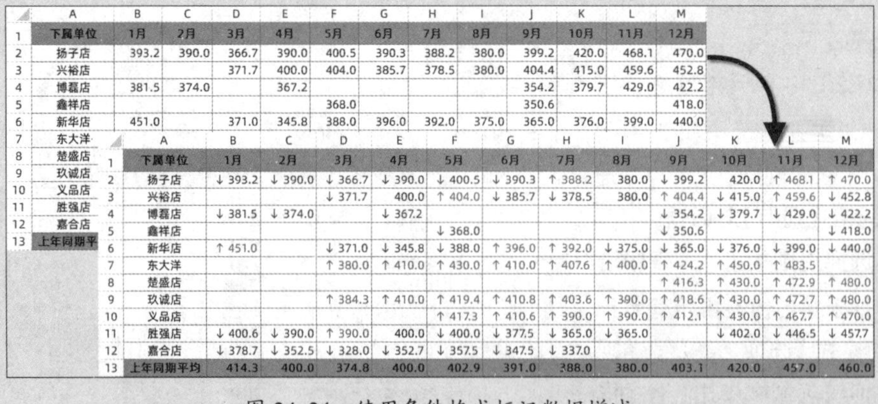

图 24-24　使用条件格式标记数据增减

操作步骤如下。

步骤① 选中 B2:M12 单元格区域，依次单击【开始】→【条件格式】→【管理规则】命令，打开【条件格式规则管理器】对话框。

步骤② 单击【新建规则】按钮，在弹出的【新建格式规则】对话框中选中【使用公式确定要设置格式的单元格】选项，然后在【为符合此公式的值设置格式】编辑框中输入以下公式：

=B2>B$13

步骤③ 单击【格式】按钮，在弹出的【设置单元格格式】对话框中切换到【数字】选项卡下，单击【分类】列表中的【自定义】，然后在右侧的类型文本框中输入以下格式代码，依次单击【确定】按钮返回【条件格式规则管理器】对话框，如图 24-25 所示。

［红色］↑ 0.0

步骤④ 再次单击【新建规则】按钮，参照步骤②，在【为符合此公式的值设置格式】编辑框中输入以下公式：

=B<B$13

步骤⑤ 单击【格式】按钮打开【设置单元格格式】对话框，参照步骤③，输入以下自定义数字格式代码，依次单击【确定】按钮关闭对话框。

［蓝色］↓ 0.0

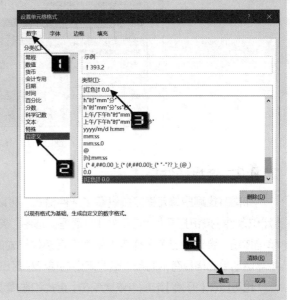

图 24-25　自定义数字格式

24.4　管理条件格式

当为单元格创建了条件格式后，还可以根据需要对其进行编辑修改。

24.4.1　条件格式规则的编辑与修改

编辑与修改条件格式规则的步骤如下。

步骤① 选中需要修改条件格式的单元格区域，依次单击【开始】→【条件格式】→【管理规则】命令，打开【条件格式规则管理器】对话框。

步骤② 在【条件格式规则管理器】对话框中可以进行如下设置。

（1）单击顶部的【显示其格式规则】下拉按钮，可选择不同的工作表、表格、数据透视表或是当前条件格式规则所应用的范围。

（2）单击【新建规则】按钮，将打开【新建格式规则】对话框，以便设置新的规则。

（3）在【应用于】编辑框中可以修改条件格式应用的范围。

（4）选中需要编辑的规则项目，单击【删除规则】按钮将删除该规则。如果单击【编辑规则】按钮，则打开【编辑格式规则】对话框，在此对话框中可以对条件格式规则进行编辑修改，如图 24-26 所示。

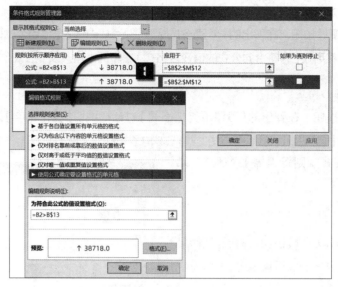

图 24-26　编辑格式规则

24.4.2　查找条件格式

如需查找哪些单元格区域设置了条件格式，可以按 <Ctrl+G> 组合键打开【定位】对话框，然后单击【定位条件】按钮打开【定位条件】对话框。选中【条件格式】单选按钮，在对话框底部如果选中【全部】单选按钮，会选中当前工作表中所有包含条件格式的单元格区域，如果选中【相同】单选按钮，则仅选中与活动单元格具有相同条件格式规则的单元格区域，最后单击【确定】按钮，如图 24-27 所示。

也可以在【开始】选项卡依次单击【查找和选择】→【条件格式】命令，即可选中全部包含条件格式的单元格区域，如图 24-28 所示。

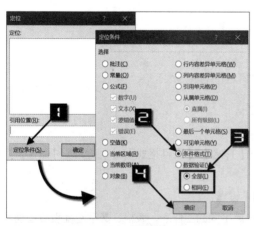

图 24-27　定位条件格式

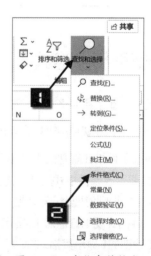

图 24-28　查找条件格式

24.4.3　调整条件格式优先级

同一个单元格区域可以设置多个条件格式规则。当两个或更多条件格式规则应用于一个单元格区域时，将按其在【条件格式规则管理器】对话框中列出的顺序依次执行这些规则，越是位于上方的规则，其优先级越高。

○ I 调整条件格式规则优先级

默认情况下，新规则总是添加到列表的顶部，因此具有最高的优先级。选中一项规则后，单击对话框中的【上移】或【下移】箭头按钮，能够更改该规则的优先级顺序，如图24-29所示。

当同一单元格存在多个条件格式规则时，如果规则之间没有冲突，则全部规则都有效。例如，规则A将单元格格式设置

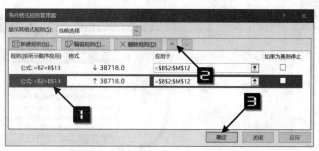

图24-29 调整条件格式规则优先级

为字体加粗，而规则B将同一个单元格格式设置为红色填充，则在符合规则条件时，该单元格格式显示为字体加粗且红色填充。

如果规则之间有冲突，则只执行优先级高的规则。例如，规则A将单元格字体设置为红色，而规则B将单元格字体设置为绿色，因为两个规则存在冲突，所以只应用优先级高的规则。

○ II 应用"如果真则停止"规则

在【条件格式规则管理器】对话框中，如果选中某个规则右侧对应的【如果真则停止】复选框，当该规则成立时，将不再执行优先级较低的其他规则。

示例24-6 给条件格式加上开关

图24-30展示了某公司销售记录的部分内容，其中H列设置了条件格式的图标集规则。借助条件格式中的"如果真则停止"功能，能够控制条件格式是否显示。

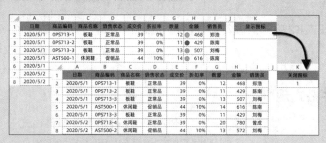

图24-30 给条件格式加上开关

操作步骤如下。

步骤① 单击设置了条件格式规则的任意单元格，如H2单元格，依次单击【开始】→【条件格式】→【管理规则】命令，打开【条件格式规则管理器】对话框。

步骤② 单击【新建规则】按钮，在弹出的【新建格式规则】对话框中选中【使用公式确定要设置格式的单元格】选项，然后在【为符合此公式的值设置格式】编辑框中输入以下公式，单击【确定】按钮返回【条件格式规则管理器】对话框。

=$K$2=1

步骤③ 选中底部的【图标集】条件格式规则中【应用于】文本框中的公式"=$H$2:$H$94"，将其复制到刚刚设置的条件格式规则的【应用于】文本框中。

步骤④ 选中右侧的【如果为真则停止】复选框，依次单击【确定】按钮关闭对话框，如图 24-31 所示。

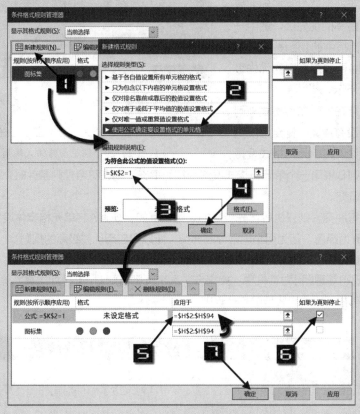

图 24-31　设置【如果真则停止】

设置完成后，如果在 K2 单元格输入 1，H 列的图标集将不再显示。清除 K2 单元格的 1，H 列则恢复图标集显示。

24.4.4　删除条件格式规则

图 24-32　清除规则

依次单击【开始】→【条件格式】→【清除规则】命令，在展开的二级菜单中可进行如下操作。

（1）单击【清除所选单元格的规则】命令，将清除所选单元格区域的条件格式规则。

（2）单击【清除整张工作表的规则】命令，将清除当前工作表中所有条件格式规则。

（3）如果当前选中的是"表格"（在【插入】选项卡单击【表格】按钮创建的表）或是数据透视表，还可以选择使用【清除此表的规则】和【清除此数据透视表的规则】命令，如图 24-32 所示。

第 25 章　创建迷你图

迷你图是绘制在单元格中的微型图表，包括折线、柱形和盈亏三种类型，用来显示趋势或突出显示最大、最小值。迷你图使用方便，是常用的数据可视化工具之一。

> **本章学习要点**
>
> （1）创建迷你图。　　　　　　　　　　　　（2）设置迷你图样式。

25.1　认识迷你图

迷你图结构简单紧凑，通常在数据表格的一侧成组使用，能够帮助用户快速观察数据变化趋势。迷你图外观与图表相似，但功能与图表有所差异。

- ❖ 图表是嵌入到工作表中的对象，能够显示多个数据系列，而迷你图只存在于单元格中，仅由一个数据系列构成。
- ❖ 在使用了迷你图的单元格内，仍然可以输入文字和设置填充色。
- ❖ 使用填充的方法能够快速创建一组迷你图。
- ❖ 迷你图没有图表标题、图例项、网格线等图表元素。

25.1.1　迷你图类型

迷你图包括折线、柱形和盈亏三种类型，其效果和功能说明见表 25-1。

表 25-1　不同类型的迷你图

类型	效果	功能说明
折线		与折线图类似，用于展示数据趋势走向
柱形		与柱形图类似，能够快速识别最高和最低点的数据
盈亏		将数据点显示为正方向和负方向的方块，分别表示盈利和亏损

25.1.2　创建迷你图

以创建折线迷你图为例，操作步骤如下。

步骤① 选中要插入迷你图的单元格，如 N2 单元格，依次单击【插入】→【折线】命令，打开【创建迷你图】对话框。

单击【数据范围】编辑框进入编辑状态，选择 B2:M2 单元格区域。单击【确定】按钮关闭【创建迷你图】对话框，即可在 N2 单元格中创建一个折线迷你图，如图 25-1 所示。

步骤② 光标靠近 N2 单元格右下角，拖动填充柄到 N10 单元格，即可在 N2:N10 单元格区域内快速生成多个迷你图，如图 25-2 所示。

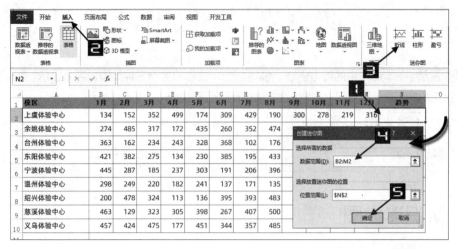

图 25-1　创建迷你图

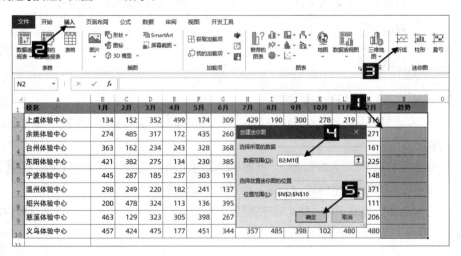

图 25-2　使用填充柄复制迷你图

除此之外，还可以直接选中 N2:N10 单元格区域，然后依次单击【插入】→【折线】命令。在弹出的【创建迷你图】对话框中单击【数据范围】编辑框进入编辑状态，然后拖动鼠标选择 B2:M10 单元格区域，最后单击【确定】按钮，如图 25-3 所示。

图 25-3　同时创建多个迷你图

> **注意** →
>
> 单元格的宽高比例将影响迷你图的外观效果，如图25-4所示，是同一个迷你图在不同单元格大小下的显示效果，实际使用时应注意由此对数据解读带来的影响。
>
>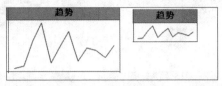
>
> 图25-4　不同单元格大小的迷你图显示效果

25.1.3　迷你图的组合

通过填充或是同时选中多个单元格创建的迷你图，称为成组迷你图。同一组迷你图具备相同的特性，如果选中其中一个，处于同一组的迷你图会显示蓝色的外框线，如图25-5所示。如果对其进行个性化设置，将影响当前组中的全部迷你图。

利用迷你图的组合功能，可以将多个或多组迷你图组合为新的成组迷你图。

如图25-6所示，选中已插入迷你图的H2:H5单元格区域，然后按住<Ctrl>键，再用鼠标选择包含迷你图的B6:G6单元格区域，选中两组迷你图。在【迷你图】选项卡中单击【组合】命令完成组合。

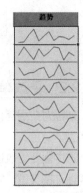

图25-5　成组迷你图

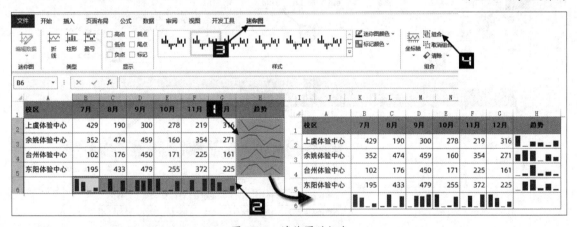

图25-6　迷你图的组合

组合迷你图的图表类型由最后所选单元格中的迷你图类型决定，本例中最后选中的是B6:G6中的柱形迷你图，因此新组合后的迷你图类型会全部转换为柱形。

25.2　更改迷你图类型

25.2.1　更改成组迷你图类型

如需更改成组迷你图的图表类型，可以先选中其中任意一个迷你图，如H2单元格迷你图，然后在【迷你图】选项卡单击【类型】命令组中的【折线】图表类型按钮，将成组迷你图统一更改为折线类型，如图25-7所示。

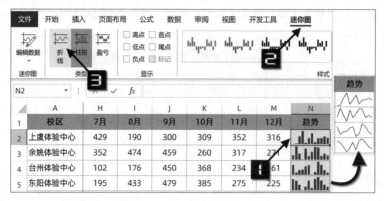

图 25-7　更改成组迷你图类型

25.2.2　更改单个迷你图类型

如需对成组迷你图中的单个迷你图类型进行更改，需要先取消迷你图的组合状态，然后再更改迷你图类型。

选中需要更改迷你图类型的单元格，如 H2 单元格，依次单击【迷你图】→【取消组合】命令，再选择一种迷你图类型，如柱形，将 H2 单元格中的折线迷你图更改为柱形迷你图，如图 25-8 所示。

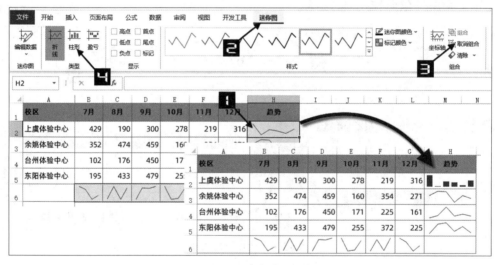

图 25-8　更改单个迷你图类型

25.3　设置迷你图样式

25.3.1　设置突出显示项目

单击选中迷你图，在【迷你图】选项卡下的【显示】命令组中，通过选择各个复选框，能够突出显示迷你图中对应的项目。单击【标记颜色】下拉按钮，在下拉列表中能够对迷你图中的负点、标记、高点、低点、首点和尾点等项目分别设置不同的颜色，如图 25-9 所示。其中的标记选项仅在使用折线类型的迷你图时可用。

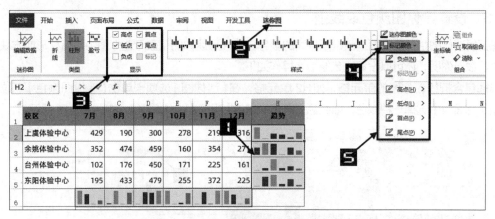

图 25-9　【显示】命令组和标记颜色

【显示】命令组中各选项的功能说明见表 25-2。

表 25-2　【显示】命令组中各选项的功能说明

选项	功能说明	选项	功能说明
高点	突出显示最高数据点	首点	突出显示最左侧数据点
低点	突出显示最低数据点	尾点	突出显示最右侧数据点
负点	突出显示负值数据点	标记	在折线迷你图中突出显示数据点

25.3.2　使用内置样式

Excel 内置了多种迷你图样式，用户可以根据需要来选择。选中包含迷你图的单元格，如 H2 单元格，在【迷你图】选项卡中单击【样式】下拉按钮打开迷你图样式库。选中一个样式图标，即可将该样式应用到所选迷你图，如图 25-10 所示。

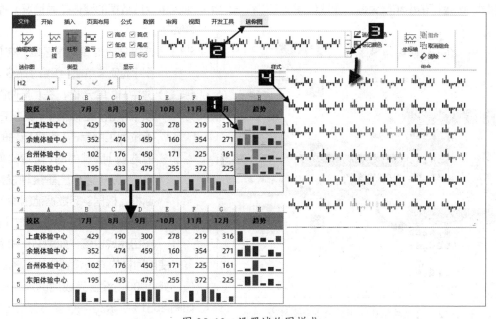

图 25-10　设置迷你图样式

25.3.3　设置迷你图颜色或线型

在折线迷你图中，迷你图颜色是指折线的颜色，在柱形迷你图和盈亏迷你图中是指柱形或方块颜色。如果是折线迷你图，还可以设置线条粗细。操作如下。

选择包含折线迷你图的单元格，如 H2 单元格，在【迷你图】选项卡单击【迷你图颜色】下拉按钮，在主题颜色面板中选择一种颜色，如红色，并依次单击【粗细】→【1.5 磅】，如图 25-11 所示。

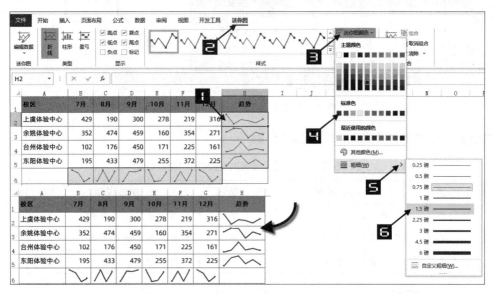

图 25-11　设置迷你图颜色与线条粗细

25.3.4　设置迷你图垂直轴

默认情况下的成组迷你图，仅对每一行/列中的数据单独展示高低变化，用户可以根据需要手动设置迷你图的纵坐标最小和最大值，使迷你图能够以统一的坐标轴范围反应数据的整体差异情况，操作步骤如下。

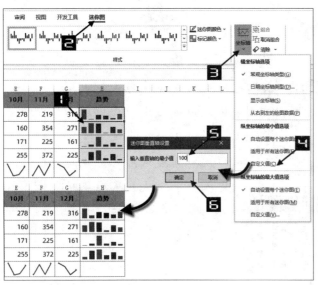

图 25-12　设置成组迷你图的垂直轴最小值

步骤① 选中 H2:H5 单元格区域，在【迷你图】选项卡单击【组合】命令。

步骤② 选中 H2 单元格，在【迷你图】选项卡单击【坐标轴】下拉按钮，在下拉列表中单击【纵坐标轴的最小值选项】区域中的【自定义值】命令，打开【迷你图垂直轴设置】对话框，根据实际数据范围输入垂直轴的最小值，如 100，单击【确定】按钮完成设置，如图 25-12 所示。

使用同样的方法设置纵坐标轴的最大值，如 1000，设置完成后的迷你图效果如图 25-13 所示。

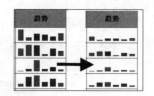

图 25-13　设置自定义垂直轴的成组迷你图

25.3.5　设置迷你图横坐标轴

● Ⅰ　显示横坐标轴

选中包含迷你图的单元格，如 H2 单元格，依次单击【迷你图】→【坐标轴】→【显示坐标轴】命令，如图 25-14 所示。

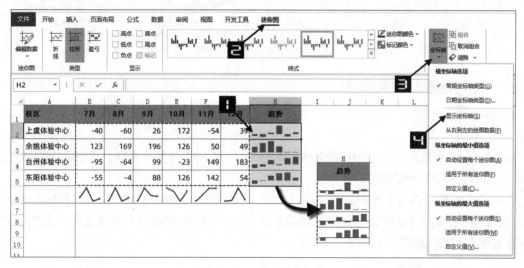

图 25-14　显示横坐标轴

提示
在选择【显示坐标轴】命令时，如果折线迷你图或是柱形迷你图中不包含负值数据点，则不会显示横坐标轴。而盈亏迷你图则无论是否包含负值数据点，均显示横坐标轴。

● Ⅱ　使用日期坐标轴

插入迷你图时，如果数据区域中的字段标题为日期型数据，无论日期是否连续，迷你图都将以相同间隔显示各组数据，如图 25-15 所示。

使用日期坐标轴能够使缺少数据的日期在迷你图中显示为空位，操作如下。

选中 H2 单元格，依次单击【迷你图】→【坐标轴】→【日期坐标轴类型】命

校区	7月1日	7月2日	7月3日	7月6日	7月7日	7月8日	趋势
上虞体验中心	-40	-60	26	172	-54	39	
余姚体验中心	123	169	196	126	50	49	
台州体验中心	-95	-64	99	-23	149	183	
东阳体验中心	-55	-4	88	126	142	54	

图 25-15　以相同间隔显示各组数据

令，打开【迷你图日期范围】对话框。单击该对话框中的输入框进入编辑状态，拖动鼠标选择 B1:G1 单元格区域，最后单击【确定】按钮关闭【迷你图日期范围】对话框，如图 25-16 所示。

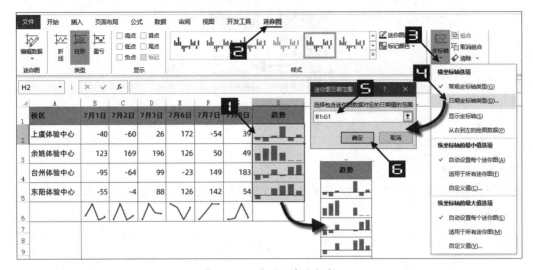

图 25-16　使用日期坐标轴

25.3.6　处理隐藏和空单元格

默认情况下，迷你图中不显示隐藏行列的数据，将空单元格显示为空距。如需更改这些设置，操作如下。

选中包含迷你图的单元格，如 H2 单元格，依次单击【迷你图】→【编辑数据】→【隐藏和清空单元格】命令，打开【隐藏和空单元格设置】对话框。

在对话框中选中【零值】单选按钮，再选中【显示隐藏行列中的数据】复选框，最后单击【确定】按钮关闭【隐藏和空单元格设置】对话框。完成设置后，空单元格在迷你图中用零值显示，被隐藏的行或列数据也会显示在迷你图中，如图 25-17 所示。

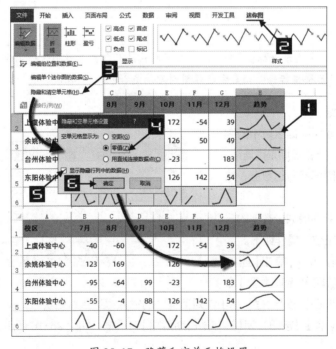

图 25-17　隐藏和空单元格设置

提示 ━■━■━▶

【隐藏和空单元格设置】对话框中的【用直线连接数据点】选项仅适用于折线迷你图，在柱形和盈亏迷你图中，此选项将不可用。

25.4　清除迷你图

如需清除迷你图，可以使用以下几种方法。

方法 1：选中迷你图所在的单元格，依次单击【迷你图】→【清除】→【清除所选的迷你图】或【清除所选的迷你图组】命令，如图 25-18 所示。

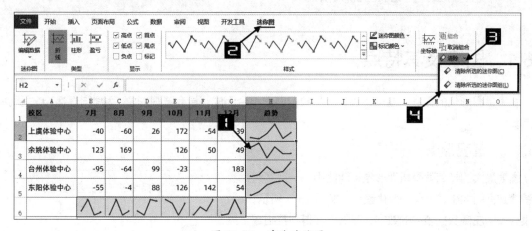

图 25-18　清除迷你图

方法 2：选中迷你图所在的单元格，鼠标右击，在弹出的扩展菜单中依次单击【迷你图】→【清除所选的迷你图】或是【清除所选的迷你图组】命令。

方法 3：选中迷你图所在的单元格区域，在【开始】选项卡依次单击【清除】→【全部清除】命令。

第 26 章　数据类图表制作

本章主要介绍 Excel 图表的基础知识，以及如何创建、编辑、修饰和打印图表，并详细讲解各种图表类型的应用场合及部分常用图表的制作方法，同时学习常用动态图表和变形图表的制作方法。

> **本章学习要点**
>
> （1）图表的特点及组成。　　　　　　　　（4）交互式图表的制作。
> （2）图表的创建与格式设置。　　　　　　（5）图表排版设计。
> （3）变化数据结构与组合图表的制作。

26.1　图表及其特点

图表是图形化的数据，由点、线、面与数据匹配组合而成，具有直观形象、种类丰富和实时更新等特点。

26.1.1　直观形象

图表最大的特点就是直观形象，能使用户一目了然地看清数据的大小、差异和变化趋势。如图 26-1 所示，如果只阅读左侧数据表中的数字，无法直观得到整组数据所包含的更有价值的信息，而右侧的图表至少反映了如下几条信息。

（1）不同品牌平均销售额为 243 万元。

（2）卸妆乳与面膜为公司主要收入产品。

（3）其他产品销售额均在平均线以下。

26.1.2　种类丰富

Excel 内置的图表类型包括：柱形图、折线图、饼图、条形图、面积图、XY 散点图、地图、股价图、曲

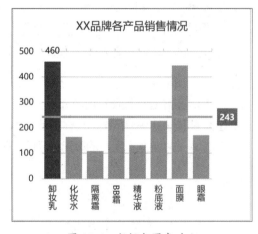

图 26-1　数据与图表对比

面图、雷达图、树状图、旭日图、直方图、箱形图、瀑布图和漏斗图，不同图表类型下还包括多种子图表类型。

❖ 柱形图是 Excel 的默认图表类型，主要用于表现数据之间的差异。子图表类型堆积柱形图还可以表现数据构成明细，百分比堆积柱形图可以表现数据构成比例。柱形图旋转 90 度则为条形图，条形图主要按顺序显示数据的大小，并可以使用较长的分类标签。

❖ 折线图、面积图、XY 散点图均可表现数据的变化趋势，折线图向下填充即为面积图，XY 散点图可以灵活地显示数据的横向或纵向变化。柱形图和折线图一般可以互相转换展示，也可以在同一图表中组合展示。

❖ 饼图和圆环图均可用于展现数据构成比例，不同的是圆环图在展示多组数据时更加方便。

❖ 气泡图是 XY 散点图的扩展，它相当于在 XY 散点图的基础上增加了第三个变量，即气泡的尺寸。气

泡图可以应用于分析更加复杂的数据关系。除了描述两组数据之间的关系之外，该图还可以描述数据本身的另一种指标。

❖ 瀑布图一般用于分类使用，便于反映各部分之间的差异。瀑布图是指通过巧妙的设置，使图表中数据点的排列形状看似瀑布。这种效果的图形能够在反映数据多少的同时，直观地反映出数据的增减变化，在工作中非常具有实用价值。

❖ 在雷达图中，每个分类都使用独立的由中心点向外辐射的数值轴，它们在同一系列中的值则是通过折线连接的。雷达图对于采用多项指标全面分析目标情况有着重要的作用，在诸如企业经营分析等分析活动中十分有效，具有完整、清晰和直观的特点。

❖ 树状图用于比较层级结构不同级别的值，以矩形显示层次结构级别中的比例。一般在数据按层次结构组织并具有较少类别时使用。

❖ 旭日图用于比较层级结构不同级别的值，以环形显示层次结构级别中的比例。一般在数据按层次结构组织并具有较多类别时使用。

❖ 直方图又称质量分布图，是一种统计报告图，由一系列高度不等的纵向条纹或线段表示数据分布的情况。一般用横轴表示数据类型，纵轴表示分布情况。

❖ 排列图又称帕累托图，排列图用双直角坐标系表示，左侧纵坐标表示频数，右侧纵坐标表示频率，分析线表示累积频率，横坐标表示影响质量的各项因素，按影响程度的大小（出现频数多少）从左到右排列，通过对排列图的观察分析可以抓住影响质量的主要因素。

❖ 箱形图又称为盒须图、盒式图或箱线图，是一种用作显示一组数据分散情况的统计图，因形状如箱子而得名。常用于品质管理，能提供有关数据位置和分散情况的关键信息，尤其在比较不同的母体数据时更可表现其差异。

❖ 随着扁平化设计风格的流行，三维立体图表的应用已越来越少。

根据不同的应用范围，建议采用的图表类型如图 26-2 所示。

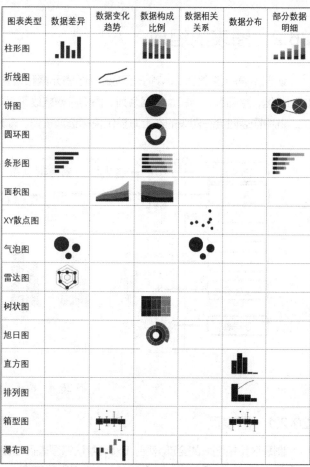

图 26-2　建议采用的图表类型

另外，Excel 允许自定义组合两种或将两种以上的标准图表类型绘制在同一个图表中，同时允许用户创建自定义图表类型为图表模板，以方便调用。

26.1.3 实时更新

Excel 图表是动态的，换句话说，在默认情况下，图表系列将链接到工作表中的数据，如果工作表中的数据发生变化，图表则会自动更新，以反映这些数据的变化。图表自动更新的前提是将计算选项设置为自动，设置方法为：在【公式】选项卡中依次单击【计算选项】→【自动】，如图 26-3 所示。

图 26-3　设置自动计算选项

26.2　图表的组成

认识图表的各个组成，对于正确选择图表元素和设置图表元素格式来说是非常重要的。Excel 图表由图表区、绘图区、标题、数据系列、图例和网格线等基本组成部分构成，如图 26-4 所示。

选中图表时会在图表的右上方显示快捷选项按钮，非选中状态时则隐藏该组按钮。

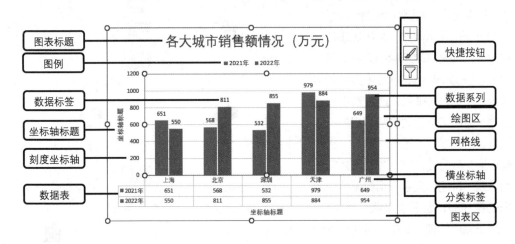

图 26-4　图表的组成

26.2.1 图表区

图表区是指图表的全部范围，Excel 默认的图表区是由白色填充区域和 50% 灰色细实线边框组成的。选中图表区时，将显示图表对象边框，以及用于调整图表大小的 8 个控制点，如图 26-4 所示。

图表区具有以下功能。

❖ 改变图表区的大小，即调整图表的大小及长宽比例。

❖ 设置图表的位置是否随单元格变化，以及选择是否打印图表。

❖ 选中图表区后，可以快速统一设置图表中文字的字体、字号和颜色。

26.2.2 绘图区

绘图区是指图表区内的图形所在的区域，是以 4 个坐标轴为边的长方形区域。选中绘图区时，将显示绘图区边框，以及用于调整绘图区大小的 8 个控制点。通过拖放控制点，可以改变绘图区的大小，以适合图表的整体效果。

26.2.3 标题

标题包括图表标题和坐标轴标题。图表标题是显示在绘图区上方的类文本框，坐标轴标题是显示在坐标轴外侧的类文本框。图表标题只有一个，而坐标轴标题最多允许 4 个。Excel默认的标题是无边框的黑色文字。

图表标题的作用是对图表主要内容进行说明，坐标轴标题的作用是对坐标轴的内容进行标示，一般坐标轴标题使用频率较低。

26.2.4 数据系列和数据点

数据系列由数据点构成，每个数据点对应于工作表中的某个单元格内的数据，数据系列对应于工作表中一行或一列数据。数据系列在绘图区中表现为彩色的点、线、面等图形。

数据系列具备以下功能。

❖ 根据工作表中数据信息的大小呈现不同高度的数据点。

❖ 可单独修改某个数据点的格式。

❖ 当一个图表含有两个或两个以上的数据系列时，可以指定数据系列绘制在主坐标轴或次坐标轴。若有一个数据系列绘制在次坐标轴上，则图表中将默认显示次要纵坐标轴。

❖ 设置不同数据系列之间的重叠比例与同一数据系列不同数据点之间的间隔大小。

❖ 可为各个数据点添加数据标签。

❖ 添加趋势线、误差线、涨/跌柱线、垂直线、系列线和高低点连线等。

❖ 调整不同数据系列的排列次序。

26.2.5 坐标轴

坐标轴可分为主要横坐标轴、主要纵坐标轴、次要横坐标轴和次要纵坐标轴。Excel默认显示绘图区左侧的主要纵坐标轴和底部的主要横坐标轴。坐标轴按引用数据类型不同可分为数据轴、分类轴、时间轴和序列轴四种。

坐标轴的作用是对图表中的分类进行说明和标识，用户可以设置刻度值大小、刻度线、坐标轴交叉与标签的数字格式与单位，以及设置逆序坐标轴与坐标轴标签的对齐方式。

26.2.6 图例

图例由图例项和图例项标识组成。当图表只有一个数据系列时，默认不显示图例，当超过一个数据系列时，默认的图例显示在绘图区下方。

图例的作用是对数据系列的名称进行标识。用户可以调整图例在图表区中的显示位置，也能够单独对某个图例项设置格式或是删除。

26.2.7 数据表

数据表可以显示图表中所有数据系列的数据，对于设置了显示数据表的图表，数据表将固定显示在绘图区下方，如果图表中已经显示了数据表，则可不再显示图例与数据标签。

数据表可以在一定程度上取代图例、刻度值、数据标签和主要横坐标轴。

> 提示 → 　图表中的元素均可以通过设置填充、边框颜色、边框样式、阴影、发光和柔化边缘、三维格式等项目改变图表元素的外观。

26.2.8　快捷选项按钮

快捷选项按钮共有 3 个，分别是图表元素、图表样式和图表筛选器，如图 26-5 所示。

❖ 图表元素：可以快速添加、删除或更改图表元素，如图表标题、图例、网格线和数据标签等。

❖ 图表样式：可以快速设置图表样式和配色方案。

❖ 图表筛选器：可以快速选择在图表上显示哪些数据系列（数据点）和名称。

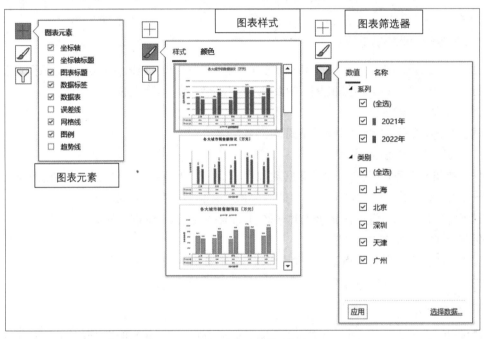

图 26-5　图表快捷选项按钮

26.3　创建图表

数据是图表的基础，若要创建图表，首先需要为图表准备数据。插入的图表既可以嵌入到工作表中，也可以显示在单独的图表工作表中，用户可以很容易地将一个嵌入式图表移动到图表工作表，反之亦然。

26.3.1　插入图表

⮌ Ι　嵌入式图表

嵌入式图表，是嵌入在工作表单元格上层的图表对象，适合图文混排的编辑模式。

如图 26-6 所示，选择 A1:B9 单元格区域，单击【插入】选项卡中的【插入柱形图或条形图】→【簇状柱形图】命令，即可在工作表中插入柱形图。

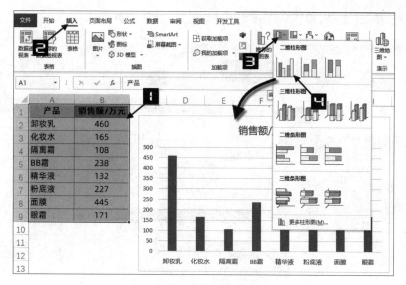

图 26-6　嵌入式图表

Ⅱ　图表工作表

图表工作表是一种没有单元格的工作表，适合放置复杂的图表对象，以方便阅读。

选择 Sheet1 工作表中的 A1:B9 单元格区域，按 <F11> 键，即可在新建的图表工作表 Chart1 中创建一个柱形图，此方法插入的图表默认为柱形图，如图 26-7 所示。

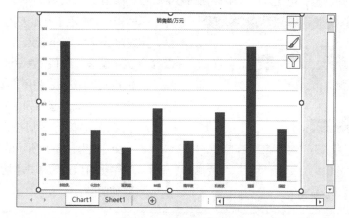

图 26-7　图表工作表

26.3.2　选择数据

选择数据包括添加、删除、编辑数据系列，编辑分类轴标签引用的数据区域等，操作步骤如下。

步骤① 选中图表，在【图表设计】选项卡中单击【选择数据】按钮，打开【选择数据源】对话框，左侧【图例项(系列)】区域有 5 个按钮，分别为【添加】【编辑】【删除】【上移】和【下移】。

步骤② 单击【添加】按钮打开【编辑数据系列】对话框，在【编辑数据系列】对话框中单击【系列名称】输入框进入编辑状态，然后单击选中 C1 单元格。接下来单击【系列值】输入框进入编辑状态，拖动鼠标选择 C2:C7 单元格区域。最后单击【确定】按钮关闭【编辑数据系列】对话框，如图 26-8 所示。

在【选择数据源】对话框中选中任一系列，单击【编辑】按钮可更改此系列数据，单击【删除】按钮可将此系列删除。单击【上移】和【下移】按钮可移动系列的上下位置。

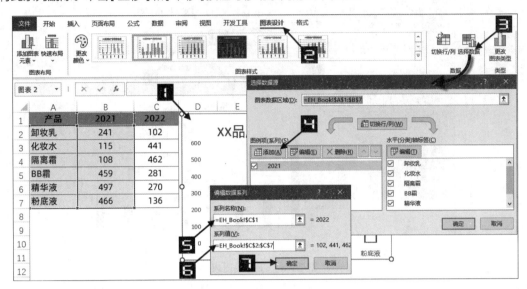

图 26-8　选择数据-编辑系列

步骤③ 在【选择数据源】对话框中单击右侧【水平(分类)轴标签】的【编辑】按钮，打开【轴标签】对话框。单击【轴标签区域】输入框进入编辑状态，拖动鼠标选择A2:A7 单元格区域，单击【确定】按钮关闭【轴标签】对话框，可更改图表坐标轴的分类标签，如图 26-9 所示。

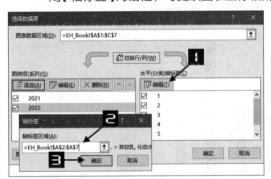

最后单击【确定】按钮关闭【选择数据源】对话框，完成对数据系列的修改。

步骤④ 选中图表，在【图表设计】选项卡中单击【切换行/列】按钮，将所选图表的两个数据系列更改为 6 个数据系列，如图 26-10 所示。再次单击【切换行/列】按钮可切换至之前设置。另外，在图 26-8 所示的【选择数据源】对话框中也可以通过单击【切换行/列】按钮进行系列切换。

图 26-9　选择数据-编辑水平(分类)轴标签

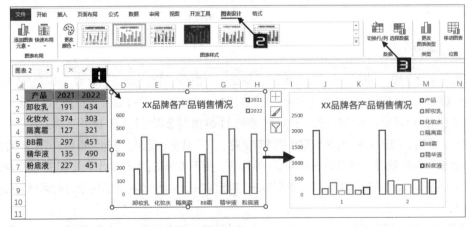

图 26-10　切换行/列

26.3.3　移动图表

➔ Ⅰ　**在工作表中移动图表**

　　单击图表区，鼠标指针变为十字箭形，按住鼠标左键，拖动鼠标至合适的位置后释放鼠标即可将图表移动到新的位置，如图 26-11 所示。

➔ Ⅱ　**在工作表间移动图表**

　　在图表区的空白处鼠标右击，在弹出的快捷菜单中单击【移动图表】命令，打开【移动图表】对话框。在【对象位于】选项按钮的下拉列表中选择目标工作表，单击【确定】按钮，即可将图表移动到目标工作表中，如图 26-12 所示。如果选择【新工作表】选项，会新建一张图表工作表。

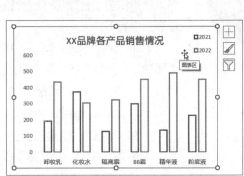

图 26-11　在工作表内移动图表

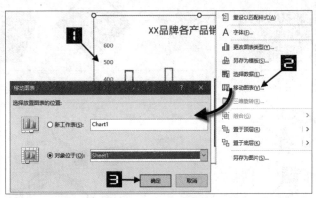

图 26-12　工作表间的移动

　提示

　　利用【剪切】和【粘贴】命令，也可以移动图表，粘贴后的图表与活动单元格的左上角对齐。

26.3.4　复制图表

➔ Ⅰ　**复制命令**

　　单击图表中的图表区，然后单击【开始】选项卡下的【复制】命令（或按<Ctrl+C>组合键），再选择目标单元格，单击【粘贴】命令（或按<Ctrl+V>组合键），可以将图表复制到目标位置。

➔ Ⅱ　**快捷复制**

　　单击图表中的图表区，按住鼠标左键，此时鼠标指针变为十字箭形，在不释放鼠标左键的情况下按住<Ctrl>键拖动，可完成图表的复制。

26.3.5　删除图表

　　在图表的图表区空白处鼠标右击，在弹出的快捷菜单中单击【剪切】命令，或者选中图表后按<Delete>键，都可删除图表。

　　如需删除图表工作表，可单击【开始】选项卡下的【删除】→【删除工作表】命令删除图表工作表。也可以右击图表工作表标签，在弹出的快捷菜单中单击【删除】命令进行删除。

26.4 设置图表格式

使用内置的默认图表样式，只能满足制作简单图表的要求。如果需要更清晰地表达数据的含义，或制作个性化的图表，就需要进一步对图表进行修饰和处理。

示例26-1 几何形百分比图表

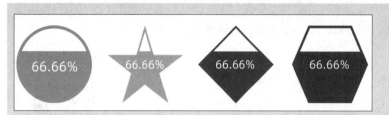

图 26-13 几何形百分比图表

图 26-13 所示，是利用各种图形与图表结合制作的百分比图表。此类图表适合在PPT或数据仪表盘中使用。

下面使用圆形进行解说，其他图形均可参照以下步骤实现。

步骤① 选中A1:B2 单元格区域，在【插入】选项卡中依次单击【插入柱形图或条形图】→【簇状柱形图】命令，生成一个柱形图，如图 26-14 所示。

步骤② 选中图表，在【图表设计】选项卡中单击【切换行/列】按钮，将1个系列转换为两个数据系列，如图 26-15 所示。

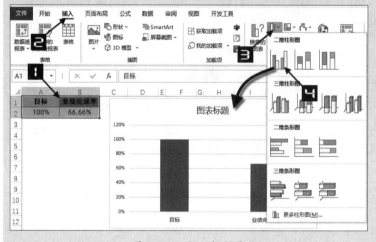

图 26-14 插入柱形图

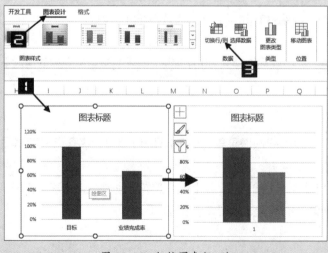

图 26-15 切换图表行/列

26.4.1　柱形图数据系列选项设置

步骤③ 双击柱形图中任意一个数据系列，打开【设置数据系列格式】选项窗格，在【系列选项】选项卡中设置【系列重叠】选项为 100%，【间隙宽度】选项为 0%，完成调整柱形的重叠与间距，如图 26-16 所示。

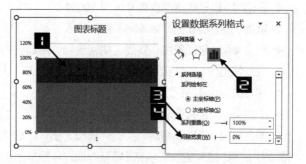

图 26-16　系列选项设置

柱形图数据系列的【系列选项】说明如下。

❖ 系列绘制在：当某个图表中包含两个或两个以上的数据系列时，可以设置数据系列的【系列选项】。指定数据系列绘制在【次坐标轴】时，图表中将显示右侧的次要纵坐标轴。

❖ 系列重叠：不同数据系列之间的重叠比例，比例范围为 -100% 到 100%。

❖ 间隙宽度：不同数据点之间的距离，间距范围为 0% 到 500%，同时调整柱形的宽度。

26.4.2　数据系列填充与线条格式设置

在【设置数据系列格式】选项窗格中，切换到【填充与线条】选项卡，可设置系列的填充与边框样式。

如果默认的主题颜色不符合要求，可在【主题颜色】面板中单击【其他颜色】调出【颜色】对话框，切换到【自定义】选项卡，根据需要设置颜色 RGB 值，最后单击【确定】按钮关闭【颜色】对话框即可，如图 26-17 所示。

【填充】选项说明如下。

❖ 无填充：即透明。

❖ 纯色填充：即一种颜色填充。

❖ 渐变填充：即一种或几种颜色填充，从一种颜色过渡变化到另一种颜色。

❖ 图片或纹理填充：即填充自定义图片或内置图片。

❖ 图案填充：即不同背景色和背景色的条纹图案。

❖ 自动：Excel 主题颜色。

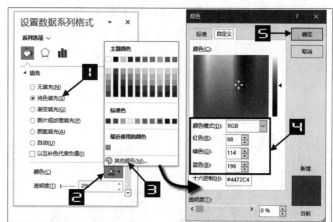

图 26-17　设置自定义填充

❖ 以互补色代表负值：默认以白色填充，可以分别设置正值和负值的填充颜色。（此选项在正负数据对比图表中使用率较高。）

❖ 颜色：根据用户需要选择颜色进行填充。

❖ 透明度：可设置柱形填充颜色的透明度，透明度范围为 0% 到 100%，百分比数据越大，柱形越透明。

【边框】选项说明如下。

❖ 无线条：即无边框线。

❖ 实线：同一种颜色的边框线。

❖ 渐变线：由一种颜色过渡变化到另一种颜色的边框线。

❖ 自动：默认无边框线。

❖ 颜色：可根据需要设置边框颜色。

❖ 透明度：边框线透明度为 0% 到 100%。

❖ 宽度：边框粗细为 0 到 1584 磅。

❖ 复合类型：包括单线、双线、由粗到细、由细到粗、三线等。

❖ 短划线类型：包括实线、圆点、方点、短划线、划线‑点、长划线、长划线‑点、长划线‑点‑点等。

❖ 端点类型：包括正方形、圆形和平面。

❖ 连接类型：包括圆形、棱台和斜接。

❖ 箭头选项：即直线两端箭头的样式和大小，边框样式中不可使用此设置。

步骤④ 使用【图片或纹理填充】填充选项。在视觉上更改柱形图数据点的形状。

首先，插入自选图形。具体操作如下。

单击【插入】→【形状】下拉按钮，在下拉列表中选择"椭圆形"，按住 <Shift> 键拖动鼠标，可绘制出一个正圆形。

单击形状，按 <Ctrl+1> 组合键打开【设置形状格式】选项窗格，在【填充与线条】选项中设置【填充】为【纯色填充】，【颜色】为"白色"，设置【线条】为【实线】，【颜色】为"绿色"，【宽度】为"4.5 磅"，如图 26-18 所示。

步骤⑤ 选中绘制好的图形，按 <Ctrl+C> 组合键复制。

单击柱形图"目标"数据系列，按 <Ctrl+V> 组合键，将图形粘贴到柱形上。也可在【设置数据系列格式】选项窗格中切换到【填充与线条】选项卡，依次单击【填充】→【图片或纹理填充】→【剪贴板】命令。填充好图形后，选中【层叠并缩放】单选按钮，在【单位/图片】输入框中输入 1，因为数据中最大值为 1，现在需要形状在 1 的范围里进行缩放，可以根据需要设置为其他参数，如图 26-19 所示。

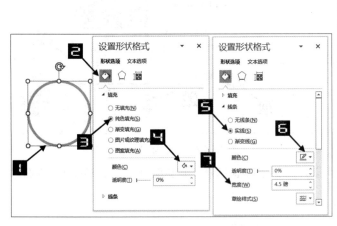

图 26-18　设置形状填充与线条

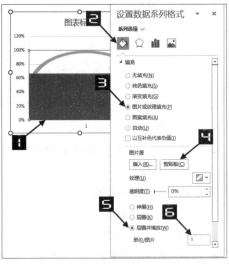

图 26-19　设置图片或纹理填充

再次单击椭圆形，设置【填充】为【纯色填充】，【颜色】为"绿色"。

更改图形填充颜色后，同样的步骤对"业绩完成率"数据系列进行设置。

 提示

> 　　如果一个数据系列中有多个数据点，如需对某一个数据点单独设置不同的格式，可单击数据系列后再次单击目标数据点进行设置。

26.4.3　数值与分类坐标轴格式设置

双击柱形图中的纵坐标轴，打开【设置坐标轴格式】选项窗格，切换到【坐标轴选项】选项卡，在【坐标轴选项】区域【边界】下【最小值】输入框中输入 0，【最大值】输入框中输入 1，在【标签】选项【标签位置】下拉列表中选择【无】，将刻度坐标轴隐藏，也可以设置完刻度值后直接按 <Delete> 键删除纵坐标轴，如图 26-20 所示。

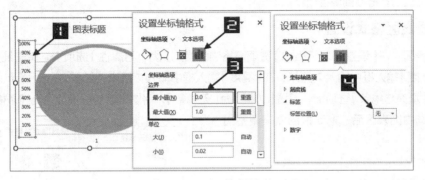

图 26-20　设置刻度坐标轴

单击横坐标轴，按 <Delete> 键删除。删除的图表元素可在图表元素快捷选项按钮中调出。

数值轴的【坐标轴选项】说明如下。

❖ 边界-最小值：数值坐标轴的最小值。

❖ 边界-最大值：数值坐标轴的最大值。

❖ 单位-大：主要刻度单位，显示坐标轴标签。

❖ 单位-小：在坐标轴中不显示（影响次要横网格线）。

❖ 重置：设置刻度为自动。

❖ 横坐标轴交叉：包括自动、坐标轴值和最大坐标轴值。（可设置横坐标轴显示位置。）

❖ 显示单位：包括无、百、千、10000、100000、百万、10000000、100000000、十亿、兆。

❖ 对数刻度：刻度之间为等比数列。

❖ 逆序刻度值：坐标轴刻度方向相反。

分类轴的【坐标轴选项】说明如下。

❖ 坐标轴类型：根据数据自动选择、文本坐标轴、日期坐标轴（在折线图与面积图中较常用）。

❖ 坐标轴位置：在刻度线上（在折线图与面积图中较常用）、刻度线之间。

❖ 其他选项可参阅数值轴选项。

坐标轴的【刻度线】说明如下。

❖ 标记间隔：默认为 1，可根据需要设置间隔。（仅文本坐标轴有此选项，此设置会影响网格线间隔。）

❖ 主要刻度类型：包括无、内部、外部和交叉。（默认为无。）

❖ 次要刻度类型：包括无、内部、外部和交叉。（默认为无。）

坐标轴的【标签】说明如下。

❖ 标签间隔：自动（默认为 1）、指定间隔单位。（设置为自动时，图表数据源有多少分类项均显示在图表分类轴上，设置指定间隔单位则可根据设置的单位间隔显示分类。）

❖ 与坐标轴的距离：默认的分类标签与横坐标轴距离为 100。

❖ 标签位置：包括轴旁、高、低、无。（默认为轴旁。）

坐标轴的【数字】说明如下。

❖ 类别：包括常规、数字、货币、会计专用、日期、时间、百分比、分数、科学记数、文本、特殊格式和自定义。

❖ 格式代码：可根据用户需要自定义代码后单击添加。

❖ 链接到源：默认为选中状态。图表中的数字格式默认以数据源数字格式显示，对图表数字格式设置为其他格式后，链接到源会自动取消选中。

26.4.4　图表区格式设置

单击图表区，在【设置图表区格式】选项窗格中切换到【大小与属性】选项卡，单击展开【大小】选项卡，在【宽度】输入框中输入 7 厘米，在【高度】输入框中输入 7 厘米，如图 26-21 所示。

切换到【填充与线条】选项卡，设置【边框】为【无线条】，将图表区边框设置为无线条格式。

也可以选中图表区后，拖动控制点来调整图表大小。

图表区的【大小与属性】选项说明如下。

❖ 大小：包括高度、宽度、缩放高度、缩放宽度和锁定纵横比等。

❖ 属性：包括大小和位置随单元格而变、大小固定，位置随单元格而变、大小和位置均固定、打印对象（取消选中则打印时不显示图表）和锁定（默认选中此项，当保护工作表时，图表不可移动）。

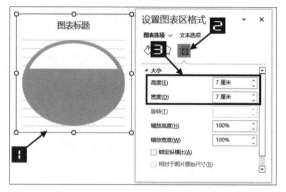

图 26-21　设置图表区大小

26.4.5　其他设置

步骤① 选中图表，单击【图表元素】快捷选项按钮，取消选中【网格线】【图表标题】复选框，如图 26-22 所示。

步骤② 选中图表任意数据系列，鼠标右击，在快捷菜单中单击【选择数据】命令，打开【选择数据源】对话框。在【选择数据源】对话框中单击【添加】按钮，打开【编辑数据系列】对话框后直接单击【确定】按钮关闭【编辑数据系列】对话框，最后单击【确定】按钮关闭【选择数据源】对话框，如图 26-23 所示。

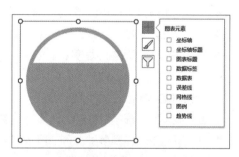

图 26-22　删除图表元素

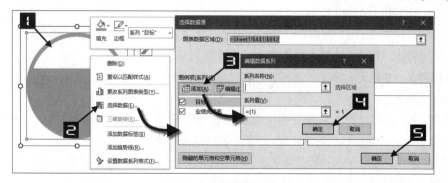

图 26-23　设置图表字体

步骤③ 单击新添加的数据系列，在【插入】选项卡中依次单击【插入饼图或圆环图】→【饼图】命令，将新系列更改为饼图。保持饼图系列选中状态，按<Ctrl+1>组合键调出【设置数据系列格式】选项窗格，切换到【填充与线条】选项卡，在【填充】区域，选中【无填充】单选按钮，如图 26-24 所示。

在此图表中添加饼图系列，目的是限制图表的绘图区始终保持纵横比，使图表呈正圆形展示。

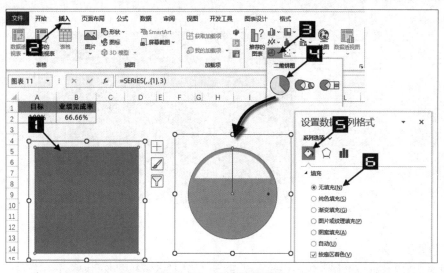

图 26-24 插入饼图系列

步骤④ 单击图表区，依次单击【插入】→【形状】命令，在形状列表中选择"文本框"，如图 26-25 所示。

拖动鼠标在工作表中绘制出形状之后，选中文本框（不要进入文本框编辑状态），在编辑栏输入等号"="后，单击 B2 单元格，按<Enter>键完成单元格引用。保持文本框选中状态，在【开始】选项卡下依次设置【字体】为"阿里巴巴普惠体"、【字号】为"28"、【字体颜色】为"白色"，调整文本框位置在圆形中间即可，如图 26-26 所示。

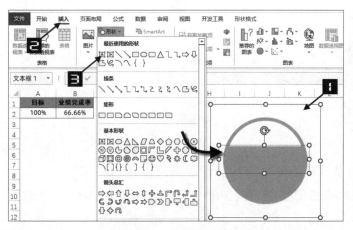

图 26-25 插入文本框

图 26-26 插入文本框

提示

在图表选中状态下插入的文本框，与图表为同一个对象，文本框移动不可超出图表区范围。在非选中图表的状态下插入文本框，则与图表为两个独立的对象，文本框可随意移动位置。在商用图表中使用的字体，需要事先取得授权。

示例26-2 排名变化趋势图

图 26-27 展示了某公司 2022 年第三季度各月份的员工业绩排名前 10 的统计表，为了更好地展示排名的变化，可以使用折线图展示。

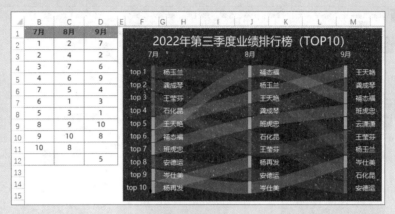

图 26-27　员工业绩排名前 10 统计表

操作步骤如下。

步骤① 选中 A1:D12 单元格区域，单击【插入】选项卡中的【插入折线图或面积图】→【折线图】命令，生成一个折线图，如图 26-28 所示。

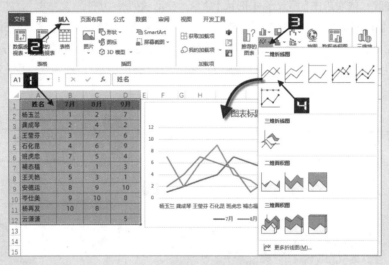

图 26-28　插入折线图

步骤② 选中图表，在【图表设计】选项卡中单击【切换行/列】按钮，将所选图表的 3 个数据系列切换为多个数据系列，如图 26-29 所示。

步骤③ 双击折线图中的垂直(值)轴，打开【设置坐标轴格式】选项窗格，切换到【坐标轴选项】选项卡。

在【坐标轴选项】区域，将【边界】的【最小值】设置为"0"，将【最大值】设置为"10.5"，将【单位】的【大】设置为"1"。选中【横坐标轴交叉】区域的【坐标轴值】单选按钮，在输入框中输入"0.5"。选中【逆序刻度值】复选框。

在【数字】→【类别】下拉框中选择【自定义】选项，在【格式代码】输入框中输入自定义格式代码"top

0;;;",单击【添加】按钮完成坐标轴格式设置,如图 26-30 所示。

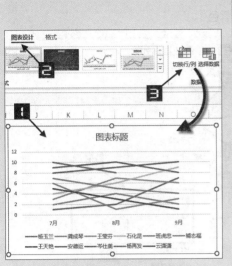

图 26-29　切换折线图行列数据

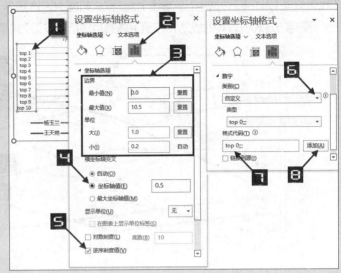

图 26-30　设置刻度坐标轴格式

步骤④ 单击图表区,再单击图表左上角的【图表元素】快速选项按钮,选中【数据标签】复选框,取消选中【图表标题】【网格线】和【图例】复选框,如图 26-31 所示。

步骤⑤ 双击折线图中的横坐标轴,打开【设置坐标轴格式】选项窗格。

切换到【坐标轴选项】选项卡。设置【坐标轴位置】为【在刻度线上】,将折线系列延伸整个绘图区。

切换到【填充与线条】选项卡,设置【线条】为【无线条】,将横坐标轴的线条设置为无线条,如图 26-32 所示。

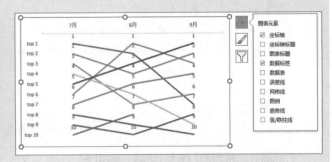

图 26-31　图表元素增加与减少

图 26-32　设置横坐标轴格式

26.4.6　折线图的线条与标记格式设置

双击折线图中呈上升趋势的数据系列,打开【设置数据系列格式】选项窗格,切换到【填充与线条】

选项卡，依次设置【线条】为【实线】，【颜色】为"绿色"，【透明度】为"60%"，【宽度】为"20磅"，【线端类型】为"平"，选中【平滑线】复选框，如图26-33所示。

同样的方式设置其他线条，将呈下降趋势的折线设置为"紫色"。

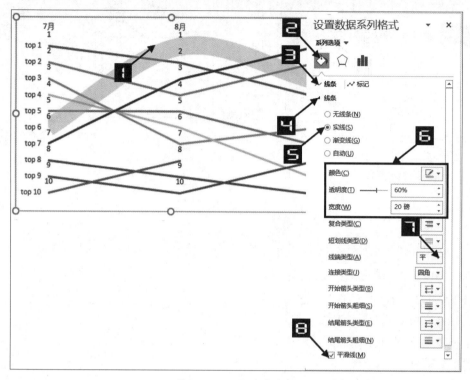

图 26-33　设置线条格式

折线图数据系列的【线条】选项说明如下。

❖ 开始箭头类型：折线开始端包括无箭头、箭头、开放型箭头、燕尾箭头、钻石形箭头和圆形箭头共6种类型。

❖ 开始箭头粗细：9种大小可选。

❖ 结尾箭头类型：折线结束端的6种类型（与开始箭头类型相同）。

❖ 结尾箭头粗细：9种大小可选。

❖ 平滑线：对折线进行平滑处理。

❖ 其他选项请参阅26.4.2节。

在折线图、散点图、雷达图中，【填充与线条】选项卡中多了一个【标记】选项，此选项可以设置图表的标记点格式。

单击【标记】选项卡下的【标记选项】→【内置】单选按钮，单击【类型】下拉按钮，在下拉菜单中可以选择标记的类型，并且可以设置【大小】及【填充】与【线条】格式，也可以使用图片或其他形状进行填充，如图26-34所示。

使用形状填充折线系列标记。具体操作如下。

步骤① 单击【插入】→【形状】下拉按钮，在下拉列表中选择"矩形"，在工作表中拖动鼠标绘制一个矩形。

步骤② 单击选中形状，在【形状格式】选项卡依次单击【形状填充】下拉按钮，在颜色面板中设置颜色为"绿色"。单击【形状轮廓】下拉按钮，在下拉菜单中设置为"无轮廓"，如图26-35所示。

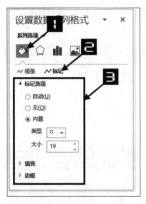

图 26-34 设置标记格式窗口

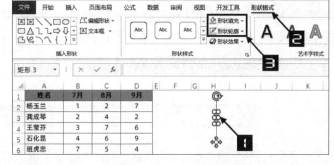

图 26-35 设置形状格式

步骤③ 选中绘制好的图形，按 <Ctrl+C> 组合键复制。

步骤④ 单击图表，选中呈上升趋势的数据系列后按 <Ctrl+V> 组合键，将图形粘贴到图表折线标记上。

步骤⑤ 将图形设置为"紫色"后，同样的方式粘贴到呈下降趋势的数据系列上，如图 26-36 所示。

数据系列的【标记选项】说明如下。

❖ 自动：数据标记的图形大小默认为 5。

❖ 无：没有数据标记的折线。

❖ 内置：包括 9 种数据标记的图形类型（可以使用图片），大小可以在 2 到 72 之间调节。

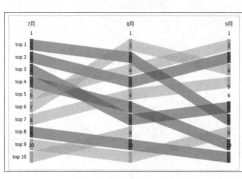

图 26-36 设置折线图标记

26.4.7 图表数据标签设置

双击图表数据标签，打开【设置数据标签格式】选项窗格，在【标签选项】中选中【系列名称】复选框，取消选中【值】复选框，【标签位置】设置为【靠右】，如图 26-37 所示。

同样的方式设置其他数据系列的数据标签。

数据标签的【标签选项】说明如下。

❖ 标签包括：包括单元格中的值、系列名称、类别名称、值、显示引导线、图例项标示和分隔符（在饼图、圆环图中还包含百分比选项）。

❖ 标签位置：包括居中、靠左、靠右、靠上、靠下。（不同类型的图表，此处的选项也有所不同。）

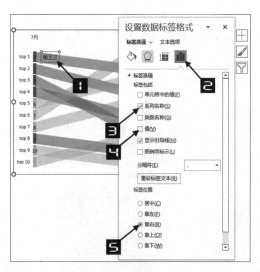

图 26-37 设置数据标签格式

❖ 数据标签的【数字】与 26.4.3 中坐标轴【数字】的选项与设置方法相同。

26.4.8 其他元素格式设置

双击图表区，在【设置图表区格式】选项窗格中切换到【填充与线条】选项卡，设置【填充】为【纯色填充】，设置【颜色】为"黑蓝色"。

保持图表区选中状态，在【开始】选项卡下依次设置【字体】为"阿里巴巴普惠体"、【字号】为"11"、【字体颜色】为"白色"。

调整绘图区大小，依次单击【插入】→【形状】命令，在形状列表中选择"文本框"，在图表区绘制文本框后，输入图表标题"2022 年第三季度业绩排行榜（TOP10）"并设置标题字体格式。

26.4.9 饼图中的数据点格式设置

示例26-3 区域销售占比图

使用饼图展示各省销售占比，可直观看出各省占比情况。但如果数值之间相差太多或数据分类太多，使用饼图会使较小的数据无法正常显示或显示杂乱，这种情况下可以使用子母饼图来展示，如图 26-38 所示。

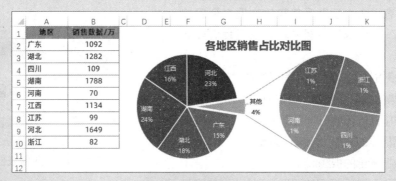

图 26-38 区域销售数据

操作步骤如下。

步骤① 选中 A1:B10 单元格区域，单击【插入】选项卡中的【插入饼图或圆环图】→【子母饼图】命令，生成子母饼图，如图 26-39 所示。

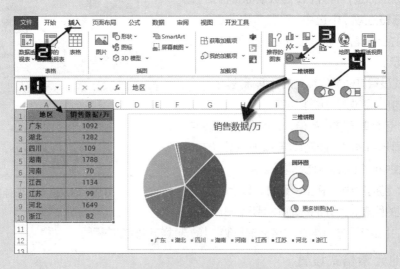

图 26-39 插入子母饼图

步骤② 双击饼图数据系列，调出【设置数据系列格式】选项窗格，切换到【系列选项】选项卡，单击【系列分割依据】下拉按钮，选择【百分比值】选项，在【值小于】调节框中输入 10%，在【第二绘图区大小】调节框中输入 100%，如图 26-40 所示。

步骤③　两次单击其中一个数据点，选中该数据点，调出【设置数据点格式】选项窗格，切换到【填充与线条】选项卡，设置【填充】为【纯色填充】，单击【颜色】下拉按钮，设置数据点的填充颜色，如图 26-41 所示。

依次设置其他数据点填充格式。

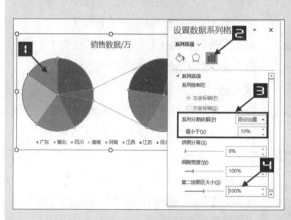

图 26-40　设置数据系列位置

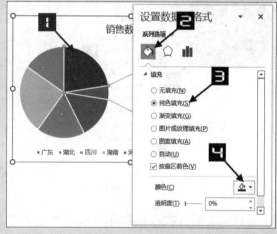

图 26-41　设置数据点格式

步骤④　两次单击"其他"数据点，选中该数据点，在【设置数据点格式】选项窗格中切换到【系列选项】选项卡，在【系列选项】选项卡的【点分离】调节框中输入 15%，如图 26-42 所示。

饼图的【系列选项】选项卡说明如下。

❖ 系列绘制在：包括主坐标轴和次坐标轴。

❖ 第一数据点起始角度：范围为 0° 到 360°。

❖ 饼图分离程度：范围为 0% 到 400%。（设置数据点格式时，此选项为【点分离】。）

子母饼图的【系列选项】说明如下。

❖ 系列绘制在：包括主坐标轴和次坐标轴。

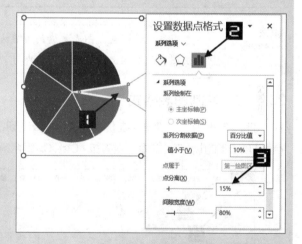

图 26-42　设置点分离

❖ 系列分割依据：包括位置（根据数据源位置）、值、百分比值（根据数据源数据占比）、自定义（选择自定义后，可选择要在绘图区之间移动的数据点，单击【点属于】复选框下拉按钮，可选择该数据点属于第一绘图区或第二绘图区）。

❖ 饼图分离程度：范围为 0% 到 400%。

❖ 间隙宽度：两个饼图之间的距离，范围为 0% 到 500%。

❖ 第二绘图区大小：范围为 5% 到 200%。

步骤⑤　单击图表区，再单击【图表元素】快速选项按钮，选中【数据标签】复选框，取消选中【图例】复选框。

步骤⑥ 双击数据标签，调出【设置数据标签格式】选项窗格，切换到【标签选项】选项卡。在【标签包括】选项中依次选中【类别名称】和【百分比】复选框，取消选中【值】复选框。单击【分隔符】下拉选项按钮，选择【（新文本行）】选项，【标签位置】设置为【数据标签内】，如图 26-43 所示。

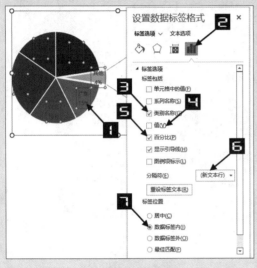

图 26-43　设置数据标签

步骤⑦ 保持数据标签选中状态，在【开始】选项卡下依次设置【字体】为"阿里巴巴普惠体"、【字号】为"9"、【字体颜色】为"白色"。再选中"其他"数据点的数据标签，设置【字体颜色】为"黑色"，并拖动调整到合适位置。

步骤⑧ 双击图表区，调出【设置图表区格式】选项窗格，在【填充与线条】选项卡下设置【边框】为【无线条】。

步骤⑨ 单击图表标题，再次单击进入编辑状态，更改图表标题文字为"各地区销售占比对比图"。

步骤⑩ 双击饼图之间的系列线，调出【设置系列线格式】选项窗格，在【填充与线条】选项卡下设置【线条】为【实线】，单击【颜色】下拉按钮，设置系列线颜色。

> **提示**
>
> 不同类型的图表，图表元素的设置方式稍有不同，用户只需知道，当要设置格式时如何双击图表元素调出设置选项窗格即可。

26.4.10　复制图表格式

如图 26-44 所示，需要将左侧的图表格式复制到右侧的图表中。可先选择左侧的子母饼图，单击【开始】选项卡下的【复制】命令，或者按 <Ctrl+C> 组合键。

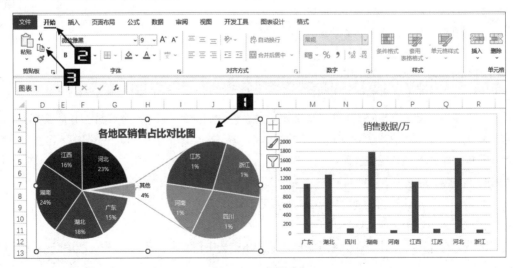

图 26-44　复制图表

选择右侧的柱形图，单击【开始】选项卡下的【粘贴】下拉按钮，在下拉菜单中单击【选择性粘贴】命令，打开【选择性粘贴】对话框。在对话框中选中【格式】单选按钮，单击【确定】按钮关闭【选择性粘贴】对话框，如图 26-45 所示。

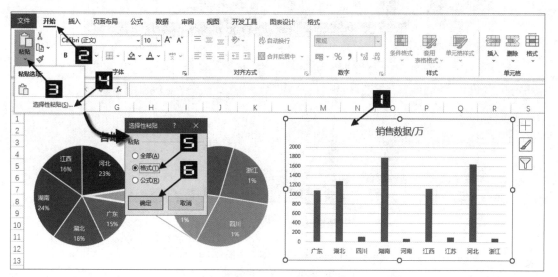

图 26-45　选择性粘贴

复制图表格式后的效果如图 26-46 所示。当数据维度及数据点位置不同时，用户需手动进一步调整。

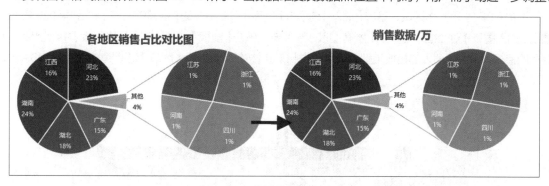

图 26-46　复制图表格式后效果

利用选择性粘贴的方法复制图表格式，一次只能设置一个图表。

26.5　图表模板

在制作相同类型及相同格式或大部分格式相同的图表时，除了使用复制图表格式外，还可以将图表另存为模板进行调用。

26.5.1　保存模板

选中设置好的图表，在图表区的空白处鼠标右击，在弹出的快捷菜单中选择【另存为模板】命令，打开【保存图表模板】对话框。在【文件名】输入框中为模板文件设置一个文件名，如"柱形图.crtx"，路径与文件类型保持默认选项，最后单击【保存】按钮关闭【保存图表模板】对话框，如图 26-47 所示。

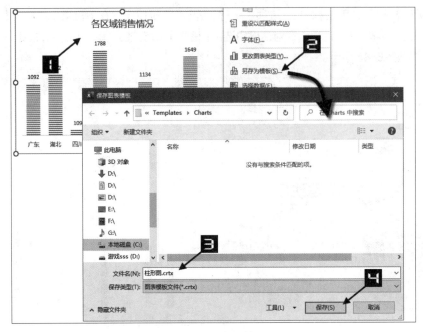

图 26-47　另存为模板

26.5.2　使用模板

选中A1:B11单元格区域，单击【插入】选项卡【图表】命令组中的【推荐的图表】对话框启动器按钮，调出【插入图表】对话框。切换到【所有图表】选项卡，单击【模板】选项，在【我的模板】中会出现所有保存的模板，单击要插入的模板类型，最后单击【确定】按钮关闭【插入图表】对话框，如图26-48所示。

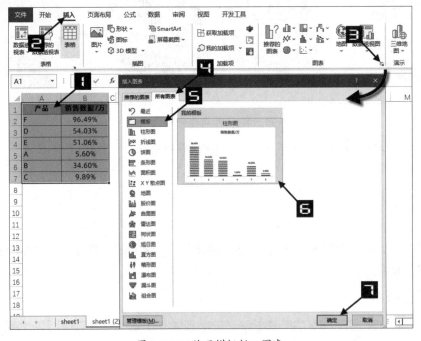

图 26-48　使用模板插入图表

26.5.3　管理模板

如想删除图表模板，可在【我的模板】界面左下角单击【管理模板】按钮，打开保存模板的文件夹，选中要删除的模板文件后，按<Delete>键删除即可。

26.6　图表布局与样式

使用快速布局与图表样式功能，能够快速对图表布局和样式进行设置。

26.6.1　图表布局

图表布局是指在图表中显示的图表元素及其位置的组合。

选中图表，在【图表设计】选项卡单击【快速布局】下拉按钮，在下拉菜单中选择【布局 2 】，将其应用到所选的图表中，如图 26-49 所示。

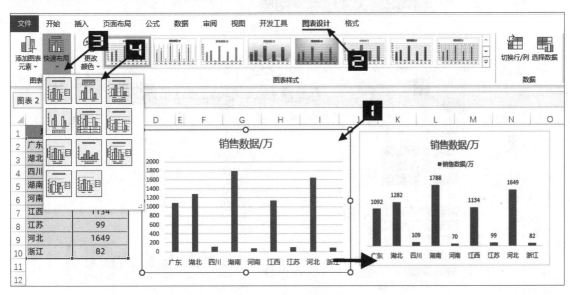

图 26-49　快速布局

除了使用默认的图表布局，还可以手动添加或删除图表元素。

26.6.2　图表样式

图表样式是指在图表中显示的数据点形状和颜色的组合。

选中图表，在【图表设计】选项卡中单击【图表样式】右下角的【其他】按钮，打开图表样式库，选择【样式 14 】，将其应用到所选的图表中，如图 26-50 所示。

除了使用默认的图表样式，还可以快速更改数据系列的颜色。

选中图表，在【图表设计】选项卡中单击【更改颜色】下拉按钮，下拉列表中展现了彩色和单色多种选项，选择【单色调色板 3 】应用到所选的图表中，如图 26-51 所示。

提示

> 如需打印图表，应先预览打印效果，以避免一张图表打印在多张纸上。

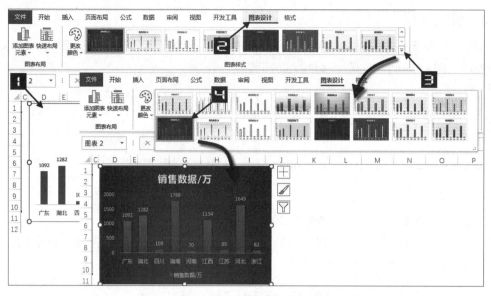

图 26-50 设置图表样式

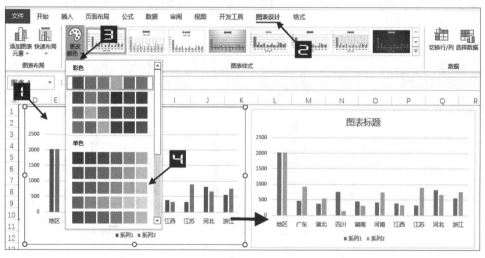

图 26-51 更改颜色

26.7 基础图表制作

Excel 图表类型较多,本节将详细介绍常用的几种基础图表,通过简单的格式设置,将数据转化为高级的图表。

26.7.1 瀑布图

示例26-4 展示收入支出的瀑布图

瀑布图是由麦肯锡顾问公司所独创的图表类型,因为形似瀑布流水而称之为瀑布图。此种图表采用绝对值与相对值结合的方式，适用于表达数个特定数值之间的数量变化关系。效果如图 26-52 所示。

操作步骤如下。

步骤① 选中 A1:B8 单元格区域，单击【插入】选项卡中的【插入瀑布图、漏斗图、股价图、曲面图或雷达图】→【瀑布图】命令，插入瀑布图，如图 26-53 所示。

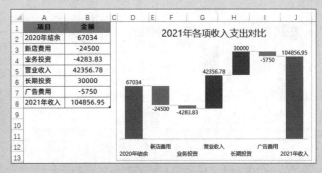

图 26-52　展示收入支出的瀑布图

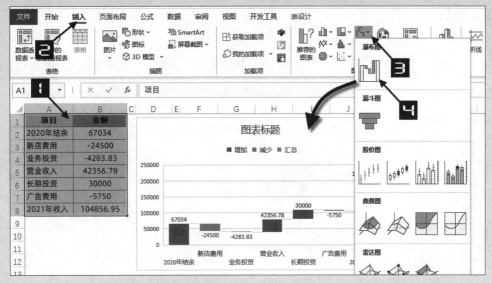

图 26-53　插入瀑布图

步骤② 单击瀑布图数据系列，在"2021 年收入"数据点上鼠标右击，在快捷菜单中单击【设置为汇总】命令，同样的方式将"2020 年结余"数据点设置为汇总，如图 26-54 所示。

步骤③ 选中图表，在【图表设计】选项卡单击【快速布局】下拉菜单，选择【布局 3】。

步骤④ 选中图表，在【图表设计】选项卡中单击【更改颜色】下拉按钮，选择【彩色调色板 2】。

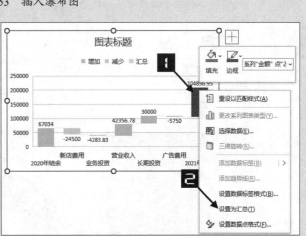

图 26-54　设置数据点为汇总

步骤⑤ 双击瀑布图数据系列，调出【设置数据系列格式】选项窗格。保持【系列选项】选项卡下的【显示连接符线条】复选框选中状态，如图 26-55 所示。

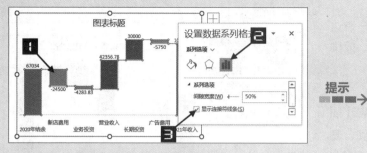

图 26-55　连接符线条

步骤⑥ 更改图表标题文字为"2021 年各项收入支出对比"。

26.7.2　旭日图

示例26-5　展示多级对比的旭日图

旭日图类似于多个圆环的嵌套，每一个圆环代表了同一级别的比例数据，越接近内层的圆环级别越高，适合展示层级较多的比例数据。效果如图 26-56 所示。在此图表中，年份是一个层级，季度是中间层级，而在销量较高的第四季度，特意展示了下一个层级的月销量。

操作步骤如下。

步骤① 选中 A1:D15 单元格区域，单击【插入】选项卡中的【插入层次结构图表】→【旭日图】命令，插入旭日图，如图 26-57 所示。

图 26-56　展示多级对比的旭日图

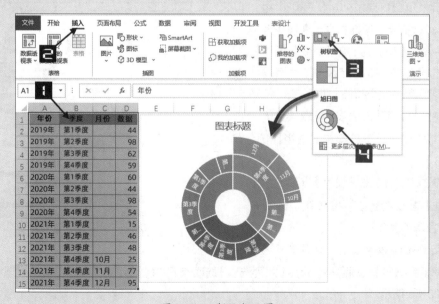

图 26-57　插入旭日图

步骤② 选中图表数据系列，双击 2021 年的数据点，调出【设置数据点格式】选项窗格，切换到【填充与线条】选项卡，设置【填充】为【纯色填充】，单击【颜色】下拉按钮，设置数据点的填充颜色，如图 26-58 所示。

同样的步骤设置其他数据点格式。

步骤③ 更改图表标题为"19-21 年销售对比"。

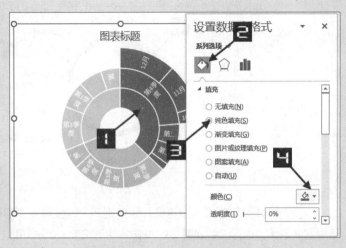

图 26-58　设置数据点格式

层次结构图除了旭日图，还可以使用树状图展示，制作步骤与旭日图类似。

26.7.3　圆环图

示例26-6　变形圆环图

图 26-59 展示了某一数据仪表盘的一部分，其使用的是圆环图图表类型，经过自定义设置后的效果。

操作步骤如下。

步骤① 选中 A1:B2 单元格区域，单击【插入】选项卡中的【插入饼图或圆环图】→【圆环图】命令，插入圆环图，如图 26-60 所示。

步骤② 选中图表，在【图表设计】选项卡中单击【切换行/列】命令，将两个圆环的图表更改为一个圆环。

步骤③ 双击圆环图数据系列，调出【设置数据系列格式】选项窗格，切换到【系列选项】选项卡，在【第一扇区起始角度】调节框中输入 25°，在【圆环图圆环大小】调节框中输入 90%，如图 26-61 所示。

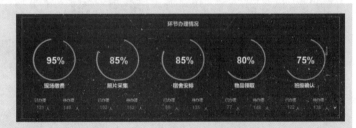

图 26-59　仪表盘-圆环图部分

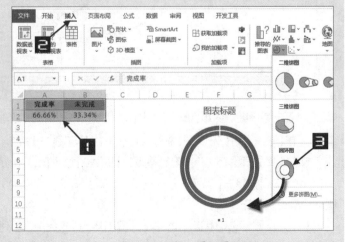

图 26-60　插入圆环图

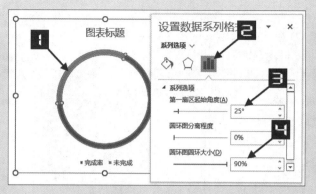

图 26-61　设置圆环图圆环大小

从图 26-61 可以看出，设置圆环图的圆环大小值越大，圆环填充部分越细，但 Excel 中的圆环大小值设置到最大，也无法实现图 26-59 图表中的细度。此时可以在图表中再添加一个系列，将添加的系列设置为无填充无线条，作为占位，将原本的圆环挤小。操作步骤如下。

步骤④　选中图表，在【图表设计】选项卡中单击【选择数据】命令，打开【选择数据源】对话框。单击【添加】按钮打开【编辑数据系列】对话框，在【编辑数据系列】对话框中单击【系列值】输入框进入编辑状态，拖动鼠标选择 A2:B2 单元格区域。最后单击【确定】按钮关闭【编辑数据系列】对话框，如图 26-62 所示。

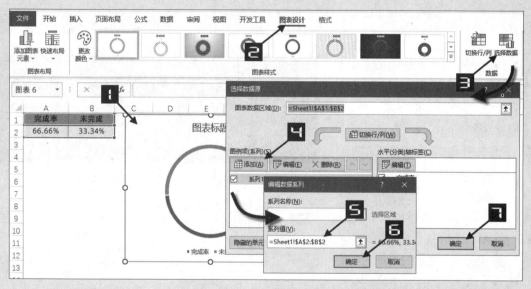

图 26-62　添加数据系列

步骤⑤　双击圆环图的内层圆环，调出【设置数据系列格式】选项窗格，切换到【填充与线条】选项卡，设置【填充】为【无填充】命令，【边框】为【无线条】命令，如图 26-63 所示。

　　单击选择外层圆环，在【设置数据系列格式】选项窗格中切换到【填充与线条】选项卡，设置【填充】为【纯色填充】，单击【颜色】下拉按钮，设置数据点填充颜色为"蓝色"，设置【边框】为【无线条】，将圆环边框设置为无线条。

　　保持外层圆环选中状态，再单击外层圆环的"未完成"系列，在【设置数据点格式】选项窗格中切换到【填充与线条】选项卡，在【透明度】输入框中设置透明度为 70%，如图 26-64 所示。

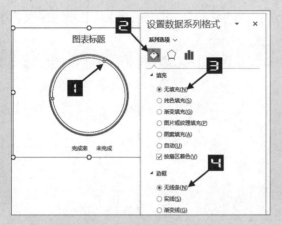

图 26-63　设置数据系列格式

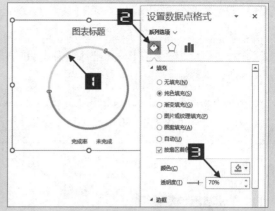

图 26-64　设置数据系列透明度

步骤⑥ 分别单击图表标题和图例，按<Delete>键删除。

步骤⑦ 单击图表区，在【设置图表区格式】选项窗格中切换到【填充与线条】选项卡，设置【填充】为【纯色填充】，单击【颜色】下拉按钮，设置数据点填充颜色为"深蓝色"，设置【边框】为【无线条】，如图26-65所示。

步骤⑧ 单击图表区，依次单击【插入】→【形状】命令，在形状列表中选择"文本框"，在圆环中心处绘制一个文本框。选中文本框，在编辑栏输入"="等号后，单击A2单元格，最后按<Enter>键。

　　保持文本框选中状态，在【开始】选项卡下依次设置【字体】为"阿里巴巴普惠体"、【字号】为"24"、【字体颜色】为"白色"并【加粗】。

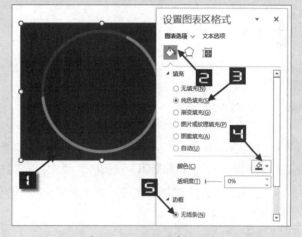

图 26-65　设置图表区格式

26.7.4　自定义形状的条形图

示例26-7　招生达成率图表

　　除了使用图表自身的元素外，还可以利用单元格、图形等元素排版制作图表，以达到更时尚美观的效果。图 26-66 所示，主要利用条形图图表与形状填充，单元格格式辅助完成，整体看起来更整洁美观。

　　操作步骤如下。

步骤① 在"数据"工作表中选中A1:C6单元格区域，依次单击【插入】→【插入柱形图或条形图】→【簇状条形图】命令，插入条形图。

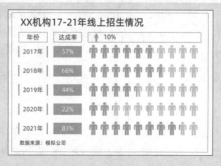

图 26-66　招生达成率图表

步骤② 双击条形图的横坐标轴，打开【设置坐标轴格式】选项窗格。切换到【坐标轴选项】选项卡，在【边界】的【最小值】输入框中输入 0，在【最大值】输入框中输入 1。

步骤③ 单击纵坐标轴，在【设置坐标轴格式】选项窗格中单击【坐标轴选项】选项卡，选中【逆序类别】复选框，如图 26-67 所示。

单击数据系列，在【设置数据系列格式】选项窗格中单击【系列选项】选项卡，设置【系列重叠】为"100%"，【间隙宽度】为"40%"，如图 26-68 所示。

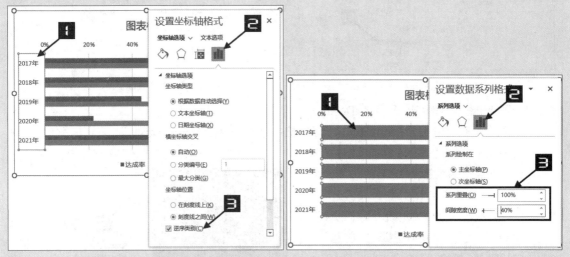

图 26-67　设置坐标轴格式　　　　图 26-68　设置数据系列格式

步骤④ 分别单击纵坐标轴、横坐标轴、图表标题、网格线和图例，按 <Delete> 键依次删除。

步骤⑤ 选中图表，在【图表设计】选项卡中单击【选择数据】按钮，打开【选择数据源】对话框，选中"辅助列"系列，单击【上移】按钮，调整系列的显示次序。最后单击【确定】按钮关闭对话框，如图 26-69 所示。

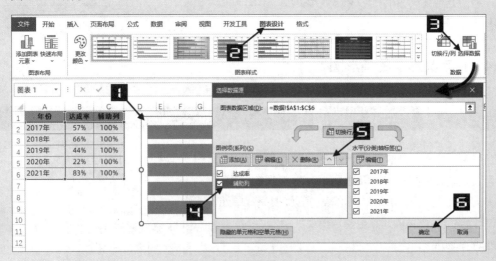

图 26-69　调整数据系列次序

步骤⑥ 选中预先设置好的灰色图形，按 <Ctrl+C> 组合键复制，单击图表"辅助列"系列，按 <Ctrl+V> 组合键粘贴，如图 26-70 所示。

选择预先设置好的绿色图形，按<Ctrl+C>组合键复制，单击图表"达成率"系列，按<Ctrl+V>组合键粘贴，如图 26-71 所示。

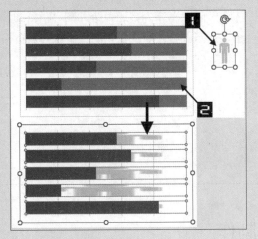

图 26-70　设置辅助列数据系列

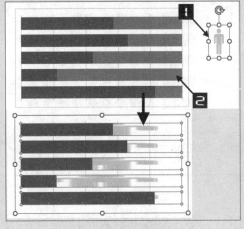

图 26-71　设置达成率数据系列

步骤⑦ 双击图表"达成率"数据系列，打开【设置数据系列格式】选项窗格。切换到【填充与线条】选项卡，在【填充】选项卡下选中【层叠并缩放】单选按钮，在【单位/图片】输入框中输入 0.1，表示 1 个图形代表 10% 进行缩放，如图 26-72 所示。

同样的方式设置"辅助列"数据系列。

步骤⑧ 单击图表区，在【设置图表区格式】选项窗格中切换到【填充与线条】选项卡，设置【填充】为【无填充】，【边框】为【无线条】。

设置完图表后，新建工作表，重命名为"图表"。在"图表"工作表中调整行高列宽，设置单元格填充与边框格式，在单元格中输入标题、说明文字等，并引用"数据"工作表的数据作为图表的数据标签，如图 26-73 所示。最后复制制作好的图表，与设置好的单元格对齐粘贴即可。

图 26-72　设置层叠并缩放

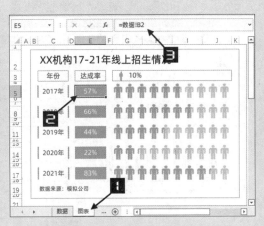

图 26-73　引用"数据"工作表数据

提示
→　　　　图表、图形要对齐到单元格，可以按<Alt>键后拖动图表八个控制点，快速将其对齐到指定单元格边缘。

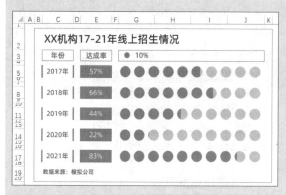

图 26-74　更改图形与填充

也可以使用其他图形、颜色进行填充，达到需要的效果，如图 26-74 所示。

除了以上图表外，还有排列图、箱型图、漏斗图、直方图等图表类型，制作步骤与设置格式均类似。

26.8　变化数据结构与组合图表制作

使用 Excel 的默认图表格式，效果很难尽如人意。如果需要制作一些比较特殊的图表，就需要对数据进行重新排列，再设置图表格式来完成。

本节将详细介绍通过对数据进行重新构建，以及对图表设置格式来完成高级图表的制作。

26.8.1　柱形图数据结构原理

示例26-8　按季度分类显示的柱形图

如果要对一组二维数据进行展示，使用原始数据创建的图表相对比较杂乱，因此将数据重新排列后制图很有必要。

如图 26-75 所示，将数据重新排列。使每个季度的数据进行错行/错列显示，并且每个季度之间使用空行分隔。制作出来的图表按照季度分类显示，展示更直观。

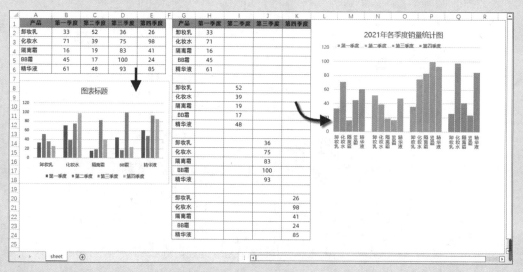

图 26-75　数据重新排列后效果

操作步骤如下。

步骤① 选中 G1:K24 单元格区域，在【插入】选项卡单击【插入柱形图或条形图】→【簇状柱形图】命令，插入柱形图。

步骤② 双击柱形图中的数据系列，打开【设置数据系列格式】选项窗格，在【系列选项】选项卡中调整【系列重叠】为"100%"，【间隙宽度】为"10%"，调整柱形的大小与间距。

步骤③ 双击图表横坐标轴，在【设置坐标轴格式】选项窗格中单击【大小与属性】选项卡，将【文字方向】设置为【竖排】，如图 26-76 所示。

最后根据需要设置图表系列的填充颜色及字体格式即可。

重新排列后的数据源，空白区域为占位数据，作图时空白数据区域存在于图表系列中，只不过数据源中没有数据，默认以 0 的高度显示数据点。用户可以在空白数据区域输入数值查看图表变化。

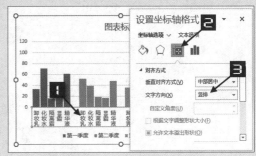

图 26-76　设置横坐标轴格式

示例26-9　自动凸显超出范围的图表

图 26-77 展示了某公司的产品销售退货率，公司退货率在 0%~30% 之间。可以利用图表设置、函数公式达到自动凸显退货率超过 25% 的数据，使图表更直观反映信息。

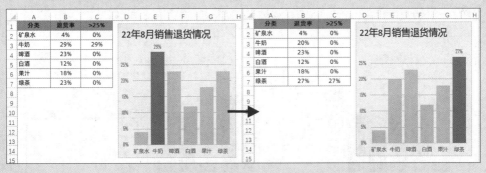

图 26-77　自动凸显极值的柱形图

操作步骤如下。

步骤① 构建数据系列。在 C2 单元格输入以下公式，向下复制到 C7 单元格，用于生成">25%"系列，如图 26-78 所示。

=IF(B2>0.25,B2,0)

步骤② 选中 A1:C7 单元格区域，依次单击【插入】→【插入柱形图或条形图】→【簇状柱形图】命令，插入柱形图。

步骤③ 双击柱形图中任意一个数据系列，打开【设置数据系列格式】选项窗格，在【系列选项】选项卡中设置【系列重叠】为

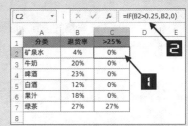

图 26-78　构建辅助列

"100%"，【间隙宽度】为"20%"。

步骤④ 选中图表中的">25%"数据系列，鼠标右击，在快捷菜单中单击【添加数据标签】→【添加数据标签】命令。

步骤⑤ 双击图表">25%"系列的数据标签，打开【设置数据标签格式】选项窗格。切换到【标签选项】选项卡，在【数字】选项下单击【类别】下拉选项按钮，在下拉列表中选择【自定义】，在【格式代码】编辑框中输入"0%;;;"，单击【添加】按钮，将系列中为 0 值的数据标签值隐藏，如图 26-79 所示。

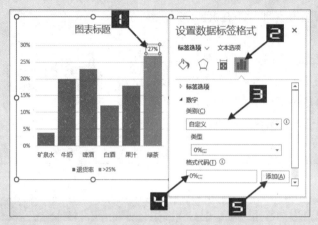

图 26-79 设置数据标签格式

步骤⑥ 双击柱形图中的纵坐标轴，打开【设置坐标轴格式】选项窗格，切换到【坐标轴选项】选项卡，在【坐标轴选项】区域，设置【边界】的【最小值】为 0，【最大值】为 0.299，设置【单位】的【大】为 0.05，目的是隐藏最大值处的网格线与坐标轴标签，如图 26-80 所示。

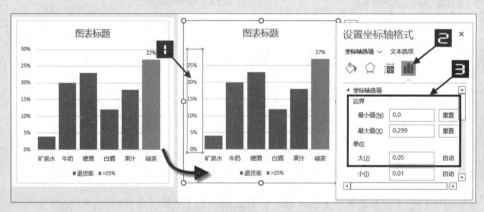

图 26-80 设置纵坐标轴格式

最后根据需要设置图表系列的填充颜色及字体格式即可。

示例26-10 自动凸显图表的最大值与最小值

若数据源是有序排列，可设置固定位置的数据点为特殊填充颜色，若数据源为乱序，需要自动突出最大值与最小值时，就需要利用函数自动获取数据中的最大值或最小值作为新系列，再设置系列颜色，更改数据源时，图表效果会自动变化，效果如图 26-81 所示。

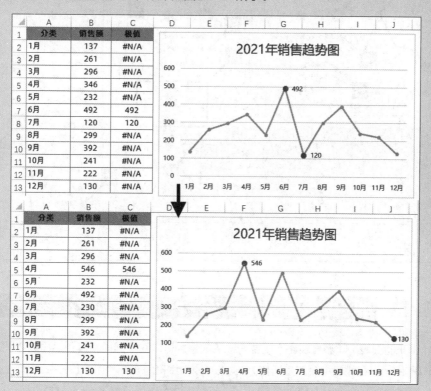

图 26-81　自动凸显极值的折线图

操作步骤如下。

步骤① 构建数据系列。在 C2 单元格输入以下公式，向下复制到 C13 单元格，用于生成极值系列，如图 26-82 所示。

`=IF(OR(B2=MAX(B$2:B$13),B2=MIN(B$2:B$13)),B2,NA())`

步骤② 选中 A1:C13 单元格区域，依次单击【插入】→【插入折线图或面积图】→【带数据标记的折线图】命令，插入带数据标记的折线图。

图 26-82　构建辅助列

步骤③ 双击折线图"极值"数据系列，打开【设置数据系列格式】选项窗格，切换到【填充与线条】选项卡。

单击【线条】选项卡，设置【线条】为【无线条】，设置折线"极值"系列为无线条。

单击【标记】选项卡，设置【标记选项】为【内置】，【类型】为在下拉菜单中的圆形，设置【大小】为8，单击【填充】选项卡，设置【填充】为【纯色填充】，在【颜色】下拉菜单中为标记设置填充颜色，设置【边框】为【无线条】。完成对"极值"系列标记的格式设置，如图 26-83 所示。

最后根据需要设置图表系列的填充颜色及字体格式即可。

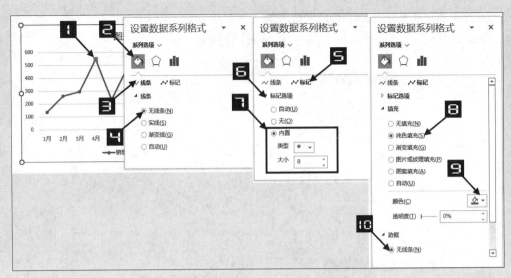

图 26-83　设置折线图标记格式

示例26-11　堆积柱形图

如果制作出来的图表不能够直观看出所要表达的信息，可以对数据重新排列后再制作图表。

如图 26-84 所示，右侧使用经过重新排列的数据制作出来的图表，相对于左侧使用源数据表格制作出来的图表，前者更能直观看出主要渠道"A渠道"与其他两个渠道总和之间的数据对比。

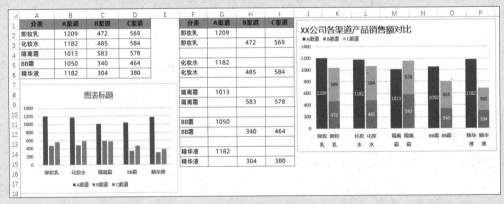

图 26-84　簇状柱形图与堆积柱形图

操作步骤如下。

步骤① 将原始数据错行排列。

步骤② 选中F1:I15 单元格区域，依次单击【插入】→【插入柱形图或条形图】→【堆积柱形图】命令，插入柱形图。

步骤③ 双击图表中任意一个数据系列，打开【设置数据系列格式】选项窗格，切换到【系列选项】选项卡，在【系列重叠】调节框中输入 100%，【间隙宽度】调节框中输入 10%。

最后根据需要设置图表系列的填充颜色及字体格式即可。

26.8.2 雷达图数据结构原理

在雷达图中,每个分类都使用独立的由中心点向外辐射的数值轴,它们在同一系列中的值是连接的。利用特殊的数据结构,可以制作出一些比较美观图表。

图 26-85 所示的图表,展示的是某个时间点的新冠肺炎全球疫情形势,图表类型新颖美观,可以使用填充雷达图来制作。

图 26-85 新冠肺炎全球疫情形势图表

示例26-12 雷达图数据原理

填充雷达图数据构建原理如下。

在 A1:A25 单元格中录入一组有规律的数据,如 1、2、3、4、5,将这些数据重复 5 次。选中 A1:A25 单元格区域,单击【插入】选项卡中的【插入瀑布图、漏斗图、股价图、曲面图或雷达图】→【填充雷达图】命令,插入填充雷达图,如图 26-86 所示。

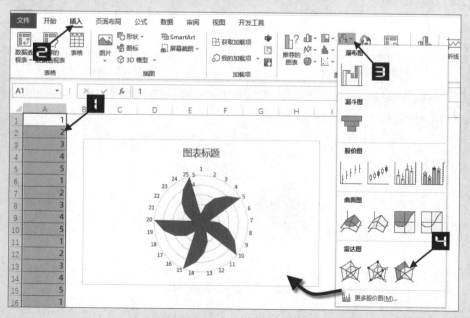

图 26-86 插入填充雷达图

当使用相同的数据制作雷达图的时候，数据点越多，雷达图越接近圆形，如果使用 360 个相同的数据点插入一个填充雷达图，图表会接近正圆形，如图 26-87 所示。

数据结构为单列时，雷达图中只有一个系列且只能设置一种颜色。若想要设置多种颜色，可以将数据写入不同列，如图 26-88 所示。

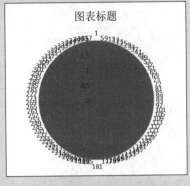

图 26-87　360 个数据点的雷达图

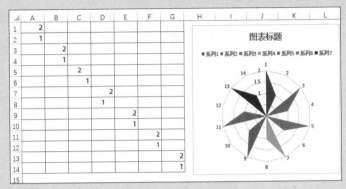

图 26-88　多系列雷达图

很多时候需要数据点与数据点连接形成不一样的效果图，可以在每列数据的交叉点重复相同的数据，如图 26-89 所示效果。

观察图 26-89 所示图表与数据，五角星的每个角为三个数据点形成，而数据结构中第一个角只有两个数据点，为了让五角星闭合，可以在数据区域第一列的最后一行输入对应的数据，使图表数据点连接，此处为 A10 单元格，连接数据点为 1，如图 26-90 所示。

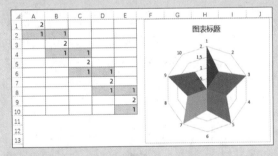

图 26-89　连接数据点

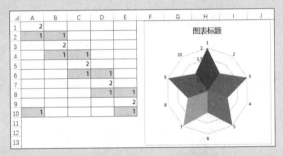

图 26-90　闭合的五角星

闭合的数据点根据图表形状的不同可设置在数据结构的第一列或在数据结构的最后一列，具体取决于最后闭合的是哪个数据点，如图 26-91 所示。

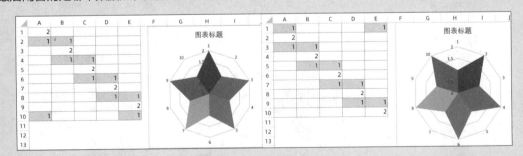

图 26-91　不同闭合数据点效果

示例26-13 | 南丁格尔玫瑰图

要制作如图26-85所示的图表，需要构建360行数据，将每个数据分布到设定好的角度。具体结构如图26-92所示。

	A	B	C	D	E	F	G	H	I	J	K	L	M	N	O	P
1	姓名	业绩		数据	13800	17526	19504	21160	22080	22134	24567	25070	25502.4	26036	28350	29394
2	刘炎	13800		开始角度	0	12	24	36	48	60	72	84	96	108	120	132
3	肖子	17526		结束角度	12	24	36	48	60	72	84	96	108	120	132	144
4	王嘉宣	19504		数据标签	刘炎	肖子	王嘉宣	邓丽	洪悦	杨再发	岑仕美	方秋子	龚艳	何秀秀	胡麟	刘大元
5	邓丽	21160		1	13800	#N/A	#N/A	#N/A	#N/A	#N/A	#N/A	#N/A	#N/A	#N/A	#N/A	#N/A
6	洪悦	22080		2	13800	#N/A	#N/A	#N/A	#N/A	#N/A	#N/A	#N/A	#N/A	#N/A	#N/A	#N/A
7	杨再发	22134		3	13800	#N/A	#N/A	#N/A	#N/A	#N/A	#N/A	#N/A	#N/A	#N/A	#N/A	#N/A
8	岑仕美	24567		4	13800	#N/A	#N/A	#N/A	#N/A	#N/A	#N/A	#N/A	#N/A	#N/A	#N/A	#N/A
9	方秋子	25070		5	13800	#N/A	#N/A	#N/A	#N/A	#N/A	#N/A	#N/A	#N/A	#N/A	#N/A	#N/A
10	龚艳	25502.4		6	13800	#N/A	#N/A	#N/A	#N/A	#N/A	#N/A	#N/A	#N/A	#N/A	#N/A	#N/A
11	何秀秀	26036		7	13800	#N/A	#N/A	#N/A	#N/A	#N/A	#N/A	#N/A	#N/A	#N/A	#N/A	#N/A
12	胡麟	28350		8	13800	#N/A	#N/A	#N/A	#N/A	#N/A	#N/A	#N/A	#N/A	#N/A	#N/A	#N/A
13	刘大元	29394		9	13800	#N/A	#N/A	#N/A	#N/A	#N/A	#N/A	#N/A	#N/A	#N/A	#N/A	#N/A
14	罗文	32568		10	13800	#N/A	#N/A	#N/A	#N/A	#N/A	#N/A	#N/A	#N/A	#N/A	#N/A	#N/A
15	安德运	33245		11	13800	#N/A	#N/A	#N/A	#N/A	#N/A	#N/A	#N/A	#N/A	#N/A	#N/A	#N/A
16	王天艳	34926		12	13800	17526	#N/A	#N/A	#N/A	#N/A	#N/A	#N/A	#N/A	#N/A	#N/A	#N/A

玫瑰图

图26-92 玫瑰图数据结构

操作步骤如下。

步骤① 单击B2单元格，鼠标右击，在快捷菜单中依次单击【排序】→【升序】命令，将数据从小到大排序。

步骤② 在D1单元格中输入"数据"，在D2单元格中输入"开始角度"，在D3单元格中输入"结束角度"，在D4单元格中输入"数据标签"，在D5:D364单元格区域中依次输入1到360的序号。

❖ 选中B2:B31单元格区域，按<Ctrl+C>组合键复制，选择E1单元格，鼠标右击，在快捷菜单中单击【粘贴选项：】下的【转置】命令，如图26-93所示。

❖ 同样的方式将A2:A31单元格区域粘贴至E4:AH4单元格区域。

❖ 在E2单元格输入中输入以下公式，将公式向右复制到AH2单元格，作为图表各个系列的开始角度。

`=SUM(D3)`

❖ 在E3单元格中输入以下公式，将公式向右复制到AH3单元格，作为图表各个系列的结束角度。公式中的12为一个数据所占的角度，使用360度除以数据分类个数30所得。即一个分类数据在数据结构中重复12次。

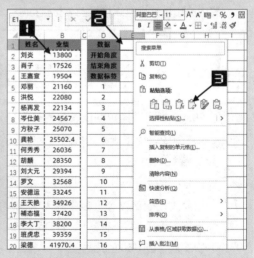

图26-93 选择性粘贴－转置

`=SUM(D3,12)`

❖ 在E5单元格中输入以下公式，将公式复制到E5:AH364单元格区域，作为图表各个系列的数据点。

`=IF(AND($D5>=E$2,$D5<=E$3),E$1,NA())`

❖ 更改 AH5 单元格公式，作为图表的闭合点。

```
=AH1
```

步骤③ 选中 E4:AH364 单元格区域，单击【插入】选项卡中的【插入瀑布图、漏斗图、股价图、曲面图或雷达图】→【填充雷达图】命令，插入填充雷达图。

步骤④ 分别单击图表标题、图例、网格线、坐标轴，按 <Delete> 键删除。效果如图 26-94 所示。

步骤⑤ 双击图表数据系列，打开【设置数据系列格式】选项窗格，切换到【填充与线条】选项卡，单击【标记】选项，设置【填充】为【纯色填充】，单击【颜色】下拉按钮，设置各系列颜色，如图 26-95 所示。

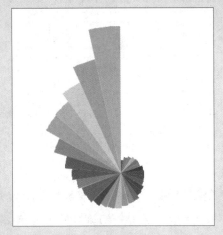

图 26-94　玫瑰图效果

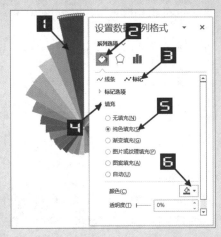

图 26-95　设置填充雷达图数据系列格式

最后可添加文本框来模拟图表数据标签。

示例26-14　环形玫瑰图

图 26-96 展示了某数据仪表盘的一部分，其使用的图表类型是雷达图经过构建 360 个数据点制作的效果。

操作步骤如下。

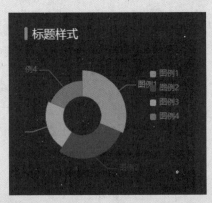

图 26-96　环形玫瑰图

步骤① 在 D1 单元格中输入"数据"，在 D2 单元格中输入"开始角度"，在 D3 单元格中输入"结束角度"，在 D4 单元格中输入"数据标签"，在 D5:D364 单元格区域中依次输入 1 到 360 的序号。

❖ 选择 B2:B7 单元格区域，按 <Ctrl+C> 组合键复制，选择 E1 单元格，鼠标右击，在快捷菜单中单击【粘贴选项：】下的【转置】命令。

❖ 同样的方式将 A2:A7 单元格区域粘贴至 E4:J4 单元格区域。

❖ 在 E2 单元格输入中输入以下公式，将公式向右复制到 J2 单元格，作为图表各个系列的开始角度。

```
=SUM(D3)
```

❖ 在 E3 单元格中输入以下公式,将公式向右复制到 J3 单元格,作为图表各个系列的结束角度。"E1/SUM($E1:$J1)"计算出 E1 单元格的数据占总数的比重,乘以 360 后转换为该数据在 360 度里所占的角度。即所要重复的次数。

```
=SUM(D3,E1/SUM($E1:$J1)*360)
```

❖ 在 E5 单元格中输入以下公式,将公式复制到 E5:J364 单元格区域,作为图表各个系列的数据点。

```
=IF(AND($D5>=E$2,$D5<=E$3),E$1,NA())
```

❖ 更改 J5 单元格公式,作为图表的闭合点。

```
=J1
```

❖ 在 K 列输入空心圆的数据,根据实际数据需要设置,此图表设置为 8000。

最后数据构建后结构如图 26-97 所示。

步骤② 选中 E4:K364 单元格区域,单击【插入】选项卡中的【插入瀑布图、漏斗图、股价图、曲面图或雷达图】→【填充雷达图】命令,插入填充雷达图。

步骤③ 分别单击图表标题、图例、网格线、坐标轴,按<Delete>键删除。

步骤④ 双击"空心"数据系列,打开【设置数据系列格式】选项窗格,切换到【填充与线条】选项卡,单击【标记】选项,设置【填充】为【纯色填充】。根据使用场景的不同,将"空心"数据系列填充颜色设置与背景颜色一致即可,设置后效果如图 26-98 所示。

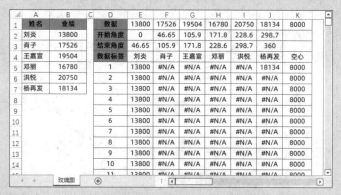

图 26-97 环形玫瑰图数据结构

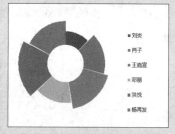

图 26-98 环形玫瑰图效果

26.8.3 散点图的数据结构原理

XY 散点图可以将两组数据绘制成 XY 坐标系中的一个数据系列,除了可以显示数据的变化趋势以外,还能够用来描述数据之间的关系。

示例26-15 毛利与库存分布图

本例用毛利率与库存率两组数据进行展示比较,使用XY散点图找出最优产品与可改进产品区域,如图 26-99 所示。

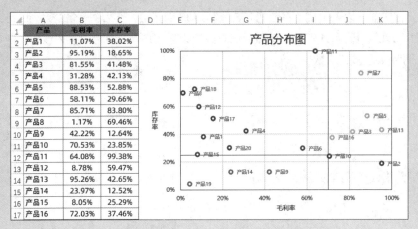

图 26-99　毛利与库存分布图

操作步骤如下。

步骤① 选中 B1:C21 单元格区域，单击【插入】选项卡中的【插入散点图（X，Y）或气泡图】→【散点图】命令，插入散点图。

步骤② 选中图表，单击【图表元素】快捷选项按钮，分别选中【数据标签】和【坐标轴标题】复选框。

步骤③ 双击图表数据标签，打开【设置数据标签格式】选项窗格。

切换到【标签选项】选项卡，在【标签包括】选项中取消选中【Y值】复选框。选中【单元格中的值】复选框，在弹出的【数据标签区域】对话框中，设置【选择数据标签区域】为 A2:A21 单元格区域，单击【确定】按钮关闭【数据标签区域】对话框。

【标签位置】设置为【靠右】，如图 26-100 所示。

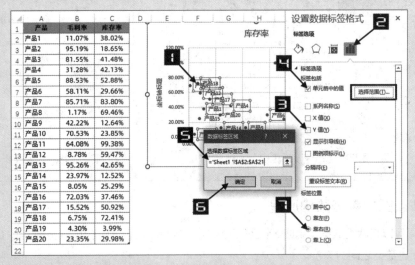

图 26-100　设置图表数据标签格式

提示→ 　散点图中没有文本分类，所以数据标签无法添加【分类名称】，使用【单元格中的值】可以解决散点图存在的缺陷。但此功能仅在 Excel 2016 或以上版本才可以使用，如需在 Excel 2013 或以下版本中打开，需手动逐个将数据标签与单元格进行关联引用，具体操作可以参考使用文本框制作数据标签的引用方法。

步骤④ 为更好体现数据优良区域，在E1:G6单元格区域中设置分隔点数据，数据点落在毛利率为70%以上、库存率为25%以下区域为最优产品，所以需要在毛利率为70%处设置分割，在库存率为25%处设置分割，数据如图26-101所示。

步骤⑤ 为散点图增加一个新系列。选中F2:G6单元格区域，按<Ctrl+C>组合键复制区域。单击图表，在【开始】选项卡依次单击【粘贴】下拉按钮→【选择性粘贴】命令打开【选择性粘贴】对话框。

在【选择性粘贴】对话框中，选中【添加单元格为】区域的【新建系列】单选按钮；【数值(Y)轴在】区域，选中【列】单选按钮，选中【首列为分类X值】复选框，单击【确定】关闭对话框，如图26-102所示。图表中数据点显示为橙色的系列是新增加的数据系列。

	E	F	G
1		X	Y
2	竖线	70.00%	0.00%
3	竖线	70.00%	100.00%
4			
5	横线	0.00%	25.00%
6	横线	100.00%	25.00%

图 26-101 分隔数据

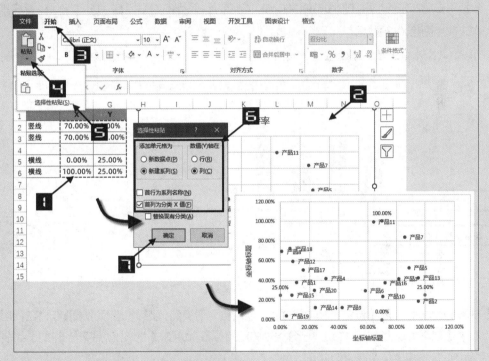

图 26-102 使用选择性粘贴添加散点系列

步骤⑥ 单击新增的数据系列，在【插入】选项卡中依次单击【插入散点图（X，Y）或气泡图】→【带直线的散点图】命令，将新数据系列的图表类型更改为带直线的散点图。

步骤⑦ 单击选中纵坐标轴标题，再次单击进入编辑状态，输入"库存率"作为纵坐标轴标题，同样的方式在横坐标轴标题中输入"毛利率"，在图表标题中输入"产品分布图"。

最后根据需要设置图表系列的填充颜色及字体格式即可。

示例26-16 堆积柱形图

图26-103展示的是一个堆积柱形图，利用散点图构建数据，给堆积柱形图添加总计数据标签与分类轴标签，能够使修整后的图表更规范。

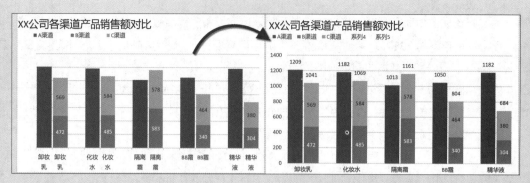

图 26-103　带涨幅的对比图

操作步骤如下。

步骤① 分别单击制作好的堆积柱形图的横坐标轴、"A渠道"系列的数据标签，按<Delete>键将其删除。

步骤② 构建散点图的XY轴数据。

在图表中，文本分类轴的起始位置一般情况下为0.5，即到第一个分类的中心是1，每个分类的默认间隔也是1。如图26-104中的标记所示。

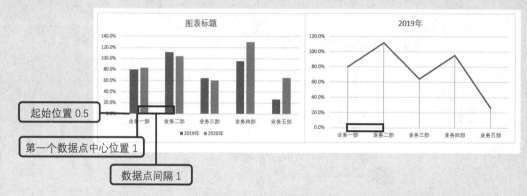

图 26-104　分类轴位置

双击图表分类轴，打开【设置坐标轴格式】选项窗格，切换到【坐标轴选项】选项卡，在【坐标轴位置】区域选中【在刻度线上】单选按钮，该分类轴的起始位置就会变成1，也就是第一个数据点的中心就是分类坐标轴的起始位置，如图26-105所示。

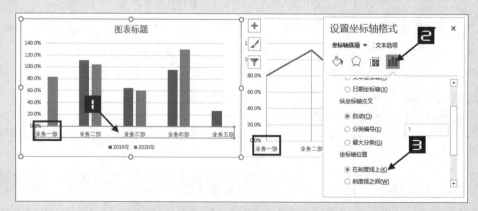

图 26-105　设置坐标轴位置为在刻度线上

面积图默认的【坐标轴位置】为【在刻度线上】，其他图表类型的【坐标轴位置】默认为【在刻度之间】。【在刻度线上】一般适合折线图与面积图图表类型的设置，而柱形图与条形图设置后，前后数据系列的一半会被遮挡，如图 26-105 中的标记所示。

　　堆积柱形图因数据结构问题，第一个柱子即为第一个数据点，第一个柱子的中心点为 1，两个柱子之间的数据为 1.5，以此类推。首先构建出如图 26-106 所示 K1:L6、N1:O11 单元格区域两组 XY 数据，P 列所示的公式为 O 列"Y"的计算过程。

	A	B	C	D	E	F	G	H	I	J	K	L	M	N	O	P
1	分类	A渠道	B渠道	C渠道		分类	A渠道	B渠道	C渠道		X	Y		X	Y	
2	卸妆乳	1209	472	569		卸妆乳	1209				1.5	50		1	1209	=B2
3	化妆水	1182	485	584		卸妆乳		472	569		4.5	50		2	1041	=C2+D2
4	隔离霜	1013	583	578							7.5	50		4	1182	=B3
5	BB霜	1050	340	464		化妆水	1182				11	50		5	1069	=C3+D3
6	精华液	1182	304	380		化妆水		485	584		14	50		7	1013	=B4
7														8	1161	=C4+D4
8						隔离霜	1013							10	1050	=B5
9						隔离霜		583	578					11	804	=C5+D5
10														13	1182	=B6
11						BB霜	1050							14	684	=C6+D6
12						BB霜		340	464							
13																
14						精华液	1182									
15						精华液		304	380							

图 26-106　XY 数据构建

步骤③ 选中 K2:L6 单元格区域，按 <Ctrl+C> 组合键复制。单击图表，在【开始】选项卡依次单击【粘贴】→【选择性粘贴】命令打开【选择性粘贴】对话框。在【选择性粘贴】对话框中选中【添加单元格为】区域中【新建系列】单选按钮；在【数值(Y)轴在】区域，选中【列】单选按钮，选中【首列中的类别(X标签)】复选框，单击【确定】按钮关闭对话框，如图 26-107 所示。

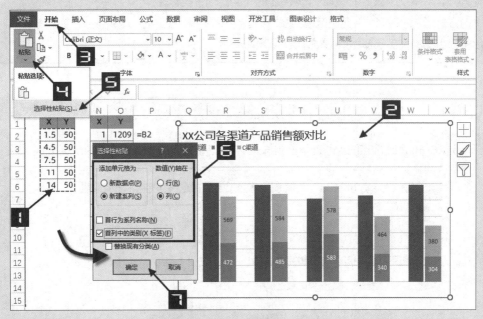

图 26-107　选择性粘贴添加图表系列

步骤④ 单击图表任意数据系列，鼠标右击，在弹出的快捷菜单中选择【更改图表类型】命令，打开【更改图表类型】对话框。在【更改图表类型】对话框中单击"系列 4"下拉选项按钮，在列表中选择"散点图"图表类型，取消选中【次坐标轴】复选框，最后单击【确定】按钮关闭【更改图表类型】对话框，将新系列的图表类型更改为散点图，如图 26-108 所示。

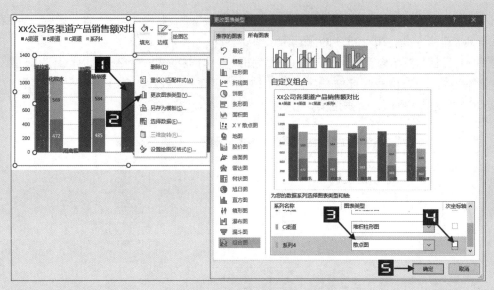

图 26-108　更改图表类型

步骤⑤ 双击图表"系列 4"数据标签，打开【设置数据标签格式】选项窗格。

切换到【标签选项】选项卡，在【标签包括】选项中取消选中【Y 值】复选框，选中【单元格中的值】复选框，在弹出的【数据标签区域】对话框中，设置【选择数据标签区域】为 A2:A6 单元格区域，单击【确定】按钮关闭【数据标签区域】对话框。

【标签位置】设置为【靠下】。以此作为图表的横坐标轴分类标签。

同样的方式添加 N2:O11 单元格区域到图表中。

最后将散点图的【标记选项】设置为【无】即可。

示例26-17　带涨幅的对比图

参照示例 26-16 添加散点图的原理与设置方式，可以完成图 26-109 所示的带涨幅的对比图。

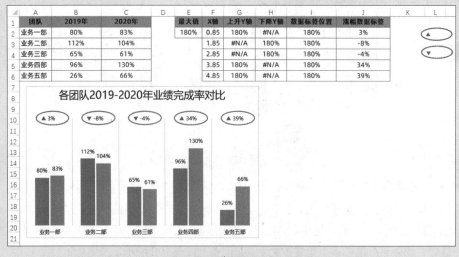

图 26-109　带涨幅的对比图

操作步骤如下。

步骤① 选中 A1:C6 单元格区域，单击【插入】选项卡，依次单击【插入柱形图或条形图】→【簇状柱形图】命令，插入柱形图。

步骤② 构建涨幅辅助列数据结构。

❖ 在 E2 单元格中输入 180%，此数值为该图表纵坐标刻度轴的最大值，用户可根据实际数据自行更换。

❖ 设置"X轴"从 0.85 开始，每个数据点间隔 1，以此类推。在 F2:F6 单元格中分别输入 0.85~4.85。此处的 0.85 数值的设定，是为了后续散点填充的标记能在分类的中心，用户可以根据实际情况调整该值。

❖ 在 G2 单元格中输入以下公式，向下复制到 G6 单元格。

```
=IF(C2>B2,E$2,NA())
```

❖ 在 H2 单元格中输入以下公式，向下复制到 H6 单元格。

```
=IF(C2<B2,E$2,NA())
```

❖ 在 I2 单元格中输入以下公式，向下复制到 I6 单元格。

```
=$E$2
```

❖ 在 J2 单元格中输入以下公式，向下复制到 J6 单元格。

```
=C2-B2
```

步骤③ 选中 F2:G6 单元格区域，按 <Ctrl+C> 组合键复制。单击图表，在【开始】选项卡依次单击【粘贴】→【选择性粘贴】命令打开【选择性粘贴】对话框。在【选择性粘贴】对话框中，设置【添加单元格为】区域中【新建系列】单选按钮；在【数值(Y)轴在】区域，选中【列】单选按钮，选中【首列中的类别(X标签)】复选框，单击【确定】关闭对话框。

步骤④ 单击图表任意数据系列，鼠标右击，在弹出的快捷菜单中选择【更改图表类型】命令，打开【更改图表类型】对话框。在【更改图表类型】对话框中单击"系列 3"下拉选项按钮，在列表中选择"散点图"图表类型，取消选中【次坐标轴】复选框，最后单击【确定】按钮关闭【更改图表类型】对话框，将新系列的图表类型更改为散点图。

步骤⑤ 选中 F2:F6 单元格区域，按住 <Ctrl> 键，再选中 H2:H6 单元格区域，按 <Ctrl+C> 组合键复制。重复以上的操作将数据选择性粘贴到图表中。

同样的方式将 F2:F6 和 I2:I6 单元格区域的数据粘贴至图表中。

步骤⑥ 双击图表纵坐标轴，打开【设置坐标轴格式】选项窗格，切换到【坐标轴选项】选项卡，在【坐标轴选项】区域，设置【边界】的【最小值】为 0，【最大值】为 1.8，按 <Delete> 键删除纵坐标轴。

步骤⑦ 单击"系列 5"散点系列，鼠标右击，在扩展菜单中依次单击【添加数据标签】→【添加数据标签】命令。

步骤⑧ 双击图表"系列 5"数据标签，打开【设置数据标签格式】选项窗格。

切换到【标签选项】选项卡，在【标签包括】选项中取消选中【Y值】复选框，选中【单元格中的值】

复选框，在弹出的【数据标签区域】对话框中，设置【选择数据标签区域】为 J2:J6 单元格区域，单击【确定】按钮关闭【数据标签区域】对话框。

步骤⑨ 选中绘制好的蓝色上涨图形，按 <Ctrl+C> 组合键复制，单击图表"系列 3"数据系列，按 <Ctrl+V> 组合键粘贴。

选中绘制好的红色下降图形，按 <Ctrl+C> 组合键复制，单击图表"系列 4"数据系列，按 <Ctrl+V> 组合键粘贴。

单击图表"系列 5"数据系列，在【设置数据系列格式】选项窗格中，单击【填充与线条】选项卡，设置【标记选项】为【无】。

步骤⑩ 单击图表标题、图例、网格线，按 <Delete> 键删除。

单击图表区，单击【图表元素】快速选项按钮，选中【网格线】选项下的【主轴主要垂直网格线】复选框。

最后根据需要设置图表系列的填充颜色及字体格式即可。

提示 → 　　使用公式与辅助列数据制作的涨幅，只要表格数据变化，涨幅的上升、下降均会自动变化，无须重新设置图表格式。若数据最大值超出 180%，可调出图表纵坐标轴后，重新设置【边界】的【最大值】。

26.8.4 时间序列的构图原理

图表的分类坐标轴中，分别有文本坐标轴和日期坐标轴，使用日期坐标轴可以展示非相同间隔时间段的图表，能够直观地看出数据与时间间隔之间的变化。利用日期坐标轴的特性，实现分类轴数据点与数据点之间的不等距展示，可达到同时展示 XY 两个数据的对比。

示例26-18　随时间变化的收入统计图

图 26-110 展示的是某月份各个时间段的收入，使用日期坐标轴的特性，可以直观看出每次收入间隔的时间段。

图 26-110　随时间变化的收入统计图

操作步骤如下。

步骤① 首先在D列构建一组辅助数据，数据值均为0，目的为制作分类轴的日期标签。

步骤② 选中A1:A11单元格区域，按住<Ctrl>键不放，再选择C1:D11单元格区域，在【插入】选项卡单击【插入折线图或面积图】→【折线图】命令，插入折线图。

步骤③ 单击图表区，单击图表左上角的【图表元素】快速选项按钮，选中【数据标签】复选框，取消选中【横坐标轴】和【图例】复选框。

步骤④ 双击折线图"分类轴标签"系列，打开【设置数据系列格式】选项窗格。切换到【填充与线条】选项卡，设置【线条】为【无线条】。

步骤⑤ 单击折线图"总收入"系列，在【设置数据系列格式】选项窗格中，切换到【填充与线条】选项卡，设置【线条】为【无线条】。

单击【标记】选项卡，设置【标记选项】为【内置】，【类型】为下拉菜单中的圆形，设置【大小】为7，设置【填充】为【纯色填充】，【颜色】为白色，设置【线条】为【实线】，【颜色】为紫色，【宽度】为2磅。

步骤⑥ 单击"分类轴标签"系列数据标签，在【设置数据标签格式】选项窗格中，切换到【标签选项】选项卡，选中【系列名称】复选框，取消选中【值】复选框，设置【标签位置】为【靠下】。

最后根据需要对图表进行必要的设置即可。

提示→ 当坐标轴数据列单元格格式为日期格式时，制作的图表坐标轴自动转换为日期坐标轴，如需要用文本坐标轴展示，可手动在【设置坐标轴格式】选项窗格中设置【坐标轴选项】为【文本坐标轴】。同理，如果分类轴的单元格内容为数值，需要利用日期坐标轴的特性，达到不等距效果时，可设置分类轴的【坐标轴选项】为【日期坐标轴】。

示例26-19 不等宽柱形图

利用日期坐标轴的特性，对数据结构重新排列后可制作不等宽的填充图表，如图26-111所示。

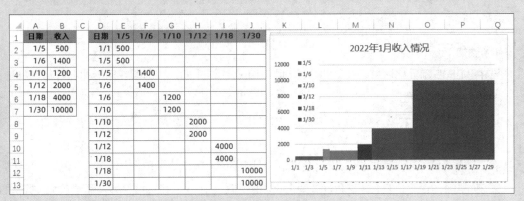

图26-111 不等宽填充图表

操作步骤如下。

步骤① 首先在D列构建一组日期辅助数据，横坐标轴第一个数据点为1，即在D2单元格中输入1/1，将

A列日期数据分别重复两次输入D3:D13单元格，再将B列数据分别重复两次，用错列的方式输入E2:J13单元格，如图26-111所示。

步骤② 选中E1:J13单元格区域，在【插入】选项卡单击【插入折线图或面积图】→【面积图】命令，插入面积图。

步骤③ 选中创建好的图表，在【图表设计】选项卡中单击【选择数据】按钮，打开【选择数据源】对话框，在【选择数据源】对话框中单击【切换行/列】按钮，切换图表行列。在【选择数据源】对话框中单击右侧"水平(分类)轴标签"的【编辑】按钮，打开【轴标签】对话框。单击【轴标签区域】输入框进入编辑状态，拖动鼠标选择D2:D13单元格区域，依次单击【确定】按钮关闭【轴标签】对话框和【选择数据源】对话框。

最后根据需要对图表进行必要的设置即可。

26.8.5 组合图表中的主次坐标轴设置

示例26-20　同时展示月销与日销的对比图

图26-112所示是一个同时展示月销量与日销量的柱形与折线组合图表，当数据分类数量不同时，制作出来的图表默认效果如左侧所示，而右侧是经过设置主次坐标轴格式后显示的效果。

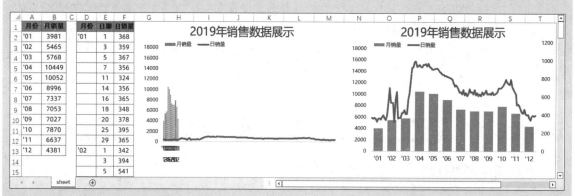

图 26-112　同时展示月销量与日销量的柱形与折线组合图表

操作步骤如下。

步骤① 选中B1:B13单元格区域，在【插入】选项卡中依次单击【插入柱形图或条形图】→【簇状柱形图】命令，插入柱形图。

步骤② 选中G1:G133单元格区域，按<Ctrl+C>组合键复制，单击图表区，按<Ctrl+V>组合键将数据粘贴到图表中。

步骤③ 单击图表"日销量"数据系列，在【图表设计】选项卡中单击【更改图表类型】按钮，调出【更改图表类型】对话框。在【更改图表类型】对话框中将"日销量"系列的图表类型更改为"折线图"，选中【次坐标轴】复选框，最后单击【确定】按钮关闭对话框。

步骤④ 单击图表区，单击【图表元素】快速选项按钮，选中【坐标轴】选项下的【次要横坐标轴】复选框，如图26-113所示。

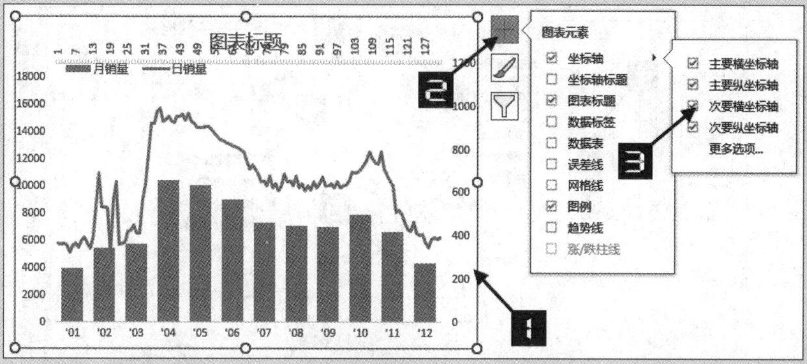

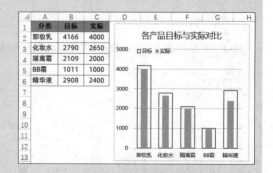

图 26-113　添加图表元素–次横坐标轴

步骤⑤ 双击图表次要横坐标轴，打开【设置坐标轴格式】选项窗格。

切换到【坐标轴选项】选项卡，在【标签】选项下设置【标签位置】为【无】。

切换到【填充与线条】选项卡，设置【线条】为【无线条】。

步骤⑥ 选中图表，在【图表设计】选项卡中单击【选择数据】按钮，打开【选择数据源】对话框。在【选择数据源】对话框中单击右侧"水平(分类)轴标签"的【编辑】按钮，打开【轴标签】对话框。单击【轴标签区域】输入框进入编辑状态，拖动鼠标选择A2:A13 单元格区域，依次单击【确定】按钮关闭【轴标签】对话框和【选择数据源】对话框，更改图表坐标轴的分类标签。

最后根据需要对图表进行必要的设置即可。

提示 →

当图表设置了一个或多个系列为"次坐标轴"后，图表最多可以有四个坐标轴，但当主/次坐标轴上的系列横轴均为分类轴时，默认只显示"主要横坐标轴"，也就是主/次坐标轴上的系列共用一个分类轴。

示例26-21　温度计对比图

使用次坐标轴，除了可以制作不同分类数量的组合图表外，还可以对主次坐标的柱形设置不同的间隙宽度，形成如图 26-114 所示的温度计图表。

操作步骤如下。

步骤① 选中A1:C6 单元格区域，在【插入】选项卡中依次单击【插入柱形图或条形图】→【簇状柱形图】命令，插入柱形图。

步骤② 双击图表"实际"数据系列，打开【设置数据系列格式】选项窗格，在【系列选项】选项卡的【系列绘制在】下选中【次坐标轴】单选按钮。将"实际"数据系列设置在次坐标轴上。

图 26-114　温度计柱形图

步骤③ 选择"目标"数据系列，打开【设置数据系列格式】选项窗格，在【系列选项】选项卡中设置【间隙宽度】为 60%。切换到【填充与线条】选项卡，设置【填充】为【无填充】，【线条】为【实线】，【颜色】为绿色，【宽度】为 1.75 磅，如图 26-115 所示。

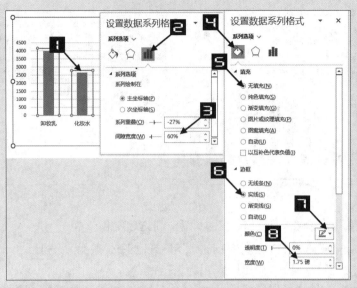

图 26-115　设置数据系列格式

最后根据需要对图表进行必要的设置即可。

26.9　交互式图表制作

动态图表是利用函数公式、名称、控件、VBA 等功能实现的交互展示图表，本节将通过多个实例展示动态图表的制作。

26.9.1　自动筛选动态图表

示例26-22　自动筛选动态图

使用简单的条形图与表格组合，可以展示 2019 年每笔业务中业务员创收金额的对比，如图 26-116

	A	B	C	D	E	F	G	H
1	客户姓名	产品归类	办办人	经办部门	公司可核创收	业务员创收	对比	进单时间
2	冯	信用贷	翔	业务四部	1500	1500		2019/1/2
3	毕	信用贷	翔	业务四部	2790	2790		2019/1/8
4	周	抵押贷	岳	业务三部	9250	9250		2019/1/22
5	李	信用贷	翔	业务四部	3000	3000		2019/1/4
6	韦	信用贷	勇	业务一部	1250	1250		2019/1/30
7	姚	抵押贷	英	业务四部	9151	9151		2019/3/20
8	戴	抵押贷	立	业务四部	22952	22952		2019/3/20
9	秦	抵押贷	翔	业务四部	20000	20000		2019/3/26
10	陈	信用贷	立	业务四部	7500	7500		2019/4/2
11	梁	信用贷	立	业务四部	8700	8700		2019/4/8
12	陈	抵押贷	立	业务四部	13440	13440		2019/4/13
13	王	信用贷	立	业务四部	3240	3240		2019/5/14
14	刘	信用贷	翔	业务四部	2475	2475		2019/5/20
15	巩	信用贷	恩	业务一部	5265	5265		2019/6/5

筛选动态图表

图 26-116　数据源与图表

所示。如果需要从图表中筛选符合条件的数据进行展示，可以使用 Excel 的自动筛选功能，制作动态效果的图表。

操作步骤如下。

步骤① 选中 F2:F146 单元格区域，在【插入】选项卡中依次单击【插入柱形图或条形图】→【簇状条形图】命令，插入条形图。

步骤② 双击条形图的纵坐标轴，打开【设置坐标轴格式】选项窗格，切换到【坐标轴选项】选项卡，在【坐标轴选项】中选中【逆序刻度值】复选框。

步骤③ 单击条形图的横坐标轴，在【设置坐标轴格式】选项窗格中切换到【坐标轴选项】选项卡，在【坐标轴选项】区域，设置【单位】的【大】为1。

步骤④ 拖动图表绘图区控制点，调整绘图区在图表区中最大化，再调整图表区大小，按 <Alt> 键对齐到工作表的G列。

步骤⑤ 选中A1:H1 单元格区域，在【数据】选项卡中单击【筛选】按钮，添加筛选功能，如图 26-117 所示。

步骤⑥ 单击D1 单元格，即"经办部门"右下角的筛选按钮，选择要显示的部门，最后单击【确定】按钮，可得到筛选后的数据源，图表效果也会随之更新，如图 26-118 所示。

图 26-117　添加自动筛选

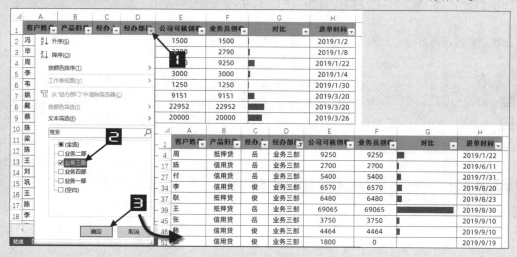

图 26-118　筛选

提示 → 如果用户选中【显示隐藏行列中的数据】复选框，将会使图表不再随数据筛选而变化。

选中图表后，在【图表设计】选项卡中单击【选择数据】按钮，打开【选择数据源】对话框。在【选择数据源】对话框中单击【隐藏的单元格和空单元格】命令，打开【隐藏和空单元设置】对话框，选中【显示隐藏行列中的数据】复选框，最后依次单击【确定】按钮对话框，如图 26-119 所示。

设置完成后，如果再执行筛选，图表中始终显示全部数据。

【隐藏和空单元格设置】对话框中的【空单元格显示为：】功能，在折线图与面积图中较为常用，三个选项分别为：空距、零值、用直线连接数据点。图 26-120 展示了三个不同设置的折线图显示方式。

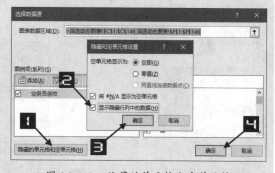

图 26-119　隐藏的单元格和空单元格

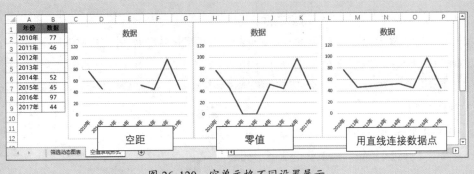

图 26-120　空单元格不同设置展示

26.9.2　切片器动态图表

示例26-23　**使用切片器代替自动筛选**

使用切片器进行筛选，能够使筛选过程更加简便直观，操作步骤如下。

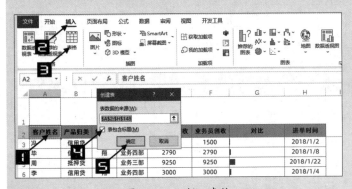

图 26-121　插入表格

步骤① 单击A2 单元格，在【插入】选项卡中单击【表格】按钮，打开【创建表】对话框，选中【表包含标题】复选框，最后单击【确定】按钮，将数据表转换为"表格"形式，如图 26-121所示。

步骤② 单击A2 单元格，切换到【表设计】选项卡。单击【插入切片器】按钮，打开【插入切片器】对话框。在【插入切片器】对话框中选中需要进行筛选的字段"经办部门"复选框，单击【确定】按钮关闭【插入切片器】对话框，插入一个切片器，如图 26-122 所示。

步骤③ 单击切片器，切换到【切片器】选项卡，在【按钮】功能组中的【列】调节框中输入 4，将切片器更改为横向显示，调整切片器大小。如图 26-123 所示。

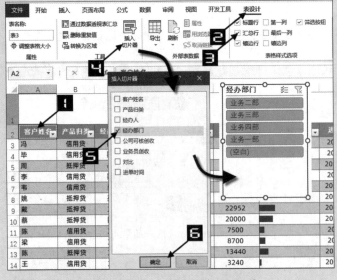

图 26-122　插入切片器并添加汇总

设置后只需要在切片器中单击部门名称，即可完成数据与图表的筛选。

如需在切片器中选中多项分类，可先单击切片器右上角的【多选】按钮，然后依次单击切片器中的部门名称。

图 26-123　设置切片器格式

如需清除筛选，单击切片器右上角的【清除筛选器】按钮即可，如图 26-124 所示。

图 26-124　多选和清除筛选器

26 章

26.9.3　数据验证动态图表

示例26-24　数据验证动态图表

如图 26-125 所示，借助数据验证和公式，也能制作动态图表。

操作步骤如下。

步骤① 单击 G1 单元格，依次单击【数据】→【数据验证】→【数据验证】命令，打开【数据验证】对话框。切换到【设置】选项卡，单击【允许】选项下拉按钮，在下拉列表中选择【序列】选项，在【来源】编辑框中选择 B1:E1 单元格区域，最后单击【确定】按钮关闭【数据验证】对话框，如图 26-126 所示。

步骤② 在 G2 单元格输入以下公式，将公式向下复制到 G11 单元格，如图 26-127 所示。

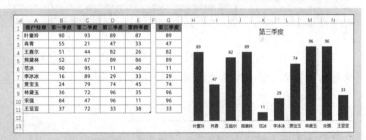

图 26-125　数据验证动态图表

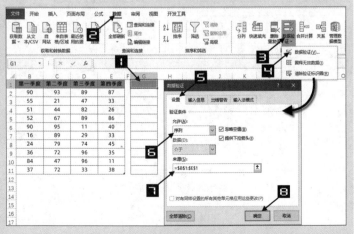

图 26-126　数据验证

```
=HLOOKUP(G$1,B$1:E$11,ROW(A2),)
```

HLOOKUP 函数以 G$1 单元格中的内容为查找值，在 B$1:E$11 单元格区域的首行中找到与之相同的项目，并依次返回该项目下其他行的内容。

步骤③ 选中 G1:G11 单元格区域，在【插入】选项卡中依次单击【插入柱形图或条形图】→【簇状柱形图】命令，插入柱形图。

步骤④ 单击图表纵坐标轴，在【设置坐标轴格式】选项窗格中切换到【坐标轴选项】选项卡，在【坐标轴选项】区域，设置【边界】的【最小值】为"0"，【最大值】为"100"。

图 26-127　数据构建

如果动态图表的数据区间基本固定，可将坐标轴边界设置为固定值，这样设置后，在改变数据时图表变化更有对比性。

根据需要对图表进行必要的设置后，单击 G1 单元格的下拉按钮，选择不同的季度，G2:G11 单元格区域的公式结果会随之更新，以此为数据源的图表也会随之变化。

26.9.4　控件动态图表

示例26-25　控件动态折线图

图 26-128 展示的是某种植园主要产品全年销售情况的动态折线图。使用单选控件按钮与函数公式来制作折线图，单击控件选择某一产品时，数据区域会自动突出显示，图表展示更加直观。

操作步骤如下。

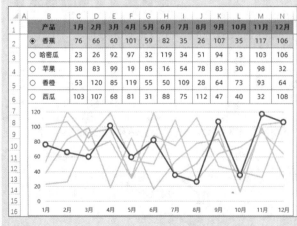

图 26-128　动态选择产品的折线图

步骤① 单击【开发工具】选项卡中的【插入】下拉按钮，在下拉列表中单击【选项按钮（窗体控件）】按钮，拖动鼠标在工作表中绘制一个选项按钮，如图 26-129 所示。

步骤② 鼠标右击选项按钮，在快捷菜单中选择【编辑文字】命令，将选项按钮中的文本按 <Delete> 键删除。

步骤③ 鼠标右击选项按钮，选中选项按钮，按住 <Alt> 键拖动到 B2 单元格，调整选项按钮大小与单元格对齐，如图 26-130 所示。

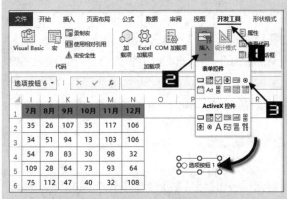

图 26-129 插入选项按钮

图 26-130 调整选项按钮位置与大小

步骤④ 鼠标右击选项按钮，选中选项按钮，按住 <Ctrl> 键拖动，复制选项按钮。根据产品的个数及顺序复制选项按钮并对齐到不同单元格。

步骤⑤ 鼠标右击选项按钮，然后在弹出的快捷菜单中单击【设置控件格式】命令，打开【设置控件格式】对话框。切换到【控制】选项卡，单击【单元格链接】输入框，再单击工作表中的 P1 单元格，最后单击【确定】按钮关闭【设置控件格式】对话框，如图 26-131 所示。

步骤⑥ 在 C7 单元格输入以下公式，向右复制到 N7 单元格，构建一个新的图表系列，如图 26-132 所示。

```
=OFFSET(C1,$P$1,0)
```

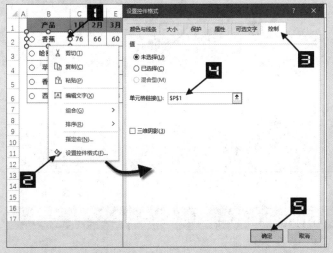

图 26-131 设置控件格式-控制

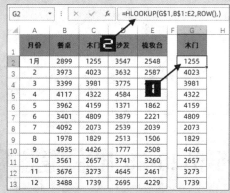

图 26-132 构建数据

步骤⑦ 选择 C1:N7 单元格区域，在【插入】选项卡单击【插入折线图或面积图】→【折线图】命令，插入折线图。

步骤⑧ 双击折线图系列，打开【设置数据系列格式】选项窗格。切换到【填充与线条】选项卡，在【线条】选项中选中【实线】单选按钮，设置【颜色】为"灰色"。

单击其他数据系列后，按 <F4> 功能键重复上一次操作，将系列 1 至系列 5 全部设置为灰色线条。

步骤⑨ 单击"系列 6"数据系列，在【设置数据系列格式】选项窗格中切换到【填充与线条】选项卡。

在【线条】选项中，设置【线条】为【实线】，【颜色】为"蓝色"，【宽度】为"2.25 磅"。

在【标记】选项中设置【标记选项】为【内置】，【类型】为"圆形"、【大小】为"9"。设置【填充】为【纯色填充】，【颜色】为"白色"。'设置【边框】为【实线】，【颜色】为"蓝色"，【宽度】为"2.25磅"。

步骤⑩ 选中B2:N6单元格区域，依次单击【开始】→【条件格式】→【新建规则】命令，打开【新建格式规则】对话框。

选中【使用公式确定要设置条件的单元格】选项，然后在【为符合此公式的值设置条件】编辑框中输入以下公式：

```
=ROW(A1)=$P$1
```

单击【格式】按钮，在弹出的【设置单元格格式】对话框中切换到【填充】选项卡，选择蓝色，最后依次单击【确定】按钮关闭对话框，如图26-133所示。

设置完成后，会随着选项按钮的选择而突出显示当前行的记录。

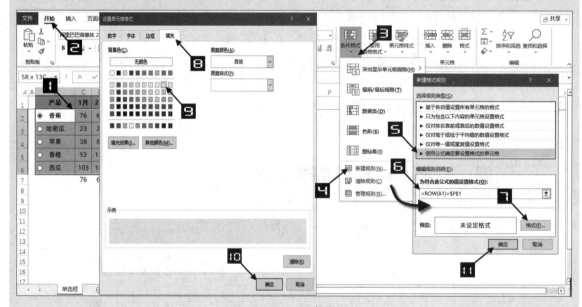

图26-133　设置条件格式

示例26-26 动态盈亏平衡分析图

图26-134展示的是利用Excel折线图与控件绘制的盈亏平衡分析图，使用控件动态调整业务量，让图表展示不同业务量下的成本与收入的关系。

步骤① 单击【开发工具】选项卡中的【插入】下拉按钮，在下拉列表中单击【数值调节钮（窗体控件）】按钮，拖动鼠标在工作表中绘制一个数值调节按钮，如图26-135所示。

同样的方式再插入两个数值调节钮和1个滚动条。

步骤② 鼠标右击控件，在弹出的快捷菜单中单击【设置控件格式】命令，打开【设置控件格式】对话框，切换到【控制】选项卡，分别设置参数如图26-136所示。

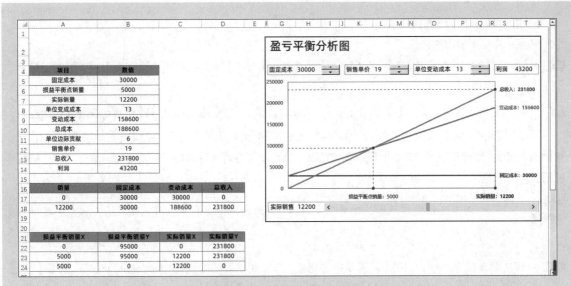

图 26-134 盈亏平衡分析图

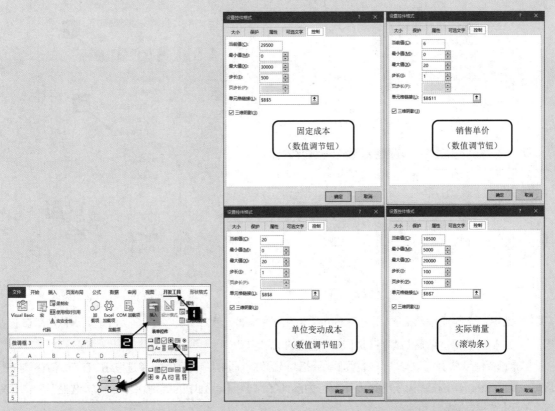

图 26-135 插入数值调节钮 图 26-136 设置控件格式

步骤③ 分别在图 26-137 所示的单元格中输入对应的公式。

❖ 损益平衡点销量＝固定成本/单位边际贡献

❖ 变动成本＝单位变动成本*实际销量

❖ 总成本＝固定成本＋变动成本

❖ 销售单价＝单位变动成本＋单位边际贡献

❖ 总收入＝实际销量＊销售单价

❖ 利润＝总收入－总成本

步骤④ 选中 B16:D18 单元格区域，在【插入】选项卡依次单击【插入折线图或面积图】→【折线图】命令，插入折线图。

步骤⑤ 单击选中图表区，在【图表设计】选项卡中单击【选择数据】按钮，打开【选择数据源】对话框。

单击【切换行/列】按钮调整图表布局。再单击【水平(分类)轴标签】下的【编辑】按钮打开【轴标签】对话框，单击【轴标签区域】文本框进入编辑状态，拖动鼠标选择 A17:A19 单元格区域，依次单击【确定】按钮关闭对话框。

> **注意** → A19 为空白单元格，此处设置轴标签区域为三个数据点，目的是后面添加三个数据点的散点图时，散点图能正常显示。

步骤⑥ 双击图表横坐标轴，打开【设置坐标轴格式】选项窗格。切换到【坐标轴选项】选项，设置【坐标轴类型】为【日期坐标轴】，设置【单位】的【基准】为【天】，如图 26-138 所示。

	A	B	C	D
4	项目	数值		
5	固定成本	30000		
6	损益平衡点销量	5000	=B5/B11	
7	实际销量	12200		
8	单位变成成本	13		
9	变动成本	158600	=B8*B7	
10	总成本	188600	=B9+B5	
11	单位边际贡献	6		
12	销售单价	19	=B11+B8	
13	总收入	231800	=B7*B12	
14	利润	43200	=B13-B10	
16	销量	固定成本	变动成本	总收入
17	0	30000	30000	0
18	12200	30000	188600	231800
19	0		=B5	=A17*B8+B17	=A17*B12
20	=IF(B7<B6,B6,B7)		=B5	=A18*B8+B18	=A18*B12
21	损益平衡销量X	损益平衡销量Y	实际销量X	实际销量Y
22	0	95000	0	231800
23	5000	95000	12200	231800
24	5000		12200	
25	0	=B6*B8+B5	0	=B13
26	=B6	=B6*B8+B5	=B7	=B13
27	=A23	0	=C23	0

图 26-137　计算各指标数据

图 26-138　设置坐标轴格式

步骤⑦ 选中 A21:B24 单元格区域，按<Ctrl+C>组合键复制。单击图表，在【开始】选项卡依次单击【粘贴】→【选择性粘贴】命令打开【选择性粘贴】对话框。

在【选择性粘贴】对话框中，在【添加单元格为】区域，选中【新建系列】单选按钮；在【数值(Y)轴在】区域，选中【列】单选按钮，分别选中【首行为系列名称】和【首列中的类别(X标签)】复选框，单击【确定】关闭【选择性粘贴】对话框。

步骤⑧ 单击图表"损益平衡销量Y"数据系列，在【图表设计】选项卡中单击【更改图表类型】按钮，调出【更改图表类型】对话框，在【更改图表类型】对话框中将"损益平衡销量Y"系列的图表类型更改为"带直线和数据标记的散点图"，取消选中【次坐标轴】复选框，最后单击【确定】按钮关闭对话框。

同样的步骤复制 C21:D24 单元格区域，选择性粘贴到图表中。效果如图 26-139 所示。

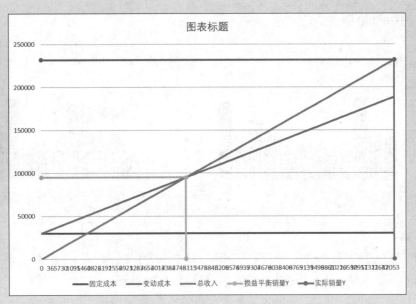

图 26-139　添加散点后的效果图

步骤⑨ 使用公式获得各个点的标签内容。

在 A27 单元格中输入以下公式，作为损益平衡点销量的数据标签。

`=A6&": "&TEXT(A23,"0")`

在 A28 单元格中输入以下公式，作为实际销量的数据标签。

`=A7&": "&TEXT(C23,"0")`

在 A29 单元格中输入以下公式，作为固定成本的数据标签。

`=A5&": "&TEXT(B5,"0")`

在 A30 单元格中输入以下公式，作为总收入的数据标签。

`=A13&": "&TEXT(B13,"0")`

在 A31 单元格中输入以下公式，作为变动成本的数据标签。

`=A9&": "&TEXT(B9,"0")`

然后单独选中各数据系列的靠右的最后 1 个数据点，添加【数据标签】后，手动修改数据标签的引用单元格。

根据需要对图表进行必要的设置，最后将图表与控件及单元格内容进行排版即可。参与图表排版的单元格可直接引用表格中的数据，以达到数据与图表跟随控件变化而变化。

26.9.5　VBA制作动态图表

示例26-27　光标悬停的动态图表

利用函数公式结合VBA代码制作动态图表，当光标悬停在某一选项上时，图表能够自动展示对应的数据系列，如图 26-140 所示。

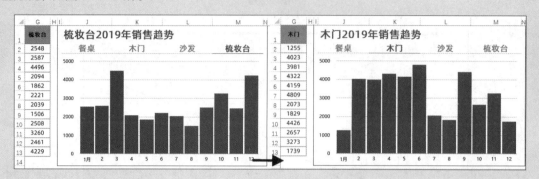

图 26-140　鼠标触发动态图表

操作步骤如下。

步骤① 按 <Alt+F11> 组合键打开 VBE 窗口，在 VBE 窗口中依次单击【插入】→【模块】，然后在模块代码窗口中输入以下代码，最后关闭 VBE 窗口，如图 26-141 所示。

```
Function techart(rng As Range)
    Sheets(" 鼠标触发动态图表 ").[g1] = rng.Value
End Function
```

图 26-141　插入模块并输入代码

代码中的 Sheets(" 鼠标触发动态图表 ").[g1] 为当前工作表的 G1 单元格，用 G1 单元格获取触发后的分类。可根据实际表格情况设置单元格地址。

步骤② 在 G1 单元格中任意输入一个分类名称，如"木门"，在 G2 单元格中输入以下公式，向下复制到 G13 单元格，如图 26-142 所示。

```
=HLOOKUP(G$1,B$1:E2,ROW(),)
```

	A	B	C	D	E	F	G	H
	月份	餐桌	木门	沙发	梳妆台		梳妆台	
1								
2	1月	2899	1255	3547	2548		2548	
3	2	3973	4023	3632	2587		2587	
4	3	3399	3981	3775	4496		4496	
5	4	4117	4322	4584	2094		2094	
6	5	3962	4159	1371	1862		1862	
7	6	3401	4809	3879	2221		2221	
8	7	4092	2073	2539	2039		2039	
9	8	1978	1829	2513	1506		1506	
10	9	4935	4426	1777	2508		2508	
11	10	3561	2657	3741	3260		3260	
12	11	3676	3273	4645	2461		2461	
13	12	3488	1739	2695	4229		4229	

图 26-142　构建辅助列

步骤③ 选中 G1:G13 单元格区域，依次单击【插入】→【插入柱形图或条形图】→【簇状柱形图】，插入簇状柱形图。

步骤④ 单击选中图表区，在【图表设计】选项卡中单击【选择数据】按钮，打开【选择数据源】对话框。在【选择数据源】对话框中单击右侧"水平(分类)轴标签"的【编辑】按钮，打开【轴标签】对话框。

单击【轴标签区域】输入框进入编辑状态，拖动鼠标选择A2:A13 单元格区域，依次单击【确定】按钮关闭【轴标签】对话框和【选择数据源】对话框。

根据需要对图表进行必要的设置，将图表对齐到I3:N14 单元格区域。

步骤⑤ 在 J1 单元格输入以下公式作为动态图表的标题，然后设置单元格【字体】格式。

```
=G1&"2019年销售趋势 "
```

在 J2 单元格输入以下公式，将公式向右复制到 M2 单元格，作为触发数据变化的触发器，如图 26-143 所示。

```
=IFERROR(HYPERLINK(techart(B1)),B1)
```

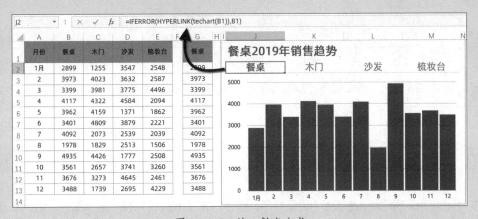

图 26-143 输入触发公式

公式中的techart函数，是之前在VBA代码中自定义的函数，将各产品的列标签单元格引用作为自定义函数的参数。

用HYPERLINK函数创建一个超链接，当光标移动到超链接所在单元格时，会出现屏幕提示，同时鼠标指针由【正常选择】自动切换为【链接选择】，当光标悬停在超链接文本上时，超链接会读取HYPERLINK函数第一参数返回的路径作为屏幕提示的内容。此时，就会触发执行第一参数中的自定义函数。

由于HYPERLINK的结果会返回错误值，因此使用IFERROR屏蔽错误值，将错误值显示为对应的产品名称。

步骤⑥ 选中J2:M2 单元格区域，依次单击【开始】→【条件格式】→【新建规则】，打开【新建格式规则】对话框。单击【使用公式确定要设置格式的单元格】，在【为符合此公式的值设置格式】编辑框中输入以下公式：

```
=J$2=$G$1
```

单击【格式】按钮打开【设置单元格格式】对话框。切换到【字体】选项卡下，设置字体【颜色】为"蓝色"并【加粗】。再切换到【边框】选项卡，设置【下框线】颜色为"蓝色"，最后依次单击【确定】按钮关闭对话框，如图 26-144 所示。

设置条件格式的作用是凸显当前触发的产品名称。

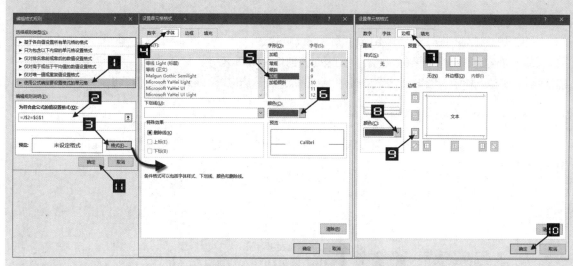

图 26-144　设置单元格条件格式

由于使用了 VBA 代码，所以要将工作簿另存为 "Excel 启用宏的工作簿 (*.xlsm)" 类型。

26.10　图表排版设计

很多时候需要在不同大小的版面中进行打印、保存 PDF 格式或在 PPT 中展示图表，因此图表的排版设计也显得非常重要。

除了使用默认的图表元素进行排版设置外，还可以利用图片、自选图形、单元格等来进行辅助排版，使图表更新颖直观。

示例26-28　图表排版设计-1

如图 26-145 所示，可以使用饼图来展示表格中的百分比占比。

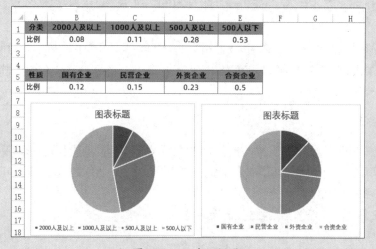

图 26-145　占比饼图

如果表格与图表需要在 A4 版面中进行打印，或者保存成 PDF 格式，可以使用表格、图表、自选图形、文本框等元素，并调整整体布局，设置表格打印区域，让版面更美观，如图 26-146、图 26-147 所示。

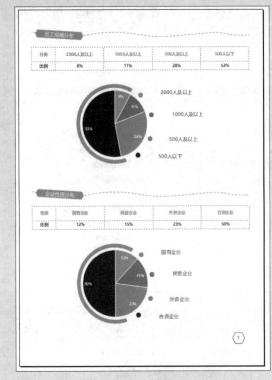

图 26-146　图表排版设计后效果 1

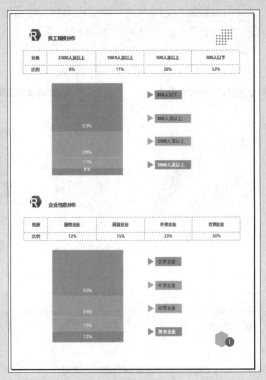

图 26-147　图表排版设计后效果 2

示例26-29　图表排版设计-2

　　如图 26-148 所示，按照用户的一般用图习惯，会用饼图来展示增长率百分比。

　　如果需要在 PPT 中展示，可以重新构建数据制作图表之后，用图片与自选图形进行排版达到图 26-149 效果。

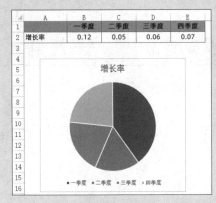

图 26-148　饼图展示的百分比图表

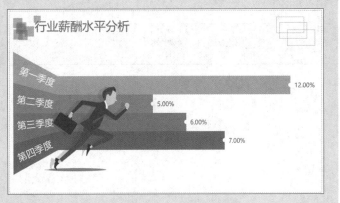

图 26-149　PPT 展示的图表

示例26-30　图表排版设计-3

使用自选图形、图片及特殊技巧排版，将普通的条形图、圆环图、气泡图等进行排版，可以完成以下图 26-150、图 26-151、图 26-152、图 26-153、图 26-154 的图表效果。

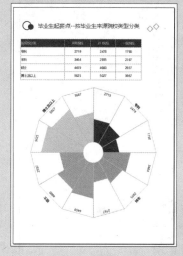

图 26-150　雷达效果

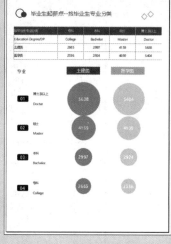

图 26-151　气泡效果

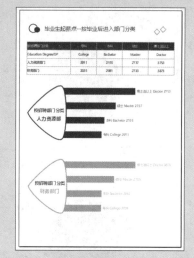

图 26-152　条形效果

图 26-153　菱形效果

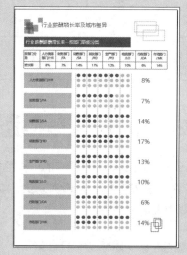

图 26-154　百分比图表效果

第 27 章　非数据类图表制作

在工作表或图表中使用图形和图片，能够增强报表的视觉效果。本章主要介绍在 Excel 报表中应用图形、图片、SmartArt 等对象对报表进行美化的方法和技巧。

> **本章学习要点**
>
> （1）插入图形制作图表。　　　　　　　（3）插入文件对象。
> （2）图片的处理与 SmartArt 图示。

27.1　形状

形状是指浮于单元格上方的几何图形，也叫自选图形，不同的形状可以组合成新的形状。

文本框是一种可以输入文本的特殊形状，用来对表格图形或图片进行说明。

27.1.1　制作形状图表

示例27-1　图形百分比图表

除了数据图表外，利用特殊的图形也可以制作出新颖美观的图表，如图 27-1 所示。

制作步骤如下。

步骤① 单击【插入】选项卡的【形状】下拉按钮，在下拉列表中选择"泪滴形"，按住 <Shift> 键在工作表中拖动鼠标绘制一个泪滴形，如图 27-2 所示。

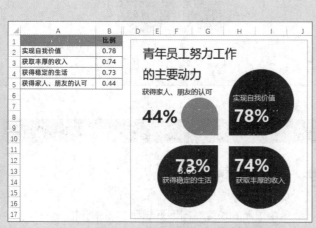

图 27-1　图形百分比图表

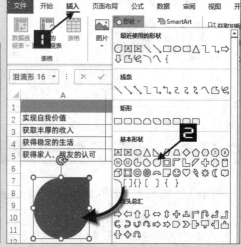

图 27-2　插入泪滴形形状

步骤② 单击选中形状，在【形状格式】选项卡，单击【形状填充】按钮，在颜色中选择颜色进行填充，在【形状轮廓】下拉列表中选择"无轮廓"。

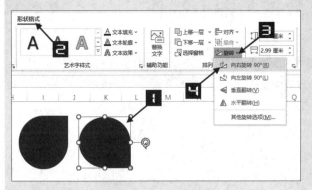

图 27-3 旋转图形

拖动形状的同时按住 <Ctrl> 键，复制一个相同的形状，在【形状格式】选项卡单击【旋转】按钮，在下拉列表中单击【向右旋转 90°】命令，如图 27-3 所示。

同样的步骤再次复制两个相同图形，然后旋转角度，形成四个方向不同的泪滴形。

步骤③ 单击选中形状，切换到【形状格式】选项卡，在【大小】功能组中设置形状的【形状高度】和【形状宽度】为 3.9 厘米，如图 27-4 所示。

同样的方式，根据图形中标识的数字，分别设置其他形状的大小为 3.7 厘米、3.65 厘米、2.2 厘米。最后调整图形布局，使用文本框制作图表的数据标签与标题。

步骤④ 单击任意图形，按 <Ctrl+A> 组合键选中所有对象，在【形状格式】选项卡中单击【组合】→【组合】命令，将所有图形组合成一个组合体，方便同时选中和移动，如图 27-5 所示。

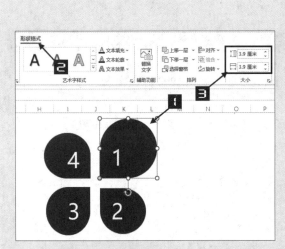

图 27-4 设置形状大小

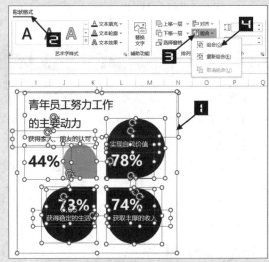

图 27-5 组合图形

示例27-2 倾斜的条柱图

使用线条与图形，还可以模拟倾斜的条柱图，如图 27-6 所示。

操作步骤如下。

步骤① 在 C2 单元格输入以下公式计算出数据在线条中显示的长度，向下复制到 C11 单元格。

=B2/20

步骤② 单击【插入】选项卡的【形状】下拉按钮，在下拉列表中选择"直线"，按住 <Shift> 键在工作表中垂直拖动鼠标绘制一条垂直线条。

步骤③ 单击线条，按<Ctrl+1>组合键打开【设置形状格式】选项窗格，切换到【填充与线条】选项卡，设置【线条】为【实线】，颜色为蓝色，在【线端类型】下拉菜单中选择【圆】选项，切换到【大小与属性】选项卡，设置【高度】为 3.25，【旋转】为-12°，如图 27-7 所示。

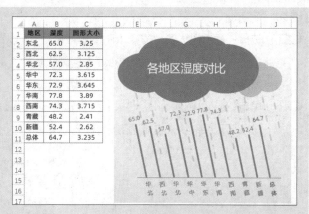

图 27-6　倾斜的条柱图

选择绘制好的线条，按<Ctrl+C>组合键复制，在工作表中单击空白区域，按<Ctrl+V>组合键粘贴，根据 C 列计算出的数据设置线条的长度，最后形成 10 根不同长度的线条。

步骤④ 单击【插入】选项卡的【形状】下拉按钮，在下拉列表中选择"竖排文本框"，在工作表中垂直拖动鼠标绘制竖排的文本框。

输入文本"东北"，选中文本框，在【开始】选项卡中设置文本框字体、字号、颜色。

按<Ctrl+1>组合键打开【设置形状格式】选项窗格，切换到【大小与属性】选项卡，设置【旋转】为-12°。

选择绘制好的竖排文本框，按<Ctrl+C>组合键复制，在工作表中单击空白区域，按<Ctrl+V>组合键粘贴，根据 A 列内容更改文本框内容，最后形成 10 个地区标签。

步骤⑤ 拖动文本框，使第一个和最后一个文本框间隔一段距离，按<Ctrl>键依次单击选中所有竖排文本框，在【形状格式】选项卡中单击【对齐】按钮，在下拉菜单中分别单击【顶端对齐】【横向分布】命令，将竖排文本框对齐并平均分布，如图 27-8 所示。

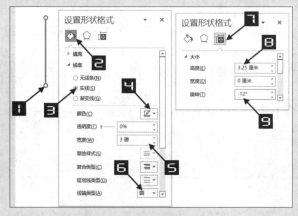

图 27-7　设置线条格式

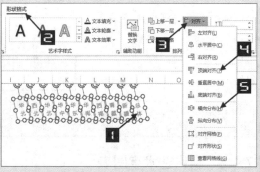

图 27-8　对齐与分布

步骤⑥ 选中线条，移动线条到文本框之上，根据文本框的位置与分布调整。

调整好位置后，选中所有线条，在【形状格式】选项卡中单击【对齐】按钮，在下拉菜单中单击【底端对齐】命令。

步骤⑦ 单击【插入】选项卡的【形状】下拉按钮，在下拉列表中选择"横排文本框"，拖动鼠标绘制横排的文本框。

根据 B 列数值，更改文本框内容。设置【旋转】为-12°，并调整位置至线条之上。调整后效果如

图 27-9 所示。

步骤⑧ 选择任意一根线条，按<Ctrl+1>组合键打开【设置形状格式】选项窗格，切换到【填充与线条】选项卡，设置【透明度】为80%，【短划线类型】为"划线-点"，作为背景辅助线条，如图 27-10 所示。

步骤⑨ 单击【插入】选项卡的【形状】下拉按钮，在下拉列表中选择"椭圆"，在工作表中绘制几个椭圆形，排版至云朵形状。将椭圆形设置【形状轮廓】为【无轮廓】，效果如图 27-11 所示。

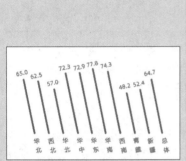

图 27-9　调整后效果　　　　图 27-10　设置线条格式　　　　图 27-11　绘制云朵形状

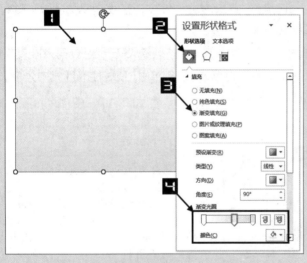

图 27-12　渐变填充

步骤⑩ 单击【插入】选项卡的【形状】下拉按钮，在下拉列表中选择"矩形"，拖动鼠标绘制一个矩形作为图表背景。

鼠标右击矩形，在快捷菜单中选择【置于底层】命令。

按<Ctrl+1>组合键打开【设置形状格式】选项窗格，切换到【填充与线条】选项卡，设置【填充】为【渐变填充】，并设置渐变光圈，如图 27-12 所示。

最后对图形进行排版，再选中所有图形后进行组合即可。

27.1.2　制作艺术字图表

示例27-3　艺术字图表

设置不同的艺术字立体效果，可以组合成艺术字图表，如图 27-13 所示。

操作步骤如下。

步骤① 依次单击【插入】选项卡中的【文本】→【艺术字】命令，打开【艺术字】样式列表，单击一种艺术字样式，在工作表中会显示一个矩形框，在矩形框中输入文本"D"。

步骤② 单击艺术字，按<Ctrl+1>组合键调出【设置形状格式】选项窗格，切换到【文本选项】选项卡，在【文本填充与轮廓】选项中设置【文本填充】为【纯色填充】，【颜色】为深绿色。

步骤③ 切换到【文字效果】选项卡，在【三维格式】选项中设置【深度】为浅绿色，【大小】为 100 磅。在【三维旋转】选项中设置【Y旋转】为 300°，如图 27-14 所示。

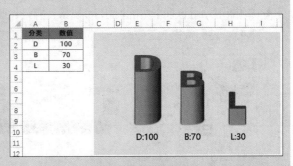

图 27-13 艺术字图表

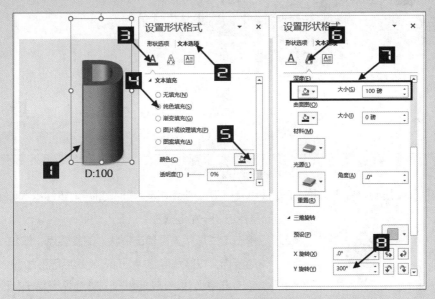

图 27-14 设置立体效果

步骤④ 选中艺术字，按住<Ctrl>键不放，拖动鼠标复制艺术字。重复复制步骤，分别修改文字为"B"和"L"。在选项窗格的【文本填充与轮廓】选项中设置【文本填充】为【纯色填充】，【颜色】分别为深红色和深蓝色。再切换到【文字效果】选项卡，在【三维格式】选项中设置【深度】分别为浅红色和浅蓝色，【大小】分别为 70 磅和 30 磅。

27.2 图片

27.2.1 插入图片

示例27-4 地图标记图

步骤① 插入地图图片，在工作表中插入图片主要有以下两种方法。

❖ 直接从图片浏览软件中复制图片，粘贴到工作表中。

❖ 单击【插入】选项卡中的【图片】按钮，打开【插入图片】对话框，选择一个图片文件，单击【插入】
按钮，将图片插入工作表中所选单元格的右下方，如图27-15所示。

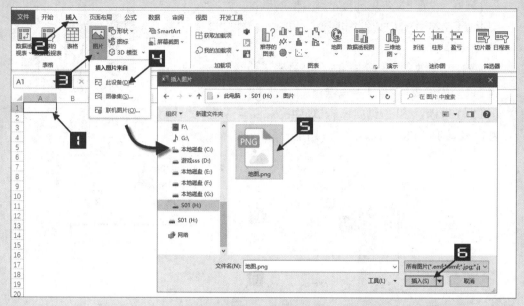

图 27-15　插入图片

步骤② 单击【插入】选项卡的【形状】下拉按钮，在下拉列表中选择"泪滴形"，按住<Shift>键在工作表
中拖动鼠标绘制一个泪滴形。

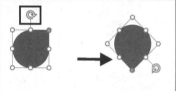

图 27-16　旋转图形

步骤③ 单击选中形状，再单击形状上的旋转点，按住<Shift>键拖
动鼠标，按照角度旋转图形，旋转后图形如图27-16所示。

步骤④ 单击选中形状，在【形状格式】选项卡单击【形状填充】按
钮，在颜色中选择颜色进行填充，在【形状轮廓】下拉列表
中选择"无轮廓"。

用户可以根据需要重复复制图形，调整大小，拖动到地图的相应位置上。

27.2.2　裁剪图片

示例27-5　制作心形图片

图 27-17　心形图片

使用裁剪图片功能可以删除图片中不需要的
矩形部分，使用裁剪为形状功能可以将图片外形
设置为任意形状。如图27-17所示，将矩形图片
裁剪为心形。

步骤① 选中图片，在【图片格式】选项卡中依次
单击【裁剪】→【裁剪为形状】→【心形】命

令,将图片裁剪为心形,如图 27-18 所示。

步骤② 根据需要,还可以给图片添加一些预设的样式。

选择图片,在【图片格式】选项卡中依次单击【图片效果】→【预设】→【预设 1】命令,如图 27-19 所示。

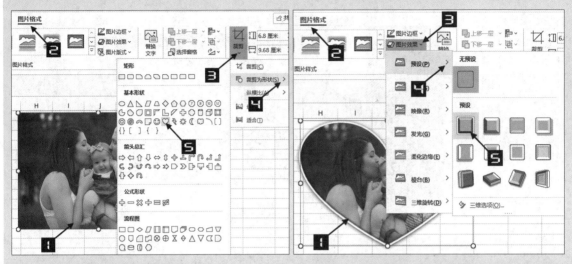

图 27-18 裁剪图片为心形　　　　　　　图 27-19 添加图片效果

在【图片格式】选项卡中单击【裁剪】→【裁剪】命令,在图片的 4 个角显示角部裁剪点,4 个边的中点显示边线裁剪点。将光标定位到裁剪点上,按住鼠标左键,移动光标到目的位置,可以裁剪掉鼠标移动部分的图片。

示例27-6 根据姓名动态显示照片

动态显示照片是指通过下拉列表选择项目,在同一位置能够显示对应的照片,如图 27-20 所示。

操作步骤如下。

步骤① 将准备好的照片移动到姓名对应的单元格中,图片的四周必须在单元格网格线之内,可以使用 <Alt> 键将图片对齐单元格。

选中 D2 单元格,在【数据】选项卡单击【数据验证】命令,打开【数据验证】对话框,在【设置】选项卡中单击【允许】下拉框,选择【序列】,在【来源】框中选择 A2:A8 单元格区域,单击【确定】按钮关闭【数据验证】对话框,完成下拉菜单的制作,如图 27-21 所示。

步骤② 单击【公式】选项卡中的【定义名称】命令,打开【新建名称】对话框,在【名称】输入框中输入公式名称"图",在【引用位置】输入框中输入以下公式,单击【确定】按钮关闭对话框,如图 27-22 所示。

`=OFFSET($B$1,MATCH($D$2,$A$2:$A$8,),)`

图 27-20 动态显示照片效果

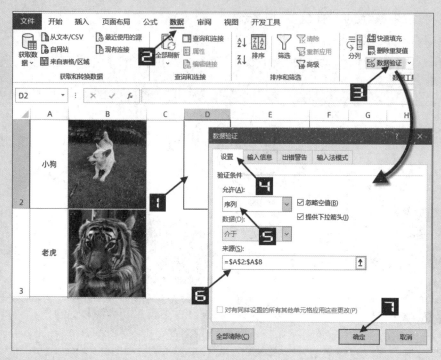

图 27-21　添加数据验证

图 27-22　定义名称

步骤③　单击 E2 单元格，按 <Ctrl+C> 组合键复制单元格，在任意单元格鼠标右击，将光标移动到快捷菜单中的【选择性粘贴】扩展箭头上，在快捷菜单中单击【图片】按钮。将单元格粘贴为图片，如图 27-23 所示。

步骤④　将粘贴的图片对齐到 E2 单元格。单击 D2 单元格下拉按钮，在下拉菜单中选择一个项目，如"兔子"。

选择粘贴的图片，在【编辑栏】中输入公式：=图，单击【输入】按钮，如图 27-24 所示。

此时单击 D2 单元格下拉按钮，选择任意一个名称，E2 单元格的图片均会自动变化。

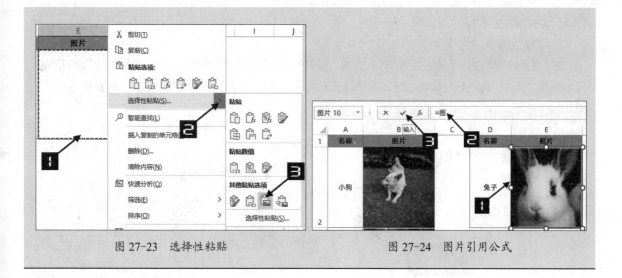

图 27-23 选择性粘贴　　　　　　　　图 27-24 图片引用公式

27.3 SmartArt

SmartArt 属于结构化的图文混排模式，包含了列表、流程、循环、层次结构、关系、矩阵、棱锥图、图片共 8 大类图示。

示例27-7 制作组织结构图

步骤① 插入 SmartArt。单击【插入】选项卡中的【SmartArt】按钮，打开【选择 SmartArt 图形】对话框，切换到【层次结构】选项卡，选择【组织结构图】样式，单击【确定】按钮插入一个组织结构图，如图 27-25 所示。

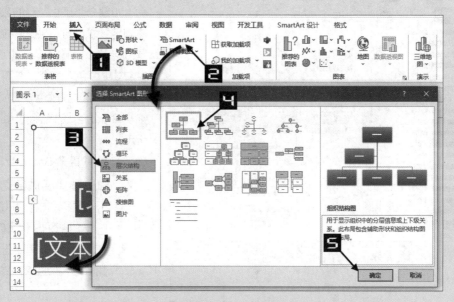

图 27-25 插入 SmartArt

Excel 应用大全 for Excel 365 & Excel 2021

步骤② 编辑SmartArt文字。选择SmartArt，在【SmartArt设计】选项卡中单击【文本窗格】命令，打开【在此处键入文字】窗格，如图 27-26 所示。

在【在此处键入文字】窗格中逐行输入文本，按<Enter>键可增加同级别文本框，按<Tab>键可降级，按<Shift+Tab>组合键可升级。也可以选择需要调整的文本行，单击鼠标右键，在扩展菜单中选择，如图 27-27 所示。

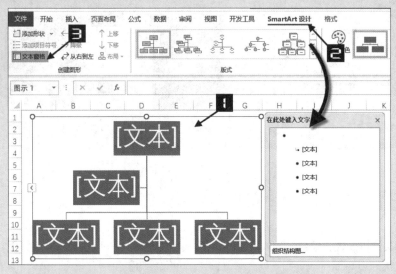

图 27-26　打开【在此处键入文字】对话框

图 27-27　设置文本级别

步骤③ 设置SmartArt样式。选择SmartArt，切换到【SmartArt设计】选项卡。依次单击【SmartArt样式】→【其他】下拉命令，选择【优雅】样式。

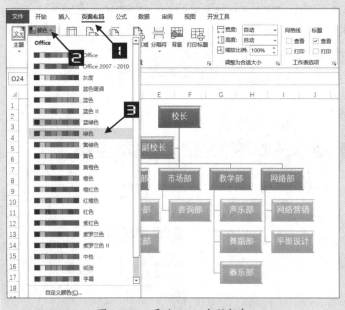

图 27-28　更改Excel主题颜色

依次单击【SmartArt样式】→【更改颜色】命令，选择【彩色-个性色】颜色。

如果Excel中内置的颜色样式无法满足需求，可单独选中文本框后设置颜色样式，也可以在【页面布局】中单击【颜色】命令，在下拉菜单中选择一个新的主题色，此操作可更改整个SmartArt的配色，如图 27-28 所示。

步骤④ 如需更改SmartArt形状，可以先选择要进行更改的文本框，鼠标右击，在快捷菜单中单击【更改形状】箭头命令，在【形状】菜单中选择一种形状即可，如图 27-29 所示。

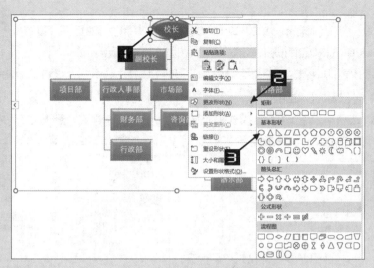

图 27-29　更改 SmartArt 形状

27.4　条形码和二维码

　　条形码（BarCode）是将宽度不等的多个黑条和空白按照一定的编码规则排列，用以表达一组信息的图形标识符。

示例27-8　条形码和二维码

步骤① 依次单击【开发工具】选项卡中的【插入】→【其他控件】命令，打开【其他控件】对话框，选择"Microsoft BarCode Control 16.0"，单击【确定】按钮，拖动鼠标绘制一个条形码图形，如图 27-30 所示。

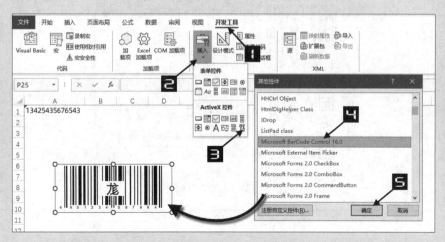

图 27-30　插入其他控件——Microsoft BarCode Control 16.0

步骤② 右击条形码图形，在弹出的快捷菜单中依次单击【Microsoft BarCode Control 16.0 对象】→

【属性】命令，打开【Microsoft BarCode Control 16.0 属性】对话框。设置条形码【样式】为【7-Code-128】，单击【确定】按钮关闭对话框，如图 27-31 所示。

步骤③ 单击【开发工具】选项卡中的【属性】命令，打开【属性】对话框，设置【LinkedCell】属性为A1单元格，关闭【属性】对话框。

在【开发工具】选项卡中单击【设计模式】命令，退出控件设计模式，条形码自动与A1单元格建立链接。修改A1单元格中的文字，条形码可以实现自动更新，如图 27-32 所示。

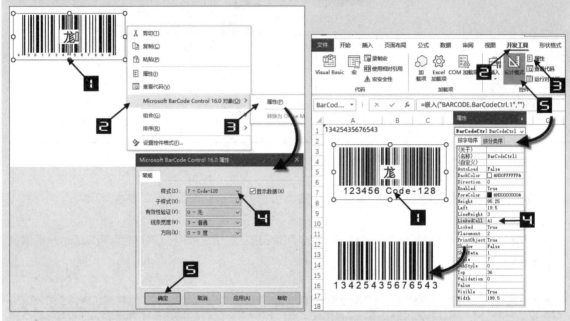

图 27-31 设置条形码属性　　　　图 27-32 设置条形码链接并退出设计模式

按照以上操作步骤，在【Microsoft BarCode Control 16.0 属性】对话框中设置条形码【样式】为【11-QR Code】，单击【确定】按钮关闭对话框，即可将条形码更改为二维码显示，如图 27-33 所示。

图 27-33 设置二维码样式

第 28 章　仪表盘制作

随着大数据时代的到来，更多的企业越来越重视数据可视化，除了专业的可视化软件或借助各种可视化平台，还可以使用 Excel 制作出美观实用的可视化仪表盘。

可视化的重点是在大量的数据里面进行分类、汇总、提取重要的数据，再通过各种图表及排版进行展示，数据之间互相联系并自动关联变化。只要确定并整理好数据，制作多个图表后排版即可完成一个完整的可视化仪表盘。

> **本章学习要点**
>
> （1）数据的整理与关联。　　　　　　　　　（3）多图排版美化。
>
> （2）定义动态数据区域。

28.1　仪表盘制作的方法

示例28-1　全国销售数据仪表盘

28.1.1　确定数据与版面基本要求

图 28-1 展示了一份少儿机器人在各校区的销售情况，需要展示校区销售总数、校区销售前三名、各校区的销售与指标完成情况、各校区的在读转换数及各个日期间的销售趋势。

按照要求此仪表盘至少由三个图表组成，大致的排版效果如图 28-2 所示。

图 28-1　少儿机器人销售数据

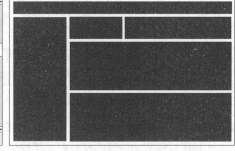

图 28-2　版面预设

28.1.2　数据整理与关联

步骤① 制作月份按钮，自动获取月份的区间。

在工作簿中新建一张工作表，将其重命名为"看板"。

在"看板"工作表中单击 T2 单元格，依次单击【数据】→【数据验证】按钮，打开【数据验证】对话框。

切换到【设置】选项卡,单击【允许】选项下拉按钮,在下拉列表中选择【序列】选项,在【来源】编辑框中输入"5月,6月,7月",此处的日期范围可根据数据表中的实际日期范围来确定。最后单击【确定】按钮关闭【数据验证】对话框,如图 28-3 所示。

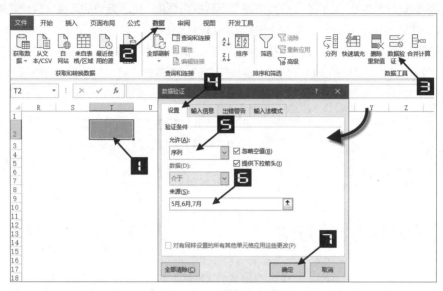

图 28-3　数据验证

因为数据表中的销售月份不是自然日期的月份,所以需要根据实际情况获取日期区间。

在 V2 单元格输入"看板显示区间",在 V3 单元格输入以下公式动态获取数据区间,效果如图 28-4 所示。

```
=" 日期区间:"&TEXT(INDEX( 总数据表 !H:H,MATCH(T2, 总数据表 !A:A,)),"e/m/
d")&"-"&TEXT(MAX(OFFSET( 总数据表 !$H$1:$BU$1,MATCH(T2, 总数据表 !A:A,)-1,)),"e/
m/d")
```

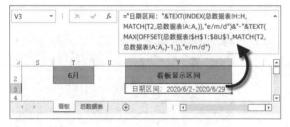

图 28-4　动态月份按钮与区间

公式中的"INDEX(总数据表 !H:H,MATCH(T2,总数据表 !A:A,))"部分,先使用 MATCH 函数根据 T2 单元格中的内容,在总数据表的 A 列查找到该内容首次出现的位置。然后使用 INDEX 函数,在总数据表的 H 列返回对应位置的内容,来获取指定销售月份的起始日期。

"MAX(OFFSET(总 数 据 表 !$H$1:$BU$1,MATCH(T2,总数据表 !A:A,)-1,))"部分,OFFSET 函数以总数据表的 $H$1:$BU$1 为偏移基点,以MATCH 函数获取的位置信息减去 1 后作为向下偏移的行数,以此来获取指定销售月份的全部日期,再使用 MAX 函数计算出其中的最大值,结果作为指定销售月份的截止日期。

最后使用 TEXT 函数将指定销售月份的开始日期和截止日期转换为日期样式的文本,再与其他字符串连接成完整的起始区间说明。

步骤② 根据月份动态获取在读转换数。

新建一张工作表,将其重命名为"在读转换"。在 A1:C1 单元格区域中分别输入内容"校区""在读转换数"和"排序辅助",在 E1:F1 单元格区域中分别输入内容"校区"和"在读转换数"。

切换到"总数据表"工作表，选择B3:B37单元格区域，按<Ctrl+C>组合键复制区域，切换到"在读转换"工作表，单击A2单元格，按<Ctrl+V>组合键粘贴。

保持A列的选中状态，按<Ctrl+H>组合键，依次批量替换掉校区名称中的"体验中心"和"城东嘉年华校区"字样。

在B2单元格中输入以下公式，向下复制到B36单元格。根据"看板"中月份按钮选择的月份，获取对应校区的在读转换数据。

```
=SUMIFS（总数据表!E:E,总数据表!A:A,看板!$T$2,总数据表!B:B,"*"&A2&"*")
```

为了后续数据排序不因重复数据导致获取校区名称时出现错误，可在C列添加辅助列，为数据添加上序列小数位。小数位数据较小，不影响真实数据的排序显示。

在C2单元格中输入以下公式，向下复制到C36单元格。

```
=B2+ROW(A1)%%%%
```

即在B2原有的在读转换数基础上加上行号的亿分之一。

在E2单元格中输入以下公式，结果自动溢出到相邻单元格区域，得到根据C列数据降序排列后的校区和在读转换数。

```
=SORTBY(A2:B36,C2:C36,-1)
```

操作后的表格结构如图28-5所示。

步骤③ 根据月份动态获取指标与销售总数。

新建一张工作表，将其重命名为"指标完成"。

在A1:H1单元格区域中依次输入"校区""指标""已完成""行数""全国销售总数""名次"和"校区"。

切换到"在读转换"工作表，选中A2:A36单元格区域，按<Ctrl+C>组合键复制区域，切换到"指标完成"工作表，单击A2单元格，按<Ctrl+V>组合键粘贴。

▲	A	B	C	D	E	F	G
1	校区	在读转换数	排序辅助		校区	在读转换数	
2	上虞	27	27.00000001		温州	36	
3	余姚	28	28.00000002		江阴	35	
4	台州	29	29.00000003		乐清	34	
5	东阳	28	28.00000004		奉化	33	
6	宁波	31	31.00000005		绍兴	33	
7	温州	36	36.00000006		成都	32	
8	绍兴	33	33.00000007		厦门	32	
9	慈溪	30	30.00000008		宁波	31	
10	义乌	25	25.00000009		常州	30	
11	瑞安	22	22.0000001		南昌	30	
12	乐清	34	34.00000011		海盐	30	
13	海盐	30	30.00000012		慈溪	30	

图28-5 "在读转换"工作表

在B2单元格中输入以下公式，根据"看板"工作表T2单元格选择的月份，获取对应校区的指标数据。将公式向下复制到B36单元格。

```
=SUMIFS（总数据表!C:C,总数据表!A:A,看板!$T$2,总数据表!B:B,"*"&A2&"*")
```

在C2单元格中输入以下公式，根据"看板"工作表T2单元格选择的月份，获取对应校区的销售总数据。将公式向下复制到C36单元格。

```
=SUMIFS（总数据表!F:F,总数据表!A:A,看板!$T$2,总数据表!B:B,"*"&A2&"*")
```

在E2单元格中输入以下公式，获取当前校区的个数。

```
=COUNTA(A:A)-1
```

在 F2 单元格中输入以下公式，获取当前月份的销售总数。

```
=SUM(C:C)
```

在 G2:G4 单元格区域中分别输入"第一名""第二名""第三名"。

在 H2 单元格中输入以下公式，动态获取销售量前三名的校区，将公式向下复制到 H4 单元格。

```
=INDEX(A:A,MATCH(LARGE(C:C,ROW(A1)),C:C,))&"校区"
```

在 J1 单元格中输入以下公式，向右复制到 P1 单元格，将销售总数拆分到不同单元格。

```
=MID(TEXT($F2,"0000000"),COLUMN(A1),1)
```

操作后表格结构如图 28-6 所示。

	A	B	C	D	E	F	G	H	I	J	K	L	M	N	O	P
1	校区	指标	已完成		行数	全国销售总量	名次	校区		0	0	0	1	9	2	5
2	上虞	128	56		35	1925	第一名	赣州校区								
3	余姚	114	60				第二名	东阳校区								
4	台州	60	56				第三名	东阳校区								
5	东阳	67	65													
6	宁波	92	61													
7	温州	75	64													
8	绍兴	42	52													
9	慈溪	50	53													
10	义乌	45	52													
11	瑞安	32	48													
12	乐清	32	60													
13	海盐	32	58													

看板 | 总数据表 | 在读转换 | 指标完成

图 28-6 "指标完成"表格结构

步骤④ 根据月份动态获取各日期之间的销售总数。

新建一张工作表，将其重命名为"日销售量"。

在 B1、C1 和 D1 单元格中分别输入"行数""日期"和"销售量"。

在 C2 单元格中输入以下公式，根据"看板"工作表 T2 单元格选择的月份，获取对应日期。将公式向下复制到 C49 单元格。

```
=TEXT(OFFSET(总数据表!H$1,MATCH(看板!$T$2,总数据表!A:A,)-1,ROW(A1)*2-
2),"m/d;;")
```

公式首先用 MATCH 函数查找出"看板"工作表 T2 单元格中的月份，在"总数据表"A 列中首次出现的位置。再使用 OFFSET 函数，以"总数据表"的 H1 单元格为基点，根据 MATCH 函数的计算结果向下偏移到对应的行。"ROW(A1)*2-2"的作用是生成一个 0、2、4、6……的序号，结果用作 OFFSET 函数向右偏移的列数。

最后使用 TEXT 函数将日期转换为具有日期样式的文本字符串。

在 D2 单元格中输入以下公式，根据"看板"中月份按钮选择的月份，获取对应日期的销售总数。将公式向下复制到 D49 单元格。

```
=OFFSET(总数据表!H$1,MATCH(看板!$T$2,总数据表!A:A,)+COUNTIF(总数据表!A:A,
看板!$T$2)-2,ROW(A1)*2-2)
```

此公式与 C2 单元格中的公式类似，不同之处在于 OFFSET 函数向下偏移的行数，是由"MATCH(看板!T$2,总数据表!A:A,)+COUNTIF(总数据表!A:A,看板!$T$2)-2"部分计算得到，也就是先查找出"看板"工作表T2 单元格中的月份，在"总数据表"A列中首次出现的位置，然后加上"总数据表"A列中与 T2 单元格内容相同的个数，目的是偏移到"总数据表"对应月份数据的最后一行来获取销售总数。

在B2 单元格中输入以下公式，获取当前销售月份的数据行数。

```
=COUNTIF(C:C,"*/*")
```

操作后的表格结构如图 28-7 所示。

	A	B	C	D	E	F
1		**行数**	**日期**	**销售量**		
2		28	6/2	75		
3			6/3	70		
4			6/4	61		
5			6/5	67		
6			6/6	83		
7			6/7	79		
8			6/8	76		
9			6/9	77		

看板　总数据表　在读转换　指标完成　日销售量

图 28-7　"日销售量"表格结构

步骤⑤ 将数据区域定义为名称，可根据数据的增减自动扩展区域，图表最终效果也能随之变化。

单击【公式】选项卡中的【定义名称】命令，打开【新建名称】对话框，在【名称】输入框中输入公式 名称"日期"，在【引用位置】输入框中输入以下公式，单击【确定】按钮关闭对话框，如图 28-8 所示。

```
=OFFSET(日销售量!$C$1,1,,日销售量!$B$2,)
```

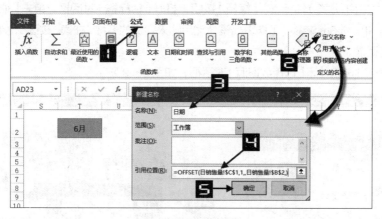

图 28-8　定义名称

同样的方式分别定义以下名称。

日销量：

```
=OFFSET(日销售量!$D$1,1,,日销售量!$B$2,)
```

指标_校区：

```
=OFFSET(指标完成!$A$1,1,,指标完成!$E$2,)
```

完成量：

```
=OFFSET(指标完成!$C$1,1,,指标完成!$E$2,)
```

指标:

=OFFSET (指标完成 !$B$1,1,, 指标完成 !$E$2,)

在读_校区:

=OFFSET (在读转换 !$E$1,1,, 指标完成 !$E$2,)

在读转换数:

=OFFSET (在读转换 !$F$1,1,, 指标完成 !$E$2,)

至此,所有构建的数据均根据"看板"工作表中的 T2 单元格的月份变化而变化。

28.1.3　制作图表

步骤⑥ 使用条形图展示排序后的在读转换数。

切换到"看板"工作表,选择任意空白单元格,在【插入】选项卡中依次单击【插入柱形图或条形图】→【簇状条形图】命令,插入一个空白的条形图。

选择图表后鼠标右击,在快捷菜单中单击【选择数据】命令,打开【选择数据源】对话框。

单击左侧的【添加】按钮,打开【编辑数据系列】对话框。在【编辑数据系列】对话框中单击【系列名称】输入框进入编辑状态,输入文本"在读转换数",接下来单击【系列值】输入框进入编辑状态,单击"在读转换"工作表标签,然后输入定义的名称"在读转换数",单击【确定】按钮关闭【编辑数据系列】对话框。

单击右侧的"水平(分类)轴标签"【编辑】按钮,打开【轴标签】对话框。单击【轴标签区域】输入框进入编辑状态,单击"在读转换"工作表标签,然后输入定义的名称"在读_校区",单击【确定】按钮关闭【轴标签】对话框。

最后单击【确定】按钮关闭【选择数据源】对话框,如图 28-9 所示。

图 28-9　添加系列与分类轴标签

步骤⑦ 使用折线图与面积图展示指标完成情况数据。

切换到"看板"工作表,选择任意空白单元格,单击【插入】选项卡中的【插入折线图或面积图】→【折线图】命令,插入一个空白折线图。

选择图表后鼠标右击,在快捷菜单中单击【选择数据】命令,打开【选择数据源】对话框。

单击左侧的【添加】按钮,打开【编辑数据系列】对话框。在【编辑数据系列】对话框中单击【系列名称】输入框进入编辑状态,输入文本"指标",接下来单击【系列值】输入框进入编辑状态,单击"指标完成"工作表标签,然后输入定义的名称"指标",单击【确定】按钮关闭【编辑数据系列】对话框。

用同样的方式添加定义的名称"已完成",【系列名称】为"已完成"。

分别将"指标""已完成"重复添加一次,【系列名称】分别为"指标辅助""已完成辅助"。

单击右侧【水平{分类}轴标签】区域的【编辑】按钮,打开【轴标签】对话框。单击【轴标签区域】输入框进入编辑状态,单击"指标完成"工作表标签,然后输入定义的名称"指标_校区",单击【确定】按钮关闭【轴标签】对话框,返回【选择数据源】对话框,效果如图28-10所示。最后单击【确定】按钮关闭【选择数据源】对话框。

步骤⑧ 更改图表类型。

选择图表任意数据系列后鼠标右击,在快捷菜单中单击【更改系列图表类型】命令,打开【更改图表类型】对话框。在【更改图表类型】对话框中分别单击"指标辅助"与"已完成辅助"下拉选项按钮,在列表中选择面积图图表类型,最后单击【确定】按钮关闭【更改图表类型】对话框,如图28-11所示。

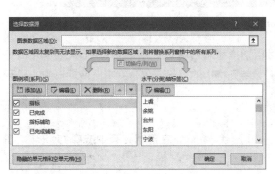

图 28-10 折线图添加系列与分类轴标签

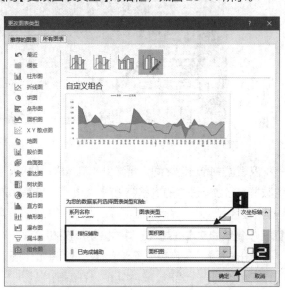

图 28-11 更改图表系列类型

步骤⑨ 使用柱形图展示日销售数据。

切换到"看板"工作表,选择任意空白单元格,在【插入】选项卡中依次单击【插入柱形图或条形图】→【簇状柱形图】命令,插入一个空白柱形图。

选择图表后鼠标右击,在快捷菜单中单击【选择数据】命令,打开【选择数据源】对话框。

单击左侧【添加】按钮,打开【编辑数据系列】对话框,在【编辑数据系列】对话框中单击【系列名称】输入框进入编辑状态,输入文本"销售量",单击【系列值】输入框进入编辑状态,单击"日销售量"工作表标签,然后输入定义的名称"日销量",单击【确定】按钮关闭【编辑数据系列】对话框。

单击右侧的【水平(分类)轴标签】区域的【编辑】按钮,打开【轴标签】对话框。单击【轴标签区域】输入框进入编辑状态,单击"日销售量"工作表标签,然后输入定义的名称"日期",依次单击【确定】按钮关闭对话框。

28.1.4 确定颜色主题、美化仪表盘

在美化仪表盘之前,需要先确定整个版面的主题颜色,本示例为少儿机器人销售数据看板,可以采用科技类风格主题与排版,用户也可以在网上借鉴一些合适的版面设计进行模拟。

科技类风格看板一般为深色背景,亮色图表与文字。此示例直接使用深蓝色为背景,图表使用耀眼

的青绿色与橙黄色，部分填充颜色使用渐变色，字体使用白色。最终的仪表盘效果如图 28-12 所示。

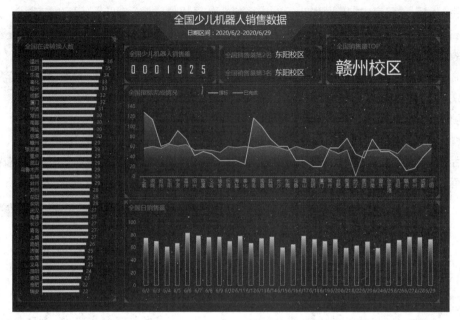

图 28-12　美化后的仪表盘效果

　　仪表盘中的日期区间、全国少儿机器人销售量、全国销售量排名均使用文本框或矩形关联单元格中的数据，当数据源中的数据变化或"看板"工作表中的 T2 单元格中的月份变化，文本框或矩形中的显示均会随之变化。

步骤⑩ 链接的文本框或矩形具体操作步骤如下。

　　单击"看板"工作表任意单元格，依次单击【插入】→【形状】命令，在形状列表中选择"矩形"，在工作表中绘制一个矩形。选中矩形，在编辑栏输入"="等号后，切换到"指标完成"工作表中单击 J1 单元格，最后按 <Enter> 键。

　　保持矩形选中状态，在【开始】选项卡下依次设置【字体】为"Agency FB"、【字号】为"20"、【字体颜色】为"白色"。切换到【形状格式】选项卡下，单击【形状填充】按钮，设置形状为"蓝色"（此蓝色比背景颜色稍浅一点），在【形状轮廓】下拉菜单中选择"无轮廓"。

　　单击矩形，按 <Ctrl> 键拖动可复制一个相同的矩形，分别引用"指标完成"工作表中的 K1、L1、M1、N1、O1、P1 单元格，形成 7 个小矩形。

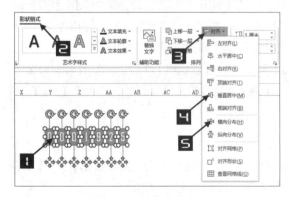

图 28-13　对齐分布形状

　　选中一个小矩形后，按 <Ctrl> 键依次单击其他小矩形，将 7 个小矩形选中。切换到【形状格式】选项卡，单击【对齐】按钮，在下拉列表中依次单击【垂直居中】和【横向分布】命令，如图 28-13 所示。

　　其他链接的文本框或矩形制作方式形同，日期区间引用的单元格为"看板"工作表中的 V3 单元格，全国销售量 TOP 引用的单元格为"指标完成"工作表中的 H2 单元格，全国销售量第 2 名引用的单元格为"指标完成"工作表中的 H3 单元格，全国销售量第 3 名引用的单元格为"指标完成"工作表中的 H4 单元格。

步骤⑪ 仪表盘制作完成后，可将辅助数据的工作表进行隐藏，只保留看板与总数据表显示。

28.2　简易销售仪表盘

示例28-2　季度汇总销售仪表盘

图 28-14 展示了某公司第二季度销售的汇总数据，为了更好地展示数据，可以利用图表与图形结合来制作如图 28-15 所示的仪表盘。

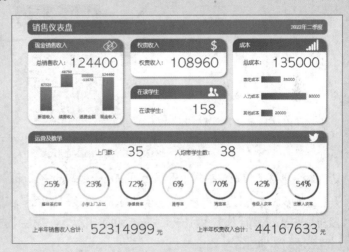

项目	金额
新签收入	87320
续费收入	48750
退费金额	-11670
现金收入	124400
权责收入	108960
在读学生	158
固定成本	35000
人力成本	80000
其他成本	20000
总成本	135000
整体签约率	25%
小学上门占比	23%
上门数	35
净续费率	72%
推荐率	6%
满班率	70%
考级人次率	42%
比赛人次率	54%
人均带学生数	38

图 28-14　二季度销售汇总　　　　　　　　图 28-15　销售仪表盘

整体框架分布思路如下。

❖ 将数据分为两大块，分别为金额与比率。

❖ 将金额细分为收入与成本。

构图思路如下。

❖ 收入金额的数据有涨有跌，适合使用瀑布图展示。

❖ 成本金额比较简单，可以使用条形图或柱形图展示。

❖ 比率图表可以使用圆环图展示。

❖ 其他单项的数字，可以使用数字卡片展示。

操作步骤如下。

步骤① 选中 A1:B5 单元格区域，单击【插入】选项卡中的【插入瀑布图、漏斗图、股价图、曲面图或雷达图】→【瀑布图】命令，插入瀑布图。

步骤② 选中 A8:B10 单元格区域，在【插入】选项卡单击【插入柱形图或条形图】→【簇状条形图】命令，插入条形图。

步骤③ 在 C12 单元格中输入以下公式，复制公式到 C13 及 C15:C19 单元格区域，作为图表辅助列。

```
=1-B12
```

选中 B12:C12 单元格区域，单击【插入】选项卡中的【插入饼图或圆环图】→【圆环图】命令，插入圆环图。

步骤④ 单击【新工作表】命令，在工作簿中新建一张工作表，双击新工作表标签，将其重命名为"看板"。在"看板"工作表中，依次单击【插入】→【形状】命令，在形状列表中选择"矩形：圆顶角"，在工作表中绘制两个形状。鼠标拖动形状上的黄色调节点，分别调整形状的圆角，如图 28-16 所示。

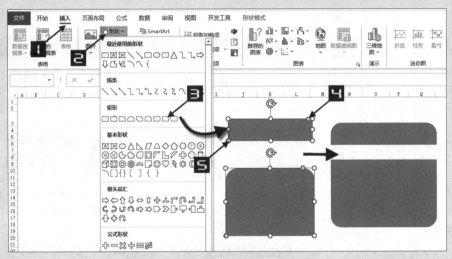

图 28-16 绘制圆角形状

步骤⑤ 调整两个形状的位置，将两个形状上下拼在一起，选中顶部圆角的形状，按 <Ctrl+1> 组合键打开【设置形状格式】选项窗格，切换到【填充与线条】选项卡，设置【填充】为【渐变填充】，并设置渐变光圈，设置【线条】为【无线条】。切换到【大小与属性】选项卡，设置【高度】为 1.05 厘米，【宽度】为 7.5 厘米。

同样的方式设置底部圆角的形状，设置【填充】为【纯色填充】颜色为白色，【线条】为【无线条】。切换到【大小与属性】选项卡，设置【高度】为 5.5 厘米，【宽度】为 7.5 厘米。

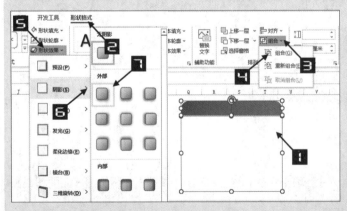

图 28-17 设置形状格式

选中一个圆角矩形后，按 <Ctrl> 键选中另一个圆角矩形，切换到【形状格式】选项卡，单击【对齐】按钮，在下拉列表中单击【水平居中】命令。单击【组合】→【组合】命令，将两个形状组合后，单击【形状效果】→【阴影】，在外部区域中选择"偏移：右下"样式，如图 28-17 所示。

同样的方法制作其他区块。将制作好的图表移动到"看板"工作表，并对图表进行适当的调整与美化。

步骤⑥ 插入"文本框"并引用对应单元格进行展示数据。最后将所有图形选中并组合。

设置完成后，在"数据"工作表 B 列更改数据后，图表也会随之变化。

第四篇

使用Excel进行数据分析

　　要从海量数据中获取有价值的信息，不仅要选择数据分析的方法，还必须掌握数据分析的工具。Excel提供了大量帮助用户进行数据分析的功能。本篇主要讲述如何在Excel中运用各种分析工具进行数据分析，重点介绍排序、筛选、"表格"、合并计算、数据透视表、Power BI、分析工具库、单变量求解、模拟运算表和规划求解等功能，同时配以各种典型的实例，使用户能够迅速掌握运用Excel进行数据分析的各种功能和方法。

第 29 章　在数据列表中简单分析数据

本章将介绍在数据列表中使用排序及筛选、高级筛选、分类汇总、合并计算等基本功能，以及 Excel 2021 中功能增强的表格功能。通过学习，读者能够掌握在数据列表中基本的操作方法和运用技巧。

> **本章学习要点**
>
> （1）在数据列表中排序及筛选。　　　　（4）在数据列表中创建分类汇总。
>
> （2）删除重复值。　　　　　　　　　　（5）Excel 中的"表格"功能。
>
> （3）高级筛选的运用。　　　　　　　　（6）合并计算功能。

29.1　了解 Excel 数据列表

Excel 数据列表是由多行多列数据构成的有组织的信息集合，它通常由位于顶端的一行字段标题，以及多行数值或文本作为数据行，如图 29-1 所示。

	A	B	C	D	E	F	G	H	I
1	工号	姓名	性别	籍贯	出生日期	入职日期	月工资	绩效系数	年终奖金
2	210	董文艳	男	哈尔滨	1978/6/17	2019/6/20	7,750	0.50	6,975
3	211	张桂兰	女	成都	1983/6/25	2019/6/13	5,750	0.95	9,833
4	214	王媛媛	男	杭州	1974/6/14	2019/6/14	5,750	1.00	10,350
5	215	潘树娟	男	广州	1977/5/28	2019/6/11	7,750	0.60	8,370
6	216	李玲玉	男	南京	1983/12/29	2019/6/10	7,250	0.75	9,788
7	218	李佳	男	成都	1975/9/25	2019/6/17	6,250	1.00	11,250
8	219	王晶晶	男	北京	1980/1/21	2019/6/4	6,750	0.90	10,935
9	220	刘媛媛	女	天津	1972/1/6	2019/6/3	6,250	1.10	12,375
10	221	赵如敬	女	山东	1970/10/18	2019/6/2	5,750	1.30	13,455

图 29-1　数据列表实例

图 29-1 展示的 Excel 数据列表的实例，第一行是字段标题，下面包含若干行数据，共有 9 列数据，A~H 列分别由文本、数值、日期 3 种类型的数据构成，I 列的年终奖金则是根据月工资和绩效系数借助公式计算而得出。数据列表中的列又称为"字段"，行称为"记录"。一张规范的数据表必须具备以下特点。

❖ 每列必须包含同类的信息，即每列的数据类型相同。

❖ 列表的第一行是字段标题，用于描述所对应列的数据作用或特征。

❖ 列表中不能存在重复的标题。

❖ 一张工作表中尽量不要包含多个数据列表，如果包含多个数据列表，在列表之间应该以空行或空列进行分隔。

29.2　数据列表的使用

日常工作中最常见的任务之一就是管理各种数据列表，如电话号码清单，消费者名单，供应商名称等，这些数据列表都是根据用户需要而命名的。在数据列表中可以进行的多种操作如下。

（1）输入数据和设置格式。

（2）根据特定的条件对数据列表进行排序和筛选。

（3）对数据列表进行分类汇总。

（4）在数据列表中使用函数和公式达到特定的计算目的。

（5）根据数据列表创建图表或数据透视表。

29.3　创建数据列表

创建数据列表的操作步骤如下。

步骤① 在表格中的第一行，为其对应的每一列数据输入描述性的文字。

步骤② 为数据列表的每一列设置相应的单元格格式，使需要输入的数据能够以正常形态表示。

步骤③ 在每一列中输入信息，同一列中的数据类型应该是相同的。

29.4　删除重复值

用户在实际工作中经常需要在一列或多列数据中提取不重复的数据记录，利用【删除重复值】功能，可以快速删除单列或多列数据中的重复值。

29.4.1　删除单列重复数据

示例29-1　快速删除重复记录

图 29-2 所示，A列是各种商品的种类名称，目前需要从中提取一份不重复的商品种类名称清单，具体操作步骤如下。

图 29-2　单列数据中的重复值

步骤① 单击数据区域中的任意一个单元格，如A5 单元格，在【数据】选项卡单击【删除重复值】命令，打开【删除重复值】对话框。

步骤② 单击【确定】按钮关闭【删除重复值】对话框，在弹出的【Microsoft Excel】对话框中单击【确定】按钮，如图 29-3 所示。此时，直接在原区域返回删除重复值后的商品种类名称清单。

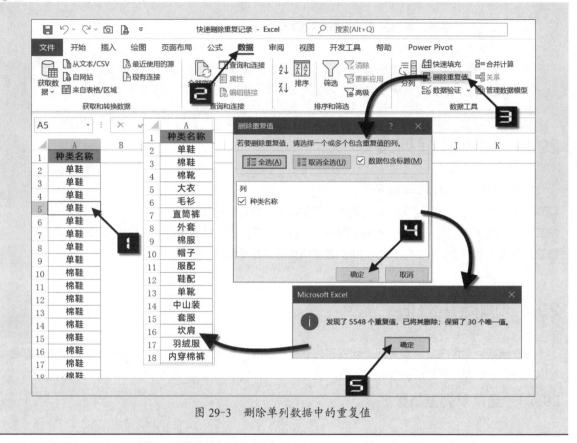

图 29-3　删除单列数据中的重复值

29.4.2　删除多列数据表的重复数据

如图 29-4 所示，是一份商品销售记录表，现需要确定各个商店有哪些特色分类商品参与了销售。

	A	B	C	D	E	F
1	商店名称	种类名称	季节名称	风格名称	材质分类名称	特色分类名称
1476	旗舰店	棉靴	冬	休闲	皮鞋	PU底中跟
1477	旗舰店	棉鞋	冬	中式改良	皮鞋	PU底平跟
1478	旗舰店	棉鞋	冬	休闲	布鞋	硫化底
1479	旗舰店	棉鞋	冬	休闲	布鞋	PU底平跟
1480	旗舰店	棉鞋	冬	休闲	布鞋	硫化底
1481	旗舰店	棉鞋	冬	休闲	布鞋	硫化底
1482	旗舰店	棉鞋	冬	休闲	布鞋	硫化底
1483	旗舰店	棉鞋	冬	中式改良	布鞋	PU底平跟
1484	旗舰店	棉鞋	冬	休闲	布鞋	PU底平跟

图 29-4　多列数据中的重复值

操作步骤如下。

步骤① 选中数据区域内的任意单元格，如A5。

步骤② 单击【数据】选项卡中的【删除重复值】命令，打开【删除重复值】对话框。

步骤③ 单击【取消全选】按钮，在【列】下拉列表中选中【商店名称】和【特色分类名称】的复选框，依次单击【确定】按钮关闭对话框，如图 29-5 所示。

最终得到各个商店参与销售的特色分类商品的不重复数据，如图 29-6 所示。

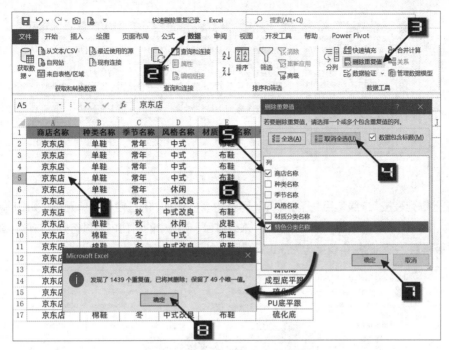

图 29-5　根据指定的多列删除重复值

	A	B	C	D	E	F
1	商店名称	种类名称	季节名称	风格名称	材质分类名称	特色分类名称
2	京东店	单鞋	常年	中式	布鞋	胶片千层底
3	京东店	单鞋	常年	中式	布鞋	千层底
4	京东店	单鞋	常年	中式	布鞋	皮底
5	京东店	单鞋	常年	休闲	布鞋	PU底平跟
6	京东店	单鞋	秋	中式改良	布鞋	牛筋底坡跟
7	京东店	棉鞋	冬	中式	布鞋	胶底手工
8	京东店	棉鞋	冬	休闲	皮鞋	成型底平跟
9	京东店	棉鞋	冬	休闲	布鞋	硫化底
10	天猫店	单鞋	常年	中式改良	布鞋	PU底平跟
11	天猫店	单鞋	常年	中式	布鞋	胶底手工
12	天猫店	单鞋	春	正装	皮鞋	成型底平跟
13	天猫店	棉靴	冬	休闲	皮鞋	PU底中跟

图 29-6　删除多列数据中的重复值

【删除重复值】功能在判定重复值时不区分字母大小写，但是对于数值型数据将考虑对应单元格的格式，如果数字相同但单元格格式不同则可能判断为不同的数据。

29.5　数据列表排序

用户可以根据需要按行或列、按升序或降序来对数据列表排序，也可以使用自定义排序命令。Excel 2021 的【排序】对话框可以指定 64 个排序条件，还可以按单元格的背景颜色及字体颜色进行排序，并且还能按单元格内显示的条件格式图标进行排序。

29.5.1　一个简单排序的例子

未经排序的数据列表看上去杂乱无章，不利于查找和分析数据，如图 29-7 所示。

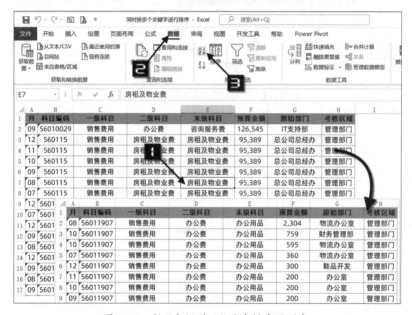

图 29-7　未经排序的数据列表

要对该数据列表按"末级科目"升序排序，可选中表格 E 列中的任意一个单元格，如 E7 单元格，在【数据】选项卡单击【升序】按钮，就可以按照"末级科目"字段中的科目内容进行升序排序，其具体规则是根据"末级科目"名称的拼音首字母为序进行排列，如图 29-8 所示。

图 29-8　按"末级科目"升序排序的列表

29.5.2　按多个字段进行排序

示例29-2　同时按多个字段进行排序

如图 29-9 所示，需要按照"单据编号""商品编号""商品名称""型号"和"单据日期"字段对表格进行排序。

操作步骤如下。

步骤① 选中表格中的任意一个单元格，如 A6 单元格，依次单击【数据】→【排序】按钮，在弹出的【排序】对话框中选择【主要关键字】为"单据编号"，然后单击【添加条件】按钮。

步骤② 继续在【排序】对话框中设置新条件，将【次要关键字】依次设置为"商品编号""商品名称""型号"和"单据日期",单击【确定】按钮关闭【排序】对话框,完成排序,如图 29-10 所示。

当要排序的数据列中含有文本格式的数字时,会出现【排序提醒】对话框,如图 29-11 所示。

	A	B	C	D	E	F	G	H
1	仓库	单据编号	绝型日期	商品编号	商品名称	型号	单位	数量
2	总仓	20080702-0013	2019/7/2	50362	鑫五福竹牙签（8袋）	1*150	个	1
3	总仓	20080702-0020	2019/7/2	2717	微波单层大饭煲	1*18	个	1
4	总仓	20080702-0009	2019/7/2	0207	31CM通用桶	1*48	个	1
5	总仓	20080704-0018	2019/7/4	0412	大号婴儿浴盆	1*12	个	1
6	总仓	20080704-0007	2019/7/4	1809-A	小型三层三角架	1*8	个	1
7	总仓	20080701-0005	2019/7/1	2707	微波大号专用煲	1*15	个	2
8	总仓	20080702-0014	2019/7/2	2713	微波双层保温饭煲	1*18	个	2
9	总仓	20080702-0059	2019/7/2	1508-A	19CM印花脚踏卫生桶	1*24	个	2
10	总仓	20080703-0011	2019/7/3	1502-A	24CM印花脚踏卫生桶	1*12	个	2
11	总仓	20080703-0004	2019/7/3	2703	微波双层保温饭煲	1*18	个	2

图 29-9　需要进行排序的表格

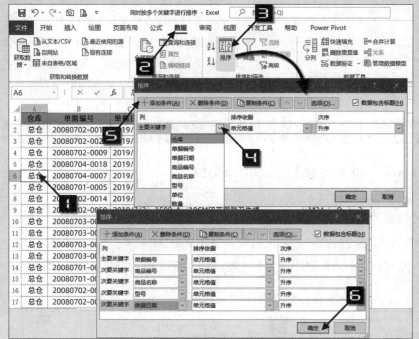

图 29-10　同时添加多个排序关键字

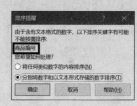

图 29-11　排序提醒

如果整列数据都是文本型数字,可以在【排序提醒】对话框中直接单击【确定】按钮,此时 Excel 将按文本的排序规则对数据进行排序。经过排序后的表格局部效果如图 29-12 所示。

	A	B	C	D	E	F	G	H
1	仓库	单据编号	单据日期	商品编号	商品名称	型号	单位	数量
2	总仓	20080701-0001	2019/7/1	0311	23CM海洋果蔬盆	1*60	个	10
3	总仓	20080701-0001	2019/7/1	0601	CH-2型砧板（43X28cm）	1*20	个	5
4	总仓	20080701-0001	2019/7/1	1440	小号欧式敲钢杯	1*120	个	18
5	总仓	20080701-0001	2019/7/1	2106	欧式水壶	1*30	个	8
6	总仓	20080701-0001	2019/7/1	2213	卫生皂盒	1*100	个	10
7	总仓	20080701-0001	2019/7/1	2235	椭圆滴水皂盘	1*144	个	20
8	总仓	20080701-0001	2019/7/1	2602	居家保健药箱	1*48	个	3
9	总仓	20080701-0001	2019/7/1	2907	双色强力粘钩（1*3）	1*288	个	10
10	总仓	20080701-0001	2019/7/1	H606	强力粘钩H606	1*160	个	10
11	总仓	20080701-0001	2019/7/1	Y54485	云霏家用桑拿巾30 x 100	1*100	个	10

图 29-12　按多个关键字排序后的表格

此外,可以使用 29.5.1 中介绍的方法,依次按"单据日期""型号""商品名称""商品编号"和"单据编号"来排序,即分成多轮次进行排序。

Excel 对多次排序的处理原则是:先被排序过的列,会在后续其他列的排序过程中尽量保持自己的顺序。因此,在使用这种方法时应该遵循的规则是:先排序较次要(或称为排序优先级较低)的列,后排序较重要(或称为排序优先级较高)的列。

29.5.3 按笔划排序

在默认情况下，Excel 对汉字的排序方式是按照拼音首字母的顺序。以中文姓名为例，字母顺序即按姓名第一个字的拼音首字母在 26 个英文字母中出现的顺序进行排列，如果同姓，则依次比较姓名中的第二个字和第三个字。图 29-13 中显示的表格包含了对姓名字段按字母顺序升序排列的数据。

	A	B	C	D	E	F
1	姓名	部门	创建时间	加班开始时间	加班结束时间	本次加班小时数
2	白睿	设备安保部	2021/2/19 17:17	2021/2/18 12:30	2021/2/18 17:00	4.50
3	白睿	设备安保部	2021/2/16 17:32	2021/2/16 12:30	2021/2/16 17:00	3.67
4	白睿	设备安保部	2021/2/15 12:02	2021/2/12 13:30	2021/2/12 17:00	3.50
5	白睿	设备安保部	2021/2/11 15:46	2021/2/11 12:30	2021/2/11 16:30	4.00
6	白睿	设备安保部	2021/2/11 15:45	2021/2/10 8:30	2021/2/10 12:00	3.50
7	白睿	设备安保部	2021/1/15 16:37	2021/1/15 8:35	2021/1/15 17:00	8.42
8	白睿	设备安保部	2021/1/15 16:35	2021/1/11 15:10	2021/1/11 15:40	1.83
9	白睿	设备安保部	2021/1/9 15:39	2021/1/9 11:10	2021/1/9 15:40	4.50
10	薄记平	人才经营管理部	2021/2/4 17:38	2021/2/5 9:00	2021/2/5 11:30	2.50
11	薄记平	人才经营管理部	2021/1/22 9:48	2021/1/22 9:00	2021/1/22 16:00	7.00
12	薄记平	人才经营管理部	2021/1/19 10:15	2021/1/19 8:50	2021/1/19 15:00	6.17

图 29-13　需要按字母顺序排列的姓名

日常习惯中，经常需要按照"笔划"顺序来排列姓名。这种排序的规则大致上是：按第一个字的划数多少排列，同划数内的姓字按起笔顺序排列（横、竖、撇、捺、折），划数和笔形都相同的字，按字形结构排列，先左右、再上下，最后整体字。如果第一个字相同，则依次比较姓名第二个和第三个字，规则同第一个字。

示例29-3　按笔划排列姓名

以图 29-13 所示的表格为例，使用笔划顺序排序的操作步骤如下。

步骤① 单击数据区域中的任意单元格，如 **A8**。

步骤② 依次单击【数据】→【排序】按钮，弹出【排序】对话框。

步骤③ 在【排序】对话框中，选择【主要关键字】为"姓名"，排序方式为升序。

步骤④ 单击【排序】对话框中的【选项】按钮，在弹出的【排序选项】对话框中选中【笔划排序】单选按钮，如图 29-14 所示。

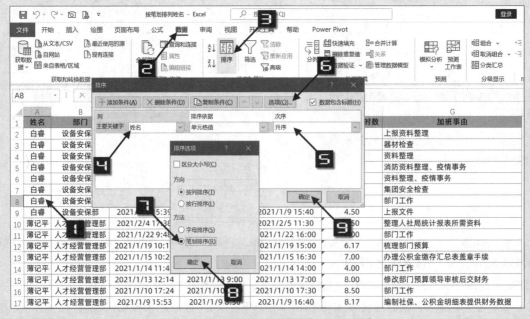

图 29-14　设置以姓名为关键字按笔划排序

步骤⑤ 依次单击【确定】按钮，关闭对话框。最后的排序结果如图 29-15 所示。

	A	B	C	D	E	F
1	姓名	部门	创建时间	加班开始时间	加班结束时间	本次加班小时数
2	王帆	设备安保部	2021/1/9 12:01	2021/1/9 8:30	2021/1/9 17:00	8.50
3	王洋	设备安保部	2021/1/17 23:58	2021/1/15 14:15	2021/1/15 16:23	2.13
4	王洋	设备安保部	2021/1/8 9:57	2021/1/6 9:10	2021/1/6 12:29	3.32
5	叶喜乐	党委	2021/1/9 12:54	2021/1/9 8:30	2021/1/9 12:52	4.37
6	田浩	办公室	2021/2/13 15:38	2021/2/13 10:00	2021/2/13 14:30	4.50
7	田浩	办公室	2021/2/6 16:32	2021/2/6 14:34	2021/2/6 16:34	2.00
8	田浩	办公室	2021/2/1 10:47	2021/2/1 9:48	2021/2/1 11:48	2.00
9	田浩	办公室	2021/1/23 11:15	2021/1/23 10:16	2021/1/23 14:16	4.00
10	田浩	办公室	2021/1/21 14:55	2021/1/21 15:57	2021/1/21 17:57	2.00
11	田浩	办公室	2021/1/21 11:41	2021/1/21 16:02	2021/1/21 16:42	6.00
12	白睿	设备安保部	2021/2/19 17:17	2021/2/18 12:30	2021/2/18 17:00	4.50
13	白睿	设备安保部	2021/2/16 17:32	2021/2/16 13:20	2021/2/16 17:00	3.67

注意→

Excel 中按笔划排序的规则并不完全符合前文所提到的日常习惯。对于相同笔划数的汉字，Excel 实际上按照其内码顺序进行排列，而不是按照笔划顺序进行排列。

图 29-15　按笔划排序的结果

29.6　更多排序方法

29.6.1　按颜色排序

在实际工作中，经常会通过为单元格设置背景色或字体颜色来标注表格中较特殊的数据。Excel 2021 能够在排序的时候识别单元格颜色和字体颜色，帮助用户进行更加灵活的数据整理操作。

⊃｜　按单元格颜色排序

示例29-4　将红色单元格在表格中置顶

在如图 29-16 所示的表格中，部分学号所在单元格被设置成了红色，希望将这些特别的数据排列到表格的上方。

操作步骤如下。

步骤① 选中表格中任意一个以红色填充的单元格，如 A6。

步骤② 鼠标右击，在弹出的快捷菜单中依次单击【排序】→【将所选单元格颜色放在最前面】命令，即可将所有以红色填充的单元格排列到表格最前面，如图 29-17 所示。

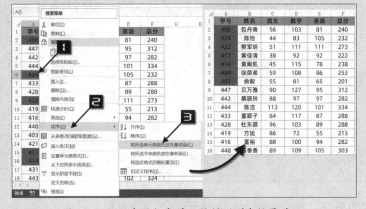

图 29-16　部分单元格背景颜色被设置为红色的表格

图 29-17　所有的红色单元格排列到表格最前面

◑ Ⅱ 按单元格多种颜色排序

示例29-5　按红色、茶色和浅蓝色的顺序排列表格

如图 29-18 所示，在手工设置了多种单元格颜色的表格中，如果希望按"红色""茶色"和"浅蓝色"的分布来排序，可以按以下步骤操作。

步骤① 选中表格中的任意一个单元格，如C2 单元格，依次单击【数据】→【排序】命令，弹出【排序】对话框。

步骤② 在【排序】对话框中设置【主要关键字】为"总分"，【排序依据】为"单元格颜色"，【次序】为"红色"，位置"在顶端"，单击【复制条件】按钮。

步骤③ 继续添加条件，单击【复制条件】按钮，分别设置"茶色"和"浅蓝色"为次级次序，最后单击【确定】按钮关闭对话框，如图 29-19 所示。

排序完成后的局部效果如图 29-20 所示。

	A	B	C	D	E	F
1	学号	姓名	语文	数学	英语	总分
2	401	俞毅	55	81	65	201
3	402	吴超	83	123	107	313
4	403	顾锋	74	97	77	248
5	404	马辰	77	22	58	157
6	405	张晓帆	91	98	94	283
7	406	包丹青	56	103	81	240
8	407	卫骏	87	95	88	270
9	408	马治政	73	103	99	275
10	409	徐荣弟	59	108	86	253
11	410	姚巍	84	49	82	215
12	411	张军杰	84	114	88	286
13	412	莫爱洁	90	104	68	262
14	413	王峰	87	127	75	289
15	414	黄阙凯	45	115	78	238
16	415	张琛	88	23	64	175
17	416	富裕	88	100	94	282
18	417	黄佳清	38	92	92	222

图 29-18　包含不同颜色单元格的表格

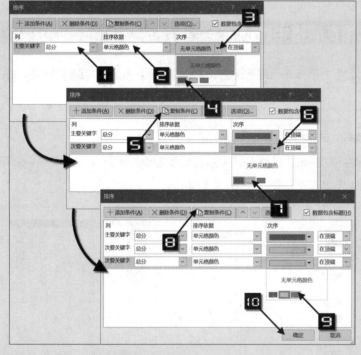

图 29-19　设置不同颜色的排序次序

	A	B	C	D	E	F
1	学号	姓名	语文	数学	英语	总分
21	435	沈燕玲	91	112	100	303
22	436	钟洁	102	118	116	336
23	437	王晓燕	102	125	103	330
24	438	徐超珍	92	102	115	309
25	439	申淼	94	99	93	286
26	440	倪佳璇	95	131	101	327
27	441	朱霜霜	77	113	95	285
28	442	蔡晓玲	88	97	97	282
29	443	金婷	78	144	102	324
30	444	陈洁	113	120	101	334
31	445	叶怡	103	131	115	349
32	447	贝万雅	90	127	95	312
33	448	高香香	89	109	105	303
34	403	顾锋	74	97	77	248
35	409	徐荣弟	59	108	86	253
36	430	倪燕华	88	77	99	264
37	412	莫爱洁	90	104	68	262
38	404	马辰	77	22	58	157
39	415	张琛	88	23	64	175
40	401	俞毅	55	81	65	201

图 29-20　按多种颜色排序完成后的表格

29.6.2　按字体颜色和单元格图标排序

除了单元格颜色外，Excel还能根据字体颜色和由条件格式生成的单元格图标进行排序，方法与单元格颜色排序相同，不再赘述。

29.6.3　自定义排序

使用自定义序列的方法，能够用自定义的次序进行排序。

示例29-6　按职务排列表格

图 29-21 所示的表格，是某公司员工的津贴数据，其中 C 列是员工的职务，现在需要按职务对表格进行排序。

首先需要创建一个自定义序列，以确定职务的排序规则，操作步骤如下。

步骤① 在空白工作表的 A1~A5 单元格区域中依次输入"销售总裁""销售副总裁""销售经理""销售助理"和"销售代表"，选中该单元格区域。

步骤② 依次单击【文件】→【选项】，打开【Excel 选项】对话框。切换到【高级】选项卡下，单击【编辑自定义列表】按钮，调出【自定义序列】对话框。

步骤③ 此时，在【从单元格中导入序列】文本框中会自动填入单元格地址"$A$1:$A$5"，单击【导入】按钮。

步骤④ 依次单击【确定】按钮关闭对话框，如图 29-22 所示。

	A	B	C	D	E
1	人员编号	姓名	职务	工作津贴	联系方式
2	05775	凌勇刚	销售代表	535	022-8888805775
3	05763	阎京明	销售代表	590	022-8888805763
4	05616	董连清	销售代表	610	022-8888805616
5	05592	秦勇	销售代表	610	022-8888805592
6	05579	张国顺	销售代表	620	022-8888805579
7	05572	张占军	销售代表	620	022-8888805572
8	05552	刘忠诚	销售助理	620	022-8888805552
9	05386	刘凤江	销售代表	735	022-8888805386

图 29-21　员工津贴数据　　　　　　　图 29-22　添加有关职务的自定义序列

再按以下步骤，按照职务排序。

步骤① 单击数据区域中的任意单元格，如 A2。

步骤② 依次单击【数据】→【排序】命令，弹出【排序】对话框。

步骤③ 在【排序】对话框中，选择【主要关键字】为"职务"，【次序】为"自定义序列"，在弹出的【自定义序列】对话框中选中之前添加的自定义序列，依次单击【确定】按钮关闭对话框，如图 29-23 所示。

步骤④ 完成排序的效果如图 29-24 所示。

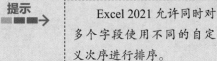

提示 ■■■→ Excel 2021 允许同时对多个字段使用不同的自定义次序进行排序。

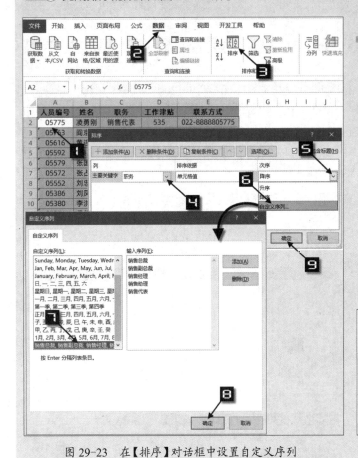

图 29-23 在【排序】对话框中设置自定义序列

图 29-24 按职务排序的表格

	A	B	C	D	E
1	人员编号	姓名	职务	工作津贴	联系方式
2	00918	赵永福	销售总裁	1275	022-8888800918
3	01142	苏荣连	销售副总裁	970	022-8888801142
4	01002	胥和平	销售副总裁	870	022-8888801002
5	01201	刘恩树	销售经理	645	022-8888801201
6	01084	高连兴	销售经理	675	022-8888801084
7	05552	刘忠诚	销售助理	620	022-8888805552
8	01223	许丽萍	销售助理	645	022-8888801223
9	00970	王俊松	销售助理	895	022-8888800970
10	00930	朱体高	销售助理	1240	022-8888800930
11	05775	凌勇刚	销售代表	535	022-8888805775

29.6.4 对数据列表中的局部进行排序

示例29-7 对数据列表中的某部分进行排序

如图 29-25 所示，希望仅对数据列表中的 A5:I20 单元格区域按"性别"进行排序。

操作步骤如下。

步骤① 选中要进行排序的 A5:I20 单元格区域，依次单击【数据】→【排序】命令，弹出【排序】对话框。

步骤② 在【排序】对话框中取消选中【数据包含标题】复选框。

步骤③ 设置【主要关键字】为"列C"，最后单击【确定】按钮关闭对话框完成排序，如图 29-26 所示。

	A	B	C	D	E	F	G	H	I
1	工号	姓名	性别	籍贯	出生日期	入职日期	月工资	绩效系数	年终奖金
2	A00001	林达	男	哈尔滨	1978/6/17	2016/6/20	6,750	0.50	6,075
3	A00002	贾丽丽	女	成都	1983/6/25	2016/6/13	4,750	0.95	8,123
4	A00003	赵睿	男	杭州	1974/6/14	2016/6/14	4,750	1.00	8,550
5	A00004	师丽莉	男	广州	1977/5/28	2016/6/11	6,750	0.60	7,290
6	A00005	岳恩	男	南京	1983/12/29	2016/6/10	6,250	0.75	8,438
7	A00006	李勤	男	成都	1975/9/25	2016/6/17	5,250	1.00	9,450
8	A00007	郝尔冬	男	北京	1980/1/21	2016/6/4	5,750	0.90	9,315
9	A00008	朱丽叶	女	天津	1972/1/6	2016/6/3	5,250	1.10	10,395
10	A00009	白可燕	女	山东	1970/10/18	2016/6/2	4,750	1.30	11,115
11	A00010	师胜昆	男	天津	1986/10/18	2016/6/16	5,750	1.00	10,350
12	A00011	郝河	男	广州	1969/6/1	2016/6/12	5,250	1.20	11,340
13	A00012	艾思迪	女	北京	1966/5/24	2016/6/1	5,250	1.20	11,340
14	A00013	张祥志	男	桂林	1989/12/23	2016/6/18	5,250	1.30	12,285
15	A00014	岳凯	男	南京	1977/7/13	2016/6/9	5,250	1.30	12,285
16	A00015	孙丽星	男	成都	1966/12/25	2016/6/15	5,750	1.20	12,420
17	A00016	艾利	女	厦门	1980/11/11	2016/6/6	6,750	1.00	12,150
18	A00017	李克特	男	广州	1988/11/23	2016/6/8	5,750	1.30	13,455
19	A00018	邓星丽	女	西安	1967/6/16	2016/6/19	5,750	1.30	13,455
20	A00019	吉汉阳	男	上海	1968/1/25	2016/6/7	6,250	1.20	13,500
21	A00020	马豪	男	上海	1958/3/21	2016/6/5	6,250	1.50	16,875

图 29-25　将要进行局部排序的数据列表

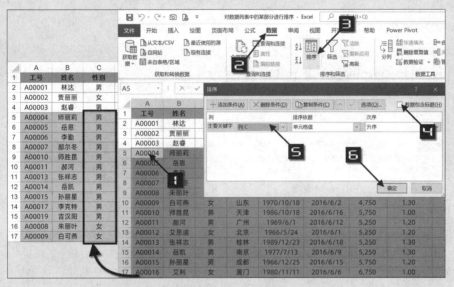

图 29-26　对数据列表中的局部进行排序

注意

　　　如果排序对象是"表格"中的一部分，则【排序】对话框中的【数据包含标题】复选框不可用，如图 29-27 所示。

图 29-27　【数据包含标题】选项为灰色

29.6.5 按行排序

Excel 能够按行排序。

示例29-8　按行排序

在图 29-28 所示的表格中，A 列是行标题，用来表示部门；第 1 行是列标题，用来表示月份。现在需要依次按"月份"来对表格排序。

项　目	10	11	12	1	2	3	4	5	6	7	8	9	总计
财务部	22	5	11	7	4	5	6	5	10	12	12	78
总经办	11	5	6	9	9	8	8	24	5	8	6	6	88
品牌管理部	3	21	21	6	6	7	19	21	25	8	123	28	264
人力资源部	22	21	17	36	12	14	32	26	26	11	17	15	206
运营部	58	53	60	58	30	36	64	76	63	37	158	62	644
总计	116	105	115	117	61	71	128	152	125	73	315	122	1,280

图 29-28　同时具备行、列标题的表格

操作步骤如下。

步骤① 选中 B1:M6 单元格区域。

步骤② 依次单击【数据】→【排序】命令，弹出【排序】对话框。

步骤③ 在【排序】对话框中单击【选项】按钮，弹出【排序选项】对话框。选中【按行排序】单选按钮，再单击【确定】按钮关闭对话框，如图 29-29 所示。

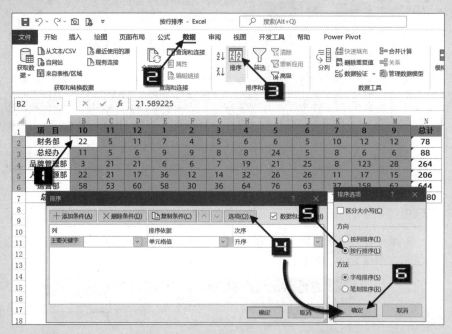

图 29-29　【排序选项】对话框

步骤④ 此时，【排序】对话框中，【主要关键字】列表框中的内容发生了改变。选择【主要关键字】为"行1"，【排序依据】【次序】均保持默认选项，单击【确定】按钮关闭对话框完成排序，如图 29-30 所示。

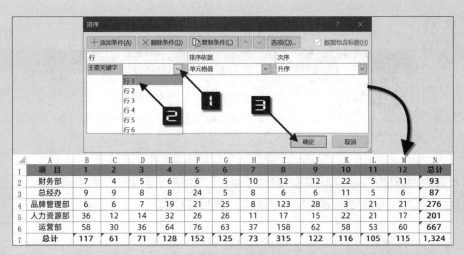

图 29-30　按行排序的效果

注意　　　如果选中全部数据区域再按行排序，包含行标题的数据列也会参与排序。因此在本例的步骤 1 中，只选中行标题所在列以外的数据区域。

29.6.6　排序时单元格中公式的变化

示例29-9　对含有公式的数据表排序

当对数据列表进行排序时，要注意单元格中公式的变化。如果是按行排序，则在排序之后，数据列表中对同一行的其他单元格的引用可能是正确的，但对不同行的单元格的引用有可能发生错乱。

同样，如果是按列排序，则排序后，数据列表中对同一列的其他单元格的引用可能是正确的，但对不同列的单元格的引用却是错误的。

以下是对含有公式的数据列表排序前后的对照图，它显示了对含有公式的数据列表进行排序存在的风险。数据列表中第 6 行"利润差异"是用来计算利润的年差值变化的，使用了相对引用公式。例如，C6 单元格使用公式 =C5-B5 来计算 2017 年和 2016 年的利润差异，如图 29-31 所示。

C6		fx	=C5-B5			
	A	B	C	D	E	F	G
年份 1　项目		2016	2017	2018	2019	2020	2021
2	主营业务收入	18,213,000	10,368,000	10,008,000	12,377,000	14,731,100	15,348,200
3	主营业务成本	15,483,506	8,819,665	8,512,633	10,527,174	12,527,420	13,047,003
4	期间费用	364,260	207,360	200,160	247,540	294,622	306,964
5	净利润	2,365,234	1,340,975	1,295,207	1,602,286	1,909,058	1,994,233
6	利润差异		-1,024,259	-45,768	307,079	306,771	85,176

图 29-31　包含公式的数据列表排序前

按年份降序排序（按行排序）后，"2017 年利润差异"数据发生改变，如图 29-32 所示。F6 单元格"2017 年利润差异"公式还是年份升序排列的计算逻辑 F5-E5，降序排序后计算逻辑发生了变化，计算公式应为 =F5-G5，显然第 6 行的其他公式也是错误的。

F6		× ✓ fx	=F5-E5			
	A	B	C	D	E	F	G
	年份 项目	2021	2020	2019	2018	2017	2016
1							
2	主营业务收入	15,348,200	14,731,100	12,377,000	10,008,000	10,368,000	18,213,000
3	主营业务成本	13,047,003	12,527,420	10,527,174	8,512,633	8,819,665	15,483,506
4	期间费用	306,964	294,622	247,540	200,160	207,360	364,260
5	净利润	1,994,233	1,909,058	1,602,286	1,295,207	1,340,975	2,365,234
6	利润差异		-85,176	-306,771	-307,079	45,768	1,024,259

图 29-32　包含公式的数据列表排序后

为了取得正确的利润差异结果，年份按降序排序（按行排序）后，需要将"利润差异"的公式进行重新设置。例如，将 B6 单元格的公式修改为 =B5-C5，然后向右复制到 F6 单元格。

提示　→　为了避免在对含有公式的数据列表中排序出错，应尽量先排序处理，再输入公式。

29.7　筛选数据列表

筛选数据列表就是只显示符合用户指定的特定条件的行，隐藏其他的行。Excel 提供了筛选和高级筛选功能，分别适用于简单的筛选条件和较为复杂的筛选条件。

29.7.1　筛选

对于工作表中的普通数据列表，可以使用下面的方法进入筛选状态。

以图 29-33 所示的数据列表为例，先选中列表中的任意一个单元格，如 C3 单元格，然后单击【数据】选项卡中的【筛选】按钮。此时，功能区中的【筛选】按钮将呈现高亮显示状态，数据列表中所有字段的标题单元格中也会出现筛选按钮。

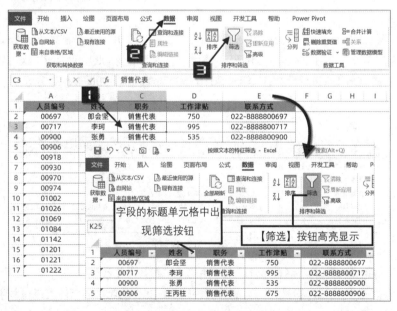

图 29-33　对普通数据列表启用筛选

因为Excel的"表格"（Table）默认启用筛选功能，所以也可以将普通数据列表转换为表格，就能使用筛选功能。

此外，选中列表中的任意一个单元格，按<Ctrl+Shift+L>组合键也可启用筛选功能。

数据列表进入筛选状态后，单击每个字段的标题单元格中的筛选按钮，都将弹出下拉菜单，提供有关"排序"和"筛选"的详细选项。例如，单击C1单元格中的筛选按钮，弹出的下拉菜单如图29-34所示。不同数据类型的字段所能够使用的筛选选项也不同。

在筛选下拉菜单中选中对应项目前的复选框，即可完成筛选。被筛选字段的筛选按钮形状会发生改变，同时数据列表中的行号颜色也会发生改变，如图29-35所示。

图 29-34　包含排序和筛选选项的下拉菜单　　图 29-35　筛选状态下的数据列表

29.7.2　按照文本的特征筛选

示例29-10　按照文本的特征筛选

对于文本型数据字段，下拉菜单中会显示【文本筛选】的相关选项，如图29-36所示。事实上，无论选择其中哪一个选项，最终都将进入【自定义自动筛选方式】对话框，通过选择逻辑条件和输入具体条件值，才能完成自定义筛选。

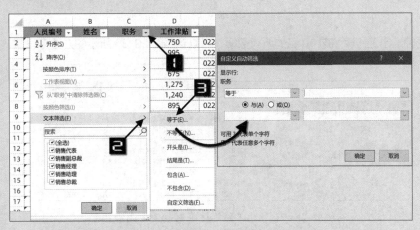

图 29-36　文本型数据字段相关的筛选选项

例如，要筛选出职务为"销售助理"的所有数据，可以参照图 29-37 所示的方法来设置。

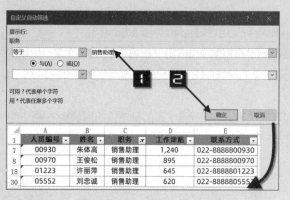

> **提示** ■■■→
>
> 在【自定义自动筛选方式】对话框中设置的条件，不区分字母大小写。【自定义自动筛选方式】对话框是筛选功能的公共对话框，其列表框中显示的逻辑运算符并非适用于全部数据类型。如"包含"运算符就不能适用于数值型数据。

图 29-37 筛选出职务为"销售助理"的所有数据

29.7.3 按照数字的特征筛选

对于数值型数据字段，下拉菜单中会显示【数字筛选】的相关选项，如图 29-38 所示。

单击【数字筛选】→【前 10 项】命令会进入【自动筛选前 10 个】对话框，用于筛选最大（或最小）的 N 项（百分比）。

【高于平均值】和【低于平均值】选项，则根据当前字段所有数据的值来进行相应的筛选和显示。

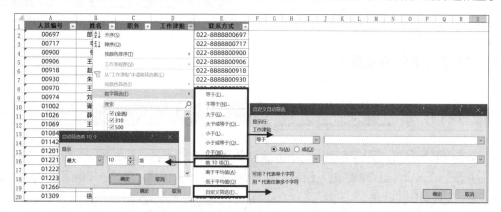

图 29-38 数值型数据字段相关的筛选选项

例如，要筛选出工作津贴前 10 名的所有数据，可以参照图 29-39 所示的方法来设置。

图 29-39 筛选工作津贴前 10 名的所有数据

例如，要筛选出津贴介于 900 和 1300 之间的所有数据，可以参照图 29-40 所示的方法来设置。

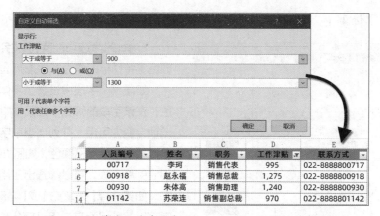

图 29-40 筛选工作津贴介于 900 和 1300 之间的所有数据

29.7.4 按照日期的特征筛选

对于日期型数据字段，下拉菜单中会显示【日期筛选】的更多选项，如图 29-41 所示。与文本筛选和数字筛选相比，这些选项更具特色。

日期分组列表并没有直接显示具体的日期，而是以年、月、日分组后的分层形式显示。

Excel 提供了大量的预置动态筛选条件，将数据列表中的日期与当前日期（系统日期）的比较结果作为筛选条件。【期间所有日期】菜单下面的命令则只按日期区间进行筛选，而不考虑年。例如，【第 4 季度】表示数据列表中任何年度的第 4 季度，这在按跨若干年的时间段来筛选日期时非常实用。

除了上面的选项以外，仍然提供了【自定义筛选】选项。

虽然 Excel 提供了大量有关日期特征的筛选条件，但仅能用于日期，而不能用于时间，因此也就没有提供类似于"前一小时""后一小时""上午""下午"这样的筛选条件。Excel 的筛选功能将时间仅视作数字来处理。

如果希望取消筛选菜单中的日期分组状态，以便可以按具体的日期值进行筛选，可以在【Excel 选项】对话框中单击【高级】选项卡，在【此工作簿的显示选项】区域取消选中【使用"自动筛选"菜单分组日期】复选框，单击【确定】按钮，如图 29-42 所示。

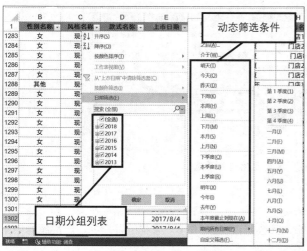

图 29-41 更具特色的日期筛选选项

图 29-42 取消【使用"自动筛选"菜单分组日期】

29.7.5 按照字体颜色、单元格颜色或图标筛选

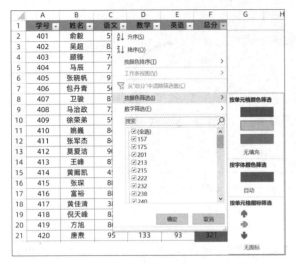

Excel 的筛选功能支持以字体颜色或单元格颜色等特殊标识作为条件来筛选数据。

如果某个字段中设置了字体颜色或单元格颜色，在该字段的筛选下拉菜单中，【按颜色筛选】选项会变为可用，并列出当前字段中所有用过的字体颜色或单元格颜色，如图 29-43 所示。选中相应的颜色项，可以筛选出应用了该种颜色的数据。如果选择【无填充】或【自动】或【无图标】，则可以筛选出没有应用过颜色和条件格式图标的数据。

图 29-43　按照字体颜色或单元格颜色筛选

提示

> 无论是单元格颜色还是字体颜色和单元格图标，一次只能按一种颜色或图标进行筛选。

29.7.6 按所选单元格进行筛选

利用右键快捷菜单也能够对所选单元格的值、颜色、字体颜色和图标进行快速筛选，具体操作方法如下。

如果需要在工作表中筛选出"职务"为"销售助理"的数据，可以鼠标右击 C7 单元格，在弹出的快捷菜单中依次选择【筛选】→【按所选单元格的值筛选】选项，此时数据列表会自动启用筛选功能并筛选出对应的内容，如图 29-44 所示。

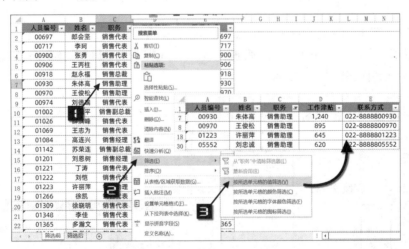

图 29-44　按所选单元格进行筛选

29.7.7 使用通配符进行模糊筛选

借助通配符，能够按关键字进行筛选。例如，筛选所有包含"医药"字样的客户名、产品编号中第三位是"B"的产品等。

通配符的使用必须借助【自定义自动筛选方式】对话框来完成，并允许使用两种通配符条件，可用

问号 "?" 代表一个字符，用星号 "*" 代表 0 到任意多个连续字符，如图 29-45 所示。

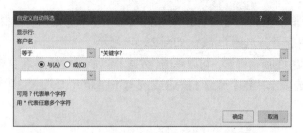

图 29-45　【自定义自动筛选方式】对话框

> 通配符仅能用于文本型数据，而对数值和日期型数据无效。要筛选 "*" "?" 字符本身时，可以在前面添加波形符 "~"，如 "~*" 和 "~?"。通配符使用的说明见表 29-1。

表 29-1　通配符使用的说明

条件	符合条件的数据	条件	符合条件的数据
Sh?ll	Shall，Shell	L*n	Lawn，Lesson，Lemon
医?	医药，医疗	~?	含有?的数据
H??e	Huge，Hide，Hive，Have	~*	含有*的数据

29.7.8　筛选多列数据

用户可以对数据列表中的任意多列分别指定筛选条件。也就是说，先对数据列表中某一列设置条件进行筛选，然后在筛选出的记录中对另一列设置条件继续进行筛选，以此类推。在对多列同时应用筛选时，筛选条件之间是 "与" 的关系。

示例29-11　筛选多列数据

如需筛选出职务为 "销售代表"，并且工作津贴等于 "500" 的所有数据，可以参照图 29-46 所示的方法来设置。筛选后的结果如图 29-47 所示。

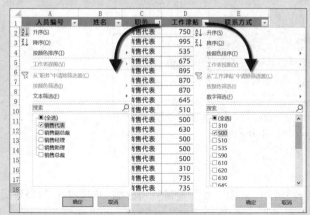

图 29-46　设置两列值的筛选条件　　　　图 29-47　对数据列表进行两列值的筛选

29.7.9　取消筛选

如果要取消对指定列的筛选，则可以单击该列的下拉按钮，在筛选列表框中选中"（全选）"复选框，或者单击【从"字段名"中清除筛选器】命令，如图 29-48 所示。

如果要取消数据列表中的所有筛选，可以单击【数据】选项卡中的【清除】按钮，如图 29-49 所示。

再次单击【数据】选项卡中的【筛选】按钮或按 <Ctrl+Shift+L> 组合键，可退出筛选状态，如图 29-50 所示。

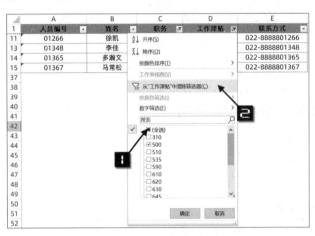

图 29-48　取消对指定列的筛选

图 29-49　清除筛选内容

图 29-50　退出筛选状态

29.7.10　筛选工作表视图

存储在 SharePoint 或 OneDrive 位置的文档能够使用工作表视图功能，在多人同时操作时，使用排序筛选等功能不会影响到其他操作者。如果在工作表中创建了工作表视图，筛选下拉菜单中则可以按工作表视图进行筛选，如图 29-51 所示。

图 29-51　筛选工作表视图

29.7.11　复制和删除筛选后的数据

当复制筛选结果中的数据时，只有可见的行被复制。同样，如果删除筛选区域中的数据，只有可见的行被删除，隐藏的行不受影响。

29.8　使用高级筛选

Excel高级筛选功能是筛选的升级，它不但包含了筛选的所有功能，而且还可以设置更复杂的筛选条件。

29.8.1　设置高级筛选的条件区域

高级筛选要求在一张工作表区域内单独指定筛选条件，并与数据列表的数据分开。在执行筛选的过程中，不符合条件的行将被隐藏，所以如果把筛选条件放在数据列表的左侧或右侧时，可能导致条件区域也同时被隐藏。因此，通常把这些条件区域放置在数据列表的顶端或底端。

高级筛选的条件区域至少要包含两行，第一行是列标题，列标题应和数据列表中的标题完全相同，第二行由筛选条件值构成。条件区域并不需要含有数据列表中的所有列的标题，与筛选过程无关的列标题可以不使用。

29.8.2　两列之间运用"关系与"条件

示例29-12　"关系与"条件的高级筛选

以图29-52所示的数据列表为例，需要运用"高级筛选"功能筛选出"性别"为"男"，并且"绩效系数"为"1.00"的数据。

操作步骤如下。

步骤① 在数据列表上方插入3个空行用来放置高级筛选的条件。

步骤② 在新插入的1到2行中，写入筛选的条件，如图29-53所示。

	A	B	C	D	E	F	G	H	I
1	工号	姓名	性别	籍贯	出生日期	入职日期	月工资	绩效系数	年终奖金
2	535353	林达	男	哈尔滨	1978/5/28	2016/6/20	6,750	0.50	6,075
3	626262	贾丽丽	女	成都	1983/6/5	2016/6/13	4,750	0.95	8,123
4	727272	赵睿	男	杭州	1974/5/25	2016/6/14	4,750	1.00	8,550
5	424242	师丽莉	男	广州	1977/5/8	2016/6/11	6,750	0.60	7,290
6	323232	岳恩	男	南京	1983/12/9	2016/6/10	6,250	0.75	8,438
7	131313	李勤	男	成都	1975/9/5	2016/6/17	5,250	1.00	9,450
8	414141	郝尔冬	男	北京	1980/1/1	2016/6/4	5,750	0.90	9,315
9	313131	朱丽叶	女	天津	1971/12/17	2016/6/3	5,250	1.10	10,395
10	212121	白可燕	女	山东	1970/9/28	2016/6/2	4,750	1.30	11,115
11	929292	师胜昆	男	天津	1986/9/28	2016/6/16	5,750	1.00	10,350

图29-52　需要设置"关系与"条件的表格

	A	B	C	D	E	F	G	H	I
1	性别	绩效系数							
2	男	1.00							
4	工号	姓名	性别	籍贯	出生日期	入职日期	月工资	绩效系数	年终奖金
5	535353	林达	男	哈尔滨	1978/5/28	2016/6/20	6,750	0.50	6,075
6	626262	贾丽丽	女	成都	1983/6/5	2016/6/13	4,750	0.95	8,123
7	727272	赵睿	男	杭州	1974/5/25	2016/6/14	4,750	1.00	8,550
8	424242	师丽莉	男	广州	1977/5/8	2016/6/11	6,750	0.60	7,290
9	323232	岳恩	男	南京	1983/12/9	2016/6/10	6,250	0.75	8,438
10	131313	李勤	男	成都	1975/9/5	2016/6/17	5,250	1.00	9,450

图29-53　设置"高级筛选""关系与"的条件区域

步骤③ 单击数据列表中的任意单元格，如A8单元格。

步骤④ 单击【数据】选项卡中的【高级】按钮，弹出【高级筛选】对话框。

步骤⑤ 将光标定位到【条件区域】编辑框内，拖动鼠标选择A1:B2单元格区域，最后单击【确定】按钮，如图29-54所示。

筛选后的结果如图29-55所示。

如果希望将筛选结果复制到其他位置，操作步骤如下。

步骤① 在【高级筛选】对话框内选中【将筛选结果复制到其他位置】单选按钮。

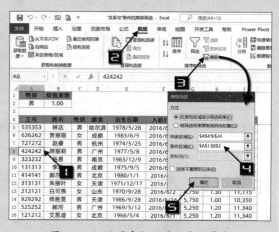

图29-54　设置参数以进行高级筛选

步骤② 将光标定位到【复制到】编辑框内，拖动鼠标选择目标单元格地址，如A26 单元格，最后单击【确定】按钮，如图 29-56 所示。

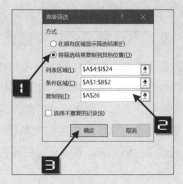

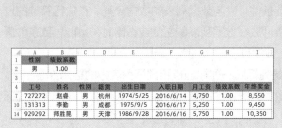

图 29-55 按"关系与"条件筛选得到的数据 　　　　图 29-56 将高级筛选结果复制到其他位置

29.8.3 两列之间运用"关系或"条件

示例29-13 "关系或"条件的高级筛选

以图 29-52 所示的数据列表为例，需要运用"高级筛选"功能筛选出"性别"为"男"或"绩效系数"为"1.00"的数据，可参照两列之间运用"关系与"条件的步骤，只是设置条件区域的范围略有不同，如图 29-57 所示。

筛选后的局部结果如图 29-58 所示。

图 29-57 设置"关系或"的筛选条件 　　　　　图 29-58 "关系或"的筛选结果

提示 → 出现在同一行的各个条件表示"关系与"，出现在不同行的各个条件表示"关系或"。

29.8.4 在一列中使用三个"关系或"条件

示例29-14 在一列中使用三个"关系或"条件

以图 29-52 所示的数据列表为例，需要运用"高级筛选"功能从"销售途径"所在列中筛选出销售途径包含"网""邮购"和"送货上门"内容的销售记录。这时，应将"销售途径"标题列入条件区域，并在标题下面的三行中输入"网""邮购""送货上门"，如图 29-59 所示。

筛选后的局部结果如图 29-60 所示。

	A	B	C	D	E
1	销售途径				
2	网				
3	邮购				
4	送货上门				
5					
6	销售途径	销售人员	订单金额	订单日期	订单 ID
695	送货上门	王春艳	525	2015/4/30	11048
696	送货上门	贾庆	1332	2015/5/1	11052
697	送货上门	张波	3740	2015/5/1	11056
698	送货上门	贾庆	45	2015/5/1	11057
699	网络销售	杨光	1407.5	2015/3/19	10946
700	网络销售	贾庆	220	2015/3/16	10947
701	网络销售	贾庆	2362.25	2015/3/19	10948
702	网络销售	杨光	110	2015/3/23	10950
703	网络销售	贾庆	458.74	2015/4/7	10951
704	网络销售	杨光	471.2	2015/3/24	10952
705	网厅发货	林明	100.8	2016/7/25	10259
706	网厅发货	高鹏	642.2	2016/8/9	10269
707	邮购快递	苏珊	288	2016/10/10	10317
708	邮购快递	张波	240.4	2016/10/4	10318
709	邮购业务	林明	982	2016/10/14	10326

	A
1	销售途径
2	网
3	邮购
4	送货上门

图 29-59　设置三个"关系或"的筛选条件　　　　图 29-60　运用三个"关系或"条件的筛选结果

29.8.5　同时使用"关系与"和"关系或"条件

示例29-15　同时使用"关系与"和"关系或"高级筛选

如图 29-61 所示，要对数据列表同时使用"关系与"和"关系或"的高级筛选条件。

例如："顾客"为"天津大宇"，"宠物垫"产品的"销售额总计"大于 500 的记录；

或"顾客"为"北京福东"，"宠物垫"产品的"销售额总计"大于 100 的记录；

或"顾客"为"上海嘉华"，"雨伞"产品的"销售额总计"小于 400 的记录；

或"顾客"为"南京万通"的所有记录。

可以参照图 29-62 所示进行设置，筛选后的局部结果如图 29-63 所示。

	A	B	C	D
1	日期	顾客	产品	销售额总计
2	2019/1/1	上海嘉华	衬衫	302
3	2019/1/3	天津大宇	香草枕头	293
4	2019/1/3	北京福东	宠物垫	150
5	2019/1/3	南京万通	宠物垫	530
6	2019/1/4	上海嘉华	睡袋	223
7	2019/1/11	南京万通	宠物垫	585
8	2019/1/11	上海嘉华	睡袋	0
9	2019/1/18	天津大宇	宠物垫	876
10	2019/1/20	上海嘉华	睡袋	478
11	2019/1/20	上海嘉华	床罩	191

图 29-61　待筛选的数据列表

	A	B	C
1	顾客	产品	销售额总计
2	天津大宇	宠物垫	>500
3	北京福东	宠物垫	>100
4	上海嘉华	雨伞	<400
5	南京万通		

图 29-62　同时设置多种关系的筛选条件

	A	B	C	D
1	顾客	产品	销售额总计	
2	天津大宇	宠物垫	>500	
3	北京福东	宠物垫	>100	
4	上海嘉华	雨伞	<400	
5	南京万通			
6				
7	日期	顾客	产品	销售额总计
10	2019/1/3	北京福东	宠物垫	150
11	2019/1/3	南京万通	宠物垫	530
13	2019/1/11	南京万通	宠物垫	585
15	2019/1/18	天津大宇	宠物垫	876
19	2019/1/21	南京万通	宠物垫	747
23	2019/1/26	天津大宇	宠物垫	808

图 29-63　使用多种条件进行筛选后的结果

29章

29.8.6 高级筛选中通配符的运用

使用高级筛选时，在文本条件中可以使用通配符。星号"*"表示可以与任意多的字符相匹配。问号"？"表示与单个字符相匹配。部分文本条件的设置实例见表 29-2。

表 29-2 文本条件的实例

条件设置	筛选效果	条件设置	筛选效果
="= 天津 "	文本中只等于"天津"字符的所有记录	<>*f	包含不以字符 f 结尾的记录
天	以"天"开头的所有记录	="=???"	包含 3 个字符的记录
<>D*	包含除了字符 D 开头的记录	<>????	不包含 4 个字符的记录
天	文本中包含"天"的记录	<>*w*	不包含字符 w 的记录
C*e	以 C 开头并包含 e 的记录	~?	以？号开头的文本记录
="=C*e"	包含以 C 开头并以 e 结尾的记录	*~?*	包含？号的文本记录
C?e	第一个字符是 C，第三个字符是 e 的记录	~*	以 * 号开头的文本记录
a?c	长度为 3，并以字符 a 开头、以字符 c 结尾的记录		

29.8.7 使用计算条件

示例29-16 使用计算条件的高级筛选

计算条件指的是根据数据列表中的数据计算得到的条件，图 29-64 展示了一个运用计算条件进行高级筛选的例子。

要求在数据列表中筛选出"顾客"列中含有"天津"且在 1980 年出生，且"产品"列中第一个字母为"G"、最后一个字母为"S"的数据。

A2 单元格输入以下公式：

```
=ISNUMBER(FIND(" 天津 ",A5))
```

公式通过在"客户"列中寻找"天津"并做出数值判断。

B2 单元格输入以下公式：

```
=MID(B5,7,4)="1980"
```

公式通过在"身份证"列中第 7 个字符开始截取 4 位字符来判断是否等于"1980"。

C2 单元格输入以下公式：

```
=COUNTIF(C5,"G*S")
```

公式通过在"产品"列中对包含"G*S"的产品计数，来判断是否符合第一个字母为"G"最后一个字母为"S"的条件。

如图 29-65 所示，执行高级筛选时条件区域要选择 A1:C2 单元格区域。在设置计算条件时允许使用空白字段或创建一个新的字段标题，而不允许使用与数据列表中同名的字段标题。

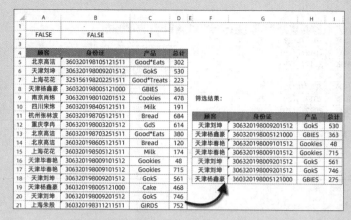

图 29-64 利用计算条件进行"高级筛选"

图 29-65 注意条件区域的范围

使用数据列表中首行数据来创建计算条件的公式，首行数据的单元格地址要使用相对引用。

如果计算公式引用到数据列表外的数据或是基于数据列表中的某列数据来计算，单元格引用要使用绝对引用。例如，筛选总计高于平均值的项目，需要使用以下公式：

```
=D5>AVERAGE($D$5:$D$20)
```

29.8.8 利用高级筛选选择不重复的记录

利用【高级筛选】对话框中的【选择不重复的记录】选项，能够删除筛选结果中的重复行。

示例29-17 筛选不重复数据项并输出到其他工作表

如果希望将"原始数据"工作表中的不重复数据筛选出来并复制到"筛选结果"表中，可以按以下步骤操作。

步骤① 切换到"筛选结果"工作表中，在【数据】选项卡中单击【高级】按钮，弹出【高级筛选】对话框，如图 29-66 所示。

步骤② 选中【将筛选结果复制到其他位置】单选按钮。

步骤③ 单击【高级筛选】对话框中的【列表区域】编辑框，拖动鼠标在"原始数据"工作表中选取数据区域。

步骤④ 单击【复制到】编辑框，拖动鼠标选择"筛选结果"工作表的A1 单元格。

图 29-66 选中复制筛选结果的工作表

最后选中【选择不重复的记录】复选框，单击

【确定】按钮完成设置，此时，"原始数据"工作表中的不重复数据将被筛选出来并存放到"筛选结果"工作表中。局部结果如图 29-67 所示。

	部门名称	姓名	考勤日期	星期	实出勤	加班小时	刷卡时间
1	部门名称	姓名	考勤日期	星期	实出勤	加班小时	刷卡时间
2	一厂充绒	王海霞	2017/6/29	四	8	3	07:32,19:46
3	一厂充绒	王焕军	2017/6/29	四	8	3	06:56,19:52
4	一厂充绒	王利娜	2017/6/29	四	8	3	07:32,19:45
5	一厂充绒	王瑞霞	2017/6/29	四	8	3	07:26,19:58
6	一厂充绒	王闪闪	2017/6/29	四	8	3	07:47,19:47
7	一厂充绒	王淑香	2017/6/29	四	8	3	07:54,20:01
8	一厂充绒	王文丽	2017/6/29	四	8	3	07:45,19:46
9	一厂充绒	吴传贤	2017/6/29	四	8	2.5	07:50,19:43
10	一厂充绒	姚道侠	2017/6/29	四	8	3	07:48,19:51

图 29-67　高级筛选的局部结果

29.9　分级显示和分类汇总

29.9.1　分级显示概述

分级显示功能可以将包含类似标题且行列数据较多的数据列表进行组合和汇总，分级后会自动产生分级符号（加号、减号和数字 1、2、3 或 4），单击这些符号，可以显示或隐藏明细数据，如图 29-68 所示。

	工种	人数	一季度	二季度	三季度	四季度	工资合计
1	工种	人数	一季度	二季度	三季度	四季度	工资合计
6	平缝一组合计	33	89,980	73,289	63,297	50,947	277,513
11	平缝二组合计	33	89,980	73,289	63,297	50,947	277,513
16	平缝三组合计	34	93,234	75,953	65,594	52,803	287,583
21	平缝四组合计	33	89,980	73,289	63,297	50,947	277,513
26	平缝五组合计	31	84,560	68,875	59,485	47,878	260,798
31	平缝六组合计	33	89,980	73,289	63,297	50,947	277,513
36	平缝七组合计	44	120,335	98,023	84,656	68,144	371,158
41	平缝八组合计	21	30,840	24,414	21,330	16,760	93,344
42	总计	262	688891.3964	560418.4064	484254.7126	389371.5144	2122936.03

图 29-68　分级显示

使用分级显示可以快速显示摘要行或摘要列，或者显示每组的明细数据；既可以单独创建行或列的分级显示，也可以同时创建行和列的分级显示。

29.9.2　建立分级显示

用户如果需要对数据列表进行组合和汇总，可以采用自动建立分级显示的方式，也可以使用自定义样式的分级显示。

➲ Ⅰ　自动建立分级显示

示例29-18　**自动建立分级显示**

图 29-69 展示的数据列表中各季度汇总、各平缝小组合计及总计均由求和公式计算得来，如果用户希望自动建立分级显示，达到如图 29-68 所示的效果，可以按下面的步骤操作。

| N27 | : | × | ✓ | fx | =SUM(K27:M27) | | =SUM(N6,N11,N16,N21,N26,N31,N36,N41) | | =SUM(F27,J27,N27,R27) | |

	A	B	N	O	P	Q	R	S
1	工种	人数	三季度	10月工资合计	11月工资合计	12月工资合计	四季度	工资合计
27	车工	24	45,751	9,527	13,762	13,529	36,818	200,581
28	副工	4	7,625	1,588	2,294	2,255	6,136	33,431
29	检验	4	7,625	1,588	2,294	2,255	6,136	33,431
30	组长	1	2,296	480	694	682	1,856	10,071
31	平缝六组合计	33	63,297	13,184	19,043	18,720	50,947	277,513
32	车工	32	61,001	12,703	18,349	18,038	49,090	267,440
33	副工	5	9,531	1,985	2,867	2,818	7,670	41,788
34	检验	5	9,531	1,985	2,867	2,818	7,670	41,788
35	组长	2	4,592	961	1,388	1,364	3,712	20,141
36	平缝七组合计	44	84,656	17,634	25,471	25,039	68,144	371,158
37	车工	16	15,539	3,152	4,553	4,476	12,181	67,987
38	副工	2	1,942	394	569	559	1,523	8,499
39	检验	2	1,942	394	569	559	1,523	8,499
40	组长	1	1,906	397	573	564	1,534	8,358
41	平缝八组合计	21	21,330	4,337	6,265	6,158	16,760	93,344
42	总计	262	484254.7126	100758.4182	145539.9374	143073.1588	389371.5144	2122936.03

图 29-69　建立分级显示前的数据列表

提示 ■■■■→
  建立自动分级显示的前提是数据列表中必须包含汇总公式，分级的依据就是汇总公式的引用范围。

步骤① 选中数据表中任一单元格（A6），依次单击【数据】→【组合】→【自动建立分级显示】命令，即可创建一张分级显示的数据列表，如图 29-70 所示。

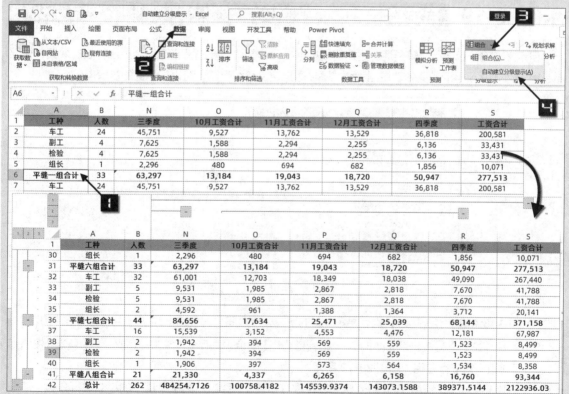

图 29-70　自动建立分级显示

步骤② 单击行、列的分级符号，可查看不同分级的数据，如图 29-71 所示。

工种	B 人数	N 三季度	O 10月工资合计	P 11月工资合计	Q 12月工资合计	R 四季度	S 工资合计
30 组长	1	2,296	480	694	682	1,856	10,071
31 平缝六组合计	33	63,297	13,184	19,043	18,720	50,947	277,513
32 车工	32	61,001	12,703	18,349	18,038	49,090	267,440
33 副工	5	9,531	1,985	2,867	2,818	7,670	41,788
34 检验	5	9,531	1,985	2,867	2,818	7,670	41,788
35 组长	2	4,592	961	1,388	1,364	3,712	20,141
36 平缝七组合计	44	84,656	17,634	25,471	25,039	68,144	371,158
37 车工	16	15,539	3,152	4,553	4,476	12,181	67,987
38 副工	2	1,942	394	569	559	1,523	8,499
39 检验	2	1,942	394	569	559	1,523	8,499

	A 工种	B 人数	F 一季度	J 二季度	N 三季度	R 四季度	S 工资合计
6	平缝一组合计	33	89,980	73,289	63,297	50,947	277,513
11	平缝二组合计	33	89,980	73,289	63,297	50,947	277,513
16	平缝三组合计	34	93,234	75,953	65,594	52,803	287,583
21	平缝四组合计	33	89,980	73,289	63,297	50,947	277,513
26	平缝六组合计	31	84,560	68,875	59,485	47,878	260,798
31	平缝六组合计	33	89,980	73,289	63,297	50,947	277,513
36	平缝七组合计	44	120,335	98,023	84,656	68,144	371,158
41	平缝八组合计	21	30,840	24,414	21,330	16,760	93,344
42	总计	262	688891.3964	560418.4064	484254.7126	389371.5144	2122936.03

图 29-71 分级显示数据

❍ Ⅱ 自定义分级显示

示例29-19 自定义分级显示

自定义方式分级显示比较灵活，用户可以根据自己的具体需要进行手动组合显示特定的数据，如果希望将图 29-72 所示的数据列表按照大纲的章节号自定义分级显示，可以按下面的步骤操作。

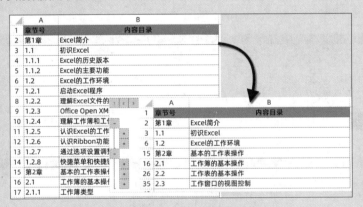

图 29-72 自定义方式分级显示

步骤① 选中 A3:A14 单元格区域，也就是第 1 章的所有小节数据，在【数据】选项卡中依次单击【组合】→【组合】命令或是按 <Shift+Alt+ → >组合键弹出【组合】对话框，单击对话框中的【确定】按钮即可对第 1 章进行分组，如图 29-73 所示。

步骤② 分别选中 A4:A5 和 A7:A14 单元格区域，重复步骤 1，即可对第 1 章项下的小节进行分组，第一章节完成分组后的效果如图 29-74 所示。

步骤③ 重复以上步骤对第 2 章及项下的小节进行分组，完成后的效果如图 29-75 所示。

图 29-73　创建自定义方式分级显示

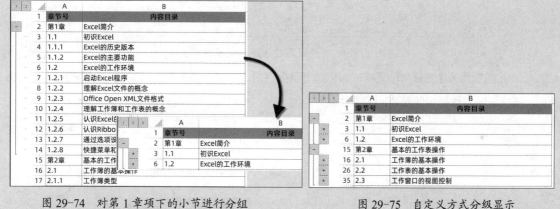

图 29-74　对第 1 章项下的小节进行分组

图 29-75　自定义方式分级显示

29.9.3　清除分级显示

如果希望将数据列表恢复到建立分级显示前的状态,只需在【数据】选项卡中依次单击【取消组合】→
【清除分级显示】命令即可,如图 29-76 所示。

图 29-76　清除分级显示

29.9.4 创建简单的分类汇总

分类汇总能够以某一个字段为分类项，对数据列表中其他字段的数值进行求和、计数、平均值、最大值、最小值、乘积等统计计算。使用分类汇总功能以前，必须要对数据列表中需要分类汇总的字段进行排序。

示例29-20 创建简单的分类汇总

以图 29-77 所示的表格为例，如果希望在数据列表中计算每个科目名称的费用发生额合计，可以参照以下步骤。

	月	日	凭证号数	科目编号	科目名称	摘要	借方
2	04	21	现-0105	550116	办公费	文具	207.00
3	04	30	现-0130	550116	办公费	护照费	1,000.00
4	04	30	现-0152	550116	办公费	ARP用C盘	140.00
5	03	27	现-0169	550116	办公费	打印纸	85.00
6	04	04	现-0032	550102	差旅费	差旅费	3,593.26
7	03	06	现-0037	550102	差旅费	差旅费	474.00
8	05	23	现-0087	550102	差旅费	差旅费	26,254.00
9	05	23	现-0088	550102	差旅费	差旅费	3,510.00
10	05	23	现-0088	550102	差旅费	差旅费	5,280.00
11	05	23	现-0088	550102	差旅费	差旅费	282.00
12	04	30	现-0141	550123	交通工具费	出租车费	35.00
13	01	30	现-0149	550123	交通工具费	出租车费	18.00

图 29-77　对科目名称排序后的数据列表

步骤① 单击数据列表中的任意单元格，如C5 单元格，在【数据】选项卡单击【分类汇总】按钮，弹出【分类汇总】对话框，如图 29-78 所示。

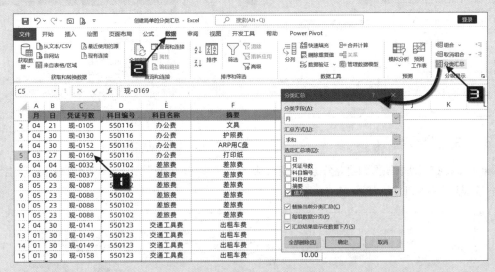

图 29-78　【分类汇总】对话框

步骤② 在【分类汇总】对话框中，【分类字段】选择"科目名称"，【汇总方式】选择"求和"，【选定汇总项】选中"借方"，选中【汇总结果显示在数据下方】复选框，单击【确定】按钮，如图 29-79 所示。

步骤③ 此时 Excel 会插入包含 SUBTOTAL 函数的公式，完成分类汇总计算，如图 29-80 所示。

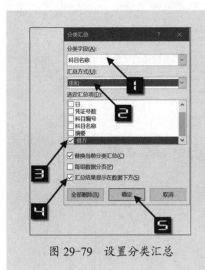

图 29-79　设置分类汇总

图 29-80　分类汇总的结果

29.9.5　多重分类汇总

示例29-21　多重分类汇总

如果希望在图 29-80 所示的数据列表中增加显示每个"科目名称"的费用平均值、最大值、最小值，则需要进行多重分类汇总，操作步骤如下。

步骤① 单击分类汇总求和后的数据列表中的任意单元格，如 E6 单元格，在【数据】选项卡中单击【分类汇总】按钮，弹出【分类汇总】对话框。【分类字段】选择"科目名称"，【汇总方式】选择"平均值"，同时取消选中【替换当前分类汇总】复选框，单击【确定】按钮，如图 29-81 所示。

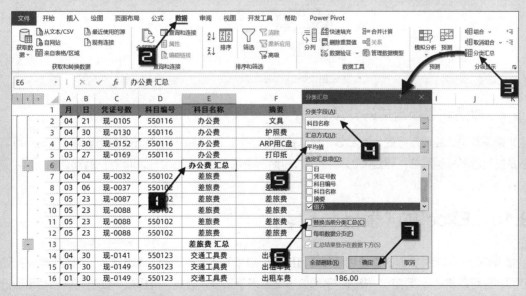

图 29-81　设置分类汇总

步骤② 重复以上操作，分别对"科目名称"进行最大值、最小值和求和的分类汇总，效果如图 29-82 所示。

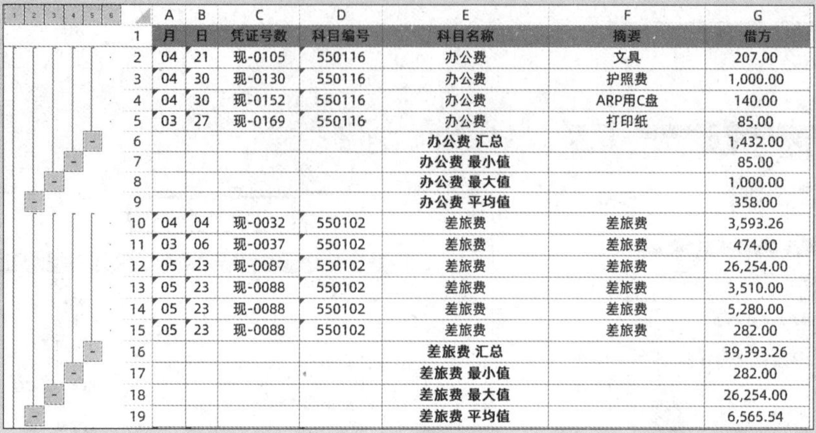

図 29-82 对"科目名称"进行多重分类汇总

29.9.6 使用自动分页符

如果在【分类汇总】对话框中选中【每组数据分页】复选框，可将分类汇总后的数据列表按汇总项打印出来，如图 29-83 所示。

図 29-83 每组数据分页

29.9.7 取消和替换当前的分类汇总

如果想取消已经设置好的分类汇总，只需打开【分类汇总】对话框，单击【全部删除】按钮即可。如果想替换当前的分类汇总，则要在【分类汇总】对话框中选中【替换当前分类汇总】的复选框。

29.10 Excel 的"表格"工具

如需简化一组相关数据的管理和分析，可以将一组单元格范围转换为"表格"。"表格"能够自动扩展范围，还可以自动计算求和、极值、平均值等又不用手工输入公式，能根据需要随时转换为普通的单元格区域。

用户可以将工作表中的数据设置为多个"表格"，它们都相对独立，从而可以根据需要将数据划分为易于管理的不同数据集。

29.10.1　创建"表格"

示例29-22　创建"表格"

如图 29-84 所示，单击数据列表中的任意单元格，如A5 单元格，在【插入】选项卡中单击【表格】按钮，弹出【创建表】对话框，单击【确定】按钮即可将当前区域转换为表格。

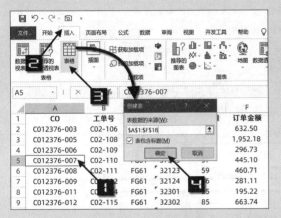

注意　Excel无法在已经设置为共享的工作簿中创建"表格"。若要创建"表格"，必须先撤销该工作簿的共享。

图 29-84　【创建表】对话框

此外，单击数据区域中的任意单元格，按下<Ctrl+T>或<Ctrl+L>组合键也可以调出【创建表】对话框。

29.10.2　"表格"工具的特征和功能

⊃ |　在"表格"中添加汇总行

要想在指定的"表格"中添加汇总行，可以单击"表格"中的任意单元格，如A5 单元格，在【表设计】选项卡下选中【汇总行】的复选框，Excel将在"表格"的最后一行自动增加一个汇总行。

"表格"汇总行默认的汇总函数为SUBTOTAL函数。选中"表格"中"订单金额"汇总行的单元格，单击单元格右下角的下拉按钮，可以从列表框中选择自己需要的汇总方式，如图 29-85 所示。

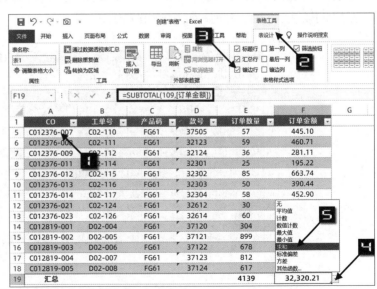

图 29-85　改变"表格"汇总行的函数

单击"表格"中其他字段的汇总行，也可以在下拉列表中选择不同的汇总方式。

⊃ II 在"表格"中添加数据

"表格"具有自动扩展特性，利用这一特性，用户可以随时向"表格"添加新的行或列。

单击"表格"右下角的数据所在单元格，如 F18 单元格（不包括汇总行数据），按下 <Tab> 键即可向"表格"中添加新的一行，如图 29-86 所示。

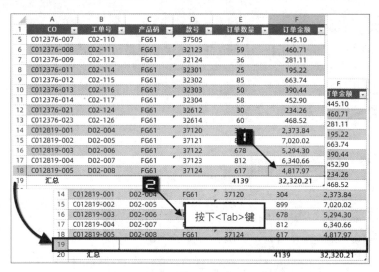

图 29-86 向"表格"添加行数据

此外，取消"表格"的汇总行以后，只要在"表格"下方相邻的空白单元格中输入数据，也可向"表格"中添加新的一行数据。

如果希望向"表格"中添加新的一列，可以将光标定位到"表格"最后一列右侧的相邻单元格，输入新的内容即可。

"表格"中最后一个单元格的右下角有一个特殊标记，选中它并向下拖动可以增加"表格"的行，向右拖动则可以增加"表格"的列，如图 29-87 所示。

	A	B	C	D	E	F	G
1	CO	工单号	产品码	款号	订单数量	订单金额	
2	C012376-003	C02-106	FG61	37303	81	632.50	
3	C012376-005	C02-108	FG61	37501	250	1,952.18	
4	C012376-006	C02-109	FG61	37504	38	296.73	
5	C012376-007	C02-110	FG61	37505	57	445.10	
6	C012376-008	C02-111	FG61	32123	59	460.71	
7	C012376-009	C02-112	FG61	32124	36	281.11	
8	C012376-011	C02-114	FG61	32301	25	195.22	
9	C012376-012	C02-115	FG61	32302	85	663.74	
10	C012376-013	C02-116	FG61	32303	50	390.44	
11	C012376-014	C02-117	FG61	32304	58	452.90	
12	C012376-021	C02-124	FG61	32612	30	234.26	
13	C012376-023	C02-126	FG61	32614	60	468.52	
14	C012819-001	D02-004	FG61	37120	304	2,373.84	
15	C012819-002	D02-005	FG61	37121	899	7,020.02	
16	C012819-003	D02-006	FG61	37122	678	5,294.30	
17	C012819-004	D02-007	FG61	37123	812	6,340.66	
18	C012819-005	D02-008	FG61	37124	617	4,817.97	
19	汇总				4139	32,320.21	
20							
21							

图 29-87 手工调整"表格"的大小

⊃ III "表格"滚动时标题行仍然可见

单击"表格"中的任意一个单元格再向下滚动浏览"表格"，"表格"中的标题将出现在 Excel 的列标上面，使得"表格"标题行始终可见，如图 29-88 所示。

CO	工单号	产品码	款号	订单数量	订单金额
7	C012376-009	C02-112	FG61	32124	36	281.11
8	C012376-011	C02-114	FG61	32301	25	195.22
9	C012376-012	C02-115	FG61	32302	85	663.74
10	C012376-013	C02-116	FG61	32303	50	390.44
11	C012376-014	C02-117	FG61	32304	58	452.90
12	C012376-021	C02-124	FG61	32612	30	234.26
13	C012376-023	C02-126	FG61	32614	60	468.52
14	C012819-001	D02-004	FG61	37120	304	2,373.84
15	C012819-002	D02-005	FG61	37121	899	7,020.02
16	C012819-003	D02-006	FG61	37122	678	5,294.30
17	C012819-004	D02-007	FG61	37123	812	6,340.66
18	C012819-005	D02-008	FG61	37124	617	4,817.97
19	汇总				4139	32,320.21

图 29-88　"表格"滚动时标题行仍然可见

必须同时满足下列条件才能使"表格"在纵向滚动时标题行保持可见。

（1）未使用冻结窗格命令。

（2）活动单元格必须位于"表格"区域内。

（3）可见区域中至少有一行"表格"的内容。

◎ Ⅳ　"表格"的排序和筛选

"表格"整合了Excel数据列表的排序和筛选功能，如果"表格"包含标题行，可以用标题行的筛选按钮对"表格"进行排序和筛选。

◎ Ⅴ　使用"套用表格格式"功能

如果用户对系统默认的"表格"格式不满意，可以套用内置的表格样式。

单击"表格"中的任意单元格，如A4 单元格，在【表设计】选项卡中单击【表格样式】下拉按钮，在弹出的样式列表中选择【橙色，表样式浅色 14】样式，如图 29-89 所示。

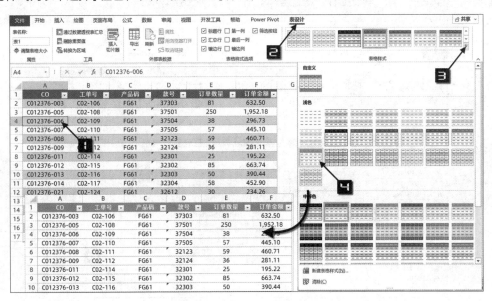

图 29-89　自动套用表格格式

如果希望创建自己的表格样式，还可以新建表样式。保存后便存放于【表格样式】的样式库中，在当前工作簿中可以随时调用。

要设置自定义的"表格"样式，可以按如下步骤操作。

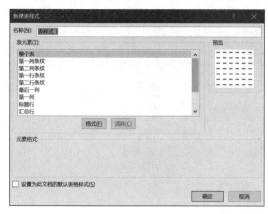

图 29-90　新建表样式

步骤① 单击"表格"中的任意单元格，在【表设计】选项卡中单击【表格样式】的下拉按钮，在弹出的扩展列表中选择【新建表格样式】命令，弹出【新建表样式】对话框，如图 29-90 所示。

步骤② 在【名称】编辑框内输入自定义样式的名称，在【表元素】列表中选中某个选项，单击【格式】按钮将弹出【设置单元格格式】对话框，用户可进行边框、填充效果和颜色及字体方面的设置，最后单击【确定】按钮依次关闭对话框，完成设置。

29.10.3　在"表格"中插入切片器

切片器是一种图形化的筛选方式，比使用筛选按钮更加方便灵活。有关切片器的详细说明请参阅 32.6 节。

示例29-23　在"表格"中插入切片器

如图 29-91 所示，需要为"品牌名称"和"季节名称"两个字段分别插入切片器。可单击"表格"中的任意单元格，如 A5 单元格，在【插入】选项卡中单击【切片器】按钮，在弹出的【插入切片器】对话框中分别选中"品牌名称"和"季节名称"复选框，单击【确定】按钮即可。

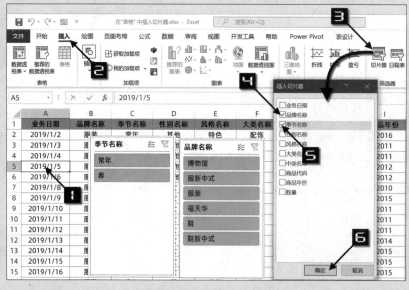

图 29-91　在"表格"插入切片器

此时，在"季节名称"切片器中单击"春"，在"品牌名称"切片器中单击"服新中式"，"表格"中即可出现符合两个条件的数据记录，如图 29-92 所示。

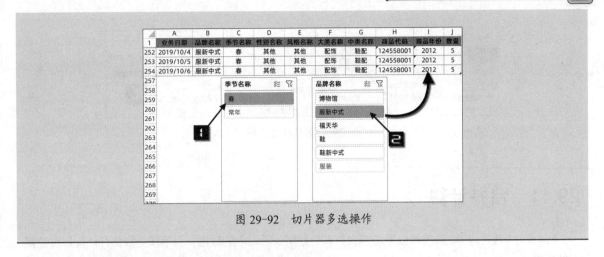

图 29-92　切片器多选操作

29.10.4　与SharePoint服务器的协同处理

如果用户使用了微软的SharePoint服务，可以把Excel"表格"发布到Microsoft SharePoint Services网站上，其他用户使用Web浏览器便能够查看和编辑数据。

单击"表格"中的任意单元格，如A2单元格，在【表设计】选项卡中单击【导出】按钮→【将表格导出到SharePoint列表】，弹出【将表导出为SharePoint列表】对话框。

在【地址】栏中输入SharePoint网站地址，在【名称】栏中输入表名称，单击【下一步】按钮即可创建SharePoint列表，如图 29-93 所示。

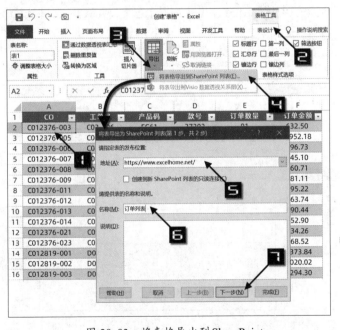

> **注意**
>
> SharePoint网站地址必须经过服务器的有效部署，具有SharePoint权限的用户才可以浏览。

图 29-93　将表格导出到SharePoint

29.10.5　将表格转换为普通数据区域

要将"表格"转换为普通的数据区域，可以单击"表格"中的任意单元格，在【表设计】选项卡中单击【转换为区域】按钮，如图 29-94 所示。

图 29-94　转换为区域

29.11　合并计算

Excel 的"合并计算"功能可以汇总或合并多个数据源区域中的数据，包括按类别合并计算和按位置合并计算。

29.11.1　按类别合并

示例29-24　**快速合并汇总两张数据表**

在图 29-95 中有两张结构相同的数据表"表一"和"表二"，利用合并计算可以将这两张表进行合并汇总，操作步骤如下。

步骤① 选中B10 单元格，作为合并计算后结果的存放起始位置，在【数据】选项卡中单击【合并计算】按钮，打开【合并计算】对话框，如图 29-95 所示。

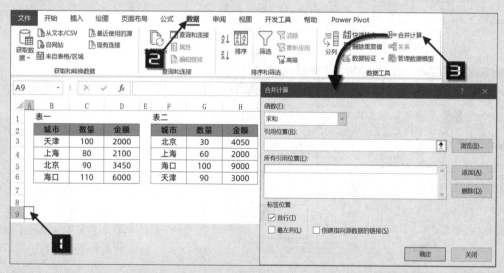

图 29-95　打开【合并计算】对话框

步骤② 单击【引用位置】编辑框右侧的折叠按钮，选中"表一"的 B2:D6 单元格区域，然后在【合并计算】对话框中单击【添加】按钮，所引用的单元格区域地址会出现在【所有引用位置】列表框中，如图 29-96 所示。

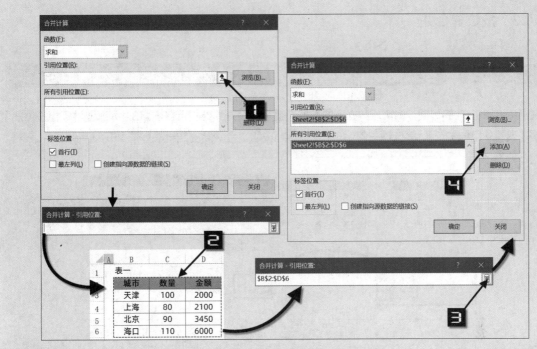

图 29-96　添加"合并计算"引用位置

步骤③　使用同样的方法将"表二"的F2:H6 单元格区域添加到【所有引用位置】列表框中。依次选中【首行】和【最左列】的复选框，然后单击【确定】按钮，即可生成合并计算结果表，如图 29-97 所示。

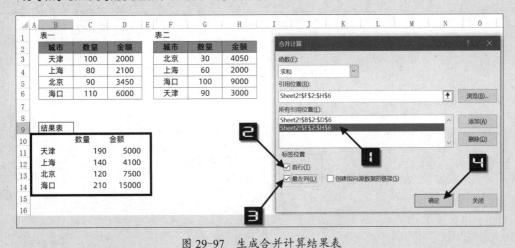

图 29-97　生成合并计算结果表

　　在使用按类别合并的功能时，数据源列表必须包含行或列标题，并且在"合并计算"对话框的【标签位置】组合框中选中相应的复选框。

　　合并的结果表中包含行列标题，但在同时选中【首行】和【最左列】复选项时，所生成的合并结果表会缺失第一列的列标题。

　　合并后，结果表的数据项排列顺序是按第一个数据源表的数据项顺序排列的。

　　合并计算不能复制数据源表的格式。

29.11.2 按位置合并

示例29-25 按数据表的所在位置进行合并

　　沿用示例29-24的数据，如需按数据表的数据位置进行合并计算，可在步骤3中取消选中【标签位置】区域的【首行】和【最左列】复选项，然后单击【确定】按钮。合并后的结果表如图29-98所示。

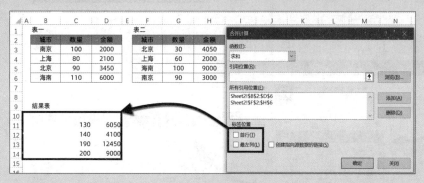

图 29-98　按位置合并。

　　使用按位置合并的方式，Excel只是将数据源表格相同位置上的数据进行简单合并计算，而忽略多个数据源表的行列标题内容是否相同。这种合并计算多用于数据源表结构完全一致情况下的数据合并。如果数据源表格结构不同，则会出现计算错误。

第 30 章　使用 Power Query 获取与整理数据

Power Query 可以将不同数据源的数据导入 Excel，如 Excel 文件、文本文件、Web、数据库等，实现对数据的转置、合并、清洗、分类汇总等操作，具有操作简单，运算高效等优势。

本章学习要点

（1）认识 Power Query 操作界面。
（2）使用 Power Query 获取与整理数据。
（3）使用 Power Query 汇总与查询数据。

30.1　认识 Power Query 操作界面

30.1.1　Power Query 命令组

在【数据】选项卡的【获取和转换数据】命令组中，包含了与 Power Query 相关的操作命令。如图 30-1 所示。

在【数据】选项卡单击【获取数据】下拉按钮，将出现 Power Query 以不同方式获取数据的选项列表框，从中单击【来自文件】【来自数据库】等，将出现获取不同类型文件的选项。如图 30-2 所示。

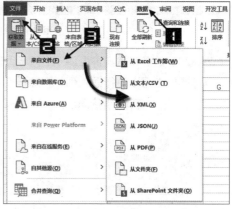

图 30-1　Power Query 命令组　　　　　　　图 30-2　【来自文件】列表框

Power Query 获取数据的方式非常丰富，如表 30-1 所示。

表 30-1　Power Query 获取数据的方式

获取数据途径	获取数据方式
来自文件	可以从 Excel 工作簿、文本文件、XML、JSON、PDF 及文件夹、SharePoint 文件夹等导入数据
来自数据库	可以从 SQL Server、Access、Oracle、IBM Db2、MySQL、PostgreSQL、Sybase、Teradata 等数据库中导入数据
来自 Azure	可以从 Azure 相关的数据库、数据资源管理器等导入数据
来自在线服务	可以从 Dynamics 365（在线）、SharePoint Online 联机列表、Microsoft Exchange Online 等导入数据

获取数据途径	获取数据方式
自其他源	可以从 Excel 表格和区域、网站、Hadoop 文件、ODBC、OLEDB 等导入数据
合并查询	在 Power Query 已有查询的基础上进行合并或追加新的查询

30.1.2 Power Query 编辑器

执行获取数据的相关查询后，将进入图 30-3 所示的 Power Query 编辑器界面。

图 30-3　Power Query 编辑器

Power Query 编辑器的功能区共有四个选项卡，用于对导入的数据编辑、转换、计算和上载等操作。

【主页】选项卡可以执行插入列、删除行/列、拆分行/列、替换值、分组统计、设置数据类型、设置标题及合并与追加查询、刷新和上载等操作。如图 30-4 所示。

图 30-4　【主页】选项卡

【转换】选项卡可以执行反转行、转置、透视列、逆透视列、填充、拆分列及字符串提取和日期数据处理等操作。如图 30-5 所示。

图 30-5　【转换】选项卡

【添加列】选项卡可以添加条件列、索引列、重复列和自定义列等操作。如图 30-6 所示。

【视图】选项卡主要用于进入【高级编辑器】界面，以及对 Power Query 编辑器的选项进行设置。如图 30-7 所示。

图 30-6　【添加列】选项卡　　　　　　　图 30-7　【视图】选项卡

30.2　使用 Power Query 获取数据

Power Query 具有丰富的数据获取能力，可以从 Excel 文件、文本文件、网页和各类数据库中快速读取数据。

30.2.1　从表格/区域获取数据

图 30-8 展示了某公司员工信息表的部分内容，其中 A 列部门字段存在大量合并单元格，需要将该表加载到 Power Query 编辑器。

操作步骤如下。

选中数据列表中的任一单元格，如 B5 单元格。在【数据】选项卡，单击【来自表格/区域】按钮，在弹出的【创建表】对话框中，保持选中【表包含标题】复选框不变，单击【确定】按钮，如图 30-9 所示。

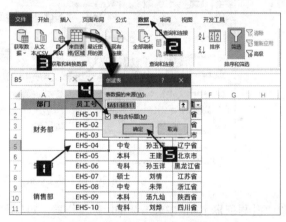

图 30-8　员工信息表　　　　　　　　图 30-9　从表格/区域获取数据

将数据列表加载到 Power Query 编辑器后，结果如图 30-10 所示。

图 30-10　Power Query 编辑器

使用【来自表格/区域】的方式获取数据，会将数据列表转换为"表格"，使其数据区域具有自动扩展等功能，但同时也会破坏该表的单元格格式，如取消合并单元格等。如图 30-11 所示。

	A	B	C	D	E
1	部门	员工号	学历	姓名	籍贯
2	财务部	EHS-01	本科	刘一山	山西省
3		EHS-02	专科	李建国	山东省
4		EHS-03	硕士	吕国庆	上海市
5		EHS-04	中专	孙玉详	辽宁省
6	生产部	EHS-05	本科	王建	北京市
7		EHS-06	专科	孙玉详	黑龙江省
8		EHS-07	硕士	刘情	江苏省
9	销售部	EHS-08	中专	朱萍	浙江省
10		EHS-09	本科	汤九灿	陕西省
11		EHS-10	专科	刘烨	四川省

图 30-11　数据区域被转换为"表格"

30.2.2　从 Excel 工作簿获取数据

依然以图 30-8 展示的某公司员工信息表为例，需要在不破坏源表格式的前提下，将数据加载到 Power Query。

操作步骤如下。

步骤① 新建一个 Excel 工作簿，在【数据】选项卡依次单击【获取数据】→【来自文件】→【从 Excel 工作簿】命令，在弹出的【导入数据】对话框中选择目标文件所在的路径，并选择数据源所在的工作簿，单击【导入】按钮。如图 30-12 所示。

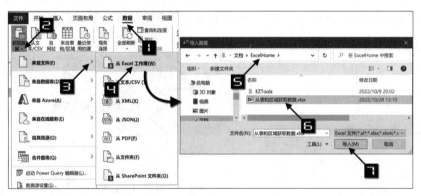

图 30-12　从 Excel 工作簿获取数据

步骤② 在【导航器】窗格中单击选中目标工作表，如"员工信息表"，再单击【转换数据】命令，将数据加载到 Power Query 编辑器，如图 30-13 所示。

图 30-13　导航器转换数据

30.2.3 从文本文件获取数据

将文本文件中的数据加载到 Power Query 编辑器和导入 Excel 工作簿的方法相似，在【数据】选项卡单击【从文本/CSV】命令，在弹出的【导入数据】对话框中选择目标文件所在的路径，并选择目标文件后单击【导入】按钮。如图 30-14 所示。

在【导航器】窗格中，可以通过【文件原始格式】列表框设置文本文件的编码格式，通过【分隔符】列表框设置文本文件的分隔符。本例文本文件的编码格式为 GB2312，分隔符为制表符。单击【转换数据】命令，将数据加载到 Power Query 编辑器。如图 30-15 所示。

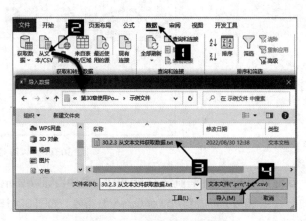

图 30-14　从文本文件获取数据

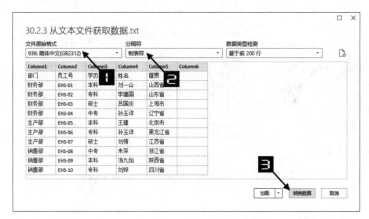

图 30-15　设置导航器窗格

数据加载到 Power Query 编辑器后的效果如图 30-16 所示。

	A^BC Column1	A^BC Column2	A^BC Column3	A^BC Column4	A^BC Column5
1	部门	员工号	学历	姓名	籍贯
2	财务部	EHS-01	本科	刘一山	山西省
3	财务部	EHS-02	专科	李建国	山东省
4	财务部	EHS-03	硕士	吕国庆	上海市
5	财务部	EHS-04	中专	孙玉详	辽宁省
6	生产部	EHS-05	本科	王建	北京市
7	生产部	EHS-06	专科	孙玉详	黑龙江省
8	生产部	EHS-07	硕士	刘情	江苏省
9	销售部	EHS-08	中专	朱萍	浙江省
10	销售部	EHS-09	本科	汤九灿	陕西省
11	销售部	EHS-10	专科	刘烨	四川省

图 30-16　加载文本文件数据

30.2.4 从网站获取数据

Power Query 可以从部分网站获取数据，操作步骤如下。

步骤① 依次单击【数据】→【自网站】按钮，弹出【从 Web】对话框。在【URL】文本框中输入网址"https://www.15tianqi.com/tianjin"，单击【确定】按钮，如图 30-17 所示。

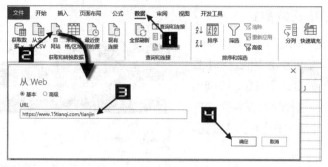

图 30-17　从网站获取数据

步骤② 在打开的【导航器】对话框中，选中目标数据所在的表，本例为 Table 0，单击【转换数据】命令，将数据加载到 Power Query 编辑器。如图 30-18 所示。

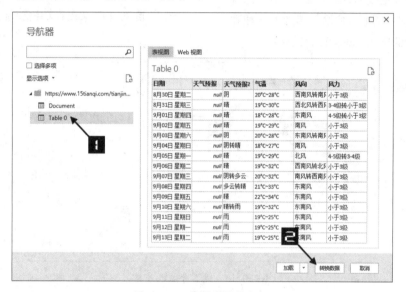

图 30-18　导航器转换数据

数据加载到 Power Query 编辑器后，展示了天津市最近 15 天的天气预报数据，如图 30-19 所示。

图 30-19　最近 15 天的天气预报数据

30.3 将 Power Query 编辑器的数据上载到 Excel

用户将各种来源的数据加载到 Power Query 编辑器，在对其进行整理、拆分、合并和查询等处理后，需要将数据上载到 Excel，上载的方式主要有表、数据透视表、数据透视图和仅创建连接等。

30.3.1 使用表的方式上载数据

在 Power Query 编辑器的【开始】选项卡单击【关闭并上载】命令，系统会根据报表查询的数量，自动新建相关数量的工作表，并将 Power Query 编辑器的数据以"表格"的形式显示，如图 30-20 所示。

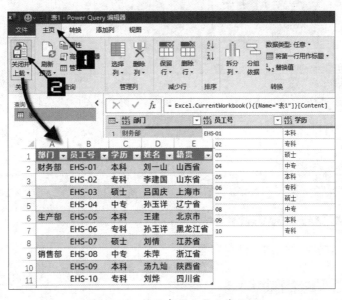

图 30-20 使用表的方式上载数据

30.3.2 使用数据透视表的方式上载数据

示例30-1 使用数据透视表的方式上载数据

图 30-21 展示了某公司员工信息表的部分内容，已加载到 Power Query 编辑器。

步骤① 在 Power Query 编辑器，单击"部门"列标选中整列，在【转换】选项卡依次单击【填充】→【向下】命令，将部门字段缺失的信息填充完整。如图 30-22 所示。

步骤② 在【主页】选项卡依次单击【关闭并上载】→【关闭并上载至】命令，弹出【导入数据】对话框。选中【数据透视表】单选按钮，保持选中【新工作表】单选按钮不变，最后单击【确定】按钮。如图 30-23 所示。

	A	B	C	D	E
1	部门	员工号	学历	姓名	籍贯
2		EHS-01	本科	刘一山	山西省
3	财务部	EHS-02	专科	李建国	山东省
4		EHS-03	硕士	吕国庆	上海市
5		EHS-04	中专	孙玉详	辽宁省
6		EHS-05	本科	王建	北京市
7	生产部	EHS-06	专科	孙玉详	黑龙江省
8		EHS-07	硕士	刘情	江苏省
9		EHS-08	中专	朱萍	浙江省
10	销售部	EHS-09	本科	汤九灿	陕西省
11		EHS-10	专科	刘烨	四川省

图 30-21 员工信息表

利用新生成的数据透视表，汇总各部门学历的人数，结果如图 30-24 所示。

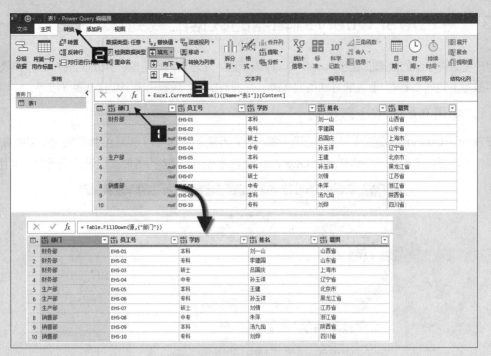

图 30-22　将部门信息填充完整

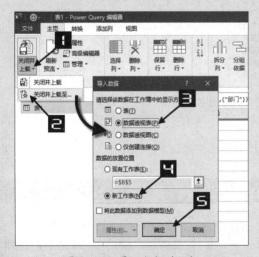

图 30-23　导入数据对话框

计数项:姓名	列标签				
行标签	本科	硕士	中专	专科	总计
财务部	1	1	1	1	4
生产部	1	1		1	3
销售部	1		1	1	3
总计	3	2	2	3	10

图 30-24　各部门不同学历的人数

30.4　查询的加载、编辑、刷新与删除

30.4.1　加载数据查询连接

　　对于以"仅创建连接"方式"关闭并上载至"的数据，有时需要把已有查询连接的数据重新上载到
Excel 工作表，操作步骤如下。

　　在工作表右侧的【查询&连接】窗格中右击查询名称，在快捷菜单中选择【加载到】命令。在打开的

【导入数据】对话框中，根据需要选中【表】【数据透视表】或【数据透视图】的单选按钮，最后单击【确定】按钮，如图 30-25 所示。

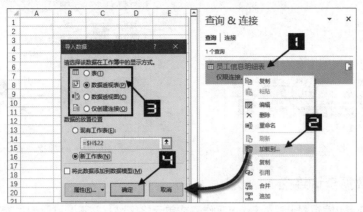

图 30-25　重新加载数据查询链接

30.4.2　编辑数据查询连接

图 30-26 展示了已上载到 Excel 中的 Power Query 查询表，如果需要再次进入 Power Query 编辑器对数据进行编辑，可以使用以下几种方法。

方法 1：在工作表右侧的【查询&连接】窗格中双击查询名称，或者鼠标右击查询名称，在快捷菜单中单击【编辑】命令。

方法 2：选中已经上载的查询表中的任意单元格，如 A4 单元格，在【查询】选项卡单击【编辑】按钮，如图 30-27 所示。

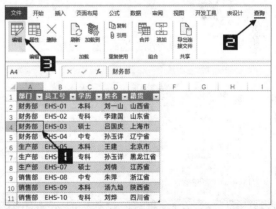

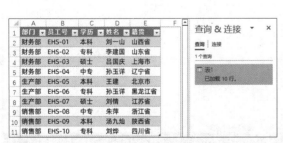

图 30-26　Power Query 查询表　　　　图 30-27　通过【查询】选项卡进入 Power Query 编辑器

30.4.3　刷新数据查询连接

当原始数据源发生改变并保存后，可以通过以下几种方法刷新数据查询连接，以返回最新的查询结果。

方法 1：在工作表右侧的【查询&连接】窗格中，鼠标右击查询名称，在快捷菜单中单击【刷新】命令。

方法 2：选中查询表中任意单元格后，在【查询】选项卡单击【刷新】命令。

方法 3：在【数据】选项卡单击【全部刷新】命令，如图 30-28 所示。

方法 4：鼠标右击查询表中的任意单元格，在弹出的快捷菜单中选择【刷新】命令。

图 30-28　全部刷新查询

图 30-29　刷新指定查询表的查询

30.4.4　删除数据查询连接

删除 Power Query 编辑器上载的 Excel 工作表或单元格区域，并不会删除相关查询连接，需要使用以下几种方法删除查询连接。

方法 1：选中查询表中任意单元格后，在【查询】选项卡单击【删除】命令。

方法 2：在工作表右侧的【查询 & 连接】窗格中，鼠标右击查询名称，在快捷菜单中单击【删除】命令。

方法 3：在 Power Query 编辑器的查询窗格中，鼠标右击查询名称，在快捷菜单中单击【删除】命令，如图 30-30 所示。

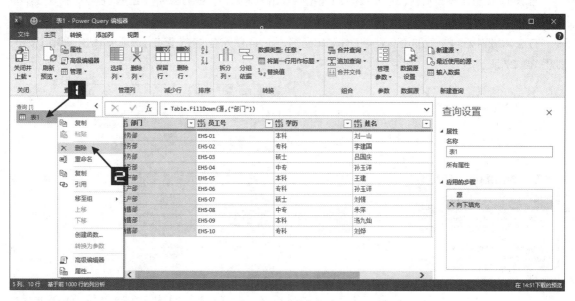

图 30-30　删除查询

30.5　使用 Power Query 合并多表数据

将不同工作簿或同一个工作簿内多张相同结构的工作表的数据合并成一张总表，是日常工作中常见的问题之一，使用 Power Query 可以较为简单地解决这类问题。

30.5.1　合并一个工作簿内所有的工作表

示例30-2　合并一个工作簿内所有的工作表

　　图 30-31 展示了某公司 1~6 月的费用发生额明细账，保存在同一个工作簿的 6 张工作表中，每张工作表的数据布局结构相同，需要使用 Power Query 合并成一张总表。

　　操作步骤如下。

步骤① 新建一个 Excel 工作簿，在【数据】选项卡依次单击【获取数据】→【来自文件】→【从 Excel 工作簿】命令，在弹出的【导入数据】对话框中选择目标工作簿，单击【导入】按钮。如图 30-32 所示。

图 30-31　结构相同的多张工作表

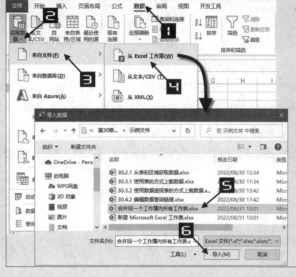

图 30-32　从 Excel 工作簿导入数据

步骤② 在【导航器】窗格中单击选中工作簿名称，再单击【转换数据】按钮，将数据加载到 Power Query 编辑器。

步骤③ 在 Power Query 编辑器中，鼠标右击 "Data" 列的列标，在扩展菜单中单击【删除其他列】命令。 如图 30-33 所示。

步骤④ 单击 "Data" 列列标右侧的展开按钮，在扩展菜单中保留默认选项，单击【确定】按钮。如图 30-34 所示。

图 30-33　删除其他列

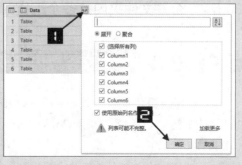

图 30-34　展开 Data 列数据

步骤⑤ 在【主页】选项卡单击【将第一行用作标题】按钮，将第一行数据提升为标题，如图 30-35 所示。

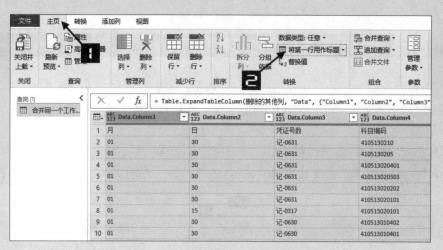

图 30-35　将第一行用作标题

步骤⑥ 此时，合并后的数据中还包含多余的标题行，可以使用筛选功能使其不再显示。单击其中一列的筛选按钮，如"月"列，在扩展菜单中取消选中【月】复选框，单击【确定】按钮。如图 30-36 所示。

最后单击【主页】选项卡下的【关闭并上载】按钮，将数据上载到 Excel 工作表。结果如图 30-37 所示。

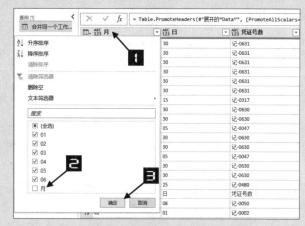

图 30-36　去除多余的标题　　　　　　　　　　　图 30-37　合并后的总表

30.5.2　合并文件夹内的多个工作簿

示例30-3　合并文件夹内的多个工作簿

图 30-38 展示了在同一个文件夹中存放的多个工作簿，每个工作簿又存在多张工作表，每张工作表的数据布局结构相同，需要使用 Power Query 将多个工作簿数据合并到一张工作表中。

操作步骤如下。

步骤① 在目标文件夹之外的其他位置新建一个工作簿，命名为"汇总"。打开该工作簿，在【数据】选项卡依次单击【获取数据】→【来自文件】→【从文件夹】，在【浏览】对话框中找到文件夹路径后单击【打开】按钮。如图 30-39 所示。

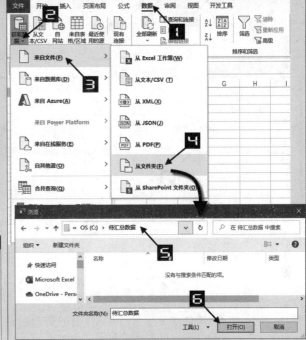

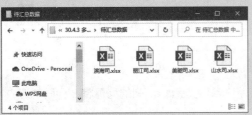

图 30-38　同一个文件夹下多个工作簿　　　　图 30-39　选择目标文件夹

步骤② 在弹出的数据预览窗口中单击【转换数据】按钮，将数据加载到 Power Query 编辑器。

步骤③ 在 Power Query 编辑器中，按住 <Ctrl> 键依次单击"Content"和"Name"列的列标将两列同时选中，单击鼠标右键，在弹出的快捷菜单中选择【删除其他列】命令。如图 30-40 所示。

步骤④ 切换到【添加列】选项卡，单击【自定义列】命令，在弹出的【自定义列】对话框的【自定义列公式】编辑框中输入以下公式，单击【确定】按钮。如图 30-41 所示。

图 30-40　删除其他列

```
=Excel.Workbook([Content],true)
```

Excel.Workbook 函数是 Power Query 中的常用函数之一，作用是从 Excel 工作簿返回各工作表的数据。第一参数是要解析的字段，第二个参数使用 true，表示将各工作表的第一行作为列标题，并将字段名称相同的列合并。

注意　➡ Power Query 中的函数名称严格区分大小写，否则将无法正确计算。

步骤⑤ 单击"自定义"列标右侧的展开按钮，在扩展菜单中保留默认选项，单击【确定】按钮，如

图 30-42 所示。

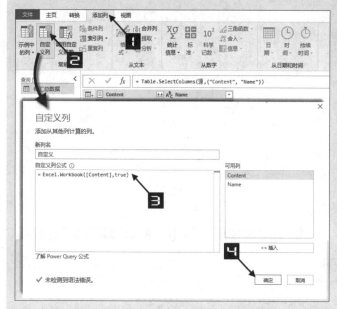

图 30-41 添加自定义列

图 30-42 展开自定义列

步骤⑥ 按住<Ctrl>键依次单击"Name""自定义.Name"和"自定义.Data"列的列标将3列同时选中，单击鼠标右键，在快捷菜单中选择【删除其他列】。

单击"自定义.Data"列标右侧的展开按钮，在扩展菜单中取消选中【使用原始列名作为前缀】复选框，单击【确定】按钮。如图 30-43 所示。

最后将标题"Name"和"自定义.Name"分别修改为"工作簿名""工作表名"。再在【主页】选项卡单击【关闭并上载】按钮，将合并后的数据上载到Excel工作表，结果如图 30-44 所示。

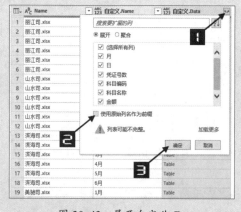

图 30-43 展开自定义.Data

	工作簿名	工作表名	月	日	凭证号数	科目编码	科目名称	金额
1	工作簿名	工作表名	月	日	凭证号数	科目编码	科目名称	金额
2	丽江司.xlsx	1月	01	29	记-0210	4105070106	修理费	1260
3	丽江司.xlsx	1月	01	29	记-0209	410507010406	运费附加	56
4	丽江司.xlsx	1月	01	29	记-0187	410507010405	抵税运费	31330.77
5	丽江司.xlsx	1月	01	29	记-0207	410507010404	过桥过路费	50
6	丽江司.xlsx	1月	01	29	记-0207	410507010404	过桥过路费	1010
7	丽江司.xlsx	1月	01	29	记-0206	410507010404	过桥过路费	70
8	丽江司.xlsx	1月	01	29	记-0207	410507010402	交通工具消耗	600
9	丽江司.xlsx	1月	01	29	记-0207	410507010402	交通工具消耗	1016.78
10	丽江司.xlsx	1月	01	29	记-0213	410507010401	出租车费	277.7
11	丽江司.xlsx	1月	01	29	记-0206	410507010401	出租车费	14.8
12	丽江司.xlsx	1月	01	24	记-0120	410507010304	话费补	180
13	丽江司.xlsx	1月	01	31	记-0235	410507010303	邮寄费	20
14	丽江司.xlsx	1月	01	30	记-0225	410507010303	邮寄费	150
15	丽江司.xlsx	1月	01	29	记-0212	410507010303	邮寄费	1046

图 30-44 汇总后的数据

30.6 使用Power Query查询匹配数据

使用Power Query的合并查询功能可以处理数据查询与匹配的问题。

示例30-4   Power Query合并查询

如图 30-45 所示，一个工作簿内包含了多张工作表。"员工信息表"包含了员工的详细信息，需要据此匹配"查询表"内部分员工的相关信息。

图 30-45   员工表

操作步骤如下。

步骤① 在【数据】选项卡依次单击【获取数据】→【来自文件】→【从Excel工作簿】命令，在弹出的【导入数据】对话框中选择目标工作簿，单击【导入】按钮。

步骤② 在【导航器】窗格中选中【选择多项】复选框，再依次选中"查询表"和"员工信息表"两张工作表的复选框，单击【转换数据】按钮，将两张工作表的数据加载到 Power Query 编辑器。如图 30-46 所示。

步骤③ 在 Power Query 编辑器的【查询】窗格下选中"查询表"，依次单击【主页】→【将第一行用作标题】按钮。使用同样的操作将"员工信息表"的第一行数据也提升为标题，如图 30-47 所示。

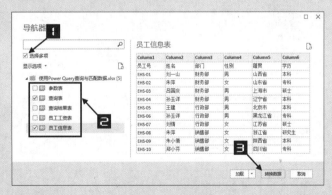

图 30-46   选取目标工作表

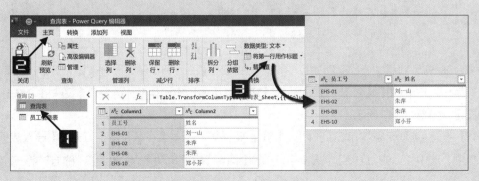

图 30-47   将第一行用作标题

步骤④ 依次单击【主页】→【合并查询】→【将查询合并为新查询】命令，在打开的【合并】对话框中，将第一张表设置为"查询表"，第二张表设置为"员工信息表"，分别选中两张表的"员工号"列作为匹配列，【联接种类】保持"左外部（第一个中的所有行，第二个中的匹配行）"不变，单击【确定】按钮，如图 30-48 所示。

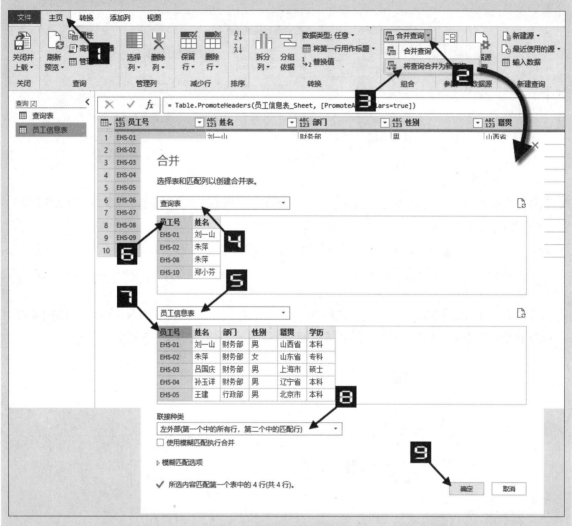

图 30-48　将查询合并为新查询

提示 → 　　如果查询条件为多列匹配，可以先选中第一张表的多列，再依次选中第二张表中和第一张表选中列的顺序相对应的列。

步骤⑤ 在合并的新查询数据预览窗口中，单击"员工信息表"列标右侧的展开按钮，在扩展菜单中取消选中【员工号】和【姓名】字段复选框，取消选中【使用原始列名作为前缀】复选框，单击【确定】按钮。如图 30-49 所示。

步骤⑥ 在【主页】选项卡依次单击【关闭并上载】→【关闭并上载至】命令，在打开的【导入数据】对话框中，选中【仅创建连接】单选按钮，单击【确定】按钮。以"仅创建连接"的方式将三个查询上载到Excel，避免将不需要的"查询表"和"员工信息表"的查询内容以工作表的方式上载，如图 30-50 所示。

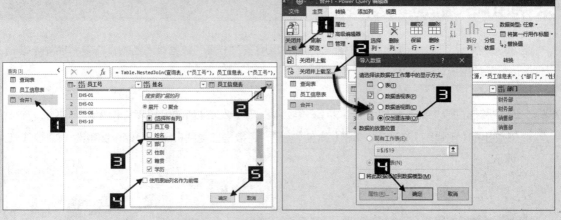

图 30-49 展开员工信息表　　　　　　　　　　图 30-50 导入数据

步骤⑦ 切换到"查询结果表"工作表，在【查询&连接】窗格中鼠标右击"合并 1"的查询名称，在快捷菜单中单击【加载到】命令。在【导入数据】对话框中，显示方式选中【表】单选按钮。数据放置的位置选中【现有工作表】单选按钮，在输入框中输入"=查询结果表!$A$1"，单击【确定】按钮，如图 30-51 所示。

查询数据上载到工作表后的局部结果如图 30-52 所示。

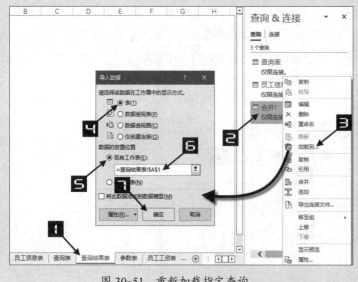

图 30-51 重新加载指定查询　　　　　　　　　　图 30-52 查询结果

30.7　使用 Power Query 转换数据结构

转换数据结构是 Power Query 的常见应用场景之一。

30.7.1 将二维表转换为一维表

示例30-5 将二维表转换为一维表

图 30-53 展示了某公司预算数据的部分内容，采用了二维表的数据布局结构，需要转换为一维表，以便于后续的数据统计与分析。

操作步骤如下。

步骤① 选中数据列表中的任一单元格，如B2 单元格，在【数据】选项卡单击【来自表格/区域】命令，在弹出的【创建表】对话框中单击【确定】按钮，将数据加载到 Power Query 编辑器，如图 30-54 所示。

核算科目	二级科目	末级科目	1月	2月	3月	4月	5月	6月
主营收入	主营业务收入	主营业务收入	310,404	177,796	101,922	195,061	280,472	249,756
主营成本	主营业务成本	主营业务成本	97,897	57,131	33,959	63,629	90,159	72,032
经营费用	办公费	空调费	788	788	788	788	788	788
经营费用	办公费	电脑及电子设备	1,505	45	-	-	-	-
经营费用	办公费	咨询服务费	990	120	5,000	120	240	-
经营费用	办公费	办公用品	296	-	16	125	-	-
经营费用	办公费	其他	-	-	-	-	-	-
经营费用	办公费	印刷复印费	-	38	-	-	-	-
经营费用	福利费	节日福利	-	-	245	513	400	5,945
经营费用	福利费	旅游费	-	-	-	-	-	-
经营费用	福利费	水果费	260	300	182	228	250	282
经营费用	福利费	防暑降温	-	-	-	-	-	-
经营费用	福利费	煤火费	-	-	-	-	-	-
经营费用	福利费	其他	-	-	-	-	-	-

图 30-53　预算数据表

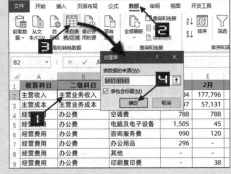

图 30-54　将数据加载到 Power Query 编辑器

步骤② 在 Power Query 编辑器的数据预览窗口中，选取需要转换为一维表的主要列的列标，本例中，按住 <Ctrl> 键依次单击"核算科目""二级科目"和"末级科目"的列标，将三列同时选中，然后在【转换】选项卡依次单击【逆透视列】→【逆透视其他列】命令，如图 30-55 所示。

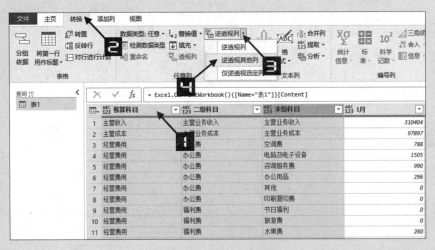

图 30-55　逆透视其他列

步骤⑤ 依次双击标题栏的【属性】和【值】进入编辑状态，分别修改为"月份"和"预算金额"。切换到【主页】选项卡，单击【关闭并上载】按钮，将数据上载到 Excel 工作表，如图 30-56 所示。

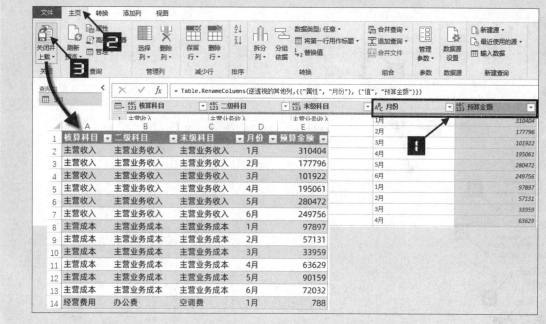

图 30-56　转换后的一维表

30.7.2　将合并字符串转换为多行记录

示例30-6 将合并字符串转换为多行记录

图 30-57 展示了某公司各部门的人员名单，其中 B 列数据将多个人名合并为了一个字符串，需要将其拆解为多行记录，以便于后续数据统计与分析。

	A	B
1	部门	人员明细
2	财务部	刘一山、朱萍、吕国庆、孙玉详
3	行政部	王建、孙玉详、刘情、罗茜
4	销售部	朱萍、朱小倩、郑小芬、郭建、祝忠、周如庆

图 30-57　人员名单表

操作步骤如下。

步骤① 选中数据列表中的任一单元格，如 A3 单元格，在【数据】选项卡单击【来自表格/区域】命令，在弹出的【创建表】对话框中单击【确定】按钮，将数据加载到 Power Query 编辑器。

步骤② 在 Power Query 编辑器的数据预览窗口中，单击"人员明细"列的列标选中该列，再依次单击【主页】→【拆分列】→【按分隔符】命令。在打开的【按分隔符拆分列】对话框中，将分隔符设置为"、"，拆分位置保持选中【每次出现分隔符时】单选按钮不变。单击【高级选项】扩展按钮，在【拆分为】选项下选中【行】单选按钮，最后单击【确定】按钮，如图 30-58 所示。

步骤③ 在【主页】选项卡单击【关闭并上载】按钮，将数据上载到 Excel 工作表，结果如图 30-59 所示。

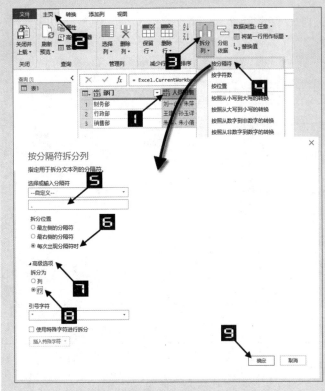

图 30-58　按分隔符拆分列

图 30-59　数据上载到 Excel 工作表

30.8　使用 Power Query 分类汇总数据

使用 Power Query 能够对数据进行分类汇总。

示例 30-7　分类汇总各部门的人数和平均年龄

	A	B	C	D	E	F	G
1	员工号	姓名	部门	性别	年龄	籍贯	学历
2	EHS-01	刘一山	财务部	男	38	山西省	本科
3	EHS-02	朱萍	财务部	女	38	山东省	专科
4	EHS-03	吕国庆	财务部	男	35	上海市	硕士
5	EHS-04	孙玉详	财务部	男	37	辽宁省	本科
6	EHS-05	王建	行政部	男	28	北京市	本科
7	EHS-06	孙玉详	行政部	男	27	黑龙江省	专科
8	EHS-07	刘情	行政部	女	37	江苏省	硕士
9	EHS-08	朱萍	销售部	女	26	浙江省	研究生
10	EHS-09	朱小倩	销售部	女	28	陕西省	本科
11	EHS-10	郑小芬	行政部	女	43	四川省	专科
12	EHS-11	罗茜	行政部	女	37	江苏省	硕士
13	EHS-12	郭建	销售部	男	42	浙江省	研究生
14	EHS-13	祝忠	销售部	男	34	陕西省	本科
15	EHS-14	周如庆	销售部	男	29	四川省	专科

图 30-60　员工信息表

图 30-60 展示了某公司员工信息表的部分内容，需要使用 Power Query 统计每个部门的人数和平均年龄。

操作步骤如下。

步骤 ① 选中数据列表中的任一单元格，如 A4 单元格，在【数据】选项卡单击【来自表格/区域】命令，在弹出的【创建表】对话框中单击【确定】按钮，将数据加载到 Power Query 编辑器。

步骤 ② 在 Power Query 编辑器的【主页】选项卡单击【分组依据】命令，在打开的【分组依据】对话框中，选中【高级】单选按钮，将分组依据列设置为"部门"，在第一个聚合组中的【新列名】输入框内输入"人数"，其对应的【操作】设置为"对行进行计数"。单击【添加聚合】按钮，在第二个聚合组中的【新列名】输入框内输入"平均年龄"，其对应的【操作】设置为"平均值"，【柱】就是计算字段，设置为"年龄"，单击【确定】按钮。如图 30-61 所示。

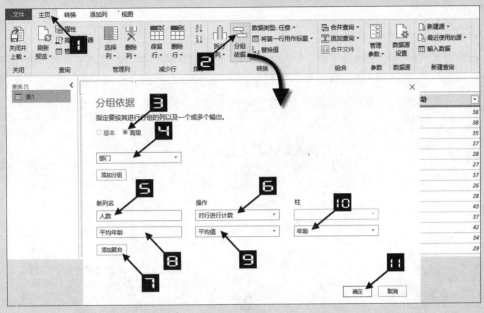

图 30-61　设置分组依据

步骤③ 在【主页】选项卡单击【关闭并上载】按钮，将数据上载到 Excel 工作表。将"平均年龄"字段的单元格格式设置为"数字"后，结果如图 30-62 所示。

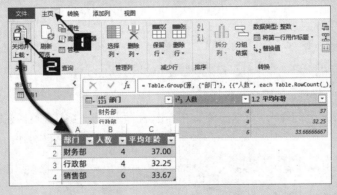

图 30-62　分类汇总结果

30.9　使用 Power Query 处理字符串

Power Query 中的"拆分列"功能，不但可以按照指定分隔符，也可以按照数据类型对数据进行拆分。

示例30-8 按数据类型拆分数据

图 30-63 展示了某学校考试成绩表的部分内容，其中 B 列的内容将科目和成绩合并为了一个字符串，需要将其拆解为多行记录，以便于后续数据统计与分析。

操作步骤如下。

步骤① 选中数据列表中的任一单元格，如 A4 单元格，在【数据】选项卡单击【来自表格/区域】命令，在弹出的【创建表】对话框中单击【确定】按钮，将数据加载到 Power Query 编辑器。

步骤② 在 Power Query 编辑器的数据预览窗口中，单击"成绩"列的列标选中该列，再依次单击【主页】→【拆分列】→【按照从数字到非数字的转换】命令，将成绩字段拆分为"科目+成绩"的多列形式。如图 30-64 所示。

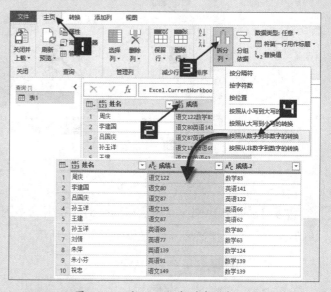

图 30-63　成绩表　　　　　　图 30-64　按照从数字到非数字的转换

步骤③ 单击"姓名"列的列标选中该列，再依次单击【转换】→【逆透视列】→【逆透视其他列】命令，将二维表转换为一维表。如图 30-65 所示。

步骤④ 鼠标右击"属性"列的列标，在快捷菜单中单击【删除】命令，将该列删除。如图 30-66 所示。

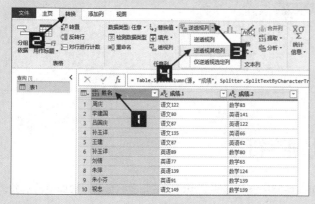

图 30-65　逆透视　　　　　　图 30-66　删除"属性"列

步骤⑤ 单击"值"列的列标，选中该列后，再依次单击【转换】→【拆分列】→【按照从非数字到数字的转换】命令，将该字段拆解为科目和成绩两列。如图 30-67 所示。

步骤⑥ 将标题"值.1"和"值.2"分别修改为"科目"和"成绩"。在【主页】选项卡单击【关闭并上载】按钮，将合并后的数据上载到 Excel 工作表，结果如图 30-68 所示。

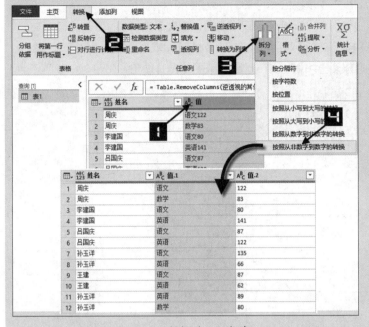

图 30-67　拆解科目和成绩

图 30-68　学生成绩明细表

30.10　使用 Power Query 的 M 函数处理数据

M 函数是 Power Query 中所使用的一种函数语言，主要作用是拓展 Power Query 的功能，更智能地完成数据的导入、整理、筛选、查询、转置、合并等操作，最终搭建一个数据获取、清洗和查询的数据模型。

30.10.1　多层条件判断

借助 M 函数的 if…then…else…语句可以完成类似工作表 IF 函数的逻辑判断功能，基本语法如下：

```
if if-condition then true-expression else false-expression
```

其中 if-condition 是必需的，指定了判断条件，计算结果必须返回逻辑值 TRUE 或 FALSE。

true-expression 是必需的，指定了当判断条件成立时返回的结果。

false-expression 是必需的，指定了当判断条件不成立时返回的结果。

注意
> if…then…else…是语句而非函数，if 后并不需要添加小括号。

示例30-9　判断学生成绩的等级

	A	B	C
1	姓名	科目	成绩
2	周庆	语文	97
3	周庆	数学	91
4	李建国	语文	90
5	李建国	英语	45
6	吕国庆	语文	79
7	吕国庆	英语	99
8	孙玉详	语文	85
9	孙玉详	英语	88
10	王建	语文	70
11	王建	英语	65
12	孙玉详	英语	80

图30-69展示了某校学生成绩表的部分内容，需要对C列的成绩判断等级。如果成绩低于60，返回字符串"不及格"，如果大于等于60同时小于80，返回字符串"及格"，如果大于等于80，返回字符串"优良"。

将数据加载到Power Query编辑器后，依次单击【添加列】→【自定义列】按钮，打开【自定义列】对话框，在【新列名】编辑框中输入"等级"，在【自定义列公式】编辑框中输入以下函数，单击【确定】按钮，如图30-70所示。

```
=if [ 成绩 ] <60 then " 不及格 " else if [ 成绩 ]<80 then " 及格 " else " 优良 "
```

图 30-69　成绩表

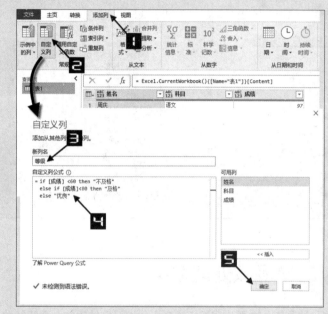

图 30-70　添加自定义列

图 30-71　判断学生等级

If语句先判断当前行的成绩字段是否小于60，如果条件成立，返回字符串"不及格"，否则继续判断当前行的成绩字段是否小于80，如果条件成立，返回字符串"及格"，如果条件不成立，返回字符串"优良"。最终计算结果如图30-71所示。

30.10.2　数据模糊查找

Text.SelectRows函数是M函数中最常使用的函数之一，主要作用是根据条件对表的数据进行筛选，函数语法如下：

```
Table.SelectRows(table as table, condition as function) as table
```

参数table as table是必需的，指定进行筛选的表，可以是手动构建的表，也可以是其他函数计算返回的表。

参数condition as function是必需的，指定筛选的条件，其结果必须是一组逻辑值。

示例30-10　使用M函数完成数据模糊匹配

如图 30-72 所示，工作簿内包含了两张工作表，其中"摘要明细表"展示了某公司明细账摘要的部分内容，需要在"分类汇总表"根据A列的"类别"关键字统计对应的销售总金额。

步骤① 使用"来自表格/区域"的方式，依次将两张工作表的数据区域加载到Power Query编辑器。在Power Query编辑器左侧的【查询】窗格，将两个查询的名称分别重命名为"分类汇总表"和"摘要明细表"。如图 30-73 所示。

图 30-72　根据关键字

图 30-73　查询表重命名

步骤② 在【查询】窗格中选中"分类汇总表"查询，依次单击【添加列】→【自定义列】按钮，打开【自定义列】对话框。在【新列名】编辑框中输入"金额汇总"，在【自定义列公式】编辑框中输入以下函数，单击【确定】按钮，如图 30-74 所示。

```
=List.Sum(Table.SelectRows(摘要明细表,(t)=>Text.Contains(t[摘要],_[类别]))[金额]))
```

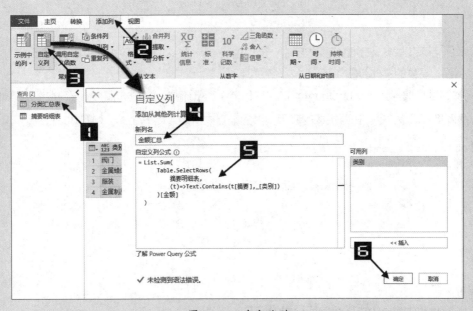

图 30-74　自定义列

公式首先使用 Table.SelectRows 函数筛选摘要明细表,该函数的第二参数指定了筛选规则,即摘要明细表的摘要字段包含当前表当前行的类别关键字,然后从筛选结果表中截取"金额"列,返回一个列表,最后使用 List.Sum 函数对该列表汇总求和。最终计算结果如图 30-75 所示。

图 30-75　金额分类汇总

30.10.3　解析字符串

M 函数中的文本类函数可以较为方便地处理与字符串相关的问题。其中 Text.Select 函数和 Text.Remove 函数分别可以根据指定字符组对字符串中的数据进行筛选和移除。

示例30-11　按照数据类型提取数据

图 30-76 展示了某公司摘要明细表的部分内容,B 列的摘要内容混合了部门、商品编码和销售金额的数据,需要分别拆解为独立字段。

	A	B
1	日期	摘要
2	2022/9/1	业务一部YWYB_ABD4849
3	2022/9/2	YWYB_ABE业务一部149
4	2022/9/3	业务一部YWYB_ABC2623
5	2022/9/4	业务一部YWEB_ABD98
6	2022/9/5	YWEB_ABD业务二部3035
7	2022/9/6	业务二部YWEB_ABE5523
8	2022/9/7	15975业务二部YWEB_ABC
9	2022/9/8	业务六部YWLB_ABD3436
10	2022/9/9	业务六部YWLB_ABF4205

图 30-76　摘要明细

观察数据后可以发现,B 列的摘要内容中,部门由汉字构成,商品编码由大写字母和下划线 "_" 构成,数字即为金额。具体的操作步骤如下。

步骤① 将数据区域加载到 Power Query 编辑,在【查询设置】窗格,右击"源"步骤,在快捷菜单中单击【插入步骤后】命令。在新生成的应用步骤的编辑栏中输入以下公式。如图 30-77 所示。

```
Table.AddColumn(源 ,"temp",each
    [
        部门 = Text.Remove(_[摘要],{"A".."Z","_","0".."9"}),
        商品编码 = Text.Select(_[摘要],{"A".."Z"}),
        金额 = Text.Select(_[摘要],{"0".."9"})
    ]
)
```

代码解析如下。

第 2~6 行代码生成一个由 3 个字段构成的记录。

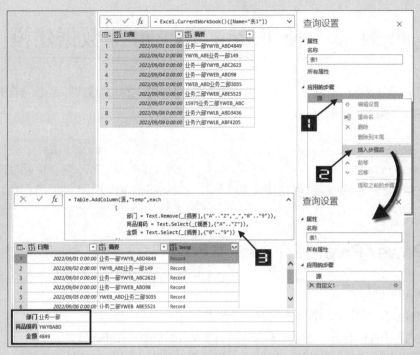

图 30-77 添加新的应用步骤

第 3 行代码返回一个名为"部门"的字段，字段内容是由 Text.Remove 函数计算得出。Text.Remove 函数移除当前行"摘要"字段中的大写字母、下划线"_"和数字，即返回剩余的汉字部分。

第 4 行代码返回一个名为"商品编码"的字段，字段内容是由 Text.Select 函数筛选当前行"摘要"字段中的大写字母和下划线"_"组成。

第 5 行代码返回一个名为"金额"的字段，字段内容是由 Text.Select 函数筛选当前行"摘要"字段中的数字组成。

步骤② 单击"temp"列标右侧的展开按钮，在扩展菜单中取消选中【使用原始列名作为前缀】复选框，单击【确定】按钮。返回结果如图 30-78 所示。

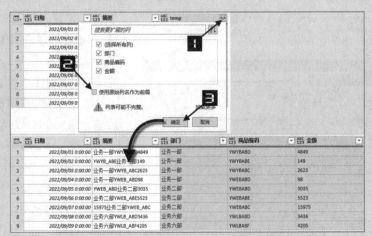

图 30-78 展开 temp 列数据

最后在【主页】选项卡单击【关闭并上载】按钮，将数据上载到 Excel 工作表。

第31章 使用 Power Pivot 为数据建模

Power Pivot是Power BI的组件之一，可以对不同类型的数据源进行处理，结合特有的DAX公式语言，能够完成较为复杂的计算和分析。

> **本章学习要点**
>
> （1）Power Pivot数据建模。　　　　　（3）在Power Pivot中使用层次结构。
> （2）在Power Pivot中使用DAX语言。　（4）创建KPI关键绩效指标报告。

31.1　Power Pivot简介

Power Pivot的特性如下。

（1）运用数据透视表工具以模型方式组织表格。

（2）能在内存中存储数据，轻松突破Excel工作表中1048576行的限制。

（3）高效的数据压缩，使数据加载到Power Pivot后只保留原来数据容量的十分之一。

（4）运用DAX语言，可在关系数据库上定义复杂的表达式。

（5）能够整合不同来源、多种类型的数据。

31.1.1　为Power Pivot链接本工作簿内的Excel数据

示例31-1　Power Pivot链接本工作簿内的数据

利用Excel工作簿中的数据源和Power Pivot进行链接的方法如下。

方法1：单击数据源表中的任意单元格，如A1单元格，在【Power Pivot】选项卡中单击【添加到数据模型】按钮，弹出【创建表】对话框，单击【确定】按钮，会弹出"Power Pivot for Excel"窗口，此时，命令组中的按钮呈可用状态，如图31-1所示。

方法2：在数据源表中选中全部数据，按<Ctrl+C>组合键复制，在【Power Pivot】选项卡中单击【管理】按钮调出【Power Pivot for Excel】窗口，依次单击【剪贴板】→【粘贴】命令。在【粘贴预览】对话框中输入表名称，单击【确定】按钮，如图31-2所示。

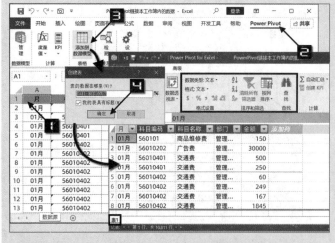

图 31-1　添加到数据模型

图 31-2　粘贴的 Power Pivot 数据表"销售表"

31.1.2　为 Power Pivot 获取外部 Access 链接数据

Access 是一种常见的关系式数据库，由一系列表组成。

示例31-2　Power Pivot获取外部链接数据

（步骤①）新建一个 Excel 工作簿，命名为"Power Pivot 获取外部链接数据"。在【Power Pivot】选项卡中单击【管理】按钮，弹出【Power Pivot for Excel】窗口。

单击【从其他源】按钮，在【表导入向导】对话框中选择"Microsoft Access"，单击【下一步】按钮，如图 31-3 所示。

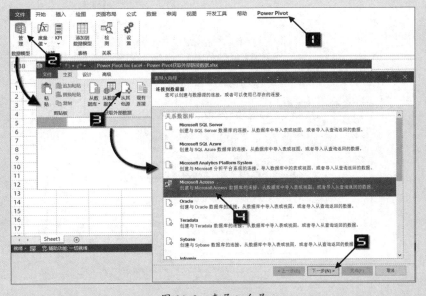

图 31-3　表导入向导

（步骤②）单击【浏览】按钮，在【打开】对话框中选择要导入的数据源，单击【打开】按钮，如图 31-4 所示。

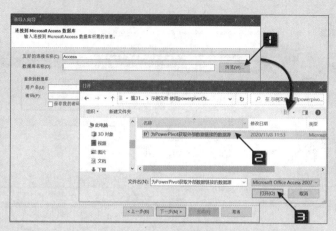

图 31-4　导入外部数据源

步骤③ 在【表导入向导】对话框中单击【下一步】按钮，选中【从表和视图的列表中进行选择，以便选择要导入的数据】单选按钮，单击【下一步】按钮，连接成功后单击【完成】按钮，最后单击【关闭】按钮。

此时会弹出【Power Pivot for Excel】窗口并出现已经配置好的数据表，如图 31-5 所示。

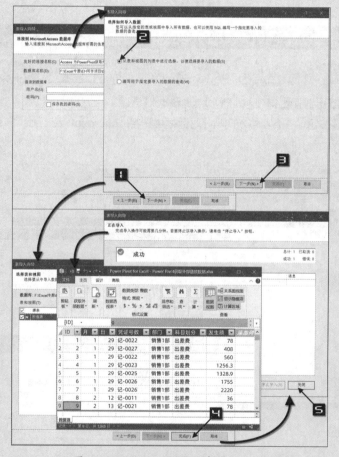

图 31-5　Power Pivot 数据表"数据源"

31.2 Power Pivot 数据建模

Power Pivot 通过整合各种来源的数据并将这些数据表建立关系，再根据不同的维度和逻辑进行聚合分析，这个建立关系的过程就是数据建模。

示例31-3 建立商品分析模型

图 31-6 展示了某公司部分商品的信息，各数据表的相关信息如下。

"销售明细表"中记录了 2017—2020 年的不同商店和商品的销售数量和实际收款额；

"价格明细表"中记录了每一种商品的零售单价和成本单价，收款额和零售额不同，二者的差异为折扣或溢价额，此表中的数据均为唯一值；

"商品档案"表中记录了每一种商品对应的品牌、季节和风格等档案信息，此表中的数据均为唯一值；

"日期表"中建立了 2017—2020 年的日期信息。四张数据表存放在名称为"建立商品分析模型"的工作簿中。

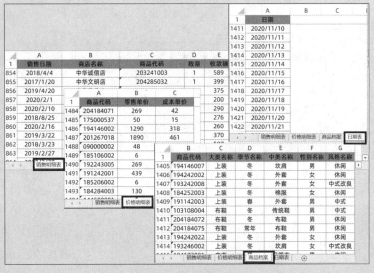

图 31-6 数据源表

建立商品分析模型的操作步骤如下。

步骤① 在"销售明细表"中依次单击【Power Pivot】→【添加到数据模型】按钮，将数据添加到数据模型。重复上述步骤，将各张工作表依次添加到数据模型。

在【Power Pivot for Excel】窗口中，分别将"销售明细表"重命名为"销售表"，将"价格明细表"重命名为"价格表"，将"商品档案"重命名为"档案表"，将"日期表"重命名为"日期表"，如图 31-7 所示。

步骤② 在【主页】选项卡中单击【关系图视图】按钮，单击"日期表"中的"日期"字段，按住鼠标左键拖动至"销售明细表"中的"销售日期"字段上

9	2017/4/3 ...	中华敬业店	205194052	1	499
10	2017/6/1...	中华富强店	203259004	1	239
11	2018/8/1	中华和谐店	204272050	1	299

销售明细表 价格明细表 商品档案 日期表

记录: ► 第 1 行，共 21,263 行 ►

图 31-7 添加数据模型

释放鼠标，此时"日期表"和"销售明细表"的日期字段进行了一对多的关联，用于后期针对时间维度的分析，如图 31-8 所示。

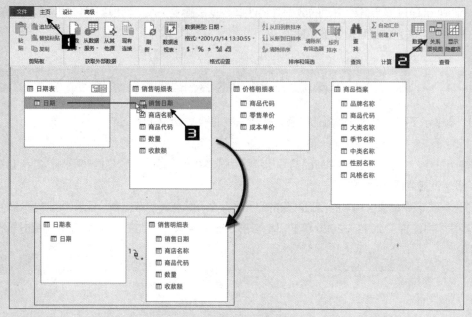

图 31-8　建立关系 1

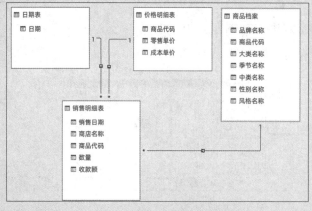

图 31-9　建立关系 2

步骤③ 参照步骤 1，分别将"价格明细表"和"销售明细表"通过"商品代码"字段进行关联，将"商品档案"和"销售明细表"通过"商品代码"字段进行关联，如图 31-9 所示。

后续的依照商品建模后的分析，请参见示例 31-7。

表间创建数据关联的类型包括一对一、一对多和多对一，无论采用哪种方式连接，其中必须有一个数据源的数据字段以唯一值存在，否则会出现错误提示，无法创建关系，如图 31-10 所示。

图 31-10　无法创建关系

31.3 在 Power Pivot 中使用 DAX 语言

DAX 是数据分析表达式语言，广泛应用于 Power Pivot 和 SQL Server。DAX 语言与 Excel 函数的数据处理方式不同，Excel 函数处理数据的范围通常来源于单元格或区域，通过单元格引用来指定数据坐标，而 DAX 语言使用列名和表名来指定数据坐标。

31.3.1 使用 DAX 创建计算列

计算列是存储于数据模型中的列，也称为添加列。

示例31-4 使用DAX计算列计算主营业务毛利

图 31-11 展示了一张由收入及成本的明细数据创建的模型数据透视表，希望通过添加 DAX 计算列的方法计算主营业务利润。

操作步骤如下。

步骤① 将数据添加到数据模型。

在【Power Pivot for Excel】窗口的【设计】选项卡单击【添加】按钮，在公式编辑栏中输入以下公式，得到

图 31-11 模型数据透视表

计算列"Calculated Column 1"，如图 31-12 所示。

=[主营业务收入]-[主营业务成本]

提示→

> 在公式编辑栏中添加公式时，在等号后面输入一个英文状态下的"["，会自动带出本张数据模型的所有字段，在等号后面输入一个英文状态下的"'"撇号，会自动带出本工作簿所有数据模型的所有字段。

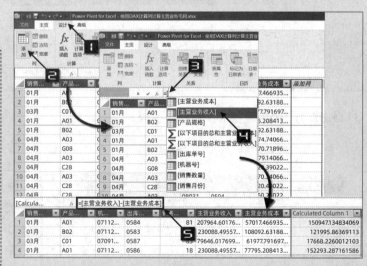

图 31-12 Power Pivot 添加 DAX 计算列

步骤② 双击列标题"Calculated Column 1"，修改列名为"毛利"。在【主页】选项卡中依次单击【数据类型】→【整数】，将"毛利"列数据类型设置为整数。同样的方法，依次将"主营业务收入"和"主

营业务成本"列的数据类型也设置为整数，如图 31-13 所示。

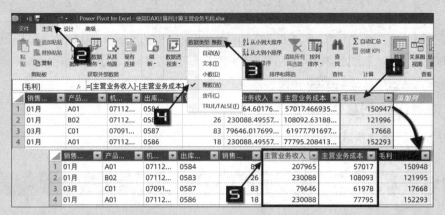

图 31-13　重新命名 DAX 计算列

图 31-14　警告提示

更改列数据类型时，如果弹出【数据可能丢失】的对话框，单击【是】按钮即可，如图 31-14 所示。

步骤③ 在【数据透视表字段】列表中将"毛利"字段拖动至值区域，完成后的效果如图 31-15 所示。

图 31-15　在【数据透视表字段】列表中调整字段位置

31.3.2　使用度量值创建计算字段

行标签	以下项目的总和：主营业务收入	以下项目的总和：主营业务成本	以下项目的总和：主营业务利润	以下项目的总和：计算列 1	正确毛利率%
01月	969,027	350,998	618,028	255.87%	63.78%
03月	79,646	61,978	17,668	22.18%	22.18%
04月	1,272,566	1,764,912	-492,348	-402.21%	-38.69%
05月	1,827,434	961,995	865,439	386.51%	47.36%
06月	2,438,053	1,994,258	443,797	198.51%	18.20%
07月	542,478	866,399	-323,921	-297.15%	-59.71%
08月	2,557,522	2,250,535	306,986	79.57%	12.00%
09月	1,611,504	1,899,779	-288,276	-322.48%	-17.89%
10月	1,485,841	594,189	891,651	307.90%	60.01%
总计	12,784,071	10,745,042	2,039,024	228.69%	15.95%

图 31-16　DAX 计算列在聚合层面得不到正确结果

DAX 计算列在逐行计算时较为便捷，如通过"[主营业务收入]-[主营业务成本]"得到主营业务毛利，但是如果需要添加"主营业务毛利率％"，DAX 计算列只会将逐行的主营业务毛利率相加后呈现在数据透视表中，而无法得到正确结果，如图 31-16 所示。

计算字段是 DAX 表达式的一种，也称"度量"。

示例31-5 使用度量值计算主营业务毛利率

对图 31-16 所示的数据透视表用度量值添加"毛利率％"字段，操作步骤如下。

步骤① 在【Power Pivot for Excel】窗口中双击数据区域以外的任意单元格，在编辑栏中输入以下公式创建度量值字段"毛利率％"，如图 31-17 所示。

毛利率％:=SUM（[主营业务利润]）/SUM（[主营业务收入]）

图 31-17 插入度量值字段

步骤② 返回Excel工作表界面，在【数据透视表字段】列表中将度量值"毛利率％"拖动到值区域，将数据透视表中的"毛利率％"字段设置为百分比格式，完成后的效果如图 31-18 所示。

图 31-18 计算毛利率

31.3.3 常用DAX函数应用

常用的DAX函数分为聚合函数、逻辑函数、信息函数、数学函数、文本函数、转换函数、日期和时间函数、关系函数等。

❖ 聚合函数：包括SUM、AVERAGE、MIN和MAX等函数。

❖ 逻辑函数：包括AND、FALSE、IF、IFERROR、SWITCH、NOT、TRUE和OR等函数。

❖ 信息函数：包括ISERROR、ISBLANK、ISLOGICAL、ISNONTEXT、ISNUMBER和ISTEXT等函数。

这些函数返回TURE/FALSE值，用于分析表达式的类型。

❖ 数学函数：包括 ABS、EXP、FCAT、LN、LOG、LOG10、MOD、PI、POWER、QUOTIENT、SIGN和SQRT等函数。

❖ 文本函数：包括CONCATENATE、EXACT、FIND、FIXED、FORMAT、LEFT、LEN、LOWER、MID、SUBSTITUTE、VALUE和TRIM等函数。

❖ 转换函数：包括CURRENCY和INT等函数，可用于转换数据类型。

❖ 日期和时间函数：包括 DATE、DATEVALUE、DAT、MONTH、SECOND、TIME、WEEKDAY、YEAR和YEARFRAC等函数。

❖ 关系函数：包括RELATED和RELATEDTABLE等函数，可以在Power Pivot中跨表格引用相关列值。

⊃ I CALCULATE 函数

CALCULATE 函数能够在筛选器修改的上下文中对表达式进行求值，函数语法如下：

```
CALCULATE ( Expression,[Filter1],[Filter2]…)
```

参数 Expression 是要计值的表达式。

参数［Filter1］,［Filter2］用于定义筛选器。

CALCULATE 函数只接受布尔类型的条件和以表格形式呈现的值列表两类筛选器。

示例31-6 使用CALCULATE函数计算综合毛利率

在图 31-19 展示的数据透视表中，已经通过DAX计算字段计算出了毛利率％，但是毛利率最高的产品由于主营业务收入并不是最高。因此需要结合毛利率和销售规模两项指标，得出综合毛利率。

产品规格	以下项目的总和:主营业务收入	以下项目的总和:主营业务成本	以下项目的总和:主营业务利润	毛利率%
A56	1,247,788	568,886	678,902	54.41%
A03	5,035,398	4,387,150	648,248	12.87%
D19	1,415,929	905,433	510,496	36.05%
A01	668,142	238,308	429,834	64.33%
B02	814,159	431,760	382,400	46.97%
C01	79,646	61,978	17,668	22.18%
S31	980,531	1,116,412	-135,881	-13.86%
C28	989,381	1,205,177	-215,797	-21.81%
G08	1,553,097	1,829,938	-276,840	-17.83%
总计	12,784,071	10,745,042	2,039,029	15.95%

图 31-19　Power Pivot数据透视表

通过CALCULATE函数得出每种规格产品收入占总体收入的比重，即销售规模，再去和毛利率相乘可以得到综合毛利率。操作步骤如下。

步骤① 依次单击【 Power Pivot 】→【 度量值 】→【 新建度量值 】命令，弹出【 度量值 】对话框。

步骤② 在【 度量值 】对话框【 度量值名称 】框中输入"销售规模"，在公式编辑框内输入以下公式，并设置为"百分比"的数字格式，单击【 确定 】按钮完成设置，如图 31-20 所示。

=[以下项目的总和主营业务收入]/CALCULATE(SUM(' 销售表 '[主营业务收入]),ALL(' 销售表 '))

步骤③ 继续新建度量值"综合毛利率％"，公式为：

$$=[销售规模]*[毛利率\%]$$

最后将各个度量值添加到【数据透视表字段】列表的值区域中，效果如图 31-21 所示

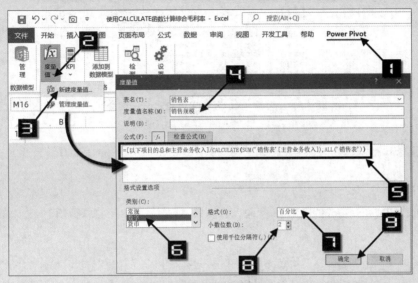

图 31-20　创建销售规模字段

产品规格	以下项目的总和：主营业务收入	以下项目的总和：主营业务成本	以下项目的总和：主营业务利润	毛利率%	销售规模	综合毛利率%
A56	1,247,788	568,886	678,902	54.41%	9.76%	5.31%
A03	5,035,398	4,387,150	648,248	12.87%	39.39%	5.07%
D19	1,415,929	905,433	510,496	36.05%	11.08%	3.99%
A01	668,142	238,308	429,834	64.33%	5.23%	3.36%
B02	814,159	431,760	382,400	46.97%	6.37%	2.99%
C01	79,646	61,978	17,668	22.18%	0.62%	0.14%
S31	980,531	1,116,412	-135,881	-13.86%	7.67%	-1.06%
C28	989,381	1,205,177	-215,797	-21.81%	7.74%	-1.69%
G08	1,553,097	1,829,938	-276,840	-17.83%	12.15%	-2.17%
总计	12,784,071	10,745,042	2,039,029	15.95%	100.00%	15.95%

图 31-21　反映综合毛利率的数据透视表

分析结论：A56 规格的产品虽然毛利率不是最高，但综合销售规模衡量后的综合毛利率最高，产生的主营业务利润额也最多，是极具竞争性的产品。

（1）在创建度量值时，如果输入函数的首字母，会自动列示出以该字母开头的函数列表。

（2）输入左中括号"["时，会显示所有字段列表。

（3）输入撇号"'"时，会显示所有表名和字段名称的列表。

示例31-7　使用CALCULATE函数进行利润分析

如图 31-22 所示，使用CALCULATE函数能够计算出"二级科目"中的"房租及物业费"占"收入总

额"的比重，即"租售比%"。

	A	B	C	D	E	F	G	H
1	月	科目编码	一级科目	二级科目	末级科目	金额	店铺名称	核算科目
2	07	560115	销售费用	房租及物业费	房租及物业费	35947	中华敬业店	经营费用
3	08	560115	销售费用	房租及物业费	房租及物业费	53,921	中华敬业店	经营费用
4	09	560115	销售费用	房租及物业费	房租及物业费	53,921	中华敬业店	经营费用
5	10	560115	销售费用	房租及物业费	房租及物业费	53,921	中华敬业店	经营费用
6	11	560115	销售费用	房租及物业费	房租及物业费	53,921	中华敬业店	经营费用
7	12	560115	销售费用	房租及物业费	房租及物业费	53,921	中华敬业店	经营费用
8	07	560302	财务费用	手续费用	手续费用	464	中华敬业店	经营费用
9	08	560302	财务费用	手续费用	手续费用	662	中华敬业店	经营费用
10	09	560302	财务费用	手续费用	手续费用	702	中华敬业店	经营费用

图 31-22　用 CALCULATE 函数进行利润分析

操作步骤如下。

步骤① 首先新建一个度量值"金额度量值"，公式为：

=SUM([金额])

步骤② 继续创建构成利润主体的度量值，"收入总额""成本总额""工资总额"和"费用总额"，公式分别为：

收入总额　=CALCULATE([金额度量值],'经营明细表'[核算科目]="主营收入")
成本总额　=CALCULATE([金额度量值],'经营明细表'[核算科目]="主营成本")
工资总额　=CALCULATE([金额度量值],'经营明细表'[核算科目]="工资")
费用总额　=CALCULATE([金额度量值],'经营明细表'[核算科目]="经营费用")

步骤③ 继续创建各分析指标的度量值"净利润""工资比%"和"租售比%"，公式分别为：

净利润　=[收入总额]-[成本总额]-[工资总额]-[费用总额]
工资比%　=[工资总额]/[收入总额]
租售比%　=[房租总额]/[收入总额]

在【数据透视表字段】列表中，将相应的度量值添加到值区域，最终的分析结果如图 31-23 所示。

	A	B	C	D	E	F	G	H
3	店铺名称	收入总额	成本总额	费用总额	工资总额	净利润	租售比%	工资比%
4	中华爱国店	1,657,556	664,481	465,272	212,006	315,797	20.15%	12.79%
5	中华诚信店	1,003,150	441,811	319,079	196,450	45,810	20.13%	19.58%
6	中华法制店	1,132,616	551,106	442,333	170,111	-30,934	20.04%	15.02%
7	中华富强店	820,747	324,947	234,403	157,580	103,817	18.67%	19.20%
8	中华公正店	900,508	391,900	287,095	154,938	66,575	18.97%	17.21%
9	中华和谐店	869,226	336,805	314,522	151,662	66,237	22.09%	17.45%
10	中华敬业店	1,104,771	490,028	458,202	156,284	257	27.66%	14.15%
11	中华民主店	1,468,869	863,195	435,571	238,540	-68,437	23.45%	16.24%
12	中华平等店	1,326,920	526,519	332,984	171,739	295,678	16.78%	12.94%
13	中华文明店	991,027	304,968	322,201	154,407	209,451	15.78%	15.58%
14	中华友善店	624,912	249,749	315,068	146,304	-86,209	30.04%	23.41%
15	中华自由店	1,612,118	637,938	464,306	188,337	321,537	20.25%	11.68%
16	总计	13,512,420	5,783,447	4,391,036	2,098,358	1,239,579	20.89%	15.53%

	A	B	C	D	E	F	G	H
1								
3	月	收入总额	成本总额	费用总额	工资总额	净利润	租售比%	工资比%
4	07	1,960,000	845,743	741,219	299,714	73,324	23.30%	15.29%
5	08	2,220,000	960,667	737,437	309,453	212,443	22.99%	13.94%
6	09	2,520,931	1,074,707	786,845	358,820	300,559	19.20%	14.23%
7	10	2,703,719	1,156,040	777,428	378,708	391,543	17.54%	14.01%
8	11	1,902,092	813,615	666,105	311,131	111,241	21.96%	16.36%
9	12	2,205,678	932,675	682,002	440,532	150,469	21.04%	19.97%
10	总计	13,512,420	5,783,447	4,391,036	2,098,358	1,239,579	20.89%	15.53%

图 31-23　利润分析

从计算结果可以看出，"中华友善店"整体净利润亏损数额最大，该店 7~12 月份整体租售比和工资比也最高；7 月份所有店铺整体净利润最少，租售比也最高。

Ⅱ　ALLEXCEPT 函数

ALLEXCEPT 函数可以删除表中的上下文筛选器，已应用于指定列的筛选器除外。函数语法如下：

```
ALLSELECTED([<tableName> | <columnName>[, <columnName>[, <columnName>
[,⋯]]]] )
```

参数 Tablename，使用标准 DAX 语法的现有表的名称，此参数不能是表达式，此参数可选。

参数 Columnname，使用标准 DAX 语法的现有列的名称，通常是完全限定的名称，它不能是表达式，此参数可选。

示例31-8　解决筛选后的占比变化问题

图 31-24 展示了对数量最大前 3 项商品进行筛选前后的对比情况，在筛选后由于部分商品名称发生了变化，导致最大前 3 项的占比也随之变化。

可以利用 ALLEXCEPT 函数先计算分类汇总结果，再来计算占比，操作步骤如下。

步骤① 将“数据源”添加到数据模型，再将 Power Pivot 表名称由“表 1”更改为“零售表”，并创建如图 31-25 所示的数据透视表。

	A	B	C	D
1	性别名称	商品名称	数量	占比%
2	男	白布套	9	34.62%
3		特色真丝男棉套	7	26.92%
4		特色中山装	4	15.38%
5		万寿团男棉套	6	23.08%
6	男 汇总		26	100.00%
7	女	粉布套	6	26.09%
8		如意女棉套	3	13.04%
9		丝绒棉披风	1	4.35%
10		特色真丝葫芦女棉套	2	8.70%
11		特色真丝如意女棉套	1	4.35%
12		真丝连帽棉披风	3	13.04%
13		真丝女夹套	1	4.35%
14		真丝裙子	2	8.70%
15		织锦缎女棉套	4	17.39%
16	女 汇总		23	100.00%
24	总计		102	

	A	B	C	D
1	性别名称	商品名称	数量	占比%
2	男	白布套	9	40.91%
3		特色真丝男棉套	7	31.82%
4		万寿团男棉套	6	27.27%
5	男 汇总		22	100.00%
6	女	粉布套	6	37.50%
7		如意女棉套	3	18.75%
8		真丝连帽棉披风	3	18.75%
9		织锦缎女棉套	4	25.00%
10	女 汇总		16	100.00%
15	总计		84	

图 31-24　筛选前后的占比变化

	A	B	C	D	E
1		性别名称	商品名称	数量	数量占比%
2		男	白布套	9	34.62%
3			特色真丝男棉套	7	26.92%
4			特色中山装	4	15.38%
5			万寿团男棉套	6	23.08%
6		男 汇总		26	100.00%
7		女	粉布套	6	26.09%
8			如意女棉套	3	13.04%
9			丝绒棉披风	1	4.35%
10			特色真丝葫芦女棉套	2	8.70%
14			真丝裙子	2	8.70%
15			织锦缎女棉套	4	17.39%
16		女 汇总		23	100.00%
17		其他	高档双铺双盖	2	3.77%
18			红包袱皮	25	47.17%
19			平枕脚枕	4	7.55%
20			手绢	17	32.08%
21			特色双铺双盖	3	5.66%
22			头枕脚枕	2	3.77%
23		其他 汇总		53	100.00%
24		总计		102	100.00%

普通数据透视表　模型数据透视表　数据源

图 31-25　数据透视表

步骤② 在【Power Pivot】选项卡中依次单击【度量值】→【新建度量值】，弹出【度量值】对话框。将【度量值名称】命名为“数量占比 %”，在【公式】编辑框内输入以下公式：

```
=SUM('零售表'[数量])/CALCULATE(SUM('零售表'[数量]),ALLEXCEPT('零售表','零售表'[性别名称]))
```

步骤③ 插入度量值后对数据透视表“商品名称”字段进行前 3 个最大项筛选，最终效果如图 31-26 所示。

	A	B	C	D	E
1		性别名称	商品名称	数量	数量占比%
2		男	白布套	9	34.62%
3			特色真丝男棉套	7	26.92%
4			万寿团男棉套	6	23.08%
5		男 汇总		22	84.62%
6		女	粉布套	6	26.09%
7			如意女棉套	3	13.04%
8			织锦缎女棉套	4	17.39%
9		女 汇总		13	56.52%
10		其他	红包袱皮	25	47.17%
11			平枕脚枕	4	7.55%
12			手绢	17	32.08%
13		其他 汇总		46	86.79%
14		总计		81	79.41%

图 31-26　筛选后的数量占比

⊃ III SWITCH 判断函数

SWITCH函数能够根据表达式的值返回不同结果，函数语法如下：

SWITCH（表达式，[值1],[结果1],[值2],[结果2],...,[Flse]）

参数"表达式"是需要进行逻辑判断的对象。

参数[值1],[结果1]是相对于表达式中的值1得出判断的结果1。

参数[Flse]指定在表达式中的值无法得到判断结果时返回的内容。

示例31-9 对订单销售金额进行分级

图31-27展示了某零售公司的部分销售数据，需要根据销售金额来判断销售等级。

	A	B	C	D	E	F	G	H
1	销售途径	销售人员	销售金额	销售日期	订单ID		等级	销售金额
2	国际业务	李伟	440	2018/7/16	10248		优	>=5000
3	国际业务	苏珊	1863.4	2018/7/10	10249		良	>=2000
4	国际业务	林茂	1552.6	2018/7/12	10250		差	<2000
5	国际业务	刘庆	654.06	2018/7/15	10251			
6	国际业务	林茂	3597.9	2018/7/11	10252			
7	国际业务	刘庆	1444.8	2018/7/16	10253			
8	国际业务	李伟	556.62	2018/7/23	10254			
9	国际业务	刘庆	2490.5	2018/7/15	10255			
10	国际业务	刘庆	517.8	2018/7/17	10256			
11	国际业务	林茂	1119.9	2018/7/22	10257			
12	国际业务	杨白光	1614.88	2018/7/23	10258			
13	国际业务	林茂	100.8	2018/7/25	10259			

图31-27 数据源及判断标准

操作步骤如下。

步骤① 将数据源表添加到数据模型，进入【Power Pivot for Excel】窗口。

步骤② 单击右侧的【添加列】字段，在【设计】选项卡中单击【插入函数】按钮，弹出【插入函数】对话框，【选择类别】为"逻辑"，在选择函数列表中选中SWITCH函数，单击【确定】按钮，如图31-28所示。

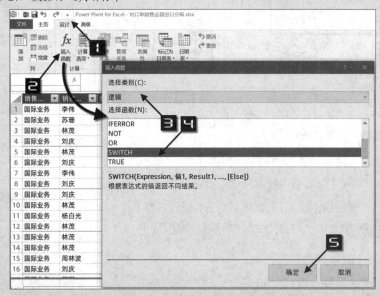

图31-28 插入SWITCH函数

步骤③ 在公式编辑栏中继续输入以下公式，将添加的列重命名为"销售等级"，如图31-29所示。

=SWITCH(TRUE(),'表1'[销售金额]>=5000,"优",'表1'[销售金额]>=2000,"良","差")

图 31-29　输入函数

步骤④ 在【主页】选项卡中依次单击【数据透视表】→【数据透视表】命令，创建一张如图 31-30 所示的数据透视表，完成对销售等级的统计。

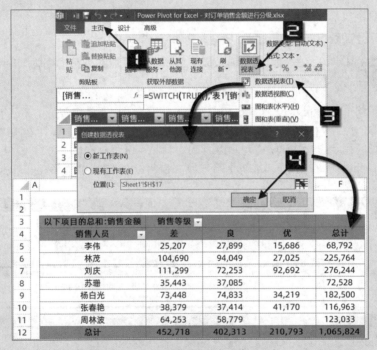

图 31-30　对销售金额进行等级分析

③ IV　IF 函数

IF 函数用于检查指定的条件是否成立，并根据检查结果返回不同的值，函数语法如下：

```
IF(<logical_test>, <value_if_true>, [<value_if_false>])
```

参数 logical_test，可以是计算结果为 TRUE 或 FALSE 的表达式。

参数 value_if_true 指定逻辑测试为 TRUE 时返回的值。

参数 value_if_false 指定逻辑测试为 FALSE 时返回的值。如果省略该参数，则返回空白。

示例31-10 依据销售和产品年份判断新旧品

图 31-31 展示了某零售公司的部分商品库存数据，需要根据“销售年份|商品年份”的新旧判断标准对库存数据进行新旧分类。

	A	B	C	D	E	F	G	H	I
1	销售年份|商品年份	品类	大类	季节	性别	款式	商品	颜色	数量
2	2020|2019	鞋	棉布鞋	冬	男	骆驼鞍	11千十字棉安	棕色	1
3	2020|2019	鞋	棉布鞋	冬	男	骆驼鞍	11千十字棉安	紫色	2
4	2020|2019	鞋	棉布鞋	冬	男	骆驼鞍	11千十字棉安	深紫红	13
5	2020|2019	鞋	棉布鞋	冬	男	骆驼鞍	11千十字棉安	紫色	5
6	2020|2019	鞋	棉布鞋	冬	男	骆驼鞍	11千十字棉安	深紫红	13
7	2020|2019	鞋	棉布鞋	冬	男	骆驼鞍	11千十字棉安	紫色	3
8	2020|2019	鞋	棉布鞋	冬	男	骆驼鞍	11千十字棉安	深紫红	11
9	2020|2019	鞋	棉布鞋	冬	男	骆驼鞍	11千十字棉安	黄色	1
10	2020|2019	鞋	棉布鞋	冬	男	骆驼鞍	11千十字棉安	香芋色	3
11	2020|2019	鞋	棉布鞋	冬	男	骆驼鞍	11千十字棉安	紫色	24
12	2020|2019	鞋	棉布鞋	冬	男	骆驼鞍	11千十字棉安	深紫红	27
13	2020|2019	鞋	棉布鞋	冬	男	骆驼鞍	11千十字棉安	棕色	5
14	2020|2020	鞋	棉布鞋	冬	男	骆驼鞍	胶粘男千安礼	黑色	2
15	2020|2019	鞋	棉布鞋	冬	男	骆驼鞍	11千十字棉安	紫色	1
16	2020|2019	鞋	棉布鞋	冬	男	骆驼鞍	11千十字棉安	深紫红	6

	A	B
1	销售年份|商品年份	新旧判断
2	2020|2019	旧
3	2020|2020	新
4	2018|2017	旧
5	2018|2018	新
6	2019|2017	旧
7	2019|2019	新

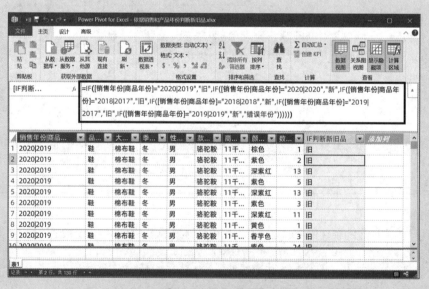

图 31-31 商品库存新旧判断标准

操作步骤如下。

步骤① 将数据源表添加到数据模型，进入【Power Pivot for Excel】窗口。

步骤② 单击【添加列】字段，在编辑栏中输入以下公式。将添加的列重命名为“IF判断新旧品”，如图 31-32 所示。

```
=IF([销售年份|商品年份]="2020|2019","旧",IF([销售年份|商品年份]="2020|2020","新",IF([销售年份|商品年份]="2018|2017","旧",IF([销售年份|商品年份]="2018|2018","新",IF([销售年份|商品年份]="2019|2017","旧",IF([销售年份|商品年份]="2019|2019","新","错误年份"))))))
```

图 31-32 输入函数

步骤③ 在【主页】选项卡中依次单击【数据透视表】→【数据透视表】命令。在【数据透视表字段】列表中调整各个字段位置，完成对新旧品的数量统计，如图 31-33 所示。

使用SWITCH函数也能够完成判断，如图 31-34 所示。

=SWITCH([销售年份|商品年份],"2020|2019","旧","2020|2020","新","2018|2017","旧","2018|2018","新","2019|2017","旧","2019|2019","新","错误年份")

	A	B	C	D	E	F
1	以下项目的总和:数量		IF判断新旧品			
2	大类	款式	新	旧	错误年份	总计
3	布单鞋	方口		9	4	13
4	布单鞋	杭元		566		566
5	布单鞋	洒鞋	261			261
6	布单鞋	相巾	258	7		265
7	布单鞋	休闲鞋		121		121
8	布单鞋 汇总		519	703	4	1226
9	单皮鞋	木兰		4		4
10	单皮鞋	洒鞋	23			23
11	单皮鞋	相巾		5		5
12	单皮鞋 汇总		23	9		32
13	棉布鞋	骆驼鞍	2	115		117
14	棉布鞋 汇总		2	115		117
15	皮凉鞋	凉鞋			1	1
16	皮凉鞋 汇总				1	1
17	总计		544	827	5	1376

图 31-33　IF函数判断新旧品

	G	H	I		K	L	M
1	以下项目的总和:数量		SWITCH判断新旧品				
2	大类	款式	新		旧	错误年份	总计
3	布单鞋	方口			9	4	13
4	布单鞋	杭元			566		566
5	布单鞋	洒鞋	261				261
6	布单鞋	相巾	258		7		265
7	布单鞋	休闲鞋			121		121
8	布单鞋 汇总		519		703	4	1226
9	单皮鞋	木兰			4		4
10	单皮鞋	洒鞋	23				23
11	单皮鞋	相巾			5		5
12	单皮鞋 汇总		23		9		32
13	棉布鞋	骆驼鞍	2		115		117
14	棉布鞋 汇总		2		115		117
15	皮凉鞋	凉鞋				1	1
16	皮凉鞋 汇总					1	1
17	总计		544		827	5	1376

图 31-34　SWITCH函数判断新旧品

⊃ Ⅴ　使用 RELATED 函数跨表引用数据

RELATED 函数用于从其他表返回相关值，函数语法如下：

```
RELATED（ColumnName）
```

示例31-11　建立商品分析模型 - 跨表引用单价

在图 31-35 所示的"销售明细表"中，需要依据"商品代码"引入"价格明细表"中的"零售单价"和"成本单价"。

操作步骤如下。

步骤① 将"销售明细表"添加到数据模型并命名为"销售表"，将"价格明细表"添加到数据模型并命名为"价格表"，将"商品档案"添加到数据模型并命名为"档案表"，将"日期表"添加到数据模型并命名为"日期表"，如图 31-36 所示。

步骤② 将"日期表""销售表""价格表"和"档案表"建立关系，如图 31-37 所示。

步骤③ 在编辑栏中输入公式并重命名列，完成跨表格引用，如图 31-38 所示。

=RELATED('价格表'[成本单价])

	A	B	C	D	E
1	销售日期	商店名称	商品代码	数量	收款额
2	2018/7/8	中华敬业店	204285016	1	370
3	2017/3/7	中华富强店	092106003	1	190
4	2018/5/31	中华敬业店	193288001	1	200
5	2018/8/27	中华友善店			
6	2017/4/9	中华和谐店			
7	2019/5/1	中华友善店			
8	2018/2/7	中华和谐店			
9	2020/2/27	中华和谐店			
10	2017/4/3	中华敬业店			
11	2017/6/19	中华富强店			
12	2018/8/10	中华和谐店			
13	2017/6/18	中华民主店			
14	2017/5/9	中华敬业店			
15	2020/3/2	中华和谐店			
16	2018/3/18	中华敬业店			
17	2017/5/10	中华诚信店			

	A	B	C
1	商品代码	零售单价	成本单价
2	204285016	399	130
3	092106003	190	71
4	193288001	499	178
5	203244009	339	112
6	176565002	2980	296
7	204259012	239	78
8	201284063	179	50
9	203285069	369	110
10	205194052	499	131
11	203259004	239	77
12	204272050	299	106
13	195191001	159	30
14	201251001	499	166
15	204250024	439	146
16	203259001	269	78
17	203242008	399	133

分析　销售明细表　价格明细表　商品档案　日期表

图 31-35　销售和参数数据列表

14	2020/3/2 0...	中华和谐店	204250024	1	439
15	2018/3/18 ...	中华敬业店	203259001	1	246.88
16	2017/5/10 ...	中华诚信店	203242008	1	399
17	2017/8/16 ...	中华友善店	203244035	1	312.51

销售表　价格表　档案表　日期表

图 31-36　添加数据模型

图 31-37　建立关系　　　　　　　　　　图 31-38　在 Power Pivot for Excel 中插入函数

步骤④ 依次添加"成本额""零售单价"及"零售额"列，在公式编辑栏中分别输入以下公式，如图 31-39 所示。

成本额 =' 销售表 '[成本单价]*' 销售表 '[数量]
零售单价 =RELATED(' 价格表 '[零售单价])
零售额 =' 销售表 '[零售单价]*' 销售表 '[数量]

步骤⑤ 创建如图 31-40 所示的数据透视表。

图 31-39　在 Power Pivot for Excel 中添加列

图 31-40　创建数据透视表

⊃ VI　用 LOOKUPVALUE 函数多条件查找数据

LOOKUPVALUE 函数的作用是多条件查找数据，函数语法如下：

LOOKUPVALUE(< 结果列 >,< 查找列 >,< 查找值 >,[< 查找列 >,< 查找值 >…],[< 备选结果 >])

示例31-12　LOOKUPVALUE跨表多条件引用数据

图 31-41 展示了某公司 2018—2019 年的部分销售数据和产品参数表，需要将参数表中的销售单价引入到销售数据表中，其中不同品牌的产品类别商品销售单价不同。因此需要考虑品牌名称和产品类别多条件引用。

操作步骤如下。

步骤① 将"销售数据"和"参数表"分别添加进
数据模型。

步骤② 依次添加"销售单价"和"销售额"列，
在编辑栏中分别输入以下公式，如
图 31-42 所示。

销售单价 =LOOKUPVALUE('参数
表'[销售单价],'参数表'[品牌名
称],'销售表'[品牌],'参数表'[产
品类别],'销售表'[类别])
销售额 ='销售表'[销售数量]*'销
售表'[销售单价]

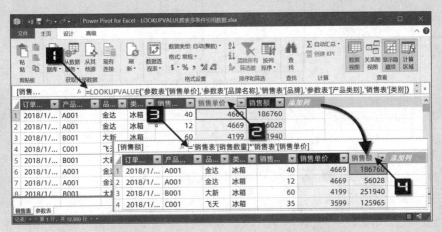

图 31-41　信息表

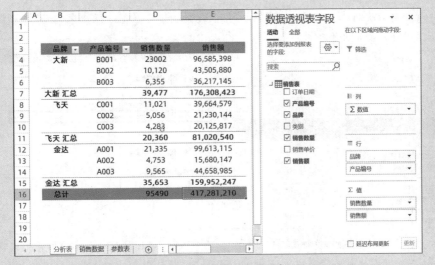

图 31-42　在 Power Pivot for Excel 中添加列

步骤③ 创建数据透视表进行分析，如图 31-43 所示。

图 31-43　创建数据透视表

➲ VII COUNTROWS 和 VALUES 函数

COUNTROWS函数可以计算指定表或自定义表达式中的行数。VALUES函数返回由一列组成的表或列中包含唯一值的表。

示例31-13 数据透视表值区域显示文本信息

默认情况下，数据透视表的值区域只能显示数字，将文本数据添加到数据透视表的值区域只能按计数统计而无法显示文本信息，利用COUNTROW结合VALUES函数可以解决此问题，实现如图31-44所示的效果。

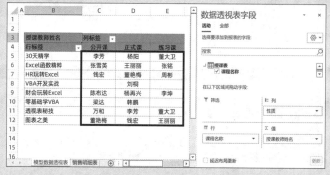

图 31-44　在数据透视表值区域显示文本信息

操作步骤如下。

步骤① 将"数据源"添加到数据模型，再将Power Pivot中的表名称由"表1"更改为"授课表"并创建如图31-45所示的数据透视表。

步骤② 在【Power Pivot】选项卡中依次单击【度量值】→【新建度量值】，调出【度量值】对话框。将【度量值名称】命名为"授课教师姓名"，在公式编辑框内输入以下公式，单击【确定】按钮关闭对话框，如图31-46所示。

```
=IF(COUNTROWS(VALUES('授课表'[授课教师]))=1,VALUES('授课表'[授课教师]))
```

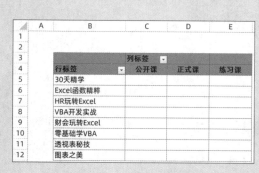

图 31-45　创建数据透视表

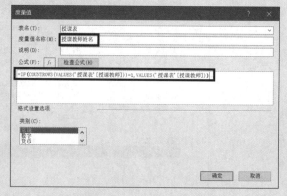

图 31-46　新建度量值

步骤③ 设置完成后，度量值"授课教师姓名"会自动添加到数据透视表的值区域，效果如图31-47所示。

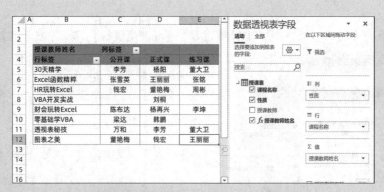

图 31-47　数据透视表值区域显示文本信息

◯ VIII　使用 CONCATENATEX 函数聚合文本

CONCATENATEX函数的作用是对表的每一行计算表达式，通过指定的分隔符分隔后，将得到的结果聚合到一个字符串中，函数语法如下：

```
CONCATENATEX（＜表＞，＜表达式＞，[＜分隔符＞]，[＜排序表达式 1＞]，[＜排序规则 1＞]，[＜排序表达式 2＞]，[＜排序规则 2＞] … ）
```

示例31-14　使用CONCATENATEX函数实现数据透视表值区域显示授课教师名单

图 31-48 展示了一份授课教师明细表，其中，同一名称但是不同性质课程的授课教师可能是同一人。

除了利用COUNTROWS结合VALUES函数构建度量值，也可以使用CONCATENATEX函数达到数据透视表值区域显示授课教师名单的效果，结合VALUES函数还可以将同一课程不同性质授课教师名字去重。操作步骤如下。

步骤① 将"销售明细表"添加到数据模型，再将 Power Pivot 中的表名称更改为"授课表"并创建如图 31-49 所示的数据透视表。

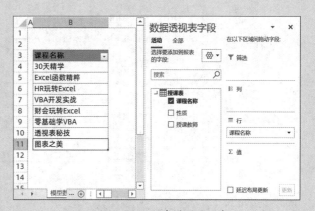

图 31-48　授课教师明细表　　　　图 31-49　创建模型透视表

步骤② 在【Power Pivot】选项卡中依次单击【度量值】→【新建度量值】，弹出【度量值】对话框。新建度

量值"授课教师姓名"，公式为：

=CONCATENATEX(VALUES
('授课表'[授课教师]),'
授课表'[授课教师],"★")

步骤③ 设置完成后，度量值"授课教师姓名"会自动添加到数据透视表的值区域，效果如图31-50所示。

图 31-50 新度量值的数据透视表呈现效果

⊃ IX DIVIDE 函数

DIVIDE执行除法运算，并在被0除时返回备用结果或BLANK()，函数语法如下：

```
DIVIDE(分子,分母,[AlternateResult])
```

参数[AlternateResult]是一个备用结果，是可选项，当分母为零导致错误时而返回的值，如果没有提供备用结果，则默认返回空值。

示例31-15 计算实际与预算的差异额与差异率

图31-51展示了某公司上年度的预算额和实际发生额明细数据，希望在两表之间建立关联，同时计算出实际和预算的差异额和差异率。

	A	B	C		A	B	C
1	月份	科目名称	金额	1	月份	科目名称	金额
2	01月	办公用品	500	2	01月	办公用品	259
3	01月	出差费	20,000	3	01月	出差费	19,691
4	01月	过桥过路费	1,000	4	01月	过桥过路费	1,130
5	01月	交通工具消耗	2,000	5	01月	交通工具消耗	1,617
6	01月	手机电话费	5,000	6	01月	手机电话费	1,800
7	02月	办公用品	100	7	02月	办公用品	18
8	02月	出差费	15,000	8	02月	出差费	23,988
9	02月	过桥过路费	500	9	02月	过桥过路费	348
10	02月	交通工具消耗	2,000	10	02月	交通工具消耗	2,522
11	02月	手机电话费	5,000	11	02月	手机电话费	3,850
12	03月	办公用品	5,000	12	03月	办公用品	4,698
13	03月	出差费	30,000	13	03月	出差费	30,075
14	03月	过桥过路费	1,500	14	03月	过桥过路费	1,525
15	03月	交通工具消耗	2,000	15	03月	交通工具消耗	2,840
16	03月	手机电话费	5,000	16	03月	手机电话费	7,351
17	04月	办公用品	3,500	17	04月	办公用品	3,774
18	04月	出差费	40,000	18	04月	出差费	40,660
19	04月	过桥过路费	3,000	19	04月	过桥过路费	3,225
20	04月	交通工具消耗	5,000	20	04月	交通工具消耗	4,167
21	04月	手机电话费	5,000	21	04月	手机电话费	1,250
22	05月	办公用品	2,000	22	05月	办公用品	2,205

差异分析 预算额 实际发生额 ｜ 差异分析 预算额 实际发生额

图 31-51 预算额与实际发生额数据

操作步骤如下。

步骤① 分别将"预算额"与"实际发生额"数据表添加到数据模型，然后将Power Pivot中的表名称改为

"预算"和"实际"。添加"关联ID"列，并输入以下公式，如图 31-52 所示。

= [月份] & [科目名称]

图 31-52　将数据表添加到数据模型

提示：创建"关联ID"列的目的就是创建表间的唯一值标示符，便于在表间建立关联。

步骤② 在 Power Pivot for Excel 窗口中的【开始】选项卡中单击【关系图视图】按钮，在弹出的布局界面中将【实际】表的"关联ID"字段拖动到【预算】表的"关联ID"字段上，建立两表之间的关联，如图 31-53 所示。

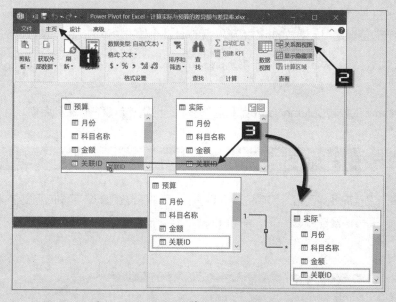

图 31-53　设置"预算"和"实际"两表关联

步骤③ 返回 Excel 工作表，创建如图 31-54 所示的数据透视表。

步骤④ 在【Power Pivot】选项卡中依次单击【度量值】→【新建度量值】，调出【度量值】对话框，依次新建"实际金额""预算金额""差异额""差异率%"四个度量值，公式分别为：

实际金额　=SUM (' 实际 ' [金额])
预算金额　=SUM (' 预算 ' [金额])

图 31-54　创建数据透视表

31章

差异额 ＝[实际金额]-[预算金额]

差异率 % =DIVIDE([差异额],[预算金额])

步骤⑤ 设置完成后的数据透视表效果如图 31-55 所示，6 月份的 "办公用品" 预算金额为零，差异率自动容错，显示为空白。

月份	办公用品				出差费				过桥过路费			
	预算金额	实际金额	差异率%	差异额	预算金额	实际金额	差异率%	差异额	预算金额	实际金额	差异率%	差异额
01月	500	258.5	-48.3%	-241.5	20000	19691.4	-1.5%	-308.6	1000	1130	13.0%	130
02月	100	18	-82.0%	-82	15000	23988	59.9%	8988	500	348	-30.4%	-152
03月	5000	4697.5	-6.1%	-302.5	30000	30075.2	0.3%	75.2	1500	1525	1.7%	25
04月	3500	3774.4	7.8%	274.4	40000	40660.1	1.7%	660.1	3000	3225	7.5%	225
05月	2000	2285	14.3%	285	50000	47545.8	-4.9%	-2454.2	5000	5683.5	13.7%	683.5
06月	0	200		200	50000	44966.9	-10.1%	-5033.1	2000	2342	17.1%	342
07月	1500	1502	0.1%	2	90000	90281.92	0.3%	281.92	3000	2977	-0.8%	-23
08月	5000	4726.7	-5.5%	-273.3	50000	56242.6	12.5%	6242.6	3000	3198	6.6%	198
09月	2000	1825.9	-8.7%	-174.1	50000	50915.4	1.8%	915.4	2500	2349	-6.0%	-151
10月	1500	1825.5	21.7%	325.5	20000	19595.5	-2.0%	-404.5	1000	895	-10.5%	-105
11月	2000	2605.48	30.3%	605.48	90000	90573.84	0.6%	573.84	5000	10045	100.9%	5045
12月	3500	3813.42	9.0%	313.42	60000	63431.14	5.7%	3431.14	2000	2195	9.8%	195
总计	26600	27532.4	3.5%	932.4	565000	577967.8	2.3%	12967.8	29500	35912.5	21.7%	6412.5

图 31-55　预算和实际差异分析表

⊃ X　使用 ALLSELECTED 函数计算占比

ALLSELECTED 函数是 ALL 函数的衍生函数，用来计算个体占总体的比例。函数语法如下：

```
ALLSELECTED([<tableName>|<columnName>[,<columnName>[,<ColumnNa
me>[,…]]]] )
```

参数 TableName 和参数 ColumnName 都是可选参数，分别表示表名称和列名称。

示例31-16　计算不同品牌产品占总体或品牌的占比

图 31-56 展示了某商业集团各个门店的部分销售记录，需要分别计算不同商品销售额占总体销售额的占比，以及不同商品销售额占总品牌销售销售额的占比。同时要求经过筛选后仍要保持品牌的 100% 占比。

销售日期	销售门店	商品代码	商品名称	销售数量	零售价	销售额
2021/1/1	珠海航天店	2003	HW平板	70	4,500	31,500
2021/1/1	珠海航天店	2004	HW智能手环	70	900	6,300
2021/1/3	珠海航天店	3003	OP平板	4	3,000	
2021/1/3	珠海航天店	3004	OP智能手环	4	600	
2021/1/4	珠海航天店	2002	HW智能电视	20	15,000	
2021/1/4	珠海航天店	3001	OP手机	30	6,300	
2021/1/4	珠海航天店	2001	HW手机	10	12,000	
2021/1/5	珠海航天店	1001	XM手机	2	3,000	
2021/1/6	珠海航天店	2002	HW智能电视	40	15,000	
2021/1/6	珠海航天店	2001	HW手机	12	12,000	
2021/1/7	珠海航天店	2001	HW手机	40	12,000	
2021/1/7	珠海航天店	1001	XM手机	16	3,000	
2021/1/11	珠海航天店	1003	XM平板	24	2,250	
2021/1/11	珠海航天店	1004	XM智能手环	24	800	
2021/1/12	珠海航天店	3001	OP手机	63	6,300	
2021/1/12	珠海航天店	2001	HW手机	21	12,000	

品牌	商品名称
XM	XM智能手环
XM	XM智能电视
XM	XM手机
XM	XM平板
OP	OP智能手环
OP	OP智能电视
OP	OP手机
OP	OP平板
HW	HW智能手环
HW	HW智能电视
HW	HW手机
HW	HW平板

分析表　品牌　销售明细

图 31-56　销售数据表

操作步骤如下。

步骤① 首先将"销售明细"和"品牌"表添加到数据模型，并以"商品名称"建立关系，如图31-57所示。

步骤② 依次新建度量值"销售总额""销售总额合计"和"销售总额占比"，公式分别为：

销售总额 =SUM('销售明细表'[销售额])

销售总额合计 =CALCULATE([销售总额],ALL('品牌表'))

销售总额占比 =DIVIDE([销售总额],[销售总额合计])

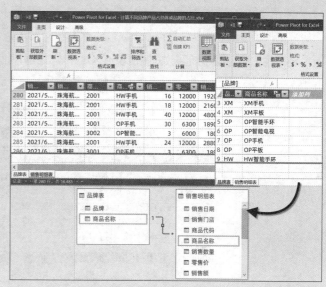

图31-57 建立表间关联

将"销售总额"和"销售总额合计"字段设置自定义格式代码为"0!.0,"，表示按万元显示。

插入如图31-58所示的数据透视表，并插入"商品名称"字段切片器。

提示 "销售总额合计"字段的值每一行均为同一值，目的是展示"销售总额占比"的计算过程，在实际报表中没有意义，不需要插入数据透视表中。

步骤③ 依次新建度量值"销售总额分类合计"和"销售分类占比"，公式分别为：

销售总额分类合计 =CALCULATE([销售总额],ALL('品牌表'[商品名称]))

销售分类占比 =DIVIDE([销售总额],[销售总额分类合计])

将以上度量值添加到数据透视表中，效果如图31-59所示。

品牌	商品名称	销售总额	销售总额合计	销售总额占比
HW	HW平板	1321.2	36012.8	4%
HW	HW手机	15575.4	36012.8	43%
HW	HW智能电视	6725.6	36012.8	19%
HW	HW智能手环	264.2	36012.8	1%
HW 汇总		23886.4	36012.8	66%
OP	OP平板	621.9	36012.8	2%
OP	OP手机	3415.9	36012.8	9%
OP	OP智能电视	1540.9	36012.8	4%
OP	OP智能手环	124.4	36012.8	0%
OP 汇总		5703.2	36012.8	16%
XM	XM平板	1154.0	36012.8	3%
XM	XM手机	3344.6	36012.8	9%
XM	XM智能电视	1514.1	36012.8	4%
XM	XM智能手环	410.3	36012.8	1%
XM 汇总		6423.2	36012.8	18%
总计		36012.8	36012.8	100%

图31-58 创建数据透视表

品牌	商品名称	销售总额	销售总额合计	销售总额占比	销售总额分类合计	销售分类占比
HW	HW平板	1321.2	36012.8	4%	23886.4	5.53%
HW	HW手机	15575.4	36012.8	43%	23886.4	65.21%
HW	HW智能电视	6725.6	36012.8	19%	23886.4	28.16%
HW	HW智能手环	264.2	36012.8	1%	23886.4	1.11%
HW 汇总		23886.4	36012.8	66%	23886.4	100.00%
OP	OP平板	621.9	36012.8	2%	5703.2	10.91%
OP	OP手机	3415.9	36012.8	9%	5703.2	59.90%
OP	OP智能电视	1540.9	36012.8	4%	5703.2	27.02%
OP	OP智能手环	124.4	36012.8	0%	5703.2	2.18%
OP 汇总		5703.2	36012.8	16%	5703.2	100.00%
XM	XM平板	1154.0	36012.8	3%	6423.2	17.97%
XM	XM手机	3344.6	36012.8	9%	6423.2	52.07%
XM	XM智能电视	1514.1	36012.8	4%	6423.2	23.57%
XM	XM智能手环	410.3	36012.8	1%	6423.2	6.39%
XM 汇总		6423.2	36012.8	18%	6423.2	100.00%
总计		36012.8	36012.8	100%	36012.8	100.00%

图31-59 添加销售分类占比度量值

步骤④ 依次新建度量值"筛选后的销售总额合计"和"筛选后的总体销售占比"，目的是在经过切片器筛选后仍要保持品牌的100%占比。公式分别为：

筛选后的销售总额合计 =CALCULATE([销售总额],ALLSELECTED('品牌表'))
筛选后的总体销售占比 =DIVIDE([销售总额],[筛选后的销售总额合计])

将新建的度量值添加到数据透视表值区域中，效果如图 31-60 所示。

品牌	商品名称	销售总额	销售总额合计	销售总额占比	销售总额分类合计	销售分类占比	筛选后的销售总额合计	筛选后的总体销售占比
HW	HW平板	1321.2	36012.8	4%	23886.4	5.53%	12877.8	10.26%
HW	HW智能电视	6725.6	36012.8	19%	23886.4	28.16%	12877.8	52.23%
HW 汇总		8046.8	36012.8	22%	23886.4	33.69%	12877.8	62.49%
OP	OP平板	621.9	36012.8	2%	5703.2	10.91%	12877.8	4.83%
OP	OP智能电视	1540.9	36012.8	4%	5703.2	27.02%	12877.8	11.97%
OP 汇总		2162.9	36012.8	6%	5703.2	37.92%	12877.8	16.80%
XM	XM平板	1154.0	36012.8	3%	6423.2	17.97%	12877.8	8.96%
XM	XM智能电视	1514.1	36012.8	4%	6423.2	23.57%	12877.8	11.76%
XM 汇总		2668.2	36012.8	7%	6423.2	41.54%	12877.8	20.72%
总计		12877.8	36012.8	36%	36012.8	35.76%	12877.8	100.00%

图 31-60　筛选后的销售分类占比

此时，"筛选后的销售总额合计"和"销售总额"总计值相同，"筛选后的总体销售占比"也是按照筛选后的不同品牌汇总结果统计分类占比，无论切片器如何筛选，"筛选后的总体销售占比"的总计值一直保持 100%。

⊃ XI　时间智能函数 TOTALMTD、TOTALQTD 和 TOTALYTD

TOTALMTD 函数计算月初至今的累计值，TOTALQTD 函数计算季初至今的累计值，TOTALYTD 函数计算年初至今的累计值，语法分别如下：

```
TOTALMTD(Expression, Dates,[filter])
TOTALQTD(Expression, Dates,[filter])
TOTALYTD(Expression, Dates,[filter],[Yearenddate])
```

在应用筛选后，针对从月份、季度和年度的第一天开始到指定日期列中的最后日期结束的间隔，对指定的表达式求值。

示例31-17　利用时间智能函数统计累计销售额

	A	B	C	D
1	日期	年份	月份	销售收入
2	2019/1/1	2019年	1月	90
3	2019/1/2	2019年	1月	120
4	2019/1/3	2019年	1月	120
5	2019/1/4	2019年	1月	45
6	2019/1/5	2019年	1月	120
7	2019/1/6	2019年	1月	60
8	2019/1/7	2019年	1月	90
9	2019/1/8	2019年	1月	120
10	2019/1/9	2019年	1月	90
11	2019/1/10	2019年	1月	90
12	2019/1/11	2019年	1月	90
13	2019/1/12	2019年	1月	90
14	2019/1/13	2019年	1月	90
15	2019/1/14	2019年	1月	180
16	2019/1/15	2019年	1月	90

图 31-61　销售数据

图 31-61 展示了某公司 2019—2021 年的销售流水数据，利用时间智能函数能够得到月初至今、季初至今和年初至今的累计数据。操作步骤如下。

步骤① 将"每日销售数据"数据表添加到数据模型，再将 Power Pivot 中的表名称改为"销售"。

步骤② 创建如图 31-62 所示的数据透视表。

步骤③ 在【Power Pivot】选项卡中依次单击【度量值】→【新建度量值】，调出【度量值】对话框。分别新建度量值"MTD""QTD"和"YTD"，公式分别为：

```
MTD =TOTALMTD([以下项目的总和:销售收入],'销售'[日期])
QTD =TOTALQTD([以下项目的总和:销售收入],'销售'[日期])
YTD =TOTALYTD([以下项目的总和:销售收入],'销售'[日期])
```

插入数据透视表，将新建的度量值添加到数据透视表的值区域，效果如图 31-63 所示。

	A	B	C	D
2		年份 ▼	月份 ▼	以下项目的总和:销售收入
3		2019年	1月	4,354
4			2月	11,214
5			3月	107,005
6			4月	13,874
7			5月	11,279
8			6月	73,436
9			7月	167,289
10			8月	20,764
11			9月	6,200
12			10月	16,917
13			11月	8,216
14			12月	919
15		2019年 汇总		441,467
16		2020年	1月	7,952
17			2月	4,553

图 31-62　创建数据透视表

	A	B	C	D	E	F	G
2		年份 ▼	月份 ▼	以下项目的总和:销售收入	MTD	QTD	YTD
3		2019年	1月	4,354	4,354	4,354	4,354
4			2月	11,214	11,214	11,214	11,214
5			3月	107,005	107,005	107,005	107,005
6			4月	13,874	13,874	13,874	13,874
7			5月	11,279	11,279	11,279	11,279
8			6月	73,436	73,436	73,436	73,436
9			7月	167,289	167,289	167,289	167,289
10			8月	20,764	20,764	20,764	20,764
11			9月	6,200	6,200	6,200	6,200

图 31-63　插入的数据透视表

提示 ▬▬▶ 　　添加度量值字段后的数据透视表中，MTD、QTD 和 YTD 字段都显示出相同的值，这是因为必须为 Power Pivot 指定一个日期表，否则所有时间智能函数都将得不到正确的结果。

步骤④ 在 Power Pivot for Excel 窗口中的【设计】选项卡中依次单击【标记为日期表】→【标记为日期表】命令，在弹出的【标记为日期表】的对话框中保持默认的"日期"字段，单击【确定】按钮完成设置，如图 31-64 所示。

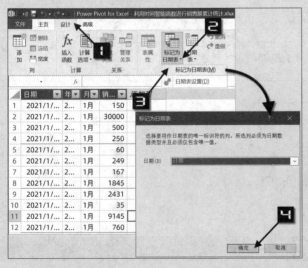

注意 ▬▬▶ 　标记为日期表的数据必须为日期类型并且是唯一值，否则将会报错。

图 31-64　标记日期表

步骤⑤ MTD 只有在每日级别上查看数据才有意义，将"日期"字段添加到【行】区域后的效果如图 31-65 所示。

图 31-65　在每日级别上查看 MTD 数据

步骤⑥ 对数据透视表美化，依次将 MTD、QTD、YTD 字段重命名，最后添加条件格式"数据条"，效果如图 31-66 所示。

年份	月份	当月值	QTD(季初至今累计值)	YTD(年初至今累计值)
2019年	1月	4,354	4,354	4,354
	2月	11,214	15,568	15,568
	3月	107,005	122,573	122,573
	4月	13,874	13,874	136,447
	5月	11,279	25,153	147,726
	6月	73,436	98,589	221,162
	7月	167,289	167,289	388,452
	8月	20,764	188,053	409,215
	9月	6,200	194,252	415,415
	10月	16,917	16,917	432,332
	11月	8,216	25,133	440,548
	12月	919	26,052	441,467
2019年 汇总		441,467	26,052	441,467

图 31-66　美化后的数据透视表

⊃ XII　用 FILTER 函数筛选数据

FILTER 函数属于筛选类函数，可以结合其他函数嵌套使用来筛选数据，函数语法如下：

```
FILTER(<table>,<filter>)
```

参数 Table 是要筛选的表，也可以是生成表的表达式。

参数 Filter 是过滤条件。

示例31-18　筛选销量超过5万的商品

图 31-67 展示了某商业集团各个门店的部分销售记录，需要筛选出销售总量超过 5 万的商品。
操作步骤如下。

步骤① 首先将"销售明细"和"品牌"表添加到数据模型，并以"商品名称"建立关系，如图 31-68 所示。

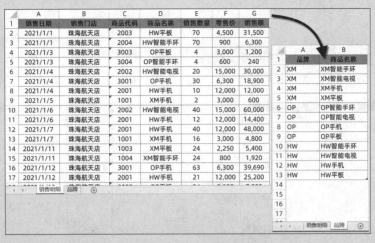

图 31-67　销售数据表

步骤 ② 分别创建度量值"销售量度量值"和"品牌 HW 销量"，公式分别为：

销售量度量值 =SUM('销售表'[销售数量])
品牌 HW 销量 =CALCULATE([销售量度量值],'品牌'[品牌]="HW")

插入如图 31-69 所示的数据透视表。

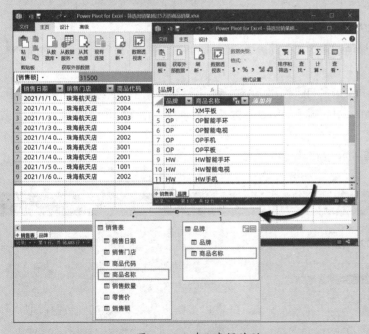

图 31-68　建立表间关联

商品名称	销售量度量值	品牌HW销量
HW平板	29,361	29,361
HW手机	129,795	129,795
HW智能电视	44,837	44,837
HW智能手环	29,361	29,361
OP平板	20,731	
OP手机	54,221	
OP智能电视	25,682	
OP智能手环	20,731	
XM平板	51,291	
XM手机	111,488	
XM智能电视	19,412	
XM智能手环	51,291	
总计	588,201	233,354

图 31-69　创建数据透视表

新建度量值"HW 筛选销量"，公式为：

=CALCULATE([销售量度量值],FILTER(ALL('品牌'[品牌]),'品牌'[品牌]="HW"))

将度量值"HW 筛选销量"添加到数据透视表的值区域，效果如图 31-70 所示。

步骤 ③ 新建度量值"大于 5 万销量"，公式为：

```
=CALCULATE([销售量度量值],FILTER(ALL('品牌'[商品名称]),[销售量度量
值]>50000))
```

将度量值"大于 5 万销量"添加到数据透视表的值区域，效果如图 31-71 所示。

图 31-70　添加筛选函数度量值

图 31-71　添加筛选函数度量值

➲ XIII　使用 RANKX 函数统计排名

在实际工作中，经常需要对某些指标进行排名，如销售业绩对比、班级学分等，RANKX 函数可以返回当前成员在整个列表中的排名，函数语法如下：

```
RANKX(<table>, <expression>[, <value>[, <order>[, <ties>]]])
```

参数 table 是表名称或返回表的表达式。

参数 expression 是返回单个标量值的表达式。此表达式针对 table 的每一行进行计算，以生成所有用于排名的可能值。

参数 value 可选，返回单个要查找其排名的标量值表达式。省略该参数时，将改用当前行的表达式值。

参数 order 可选，指定如何对 value 进行排名。该参数为 0 或 False 及省略时，按降序排名；为 1 或 True 时按升序排名。

参数 ties 可选，指定存在等同值时如何确定排名的枚举。

示例31-19　使用RANKX函数对销售数据排名

图 31-72 展示了某商业集团 2020—2021 年的销售数据，现在需要根据销售额按"商品名称"和"销售城市"两个维度统计销售排名。

图 31-72　销售数据表

操作步骤如下。

步骤① 将"数据源"数据表添加到数据模型，再将 Power Pivot 中的表名称改为"销售表"。

步骤② 在【Power Pivot】选项卡中依次单击【度量值】→【新建度量值】，弹出【度量值】对话框。依次插入度量值"销售度量""商品销售排名"和"城市销售排名"，公式分别为：

销售度量值 =SUM(' 销售表 '[销售额])
商品销售排名 =RANKX(ALL(' 销售表 '[商品名称]),[销售度量值])
城市销售排名 =RANKX(ALL(' 销售表 '[销售城市]),[销售度量值])

步骤③ 创建如图 31-73 所示的数据透视表。

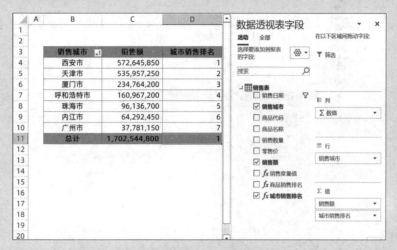

图 31-73 创建数据透视表

步骤④ 对"城市销售排名"字段升序排序。将"以下项目的总和:销售额"字段设置自定义格式代码为"0!.0,",目的是显示为万元。

步骤⑤ 插入日程表来控制"销售日期",将日程表设置为按年显示,选择日程表中的不同年份,即可得到各"销售城市"不同年份的销售额排名,如图 31-74 所示。

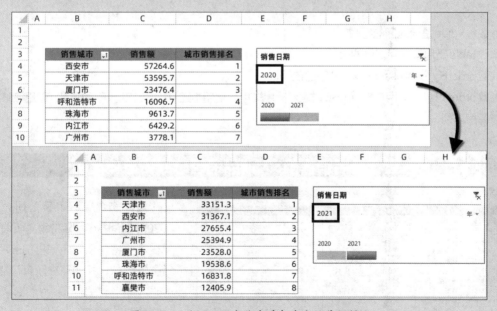

图 31-74 依照不同年份查看各城市销售额排名

步骤⑥ 创建以商品名称显示销售额的数据透视表,将度量值"商品销售排名"添加到数据透视表的值区域,得到不同商品的销售额排名,如图 31-75 所示。

图 31-75　依照不同年份查看各商品销售额排名

⊃ XIV　用 TOPN 函数返回符合条件的 N 行记录

TOPN 函数能够从一张表中返回所有满足条件的前 N 行记录，函数语法如下：

```
TOPN(<n_value>,<table>,<orderBy_expression>,[<order>[,<orderBy_expression>,
[<order>]]…])
```

参数 n_value 是要返回的行数。

参数 table 是用来返回记录的表。

参数 orderBy_expression 指定排序的依据。

参数 order 可选，使用 0 或 FALSE 时表示降序排序，使用 1 或 TRUE 时表示升序排序，省略该参数时，默认按降序排列。

示例31-20　查看各店销售前3大商品销售总额占总体比例

	A	B	C	D	E	F	G
1	销售日期	销售门店	商品代码	商品名称	销售数量	零售价	销售额
2	2019/1/1	珠海航天店	2003	HW平板	70	4,500	315,000
3	2019/1/1	珠海航天店	2004	HW智能手环	70	900	63,000
4	2019/1/3	珠海航天店	3003	OP平板	4	3,000	12,000
5	2019/1/3	珠海航天店	3004	OP智能手环	4	600	2,400
6	2019/1/4	珠海航天店	2002	HW智能电视	20	15,000	300,000
7	2019/1/4	珠海航天店	3001	OP手机	30	6,300	189,000
8	2019/1/4	珠海航天店	2001	HW手机	10	12,000	120,000
9	2019/1/5	珠海航天店	1001	XM手机	2	3,000	6,000
10	2019/1/6	珠海航天店	2002	HW智能电视	40	15,000	600,000
11	2019/1/6	珠海航天店	2001	HW手机	12	12,000	144,000
12	2019/1/7	珠海航天店	2001	HW手机	40	12,000	480,000
13	2019/1/7	珠海航天店	1001	XM手机	16	3,000	48,000
14	2019/1/11	珠海航天店	1003	XM平板	24	2,250	54,000
15	2019/1/11	珠海航天店	1004	XM智能手环	24	800	19,200
16	2019/1/12	珠海航天店	3001	OP手机	63	6,300	396,900

图 31-76　销售数据表

图 31-76 展示了某公司 2019—2020 年期间各个门店的销售明细记录，现在需要将各个门店销售前三名的商品进行汇总，并计算在所有门店中的占比。

操作步骤如下。

步骤① 将 "销售明细" 数据表添加到数据模型，再将 Power Pivot 中的表名称改为 "销售表"。

步骤② 在【Power Pivot for Excel】窗口中依次单击【设计】→【日期表】→【新建】命令，创建如图 31-77 所示的日期表。

图 31-77 新建日期表

步骤③ 在【Power Pivot】选项卡中依次单击【度量值】→【新建度量值】，弹出【度量值】对话框，依次新建"销售度量值""前 3 大商品销售额"和"各店前 3 大商品占总销售比重"度量值，公式分别为：

销售度量值 =SUM('销售表'[销售额])
前 3 大商品销售额 =CALCULATE([销售度量值],TOPN(3,ALL('销售表'[商品名称]),[销售度量值]))
各店前 3 大商品占总销售比重 =DIVIDE([前 3 大商品销售额],CALCULATE([销售度量值],ALL('销售表'[销售门店])))

提示

> 如果需要计算前 5 大商品销售额，只需将 TOPN(3,…) 改为 TOPN(5,…) 即可。

步骤④ 创建如图 31-78 所示的数据透视表。

	A	B	C	D	E
1	销售门店	商品名称	销售额	前3大商品销售额	各店前3大商品占总销售比重
2	广州永安店	HW平板	863.1	20878.4	158.02%
3	广州永安店	HW手机	10656.0	20878.4	13.40%
4	广州永安店	HW智能电视	7068.0	20878.4	31.04%
5	广州永安店	HW智能手环	172.6	20878.4	790.10%
6	广州永安店	OP平板	518.4	20878.4	335.70%
7	广州永安店	OP手机	3154.4	20878.4	61.12%
8	广州永安店	OP智能电视	1364.4	20878.4	135.49%
9	广州永安店	OP智能手环	103.7	20878.4	1678.52%
10	广州永安店	XM平板	851.2	20878.4	180.91%
11	广州永安店	XM手机	1890.9	20878.4	62.42%
12	广州永安店	XM智能电视	2227.7	20878.4	137.89%
13	广州永安店	XM智能手环	302.6	20878.4	508.82%
14	广州永安店 汇总		29173.0	20878.4	5.80%
15	呼和浩特天干店	HW平板	1034.6	24376.8	184.50%
16	呼和浩特天干店	HW手机	15948.0	24376.8	15.65%
17	呼和浩特天干店	HW智能电视	5187.0	24376.8	36.25%
18	呼和浩特天干店	HW智能手环	206.9	24376.8	922.49%
19	呼和浩特天干店	OP平板	712.5	24376.8	391.95%
20	呼和浩特天干店	OP手机	2429.3	24376.8	71.36%

图 31-78 创建数据透视表

步骤⑤ 在【Power Pivot for Excel】窗口中的【主页】选项卡中单击【关系图视图】按钮，在弹出的布局界面中，将【日历】表的"Date"字段拖动到【销售表】表的"销售日期"字段上面，建立两表之间的关系，如图 31-79 所示。

图 31-79 建立日期关联

步骤⑥ 创建如图 31-80 所示的数据透视表和数据透视图，插入"Calendar"表中的"Year"字段作为切片器。选择切片器中的不同年份即可展示出各店前 3 大产品在全局中的销售占比。

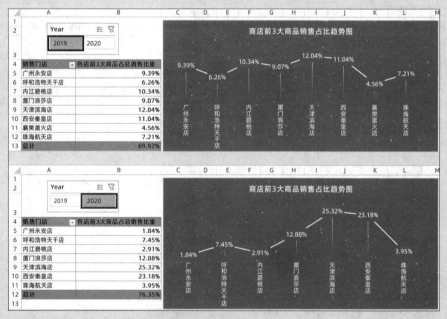

图 31-80 创建分析图表

31.4 在 Power Pivot 中使用层次结构

层次结构就是预先在 Power Pivot 中设定，创建数据透视表后只需在数据透视表字段列表中一键选择即可显示全面的分析路径，之后只需双击某个数据项到达某个层级，直至得到所需的明细级别。

常用的层次结构包括：年份→季度→月份→日期的层次结构，国家→省市→城市→邮编→客户的层次结构，以及产品品牌→大类→风格→款式→产品的层次结构等。

示例31-21 使用层次结构对品牌产品进行分析

图 31-81 展示了一张不同品牌产品的进货和销售明细数据，需要建立"品牌→大类→风格→款式→大色系→ SKU"的层次结构。

操作步骤如下。

步骤① 将"数据源"表添加到数据模型，在 Power Pivot for Excel 窗口中的【主页】选项卡中单击【关系图视图】按钮进入关系图视图界面。

	A	B	C	D	E	F	G	H	I	J	K	L
1	品牌	大类	性别	面料	款式	SKU	风格	色系	价格带	大色系	进货数量	销售数量
3529	爱华鞋品	凉鞋	女	牛皮	单皮鞋	122682皮米色	现代	黄色系	101-200	流行色	17	13
3530	爱华鞋品	凉鞋	女	牛皮	单皮鞋	122685皮黑色	现代	黑色系	101-200	流行色	7	2
3531	爱华鞋品	凉鞋	女	牛皮	单皮鞋	127068皮红色	现代	红色系	201-300	流行色	18	10
3532	爱华鞋品	凉鞋	女	牛皮	单皮鞋	127068皮米色	现代	黄色系	201-300	流行色	15	8
3533	爱华鞋品	凉鞋	女	牛皮	单皮鞋	127068皮棕色	现代	棕色系	201-300	流行色	16	9
3534	爱华鞋品	凉鞋	女	牛皮	单皮鞋	127572皮黄色	现代	黄色系	201-300	流行色	6	2
3535	爱华鞋品	凉鞋	女	牛皮	单皮鞋	127572皮兰色	现代	蓝色系	201-300	流行色	5	
3536	爱华鞋品	凉鞋	女	牛皮	单皮鞋	127572皮米色	现代	黄色系	201-300	流行色	7	3
3537	爱华鞋品	凉鞋	女	牛皮	单皮鞋	12A1960皮黑色	现代	黑色系	201-300	基础色	4	
3538	爱华鞋品	凉鞋	女	牛皮	单皮鞋	12J0501皮黑色	现代	黑色系	201-300	基础色	6	2
3539	爱华鞋品	凉鞋	女	牛皮	单皮鞋	12J0502皮黑色	现代	黑色系	201-300	基础色	5	
3540	爱华鞋品	凉鞋	女	牛皮	单皮鞋	12J0506皮黑色	现代	黑色系	201-300	基础色	6	0
3541	爱华鞋品	凉鞋	女	牛皮	单皮鞋	12NL1530皮黑色	现代	黑色系	101-200	基础色	10	3
3542	爱华鞋品	凉鞋	女	牛皮	单皮鞋	12NL1530皮米色	现代	黄色系	101-200	流行色	11	7

图 31-81 数据源表

步骤② 按住 <Ctrl> 键，依次单击"品牌""大类""风格""款式""大色系""SKU"字段同时选中，鼠标右击，在快捷菜单中选择【创建层次结构】命令，在系统命名的层次结构名称上鼠标右击，在快捷菜单中选择【重命名】，将名称改为"产品品牌分析"，如图 31-82 所示。

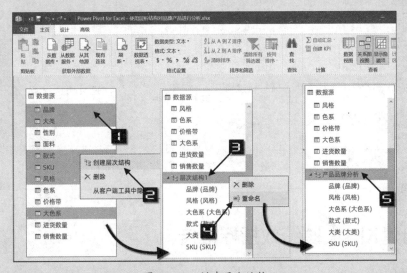

图 31-82 创建层次结构

步骤③ 创建层次结构后，显示的级别顺序可能和用户的预期顺序不一致。此时，可以在需要调整的字段上鼠标右击，在快捷菜单中选择【上移】【下移】命令即可调整各个字段的排列顺序，如图 31-83 所示。

步骤④ 创建数据透视表。在【数据透视表字段】列表框中将"产品品牌分析"字段拖动到行区域，将"进货数量"和"销售数量"字段拖动到值区域，如图 31-84 所示。

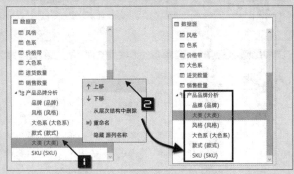

图 31-83 调整层次结构的排列顺序

31章

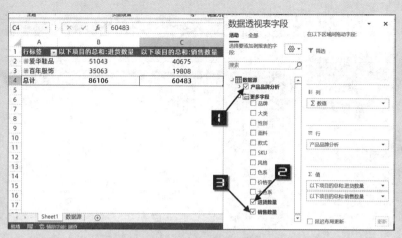

图 31-84　创建数据透视表

步骤⑤ 单击行标签字段中的"+"号可以逐层展开层次结构，如图 31-85 所示。

图 31-85　逐层展开层次结构分析数据

提示 ━━▶ 此数据透视表分类汇总的显示方式为"在组的顶部显示所有分类汇总"。

31.5　创建KPI关键绩效指标报告

创建 KPI 关键绩效指标报告，可以执行以目标为导向的分析，得到 KPI 考核实际数据偏离目标的状态。

示例31-22　创建KPI业绩完成比报告

	A	B	C	D	E	F
1	部门	核算科目	月份	科目编码	2021年预算	2021年实际
2	滨海一店	主营业务收入	01月	5001	767775	1080000
3	滨海一店	主营业务收入	02月	5001	852143	600000
4	滨海一店	主营业务收入	03月	5001	370960	480000
5	滨海一店	主营业务收入	04月	5001	628346	695000
6	滨海一店	主营业务收入	05月	5001	1013406	1110000
7	滨海一店	主营业务收入	06月	5001	714152	785000
8	滨海一店	主营业务收入	07月	5001	268280	307000
9	滨海一店	主营业务收入	08月	5001	456553	520000
10	滨海一店	主营业务收入	09月	5001	651778	735000
11	滨海一店	主营业务收入	10月	5001	693141	787000
12	滨海一店	主营业务收入	11月	5001	570328	650000
13	滨海一店	主营业务收入	12月	5001	701610	771000
14	白堤路店	主营业务收入	01月	5001	373275	518000

图 31-86　预算和实际完成数据

图 31-86 展示了某零售公司各门店的预算和实际完成数据，希望利用此数据创建 KPI 业绩完成比报告，业绩完成率 100% 以上视为完成，80% 以下未完成。

操作步骤如下。

步骤① 将"数据源"表添加到数据模型并创建数据透视表。

步骤② 在【Power Pivot】选项卡中依次单击【度量值】→【新建度量值】，调出【度量值】对话框，新建度量值"业绩完成比％"，公式为：

=SUM(' 表 1'[2021 年实际])/SUM(' 表 1'[2021 年预算])

步骤③ 在【Power Pivot】选项卡中依次单击【KPI】→【新建 KPI】，弹出【关键绩效指标(KPI)】对话框。

　　选中【定义目标值】中的【绝对值】单选按钮，在右侧的编辑框中输入"1"（相当于需要 100％ 完成的预算目标），在【定义状态阈值】区域移动标尺上的滑块设定阈值下限为 0.8，上限为 1，阈值颜色方案选择 1，图标样式选择"三个符号"，最后单击【确定】按钮完成设置，如图 31-87 所示。

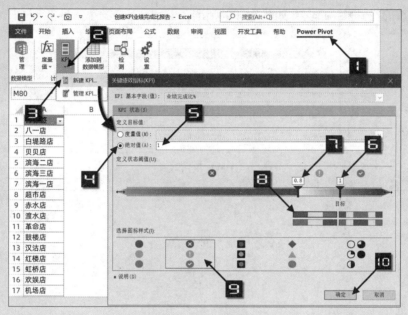

图 31-87　新建 KPI

步骤④ 此时的数据透视表中会显示"预算完成比％ 状态"字段，在【数据透视表字段】列表中也会显示一个带有特殊标记的字段，如图 31-88 所示。

	A	B	C	D	E
1	部门	预算	实际	业绩完成比%	业绩完成比% 状态
2	八一店	4,295,542	3,330,000	77.52%	-1
3	白堤路店	3,779,266	4,080,000	107.96%	1
4	贝贝店	3,342,585	3,560,000	106.50%	1
5	滨海二店	1,180,778	1,230,000	104.17%	1
6	滨海三店	10,845,005	11,790,000	108.71%	1
7	滨海一店	7,688,472	8,520,000	110.82%	1
8	超市店	5,097,936	3,490,000	68.46%	-1
9	赤水店	1,622,227	1,830,000	112.81%	1
10	渡水店	4,104,274	2,670,000	65.05%	-1
11	革命店	2,284,053	2,500,000	109.45%	1
12	鼓楼店	3,168,226	3,440,000	108.58%	1
13	汉沽店	1,376,242	1,650,000	119.89%	1
14	红楼店	2,468,739	2,790,000	113.01%	1
15	虹桥店	1,284,275	1,330,000	103.56%	1
16	欢娱店	1,443,629	1,500,000	103.90%	1

图 31-88　创建 KPI

步骤⑤ 在【数据透视表字段】列表中取消选中 KPI 字段"状态"复选框后，再重新选中"状态"复选框即可显示设定的"三个符号"图标，如图 31-89 所示。

图 31-89 调整 KPI 字段的 "状态" 复选框

步骤⑥ 最终完成的 KPI 报告局部效果如图 31-90 所示。

	A	B	C	D	E
1	部门	预算	实际	业绩完成比%	业绩完成比% 状态
2	八一店	4,295,542	3,330,000	77.52%	✖
3	白堤路店	3,779,266	4,080,000	107.96%	✔
4	贝贝店	3,342,585	3,560,000	106.50%	✔
5	滨海二店	1,180,778	1,230,000	104.17%	✔
6	滨海三店	10,845,005	11,790,000	108.71%	✔
7	滨海一店	7,688,472	8,520,000	110.82%	✔
8	超市店	5,097,936	3,490,000	68.46%	✖
9	赤水店	1,622,227	1,830,000	112.81%	✔
10	渡水店	4,104,274	2,670,000	65.05%	✖

图 31-90 KPI 报告

第 32 章　使用数据透视表分析数据

数据透视表是一种交互式的报表，能够对数据实现不同维度的分析，当改变数据透视表的布局时，可以根据新的布局重新计算数据。本章主要介绍数据透视表的常用操作方法和技巧。

本章学习要点

（1）创建数据透视表。
（2）数据透视表的排序和筛选。
（3）数据透视表中的切片器和日程表。
（4）数据透视表的项目组合。

（5）在数据透视表中插入计算字段及计算项。
（6）利用多种形式的数据源创建数据透视表。
（7）钻取数据透视表。
（8）创建数据透视图。

32.1　关于数据透视表

数据透视表是用来从 Excel 数据列表、关系数据库文件或 OLAP 多维数据集中的特殊字段中总结信息的分析工具。数据透视表有机地结合了数据排序、筛选、分类汇总等数据分析方式的优点，可方便地调整分类汇总的方式，灵活地以多种方式展示数据的特征。使用鼠标移动字段位置，即可变换出各种类型的报表。

32.1.1　数据透视表的用途

数据透视表能帮助用户快速统计汇总数据，如求和、计算平均数、计算百分比等。创建数据透视表后，可以对数据透视表的布局重新安排，以便从不同的角度查看数据。将纷繁的数据转化为有价值的信息，以供研究和决策所用。

32.1.2　一个简单的例子

图 32-1 展示了一家贸易公司的部分销售数据，包括年份、用户名称、销售人员、产品规格、销售数量和销售额，时间跨度为 2021—2022 年。利用数据透视表只需要几步简单操作，就可以将这张数据列表变成有价值的报表，如图 32-2 所示。

此数据透视表显示了不同销售人员在不同年份所销售的各规格产品的销售金额汇总，最后一行还汇总出所有销售人员的销售额总计。

	A	B	C	D	E	F
1	年份	用户名称	销售人员	产品规格	销售数量	销售额
2	2021	山西	王心刚	SX-D-256	1	260000
3	2021	天津市	侯士杰	SX-D-256	1	340000
4	2021	广东	李立新	SX-D-256	1	200000
5	2021	云南	杨则力	SX-D-192	1	150000
6	2021	内蒙古	王心刚	SX-D-256	1	460000
7	2021	四川	侯士杰	SX-D-128	1	120000
8	2021	四川	李立新	SX-D-256	1	190000
195	2022	江苏	李立新	SX-D-192	1	190000
196	2022	广西	杨则力	SX-D-192	1	158000
197	2022	广西	李立新	SX-D-192	1	158000
198	2022	广西	侯士杰	SX-D-192	1	158000
199	2022	内蒙古	李立新	SX-D-128	1	180000

图 32-1　用来创建数据透视表的数据列表

从图 32-2 所示的数据透视表中很容易找出原始数据清单中所记录的大多数信息，未显示的数据信息仅为用户名称和销售数量，只要将数据透视表做进一步调整，就可以将这些信息显示出来。

如图 32-3 所示，从用户名称、销售人员、产品规格字段标题的下拉列表框中选择相应的数据项，即可查看特定的数据记录。

	A	B	C	D	E	F
1						
2						
3	销售额		产品规格			
4	销售人员	年份	SX-D-128	SX-D-192	SX-D-256	总计
5	⊟侯士杰	2021	2,120,000	1,962,000	2,224,000	6,306,000
6		2022	606,000	1,088,000	328,000	2,022,000
7	侯士杰 汇总		2,726,000	3,050,000	2,552,000	8,328,000
8	⊟李立新	2021	2,011,000	3,005,500	1,780,000	6,796,500
9		2022	934,000	598,000	1,042,000	2,574,000
10	李立新 汇总		2,945,000	3,603,500	2,822,000	9,370,500
11	⊟王心刚	2021	1,965,000	2,837,000	2,452,000	7,254,000
12		2022	753,000	628,000	1,133,000	2,514,000
13	王心刚 汇总		2,718,000	3,465,000	3,585,000	9,768,000
14	⊟杨则力	2021	2,731,000	2,764,000	2,869,800	8,364,800
15		2022	716,000	714,000	710,000	2,140,000
16	杨则力 汇总		3,447,000	3,478,000	3,579,800	10,504,800
17	总计		11,836,000	13,596,500	12,538,800	37,971,300

图 32-2　根据数据列表创建的数据透视表

	A	B	C	D
1	用户名称	(全部)		
2	销售人员	(全部)		
3				
4	求和项:销售额	列标签		
5	行标签	2021	2022	总计
6	SX-D-128	8,827,000	3,009,000	11,836,000
7	SX-D-192	10,568,500	3,028,000	13,596,500
8	SX-D-256	9,325,800	3,213,000	12,538,800
9	总计	28,721,300	9,250,000	37,971,300

图 32-3　从数据源中提炼出符合特定视角的数据

32.1.3　数据透视表的数据组织

用户可以从 4 种类型的数据源中来创建数据透视表。

❖ Excel 数据列表

如果以 Excel 数据列表作为数据源，则标题行不能有空白单元格或合并单元格，否则会出现错误提示，无法生成数据透视表，如图 32-4 所示。

图 32-4　创建数据透视表错误提示

❖ 外部数据源

如文本文件、Access 等不同类型的数据库连接。

❖ 多个独立的 Excel 数据列表

数据透视表在创建过程中可以将各个独立表格中的数据信息汇总到一起。

❖ 其他的数据透视表

创建完成的数据透视表也可以作为数据源，来创建另外一张数据透视表。

32.1.4　数据透视表中的术语

数据透视表中的相关术语如表 32-1 所示。

表 32-1　数据透视表相关术语

术语	术语解释
数据源	用于创建数据透视表的数据列表或多维数据集
列字段	信息的种类，等价于数据列表中的列
行字段	在数据透视表中具有行方向的字段
筛选器	数据透视表中进行分页筛选的字段
字段标题	描述字段内容的标志。可以通过拖动字段标题对数据透视表进行透视
项目	组成字段的成员。图 32-2 中，2021 和 2022 就是组成销售年份字段的项目

续表

术语	术语解释
组	一组项目的集合，可以自动或手动组合项目
透视	通过改变一个或多个字段的位置来重新安排数据透视表布局
汇总函数	对透视表值区域数据进行计算的函数，文本和数值的默认汇总函数为计数和求和
分类汇总	数据透视表中对一行或一列单元格按类别汇总
刷新	重新计算数据透视表

32.1.5　推荐的数据透视表

从 Excel2013 版本开始，新增了【推荐的数据透视表】功能，可获取系统基于用户数据自动分析后推荐的数据透视表。

示例32-1　创建自己的第一个数据透视表

图 32-5 所示的数据列表，是某公司各部门在一定时期内的费用发生额流水账。

针对这个上千行的费用发生额流水账，如果希望从不同视角进行数据分析，操作步骤如下。

步骤① 单击数据列表区域中的任意单元格，如 A8 单元格，在【插入】选项卡中单击【推荐的数据透视表】

按钮，弹出【推荐的数据透视表】对话框，如图 32-6 所示。

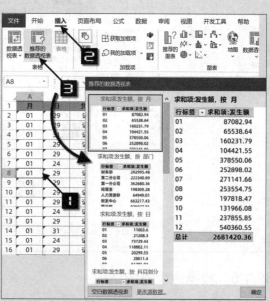

图 32-5　费用发生额流水账　　　　　图 32-6　推荐的数据透视表

【推荐的数据透视表】对话框中列示出按发生额求和、按凭证号计数等统计视角的推荐项，根据数据源的复杂程度不同，推荐数据透视表的数目也不尽相同，在【推荐的数据透视表】对话框左侧单击不同的推荐项，在右侧即可显示出相应的数据透视表预览，如图 32-7 所示。

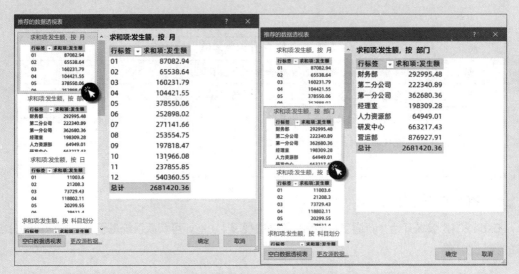

图 32-7　推荐的数据透视表

步骤② 如果希望统计不同科目的费用发生额，可以单击选中【求和项：发生额，按科目划分】，再单击【确定】按钮即可快速创建一张数据透视表，如图 32-8 所示。

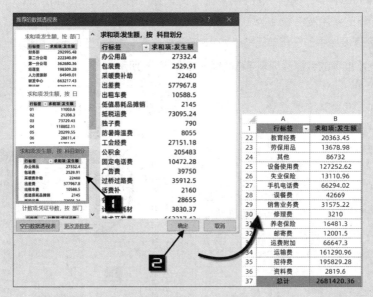

图 32-8　创建数据透视表

32.1.6　数据透视表的结构

数据透视表分为 4 个部分，如图 32-9 所示。

图 32-9　数据透视表结构

32.1.7 数据透视表字段列表

【数据透视表字段】列表中反映了数据透视表的结构，利用它可以向数据透视表内添加字段，或者删除、移动数据透视表中已有的字段，如图 32-10 所示。

⇒ I 打开和关闭【数据透视表字段】列表

在数据透视表中的任意单元格上（如A6）鼠标右击，在弹出的快捷菜单中选择【显示字段列表】命令即可调出【数据透视表字段】列表，如图 32-11 所示。

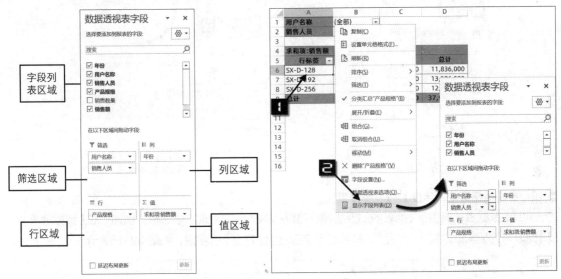

图 32-10 数据透视表字段列表　　　　图 32-11 打开【数据透视表字段】列表

单击数据透视表中的任意单元格（如D6），在【数据透视表分析】选项卡中单击【字段列表】按钮，也可调出或关闭【数据透视表字段】列表，如图 32-12 所示。

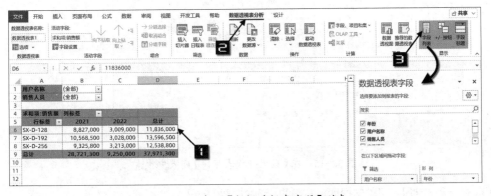

图 32-12 打开【数据透视表字段】列表

【数据透视表字段】列表被调出之后，只要单击数据透视表中的任意单元格就会自动显示。单击【数据透视表字段】列表中的【关闭】按钮可将其关闭。

⇒ II 在【数据透视表字段】列表显示更多字段

如果数据源中的字段较多，在【选择要添加到报表的字段】列表框内将无法完全显示这些字段，需要拖动滚动条查看，影响创建报表的速度，如图 32-13 所示。

单击【选择要添加到报表的字段】列表框右侧的下拉按钮，在下拉菜单中选择【字段节和区域节并排】命令，可展开【选择要添加到报表的字段】列表框内的更多字段，如图 32-14 所示。

图 32-13 【数据透视表字段】
列表内的字段显示不完整

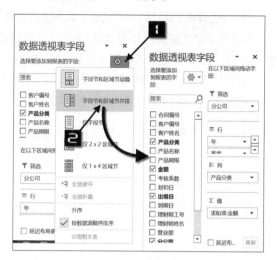

图 32-14 展开【选择要添加到报表的字段】
列表框内的更多字段

◐ III 在【数据透视表字段】列表中搜索

利用【数据透视表字段】列表内的搜索框，可以根据关键字搜索字段名称。例如，在【数据透视表字段】列表内的搜索框内输入"产品"，即可显示全部包含"产品"的字段，如图 32-15 所示。

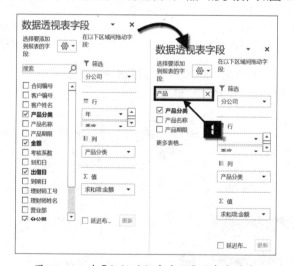

图 32-15 在【数据透视表字段】列表中搜索

如需显示全部字段，可单击搜索框右侧的【清除搜索】按钮 ⊠。

32.2 改变数据透视表的布局

数据透视表创建完成后，可以通过改变数据透视表布局得到新的报表，以实现不同角度的数据分析需求。

32.2.1　启用经典数据透视表布局

如果希望使用早期版本布局样式的数据透视表，可以参照以下步骤。

在已经创建好的数据透视表任意单元格上右击鼠标，在弹出的快捷菜单中选择【数据透视表选项】命令，调出【数据透视表选项】对话框。切换到【显示】选项卡，选中【经典数据透视表布局（启用网格中的字段拖放）】的复选框，单击【确定】按钮，如图 32-16 所示。

设置完成后，数据透视表将切换到 Excel 2003 版本的经典布局，如图 32-17 所示。

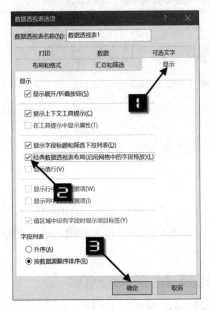

图 32-16　启用【经典数据透视表布局】

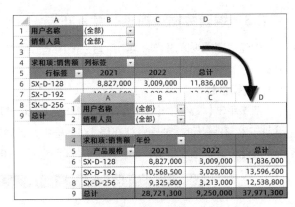

图 32-17　数据透视表经典布局

32.2.2　改变数据透视表的整体布局

在【数据透视表字段】列表中拖动字段按钮，可以重新安排数据透视表的布局。

以图 32-18 所示的数据透视表为例，如果希望调整"销售人员"和"年份"的结构次序，只需在【数据透视表字段】列表中单击"年份"字段，在弹出的扩展菜单中选择【上移】命令即可，如图 32-19 所示。

图 32-18　数据透视表

在【数据透视表字段】列表的不同区域间拖动字段，也可以对数据透视表进行重新布局。

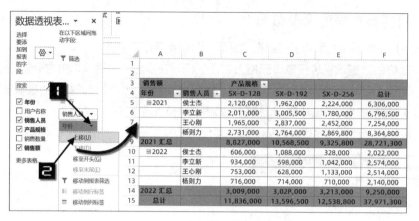

图 32-19 改变数据透视表布局

32.2.3 编辑数据透视表的默认布局

创建数据透视表时，如果希望直接使用符合自己风格的数据透视表布局，可以使用"编辑默认布局"功能。

⊃ I 编辑布局

依次单击【文件】→【选项】命令，调出【Excel选项】对话框。在【数据】选项卡中单击【编辑默认布局】按钮，在弹出的【编辑默认布局】对话框中，针对【小计】【总计】【报表布局】和【空白行】等布局进行个性化设置，依次单击【确定】按钮关闭对话框。如图 32-20 所示。

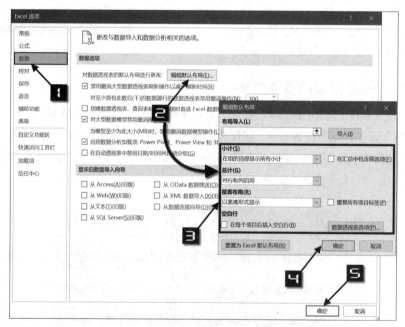

图 32-20 编辑默认布局

设置完成后，再创建的数据透视表将按照自己个性化设置的布局呈现。

⊃ II 布局导入

Excel允许将一个符合分析需要的数据透视表，设置为数据透视表的默认布局。

在【编辑默认布局】对话框中，将光标切换到【布局导入】的编辑框中，单击准备导入默认设置的数据透视表任意单元格（如A7），单击【导入】按钮，此时【编辑默认布局】对话框中的【小计】【总计】【报表布局】和【空白行】等布局已经发生变化，【重复所有项目标签】复选框也会相应变化，依次单击【确定】按钮关闭对话框完成设置。如图 32-21 所示。

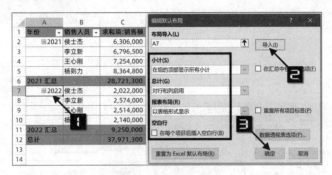

图 32-21　布局导入

32.2.4　数据透视表筛选区域的使用

当字段显示在列区域或行区域时，会显示字段中的所有项。当字段位于报表筛选区域中时，字段中的所有项都成为数据透视表的筛选条件。单击字段右侧的筛选按钮，在弹出的筛选列表中会显示该字段的所有项目，选中其中一项并单击【确定】按钮，数据透视表将根据此项进行筛选，如图 32-22 所示。

如果希望对筛选器字段中的多个项目进行筛选，可参照以下步骤。

单击筛选器字段"销售人员"的下拉按钮，在弹出的下拉列表框中选中【选择多项】复选框，取消选中【（全部）】复选框，依次选中需要显示项目前的复选框，最后单击【确定】按钮，筛选器字段"销售人员"的内容由"（全部）"变为"（多项）"，数据透视表的内容也发生变化，如图 32-23 所示。

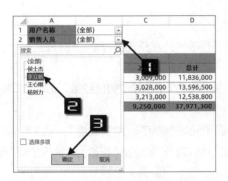

图 32-22　对筛选器字段进行多项选择

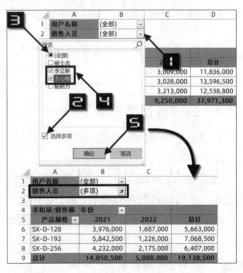

图 32-23　筛选器字段筛选列表中的项目

示例32-2　快速生成每位销售人员的分析报表

如果希望根据图 32-24 所示的数据透视表，生成每位销售人员的独立报表，操作步骤如下。

步骤① 单击数据透视表中的任意单元格（如A6），在【数据透视表分析】选项卡中单击【选项】下拉按钮→【显示报表筛选页】命令，弹出【显示报表筛选页】对话框，如图 32-25 所示。

步骤② 在【显示报表筛选页】对话框中选择【销售人员】字段，单击【确定】按钮就可将"销售人员"的数据分别显示在不同的工作表中，并且按照"销售人员"字段中的项目名称来命名工作表，如图 32-26 所示。

图 32-24 用于显示报表筛选页的数据透视表

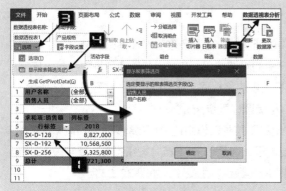

图 32-25 调出【显示报表筛选页】对话框

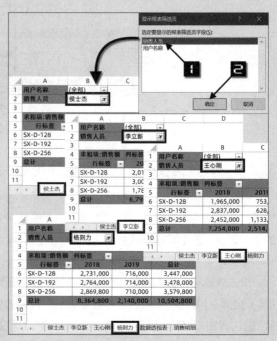

图 32-26 显示报表筛选页

提示 ━━▶ 如果数据透视表的布局中没有设置筛选区域，显示报表筛选页功能将不可用。

32.2.5 整理数据透视表字段

通过整理数据透视表不同区域中的字段，可以对数据透视表的外观样式进行个性化设置。

⇨ I 重命名字段

在值区域添加字段后，Excel 会根据汇总方式对字段标签重命名。例如，"销售数量"变成了"求和项：销售数量"或"计数项：产品规格"等，如图 32-27 所示。

如果要对字段重命名，可单击数据透视表中的字段标题单元格"求和项：销售数量"，输入新标题"数量"按 <Enter> 键即可。同理，分别将"求和项：销售额"和"计数项：产品规格"修改为"销售金额"和"订单数量"，完成后效果如图 32-28 所示。

	A	B	C	D
1	行标签	求和项:销售数量	求和项:销售额	计数项:产品规格
2	侯士杰	48	8,328,000	48
3	李立新	50	9,370,500	49
4	王心刚	51	9,768,000	51
5	杨则力	50	10,504,800	50
6	总计	199	37,971,300	198

图 32-27 自动生成的数据字段名称

	A	B	C	D
1	行标签	数量	销售金额	订单数量
2	侯士杰	48	8,328,000	48
3	李立新	50	9,370,500	49
4	王心刚	51	9,768,000	51
5	杨则力	50	10,504,800	50
6	总计	199	37,971,300	198

图 32-28 对数据透视表数据字段重命名

注意 →

　　数据透视表中的不同字段不能使用相同的名称，默认状态下创建的数据透视表值区域的字段标题名称与数据源中的标题名称也不能相同。否则将会出现错误提示，如图 32-29 所示。

图 32-29　出现同名字段的错误提示

⊃ II　删除字段

　　如需删除数据透视表中不再需要分析显示的字段，可以在【数据透视表字段】列表中单击需要删除的字段，在弹出的快捷菜单中选择【删除字段】命令即可，如图 32-30 所示。

　　此外，在需要删除的数据透视表字段上鼠标右击，在弹出的快捷菜单中选择【删除"字段名"】命令，也可以删除该字段，如图 32-31 所示。

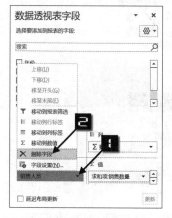

图 32-30　删除数据透视表字段

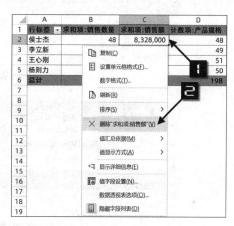

图 32-31　删除数据透视表字段

⊃ III　隐藏字段标题

　　单击数据透视表任意单元格（如 A6），在【数据透视表分析】选项卡中单击【字段标题】切换按钮，可以隐藏或显示数据透视表中的行字段和列字段标题，如图 32-32 所示。

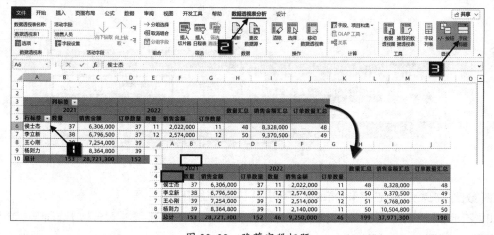

图 32-32　隐藏字段标题

○ IV 活动字段的折叠与展开

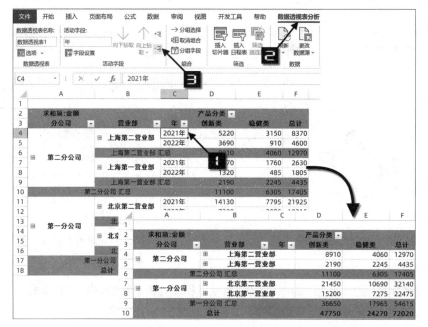

图 32-33 字段折叠前的数据透视表

如果希望在图 32-33 所示的数据透视表中将"年"字段暂时隐藏起来，在需要显示的时候再展开，操作步骤如下。

步骤① 单击数据透视表中的"年"字段的任意单元格（如C4），在【数据透视表分析】选项卡中单击【活动字段】组中的【折叠字段】按钮，将"年"字段折叠隐藏，如图 32-34 所示。

步骤② 单击数据透视表"营业部"字段中的【+】按钮可以展开该项目下的明细数据，如图 32-35 所示。

图 32-34 折叠字段

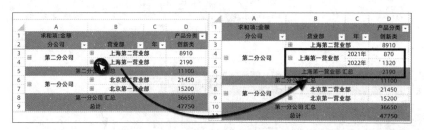

图 32-35 显示指定项目的明细数据

在【数据透视表分析】选项卡中单击【展开字段】按钮可展开所有字段。

如果不希望显示数据透视表中各字段项的【+/-】按钮，可在【数据透视表分析】选项卡中单击【+/-按钮】切换，如图 32-36 所示。

图 32-36 显示或隐藏字段中的【+/- 按钮】

32.2.6 改变数据透视表的报告格式

通过【设计】选项卡中的【布局】命令组，能够改变数据透视表的报告格式。

⮞ Ⅰ 报表布局

数据透视表包括"以压缩形式显示""以大纲形式显示"和"以表格形式显示"3 种报表布局显示形式。默认"以压缩形式显示"，如图 32-37 左 1 数据透视表所示。

如图 32-37 所示，不同报表布局区别如下。

图 32-37 不同报表布局对比

❖ "以压缩形式显示"多个行字段始终从一列中显示。

❖ "以大纲形式显示"介于"压缩形式"和"表格形式"之间，多个行字段以多列显示，但各字段之间根据优先级按不同大纲级别显示。

❖ "以表格形式显示"多个行字段以多列显示，各字段之间不再保持大纲级别，直接以表格形式依次排列。

如果需要将数据透视表报表布局改变为"以表格形式显示"，操作方法如下。

选中数据透视表中的任意单元格（如A4），在【设计】选项卡中依次单击【报表布局】→【以表格形式显示】命令，如图 32-38 所示。

重复以上步骤，也可在【报表布局】下拉菜单中选择【以大纲形式显示】命令，将数据透视表设置为"以大纲形式显示"，效果如图 32-39 所示。

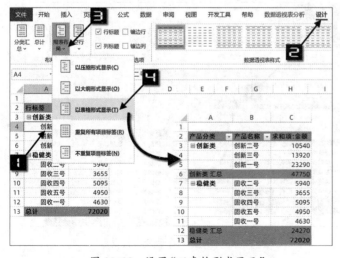

图 32-38 设置"以表格形式显示"

图 32-39 以大纲形式显示的数据透视表

使用【重复所有项目标签】功能，可以将数据透视表行字段中的空白项填充完整。

以图 32-38 所示的以表格形式显示的数据透视表为例，单击数据透视表中的任意单元格（如A9），在【设计】选项卡中单击【报表布局】→【重复所有项目标签】命令，如图 32-40 所示。

选择【不重复项目标签】命令，可以撤销上述操作。

在设置了"合并且居中排列带标签的单元格"布局的数据透视表中，【重复所有项目标签】命令无效，如图 32-41 所示。

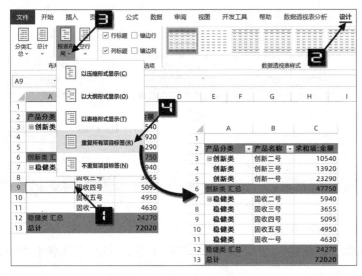

图 32-40　重复所有项目标签　　　　　　　　图 32-41　数据透视表选项

⊃ Ⅱ　分类汇总的显示方式

在图 32-42 所示的数据透视表中，"产品分类"字段应用了分类汇总，如需将分类汇总删除，可使用以下方法。

方法 1：单击数据透视表中的任意单元格（如A9），在【设计】选项卡中依次单击【分类汇总】→【不显示分类汇总】，如图 32-43 所示。

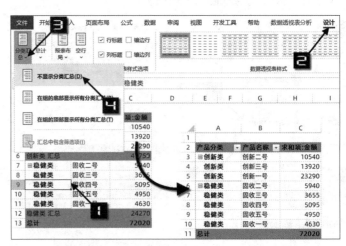

图 32-42　显示分类汇总的数据透视表　　　　图 32-43　设置不显示分类汇总

方法 2：单击数据透视表中"产品分类"列的任意单元格（如A5），在【数据透视表分析】选项卡中单击【字段设置】按钮，弹出【字段设置】对话框。在【分类汇总和筛选】选项卡中单击选中【无】单选按钮，最后单击【确定】按钮关闭对话框，如图 32-44 所示。

方法 3：使用右键快捷菜单。在数据透视表中"产品分类"列的任意单元格上鼠标右击，在弹出的快捷菜单中取消选中【分类汇总"产品分类"】，也可以快速删除分类汇总，如图 32-45 所示。

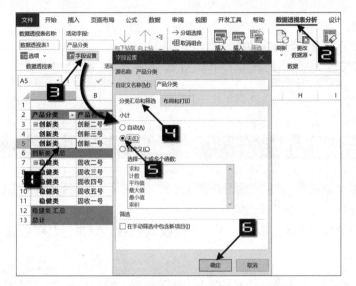

图 32-44　通过【字段设置】对话框设置　　　　　　　图 32-45　在右键菜单中设置

32.3　设置数据透视表的格式

数据透视表创建完成后，还可以进一步的美化。

32.3.1　数据透视表的自动套用格式

在数据透视表的【设计】选项卡的【数据透视表样式】库中提供了数十种表格样式。

单击数据透视表，光标在【数据透视表样式】库的缩略图上悬停，数据透视表即显示相应的预览。单击某种样式，即可将该样式应用于数据透视表。

在【数据透视表样式选项】命令组中还提供了【行标题】【列标题】【镶边行】和【镶边列】设置选项。

【行标题】为数据透视表第一列应用特殊格式。

【列标题】为数据透视表第一行应用特殊格式。

【镶边行】为数据透视表中的奇数行和偶数行分别设置不同的格式。

【镶边列】为数据透视表中的奇数列和偶数列分别设置不同的格式。

镶边列和镶边行的样式变换，如图 32-46 所示。

图 32-46　镶边列和镶边行的样式效果

32.3.2　自定义数据透视表样式

如果希望创建个性化的报表样式，可以通过【新建数据透视表样式】对数据透视表格式进行自定义设置，一旦保存后，便存放于【数据透视表样式】库中，可以在当前工作簿中随时调用。

有关设置自定义样式的内容，请参阅 8.3.2 节。

32.3.3 改变数据透视表中所有单元格的数字格式

如果要改变数据透视表中所有单元格的数字格式，只需选中这些单元格再设置单元格格式即可，操作步骤如下。

步骤① 单击数据透视表中的任意单元格。

步骤② 按<Ctrl+A>组合键，选中除数据透视表筛选器以外的内容。

步骤③ 按<Ctrl+1>组合键，在弹出的【设置单元格格式】对话框中单击【数字】选项卡，设置数字格式。

32.3.4 数据透视表与条件格式

示例32-3 用数据条显示销售情况

如图 32-47 所示，将条件格式中的"数据条"效果应用于数据透视表，可直观展示项目之间的对比情况。"数据条"的长度代表单元格中值的大小。操作步骤如下。

步骤① 单击数据透视表"金额"字段下的任意单元格（如C3），在【数据】选项卡中单击【降序】按钮，完成对金额的降序排序，如图 32-48 所示。

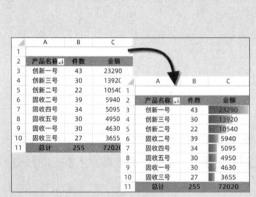

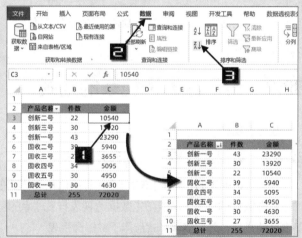

图 32-47 数据透视表与数据条　　　　图 32-48 对数据透视表进行排序

步骤② 选中"金额"字段下的任意单元格（如C3），在【开始】选项卡中单击【条件格式】→【新建规则】命令，如图 32-49 所示。

步骤③ 在弹出的【新建格式规则】对话框中，设置规则应用范围为【所有为"产品名称"显示"金额"值的单元格】，在【格式样式】下拉列表中选择【数据条】，数据条的填充设置为【渐变填充】，颜色为"红色"，单击【确定】按钮关闭对话框完成设置，如图 32-50 所示。

也可以选中C3:C10单元格区域，在【开始】选项卡中依次单击【条件格式】→【数据条】→【渐变填充】的"红色数据条"，如图 32-51 所示。

两种设置方式的区别在于条件格式应用范围不同。当数据透视表中"产品名称"字段内容增减时，前者可依据增减情况自动调整应用范围，后者只应用于C3:C10 单元格区域。

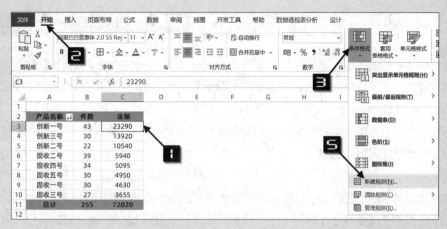

图 32-49 新建规则

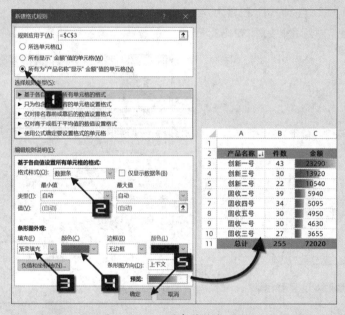

图 32-50 设置条件格式规则

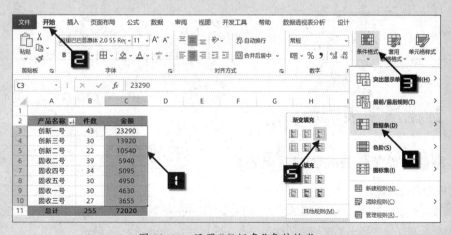

图 32-51 设置"数据条"条件格式

示例32-4 用图标集显示售罄率达成情况

利用条件格式中的"图标集"显示样式，可以快速标识数据透视表的重点数据。在如图 32-52 所示的数据透视表中应用了图标集对"售罄率"字段进行了设置，售罄率高于 70% 显示绿色对号图标，售罄率值低于 50% 显示红色叉号图标，售罄率值在 50%~70%，不显示图标。操作步骤如下。

步骤① 选中"售罄率"字段下的任意单元格（如D3），单击【开始】→【条件格式】→【新建规则】命令，弹出【新建格式规则】对话框。

步骤② 在【新建格式规则】对话框的【规则应用于】中选择【所有为"品牌"显示"售罄率"值的单元格】，在格式样式中选择【图标集】，【根据以下规则显示各个图标】具体设置如下。

【类型】为"数字"→【当值是】为">="→【值】为"0.7"→【图标】选择"绿色复选符号"；

【类型】为"数字"→【当<0.7 且】为">="→【值】为"0.5"→【图标】选择"无单元格图标"；

将最后一个图标，即【当<0.5】，设置为"红色十字"。

单击【确定】按钮完成设置，如图 32-53 所示。

图 32-52　应用"图标集"的数据透视表

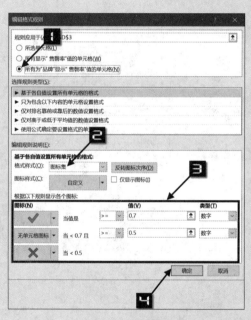

图 32-53　设置图标集

32.4　数据透视表刷新

32.4.1　刷新当前工作簿的数据透视表

⊃Ⅰ　**手动刷新数据透视表**

如果数据透视表的数据源内容发生变化，数据透视表中的结果不会自动刷新，需要在数据透视表的任意单元格鼠标右击，在弹出的快捷菜单中单击【刷新】命令，如图 32-54 所示。

此外，也可以在【数据透视表分析】选项卡中单击【刷新】按钮。

⊃ II 在打开文件时刷新

设置打开文件时刷新数据透视表,操作步骤如下。

步骤① 在数据透视表的任意单元格鼠标右击,在弹出的快捷菜单中选择【数据透视表选项】命令。

步骤② 在弹出的【数据透视表选项】对话框中切换到【数据】选项卡下,选中【打开文件时刷新数据】复选框,最后单击【确定】按钮关闭对话框,如图 32-55 所示。

设置完成后,每当打开工作簿时,工作簿中的数据透视表会自动刷新数据。

图 32-54 手动刷新数据透视表 图 32-55 设置打开文件时刷新数据透视表

⊃ III 刷新有链接的数据透视表

当数据透视表用作其他数据透视表的数据源时,对其中任意一张数据透视表进行刷新,都会对链接在一起的数据透视表同时刷新。

⊃ IV 刷新引用外部数据源的数据透视表

如果数据透视表的数据源是基于对外部数据源的查询,也可以设置在后台刷新。操作步骤如下。

步骤① 单击数据透视表中的任意单元格(如A3),在【数据】选项卡中单击【属性】按钮,弹出【连接属性】对话框。

步骤② 在【连接属性】对话框中单击【使用状况】选项卡,在【刷新控件】区域中选中【允许后台刷新】的复选框,单击确定按钮完成设置,如图 32-56 所示。

在【连接属性】对话框的【使用状

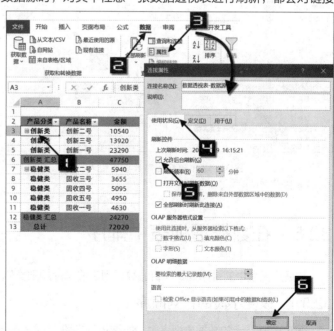

图 32-56 设置允许后台刷新

况】选项卡中选中【刷新频率】复选框，在右侧的微调框内设置刷新频率，能够根据指定的间隔时间刷新。还可以根据需要在【刷新控件】区域选中【打开文件时刷新数据】复选框，如图 32-57 所示。

> 通过【现有连接】按钮或【获取数据】功能引用外部数据源创建的数据透视表，才可调用【连接属性】对话框，否则【数据】选项卡中的【属性】按钮不可用。

图 32-57　其他刷新方式

32.4.2　刷新全部数据透视表

如果要刷新工作簿中的多个数据透视表，可以单击任意数据透视表中的任意单元格，在【数据透视表分析】选项卡中依次单击【刷新】→【全部刷新】命令，如图 32-58 所示。

也可以在【数据】选项卡中单击【全部刷新】按钮，如图 32-59 所示。

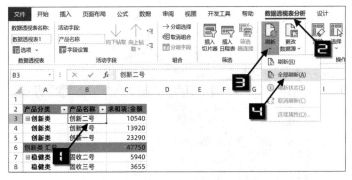

图 32-58　刷新全部数据透视表

图 32-59　通过【数据】选项卡全部刷新

32.5　在数据透视表中排序

数据透视表中的排序规则与普通数据列表的排序规则类似。

32.5.1　改变字段的排列顺序

图 32-60 所示的数据透视表中，如需将行字段"年"移动至"营业部"字段的前方，操作步骤如下。

步骤① 调出【数据透视表字段】列表。

步骤② 在【数据透视表字段】列表中单击【年】字段按钮，在展开的菜单中选择【上移】命令，如图 32-61 所示。

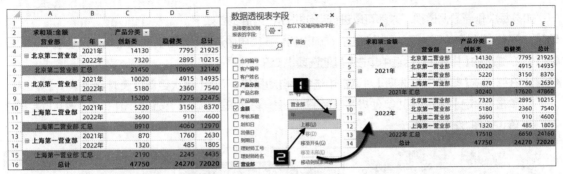

图 32-60　字段排序前的数据透视表　　　　图 32-61　移动数据透视表字段

32.5.2　排序字段项

如果要对图 32-62 所示数据透视表中的行字段"季度"进行升序排列，可单击数据透视表中行字段"季度"的下拉按钮，在弹出的下拉列表中选择【升序】命令，如图 32-63 所示。

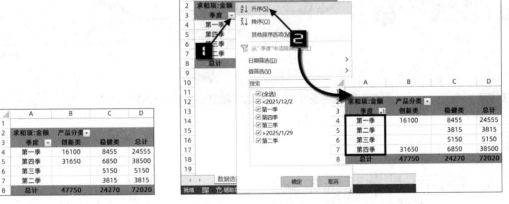

图 32-62　排序前的数据透视表　　　　图 32-63　排序后的数据透视表

32.5.3　按值排序

如果要对图 32-63 所示数据透视表按照"金额"降序排列，操作步骤如下。

步骤① 单击数据透视表值区域中的任意一个单元格（如 B4），在【数据】选项卡中单击【排序】按钮，弹出【按值排序】对话框。

步骤② 在【按值排序】对话框中，【排序选项】选择【降序】，【排序

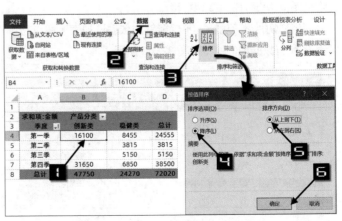

图 32-64　按值排序数据透视表

方向】选择【从上到下】，单击【确定】按钮完成排序设置，如图 32-64 所示。

32.5.4 设置字段自动排序

如需每次刷新数据透视表时都可以进行自动排序，设置步骤如下。

步骤① 在数据透视表行字段上鼠标右击，在弹出的快捷菜单中选择【排序】→【其他排序选项】。

步骤② 在弹出的【排序】对话框中单击【其他选项】按钮。

步骤③ 在弹出的【其他排序选项】对话框中选中【自动排序】下的【每次更新报表时自动排序】复选框，单击【确定】按钮关闭【其他排序选项】对话框，再次单击【确定】按钮关闭【排序】对话框完成设置，如图 32-65 所示。

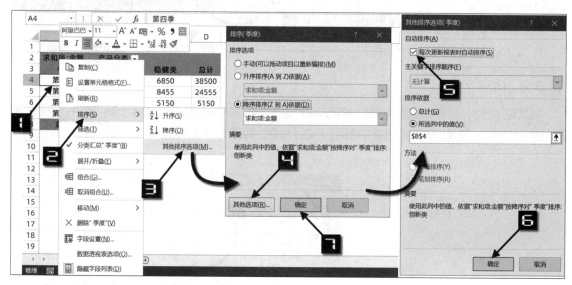

图 32-65 设置数据透视表自动排序

32.6 使用切片器筛选数据

默认情况下，在数据透视表中进行筛选后，如果需要查看是对哪些数据项进行的筛选，需要单击该字段按钮，从展开的菜单中查看。

使用"切片器"功能，不仅能够对数据透视表字段进行筛选操作，还可以直观地在切片器内查看该字段的所有数据项信息，如图 32-66 所示。

图 32-66 切片器

数据透视表的切片器是一种图形化的筛选方式，单独为数据透视表中的每个字段创建一个选取器，浮动于数据透视表之上。通过对选取器的字段进行筛选，实现了比字段下拉列表筛选按钮更加方便灵活的筛选功能。共享后的切片器还可以应用到其他数据透视表中，实现多个数据透视表联动。切片器的结构如图 32-67 所示。

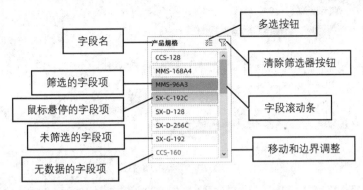

图 32-67 切片器结构

32.6.1 为数据透视表插入切片器

示例32-5 为数据透视表插入切片器

如果希望在图 32-68 所示的数据透视表中插入"年份"和"用户名称"字段的切片器,操作步骤如下。

步骤① 单击数据透视表中的任意单元格,在【数据透视表分析】选项卡中单击【插入切片器】按钮,弹出【插入切片器】对话框。

步骤② 在【插入切片器】对话框内分别选中"年份"和"用户名称"字段名复选框,单击【确定】按钮,如图 32-69 所示。

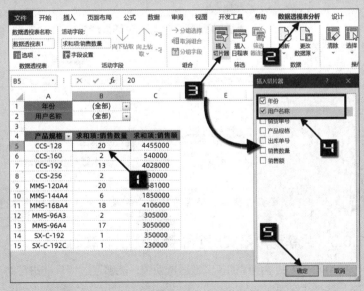

图 32-68 数据透视表   图 32-69 插入切片器

分别选择切片器【年份】和【用户名称】中的字段项,数据透视表会显示出对应的筛选结果,如图 32-70 所示。

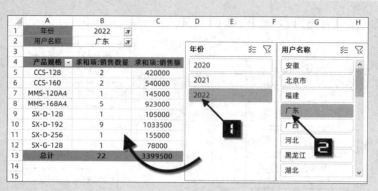

图 32-70　筛选切片器

此外，单击数据透视表任意单元格，在【插入】选项卡中单击【切片器】按钮，也可以调出【插入切片器】对话框，如图 32-71 所示。

图 32-71　【插入】选项卡中的【切片器】按钮

32.6.2　筛选多个字段项

单击切片器右上角的【多选】按钮，可在列表中执行多项筛选，如图 32-72 所示。

图 32-72　切片器的多项筛选

提示 → 数据透视表数据源中的每个字段都允许使用切片器进行筛选。

32.6.3　共享切片器实现多个数据透视表联动

使用同一数据源创建的多个数据透视表，能够通过切片器进行联动筛选，每当筛选切片器内的字段项时，多个数据透视表同时刷新，显示出同一筛选条件下的不同分析角度的分析结果。

示例32-6　多个数据透视表联动

如图 32-73 所示，3 个数据透视表为同一数据源创建，希望使用切片器同时控制筛选"年份"字段，操作步骤如下。

步骤① 在任意一个数据透视表中插入"年份"字段的切片器。

步骤② 单击【年份】切片器的空白区域选中切片器，在【切片器】选项卡中单击【报表连接】按钮，调出【数据透视表连接(年份)】对话框，分别选中"数据透视表 2"和"数据透视表 3"复选框，最后单击【确定】按钮完成设置，如图 32-73 所示。

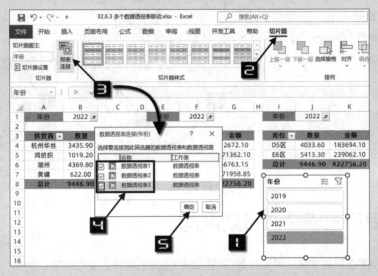

图 32-73　设置报表连接

在【年份】切片器内选择"2020"字段项后，所有数据透视表都显示出 2020 年的数据，如图 32-74 所示。

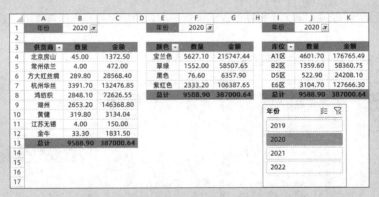

图 32-74　多个数据透视表联动

此外，在【年份】切片器的任意区域鼠标右击，在弹出的快捷菜单中选择【报表连接】命令，也可以调出【数据透视表连接(年份)】对话框。

 提示 共享切片器只能应用在相同数据源创建的多个数据透视表中。

32.6.4　清除切片器的筛选器

如需清除切片器的筛选，有以下几种方法。

❖ 单击切片器右上角的【清除筛选器】按钮。

❖ 单击切片器，按 <Alt+C> 组合键。

❖ 在切片器内鼠标右击，在弹出的快捷菜单中选择【从"字段名"中清除筛选器】命令，如图 32-75 所示。

32.6.5 删除切片器

在切片器内鼠标右击，在弹出的快捷菜单中选择【删除"字段名"】命令可以删除切片器，如图 32-76 所示。

图 32-75　清除筛选器

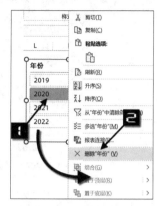

图 32-76　删除切片器

32.7　使用日程表筛选日期区间

如果数据源中存在日期字段，可以在数据透视表中插入日程表，实现按年、季度、月和日的分析。

示例32-7　利用日程表分析各门店不同时期商品的销量

图 32-77 展示了某公司不同上市日期商品的销售情况，如果希望插入日程表进行数据分析，操作步骤如下。

步骤① 创建如图 32-78 所示的数据透视表。

	A	B	C	D	E	F	G	H	I	J
1	商品名称	性别名	风格名	款式名	上市日期	大类名	季节名	商店名	颜色名	数
322	红包袱皮	其他	中式传统	特色棉服	2019/6/23	服配	常年	门店2	红色	1
323	红包袱皮	其他	中式传统	特色棉服	2019/6/23	服配	常年	门店3	红色	1
324	红包袱皮	其他	中式传统	特色棉服	2019/6/23	服配	常年	门店5	红色	4
325	红包袱皮	其他	中式传统	特色棉服	2019/6/23	服配	常年	门店1	红色	1
326	织锦缎女夹	女	中式传统	夹衣	2019/9/14	夹衣	秋	门店3	2号色	1
327	织锦缎女夹	女	中式传统	夹衣	2019/9/14	夹衣	秋	门店5	3号色	1
328	织锦缎短旗袍-4	女	中式传统	旗袍	2020/9/11	旗袍	常年	门店1	金色	1
329	重磅真丝男连半袖	男	中式传统	半袖衬衫	2020/4/17	单衣	夏	门店5	绿色	1
330	金毛长大衣	女	现代	大衣	2017/8/2	夹衣	常年	门店5	红色	2
331	香云纱男便服裤	男	中式传统	长裤	2019/6/23	下装	夏	门店1	黑色	1
332	高档双铺双盖	其他	中式传统	特色棉服	2019/6/23	服配	常年	门店3	黄色	1
333	高档男羊绒大衣	男	现代	大衣	2021/9/23	夹衣	常年	门店3	兰色	1
334	高档男羊绒大衣	男	现代	大衣	2021/9/23	夹衣	常年	门店5	兰色	1

图 32-77　商品销售情况

图 32-78　创建数据透视表

步骤② 单击数据透视表中的任意单元格，在【数据透视表分析】选项卡中单击【插入日程表】按钮，在弹出的【插入日程表】对话框中选中【上市日期】复选框，最后单击【确定】按钮完成设置，如图 32-79 所示。

步骤③ 单击日程表的【月】下拉按钮，在下拉列表中选择"年"，即可更改为按年显示的日程表。同时，分别单击"2020"和"2021"可以查看不同年份各门店货品的销量，如图 32-80 所示。

此外，单击日程表的"年"下拉按钮，在下拉列表中选择"季度"或"月""日"，可以分别按不同时间段统计各门店货品的销量，如图 32-81 所示。

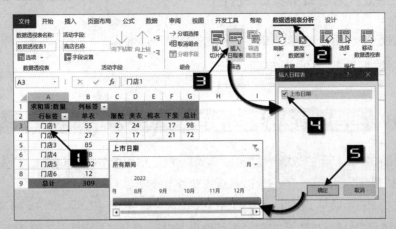

图 32-79 插入日程表

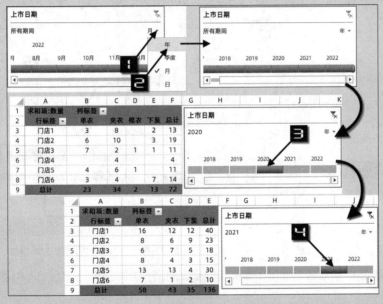

图 32-80 使用日程表筛选的数据透视表

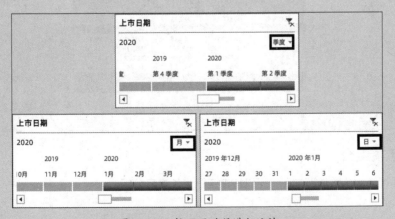

图 32-81 按不同时段进行统计

32.8 数据透视表的项目组合

使用数据透视表的分组功能，能够以多种分组方式进行分类汇总。

32.8.1 组合数据透视表的指定项

示例32-8 组合数据透视表的指定项

如果希望在图 32-82 所示的数据透视表中，将销售途径为"国内市场""送货上门""网络销售""邮购业务"的所有销售数据组合在一起，并称为"国内业务"，操作步骤如下。

步骤① 同时选中"国内市场""送货上门""网络销售""邮购业务"行字段项，即 A5:A8 单元格区域。

步骤② 在【数据透视表分析】选项卡中单击【分组选择】按钮。数据透视表将创建新的字段标题，并自动命名为"销售途径 2"，并且将选中的项组合到新命名的"数据组 1"中，如图 32-83 所示。

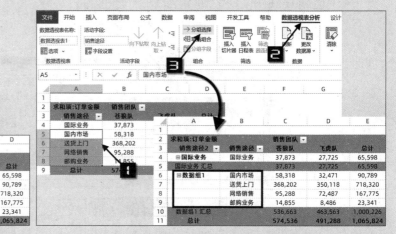

图 32-82 组合前的数据透视表　　　　图 32-83 对所选字段项进行分组

步骤③ 单击"数据组 1"所在单元格（如 A6），输入新的名称"国内业务"，如图 32-84 所示。

图 32-84 创建指定项的组合

32.8.2 数字项组合

对于数据透视表中的数值型字段，可以按指定的步长进行分组。

示例32-9 按金额区间统计投资笔数

如果希望将图 32-85 所示的数据透视表中的行字段"金额"以 100 万元为区间统计各金额区间的投资笔数，操作步骤如下。

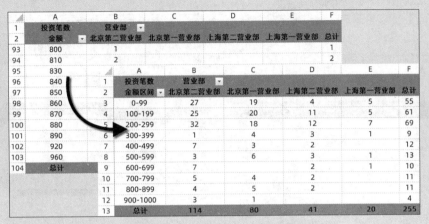

图 32-85 按金额区间统计投资笔数

步骤① 在数据透视表中的"金额"字段任意单元格鼠标右击，在弹出的快捷菜单中单击【组合】命令，调出【组合】对话框，如图 32-86 所示。

步骤② 分别在【组合】对话框中【起始于】和【终止于】文本框输入"0"和"1000"，【步长】文本框输入"100"，单击【确定】按钮完成对"金额"字段的自动组合。

步骤③ 单击"金额"所在单元格（如A2），输入新的名称"金额区间"，如图 32-87 所示。

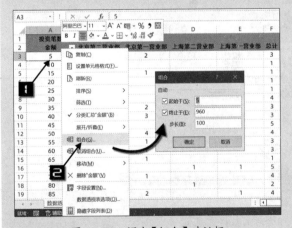

图 32-86 调出【组合】对话框

图 32-87 设置"金额"字段自动组合

 提示 →

> 数值型数据进行组合时，【组合】对话框中的【起始于】和【终止于】会默认为该字段中的最小值和最大值，本例中为"5"和"960"。本例中使用自定义的【起始于】和【终止于】数值，以使分段更加规整。

32.8.3 按日期或时间项组合

图 32-88 所示的数据透视表显示了按订单日期统计的报表，如需对日期项进行分组，操作步骤如下。

步骤① 单击数据透视表"到期日"字段任意单元格，在【数据透视表分析】选项卡中单击【分组选择】按钮，弹出【组合】对话框，如图 32-89 所示。

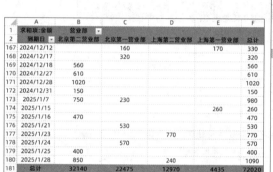

图 32-88 未组合日期字段项的数据透视表

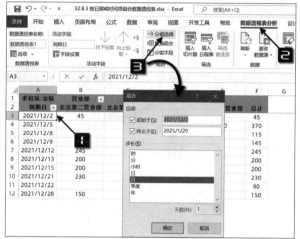

图 32-89 创建组

步骤② 在【组合】对话框中，保持【起始于】和【终止于】默认设置，在【步长】列表框中同时选中"月"和"年"，单击【确定】按钮完成设置，如图 32-90 所示。

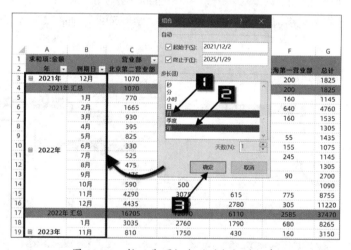

图 32-90 按日期项组合后的数据透视表

提示　如果数据源中有多个年份的数据，假如在【组合】对话框中不选择步长"年"，汇总结果为多个年份同一月份或同一季度的总和。

32.8.4 取消项目组合

如果不再需要已经创建好的某个组合，可以在组合字段上鼠标右击，在弹出的快捷菜单中选择【取消组合】命令，将字段恢复到组合前的状态，如图 32-91 所示。

图 32-91　取消项目组合

32.8.5　组合字段时遇到的问题

当试图对日期或时间字段进行分组时，可能会弹出"选定区域不能分组"的错误信息警告，如图 32-92 所示。

图 32-92　选定区域不能分组

导致分组失败的主要原因：一是组合字段的数据类型不一致；二是日期数据格式不正确；三是数据源引用失效。可以参阅以下方法处理这些问题。

❖ 日期字段包含文本内容。检查该字段中的文本内容，修改为正确的日期数据，然后刷新数据透视表。
❖ 日期数据格式不正确。检查修改数据源中日期字段格式，然后刷新数据透视表。
❖ 数据源引用失效。更改数据透视表的数据源，重新划定数据透视表的数据区域。

32.9　在数据透视表中执行计算

在默认状态下，数据透视表对值区域中的数值字段使用"求和"方式汇总，对非数值字段则使用"计数"方式汇总。除此之外，还包括"平均值""最大值""最小值"和"乘积"等多种汇总方式。

如果要设置汇总方式，可在数据透视表数据区域相应字段的单元格上（如C2）鼠标右击，在弹出的快捷菜单中单击【值字段设置】，弹出【值字段设置】对话框，选择要采用的汇总方式，最后单击【确定】按钮完成设置，如图 32-93 所示。

此外，也可以在弹出的右键快捷菜单中选择【值汇总依据】，在扩展菜单中选择要采用的汇总方式，如图 32-94 所示。

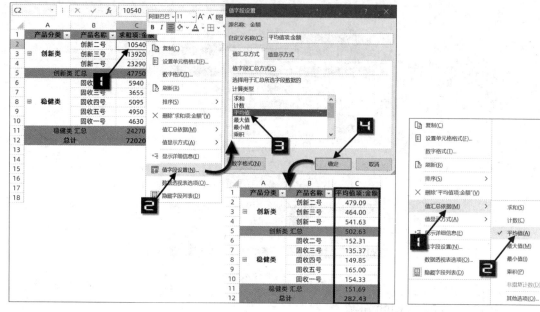

图 32-93　设置数据透视表值汇总方式　　　　　图 32-94　设置数据透视表值汇总方式

32.9.1　对同一字段使用多种汇总方式

在【数据透视表字段】列表内将同一字段多次添到值区域中，并利用【值字段设置】对话框分别选择不同的汇总方式，可以对该字段同时使用多种汇总方式。

32.9.2　利用数据模型实现非重复计数

图 32-95 所示是利用常规方法生成数据透视表得出各营业部的销售件数，同一客户投资多笔的记录被重复统计。例如，"上海第一营业部"共有 20 笔投资，但存在相同的"客户编号"多笔投资的情况（如客户编号"K00069"），并不能反映各营业部在投的客户数量。

行标签	计数项:客户编号		合同编号	客户编号	客户姓名	营业部	分公司
北京第二营业部	114		TZ00008	K00069	童猛	上海第一营业部	第二分公司
北京第一营业部	80		TZ00016	K00035	解宝	上海第一营业部	第二分公司
上海第二营业部	41		TZ00020	K00069	童猛	上海第一营业部	第二分公司
上海第一营业部	20		TZ00032	K00069	童猛	上海第一营业部	第二分公司
总计	255		TZ00034	K00096	李立	上海第一营业部	第二分公司
			TZ00053	K00029	阮小五	上海第一营业部	第二分公司
			TZ00054	K00059	扈三娘	上海第一营业部	第二分公司
			TZ00069	K00029	阮小五	上海第一营业部	第二分公司
			TZ00089	K00069	童猛	上海第一营业部	第二分公司
			TZ00100	K00044	单廷珪	上海第一营业部	第二分公司
			TZ00124	K00059	扈三娘	上海第一营业部	第二分公司
			TZ00134	K00069	童猛	上海第一营业部	第二分公司
			TZ00149	K00096	李立	上海第一营业部	第二分公司
			TZ00186	K00096	李立	上海第一营业部	第二分公司
			TZ00194	K00059	扈三娘	上海第一营业部	第二分公司
			TZ00196	K00044	单廷珪	上海第一营业部	第二分公司
			TZ00218	K00059	扈三娘	上海第一营业部	第二分公司
			TZ00222	K00059	扈三娘	上海第一营业部	第二分公司
			TZ00223	K00060	鲍旭	上海第一营业部	第二分公司
			TZ00232	K00060	鲍旭	上海第一营业部	第二分公司

图 32-95　常规方法统计的销售件数

示例32-10　统计各营业部在投客户数量

利用"数据模型"创建数据透视表，对"客户编号"进行"非重复计数"，可以统计出客户数量，操作步骤如下。

步骤① 选中数据源中的任意一个单元格，如B3 单元格，依次单击【插入】→【数据透视表】命令，在弹出的【创建数据透视表】对话框中选中【将此数据添加到数据模型】复选框，单击【确定】按钮，如图 32-96 所示。

调整数据透视表字段布局，创建如图 32-97 所示的数据透视表。

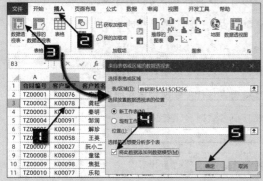

图 32-96　将数据添加到数据模型

图 32-97　创建数据透视表

步骤② 在"以下项目的计数:客户编号"字段标题上单击鼠标右键，在弹出的快捷菜单中选择【值字段设置】命令，弹出【值字段设置】对话框。切换到【值汇总方式】选项卡，选择【非重复计数】选项，单击【确定】按钮关闭对话框，如图 32-98 所示。

步骤③ 修改"以下项目的非重复计数:客户编号"字段标题为"在投客户数量"，最终完成的数据透视表如图 32-99 所示。

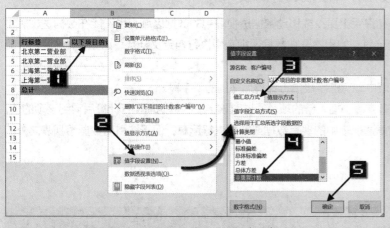

图 32-98　设置值汇总方式为"非重复计数"

图 32-99　不重复计数的数据透视表

通过以上数据透视表可以看出，"上海第一营业部"实际在投客户数量为 7 个。

32.9.3 自定义数据透视表的数据显示方式

在右键快捷菜单中设置值显示方式，能够实现更多的计算要求。有关数据透视表值显示方式的简要说明，如表 32-2 所示。

表 32-2 值显示方式描述

选项	功能描述
无计算	值区域字段显示为数据源中的原始数据
总计的百分比	值区域字段分别显示为每个数据项占该列和行所有项总和的百分比
列汇总的百分比	值区域字段显示为每个数据项占该列所有项总和的百分比
行汇总的百分比	值区域字段显示为每个数据项占该行所有项总和的百分比
百分比	值区域显示为基本字段和基本项的百分比
父行汇总的百分比	值区域字段显示为每个数据项占该列父级项目总和的百分比
父列汇总的百分比	值区域字段显示为每个数据项占该行父级项目总和的百分比
父级汇总的百分比	值区域字段显示为每个数据项占该列和该父级项目总和的百分比
差异	值区域字段显示为与指定的基本字段和基本项的差值
差异百分比	值区域字段显示为与指定的基本字段项的差异百分比
按某一字段汇总	值区域字段显示为基本字段项的汇总
按某一字段汇总的百分比	值区域字段显示为基本字段项的汇总百分比
升序	值区域字段显示为按升序排列的序号
降序	值区域字段显示为按降序排列的序号
指数	使用公式：[（单元格的值）×（总体汇总之和）]/[（行汇总）×（列汇总）]

32.9.4 在数据透视表中使用计算字段和计算项

数据透视表创建完成后，不允许手工更改或移动数据透视表中的数据区域，也不能在数据透视表中直接插入单元格或添加公式进行计算。如果需要在数据透视表中执行自定义计算，必须使用"添加计算字段"或"添加计算项"功能。

计算字段是通过对数据透视表中现有的字段执行计算后得到的新字段。

计算项是在数据透视表的现有字段中插入新的项，通过对该字段的其他项执行计算后得到该项的值。

计算字段和计算项可以对数据透视表中的现有数据或常量进行运算，但无法引用数据透视表之外的工作表数据。

➲ I 创建计算字段

示例32-11 创建销售人员提成计算字段

图 32-100 展示了一张由销售订单数据列表所创建的数据透视表，如果希望根据销售人员业绩计算奖金提成，可以通过添加计算字段的方法来完成，操作步骤如下。

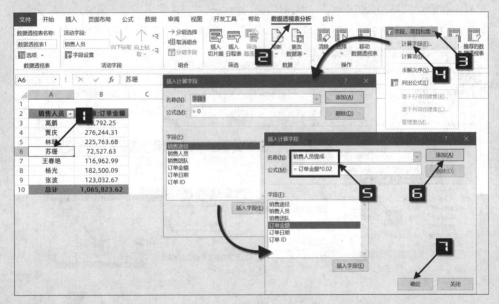

图 32-100　创建销售人员提成计算字段

步骤① 单击数据透视表列字段下的任意单元格（如 A6），在【数据透视表分析】选项卡中依次单击【字段、项目和集】→【计算字段】命令，打开【插入计算字段】对话框。

步骤② 在【插入计算字段】对话框的【名称】编辑框内输入"销售人员提成"，将光标定位到【公式】编辑框中，清除原有的公式"=0"。双击【字段】列表中的"订单金额"字段，然后输入"*0.02"（销售人员提成比例按 2% 计算），得到计算"销售人员提成"的公式，如图 32-101 所示。

图 32-101　插入计算字段

步骤③ 单击【添加】按钮，最后单击【确定】按钮关闭对话框。此时，数据透视表中新增了一个字段"销售人员提成"，计算结果为"订单金额"乘以 2%，如图 32-102 所示。

	A	B	C
1			
2	销售人员	求和项:订单金额	求和项:销售人员提成
3	高鹏	68,792.25	1,375.85
4	贾庆	276,244.31	5,524.89
5	林明	225,763.68	4,515.27
6	苏珊	72,527.63	1,450.55
7	王春艳	116,962.99	2,339.26
8	杨光	182,500.09	3,650.00
9	张波	123,032.67	2,460.65
10	总计	1,065,823.62	21,316.47

图 32-102　添加计算字段后的数据透视表

⊃ II 添加计算项

示例32-12 通过添加计算项进行预算差额分析

如图 32-103 展示了一张由费用预算额与实际发生额明细表创建的数据透视表，在这张数据透视表的列区域中是"费用属性"字段，其中包含"实际发生额"和"预算额"两个项目，如果希望得到各个科目费用的"实际发生额"与"预算额"之间的差异，可以通过添加计算项的方法来完成。操作步骤如下。

	A	B	C
1			
2	求和项:金额	列标签 ▼	
3	行标签 ▼	实际发生额	预算额
4	办公用品	27,332.40	26,600.00
5	出差费	577,967.80	565,000.00
6	固定电话费	10,472.28	10,000.00
7	过桥过路费	35,912.50	29,500.00
8	计算机耗材	3,830.37	4,300.00
9	交通工具消耗	61,133.44	55,000.00
10	手机电话费	66,294.02	60,000.00
11	总计	782,942.81	750,400.00

图 32-103　需要创建自定义计算项的数据透视表

步骤① 单击数据透视表列区域的字段标题单元格（如 C3），在【数据透视表分析】选项卡中依次单击【字段、项目和集】→【计算项】命令，打开【在"费用属性"中插入计算字段】对话框。

步骤② 在【在"费用属性"中插入计算字段】对话框内的【名称】编辑框中输入"差额"，把光标定位到公式框中，清除原有的公式"=0"，单击【字段】列表框中的【费用属性】选项，接着双击右侧【项】列表框中的"实际发生额"选项，然后输入"–"（减号），再双击【项】列表框中的"预算额"选项，得到计算"差额"的公式，如图 32-104 所示。

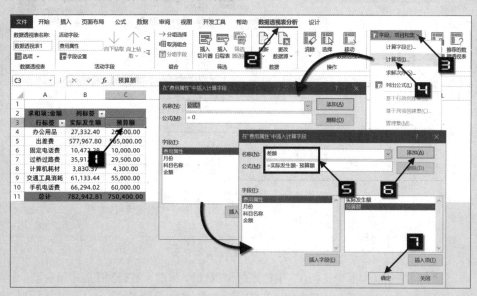

图 32-104　添加"差额"计算项

	A	B	C	D
1				
2	求和项:金额	列标签 ▼		
3	行标签 ▼	实际发生额	预算额	差额
4	办公用品	27,332.40	26,600.00	732.40
5	出差费	577,967.80	565,000.00	12,967.80
6	固定电话费	10,472.28	10,000.00	472.28
7	过桥过路费	35,912.50	29,500.00	6,412.50
8	计算机耗材	3,830.37	4,300.00	-469.63
9	交通工具消耗	61,133.44	55,000.00	6,133.44
10	手机电话费	66,294.02	60,000.00	6,294.02
11	总计	782,942.81	750,400.00	32,542.81

图 32-105　添加"差额"计算项后的数据透视表

步骤③ 单击【添加】按钮，最后单击【确定】按钮关闭对话框。此时数据透视表的列字段区域中已经插入了一个新的项目"差额"，其数值为"实际发生额"项的数据与"预算额"项的差值，如图 32-105 所示。

在包含计算项的数据透视表中，行"总计"将汇总所有的行项目，包括新添加的计算项（如本例中的"差额"项）。因此其结果不再具有实际意义，可通过设置去掉"总计"项。

> **提示** → 　　添加计算项时，需要先单击选中对应字段中某一项的字段标题，否则【计算项】按钮为灰色不可用状态。

32.10　使用透视表函数获取数据透视表数据

GETPIVOTDATA 函数用来返回存储在数据透视表中的可见数据。

该函数语法如下：

```
GETPIVOTDATA(data_field, pivot_table, [field1, item1, field2, item2], ...)
```

其中参数 data_field 表示包含要检索数据的字段名称，其格式必须是以成对双引号输入的文本字符串。

参数 pivot_table 用于引用数据透视表中的单元格。

参数 field1, item1, field2, item2 可以是单元格引用或常量文本字符串，主要用于描述检索数据字段名称及项的名称。

如果参数为数据透视表中不可见或不存在的字段，则 GETPIVOTDATA 函数将返回错误值 #REF!。

示例32-13　使用GETPIVOTDATA函数从数据透视表中检索相关数据

　　图 32-106 是一张销售数据汇总数据透视表，展示的是两个分公司各产品的销售金额汇总情况。

（1）要获取销售总量的数据 72020，可在 E3 单元格输入以下公式：

```
=GETPIVOTDATA(" 金额 ",$A$1)
```

公式中仅指定检索字段 data_field，GETPIVOTDATA 函数将直接返回该字段的汇总数。

（2）要获取第一分公司的销售金额 54615，可在 E5 单元格输入以下公式：

图 32-106　使用透视表函数获取数据透视表中的数据

```
=GETPIVOTDATA(" 金额 ",$A$1," 分公司 "," 第一分公司 ")
```

该公式返回"分公司"字段中项目为"第一分公司"的金额汇总数。

（3）要获取第二分公司创新一号的销售金额 5380，可在 E7 单元格输入以下公式：

```
=GETPIVOTDATA(" 金额 ",$A$1," 产品名称 "," 创新一号 "," 分公司 "," 第二分公司 ")
```

（4）要获取创新二号的销售总金额，在 E9 单元格输入以下公式：

32 章

```
=GETPIVOTDATA(" 金额 ",$A$1," 产品名称 "," 创新二号 ")
```

该公式结果返回错误值 #REF!，原因是在当前数据透视表中没有创新二号金额的汇总结果。

32.11　创建动态数据透视表

如果数据源增加了新的行或列，即使刷新数据透视表，新增的数据仍无法出现在数据透视表中。通过为数据源定义名称或使用数据列表功能，能够为数据透视表提供可扩展的数据源。

32.11.1　定义名称法创建数据透视表

示例32-14　**定义名称法创建动态扩展的数据透视表**

在图 32-107 所示的销售明细表中，定义名称"data"，公式为：

```
=OFFSET( 销售明细表 !$A$1,0,0,COUNTA( 销售明细表 !$A:$A),COUNTA( 销售明细
表 !$1:$1))
```

有关定义名称的相关介绍请参阅 12.8 节。

将定义名称应用于数据透视表的操作步骤如下。

步骤① 在【插入】选项卡中单击【数据透视表】按钮，在弹出的【来自表格或区域的数据透视表】对话框中【表/区域】编辑框中输入已经定义的名称"data"，单击【确定】按钮，如图 32-108 所示。

图 32-107　销售明细表

图 32-108　将定义名称用于数据透视表

步骤② 在【数据透视表字段】列表中调整布局。

此时，如果在数据源的销售明细表中添加新记录，如新增一条"销售地区"为"河北""销售人员"为"小奇"的记录，通过右键快捷菜单【刷新】数据透视表，即可显示新增的数据记录，如图 32-109 所示。

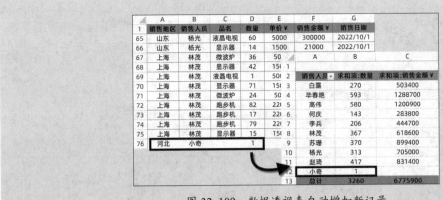

图 32-109　数据透视表自动增加新记录

32.11.2　使用"表格"功能创建动态数据透视表

利用表格的自动扩展特性可以创建动态的数据透视表，使用外部数据源创建的数据透视表也都具有动态特性。

32.12　利用多种形式的数据源创建数据透视表

32.12.1　创建复合范围的数据透视表

可以使用来自同一工作簿的不同工作表或不同工作簿中的数据，来创建数据透视表，前提是它们结构完全相同。在创建好的数据透视表中，每个源数据区域均显示为页字段中的一项。使用页字段上的筛选按钮，可以在数据透视表中显示不同数据源的汇总结果。

⇒Ⅰ　创建单页字段的数据透视表

示例32-15　创建单页字段的数据透视表

图 32-110 展示了同一个工作簿中的三张数据列表，记录了某公司业务人员各季度的销售数据，分别位于"1 季度""2 季度"和"3 季度"工作表中。

要对图 32-110 所示的"1 季度""2 季度"和"3 季度"3 个数据列表进行合并计算并生成数据透视表，操作步骤如下。

步骤① 依次按下 <Alt>、<D> 和 <P> 键，调出【数据透视表和数据透视图向导—步骤1（共3

图 32-110　可以进行合并计算的同一工作簿中的 3 张工作表

619

步）】对话框，选中【多重合并计算数据区域】单选按钮，单击【下一步】按钮调出【数据透视表和数据透视图向导—步骤 2a（共 3 步）】对话框，选中【创建单页字段】单选按钮，单击【下一步】按钮，如图 32-111 所示。

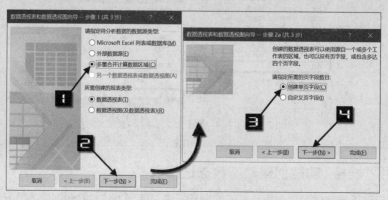

图 32-111　选择多重合并计算数据区域选项

步骤② 在弹出的【数据透视表和数据透视图向导—第 2b 步，共 3 步】对话框中单击【选定区域】文本框右侧的折叠按钮，使用鼠标选取"1 季度"工作表的 A1:E15 单元格区域，再次单击折叠按钮，【选定区域】文本框中出现了待合并的数据区域"'1 季度'!$A$1:$E$15"，单击【添加】按钮，如图 32-112 所示。

步骤③ 重复步骤 2 的操作，将"2 季度""3 季度"工作表中的数据列表依次添加到"所有区域"列表中，如图 32-113 所示。

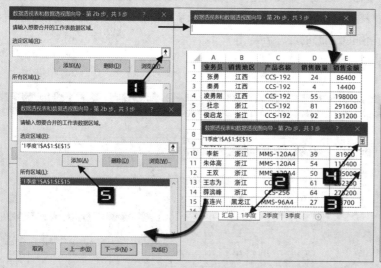

图 32-112　添加第一个数据区域　　　　图 32-113　添加所有数据区域

注意　　在指定数据区域进行合并计算时，要包括待合并数据列表中的行标题和列标题，但是不要包括汇总数据，数据透视表会自动计算数据的汇总。

步骤④ 单击【下一步】按钮，在弹出的【数据透视表和数据透视图向导—步骤 3（共 3 步）】对话框中选中【现有工作表】单选按钮，将数据透视表的创建位置指定为"汇总!$A$3"单元格，然后单击【完成】按钮，结果如图 32-114 所示。

步骤⑤ 在数据透视表"计数项：值"字段上鼠标右击，在弹出的快捷菜单中选择【值汇总依据】为【求和】。

步骤⑥ 单击【列标签】B3 单元格的筛选按钮，取消选中筛选列表中的【产品名称】【销售地区】复选框，然后单击【确定】按钮。

步骤⑦ 删除无意义的行总计，最终完成的数据透视表如图 32-115 所示。

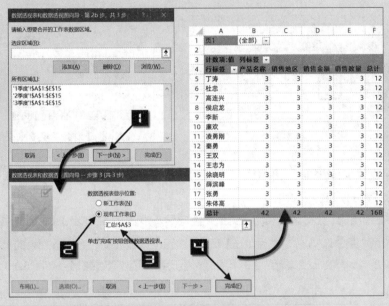

图 32-114　多重合并计算数据区域的数据透视表

图 32-115　最终的统计结果

● II　创建自定义页字段的数据透视表

创建"自定义"的页字段，就是事先为待合并的多重数据源命名，在创建好的数据透视表页字段的下拉列表中会出现由用户命名的选项。

示例32-16　创建自定义页字段的数据透视表

仍以图 32-110 所示的同一工作簿中的三张数据列表为例，创建自定义页字段的数据透视表的方法与单字段类似，区别在于步骤 2a 时，选中【自定义页字段】单选按钮，如图 32-116 所示。

操作步骤如下。

步骤① 在【数据透视表和数据透视图向导—第 2b 步，共 3 步】对话框中单击【选定区域】文本框的折叠按钮，选定工作表"1 季度"的A1:E15 单元格区域，单击【添加】按钮完成第一个合并区域的添加，选择"页字段数目"为"1"，在【字段 1】正文的下拉列表框中输入"1 季度"，如图 32-117 所示。

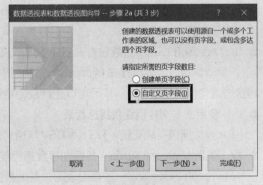

图 32-116　选中【自定义页字段】

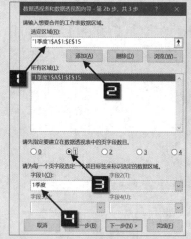

图 32-117　编辑自定义字段　　　图 32-118　编辑自定义页字段　　图 32-119　自定义页字段多重合并
　　　　　　　　　　　　　　　　计算数据区域的数据透视表

步骤② 重复以上操作步骤，依次添加"2 季度""3 季度"工作表中的数据区域，分别将其命名为"2 季度""3 季度"，如图 32-118 所示。

步骤③ 单击【下一步】按钮，在弹出的【数据透视表和数据透视图向导—步骤 3（共 3 步）】对话框中指定数据透视表的显示位置"汇总!$A$3"，然后单击【确定】按钮，创建完成的数据透视表的页字段选项中出现了自定义的"1 季度""2 季度""3 季度"，便于用户筛选查看数据，如图 32-119 所示。

⊃ III　创建多重合并计算数据区域数据透视表的限制

在创建多重合并计算数据区域的数据透视表时，Excel 会以各个待合并数据列表的第一列数据作为合并基准。创建后的数据透视表也只能选择第一列作为行字段，其他的列则作为列字段显示。

32.12.2　利用外部数据源创建数据透视表

⊃ I　通过 OLE DB 查询创建数据透视表

OLEDB 全称是"Object Linking and Embedding Database"。其中，"Object Linking and Embedding"指对象连接与嵌入，"Database"指数据库。

运用"编辑 OLEDB 查询"技术，可以将不同工作表，甚至不同工作簿中的多个数据列表进行合并汇总生成动态的数据透视表。

⊃ II　Microsoft Query 做数据查询创建数据透视表

"Microsoft Query"是由 Microsoft Office 提供的一个查询工具。它使用 SQL 语言生成查询语句，并将这些语句传递给数据源，从而可以更精准地将外部数据源中匹配条件的数据导入 Excel 中。

⊃ III　使用文本文件创建数据透视表

Excel 数据透视表支持 *.TXT、*.CSV 等格式的文本作为外部数据源。

⊃ IV　使用 Microsoft Access 数据创建数据透视表

Microsoft Access 是一种桌面级的关系型数据库管理系统，Access 数据库可以直接作为外部数据源在 Excel 中创建数据透视表。

⊃ Ⅴ　在数据透视表中操作 OLAP

　　OLAP 英文全称是"On-Line Analysis Processing",中文名称为联机分析处理,也称为在线分析处理。使用 OLAP 数据库的目的是提高检索数据的速度,因为在创建或更改报表时,OLAP 服务器(而不是 Microsoft Excel)将计算汇总值,这样就只需要将较少的数据传送到 Microsoft Excel 中。OLAP 数据库按照明细数据级别组织数据,采用这种分层的组织方法便利数据透视表和数据透视图更加容易显示较高级别的汇总数据。

　　在【数据】选项卡中单击【获取数据】的下拉按钮,依次单击【来自数据库】→【自 Analysis Services】,弹出【数据连接向导】对话框,如图 32-120 所示。

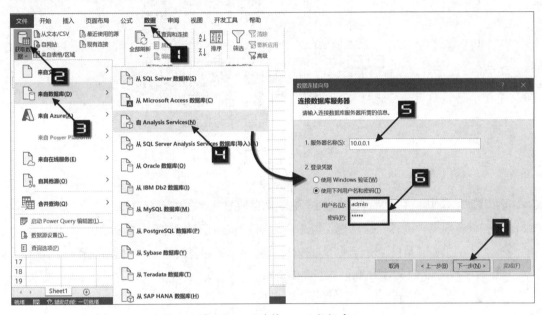

图 32-120　连接 OLAP 数据库

　　OLAP 数据库一般由数据库管理员创建并维护,安装 SQL Server 后,还需要安装 Analysis Services 服务选项,否则无法与服务器进行连接。连接数据库后,选择多维数据源即可创建数据透视表。

32.13　利用 Excel 数据模型进行多表分析

　　"Excel 数据模型"是在 Excel 2013 版本开始引入的功能,可以使用户在创建数据透视表过程中进行多表关联并获取强大的分析功能。

示例32-17　利用Excel数据模型创建多表关联的数据透视表

32章

　　图 32-121 展示了某公司一定时期内的"成本数据"和"产品信息"数据列表,如果希望在"成本数据"表中引入"产品信息"表中的相关数据信息,操作步骤如下。

步骤① 选中"成本数据"表的任意单元格(如 A2),在【插入】选项卡中单击【数据透视表】按钮,在弹出的【创建数据透视表】对话框内选中【将此数据添加到数据模型】复选框,最后单击【确定】

按钮。此时，在新创建的数据透视表的【数据透视表字段】列表内出现了数据模型"区域"，如图 32-122 所示。

	A	B	C	D	E	F
1	批号	本月数量	国产料	进口料	直接工资合计	制造费用合计
64	Z11-016	260	2444.01	0.00	0.00	0.00
65	Z11-015	640	626.80	0.00	0.00	0.00
66	Z11-014	40	880.03	0.00	0.00	0.00
67	Z12-038	36				0.00

	A	B	C	D	
68	批号	货位	产品码	数号	753.62
69	C12-230	FG-2	野餐垫	1-1533	879.23
70	C12-232	FG-2	野餐垫	1-141	879.23
71	Z11-014	FG-1	警告标	8231007131NB	330.54
72	Z11-015	FG-1	警告标	8231007431NB	793.29
73	Z11-016	FG-1	警告标	8231007433NB	793.29
74	Z11-017	FG-2	警告标	8236007411NB	428.50
75	Z11-018	FG-2	警告标	8236007443NB	685.60
76	Z11-019	FG-2	警告标	8237007533NB	857.00
77	Z11-020	FG-2	警告标	8238007433NB	16843.20
68	Z12-010	FG-1	警告标	8232006131NB	
69	Z12-011	FG-1	警告标	8232406131NB	
70	Z12-012	FG-1	警告标	8236005463NB	
71	Z12-013	FG-1	警告标	8236005674NB	
72	Z12-014	FG-2	警告标	8236006131NB	
73	Z12-015	FG-1	警告标	8236506163NB	
74	Z12-025	FG-2	警告标	8236006331NB	
75	Z12-031	FG-1	警告标	8231007431NB	
76	Z12-032	FG-2	警告标	8236007411NB	
77	Z12-038	FG-1	警告标	8231003131	

成本数据　产品信息

图 32-121　数据列表

步骤② 重复步骤①操作，将"产品信息"表也添加到数据模型中，成为"区域 1"。

步骤③ 在【数据透视表字段】列表内切换到全部选项卡，单击【区域】按钮，分别选中"本月数量""国产料""进口料""直接工资合计""制造费用合计"字段的复选框，将数据添加到【值】区域，将"批号"字段拖动至【行】区域，如图 32-123 所示。

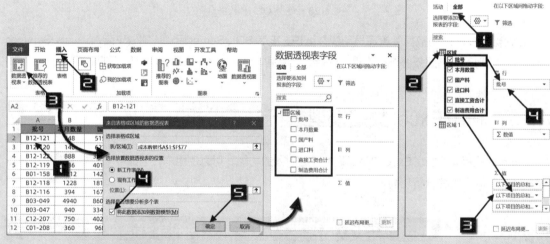

图 32-122　将此数据添加到数据模型　　　　图 32-123　向"区域"添加数据透视表字段

步骤④ 选中【区域 1】中的货位字段，在弹出的【可能需要表之间的关系】提示框中单击【创建】按钮，在【创建关系】对话框中【表】选择"数据模型表:区域"，【列】选择"批号"；【相关表】选择"数据模型表:区域 1"，【相关列】会自动带出"批号"，单击【确定】按钮完成关联关系设置，如图 32-124 所示。

图 32-124　创建多表关联

步骤5 将【区域1】中的"产品码"和"款号"字段依次添加到数据透视表的筛选区域和行区域，最终完成的数据透视表如图 32-125 所示。

此外，如果在【创建数据透视表】对话框未选中【将此数据添加到数据模型】复选框，直接创建传统数据透视表后，在【数据透视表字段】列表内单击【更多表格】，在弹出的【创建新的数据透视表】对话框内单击【是】按钮也可以将数据添加到数据模型，如图 32-126 所示。

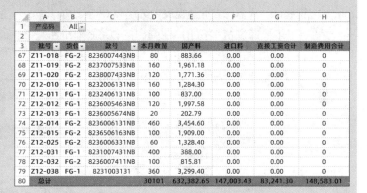

图 32-125　多表关联的数据透视表

图 32-126　利用"更多表格"添加数据模型

32.14　钻取数据透视表数据

将数据列表添加到数据模型创建数据透视表后，用户便可以实现对数据透视表的钻取，更加快速地进行不同统计视角的切换。

32.14.1 钻取到数据透视表的某个字段

示例32-18 通过钻取数据透视表快速进行不同统计视角的切换

图 32-127 展示了某公司一定时间的费用发生额流水账，如果希望通过这张数据列表完成对数据透视表的数据钻取，操作步骤如下。

步骤① 将费用发生额流水账添加到数据模型并创建如图 32-128 所示的数据透视表。

步骤② 如果希望对 6 月份各部门的费用发生额进行快速统计，只需在数据透视表中选定 "06" 字段项，单击【快速浏览】按钮，在弹出的【浏览】对话框中依次单击【部门】→【钻取到部门】命令，即可快速切换统计视角，如图 32-129 所示。

	A	B	C	D	E	F
1	月	日	凭证号数	部门	科目划分	发生额
1030	12	20	记-0078	销售2部	出差费	5,143.92
1031	12	20	记-0077	销售2部	出差费	5,207.60
1032	12	07	记-0020	销售2部	出差费	5,500.00
1033	12	20	记-0096	销售2部	广告费	5,850.00
1034	12	07	记-0017	经理室	招待费	6,000.00
1035	12	20	记-0061	技改办	技术开发费	8,833.00
1036	12	12	记-0039	财务部	公积金	19,134.00
1037	12	27	记-0121	技改办	技术开发费	20,512.82
1038	12	19	记-0057	技改办	技术开发费	21,282.05
1039	12	03	记-0020	技改办	技术开发费	34,188.04
1040	12	20	记-0089	技改办	技术开发费	35,745.00
1041	12	31	记-0144	一车间	设备使用费	42,479.87
1042	12	31	记-0144	一车间	设备使用费	42,479.87
1043	12	04	记-0009	一车间	其他	62,000.00
1044	12	20	记-0068	技改办	技术开发费	81,137.00

图 32-127　费用发生额流水账

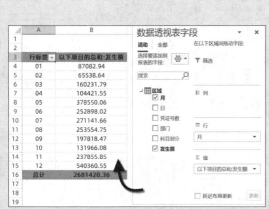

图 32-128　创建基于数据模型的数据透视表

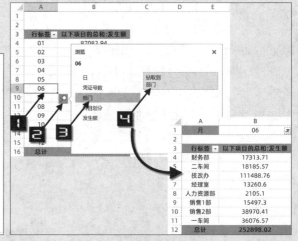

图 32-129　对数据进行钻取

32.14.2 向下或向上钻取数据透视表

使用【数据透视表分析】选项卡中的【向下钻取】和【向上钻取】按钮，可以对更加复杂的字段项进行钻取分析，如图 32-130 所示。

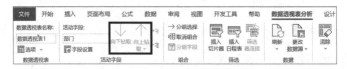

图 32-130　【向下钻取】和【向上钻取】按钮

　对于来自 Analysis Services 或联机分析处理 OLAP 的多维数据集创建的数据透视表才能进行向下或向上钻取分析，否则【向下钻取】和【向上钻取】按钮呈灰色不可用状态。

32.15　创建数据透视图

数据透视图建立在数据透视表基础之上，以图形方式展示数据，使数据展现更加生动，是创建交互图表的主要方法之一。

32.15.1　数据透视图术语

数据透视图不但具备数据系列、分类、数据标志、坐标轴等常规图表元素，还有一些特殊的元素，包括报表筛选字段、数据字段、系列图例字段、项、分类轴字段等，如图 32-131 所示。

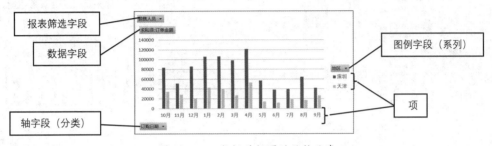

图 32-131　数据透视图的结构元素

用户可以像处理常规图表一样处理数据透视图，包括改变图表类型，设置图表格式等。如果在数据透视图中改变图表布局，与之关联的数据透视表也会一起改变。同样，在数据透视表中改变字段布局，与之关联的数据透视图也会随之改变。

32.15.2　创建数据透视图

示例32-19　创建数据透视图

图 32-132 展示的是一张已经创建完成的数据透视表，以这张数据透视表为数据源创建数据透视图的方法如下。

	A	B	C	D
1	销售人员	(全部)		
2				
3	求和项:订单金额	列标签		
4	行标签	深圳	天津	总计
5	1月	105950.88	42447.15	148398.03
6	2月	106833.58	39757.67	146591.25
7	3月	98280.58	26763.31	125043.89
8	4月	121879.57	52618.81	174498.38
9	5月	56918.27	13989.3	70907.57
10	6月	38222.97	11860.01	50082.98
11	7月	39579.11	18676.1	58255.21
12	8月	64643.98	16868.75	81512.73
13	9月	42171.99	26365.44	68537.43
14	10月	83476.77	34520.11	117996.88
15	11月	51442.59	28461.42	79904.01
16	12月	85596.2	21002.84	106599.04
17	总计	894996.49	333330.91	1228327.4

图 32-132　数据透视表

方法 1：单击数据透视表中的任意单元格（如 A5），在【数据透视表分析】选项卡中单击【数据透视图】按钮，弹出【插入图表】对话框，依次单击【柱形图】→【簇状柱形图】，单击【确定】按钮完成操作，如图 32-133 所示。

生成的数据透视图如图 32-134 所示。

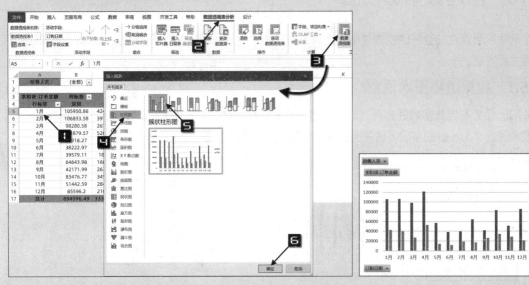

图 32-133　打开【插入图表】对话框

图 32-134　数据透视图

方法 2：单击数据透视表中的任意单元格（如 A5），在【插入】选项卡中依次单击【插入柱形图或条形图】→【簇状柱形图】，也可快速生成一张数据透视图，如图 32-135 所示。

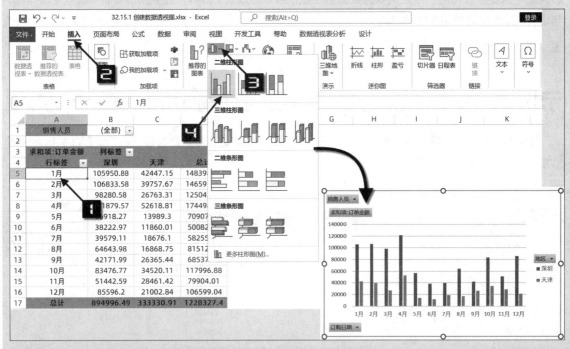

图 32-135　创建数据透视图

方法 3：如果希望将数据透视图单独存入在一张工作表上，可以单击数据透视表中的任意单元格，然后在工作表标签上鼠标右击，在快捷菜单中单击【插入】，打开【插入】对话框，单击【常用】选项卡然后选择【图表】，单击【确定】按钮，如图 32-136 所示。

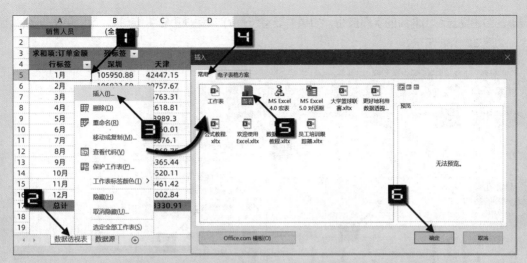

图 32-136　插入"图表"工作表

此时，即可创建一张数据透视图并存放在"Chart1"工作表中，如图 32-137 所示。

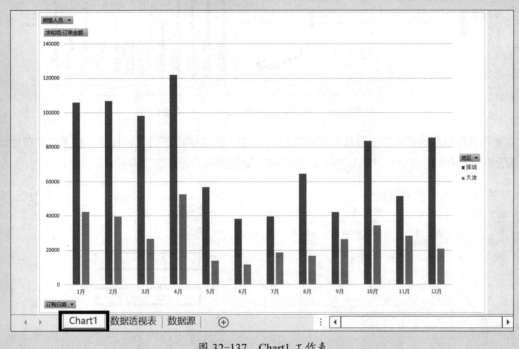

图 32-137　Chart1 工作表

32.15.3　显示或隐藏数据透视图字段按钮

使用数据透视图中的字段按钮能够对数据透视图进行筛选，显示或隐藏数据透视图字段按钮的操作方法如下。

单击数据透视图，在【数据透视图分析】选项卡中单击【字段按钮】命令，该命令图标分为上下两个部分，上半部分是一个开关键，单击一次可以显示数据透视图中的字段按钮，再次单击则隐藏数据透视图中的字段按钮；下半部分为复选按钮，单击后会打开下拉菜单，在下拉菜单中选中需要显示的字段类型，数据透视图中则显示出对应的字段按钮，如果需要将所有的字段按钮均隐藏起来，可以单击【全部隐藏】命令，如图 32-138 所示。

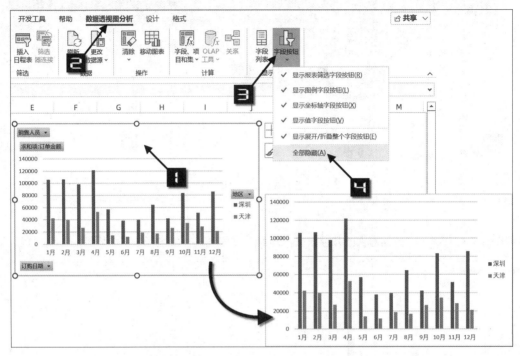

图 32-138　显示或隐藏数据透视图字段按钮

如果希望在数据透视图中显示部分字段按钮，可以单击【字段按钮】下拉按钮，在下拉菜单中选择需要显示的字段按钮，未选中的字段将不显示在数据透视图中，如图 32-139 所示。

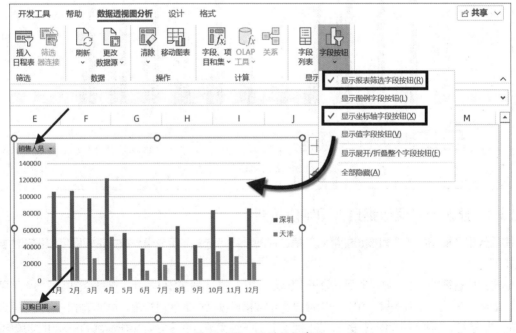

图 32-139　设置显示字段

32.15.4 使用切片器控制数据透视图

使用切片器能够对数据透视图进行便捷的筛选。

示例32-20 使用切片器控制数据透视图

图 32-140 所示，是使用同一数据源创建的不同分析维度的数据透视图。

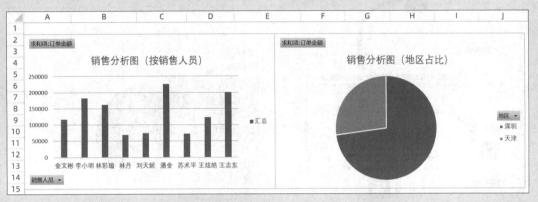

图 32-140 使用同一数据源创建的数据透视图

使用切片器控制多个数据透视图的操作步骤如下。

步骤① 选中"销售分析图（按销售人员）"数据透视图，在【数据透视图分析】选项卡中单击【插入切片器】按钮，打开【插入切片器】对话框，选中【订购日期】复选框，单击【确定】按钮生成"订购日期"字段的切片器，如图 32-141 所示。

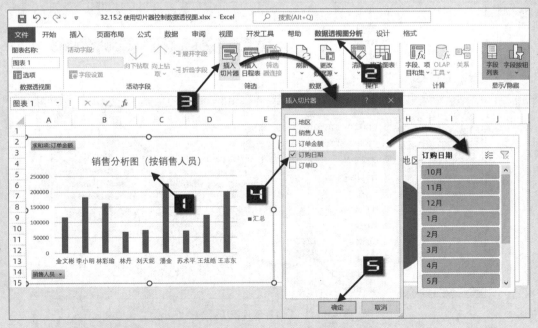

图 32-141 插入"订购日期"字段切片器

步骤② 选中"切片器"，在【切片器】选项卡中单击【报表连接】命令，打开【数据透视表连接（订购日期）】对话框，选中【数据透视表 2】复选框，单击【确定】按钮，用以创建"数据透视表 1"与"数据透视表 2"之间的连接，如图 32-142 所示。

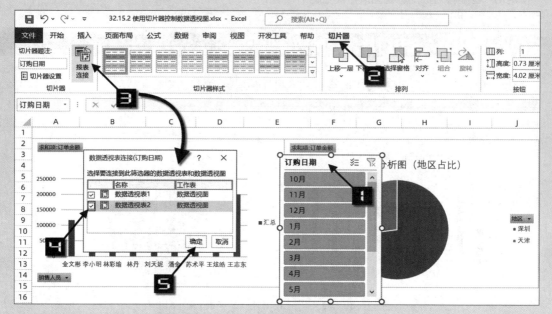

图 32-142 创建数据透视图连接

步骤③ 设置"订购日期"切片器的大小及显示外观。鼠标右击切片器，在快捷菜单中单击【切片器设置】命令，打开【切片器设置】对话框。选中【隐藏没有数据的项】复选框，单击【确定】按钮，如图 32-143 所示。

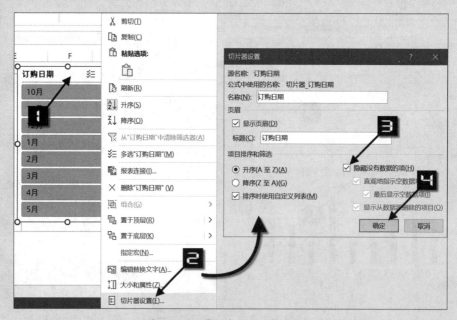

图 32-143 【切片器设置】对话框

此时，在"订购日期"切片器中单击不同月份选项，两个数据透视图会同时发生相应的联动变化，如图 32-144 所示。

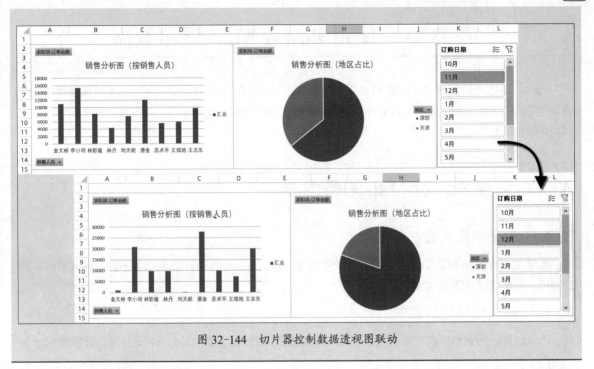

图 32-144 切片器控制数据透视图联动

32.15.5 数据透视图的限制

相对于普通图表，数据透视图存在一些限制，了解这些限制将有助于用户更好地使用数据透视图。

❖ 不能使用某些特定的图表类型，如散点图、股价图、气泡图等。

❖ 在数据透视表中添加、删除计算字段或计算项后，数据透视图中的趋势线会丢失。

❖ 无法直接调整数据标签、图表标题、坐标轴标题的大小，但可以通过改变字体的大小间接地进行
调整。

第 33 章 使用 Power Map 展示数据

Power Map 是 Power BI 的系列组件之一，能够在 3D 地球或自定义地图上展示与地理位置有关的数据。用户通过查看地理空间中的数据及查看数据随着时间的变化，便于发现传统二维表和图表中无法得到的见解和信息。

33.1 创建 Power Map 的条件要求

33.1.1 对数据源的要求

创建 Power Map 的数据源中必须包含地理属性，如城市名称、省/市/自治区名称、县区名称、邮政编码、国家/地区或经纬度等。

33.1.2 对系统环境的要求

Power Map 根据数据的地理属性对接微软必应地图中的数据，使用时必须保证计算机正常联网。

33.2 使用 Power Map 制作三维地图

Power Map 可以显示地理位置与其关联数据（人口数量、温度高低或航班抵达延误等）之间的基于时间的关系。如果数据源中有详细的时间数据，还可以完成动态时间模拟过程，生成动态演示场景视频。

示例33-1 使用Power Map展示部分城市的全年气温变化

图 33-1 展示的是部分城市 2015 年的天气数据，希望使用 Power Map 展示各城市的全年最高气温变化。

	A	B	C	D	E	F	G
1	城市	日期	最高气温℃	最低气温℃	天气	风向	风力
2	济南	2015/1/1	4	-5	晴	南风	微风~3-4级
3	济南	2015/1/2	6	0	晴~多云	北风~南风	微风~3-4级
4	济南	2015/1/3	12	4	晴	南风	3-4级
1003	广州	2015/9/29	33	25	多云	无持续风向	微风
1004	广州	2015/9/30	32	26	多云	无持续风向	微风
1005	广州	2015/10/1	32	24	多云~晴	无持续风向	微风
1006	广州	2015/10/2	31	25	晴	无持续风向	微风
1007	广州	2015/10/3	31	24	多云~阵雨	无持续风向	微风
1008	广州	2015/10/4	27	24	大到暴雨~小到	无持续风向	微风
1009	广州	2015/10/5	28	24	中雨~阵雨	无持续风向	微风
1010	广州	2015/10/6	28	24	阵雨~中雨	无持续风向	微风

图 33-1 部分城市的天气数据

操作步骤如下。

步骤① 单击数据区域任意单元格，如 A5 单元格，依次单击【插入】→【三维地图】命令。此时 Excel 会弹出提示对话框，单击【启用】按钮进入三维地图窗口，如图 33-2 所示。

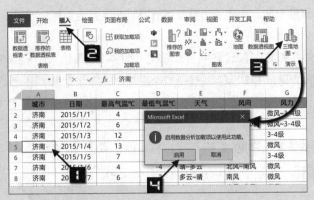

图 33-2　插入三维地图

在三维地图窗口的【开始】选项卡下，可以根据需要更改场景及主题等选项，还可以根据需要插入常规的柱形图或条形图等二维图表，如图 33-3 所示。

图 33-3　【开始】选项卡下的命令按钮

步骤② 在窗口右侧的【添加图层】窗格中可选择的图表类型包括堆积柱形图、簇状柱形图、气泡图及热度地图。本例选择热度地图，如图 33-4 所示。

当数据中地理属性为"国家/地区""省/市/自治区""县市""邮政编码"和自定义区域时，还可选择区域图表，使用此选项时各个区域将以颜色进行填充，如图 33-5 所示。

步骤③ 单击【位置】区域的【添加字段】按钮，在下拉菜单中选择区域字段为"城市"。单击右侧下拉按钮，在下拉菜单中选择适合的地理属性。本例数据的地理属性为城市名称，因此需要在下拉菜单中选择"城市"，如图 33-6 所示。

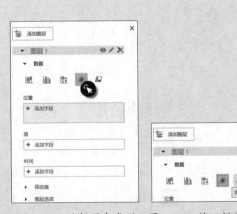

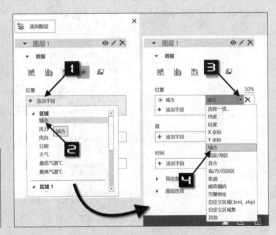

图 33-4　选择图表类型　　图 33-5　将可视化更改为区域　　图 33-6　选择地理属性

步骤④ 设置值字段和聚合方式。单击【值】区域的【添加字段】按钮，在下拉菜单中选择值字段为"最高气温℃"。

单击右侧的下拉按钮，在下拉菜单中可选择求和、平均、计数（非空）、计数（不重复）、最大值、最小值及无聚合等多种聚合方式。本例因为要查看气温明细数据的变化，不需要进行汇总计算，因此选择"无聚合"，如图33-7所示。

步骤⑤ 设置时间字段和组合类型。单击【时间】区域的【添加字段】按钮，在下拉菜单中选择字段为"日期"。对于日期时间字段，可单击字段名称右侧的下拉按钮，在下拉菜单中根据需要选择秒、分钟、小时、日、月、季度及年等多种组合方式。本例保留默认选项"日期（无）"，如图33-8所示。

步骤⑥ 单击【图层选项】左侧的展开按钮，可以对热力地图的色阶、影响半径及不透明度、颜色、显示值等选项进行设置。本例设置【影响半径】为150%，如图33-9所示。

图 33-7 设置值字段和聚合方式

图 33-8 添加时间字段

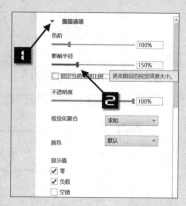

图 33-9 设置图层选项

热力地图生成后，地图上的不同城市显示不同颜色的圆圈用来表示温度高低。单击右下角的调节按钮，可调整地图显示方向及缩放比例。单击播放按钮，可预览热力地图的效果，以视频形式播放各城市全年的最高温度变化。

步骤⑦ 设置完成后单击【创建视频】按钮，弹出【创建视频】对话框，可根据需要选择要生成的视频分辨率，如果单击【原声带选项】按钮，还可以在视频中加入音频。单击【创建】按钮，在弹出的对话框中选择存放文件的位置，同时对视频文件进行命名，即可将生成一个MP4格式的视频文件，如图33-10所示。

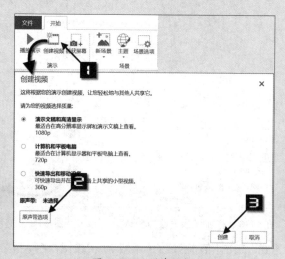

图 33-10 创建视频

33.3　查看已有的三维地图

当打开带有三维地图的工作簿时，会出现图 33-11 所示的提示信息。

	A	B	C	D	E
1	城市	日期	最高气温℃	最低气温℃	天气
2	三维地图演示			-5	晴
3	此工作簿有三维地图演示可用。			0	晴~多云
4	请打开三维地图以编辑或播放演示。			4	晴
5	济南	2015/1/4	13	2	晴~小雨
6	济南	2015/1/5	7	-4	阴~多云
7	济南	2015/1/6	4	-4	晴~多云

图 33-11　提示此工作簿有三维地图演示

依次单击【插入】→【三维地图】命令，在【启动三维地图】窗格中会显示当前工作簿中的三维地图预览，单击该预览，即可打开三维地图。

33.4　在三维地图中添加数据

如需将其他数据添加到已经打开的三维地图中，可以依次单击【插入】→【三维地图】下拉按钮，在下拉菜单中选择【将选定数据添加到三维地图】命令，如图 33-12 所示。

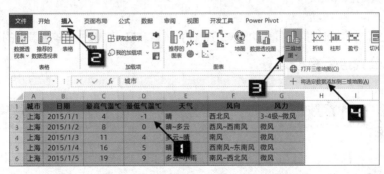

图 33-12　将选定数据添加到三维地图

添加到三维地图中的数据会自动以"图层 n"命名，可以根据需要对该图层继续设置图表类型及字段等选项。不同图层可分别设置图表类型，播放时将在一张地图上显示两个图层的数据信息。

如果当前没有打开的三维地图，【将选定数据添加到三维地图】命令将呈灰色不可用状态。

第 34 章　模拟分析和预测工作表

模拟分析，又称假设分析，或者"What-if"分析，是管理经济学中的一项重要分析手段。它主要是基于已有的模型，在影响最终结果的诸多因素中进行测算与分析，以寻求最接近目标的方案。例如公司在进行投资决策时，必须事先计算和分析贷款成本与盈利水平，这就需要对利率、付款期数、每期付款额和投资回报率等诸多因素做充分的考虑，通过关注和对比这些因素的变化而产生的不同结果来进行决策。

如果用户有基于历史时间的数据，可以借助"预测工作表"功能，将其用于创建预测。创建预测时，Excel 将创建一张新工作表，其中包含历史值和预测值，以及表达此数据的图表，可以帮助用户预测将来的销售额、库存需求或是消费趋势之类的信息。

> **本章学习要点**
>
> （1）利用公式进行手动模拟运算。　　　　　（3）创建方案进行分析。
> （2）使用模拟运算表进行单因素分析或多因　（4）单变量求解的原理及应用。
> 素分析。　　　　　　　　　　　　　　　　（5）预测工作表。

34.1　模拟运算表

借助 Excel 公式或 Excel 模拟运算表功能来组织计算试算表格，能够处理较为复杂的模拟分析要求。

34.1.1　使用公式进行模拟运算

示例34-1　借助公式试算分析汇率变化对外贸交易额的影响

图 34-1 展示了一张某外贸公司用于 A 产品交易情况的试算表格。此表格的上半部分是交易中的各相关指标的数值，下半部分则是根据这些数值用公式统计出的交易量与交易额。

在这个试算模型中，CIF 单价（到岸价）、每次交易数量、每月交易次数和汇率都直接影响着月交易额。相关的模拟分析需求可能如下。

如果单价增加 0.1 元会增加多少交易额？

如果每次交易数量提高 50 会增加多少交易额？

如果美元汇率下跌会怎么样？

……

在对外贸易中，最不可控的是汇率因素，本例将围绕汇率的变化来分析对交易额的影响，使用公式完成试算表格的计算。操作步骤如下。

步骤①　首先在 D3:E3 单元格区域输入试算表格的列标题，然后在 D4:D11 单元格区域中输入最近的美元汇率值，从 6.88 开始以 0.05 为步长进行递减。

步骤②　在 E4 单元格输入以下公式计算当前汇率值下的月交易额，然后将公式向下复制到 E11 单元格，如图 34-2 所示。

```
=D4*$B$8*$B$3
```

图 34-1　A产品外贸试算模型表格　　图 34-2　借助公式试算分析汇率变化对外贸交易额的影响

通过新创建的试算表格，能够直观展示不同汇率下的月交易额。

34.1.2　单变量模拟运算表

除了使用公式，Excel的模拟运算表工具也是用于模拟试算的常用功能。模拟运算表实际上是一个单元格区域，它可以用列表的形式显示计算模型中某些参数的变化对计算结果的影响。在这个区域中，生成指定值所需要的若干个相同公式被简化成一个公式，从而简化了公式的输入。模拟运算时可分别设置行变量或列变量，如果只使用一个变量，称为单变量模拟运算表，如果同时使用行、列变量，称为双变量模拟运算表。

示例34-2　借助模拟运算表分析汇率变化对外贸交易额的影响

以下步骤将演示借助模拟运算表工具完成与 34.1.1 相同的试算表格。

步骤① 首先在 D4:D11 单元格区域中输入最近的美元汇率值，从 6.88 开始以 0.05 为步长进行递减，然后在 E3 单元格中输入公式"=B10"。

步骤② 选中 D3:E11 单元格区域，依次单击【数据】→【模拟分析】→【模拟运算表】命令，弹出【模拟运算表】对话框。

步骤③ 光标定位到【输入引用列的单元格】编辑框内，然后单击选中 B6 单元格，即美元汇率，【输入引用列的单元格】编辑框中将自动输入"$B$6"，最后单击【确定】按钮，如图 34-3 所示。

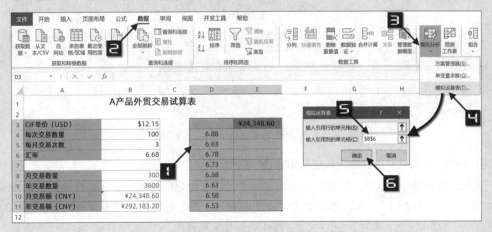

图 34-3　借助模拟运算表工具创建试算表格

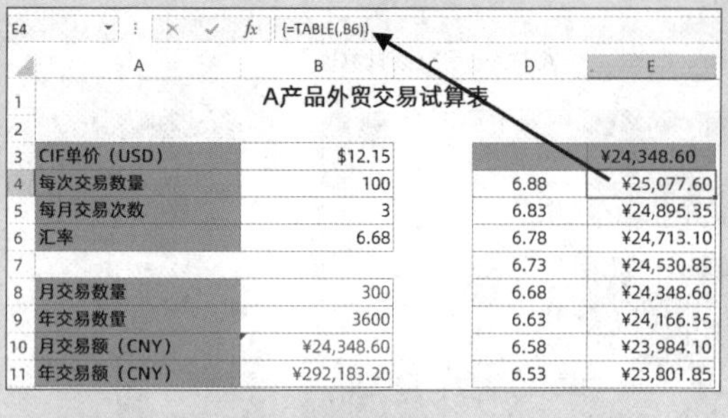

创建完成的试算表格如图 34-4 所示。选中 E4:E11 中任意一个单元格，编辑栏均显示公式为 "{=TABLE(,B6)}"。利用此表格，用户可以快速查看不同汇率水平下的交易额情况。

"{=TABLE(,B6)}" 是一个特殊的数组公式。在已经生成结果的模拟运算表中，可以修改 D4:D11 单元格区域中的汇率和 E3 单元格中的公式引用，但是不要修改存放结果的 E4:E11 单元格。如果原有的数值和公式引用有变化，结果区域会自动更新。

图 34-4　使用模拟运算表分析汇率影响

深入了解

模拟运算表的计算过程

初次接触 Excel 模拟运算表的用户在被这个强大工具所吸引的同时，可能较难理解每一步骤对最终结果产生的作用。

步骤 1 和步骤 2 是向 Excel 告知了两个规则前提：一是模拟运算表的表格区域是 D3:E11；二是本次计算要生成的结果是月交易额，以及月交易额是如何计算得到的。

步骤 3 的设置是告诉 Excel 本次计算只有美元汇率一个变量，而且这个变量可能出现的数值都存放于 D 列中。当然，也正因为这些美元汇率值已经存放于 D 列中，所以在步骤 3 中，"B6" 是 "引用列的单元格"，而不是 "引用行的单元格"，而且将 "引用行的单元格" 留空。

不必去关心 D3 为什么为空，Excel 现在已经得到了足够的信息来生成用户需要的结果。

为了让用户充分理解这个计算过程，下面将用另一种形式生成模拟运算表。

步骤① 先在 E3:L3 单元格区域中输入可能的美元汇率值，从 6.88 开始以 0.05 为步长进行递减，然后在 D4 单元格中输入公式 "=B10"。

步骤② 选中 D3:L4 单元格区域，依次单击【数据】→【模拟分析】→【模拟运算表】命令。在【模拟运算表】对话框的【输入引用行的单元格】编辑框中输入 "$B$6"，如图 34-5 所示。

图 34-5　创建用于横向的模拟运算表格区域

单击【确定】按钮后，生成的计算结果如图 34-6 所示。

在进行单变量模拟运算时，运算结果可以是一个公式，也可以是多个公式。在本例中，如果在 F3 单元格中输入公式 "=B11"，然后选中 D3:F11 单元格区域，再创建模拟运算表，则会得到如图 34-7 所示的结果（为了便于阅读，可在 E2 和 F2 单元格中分别加入标题）。

A产品交易情况试算表					
				月交易额 (CNY)	年交易额 (CNY)
CIF单价 (USD)	$12.15			¥24,348.60	¥292,183.20
每次交易数量	100		6.88	¥25,077.60	¥300,931.20
每月交易次数	3		6.83	¥24,895.35	¥298,744.20
汇率	6.68		6.78	¥24,713.10	¥296,557.20
			6.73	¥24,530.85	¥294,370.20
月交易数量	300		6.68	¥24,348.60	¥292,183.20
年交易数量	3600		6.63	¥24,166.35	¥289,996.20
月交易额 (CNY)	¥24,348.60		6.58	¥23,984.10	¥287,809.20
年交易额 (CNY)	¥292,183.20		6.53	¥23,801.85	¥285,622.20

	6.88	6.83	6.78	6.73	6.68	6.63	6.58	6.53
¥24,348.60	¥25,077.60	¥24,895.35	¥24,713.10	¥24,530.85	¥24,348.60	¥24,166.35	¥23,984.10	¥23,801.85

图 34-6　横向的模拟运算表结果　　　　　图 34-7　单变量模拟运算多个公式结果

34.1.3　双变量模拟运算表

双变量模拟运算可以帮助用户同时分析两个因素对最终结果的影响。

示例34-3　分析美元汇率和交货单价两个因素对外贸交易额的影响

除了美元汇率以外，交货单价也是影响交易额的重要因素，现在使用模拟运算表分析这两个因素同时变化时对交易额的影响。

步骤① 首先在 D4:D11 单元格区域中输入最近的美元汇率，在 E3:J3 单元格区域中输入不同的单价，然后在 D3 单元格中输入公式"=B10"。

步骤② 选中 D4:J11 单元格区域，依次单击【数据】→【模拟分析】→【模拟运算表】命令，弹出【模拟运算表】对话框。

步骤③ 在【输入引用行的单元格】编辑框中输入"$B$3"，即 CIF 单价所在单元格。在【输入引用列的单元格】编辑框中输入"$B$6"，即美元汇率所在单元格，如图 34-8 所示。

图 34-8　借助双变量模拟运算表进行分析

步骤④ 单击【确定】按钮，生成的计算结果如图 34-9 所示。

¥24,348.60	$11.15	$11.65	$12.15	$12.65	$13.15	$13.65
6.88	¥23,013.60	¥24,045.60	¥25,077.60	¥26,109.60	¥27,141.60	¥28,173.60
6.83	¥22,846.35	¥23,870.85	¥24,895.35	¥25,919.85	¥26,944.35	¥27,968.85
6.78	¥22,679.10	¥23,696.10	¥24,713.10	¥25,730.10	¥26,747.10	¥27,764.10
6.73	¥22,511.85	¥23,521.35	¥24,530.85	¥25,540.35	¥26,549.85	¥27,559.35
6.68	¥22,344.60	¥23,346.60	¥24,348.60	¥25,350.60	¥26,352.60	¥27,354.60
6.63	¥22,177.35	¥23,171.85	¥24,166.35	¥25,160.85	¥26,155.35	¥27,149.85
6.58	¥22,010.10	¥22,997.10	¥23,984.10	¥24,971.10	¥25,958.10	¥26,945.10
6.53	¥21,842.85	¥22,822.35	¥23,801.85	¥24,781.35	¥25,760.85	¥26,740.35

图 34-9　查看汇率与单价产生的双重影响结果

在双变量模拟运算表中，如果修改公式的引用或变量的取值，能让计算结果全部自动更新。在本例中，如果将 D3 的公式改为"=B11"，并且修改 D 列汇率数值，则表格结果会自动改为计算不同汇率和不同单价的年交易额，如图 34-10 所示。

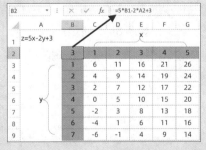

图 34-10　修改公式引用将改变模拟运算表的计算结果

34.1.4　模拟运算表的单纯计算用法

利用模拟运算表的特性，在某些情况下可以将其作为一个公式辅助工具来使用，从而能够在大范围内快速创建数组公式。

示例34-4　利用双变量模拟运算解方程

有一方程式为"$z=5x-2y+3$"，现在要计算当x等于从 1 到 5 之间的所有整数，且y为 1 到 7 之间所有整数时所有z的值。操作步骤如下。

步骤① 以 B1 代表x，以 A2 代表y，首先在 B2 单元格输入以下公式：

=5*B1-2*A2+3

步骤② 选中 B2:G9 单元格区域，依次单击【数据】→【模拟分析】→【模拟运算表】命令，弹出【模拟运算表】对话框。

步骤③ 将光标定位到【输入引用行的单元格】编辑框中，然后单击选中 B1 单元格。将光标定位到【输入引用列的单元格】编辑框中，然后单击选中 A2 单元格。

步骤④ 最后单击【确定】按钮，所有z值的计算结果都将显示到 C3:G9 单元格区域中，如图 34-11 所示。

图 34-11　求方程解后的结果

注意

在模拟运算表中，应注意引用行、列的单元格位置。如上例中，行是 C2:G2（x），列是 B3:B9（y），B2 中的公式为"=5*B1-2*A2+3"，即用 B1 代替x，用 A2 代替y。因此"引用行的单元格"是 B1，而"引用列的单元格"是 A2。

34.1.5　模拟运算表与普通的运算方式的差别

模拟运算表与普通的运算方式（输入公式，再复制到其他单元格区域）相比较，两者的特点如下。

● I　模拟运算表

❖ 一次性输入公式，不用考虑在公式中使用哪种单元格引用方式。

❖ 表格中计算生成的数据无法单独修改。

❖ 公式中引用的参数必须引用"输入引用行的单元格"或"输入引用列的单元格"指向的单元格。

● II　普通的运算方式

❖ 公式需要复制到每个对应的单元格或单元格区域。

❖ 需要详细考虑每个参数在复制过程中，单元格引用是否需要发生变化，以决定使用绝对引用、混合引用还是相对引用。

❖ 任何时候如果需要更改公式，就必须将所有的公式再重新输入或复制一遍。

❖ 表中的公式可以单独修改（多单元格数组公式除外）。

❖ 公式中引用的参数直接指向数据的行或列。

34.2　使用方案

在计算模型中，如需分析一到两个关键因素的变化对结果的影响，使用模拟运算表非常方便。但是如果要同时考虑更多的因素来进行分析时，其局限性也是显而易见的。

另外，用户在进行分析时，往往需要对比某些特定的组合，而不是从一张写满可能性数据的表格中去目测甄别。在这种情况下，使用 Excel 的方案将更容易处理问题。

34.2.1　创建方案

示例34-5　**使用方案分析交易情况的不同组合**

沿用示例 34-1 中的试算表格，影响结果的关键因素是 CIF 单价、每次交易数量和汇率。根据试算目标可以为这些因素设置为多种值的组合。假设要对比试算多种目标下的交易情况，如理想状态、保守状态和最差状态三种，则可以在工作表中定义三个方案与之对应，每个方案中都为这些因素设定不同的值。

假设理想状态的 CIF 单价为 14.15，每次交易数量为 200，美元汇率为 6.88。

保守状态的 CIF 单价为 13.05，每次交易数量为 120，美元汇率为 6.75。

最差状态的 CIF 单价为 12.00，每次交易数量为 50，美元汇率为 6.25。

操作步骤如下。

步骤① 选中 A3:B11 单元格区域，单击【公式】选项卡中的【根据所选内容创建】按钮，在弹出的【根据所选内容创建名称】对话框中选中【最左列】复选框，最后单击【确定】按钮，为表格中现有的因素和结果单元格批量定义名称。

提示

　　在创建方案前先将相关的单元格定义为易于理解的名称，可以在后续的创建方案过程中简化操作，也可以让将来生成的方案摘要更具有可读性。本步骤不是必须的，但是非常有实用意义。

步骤② 依次单击【数据】→【模拟分析】→【方案管理器】命令，弹出【方案管理器】对话框。如果之前没有在本工作表中定义过方案，对话框中将显示"未定义方案"字样，如图 34-12 所示。

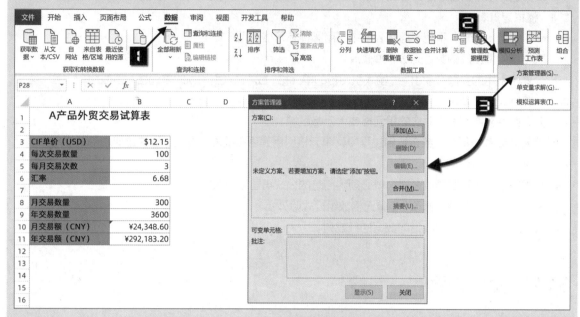

图 34-12　初次打开【方案管理器】对话框

注意

　　Excel 的方案是基于工作表的，假设在 Sheet1 中定义了方案，如果切换到 Sheet2，则方案管理器中不会显示在 Sheet1 中定义过的方案。

步骤③ 在【方案管理器】对话框中单击【添加】按钮，弹出【添加方案】对话框，在此对话框中定义方案的各个要素，主要包括 4 个部分。

（1）方案名：当前方案的名称。

（2）可变单元格：也就是方案中的变量。每个方案允许用户最多指定 32 个变量，每个变量对应当前工作表中的一个单元格或单元格区域，变量之间使用英文半角逗号分隔。

（3）批注：用户可在此添加方案的说明。默认情况下，Excel 会将方案的创建者名字和创建日期，以及修改者的名字和修改日期保存在此处。

（4）保护：当工作簿被保护且【保护工作簿】对话框中的【结构】复选框被选中时，此处的设置才会生效。【防止更改】选项可以防止此方案被修改，选中【隐藏】复选框可以使本方案不出现在方案管理器中。

步骤④ 首先定义理想状态下的方案。在【添加方案】对话框中依次输入方案名和可变单元格，保持【防止更改】复选框的默认选中状态，单击【确定】按钮后，将弹出【方案变量值】对话框，要求用户输入指定变量在本方案中的具体数值。

因为在步骤 1 中定义了名称，所以在【方案变量值】对话框中每个变量都会显示相应的名称，否则仅显示单元格地址。依次输入完毕后单击【确定】按钮，如图 34-13 所示。

重复步骤③~步骤④，依次添加保守状态和最差状态两个方案。【方案管理器】中会显示已创建方案的列表，如图 34-14 所示。

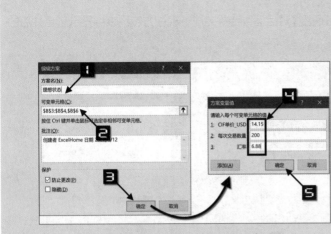

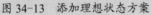

图 34-13　添加理想状态方案　　　　图 34-14　方案管理器中的方案列表

34.2.2　显示方案

在【方案管理器】对话框的方案列表中选中一个方案后，单击【显示】按钮或直接双击某个方案，Excel 将用该方案中设定的变量值替换工作表中相应单元格原有的值，以显示根据此方案的定义所生成的结果。

34.2.3　修改方案

在【方案管理器】对话框的方案列表中选中一个方案，单击【编辑】按钮，将打开【编辑方案】对话框。此对话框的内容与"添加方案"完全相同，用户可以在此修改方案的每一项设置。

34.2.4　删除方案

如果不再需要某个方案，可以在【方案管理器】对话框的方案列表中选中后单击【删除】按钮即可。

34.2.5　合并方案

示例34-6　合并不同工作簿中的方案

如果计算模型有多个使用者，且都定义了不同的方案，或者在不同工作表中针对相同的计算模型定义了不同的方案，则可以使用"合并方案"功能，将所有方案集中到一起。

步骤① 如需从多工作簿中合并方案，则应先打开所有需要合并方案的工作簿，然后激活要汇总方案的工作簿中方案所在工作表。如果从相同工作簿的不同工作表中合并方案，则需激活要汇总方案的工作表。本例中，要在"方案 1.xlsx"工作簿中去合并"方案 2.xlsx"工作簿中包含的方案。因此需要先将这两个工作簿打开。

步骤② 激活"方案 1.xlsx"工作簿的方案所在工作表，依次单击【数据】→【模拟分析】→【方案管理器】，在弹出的【方案管理器】对话框单击【合并】按钮，弹出【合并方案】对话框。

步骤③ 在"工作簿"下拉列表中选择要合并方案的工作簿"方案 2.xlsx"，然后选中包含方案的工作表。在"工作表"列表框中，选中不同工作表时，对话框会显示该工作表所包含的方案数量，如

图 34-15 所示。

步骤④ 单击【确定】按钮后，返回到【方案管理器】对话框，合并完成。现在方案列表中显示了合并后的全部 7 个方案，如图 34-16 所示。

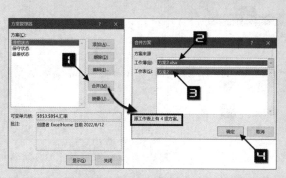

图 34-15 选择包含方案的目标工作簿与工作表进行合并

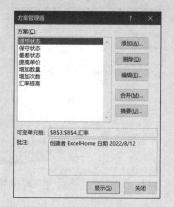

图 34-16 合并后的方案列表

 注意 合并方案时要求当前工作簿和目标工作簿的方案除了方案名称和变量值不同以外，计算模型、变量定义都必须完全相同，否则可能出现意外的结果。

34.2.6 生成方案报告

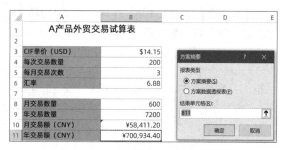

图 34-17 设置方案摘要

定义多个方案后，可以生成报告，以方便进一步的对比分析。在【方案管理器】对话框中单击【摘要】按钮，将显示【方案摘要】对话框，如图 34-17 所示。

在该对话框中可以选择生成两种类型的摘要报告："方案摘要"是以大纲形式展示报告，而"方案数据透视表"则是数据透视表形式的报告。

"结果单元格"是指方案中的计算结果，也就是用户希望进行对比分析的最终指标。在默认情况下，Excel 会根据计算模型主动推荐一个目标。本例中，Excel 推荐的结果单元格为 B11，即年交易额。用户可以按自己的需要改变"结果单元格"中的引用。

单击【确定】按钮，将在新的工作表中生成相应类型的报告，如图 34-18 和图 34-19 所示。

图 34-18 方案摘要报告

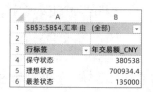

图 34-19 方案数据透视表报告

34.3 借助单变量求解进行逆向模拟分析

在实际工作中进行模拟分析时，用户可能会遇到与前两节相反的问题。沿用示例 34-1 中的试算表格，如果希望知道当其他条件不变时，单价修改为多少才能使月交易额能达到 30,000 元，这时就无法使用普通的方法来计算了。因为在现有的计算模型中，月交易额根据单价计算得到的，而这个问题需要根据单价与月交易额之间的关系，通过已经确定的月交易额来反向推算单价。

对于类似这种需要进行逆向模拟分析的问题，可以利用 Excel 单变量求解和规划求解功能来解决。对于只有单一变量的问题，可以使用单变量求解功能，而对于有多个变量和多种条件的问题，则需要使用规划求解功能。

34.3.1 在表格中进行单变量求解

示例34-7 计算要达到指定交易额时的单价

使用单变量求解命令的关键是在工作表上建立正确的数学模型，即通过有关的公式和函数描述清楚相应数据之间的关系。例如，示例 34-1 所示的表格中，月交易额及其他因素的关系计算公式分别为：

$$月交易额 = 月交易量 × 单价 × 美元汇率$$
$$月交易量 = 每次交易数量 × 每月交易次数$$

应用单变量求解功能的具体操作步骤如下。

步骤① 选中月交易额所在的 B10 单元格，在【数据】选项卡中依次单击【模拟分析】→【单变量求解】命令，弹出【单变量求解】对话框，Excel 自动将当前单元格的地址"B10"填入到【目标单元格】编辑框中。

步骤② 在【目标值】文本框中输入预定的目标"30000"；在【可变单元格】编辑框中输入单价所在的单元格地址"B3"，也可激活【可变单元格】编辑框后，直接在工作表中单击 B3 单元格。最后单击【确定】按钮，如图 34-20 所示。

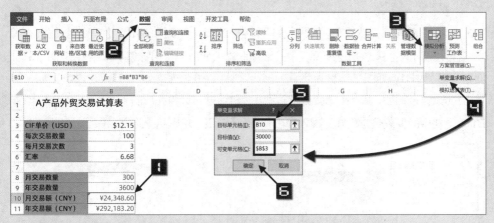

图 34-20 使用单变量求解功能反向推算单价

此时弹出【单变量求解状态】对话框，提示已找到一个解，并与所要求的解一致。同时，工作表中的单价、月交易额和年交易额已经发生了改变，如图 34-21 所示。

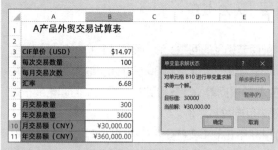

图 34-21　单变量求解完成

计算结果表明，在其他条件保持不变的情况下，要使月交易额增加到 30 000 元，需要将单价提高到 14.97 美元。

如果单击【单变量求解状态】对话框中的【确定】按钮，求解结果将被保留，如果单击【取消】按钮，则将取消本次求解运算，工作表中的数据恢复到之前状态。

实际计算过程中，单变量求解的计算结果可能存在多个小数位，单击选中 B3 单元格后，在编辑栏中可以查看实际的结果。

34.3.2　求解方程式

实际计算模型中，可能会涉及诸多因素，而且这些因素之间还存在着相互制约的关系，归纳起来其实都是数学上的求解反函数问题，即对已有的函数和给定的值反过来求解。Excel 的单变量求解功能可以直接计算各种方程的根。

示例34-8　使用单变量求解功能求解非线性方程

例如，要求解下述非线性方程的根：

$$2x^3 - 2x^2 + 5x = 18$$

操作步骤如下。

步骤① 假设在 B1 单元格中存放非线性方程的解，先将 A1 单元格定义名称为 "X"。

步骤② 在 B2 单元格中输入以下公式，因为此时 B1 单元格的值为空，故 X 的值按 0 计算，所以 B2 单元格的计算结果为 0。

=2*X^3-2*X^2+5*X

步骤③ 单击选中 B2 单元格，然后在【数据】选项卡中依次单击【模拟分析】→【单变量求解】命令，弹出【单变量求解】对话框。在【目标单元格】编辑框输入 B2，在【目标值】编辑框中输入 18，指定【可变单元格】为 B1，如图 34-22 所示。

步骤④ 单击【确定】按钮后，弹出【单变量求解状态】对话框，计算完成后，会显示已求得一个解。此时 B1 单元格中的值就是方程式的根，单击【确定】按钮，求解结果将得以保留，如图 34-23 所示。

图 34-22　在单变量求解对话框中设置参数

图 34-23　计算出方程式的根

34 章

提示 ━■■■→

　　因为受到浮点数问题的影响和迭代次数的影响，使用单变量求解方程时求得的解有时存在误差，比如上例中正确的根是 18，而求得的解是一个非常接近 18 的小数。

　　部分线性方程可能有不止一个根，但使用单变量求解每次只能计算得到其中的一个根。如果尝试修改可变单元格的初始值，有可能计算得到其他的根。

34.3.3　使用单变量求解的注意事项

　　并非在每个计算模型中做逆向敏感分析都是有解的，比如方程式"$X^2=-1$"。在这种情况下，【单变量求解状态】对话框会告知用户无解，如图 34-24 所示。

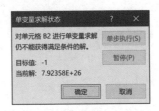

图 34-24　无解时的单变量求解状态对话框

　　在单变量求解根据用户的设置进行计算过程中，【单变量求解状态】对话框上会动态显示"在进行第 N 次迭代计算"。事实上，单变量求解正是由反复的迭代计算来得到最终结果的。如果增加 Excel 允许的最多迭代计算次数，可以使每次求解进行更多的计算，以获得更多的机会求出精确结果。

　　要设置最多迭代次数，可以依次单击【文件】→【选项】命令，打开【Excel 选项】对话框，单击【公式】选项卡，在【最多迭代次数】编辑框中输入 1 到 32767 之间的数值，最后单击【确定】按钮完成设置。

34.4　预测工作表

　　使用"预测工作表"功能，能够从历史数据分析出事物发展的未来趋势，并以图表的形式展现出来，方便用户直观地观察事物发展方向或发展趋势。

　　创建预测时，需要在工作表中输入相互对应的两个数据系列，一个系列中包含时间线的日期或时间条目，另一个系列中包含对应的历史数据，并且要求时间系列中各数据点之间的间隔保持相对恒定，提供的历史数据记录越多，预测结果的准确性也会越高。

示例34-9　　**使用预测工作表功能预测未来的产品销售量**

　　某商场记录了 2017 年 1 月到 2021 年 6 月的客流量历史数据，需要根据这些记录预测未来 1 年的客流量，操作步骤如下。

步骤①　单击数据区域中的任意单元格，如 A2 单元格，在【数据】选项卡单击【预测工作表】命令，弹出【创建预测工作表】对话框。

步骤②　单击右上角的图表类型按钮，可以选择折线图或柱形图。单击【预测结束】右侧的日期控件按钮，选择预测结束日期，或者在编辑框中手工输入日期，如图 34-25 所示。

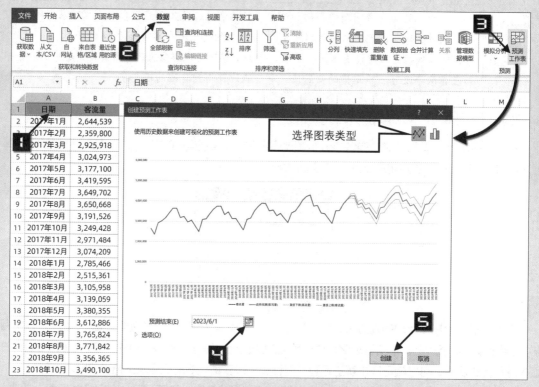

图 34-25　创建预测工作表

步骤③ 单击【创建】按钮，即可自动插入一张新工作表，新工作表中包含历史值和预测值及对应的图表，如图 34-26 所示。

> **提示** → 使用预测工作表功能时，日期或时间系列的数据不能使用文本型内容。

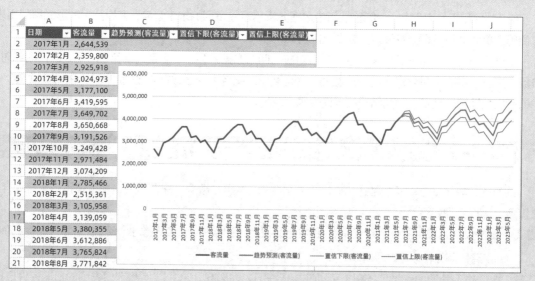

图 34-26　预测结果

如果在【创建预测工作表】对话框中单击【选项】，用户还可以根据需要设置预测的高级选项，如图 34-27 所示。

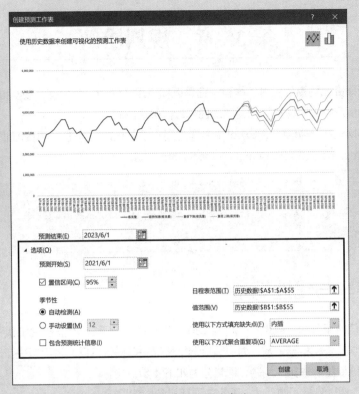

图 34-27　创建预测工作表选项

各选项的作用说明如表 34-1 所示。

表 34-1　预测选项作用说明

预测选项	描述
预测开始	设置预测的开始日期
置信区间	置信区间越大，置信水平越高，通常设置为 95%
季节性	用于表示季节模式的长度（点数）的数字，默认使用自动检测
日程表范围	存放日期或时间数据的单元格区域
值范围	存放历史数据记录的单元格区域
使用以下方式填充缺失点	Excel 默认使用插值处理缺失点，只要缺失的点不到 30%，都将使用相邻点的权重平均值补足缺失的点。单击列表中的"零"，可以将缺失的点视为零
使用以下方式聚合重复项	如果数据中包含时间相同的多个值，Excel 将计算这些重复项的平均值。用户可以根据需要从列表中选择其他计算方法
包含预测统计信息	选中此选项时，能够将有关预测的其他统计信息包含在新工作表中，Excel 将添加一个使用 FORECAST.ETS.STAT 函数生成的统计信息表，包括平滑系数和错误度量的度量值

提示→

　　预测工作表功能，实质上是借助 Excel 的 FORECAST.ETS.CONFINT 函数，按照指数平滑法进行时间序列预测计算的自动化工具。关于时间序列的描述性分析方法有很多，为了提高预测准确性而需要考虑的因素也很多，有兴趣的读者可以查阅相关资料进行了解。

第 35 章　规划求解

运筹学是一门研究如何最优安排的学科，它是近代应用数学的一个分支，该学科研究的课题是在若干有限资源约束的情况下，如何找到问题的最优或近似最优的决策。

规划求解（Solver）是 Microsoft Excel 中内置的用于求解运筹学问题的免费加载项，其程序代码来自 Frontline Systems, Inc 公司和 Optimal Methods, Inc 公司。

本章学习要点

（1）启用规划求解加载宏。　　　　　　　（3）规划求解高级应用。

（2）规划求解建模。

35.1　运筹学与线性规划

运筹学作为一门应用科学，诞生于 20 世纪 30 年代末期，由第二次世界大战时期的军事应用发展而来。运筹学应用数学方法和科学记数，为决策者选择最优决策提供依据，进而解决工作中的实际问题。

运筹学通过构建模型解决实际问题，通常分为如下 4 步。

❖ 确定问题目标：通过分析问题现状，确定主要变量参数和目标。

❖ 构建模型：模型是实际问题的抽象化形式，其中应包含系统逻辑、变量约束条件和目标函数等。

❖ 求解：根据模型求最优解，虽然运筹学试图找出"最优"方案，但是实际应用中考虑到约束条件和影响因素的复杂性，经常会使用次优或局部最优代替"最优"。

❖ 验证与优化：模型只是实际问题的简化抽象，不可能将实际问题中所有可变因素都纳入模型中。因此需要在实际系统中验证得到的"最优解"，它有可能只是一个较好的方案，有时需要对模型进行多次优化迭代，才能获得满意的方案。

在运筹学发展过程中，又发展出了多个分支学科，如规划论、决策论、排队论、图论等。其中线性规划作为运筹学的重要分支，它研究的通常是稀缺资源的最优分配问题。现实社会生产和生活中的很多复杂问题本质上是线性的，所以线性规划经常被用来改善或优化现有系统和流程，如实现经营利润最大化、获得最低生成成本、选择最优路径等。

35.2　启用规划求解加载项

Excel 默认安装时已经包含规划求解加载项的相关文件，但是在默认设置中，Excel 并未加载该加载项。因此在使用规划求解功能之前，需要按照如下步骤在 Excel 中启用规划求解加载项。

示例35-1　启用规划求解加载项

步骤① 单击【文件】选项卡中的【选项】命令打开【Excel 选项】对话框。

步骤② 在【Excel 选项】对话框中切换到【加载项】选项卡。

步骤③ 在【加载项】选项卡右侧底部的【管理】组合框中选中"Excel 加载项",单击【转到】按钮,如图 35-1 所示。

图 35-1 打开【Excel选项】对话框

步骤④ 在弹出的【加载项】对话框中,选中【可用加载宏】列表框中的【规划求解加载项】复选框,单击【确定】按钮关闭【加载项】对话框。

上述操作完成之后,【数据】选项卡中将新增【规划求解】按钮,如图 35-2 所示。

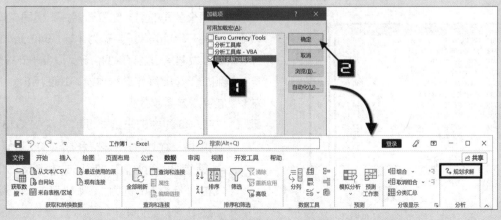

图 35-2 启用规划求解加载项

35.3 规划求解实例

35.3.1 发票凑数

凑数就是从一组数值中找到合适的组合方案，使得其合计等于指定的值，利用规划求解可以轻松完成凑数任务。

示例35-2 发票凑数

公司A经营饮料批发业务，超市B每个月都会多次从公司A批量采购饮料，公司A和超市B之间的未结算采购交易清单如表 35-1 所示。

表 35-1 未结算订单

订单号	商品名称	金额	
N247805	农夫山泉饮用天然水 550ml	¥	16,810
N231773	农夫山泉饮用天然水 5L	¥	21,942
N327945	康师傅包装饮用水 550ml	¥	22,851
N316814	怡宝饮用纯净水 555ml	¥	33,368
N225000	怡宝饮用纯净水 1.555L	¥	30,692
N304139	怡宝饮用纯净水 555ml	¥	24,033
N286875	怡宝饮用纯净水 1.555L	¥	14,258
N217280	怡宝饮用纯净水 555ml	¥	11,699
N223347	百岁山饮用天然矿泉水 570ml	¥	27,396
N138016	怡宝饮用纯净水 4.5L	¥	14,444
N217792	农夫山泉饮用天然水 5L	¥	33,459
N234628	怡宝饮用纯净水 4.5L	¥	14,931

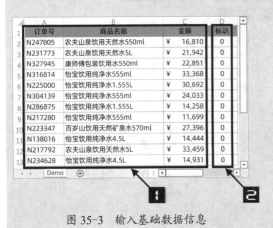

图 35-3 输入基础数据信息

由于两个公司的财务结算周期并不相同，超市B收到公司A开具的发票（金额为 137，646 元）之后，需要确认该发票是哪些订单的合计，以便于安排付款。

按照如下步骤操作进行建模，并使用Excel规划求解功能实现发票凑数。

步骤① 将表 35-1 中的未结算订单输入 A1:C13 单元格区域，在 D2:D13 单元格区域输入"0"作为决策变量的初始值，如图 35-3 所示。如果规划求解结果中D列为 1，则代表本次收到的发票包含该行的订单。

步骤② 在 G1 单元格输入发票金额 137646。

步骤③ 构建目标函数，在 I1 单元格输入如下公式，计算被选中的订单合计金额与发票金额的差值，如图 35-4 所示。

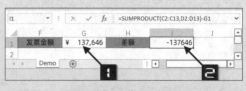

图 35-4　构建目标函数

```
=SUMPRODUCT(C2:C13,D2:D13)-G1
```

工作表中的数据建模完成后如图 35-5 所示。

	A	B	C	D	E	F	G	H	I
1	订单号	商品名称	金额	标识		发票金额	¥　137,646	差额	-137646
2	N247805	农夫山泉饮用天然水550ml	¥　16,810	0					
3	N231773	农夫山泉饮用天然水5L	¥　21,942	0					
4	N327945	康师傅包装饮用水550ml	¥　22,851	0					
5	N316814	怡宝饮用纯净水555ml	¥　33,368	0					
6	N225000	怡宝饮用纯净水1.555L	¥　30,692	0					
7	N304139	怡宝饮用纯净水555ml	¥　24,033	0					
8	N286875	怡宝饮用纯净水1.555L	¥　14,258	0					
9	N217280	怡宝饮用纯净水555ml	¥　11,699	0					
10	N223347	百岁山饮用天然矿泉水570ml	¥　27,396	0					
11	N138016	怡宝饮用纯净水4.5L	¥　14,444	0					
12	N217792	农夫山泉饮用天然水5L	¥　33,459	0					
13	N234628	怡宝饮用纯净水4.5L	¥　14,931	0					

图 35-5　数据模型

步骤④ 选中 I1 单元格，依次单击【数据】→【规划求解】命令，打开【规划求解参数】对话框。此时【设置目标】编辑框中自动填入"$I$1"，在【到】选项中选中【目标值】单选按钮，在文本框中输入目标值 0。

步骤⑤ 单击【通过更改可变单元格】编辑框激活控件，然后在工作表中选中 D2:D13 单元格区域（下文中称为决策变量单元格区域），如图 35-6 所示。

在求解过程中，求解器通过不断改变决策变量单元格区域的值，来获得计算结果，直到目标函数单元格（本示例中为 I1）的值达到目标值。

步骤⑥ 在【规划求解参数】对话框中单击【添加】按钮将弹出【添加约束】对话框，单击【单元格引用】编辑框激活控件，然后在工作表中选中决策变量单元格区域，即 D2:D13 区域；在关系组合框选中"bin"（二进制），【约束】编辑框中将自动填充"二进制"；单击【确定】按钮关闭【添加约束】对话框，返回【规划求解参数】对话框。在【遵守约束】列表框中可以看到添加的约束条件"$D$2:$D$13 = 二进制"，如图 35-7 所示。这项约束条件规定了可变单元格的值只能为 0 或 1。

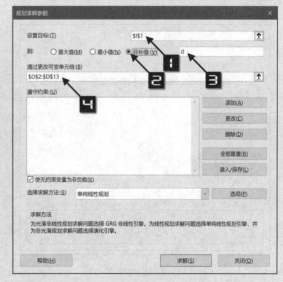

图 35-6　设置规划求解参数

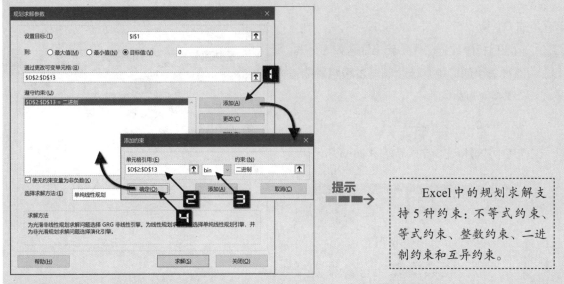

图 35-7　添加约束

步骤⑦ 在【选择求解方法】组合框中选中"单纯线性规划"，单击【求解】按钮关闭对话框，并启动求解器进行规划求解，如图 35-8 所示。

Excel 规划求解提供的 3 种求解算法引擎分别是："非线性 GRG""单纯线性规划"和"演化"。其中最常用的是"单纯线性规划"引擎，它适用于线性规划求解问题；"非线性 GRG"引擎（GRG 代表 Generalized Reduced Gradient，即广义简约梯度）适用于光滑非线性规划求解问题；"演化"引擎适用于非光滑规划求解问题。

步骤⑧ 在弹出的【规划求解结果】对话框中，可知规划求解成功找到一个全局最优解。保持默认选中的【保留规划求解的解】选项按钮，单击【确定】按钮关闭【规划求解结果】对话框，如图 35-9 所示。

图 35-8　选择求解方法

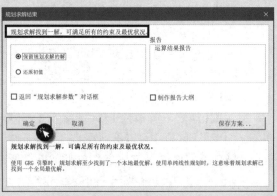

图 35-9　规划求解结果

在【规划求解结果】对话框中，如果选中【还原初值】单选按钮，并单击【确定】按钮将放弃求解器对决策变量的修改，恢复单元格的初始值。

规划求解的最终结果如图 35-10 所示。

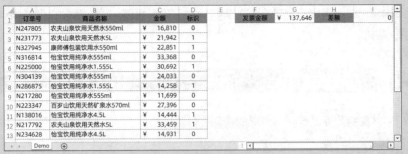

图 35-10　规划求解结果

在 G3 单元格输入公式可以获得发票凑数结果，即发票所对应的订单号列表，如图 35-11 所示。

```
=TEXTJOIN(",",,IF(D2:D13=1,A2:A13,"")))
```

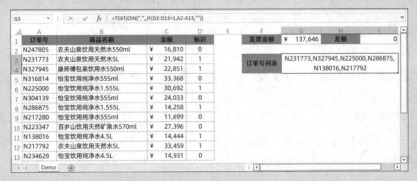

图 35-11　发票所对应的订单号列表

步骤④构建目标函数时，也可以直接使用如下公式，即订单合计金额。

```
=SUMPRODUCT(C2:C13,D2:D13)
```

规划模型参数也应进行相应调整，如图 35-12 所示。

从求解结果看，两个模型没有任何区别。示例中使用"差额"作为目标函数，貌似构建模型时多了一个操作步骤，其优势在于后续使用时，具有更好的便捷性。

超市 B 收到新发票之后，只需要更新 G1 单元格中的发票金额，无须对模型进行任何修改，直接运行规划求解即可。然而，如果使用订单合计金额作为目标函数，则必须修改模型中的"目标值"，然后才能进行求解。

图 35-12　使用订单合计金额作为目标函数

35.3.2　饲料最佳配比

某养殖场采购原材料配置牲畜养殖所需的饲料，为了确保经营利润，需要在保证饲料营养水平的前提下实现饲料成本最低。

示例35-3　饲料最佳配比

为了保证存栏牲畜的营养供给，对饲料的营养成分要求如下。

❖ 蛋白质含量不低于 25%。

❖ 纤维含量不高于 9%。

饲料的原材料为玉米和黄豆，原材料的营养成分和采购价如表 35-2 所示。

表 35-2　原材料成分含量及其采购价

原材料	蛋白质占比	纤维占比	采购价（元/公斤）
玉米	3.22%	2.70%	2.80
黄豆	34.00%	9.80%	4.00

现需要配置 1000 公斤饲料，为了简化生产流程的复杂度，要求饲料的生产方案中每种原材料的用量均为整公斤数。

按照如下步骤操作进行建模，使用规划求解确定原材料比例，实现最佳经济效益（成本最低）。

步骤① 将表 35-2 中的原材料成分含量及其采购价输入 A5:D7 单元格区域，在 E6:E7 单元格区域输入"0"作为决策变量的初始值，并在 B8 单元格输入如下公式，计算两种原材料的合计重量，即饲料产量。

=E7+E6

步骤② 在 B3 单元格输入饲料需求量 1000，如图 35-13 所示。

步骤③ 在 B11 单元格输入如下公式计算饲料产品中蛋白质实际含量。

=SUMPRODUCT(B6:B7*$E$6:$E$7)

步骤④ 在 B14 单元格输入如下公式计算饲料产品中蛋白质的标准含量（最低含量）。

=B13*$B$3

步骤⑤ 使用类似方法在 C11 和 C14 单元格设置公式，用于模型中的纤维含量约束。

在 A10:C14 单元格区域构建完成的约束条件数据表，如图 35-14 所示。

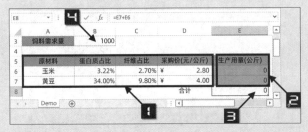

图 35-13　输入基础数据信息

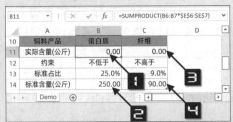

图 35-14　构建约束条件数据表

步骤⑥ 构建目标函数，在 B1 单元格输入如下公式，计算生产饲料的总成本。

```
=SUMPRODUCT(D6:D7,E6:E7)
```

工作表中的数据建模完成后，如图 35-15 所示。

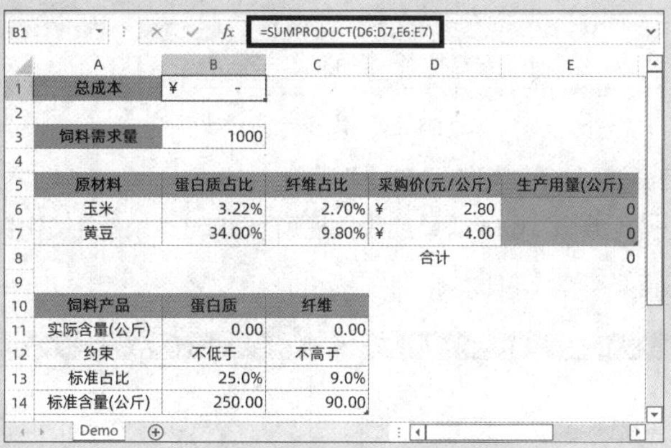

图 35-15 数据模型

步骤⑦ 选中 B1 单元格，依次单击【数据】→【规划求解】命令，打开【规划求解参数】对话框。此时【设置目标】编辑框中自动填入"$B$1"，在【到】选项中选中【最小值】单选按钮，用于求解最低生产成本。

步骤⑧ 单击【通过更改可变单元格】编辑框激活控件，然后在工作表中选中 E6:E7 单元格区域，如图 35-16 所示。

步骤⑨ 在【规划求解参数】对话框中单击【添加】按钮将弹出【添加约束】对话框，单击【单元格引用】编辑框激活控件，然后在工作表中选中蛋白质实际含量 B11 单元格区域；在关系组合框选中">="；单击【约束】编辑框激活控件，然后在工作表中选中蛋白质标准含量 B14 单元格；单击【确定】按钮关闭【添加约束】对话框。在【遵守约束】列表框中可以看到添加的约束条件"$B$11 >= $B$14"，如图 35-17 所示。

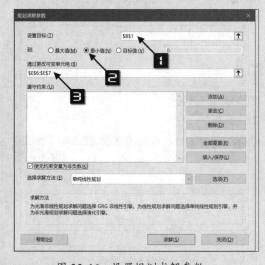

图 35-16 设置规划求解参数

图 35-17 添加蛋白质含量约束

步骤⑩ 添加纤维含量约束，如图 35-18 所示。

步骤⑪ 添加饲料产量约束，如图 35-19 所示。

步骤⑫ 添加原材料用量整数约束，规定可变单元格的值只能为整数，如图 35-20 所示。

图 35-18　纤维含量约束　　　　　图 35-19　饲料产品约束　　　　　图 35-20　整数约束

【规划求解参数】对话框的全部约束如图 35-21 所示。

步骤⑬ 在【选择求解方法】组合框中选中"单纯线性规划"，单击【求解】按钮关闭对话框，并启动求解器进行规划求解，如图 35-22 所示。

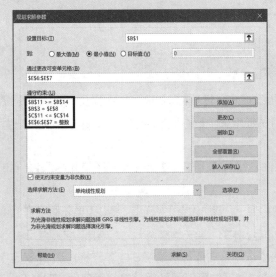
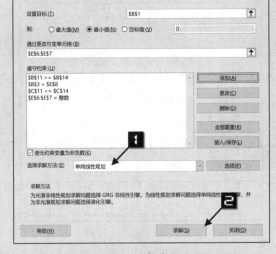

图 35-21　全部约束　　　　　　　　　图 35-22　选择求解方法

步骤⑭ 在弹出的【规划求解结果】对话框中，可知规划求解成功找到一个全局最优解。保持默认选中的【保留规划求解的解】单选按钮，单击【确定】按钮关闭【规划求解结果】对话框，如图 35-23 所示。规划求解的最终结果如图 35-24 所示。

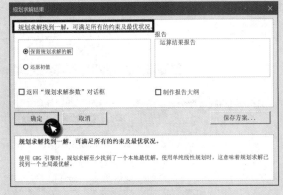
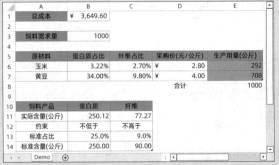

图 35-23　规划求解结果　　　　　　　图 35-24　规划求解结果

35.3.3 航班票务规划

受众多因素影响，每个航班的客座利用率（航班旅客数/航班座位数×100%）各不相同，然而航空公司执行某个客运航班飞行计划时，其空乘和地面服务人员成本、燃油和飞机折旧等大部分费用基本相同。因此航空公司都会尽可能地提升航班的客座利用率以实现经营利润最大化。

对于一个航班，航空公司既出售全价机票，也出售折扣机票。航空公司希望更多的售卖全价机票获取更多利润，然而乘客则希望买到性价比更高的折扣机票。如果折扣机票供应不足，则可能会导致部分乘客换乘其他航空公司的航班，甚至改用其他交通工具，此时航空公司将会损失航班票款收入。因此航空公司需要努力找到两种机票（全价票和折扣票）数量的平衡点。

示例35-4 航班票务规划

某航空公司使用空中客车A320客机（其满载容量为220个座位）执行北京经停上海到广州的航行任务，经停上海时部分旅客下机抵达其旅行目的地，同时也会有旅客登机由上海飞往广州。也就是说航空公司将出售3个不同航段的机票：北京至上海、北京至广州和上海至广州，每个航段都会出售全价机票和折扣机票。为了简化问题的复杂程度，这里假设每个航段只出售一种折扣机票。因此需要规划6种机票的可售卖数量，其售价如表35-3所示。"需求预测"列是航空公司根据多年的运营经验及其历史数据，并运用大数据技术预测的各种机票的需求量。

在制定票务规划时需要考虑如下约束条件。

❖ 每个航段可售机票的总量应小于或等于飞机容量（忽略机票超售）。
❖ 每个航段每种机票的可售卖数量应小于或等于需求预测。
❖ 可售机票数量应为非负整数，确保有实际意义。

表35-3 各种机票的票价和需求预测

航程	类型	价格	需求预测	航程	类型	价格	需求预测
北京-上海	全价票	¥1,600	55	北京-广州	折扣票	¥1,500	90
北京-上海	折扣票	¥1,000	110	上海-广州	全价票	¥1,700	45
北京-广州	全价票	¥2,300	65	上海-广州	折扣票	¥1,100	150

按照如下步骤操作进行建模，并使用Excel规划求解功能制定票务规划。

步骤① 在B3单元格输入航班容量"220"。将表35-3的基础数据信息输入A5:D11单元格区域，在E6:E11单元格区域输入"0"作为决策变量的初始值，如图35-25所示。

步骤② 构建"航班容量（北京-上海）"约束条件，在B14单元格输入公式"=SUM($E$6:$E$9)"用于计算北京-上海航段的可售机票总数量；在C14单元格输入"<="作为约束关系；在D14单元格输入公式"=$B$3"引用航班容量单元格的值。注意：北京-上海航段的可售机票总数量为北京-上海航段和北京-广州（经停上海）航段的机票数量之和。

步骤③ 按照类似方法输入其他约束条件，如图35-26所示。

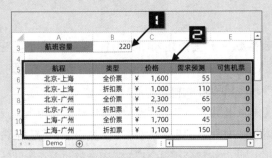

图 35-25　输入基础数据信息

图 35-26　构建约束条件

步骤④ 构建目标函数，在 B1 单元格输入以下公式计算票款总收入，即每种机票的票价分别乘以相应的可售机票数量再求和。工作表中的数据建模完成后如图 35-27 所示。

```
=SUMPRODUCT($C$6:$C$11,$E$6:$E$11)
```

步骤⑤ 选中 B1 单元格，依次单击【数据】→【规划求解】命令，打开【规划求解参数】对话框。此时【设置目标】编辑框中自动填入 "$B$1"，在【到】选项中选中【最大值】单选按钮。

步骤⑥ 单击【通过更改可变单元格】编辑框激活控件，然后在工作表中选中 E6:E11 单元格区域，如图 35-28 所示。

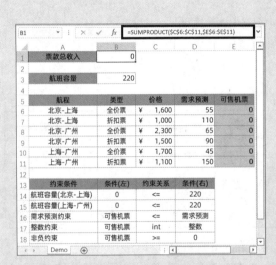

图 35-27　构建目标函数

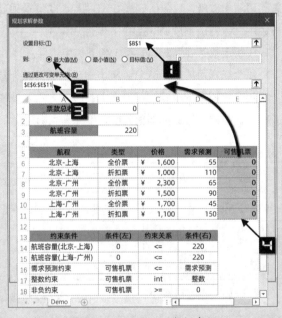

图 35-28　设置规划求解参数

步骤⑦ 在【规划求解参数】对话框中单击【添加】按钮将弹出【添加约束】对话框，单击【单元格引用】编辑框激活控件，然后在工作表中选中航班容量约束"条件（左）"列的 B14:B15 单元格区域；保持约束关系组合框默认值 "<="；单击【约束】编辑框激活控件，在工作表中选中航班容量约束"条件（右）"列的 D14:D15 单元格区域，单击【确定】按钮关闭【添加约束】对话框。

在【遵守约束】列表框中可以看到添加的约束条件 "$B$14:$B$15 <= $D$14:$D$15"，如图 35-29 所示。

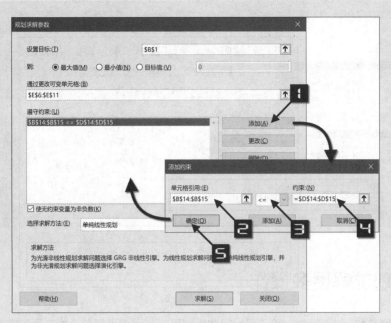

图 35-29 添加约束

步骤⑧ 使用类似的操作方法,在【添加约束】对话框中继续添加其他约束条件。

步骤⑨ 添加非负约束条件"$D$6:$D$11 >= 0",确保决策变量为非负值,具有实际意义,取消选中【使无约束变量为非负值】复选框。

步骤⑩ 在【选择求解方法】组合框中选中"单纯线性规划",单击【求解】按钮关闭对话框,并启动求解器进行规划求解,如图 35-30 所示。

步骤⑪ 在弹出的【规划求解结果】对话框中,可知规划求解成功找到一个全局最优解。保持默认选中的【保留规划求解的解】单选按钮,单击【确定】按钮关闭【规划求解结果】对话框,如图 35-31 所示。

图 35-30 设置非负数约束并选择求解器引擎

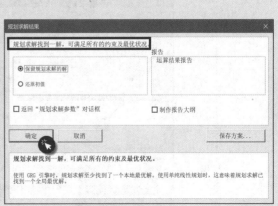

图 35-31 规划求解结果

规划求解的最终结果如图 35-32 所示。

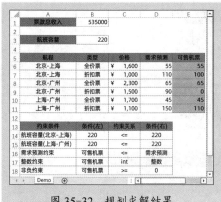

图 35-32　规划求解结果

由规划求解的结果可以看出，6 种机票的"可售机票"数量均小于等于"需求预测"，两个航段的"可售机票"总量都达到了 220，即航班满员状态。如果能够实现这个票务规划，那么航空公司将获得票款收入 53.5 万元，这是此次航班的最大收入。

注意 →

受不同约束条件的综合影响，规划求解的最优解并不一定能够实现所有航段航班满员。

35.4　规划求解更多操作

在【规划求解参数】对话框中，除了可以完成设置目标、设置可变单元格、添加约束和选择求解器引擎等操作外，还可以进行更多的操作。

35.4.1　更改约束

在【遵守约束】列表框中单击选中某个约束条件，然后单击【更改】按钮，将打开【改变约束】对话框，修改约束条件的操作与"添加约束"相同，修改约束条件后单击【添加】按钮或【确定】按钮可以保存约束条件。

注意 →

如果需要更改整数约束、二进制约束和互异约束，可以单击【更改】按钮打开【改变约束】对话框。此时对话框中的约束关系组合框默认值为"="，如果单击【添加】按钮（或【确定】按钮）将出现"约束必须是数值、简单引用或数值的公式"的错误提示，如图 35-33 所示。只有将约束关系组合框中的选项修改为"bin"，单击【添加】按钮才可以正确保存更新后的约束条件。

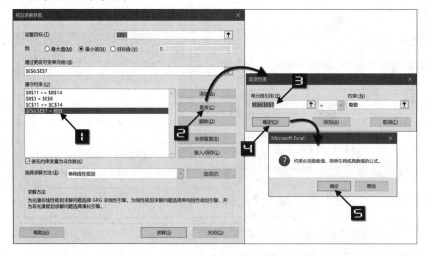

图 35-33　修改二进制约束

35.4.2 删除约束

在【遵守约束】列表框中单击选中相应的约束条件，然后单击【删除】按钮，将删除被选中的约束条件，在删除操作执行之前 Excel 并不会给出任何警告提示信息，如图 35-34 所示。

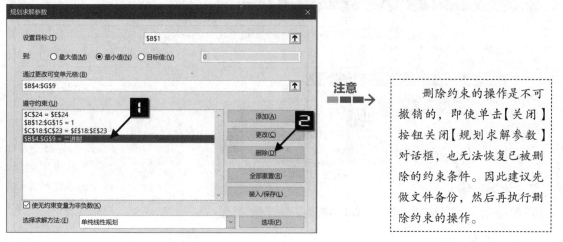

注意

删除约束的操作是不可撤销的，即使单击【关闭】按钮关闭【规划求解参数】对话框，也无法恢复已被删除的约束条件。因此建议先做文件备份，然后再执行删除约束的操作。

图 35-34　删除约束

35.4.3 全部重置

在【规划求解参数】对话框中单击【全部重置】按钮，将出现"重新设置所有规划求解选项及单元格选定区域？"的提示框，单击【确定】按钮将重置规划求解参数，如图 35-35 所示。此操作并不会重置【选择求解方法】组合框的内容（求解器引擎）。

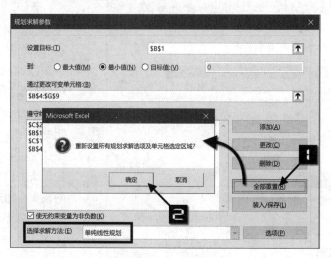

图 35-35　全部重置

35.4.4 保存与装入（加载）

示例35-5　保存与装入模型

在【规划求解参数】对话框中单击【装入/保存】按钮，弹出【装入/保存模型】对话框。如果需要保存模型，可以在工作表中选中用于保存模型的区域（位于同列的 9 个连续单元格）的首个单元格，在本示例中为 G2，单击【保存】按钮关闭【装入 / 保存模型】对话框。规划求解模型相关参数以公式的形式保存在工作表中 G2:G10 单元格区域；添加 H 列作为辅助列，用于显示 G 列的公式，如图 35-36 所示。

图 35-36　保存模型

> **注意**
>
> 　如果用于保存模型的单元格区域已经有内容，那么保存模型的操作将直接覆盖单元格区域的原有内容，Excel 并不会给出任何警告提示。

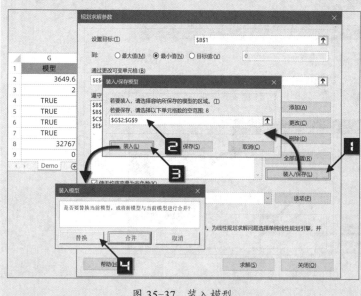

图 35-37　装入模型

在【规划求解参数】对话框中单击【装入 / 保存】按钮，弹出【装入 / 保存模型】对话框。如果需要装入（加载）模型，在工作表中选中保存模型的单元格区域，在本示例中为 G2:G9，单击【装入】按钮关闭【装入 / 保存模型】对话框。在弹出的【装入模型】对话框中，如果单击【替换】按钮，则替换当前模型；如果单击【合并】按钮，则将新模型与当前模型合并，如图 35-37 所示。

35.4.5　选项

　　一般情况下，使用默认的规划求解选项参数，就可以轻松地解决绝大多数规划求解问题。如果使用规划求解的过程出现异常，则可以尝试进一步调整规划求解的相关选项参数。

在【规划求解参数】对话框中单击【选项】按钮，弹出【选项】对话框，如图 35-38 所示。【所有方法】选项卡中的参数适用于全部 3 种求解器引擎。

图 35-38　规划求解选项

【选项】对话框中的【非线性 GRG】选项卡和【演化】选项卡中的参数分别适用于"非线性 GRG"和"演化"求解器引擎，如图 35-39 所示。

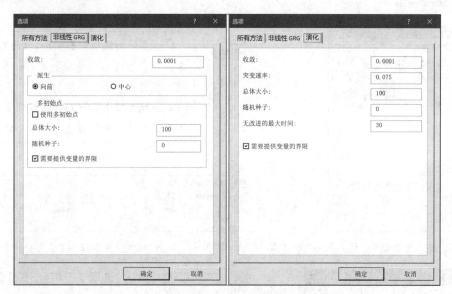

图 35-39　【非线性 GRG】选项卡和【演化】选项卡

由于这些规划求解参数的调整涉及复杂的数学知识，请读者参考其他相关资料。

第 36 章 使用分析工具库分析数据

"分析工具库"是用于提供分析功能的加载项，能够为用户提供一些高级统计函数和实用的数据分析工具，本章将介绍分析工具库中常用的统计分析功能。

本章学习要点

（1）分析工具库的安装。　　　　（3）其他统计分析。
（2）描述性统计分析。

36.1 加载分析工具库

"分析工具库"是 Excel 自带的加载项，在默认情况下没有加载，如果需要使用"分析工具库"的功能，需要手动加载此加载项，操作方法如下。

步骤① 依次单击【文件】→【选项】命令，打开【Excel 选项】对话框。切换到【加载项】选项卡，在【管理】右侧的下拉菜单中选择"Excel 加载项"，然后单击【转到】按钮。

步骤② 在弹出的【加载项】对话框中选中【分析工具库】复选框，最后单击【确定】按钮关闭对话框，如图 36-2 所示。

提示 ➡

过多的加载项会影响 Excel 的启动速度，用户可以参考以上步骤打开【加载项】对话框，或是在【开发工具】选项卡下分别单击【Excel 加载项】及【COM 加载项】按钮，在弹出的对话框中取消选中不需要的加载项。

图 36-1 在 Excel 中加载"分析工具库"加载项

图 36-2 Excel 功能区中新增的【数据分析】按钮

图 36-3 打开【数据分析】对话框

此时，在功能区的【数据】选项卡下将会出现【数据分析】按钮，如图 36-2 所示。

单击【数据分析】按钮，将弹出【数据分析】对话框，如图 36-3 所示。

在【数据分析】对话框的列表中选中某个分析工具，单击【确定】按钮，Excel 将显示针对所选工具的新对话框。

可选择的分析工具及用途说明如表 36-1 所示。

表 36-1　分析工具说明

分析工具名称	用途说明
方差分析	分析类型包括单因素方差分析、可重复双因素方差分析和无重复双因素方差分析
相关系数分析	用于判断两组数据集之间的关系，"简化版"的协方差
协方差分析	用于衡量两个变量的总体误差，通过检验每对测量值变量来确定两个测量值变量是否趋向于同时变动
描述统计分析	用来概括、表述事物整体状况及事物间关联和类属关系，分析数据的趋中性和离散性
指数平滑分析	基于前期预测值导出相应的新预测值，并修正前期预测值的误差。以平滑常数 α 的大小决定本次预测对前期预测误差的修正程度
傅利叶分析	又称调和分析，研究如何将一个函数或信号表达为基本波形的叠加。通常用于解决线性系统问题，并能够通过快速傅利叶变换分析周期性数据
F-检验：双样本方差检验	用来比较两个样本总体的方差
直方图分析	计算数据的个别和累计频率，用于统计数据集中某个数值元素的出现次数
移动平均分析	基于特定的过去某段时期中变量的均值，对未来值进行预测
t-检验分析	包括双样本等方差假设t-检验、双样本异方差假设t-检验和平均值的成对二样本分析t-检验 3 种类型
z-检验：双样本平均差检验	以指定的显著水平检验两个样本均值是否相等
随机数发生器分析	以指定的分布类型生成一系列独立随机数字，可以通过概率分布来表示总体中的主体特征
回归分析	通过对一组观察值使用"最小二乘法"直线拟合，进行线性回归分析。可用来分析单个因变量是如何受一个或几个自变量的值影响的
抽样分析	以数据源区域为总体，为其创建一个样本。当总体太大而不能进行处理或绘制图表时，可以选用具有代表性的样本。如果确认数据源区域中的数据是周期性的，还可以仅对一个周期中特定时间段中的数值进行采样

36.2　描述统计分析

　　描述统计在统计学概念中表示对一组数据进行计算分析，以便于估计和描述数据的分布状态、数字特征及变量关系。描述统计通常分为集中趋势分析、离散趋势分析和相关分析 3 大部分。Excel的"描述统计分析"工具仅包含对集中趋势分析和离散趋势分析的部分指标的计算。

示例36-1　使用描述统计分析商品销售状况

　　图 36-4 展示了某公司两种商品的去年的销售数量，可以通过描述统计功能来分析各商品的销售状况。操作步骤如下。

步骤① 依次单击【数据】→【数据分析】按钮，打开【数据分析】对话框。

步骤② 在【数据分析】对话框的分析工具列表中选中【描述统计】，单击【确定】按钮，打开【描述统计】

对话框。

步骤③ 在【描述统计】对话框中设置相关参数。

（1）单击【输入区域】右侧的折叠按钮，选择要分析数据所在的
B1:C13 单元格区域。

（2）选中【分组方式】右侧的【逐列】单选按钮。

（3）选中【标志位于第一行】的复选框。

（4）在【输出选项】下选中【新工作表组】单选按钮。

（5）选中【汇总统计】和【平均数置信度】的复选框，并将平均数置
信度设置为 95%。

最后单击【确定】按钮，如图 36-5 所示。

Excel 将自动插入新工作表，并显示出描述统计结果，如图 36-6 所示。

	A	B	C
1	月份	收割机	挖掘机
2	1月	637	694
3	2月	723	653
4	3月	748	726
5	4月	551	738
6	5月	462	553
7	6月	489	617
8	7月	550	692
9	8月	280	637
10	9月	521	564
11	10月	551	587
12	11月	636	563
13	12月	807	668

图 36-4　两种商品的销售数据

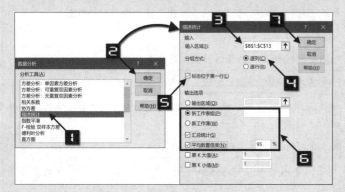

图 36-5　描述统计参数设置　　　　图 36-6　两种商品的描述统计分析结果

从描述统计结果可以看出，收割机月均销量为 579.5833，最低销量 280，最高销量 807。峰度大于 0，说明该产品总体数据分布与正态分布相比较为陡峭，为尖顶峰。偏度系数为负值，表示其数据分布形态与正态分布相比为负偏或称之为左偏，说明数据左端有较多的极端值。综合各项描述统计结果，说明收割机各月份销售波动性较大，可能受到季节性影响。

挖掘机月均销量为 641，最低销量 553，最高销量 738。峰度小于 0，表示该总体数据分布与正态分布相比较为平坦，为平顶峰。偏度接近 0，表示其数据分布形态与正态分布的偏斜程度接近。综合各项描述统计结果，说明挖掘机各月份销售比较平稳。

36.3　其他统计分析

Excel 分析工具库中其他分析工具的使用方法大致相同，用户在掌握了一定的统计学知识后，可以结合实际需要使用对应的分析工具，限于篇幅，本章不再逐一讲解。有兴趣的读者，可以参阅《Excel 数据处理与分析应用大全》[①]或其他专业书籍。

---

① ISBN: 9787301319345，Excel Home 编著，北京大学出版社出版。

第五篇

协作、共享与其他特色功能

　　随着信息化办公环境的不断普及与互联网技术的不断改进，团队协同开始取代单机作业，在企业与组织中成为主要的工作模式。秉承这一理念的 Excel，不但可以与 Office 其他组件无缝链接，而且可以帮助用户通过 Intranet 与其他用户进行协同工作，交换信息。同时，借助 IRM 技术和数字签名技术，用户的信息能够获得更强有力的保护。借助 Excel Online，用户可以随时随地协作处理电子表格。

　　此外，随着新型办公设备的不断出现，Excel 在 PC、手机、平板电脑上都能完美的运行，并且可以充分借助移动设备的特性来帮助用户开展工作。

第 37 章　使用其他 Excel 特色功能

随着用户处理电子表格任务的日趋复杂，Excel 不断增加各种功能来应对需求。用户可以利用朗读功能检验数据，利用简繁转换功能让表格在简体中文和繁体中文之间进行转换，利用翻译功能快速地翻译文本，利用墨迹公式功能可以方便地插入数学公式，对于平板电脑用户，还可以使用墨迹添加注释。

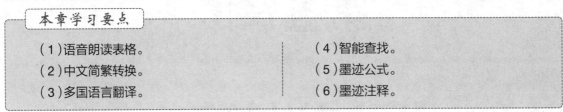

本章学习要点

（1）语音朗读表格。　　　　　　　　（4）智能查找。
（2）中文简繁转换。　　　　　　　　（5）墨迹公式。
（3）多国语言翻译。　　　　　　　　（6）墨迹注释。

37.1　语音朗读表格

Excel 的"语音朗读"功能默认状态下并没有显示在功能区中。如果要使用该功能，必须先将相关的命令按钮添加到【快速访问工具栏】，包括"按列［按列朗读单元格］""按行［按行朗读单元格］""朗读单元格""停止朗读［朗读单元格－停止朗读单元格］"和"输入时［按 Enter 开始朗读单元格］"共 5 个按钮，如图 37-1 所示。

有关"快速访问工具栏"的更多内容，请参阅 2.9 节。

图 37-1　在【快速访问工具栏】内添加语音相关命令

单击【快速访问工具栏】中的按钮，即可启用"输入时［按 Enter 开始朗读单元格］"功能。当在单元格中输入数据后按 <Enter> 键，或者活动单元格中已经有数据时按 <Enter> 键，Excel 会自动朗读内容。再次单击按钮可关闭该功能。

选中需要朗读的单元格区域，单击【快速访问工具栏】中的按钮，Excel 将开始按行逐单元格朗读该区域中的所有内容。如果需要停止朗读，单击【快速访问工具栏】中的按钮或单击工作表中的任意一个单元格即可。

单击▲按钮或▼按钮，可以切换朗读方向。

如果在执行朗读功能前只选中了一个单元格，则Excel会自动扩展到此单元格所在的连续数据区域进行朗读。

深入了解

> **关于语音引擎**
>
> Excel的文本朗读功能需要计算机系统中安装有语音引擎才可以正常使用。该功能以何种语言进行朗读，取决于当前安装并设置的语音引擎，中文版Windows自XP版本开始都自带中文和英文语音引擎，默认设置为中文语音引擎。
>
> 事实上，Windows的语音功能非常强大，不但可以作为语音引擎支持各类软件的相关功能，还可以实现控制计算机程序、读写文字等。

37.2 中文简繁转换

使用Excel的中文简繁转换功能，可以快速地将工作表内容（不包含名称、批注、对象和VBA代码）在简体中文与繁体中文之间进行转换，这是中文版Excel所特有的一项功能。

如果该功能没有显示在功能区中，可以依次单击【文件】→【选项】命令，打开【Excel选项】对话框。切换到【加载项】命令组，单击【管理】右侧下拉按钮，选择【COM 加载项】，然后单击【转到】按钮，打开【COM 加载项】对话框。在【COM 加载项】对话框中选中【中文简繁转换加载项】复选框，最后单击【确定】按钮，如图37-2所示。要将一个不连续的单元格区域由简体中文转化为繁体中文，需要先选中整个区域；如果要转化整张表格，只需单击选中其中任意一个单元格，然后单击【审阅】选项卡中的【简转繁】按钮即可，结果如图37-3所示。

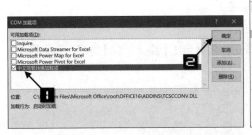

图 37-2　加载中文简繁转换加载项

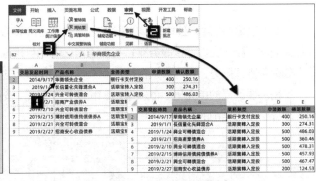

图 37-3　简体中文转化为繁体中文

如果此时工作簿尚未保存，将弹出对话框询问是否需要先保存再转换，如图37-4所示。单击【是】按钮可继续转换。

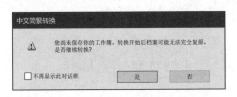

图 37-4　转换前关于保存文件的提示

注意

> 简繁转换操作无法撤消，为了避免意外，应该先保存当前文件，或者为当前文件保存一份副本后再执行转换。

Excel 会按词或短语进行简繁转化，如"单元格"将转化为"储存格"，"模板"将转化为"範本"等。将繁体中文转化为简体中文的操作基本相同，先选中目标区域后，单击【繁转简】按钮即可。

> **提示** →
> 如果将简体转换为繁体，再将这些繁体转换为简体时，可能无法得到之前的简体内容。例如将"模板"转换为繁体的"範本"后，再次转换将得到简体的"范本"。

如果要一次性将整张工作表的内容进行简繁转换，可以先选中工作表中的任意一个单元格，然后开始转换。如果要将整个工作簿的内容进行简繁转换，需要先选中所有工作表，然后开始转换。

单击【审阅】选项卡中的【简繁转换】按钮，在弹出的【中文简繁转化】对话框中单击【自定义词典】按钮，将弹出【简体繁体自定义词典】对话框，如图 37-5 所示。用户可以在这里维护自己的词典，让转换结果更适合自己的工作。

图 37-5　维护简繁转换词典

37.3　多国语言翻译

Excel 内置了由微软公司提供的在线翻译服务，该服务可以帮助用户翻译选中的文字、进行屏幕取词翻译或翻译整个文件。该服务支持多种语言之间的互相翻译。

要使用翻译服务，用户必须保持计算机与 Internet 的连接。

单击需要翻译的单元格，依次单击【审阅】→【翻译】按钮，将显示出【翻译工具】窗格，其中显示详细的翻译选项与当前的翻译结果，如图 37-6 所示。

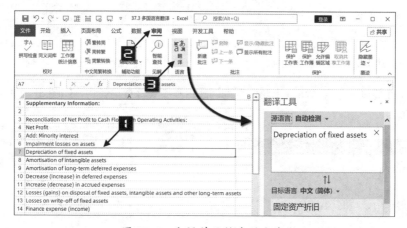

图 37-6　翻译单元格中的文字

37.4 智能查找

在计算机联网的情况下，用户只要选中某个单元格，然后依次单击【审阅】→【智能查找】按钮，即可在右侧的【搜索】窗格中显示相关的Web搜索结果，而不需要特意打开浏览器来查询，方便随时查阅网上资源，如图 37-7 所示。

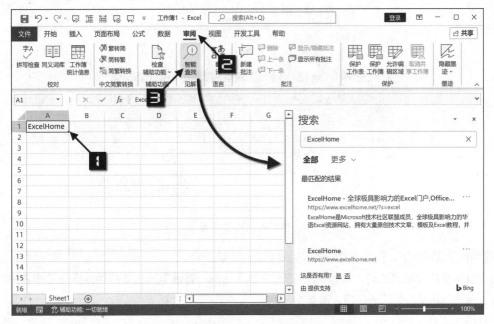

图 37-7　智能查找

37.5 墨迹公式

如果需要在工作中插入数学公式，比如勾股定理公式，可以使用"公式编辑器"来编辑。依次单击【插入】→【公式】下拉按钮，可以选择常用的数学公式，或者新增一个"墨迹公式"——使用鼠标或触控笔在【数学输入控件】对话框中直接手写公式，如图 37-8 所示。

手写完成后，单击【数学输入控件】对话框的【插入】按钮，该数学公式就会成为工作表中的一个对象。如果需要修改已经插入的数学公式，可以选中公式对象，在【公式工具】【设计】选项卡下借助丰富的功能进行编辑，如图 37-9 所示。

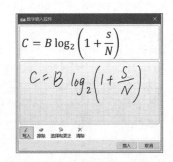

图 37-8　手写输入复杂数学公式

图 37-9　编辑数学公式的丰富功能

37.6 墨迹注释

如果用户使用的是带有触摸屏或数位板的电脑设备，可以方便地在工作表中添加“墨迹注释”。任何时候，只需要用触控笔直接在工作表中的某个地方圈划书写即为插入“墨迹注释”，如图 37-10 所示。

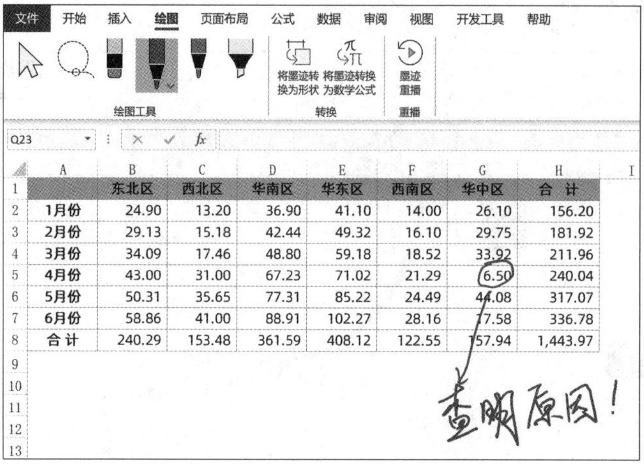

	东北区	西北区	华南区	华东区	西南区	华中区	合 计
1月份	24.90	13.20	36.90	41.10	14.00	26.10	156.20
2月份	29.13	15.18	42.44	49.32	16.10	29.75	181.92
3月份	34.09	17.46	48.80	59.18	18.52	33.92	211.96
4月份	43.00	31.00	67.23	71.02	21.29	6.50	240.04
5月份	50.31	35.65	77.31	85.22	24.49	44.08	317.07
6月份	58.86	41.00	88.91	102.27	28.16	17.58	336.78
合 计	240.29	153.48	361.59	408.12	122.55	157.94	1,443.97

图 37-10 使用触控设备添加墨迹注释

在【审阅】选项卡下，可以设置隐藏或是批量删除墨迹注释。

通过自定义功能区的方式，让【绘图】选项卡显示出来，普通电脑也支持用鼠标在工作表内添加墨迹注释。有关自定义功能区的介绍，请参阅 2.8 节。

第38章 信息安全控制

用户的Excel工作簿中可能包含着一些比较重要的敏感信息。当需要与其他用户共享此类文件时，就需要对敏感信息进行保护。尽管用户可以为Excel文件设置打开密码，但仅仅运用这样的机制来保护信息显然不能满足所有用户的需求。Excel在信息安全方面具备了许多优秀功能，尤其是"信息权限管理"（IRM）功能和数字签名功能，可以帮助用户保护文件中的重要信息。

> **本章学习要点**
>
> （1）借助IRM进行信息安全控制。 （4）保护个人私有信息。
> （2）保护工作表与工作簿。 （5）自动备份。
> （3）为工作簿添加数字签名。 （6）发布工作簿为PDF或XPS。

38.1 借助IRM进行信息安全控制

IRM，全称Information Rights Management，允许个人和管理员指定可以访问指定Office文档的用户，防止未经授权的人员打印、转发或复制敏感信息。此外，IRM还允许用户定义文档的有效期，文件一旦过期将不再可以访问。

IRM技术通过在计算机上安装一个数字证书来完成对文件的加密，此后的权限分配与权限验证均基于用户账户进行，账户用于保证用户身份的唯一合法性。

IRM提供了比"用密码进行加密"更灵活的权限分配机制和更高的安全级别，文档的所有人只需单击【文件】→【信息】→【保护工作簿】→【限制访问】，指定谁可以具备何种操作权限就完成了加密。被授权的人在访问文档时，不需要使用任何密码，只需要向RMS服务器验证自己的身份即可。

在 Office中使用IRM技术必须要有对应的企业级RMS服务或微软Azure 权限管理服务的支持，相关内容可参阅微软网站技术文档。

38.2 保护工作表

通过设置单元格的"锁定"状态，并使用"保护工作表"功能，可以禁止对单元格进行编辑，此部分内容请参阅 7.6.2 节。

在实际工作中，对单元格内容的编辑，只是工作表编辑方式中的一项，除此以外，Excel还允许用户设置更明确的保护方案。

38.2.1 设置工作表保护后的可用编辑方式

单击【审阅】选项卡中的【保护工作表】按钮，可以执行对工作表的保护，在弹出的【保护工作表】对话框中有很多权限设置选项，如图 38-1 所示。

这些权限选项决定了当前工作表处于保护状态时，除了禁止编辑锁定单元格以外，还可以进行其他哪些操作。部分选项的含义如

图 38-1 【保护工作表】对话框

表 38-1 所示。

表 38-1 【保护工作表】对话框部分选项的含义

选项	含义
选定锁定单元格	使用鼠标或键盘选定设置为锁定状态的单元格
选定解除锁定的单元格	使用鼠标或键盘选定未被设置为锁定状态的单元格
设置单元格格式	设置单元格的格式（无论单元格是否锁定）
设置列格式	设置列的宽度，或者隐藏列
设置行格式	设置行的高度，或者隐藏行
插入超链接	插入超链接（无论单元格是否锁定）
排序	对选定区域进行排序（该区域中不能包含锁定单元格）
使用自动筛选	使用现有的自动筛选，但不能打开或关闭现有表格的自动筛选
使用数据透视表和数据透视图	使用工作表中已有的数据透视表和数据透视图，但不能插入或删除已有的数据透视表和数据透视图
编辑对象	修改图表、图形、图片，插入或删除批注
编辑方案	使用方案

38.2.2 凭密码或权限编辑工作表的不同区域

默认情况下，Excel的"保护工作表"功能作用于整张工作表，如果希望对工作表中的不同区域设置独立的密码或权限来进行保护，可以按以下步骤操作。

步骤① 单击【审阅】选项卡中的【允许编辑区域】按钮，弹出【允许用户编辑区域】对话框。

步骤② 在此对话框中单击【新建】按钮，弹出【新区域】对话框。可以在【标题】文本框中输入区域名称（或使用系统默认名称），然后在【引用单元格】编辑栏中输入或选择区域的范围，然后输入区域密码。

如果要针对指定计算机用户（组）设置权限，还可以单击【权限】按钮，在弹出的【区域1的权限】对话框中进行设置。

步骤③ 单击【新区域】对话框的【确定】按钮，在根据提示重复输入密码后，返回【允许用户编辑区域】对话框。之后用户就可凭此密码对以上所选定的单元格和区域进行编辑操作，此密码与工作表保护密码各自独立。

步骤④ 如果需要，可以使用同样的方法创建多个使用不同密码访问的区域。

步骤⑤ 在【允许用户编辑区域】对话框中单击【保护工作表】按钮，执行工作表保护，如图38-2所示。

完成以上单元格保护设置后，在试图对保护的单元格或区域内容进行编辑操作时，会弹出如图38-3所示的【取消锁定区域】对话框，要求用户提供针对

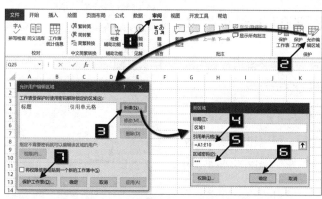

图 38-2　设置【允许用户编辑区域】对话框

该区域的保护密码。只有在输入正确密码后才能对其进行编辑。

如果在步骤 2 中设置了指定用户（组）对某区域拥有"允许"的权限，则该用户或用户组成员可以直接编辑此区域，不会再弹出要求输入密码的提示。

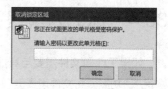

图 38-3 【取消锁定区域】对话框

38.3　保护工作簿

Excel 允许对整个工作簿进行不同方式的保护，一种是保护工作簿的结构，另一种则是通过设置打开密码来加密工作簿。

38.3.1　保护工作簿结构

在【审阅】选项卡上单击【保护工作簿】按钮，将弹出【保护工作簿】对话框，如图 38-4 所示。

选中【结构】复选框后，禁止在当前工作簿中插入、删除、移动、复制、隐藏或取消隐藏工作表，同时禁止重新命名工作表。

图 38-4 【保护工作簿】对话框

 提示

> 【窗口】选项仅在 Excel 2007、Excel 2010、Excel for Mac 2011 和 Excel 2016 for Mac 中可用，选中此选项后，当前工作簿的窗口按钮不再显示，禁止新建、放大、缩小、移动或分拆工作簿窗口，【全部重排】命令也对此工作簿不再有效。

 38章

如有必要，可以设置密码，此密码与工作表保护密码和工作簿打开密码没有任何关系。最后单击【确定】按钮即可。

38.3.2　加密工作簿

如果希望限定必须使用密码才能打开工作簿，除了在工作簿另存为操作时进行设置（请参阅第 3 章）外，也可以在工作簿处于打开状态时进行设置。

单击【文件】选项卡，依次单击【信息】→【保护工作簿】→【用密码进行加密】，将弹出【加密文档】对话框。输入密码单击【确定】后，Excel 会要求再次输入密码进行确认。确认密码并保存此工作簿，则下次被打开时将提示输入密码，如果不能输入正确的密码，将无法打开此工作簿，如图 38-5 所示。

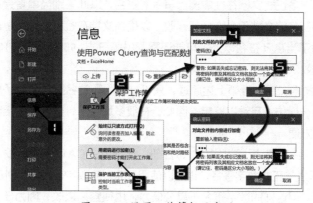

图 38-5　设置工作簿打开密码

如果要清除工作簿的打开密码，可以按上述步骤再次打开【加密文档】对话框，删除现有密码即可。

38.4 标记为最终状态

如果工作簿文件需要与其他人进行共享，或被确认为一份可存档的正式版本，可以使用"标记为最终状态"功能，将文件设置为只读状态，防止被意外修改。

要使用此功能，可以单击【文件】选项卡，依次单击【信息】→【保护工作簿】→【标记为最终】，在弹出的对话框中单击【确定】按钮，如图 38-6 所示。

系统弹出如图 38-7 所示的消息框，提示用户本工作簿已经被标记为最终状态。

图 38-6 　确认执行"标记为最终状态"对话框　　　　图 38-7 　提示用户本工作簿已经被标记为最终状态

　　如果在一个新建的尚未保存过的工作簿上执行"标记为最终状态"，Excel 会自动弹出【另存为】对话框，要求先对工作簿进行保存。

现在，工作簿窗口的外观如图 38-8 所示，文件名后显示为"只读"，功能区被折叠，并提示当前为"标记为最终"的状态，文件将不再允许任何编辑。

图 38-8 　最终状态下的工作簿窗口

事实上，"标记为最终"功能更像一个善意的提醒，而非真正的安全保护功能。任何时候只需要单击功能区下方的【仍然编辑】按钮，就可以取消"最终状态"，使文件重新回到可编辑状态。

38.5 数字签名

在生活和工作中，许多正式文档往往需要当事者的签名，以此鉴别当事者是否认可文档内容或文档是否出自当事者。具有签名的文档不允许任何修改，以确保文档在签名后未被篡改，是真实可信的。对于尤其重要的文档，除了当事者签名以外，可能还需要由第三方（如公证机关）出具的相关文书来证明该文档与签名的真实有效。

Office 的数字签名技术，基本遵循上述原理，只不过将手写签名换成了电子形态的数字签名。众所周知，手工签名很容易被模仿，且难以鉴定。因此，在很多场合下，数字签名更容易确保自身的合法性和真实性，而且操作更方便。

有效的数字签名必须在证书权威机构（CA）注册，该证书由 CA 认证并颁发，具有不可复制的唯一性。如果用户没有 CA 颁发的正式数字签名，也可以使用 Office 的数字签名功能创建一个本机的数字签名，签名人为 Office 用户名。但这样的数字签名不具公信力，也很容易篡改，因为任何人在任何计算机上都可以创建一个完全相同的数字签名。

Excel 允许向工作簿文件中加入可见的签名标志后再签署数字签名，也可以签署一份不可见的数字签名。无论是哪一种数字签名，如果在数字签名添加完成后对文件进行编辑修改，签名都将自动被删除。

38.5.1 添加隐性数字签名

添加隐性数字签名的操作步骤如下。

步骤① 单击【文件】选项卡，在默认的【信息】页中依次单击【保护工作簿】→【添加数字签名】。

步骤② 在弹出的【签名】对话框中，可以进行详细的数字签名设置，包括类型、目的和签名人信息等，如图 38-9 所示。对话框中的"承诺类型""签署此文档的目的""详细信息"等参数都是可选项，可以留空。单击【更改】按钮可以选择本机可用的其他数字签名。

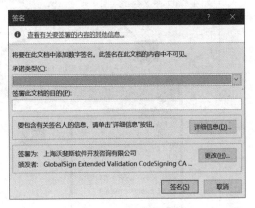

图 38-9 添加数字签名

根据需要填写各种签名信息后，单击【签名】按钮。

此时弹出【签名确认】对话框，显示签名完成，单击【确定】按钮即可，如图 38-10 所示。

成功添加数字签名后的工作簿文件将自动进入"标记为最终状态"模式，并在 Excel 状态栏的左侧会出现一个 图标。单击此图标，将出现【签名】任务窗格，显示当前签名的详细信息，如图 38-11 所示。通过"签名"任务窗格，可以查看当前签名的详细信息，也可以删除签名。

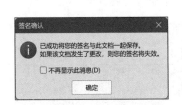

图 38-10 完成签名

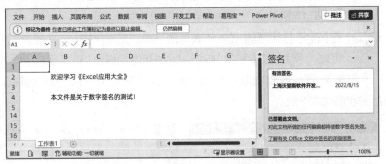

图 38-11 查看"签名"任务窗格

下次打开该文件时，Excel 窗口会显示如图 38-12 所示的提示栏。

图 38-12 包含有效数字签名的工作簿文件

38.5.2 添加 Microsoft Office 签名行

操作步骤如下。

步骤① 单击【插入】选项卡中【签名行】的下拉按钮，在下拉列表中单击【Microsoft Office 签名行】项，将弹出【签名设置】对话框。根据具体情况输入姓名、职务、电子邮件地址等信息后，单击【确定】

按钮，如图 38-13 所示。

此时，当前工作表中已经插入了一个类似图片的对象，显示了刚才填写的签名设置，这只是 Microsoft Office 签名行的一个半成品，如图 38-14 所示。

图 38-13　添加 Microsoft Office 签名行　　　　　图 38-14　Microsoft Office 签名行

步骤② 要完成签名行的设置并添加数字签名，可以直接双击刚才的对象，弹出【签名】对话框，如图 38-15 所示。

步骤③ 在【签名】对话框中输入签署者的信息，或者单击【选择图像】按钮，选择一张图片添加到签名行区域，最后单击【签名】按钮。此时可能会弹出【签名确认】对话框，表示签名完成。

签署完成后的效果如图 38-16 所示，除了在工作表中的签名行对象，其他方面与添加隐性数字签名后的状态基本一致。

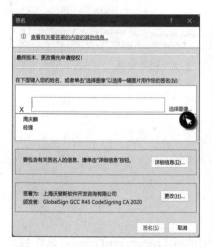

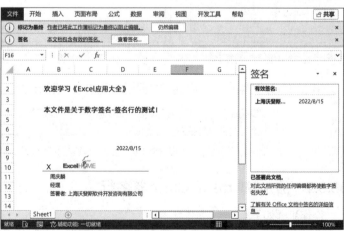

图 38-15　为签名行添加数字签名　　　　　图 38-16　添加数字签名后的 Microsoft Office 签名行

38.5.3　添加图章签名行

添加图章签名行的方法与添加 Microsoft Office 签名行基本相同，在此不再赘述。图章签名的效果如图 38-17 所示。

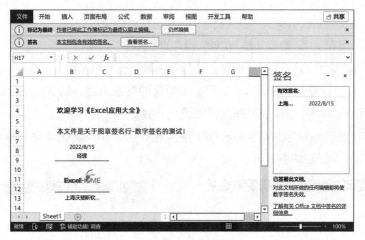

图 38-17　添加数字签名后的图章签名行

38.6　借助"检查文档"保护私有信息

每一个工作簿文件除了所包含的工作表内容以外，还包含很多其他信息。单击【文件】选项卡，在【信息】页中可以看到这些信息，如图 38-18 所示。

一部分信息是只读的，如文件大小、创建时间、上次修改时间、文件的当前位置等，另一部分信息则用于描述文件特征，是可编辑的，如标题、类别、作者等。

单击【属性】按钮，在下拉菜单中单击【高级属性】，将弹出【属性】对话框，用户在此可进行详细的属性查看与管理，如图 38-19 所示。

图 38-18　工作簿文件的自身信息

图 38-19　编辑文档属性

在个人或企业内部使用 Excel 的时候，添加详细的文件信息描述是一个良好的习惯，可以帮助创建者本人和同事了解该文件的详细情况，并借助其他的应用（如 SharePoint Server）构建文件库，进行知识管理，同时也非常方便进行文件搜索。

此外，工作簿中还有可能保存了由多人协作时留下的批注、墨迹等信息，记录了文件的所有修订记录。

如果工作簿要发送到组织机构以外的人员手中，以上这些信息可能会泄露私密信息，应该及时进行检查并删除。此时，可以使用"检查文档"功能，操作步骤如下。

步骤① 单击【文件】选项卡，依次单击【信息】→【检查问题】→【检查文档】。

步骤② 在弹出的【文档检查器】对话框中，列出可检查的各项内容，默认进行全部项目的检查，如图 38-20 所示。单击【检查】按钮即可开始进行检查。

图 38-21 展示了显示检查结果的【文档检查器】对话框，如果用户确认检查结果的某项内容应该去除，可以单击该项右侧的【全部删除】按钮。

图 38-20　用于检查文档的"文档检查器"　　　图 38-21　显示检查结果的【文档检查器】对话框

> **注意**
>
> 【全部删除】将一次性删除该项目类别下的所有设置，且无法撤销，应该谨慎使用。

38.7　发布为 PDF 或 XPS

PDF 全称为 Portable Document Format，译为可移植文档格式，由 Adobe 公司设计开发，目前已成为数字化信息领域中一个事实上的行业标准。它的主要特点如下。

❖ 在大多数计算机平台上具有相同的显示效果。

❖ 较少的文件体积，最大程度保持与源文件接近的外观。

❖ 具备多种安全机制，不易被修改。

XPS 全称为 XML Paper Specification，是由 Microsoft 公司开发的一种文档保存与查看的规范，用户可以把它看作微软版的 PDF。

PDF 和 XPS 必须使用专门的程序打开，免费的 PDF 阅读软件不计其数，而微软也从 Vista 开始在操作系统内集成了 XPS 阅读软件。

Excel 支持将工作簿发布为 PDF 或 XPS，以便获得更好的阅读兼容性及某种程度上的安全性。以发布为 PDF 格式文件为例，具体方法是按 <F12> 键，在弹出的【另存为】对话框中选择【保存类型】为 PDF，如图 38-22 所示。可以根据情况选择不同的优化选项，然后单击【保存】按钮即可。

　　如果希望设置更多的选项，可以在【另存为】对话框中单击【选项】按钮。在弹出的【选项】对话框中可以设置发布的页范围、工作表范围等参数，单击【确定】按钮即可保存设置。

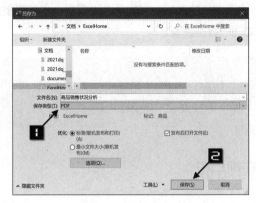

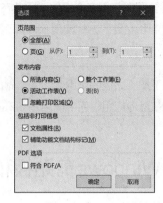

图 38-22　发布工作簿为 PDF 格式文件　　　　图 38-23　设置更多的 PDF 发布选项

发布为 XPS 文件的方法与此类似，在此不再赘述。

　　　　将 Excel 工作簿另存为 PDF 或 XPS 文件后，无法使用 Excel 将其转换回 xls 或 xlsx 文件格式，但是某些第三方软件可提供此功能。

第39章 与其他应用程序共享数据

微软Office程序包含Excel、Word、PowerPoint、OneNote等多个组件，用户可以使用Excel进行数据处理分析，使用Word进行文字处理与编排，使用PowerPoint设计演示文稿等。为了完成某项工作，用户常常需要同时使用多个组件。因此在它们之间进行快速准确的数据共享显得尤为重要。本章将重点讲解借助复制和粘贴的方式实现Excel和其他应用程序之间的数据共享。

> **本章学习要点**
>
> （1）了解剪贴板的作用。　　　　　　　（3）在Excel中使用其他应用程序的数据。
>
> （2）在其他应用程序中使用Excel的数据。　（4）将Excel工作簿作为数据源。

39.1　Windows剪贴板和Office剪贴板

Windows剪贴板是所有应用程序的共享内存空间，任何两个应用程序只要互相兼容，Windows剪贴板就可以实现相互之间的信息复制。Windows剪贴板会一直保留用户使用复制命令复制的信息，每次粘贴操作将默认使用最后一次复制的信息。Windows剪贴板在后台运行，用户通常看不到它。

图 39-1　显示【剪贴板】任务窗格

图 39-2　Office剪贴板的运行设置

提示

> 从 Windows 10 1809 版本开始，Windows 剪贴板可以容纳最多 25 条信息。如果按 <Win+V> 组合键打开剪贴板，可以选择任意一条信息进行粘贴。

Office剪贴板则是专门为Office各组件服务的，可以容纳最多25条复制的信息，支持用户连续进行复制，然后再按需粘贴。

单击【开始】选项卡中【剪贴板】命令组右下角的对话框启动器，将显示【剪贴板】窗格，如图 39-1 所示。此时Office剪贴板将开始工作，用户的每一次复制（包括但不限于在Office应用程序中的复制）都会被记录下来，并在该窗格中按操作顺序列出。

将光标悬浮于其中一项之上时，该项将出现下拉按钮，单击该按钮可显示下拉菜单。单击【粘贴】可将该项信息进行粘贴，单击【删除】将从Office剪贴板中清除该项信息。

Office剪贴板是所有Office组件共用的，所以它在所有Office组件中将显示完全相同的信息项列表。

单击【剪贴板】窗格下方的【选项】按钮，可以在弹出的快捷菜单中设置Office剪贴板的运行方式，如图 39-2 所示。

注意

> 在Office组件程序中进行数据复制或剪切时，信息同时存储在Windows剪贴板和Office剪贴板上。

39.2　将 Excel 数据复制到 Office 其他应用程序中

Excel 中的所有数据形式都可以被复制到 Office 其他应用程序中，包括工作表中的数据、图片、图表和其他对象等。不同的信息在复制与粘贴过程中有不同的选项，以适应用户的不同需求。

39.2.1　复制单元格区域

复制 Excel 某个单元格区域中的数据到 Word 或 PowerPoint 中，是较常见的一种信息共享方式。利用"选择性粘贴"，用户可以选择以多种方式将数据进行静态粘贴，也可以选择动态链接数据。静态粘贴的结果是源数据的静态副本，与源数据不再有任何关联。而动态链接则会在源数据发生改变时自动更新粘贴结果。

　　如果希望在复制后能够执行"选择性粘贴"功能，用户在复制 Excel 单元格区域后，应立即进行粘贴操作，而不要进行其他操作，比如按下 <Esc> 键，或者双击某个单元格，或者在某个单元格输入数据等。

如需将 Excel 表格数据复制到 Word 文档中，操作步骤如下。

步骤① 选择需要复制的 Excel 单元格区域，按 <Ctrl+C> 组合键进行复制。

步骤② 激活 Word 文档中的待粘贴位置。

如果直接按 <Ctrl+V> 组合键，或者使用"Office 剪贴板"中的粘贴功能，将以 Word 当前设置的默认粘贴方式进行粘贴。

如果单击【开始】→【粘贴】下拉按钮，可以在下拉菜单中找到更多的粘贴选项，以及【选择性粘贴】命令。单击【选择性粘贴】命令会弹出【选择性粘贴】对话框，选择其中的选项，可以按不同方式和不同形式进行粘贴。默认的粘贴选项是粘贴为 HTML 格式，如图 39-3 所示。

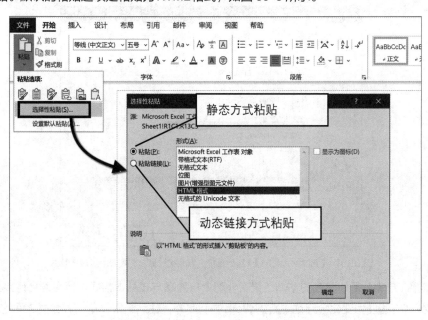

图 39-3　在 Word 中执行"选择性粘贴"

在静态方式下，各种粘贴形式的用途如表 39-1 所示。

表 39-1　静态方式下各种粘贴形式的用途

形式	用途
Microsoft Excel 工作表对象	作为一个完整的 Excel 工作表对象进行嵌入，在 Word 中双击该对象可以像在 Excel 中一样进行编辑处理
带格式文本（RTF）	成为带格式的文本表格，将保留源数据的行、列及字体格式
无格式文本	成为普通文本，没有任何格式
位图	成为 BMP 图片文件
图片（增加型图元文件）	成为 EMF 图片文件，文件体积比位图小
HTML 格式	成为 HTML 格式的表格，在格式上比 RTF 更接近源数据
无格式的 Unicode 文本	成为 Unicode 编码的普通文本，没有任何格式

如果希望粘贴后的内容能够随着源数据的变化而自动更新，则应使用"粘贴链接"方式进行粘贴。

对于不同的复制内容，并非每一种选择性粘贴选项都是有效的。

示例39-1　链接Excel表格数据到Word文档中

复制 Excel 中的表格数据后，在 Word 文档中执行【选择性粘贴】命令，弹出【选择性粘贴】对话框。选中【粘贴链接】单选按钮，如图 39-4 所示。

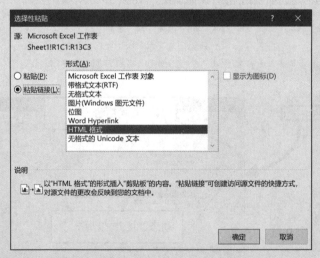

图 39-4　【选择性粘贴】对话框中"粘贴链接"方式下的各种形式

"粘贴链接"方式下各种形式的粘贴结果在外观上与静态方式基本相同，但是均会链接到 Excel 的源数据，原始数据中的任何变化会自动更新到 Word 中。此外，粘贴结果具备与源数据之间的超链接功能。以"粘贴链接"为"带格式文本（RTF）"为例，如果在粘贴结果中鼠标右击，在弹出的快捷菜单中单击【编辑链接】或【打开链接】命令，将激活 Excel 并定位到源文件的目标区域，如图 39-5 所示。

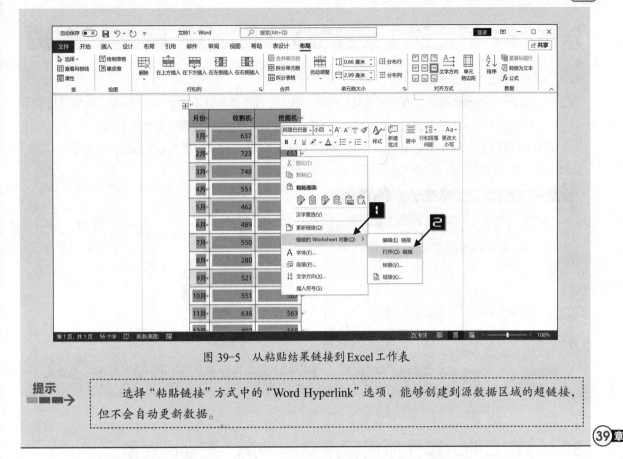

图 39-5 从粘贴结果链接到 Excel 工作表

提示 ▬▬▬→ 　　选择"粘贴链接"方式中的"Word Hyperlink"选项，能够创建到源数据区域的超链接，但不会自动更新数据。

39章

39.2.2　复制图片

复制 Excel 工作表中的图片、图形后，如果在 Office 其他应用程序中执行【选择性粘贴】命令，将弹出如图 39-6 所示的【选择性粘贴】对话框。

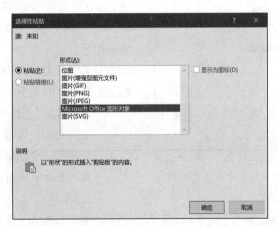

图 39-6 复制对象为图片、图形时的【选择性粘贴】对话框

选择性粘贴允许以多种格式的图片来粘贴，但只能进行静态粘贴，不能粘贴链接。

39.2.3　复制图表

与 Excel 单元格区域类似，Excel 图表同时支持静态粘贴和动态粘贴链接。

示例39-2　链接Excel图表到PowerPoint演示文稿中

步骤① 选中要复制的Excel图表，按<Ctrl+C>组合键复制。

步骤② 激活PowerPoint演示文稿中的待粘贴位置，执行【选择性粘贴】命令，在弹出的【选择性粘贴】对话框中，选中【粘贴链接】单选按钮，最后单击【确定】按钮，如图39-7所示。

图39-8展示了在PowerPoint演示文稿中具备动态链接特性的Excel图表，当源图表发生变化以后，此处的图表也会自动更新。在图表上鼠标右击，可以执行相关的链接命令。

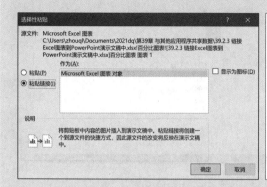

图39-7　粘贴Excel图表链接到演示文稿中　　图39-8　PowerPoint幻灯片li中链接形式的Excel图表

39.3　在Office其他应用程序文档中插入Excel对象

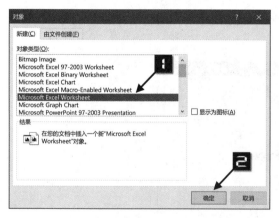

图39-9　【对象】对话框显示所有本电脑上可供插入的对象列表

除了使用复制粘贴的方法来共享数据之外，用户还可以在Office应用程序文件中插入对象。例如在Word文档或PowerPoint演示文稿中创建新的Excel工作表对象，将其作为自身的一部分。操作步骤如下。

步骤① 激活需要新建Excel对象的Word文档。

步骤② 单击【插入】选项卡中的【对象】按钮，弹出【对象】对话框，如图39-9所示。利用此对话框，可以"新建"一个对象，也可以链接到一个现有的对象文件。选择【Micro-soft Excel Worksheet】项，单击【确定】按钮。

单击【插入】选项卡下的【表格】→【Excel电子表格】命令也可以插入一个Excel工作表对象。

提示

　　【对象】对话框中显示的对象列表来源于本电脑安装的支持OLE（对象连接与嵌入）的软件。例如，电脑上安装了Auto CAD制图软件的话，该列表中就会出现CAD对象，允许在Word文档中插入。

Excel工作表插入Word文档后，如果不被激活，则只显示为表格。双击它可以激活对象，弹出Excel窗口进行编辑，如图 39-10 所示。

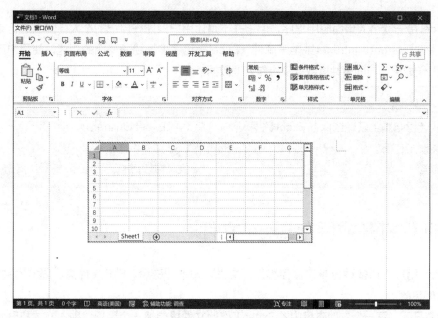

图 39-10 在 Word 文档中编辑 Excel 工作表对象

编辑完毕后，可直接关闭此Excel窗口。

插入Word文档中的Excel对象，既可以使用Excel的功能特性，本身又是Word文档的一部分，而不必单独保存为Excel工作簿文件，这一用法在需要创建复杂内容的文档时是非常有意义的。

39.4　在Excel中使用Office其他应用程序的数据

将Office其他应用程序的数据复制到Excel中，与将Excel数据复制到Office其他应用程序的方法基本类似。借助"选择性粘贴"功能，以及【粘贴选项】按钮，用户可以按自己的需求进行信息传递。

在Excel中也可以使用插入对象的方式，插入Office其他应用程序文件，作为工作表内容的一部分。

39.5　使用Excel工作簿作为外部数据源

许多Office应用程序都有使用外部数据源的需求，Excel工作簿是常见的外部数据源之一。可以使用Excel工作簿作为外部数据源的应用包括Word邮件合并、Access表链接、Visio数据透视表与数据图形、Project日程表及Outlook通讯簿的导入导出等。

第 40 章　协同处理 Excel 数据

尽管 Excel 是一款个人桌面应用程序，但它并不是让用户只能在自己的个人电脑上进行单独作业的应用程序。借助 Internet、Intranet 或电子邮件，Excel 提供了多项易于使用的功能，使用户可以方便地存储自己的工作成果、与同事共享数据及协作处理数据。

> **本章学习要点**
>
> （1）从远程电脑上获取或保存 Excel 数据。　　（4）Excel Online。
> （2）共享工作簿。　　　　　　　　　　　　　（5）共同协作。
> （3）审阅。　　　　　　　　　　　　　　　　（6）在线调查。

40.1　远程打开或保存 Excel 文件

Excel 允许用户选择多种位置来保存和打开文件，如本地磁盘、FTP 文件夹、局域网共享文件夹、OneDrive 文件夹等。

在默认情况下，每一个本地磁盘中的 Excel 工作簿文件只能被一个用户以独占方式打开。如果试图在局域网共享文件夹中打开一个已经被其他用户打开的工作簿文件时，Excel 会弹出【文件正在使用】对话框，表示该文件已经被锁定，如图 40-1 所示。

遇到这种情况，可以与正在使用该文件的用户进行协商，请对方先关闭该文件，否则只能以只读方式打开该文件。当以只读方式打开文件后，虽然可以编辑，但编辑后不能进行保存，而只能另存为一个副本。

如果单击【只读】按钮，将以只读方式打开文件。

如果单击【通知】按钮，仍将以只读方式打开，当对方关闭该文件后，Excel 将弹出对话框提醒用户，如图 40-2 所示。

图 40-1　打开使用中的工作簿弹出
"文件正在使用"对话框

图 40-2　当前一个用户关闭文件时，
Excel 通知后一个用户

单击【现在可以使用的文件】对话框中的【读-写】按钮，将获得当前 Excel 工作簿的"独占权"，可以编辑并保存该文件。

Excel 打开 OneDrive 上的文件时，尽管实际上是先从 OneDrive 将文件缓存到本地，保存时再上传到 OneDrive 服务器，但仍然支持独占编辑。Excel 允许使用同一个 Microsoft 账户在多台设备上登录，或者同一个账户同时使用 Web 形式和应用程序来访问 OneDrive 上的文件。如果有来自一个账户的多个访问请求同时打开一个 OneDrive 中的文件，则后打开的请求会被提示无法修改。

如果使用不同的账户打开同一个 OneDrive 上的文件，属于"共同创作"的模式，详细内容请参阅 40.4 节。

40.2　共享工作簿与审阅

Excel支持"共享工作簿"及基于"共享工作簿"功能的审阅机制，这使得局域网中多个用户可以同时编辑同一个Excel工作簿，或者将工作簿分发给其他同事进行审阅与修订，最后合并所有的修订记录。但是，这一系列"古老"的功能因为存在诸多限制，已经被更具云计算特性的"共同创作"功能所取代，有关"共同创作"的详细介绍，请参阅40.4节。

提示 ◼◼◼◼➡

> 如果用户仍然对"共享工作簿"情有独钟，需要通过自定义快速访问工具栏的方式，将【共享工作簿(旧版)】【修订(旧版)】【保护共享(旧版)】【比较和合并工作簿】等按钮添加到快速访问工具栏上，即可继续使用此功能。

有关Excel"共享工作簿"的使用方法，请参考《Excel 2016应用大全》[①]或查阅其他资料。

40.3　使用Excel Online查看和编辑工作簿

使用Microsoft账户登录到Excel后，能够将本地工作簿文件保存到OneDrive中，也可以直接打开OneDrive里面的工作簿文件。

事实上，OneDrive服务包含Office Online和在线存储(网盘)，是微软一系列云服务产品的总称。Excel Online作为微软Office Online的一部分，可以理解为基于浏览器的轻量级Excel应用程序。借助Excel Online，只需要使用浏览器就可以查看并简单编辑Excel工作簿，而无须安装Excel应用程序。

启动浏览器，访问网址 https://www.office.com/launch/excel，使用个人微软账户或公司员工账户登录后将直接到达Excel Online页面，如图40-3所示。

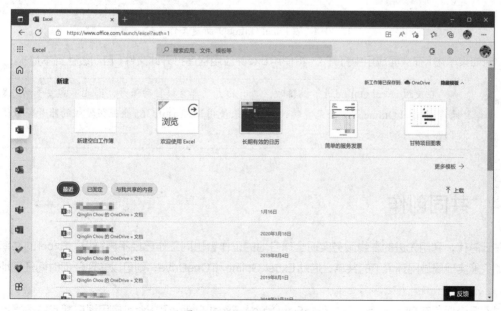

图 40-3　Office Online 首页

---

① 《Excel 2016 应用大全》，Excel Home 编著，北京大学出版社出版。

用户可以进行以下操作。

❖ 新建空白工作簿。

❖ 根据模板新建工作簿。

❖ 将本地文件上传到 OneDrive 后打开。

❖ 打开已经保存在 OneDrive 里面的工作簿，如果在"最近"列表里没有看到目标文件，可以单击【OneDrive 中的更多内容】链接来访问其他文件。

图 40-4 展示了使用在线模板"家庭管理工具"新建工作簿后的 Excel Online 外观，用户可以使用诸多编辑功能对工作簿进行编辑，操作方法与 Excel 桌面应用程序基本相同。

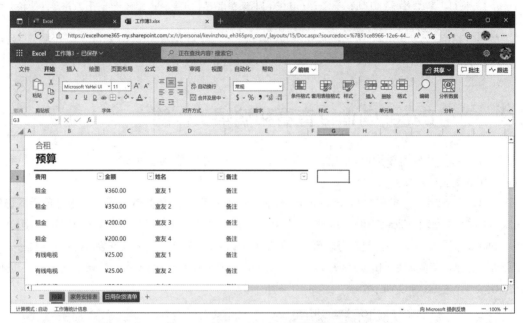

图 40-4　在 Excel Online 中新建工作簿

此时如果单击【在桌面应用中打开】，将使用 Excel 应用程序打开此文件（自动缓存到本地）。

> 在使用 Excel Online 进行编辑时，所有的更改都直接自动保存，因此不需要手动"保存"操作。Excel Online 是完全免费的，但是如果使用 Microsoft 365 企业版授权的账号登录使用，将获得更好的体验。

40.4　共同创作

在云时代，利用先进的在线服务实现全球各地的工作者协同工作已经不再鲜见。Excel 的共享工作簿功能只能实现局域网环境下的共享，借助 Excel Online 和 OneDrive，则可以实现任何时间任何地点的共享。

对于已经保存在 OneDrive 中的文件，OneDrive、Excel Online 和 Excel 应用程序都支持设置不同权限的共享，获得权限的其他用户可以使用 Excel Online 或 Excel 应用程序与文件所有者共同编辑。

40.4.1 在 Excel 或 Excel Online 中设置共享

用 Excel 打开 OneDrive 中的工作簿后，单击功能区右侧的【共享】按钮，即可开始设置或查看当前文件的共享，如图 40-5 所示。

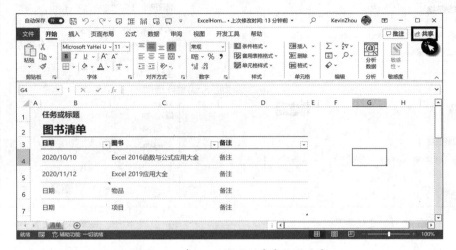

图 40-5 在 Excel 应用程序中设置共享

在 Excel Online 中单击功能区右侧的【共享】按钮，也可以设置或查看当前文件的共享，如图 40-6 所示。

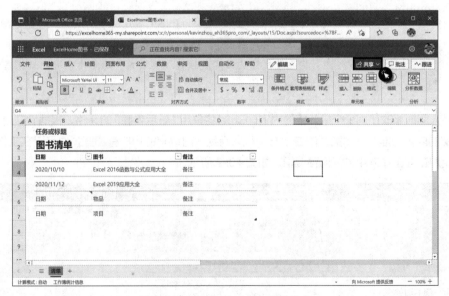

图 40-6 在 Excel Online 设置共享

在弹出的【发送链接】窗口中，默认的权限是"拥有链接的人员都可编辑"，如图 40-7 所示。此时只要填写邀请对象的邮箱就可以向对方发送共享链接。

也可以单击【复制】按钮，获取链接，然后以合适的方式发送给邀请对象。

提示

> 如果权限是"拥有链接的人员都可编辑"，任何得到该链接的人都可以编辑，甚至无需使用 Microsoft 账户登录。

单击【拥有链接的人员都可编辑】，将弹出【链接设置】对话框，此处可以选择设置不同的权限以控制到底哪些用户可以获得此文件的何种权限，如图 40-8 所示。

图 40-7　发送共享链接

图 40-8　高级权限设置

40.4.2　协作编辑

使用 Excel Online 或完全支持"共同创作"的 Excel 应用程序可以进行协作编辑，此时每个用户都可以几乎实时地看到其他人的修改内容，这样可以减少协作者之间的修改冲突。

　　只有较新版本的 Excel 2019 和更高版本的 Excel 应用程序及 M365 完全支持"共同创作"，其他 Excel 版本不支持"共同创作"。如果有用户使用了不支持"共同创作"的 Excel 版本打开了共享文件，将导致文件被锁定成独占编辑模式，其他共享用户只能查看，无法编辑。但 Excel Online 不受此影响。

如果两人同时修改了同一个单元格的内容，Excel 将采用"最后者胜"的策略，根据提交时间来判定，以最后提交的内容为准。在浏览器的右上方，可以看到同时编辑的用户有哪些，也可以在工作表中看到此时某个用户正在工作表中进行何种编辑，如图 40-9 所示。

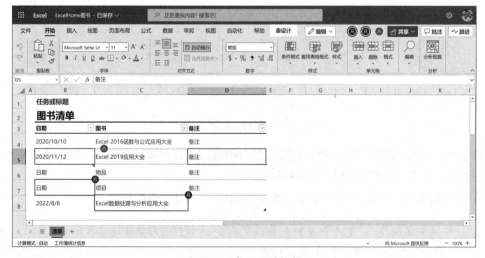

图 40-9　多人同时编辑

借助"批注"功能，协作者可以在工作表内方便地进行交流，如图 40-10 所示。

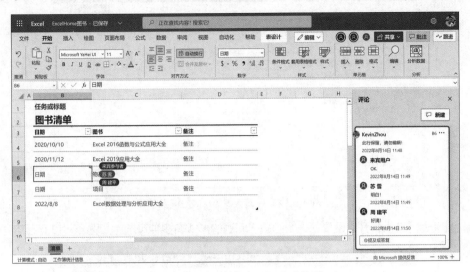

图 40-10　协作时使用批注的效果

　　微软会不定期更新 Excel 应用程序、Excel Online、OneDrive 的各项功能特性，如果读者发现实际情况与本章内容有少许出入，请以软件及网页端的实际功能与微软的更新说明为准。

40.5　借助 Excel Online 实现在线调查

实际工作中常常需要通过调查问卷的方式进行各种数据收集，比如针对产品的消费者市场调查、针对员工的工作内容调查等。传统的调查问卷费时费力，而且准确性和及时性都不高，因此基于互联网技术的在线调查方式特别受欢迎。借助内嵌在 Excel Online 中的 Forms，可以快速地设计、分发在线调查问卷，并且实时跟踪调查数据，非常方便。

示例40-1　创建"培训课程反馈表"在线调查

如果要创建一份面向培训学员的课程反馈表，供学员在线填写，然后统计调查数据，操作步骤如下。

步骤① 进入 Excel Online，新建一个空白工作簿，单击【插入】选项卡中的【Forms】→【新表单】，进入 Forms，如图 40-11 所示。

步骤② 修改标题和描述，如图 40-12 所示。

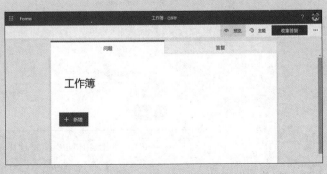

图 40-11　创建的新表单

图 40-12　修改表单的标题和描述

步骤③ 单击【新增】按钮，开始设置第一个问题。问题的形式有多种可选，如图 40-13 所示。

图 40-13　选择题型

　　单击某种形式的按钮，将出现具体问题的内容设计界面。比如，单击【选择】按钮，将出现单选答题的问题设计界面，输入完毕后，还可以设置是否多选、是否必答题。然后单击【新增】按钮，继续设计下一题，如图 40-14 所示。

图 40-14　设置题目内容

步骤④ 所有问题设置完成后，可以单击【预览】按钮，分别以"计算机"和"手机"的方式预览问卷，如图 40-15 所示。

图 40-15 预览调查

步骤5 单击【上一步】按钮，可以对问卷进行修改或设置【收集答复】，根据需要选择合适的方式，将调查的共享链接网址发送给调查对象，就可以开始接收数据了。得到共享链接的被授权用户可以利用各种设备访问调查问卷进行填写并提交，相应数据会实时写入调查表所在工作簿中，如图 40-16 所示。

图 40-16 Excel Online 实时接收调查数据

可以根据需要对调查和调查结果进行统计与分析，完成具体的调查任务。

注意 → 本示例使用 Microsoft 365 商业版进行演示，其他版本可能在细节上略有不同。

40章

第41章　扩展 Excel 的功能

尽管 Excel 的功能已经非常强大，但是用户对于数据处理与分析的需求是无穷无尽的。因此，Excel 支持以加载项的方式来扩展自身的功能。按照安装和部署方式的不同，这些加载项可以分为两类，一类是从 Office 应用商店中下载安装的加载项（早期称为应用程序），另一类则是通过本地安装或在 Excel 中手动加载的加载项。

> **本章学习要点**
>
> （1）云端的 Excel 加载项。　　　　　（2）本地的 Excel 加载项。

41.1　从 Office 应用商店获取 Excel 加载项

随着 Internet 的飞速发展，越来越多的应用软件和服务从个人电脑桌面转移到了互联网上，用户也已经习惯借助浏览器来使用所需的服务。服务后台在"云端"，客户端设备越来越瘦身，用户可以不必关心应用程序的安装维护，也不必花时间存储个人数据。

从 Excel 2013 开始，微软引入了一种新的机制——Apps for Office，即 Office 应用商店，用户可以在 Excel 中按需选择和使用加载项。这些加载项托管在云端，计算处理也在云端，只将结果返回到 Excel 中。

示例41-1　获取加载项"Bubbles"为数据表创建动感彩色气泡图

Excel 自带的图表类型包含了气泡图，但样式比较单一，如果希望创建一张别具一格的气泡图，可以按照如下步骤操作。

步骤① 单击【插入】选项卡中的【获取加载项】按钮，将弹出【Office 加载项】对话框，用于浏览和查找加载项，以及管理用户已经获取过的加载项。在对话框的搜索框中输入"bubbles"，然后单击【搜索】按钮，如图 41-1 所示。

图 41-1　进入 Office 应用商店搜索目标加载项

步骤② 在搜索结果中找到加载项 Bubbles，单击其右侧的【添加】按钮，如图 41-2 所示。如果弹出了有关此加载项的"许可条款和隐私策略"对话框，单击【继续】即可。

此时，当前工作表中添加了一个图形对象，此对象的位置可以用鼠标任意拖动，如图 41-3 所示。

同时，【我的加载项】列表中会自动记忆该加载项，方便下次使用。

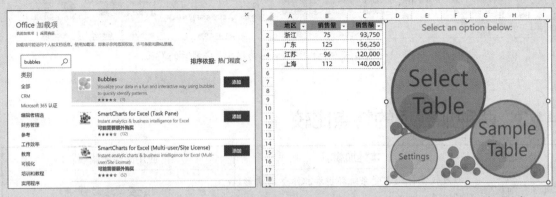

图 41-2　添加加载项　　　　　图 41-3　添加到工作表中的 Bubbles 加载项对象

步骤③ 单击 Bubbles 加载项任意位置，在弹出的【选择数据】对话框中选中左侧表格，单击【确定】按钮，如图 41-4 所示。

即可生成带动画效果的彩色气泡图，如图 41-5 所示。这些气泡的位置可以用鼠标拖动来改变；如果改变了数据表中的数据，气泡图也会随之自动更新。

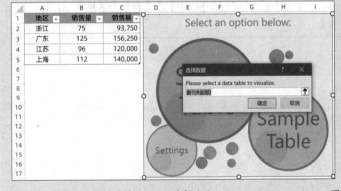

图 41-4　选择数据　　　　　图 41-5　Bubbles 加载项生成了可爱的气泡图

Office 应用商店中有很多实用的加载项（部分需要收费），包括 Bing 地图、Modern Trend、People Graph 等热门应用。这些加载项的使用方法各不相同，但都很容易上手。

41.2　本地安装或加载 Excel 加载项

通过本地安装或加载的方法，可以使用难以计数的各种各样的 Excel 加载项，用户通过学习 VBA，甚至可以为自己开发 Excel 加载项来扩展 Excel 的功能。

本书中讲解过的"分析工具库""规划求解"等加载项，自从问世以来就一直以 Excel 加载项的形式存在，用户可以随时加载或取消加载，来调整 Excel 的功能。

部分较为专业的第三方加载项会提供独立的安装程序，只需像其他应用程序那样完成安装，即可自动加载到 Excel 中，扩展 Excel 的功能。

图 41-6 展示了由 Excel Home 开发的 "Excel 易用宝" 加载项安装后的界面。

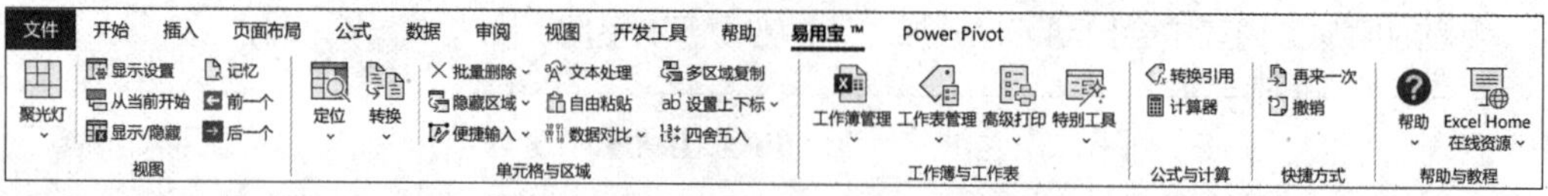

图 41-6 第三方加载项"Excel 易用宝"安装后的界面

41.3 两种加载项的特点比较

项目	本地加载项	应用商店加载项
安装和加载难度	难度较高，经常受系统环境和权限等因素影响而导致失败	非常方便，但可能受网速影响
获取渠道	用户自行查找与获取，不易了解从何处获取	内置于 Excel 的 Office 应用商店，一目了然
升级与更新	较为麻烦	非常方便
功能性	非常强大	较弱，局限性较多
安全性	一般	较高
兼容性	取决于加载项本身	仅 Excel 2013 及更高版本可使用
开发语言	VBA、VSTO、C# 等多种语言	JS

第六篇

Excel自动化

本篇将介绍如何使用Visual Basic for Applications（VBA）实现Excel自动化。

本部分内容包括：VBA的基本概念及其代码编辑调试环境、Excel常用对象、自定义函数及控件和窗体的应用等。

通过本篇的学习，读者将初步掌握Excel VBA，并能够将VBA用于日常工作之中，提高Excel的使用效率。

第 42 章　初识 VBA

VBA全称为Visual Basic for Applications®，它是Visual Basic®的应用程序版本，为Microsoft Office等应用程序提供了更多扩展功能。VBA作为功能强大的工具，使Excel形成了相对独立的编程环境。本章将简要介绍什么是VBA及如何开始学习Excel VBA。

> **本章学习要点**
>
> （1）关于VBA的基本概念。　　　　　　　　（2）如何录制宏。

42.1　什么是宏

很多应用软件都提供了宏的功能，"宏"这个名称来自英文单词macro，其含义是：软件提供一个特殊功能，利用这个功能可以组合多个命令以实现任务的自动化。

本书中讨论的宏仅限于Excel中提供的宏功能。

与大多数编程语言不同，VBA代码只能"寄生"于Excel文件之中，并且宏代码不能编译为可执行文件，所以不能脱离Excel应用程序运行。

一般情况下，可以认为宏和VBA这两个名称是等价的，但是准确地来讲这二者是有区别的。VBA for Office的历史可以追溯到Office 4.2（Excel 5.0），在此之前的Excel只能使用"宏表"来实现部分Excel应用程序功能的自动化。时过境迁，即使在VBA得到普遍应用的今天，最新发布的Office 365和Office 2021（Excel 16.0）版本中仍然保留了宏表的功能，也就是说用户可以继续使用宏表功能。在Excel中，VBA代码和宏表都可以被统称为"宏"，由此可见宏和VBA是有区别的。但是为了和微软官方文档的描述保持一致，本书中除了使用术语"Microsoft Excel 4.0 宏"特指宏表外，其他描述中"VBA"和"宏"具有相同的含义。

深入了解
➡■■■

> **什么是宏表？**
>
> 宏表的官方名称是"Microsoft Excel 4.0 宏"，也被称为"XLM宏"，其代码被保存在Excel的特殊表格中，该表格外观和通常使用的工作表完全相同，但是功能却截然不同。由于宏表功能本身的局限性，导致现在的开发者已经几乎不再使用这个功能开发新的应用。在Excel 5.0和7.0中，用户录制宏时可以选择生成Microsoft Excel 4.0 宏或生成VBA代码，但是从Excel 8.0 开始，录制宏时Excel只能将操作记录为VBA代码，这从一个侧面印证了微软的产品思路，即逐渐放弃Microsoft Excel 4.0 宏功能，希望广大用户更多的使用VBA功能。
>
> 从Excel 2010（Excel 14.0）开始，微软开发人员已经成功地将Microsoft Excel 4.0 宏的部分功能移植到VBA中，这将有助于用户将以前开发的Microsoft Excel 4.0 宏迁移为VBA应用程序。

42.2 VBA 的版本

伴随着 Office 软件的版本升级，VBA 版本也有相应的升级。不同版本 Excel 中 VBA 的版本信息如图 42-1 所示。

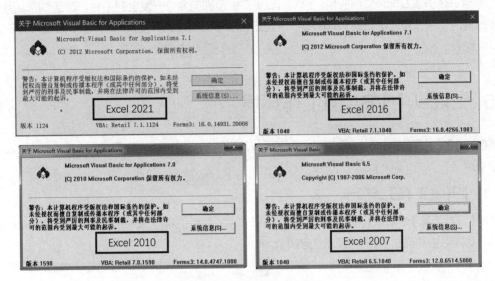

图 42-1 Excel 和 VBA 的版本

> Office 2010 是微软发布的第一个支持 64 位的 Office 应用程序，并且集成了 VBA 7.0，该版本 VBA 与低版本的显著区别是：能够开发和运行支持 64 位 Office 的代码。Office 2021 中的 VBA 版本为 7.1.1124。

42.3 VBA 的应用场景

Excel VBA 作为一种扩展工具被广泛地使用，其原因在于很多 Excel 应用中的复杂操作都可以利用 Excel VBA 得到简化。一般来说，Excel VBA 可以应用在如下几个方面。

- ❖ 自动执行重复的操作。
- ❖ 进行复杂的数据分析对比。
- ❖ 生成报表和图表。
- ❖ 个性化用户界面与人机交互。
- ❖ Office 组件的协同工作。
- ❖ Excel 二次开发。

42.4 VBA 与 VSTO

VSTO（Visual Studo Tools for Office）是一套基于微软 .NET 平台用于 Office 应用程序开发的 Visual

Studio工具包，开发人员可以使用强大的编程语言（Visual Basic 或 Visual C#）和 Visual Studio开发环境来构建灵活的企业级解决方案，这使得开发Office应用程序更加简洁和高效，并且VSTO部分解决了VBA Office应用开发中的难于更新、扩展性差、安全性低等诸多问题。

虽然VBA开发本身具备很多局限性，但是其易用性是显而易见的，专业开发人员和普通用户都可以轻松地使用VBA开发Office扩展应用，而VSTO更多的是面向专业开发者的平台，普通Office用户很难在较短时间内掌握该技术。因此VSTO和VBA是定位于不同路线的开发技术，VSTO短期内并不会成为VBA的终结者。

42.5 Excel 中 VBA 的工作环境

俗话说"工欲善其事，必先利其器"，为了更好地学习和使用VBA，下面将为大家介绍在Excel中如何使用VBA。

42.5.1 【开发工具】选项卡

利用【开发工具】选项卡提供的相关功能，可以非常方便地使用与VBA相关的功能。在Excel的默认设置中，功能区中并不显示【开发工具】选项卡。

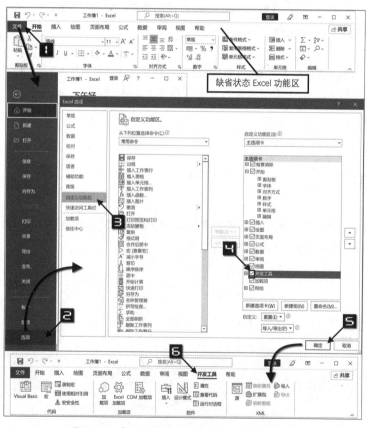

在功能区中显示【开发工具】选项卡的步骤如下。

步骤① 单击【文件】选项卡中的【选项】命令打开【Excel选项】对话框。

步骤② 在打开的【Excel选项】对话框中切换到【自定义功能区】选项卡。

步骤③ 在右侧列表框中选中【开发工具】复选框，单击【确定】按钮，关闭【Excel选项】对话框。

步骤④ 单击功能区中的【开发工具】选项卡，如图42-2所示。

【开发工具】选项卡的功能按钮分为4个命令组：【代码】组、【加载项】组、【控件】组和【XML】组。【开发工具】选项卡中按钮的功能如表42-1所示。

图 42-2 在功能区中显示【开发工具】选项卡

表 42-1 【开发工具】选项卡按钮功能

组	按钮名称	按钮功能
代码	Visual Basic	打开 Visual Basic 编辑器
	宏	查看宏列表，可在该列表中运行、创建或删除宏
	录制宏	开始录制新的宏
	使用相对引用	录制宏时切换单元格引用方式（绝对引用 / 相对引用）
	宏安全性	自定义宏安全性设置
加载项	加载项	管理可用于此文件的 Office 应用商店加载项
	Excel 加载项	管理可用于此文件的 Excel 加载项
	COM 加载项	管理可用的 COM 加载项
控件	插入	在工作表中插入表单控件或 ActiveX 控件
	设计模式	启用或退出设计模式
	属性	查看和修改所选控件属性
	查看代码	编辑处于设计模式的控件或活动工作表对象的 Visual Basic 代码
	执行对话框	执行自定义对话框
XML	源	打开【XML 源】任务窗格
	映射属性	查看或修改 XML 映射属性
	扩展包	管理附加到此文档的 XML 扩展包，或者附加新的扩展包
	刷新数据	属性工作簿中的 XML 数据
	导入	导入 XML 数据文件
	导出	导出 XML 数据文件

【XML】组提供了在 Excel 中操作 XML 文件的相关功能，使用这部分功能需要具备一定的 XML 基础知识，读者可以自行查阅相关资料。

在【视图】选项卡中也提供了部分宏功能的按钮，如图 42-3 所示。

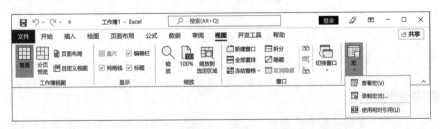

图 42-3 【视图】选项卡中的【宏】按钮

42.5.2 状态栏上的按钮

位于 Excel 窗口底部的状态栏左侧提供了一个【宏录制】按钮。单击此按钮，将弹出【录制宏】对话框，此时状态栏上的按钮变为【停止录制】按钮，如图 42-4 所示。

如果 Excel 窗口状态栏左侧没有【宏录制】按钮，可以按照下述操作步骤使其显示在状态栏上。

步骤① 在 Excel 窗口的状态栏上单击右键，在弹出的快捷菜单上选中【宏录制】。

步骤② 单击Excel窗口中的任意位置关闭快捷菜单。

此时,【宏录制】按钮将显示在状态栏左侧,如图42-5所示。

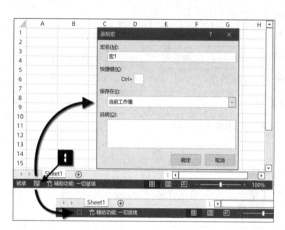

图 42-4 状态栏上的【宏录制】按钮和【停止录制】按钮　图 42-5 启用状态栏上的【宏录制】按钮

42.5.3　控件

在【开发工具】选项卡【控件组】中单击【插入】下拉按钮,弹出的下拉列表中包括【表单控件】和【ActiveX控件】两部分,如图42-6所示。有关控件的更多介绍,请参阅第49章。

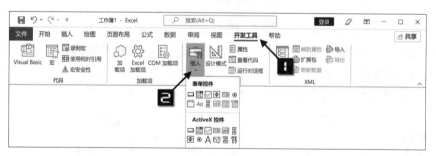

图 42-6 【插入】按钮的下拉列表

42.5.4　宏安全性设置

宏在为Excel用户带来极大便利的同时,也带来了潜在的安全风险。这是由于宏的功能非常强大,宏不但可以控制Excel,也可以控制或运行其他应用程序,此特性可以被用来制作计算机病毒或恶意功能。因此,用户非常有必要了解Excel中的宏安全性设置,合理使用这些设置可以帮助用户有效地降低使用宏的安全风险。

步骤① 单击【开发工具】选项卡中的【宏安全性】按钮,打开【信任中心】对话框。

在【文件】选项卡中依次单击【选项】→【信任中心】→【信任中心设置】→【宏设置】,也可以打开相同的【信任中心】对话框。

步骤② 在【宏设置】选项卡中选中【通过通知禁用VBA宏】单选按钮。

提示

> 在 Excel 早期版本中，此选项为【禁用所有宏，并发出通知】，二者含义相同，只是中文翻译略有不同。

步骤③ 单击【确定】按钮关闭【信任中心】对话框，如图 42-7 所示。

一般情况下，推荐使用【通过通知禁用 VBA 宏】选项。启用该选项后，打开保存在非受信任位置的包含宏的工作簿时，在 Excel 功能区下方将显示"安全警告"消息栏，告知用户工作簿中的宏已经被禁用，具体使用方法请参阅 42.5.6 节。

为了提高 Office 的安全性，如果包含 VBA 宏代码的 Office 文件来自互联网，微软将默认阻止该文件中宏运行，用户每次打开文件时都将显示如图 42-8 所示的【安全风险】消息栏。

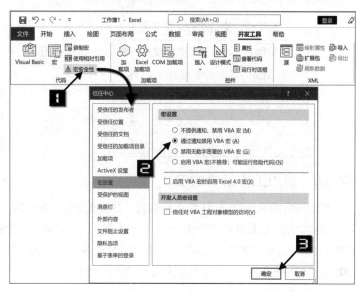

图 42-7 【信任中心】对话框中的【宏设置】选项卡

按照如下步骤操作修改文件属性，可以避免打开该文件时出现【安全风险】消息栏。

在 Windows 的文件资源管理器中，浏览目录找到 Excel 文件，右击文件弹出快捷菜单，选择【属性】命令，选中【解除锁定】复选框，单击【确定】按钮关闭文件属性对话框，如图 42-9 所示。

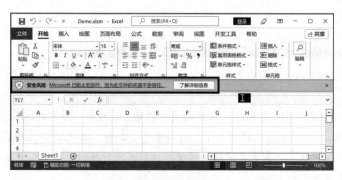

图 42-8 【安全风险】消息栏

图 42-9 修改文件属性解除锁定

42.5.5 文件格式

从 Microsoft Office 2007 开始支持使用 Office Open XML 格式的文件，Excel 中除了可以使用 *.xls，*.xla 和 *.xlt 兼容格式之外，支持更多的存储格式，如 *.xlsx，*.xlsm 等。在众多的 Office Open XML 文

件格式之中，二进制工作簿和扩展名以字母"m"结尾的文件格式才可以用于保存 VBA 代码和 Excel 4.0 宏工作表（通常被简称为"宏表"）。

可以用于保存宏代码的文件类型请参见表 42-2。

表 42-2　支持宏的文件类型

扩展名	文件类型
xlsm	启用宏的工作簿
xlsb	二进制工作簿
xltm	启用宏的模板
xlam	加载宏

> 在 Excel 365 和 Excel 2021 中为了兼容 Excel 2003 或更早版本而保留的文件格式（*.xls，*.xla 和 *.xlt）仍然可以用于保存 VBA 代码和 Excel 4.0 宏工作表。

42.5.6　启用工作簿中的宏

在宏安全性设置中选用【禁用所有宏，并发出通知】选项后，打开包含代码的工作簿时，在功能区和编辑栏之间将出现如图 42-10 所示的通过通知禁用 VBA 宏【安全警告】消息栏。如果用户信任该文件的来源，单击【安全警告】消息栏上的【启用内容】按钮，【安全警告】消息栏将自动关闭。此时，工作簿的宏功能已经被启用，用户可以运行工作簿的宏代码。

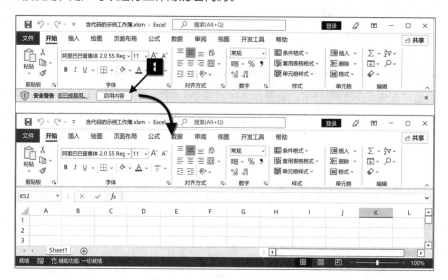

图 42-10　启用工作簿中的宏

> Excel 窗口中出现【安全警告】消息栏时，用户的某些操作（如添加一个新的工作表）将导致该消息栏自动关闭，此时 Excel 已经禁用了工作簿中的宏功能。在此之后，如果用户希望运行该工作簿中的宏代码，只能先关闭该工作簿，然后再次打开该工作簿，并单击【安全警告】消息栏上的【启用内容】按钮。

上述操作之后，该文档将成为受信任的文档。在 Excel 再次打开该文件时，将不再显示【安全警告】消息栏。值得注意的是，Excel 的这个"智能"功能可能会给用户带来潜在的危害。如果有恶意代码被人为地添加到这些受信任的文档中，并且原有文件名保持不变，那么当用户再次打开该文档时将不会出现任何安全警示，而直接激活其中包含恶意代码的宏程序，这将对计算机安全造成危害。因此，如果需要进一步提高文档的安全性，可以考虑为文档添加数字签名和证书，或按照如下步骤禁用"受信任文档"功能。

步骤① 单击【开发工具】选项卡中的【宏安全性】按钮，打开【信任中心】对话框，切换到【受信任的文档】选项卡。

步骤② 选中【禁用受信任的文档】复选框。

步骤③ 单击【确定】按钮关闭对话框，如图42-11所示。

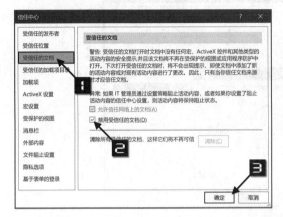
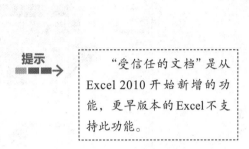

提示 "受信任的文档"是从Excel 2010开始新增的功能，更早版本的Excel不支持此功能。

图42-11 【信任中心】对话框中的【受信任的文档】选项卡

有关为VBA代码添加数字签名的相关内容，请参阅其他资料。如果用户在打开包含宏代码的工作簿之前已经打开了VBA编辑窗口，那么Excel将直接显示如图42-12所示的【Microsoft Excel安全声明】对话框，用户可以单击【启用宏】按钮启用工作簿中的宏。

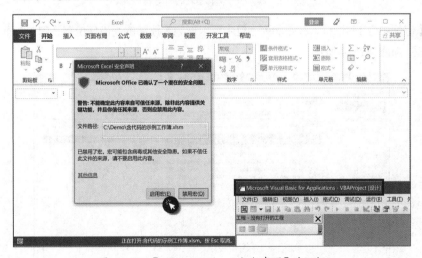

图42-12 【Microsoft Excel安全声明】对话框

42.5.7 受信任位置

打开任何包含宏的工作簿都需要手工启用宏，这个设置虽然提高了安全性，但也造成很多不便。利用"受信任位置"功能将可以在不修改安全性设置的前提下，方便快捷地打开工作簿并启用宏。

步骤① 打开【信任中心】对话框，具体步骤请参阅42.5.4节。

步骤② 切换到【受信任位置】选项卡，在右侧窗口单击【添加新位置】按钮。

步骤③ 在弹出的【Microsoft Office 受信任位置】对话框中输入路径（如 C:\Demo），或者单击【浏览】按钮选择要添加的目录。

步骤④ 选中【同时信任此位置的子文件夹】复选框。

步骤⑤ 在【描述】文本框中输入说明信息，此步骤也可以省略。

步骤⑥ 单击【确定】按钮关闭对话框，如图 42-13 所示。

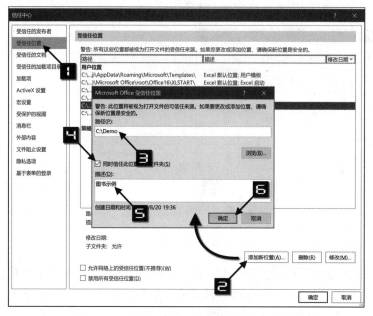

图 42-13　添加用户自定义的"受信任位置"

步骤⑦ 返回【信任中心】对话框，在右侧列表框中可以看到新添加的受信任位置，单击【确定】按钮关闭对话框，如图 42-14 所示。

图 42-14　用户自定义受信任位置

此后打开保存于受信任位置目录（C:\Demo）中的任何包含宏的工作簿时，Excel 将自动启用宏，而不再显示安全警告提示窗口。

注意 ■■■■→ 如果在图 42-14 所示【信任中心】对话框的【受信任位置】选项卡中选中【禁用所有受信任位置】复选框，那么所有的受信任位置都将失效。

42.6　录制宏代码

42.6.1　录制新宏

对于 VBA 初学者来说，最困难的事情往往是想要实现一个功能，却不知道代码从何写起，录制宏可以很好地帮助大家。录制宏作为 Excel 中一个非常实用的功能，对于广大 VBA 用户来说是不可多得的学习帮手。

在日常工作中大家经常需要在 Excel 中重复执行某个任务，这时可以通过录制一个宏来快速地自动执行这些任务。

按照如下步骤操作，可以在 Excel 中开始录制一个新宏。

依次单击【开发工具】→【录制宏】按钮，在弹出的【录制宏】对话框中可以设置宏名（FormatTitle）、快捷键（<Ctrl+Shift+Q>）、保存位置和添加说明，单击【确定】按钮关闭【录制宏】对话框，并开始录制一个新的宏，如图 42-15 所示。

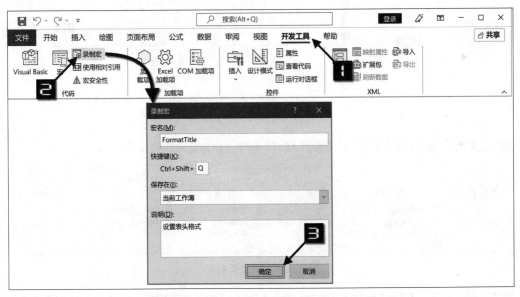

图 42-15　在 Excel 中开始录制一个新宏

录制宏时 Excel 提供的默认名称为"宏"加数字序号的形式（在 Excel 英文版本中为"Macro"加数字序号），如"宏 1""宏 2"等，其中的数字序号由 Excel 自动生成，通常情况下数字序号依次增大。

宏的名称可以包含英文字母、中文字符、数字和下划线，但是第一个字符必须是英文字母或中文字符，"1Macro"不是合法的宏名称。为了使宏代码具有更好的通用性，尽量不要在宏名称中使用中文字符，否则在非中文版本的 Excel 中应用该宏代码时，可能会出现兼容性问题。除此之外，还应该尽量使用能够说明用途的宏名称，这样有利于日后的使用维护与升级。

注意　如果宏名称为英文字母加数字的形式，那么需要注意不可以使用与单元格引用相同的字符串，即"A1"至"XFD1048576"不可以作为宏名称使用。例如，在图 42-15 所示的【录制新宏】对话框中输入"ABC168"作为宏名，单击【确定】按钮，将出现如图 42-16 所示的错误提示框。但是"ABC"或"ABC1048577"就可以作为合法的宏名称，因为 Excel 工作表中不可能出现引用名称为"ABC"或"ABC1048577"的单元格。

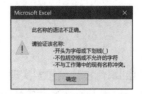

图 42-16　无效的宏名称

开始录制宏之后，用户可以在 Excel 中进行操作，其中绝大部分操作将被记录为宏代码。

在开始录制宏之后，功能区中的【录制宏】按钮，将变成【停止录制】按钮，如图 42-17 所示。

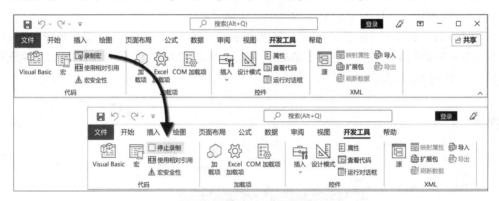

图 42-17　【停止录制】按钮

操作结束后，单击【停止录制】按钮如图 42-18 所示，将停止本次录制宏。

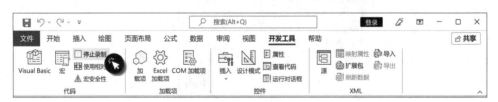

图 42-18　停止录制宏

单击【开发工具】选项卡【代码】组中的【Visual Basic】按钮或直接按 <Alt+F11> 组合键将打开 VBE（Visual Basic Editor，即 VBA 集成开发环境）窗口，在代码窗口中可以查看刚才录制的宏代码，在下一章中将详细讲述 VBE 中主要窗口的使用方法与功能。

通过录制宏，可以看到整个操作过程所对应的代码，请注意这只是一个"半成品"，经过必要的修改才能得到更高效、更通用的代码。

42.6.2 录制宏的局限性

Excel的录制宏功能可以"忠实"地记录Excel中的操作，但是也有其本身的局限性，主要表现在以下几个方面。

❖ 录制宏产生的代码不一定完全等同于用户的操作。例如，用户设置保护工作表时输入的密码就无法记录在代码中；设置工作表控件的属性也无法产生相关的代码。这样的例子还有很多，这里不再逐一罗列。

❖ 一般来说，录制宏产生的代码可以实现相关功能，但往往并不是最优代码，这是由于录制的代码中经常会有很多冗余代码。例如，用户选中某个单元格或滚动屏幕之类的操作，都将被记录为代码，删除这些冗余代码后，宏代码将可以更高效地运行。

❖ 通常录制宏产生的代码执行效率不高，其原因主要有如下两点：第一，代码中大量使用Activate和Select等方法，影响了代码的执行效率，在实际应用中需要进行相应的优化。第二，录制宏无法产生控制程序流程的代码，如循环结构、判断结构等。

42.7 运行宏代码

在Excel中可采用多种方法运行宏，这些宏可以是在录制宏时由Excel生成的代码，也可以是由VBA开发人员编写的代码。

42.7.1 快捷键

步骤① 打开示例文件，激活"快捷键"工作表。

步骤② 按快捷键<Ctrl+Shift+Q>运行宏，设置标题行效果如图42-19所示。

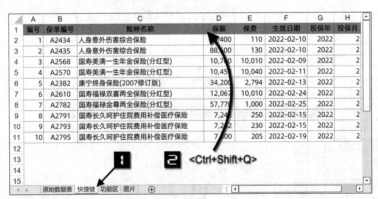

图 42-19　使用快捷键运行宏

本节将使用多种方法调用执行相同的宏代码，因此后续几种方法不再提供代码运行效果截图。

42.7.2 功能区【宏】按钮

步骤① 打开示例文件，激活"功能区"工作表。

步骤② 在【开发工具】选项卡中单击【宏】按钮。

步骤③ 在弹出【宏】对话框中，选中"FormatTitle"，单击【执行】按钮运行宏。

步骤④ 单击【取消】按钮关闭对话框，如图42-20所示。

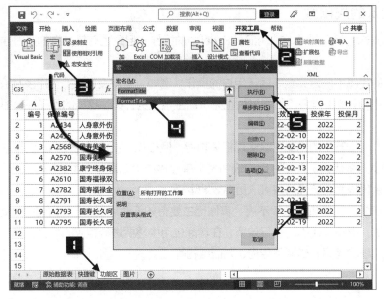

图 42-20　使用功能区【宏】按钮运行宏

42.7.3　图片按钮

步骤① 打开示例文件，激活"图片"工作表。

步骤② 依次单击【插入】→【图片】→【此设备】命令，在弹出的【插入图片】对话框中，浏览选中图片文件"logo.gif"，单击【插入】按钮，如图 42-21 所示。

图 42-21　在工作表中插入图片

步骤③ 在图片上右击，在弹出的快捷菜单中选择【指定宏】命令。

步骤④ 在弹出的【指定宏】对话框中，单击选中"FormatTitle"，单击【确定】按钮关闭对话框，如

图 42-22 所示。在工作表中单击新插入的图片将运行 FormatTitle 过程设置标题行格式。

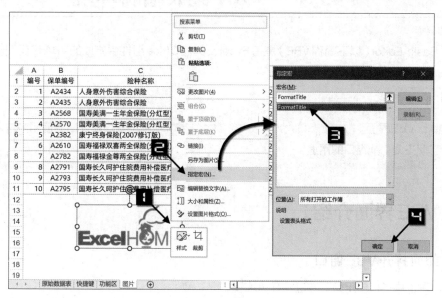

图 42-22　为图片按钮指定宏

在工作表中使用 "形状"（通过【插入】选项卡中的【形状】下拉按钮插入的形状）或 "按钮（窗体控件）"（通过【开发工具】选项卡中的【插入】下拉按钮插入的控件）也可以实现类似的关联运行宏代码的效果。

第 43 章　VBA 集成编辑环境

Visual Basic Editor（以下简称VBE）是指Excel及其他Office组件中集成的VBA代码编辑器，本章将介绍VBE中主要功能窗口的功能。

本章学习要点

（1）熟悉VBE界面。
（2）了解主要功能窗口的用途。

（3）掌握主要功能窗口的使用方法。

43.1　VBE界面介绍

43.1.1　如何打开VBE窗口

在Excel界面中可以使用如下方法打开VBE窗口。

❖ 按<Alt+F11>组合键。

❖ 单击【开发工具】选项卡的【Visual Basic】按钮。

❖ 在任意工作表标签上右击，在弹出的快捷菜单中选择【查看代码】命令，如图43-1所示。

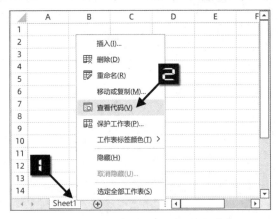

图 43-1　工作表标签的右键快捷菜单

注意

打开VBE窗口的方法并不局限于这几种，这里只是列出了最常用的3种方法。

如果VBE窗口已经处于打开状态，按<Alt+Tab>组合键也可以由其他窗口切换到VBE窗口。

43.1.2　VBE窗口介绍

在VBE窗口中，除了传统风格的菜单和工具栏外，在其工作区中还可以显示多个不同的功能窗口。为了方便VBA代码编辑与调试，建议在VBE窗口中显示最常用的功能窗口，主要包括：工程资源管理器、属性窗口、代码窗口、立即窗口和本地窗口，如图43-2所示。

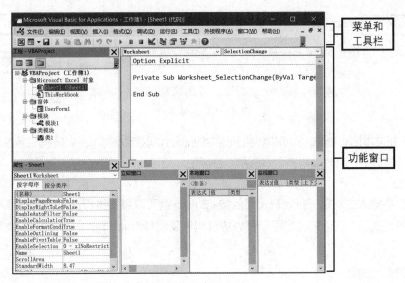

图 43-2　VBE 窗口

➲ Ⅰ　工程资源管理器

工程资源管理器窗口以树形结构显示当前 Excel 应用程序中的所有工程（工程是指 Excel 工作簿中模块的集合），即 Excel 中所有已经打开的工作簿（包含隐藏工作簿和加载宏），如图 43-3 所示。不难看出，当前 Excel 应用程序中打开的两个工作簿分别为：用户文件"工作簿 1.xlsm"和分析工具库加载宏文件"FUNCRES.XLAM"。

在工程资源管理器窗口中，每个工程显示为一个独立的树形结构，其根结点以"VBAProject"+工作簿名称的形式命名。单击窗口中根节点前面的加号将展开显示其中的对象或对象文件夹，如图 43-3 所示。

➲ Ⅱ　属性窗口

属性窗口中显示被选中对象（用户窗体、用户窗体中的控件、工作表和工作簿等）的属性，开发者可以修改这些对象的属性值。属性窗口分为上下两部分，分别是对象框和属性列表，如图 43-4 所示。

图 43-3　工程资源管理器窗口

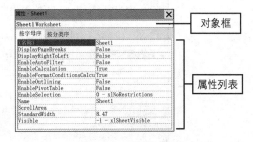

图 43-4　属性窗口

在 VBE 中如果同时选中了多个对象，对象框将显示为空白，属性列表将仅列出这些对象所共有的属性。如果此时在属性列表中更改某个属性的值，那么被选中的多个对象的相应属性将同时被修改。

➲ Ⅲ　代码窗口

代码窗口用来显示和编辑 VBA 代码。在工程资源管理器窗口中双击某个对象，将在 VBE 中打开该对象的代码窗口。在代码窗口，可以查看其中的模块或代码，并且可以在不同模块之间进行复制和粘贴。代码窗口分为上下两部分：上方为对象框和过程/事件框，下方为代码编辑区域，如图 43-5 所示。

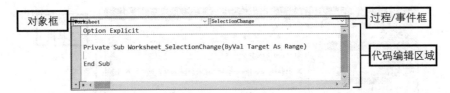

图 43-5　代码窗口

代码窗口支持文本拖动功能，即可以将当前选中的部分代码拖动到窗口中的不同位置或其他代码窗口、立即窗口或监视窗口中，其效果与剪切/粘贴完全相同。

➲ IV　立即窗口

在立即窗口中键入或粘贴一行代码，然后按 <Enter> 键可以直接执行该代码，如图 43-6 所示。除了在立即窗口中直接输入代码外，也可以在 VBA 代码中使用 Debug.Print 命令将指定内容输出到立即窗口中。

图 43-6　立即窗口

注意 ▅▅▅▶ 立即窗口中的内容是无法保存的，关闭 Excel 应用程序后立即窗口中的内容将丢失。

➲ V　本地窗口

本地窗口将自动显示出当前过程中的所有变量声明及变量值。如果本地窗口在 VBE 中是可见的，则每当代码执行方式切换到中断模式或是操纵堆栈中的变量时，本地窗口就会自动更新显示，如图 43-7 所示。

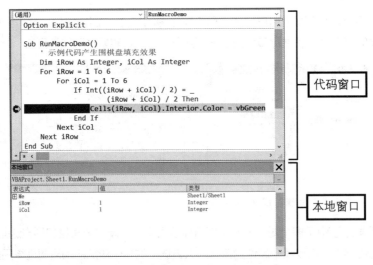

图 43-7　代码处于中断模式时的本地窗口

43.1.3　显示功能窗口

单击 VBE 菜单栏上的【视图】，将显示如图 43-8 所示的菜单项，可以根据需要和使用习惯选择在 VBE 工作区中显示的功能窗口。

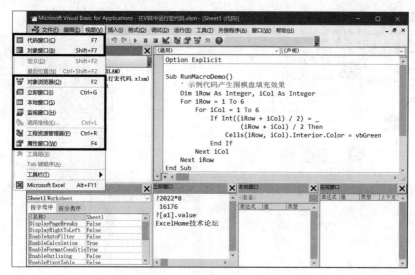

图 43-8　VBE 的【视图】菜单

由于VBE功能窗口显示区域面积所限，实际使用中可能需要经常显示或隐藏各个功能窗口，除了使用如图43-8所示的【视图】菜单来完成窗口设置以外，还可以使用快捷键来方便快速地显示相应功能窗口。表43-1列出了VBE功能窗口对应的快捷键。

表 43-1　VBE功能窗口快捷键

功能窗口名称	快捷键	功能窗口名称	快捷键	功能窗口名称	快捷键
代码窗口	F7	立即窗口	<Ctrl+G>	调用堆栈	<Ctrl+L>
对象窗口	<Shift+F7>	本地窗口	无	工程资源管理器	<Ctrl+R>
对象浏览器	F2	监视窗口	无	属性窗口	F4

43.2　在VBE中运行宏代码

在开发过程中，经常需要在VBE中运行和调试VBA代码。

示例43-1　在VBE中运行宏代码

步骤① 打开示例文件，按<Alt+F11>组合键打开VBE窗口。

步骤② 在【工程资源浏览器】中双击"mdlDemo"模块，在【代码】窗口显示其中的代码。

步骤③ 在【代码】窗口中，将光标定位于需要运行的过程代码（如RunMacroDemo）的任意位置，即进入代码编辑状态。

步骤④ 此时单击工具栏上的【运行子过程/用户窗体】按钮或直接按快捷键<F5>即可运行过程代码，如图 43-9 所示。

RunMacroDemo运行结果如图 43-10 所示。

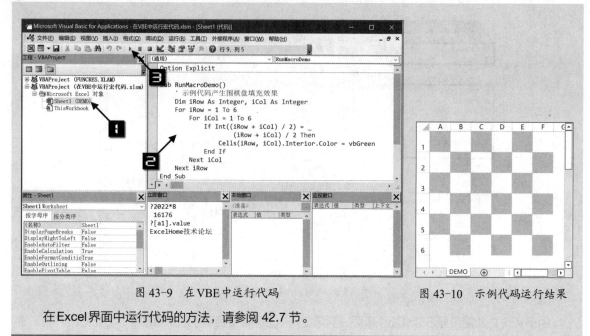

图 43-9　在 VBE 中运行代码

图 43-10　示例代码运行结果

在 Excel 界面中运行代码的方法，请参阅 42.7 节。

第 44 章　VBA 编程基础

VBA 作为一种编程语言，具有其自身特有的语法规则。本章将介绍 VBA 编程的基础知识，掌握这些知识是熟练使用 VBA 不可或缺的基础。

> **本章学习要点**
>
> （1）常量与变量。
> （2）3 种最基本的代码结构。
>
> （3）对象的属性、方法和事件。

44.1　常量与变量

44.1.1　常量

常量用于存储固定信息，常量值具有只读特性，也就是在程序运行期间其值不能发生改变。在代码中使用常量的好处有以下两点。

❖ 增加程序的可读性：例如，在下面设置活动单元格字体为绿色的代码中，使用了系统常量 vbGreen。

```
ActiveCell.Font.Color = vbGreen
```

此代码等价于如下代码。

```
ActiveCell.Font.Color = 65280
```

显而易见，使用系统常量 vbGreen 比直接使用数值 65280 更具可读性。

❖ 代码的维护升级更加容易：除了系统常量外，在 VBA 中也可以使用 Const 语句声明自定义常量。如下代码将声明字符型常量 ClubName。

```
Const ClubName As String = "ExcelHome"
```

假设在 VBA 程序编写完成后，需要将所有的 "ExcelHome" 简写为 "EH"，那么开发人员只需要修改上面这行代码，VBA 应用程序代码中所有的 ClubName 将引用新的常量值。

44.1.2　变量

变量用于保存程序运行过程中需要临时保存的值或对象，在程序运行过程中其值可以被改变。事实上，在 VBA 代码中无须声明变量就可以直接使用，但这将给后期调试和维护带来很多麻烦。而且未被声明的变量为变体变量（Variant 变量），将占用较大的内存空间，进而代码的运行效率也会比较差。因此在使用变量之前声明变量并指定数据类型是一个良好的编程习惯，同时也可以提高程序的运行效率。

VBA 中使用 Dim 语句声明变量，下述代码声明变量 iRow 为整数型变量。

```
Dim iRow as Integer
```

利用类型声明字符，上述代码可以简化为：

```
Dim iRow%
```

在VBA中并不是所有的数据类型都有对应的类型声明字符，在代码中可以使用的类型声明字符参阅表 44-1。有关数据类型的详细介绍请参阅 44.1.3 节。

表 44-1 类型声明字符

数据类型	类型声明字符	数据类型	类型声明字符	数据类型	类型声明字符
Integer	%	Single	!	Currency	@
Long	&	Double	#	String	$

变量赋值是代码中经常要用到的功能。变量赋值使用等号，等号右侧可以是数值、字符串和日期等，也可以是表达式。如下代码将为变量 iSum 赋值。

```
iSum = 365*24*60*60
```

　　如下的 Dim 语句在一行代码中同时声明了多个变量，其中的变量 iRow 实际上被声明为 Variant 变量而不是 Integer 变量。

```
Dim iRow, iCol as Integer
```

如果希望将两个变量均声明为 Integer 变量，应该使用如下代码：

```
Dim iRow as Integer, iCol as Integer
```

44.1.3　数据类型

数据类型决定变量或常量可用来保存何种数据。VBA 中的数据类型包括 Byte、Boolean、Integer、Long、Currency、Decimal、Single、Double、Date、String、Object、Variant（默认）和用户定义类型等。不同数据类型所需要的存储空间并不相同，其取值范围也不相同，详情请参阅表 44-2。

表 44-2　VBA 数据类型的存储空间及其取值范围

数据类型	存储空间大小	范围
Byte	1 个字节	0 到 255
Boolean	2 个字节	True 或 False
Integer	2 个字节	−32,768 到 32,767
Long（长整型）	4 个字节	−2,147,483,648 到 2,147,483,647
LongLong（LongLong 整型）	8 字节	−9,223,372,036,854,775,808 到 9,223,372,036,854,775,807（只在 64 位系统上有效）
LongPtr	在 32 位系统上为 4 字节；在 64 位系统上为 8 字节	在 32 位系统上为 −2,147,483,648 到 2,147,483,647；在 64 位系统上为 −9,223,372,036,854,775,808 到 9,223,372,036,854,775,807
Single（单精度浮点型）	4 个字节	负数时从 −3.402823E38 到 −1.401298E-45；正数时从 1.401298E-45 到 3.402823E38
Double（双精度浮点型）	8 个字节	负数时从 −1.79769313486231E308 到 −4.94065645841247E-324；正数时从 4.94065645841247E-324 到 1.79769313486232E308

续表

数据类型	存储空间大小	范围
Currency （变比整型）	8 个字节	从 -922,337,203,685,477.5808 到 922,337,203,685,477.5807
Decimal	14 个字节	没有小数点时为 +/-79,228,162,514,264,337,593,543,950,335，而小数点右边有 28 位数时为 +/-7.9228162514264337593543 950335；最小的非零值为 +/-0.0000000000000000000000000001
Date	8 个字节	100 年 1 月 1 日到 9999 年 12 月 31 日
Object	4 个字节	任何 Object 引用
String（变长）	10 字节+字符串长度	0 到大约 20 亿
String（定长）	字符串长度	1 到大约 65,400
Variant（数字）	16 个字节	任何数字值，最大可达 Double 的范围
Variant（字符）	22 个字节+字符串长度	与变长 String 有相同的范围
用户自定义 （利用 Type）	所有元素所需数目	每个元素的范围与它本身的数据类型的范围相同

 注意

> VBA 7.0 中引入的 LongPtr 并不是一个真实的数据类型，因为在 32 位操作系统环境中被转换为 Long 类型；而在 64 位操作系统环境中被转换为 LongLong 类型。

44.2　运算符

VBA 中有如下四种运算符。

❖ 算术运算符：用来进行数学计算的运算符。

❖ 比较运算符：用来进行比较的运算符，包括相等（=）、不等（<>）、小于（<）、大于（>）、小于或相等（<=）、大于或相等（>=）、Like、Is。

❖ 连接运算符：用来合并字符串的运算符，包括&运算符和+运算符两种。

❖ 逻辑运算符：用来执行逻辑运算的运算符。

如果一个表达式中包含多种运算符，将先处理算术运算符，接着处理连接运算符，然后处理比较运算符，最后处理逻辑运算符。

算术运算符和逻辑运算符则必须按表 44-3 所示的优先级顺序进行处理。

表 44-3　运算符优先顺序

优先级	算术运算符	逻辑运算符	优先级	算术运算符	逻辑运算符
1	指数运算（^）	Not	5	求模运算（Mod）	Eqv
2	负数（-）	And	6	加法和减法（+、-）	Imp
3	乘法和除法（*、/）	Or	7	字符串连接（&）	
4	整数除法（\）	Xor			

 44 章

比较运算符包括: 相等(=)、不等(<>)、小于(<)、大于(>)、小于或相等(<=)、大于或相等(>=)、Like和Is。所有比较运算符的优先级顺序都相同; 也就是说, 按它们出现中表达式中的顺序从左到右依次进行处理。

 注意 ━■━■━➡️ 连接运算符 "+" 非常容易与算术运算符 "+" 混淆, 所以建议尽量不使用 "+" 作为连接运算符使用。

44.3 过程

过程(Procedure)指的是可以执行的语句序列单元。所有可执行的代码必须包含在某个过程内, 任何过程都不能嵌套在其他过程中。另外, 过程的名称只能在模块级别进行定义。

VBA中有以下3种过程: Sub过程、Function过程和Property过程。

❖ Sub过程执行指定的操作, 但不返回运行结果, 以关键字Sub开头和关键字End Sub结束。可以通过录制宏生成Sub过程, 或者在VBE代码窗口里直接编写代码。

❖ Function过程执行指定的操作, 可以返回代码的运行结果, 以关键字Function开头和关键字End Function结束。Function过程可以在其他过程中被调用, 也可以在工作表的公式中使用, 就像Excel的内置函数一样。

Sub过程与Function过程即有相同点又有着明显的区别, 表44-4对于二者进行了对比。

表44-4 Sub过程与Function过程对比

项目	Sub过程	Function过程
调用时可以使用参数	√	√
提供返回值	×	√
被其他过程调用	√	√
在工作表的公式中使用	×	√
录制宏时生成相应代码	√	×
在VBE代码窗口中编辑代码	√	√
用于赋值语句等号右侧表达式中	×	√

❖ Property过程用于设置和获取自定义对象属性的值, 或者设置对另外一个对象的引用。

44.4 程序结构

VBA中的程序结构和流程控制与大多数编程语言相同或相似, 下面介绍最基本的几种程序结构。

44.4.1 条件语句

程序代码经常需要用到条件判断, 并且根据结果执行不同的代码。在VBA中有If…Then…Else和Select Case两种条件语句。

示例44-1　条件语句

下面的If…Then…Else语句根据单元格内容的不同而设置不同的字体大小，如果活动单元格的内容是"ExcelHome"，那么代码将其字号设置为 10，否则将字号设置为 9。

```
#001  Sub If_Demo()
#002      If ActiveCell.Value = "ExcelHome" Then
#003          ActiveCell.Font.Size = 10
#004      Else
#005          ActiveCell.Font.Size = 9
#006      End If
#007  End Sub
```

If…Then…Else语句只能根据表达式的值（True或False）决定后续执行的代码，也就是说使用这种代码结构，只能根据判断结果从两段不同的代码中选择一个去执行，非此即彼。如果需要根据表达式的不同结果，在多段代码中选择执行其中的某一段代码，那么就需要使用If…Then…Else语句嵌套结构，也可以使用Select Case 语句。

Select Case 语句使得程序代码在进行多项选择时更具可读性。如下代码根据销售额返回相应的销售提成比率。

```
#001  Function CommRate(Sales)
#002      Select Case Sales - 1000
#003      Case Is < 0
#004          CommRate = 0
#005      Case Is <= 500
#006          CommRate = 0.05
#007      Case Is <= 2000
#008          CommRate = 0.1
#009      Case Is <= 5000
#010          CommRate = 0.15
#011      Case Else
#012          CommRate = 0.2
#013      End Select
#014  End Function
```

44.4.2　循环语句

在程序中对于多次重复执行的某段代码可以使用循环语句。在VBA中循环语句有多种形式：For…Next 循环、Do…Loop循环和While…Wend循环。

示例44-2　循环语句

如下代码中的For…Next循环将实现 1 到 10 的累加功能。

```
#001    Sub ForNextDemo()
#002        Dim i As Integer, iSum As Integer
#003        Dim iSum As Integer
#004        iSum = 0
#005        For i = 1 To 10
#006            iSum = iSum + i
#007        Next
#008        MsgBox iSum, , "For...Next 循环 "
#009    End Sub
```

使用Do…Loop和While…Wend循环可以实现同样的效果。

```
#001    Sub DoLoopDemo()
#002        Dim i As Integer
#003        Dim iSum As Integer
#004        iSum = 0
#005        i = 1
#006        Do Until i > 10
#007            iSum = iSum + i
#008            i = i + 1
#009        Loop
#010        MsgBox iSum, , "Do...Loop 循环 "
#011    End Sub
#012    Sub WhileWendDemo()
#013        Dim i As Integer
#014        Dim iSum As Integer
#015        iSum = 0
#016        i = 1
#017        While i < 11
#018            iSum = iSum + i
#019            i = i + 1
#020        Wend
#021        MsgBox iSum, , "While...Wend 循环 "
#022    End Sub
```

44.4.3　With 语句

With 语句可以针对某个指定对象执行一系列的语句，使用With语句不仅可以简化程序代码，而且可以提高代码的运行效率。With…End With结构中以 "." 开头的语句相当于引用了With语句中指定的对象。在With…End With结构中，无法使用代码修改With 语句所指定的对象，也就是说不能使用一个With语句来设置多个不同的对象。

示例44-3　With语句

在下面的NoWithDemo过程中，第 2 行至第 4 行代码多次引用活动工作簿中的第一张工作表对象。

```
#001   Sub NoWithDemo()
#002       Application.ActiveWorkbook.Sheets(1).Visible = True
#003       Application.ActiveWorkbook.Sheets(1).Cells(1, 1) _
= "ExcelHome"
#004       Application.ActiveWorkbook.Sheets(1).Name = _
               Application.ActiveWorkbook.Sheets(1).Cells(1, 1)
#005   End Sub
```

使用 With…End With 结构，可以简化为如下代码，虽然代码行数增加了两行，但是代码的执行效率优于 NoWithDemo 过程，而且更加易读。

```
#001   Sub WithDemo1()
#002       With Application.ActiveWorkbook.Sheets(1)
#003           .Visible = True
#004           .Cells(1, 1) = "ExcelHome"
#005           .Name = .Cells(1, 1)
#006       End With
#007   End Sub
```

在 VBA 代码中 With…End With 结构也可以嵌套使用如下面代码所示。

```
#001   Sub WithDemo2()
#002       With ActiveWorkbook
#003           MsgBox .Name
#004           With .Sheets(1)
#005               MsgBox .Name
#006               MsgBox .Parent.Name
#007           End With
#008       End With
#009   End Sub
```

其中第 3 行代码和第 5 行代码均为"MsgBox .Name"，但是其效果却完全不同。第 5 行代码中的".Name"是在内层 With…End With 结构中（第 4~7 行代码）。因此其引用的对象是第 4 行 With 语句所指定的对象".Sheets(1)"。第 5 行代码中的".Name"等价于如下代码：

```
ActiveWorkbook.Sheets(1).Name
```

而第 3 行代码中的".Name"等价于如下代码：

```
ActiveWorkbook.Name
```

44.5 对象与集合

　　对象是应用程序中的元素，如工作表、单元格、图表、窗体等。Excel 应用程序提供的对象按照层次关系排列在一起构成了 Excel 对象模型。Excel 应用程序中的顶级对象是 Application 对象，它表示

Excel 应用程序本身。Application 对象包含一些其他对象，如 Window 对象和 Workbook 对象等，这些对象均被称为 Application 对象的子对象。反之，Application 对象是上述这些对象的父对象。

 仅当 Application 对象存在（应用程序本身的一个实例正在运行）时，才可以在代码中访问这些对象。

多数子对象都仍然包含各自的子对象。例如，Workbook 对象包含 Worksheet 对象，也可以表述为：Workbook 对象是 Worksheet 对象的父对象。

集合是一种特殊的对象，它是一个包含多个同类对象的对象容器。例如，Worksheets 集合包含工作簿中的所有 Worksheet 对象。

集合中的对象可以通过序号或名称两种不同的方式来引用。例如，当前工作簿中有两张工作表，其名称依次为"Sheet1"，"Sheet2"，如下的两个代码同样都是引用名称为"Sheet2"的工作表。

```
ActiveWorkbook.Worksheets("Sheet2")
ActiveWorkbook.Worksheets(2)
```

44.5.1 属性

属性是指对象的特征，如大小、颜色或屏幕位置，或某一方面的行为，如对象是否被激活或是否可见。通过修改对象的属性值可以改变对象的特性。对象属性赋值代码中使用等号连接对象属性和新的属性值。如下代码设置活动工作表的名称为"ExcelHome"。

```
ActiveSheet.Name = "ExcelHome"
```

 对象的某些属性是只读的，代码中可以查询只读属性，但是无法修改只读属性的值。

44.5.2 方法

方法指对象能执行的动作。例如，使用 Worksheets 对象的 Add 方法可以添加一张新的工作表，代码如下：

```
Worksheets.Add
```

 在代码中，属性和方法都是通过连接符"."（注：半角字符的句号）来和对象连接在一起的。

44.5.3 事件

图 44-1 欢迎信息提示框

事件是一个对象可以辨认的动作，如单击鼠标或按下某个键盘按键等，并且可以指定代码针对此动作来做出响应。用户操作、程序代码的执行和操作系统系统本身都可以触发相关的事件。

下面的示例为工作簿的 Open 事件代码，每次打开代码所在的工作簿时，将显示如图 44-1 所示的欢迎信息提示框。

示例44-4　工作簿Open事件

```
#001  Private Sub Workbook_Open()
#002      MsgBox "欢迎登录 ExcelHome 论坛！", vbInformation, "ExcelHome"
#003  End Sub
```

44.6　数组

数组是一组具有相同数据类型的变量的集合，其中的变量通常被称为数组的元素，每个数组元素都有一个非重复的唯一编号，这个编号叫作下标。在VBA代码中可以通过下标来识别和访问数组中的元素。数组元素的个数被称为该数组的长度，数组元素的下标的个数称之为该数组的维度。VBA中经常用到二维数组，可以使用arrData(x，y)的形式访问数组元素，其中x和y分别是两个维度的下标。

> 　　一般情况下，数组元素的数据类型必须是相同的，但是如果数组类型被指定为Variant变体型时，那么数组元素就可以保存不同类型的数据。

数组的声明方式和变量是完全相同的，可以使用Dim、Static、Private或Public语句来声明数组。

在程序运行期间，数组被临时保存在计算机内存中。相对于Excel文件中单元格数据的读取和赋值，程序代码对于数组元素的操作更加高效。因此在处理大量单元格数据时，应将数据一次性读取到数组，这将有效地提升VBA代码的运行效率。

下面代码将单元格区域A1: E100 的值读入内存，生成一个二维数组arrData。其中arrData(1，1)代表单元格A1，以此类推arrData(100，5)代表单元格E100。

```
arrData = ActiveSheet.Range("A1:E100").Value
```

> 　　数组默认的下标下界是0，但此处的数组arrData的下标下界是1。

某些VBA函数的返回值是数组形式，如可以用拆分字符串的Split函数，其返回值为一个下标下界为 0 的一维数组。下面的代码以竖线为分隔符，将字符串strTitle拆分为数组形式，其中arTitle(0)="姓名"，arTitle(3)="电话"，Split函数的拆分效果类似于Excel中的"分列"功能。

```
strTitle = "姓名 | 性别 | 年龄 | 电话 "
arTitle = VBA.Split(strTitle, "|", , vbTextCompare)
```

44.7　字典对象

字典对象可以简单地理解为一个特殊的二维数组。字典对象的第一列为Key(键)，该列具有唯一性和不重复性，这个是字典对象最重要的特性之一；第二列为Item(条目)可以保存各种类型的变量。

字典对象有 6 种方法(Add，Keys，Exists，Rmove 和 RemoveAll) 和 4 个属性(Count，Key，Item 和 CompareMode)，它们不仅简单易用，而且可以极大地提升程序的运行效率。

扫描二维码，阅读本节更详细的内容。

第 45 章　与 Excel 进行交互

在使用Excel的过程中，Excel会显示不同样式的对话框来实现用户交互功能。在使用VBA编写程序时，为了提高代码的灵活性和程序的友好度，也需要实现用户与Excel的交互功能。本章将介绍如何使用InputBox和MsgBox实现输入和输出简单信息，以及如何调用Excel的内置对话框。

> **本章学习要点**
>
> （1）使用InputBox输入信息。　　　　　　（3）调用Excel内置对话框的方法。
>
> （2）使用OutputBox输出信息。

45.1　使用MsgBox输出信息

在代码中，MsgBox函数通常应用于如下几种情况。

❖ 输出代码最终运行结果。

❖ 显示一个对话框用于提醒用户。

❖ 在对话框中显示提示信息，等待用户单击按钮，然后根据用户的选择执行相应的代码。

❖ 在代码运行过程中显示某个变量的值，用于调试代码。

MsgBox函数的语法格式如下：

```
MsgBox(prompt[, buttons] [, title] [, helpfile, context])
```

表45-1中列出了MsgBox函数的参数及其含义。

表45-1　MsgBox函数参数列表

参数	描述	可选/必需
prompt	显示于对话框中的文本信息，最大长度大约为1024个字符，由所用字符的宽度决定	必需
title	对话框标题栏中显示的字符串表达式	可选
helpfile，context	设置帮助文件和帮助主题	可选

45.1.1　显示多行文本信息

prompt参数用于设置对话框的提示文本信息，最大长度约为1024个字符（由所用字符的宽度决定），这么多字符显然无法显示在同一行。如果代码中没有使用强制换行，系统将进行自动换行处理，这可能会导致用户的阅读体验不佳。因此，如果prompt参数的内容超过一行，则应该在每一行之间用回车符（Chr（13））、换行符（Chr（10））或回车与换行符的组合（Chr（13）& Chr（10））将各行分隔开来。代码中也可以使用常量vbCrLf或vbNewLine进行强制换行。

示例45-1 利用MsgBox函数显示多行文字

步骤① 在Excel中新建一个空白工作簿文件，按<Alt+F11>组合键切换到VBE窗口。

步骤② 在【工程资源管理器】中插入"模块"，并修改其名称为"MsgBoxDemo1"。

步骤③ 在【工程资源管理器】中双击模块 MsgBoxDemo1，在【代码】窗口中写入如下代码。

```
#001  Sub MultiLineDemo()
#002      Dim MsgStr As String
#003      MsgStr = "Excel Home是微软技术社区联盟成员 " & Chr(13) & Chr(10)
#004      MsgStr = MsgStr & " 欢迎加入 Excel Home 论坛！" & vbCrLf
#005      MsgStr = MsgStr & "Let's do it better!"
#006      MsgBox MsgStr, , " 欢迎 "
#007  End Sub
```

步骤④ 返回Excel界面，运行MultiLineDemo过程，将显示如图 45-1 所示的对话框。

代码解析如下。

第 3 行到第 5 行代码创建对话框的提示信息，其中第 3 行代码使用回车与换行符分割文本信息，第 4 行代码使用了vbCrLf常量分割文本信息。在

图 45-1 显示多行文字

图 45-1 中可以看出这两种实现方法的最终效果是完全相同的。

第 6 行代码用于显示对话框。

扫描二维码，阅读本节更详细的内容。

45.1.2 丰富多彩的显示风格

buttons参数用于指定对话框显示按钮的数目及形式、图标样式和缺省按钮等，组合使用表 45-2 中的参数值可以显示多种不同风格的对话框。代码中省略buttons参数时，将使用默认值 0，即对话框只显示一个【确定】按钮，如图 45-1 所示。

表 45-2 MsgBox 函数 buttons 参数的部分常量值

常数	值	描述
vbOKOnly	0	只显示 OK 按钮
VbOKCancel	1	显示 OK 及 Cancel 按钮
VbAbortRetryIgnore	2	显示 Abort、Retry 及 Ignore 按钮
VbYesNoCancel	3	显示 Yes、No 及 Cancel 按钮
VbYesNo	4	显示 Yes 及 No 按钮

常数	值	描述
VbRetryCancel	5	显示 Retry 及 Cancel 按钮
VbCritical	16	显示 Critical Message 图标
VbQuestion	32	显示 Warning Query 图标
VbExclamation	48	显示 Warning Message 图标
VbInformation	64	显示 Information Message 图标
vbDefaultButton1	0	第一个按钮是缺省值
vbDefaultButton2	256	第二个按钮是缺省值
vbDefaultButton3	512	第三个按钮是缺省值
vbDefaultButton4	768	第四个按钮是缺省值
vbApplicationModal	0	应用程序强制返回；应用程序一直被挂起，直到用户对消息框作出响应才继续工作
vbSystemModal	4096	系统强制返回；全部应用程序都被挂起，直到用户对消息框作出响应才继续工作
vbMsgBoxHelpButton	16384	将Help按钮添加到消息框
VbMsgBoxSetForeground	65536	指定消息框窗口作为前景窗口
vbMsgBoxRight	524288	文本为右对齐

注意

　　从 Excel 2010 开始新增加了少量buttons参数的常量值，如VbMsgBoxSetForeground和vbMsgBoxRight，早期的 Excel 版本无法解析这些常量值。

示例45-2 多种样式的MsgBox对话框

步骤① 在Excel中新建一个空白工作簿文件，按<Alt+F11>组合键切换到VBE窗口。

步骤② 在【工程资源管理器】中插入"模块"，并修改其名称为"MsgBoxDemo3"。

步骤③ 在【工程资源管理器】中双击模块MsgBoxDemo3，在【代码】窗口中写入如下代码：

```
#001  Sub MsgBoxStyleDemo()
#002      MsgBox "vbOKCancel + vbCritical", _
                vbOKCancel + vbCritical, "样式1"
#003      MsgBox "vbAbortRetryIgnore+vbQuestion", _
                vbAbortRetryIgnore + vbQuestion, "样式2"
#004      MsgBox "vbYesNo+vbInformation", _
                vbYesNo + vbInformation, "样式3"
#005      MsgBox "vbYesNoCancel+vbExclamation", _
                vbYesNoCancel + vbExclamation, "样式4"
#006  End Sub
```

步骤④ 返回 Excel 界面，运行 MultiLineTableDemo 过程，将依次显示如图 45-2 所示的四种不同风格的对话框。

图 45-2 多种样式的 MsgBox 对话框

45.1.3 获得 MsgBox 对话框的用户选择

根据 MsgBox 函数的返回值，可以获知用户单击了对话框中的哪个按钮，根据用户的不同选择，可以运行不同代码。表 45-3 中列出了 MsgBox 函数的返回值常量。

表 45-3　MsgBox 函数的返回值

常量	值	描述	常量	值	描述
vbOK	1	【确认】按钮	vbIgnore	5	【忽略】按钮
vbCancel	2	【取消】按钮	vbYes	6	【是】按钮
vbAbort	3	【终止】按钮	vbNo	7	【否】按钮
vbRetry	4	【重试】按钮			

45.2　利用 InputBox 输入信息

如果仅需要用户在"是"和"否"之间做出选择，使用 MsgBox 函数就能够满足需要，但是在实际应用中往往需要用户输入更多的内容，如数字、日期或文本等，这就需要使用 InputBox 获取用户的输入。

45.2.1　InputBox 函数

使用 VBA 提供的 InputBox 函数可以获取用户输入的内容，其语法格式为：

```
InputBox(prompt[, title] [, default] [, xpos] [, ypos] [, helpfile, context])
```

表 45-4 中列出了 InputBox 函数的参数列表。

prompt 参数用于在输入对话框中显示相关的提示信息，使用 title 参数设置输入对话框的标题，如果省略 title 参数，则输入框的标题为"Microsoft Excel"。

表 45-4　InputBox 函数参数列表

参数	描述	可选/必需
prompt	显示于对话框中的文本信息。最大长度大约为 1024 个字符，由所用字符的宽度决定	必需
title	对话框标题栏中显示的字符串表达式	可选
default	显示文本框中的字符串表达式，在没有用户输入时作为缺省值	可选
xpos，ypos	设置输入框左上角的水平和垂直位置	可选
helpfile，context	设置帮助文件和帮助主题	可选

注意　→　用户在输入框中输入的内容是否满足要求，需要在代码中进行相应的判断，以保证后续代码可以正确的执行，否则可能产生运行时错误。

示例45-3　利用InputBox函数输入邮政编码

步骤①　在 Excel 中新建一个空白工作簿文件，按 <Alt+F11> 组合键切换到 VBE 窗口。

步骤②　在【工程资源管理器】中插入"模块"，并修改其名称为"InputBoxDemo1"。

步骤③　在【工程资源管理器】中双击模块 InputBoxDemo1，在【代码】窗口中写入如下代码。

```
#001   Sub VBAInputBoxDemo()
#002       Dim PostCode As String
#003       Do
#004           PostCode = VBA.InputBox("请输入邮政编码（6位数字）", _
                  "信息管理系统")
#005       Loop Until VBA.Len(PostCode)= 6 And VBA.IsNumeric(PostCode)
#006       MsgBox "您输入的邮政编码为：" & PostCode, vbInformation, "提示
              信息"
#007   End Sub
```

步骤④　返回 Excel 界面，运行 VBAInputBoxDemo 过程，将显示输入对话框。

步骤⑤　输入"100101"，单击【确定】按钮，将显示一个【提示信息】对话框，如图 45-3 所示。

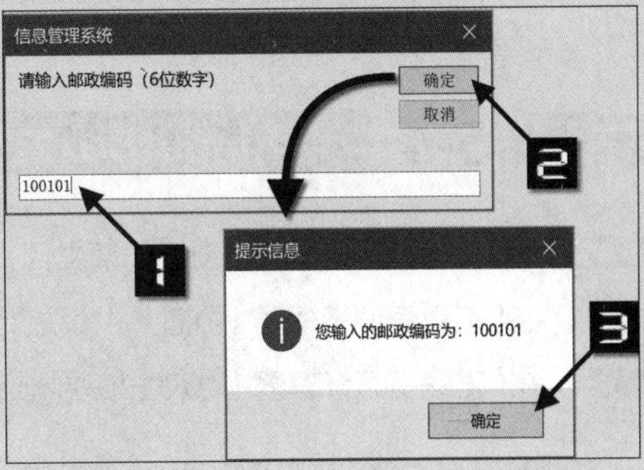

如果用户输入的内容包含非数字或输入内容不足 6 位，单击【确定】按钮后【信息管理系统】输入对话框将再次显示，直到用户输入正确的邮政编码。

代码解析如下。

第 3~5 行代码使用 Do…Loop 循环结构读取用户的输入信息。

第 4 行代码将输入对话框的输入内容赋值给变量 PostCode。

图 45-3　利用 InputBox 函数输入邮政编码

> **注意** → 　　为了区别于 InputBox 方法，这里使用 VBA.InputBox 调用 InputBox 函数，此处的 VBA 可以省略，即代码中可以直接使用 InputBox。

第 5 行代码循环终止的条件有两个，其中 VBA.Len（PostCode）用于判断输入的字符长度是否符合要求，即要求用户输入 6 个字符；VBA.IsNumeric（PostCode）用于判断输入的字符中是否包含非数字字符，如果用户输入的字符全部是数字，InNumeric 函数将返回 True。

> **注意** → 　　无论输入的内容是否为数字，InputBox 函数的返回值永远为 String 类型的数据。本示例中输入内容为 "100101"，变量 PostCode 的值为字符型数据 "100101"。如果需要使用输入的数据参与数值运算，那么必须先利用类型转换函数 Val 将其转换为数值型数据。

45.2.2　InputBox 方法

除了 InputBox 函数之外，VBA 还提供了 InputBox 方法（使用 Application.InputBox 调用 InputBox 方法）也可以用于接收用户输入的信息。二者的用法基本相同，区别在于 InputBox 方法可以指定返回值的数据类型。其语法格式为：

```
表达式.InputBox(Prompt[, Title] [, Default] [, Left] [, Top] [, HelpFile,
HelpContextID] [, Type])
```

其中 Left 和 Top 参数分别相当于 InputBox 函数的 xpos 和 ypos 参数。Type 参数可以指定 InputBox 方法返回值的数据类型。如果省略 Type 参数，输入对话框将返回 String 类型数据，表 45-5 中列出了 Type 参数的值及其含义。

表 45-5　Type 参数的值

值	含义	值	含义
0	公式	8	单元格引用，作为一个 Range 对象
1	数字	16	错误值，如 #N/A
2	文本（字符串）	64	数值数组
4	逻辑值（True 或 False）		

示例45-4　利用InputBox方法输入邮政编码

步骤① 在 Excel 中新建一个空白工作簿文件，按 <Alt+F11> 组合键切换到 VBE 窗口。

步骤② 在【工程资源管理器】中插入 "模块"，并修改其名称为 "InputBoxDemo2"。

步骤③ 在【工程资源管理器】中双击模块 InputBoxDemo2，在【代码】窗口中写入如下代码。

```
#001    Sub ExcelInputBoxDemo()
#002        Dim PostCode As Single
#003        Do
#004            PostCode = Application.InputBox(" 请输入邮政编码（6 位数字）", _
```

```
                        " 信息管理系统 ",  Type:=1)
#005        Loop Until VBA.Len(PostCode) = 6
#006        MsgBox " 您输入的邮政编码为: " & PostCode, vbInformation,
                        " 提示信息 "
#007  End Sub
```

步骤④ 返回 Excel 界面，运行 ExcelInputBoxDemo 过程，将显示输入对话框。如果用户输入的内容包含非数字字符，单击【确定】按钮后，将显示"无效的数字"错误提示对话框，如图 45-4 所示。代码解析如下。

第 4 行代码中设置 Type 参数为 1，对照表 45-5 可知，输入对话框的返回值为数值型数据。

由于 InputBox 方法本身可以判断输入内容的数据类型是否符合要求，因此第 5 行代码中循环终止条件只需要判断输入内容的字符长度是否满足要求。

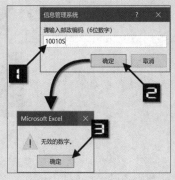

图 45-4　利用 InputBox 方法输入邮政编码

在工作表单元格中插入公式时，如果该函数的参数是一个引用，可以利用鼠标在工作表中选中相应区域，该区域的引用地址将作为参数的值传递给函数。在代码中将 Type 参数值设置为 8，使用 InputBox 方法就可以实现类似的效果。

示例45-5　利用InputBox方法输入单元格区域引用地址

步骤① 在 Excel 中新建一个空白工作簿文件，按 <Alt+F11> 组合键切换到 VBE 窗口。

步骤② 在【工程资源管理器】中插入"模块"，并修改其名称为"InputBoxDemo3"。

步骤③ 在【工程资源管理器】中双击模块 InputBoxDemo3，在【代码】窗口中写入如下代码。

```
#001  Sub SelectRangeDemo()
#002      Dim Rng As Range
#003      Set Rng = Application.InputBox(" 请选择单元格区域: ", _
                  " 设置背景色 ", Type:=8)
#004      If Not Rng Is Nothing Then
#005          Rng.Interior.Color = vbBlue
#006      End If
#007  End Sub
```

步骤④ 返回 Excel 界面，运行 SelectRangeDemo 过程，将显示【设置背景色】输入对话框。

步骤⑤ 将鼠标指针移至 B3 单元格，保持鼠标左键按下，拖动选中 B3:C8 单元格区域，输入框中将自动填入选中区域的绝对引用地址"$B$3:$C$8"，如图 45-5 所示。

步骤⑥ 单击【确定】按钮，B3:C8 单元格区域的背景色设置为蓝色。

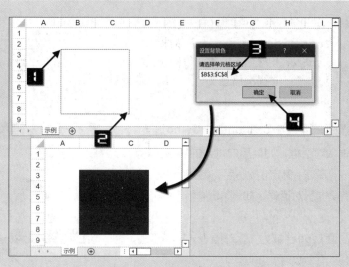

图 45-5　利用 InputBox 输入单元格区域引用地址

代码解析如下。

第 3 行代码中 InputBox 方法将用户选中区域所代表的 Range 对象赋值给变量 Rng。

　对象变量的赋值需要使用关键字 Set。

第 4 行代码判断用户是否已经选中了工作表中的单元格区域。

第 5 行代码设置相应单元格区域的填充色为蓝色，其中 VBA 常量 vbBlue 代表蓝色。

45.2.3　Excel 内置对话框

用户使用 Excel 时，系统弹出的对话框统称为 Excel 内置对话框，如依次单击【文件】→【打开】→【浏览】将显示【打开】对话框。VBA 程序中也可以使用代码调用这些内置对话框来实现 Excel 与用户之间的交互功能。

图 45-6　【打开】对话框

Application 对象的 Dialogs 集合中包含了大部分 Excel 应用程序的内置对话框，其中每个对话框对应一个 VBA 常量。在 VBA 帮助中搜索"内置对话框参数列表"，可以查看所有的内置对话框参数列表。

使用 Show 方法可以显示一个内置对话框。例如，下面的代码将显示【打开】对话框，如图 45-6 所示。

```
Application.Dialogs(xlDialogOpen).Show
```

第46章　自定义函数与加载宏

借助VBA可以创建在工作表中使用的自定义函数，自定义函数作为Excel工作表函数的补充与扩展，可以用来完成Excel内置工作表函数无法完成的功能。

> **本章学习要点**
>
> （1）参数的两种传递方式。　　　　　　　（3）如何制作加载宏。
>
> （2）如何引用自定义函数。

46.1　什么是自定义函数

自定义函数（英文全称为User-defined Worksheet Functions，简称为UDF）就是用户利用VBA代码创建的用于满足特定需求的函数。Excel中已经内置了数百张工作表函数可供用户使用，但是这些内置工作表函数并不一定能完全满足用户的所有需求，而自定义函数则是对Excel内置工作表函数的扩展和补充。

自定义函数的优势如下。

❖ 自定义函数可以简化公式：一般情况下，组合使用多个Excel工作表函数完全可以满足绝大多数应用，但是复杂的公式有可能冗长和烦琐，其可读性较差，不易于修改和维护，除了公式的作者之外，其他人可能很难理解公式的含义。此时就可以通过使用自定义函数来有效地进行简化。

❖ 自定义函数与Excel工作表函数相比，具有更强大和灵活的功能。Excel实际使用中的需求是多种多样的，仅仅凭借Excel工作表函数常常不能圆满地解决问题，此时就可以考虑使用自定义函数来满足实际工作中的个性化需求。

与Excel工作表函数相比，自定义函数的弱点也是显而易见的，那就是自定义函数的计算效率要低于Excel工作表函数，这将导致完成同样的计算任务需要花费更多的时间。因此对于可以通过在VBA中引用Excel工作表函数直接实现的功能，应该尽量使用46.3章节中讲述的方法进行引用，而无须再去开发同样功能的自定义函数。

46.2　函数的参数与返回值

VBA中参数有两种传递方式：按值传递（关键字ByVal）和按地址传递（关键字ByRef），参数的默认传递方式为按地址传递。因此如果希望使用这种方式传递参数，可以省略参数前的关键字ByRef。

这两种传递方式的区别在于，按值传递只是将参数值的副本传递到调用过程中，在过程中对于参数的修改，并不改变参数的原始值；按地址传递则是将该参数的引用传递到调用过程中，在过程中任何对于参数的修改都将改变参数的原始值。

> **注意**　→　由于按地址传递方式会修改参数的原始值，所以需要谨慎使用。

自定义函数属于Function过程，其区别于Sub过程之处在于Function过程可以提供返回值。函数的返回值可以是单一值或是数组。如下自定义函数 GetDigits 提取字符串中的数字，如果在工作表中使用工作表函数实现同样效果，将需要复杂的公式。

```
#001    Function GetDigits(strText As String)As String
#002        Dim strChar As String
#003        strMsg = ""
#004        For i = 1 To Len(strText)
#005            strChar = Mid$(strText, i, 1)
#006            If strChar Like "#" Then strMsg = strMsg & strChar
#007        Next i
#008        GetDigits = strMsg
#009    End Function
```

46.3 在VBA代码中引用工作表函数

由于Excel工作表函数的效率远远高于自定义函数，对于工作表函数已经实现的功能，应该在VBA代码中直接引用工作表函数，其语法格式为：

```
Application.WorksheetFunction.工作表函数名称
WorksheetFunction.工作表函数名称
Application.工作表函数名称
```

在VBA中，Application对象可以省略，所以第二种语法格式实际上是对于第一种语法格式的简化。为了方便读者识别，本书后续章节中所有对于工作表函数的引用都将采用第一种完全引用格式。

在VBA代码中调用工作表函数时，函数参数的顺序和作用与在工作表中使用时完全相同，但是具体表示方法会略有不同。例如，在工作表中求单元格A1和A2的和，其公式为：

```
=SUM(A1,A2)
```

其中参数为两个单元格的引用A1和A2，在VBA代码中调用工作表函数SUM时，需要使用VBA中单元格的引用方法，如下面代码所示：

```
Application.WorksheetFunction.Sum(Cells(1, 1), Cells(2, 1))
Application.WorksheetFunction.Sum([A1],[A2])
Application.WorksheetFunction.Sum(Range("A1"), Range("A2"))
```

并非所有的工作表函数都可以在VBA代码中利用Application对象或WorksheetFunction对象进行调用，通常包括以下3种情况。

❖ VBA中已经提供了相应函数，其功能相当于Microsoft Excel工作表函数，对于此类功能只能使用VBA中的函数。例如，VBA中的Atn函数功能等同于工作表函数ATAN。

❖ VBA内置运算符可以实现相应的工作表函数功能，在VBA代码中只能使用内置运算符，如工作表函数MOD的功能在VBA中可以使用MOD运算符来替代实现。

❖ 在VBA无须使用的工作表函数，如工作表中的T函数和N函数。

注意 → 某些工作表函数和VBA函数具有相同名称，但是其功能和用法却不相同，如函数 LOG。VBA中LOG函数的语法格式为LOG（参数1），其返回值为指定数值（参数1）的自然对数值。如果引用工作表函数LOG，需要使用Application.WorksheetFunction.Log（参数1，参数2），其结果为按所指定的底数（参数2），返回一个数值（参数1）的对数值。

在VBA代码中调用自定义函数时，除非自定义函数不使用任何参数，否则不能通过依次单击VBE菜单【运行】→【运行子过程/窗体】来运行自定义函数过程。

在VBA代码中，通常将自定义函数应用于赋值语句的右侧。例如：

```
sDate = GetDigits（"A公司成立于2022年08月18日。"）
```

代码执行结果为，将字符串"20220818"赋值给变量sDate。

46.4 在工作表中引用自定义函数

在工作表的公式中引用自定义函数的方法和使用普通Excel工作表函数的方法基本相同。

示例46-1 使用自定义函数统计指定格式的记录

在如图46-1所示销售数据中，需要统计"销售人员"列被标记为黄色的销售记录总金额，使用Excel工作表函数无法解决这个问题。因此可以编写一个自定义函数来解决。

步骤① 在Excel中打开示例工作簿文件，按<Alt+F11>组合键切换到VBE窗口。

步骤② 在工程资源浏览器中插入"模块"，并修改其名称为"mdlUDF"。

步骤③ 在工程资源浏览器中双击模块mdlUDF，在【代码】窗口中输入如下代码：

```
#001  Function CountByFormat(rng As Range)As Long
#002      Dim rngCell As Range
#003      Dim lngCnt As Long
#004      Application.Volatile
#005      lngCnt = 0
#006      If Not rng Is Nothing Then
#007          For Each rngCell In rng
#008              With rngCell
#009                  If .Interior.ColorIndex = 6 Then
#010                      lngCnt = lngCnt + _
                                .Offset(0, 2)* .Offset(0, 3)
#011                  End If
#012              End With
#013          Next
#014      End If
#015      CountByFormat = lngCnt
#016  End Function
```

图 46-1　使用自定义函数统计指定格式的记录

步骤④ 单击选中目标单元格 H2。

步骤⑤ 在公式编辑栏中输入公式"=CountByFormat(A2: A21)"，并按 <Enter> 键，H2 单元格中将显示统计结果如图 46-1 所示。

代码解析如下。

第 4 行代码将函数标记为易失函数，当工作表上的任何单元格发生计算时，都必须重新计算此函数。

第 5 行代码将统计变量 lngCnt 初值设置为 0。

第 7~13 行代码使用 For…Next 循环遍历变量 rng 所代表区域中的单元格。

第 9 行代码用于判断 rngCell 单元格的填充色是否满足条件。如果填充色为黄色，那么第 10 行代码将该行记录中的销售额累加至变量 lngCnt 中。

第 15 行代码设置自定义函数的返回值。

46.5　自定义函数的限制

在工作表的公式中引用自定义函数时，不能更改 Microsoft Excel 的环境，这意味着自定义函数不能执行以下操作。

❖ 在工作表中插入、删除单元格或设置单元格格式。

❖ 更改其他单元格中的值。

❖ 在工作簿中移动、重命名、删除或添加工作表。

❖ 更改任何环境选项，如计算模式或屏幕视图。

❖ 向工作簿中添加名称。

❖ 设置属性或执行大多数方法。

其实 Excel 中内置工作表函数同样也不能更改 Microsoft Excel 环境，函数只能执行计算在输入公式的单元格中返回某个值或文本。

如果在 VBA 的其他过程代码中调用自定义函数就不存在上述限制，尽管如此，为了规范代码，建议所有上述需要更改 Excel 环境的代码功能应该使用 Sub 过程来实现。

46.6　如何制作加载宏

加载宏（英文名称为 Add-in）是对于某类程序的统称，它们可以为 Excel 添加可选的命令和功能。例如，"分析工具库"加载宏程序提供了一套数据分析工具，在进行复杂统计或工程分析时，可以节省操作步骤，提高分析效率。

　　Excel 中有多种不同类型的加载宏程序，如 Excel 加载宏、自定义的组件对象模型（COM）加载宏和自动化加载宏等。本章节讨论的加载宏特指 Excel 加载宏。

　　理论上来说，任何一个工作簿都可以制作成为加载宏，但是某些工作簿不适合制作成为加载宏，如一个包含图表的工作簿，如果该工作簿转换为加载宏，那么就无法查看该图表，除非利用 VBA 代码将图表所在的工作表拷贝成为一个新的普通工作簿。

　　制作加载宏的步骤非常简单，有两种方法可以将普通工作簿转换为加载宏。

46.6.1　修改工作簿的 IsAddin 属性

步骤① 在 VBE 的工程资源浏览器窗口中单击选中"ThisWork-book"，按 <F4> 键显示【属性】窗口。

步骤② 在【属性】窗口中修改 IsAddin 属性的值为 True，如图 46-2 所示。

46.6.2　另存为加载宏

步骤① 在 Excel 窗口中依次单击【文件】→【另存为】→【浏览】，弹出的【另存为】对话框。

步骤② 在【保存类型】下拉列表框中选择"Excel 加载宏（*.xlam）"，Excel 将自动更新【文件名】为"加载宏示例.xlam"。

步骤③ 选择保存位置，加载宏的缺省保存目录为"C:\Users\<登录用户名>\AppData\Roaming\Microsoft\AddIns\"。

步骤④ 单击【保存】按钮关闭【另存为】对话框如图 46-3 所示。

图 46-2　修改工作簿的 IsAddin 属性

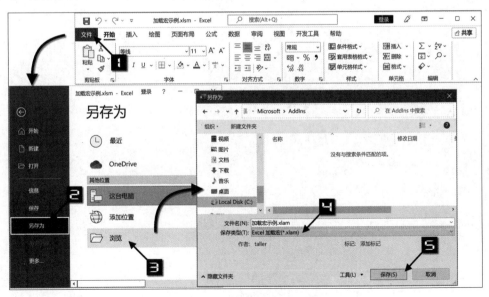

图 46-3　另存为加载宏

注意 ■■■■➡

Excel 中默认的加载宏文件扩展名为 XLAM，但是并非一定要使用 XLAM 作为加载宏的扩展名。使用任意的支持宏功能的扩展名都不会影响加载宏的功能；两者的区别在于，系统加载 XLAM 文件后，在 Excel 窗口中无法直接查看和修改该工作簿，而使用其他扩展名保存加载宏文件则不具备这个特性。为了便于识别和维护，建议使用 XLAM 作为加载宏的扩展名。

另外，Excel 97-2003 加载宏格式 XLA 仍然可以在最新版本的 Excel 中作为加载宏使用。

第 47 章　如何操作工作簿、工作表和单元格

在 Excel 中对于工作簿、工作表和单元格的多数操作都可以利用 VBA 代码实现同样的效果。本章将介绍工作簿对象和工作表对象的引用方法及添加删除对象的方法。Range 对象是 Excel 最基本也是最常用的对象，对于 Range 对象处理的方法也有多种，本章将进行详细的介绍。

> **本章学习要点**
>
> （1）遍历对象集合中单个对象的方法。　　　　（3）使用 Range 属性引用单元格的方法。
>
> （2）工作簿和工作表对象的常用属性和方法。

47.1　Workbook 对象

Workbook 对象代表 Excel 工作簿，也就是通常所说的 Excel 文件，每个 Excel 文件都是一个 Workbook 对象。Workbooks 集合代表 Excel 应用程序中所有已经打开的工作簿（加载宏除外）。

在代码中经常用到的两个 Workbook 对象分别为 ThisWorkbook 和 ActiveWorkbook。其中 ThisWorkbook 对象指代码所在的工作簿对象，ActiveWorkbook 对象指 Excel 活动窗口中的工作簿对象。

47.1.1　引用 Workbook 对象

使用 Workbooks 属性引用工作簿有如下两种方法。

⊃ I　使用工作簿序号

使用工作簿序号引用对象的语法格式为：

```
Workbooks.Item(工作簿序号)
```

工作簿序号是指创建或打开工作簿的顺序号码，Workbooks（1）代表 Excel 应用程序中创建或打开的第一个工作簿，而 Workbooks（Workbooks.Count）代表最后一个工作簿，其中 Workbooks.Count 返回 Workbooks 集合中所包含的 Workbook 对象的个数。

Item 属性是大多数对象集合的默认属性，此处可以省略 Item 关键字，简化为如下代码：

```
Workbooks(工作簿序号)
```

⊃ II　使用工作簿名称

使用工作簿名称引用对象的语法格式为：

```
Workbooks(工作簿名称)
```

使用工作簿名称引用 Workbook 对象时，工作簿的名称不区分大小写字母。在代码中利用 Workbook 对象的 Name 属性可以返回工作簿名称，但是需要注意的是 Name 为只读属性。因此不能利用 Name 属性修改工作簿名称，如果需要更改工作簿名称，应使用 Workbook 对象的 SaveAs 方法以新名称保存工作簿。

下面的代码将工作簿 Book1.xlsx 另存到目录 C:\Demo 中，新文件名称为 ExcelHome.xlsx，如果不指定目录，则新的工作簿将被保存在与原工作簿相同的目录中。

```
Workbooks("Book1.xlsx").SaveAs "C:\Demo\ExcelHome.xlsx"
```

图 47-1　引用不存在的 Workbook 对象的错误提示

使用工作簿序号引用 Workbook 对象时，如果序号大于 Excel 应用程序中已经打开工作簿的总个数，或者使用不存在的工作簿名称引用 Workbook 对象，将会出现如图 47-1 所示的"下标越界"的错误提示对话框。

47.1.2　打开一个已经存在的工作簿

使用 Workbooks 对象的 Open 方法可以打开一个已经存在的工作簿，其语法格式如下：

```
Workbooks.Open(FileName)
```

如果被打开的 Excel 文件与当前文件在同一个目录中，FileName 参数可以省略目录名称，否则需要使用完整路径，即路径加文件名的形式。使用下面的代码可以打开目录 C:\Demo 中的文件 ExcelHome.xlsx。

```
Workbooks.Open FileName:=" C:\Demo\ExcelHome.xlsx"
```

注意 ■■■→　　参数名和参数值之间应该使用":="符号，而不是等号。

在代码中参数名称可以省略，简化为如下代码：

```
Workbooks.Open "C:\Demo\ExcelHome.xlsx"
```

对于设置了打开密码的 Excel 文件，如果不希望在打开文件时手工输入密码，可以使用 Open 方法的 Password 参数在代码中提供密码，假定工作簿的密码为"MVP"，打开工作簿的代码如下：

```
Workbooks.Open Filename:=" C:\Demo\ExcelHome.xlsx", Password:="MVP"
```

Open 方法的参数中，除了第一个 FileName 参数是必需参数之外，其余参数均为可选参数，也就是说使用时可以省略这些参数。如果省略代码中的参数名，那么必须保留参数之间的逗号分隔符。例如，在上面的代码中，只使用了第一个参数 FileName 和第 5 个参数 Password，此时采用省略参数名称的方式，则需要保留两个参数间的 4 个逗号分隔符。

```
Workbooks.Open "C:\Demo\ExcelHome.xlsx", , , , "MVP"
```

47.1.3　遍历工作簿

对于两种不同的引用工作簿的方法，分别可以使用 For Each…Next 和 For…Next 循环遍历 Workbooks 集合中 Workbook 对象。

示例47-1　遍历工作簿名称

步骤① 在 Excel 中新建一个空白工作簿文件，按 <Alt+F11> 组合键切换到 VBE 窗口。

步骤② 在【工程资源管理器】中插入"模块"，并修改其名称为"mdlAllWorkbooks"。

步骤③ 在【工程资源管理器】中双击模块mdlAllWorkbooks，在【代码】窗口中输入如下代码：

```
#001   Sub Demo_ForEach()
#002       Dim objWB As Workbook, lngRow As Long
#003       lngRow = 3
#004       For Each objWB In Application.Workbooks
#005           ActiveSheet.Cells(lngRow, 2) = objWB.Name
#006           lngRow = lngRow + 1
#007       Next
#008   End Sub
#009   Sub Demo_For()
#010       Dim i As Integer, lngRow As Long
#011       lngRow = 3
#012       For i = 1 To Application.Workbooks.Count
#013           ActiveSheet.Cells(lngRow, 3) = Workbooks(i).Name
#014           lngRow = lngRow + 1
#015       Next
#016   End Sub
```

步骤④ 分别运行Demo_ForEach过程和Demo_For过程，运行结果如图 47-2 所示。两个过程的结果分别显示在第 2 列和第 3 列，内容完全相同。单击【视图】选项卡的【切换窗口】下拉按钮，在扩展菜单中可以看到Excel中共打开了 5 个文件。

注意 → 由于打开的工作簿不同，读者运行代码得到的结果可能与图 47-2 有差别。

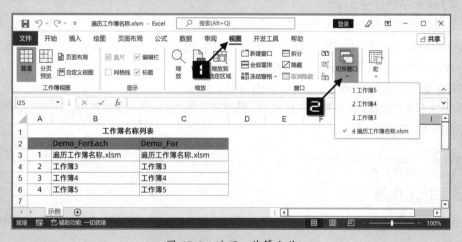

图 47-2　遍历工作簿名称

代码解析如下。

第 4~7 行代码为 For Each…Next 循环结构。

第 4 行代码中的循环变量objWB为工作簿对象变量。在循环过程中，该变量将依次代表当前Excel应用程序中的某个已打开的工作簿。

第 12~15 行代码为 For…Next 循环结构。

第 12 行代码中的变量i为循环计数器，其初值为 1，终值为当前Excel应用程序中已打开的工作簿的总数，即 Application.Workbooks.Count 的返回值。

第 13 行代码中使用工作簿的索引号引用该对象，并将其名称写入工作表单元格中。

这两种循环遍历对象的代码结构，在功能上没有区别，实际应用中可以根据需要选择任意一种遍历方法。另外，这两种遍历方法适用于多数对象集合，如遍历 Worksheets 集合中的 Worksheet 对象。

47.1.4 添加一个新的工作簿

在 Excel 工作簿窗口中依次单击【文件】→【新建】，然后单击选择相应的模板，将在 Excel 中创建一个新的工作簿。利用 Workbooks 对象的 Add 方法也可以实现新建工作簿，其语法格式为：

```
Workbooks.Add
```

新建工作簿的名称是由系统自动产生的，在首次保存之前，其名称格式为"工作簿"加数字序号的形式，因为无法得知这个序号，所以无法使用工作簿名称来引用新建的工作簿。

 在保存之前，工作簿并没有扩展名，新建工作簿名称是"工作簿 1"，而不是"工作簿 1.xlsx"。

使用如下 3 种方法可以在代码中引用新建的工作簿。

❏ I 使用对象变量

将新建工作簿对象的引用赋值给对象变量，后续代码中可以使用该变量引用新建的工作簿。

```
Set newWK = Workbooks.Add
MsgBox newWK.Name
```

❏ II 使用 ActiveWorkbook 对象

新建工作簿一定是 Excel 应用程序中活动窗口（最上面的窗口）中的工作簿对象。因此可以使用 ActiveWorkbook 对象引用新建工作簿。但是需要注意如果使用代码激活了其他工作簿，那么将无法再使用 ActiveWorkbook 引用新建的工作簿对象。

❏ III 使用新建工作簿的 Index

Workbook 对象的 Index 属性是顺序标号的，新建工作簿的 Index 一定是最大，利用这个特性，可以使用下面代码引用新建工作簿。

```
Workbooks(Workbooks.Count)
```

47.1.5 保护工作簿

从安全角度考虑，可以为工作簿设置密码以保护工作簿中的用户数据，Excel 中提供了两种工作簿的密码。

❏ I 工作簿打开密码

利用 Workbook 对象的 Password 属性可以设置 Excel 文件的打开密码，下面代码设置活动工作簿的打开密码为"abc"，如果关闭活动工作簿且保存修改，那么重新打开该工作簿时，将出现如图 47-3 所示的输入密码对话框，只有正确输入打开密码才能打开文件。

图 47-3　密码输入对话框

```
ActiveWorkbook.Password = "abc"
```

◐ II　工作簿保护密码

为工作簿设置保护密码后，不影响工作簿的打开和查看，但是用户无法修改工作簿的窗口和结构（请参阅 38.3 节）。如果需要修改，必须先解除保护。下面代码设置活动工作簿的保护密码为"abc"。

```
ActiveWorkbook.Protect Password:="abc"
```

如果需要修改工作簿，则需要先使用 Unprotect 方法取消工作簿的保护。

```
ActiveWorkbook.Unprotect Password:="abc"
```

47.1.6　关闭工作簿

使用 Workbook 对象的 Close 方法可以关闭已打开的工作簿，如果该工作簿打开后进行了内容更改，Excel 将显示如图 47-4 所示的对话框，询问是否保存更改。

关闭工作簿时设置 SaveChanges 参数值为 False，将放弃所有对该工作簿的更改，并且不会出现保存提示框。

图 47-4　保存提示对话框

```
ActiveWorkbook.Close SaveChanges:=False
```

另外一种变通的方法也可以实现类似的效果。其原理是：如果工作簿的 Saved 属性为 False，关闭工作簿时将显示保存提示对话框。如果工作簿打开后并未做任何更改，则 Saved 属性值为 True。因此可以在关闭工作簿之前使用代码设置其 Saved 属性值为 True，Excel 会认为工作簿没有任何更改，也就不会出现保存提示框，代码如下：

```
ActiveWorkbook.Saved = True
ActiveWorkbook.Close
```

　　　　第 2 种实现方法中修改工作簿的 Saved 属性，并没有真正的保存该工作簿，因此关闭工作簿后所有对于该工作簿的修改将全部丢失。

47.2　Worksheet 对象

Worksheet 对象代表一张工作表。Worksheet 对象既是 Worksheets 集合的成员，同时又是 Sheets 集合的成员。Worksheets 集合包含工作簿中所有的 Worksheet 对象。Sheets 集合除了包含工作簿中所有的 Worksheet 对象，还包含工作簿中所有的图表工作表（Chart）对象和宏表对象。

与 ActiveWorkbook 对象类似，ActiveSheet 对象可以用来引用处于活动状态的工作表。

47.2.1　引用 Worksheet 对象

对于 Worksheet 对象，有如下 3 种引用方法。

◐ I　使用工作表序号

使用工作表序号引用对象的语法格式为：

```
Worksheets(工作表序号)
```

工作表序号是按照工作表的排列顺序依次编号的，Worksheets(1)代表工作簿中的第一张工作表，而Worksheets(Worksheets.Count)代表最后一张工作表，其中Worksheets.Count返回Worksheets集合中包含的Worksheet对象的个数。即便是隐藏工作表也包括在序号计数中，也就是说可以使用工作表序号引用隐藏的Worksheet对象。

⊃ II　使用工作表名称

使用工作表名称引用对象的语法格式为：

```
Worksheets(工作表名称)
```

使用工作表名称引用Worksheet对象时，工作表名称不区分大小写字母。因此Worksheets("SHEET1")和Worksheets("sheet1")引用的是同一张工作表，但是Worksheet对象的Name属性返回值是工作表的实际名称，Name属性值和引用工作表时的名称的大小写可能会不一致。

⊃ III　使用工作表代码名称（Codename）

假设工作簿中有3张工作表，依次是"Sht1""Sheet2"和"Sht3"。在VBE窗口中显示【工程资源管理器】和【属性】窗口，如图47-5所示。

在【工程资源管理器】中Worksheet对象显示为"工作表代码名称（工作表名称）"的形式。对应在【属性】窗口中，【(名称)】栏为代码名称，【Name】栏为工作表名称（Excel界面中工作表标签显示的名称）。使用工作表代码名"Sheet1"等同于Worksheets("Sht1")。因此如下两句代码完全等效。

```
Sheet1.Select
Worksheets("Sht1").Select
```

从图47-5中可以看出，工作表名称和其代码名称可以相同（如"Sheet2"工作表），也可以是不同的字符。工作表代码名称无法在Excel窗口中更改，只能在VBE中更改。

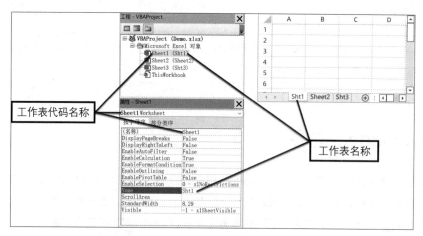

图 47-5　VBE中查看工作表代码名称

47.2.2　遍历工作簿中的所有工作表

遍历工作表的方法与遍历工作簿的方法完全相同，可以使用For Each…Next循环或For…Next循环，请参阅47.1.3节。

47.2.3 添加新的工作表

在Excel窗口中单击工作表标签右侧的【新工作表】按钮可以在当前工作簿中插入一张新的工作表。在代码中使用Add方法可以在工作簿中插入一张新的工作表，其语法格式为：

```
Sheets.Add
```

插入指定名称的工作表可以使用如下代码：

```
Sheets.Add.Name = "newSheet"
```

虽然在VBA帮助中没有说明Add方法之后可以使用Name属性，但是上述代码是可以运行的。采用上述简化方式插入工作表时，如果需要指定工作表的插入位置，则应在Add之后指定相关参数。

假设工作簿中工作表的个数不少于3个，使用如下代码可以在第3张工作表之后插入名称为newSheet的新工作表。

```
Sheets.Add(after:=Sheets(3)).Name = "newSheet"
```

47.2.4 判断工作表是否已经存在

更改工作表名称时，如果在工作簿中已经存在一个同名工作表，将出现如图47-6所示的运行时错误对话框。

为了避免出现这种错误导致代码无法继续执行，在修改工作表名称之前，应检查是否存在同名的工作表。

图47-6 重命名同名工作表时产生运行时错误

示例47-2　判断工作表是否存在

步骤① 在Excel中新建一个空白工作簿文件，按<Alt+F11>组合键切换到VBE窗口。

步骤② 在【工程资源管理器】中插入"模块"，并修改其名称为"mdlCheckWorkSheetDemo"。

步骤③ 在【工程资源管理器】中双击模块mdlCheckWorkSheetDemo，在【代码】窗口中输入如下代码：

```
#001   Function blnCheckWorkSheet(ByVal sName As String)As Boolean
#002       Dim objSht As Worksheet
#003       blnCheckWorkSheet = False
#004       For Each objSht In ActiveWorkbook.Worksheets
#005           If VBA.UCase(objSht.Name)= VBA.UCase(sName)Then
#006               blnCheckWorkSheet = True
#007               Exit Function
#008           End If
#009       Next
#010   End Function
#011   Sub CheckWorkSheet()
#012       Dim strShtName As String
#013       strShtName = "示例"
#014       If blnCheckWorkSheet(strShtName)= True Then
```

```
#015                MsgBox "[" & strShtName & "]工作表已经存在! ", vbInformation
#016        Else
#017                MsgBox "[" & strShtName & "]工作表不存在! ", vbInformation
#018        End If
#019  End Sub
```

图 47-7　CheckWorkSheet 运行结果

步骤④ 运行 CheckWorkSheet 过程后，显示如图 47-7 所示的对话框。单击【确定】按钮关闭对话框。

代码解析如下。

第 1~10 行代码为自定义函数过程 blnCheckWorkSheet 用于检查是否存在同名工作表，函数的返回值为布尔型数值，如果同名工作表已经存在，则返回值为 True，否则返回值为 False。

第 3 行代码设置函数的初始返回值为 False。

第 4~9 行代码为 For Each…Next 循环遍历活动工作簿中的全部工作表对象。

第 5 行代码用于判断对象变量 objSht 的名称是否与要查找的工作表名称相同。为了避免大小字母的区别，代码中使用 UCase 将工作表名称转换为大写字母格式。

如果已经找到同名工作表，第 6 行代码将函数返回值设置为 True，第 7 行代码结束函数过程的执行。

第 11~19 行代码为过程 CheckWorkSheet 检查工作簿中是否存在名称为"示例 47.2"的工作表。

第 12 行代码将要查找的工作表名称赋值给变量 strShtName。

第 14~18 行代码调用函数 blnCheckWorkSheet，如果返回值为 True，则执行第 15 行代码显示该工作表已经存在的提示信息对话框，否则执行第 17 行代码显示该工作表不存在的提示信息对话框。

47.2.5　复制和移动工作表

Worksheet 对象的 Copy 方法和 Move 方法可以实现工作表的复制和移动。其语法格式为：

```
Copy(Before, After)
Move(Before, After)
```

Before 和 After 均为可选参数，二者只能选择一个。Copy 方法和 Move 方法除了可以实现同一个工作簿之内的工作表复制和移动，也可以实现工作簿之间的工作表复制和移动。下面的代码可以将工作簿 Book1.xlsx 中的工作表 Sheet1 复制到工作簿 Book2.xlsx 中，并放置在第 3 张工作表之前。

```
Workbooks("Book1.xlsx").Sheets("Sheet1").Copy _
        Before:=Workbooks("Book2.xlsx").Sheets(3)
```

47.2.6　保护工作表

为了防止工作表被意外修改，可以设置工作表保护密码。Worksheet 对象的 Protect 方法有很多可选参数，其中 Password 参数用于设置保护密码。

```
ActiveSheet.Protect Password:="ExcelHome"
```

如果需要在代码中操作被保护的工作表，一般思路是先使用 Unprotect 方法解除工作表保护，执行完相关的工作表操作之后，再使用 Protect 方法保护该工作表。如果在保护工作表时设置

UserInterfaceOnly参数为True，则可以实现仅禁止用户界面的操作，使用代码可以直接操作被保护的工作表，无须解除工作表保护。

> 即使在使用代码保护工作表时，已经将UserInterfaceOnly参数设置为True，保存并关闭该工作簿之后，再次打开该工作簿时，整张工作表将被完全保护，而并非仅仅禁止用户界面的操作，使用代码也无法直接操作被保护的工作表，即UserInterfaceOnly参数设置已经失效。若希望再次打开工作簿后仍然维持只是禁止用户界面操作的效果，那么必须在代码中先使用Unprotect方法解除工作表的保护，然后再次应用Protect方法，并且设置UserInterfaceOnly参数为True。

47.2.7　删除工作表

使用Worksheet对象的Delete方法删除工作表时，将会出现如图47-8所示的警告对话框，单击【删除】按钮关闭对话，完成删除工作表的操作。

如果不希望在删除工作表时出现这个对话框，可以设置DisplayAlerts属性禁止显示对话框。

图 47-8　删除工作表警告对话框

```
Application.DisplayAlerts = False
Worksheets("Sheet1").Delete
Application.DisplayAlerts = True
```

> 在代码过程中运行Application.DisplayAlerts = False之后，在使用Application.DisplayAlerts = True恢复之前，所有的系统提示信息都将被屏蔽。如果没有使用恢复DisplayAlerts设置的代码，则在代码过程全部运行结束后，Excel会自动将该属性恢复为True。

47.2.8　工作表的隐藏和深度隐藏

在工作表标签上单击右键，选择【隐藏】命令，可以隐藏该工作表。处于隐藏状态的工作表的Visible属性值为xlSheetHidden（常量值为0），为了区别于下文将要介绍的另一种隐藏，这种方式被称为"普通隐藏"。Worksheet对象的Visible属性的值可以是下面3个常量之一：xlSheetVisible、xlSheetHidden或xlSheetVeryHidden。

在VBA中除了设置工作表为普通隐藏外，还可以设置工作表为深度隐藏，代码如下：

```
Sheets(1).Visible = xlSheetVeryHidden
```

深度隐藏的工作表无法通过在工作表标签上右击，选择【取消隐藏】命令进行恢复，此时只能使用VBA代码或在VBE的【属性】窗口中修改其Visible属性，恢复显示该工作表。

47.3　Range对象

Range对象代表工作表中的单个单元格、多个单元格组成的区域甚至可以是跨工作表的单元格区域，该区域可以是连续的也可以是非连续的。

> **注意**→ 虽然单元格是 Excel 操作的最基本单位，但是 Excel VBA 中并不存在单元格对象。

47.3.1 引用单个单元格

在 VBA 代码中有多种引用单个单元格的方法。

⊃ I 使用"[单元格名称]"的形式

这是语法格式最简单的一种引用方式。其中单元格名称与在工作表的公式中使用的 A1 样式单元格地址完全相同，如 [C5] 代表工作表中的 C5 单元格。在这种引用方式中单元格名称不能使用变量。

⊃ II 使用 Cells 属性

Cells 属性返回一个 Range 对象。其语法格式为：

```
Cells(RowIndex,ColumnIndex)
```

Cells 属性的参数为行号和列号。行号是一个数值，其范围为 1 至 1048576。列号可以是数值，其范围为 1 至 16384；也可以是字母形式的列标，其范围为 "A" 至 "XFD"。同样是引用 C5 单元格，可以有如下两种形式：

```
Cells(5,3)
Cells(5,"C")
```

> **注意**→ 如果行号使用变量，那么在代码中需要将该变量定义为 Long 变量而不是 Integer 变量。由于工作表中最大行号为 1048576，但是 Integer 变量的范围为 -32,768 到 32,767，所以必须使用 Long 变量作为行号。

⊃ III 使用 Range（单元格名称）形式

单元格名称可以使用变量或表达式。在参数名称的表达式中，可以使用 "&" 连接符连接两个字符串。例如：

```
Range("C5")
Range("C" & "5")
```

47.3.2 单元格格式的常用属性

常用的单元格格式有字体大小及颜色、背景色及边框等，表 47-1 中列出了相关的属性。

表 47-1 常用单元格格式属性

属性	用途	属性	用途
Range(···).Font.Color	设置字体颜色	Range(···).Border.LineStyle	设置边框线型
Range(···).Font.Size	设置字体大小	Range(···).Border.Color	设置边框线颜色
Range(···).Font.Bold	设置粗体格式	Range(···).Border.Weight	设置边框线宽度
Range(···).Interior.Color	设置背景颜色		

示例47-3　自动化设置单元格格式

步骤① 在 Excel 中新建一个空白工作簿文件，按 <Alt+F11> 组合键切换到 VBE 窗口。

步骤② 在【工程资源管理器】中插入"模块"，并修改其名称为"mdlCellsFormatDemo"。

步骤③ 在【工程资源管理器】中双击模块 mdlCellsFormatDemo，在【代码】窗口中输入如下代码：

```
#001  Sub CellsFormat()
#002      With Range("A1:D6")
#003          With .Font
#004              .Size = 12
#005              .Bold = True
#006          End With
#007          .Borders.LineStyle = xlContinuous
#008      End With
#009  End Sub
```

步骤④ 运行 CellsFormat 过程，将设置 A1:D6 单元格区域的格式为：12 磅粗体字，并添加单元格边框线，如图 47-9 所示。

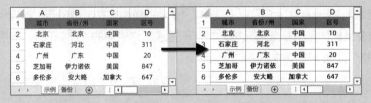

图 47-9　设置单元格格式

代码解析如下。

第 4 行代码设置字体大小为 12 磅。

第 5 行代码设置使用粗体字。

第 7 行代码添加单元格边框线。

47.3.3　添加批注

Comment 对象代表单元格的批注（在 Excel 365 中被称为"注释"），是 Comments 集合的成员。Comment 对象并没有 Add 方法，在代码中添加单元格批注需要使用 Range 对象的 AddComment 方法。如下代码在活动单元格添加批注，内容为"ExcelHome"。

```
Activecell.AddComment "ExcelHome"
```

47.3.4　如何表示一个区域

Range 属性除了可以返回单个单元格，也可以返回包含多个单元格的区域。Range 的语法格式如下：

```
Range(Cell1, Cell2)
```

参数 Cell1，可以是一个代表单个单元格或多个单元格区域的 Range 对象，也可以是相应的名称字符串。Cell2 为可选参数，其形式与参数 Cell1 相同。

如果引用以 A3 单元格和 C6 单元格为顶点的矩形单元格区域对象，可以使用如下几种方法：

```
Range("A3:C6")
Range([A3], [C6])
Range(Cells(3, 1), Cells(6, 3))
Range(Range("A3"), Range("C6"))
```

第一种引用方式 Range("A3:C6") 是最常用的方式，其中的冒号是区域运算符，其含义是以两个 A1 样式单元格为顶点的矩形单元格区域。由于单元格有多种不同的引用方法，所以产生了后 3 种不同的区域引用方法。

对于某个 Range 对象以其左上角单元格为基准，可以再次使用 Range 属性或 Cells 属性返回一个新的单元格或区域引用。常用的引用方式有如下几种：

```
Range(...).Cells(RowIndex,ColumnIndex)
Range(...)(RowIndex,ColumnIndex)
Range(...)(CellIndex)
Range(...).Range(...)
```

上述引用方式中的参数 RowIndex，ColumnIndex 和 CellIndex 可以是正整数，也可以是零值或负值。

假定单元格区域为 Range("C4:F7")，如图 47-10 中的横线填充区域所示，该区域的左上角单元格（C4 单元格）成为新坐标体系中基准单元格，相当于普通工作表中的 A1 单元格，下面 4 个代码引用的对象均为 D5 单元格，即图 47-10 中的活动单元格。

```
Range("C4:F7").Cells(2, 2)
Range("C4:F7")(2, 2)
Range("C4:F7").Range("B2")
Range("C4:F7")(6)
```

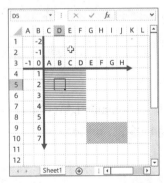

图 47-10　Range 属性的扩展应用

参数是负值代表该单元格位于基准单元格的左侧区域或上侧区域，如 Range("C4:F7")(-2,-1) 代表工作表中的 A1 单元格。

利用 Range 对象的 Range 属性引用单元格区域理解起来稍显复杂，但是其引用规则与工作表中引用是完全相同的。Range("C4:F7").Range("E6:H7") 代表新坐标体系中的 E6:H7 单元格区域，也就是图 47-10 中的斜线区域，此引用相当于工作表中 G9:J10 单元格区域。

47.3.5　如何定义名称

在工作表公式中经常通过定义名称来简化工作表公式，本节所指的名称是单元格区域的定义名称。

Workbook 对象的 Names 集合是由工作簿中的所有名称组成的集合。Add 方法用于定义新的名称，参数 RefersToR1C1 用于指定单元格区域，格式为 R1C1 引用方式。例如：

```
ActiveWorkbook.Names.Add _
        Name:="data", _
        RefersToR1C1:="=Sheet1!R3C1:R6C4"
```

除了 Add 方法之外，利用 Range 对象的 Name 属性也可以添加新的名称，其代码为：

```
Sheets("Sheet1").Range("A3:D6").Name = "data"
```

47.3.6　选中工作表的指定区域

在 VBA 代码中经常要引用某些特定区域，CurrentRegion 属性和 UsedRange 属性是两个最常用的属性。

CurrentRegion 属性返回的 Range 对象就是通常所说的当前区域。当前区域是一个包括活动单元格在内，并由空行和空列的组合为边界的最小矩形单元格区域。直观上讲，当前区域即活动单元格所在的矩形区域，该区域的每一行和每一列中至少包含有一个已使用的单元格，而区域是被空行和空列所包围。图 47-11 中的着色区域是几种当前区域的示例。选中着色区域内的任意单元格，即使该单元格没有内容，按 <Ctrl+Shift+8> 组合键，同样会选中相应的着色区域（当前区域）。

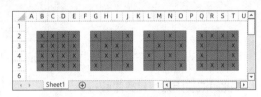

图 47-11　CurrentRegion 区域示例

UsedRange 属性返回的 Range 对象代表指定工作表上已使用区域，该区域是包含工作表中已经被使用单元格的最小矩形单元格区域。

> **注意** → 这里所指的"使用"与单元格是否有内容无关，即使只是改变了单元格的格式，那么这个单元格也被视作已使用，将被包括在 UsedRange 属性返回的 Range 对象中。

使用 Range 对象的 Select 方法或 Activate 方法可以显示相应区域的范围。

```
Activesheet.UsedRange.Select
Activesheet.UsedRange.Activate
```

47.3.7　特殊区域——行与列

行与列是操作工作表时经常要用到的 Range 对象。对于行与列的引用不仅可以使用 Rows 属性和 Columns 属性，而且可以使用 Range 属性。

例如，引用第 1 行至第 5 行单元格区域可以使用如下几种形式：

```
Rows("1:5")
Range("A1:XFD5")
Range("1:5")
```

列的引用方法与上述行的引用方式类似。例如，引用 A 列至 E 列的区域可以使用如下几种形式：

```
Colums("A:E")
Range("A1:E1048576")
Range("A:E")
```

注意 ⟶ 虽然使用 Range 属性同样可以引用行与列，且与 Rows、Columns 包含的单元格区域相同，包含的单元格数量也相同，但是使用 Range 属性引用行或列对象，无法使用某些行或列对象所特有的属性。

例如，对于 Hidden 属性，可以使用如下代码隐藏工作表中的第 1 行。

```
Rows(1).Hidden = True
```

如果改为如下代码使用 Range 属性引用第 1 行，就会产生如图 47-12 所示运行时错误。

```
Range("1:1").Hidden = True
```

图 47-12　使用 Range 属性替代 Rows 属性产生的运行时错误

此时应使用如下代码隐藏行：

```
Range("A1").EntireRow.Hidden = True
```

47.3.8　删除单元格

Range 对象的 Delete 方法将删除 Range 对象所代表的单元格区域。其语法格式为：

Delete(Shift)

其可选参数 Shift 指定删除单元格时替补单元格的移动方式，其值为表 47-2 中两个常量之一。

表 47-2　Shift 参数值的含义

常量	值	含义
xlShiftToLeft	−4159	替补单元格向左移动
xlShiftUp	−4162	替补单元格向上移动

下面的代码将删除 C3:F5 单元格区域，其下的替补单元格向上移动，也就是原来 C6:F8 单元格区域将向上移动到被删除的单元格区域。

```
Range("C3:F5").Delete Shift:=xlShiftUp
```

47.3.9　插入单元格

Range 对象的 Insert 方法在工作表中插入一个单元格或单元格区域，其他单元格将相应移动以腾出空间。下面代码在工作表的第 2 行插入单元格，原工作表的第 2 行及其下面的每一行单元格将下移一行。

```
Rows(2).Insert
```

47.3.10　单元格区域扩展与偏移

如果表格位置和大小是固定的，那么在代码中定位数据区域就很容易。但是在实际情况中，表格的左侧可能有空列，表格上方可能会有空行，在这种情况下，表格数据区域的定位就比较复杂。

　　组合利用 Range 对象的 Offset 属性和 Resize 属性可以处理工作表中的特定区域。Offset 属性返回一个 Range 对象，代表某个单元格区域向指定方向偏移后的新单元格区域。Resize 属性返回一个 Range 对象，用于调整指定区域的大小。

示例47-4　单元格区域扩展与偏移

　　示例文件中的数据如图 47-13 所示，现在需要将表格中数据区域（C3:F7 单元格区域）背景色设置为黄色。

步骤① 在 Excel 中打开示例工作簿文件，按 <Alt+F11> 组合键切换到 VBE 窗口。

步骤② 在【工程资源管理器】中插入"模块"，并修改其名称为"mdlResizeOffsetDemo"。

步骤③ 在【工程资源管理器】中双击模块 mdlResizeOffsetDemo，在【代码】窗口中输入如下代码：

```
#001  Sub ResizeOffset()
#002      Dim rngTable As Range
#003      Dim rngOffset As Range
#004      Dim rngResize As Range
#005      Set rngTable = ActiveSheet.UsedRange
#006      Set rngOffset = rngTable.Offset(1, 1)
#007      Set rngResize = rngOffset.Resize(rngTable.Rows.Count - 1, _
                               rngTable.Columns.Count - 1)
#008      rngResize.Interior.Color = vbGreen
#009  End Sub
```

步骤④ 运行 ResizeOffset 过程，工作表中数据区域背景色被设置为绿色，如图 47-13 所示。

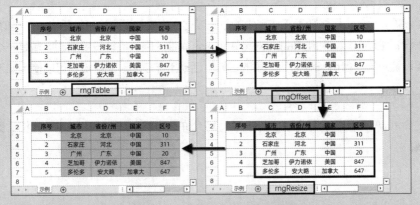

图 47-13　单元格区域扩展与偏移

　　代码解析如下。

　　第 3 行代码将工作表中已经使用区域 UsedRange 赋值给对象变量 rngTable，即 B2:F7 单元格区域。

　　第 4 行代码将 rngTable 区域向右移动一列，并且向下移动一行所形成的新区域，并赋值给对象变量 rngOffset，即 C3:G8 单元格区域。rngOffset 区域已经将 rngTable 区域的第一行和第一列剔除，由于整个区域的总行数和总列数与原单元格区域相同，因此新的区域包括了 rngTable 区域之外的空白单元格。

第 5 行代码利用 Resize 属性将 rngOffset 区域减少一行和一列，形成新区域 rngResize，即 C3:F7。第 6 行代码将 rngResize 区域填充色设置为绿色。

除了使用 Resize 扩展单元格区域，在 VBA 中还有以下两种特殊的扩展区域方法。

❖ EntireRow 属性返回一个 Range 对象，该对象代表包含指定区域的整行（或若干行）。

❖ EntireColumn 属性返回一个 Range 对象，该对象代表包含指定区域的整列（或若干列）。

例如：Range("B6:F16").EntireRow 返回的 Range 对象为第 6 行至第 16 行的单元格区域，相当于 Rows ("6:16")。

与之类似，Range("B6:F16").EntireColumn 返回的对象为 B 列至 F 列的单元格区域，相当于 Columns("B:F")。

47.3.11 合并区域与相交区域

Union 方法返回 Range 对象，代表两个或多个区域的合并区域，其参数为 Range 类型。

```
Application.Union(Range ("A3:D6"),Range ("C5:F8"))
```

Intersect 方法返回 Range 对象，代表两个或多个单元格区域重叠的矩形区域，其参数为 Range 类型，如果参数单元格区域没有重叠区域，那么结果为 Nothing。

```
Application.Intersect(Range ("A3:D6"), Range ("C5:F8"))
```

利用 Intersect 方法可以判断某个单元格区域是否完全包含在另一个单元格区域中。

47.3.12 设置滚动区域

在工作表中设置滚动区域之后，用户不能使用鼠标选中滚动区域之外的单元格。利用工作表的 ScrollArea 属性，可以返回或设置允许滚动的区域。例如，如下代码设置滚动区域为 A1:K50。

```
ActiveSheet.ScrollArea = "A1:K50"
```

在很多时候需要让滚动区域随着工作表中的数据变化，也就是说无法直接给出一个类似于 "A1:K50" 的字符串用于设置滚动区域，利用 Range 对象 Address 属性返回的地址设置滚动区域是一个不错的解决方法。假设要设置对象变量 rngScroll 所代表的区域为活动工作表的滚动区域，可以使用如下的代码：

```
ActiveSheet.ScrollArea = rngScroll.Address(0,0)
```

工作表的 ScrollArea 属性设置为空字符串（""）将允许选定整张工作表内任意单元格，即取消原来设置的滚动区域。

第 48 章　事件的应用

在 Excel VBA 中，事件是指对象可以识别的动作。用户可以指定 VBA 代码来对这些动作做出响应。Excel 可以响应多种不同类型的事件，Excel 中的工作表、工作簿、应用程序、图表工作表、透视表和控件等对象都可以响应事件，而且每个对象都有多种相关的事件，本章将主要介绍工作表和工作簿的常用事件。

> **本章学习要点**
>
> （1）工作表的常用事件。　　　　　　　　（3）禁止事件激活。
> （2）工作簿的常用事件。　　　　　　　　（4）非对象相关事件。

48.1　事件过程

事件过程作为一种特殊的 Sub 过程，在满足特定条件时被触发执行，如果事件过程包含参数，系统会为相关参数赋值。事件过程必须写入相应的模块中才能发挥其作用，如工作簿事件过程须写入ThisWorkbook 模块中，工作表事件过程则须写入相应的工作表模块中，且只有过程所在工作表的行为可以触发该事件。

事件过程作为一种特殊的 Sub 过程，在 VBA 中已经规定了每个事件过程的名称和参数。用户可以在【代码】窗口中手工输入事件过程的全部代码，但是更便捷的方法是在【代码】窗口中选择相应的对象和事件，VBE 将自动在【代码】窗口中添加事件过程的声明语句和结束语句。

在【代码】窗口上部左侧的【对象】下拉框中选中 Worksheet，在右侧的【事件】下拉框中选中Change，Excel 将自动在【代码】窗口中输入如图 48-1 所示的工作表 Change 事件过程代码框架。

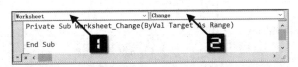

图 48-1　【代码】窗口中快速添加事件代码框架

事件过程的代码应写入在 Sub 和 End Sub 之间，在代码中可以使用事件过程参数，不同的事件过程，其参数也不尽相同。

48.2　工作表事件

Worksheet 对象是 Excel 中最常用的对象之一，因此在实际应用中经常会用到 Worksheet 对象事件，即工作表事件。工作表事件只发生在 Worksheet 对象中。

48.2.1　Change 事件

工作表中的单元格被用户或 VBA 代码修改时，将触发工作表的 Change 事件。值得注意的是，虽然事件的名称是 Change，但是并非工作表中单元格的任何变化都能够触发该事件。

下列工作表的变化不会触发工作表的 Change 事件。

❖ 工作表的公式重新计算产生新值。

❖ 在工作表中添加或删除一个对象（控件、形状等）。

❖ 改变单元格格式。

❖ 某些导致单元格变化的 Excel 操作：排序、替换等。

  某些 Excel 中的操作将导致工作表的 Change 事件被意外触发：

❖ 在空单元格中按 <Delete> 键。

❖ 单击选中已有内容的单元格，输入与原来内容相同的内容，然后按 <Enter> 键结束输入。

  Change 事件的参数 Target 是一个 Range 变量，代表工作表中发生变化的单元格区域，它可以是单个单元格也可以是多个单元格组成的区域。在实际应用中，用户通常希望只有工作表中的某些特定单元格区域发生变化时才激活 Change 事件，这就需要在 Change 事件中对于 Target 参数进行判断。

示例48-1　自动记录数据编辑的日期与时间

步骤① 在 Excel 中打开示例工作簿文件，按 <Alt+F11> 组合键切换到 VBE 窗口。

步骤② 在【工程资源管理器】中双击"示例"工作表，在右侧的【代码】窗口中输入如下代码，如图 48-2 所示。

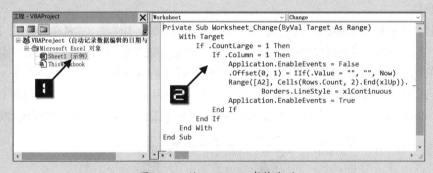

图 48-2　输入 Change 事件代码

```
#001   Private Sub Worksheet_Change(ByVal Target As Range)
#002       With Target
#003           If .CountLarge = 1 Then
#004               If .Column = 1 Then
#005                   Application.EnableEvents = False
#006                   .Offset(0, 1) = IIf(.Value = "", "", Now)
#007                   Range([A2], Cells(Rows.Count, 2).End(xlUp)). _
                              Borders.LineStyle = xlContinuous
#008                   Application.EnableEvents = True
#009               End If
#010           End If
#011       End With
#012   End Sub
```

步骤③ 返回Excel界面，在A9单元格中输入姓名"封丹"，并按【Enter】键。工作表的Change事件将自动在B列同行单元格中填入当前日期和时间，并添加单元格边框线，其结果如图48-3所示。

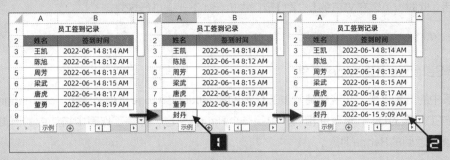

图 48-3　自动记录日期与时间

代码解析如下。

第3~4行代码判断发生变化的单元格区域（参数Target所代表的Range对象）是否位于第1列，并且是否是单个单元格。如果不满足这两个条件，将不执行后续的事件代码。

 提示

> VBA代码中通常使用Range对象的Count属性返回对象中单元格的数量，Count属性返回值为Long类型，如果指定的区域中单元格数量超过2,147,483,647个（1048576行 * 2048列 - 1），Count属性将产生溢出错误。CountLarge属性与Count属性功能相同，其返回值为Variant类型。因此可处理工作表中的最大区域，即17,179,869,184个单元格（1048576行 * 16384列）。建议在Change事件代码中使用CountLarge属性，以避免可能产生的运行时错误。

第5行代码使用EnableEvent属性禁止事件被激活，具体用法请参阅48.2.2节。

第6行代码用于写入当前日期和时间，如果被修改单元格的值为空，也就是用户删除了A列的姓名，那么代码将清除相应行B列单元格的内容。

第7行代码为数据区域添加单元格边框线，其中Cells(Rows.Count, 2).End(xlUp)为B列最后一个有数据的单元格，Rows.Count返回工作表中的总行数，即相当于最大行号。

第8行代码恢复EnableEvent属性的设置。

用户在工作表中的任意单元格输入时，工作表的Change事件都会被触发，但是第3~4行代码限制了只有在A列修改单个单元格才有效，用户修改其他列单元格时，并不会执行写入当前日期和时间的代码。

48.2.2　如何禁止事件的激活

示例48.1代码中使用了Application.EnableEvents = False防止事件被意外多次激活。Application对象的EnabledEvents属性可以设置是否允许对象的事件被激活。上述代码中如果没有禁止事件激活的代码，在写入当前日期的代码执行后，工作表的Change事件被再次激活，事件代码被再次执行。某些情况下，这种事件的意外激活会重复多次发生，甚至造成死循环，无法结束运行。因此在可能意外触发事件的时候，需要设置Application.EnableEvents = False禁止事件激活。

 注意

> 这个设置并不能阻止控件的事件被激活。

EnableEvents属性的值不会随着事件过程的执行结束而自动恢复为True，也就是说需要在代码运行结束之前进行恢复。如果代码被异常终止，而EnableEvents属性的值仍然为False，那么相关的事件都无法被激活。此时，可以在VBE的【立即】窗口中执行如下代码进行恢复。

```
Application.EnableEvents = True
```

48.2.3　SelectionChange事件

工作表中的选定区域发生变化将触发工作表的SelectionChange事件。SelectionChange事件的参数Target与工作表的Change事件相同，也是一个Range变量，代表工作表中被选中的区域，相当于Selection属性返回的Range对象。

示例48-2　高亮显示选定区域所在行和列

步骤① 在Excel中打开示例工作簿文件，按<Alt+F11>组合键切换到VBE窗口。

步骤② 在【工程资源管理器】中双击"示例"工作表，在右侧的【代码】窗口中输入如下代码:

```
#001   Private Sub Worksheet_SelectionChange(ByVal Target As Range)
#002       With Target
#003           .Parent.Cells.Interior.ColorIndex = xlNone
#004           .EntireRow.Interior.Color = vbGreen
#005           .EntireColumn.Interior.Color = vbGreen
#006       End With
#007   End Sub
```

步骤③ 返回Excel界面，在"示例"工作表中选中F7单元格，第7行和F列单元格区域将填充绿色高亮显示，如图48-4所示。

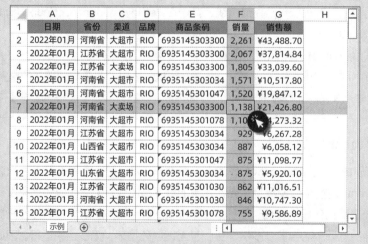

图 48-4　高亮显示选定区域所在行和列

48.3 工作簿事件

工作簿事件发生在Workbook对象中，除了工作簿的操作可以触发工作簿事件外，某些工作表的操作也可以触发工作簿事件。

48.3.1 Open事件

Open事件是Workbook对象的最常用事件之一，它发生于用户打开工作簿之时。

注意
━ ■ ■ →

> 在如下两种情况下，打开工作簿时不会触发Open事件。
>
> ❖ 在保持按下<Shift>键的同时打开工作簿。
>
> ❖ 打开工作簿文件时，选择了"禁用宏"。

Open事件经常被用来自动设置用户界面，比如让工作簿打开时始终按照某个特定风格呈现在用户面前。

示例48-3 自动设置Excel的界面风格

步骤① 在Excel中打开示例工作簿文件，按<Alt+F11>组合键切换到VBE窗口。

步骤② 在【工程资源管理器】中双击"ThisWorkbook"，在右侧的【代码】窗口中输入如下代码：

```
#001  Private Sub Workbook_Open()
#002      Sheets("Welcome").Activate
#003      With ActiveWindow
#004          .WindowState = xlMaximized
#005          .DisplayHeadings = False
#006          .DisplayGridlines = False
#007      End With
#008      Application.WindowState = xlMaximized
#009  End Sub
```

步骤③ 返回Excel界面，单击工作表标签激活Sheet2工作表。

步骤④ 按<Ctrl+S>组合键，保存工作簿的修改。

步骤⑤ 依次单击【文件】→【关闭】，关闭工作簿。

步骤⑥ 依次单击【文件】→【打开】，打开示例工作簿文件，并启用宏功能。

工作簿打开后，Welcome工作表成为活动工作表，而不是关闭工作簿时的Sheet2工作表，并且Excel窗口是最大化的，如图48-5所示。

代码解析如下。

第2行代码设置Welcome工作表为活动工作表。

第4行代码设置Excel中活动窗口最大化。

第5行代码隐藏行标题和列标题。

第6行代码隐藏工作表中的网格线。

第8行代码设置Excel应用程序窗口最大化。

图 48-5　打开工作簿的界面效果

48.3.2　BeforeClose 事件

工作簿被关闭之前 BeforeClose 事件将被激活。BeforeClose 事件经常和 Open 事件配合使用，如果在 Open 事件中修改了 Excel 某些设置和用户界面，可以在 BeforeClose 事件中恢复到默认状态。

48.3.3　通用工作表事件代码

如果希望所有的工作表都具有相同的工作表事件代码，有两种实现方法。

❖ 在每张工作表代码模块中写入相同的事件代码。

❖ 使用相应的工作簿事件代码。

毫无疑问，第二种方法是最简洁的实现方法。部分工作簿事件名称是以 "Sheet" 开头的，如 Workbook_SheetChange、Workbook_SheetPivotTableUpdate 和 Workbook_SheetSelectionChange 等。这些事件的一个共同特点是工作簿内的任意工作表的指定行为都可以触发该事件代码的执行。

示例48-4　高亮显示任意工作表中选定区域所在的行和列

与示例 48.2 相对应，如果希望在工作簿中的任意工作表都拥有这种高亮显示的效果，可以按照如下步骤进行操作：

步骤① 在 Excel 中新建一个工作簿文件，按 <Alt+F11> 组合键切换到 VBE 窗口。

步骤② 在【工程资源管理器】中双击"ThisWorkbook"，在右侧的【代码】窗口中输入如下代码：

```
#001    Private Sub Workbook_SheetSelectionChange(ByVal Sh As Object, _
                                           ByVal Target As Range)
#002        With Target
#003            .Parent.Cells.Interior.ColorIndex = xlNone
#004            .EntireRow.Interior.Color = vbGreen
#005            .EntireColumn.Interior.Color = vbGreen
#006        End With
#007    End Sub
```

与示例 48.2 相比，由于不必为每张工作表代码模块中写入相同的事件代码，因此这种实现方法更为简洁，并且当工作簿中新增工作表时，也无须为新建工作表添加 Change 事件代码就可以实现高亮显示的效果。

48章

48.4 事件的优先级

通过示例 48.2 和示例 48.4 的学习可以知道，工作簿对象的 SheetSelectionChange 事件和 Worksheet 对象的 SelectionChange 事件的触发条件是相同的。但是，Excel 应用程序在任何时刻都只能执行唯一的代码，即无法并行处理事件代码。如果同时使用此类触发条件相同的事件，就需要预先确切地知道事件的优先级，即相同条件下事件被激活的先后次序。这些优先级顺序并不需要大家刻意去记忆，可以利用代码轻松地获知事件的优先级。

扫描二维码，阅读本节更详细的内容。

48.5 非对象相关事件

Excel 提供了两种与对象没有任何关联的特殊事件，分别是 OnTime 和 OnKey，利用 Application 对象的相应方法可以设置这些特殊事件。

Ontime 事件用于指定一个过程在将来的特定时间运行，OnKey 事件可以设置按下某个键或组合键时运行指定的过程代码。

扫描二维码，阅读本节更详细的内容。

第 49 章　控件在工作表中的应用

控件是用户与Excel交互时用于输入数据或操作数据的对象，在工作表中使用控件可以为用户提供更加友好的操作界面。控件具有丰富的属性，并且可以被不同的事件所激活以执行相关代码。在Excel中有如下两种控件。

❖ 表单控件

表单控件又被称为"窗体控件"，可以用于普通工作表和MS Excel 5.0对话框工作表中。

❖ ActiveX控件

ActiveX控件有时也被称为"控件工具箱控件"，是用户窗体控件的子集，只能用于Excel 97或更高版本Excel中。

单击【开发工具】选项卡【插入】下拉按钮，将弹出包含两种控件的命令列表。鼠标悬停在某个控件上时，将显示该控件名称的悬浮提示框，如图49-1所示。

图 49-1　表单控件和ActiveX控件

这两组控件中，部分控件从外观上看几乎是相同的，其功能也非常相似，如表单控件和ActiveX控件中都有命令按钮、组合框和列表框等。与表单控件相比，ActiveX控件拥有更丰富的控件属性，并且支持多种事件。正是由于ActiveX控件具有这些优势，使得ActiveX控件在Excel中得到了比表单控件更为广泛的应用。

扫描二维码，阅读本章更详细的内容。

第50章　窗体在 Excel 中的应用

在VBA代码中使用InputBox和MsgBox，可以满足普通交互式应用的需要，但是这些对话框并非适合所有的应用场景，其明显的弱点在于缺乏足够的灵活性。例如，除了对话框窗口的显示位置和几种预先定义的按钮组合外，无法提供诸如单选、多选、列表和组合框等交互方式。用户窗体则可以实现用户定制的对话框。本章将介绍如何插入窗体、修改窗体属性、窗体事件的应用和在窗体中使用控件。

> **本章学习要点**
>
> （1）如何调用用户窗体。　　　　　　　　　　（3）在用户窗体中使用控件。
> （2）用户窗体的初始化事件。

50.1　创建自己的第一个用户窗体

在示例45.4中，利用了InputBox输入邮政编码，在实际工作中经常会输入多个相互关联的数据，这就需要多次调用InputBox逐项输入。使用用户窗体可以实现在一个窗体中输入全部信息，并且可以更加方便地定制用户输入界面。

50.1.1　插入用户窗体

示例50-1　工作簿中插入用户窗体

步骤① 在 Excel 中新建一个工作簿文件，按<Alt+F11>组合键切换到VBE窗口。

步骤② 依次单击VBE菜单【插入】→【用户窗体】，Excel将添加名称 UserForm1 的用户窗体。

步骤③ 按<F4>键显示属性窗口，修改用户窗体的Caption属性为"员工信息管理系统"，如图50-1 所示。

步骤④ 依次单击VBE菜单【插入】→【模块】，修改模块名称为 "UserFormDemo"。

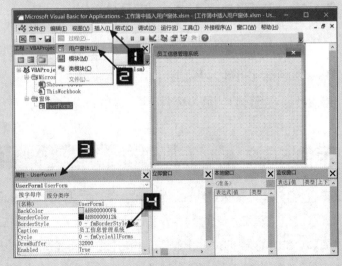

图 50-1　插入用户窗体

步骤⑤ 在【工程资源管理器】中双击UserFormDemo，在【代码】窗口中输入ShowFrm过程代码，如图 50-2 所示。

步骤⑥ 返回Excel界面，运行ShowFrm过程，将显示如图 50-3 所示的用户窗体。

步骤⑦ 单击用户窗体右上角的关闭按钮，将关闭用户窗体。

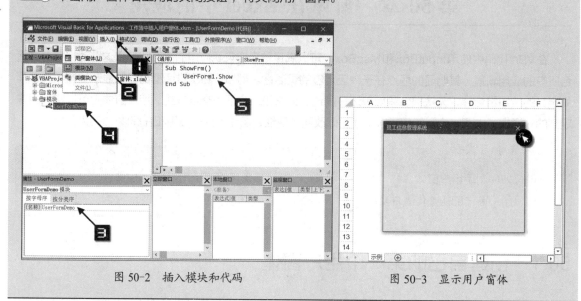

图 50-2　插入模块和代码　　　　　　　　　　　　图 50-3　显示用户窗体

50.1.2　关闭窗体

除了使用鼠标单击用户窗体右上角的关闭按钮之外，使用如下代码也可以关闭名称为 UserForm1 的用户窗体。代码执行时用户窗体对象将从内存中被删除，此后无法访问用户窗体对象和其中的控件。

```
Unload UserForm1
```

50.2　在用户窗体中使用控件

图 50-3 中显示的用户窗体只是一个空白窗体，其中没有任何控件，因此无法进行用户交互。本节将讲解如何在用户窗体中添加控件。

50.2.1　在窗体中插入控件

示例50-2　在用户窗体中插入控件

步骤① 打开示例 50.1 工作簿文件，另存为新的工作簿，按 <Alt+F11> 组合键切换到 VBE 窗口。

步骤② 在【工程资源管理器】中双击 UserForm1，右侧对象窗口中将显示用户窗体对象。

步骤③ 单击【标准】工具栏上的【工具箱】按钮，将显示如图 50-4 所示的【工具箱】窗口。

步骤④ 单击【工具箱】中的标签控件 A，此时光标变为十字型。

步骤⑤ 移动鼠标至用户窗体上方，保持左键按下拖动鼠标，然后释放鼠标左键，如图 50-5 所示，用户窗体中将添加一个名称为 Label1 的标签控件。

步骤⑥ 使用相同的方法在用户窗体中再添加两个标签控件 Label2 和 Label3。

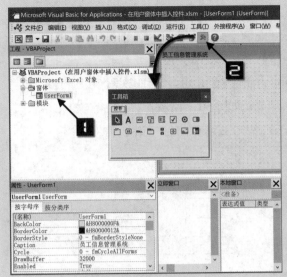

图 50-4　VBE 中的【工具箱】窗口

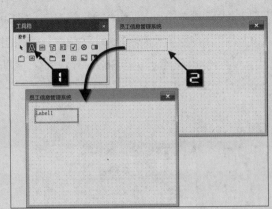

图 50-5　在用户窗体中添加标签控件

步骤⑦ 在用户窗体上空白区域右击，在弹出的快捷菜单中选择【全选】命令，用户窗体中全部控件都将处于选中状态。

步骤⑧ 在被选中的控件上右击，在弹出快捷菜单中依次单击【对齐】→【左对齐】，其效果如图50-6所示。

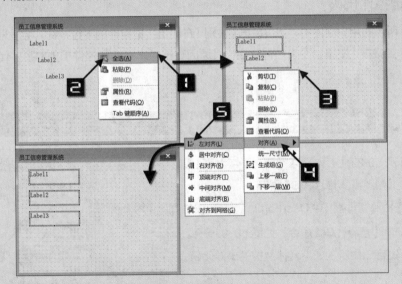

图 50-6　对齐多个控件

步骤⑨ 按<F4>键打开【属性】窗口，并按照表 50-1 所示逐个修改控件的相关属性。

表 50-1　标签控件属性值

控件名称	Caption 属性	AutoSize 属性
Label1	员工号	True
Label2	性别	True
Label3	部门	True

步骤⑩ 在用户窗体中插入文本框控件，并设置MaxLength属性值为4，即控件中最多输入4个字符。

步骤⑪ 在用户窗体中插入两个组合框控件，并设置Style属性值为"2 – fmStyleDropDownList"，即用户只能在下拉列表中选择条目，不能输入其他值。

步骤⑫ 在用户窗体中插入两个命令按钮控件，将Caption属性分别设置为"添加数据"和"退出"。

步骤⑬ 调整用户窗体及控件的大小和位置，最终的控件布局如图50-7所示。

步骤⑭ 返回Excel界面，运行ShowFrm过程，将显示如图50-8所示的用户窗体。

图 50-7　用户窗体中的控件布局

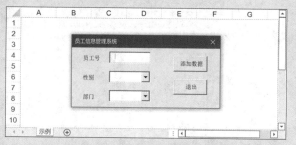

图 50-8　添加控件后的用户窗体

步骤⑮ 单击用户窗体右上角的关闭按钮，将关闭用户窗体。

50.2.2　指定控件代码

在图 50-8 所示的用户窗体中，如果单击【性别】右侧组合框控件的下拉按钮，会发现下拉列表是空白的，单击【添加数据】按钮也没有任何反应，其原因在于尚未添加各控件相关的事件代码。下面来为控件添加事件代码。

示例50-3　为窗体中控件添加事件代码

步骤① 打开示例 50.2 的工作簿文件，另存为新的工作簿，按 <Alt+F11> 组合键切换到VBE窗口。

步骤② 在【工程资源管理器】中UserForm1上右击，在弹出的快捷菜单中选择【查看代码】命令，如图 50-9 所示。

步骤③ 在【代码】窗口中输入如下窗体及控件事件代码。

图 50-9　查看用户窗体代码

```
#001   Private Sub UserForm_Initialize()
#002       With Me.ComboBox1
#003           .AddItem "男"
#004           .AddItem "女"
#005       End With
#006       With Me.ComboBox2
#007           .AddItem "计划部"
#008           .AddItem "建设部"
#009           .AddItem "网络部"
```

```
#010              .AddItem "财务部"
#011          End With
#012    End Sub
#013    Private Sub TextBox1_Change()
#014        Dim strChar As String
#015        Dim strMsg As String
#016        Dim strText As String
#017        Dim i As Integer
#018        strText = Me.TextBox1.Text
#019        strMsg = ""
#020        For i = 1 To Len(strText)
#021            strChar = Mid$(strText, i, 1)
#022            If Asc(strChar) >= Asc("0") And _
                        Asc(strChar) <= Asc("9") Then
#023                strMsg = strMsg & strChar
#024            End If
#025        Next i
#026        If strText <> strMsg Then Me.TextBox1.Text = strMsg
#027    End Sub
#028    Private Sub CommandButton1_Click()
#029        Dim lngRow As Long
#030        lngRow = Cells(Rows.Count, 1).End(xlUp).Row + 1
#031        Cells(lngRow, 1) = Me.TextBox1.Value
#032        Cells(lngRow, 2) = Me.ComboBox1.Value
#033        Cells(lngRow, 3) = Me.ComboBox2.Value
#034        Me.TextBox1.Value = ""
#035        Me.ComboBox1.Value = ""
#036        Me.ComboBox2.Value = ""
#037    End Sub
#038    Private Sub CommandButton2_Click()
#039        Unload UserForm1
#040    End Sub
```

步骤④ 返回 Excel 界面，运行 ShowFrm 过程。

步骤⑤ 在用户窗体的文本框中输入员工号"8008"，如果用户输入内容为非数字，那么该按键将被忽略，并且文本框中最多只能输入 4 个数字。

步骤⑥ 单击【性别】右侧组合框，在弹出的下拉列表中单击选择"男"。

步骤⑦ 单击【部门】右侧组合框，在弹出的下拉列表中单击选择"财务部"。

步骤⑧ 单击【添加数据】按钮，新输入的数据将添加到工作表中（第 9 行），同时用户窗体将被清空，用户可以开始输入下一组数据，如图 50-10 所示。

步骤⑨ 单击【退出】按钮，将关闭用户窗体。

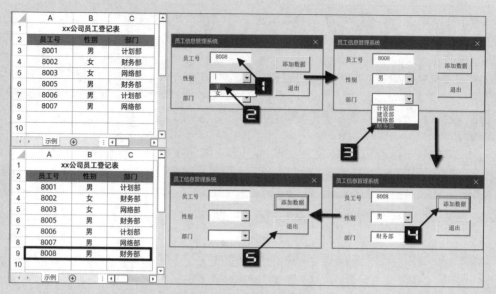

图 50-10　添加新员工数据

代码解析如下。

第 1~12 行代码是用户窗体的 Initialize 事件过程，即初始化事件过程。

第 2~5 行代码为 ComboxBox1 控件添加下拉列表条目。

第 6~11 行代码为 ComboxBox2 控件添加下拉列表条目。

第 13~27 行代码是文本框控件的 Change 事件过程，用于防止用户输入非数字字符。

第 18 行代码读取文本框控件中的全部输入（以下简称为：输入字符）。

第 20~25 行代码循环处理每个输入字符。

第 21 行代码提取第 i 个字符。

第 22 行代码判断第 i 个字符的 ASCII 值是否介于 "0" 和 "9" 之间，如果满足条件，第 23 行代码将该字符追加至字符串变量 strMsg 的末尾。

如果字符串变量 strMsg 的内容与输入字符不一致，那么第 26 行代码将使用变量 strMsg 更新文本框控件，实现剔除非数字字符。

第 28~37 行代码为 CommandButton1 的 Click 事件过程。

第 30 行代码用于定位活动工作表中 A 列最后一个非空单元格的行号，并将下一行作为新数据的保存位置。

第 31~33 行代码将用户输入的员工号、性别和部门保存在工作表中。

第 34~36 行代码清空文本框和组合框。

第 38~40 行代码为 CommandButton2 的 Click 事件过程。

第 39 行代码用于关闭用户窗体。

50.3　窗体的常用事件

用户窗体作为一个控件的容器，本身也是一个对象，因此用户窗体同样支持多种事件。本节将介绍窗体的几个常用事件。

50.3.1　Initialize 事件

使用用户窗体对象的 Show 方法显示用户窗体时将触发 Initialize 事件，也就是说 Initialize 事件代码运行之后才会显示用户窗体，因此对于用户窗体或窗体中控件的初始化工作可以在 Initialize 事件代码中完成。例如，示例 50.3 中，用户窗体的 Initialize 事件代码添加组合框控件的下拉列表条目。

50.3.2　QueryClose 事件和 Terminate 事件

QueryClose 事件和 Terminate 事件都是和关闭窗体相关的事件，关闭窗体时首先激活 QueryClose 事件，系统将窗体从屏幕上删除后，在内存中卸载窗体之前将激活 Terminate 事件，也就是说在 Terminate 事件代码中仍然可以访问用户窗体及窗体上的控件。

示例50-4　用户窗体的QueryClose事件和Terminate事件

步骤① 在 Excel 中新建一个工作簿文件，按 <Alt+F11> 组合键切换到 VBE 窗口。

步骤② 依次单击 VBE 菜单中【插入】→【用户窗体】，Excel 将添加名称为 UserForm1 的用户窗体。

步骤③ 在用户窗体中添加一个文本框控件和一个命令按钮控件，并修改命令按钮控件的 Caption 属性为"退出"。

步骤④ 双击窗体，在【代码】窗口中输入如下事件代码：

```
#001   Private Sub CommandButton1_Click()
#002       Unload UserForm1
#003   End Sub
#004   Private Sub UserForm_QueryClose(Cancel As Integer, _
                                    CloseMode As Integer)
#005       Dim strMsg As String
#006       If CloseMode = 1 Then
#007           strMsg = "窗体显示状态" & vbTab & "文本框内容" & vbNewLine
#008           strMsg = strMsg & Me.Visible & vbTab & vbTab _
                  & TextBox1.Value
#009           MsgBox strMsg, vbInformation, "QueryClose事件"
#010       Else
#011           Cancel = True
#012       End If
#013   End Sub
#014   Private Sub UserForm_Terminate()
#015       Dim strMsg As String
#016       strMsg = "用户窗体显示状态" & vbTab & "文本框内容" & vbNewLine
#017       strMsg = strMsg & Me.Visible & vbTab & vbTab _
                  & TextBox1.Value
#018       MsgBox strMsg, vbInformation, "Terminate事件"
#019   End Sub
```

步骤⑤ 依次单击 VBE 菜单中【插入】→【模块】，在模块中输入如下代码：

```
#020  Sub CloseEventDemo()
#021      UserForm1.Show
#022  End Sub
```

步骤⑥ 返回 Excel 界面，运行 CloseEventDemo 过程，在用户窗体的文本框控件中输入"ExcelHome"。

步骤⑦ 单击用户窗体中的【退出】按钮关闭用户窗体，在弹出的 QueryClose 事件提示消息对话框可以看到用户窗体的 Visible 属性值为 True。

> **注意**
> ■■■■→ 在本示例中单击用户窗体右上角的关闭按钮，并不能关闭用户窗体。

步骤⑧ 单击【确定】按钮，将弹出 Terminate 事件的提示消息对话框，此时用户计算机屏幕上已经不再显示用户窗体。因此用户窗体的 Visible 属性值为 False，但是代码仍然可以读取用户窗体中文本框控件的值。

步骤⑨ 单击【确定】按钮，将关闭对话框，如图 50-11 所示。

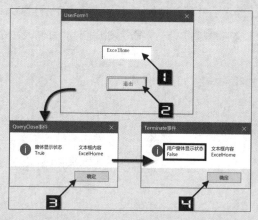

图 50-11　QueryClose 事件和 Terminate 事件

代码解析如下。

第 1~3 行代码为命令按钮控件的 Click 事件过程，用于关闭用户窗体。

第 4~13 行代码为用户窗体的 QueryClose 事件过程，该过程的参数 CloseMode 返回值代表触发 QueryClose 事件的原因。在代码中使用 Unload 语句关闭用户窗体时，参数 CloseMode 值为 1。

第 6~12 行代码用来实现屏蔽用户窗体右上角关闭按钮。如果参数 CloseMode 值为 1，说明用户通过单击【退出】按钮关闭用户窗体，接下来将执行第 7~9 行代码显示【QueryClose 事件】提示对话框。

如果用户试图使用其他方法关闭用户窗体，则第 11 行代码将 Cancel 参数设置为 True，停止关闭过程。

第 14~19 行代码为用户窗体的 Terminate 事件过程。

第 16~18 行代码显示【Terminate 事件】提示对话框。

第 21 行代码用于显示用户窗体。

第 51 章　自动化办公实例

Excel VBA可以方便地调用Excel本身的功能完成各种数据处理与分析，也可以操作Excel对象完成更多的任务。例如，将总表数据拆分为多张工作表、批量新建或删除Excel工作簿、引用Outlook组件批量发送邮件等。本章将用多个案例介绍如何用Excel VBA在实际工作中完成自动化处理，提高效率。

本章学习要点

（1）批量处理多张表格中的数据。
（2）批量发送邮件。
（3）抓取网站数据。

51.1　使用VBA操作Excel工作表

数据合并与拆分是日常工作中常见的需求，如将多张工作表的数据合并成一张总表、将一张总表的数据按某列分类后拆分为多张表等。通过Excel VBA操纵工作表对象，可以较为方便地实现这类需求。

51.1.1　合并多张工作表的数据

示例51-1　合并同一个工作簿内所有工作表的数据

图 51-1 展示了某公司 1~6 月的费用发生额明细账，保存在同一个工作簿的 6 张工作表中，每张工作表的数据布局结构相同但数据量不同，现在需要在名称为“汇总”的工作表中将所有分表的数据合并成一张总表。

月	日	凭证号数	科目编码	科目名称	金额
01	30	记-0631	4105130210	其他	6,000.00
01	30	记-0631	4105130205	劳保用品	200.00
01	30	记-0631	410513020401	出租车费	300.00
01	30	记-0631	410513020303	邮寄费	65.00
01	30	记-0631	410513020202	办公用品	400.00
01	30	记-0631	410513020101	差旅费	2,500.00
01	15	记-0317	410513020101	差旅费	486.00
01	30	记-0630	410513010402	交通工具消耗	0.00
01	30	记-0630	410513010401	出租车费	0.00
01	05	记-0047	410513010401	出租车费	495.10
01	30	记-0630	410513010303	邮寄费	0.00
01	30	记-0630	410513010301	手机电话费	0.00
01	05	记-0047	410513010301	手机电话费	300.00
01	30	记-0630	410513010202	办公用品	0.00
01	30	记-0630	410513010101	差旅费	0.00
01	25	记-0480	410513010101	差旅费	4,000.00

汇总　1月　2月　3月　4月　5月　6月

图 51-1　结构相同的多张工作表

示例代码如下：

```
Sub TableCombine()
    Dim sht As Worksheet
    Dim avntData
    Dim k As Long
    Dim lngLastRow As Long
    Const SHT_NAME As String = "汇总"
    Application.ScreenUpdating = False
    Worksheets(SHT_NAME).Select
    Cells.Clear
    For Each sht In Worksheets
        If sht.Name <> SHT_NAME Then
            k = k + 1
            If k = 1 Then
                sht.UsedRange.Copy Range("a1")
            Else
```

```
#016                    lngLastRow = Cells(Rows.Count, 1).End(xlUp).Row + 1
#017                    sht.UsedRange.Offset(1).Copy Cells(lngLastRow, 1)
#018                End If
#019            End If
#020         Next
#021         Application.ScreenUpdating = True
#022         If k > 0 Then MsgBox "一共汇总了：" & k & "张工作表"
#023     End Sub
```

代码解析如下。

第 2~5 行代码声明所需的变量。

第 6 行代码声明一个名为 SHT_NAME 的常量，其值是存放合并后数据到工作表名称，本例为"汇总"。

第 7 行代码禁用屏幕刷新，以提高代码执行速度。

第 8 行和第 9 行代码激活名称为变量 SHT_NAME 的工作表，并清除所有单元格区域。

第 10~20 行代码使用 For 循环结构遍历当前工作簿所有工作表。

第 11 行代码判断工作表 sht 的名字是否不等于变量 SHT_NAME，如果条件成立，则第 12 行代码累加工作表个数，并赋值给变量 k。

第 13 行代码判断变量 k 的值是否为 1，如果条件成立，表示 sht 为首张工作表，将该表的数据区域完整复制到汇总表，如果条件不成立，使用第 16 行代码计算汇总工作表最后一行数据所在行的下一行的行号，并使用第 17 行代码将工作表 sht 的数据区域（不包含标题行）复制到汇总表的相应位置。

第 21 行代码恢复屏幕刷新。

第 22 行代码使用 MsgBox 函数弹窗显示汇总工作表的数量。

51.1.2 将总表数据按指定字段拆分为多张分表

示例51-2 将总表数据按指定字段拆分为多张分表

图 51-2 展示了某公司员工信息表的部分内容，需要按第 3 列的"部门"字段，拆分为多张工作表，使每个部门的员工信息成为独立工作表。

示例代码如下：

```
#001   Sub TableSplit()
#002       Dim sht As Worksheet
#003       Dim objDict As Object
#004       Dim avntData
#005       Dim avntRes
#006       Dim i As Long
#007       Dim j As Long
#008       Dim k As Long
#009       Dim lngRowsCnt As Long
#010       Dim intColCnt As Integer
```

	A	B	C	D	E
1	员工号	姓名	部门	年龄	职位
2	EHS-01	刘一山	行政部	37	业务3
3	EHS-02	李建国	财务部	42	业务1
4	EHS-03	吕国庆	结算部	32	业务1
5	EHS-04	孙玉详	单证部	36	主管2
6	EHS-05	王建	财务部	27	业务1
7	EHS-06	孙玉详	结算部	41	主管2
8	EHS-07	刘情	行政部	29	业务3
9	EHS-08	朱萍	船务部	30	主管1
10	EHS-09	朱小倩	行政部	29	业务2
11	EHS-10	刘烨	行政部	26	业务3
12	EHS-11	孙敏	行政部	41	主管2
13	EHS-12	陆艳菲	财务部	26	业务3
14	EHS-13	杨庆东	船务部	32	业务2

图 51-2　员工信息表

```
#011        Dim strKey As String
#012        Dim vntShtName As Variant
#013        Const SHT_NAME As String = "员工信息表"
#014        Const FIELD_NUM As Integer = 3
#015        With Application
#016            .DisplayAlerts = False
#017            .ScreenUpdating = False
#018        End With
#019        Set objDict = CreateObject("scripting.dictionary")
#020        avntData = Worksheets(SHT_NAME).Range("a1").CurrentRegion
#021        intColCnt = UBound(avntData, 2)
#022        For i = 2 To UBound(avntData)
#023            strKey = avntData(i, FIELD_NUM)
#024            objDict(strKey) = objDict(strKey) + 1
#025        Next i
#026        For Each vntShtName In objDict.keys()
#027            lngRowsCnt = objDict(vntShtName)
#028            k = 0
#029            ReDim avntRes(1 To lngRowsCnt, 1 To intColCnt)
#030            For i = 2 To UBound(avntData)
#031                If avntData(i, FIELD_NUM) = vntShtName Then
#032                    k = k + 1
#033                    For j = 1 To intColCnt
#034                        avntRes(k, j) = avntData(i, j)
#035                    Next
#036                End If
#037            Next
#038            For Each sht In Worksheets
#039                If sht.Name = vntShtName Then
#040                    sht.Delete
#041                    Exit For
#042                End If
#043            Next sht
#044            Worksheets.Add after:=Worksheets(Sheets.Count)
#045            ActiveSheet.Name = vntShtName
#046            Range("a1").Resize(1, intColCnt) = avntData
#047            Range("a2").Resize(k, intColCnt) = avntRes
#048            ActiveSheet.UsedRange.Borders.LineStyle = xlContinuous
#049        Next vntShtName
#050        Worksheets(SHT_NAME).Select
#051        Set objDict = Nothing
#052        With Application
#053            .DisplayAlerts = True
#054            .ScreenUpdating = True
```

```
#055        End With
                    .
#056   End Sub
```

代码解析如下。

第 2~12 行代码声明所需变量。

第 13 行代码声明一个常量 SHT_NAME，值是总表的表名"员工信息表"。

第 14 行代码声明一个常量 FIELD_NUM，值是拆分依据字段的序列号，此处为"部门"字段所在的第 3 列。

第 15~18 行代码禁用屏幕刷新和禁止警告信息弹窗。

第 19 行代码使用后期绑定的方式创建字典对象，加载到变量 objDict。

第 20 行代码将总表的数据加载到数组 avntData。

第 21 行代码统计总表的列数，并赋值变量 intColCnt。

第 22~25 行代码使用 For 循环结构遍历数组 avntData，并使用字典记录不同部门的名称和对应的人数。

第 26~49 行代码使用 For 循环结构遍历字典的 Keys，即不同部门的名单。

第 27 行代码获取遍历中的当前部门的名称在字典中对应的条目，即当前部门的人数。

第 29 行代码使用 ReDim 语句调整数组 avntRes 的大小。

第 30~37 行代码使用 For 循环结构遍历数组 avntData。当"部门"字段的内容与当前部门的名称相同时，把相关记录写入数组 avntRes。

第 38~43 行代码使用 For 循环结构遍历当前工作簿所有工作表，并删除名称和当前部门名称相同的工作表。

第 44 行和第 45 行代码新建工作表，并重命名为当前部门的名称。

第 46 行代码将标题写入第一行区域。

第 47 行代码将数组 avntRes 写入单元格区域。

第 52~55 行代码恢复屏幕刷新与警告信息弹窗。

代码运行后，返回的局部结果如图 51-3 所示。

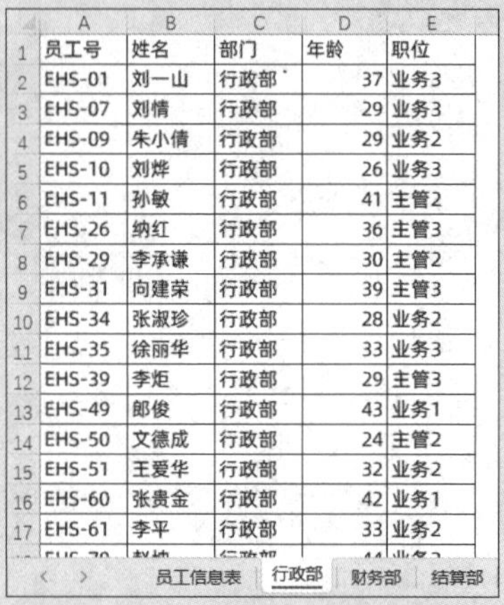

	A	B	C	D	E
1	员工号	姓名	部门	年龄	职位
2	EHS-01	刘一山	行政部	37	业务3
3	EHS-07	刘情	行政部	29	业务3
4	EHS-09	朱小倩	行政部	29	业务2
5	EHS-10	刘烨	行政部	26	业务3
6	EHS-11	孙敏	行政部	41	主管2
7	EHS-26	纳红	行政部	36	主管3
8	EHS-29	李承谦	行政部	30	主管2
9	EHS-31	向建荣	行政部	39	主管3
10	EHS-34	张源珍	行政部	28	业务3
11	EHS-35	徐丽华	行政部	33	业务3
12	EHS-39	李炬	行政部	29	主管3
13	EHS-49	郎俊	行政部	43	业务1
14	EHS-50	文德成	行政部	24	主管2
15	EHS-51	王爱华	行政部	32	业务2
16	EHS-60	张贵金	行政部	42	业务1
17	EHS-61	李平	行政部	33	业务2

员工信息表 | 行政部 | 财务部 | 结算部

图 51-3 拆分后的多张工作表

51.1.3 多工作表数据查询

示例51-3 在多张工作表中查询符合条件的数据

图 51-4 展示了某公司各个部门员工明细表，保存在同一个工作簿多张工作表中，每张工作表的数据布局结构相同但数据量不同，需要在名称为"汇总表"的工作表查询年龄小于 35 岁、职位为主管级的数据。

图 51-4　多张工作表的员工数据

示例代码如下：

```
#001   Sub LookupShtsData()
#002       Dim sht As Worksheet
#003       Dim avntData
#004       Dim avntRes
#005       Dim k As Long
#006       Dim i As Long
#007       Dim j As Long
#008       ReDim avntRes(1 To 5000, 1 To 5)
#009       Worksheets("汇总表").Select
#010       For Each sht In Worksheets
#011           If sht.Name <> ActiveSheet.Name Then
#012               avntData = sht.Range("a1").CurrentRegion
#013               For i = 1 To UBound(avntData)
#014                   If avntData(i, 4) < 35 Then
#015                       If Left(avntData(i, 5), 2) = "主管" Then
#016                           k = k + 1
#017                           For j = 1 To UBound(avntData, 2)
#018                               avntRes(k, j) = avntData(i, j)
#019                           Next j
#020                       End If
#021                   End If
#022               Next i
#023           End If
#024       Next sht
#025       Cells.ClearContents
#026       Range("a1:e1") = Array("员工号", "姓名", "部门", "年龄", "职位")
#027       Range("a2").Resize(k, UBound(avntRes, 2)) = avntRes
#028   End Sub
```

代码解析如下。

第 2~7 行代码声明所需变量。

	A	B	C	D	E
1	员工号	姓名	部门	年龄	职位
2	EHS-29	李承谦	行政部	30	主管2
3	EHS-39	李炬	行政部	29	主管3
4	EHS-50	文德成	行政部	24	主管2
5	EHS-76	梁建邦	行政部	29	主管2
6	EHS-24	杨红	财务部	33	主管2
7	EHS-33	胡孟祥	财务部	24	主管2
8	EHS-53	王竹蓉	结算部	25	主管1
9	EHS-19	赵会芳	单证部	33	主管2
10	EHS-72	周志红	单证部	33	主管1
11	EHS-08	朱萍	船务部	30	主管1
12	EHS-18	毕淑华	船务部	27	主管1
13	EHS-25	徐翠芬	船务部	29	主管3
14	EHS-47	郭倩	船务部	32	主管3
15	EHS-58	祝生	船务部	32	主管3
16	EHS-59	杨艳梅	船务部	27	主管2
17	EHS-67	杨开文	船务部	27	主管3
18	EHS-69	李红	船务部	31	主管3
19	EHS-28	施文庆	IT部	24	主管3
20	EHS-30	杨启	IT部	29	主管2
21	EHS-66	杨正祥	IT部	30	主管3
22	EHS-78	陈玉良	IT部	25	主管3

图 51-5　查询结果

第 8 行代码使用 ReDim 语句调整数组 avntRes 的大小。

第 9 行代码激活名为"汇总表"的工作表。

第 10~24 行代码使用 For 循环结构遍历当前工作簿的所有工作表。

第 11 行代码判断遍历中的工作表的名称是否不等于"汇总表"。

第 12 行代码将工作表的数据写入数组 avntData。

第 13~22 行代码使用 For 循环结构遍历数组 avntData。第 14 行和第 15 行代码判断员工的年龄是否小于 35 岁同时职位中包含关键字"主管"。如果条件成立，第 16 行代码累计条数，第 17~19 行代码使用 For 循环结构将记录逐列写入数组 avntRes。

第 25 行代码清除活动工作表所有单元格的内容。

第 26 行代码在 A1:E1 单元格区域写入标题。

第 27 行代码将数组 avntRes 写入单元格区域

代码执行完成后，结果如图 51-5 所示。

51.2　使用 VBA 操作 Excel 工作簿

51.2.1　按指定名称和模板批量新建工作簿

如图 51-6 所示，在当前工作簿存在一张名为"费用发生明细表"的工作表，需要以此为模板，创建 12 个月份的工作簿。

图 51-6　需要创建工作簿的名单

示例代码如下：

```
#001    Sub CreateBooks()
#002        Dim strName As String
#003        Dim strPath As String
#004        Dim sht As Worksheet
#005        Dim i As Integer
#006        Application.ScreenUpdating = False
#007        strPath = ThisWorkbook.Path
#008        If Right(strPath, 1) <> "\" Then strPath = strPath & "\"
#009        Set sht = Worksheets("费用发生明细表")
#010        For i = 1 To 12
#011            strName = i & "月"
#012            sht.Copy
#013            ActiveWorkbook.SaveAs strPath & strName
#014            ActiveWorkbook.Close , True
#015        Next
```

```
#016        Application.ScreenUpdating = True
#017        MsgBox " 创建完成 "
#018  End Sub
```

代码解析如下。

第 2~5 行代码声明所需变量。

第 6 行代码禁用屏幕刷新，以提高代码执行速度。

第 7 行和第 8 行代码指定新建工作簿的保存路径，为代码所在工作簿的同文件夹内。

第 9 行代码指定模板工作表的名称，本例为"费用发生明细表"。

第 10~15 行代码使用 For 循环结构，按 1~12 月的序列创建工作簿。

第 11 行代码指定工作簿的名称。

第 12 行代码复制模板工作表，使其成为当前活动工作簿。

第 13 行代码将当前活动工作簿保存到指定路径下。

第 14 行代码关闭当前工作簿。

第 16 行代码恢复屏幕刷新。

代码执行完成后，结果如图 51-7 所示。

图 51-7　创建 1 月~12 月的工作簿

51.2.2　制作定时自我删除的工作簿

使用以下代码可以在 2023 年 5 月 1 日当天将代码所在工作簿自动删除。

```
#001  Private Sub Workbook_Open()
#002      Dim dte As Date
#003      dte = DateSerial(2023, 5, 1)
#004      If Date >= dte Then
#005          On Error Resume Next
#006          Application.DisplayAlerts = False
#007          With ThisWorkbook
#008              .Saved = True
#009              .ChangeFileAccess xlReadOnly
#010              Kill .FullName
#011              .Close
#012          End With
#013          Application.DisplayAlerts = True
#014      End If
#015  End Sub
```

代码解析如下。

代码使用了工作簿打开事件，Workbook_Open 事件在工作簿打开后触发。

第 2 行代码声明一个日期变量 dte。

第 3 行代码指定工作簿自我删除的时间是 2023 年 5 月 1 日。

第 4 行代码判断当前日期是否大于等于变量 dte。

第 5 行代码忽略程序运行发生的错误，继续运行发生错误之后的代码。

第6行代码禁止警告信息弹窗。

第8行代码将工作簿对象的Saved属性设置为True。

第9行代码使用ChangeFileAccess方法将工作簿的访问权限设置为只读。

第10行代码使用kill语句删除磁盘上的工作簿文件，其中FullName返回工作簿包含磁盘路径字符串的完整路径。

第11行代码关闭工作簿文件。

第13行代码恢复警告信息弹窗。

51.3　使用MailEnvelope批量发送邮件

Outlook是微软Office组件之一，能够帮助用户集成和管理多个电子邮件账户中的电子邮件、联系人和个人日历等。借助Excel工作表对象的MailEnvelope属性，可以访问Outlook并实现自动发送邮件的功能。

示例51-4　使用Outlook批量发送工资条

图51-8展示了某公司9月份工资表的部分内容，其中A列是模拟的员工邮箱地址。现需通过Outlook将相关工资数据以工资条的形式发送给每位员工。

	A	B	C	D	E	F	G	H	I
1	邮箱	姓名	月份	基本工资	岗位工资	津(补)贴	绩效工资	职称补贴	实发工资
2	text2967@163.com	王尚晨	9	1380	600	1100	1400	300	4780
3	text2017@163.com	蒋木云	9	1380	600	1100	1400	300	4780
4	text2917@164.com	马兰花	9	1380	600	1100	1400	600	5080
5	text17@164.com	李佳	9	1380	600	1100	1400	300	4780
6	text697@165.com	宋晨东	9	1380	600	1100	1400	300	4780
7	text2917@165.com	廖梦雪	9	1600	800	1500	1600	300	5800
8	text1067@166.com	西门桥	9	1650	800	1500	1600	300	5850

图 51-8　工资表

在示例工作簿中新建一张工作表，并按工资表的数据设置所需表头，美化单元格格式。如图51-9所示。

	A	B	C	D	E	F	G	H	I
1	邮箱	姓名	月份	基本工资	岗位工资	津(补)贴	绩效工资	职称补贴	实发工资
2									

图 51-9　设定表头和格式

激活新建工作表，运行如下代码即可实现批量发送工资条及相关通知。

```
#001    Sub SendMailEnvelope()
#002        Dim avntWage As Variant
#003        Dim i As Long
#004        Dim strText As String
#005        Dim objAth As Object
#006        Dim strAthPath As String
#007        With Application
#008            .ScreenUpdating = False
```

```
#009                .EnableEvents = False
#010        End With
#011        strAthPath = ThisWorkbook.Path & "\关于企业调整职工工资的通
                                              知.docx"
#012        avntWage = Sheets("工资表").Range("a1").CurrentRegion
#013        For i = 2 To UBound(avntWage)
#014            Range("a2:i2") = Application.Index(avntWage, i)
#015            Range("b1:i2").Select
#016            ActiveWorkbook.EnvelopeVisible = True
#017            With ActiveSheet.MailEnvelope
#018                strText = avntWage(i, 2) & "您好:" & vbCrLf & _
                        "以下是您" & avntWage(i, 3) & "月份工资明细,请查收!"
#019                .Introduction = strText
#020                With .Item
#021                    .To = avntWage(i, 1)
#022                    .CC = "test123@163.com;test124@163.com;test125@163.com"
#023                    .Subject = avntWage(i, 3) & "月份工资明细"
#024                    Set objAth = .Attachments
#025                    Do While objAth.Count > 0
#026                        objAth.remove 1
#027                    Loop
#028                     .Attachments.Add strAthPath
#029                     .send
#030                End With
#031            End With
#032        Next i
#033        ActiveWorkbook.EnvelopeVisible = False
#034        With Application
#035            .ScreenUpdating = True
#036            .EnableEvents = True
#037        End With
#038        Set objAth = Nothing
#039  End Sub
```

代码解析如下。

第 2~6 行代码声明所需变量。

第 7~10 行代码禁用屏幕刷新与事件。

第 11 行代码将通知文件的完整路径赋值变量 strAthPath。

都 12 行代码将工作表的数据加载到数组 avntWage。

第 13~33 行代码使用 For 循环结构遍历数组。

第 14 行代码将当前遍历中的员工工资记录写入单元格区域。

第 15 行代码选中 B1:I2 单元格区域,作为邮件的附加表格文本内容。

第 17 行代码引用 Worksheet 的 MailEnvelope 属性。

第 18 行和第 19 行代码设置了邮件的正文内容。

第 21~23 行代码分别设置了邮件的收件人、抄送人及主题。

第 25~27 行代码删除新邮件中可能存在的旧附件，并添加了 strAthPath 变量所指定路径的附件。本例中附件是示例文件工作簿同一文件夹下名称为《关于企业调整职工工资的通知.docx》的文件。

第 29 行代码使用 send 方法发送邮件。

第 34~37 行代码恢复屏幕刷新与事件。

运行代码后，Outlook 软件发送邮件的部分内容如图 51-10 所示。

图 51-10　SendMailEnvelope 过程创建的邮件内容

51.4　抓取百度网站前 3 页查询结果

百度是日常工作和学习中最常使用的搜索引擎之一，借助 VBA 可以更方便地采集百度的搜索结果。

示例51-5　抓取百度网站前3页查询结果

在百度网页中搜索关键字"excelhome"，并将前 3 页查询结果的数据写入当前 Excel 工作表，示例代码如下：

```
#001    Sub WebQueryBaiduPN()
#002        Dim strURL As String
#003        Dim objXMLHTTP As Object
#004        Dim objDOM As Object
#005        Dim objTitle As Object
#006        Dim intPageNum As Integer
#007        Dim k As Integer
#008        Set objXMLHTTP = CreateObject("MSXML2.XMLHTTP")
#009        Set objDOM = CreateObject("htmlfile")
#010        Cells.ClearContents
#011        Range("a1:c1") = Array("序号", "标题", "链接")
#012        k = 1
#013        For intPageNum = 0 To 30 Step 10
#014            strURL = "https://www.baidu.com/s?"
#015            strURL = strURL & "wd=excelhome"
#016            strURL = strURL & "&pn=" & intPageNum
#017            With objXMLHTTP
#018                .Open "GET", strURL, False
#019                .setRequestHeader "If-Modified-Since", "0"
```

```
#020              .send
#021              objDOM.body.innerHTML = .responseText
#022          End With
#023          For Each objTitle In objDOM.getElementsByTagName("h3")
#024              k = k + 1
#025              Cells(k, 1) = k - 1
#026              With objTitle.getElementsByTagName("a")(0)
#027                  Cells(k, 2) = .innerText
#028                  Cells(k, 3) = .href
#029              End With
#030          Next objTitle
#031      Next intPageNum
#032      Set objXMLHTTP = Nothing
#033      Set objDOM = Nothing
#034      Set objTitle = Nothing
#035  End Sub
```

代码解析如下。

第 2~7 行代码声明所需变量。

第 8 行代码采用后期绑定的方式，创建 MSXML2.XMLHTTP 对象，并加载到变量 objXMLHTTP。

第 9 行代码采用后期绑定的方式，创建 htmlfile 对象，并加载到变量 objDOM。

第 10 行和第 11 行代码清空单元格内容，并在 A1:C1 单元格区域写入标题内容。

第 13~31 行代码使用 For 循环结构逐页读取百度搜索数据。

第 15 行代码指定百度查询的关键字为 "excelhome"。

第 16 行代码指定获取百度查询结果的页数。该参数以 10 为循环间隔递增，每递增 10 则网页翻新一页。

第 17 行到第 22 行代码使用 MSXML2.XMLHTTP 对象发送请求数据，并将获取的响应信息写入 HTML DOM 对象的 Body 标签。

第 19 行代码指定请求头部字段 If-Modified-Since。由于 MSXML2.XMLHTTP 对象会优先从 Excel 或 IE 缓存中读取数据，因此当互联网浏览器数据刷新而缓存未被删除时，无法获得网页最新数据。If-Modified-Since 是标准的 HTTP 请求头，在发送 HTTP 请求时，把浏览器缓存页面的最后修改时间发到服务器，服务器会把该时间与服务器上实际文件的最后修改时间进行比较。

如果时间一致，服务器返回 HTTP 状态码 304，不返回文件内容。客户端接到该信息后，将读取本地缓存文件加载到浏览器中。此时 MSXML.XMHTTP 对象实际读取的是本地缓存数据。

如果时间不一致，服务器返回 HTTP 状态码 200 和新的文件内容，客户端接到该信息后，丢弃旧文件，把新文件进行缓存，并加载到浏览器中。此时 MSXML.XMHTTP 对象读取的是服务器传送的新数据。

第 23~30 行代码遍历 HTML DOM 对象的 h3 标签，也就是百度网页的 3 级标题。

第 26~29 行代码分别获取该标签下标签名为 a 的首个子节点的文本内容及链接网址。

第 32~34 行代码释放 objXMLHTTP、objDOM、objTitle 引用对象的内存。

运行 WebQueryBaiduPN 过程，部分结果如图 51-11 所示。

51章

序号	标题	链接
1	ExcelHome - 全球极具影响力的Excel门户,Office视频教程...	http://www.baidu.com/link?url=A7SSTHrcp0f63BYzQ_2vTNdsJ8P82RKTuZxrTRFU4bVRSDW2OMaBNYdfH6wFOg_m
2	...Excel表格交流,Excel技巧培训Office教程下载-ExcelHome技术...	http://www.baidu.com/link?url=XI2IwIXjbfamdjvJ5Nzf6AVq9nTlzYw96TGwbbg2QVxXrLCLzvqmWcn9cpdu4KnK
3	ExcelHome简介_ExcelHome - 全球极具影响力的Excel门户,Office...	http://www.baidu.com/link?url=3PpFyBrd-wtSr-1FReS8X5XW0tOrLre7uDbby0vsLZyuGIXnJzTrfBlPDJuVERlJ
4	Excel基础应用 - ExcelHome技术论坛	http://www.baidu.com/link?url=R_sZG8GZuwNF1BX9_Enx6MvIyREl8Au--FIzzvq3E0AMnOvqwhfGpXnY0sByipa8uKNaeaqNoN5yGxdBbhwykK
5	excelhome_百度百科	http://www.baidu.com/link?url=mUfcGkNMqosttAgrEPKa5UEThCuHLCUVAg_DCm-jlY6i15ALb2n_q9310GCcEaJXR1CvAPYAqmKAqbKrtxkKVq

图 51-11　抓取百度前 3 页数据的部分结果

附录

附录A　Excel 2021 规范与限制

附表A-1　工作表和工作簿规范

功能	最大限制
打开的工作簿个数	受可用内存和系统资源的限制
工作表大小	1,048,576 行×16,384 列
列宽	255 个字符
行高	409 磅
分页符个数	水平方向和垂直方向各 1,026 个
单元格可以包含的字符总数	32767 个
每个单元格的最大换行数	253
工作簿中的工作表个数	受可用内存的限制（默认值为 1 张工作表）
工作簿中的颜色数	1600 万种颜色（32 位，具有到 24 位色谱的完整通道）
唯一单元格格式个数/单元格样式个数	65490
填充样式个数	256
线条粗细和样式个数	256
唯一字型个数	1,024 个全局字体可供使用；每个工作簿 512 个
工作簿中的数字格式数	200 至 250 之间，取决于所安装的 Excel 的语言版本
工作簿中的命名视图个数	受可用内存限制
工作簿中的名称个数	受可用内存限制
工作簿中的窗口个数	受可用内存限制
窗口中的窗格个数	4
链接的工作表个数	受可用内存限制
方案个数	受可用内存的限制；汇总报表只显示前 251 个方案
方案中的可变单元格个数	32
规划求解中的可调单元格个数	200
筛选下拉列表中项目数	10,000
自定义函数个数	受可用内存限制
缩放范围	10% 到 400%
报表个数	受可用内存限制
排序关键字个数	单个排序中为 64。如果使用连续排序，则没有限制

功能	最大限制
撤消次数	100
页眉或页脚中的字符数	253
数据窗体中的字段个数	32
可选的非连续单元格个数	2,147,483,648 个单元格
数据模型工作簿的内存存储和文件大小的最大限制	32 位环境限制为同一进程内运行的 Excel、工作簿和加载项最多共用 2 千兆字节 (GB) 虚拟地址空间。数据模型的地址空间共享可能最多运行 500~700 MB，如果加载其他数据模型和加载项则可能会减少 64 位环境对文件大小不作硬性限制。工作簿大小仅受可用内存和系统资源的限制

附表A-2　共享工作簿规范与限制

功能	最大限制
可同时打开文件的用户	256
共享工作簿中的个人视图个数	受可用内存限制
修订记录保留的天数	32,767（默认为 30 天）
可一次合并的工作簿个数	受可用内存限制
共享工作簿中突出显示的单元格数	32,767
标识不同用户所作修订的颜色种类	32（每个用户用一种颜色标识。当前用户所做的更改用深蓝色突出显示）
共享工作簿中的"表格"	0（如果在【插入】选项卡下将普通数据表转换为"表格"，工作簿将无法共享）

附表A-3　计算规范和限制

功能	最大限制
数字精度	15 位
最大正数	9.99999999999999E+307
最小正数	2.2251E−308
最小负数	−2.2251E−308
最大负数	−9.99999999999999E+307
公式允许的最大正数	1.7976931348623158e+308
公式允许的最大负数	−1.7976931348623158e+308
公式内容的长度	8,192 个字符
公式的内部长度	16,384 个字节
迭代次数	32,767

续表

功能	最大限制
工作表数组个数	受可用内存限制
选定区域个数	2,048
函数的参数个数	255
函数的嵌套层数	64
交叉工作表相关性	64,000 个可以引用其他工作表的工作表
交叉工作表数组公式相关性	受可用内存限制
区域相关性	受可用内存限制
每张工作表的区域相关性	受可用内存限制
对单个单元格的依赖性	40 亿个可以依赖单个单元格的公式
已关闭的工作簿中的链接单元格内容长度	32,767
计算允许的最早日期	1900 年 1 月 1 日（如果使用 1904 年日期系统，则为 1904 年 1 月 1 日）
计算允许的最晚日期	9999 年 12 月 31 日
可以输入的最长时间	9999:59:59

附表A-4 数据透视表规范和限制

功能	最大限制
数据透视表中的数值字段个数	256
工作表上的数据透视表个数	受可用内存限制
每个字段中唯一项的个数	1,048,576
数据透视表中的行字段或列字段个数	受可用内存限制
数据透视表中的报表过滤器个数	256（可能会受可用内存的限制）
数据透视表中的数值字段个数	256
数据透视表中的计算项公式个数	受可用内存限制
数据透视图报表中的报表筛选个数	256（可能会受可用内存的限制）
数据透视图中的数值字段个数	256
数据透视图中的计算项公式个数	受可用内存限制
数据透视表项目的 MDX 名称的长度	32,767
关系数据透视表字符串的长度	32,767
筛选下拉列表中显示的项目个数	10,000

附表A-5 图表规范和限制

功能	最大限制
与工作表链接的图表个数	受可用内存限制
图表引用的工作表个数	255

续表

功能	最大限制
图表中的数据系列个数	255
二维图表的数据系列中数据点个数	受可用内存限制
三维图表的数据系列中数据点个数	受可用内存限制
图表中所有数据系列的数据点个数	受可用内存限制

附录B　Excel 2021 常用快捷键

序号	执行操作	快捷键组合
	在工作表中移动和滚动	
1	向上、下、左或右移动单元格	方向键 ↑ ↓ ← →
2	移动到当前数据区域的边缘	Ctrl+方向键 ↑ ↓ ← →
3	移动到行首	Home
4	移动到窗口左上角的单元格	Ctrl+Home
5	移动到工作表的最后一个单元格	Ctrl+End
6	向下移动一屏	Page Down
7	向上移动一屏	Page Up
8	向右移动一屏	Alt+Page Down
9	向左移动一屏	Alt+Page Up
10	移动到工作簿中下一张工作表	Ctrl+Page Down
11	移动到工作簿中前一张工作表	Ctrl+Page Up
12	移动到下一工作簿或窗口	Ctrl+F6 或 Ctrl+Tab
13	移动到前一工作簿或窗口	Ctrl+Shift+F6
14	移动到已拆分工作簿中的下一个窗格	F6
15	移动到被拆分的工作簿中的上一个窗格	Shift+F6
16	滚动并显示活动单元格	Ctrl+BackSpace
17	显示"定位"对话框	F5
18	显示"查找"对话框	Shift+F5
19	重复上一次"查找"操作	Shift+F4
20	在保护工作表中的非锁定单元格之间移动	Tab
21	最小化窗口	Ctrl+F9
22	最大化窗口	Ctrl+F10
	处于"结束模式"时在工作表中移动	
23	打开或关闭"结束模式"	End

序号	执 行 操 作	快捷键组合
24	在一行或列内以数据块为单位移动	End, 方向键 ↑ ↓ ← →
25	移动到工作表的最后一个单元格	End, Home
26	在当前行中向右移动到最后一个非空白单元格	End, Enter
	处于"滚动锁定"模式时在工作表中移动	
27	打开或关闭"滚动锁定"模式	Scroll Lock
28	移动到窗口中左上角处的单元格	Home
29	移动到窗口中右下角处的单元格	End
30	向上或向下滚动一行	方向键 ↑ ↓
31	向左或向右滚动一列	方向键 ← →
	预览和打印文档	
32	显示"打印内容"对话框	Ctrl+P
	在打印预览中时	
33	当放大显示时，在文档中移动	方向键 ↑ ↓ ← →
34	当缩小显示时，在文档中每次滚动一页	Page UP
35	当缩小显示时，滚动到第一页	Ctrl+方向键 ↑
36	当缩小显示时，滚动到最后一页	Ctrl+方向键 ↓
	工作表、图表和宏	
37	插入新工作表	Shift+F11
38	创建使用当前区域数据的图表	F11 或 Alt+F1
39	显示"宏"对话框	Alt+F8
40	显示"Visual Basic 编辑器"	Alt+F11
41	插入 Microsoft Excel 4.0 宏工作表	Ctrl+F11
42	移动到工作簿中的下一张工作表	Ctrl+Page Down
43	移动到工作簿中的上一张工作表	Ctrl+Page UP
44	选择工作簿中当前和下一张工作表	Shift+Ctrl+Page Down
45	选择当前工作簿或上一个工作簿	Shift+Ctrl+Page Up
	在工作表中输入数据	
46	完成单元格输入并在选定区域中下移	Enter
47	在单元格中换行	Alt+Enter
48	用当前输入项填充选定的单元格区域	Ctrl+Enter
49	完成单元格输入并在选定区域中上移	Shift+Enter
50	完成单元格输入并在选定区域中右移	Tab
51	完成单元格输入并在选定区域中左移	Shift+Tab

续表

序号	执 行 操 作	快捷键组合
52	取消单元格输入	Esc
53	删除插入点左边的字符，或删除选定区域	BackSpace
54	删除插入点右边的字符，或删除选定区域	Delete
55	删除插入点到行末的文本	Ctrl+Delete
56	向上下左右移动一个字符	方向键↑ ↓←→
57	移到行首	Home
58	重复最后一次操作	F4 或 Ctrl+Y
59	编辑单元格批注	Shift+F2
60	由行或列标志创建名称	Ctrl+Shift+F3
61	向下填充	Ctrl+D
62	向右填充	Ctrl+R
63	定义名称	Ctrl+F3
设置数据格式		
64	显示"样式"对话框	Alt+'（撇号）
65	显示"单元格格式"对话框	Ctrl+1
66	应用"常规"数字格式	Ctrl+Shift+ ~
67	应用带两个小数位的"货币"格式	Ctrl+Shift+$
68	应用不带小数位的"百分比"格式	Ctrl+Shift+%
69	应用带两个小数位的"科学记数"数字格式	Ctrl+Shift+^
70	应用年月日"日期"格式	Ctrl+Shift+#
71	应用小时和分钟"时间"格式，并标明上午或下午	Ctrl+Shift+@
72	应用具有千位分隔符且负数用负号（-）表示	Ctrl+Shift+!
73	应用外边框	Ctrl+Shift+&
74	删除外边框	Ctrl+Shift+_
75	应用或取消字体加粗格式	Ctrl+B
76	应用或取消字体倾斜格式	Ctrl+I
77	应用或取消下划线格式	Ctrl+U
78	应用或取消删除线格式	Ctrl+5
79	隐藏行	Ctrl+9
80	取消隐藏行	Ctrl+Shift+9
81	隐藏列	Ctrl+0（零）
82	取消隐藏列	Ctrl+Shift+0
编辑数据		

续表

序号	执 行 操 作	快捷键组合
83	编辑活动单元格,并将插入点移至单元格内容末尾	F2
84	取消单元格或编辑栏中的输入项	Esc
85	编辑活动单元格并清除其中原有的内容	BackSpace
86	将定义的名称粘贴到公式中	F3
87	完成单元格输入	Enter
88	将公式作为数组公式输入	Ctrl+Shift+Enter
89	在公式中键入函数名之后,显示公式选项板	Ctrl+A
90	在公式中键入函数名后为该函数插入变量名和括号	Ctrl+Shift+A
91	显示"拼写检查"对话框	F7
插入、删除和复制选中区域		
92	复制选定区域	Ctrl+C
93	剪切选定区域	Ctrl+X
94	粘贴选定区域	Ctrl+V
95	清除选定区域的内容	Delete
96	删除选定区域	Ctrl+−(短横线)
97	撤销最后一次操作	Ctrl+Z
98	插入空白单元格	Ctrl+Shift+=
在选中区域内移动		
99	在选定区域内由上往下移动	Enter
100	在选定区域内由下往上移动	Shift+Enter
101	在选定区域内由左往右移动	Tab
102	在选定区域内由右往左移动	Shift+Tab
103	按顺时针方向移动到选定区域的下一个角	Ctrl+.(句号)
104	右移到非相邻的选定区域	Ctrl+Alt+方向键→
105	左移到非相邻的选定区域	Ctrl+Alt+方向键←
选择单元格、列或行		
106	选定当前单元格周围的区域	Ctrl+Shift+*(星号)
107	将选定区域扩展一个单元格宽度	Shift+方向键↑ ↓←→
108	选定区域扩展到单元格同行同列的最后非空单元格	Ctrl+Shift+方向键↓ →
109	将选定区域扩展到行首	Shift+Home
110	将选定区域扩展到工作表的开始	Ctrl+Shift+Home

续表

序号	执行操作	快捷键组合
111	将选定区域扩展到工作表的最后一个使用的单元格	Ctrl+Shift+End
112	选定整列	Ctrl+ 空格
113	选定整行	Shift+ 空格
114	选定活动单元格所在的当前区域	Ctrl+A
115	如果选定了多个单元格则只选定其中的活动单元格	Shift+BackSpace
116	将选定区域向下扩展一屏	Shift+Page Down
117	将选定区域向上扩展一屏	Shift+Page Up
118	选定了一个对象，选定工作表上的所有对象	Ctrl+Shift+ 空格
119	在隐藏对象、显示对象之间切换	Ctrl+6
120	使用箭头键启动扩展选中区域的功能	F8
121	将其他区域中的单元格添加到选中区域中	Shift+F8
122	将选定区域扩展到窗口左上角的单元格	ScrollLock, Shift+Home
123	将选定区域扩展到窗口右下角的单元格	ScrollLock, Shift+End
处于"结束模式"时扩展选中区域		
124	打开或关闭"结束模式"	End
125	将选定区域扩展到单元格同行同列的最后非空单元格	End, Shift+ 方向键 ↓ →
126	将选定区域扩展到工作表上包含数据的最后一个单元格	End, Shift+Home
127	将选定区域扩展到当前行中的最后一个单元格	End, Shift+Enter
128	选中活动单元格周围的当前区域	Ctrl+Shift+*（星号）
129	选中当前数组，此数组是活动单元格所属的数组	Ctrl+/
130	选定所有带批注的单元格	Ctrl+Shift+O（字母O）
131	选择行中不与该行内活动单元格的值相匹配的单元格	Ctrl+\
132	选中列中不与该列内活动单元格的值相匹配的单元格	Ctrl+Shift+|（竖线）
133	选定当前选定区域中公式的直接引用单元格	Ctrl+[（左方括号）
134	选定当前选定区域中公式直接或间接引用的所有单元格	Ctrl+Shift+{（左大括号）
135	只选定直接引用当前单元格的公式所在的单元格	Ctrl+]（右方括号）
136	选定所有带有公式的单元格，这些公式直接或间接引用当前单元格	Ctrl+Shift+}（右大括号）
137	只选定当前选定区域中的可视单元格	Alt+;（分号）

注意 　　部分组合键可能与 Windows 系统或其他常用软件（如输入法）的组合键冲突，如果无法使用某个组合键，需要调整 Windows 系统或其他常用软件中与之冲突的组合键。

附录C　Excel 2021 简繁英文词汇对照表

简体中文	繁體中文	English
工作表标签	索引標籤	Tab
帮助	說明	Help
边框	外框	Border
编辑	編緝	Edit
变量	變數	Variable
标签	標籤	Label
标准	標準	General
表达式	陳述式	Statement
参数	引數/參數	Parameter
插入	插入	Insert
查看	檢視	View
查询	查詢	Query
常数	常數	Constant
超链接	超連結	Hyperlink
成员	成員	Member
程序	程式	Program
窗口	視窗	Window
窗体	表單	Form
从属	從屬	Dependent
粗体	粗體	Bold
倾斜	斜體	Italic
代码	程式碼	Code
单击	按一下	Single-click (on mouse)
双击	按兩下	Double-click (on mouse)
单精度浮点数	單精度浮點數	Single
单元格	儲存格	Cell
地址	位址	Address
电子邮件	電郵／電子郵件	Electronic Mail / Email
对话框	對話方塊	Dialog Box
对象	物件	Object
对象浏览器	瀏覽物件	Object Browser
方法	方法	Method
高级	進階	Advanced

简体中文	繁體中文	English
格式	格式	Format
工程	專案	Project
工具	工具	Tools
工具栏	工作列	Toolbar
工作表	工作表	Worksheet
工作簿	活頁簿	Workbook
功能区	功能區	Ribbon
行	列	Row
列	欄	Column
滚动条	捲軸	Scroll Bar
过程	程序	Program/Subroutine
函数	函數	Function
宏	巨集	Macro
活动单元格	現存儲存格	Active Cell
加载项	增益集	Add-in
监视	監看式	Watch
剪切	剪下	Cut
复制	複製	copy
绝对引用	絕對參照	Absolute Referencing
相对引用	相對參照	Relative Referencing
立即窗口	即時運算視窗	Immediate Window
链接	連結	Link
路径	路徑	Path
模板	範本	Template
模块	模組	Module
模拟分析	模擬分析	What-If Analysis
规划求解	規劃求解	Solver
数据验证	資料驗證	Data Validation
快速分析	快速分析	Quick Analysis
快速填充	快速填入	Flash Fill
批注	註解	Comment
趋势线	趨勢線	Trendline
饼图	圓形圖	Pie Chart

简体中文	繁體中文	English
散点图	散佈圖	Scatter Chart
条形图	横條圖	Bar Chart
柱形图	直條圖	Column Chart
折线图	折線圖	Line Chart
色阶	色階	Color Scales
数据条	資料橫條	Data Bars
图标集	圖示集	Icon Sets
迷你图	走勢圖	Sparklines
盈亏	輸贏分析	Win/Loss
切片器	交叉分析篩選器	Slicer
日程表	時間表	Timeline
筛选	篩選	Filter
排序	排序	Sort
删除线	刪除線	Strikethrough Line
上标	上標	Superscript
下标	下標	Subscript
缩进	縮排	Indent
填充	填滿	Fill
下划线	底線	Underline
审核	稽核	Audit
Visual Basic 编辑器	Visual Basic 編輯器	Visual Basic Editor
声明	宣告	Declare
调试	偵錯	Debug
视图	檢視	View
属性	屬性	Property
光标	游標	Cursor
数据	數據 / 資料	Data
数据类型	資料類型	Data Type
数据透视表	樞紐分析表	PivotTable
数字格式	數值格式	Number Format
数组	陣列	Array
数组公式	陣列公式	Array Formula
条件	條件	Condition

简体中文	繁體中文	English
通配符	萬用字元	Wildcards
拖曳	拖曳	Drag
文本	文字	Text
文件	檔案	File
信息	資訊	Info
选项	選項	Options
选择	選取	Select
循环引用	循環參照	Circular Reference
页边距	邊界	Margins
页脚	頁尾	Footer
页眉	頁首	Header
粘贴	貼上	Paste
指针	浮標	Cursor
注释	註解	Comment
转置	轉置	Transpose
屏幕截图	螢幕擷取畫面	Screenshot
签名行	簽名欄	Signature Line
艺术字	文字藝術師	WordArt
主题	佈景主題	Themes
背景	背景	Background
连接	連線	Connections
删除重复值	移除重複	Remove Duplicates
合并计算	合併彙算	Consolidate
冻结窗格	凍結窗格	Freeze Panes
数据模型	資料模型	Data Model
向上钻取	向上切入	Drill Up
向下钻取	向下切入	Drill Down
镶边行	帶狀列	Banded Rows
镶边列	帶狀欄	Banded Columns
条件格式	設定格式化的條件	Conditional Formatting

附录D 高效办公必备工具——Excel易用宝

尽管Excel的功能无比强大，但是在很多常见的数据处理和分析工作中，需要灵活地组合使用包含函数、VBA等高级功能才能完成任务，这对于很多人而言是个艰难的学习和使用过程。

因此，Excel Home为广大Excel用户度身定做了一款Excel功能扩展工具软件，中文名为"Excel易用宝"，以提升Excel的操作效率为宗旨。针对Excel用户在数据处理与分析过程中的多项常用需求，Excel易用宝集成了数十个功能模块，从而让烦琐或难以实现的操作变得简单可行，甚至能够一键完成。

Excel易用宝永久免费，适用于Windows各平台。经典版（V1.1）支持32位的Excel 2003，最新版（V2.2）支持32位及64位的Excel 2007/2010/2013/2016/2019、Office 365和WPS。

经过简单的安装操作后，Excel易用宝会显示在Excel功能区独立的选项卡上，如下图所示。

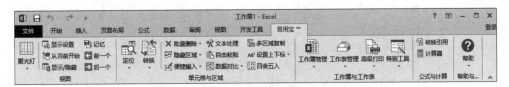

比如，在浏览超出屏幕范围的大数据表时，如何准确无误地查看对应的行表头和列表头，一直是许多Excel用户烦恼的事情。这时候，只要单击一下Excel易用宝"聚光灯"按钮，就可以用自己喜欢的颜色高亮显示选中单元格/区域所在的行和列，效果如下图所示。

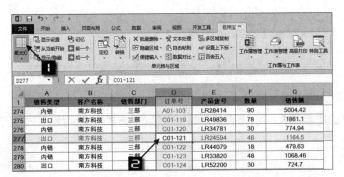

再比如，工作表合并也是日常工作中常见的需要，但如果自己不懂得编程的话，这一定是一项"不可能完成"的任务。Excel易用宝可以让这项工作显得轻而易举，它能批量合并某个文件夹中任意多个文件中的数据，如下图所示。

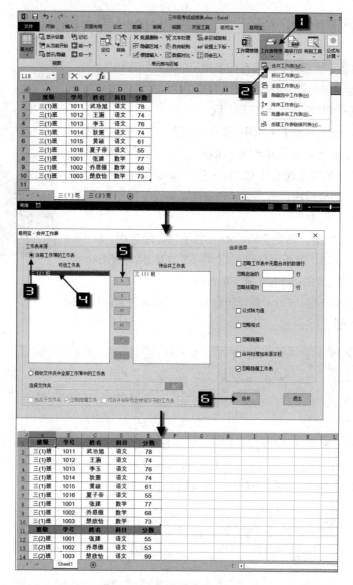

更多实用功能，欢迎您亲身体验: https://yyb.excelhome.net/。

如果您有非常好的功能需求，可以通过软件内置的联系方式提交给我们，可能很快就能在新版本中看到了哦。